PREFACE 머리말

여러분의 도전을 존중하고, 그 여정에 함께하고자 합니다.

우리가 일하는 공간의 공기, 소리, 빛, 그리고 눈에 보이지 않는 유해요인들은 삶의 질을 바꾸어 놓습니다. 산업위생은 이 보이지 않는 위험을 찾아내고, 분석하고, 통제함으로써 사람들의 건강을 지키는 분야입니다. 이 자격증을 준비하는 여러분은 단지 시험 하나를 통과하려는 것이 아니라, 더 안전한 일터와 더 건강한 사회를 만드는 길에 첫 발을 내딛고 계신 것입니다.

이 책은 그러한 여러분이 더 효율적으로, 더 정확하게, 더 자신 있게 공부할 수 있도록 돕기 위해 만들어졌습니다. 복잡한 이론은 이해하기 쉽게 정리하고, 자주 출제되는 핵심은 빠짐없이 담았으며, 반복 학습으로 실력을 다질 수 있도록 구성했습니다. 하루하루 조금씩 쌓아가는 공부가 결국 여러분을 합격으로 이끌 것이라 믿습니다.

수험생활은 길수록 지치기 쉽고, 짧을수록 성취감이 큽니다. 지금 이 순간의 선택과 집중이 여러분의 내일을 바꿉니다. 여러분이 포기하지 않는 한, 저 역시 여러분을 끝까지 응원하겠습니다.

합격의 기쁨을 함께 나눌 수 있기를 진심으로 바라며, 여러분의 건강과 가정의 평안을 기원합니다. 마지막으로 이 책을 출간할 수 있도록 도움을 주신 박문각 임직원 여러분께 감사드립니다.

편저자 이찬범

▎산업위생관리기사 취득방법

구분		내용
시험과목	필기	산업위생학개론, 작업위생 측정 및 평가, 작업환경 관리대책, 물리적 유해인자 관리, 산업독성학
	실기	작업환경관리 실무
검정방법	필기	객관식 4지 택일형 과목당 20문항(과목당 30분)
	실기	필답형(3시간)
합격기준	필기	100점을 만점으로 하여 과목당 40점 이상, 전과목 평균 60점 이상
	실기	100점을 만점으로 하여 60점 이상

▎산업위생관리기사 합격률

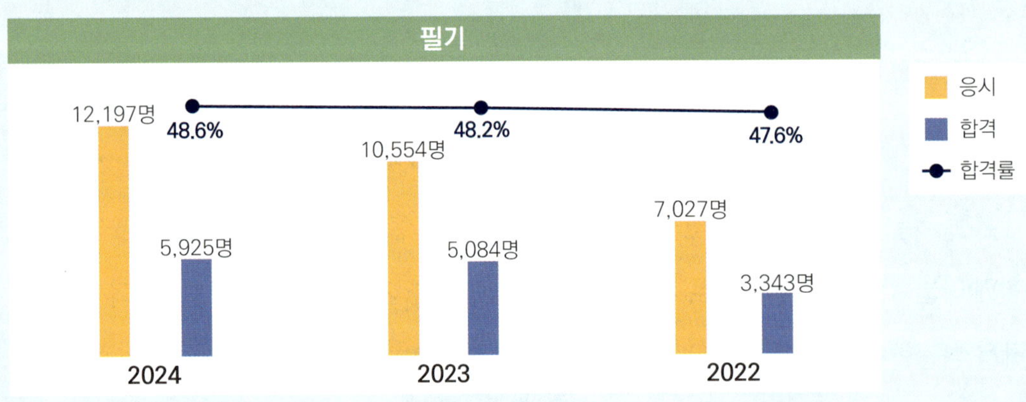

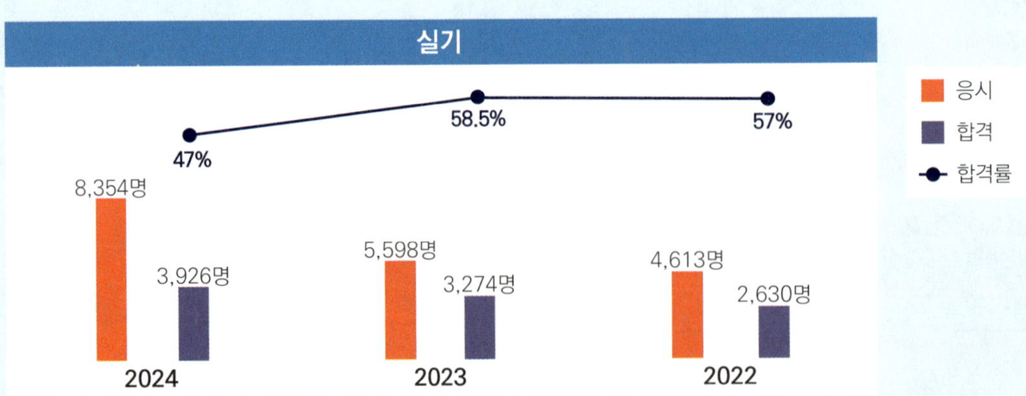

GUIDE 산업위생관리기사 출제기준

직무분야	안전관리	중직무분야	안전관리	자격종목	산업위생관리기사	적용기간	2026.01.01.~ 2029.12.31.
필기검정방법	객관식		문제수	100		시험시간	2시간 30분

필기과목명	주요항목	세부항목
산업위생학개론	1. 산업위생	1. 정의 및 목적 / 2. 역사 / 3. 산업위생 윤리강령
	2. 인간과 작업환경	1. 인간공학 / 2. 산업피로 / 3. 산업심리 4. 직업성 질환
	3. 실내 환경	1. 실내오염의 원인 / 2. 실내오염의 건강장해 3. 실내오염 평가 및 관리
	4. 관련 법규	1. 산업안전보건법 2. 산업위생 관련 고시에 관한 사항
	5. 산업재해	1. 산업재해 발생원인 및 분석 / 2. 산업재해 대책
작업위생 측정 및 평가	1. 측정 및 분석	1. 시료채취 계획 / 2. 시료분석 기술
	2. 유해인자 측정	1. 물리적 유해인자 측정 2. 화학적 유해인자 측정 3. 생물학적 유해인자 측정
	3. 평가 및 통계	1. 통계학 기본 지식 / 2. 측정자료 평가 및 해석
작업환경 관리대책	1. 산업 환기	1. 환기 원리 / 2. 전체 환기 / 3. 국소 환기 4. 환기시스템 설계 / 5. 성능검사 및 유지관리
	2. 작업 공정 관리	1. 작업 공정 관리
	3. 개인보호구	1. 호흡용 보호구 / 2. 기타 보호구
물리적 유해인자 관리	1. 온열조건	1. 고온 / 2. 저온
	2. 이상기압	1. 이상기압 / 2. 산소결핍
	3. 소음진동	1. 소음 / 2. 진동
	4. 방사선	1. 전리방사선 / 2. 비전리방사선 / 3. 조명
산업독성학	1. 입자상 물질	1. 종류, 발생, 성질 / 2. 인체 영향
	2. 유해 화학 물질	1. 종류, 발생, 성질 / 2. 인체 영향
	3. 중금속	1. 종류, 발생, 성질 / 2. 인체 영향
	4. 인체 구조 및 대사	1. 인체 구조 / 2. 유해물질 대사 및 축적 3. 유해물질 방어기전 / 4. 생물학적 모니터링

✅ 합격비법 손글씨 핵심요약

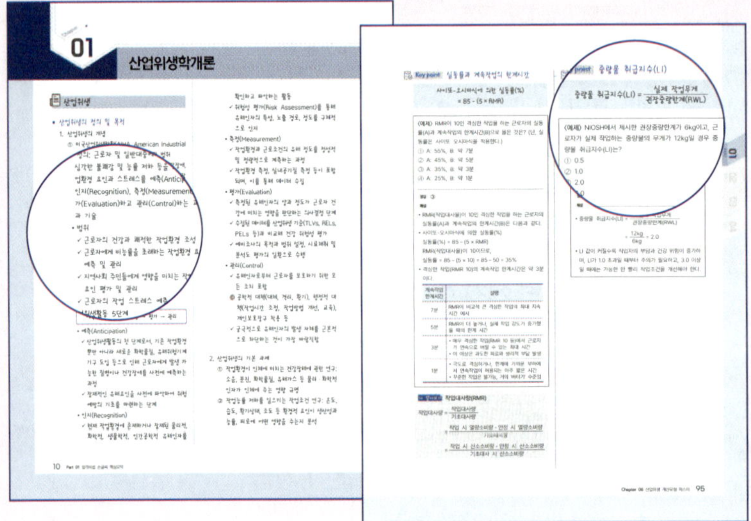

| Point 1

꼭 알아야 할 중요한 핵심이론만
눈이 편한 손글씨로 정리

| Point 2

유형별 계산문제로 Key point 응용
연습

✅ 공개기출문제(2020년~2022년)

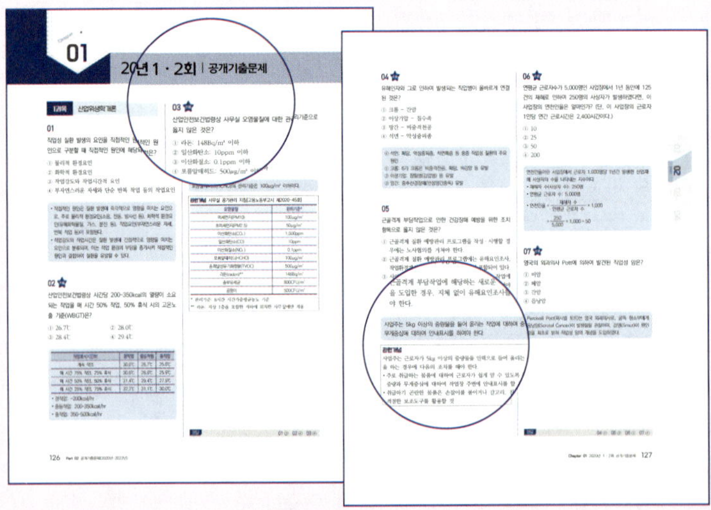

| Point 1

기출문제 풀이를 통한 풍부한 실전
연습

| Point 2

문제풀이와 관련개념 학습 병행

✅ 최신 CBT 기출복원문제(2022년~2025년)

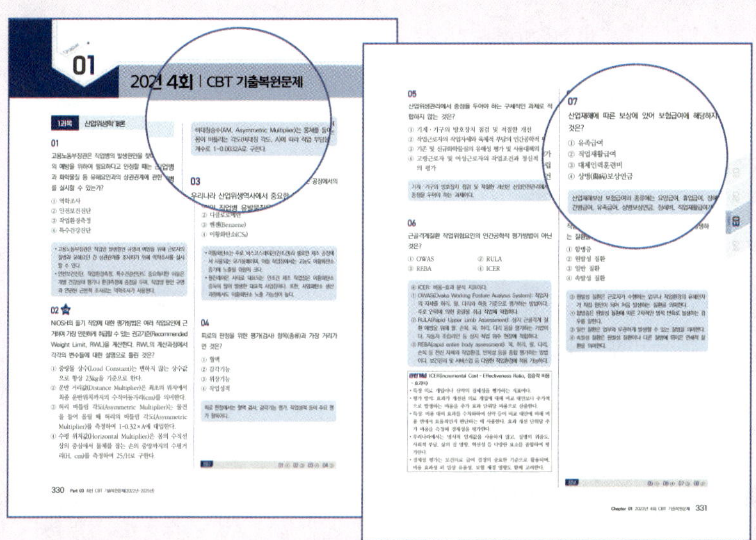

| Point 1

최신 CBT 기출복원문제로 기출
경향을 파악하고 빈출표시를 통해
문제적응력 향상

| Point 2

문제 해결을 위한 포인트만 콕!
명확한 해설과 이해하기 쉽고
간결한 계산문제 풀이

✅ 최빈출 100제

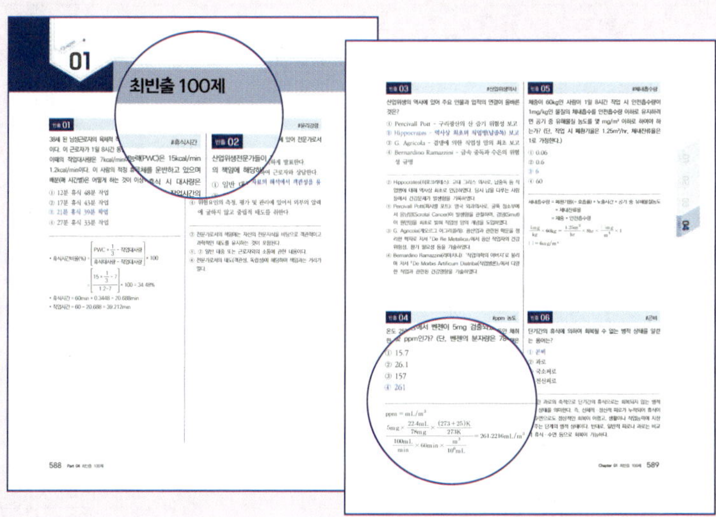

| Point 1

출제 유형을 분석하여 빈출되는
100문제만 선별하여 수록

| Point 2

간단한 해설과 한눈에 보이는 정답
으로 시험 직전 마무리 점검에 최적
화된 구성

CONTENTS 목차

PART 01 합격비법 손글씨 핵심요약

PART 02 공개기출문제(2020년~2022년)

2018년~2019년 공개기출문제
QR코드를 스캔하시면 공개기출문제를 풀어보실 수 있습니다.

PART 01

합격비법
손글씨 핵심요약

산업위생학개론

📋 산업위생

■ 산업위생의 정의 및 목적

1. 산업위생의 개념
   ① 미국산업위생학회(AIHA, American Industrial Hygiene Association)의 정의와 범위
      - 정의: 근로자 및 일반대중에게 질병, 건강장애, 심각한 불쾌감 및 능률 저하 등을 초래하는 작업환경 요인과 스트레스를 예측(Anticipation), 인지(Recognition), 측정(Measurement), 평가(Evaluation)하고 관리(Control)하는 과학과 기술
      - 범위
         ✓ 근로자의 건강과 쾌적한 작업환경 조성
         ✓ 근로자에게 비능률을 초래하는 작업환경 요인 예측 및 관리
         ✓ 지역사회 주민들에게 영향을 미치는 작업환경 요인 평가 및 관리
         ✓ 근로자의 작업 스트레스 예측 및 관리
   ② 산업위생활동 5단계

   > 예측 → 인지 → 측정 → 평가 → 관리

   - 예측(Anticipation)
      ✓ 산업위생활동의 첫 단계로서, 기존 작업환경뿐만 아니라 새로운 화학물질, 유해위험기계기구 도입 등으로 인해 근로자에게 발생 가능한 질병이나 건강장애를 사전에 예측하는 과정
      ✓ 잠재적인 유해요인을 사전에 파악하여 위험 예방의 기초를 마련하는 단계
   - 인지(Recognition)
      ✓ 현재 작업환경에 존재하거나 잠재된 물리적, 화학적, 생물학적, 인간공학적 유해인자를 확인하고 파악하는 활동
      ✓ 위험성 평가(Risk Assessment)를 통해 유해인자의 특성, 노출 경로, 정도를 구체적으로 인지
   - 측정(Measurement)
      ✓ 작업환경과 근로조건의 유해 정도를 정성적 및 정량적으로 계측하는 과정
      ✓ 작업환경 측정, 실내공기질 측정 등이 포함되며, 이를 통해 데이터 수집
   - 평가(Evaluation)
      ✓ 측정된 유해인자의 양과 정도가 근로자 건강에 미치는 영향을 판단하는 의사결정 단계
      ✓ 수집된 데이터를 산업위생 기준(TLVs, RELs, PELs 등)과 비교해 건강 위험성 평가
      ✓ 예비조사의 목적과 범위 설정, 시료채취 및 분석도 평가의 일환으로 수행
   - 관리(Control)
      ✓ 유해인자로부터 근로자를 보호하기 위한 모든 조치 포함
      🔵예 공학적 대책(대체, 격리, 환기), 행정적 대책(작업시간 조정, 작업방법 개선, 교육), 개인보호장구 착용 등
      ✓ 궁극적으로 유해인자의 발생 자체를 근본적으로 차단하는 것이 가장 바람직함

2. 산업위생의 기본 과제
   ① 작업환경이 인체에 미치는 건강장해에 관한 연구: 소음, 분진, 화학물질, 유해가스 등 물리·화학적 인자가 인체에 주는 영향 규명
   ② 작업능률 저하를 일으키는 작업조건 연구: 온도, 습도, 환기상태, 조도 등 환경적 요인이 생산성과 능률, 피로에 어떤 영향을 주는지 분석

③ 작업환경의 신체적 영향 및 최적 환경 연구: 이상적 근무조건 및 인간공학적 설계를 통해 신체적 부담을 줄이고 근로자의 작업 적응성 향상

3. 산업위생의 목적
① 근로자의 건강 보호와 증진: 급성 독성 노출, 만성 질환, 직업병 발생을 예방하고 근로자의 신체적·정신적·사회적 건강을 전반적으로 향상
② 작업환경 및 조건의 개선: 유해요인을 줄이고, 안전하고 쾌적한 작업환경을 조성하여 직업재해를 미연에 방지
③ 작업능률 및 생산성 향상: 근로자가 건강하고 쾌적한 환경에서 능동적으로 작업할 수 있는 조건을 만들어 능률 증대
④ 산업평화와 사회적 안정 확보: 산업재해 예방을 통해 사회적 비용(산재보험, 보상비용)을 절감하고 국가적 차원의 근로복지 증진

■ 산업위생의 역사

1. 고대
① 히포크라테스(Hippocrates, 기원전 460~377)
• 최초로 직업병을 기록
• 광산 노동자에게 납중독 현상이 발생한다는 사실 기술('역사상 최초 기록된 직업병'으로 평가)
② 플리니(Pliny, 로마시대)
• 황, 아연 등 광산 유해성 언급
• 동물의 방광을 활용하여 분진마스크로 사용할 것을 주장, 이는 초기의 보호구 개념으로 볼 수 있음
③ 갈레노스(Galen): 광부들의 호흡기 질환과 유독가스에 따른 신체영향 언급

2. 르네상스~근세 초
① 파라켈수스(Paracelsus, 1493~1541)
• 현대 독성학의 원리인 "모든 물질은 독이다. 용량이 독을 결정한다(Dosis facit venenum)"라는 개념을 정립
• 금속 증기와 광물 분진이 폐 질환을 야기한다는 사실 보고
② 게오르그 아그리콜라(Georgius Agricola, 1494~1555)
• 『De Re Metallica』 저술
• 광산업과 금속노동에 따르는 직업병, 채광시설의 환기 필요성을 체계적으로 기술
③ 라마치니(Bernardino Ramazzini, 1633~1714)
• '직업의학의 아버지'라 불리며 『직업병론(De Morbis Artificum Diatriba)』 집필
• 50여 종의 직업에 따른 질병을 상세히 기록, 직업과 건강의 연관성 확립

3. 18~19세기
① 퍼시벌 포트(Percivall Pott, 1714~1788)
• 영국 외과의사로 굴뚝 청소부 소년들 사이에 다수의 음낭암(scrotal cancer)이 발생함을 관찰, 검댕(soot)이 발암 요인임을 최초 규명
• '직업성 암'의 개념 정립
② 영국 공장법(Factory Act, 1833 등)
• 아동노동 금지, 근로시간 제한, 감독관 제도 도입
• 초기 산업안전보건 법제도로서 직업보건의 출발점이 됨
③ 에드워드 채드윅(Edward Chadwick)
• 공중보건 개혁운동 주도
• 노동자의 주거와 위생 개선에 기여

 영국의 공장법(1800년대 주요 규제 사항)

- 9세 이하 아동 노동 전면 금지(견직 공장은 일부 예외)
- 9세에서 13세 아동은 하루 9시간 이내로 노동시간 제한
- 13세에서 18세 청소년은 하루 12시간 이하 노동 제한
- 18세 미만 아동 및 청소년의 야간 노동 금지
- 아동 노동자에 대해 하루 2시간 이상의 의무 교육 실시 의무화
- 고용주에게 아동의 고용 시 나이 확인 의무 부과
- 공장법 준수 여부를 감독할 감독관 임명(초기에는 4명)

4. 20세기
   ① 앨리스 해밀턴(Alice Hamilton, 1869~1970)
      - 1910년대 미국 납 중독, 레이온 공장의 이황화탄소 중독, 광산의 규폐증, 수은 중독 문제를 조사
      - '미국 산업의학의 어머니'로 불리며 산업보건의 중요성을 널리 알리고 학문적 기반 구축
   ② 미국
      - OSHA(산업안전보건청), NIOSH(국립산업안전보건연구원), ACGIH(미국정부산업위생전문가협의회), AIHA(미국산업위생학회) 등 다양한 기관 설립
      - 각종 노출기준치(PEL, REL, TLV)를 마련하여 작업환경관리에 활용

5. 한국의 산업위생 역사
   ① 1987년 한국산업안전공단 설립(KOSHA): 작업환경측정제도와 측정기관 정도관리가 도입
   ② 1988년 문송면 사건: 노출관리 실패로 인한 수은중독 사망사건 발생으로 인해 사회적으로 산업보건의 필요성이 큰 화제가 됨
   ③ 1990년대 원진레이온 사건: 레이온 공장에서 이황화탄소 중독 환자 대량 발생, 집단 직업병으로 산보위 제도의 필요성이 크게 부각
   ④ 이후 「산업안전보건법」 제정·시행령·시행규칙이 보완되며 산업위생 제도적 기반 정착

- **산업위생 윤리강령**
  - 산업위생전문가는 과학적 전문성과 사회적 책임을 지닌 전문가 집단으로서, 특정 이해당사자의 압력에 의해 왜곡되지 않고 근로자 및 대중의 건강 보호를 최우선 가치로 삼아야 함
  - AAIH(미국산업위생학술원), ABIH(미국산업위생자격위원회) 등이 윤리강령 제정

1. 전문가로서의 책임
   ① 개인 및 기업체의 기밀을 누설하지 않을 것
   ② 과학적 방법 준수, 자료 해석은 객관적으로 수행할 것
   ③ 성실성과 학문적 실력 면에서 최고의 수준을 유지할 것
   ④ 전문 분야로서의 산업위생 발전에 기여할 것
   ⑤ 판단이 이해관계나 외부 압력에 의해 타협되지 않도록 할 것
   ⑥ 근로자, 사회 및 전문 분야의 이익을 위해 과학적 지식을 공개할 것

2. 근로자에 대한 책임
   ① 근로자의 건강 보호가 최우선적 책임임을 인식할 것
   ② 근로자와 기타 여러 사람의 건강과 안녕이 산업위생전문가의 판단에 좌우된다는 것을 깨달아야 할 것
   ③ 작업환경에서의 유해요인, 예방조치 방안을 근로자에게 알리고 상담할 것
   ④ 근로자가 알 권리를 충분히 보장할 것
   ⑤ 위험요인의 측정, 평가 및 관리에 있어서 외부의 압력에 굴하지 않고 중립적 태도를 취할 것

3. 사업주에 대한 책임
   ① 신뢰와 정직을 바탕으로 조언할 것
   ② 기록과 결과를 정확히 유지하여, 후일에도 검증 가능하도록 할 것
   ③ 근로자 건강 보호가 궁극적 책임임을 명확히 인식할 것

④ 신뢰를 중요시하고, 정직하게 충고하며, 결과와
　　권고사항을 정확히 보고할 것

■ **산업위생 관련 국내외 기관**

1. 국가-기관명

국가명	기관명 (영문)	기관명 (한글)	기관 특징
미국	AIHA (American Industrial Hygiene Association)	미국 산업위생 협회	산업위생 분야 전문가 단체로 산업위생 지식과 정보를 창출 및 전파하는 비영리 단체
미국	OSHA (Occupational Safety and Health Administration)	미국 산업안전 보건청	노동부 산하 정부 기관으로 작업현장 안전과 보건 규제 및 법적 구속력 있는 기준 설정
미국	ACGIH (American Conference of Governmental Industrial Hygienists)	미국 정부 산업위생 학회	화학물질 및 물리적 인자 노출허용기준 (TLV) 매년 발간, 국제적으로 선도적인 역할 수행
미국	NIOSH (National Institute for Occupational Safety and Health)	미국 국립산업 안전보건 연구원	직업병 예방 연구 및 산업안전 향상 위한 정부 연구 기관
한국	KOSHA (Korea Occupational Safety and Health Agency)	한국 산업안전 보건공단	국내 산업 안전, 보건 및 작업환경관리 담당 공공기관
영국	HSE (Health and Safety Executive)	영국 보건 안전부	국내 작업환경 내 위험요인 규제 및 작업환경 허용 기준(WEL) 설정

2. 국가-노출기준

국가명	노출기준(영문)	설명
미국	TLV (Threshold Limit Value) - ACGIH	• 미국 정부산업위생학회(ACGIH)에서 제안하는 권고 노출기준 • 근로자가 건강에 해를 끼치지 않고 일할 수 있는 최대 농도를 의미하며, 법적 구속력은 없음 • 주로 8시간 노동시간 기준의 시간가중평균(TWA), 15분 단기노출(STEL), 최고허용농도(Ceiling)로 구분됨
미국	PEL (Permissible Exposure Limit) - OSHA	• 미국 산업안전보건청(OSHA)에서 법적 구속력을 가진 작업 환경 노출 허용 기준으로 제시 • 8시간 일일 노동시간을 기준으로 함
미국	REL (Recommended Exposure Limit) - NIOSH	• 미국 국립산업안전보건연구원(NIOSH)에서 권고하는 노출 기준 • 안전성을 고려해 설정하였으며 법적 강제성 없음
영국	WEL (Workplace Exposure Limit) - HSE	• 영국 보건안전부(HSE)에서 작업환경 중 유해물질의 최대 허용농도로 설정 • 장시간 노출 시 건강 보호를 위한 기준
독일	MAK (Maximale Arbeitsplatz-Konzentration)	독일에서 근로자가 안전하게 노출될 수 있는 최대 농도를 법령으로 규정한 기준
스웨덴	OEL (Occupational Exposure Limit)	스웨덴에서 직업성 질환 예방 목적으로 설정한 근로자 노출 허용 한계 농도

한국	화학물질 및 물리적 인자의 노출기준	• 고용노동부가 고시하는 국내 작업장 유해물질 최대 허용 농도 기준 • 외국 노출기준(TLV, PEL 등)을 참고하여 설정

📑 인간과 작업환경

■ 인간공학

1. 인간공학 개요와 인간 특성
   ① 인간공학: 인간의 신체적·생리적·인지적 특성을 고려하여 작업환경과 도구, 공정을 설계하는 학문
   ② 작업능률 향상과 근로자 건강 보호를 목적으로 하며, 인간의 감각과 지각, 운동력과 근력, 기술 및 집단에 대한 적응능력을 핵심적으로 다룸
   ③ 인간의 습성, 신체 크기, 적응력, 작업 환경에 맞춘 설계가 중요하므로 생리적 특성과 인지능력 등의 다각적 접근 필요

2. 작업공간, 작업영역 및 작업자세
   ① 공간의 효율적인 배치를 위해 적용되는 원리
   • 기능성 원리: 기능적으로 관련이 깊은 요소들을 가까이 배치
   • 중요도의 원리: 중요한 요소일수록 접근이 편리한 위치에 배치
   • 사용빈도의 원리: 자주 사용하는 것을 가까이 배치
   ② 인간공학에서 작업영역
   • 정상작업영역
     ✓ 윗팔을 몸통 옆에 자연스럽게 내려 아래팔과 손만 움직여 조작 가능한 작업공간(약 34~45cm)
     ✓ 작업 효율이 높고 피로가 적음
   • 최대작업영역
     ✓ 어깨에서부터 팔을 뻗어 닿을 수 있는 최대 영역의 작업공간(약 55~65cm)
     ✓ 피로가 많이 누적되고 작업 효율이 저하되는 위험 영역
   ③ 바람직한 작업자세의 조건
   • 동적 작업을 도모할 것
   • 작업에 주로 사용하는 팔은 심장 높이에 두도록 할 것
   • 작업물체와 눈과의 거리는 명시거리로 30cm 정도 유지할 것
   • 근육을 지속적으로 수축시키기 때문에 불안정한 자세는 피할 것

3. 중량물 취급 작업과 미국 국립산업안전보건연구원(NIOSH) 권고
   ① NIOSH에서 제시하고 있는 최대허용기준(MPL)
   • 역학조사 결과: MPL을 초과하는 직업에서 대부분의 근로자들에게 근육, 골격 장애 발생
   • 노동생리학적 연구결과: MPL에 해당되는 직업에서 요구되는 에너지 대사량은 5kcal/min을 초과
   • 인간공학적 연구결과: MPL에 해당되는 작업에서 디스크에 6,400N의 압력이 부과되어 대부분의 근로자들이 이 압력에 견딜 수 없었음
   • 감시기준(AL)과 최대허용기준(MPL)의 관계

   $$MPL = 3 \times AL$$

   • 정신물리학적 연구결과: 남성근로자의 25% 미만과 여성 근로자의 1% 미만에서만 MPL 수준의 작업을 수행할 수 있었음
   ② NIOSH의 권장중량한계(Recommended Weight Limit, RWL)
   • 23kg의 기준중량에 수평 거리, 수직 거리, 거리 이동, 비대칭 각도, 빈도, 결합 상태 승수를 곱하여 계산

- **NIOSH 권장중량한계 공식**

$$RWL = LC \times HM \times VM \times DM \times AM \times FM \times CM$$

  ○ LC: 기준중량(Load Constant), 23kg(미국 기준)
  ○ HM: 수평거리계수(Horizontal Multiplier)
  ○ VM: 수직거리계수(Vertical Multiplier)
  ○ DM: 거리계수(Distance Multiplier)
  ○ AM: 비대칭계수(Asymmetry Multiplier)
  ○ FM: 빈도계수(Frequency Multiplier)
  ○ CM: 결합계수(Coupling Multiplier)

③ NIOSH의 중량물 취급 작업
  - 실제 취급 중량 대비 권장중량한계 비율인 중량물 취급지수(LI)가 1을 초과하면 작업환경 즉각 개선 필요
  - L_5/S_1 추간판(요추 5번과 천추 1번 사이 디스크)에 6,400N 이상의 압력이 가해질 경우 작업장애 발생 확률 높음
  - 물체의 폭이 75cm 이하일 때 두 손을 적당히 벌려 들어 올리는 작업이 안전하게 수행될 수 있다고 제시되며 이 기준은 작업자가 무리 없이 물체를 잡을 수 있는 적정 폭임

④ 중량물 취급지수(LI)

$$중량물\ 취급지수(LI) = \frac{실제\ 작업무게}{권장중량한계(RWL)}$$

  - LI(Lifting Index)는 실제 들기 작업에서 들어야 하는 중량을 권장중량한계(RWL)로 나눈 값으로, 근로자에게 적용되는 작업의 상대적 위험도를 평가
  - LI 값에 따른 구분

> LI > 1 → 작업 개선 필요
> LI ≤ 1 → 허용 가능 작업

4. 근골격계 질환과 작업 부하 평가 방법
  ① 근골격계 질환(WMSDs)은 반복적인 작업, 부적절한 작업자세, 강도 높은 작업으로 인해 발생
    예) 점액낭염, 건초염, 수근관 증후군, 근막 통증 증후군, 요추 염좌

② 평가 기법
  - OWAS: 인력 중량물 취급 시 자세 평가
  - RULA: 상지 근골격계 위험도 평가
  - REBA: 전신 자세 종합 평가
  - JSI(Job Strain Index): 손·손목 작업부담 정량 평가
③ JSI 평가 점수가 7 이상이면 위험 작업으로 즉시 작업환경 개선 필요

더 알아보기 | 근골격계 질환 평가 방법(JSI, Job Strain Index)

- 상지 말단(손, 손목, 팔꿈치) 작업의 근골격계 질환 위험 평가에 특화된 방법
- JSI 평가결과의 점수가 7점 이상이면 위험한 작업이므로 즉시 작업개선이 필요한 작업으로 관리기준 제시
- 손목의 특이적인 위험성만을 평가하고 있어 제한적인 작업에 대해서만 평가가 가능하고, 손, 손목부위에서 중요한 진동에 대한 위험요인이 배제되었다는 단점이 있음
- 평가과정은 지속적인 힘에 대해 5등급으로 나누어 평가하고, 힘을 필요로 하는 작업의 비율, 손목의 부적절한 작업자세, 반복성, 작업속도, 작업시간 등 총 6가지 요소를 평가한 후 각각의 점수를 곱하여 최종 점수 산출

더 알아보기 | 유해요인 조사

사업주가 근골격계 부담작업에 근로자를 종사하도록 하는 경우 3년마다 유해요인 조사 실시

5. 근골격계 질환의 예방
  ① 근골격계 질환 예방관리 프로그램을 작성·시행할 경우에는 노사협의를 거쳐야 함
  ② 근골격계 질환 예방관리 프로그램에는 유해요인 조사, 작업환경 개선, 교육·훈련 및 평가 등이 포함
  ③ 근골격계 부담작업에 해당하는 새로운 작업·설비 등을 도입한 경우, 지체 없이 유해요인 조사를 실시하여야 함

④ 사업주는 5kg 이상의 중량물을 들어 올리는 작업에 대하여 중량과 무게중심에 대하여 안내표시를 하여야 함

- **산업피로**

1. 산업피로의 정의 및 유형
   ① 개요
   - 산업피로: 작업 과정에서 경험하는 주관적 고단함과 작업능률 저하를 포함하는 가역성 생리 현상
   - 종류: 국소피로, 전신피로, 신체피로, 정신피로가 있으며, 심한 누적 피로는 곤비로 발전돼 병적 상태에 이름
   ② 전신피로
   - 작업에 의한 근육 내 글리코겐 농도의 변화는 작업자의 훈련유무에 따라 차이를 보임
   - 작업강도가 높을수록 혈중 포도당 농도는 급속히 저하하며, 이에 따라 피로감이 빨리 옴
   - 작업대사량의 증가에 따라 산소소비량도 비례하여 증가하나, 작업대사량이 일정한계를 넘으면 산소소비량은 증가하지 않음
   - 작업강도가 증가하면 근육 내 글리코겐량이 비례적으로 감소되어 근육피로 발생
   ③ 지적속도
   - 산업피로를 가장 적게 하고 생산량을 최고로 올릴 수 있는 경제적인 작업속도
   - 작업자가 과도한 피로를 느끼지 않으면서 최대한 효율적으로 작업할 수 있는 속도
   ④ 산업피로 관련 용어
   - 과로: 피로가 계속 누적된 상태 또는 노동 과부하 상태
   - 보통피로: 하룻밤 잠을 자고 나면 다음날 회복되는 정도
   - 정신피로: 중추신경계의 피로를 말하는 것으로 정밀작업 등과 같은 정신적 긴장을 요하는 작업 시에 발생

- 국소피로: 신체의 특정 부위(예 손, 팔 등)에 한정되어 나타나는 피로 상태
- 신체피로: 육체노동에 의해 발생하는 근육 피로로, 주로 근육 노동 시 나타나는 상태
- 곤비(困疲): 심한 노동 후 피로 현상으로, 단기간의 휴식에 의해 회복되지 않고 병적 상태로 발전하는 현상

> **더 알아보기** 작업대사량(RMR)
>
> $$작업대사량(RMR) = \frac{작업대사량}{기초대사량}$$
>
> $$= \frac{작업 시 열량소비량 - 안정 시 열량소비량}{기초대사량}$$
>
> $$= \frac{작업 시 산소소비량 - 안정 시 산소소비량}{기초대사 시 산소소비량}$$

2. 피로의 발생 기전 및 증상
   ① 발생현상(기전)
   - 생체 내 조절기능의 변화
   - 체내 생리대사의 물리·화학적 변화
   - 물질대사에 의한 피로물질의 체내 축적
   - 산소 및 영양물질 공급 부족, 에너지원 소모로 산업피로를 유발
   ② 피로의 증상
   - 피로 발생의 주된 생화학적 요인: 산소 공급 부족, 혈중 포도당(혈당) 감소, 근육 내 글리코겐 고갈, 젖산 축적
   - 호흡이 빨라지고 혈액 중 CO_2의 양 증가
   - 체온은 처음에 높아지다가 피로가 심해지면 나중에 떨어짐
   - 혈압은 처음에 높아지나 피로가 진행되면 나중에 오히려 떨어짐
   - 혈액 및 소변 검사로 진단 가능
   - 작업강도 증가에 따른 에너지 소비량은 근육 내 젖산 및 탄산 농도의 증가로 이어짐

3. 산업피로에 대한 대책
  ① 산업피로에 대한 관리
    • 정신신경 작업 시 몸을 가볍게 움직이는 휴식을 취할 것
    • 단위시간당 적정 작업량을 도모하기 위하여 일 또는 월간 작업량을 적정화할 것
    • 전신의 근육을 쓰는 작업에서는 휴식 시 안정을 취할 것
    • 작업자세(물체와 눈과의 거리, 작업에 사용되는 신체 부위의 위치, 높이 등)를 적정하게 유지
    • 피로회복에 도움이 되는 커피, 홍차, 엽차 및 비타민 B_1 공급
    • 피로한 후 휴식시간을 여러 번으로 나누는 것이 장시간 휴식하는 것보다 효과적임
    • 정적인 작업은 피로를 가중시키므로 될수록 움직이는 작업으로 전환하도록 할 것
  ② 산업피로의 예방
    • 작업강도와 작업량을 개인별로 조절할 것
    • 작업 환경 개선
    • 충분한 수면과 적절한 영양 섭취 보장
    • 카페인(커피, 홍차), 비타민 B_1 섭취
    • 작업 전후 스트레칭과 간단한 체조 시행
    • 동적인 작업 전환과 불필요한 동작 제거
  ③ 산업피로를 줄이기 위한 바람직한 교대근무
    • 교대근무에서 야간근무 연속일수는 3~4일 이하로 제한, 야간근무 종료 후 24시간 이상 휴식 권장, 임시 수면 시간(가면)은 2~4시간 확보
    • 교대방식은 전진근무(주간 → 야간 → 휴무 순) 순서를 추천하며, 역교대는 신체 리듬 교란과 피로 누적 가능성 큼
    • 근무시간의 간격은 15~16시간 이상으로 할 것
    • 야간근무 교대시간은 상오 0시 이전 권장
  ④ Flex-Time 제도
    • 근로자가 하루 중 반드시 일해야 하는 중추시간(Core Time)을 제외하고, 주당 40시간 내외의 근로조건 하에서 자신의 출퇴근 시간을 자율적으로 조정할 수 있는 제도
    • 모든 직원이 동시에 근무해야 하는 핵심 근무 시간 외에는 본인 일정에 맞게 자유롭게 출퇴근이 가능하며, 일과 삶의 균형을 높임

4. 산업피로의 평가
  ① 근전도(EMG) 검사
    • 국소피로의 평가에 주로 사용
    • 피로한 상태에서는 운동 단위의 동원이 증가할 수 있고, 근육 수축에 대한 저항 및 비효율적 활성화가 증가해 총 전압이 상승
  ② 전신피로와 심박수
    작업 직후 30~60초간 심박수가 110을 초과하고, 150~180초와 60~90초 심박수 차이가 10 미만일 경우 심한 전신피로로 판단($HR_{30\text{-}60}$이 110을 초과하고, $HR_{150\text{-}180}$과 $HR_{60\text{-}90}$의 차이가 10 미만인 경우)

> **더 알아보기 혐기성 대사에 사용되는 에너지원**
>
> • 혐기성 대사: 근육운동에 동원되는 주요 에너지 생산방법으로 산소 없이 에너지를 생성하는 과정이며, 산소는 사용되지 않음
>
> 아데노신삼인산(ATP) → 크레아틴 인산(CP) → 글리코겐(glycogen) or 포도당(glucose)
>
> ✓ $ATP + H_2O \leftrightharpoons ADP + P + free\ energy$
> ✓ $glucose + P + ADP \rightarrow Lactate + ATP$
> ✓ $creatine\ phosphate + ADP \leftrightharpoons creatine + ATP$
>
> • 아데노신 삼인산(ATP)과 크레아틴 인산: 근육 내에 저장되어 있어 순간적으로 빠르게 에너지를 공급하는 혐기성 대사의 주요 원료
> • 글리코겐: 해당과정을 통해 산소 없이도 에너지를 공급하는 혐기성 대사의 중요한 에너지원

■ **산업심리**

1. 정의 및 주요 내용
  ① 산업심리는 작업 환경 내 인간의 심리 상태와 행동을 연구하는 학문임
  ② 직무 스트레스, 작업 적성, 조직 및 집단 행동 연구를 통해 근로자의 작업 효율성 및 정신건강 개선

2. 직무 스트레스
① 원인: 과중한 업무, 역할갈등, 대인관계 문제 등
② 스트레스에 대한 반응
- 심리적 결과: 감정, 인지, 정신 건강 등 내면적 변화와 관련된 반응
  예 불안, 우울, 불만족, 수면 방해, 가정문제 등
- 행동적 결과: 실제로 나타나는 행동의 변화
  예 약물 남용, 흡연, 음주, 돌발 행동(충동적 행동, 사고 유발), 식욕 부진 등
③ 스트레스의 반응에 따른 심리적 결과: 가정문제, 수면방해, 성(性)적 역기능

3. 스트레스 평가와 관리
① 스트레스의 개인적 관리
- 신체검사를 통한 스트레스성 질환 평가
- 자신의 한계와 문제의 징후를 인식하여 해결 방안 도출
- 명상, 요가 등의 긴장 이완훈련을 통하여 생리적 휴식상태 점검
- 규칙적인 운동, 흡연, 음주 지양
- 직무 외적인 취미, 휴식, 즐거운 활동 등에 참여하여 대처능력 함양
② 스트레스의 조직적 대응
- 직무 재설계
- 참여 의사 결정
- 우호적인 직장 분위기 조성

4. 직업적성 검사
① 생리적 기능검사: 체력검사, 감각기능검사, 심폐 기능검사
② 심리적 적성검사: 지능검사(언어, 기억, 추리, 귀납 등), 인성검사, 지각동작검사

■ 직업성 질환

1. 직업성 질환 정의와 특징
① 직업성 질환은 산업현장에서 작업환경 유해인자에 노출돼 발생하는 건강 문제로서, 물리적·화학적·생물학적·작업요인 등 다양한 원인으로 분류
② 질환은 원발성, 속발성, 합병증 등 다양한 형태가 있으며, 작업자 건강 보호를 위한 법적 인정이 중요함
③ 정의
- 직업성 질환: 어떤 작업에 종사함으로써 발생하는 업무상 질병으로 재해성 질환과 직업병으로 나눌 수 있음
- 직업병: 저농도 또는 저수준의 상태로 장시간 걸쳐 반복노출로 생긴 질병
- 직업성 질환과 일반 질환은 명확히 구분되지 않고, 동일한 질환이라도 원인이 직업적 노출에 있느냐의 여부에 따라 인정 여부가 달라질 수 있음
④ 직업성 질환의 범위
- 직업상 업무에 기인하여 1차적으로 발생하는 원발성 질환 포함
- 원발성 질환과 합병 작용하여 제2의 질환을 유발하는 경우 포함
- 합병증이 원발성 질환과 불가분의 관계를 가지는 경우 포함
- 원발성 질환에 떨어진 다른 부위에 같은 원인에 의한 제2의 질환을 일으키는 경우 포함

> **더 알아보기 원발성 질환**
> 근로자가 수행하는 업무나 작업환경의 유해인자가 직접 원인이 되어 처음 발생하는 질환

⑤ 직업성 질환 발생 원인
- 물리적 환경요인 예 소음, 진동, 방사선
- 화학적 환경요인 예 유해화학물질, 가스, 분진
- 작업요인 예 부자연스러운 자세, 반복 작업

- 작업이 끝난 후에도 맥박과 호흡수가 작업개시 수준으로 즉시 돌아오지 않고 서서히 감소함
- 작업부하 수준이 최대 산소소비량 수준보다 높아지게 되면, 젖산의 제거 속도가 생성 속도에 못 미치게 됨
- 작업이 끝난 후에 남아 있는 젖산을 제거하기 위해서는 산소가 더 필요하며, 이 때 동원되는 산소소비량을 산소부채(Oxygen Debt)라 함

2. 주요 유해물질 및 직업병

① 폐질환
- 진폐증(Pneumoconiosis): 광물성 분진(무기성 분진)을 장기간 흡입함으로써 폐에 영구적인 손상(섬유화, 반흔 등)이 생기는 만성 직업성 폐질환의 총칭
- 규폐증(Silicosis): 유리규산(결정형 실리카, SiO_2) 분진을 장기간 흡입해 폐에 섬유성 결절과 반흔이 생기는 만성 폐질환으로, 진폐증의 한 종류
- 면폐증(Byssinosis): 면섬유(면분진)를 장기간 흡입해 발생하는 직업성 폐질환으로, 진폐증의 한 종류

② 직업성 피부질환
- 대부분은 화학물질에 의한 접촉피부염
- 알레르기성 접촉피부염: 피부가 특정 화학물질(항원)에 반복적으로 접촉할 때 신체의 면역체계가 반응하여 나타나는 피부염 증상
- 정확한 발생빈도와 원인물질의 추정은 거의 불가능
- 직업성 피부질환의 간접요인: 인종, 연령, 계절, 아토피, 피부질환 등

③ 유해인자와 발생되는 직업병

석면	폐암, 악성중피종, 석면폐증 등 중증 직업성 질환
크롬	비중격천공, 폐암, 비강암, 피부궤양 등
이상기압	잠수병, 감압병 등

망간	중추신경계 장애
황린	턱뼈의 괴사
수은	주로 신경계(에레티즘, 진전), 신장(신세뇨관 손상), 면역계 등에 독성
고온, 강한 자외선 노출	직업성 백내장
납	빈혈, 소화기장애

④ 직업성 변이(Occupational Stigmata)
- 직업에 따라 신체 형태와 기능에 국소적 변화가 일어나는 현상
- 직업에 따른 신체적 적응 또는 변형 형태로, 작업 부위에 특이한 근육 발달, 피부 변화, 변형 등이 나타나는 경우
- 직업성 변이 사례: 목수의 두꺼운 손바닥 피부, 장인의 특정 손가락 굵기 증가 등

3. 진단 및 검진
① 진단은 업무 내역, 작업환경 측정, 생물학적 모니터링, 병리소견, 영상 검사, 과거 직업력 분석 등을 통해 이루어짐
② 유해요인 노출 평가에는 작업환경측정, 노출 추정, 생물학적 모니터링이 필수적
③ 알레르기 피부염 진단을 위한 첩포시험, 중금속 노출 평가를 위한 혈액 및 소변 검사 등이 활용

4. 예방과 관리
① 작업환경관리의 원칙

대치	유해물질이나 위험한 작업을 덜 위험하거나 무해한 것으로 대체
격리	작업자와 유해인자 사이에 물리적 장벽을 두거나 밀폐, 원격조작 등을 통해 노출을 차단
환기	작업장에서 발생하는 유해물질을 제거하거나 희석하기 위해 국소 배기나 전체 환기 시설을 설치하여 공기 중 노출을 줄임
교육	작업자와 관리자가 작업환경의 위험성을 인지하고 안전작업방법을 숙지하도록 교육

② 신체적 결함과 원인이 되는 작업

경견완증후근	타이핑, 사무작업, 반복성 손사용에서 흔히 발생하는 근골격계 질환
중추신경 장해	특정 화학물질이나 특수작업(유해물질, 중금속)과 연관
평발	보행 또는 체중 부하작업과 연관
진폐증	광산, 건설, 가공현장 등의 분진 노출에 의한 폐질환
간기능 장해	화학공업
빈혈증	유기용제 취급작업
당뇨병(당뇨증)	외상(상처)을 입기 쉬운 작업
심계항진 (심장 두근거림)	초중(重)작업, 고온 환경, 격렬한 신체작업, 고소작업 등

③ 건강관리구분 판정

A	건강관리상 사후관리가 필요 없는 근로자(건강한 근로자)
C_1	직업성 질병으로 진전될 우려가 있어 추적검사 등 관찰이 필요한 근로자(직업병 요관찰자)
C_2	일반질병으로 진전될 우려가 있어 추적관찰이 필요한 근로자(일반질병 요관찰자)
CN	질병으로 진전될 우려가 있어 야간작업 시 추적관찰이 필요한 근로자(질병 요관찰자)
D_1	직업성 질병의 소견을 보여 사후관리가 필요한 근로자(직업병 유소견자)
D_2	일반 질병의 소견을 보여 사후관리가 필요한 근로자(일반질병 유소견자)
DN	질병의 소견을 보여 야간작업 시 사후관리가 필요한 근로자(질병 유소견자)
R	건강검진 1차 검사결과 건강수준의 평가가 곤란하거나 질병이 의심되는 근로자(제2차건강검진 대상자)
U	2차 건강검진대상이나 퇴직 등의 사유로 건강검진을 종료하지 못해 건강관리구분을 판정하지 못하는 경우

④ 직업성 질환의 예방
- 직업병 예방
  - ✓ 원인 제거를 우선으로 하며, 위험요인이 있는 공정을 대체하거나 변경하는 것이 가장 근본적인 대책임
  - ✓ 그 다음으로 격리 및 밀폐, 환기시설 설치 등 설비 개선을 통해 위험 노출을 줄임
- 직업성 질환의 1차 예방
  - ✓ 원인인자의 제거나 원인이 되는 손상을 막는 것
  - ✓ 새로운 유해인자의 통제, 알려진 유해인자의 통제, 노출관리를 통함
- 직업성 질환의 2차 예방
  - ✓ 근로자가 진료를 받기 전 단계인 초기에 질병을 발견하는 것
  - ✓ 질병의 선별검사, 감시, 주기적 의학적 감사, 법적인 의학적 검사를 통함
- 직업성 질환의 3차 예방
  - ✓ 대개 치료와 재활과정
  - ✓ 근로자들이 더 이상 노출되지 않도록 해야 하며 필요시 적절한 의학적 치료를 받아야 함

> **더 알아보기** 직업성 질환의 예방대책 중에서 근로자 대책
> - 적절한 보호의 착용
> - 정기적인 근로자 건강진단의 실시
> - 보안경, 진동 장갑, 귀마개 등의 보호구 착용

⑤ 작업환경측정
- 최근 1년간 유해인자에 영향을 주는 변경이 없고, 최근 2회 연속 노출기준 미만인 경우 1년에 1회 측정이 가능
- 특별관리물질과 허가대상물질 제외

실내 환경

■ 실내오염의 원인

- 실내공기질 오염은 인간의 활동과 건축환경에서 발생하는 다양한 유해인자들에 의해 유발
- 오염원은 크게 인체 활동 및 생활습관 요인, 건축자재 및 연소기기, 방사성 물질, 미생물 및 알레르겐, 대기 중 입자상 물질로 구분됨

> **더 알아보기** 실내공기오염물질(실내공기질관리법)
> 미세먼지(PM-10), 이산화탄소(CO_2), 포름알데히드(Formaldehyde), 총부유균(TAB, Total Airborne Bacteria), 일산화탄소(CO), 이산화질소(NO_2), 라돈(Rn), 휘발성유기화합물(VOCs), 석면(Asbestos), 오존(O_3), 초미세먼지(PM-2.5), 곰팡이(Mold), 벤젠(Benzene), 톨루엔(Toluene), 에틸벤젠(Ethylbenzene), 자일렌(Xylene), 스티렌(Styrene)

1. 인체 활동 및 생활습관 요인

① 호흡
- 사람의 기본 대사 과정으로 CO_2, 수증기, 일부 미생물이 배출
- 다중이용시설 내 인원 밀집 시 이산화탄소 농도는 급격히 상승

② 흡연
- 담배 연기는 일산화탄소, 벤젠, 톨루엔, 폼알데히드 등 수백 종 유해화학물질을 포함
- 미세먼지(PM), 니코틴, 타르 등이 실내 공기에 유입되어 대표적 오염원으로 작용

③ 기타 생활습관: 조리, 난방 연료 사용, 가구 재질 등에서 발생하는 배출

2. 건축자재 및 휘발성 유기화합물

① 포름알데히드(Formaldehyde, HCHO)
- 건축자재(합판, MDF, 가구 접착제, 섬유 제품 등)에서 방출되는 대표적 VOC
- 특성: 자극적인 냄새, 무색 기체, 물에 잘 용해됨
- 건강: 눈·코 점막 자극, 호흡기 질환, 국제적으로 1A 발암성 물질로 분류
- 측정법: 2,4-DNPH 코팅 흡착관 활용

② TVOCs(총휘발성유기화합물)
- 벤젠, 톨루엔, 에틸벤젠, 자일렌, 스티렌 등 포함
- 새집증후군(Sick House Syndrome)의 주된 원인
- 실내 오염 평가에서 농도 합계 기준 권고치 설정

3. 방사성 물질-라돈(Radon, Rn)

① 발생원: 우라늄(U), 토륨(Th) 붕괴 체인의 일부

> 라듐(Ra) → 라돈(Rn)

② 특성: 무색, 무취, 무미로 인간 감각으로 감지 불가

③ 발생 경로: 토양, 암석, 건물 균열, 지하공간

④ 건강 영향: α붕괴로 생성된 딸핵종이 기관지 점막에 부착하여 폐암 유발

⑤ 별칭: 침묵의 살인자

⑥ 환기 불량 시 실내농도가 높아짐

4. 광물성 섬유 물질 - 석면(Asbestos)

① 종류: 사문석계(백석면, Chrysotile), 각섬석계(청석면, 갈석면 등)

② 특성: 내열성, 단열성, 절연성, 강한 인장력 때문에 과거 건축자재로 사용

③ 건강: 석면폐증(Asbestosis), 폐암, 악성중피종(특히 청석면)과 강한 연관

④ 관리: 다음에 해당하는 섬유만 개수
- 길이 5 μm 이상
- "길이 : 지름" 비율 ≥ "3 : 1" 이상

5. 미생물과 알레르겐

곰팡이 (Mold)	습도 높은 공간에서 발생. 천식, 비염, 알레르기 반응 유발
총부유균 (TAB)	공기 중 세균 수로 위생 관리 지표
레지오넬라균 (Legionella Pneumophilia)	• 냉각탑, 온수탱크, 가습기 등에서 증식 • 여름·초가을 발생 빈도 증가 • 오염된 수증기 흡입으로 감염

알레르겐	• 집먼지진드기, 반려동물 비듬, 바퀴벌레 배설물 등 • 호흡기 점막을 자극하여 알레르기 비염, 천식 등 유발

6. 입자상 물질

미세먼지 (PM-10)	직경 10 μm 이하의 입자
초미세먼지 (PM-2.5)	직경 2.5 μm 이하. 심폐계에 깊숙이 침투
흄(Fume)	금속이 고온에서 기화 후 응축하여 생성되는 미립자 예 용접흄
미스트(Mist)	미세 액적 부유체 예 오일 미스트
스모그 (Smog)	• 연기(Smoke) + 안개(Fog) • 주로 대기오염, 실내로도 유입 가능

■ 실내오염물질과 건강장해

건강상해는 오염물질에 따라 감염성 질환, 알레르기·염증성 질환, 화학·방사성 물질 중독 및 장해로 구분

1. 감염성 질환

가습기 열 (Humidifier Fever)	• 오염된 가습기 수조 내 미생물에 의해 발생 • 발열, 기침, 호흡곤란
레지오넬라병 (Legionella Disease)	• 레지오넬라균 흡입으로 인한 중증 폐렴 • 고열, 기침, 근육통. 흔히 냉각탑·에어컨·온수기에서 발생
과민성 폐렴 (Hypersensitivity Pneumonitis)	곰팡이, 유기 먼지 흡입에 의한 면역 반응성 간질성 폐질환

2. 알레르기·염증성 장해

새집증후군	• VOCs, 포름알데히드 배출로 인한 증후군 • 입주 초기 특히 문제 • 눈·코 자극, 두통, 구토, 피부염
헌집증후군	• 오래된 건물에서 발생하는 곰팡이·세균 등의 축적 오염 원인 • 호흡기 증상, 알레르기 반응
빌딩증후군 (Sick Building Syndrome, SBS)	• 환기 불량·실내 환경적 요인 • 다수 인원에서 동시에 두통, 눈·코 자극, 피로감, 권태
건물 관련 질병 (Building Related Disease, BRD)	특정 오염원에 의한 질환 예 레지오넬라병, 알레르기성 폐질환
화학물질과민증 (화학물질과민성 증후군, Multiple Chemical Sensitivity, MCS)	극저농도 화학물질에도 과민 반응을 보이는 상태

3. 독성 및 발암성 장해

포름알데히드	점막 자극, 천식 유발, 발암성 존재
VOCs	두통, 어지럼증, 신경계 손상, 장기 노출 시 발암 가능성
라돈	• 대표적 폐암 발암인자 • 흡연과 함께 노출 시 위험 상승
석면	• 장기간 노출 시 석면폐증, 폐암, 악성 중피종 • 청석면 노출 위험 가장 큼
일산화탄소 (CO)	혈중 헤모글로빈과 결합(COHb 형성)하여 중추신경계 산소 결핍, 두통 야기
이산화탄소 (CO_2)	고농도 노출 시 두통, 집중력 저하, 피로감
이산화질소 (NO_2)	호흡기 자극, 천식 악화

■ **실내오염 평가 및 관리**

실내공기질 관리는 법적 기준 준수, 사무실 공기관리 지침, 측정 및 모니터링, 환기·정화 대책 등을 포함

1. 관련 법규 및 기준
    ① 실내공기질관리법

유지기준 항목	PM-10, PM-2.5, CO_2, CO, HCHO, 총부유세균
권고기준 항목	NO_2, 라돈, TVOCs, 곰팡이

    ② 산업안전보건법상 사무실 공기관리 지침

환기 기준	• 근로자 1인당 최소 외기량 0.57m^3/min 이상 • 환기횟수 시간당 4회 이상
관리 형태	8시간 TWA 기준 적용
특이사항	CO_2는 각 지점 측정치 중 최고값 기준으로 비교·평가
측정 위치	• 실내 공기질이 가장 나쁠 것으로 예상되는 2곳 이상 • 바닥면에서 0.9~1.5m 높이

2. 측정 및 조사 항목
    ① 오염원 발생 실태 조사
    ② 외부 오염물질 유입 경로 조사
    ③ 공기정화시설의 환기량·성능 적정성 평가
    ④ 근로자 건강증상 조사(호흡기, 눈, 피부 자극 등)

3. 관리 기법 및 개선 대책
    ① Bake-out
        • 건물을 30℃ 이상 가열, 5~6시간 유지 후 환기. 반복하여 실내 VOCs, HCHO 농도 저감
        • 신축 건물 입주 전 새집증후군 예방
    ② 환기 관리
        • 창문 개폐, 기계 환기 시스템 설비, 공기정화기 설치
        • 계절·외부 공기질에 따라 환기 횟수 조절
    ③ 자재 관리
        저방출 건축자재 사용, 친환경 인증 자재 채택

④ 습도 및 위생 관리
    곰팡이 성장 억제, 총부유세균 감소를 위한 환경 제어
⑤ 개별적 관리
    흡연 금지, 연소기기 점검, 정기적 필터 교체

📋 관련 법규

■ **보건관리자**

1. 보건관리자의 자격과 선임
    ① 상시 근로자 50인 이상 사업장은 보건관리자의 자격기준에 해당하는 자 중 1인 이상을 보건관리자로 선임하여야 함
    ② 보건관리대행은 보건관리자의 직무를 보건관리를 전문으로 행하는 외부기관에 위탁하여 수행하는 제도로 1990년부터 법적근거를 갖고 시행되고 있음
    ③ 상시 근로자의 수가 3,000명 이상인 경우에 의사 또는 간호사 1인을 포함하는 2인의 보건관리자를 선임하여야 함
    ④ 보건관리자 자격기준
        • 산업보건지도사 자격을 가진 사람
        • 「의료법」에 따른 의사
        • 「의료법」에 따른 간호사
        • 「국가기술자격법」에 따른 산업위생관리산업기사 또는 대기환경산업기사 이상의 자격을 취득한 사람
        • 「국가기술자격법」에 따른 인간공학기사 이상의 자격을 취득한 사람
        • 「고등교육법」에 따른 전문대학 이상의 학교에서 산업보건 또는 산업위생 분야의 학과를 졸업한 사람(법령상 이와 동등 이상의 학력이 인정되는 사람 포함)

2. 보건관리자의 업무
① 산업안전보건위원회 또는 노사협의체에서 심의 · 의결한 업무와 안전보건관리규정 및 취업규칙에서 정한 업무
② 안전인증대상기계 등과 자율안전확인대상기계 등 중 보건과 관련된 보호구(保護具) 구입 시 적격품 선정에 관한 보좌 및 지도 · 조언
③ 위험성 평가에 관한 보좌 및 지도 · 조언
④ 물질안전보건자료의 게시 또는 비치에 관한 보좌 및 지도 · 조언
⑤ 산업보건의의 직무
⑥ 해당 사업장 보건교육계획의 수립 및 보건교육 실시에 관한 보좌 및 지도 · 조언
⑦ 해당 사업장의 근로자를 보호하기 위한 다음의 조치에 해당하는 의료행위
  • 자주 발생하는 가벼운 부상에 대한 치료
  • 응급처치가 필요한 사람에 대한 처치
  • 부상 · 질병의 악화를 방지하기 위한 처치
  • 건강진단 결과 발견된 질병사의 요양 지도 및 관리
  • 위 4가지 의료행위에 따르는 의약품의 투여
⑧ 작업장 내에서 사용되는 전체 환기장치 및 국소 배기장치 등에 관한 설비의 점검과 작업방법의 공학적 개선에 관한 보좌 및 지도 · 조언
⑨ 사업장 순회점검, 지도 및 조치 건의
⑩ 산업재해 발생의 원인 조사 · 분석 및 재발 방지를 위한 기술적 보좌 및 지도 · 조언
⑪ 산업재해에 관한 통계의 유지 · 관리 · 분석을 위한 보좌 및 지도 · 조언
⑫ 법 또는 법에 따른 명령으로 정한 보건에 관한 사항의 이행에 관한 보좌 및 지도 · 조언
⑬ 업무 수행 내용의 기록 · 유지
⑭ 그 밖에 보건과 관련된 작업관리 및 작업환경관리에 관한 사항으로서 고용노동부장관이 정하는 사항

3. 산업안전보건법령상 보건관리자가 해당 사업장의 근로자를 보호하기 위한 조치에 해당하는 의료행위
① 자주 발생하는 가벼운 부상에 대한 치료
② 응급처치가 필요한 사람에 대한 처치
③ 부상 · 질병의 악화를 방지하기 위한 처치
④ 건강진단 결과 발견된 질병자의 요양지도 및 관리
※ 단, 보건관리자는 의료법에 따른 의사로 한정

4. 보건관리자의 겸임
① 상시근로자 수가 300명 미만인 사업장의 보건관리자는 본인의 보건관리 업무에 지장이 없는 범위 내에서 다른 업무를 겸직할 수 있음
② 보건관리 업무에 필요한 최소 시간(연간 최소 585시간)이 보장되어야 함
③ 300명 이상인 사업장에서는 보건관리 업무의 전담이 원칙이며, 겸직이 제한됨

■ **작업환경측정**
① 사업주는 작업환경의 측정 중 시료의 분석을 작업환경측정기관에 위탁할 수 있음
② 사업주는 작업환경측정 결과를 해당 작업장의 근로자에게 알릴 것
③ 사업주는 근로자대표가 요구할 경우 작업환경측정 시 근로자대표를 참석시킬 것
④ 작업환경측정 방법과 횟수는 법령에 의해 정해지며 사업주 자의 임의 결정이 아님
⑤ 석면에 대한 작업환경측정결과 측정치가 노출기준을 초과하는 경우 그 측정일로부터 3개월에 1회 이상의 작업환경측정을 할 것
⑥ 작업환경측정을 실시하기 전에 예비조사를 실시할 것
⑦ 작업환경측정자는 그 사업장에 소속된 사람으로 산업위생관리산업기사 이상의 자격을 가진 사람일 것
⑧ 작업이 정상적으로 이루어져 작업시간과 유해인자에 대한 근로자의 노출 정도를 정확히 평가할 수 있을 때 실시할 것
⑨ 개인시료채취를 원칙으로 하되, 개인시료채취가 곤란한 경우 지역시료채취를 할 수 있음

- **유해물질 및 MSDS**

1. 위험성 평가 실시내용 및 결과의 기록·보존
   ① 사업주가 위험성 평가의 결과와 조치사항을 기록·보존할 때에는 다음의 사항을 포함할 것
      - 위험성 평가 대상의 유해·위험요인
      - 위험성 결정의 내용
      - 위험성 결정에 따른 조치의 내용
      - 그 밖에 위험성 평가의 실시내용을 확인하기 위하여 필요한 사항으로서 고용노동부장관이 정하여 고시하는 사항
   ② 사업주는 ①에 따른 자료를 3년간 보존할 것

2. 제조 등이 허가되는 유해물질

구분	허가 대상 유해물질	관리 대상 유해물질
정의	근로자에게 심각한 건강장해 우려가 있어 고용노동부장관의 허가 없이 제조·사용이 금지된 물질	근로자에게 상당한 건강장해 우려가 있어 법령상 정한 보건조치와 관리가 필요한 물질
관리방법	사전에 허가를 받아야만 제조하거나 사용할 수 있음	특별한 허가 없이도 취급 가능 하지만 작업환경 측정, 환기, 보호구 등 보건관리 조치가 필수
예시	베릴륨, 알파-나프틸아민, 디아니딘 등	벤젠, 톨루엔 납 크롬 등 다양한 유해화학물질
목적	극히 위험하거나 발암성 등 치명적인 피해 유발 물질의 원천통제	다양한 건강장해 요인의 노출 저감 및 예방

> **더 알아보기** 산업안전보건법상 허가대상 유해물질 제조·사용 시 게시사항
> - 허가대상 유해물질의 명칭
> - 인체에 미치는 영향
> - 취급상의 주의사항
> - 착용하여야 할 보호구
> - 응급처치와 긴급 방재 요령 등

3. 물질안전보건자료(MSDS) 16가지 기재 항목
   ① 화학제품과 회사에 관한 정보
   ② 유해성·위험성
   ③ 구성성분의 명칭 및 함유량
   ④ 응급조치 요령
   ⑤ 폭발·화재 시 대처방법
   ⑥ 누출 사고 시 대처방법
   ⑦ 취급 및 저장방법
   ⑧ 노출방지 및 개인보호구
   ⑨ 물리·화학적 특성
   ⑩ 안정성 및 반응성
   ⑪ 독성에 관한 정보
   ⑫ 환경에 미치는 영향
   ⑬ 폐기 시 주의사항
   ⑭ 운송에 필요한 정보
   ⑮ 법적 규제 현황
   ⑯ 그 밖의 참고사항

4. 물질안전보건자료(MSDS)의 작성 원칙
   ① MSDS의 작성단위는 「계량에 관한 법률」이 정하는 바에 의할 것
   ② MSDS는 한글로 작성하는 것을 원칙으로 하되 화학물질명, 외국기관명 등의 고유명사는 영어로 표기할 수 있음
   ③ 외국어로 되어 있는 MSDS를 번역하는 경우에는 자료의 신뢰성이 확보될 수 있도록 최초 작성기관명 및 시기를 함께 기재할 것
   ④ 각 작성항목은 가능한 정보를 모두 작성해야 하며, 부득이 정보를 얻지 못한 항목은 "해당없음" 또는 "정보없음" 등으로 명확히 기재해야 하며, 공란으로 두는 것은 원칙적으로 허용되지 않음

5. 발암성 정보물질의 표기법

구분	설명	세부적용 기준
1A	사람(역학, 의학적 데이터 등)에서 발암성과 화학물질 노출 사이의 인과관계가 명확하게 확인된 경우	신뢰성 있는 역학 연구에서 우연성, 편견, 교란요인 없이 발암성(노출-암발생 인과관계)이 인정된 경우 예 IARC(국제암연구소) 1군과 동일
1B	동물실험에서 발암성이 충분히 증명, 사람에서도 유사할 것으로 추정되는 경우	• 여러 종의 실험동물에서 반복연구로 발암성이 입증 • 사람에서는 직접 증거가 부족
2	사람과 동물 모두에서 제한된 증거만 있는 경우	• 실험 결과 일부만 발암성을 시사 • 인과관계의 신뢰성 부족

- **소음**
  1. 소음작업
     1일 8시간 작업을 기준으로 85데시벨 이상의 소음이 발생하는 작업

  2. 강렬한 소음작업
     ① 90데시벨 이상의 소음이 1일 8시간 이상 발생하는 작업
     ② 95데시벨 이상의 소음이 1일 4시간 이상 발생하는 작업
     ③ 100데시벨 이상의 소음이 1일 2시간 이상 발생하는 작업
     ④ 105데시벨 이상의 소음이 1일 1시간 이상 발생하는 작업
     ⑤ 110데시벨 이상의 소음이 1일 30분 이상 발생하는 작업
     ⑥ 115데시벨 이상의 소음이 1일 15분 이상 발생하는 작업

  3. 충격소음작업
     소음이 1초 이상의 간격으로 발생하는 작업으로서 다음 중 어느 하나에 해당하는 작업
     ① 120데시벨을 초과하는 소음이 1일 1만회 이상 발생하는 작업
     ② 130데시벨을 초과하는 소음이 1일 1천회 이상 발생하는 작업
     ③ 140데시벨을 초과하는 소음이 1일 1백회 이상 발생하는 작업

- **중대재해 및 산업재해 예방**
  1. 중대재해
     ① 사망자가 1명 이상 발생한 재해
     ② 3개월 이상의 요양이 필요한 부상자가 동시에 2명 이상 발생한 재해
     ③ 부상자 또는 직업성 질병자가 동시에 10명 이상 발생한 재해

  2. 산업안전보건법령상 유해위험방지계획서 제출 대상 사업
     ① 금속가공제품 제조업(단, 기계 및 가구 제외)
     ② 비금속 광물제품 제조업
     ③ 기타 기계 및 장비 제조업
     ④ 자동차 및 트레일러 제조업
     ⑤ 식료품 제조업
     ⑥ 고무제품 및 플라스틱제품 제조업
     ⑦ 목재 및 나무제품 제조업
     ⑧ 기타 제품 제조업
     ⑨ 1차 금속 제조업
     ⑩ 가구 제조업
     ⑪ 화학물질 및 화학제품 제조업
     ⑫ 반도체 제조업
     ⑬ 전자부품 제조업
     ※ 단, 모두 전기 계약용량이 300킬로와트 이상임

3. 산업재해 보상
  ① 업무상의 재해: 업무상의 사유에 따른 근로자의 부상·질병·장해 또는 사망
  ② 유족: 사망한 사람의 배우자(사실상 혼인 관계에 있는 사람 포함)·자녀·부모·손자녀·조부모 또는 형제자매
  ③ 장해: 부상 또는 질병이 치유되었으나 정신적 또는 육체적 훼손으로 인하여 노동능력이 상실되거나 감소된 상태
  ④ 치유: 부상 또는 질병이 완치되거나 치료의 효과를 더 이상 기대할 수 없고 그 증상이 고정된 상태에 이르게 된 것

■ 사무실 공기관리 및 특수건강진단

1. 사무실 오염물질에 대한 관리기준

오염물질	관리기준*
미세먼지(PM-10)	$100\,\mu g/m^3$
초미세먼지(PM-2.5)	$50\,\mu g/m^3$
이산화탄소(CO_2)	1,000ppm
일산화탄소(CO)	10ppm
이산화질소(NO_2)	0.1ppm
포름알데히드(HCHO)	$100\,\mu g/m^3$
총휘발성유기화합물(TVOC)	$500\,\mu g/m^3$
라돈(radon)**	$148Bq/m^3$
총부유세균	$800CFU/m^3$
곰팡이	$500CFU/m^3$

* 관리기준: 8시간 시간가중평균농도 기준

** 라돈: 지상 1층을 포함한 지하에 위치한 사무실에만 적용

2. 산업안전보건법상 근로자 건강진단의 종류
  일반건강진단, 특수건강진단, 배치전건강진단, 건강관리카드소지자 건강진단, 수시건강진단, 임시건강진단

■ 노출기준 및 상호작용

1. 노출기준 초과
  산업안전보건법령상 입자상 물질의 농도 평가에서 2회 이상 측정한 단시간 노출농도값이 단시간 노출기준과 시간가중평균기준값 사이일 때, 노출기준 초과로 평가해야 하는 경우
  ① 1일 4회를 초과하는 경우
  ② 15분 이상 연속 노출되는 경우
  ③ 노출과 노출 사이의 간격이 1시간 이내인 경우

2. 화학물질 및 물리적 인자의 노출기준
  ① 각 유해인자의 노출기준은 해당 유해인자가 단독으로 존재하는 경우의 노출기준
  ② 2종 또는 그 이상의 유해인자가 존재하는 경우에는 각 유해인자의 상가작용으로 유해성이 증가할 수 있으므로 법에 따라 산출하는 노출기준을 사용하여야 함

산업재해

■ 산업재해 발생원인 및 분석

1. 산업재해의 정의
  ① 산업안전보건법상 산업재해의 정의: 근로자가 업무에 관계되는 건설물, 설비, 원재료, 가스, 증기, 분진 등에 의하거나 작업 또는 그 밖의 업무로 인하여 사망 또는 부상하거나 질병에 걸리는 것
  ② 예기치 않은, 계획되지 않은 사고이며, 상해를 수반하는 경우
  ③ 작업상의 재해 또는 작업환경으로부터의 무리한 근로의 결과로부터 발생되는 절상, 골절, 염좌 등의 상해
  ④ 불특정 다수에게 의도하지 않은 사고가 발생하여 신체적, 재산상의 손실이 발생하는 것

- 무재해: 피해가 없거나 경미한 경우도 포함될 수 있으나 법적 분류 기준에서 다름
- 경미사고: 근로자가 병원에 통원 치료는 필요하지만 입원까지는 하지 않는 가벼운 상해
- 경상해: 통원 치료가 필요한 가벼운 부상
- 중상해: 입원이 필요한 심한 부상

2. 산업재해의 원인
   ① 직접원인(1차 원인)
      - 불안전한 상태와 불안전한 행위
      - 사고 발생의 즉각적인 계기 제공

불안전한 행동	보호구 미착용, 안전수칙 위반, 부주의한 태도 등
불안전한 상태	방호장치 미설치, 경고표지 미설치, 시끄러운 환경 등

   ② 간접원인(2차 원인)
      - 근로자의 신체적 상태나 피로, 정신적 상태
      - 관리자의 교육 부족, 감독 소홀 등
      - 사고 발생에 직접적으로 작용하지는 않지만 배경 요인으로 작용

3. 산업재해 발생의 역학적 특성
   산업재해는 단순히 우연히 발생하는 것이 아니라, 일정한 조건과 상황 속에서 반복적으로 발생
   ① 계절별: 봄과 가을에 더 많이 발생
   ② 손상 종류: 골절이 가장 많이 발생
   ③ 산업체 규모: 작은 규모에서 재해율이 더 높음
   ④ 시간대: 오전 11~12시, 오후 2~3시에 빈발

4. 하인리히의 이론
   ① 도미노 이론
      - 하인리히의 사고 연쇄반응 이론상 재해 단계

      > 사회적 환경 → 개인적 결함 →
      > 불안전한 행동 및 상태 → 사고 → 재해

      - 직접적인 사고 원인: 불안전한 행동 및 상태

   ② 1 : 29 : 300의 법칙
      - "사망 또는 중상해 : 경상 : 무상해 사고"의 비율을 "1 : 29 : 300"이라고 제시
      - 중대한 산업재해가 발생하기 전에 수많은 작은 사고와 아차사고가 존재함을 의미

5. 재해예방의 4원칙
   ① 손실 우연의 원칙: 재해손실의 규모와 발생 여부는 사고 당시 조건에 따라 우연적으로 결정
   ② 예방 가능의 원칙: 천재지변을 제외한 모든 인재는 원인을 제거하면 예방 가능
   ③ 대책 선정의 원칙: 재해 원인을 정확히 규명하여 적절한 예방 대책을 선정·실행해야 함
   ④ 원인 계기의 원칙: 모든 사고에는 반드시 원인이 있으며, 원인과 사고는 필연적으로 연결되어 있음

6. 산업재해의 기본 원인 4M
   Man(사람), Machine(기계), Media(환경), Management(관리)

■ 산업재해 대책

1. 하인리히의 사고예방대책 5단계

   > 조직 → 사실의 발견 → 분석·평가
   > → 시정책의 선정 → 시정책의 적용

   ① 조직: 사고예방을 위한 책임자, 체계와 조직을 구성하는 단계
   ② 사실의 발견: 사고 혹은 위험의 존재를 구체적으로 조사·확인하는 단계
   ③ 분석평가: 사실을 바탕으로 위험의 원인과 구조를 면밀히 분석하는 단계
   ④ 시정책의 선정: 분석 결과에 따라 최적의 해결 방안이나 예방책을 선택하는 단계
   ⑤ 시정책의 적용: 선정된 대책을 실제로 현장 및 관리체계에 도입·실행하는 단계

2. 산업재해 통계 지표
① 도수율: 재해 발생 정도

$$\frac{\text{재해 건수}}{\text{총 근로시간}} \times 1,000,000$$

② 강도율: 재해 발생 시 심각성

$$\frac{\text{근로손실일 수}}{\text{총 근로시간}} \times 1,000$$

③ 연천인율: 근로자 인원 기준의 규모

$$\frac{\text{연간재해자 수}}{\text{평균근로자 수}} \times 1,000$$

3. 안전·보건진단
① 중대재해가 다발하는 사업장은 고용노동부장관이 지정하는 기관을 통해 안전·보건진단 실시
② 유해·위험 요인을 조사하여 재해 발생 원인을 규명하고 개선 대책을 마련하기 위함

4. 안전보건 조치
① 근로자의 안전보건 조치
근로자는 작업 시 보호구 착용, 작업방법 숙지, 작업장 정리정돈을 통해 재해에 대비할 것
② 사업주가 취하여야 할 안전보건 조치
- 강렬한 소음을 내는 옥내작업장에 대하여 흡음시설을 설치할 것
- 내부환기가 되지 않는 갱에서 내연기관이 부족한 기계를 사용하지 않도록 할 것
- 인체에 해로운 가스의 옥내 작업장에서 공기 중 함유 농도가 보건상 유해한 정도를 초과하지 않도록 조치할 것
- 유해물질 취급작업으로 인하여 근로자에게 유해한 작업인 경우 그 원인을 제거하기 위하여 대체물 사용, 작업방법 및 시설의 변경 또는 개선 조치할 것

5. 재해 발생 시 대응
① 근로자는 해당 작업을 즉시 중지시킬 것

② 사업주는 즉시 작업을 중지시키고 근로자를 작업 장소로부터 대피시킬 것
③ 고용노동부 장관은 근로감독관 등으로 하여금 안전·보건진단이나 그 밖의 필요한 조치를 하도록 할 수 있음
④ 사업주는 급박한 위험에 대한 합리적인 근거가 있을 경우에 작업을 중지하고 대피한 근로자에게 해고 등의 불리한 처우를 해서는 안 됨

6. 산업재해 보상
① 보험급여의 종류: 요양급여, 휴업급여, 장해급여, 간병급여, 유족급여, 상병보상연금, 장례비, 직업재활급여
② 목적: 재해 근로자 및 유족의 생활 보장

7. 안전보건 교육
① 사업주는 당해 사업장의 근로자에 대하여 정기적으로 안전보건에 관한 교육을 실시할 것
② 사업주는 근로자를 채용할 때와 작업내용을 변경할 때는 당해 근로자에 대하여 당해 업무와 관계되는 안전보건에 관한 교육을 실시할 것
③ 사업주는 유해하거나 위험한 작업에 근로자를 사용할 때에는 당해업무와 관계되는 안전보건에 관한 특별교육을 실시할 것
④ 사업주는 안전보건에 관한 교육을 고용노동부장관이 지정하는 교육기관에 위탁하여 실시할 것

8. TLV-TWA 기준
① TLV-TWA: 하루 8시간 기준으로 건강상 해가 없는 농도
② ACGIH 권고 기준: TLV-TWA의 3배는 30분 이하 노출 권고, 5배는 순간 노출도 금지

9. 위험도 지표
① 비교위험도: 노출군이 비노출군에 비해 질병 발생 위험이 몇 배인지를 의미
② 귀속위험도: 노출군과 비노출군 발생률 차이

📋 측정 및 분석

■ **시료채취 계획**

1. 측정의 정의
   ① 작업환경 측정: 작업장 내 공기 중 유해물질이나 물리적 인자의 농도를 일정한 방법으로 측정하여 근로자의 건강 보호를 위한 관리 자료로 활용하는 것
   ② 분석: 시료 중 포함된 유해물질의 정성·정량을 파악하는 과정

2. 작업환경 측정의 목적
   ① 근로자의 유해인자 노출 수준 파악
   ② 노출기준(TLV, PEL, 국내 고시 기준)과 비교해 유해위험성 평가
   ③ 유해물질 관리대책, 환기·보호구·공정 개선 등의 산업위생관리 수립 근거 제공
   ④ 작업환경 개선 효과 확인 및 법적 규제 준수

3. 작업환경 측정의 흐름

   > 예비조사 → 측정 계획 수립 → 시료채취 → 분석 → 결과평가 → 보고서 작성 → 개선 및 관리대책

   ① 예비조사: 공정, 사용물질, 작업시간, 환기상태 파악
   ② 측정설계: 유사노출군 설정, 단위작업장소 선정, 측정방법 결정
   ③ 시료채취: 개인시료채취(펌프+흡착관), 지역시료채취 병행
   ④ 분석: 기기분석(가스크로마토그래피, 원자흡광광도계 등)
   ⑤ 평가 및 보고: 노출기준 대비 평가, 개선대책 제시

4. 준비작업
   ① 시료채취 전 기구 점검 및 교정: 펌프유량, 흡착관 파손 여부, 여과지 상태 확인
   ② 보호구 착용: 측정자 안전 확보
   ③ 측정 기록지 작성: 근로자 작업내용, 시간, 조건 등을 함께 기록

5. 유사노출군(SEG, Similar Exposure Group)
   ① 특징
      • 유사노출군: 노출되는 유해인자의 농도와 특성이 유사하거나 동일한 근로자 그룹
      • 역학조사를 수행할 때 사건이 발생된 근로자가 속한 유사노출군의 노출농도를 근거로 노출원인 추정 가능
      • 유사노출군은 모든 근로자의 노출 상태를 측정하는 효과 있음
      • 유사노출군 설정을 위해 시료채취수 감소
      • 유해인자의 특성 동일: 노출되는 유해인자가 동일하고 농도가 일정한 변이 내에서 통계적으로 유사함
      • 작업환경측정 효율성 및 노출평가 대표성 동시 확보
   ② 유사노출군 설정 시 고려사항
      • 사용 물질
      • 작업시간·작업방법
      • 환기 조건
      • 작업장 구조
   ③ 유사노출군의 설정방법

정성적 방법	공정 및 작업조건을 관찰하여 전문가 판단
정량적 방법	일부 근로자 측정 후 노출수준이 통계적으로 유사하면 그룹화

6. 단위작업장소의 측정설계

① 단위작업장소에서 최고 노출근로자 2명 이상에 대해 동시에 측정

② 단위작업장소에 근로자가 1명인 경우는 예외

③ 근로자 수가 10명을 초과하는 경우 매 5명당 1명 이상 추가 측정 → 10명까지는 2명 측정, 11명부터는 5명당 1명씩 추가

> 예 10명까지: 2명
> 11~15명: +1명(총 3명)
> 16~20명: +1명(총 4명)

- 다만, 동일 작업 근로자 수가 100명을 초과하는 경우 최대 시료채취 근로자 수를 20명으로 조정 가능
- 지역 시료채취 방법은 단위작업장소에서 2개 지점 이상 실시하며, 넓이가 50m^2 이상인 경우 매 30m^{2}마다 1개 지점 이상 추가해야 함

■ 시료분석 기술

1. 시료분석의 개요

① 보정의 원리 및 종류

- 교정(Calibration): 기기가 올바른 값을 나타내도록 표준물질로 보정
- 보정곡선 작성: 표준액 농도 vs 흡광도 그래프 작성 후 직선성 확인

② 정도 관리(Quality Control)

작업환경측정·분석 결과에 대한 정확성과 정밀도를 확보하기 위하여 작업환경측정기관의 측정·분석능력을 확인하고, 그 결과에 따라 지도·교육 등 측정·분석능력 향상을 위하여 행하는 모든 관리적 수단

③ 측정치의 오차

- 계통오차(Systematic Error)
  - ✓ 측정 과정에서 일정한 규칙이나 원인에 의해 발생하는 오차로, 측정값에 일정한 방향으로 편향을 주며 반복해도 일정하게 나타남
  - ✓ 계통 오차는 보정이나 교정을 통해 줄일 수 있음

- ✓ 종류: 측정 및 분석기기의 부정확성으로 발생된 오차, 측정하는 개인의 선입관으로 발생된 오차, 측정 및 분석시 온도나 습도와 같이 알려진 외계의 영향으로 생기는 오차 등
- 우연오차(Random Error)
  - ✓ 한 가지 실험측정을 반복할 때 값들이 변동하는 현상
  - ✓ 무작위적이고 불규칙한 변동으로 보정이 어려움

2. 기기 분석

① 흡광광도법(자외선·가시선 분광법)

- 광원에서 나오는 빛을 단색화 장치를 통해 좁은 파장 범위의 단색 빛으로 변화시킴
- 선택된 파장의 빛을 시료액 층으로 통과시킨 후 흡광도를 측정하여 농도를 구함
- 분석의 기초가 되는 법칙: 램버어트-비어의 법칙
- 표준액에 대한 흡광도와 농도의 관계를 구한 후, 시료의 흡광도를 측정하여 농도를 구함
- 흡수셀의 재질
  - ✓ 유리: 가시광선 및 근적외선 영역에 적합
  - ✓ 석영: 자외선 영역에 적합
  - ✓ 플라스틱: 주로 가시광선 영역에 적합

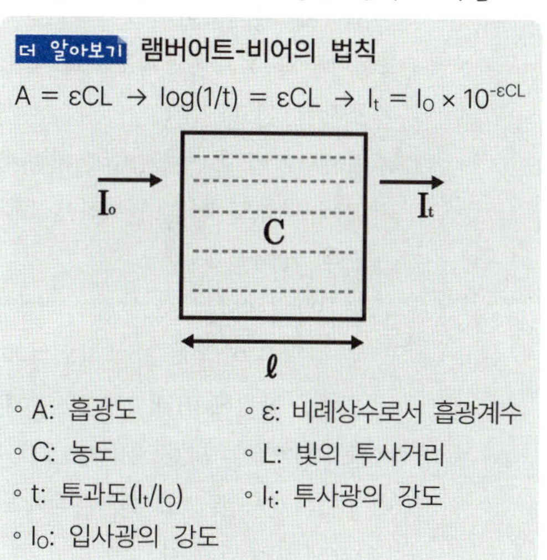

더 알아보기 램버어트-비어의 법칙

$$A = \varepsilon CL \rightarrow \log(1/t) = \varepsilon CL \rightarrow I_t = I_0 \times 10^{-\varepsilon CL}$$

- A: 흡광도
- ε: 비례상수로서 흡광계수
- C: 농도
- L: 빛의 투사거리
- t: 투과도(I_t/I_0)
- Iₜ: 투사광의 강도
- I₀: 입사광의 강도

② 원자흡광광도법(AAS)

- 개요

  ✓ 기본기기 구성

  > 광원 → 원자화장치 → 단색화장치 →
  > 검출기 → 기록계

  ✓ 원자흡광광도계: 시료 내 원소를 원자 상태로 만들어 해당 원자들이 특정 파장의 빛을 흡수하는 정도로 농도를 정량 분석하는 장치

  ✓ 원자흡광광도계의 분석방법: 시료 내 금속 원소들이 흡수하는 특정 파장의 빛의 흡광도를 측정하여 금속 농도를 정밀하게 분석

  ✓ 원자화 방법: 불꽃방식, 비불꽃방식, 증기발생 방식

  ✓ 방식을 사용하는 경우 주로 수용성 무기 시료의 수소화물 생성에 의해 원자화하며, 유기용제 분석에는 적합하지 않음

- 원자흡광광도계의 구성요소와 역할

  ✓ 광원: 속빈음극램프 주로 사용, 분석 물질이 흡수할 수 있는 표준 파장의 빛

  ✓ 단색화 장치: 특정 파장만 분리하여 검출기로 보내는 역할

  ✓ 원자화장치의 원자화방법: 불꽃방식, 흑연로방식, 증기화방식

- 불꽃방식의 원자흡광광도계의 특징

  ✓ 조작이 쉽고 간편

  ✓ 분석시간이 흑연로장치에 비하여 적게 소요

  ✓ 고체 시료의 경우 전처리에 의하여 매트릭스를 제거해야 함

  ✓ 불꽃방식에서는 시료액의 대부분이 불꽃으로 도달하지 못하고 손실되는 경우가 많아 흑연로 방식에 비해 감도가 상대적으로 낮음

  ✓ 불꽃원자화는 시료 소비가 크고 감도가 낮음

  ✓ 분석시간이 흑연로 원자흡광광도 장치에 비하여 적게 소요됨

  ✓ 일반적으로 흑연로 장치나 유도결합플라즈마-원자발광분석기에 비하여 저렴

  ✓ 용질이 고농도로 용해되어 있는 경우 버너의 슬롯을 막을 수 있으며 점성이 큰 용액이 분무가 어려워 분무 구멍을 막아버릴 수 있음

  ✓ 주로 작업환경 및 환경 시료의 금속 분석에 많이 사용

- 흑연로 원자흡광광도계의 특징

  ✓ 흑연로(Graphite Furnace): 전기로를 사용해 시료를 고온에서 원자화하는 고감도 원자화 방법이며 아주 적은 시료 양으로 미량 원소 분석 가능

  ✓ 감도가 좋으므로 생물학적 시료분석에 유리

  ✓ 혈액이나 소변 같은 생물학적 시료분석에는 보통 흑연로 원자흡광광도계가 더 많이 사용됨

- 원자흡광광도법으로 분석할 수 있는 유해인자: 구리, 납, 니켈, 크롬, 망간, 산화마그네슘, 산화아연, 산화철, 수산화나트륨, 카드뮴

③ 유도결합플라즈마분광광도계(ICP-OES)

- 개요

  ✓ 고온(6,000~10,000K)의 아르곤 플라즈마에서 원자가 방출하는 빛을 분광 분석하여 원소 정성·정량 분석을 수행하는 장치

  ✓ 원자가 가장 낮은 에너지 상태인 바닥에서 에너지를 흡수하면 들뜬 상태가 되고 들뜬 상태의 원자들이 낮은 에너지 상태로 돌아올 때 에너지를 방출

  ✓ 금속마다 고유한 방출스펙트럼을 갖고 있으며 이를 측정하여 중금속을 분석하는 장비

- 특징

  ✓ 검량선의 직선성 범위가 넓음

  ✓ 동시에 여러 성분의 분석이 가능

  ✓ 아르곤 가스 소비로 유지비용 높음

  ✓ 분광학적 간섭(여러 원소의 방출선이 겹치거나 플라즈마 내 다른 방사선에 의한 간섭현상) 발생 시 보정 기술 필요

④ 가스크로마토그래피법

- 개요
  - ✓ 기체 상태의 이동상(캐리어 가스)을 통해 시료 성분을 분리하고 검출하는 분석법
  - ✓ 혼합물을 기화시켜 컬럼을 통해 이동시키면 각 성분이 컬럼 내부의 고정상과의 상호작용 및 휘발성 차이로 인해 서로 다른 이동 속도를 가져 분리됨
- 주요장치

캐리어 가스	시료를 운반하는 불활성 기체로서 분리와 검출에 필수적 요소
컬럼	• 분리의 핵심 부품으로서 충진식 또는 모세관식 컬럼 사용 • 고정상 종류에 따라 분리 달라짐
검출기	컬럼에서 나온 성분을 신호로 변환하는 장치로서 FID, TCD, ECD 등 목적에 맞는 검출기가 사용됨

- 검출기의 특징
  - ✓ 시료에 대하여 선형적으로 감응해야 함
  - ✓ 감도가 좋고 안정성과 재현성이 있어야 함
  - ✓ 검출기의 온도를 조절할 수 있는 가열기구 및 이를 측정할 수 있는 측정기구가 갖추어져야 함(일반적인 GC 검출기의 작동 온도: 약 300~400℃ 범위)
- 가스크로마토그래피(GC) 분석에서 분해능(또는 분리도)을 높이기 위한 방법
  - ✓ 시료의 양을 적게 함
  - ✓ 고정상의 양을 적게 함
  - ✓ 고체 지지체의 입자 크기를 작게 함
  - ✓ 분해능은 분리관 길이의 제곱급에 비례하므로 분리관(Column)의 길이를 길게 함

3. 유해물질 분석절차

시료채취 → 전처리(여과, 탈착, 농축) → 분석(화학·기기법) → 결과 산출 → 정도관리 확인

수동식 시료채취기(Passive Sampler)의 포집원리

- 확산, 투과, 흡착의 과정을 통해 시료를 채취
- 확산(diffusion): 물질이 농도 차에 의해 고농도에서 저농도로 자연스럽게 이동하는 현상
- 투과(penetration): 시료채취기의 막이나 필터를 물질이 통과하는 과정
- 흡착(adsorption): 가스나 액체의 분자가 고체 표면에 부착되는 현상

4. 흡착에 의한 시료의 포집

흡착관	용매 탈착(이황화탄소), 열탈착
여과지	회화(Ashing), 산분해 후 분석
액체포집	흡수액 교환, 냉장보관

① 흡착에 의한 시료의 포집과 처리

- 개요
  - ✓ 원리: 기체 상태의 오염물질이 고체 흡착제의 표면에 달라붙는 성질 이용
  - ✓ 흡착제: 일반적으로 활성탄, 실리카겔, 테노렉스(Tenax), 알루미나 등이 사용
  - ✓ 방법: 공기나 가스 시료를 펌프를 통해 흡착관에 통과시키면, 오염물질이 흡착제에 포집
- 흡착의 영향 인자

흡착제의 크기	입자의 크기가 작을수록 표면적이 증가하여 채취효율이 증가하나 압력강하가 심함
흡착관의 크기	흡착관의 크기가 커지면 전체 흡착제의 표면적이 증가하여 채취용량이 증가하므로 파과가 쉽게 발생되지 않음
습도	극성 흡착제를 사용할 때 수증기가 흡착되기 때문에 파과가 일어나기 쉬움
온도	물리적 흡착은 온도가 높을수록 흡착능이 감소하고 흡착제의 변형이 일어날 수 있음

시료채취 유량	시료채취유량이 높으면 파과가 일어 나기 쉬우며 코팅된 흡착제일수록 그 경향이 강함
오염물질 농도	공기 중 오염물질의 농도가 높을수록 파과공기량 감소

- 파과현상(Breakthrough)

파과용량 (Breakthrough Capacity)	• 흡착제에 흡착되어 최대한 포화할 수 있는 오염물질의 양을 의미 • 흡착제가 포집할 수 있는 총 오염물질의 질량
파과공기량 (Breakthrough Volume)	• 파과가 일어날 때까지 흡착제에 통과시킨 공기의 부피량을 의미 • 오염물질이 흡착제를 뚫고 나오는 시점까지 통과한 총 공기량

- 파과현상에 영향을 미치는 요인: 흡착제의 종류와 양, 오염물질의 물리·화학적 특성, 샘플링 유량, 작업장의 온도와 습도, 오염물질의 농도, 흡착관의 구조(흡착층 깊이 등), 경쟁성 물질의 유무 등

② 활성탄에 의한 흡착
- 활성탄
  - ✓ 비극성 유기용제는 비극성 특성을 가진 흡착제에 잘 흡착됨
  - ✓ 다공성의 탄소 재질로 되어 있으며, 비극성 유기용제의 흡착에 가장 적합한 흡착제로, 넓은 표면적과 친수성이 낮은 특성으로 비극성 유기화합물을 효과적으로 흡착함
- 활성탄의 제한점
  - ✓ 활성탄은 주로 비극성 물질이나 휘발성 유기화합물(VOC)의 흡착에 효과적
  - ✓ 휘발성이 매우 큰 저분자량의 탄화수소 화합물의 채취효율이 떨어짐
  - ✓ 암모니아, 에틸렌, 염화수소와 같은 극성 화합물에 비효과적임

- ✓ 비교적 높은 속도는 활성탄의 흡착용량을 저하시킴
- ✓ 케톤의 경우 활성탄 표면에서 물을 포함하는 반응에 의해서 파괴되어 탈착률과 안정성에서 부적절함
- ✓ 머캅탄(Mercaptan)과 알데히드(Aldehyde)는 활성탄의 표면 산화력에 의해 잘 흡착됨
- ✓ 공기 중 유기용제 시료를 활성탄관으로 채취하였을 때 탈착용매로 이황화탄소 사용
- 활성탄관(Charcoal Tubes)으로 포집하기에 가장 적합한 오염물질: 할로겐화 탄화수소류, 에스테르류, 방향족 탄화수소류

③ 실리카겔에 의한 흡착
- 실리카겔: 규산나트륨과 황산의 반응에서 유도된 무정형의 물질
- 추출액이 화학분석이나 기기분석에 방해 물질로 작용하는 경우가 많지 않음
- 활성탄으로 채취가 어려운 아닐린, 오르쏘-톨루이딘 등의 아민류나 몇몇 무기물질의 채취 가능
- 극성을 띠고 흡습성이 강하므로 습도가 높을수록 이미 수분이 흡착되어 흡착 가능한 공간이 줄어들기 때문에 파과용량(흡착 최대 용량) 감소
- 매우 유독한 이황화탄소를 탈착용매로 사용하지 않음
- 극성물질을 채취한 경우 물, 에탄올 등 다양한 용매로 쉽게 탈착됨

5. 여과에 의한 시료의 포집

① 여과에 의한 포집원리

충돌	입자 크기 약 0.5μm 이상인 경우 기류 방향이 급격히 꺾일 때 입자의 관성으로 섬유 표면에 부딪혀 포집되는 과정
간섭	입자 크기 약 0.1~0.5μm 범위에서 입자의 이동 경로가 섬유와 가까워질 때 직접 접촉하여 걸러지는 과정
확산	입자 크기 약 0.01~0.1μm인 초미세입자가 브라운 운동에 의해 무작위로 움직이며 필터 섬유와 충돌해 포집되는 과정
차단	입자 직경이 필터 공극보다 커서 물리적으로 통과하지 못하고 걸러지는 과정으로, 주로 5μm 이상의 입자에서 지배적임
침강	입자 크기 약 1~5μm 이상인 경우 중력에 의해 필터 표면이나 원단에 가라앉으면서 포집되는 과정

② MCE 막여과지(Mixed Cellulose Ester, 셀룰로오스 에스테르 막여과지)
- 재질: 셀룰로오스 아세테이트 + 셀룰로오스 나이트레이트 혼합
- 특징
  ✓ 산에 쉽게 용해
  ✓ 친수성
  ✓ 균일·미세 공극, 금속 시료 채취 후 원자흡광광도법 분석에 적합
  ✓ 시료가 표면에 침착되어 현미경분석(석면·유리섬유)에 용이
  ✓ 흡습성 높아 중량분석에는 부적합
- 용도 예시: 금속, 석면, 미생물 시료 포집

③ PVC 막여과지(Polyvinyl Chloride, 폴리염화비닐 막여과지)
- 재질: 폴리염화비닐
- 특징
  ✓ 내화학성 우수, 강도 높음, 균일 공극
  ✓ 수분 영향 적어 중량분석에 적합, X-선 회절법 분석 용도
  ✓ 산에 쉽게 용해되지 않아 금속 분석에 부적합
- 용도 예시: 유리규산, 6가 크롬, 아연산화물, 총먼지·공해성 먼지 중량분석

④ PTFE 막여과지(Polytetrafluoroethylene)
- 재질: 불소수지
- 특징
  ✓ 내열성, 내화학성, 내압성 우수, 소수성
  ✓ 고온·강산강알칼리 환경에서도 사용 가능
- 용도 예시: 농약, 알칼리성 먼지, 콜타르피치, 석탄 건류·증류 과정의 다환방향족탄화수소(PAHs) 측정

⑤ 은 막여과지
- 재질: 금속 은, 결합제·섬유를 고온 소결하여 제조
- 특징
  ✓ 균일 공극, 열·화학적 안정성
  ✓ 코크스오븐 배출물질, PAHs, Br, Cl 등 유기물질 비함유 물질 포집에 우수
- 용도 예시: 코크스 제조공정 배출가스 시료채취

⑥ 섬유상 여과지(유리섬유 등)
- 재질: 유리섬유 또는 합성섬유
- 특징
  ✓ 흡습성 낮음, 내열성 높음(500℃ 가능), 결합제 첨가·비첨가형 있음
  ✓ 총먼지·공해성 먼지 포집, 전처리용 필터로 사용
- 용도 예시: 캡탄 등 입자상 유해물질 측정, 대용량분진 전처리

여과지 종류	내열 성	내화 학성	산 용해성	중량분석 적합	주요 용도
MCE	낮음	중간	높음	부적합	금속, 석면, 미생물
PVC	낮음	높음	낮음	적합	유리규산, 6가 크롬
PTFE	매우 높음	매우 높음	없음	조건부	농약, PAHs
은막	높음	높음	없음	조건부	코크스오븐 가스
유리섬유 (섬유상)	높음	높음	없음	적합	총먼지, 전처리

6. 기기분석의 감도 및 통계적 지표 요약
　① 검출한계(Detection Limit, LOD)
　　• 분석기기가 검출할 수 있는 가장 작은 양
　　• 단지 존재를 확인할 수 있는 수준까지의 최소 검출 농도 또는 양을 의미
　② 정량한계(Quantitation Limit, LOQ)
　　• 분석기기로 정량값을 신뢰할 수 있게 산출할 수 있는 가장 작은 양 또는 농도
　　• 실제로 정량적으로 판단이 가능한 수준의 최소 농도이며, 적정 정밀도와 정확도를 확보할 수 있는 지점
　　• 표준편차의 10배 또는 검출한계의 3배(또는 3.3배)로 정의
　③ 정밀도 및 관련 통계적 지표
　　• 정밀도: 반복 측정값이 얼마나 일관되게 나오는지를 의미
　　• 대표적인 통계 지표

산포도	데이터의 흩어진 정도
표준 편차	분산의 제곱근으로서 평균에서의 평균적인 거리(흩어짐 정도)

변이 계수	• 측정단위와 무관하게 독립적으로 산출 • 변이계수는 %로 표현 • 통계집단의 측정값들에 대한 균일성, 정밀성 정도 표현 • 평균값의 크기가 0에 가까울수록 변이계수의 의의 감소 $$변이계수(CV)\% = \frac{표준편차}{평균} \times 100$$

📑 유해인자 측정

■ **물리적 유해인자 측정**

1. 노출기준의 종류 및 적용
　① 시간가중평균노출기준(Time Weighted Average, TWA)
　　• 1일 8시간 작업을 기준으로 유해인자가 발생한 시간별 측정치에 발생시간을 곱하여 8시간으로 나눈 값
　　• 산출식

$$TWA = \frac{C_1T_1 + C_2T_2 + \cdots + C_nT_n}{8}$$

$$= \frac{\sum_{n=1}^{n}(C_n \times T_n)}{8}$$

　　○ 1일 작업시간: 8시간
　　○ C_n: 유해인자의 농도
　　○ T_n: 각 농도가 발생한 시간(시간 단위)
　　• 누적소음노출량(D, %)을 적용하여 시간가중평균소음기준(TWA, dB(A))을 산출

$$TWA = 16.61\log\frac{누적소음노출량(\%)}{100} + 90$$

$$TWA = 16.61\log\frac{누적소음노출량(\%)}{12.5 \times T} + 90$$

　　○ 100은 12.5 × 8로 8시간 근로시간인 경우 적용
　　○ 12.5는 근로시간(예 8시간)에 대한 노출 허용 기준과 관련된 상수로 사용

② 단시간 노출기준(STEL, Short Term Exposure Limit): 15분간의 시간가중평균노출값으로 15분 동안 노출 농도가 시간가중평균노출기준(TWA)을 초과하는 경우 작업자는 일정 휴식시간을 가져야 함

③ 최고허용농도(Ceiling Value, C): 절대로 초과해서는 안 되는 최대 농도

④ 표준화값: 작업환경측정 결과의 평가(표준화값 산정)는 시간가중평균값(TWA), 단시간 노출값(STEL) 등 실제 측정값과 해당 허용기준 값을 비교하여 산정

$$\text{표준화값}(Y) = \frac{\text{측정농도(TWA, STEL)}}{\text{노출기준(허용기준)}}$$

2. 고온

① 열스트레스(Heat Stress): WBGT(습구흑구온도지수) 측정기는 습구온도계, 건구온도계, 흑구온도계로 구성되며, 세 지표를 사용하여 열스트레스 평가

② WBGT(습구흑구온도지수, Wet Bulb Globe Temperature): 근로자의 열 스트레스(온열환경 부담)를 평가하기 위한 대표적인 지표로, 온도, 습도, 복사열, 공기 흐름 등을 종합적으로 반영함

- WBGT의 산정
  - ✓ 옥내 or 옥외(햇볕 없는 곳)

$$\text{WBGT} = 0.7 \times \text{자연습구온도} + 0.3 \times \text{흑구온도}$$

  - ✓ 옥외(햇볕 있는 곳)

$$\text{WBGT} = 0.7 \times \text{자연습구온도} + 0.2 \times \text{흑구온도} + 0.1 \times \text{건구온도}$$

- 습구온도(Wet Bulb Temperature): 젖은 천이 감긴 온도계로 측정한 온도이며, 기온 이외에도 공기 중 습도와 대기 흐름(통풍)에 영향을 받음

- 흑구온도(Globe Temperature): 검은색 구 표면에서 측정한 온도로, 태양 복사열 등 주위의 복사에너지에 주로 영향을 받음

③ 고열 작업 노출기준의 작업휴식조건(WBGT 기준)

작업휴식시간비	경작업	중등작업	중작업
계속작업	30.0℃	26.7℃	25.0℃
매 시간 75% 작업, 25% 휴식	30.6℃	28.0℃	25.9℃
매 시간 50% 작업, 50% 휴식	31.4℃	29.4℃	27.9℃
매 시간 25% 작업, 75% 휴식	32.2℃	31.1℃	30.0℃

- 경작업: ~200kcal/hr
- 중등작업: 200~350kcal/hr
- 중작업: 350~500kcal/hr

④ 고열 측정 시간과 간격: 고열 작업환경의 측정 시, 작업시간 중 근로자가 가장 높은 고열에 노출되는 1시간 동안 10분 간격으로 습구흑구온도지수(WBGT)를 연속 측정

3. 소음

① 미국 OSHA의 연속소음에 대한 노출기준

- 1일 8시간 노출 시 허용기준: 90dB(A)
- 교환율(Exchange Rate): 5dB(A)로, 소음 5dB(A) 증가 시 허용 노출시간은 절반으로 감소

90dB(A)	95dB(A)	100dB(A)	105dB(A)	110dB(A)	115dB(A)
8시간	4시간	2시간	1시간	30분	15분

- 최대 노출 제한치: 115dB(A) → 이를 초과하는 소음에 대한 노출 금지
- OSHA는 8시간 기준 시간가중평균(TWA) 소음 수준이 90dB(A)를 넘지 않도록 관리하도록 함
- 근로자가 8시간 동안 90dB(A)에 노출될 경우 청력 손실 위험이 상승하므로 이를 기준으로 보호 조치 권장

② 누적소음노출량 측정기 등의 기기 설정값

임계값(Threshold)	80dB
기준치(Criteria)	90dB
교환율(Exchange Rate)	5dB

이 설정값은 소음노출 평가 시 기준으로 삼는 음압 레벨과, 소음노출 시간에 따른 허용치를 결정하는 데 이용됨

③ 연속소음에 대한 근로자 폭로 노출시간(시간/일)(고용노동부 고시 기준)

소음레벨(dB)	실제 노출시간 (분)	허용노출시간 (분)
105	30	60
110	15	30
115	5	15

④ 소음진동공정시험기준에 따른 환경기준 중 소음측정방법
- 소음계의 동특성은 원칙적으로 빠름(Fast) 모드로 하여 측정하여야 함
- 소음계와 소음도기록기를 연결하여 측정·기록하는 것을 원칙으로 함
- 소음계 및 소음도기록기의 전언과 기기의 동작을 점검하고 매 회 교정을 실시하여야 함
- 소음계의 청감보정회로는 A특성으로 함

⑤ 작업환경측정방법 중 소음측정
- 소음계의 청감보정회로는 A특성으로 함
- 소음계 지시침의 동작은 느린(Slow) 상태로 함
- 소음계의 지시치가 변동하지 않는 경우에는 해당 지시치를 그 측정점에서의 소음수준으로 함
- 소음이 1초 이상의 간격을 유지하면서 최대음압수준이 120dB(A) 이상의 소음인 경우에는 소음수준에 따른 1분 동안의 발생횟수를 측정함
- 단위작업장소에서 소음수준은 규정된 측정위치 및 지점에서 1일 작업시간 동안 6시간 이상 연속 측정하거나 작업시간을 1시간 간격으로 나누어 6회 이상 측정함(다만, 소음의 발생특성이 연속음으로서 측정치가 변동이 없다고 자격자 또는 지정측정기관이 판단한 경우에는 1시간 동안을 등간격으로 나누어 3회 이상 측정할 수 있음)
- 단위작업장소에서의 소음발생시간이 6시간 이내인 경우나 소음발생원에서의 발생시간이 간헐적인 경우에는 발생시간 동안 연속 측정하거나 등간격으로 나누어 4회 이상 측정하여야 함

4. 방사선
① 방사능의 SI단위: Becquerel(Bq)(1Bq는 1초당 1개의 원자핵 붕괴수를 뜻함)
② 물질에 조사되는 선량: Röntgen(R)으로 표시 (외부방사선의 공기 이온화량을 나타내는 단위)
③ 방사선 흡수선량: Gray(Gy, 1Gy = 1J/kg)로 표시
④ 1Curie(Ci): 3.7×10^{10} dps(붕괴/초)(1Ci = 3.7×10^{10} dps, 1Bq = 1dps)

종류	파장 범위 (nm)	주요 피해 현상
UV-A (자외선)	315~400	피부 노화 촉진, 주름 생성, 색소침착, 장기간 노출 시 피부 손상
UV-B (자외선)	280~315	피부 발진, 일광 화상, 피부암, 광결막염, 백내장 위험 증가
UV-C (자외선)	100~280	강력한 살균 효과, 피부 화상, 눈 손상, 오존 생성, 지표면 도달 거의 없음
가시광선	400~700	과도한 노출 시 광화학적 또는 열에 의한 각막 손상, 피부 화상
IR-A (적외선)	780 ~ 1,400	수정체 손상으로 백내장 유발 가능, 망막 손상
IR-B (적외선)	1,400~3,000	각막 및 결막 염증 유발, 표면 조직 손상
IR-C (적외선)	3,000~ 1,000,000	표피층 가열에 주로 영향, 깊은 조직 침투 적음, 열적 자극 유발

■ 가스상 물질의 측정

1. 직독식 기구

① 정의: 현장에서 바로 측정 결과를 확인할 수 있는 기구

② 종류
- 가스모니터: 전기화학식, 적외선식, 촉매연소식 등 다양한 원리를 사용해 가스 농도를 즉시 측정하고 표시하는 기기
- 가스검지관: 유해가스가 통과할 때 색깔 변화를 통해 농도를 직독식으로 확인 가능한 관
- 휴대용 GC(가스크로마토그래피): 휴대용으로 현장에서 가스를 분리·분석하여 농도를 바로 확인 가능한 장비

③ 특징
- 측정과 작동이 간편하여 인력과 분석비 절감 가능
- 주용도는 순간 농도(즉시 농도) 측정
- 현장에서 실제 작업시간이나 어떤 순간에서 유해인자의 수준과 변화를 손쉽게 알 수 있음
- 현장에서 즉각적인 자료가 요구될 때 매우 유용하게 이용될 수 있음
- 직독식 기구는 민감도와 특이성에서 전형적 방법과 차이가 있으며, 이 외 특성들도 완전히 유사하지 않아 일부 차별점이 존재함

2. 검지관

① 개요
- 특정 유해가스가 통과할 때 화학 반응으로 색이 변해 농도를 직접 판독할 수 있는 간편한 직독식 측정기
- 복잡한 기기 분석이 필요 없으며, 밀폐공간 등 위험지역에서도 사용 가능하나 민감도와 특이도가 낮아 주의가 필요

② 장점
- 사용이 간편하고 신속히 결과를 얻을 수 있음
- 위험환경(산소결핍·폭발성 가스 존재)에서도 사용 가능
- 복잡한 분석기기가 필요 없음
- 일정한 숙련만으로도 사용 가능

③ 단점
- 민감도가 낮기 때문에 비교적 고농도에만 적용 가능
- 특이도가 낮음(다른 방해물질의 영향을 받기 쉬워 오차가 큼)
- 색변화가 시간에 따라 변하므로 제조자가 정한 시간 내 판독해야 함
- 한 검지관으로 여러 물질 동시 측정 불가
- 측정하려는 대상 물질에 맞는 전용 검지관을 선택해야 하므로, 측정 전 반드시 측정할 물질이 무엇인지 동정(사전 파악)되어 있어야 함

④ 측정방법
- 변색층 길이를 읽어 농도를 측정하거나, 표준 색표와 비교하여 판단
- 가스상 물질을 검지관 방식으로 측정하는 경우에 1일 작업시간 동안 1시간 간격으로 6회 이상 측정하되 매 측정시간마다 2회 이상 반복 측정하며 평균값을 산출하여야 함

⑤ 유의사항
- 제조자의 판독시간 준수
- 산업위생전문가의 지도 아래 사용하는 것이 바람직

평가 및 통계

■ 통계의 필요성

① 작업환경 측정결과는 근로자 전체 집단의 노출 수준을 대표해야 함

② 일부 근로자만을 측정하므로, 표본 통계학적 접근이 필요

③ 통계학은 측정자료의 변동성 이해, 평균 노출수준 추정, 노출 초과 가능성 평가에 활용됨

■ 용어의 이해

모집단 (Population)	특정 집단 전체(예 공정 근로자 전체)
표본 (Sample)	측정대상 중 일부(실제 측정한 근로자)
모수 (Parameter)	모집단의 특성(모평균, 모표준편차)
통계량 (Statistic)	표본에서 계산된 값(표본평균, 표본표준편차)
정규분포 (Normal Distribution)	• 평균을 중심으로 좌우 대칭인 종 모양의 분포 • 평균, 중앙값, 최빈값이 모두 같으며, 데이터가 이 분포를 따르면 대부분의 값이 평균 근처에 몰려있음 • 표준편차에 따라 분포의 폭이 결정되며, 이는 측정값의 변동성을 나타냄

■ 자료의 분포

1. 기하표준편차(GSD)

① 작업장에서의 먼지 입경 분포를 평가할 때 사용되는 지표로, 입경이 로그정규분포를 따른다고 가정했을 때 산출됨

② GSD 계산: 입경 누적분포의 84.1% 값과 15.9% 값을 사용

③ 로그정규분포에서 50% 분포값은 중위경(중앙값, MMAD, Mass Median Aerodynamic Diameter)을 의미

④ GSD 값이 작을수록 입경 분포가 좁고 균일하며, 클수록 분포 폭이 넓음

$$GSD(기하표준편차) = \sqrt{\frac{84.1\% \, 입경값}{15.9\% \, 입경값}}$$

2. 산술평균

n개의 측정값이 있을 때 이들의 합을 개수로 나눈 값으로 산업위생분야에서 많이 사용

3. 기하평균

① 농도의 중앙 경향을 표현할 때 유용하며, 특히 측정값 간 편차가 크거나 자료가 로그 정규분포를 따를 때 사용

② 데이터가 로그 변환된 후의 평균으로서, 분포의 중간 값을 대략 나타내지만 실제 노출의 평균값(산술평균)과는 다름

$$기하평균 = (x_1 \times x_2 \times x_3 \times \cdots \times x_n)^{\frac{1}{n}}$$

작업환경 관리대책

산업 환기

■ 환기 원리

1. 산업 환기의 의미와 목적

① 산업 환기의 의미

산업 환기란 작업장에서 발생하는 유해가스, 분진, 증기, 미스트, 흄 등을 물리적으로 제거하거나 희석하여, 작업자가 흡입하는 농도를 허용기준 이하로 유지하는 기술적 조치

② 산업 환기의 목적

- 근로자의 건강 보호: 작업환경 중 오염물질의 농도를 TLV 이하로 유지, 직업병(진폐증, 유기용제 중독, 호흡기 질환 등) 예방
- 작업능률 향상: 온열·습도 환경을 쾌적하게 유지하여 작업 피로를 줄임
- 화재 및 폭발 예방: 인화성, 폭발성 가스나 분진을 허용농도 미만으로 유지
- 국소 환기의 경우 발생된 유해물질을 완전히 제거
- 법적 규제 준수

2. 환기의 기본 원리

① 전체 환기(희석 환기)

- 작업장 전체 공기를 희석시켜 오염물질의 평균 농도를 낮춤
- 대용량 송풍기 필요, 독성 강한 물질에는 부적합

② 국소 환기(Local Exhaust)

- 오염원이 발생하는 지점에서 바로 흡입
- 후드, 덕트, 송풍기, 공기정화기, 배출구로 구성
- 필요한 공기량이 적고, 효과가 빠름

③ 자연 환기

- 자연 환기는 주로 외부 기압, 온도 차이, 바람 등 대기 조건에 의해 영향을 받음
- 기압 차는 공기 흐름을 일으키는 원동력이고, 온도 차는 부력 환기(굴뚝 효과)를 유발
- 바람은 풍력 환기를 촉진하는 중요한 외부 요소
- 효율적인 자연환기는 냉방비 절감
- 운전에 따른 에너지 비용이 없음
- 외부 기상조건과 내부 작업조건에 따라 환기량 변화가 심함
- 환기량 예측 자료를 구하기 어려움

3. 유체의 기본 개념

① 연속 방정식

> 유량 = 속도 × 단면적으로 $A_1V_1 = A_2V_2$

- 질량 보존 법칙 기반
- 유체가 비압축성(밀도 변화 무시)이고 정상적인(시간에 따라 유속과 유량이 변하지 않는) 흐름에서 성립

② 레이놀즈 수(Re)

$$Re = \frac{덕트의\ 직경(D) \times 공기밀도(\rho) \times 공기속도(V)}{공기점성계수}$$

$$= \frac{덕트의\ 직경(D) \times 공기속도(V)}{동점성계수(v)}$$

③ 마찰계수

유체가 관 내를 흐를 때 벽면과의 마찰저항을 나타내는 무차원 수치

난류 영역	마찰계수가 레이놀즈 수의 영향이 감소하여 거의 무시되고, 표면조도가 주된 영향을 미침
층류 영역	마찰계수가 레이놀즈 수에 반비례(감소)하며 표면조도의 영향은 미미
전이영역 (층류와 난류 사이)	레이놀즈 수와 표면조도 모두가 영향을 끼침

④ 기타 법칙

보일 법칙	온도가 일정할 때 기체의 압력과 부피는 반비례
샤를 법칙	압력이 일정할 때 기체의 부피와 온도는 비례
게이-루삭 법칙	부피가 일정할 때 온도와 압력은 비례
라울트 법칙	증기압과 관련된 법칙으로, 혼합물의 증기압은 각 성분의 증기압과 몰 분율에 따른 가중평균임을 설명

4. 유체의 역학적 원리

① 환기시설 내 기류가 기본적인 유체역학적 원리에 따르기 위한 전제조건
  - 환기시설 내외의 열교환 무시
  - 공기의 압축이나 팽창 무시
  - 공기 중에 포함된 유해물질의 무게와 용량 무시
  - 환기시설 내 기류는 일반적으로 건조 공기를 기준으로 함

② 유체 유동
  정상류가 흐르고 있는 유체 유동에 관한 연속 방정식을 설명하는 데 질량보존의 법칙을 적용함

5. 공기의 특성과 오염물질

① 공기의 특성
  밀도 1.293kg/m³(0℃, 1기압 기준), 산소 약 21vol%, 질소 79vol%

② 오염물질의 형태

가스 · 증기	벤젠, 톨루엔, CO 등
분진	흄, 미스트, 스모크 등
혼합형	용접 시 발생하는 금속흄, 가스 등

6. 환기에서 고려되는 압력

① 속도압(동압)(VP, Velocity Pressure): 유체의 운동에너지에 해당하는 압력으로, 속도의 제곱에 비례. 속도압은 음압이 될 수 없음

$$속도압(동압)(VP) = \frac{\gamma V^2}{2g}$$

  ○ VP: 동압 측정치(mmH$_2$O)
  ○ γ: 가스 밀도(kg/m³)
  ○ V: 유속(m/s)
  ○ g: 중력가속도(9.8m/s²)

② 정압(SP, Static Pressure): 유체가 가지는 정적인 압력으로, 유체의 이동과는 관계없음

③ 전압(TP, Total Pressure): 정압(SP)과 속도압(VP)의 합

7. 압력손실

① 압력손실의 특징
  - 직관에서의 마찰손실과 형태에 따른 압력손실로 구분
  - 배관의 길이와 정비례
  - 관직경과 반비례
  - 유체의 속도압에 비례

② 덕트 설치 시 압력손실을 줄이기 위한 주요사항
  - 덕트는 가능한 한 짧게 배치
  - 가능한 한 후드에 가까운 곳에 설치
  - 밴드의 수는 가능한 한 적게 함
  - 공기 흐름은 하향구배 원칙

③ Darcy-Weisbach 식

$$마찰손실 = f \times \frac{L}{D} \times \frac{\gamma V^2}{2g}$$

  ○ f: 마찰계수   ○ L: 길이
  ○ D: 직경   ○ γ: 가스 밀도
  ○ V: 속도   ○ g: 중력가속도

- **전체 환기**

1. 전체 환기의 정의
   ① 전체 환기(General Ventilation, Dilution Ventilation): 작업장 내부의 오염된 공기를 신선한 공기로 교체하여 오염물질의 평균 농도를 허용기준 이하로 희석시키는 방법
   ② 국소배기가 오염원을 직접 포집하는 것과 달리, 전체 환기는 공간 전체를 대상으로 환기

2. 전체 환기시설 설치의 기본원칙
   ① 필요 환기량은 오염물질이 충분히 희석될 수 있는 양으로 설계
   ② 공기배출구와 근로자의 작업위치 사이에 오염원이 위치해야 함
   ③ 배출구가 창문이나 문 근처에 위치하지 않도록 함(재유입 방지)
   ④ 오염물질 배출구는 가능한 한 오염원으로부터 가까운 곳에 설치하여 점환기 효과 획득
   ⑤ 희석을 위한 공기가 급기구를 통하여 들어와서 오염물질이 있는 영역을 통과하여 배기구로 빠져나가도록 설계해야 함
   ⑥ 오염원 주위에 다른 작업공정이 있으면 공기 공급량을 배출량보다 작게 하여 음압 형성

> **더 알아보기 점환기 현상**
> - 공기배출구 부근에서 배출된 오염물질이 초기 운동에너지를 잃고 정체되어 거의 움직임이 없는 상태가 되는 현상
> - 오염물질이 배출구 가까이 머물러 제대로 확산 또는 배출되지 못하게 하는 문제로, 국소배기장치 효율을 저하시키고 작업장 내 오염물질 농도를 높이는 원인
> - 점환기 현상을 방지하려면 오염물질 배출구를 오염원으로부터 가능한 한 멀리 설치하여 유동성을 확보하고 배출되는 공기가 원활히 흐르도록 해야 함

3. 전체 환기시설의 적용
   ① 작업장 특성상 국소배기장치의 설치가 불가능한 경우
   ② 동일 사업장에 다수의 오염발생원이 분산되어 있는 경우
   ③ 오염발생원이 근로자가 작업하는 장소로부터 멀리 떨어져 있는 경우
   ④ 유해물질 농도가 비교적 낮고 독성이 약한 경우 (독성이 강한 유해물질은 직접 국소배기장치로 포집)
   ⑤ 소량의 오염물질이 일정속도로 작업장으로 배출되는 경우

4. 전체 환기의 특징
   ① 장점
   - 구조가 단순하고 설비비용이 비교적 저렴
   - 넓은 공간을 일괄적으로 관리 가능
   - 열·습도·쾌적성 조절에 유리
   ② 단점
   - 농도 제어가 정밀하지 않음
   - 독성 강하거나 고농도의 오염물질에는 효과 부족
   - 공기량이 많이 필요해 에너지 소비가 큼

- **국소 환기**

1. 국소배기 시설
   ① 국소배기 시설의 특징
   - 국소배기(Local Exhaust Ventilation, LEV): 오염원이 발생하는 지점에서 직접 흡입하여 외부로 배출하는 시스템
   - 전체 환기와 달리, 국소배기는 발생원 억제 → 인체 노출 차단이라는 목적을 달성

장점	• 필요한 공기량이 적음 • 제어 효율이 높음 • 폭발·화재 위험도 낮춤
단점	• 설치·운전 비용이 큼 • 설비 설계가 복잡

② 국소배기 시설의 구성

후드 → 덕트 → 공기정화장치 → 송풍기 → 배출구

후드(Hood)	오염원을 포집하는 장치
덕트(Duct)	오염된 공기를 이송하는 통로
공기정화장치 (Cleaner)	여과, 흡착, 세정 등으로 오염물질 제거
송풍기(Fan)	흡입력을 제공
배출구(Stack)	처리된 공기를 대기로 배출

③ 국소배기 시설의 적용
- 유해물질의 발생량이 많은 경우
- 법적으로 국소배기장치를 설치해야 하는 경우
- 근로자의 작업위치가 유해물질 발생원에 근접해 있는 경우
- 발생원이 이동하지 않는 경우

④ 국소배기 시설 설치 시 주의사항
- 배기관은 유해물질이 발산하는 부위의 공기를 모두 빨아낼 수 있는 성능을 갖출 것
- 흡인되는 공기가 근로자의 호흡기를 거치지 않도록 할 것
- 유독물질의 경우에는 굴뚝에 흡인장치를 보강할 것
- 먼지를 제거할 때에는 공기속도를 조절하여 배기관 안에서 먼지가 일어나지 않도록 할 것

2. 국소배기 시설의 장치
① 후드(Hood)
- 유해물질이 발생하는 원천에서 오염물질을 포집하는 부분
- 종류

슬롯 후드 (Slot Hood)	좁고 긴 틈(슬롯)을 통해 기체를 빨아들이는 구조
캐노피 후드 (Canopy Hood)	장비 위에 덮개처럼 설치되며, 상향 상승하는 열기나 증기에는 적합
포위식 후드 (Enclosing Hood)	유해물질 발생원을 전부 또는 부분적으로 포위하여 밀폐하는 형태
종형 후드 (Downdraft Hood)	아래로 빨아들이는 형태로, 연마나 분진 발생 시 작업대에서 주로 사용
외부식 후드 (Exterior Capturing Hoods)	유해물질 발생원을 포위하지 않고 근처에서 오염물질을 포획하는 개방형 후드

- 후드 설치 시 유의사항
  - 후드의 개구면적을 최소화할 것
  - 오염원 전체를 포위시킬 것
  - 후드는 오염원에 가까이 설치할 것
  - 오염 공기의 성질, 발생상태, 발생원인을 파악할 것
  - 후드의 흡인 방향과 오염 가스의 이동방향은 같은 방향으로 할 것

② 덕트(Duct)
- 오염물질을 효과적으로 포집·배출하기 위해 후드와 송풍기 사이를 연결하는 통로
- 설계 원칙
  - 가능하면 길이는 짧게 하고 굴곡부의 수는 적게 함
  - 접속부의 안쪽은 돌출된 부분이 없도록 함
  - 덕트 내부에 오염물질이 쌓이지 않도록 이송속도를 유지
  - 연결 부위 등은 외부 공기가 들어오지 않도록 함
  - 밴드의 수는 가능한 한 적게 하도록 함
  - 공기가 아래로 흐르도록 하향구배를 만듦
  - 가능한 한 후드와 가까운 곳에 설치
  - 구부러짐 전, 후에는 청소구를 만듦
  - 송풍기를 연결할 때에는 최소 덕트 직경의 6배 정도는 직선구간으로 함
  - 가급적 원형 덕트를 사용하여 부득이 사각형 덕트를 사용할 경우는 가능한 한 정방형을 사용

✓ 곡관의 곡률반경은 최소 덕트 직경의 1.5배 이상으로 하며 주로 2.0배를 사용

✓ 덕트(Duct) 내부에서 유속이 가장 빠른 곳: 관의 중심부로, 직경 d의 중간 지점인 위에서 $1/2 \cdot d$ 지점

✓ 유속은 관 벽면에서는 0에 가까우며 관 중심을 향해 점점 빨라져 최대 유속은 중심선에서 나타남

• 덕트 재질

가스 구분	덕트 재질
주물사, 고온가스	흑피 강판
유기용제(부식이나 마모의 우려가 없는 곳)	아연도금 강판
알칼리성 가스	강판
강산, 염소계 용제	스테인리스스틸 강판
전리방사선	중질 콘크리트 차폐 구조

• 덕트 내 유해물질의 일반적인 반송속도

유해물질	반송속도
가스·증기·흄 및 극히 가벼운 분진	10 m/s
가벼운 건조분진	15 m/s
일반 분진(공업분진)	20 m/s
무거운 분진	25 m/s
무겁고 비교적 큰 입자의 젖은 분진	25 m/s 이상

> **더 알아보기** 사각덕트에서의 등가직경
>
> $$D = \frac{2ab}{a + b}$$
>
> ◦ D: 등가직경
> ◦ a: 폭
> ◦ b: 길이

③ 공기정화장치

• 오염물질을 제거하는 설비

• 공기정화장치의 종류

중력집진장치	중력에 의한 침강 방식을 사용
여과집진장치	부직포, 필터 이용(확산·차단·관성충돌 원리)
전기집진장치	코로나 방전으로 입자 대전 → 집진판에 흡착
세정집진장치 (스크러버)	액적과 충돌시켜 제거, 수질오염 가능
원심력집진장치	원심력을 이용한 집진장치

> **더 알아보기** 원심력 집진기에서의 입경
>
> • 절단입경: 50% 처리효율로 제거되는 입자크기
> • 임계입경: 100% 처리효율로 제거되는 입자크기

④ 송풍기(Fan)

• 공기 및 오염물질을 이동시키는 장치로 정압(압력차)을 발생시켜 오염 공기를 흡입

• 송풍기의 종류

원심력 (방사형)	• 고농도 분진을 포함한 공기나 부식성 강한 공기를 이송하는 데 적합 • 깃(blade)이 평판 형태로 되어 있어 내구성이 좋음 • 분진 자체정화 기능을 가진 구조가 많아 유지보수가 용이
원심력 (다익형, 전향날개형)	• 임펠러가 다람쥐 쳇바퀴 모양이며, 송풍기 깃이 회전방향과 동일한 방향으로 설계 • 동일 송풍량을 내기 위해 상대적으로 낮은 회전속도로 운전 가능하여 소음이 적음
터보형 (후향날개형)	• 날개가 회전 방향 반대쪽으로 굽어 있어 저소음, 고효율을 실현 • 구조가 정교하여 고농도 분진이나 입자가 많은 공기 이송에는 적합하지 않아 집진기 설치 후 사용하는 것이 바람직 • 고농도 분진함유 공기를 이송시킬 경우, 집진기 후단에 설치하여 사용해야 함

- 송풍기의 특성

풍량	송풍기의 회전수에 비례
풍압	송풍기의 회전수의 제곱에 비례
동력(축동력)	송풍기의 회전수의 세제곱에 비례

⑤ 배기구(Stack)

- 정화된 공기를 배출하는 부분
- 특징
  - ✓ 충분한 높이로 설치하여 재유입 방지
  - ✓ 굴뚝 끝은 건물 지붕보다 높게 위치
  - ✓ 풍향·풍속 고려하여 배출구 형상 설계

■ 환기시스템 설계

1. 설계 개요 및 과정

> 후드형식선정 → 제어속도결정 →
> 소요풍량계산 → 반송속도결정

① 후드 형식 선정: 작업 현장과 오염물질 발생 상황에 맞는 후드 형식을 선택

② 제어속도 결정: 후드형식과 오염물질 특성에 따라 오염원 주변의 오염물질을 효과적으로 제어할 수 있는 적절한 제어풍속을 정함

③ 소요풍량 계산: 후드의 개구면적과 제어풍속을 곱하여 필요한 환기량을 계산

④ 반송속도 결정: 덕트 내에서 이송속도를 결정하여 분진 등이 덕트 내에 퇴적되지 않도록 함

2. 정압조절평형법(정압균형유지법, 유속조절평형법)

① 국소배기 시설 설계 시 합류점에서 각 분기 덕트의 정압을 균형 있게 조절하여 풍량을 적절히 분배하는 방법

② 양쪽 덕트 내의 정압이 다를 경우, 합류점에서 정압을 조절하는 방법인 공기조절용 댐퍼에 의한 균형유지법

③ 설계가 어렵고 시간이 많이 걸린다는 단점이 있어 설치된 시설의 개조나 장치변경은 어려움

④ 송풍량은 근로자나 운전자의 의도대로 쉽게 변경되지 않음

⑤ 설계 시 잘못 설계된 분지관 또는 저항이 제일 큰 분지관을 쉽게 발견할 수 있음

⑥ 예기치 않은 침식 및 부식이나 퇴적문제가 일어나지 않음

3. 균형유지법

① 덕트 합류 시 댐퍼를 이용한 균형유지법: 덕트 내 각 분기관에 댐퍼를 설치하여 압력 손실을 조절함으로써 배기량을 균형 있게 유지하는 방식

② 임의로 댐퍼 조정 시 평형 상태 깨짐

③ 설계계산이 상대적으로 간단

④ 설치 후 부적당한 배기유량의 조절 가능

⑤ 시설 설치 후 댐퍼를 움직이면 변경 가능

⑥ 불필요한 압력손실이 커져 팬의 동력 소모 증가

⑦ 숙련자가 밸런싱 작업을 해야 함

더 알아보기 전체 환기와 국소배기

구분	전체 환기 (General Ventilation)	국소배기 (Local Exhaust Ventilation)
적용 조건	• 유해물질의 독성이 낮은 경우 • 작업장 내 오염원이 분산되어 있을 때	• 유해물질의 독성이 강한 경우 • 유해물질 발생원이 근로자와 가까운 경우
장점	• 설비가 간단하고 유지관리 쉬움 • 작업장 전체 공기 교환으로 열 관리에 도움	• 발생원에서 직접 유해물질 포집 가능 • 필요한 배기량이 적어 에너지 절감 효과 • 유해물질이 작업장 내에 유입되지 않음
단점	• 유해물질 독성이 높거나 발생량이 많은 경우 부적합 • 대규모 환기로 인한 에너지 소비 증가 • 효과가 느리고 희석 환기 방식으로 완전 제거가 어려움	• 설치비용과 설계가 복잡 • 덕트, 후드 등 설비 관리 필요

4. 국소배기 시설 설계

① 제어속도(Control Velocity 또는 Capture Velocity)

- 발산되는 유해물질을 후드로 흡인하는 데 필요한 기류속도
- 작업장 내 평균 유속이나 덕트 내 기류속도와는 다르며, 유해물질이 후드로 잘 빨려 들어가도록 오염원을 직접 제어하는 속도
- 일반적으로 후드 개구면에서 또는 외부식 후드의 경우 가장 먼 작업 위치에서 측정하며, 국소배기장치 설계 시 중요 기준으로 사용됨
- 제어속도에 영향을 주는 인자
  ✓ 제어속도는 후드의 모양, 후드에서 오염원까지의 거리, 오염물질의 종류 및 확산상태 등과 같은 요소에 의해 영향을 받음
  ✓ 후드의 모양에 따라 기류의 흐름과 흡입 효율이 달라지며, 오염원과의 거리가 멀어질수록 더 높은 제어속도가 필요함
  ✓ 오염물질의 종류(가스, 입자 등)와 확산 상태에 따라서도 적정 제어속도가 달라짐
- 제어속도 범위(ACGIH 권고 기준)

작업조건	작업공정 사례	제어속도 범위(m/s)
움직이지 않는 공기 중 속도 없이 배출됨	탱크에서 증발, 탈지	0.25 ~ 0.5
약간의 공기 움직임, 낮은 속도 배출	스프레이 도장, 용접, 도금, 저속 컨베이어 운반	0.5 ~ 1.0
발생기류가 높고 유해물질 활발 발생	스프레이 도장, 용기충진, 컨베이어 적재, 분쇄기	1.0 ~ 2.5
고속기류 내 높은 초기 속도 배출	회전연삭, 블라스팅	2.5 ~ 10.0

② 작업장 내 교차기류 형성

- 교차기류: 작업장 내에서 서로 다른 방향으로 흐르는 공기 흐름이 만나 형성되는 난류 상태
- 국소배기장치의 제어속도가 영향을 받음
- 작업장의 음압으로 인해 형성된 높은 기류는 근로자에게 불쾌감을 줌
- 먼지가 발생할 공정인 경우, 침강된 먼지를 비산, 이동시켜 다시 오염되는 결과 야기
- 교차기류가 형성되면 작업장 내 오염된 공기가 다른 곳으로 쉽게 분산될 수 있어 오염 확산 위험이 커짐

③ 필요 환기량의 설계 및 계산

후드 유형	환기량 계산식
바닥면(작업테이블) 설치, 플랜지 없음	$Q = 60 \times V \times (5X^2 + A)$
외부식 자유공간 후드, 플랜지 없음	$Q = 60 \times V \times (7X^2 + A)$
자유공간 설치, 플랜지 없음	$Q = 60 \times V \times (10X^2 + A)$
자유공간 설치, 플랜지 부착	$Q = 60 \times 0.75 \times V \times (10X^2 + A)$
바닥면(작업테이블) 설치, 플랜지 부착	$Q = 60 \times 0.5 \times V \times (10X^2 + A)$
슬로트형 후드, 플랜지 없음	$Q = 60 \times 3.7 \times L \times V \times X$
슬로트형 후드, 플랜지 부착	$Q = 60 \times 2.6 \times L \times V \times X$

- $Q(m^3/min)$: 필요환기량
- $V(m/s)$: 제어 속도
- $A(m^2)$: 개구면적
- $X(m)$: 유해물질과 후드개구부 간의 거리
- L: 폭(m)

④ 시간당 환기 횟수

$$시간당\ 환기\ 횟수 = \frac{Q}{V}$$

시간당 환기 횟수(회/hr)는 환기량(Q, m^3/hr)을 작업장 내 체적(V, m^3)으로 나눈 값으로 정의됨

⑤ 필요환기량을 줄이기 위한 방법
- 후드 개구면에서 기류가 균일하게 분포되도록 설계
- 포집형이나 레시버형 후드를 사용할 때에는 가급적 후드를 배출 오염원에 가깝게 설치
- 공정에서 발생 또는 배출되는 오염물질의 절대량을 감소시킴
- 가급적 공정의 포위를 최대화

⑥ 압력의 측정
- 피토관(Pitot Tube)
  - ✓ 유체(기체 또는 액체) 흐름 속에서 전압(총압, 정체압)과 정압을 동시에 측정하는 장치
  - ✓ 전압과 정압의 차이로 동압(속도압)을 구할 수 있어, 유속 계산에 필수적으로 사용
- 유입계수(C_e)
  - ✓ 후드에서의 압력손실이 유량의 저하로 나타나는 현상
  - ✓ '실제유량/이론유량'의 비율
  - ✓ '속도압/$\sqrt{후드정압}$'으로 구함
  - ✓ 손실이 전혀 없는 이상적인 후드라면 유입계수는 1이 되어야 함

⑦ 유속의 측정
- 풍차풍속계
  - ✓ 날개(베인)가 바람을 받아 회전하는 속도를 전기신호로 전환해 유속을 측정
  - ✓ 비교적 간단하며 저~중풍속 영역에서 사용하며, 덕트 외부에서의 풍속 측정에 적합
- 열선풍속계
  - ✓ 얇은 저항선을 전기로 가열한 후 공기의 흐름에 의해 냉각되는 정도를 측정해 유속 산출
  - ✓ 고감도, 빠른 반응속도를 가지며 저속 및 난류 환경에서도 정확히 측정 가능

- ✓ 주로 실내 공기 덕트나 실험실 등 정밀한 유량 측정에 쓰임

5. 공기공급 시스템
① 에너지 절감(급기와 배기의 균형 유지)
② 안전사고 예방
③ 국소배기장치의 효율 유지
④ 작업장의 교차기류(방해기류)를 방지

작업공정관리

- 산업현장에서 이루어지는 다양한 생산 활동 중 유해물질이 발생하는 공정을 대상으로, 적절한 제어 대책을 마련하고 관리하는 것
- 환기 설비, 물질 대체, 작업 방법 개선, 관리적 대책 등을 종합적으로 시행하는 과정

■ 산업위생관리
1. 작업환경관리(Engineering Controls)
① 유해한 작업환경 요인을 공학적인 방법으로 제거하거나 저감하여 근로자에게 노출되는 것을 최소화하는 관리
② 공학적 대책: 대체, 격리, 밀폐, 차단, 산업 환기 등 유해인자를 직접 제거하거나 차단하는 방법
③ 관리적(행정적) 대책: 작업시간 조정, 휴식시간 조정, 작업자 교육, 교대근무, 작업 전환 등
④ 예시
- 유해화학물질 발생 공정을 밀폐하거나 격리함
- 국소배기 장치 설치로 분진·가스 직접 포집
- 환기설비를 통해 작업장 내 유해물질 농도 희석
- 설비의 밀폐화 및 자동화를 통해 유해 작업환경 개선

 작업환경 관리대책 중 물질의 대체

- 대체(대치): 유해한 물질이나 작업공정을 덜 유해한 것으로 바꾸어 작업자의 건강 위험을 줄이는 관리 방법
- 예시
  - ✓ 성냥을 만들 때 백린을 적린으로 교체
  - ✓ 야광시계의 자판에 라듐 대신 인을 사용
  - ✓ 분체 입자를 큰 입자로 대체
  - ✓ 광산에서 광물을 채취할 때 건식 공정 대신 습식 공정을 사용
  - ✓ 금속세척 작업 시 TCE(트리클로로에틸렌)를 대신하여 계면활성제를 사용
  - ✓ 가연성 물질 저장시 사용하던 유리병을 안전한 철제 통으로 교체
  - ✓ 단열재석면을 대신하여 유리섬유나 암면 또는 스트리폼 등을 사용
  - ✓ 유연휘발유를 무연휘발유로 대체

 작업환경 관리대책 중 물질의 격리

- 작업자와 유해인자 사이에 물리적 장벽이나 거리, 시간 등을 둬서 접촉을 차단하는 방법
- 예시
  - ✓ 콘크리트 방호벽의 설치
  - ✓ 원격 조정 장치의 설치
  - ✓ 자동화
  - ✓ 특수 저장 창고의 설치

2. 작업관리(Administrative Controls)
   ① 근로자의 작업 방법, 시간, 위치 등을 관리하여 유해인자 노출을 간접적으로 줄이는 방법
   ② 예시
      - 작업 시간 단축, 작업 순서 조정으로 노출 시간 감소
      - 유해 물질 취급 작업 시 근로자 배치 변경
      - 작업자 교육 및 안전보건 교육을 통해 올바른 작업 유도
      - 작업 절차 개선 및 작업 중 휴식시간 부여

3. 건강관리(Health Surveillance)
   ① 근로자의 건강 상태를 정기적으로 검사·관리하여 유해인자로 인한 건강 이상을 조기 발견하고 대응하는 관리
   ② 예시
      - 특수건강진단 및 정기 건강검진 실시
      - 직업병 발생 여부 모니터링 및 기록 유지
      - 건강 교육 및 상담 제공
      - 작업자 유해물질 노출 이력 관리 및 작업 전환 조치

■ **작업공정관리**

1. 분진공정관리
   ① 개요
      - 발생 원인
        - ✓ 분쇄, 혼합, 절단, 운반 과정에서 분진 발생
        - ✓ 용접, 주조, 연마 시 금속흄 발생
        - ✓ 분말 형태의 원료 취급 시 비산
      - 관리 방법

공학적 대책	국소배기 시설 설치, 밀폐 설비, 물 분사에 의한 분진 억제
관리적 대책	작업시간 단축, 교대작업, 교육 및 안전관리
개인보호구	방진마스크 착용(특급, 1급, 2급 등 급별 사용)

 분진발생 작업환경에 대한 대책

- 연마작업에서는 국소배기장치가 필요
- 암석 굴진작업, 분쇄작업에서는 연속적인 살수가 필요
- 샌드블라스팅에 사용되는 모래를 철사나 금강사로 대체

   ② 작업 중 발생하는 먼지의 특징
      - 불활성 먼지 또는 공해성 먼지: 일반적으로 특별한 유해성이 없는 먼지이며, 이러한 먼지에 노출된 경우 일반적으로 폐용량에 이상이 나타나지 않으며, 먼지에 대한 폐의 조직반응은 가역적임

- 호흡성 먼지: 일반적으로 종말 모세기관지나 폐포 영역의 가스교환이 이루어지는 영역까지 도달하는 미세먼지

> **더 알아보기 산화규소 종류와 노출기준(TWA)**
> - 결정체 석영(Quartz): 0.05mg/m³
> - 결정체 트리디마이트(Tridymite): 0.05mg/m³
> - 결정체 크리스토발라이트(Cristobalite): 0.05mg/m³
> - 결정체 트리폴리(Tripoli): 0.1mg/m³
> - 비결정체 규소(용융된 비결정형 실리카): 0.1mg/m³

2. 유해물질 취급 공정 관리

① 발생 원인
- 유기용제(벤젠, 톨루엔, 트리클로로에틸렌 등) 증발
- 산·알칼리 증기 발생(도금, 세정)
- 살충제, 농약 제조·사용 과정

> **더 알아보기 유해물질의 증기 발생률에 영향을 미치는 요소**
> - 물질의 비중
> - 물질의 사용량
> - 물질의 증기압

② 관리 방법

대체	고독성 → 저독성 물질 전환 예) 벤젠 → 톨루엔
밀폐	탱크, 반응기 밀폐화
국소배기	흄 및 증기를 즉시 제거
모니터링	대기 중 농도 측정, 작업환경측정 실시

③ 관리적 대책
- 화학물질관리법 및 산업안전보건법에 따른 취급 기준 준수
- 물질안전보건자료(MSDS) 비치 및 근로자 교육
- 노출 기준(TLV, PEL, OEL) 초과 여부의 주기적 점검

3. 집진장치

직접차단, 원심력, 확산, 관성충돌, 중력침강, 정전기 등 여러 작용에 의해 포집됨

① 원심력집진장치
- 함진가스에 선회류를 일으키는 원심력 이용
- 비교적 적은 비용으로 집진 가능
- 입자의 크기가 크고 모양이 구체에 가까울수록 집진효율 증가
- 원심력과 중력을 동시에 이용하기 때문에 입경이 크면 효율적
- 분진의 농도가 높을수록 집진효율 증가

> **더 알아보기 블로우 다운**
> - 처리배기량의 5~10% 정도가 재유입되는 현상
> - 유효 원심력을 증가시켜 선회기류의 흐트러짐을 방지
> - 부분적 난류 감소로 입자의 집진율이 증가
> - 관 내 분진부착으로 인한 장치의 폐쇄현상을 방지

> **더 알아보기 분리계수(Separation Factor)**
> 입자에 작용하는 원심력을 중력으로 나눈 값
> $$S = \frac{V_2}{R \times g}$$
> - V = 입자의 접선방향 속도(m/s)
> - R = 원추하부 반경(m)
> - g = 중력가속도(m/s²)

② 전기집진장치
- 원리

> 고압 직류 전원으로 방전극과 집진극 사이에 전기장 형성 → 코로나 방전으로 분진에 (-)전하 부여 → 쿨롱력에 의해 집진극에 부착·분리됨

- 넓은 범위의 입경과 분진농도에 집진효율이 높음
- 고온 가스를 처리할 수 있어 보일러와 철강로 등에 설치할 수 있음
- 압력손실이 낮으므로 송풍기의 가동비용이 저렴
- 불연성 입자의 처리에 효율적
- 전기집진장치는 초기 설치비용 높음
- 설치 공간이 큼

③ 여과집진장치
- 가스가 여과섬유(필터)를 통과할 때 분진이 섬유와 충돌(관성충돌), 직접 차단, 확산(브라운운동), 중력침강, 정전기력 등 여러 물리적 작용에 의해 포집
- 0.01μm 이하의 미세분진까지도 고효율로 집진할 수 있음
- 여과집진기는 백필터(Bag Filter) 형태가 대표적이며, 분진층이 필터의 추가 여과층 역할을 하여 집진 효율을 더욱 높임
- 연속적 또는 간헐적 탈진으로 정상 운전이 가능하고, 고농도 및 다양한 환경 조건에서도 안정적
- 다양한 용량(송풍량)을 처리할 수 있음
- 습한 가스 처리에는 효율적이지 못함
- 여과재는 고온 및 부식성 물질에 손상
- 연속식은 고농도 함진 배기가스처리에 적합
- 조작 불량을 조기에 발견할 수 있음
- 여과속도가 작을수록 미세입자포집에 유리
- 건식제진에 유리

④ 중력집진장치
- 중력에 의한 자연침강 원리를 이용해, 공기 중 입자상 물질(분진 등)을 침강시켜 분리·제거하는 매우 단순한 집진장치
- 주로 입경 50μm 이상의 비교적 큰 입자를 처리하는 데 적합하며, 미세먼지 제거에는 부적합
- 집진효율은 약 40~60% 정도이며, 압력손실이 매우 적음
- 구조가 단순해서 설치비·유지비가 저렴하나, 효율이 낮고 부하·유량변동 적응성이 떨어짐

⑤ 세정집진장치(스크러버)
- 기체 내 오염물질을 세정액과 접촉시켜 제거하는 장치
- 일반적으로 배출수는 세정액으로서 수질오염을 유발할 수 있으므로 처리 및 관리 필요
- 포집효율은 세정 조건(세정액 종류, 유량, 접촉 면적 등)에 따라 조절 가능
- 가연성, 폭발성 분진의 처리가 가능하다는 장점이 있으며, 고온 가스, 부식성 가스 등 모든 오염물 제거에도 활용

⑥ 관성력집진장치
- 오염된 공기를 내부로 유입시켜, 공기 흐름의 급격한 방향전환이나 방해판(배플)과의 충돌을 이용해 입자에 관성력을 작용시키는 기계적 집진장치
- 충돌 전의 처리가스 속도를 적당히 빠르게 하면 미세입자를 포집할 수 있음
- 처리 후의 출구가스 속도가 느릴수록 미세입자를 포집할 수 있음
- 기류의 방향전환 횟수가 많을수록 압력손실 증가
- 기류의 방향전환 각도가 작을수록 압력손실이 커지나 제진효율이 높아짐

📋 개인보호구

- 개인보호구(Personal Protective Equipment, PPE): 공학적·관리적 대책으로도 완전히 제거되지 않는 잔여 위험으로부터 근로자를 보호하기 위한 최후의 수단임
- 산업안전보건법에서는 사업주가 근로자에게 적절한 보호구를 지급·착용토록 의무화하고 있으며, 보호구는 반드시 적합한 규격과 착용 방법 준수가 필요함

더 알아보기 보호구를 착용하는 데 있어서 착용자의 책임
- 지시대로 착용해야 함
- 보호구가 손상되지 않도록 잘 관리해야 함
- 매번 착용할 때마다 밀착도 체크를 실시해야 함

- **호흡용 보호구**

1. 호흡용 보호구의 특징
  ① 개요
    - 호흡용 보호구: 공기 중의 분진, 흄, 미스트, 가스, 증기 등을 제거하거나, 산소가 부족한 환경에서 호흡 가능한 공기를 공급하기 위한 장비
    - 사람의 호흡기는 코·기관지·폐포로 이어지며, 특히 폐포에서 가스교환이 이루어짐
    - 유해물질이 폐포까지 도달하면 혈액에 흡수되어 전신으로 확산되므로, 호흡용 보호구의 착용은 생명과 직결
  ② 호흡기 보호구의 사용 시 주의사항
    - 보호구의 능력을 과대평가하지 말아야 함
    - 보호구 내 유해물질 농도는 허용기준 이하로 유지해야 함
    - 보호구를 사용할 수 있는 최대 사용가능농도는 노출기준에 할당보호계수를 곱한 값
    - 공기 정화식 보호구는 산소 부족 환경, 고농도 유해가스 환경, 즉시 위험(응급상황) 환경에서는 적합하지 않음
  ③ 할당보호계수(APF, Assigned Protection Factor)
    - 보호계수(PF): 보호구를 착용함으로써 유해물질로부터 얼마만큼 보호해주는지 나타내는 것
    - 할당보호계수(APF)가 100인 보호구 착용 후 작업장 입장: 외부 유해물질로부터 적어도 100배 만큼의 보호를 받을 수 있음
    - 보호계수(PF)는 보호구 밖의 농도(C_o)와 안의 농도(C_i)의 비(C_o/C_i)로 표현할 수 있음
    - 위해비(HR)란 유해물질의 공기 중 농도를 해당 물질의 노출기준으로 나눈 값이며, 이는 작업장 내 유해인자의 오염 정도를 나타냄
    - 보호구 선정 시에는 위해비보다 크거나 같은 APF를 가진 보호구를 선택해야 함(APF가 위해비보다 작으면 안 됨)

2. 호흡용 보호구의 종류
  ① 방진마스크
    - 특징
      - ✓ 방진마스크는 주로 먼지, 미스트, 비휘발성 입자(분진 등)를 차단하여 호흡기 보호
      - ✓ 여과효율이 우수하려면 필터에 사용되는 섬유의 직경이 작고 조밀하게 압축되어야 함
      - ✓ 방진마스크는 주로 면, 모, 합성섬유 등을 필터로 사용함
      - ✓ 흡기, 배기 저항은 낮은 것이 좋음
      - ✓ 격리식과 직결식, 면체여과식으로 구분
      - ✓ 형태에 따라 전면형 마스크와 반면형 마스크로 구분
      - ✓ 무게 중심은 안면에 강한 압박감을 주지 않는 위치여야 함
    - 흡기저항(Breathing Resistance)
      - ✓ 호흡용 보호구(예 마스크) 착용자가 숨을 들이쉴 때, 공기가 보호구를 통과하면서 발생하는 공기 흐름에 대한 저항 또는 압력 손실
      - ✓ 흡기저항이 클수록 착용자가 호흡하기 어렵고 피로감이 커지므로, 보호구 설계 시 흡기저항을 낮게 유지하는 것이 중요함
    - 방진마스크의 성능 기준
      - ✓ 방진마스크 등급 중 특급의 포집효율은 분리식의 경우 99.95% 이상, 안면부 여과식의 경우 99.0% 이상이어야 함
      - ✓ 베릴륨 등과 같이 독성이 강한 물질들을 함유한 분진이 발생하는 장소에서는 특급 방진마스크를 착용하여야 함
      - ✓ 금속흄 등과 같이 열적으로 생기는 분진이 발생하는 장소에서는 1급 방진마스크를 착용하여야 함
      - ✓ 방진마스크 등급 중 2급은 포집효율이 분리식과 안면부 여과식 모두 80% 이상이어야 함

• 방진마스크의 포집효율

등급	입자 크기 (μm)	분진 포집효율	용도 예시
특급	0.4~0.6	99.95% 이상	석면, 베릴륨 등 발암성 물질
1급	0.4~0.6	94% 이상	금속흄 등
2급	0.4~0.6	80% 이상	일반 분진 등

② 방독마스크
- 특정 가스나 증기를 걸러내는 카트리지(정화통 혹은 흡수통(Canister))가 부착된 마스크
- 가스, 증기, 입자 등을 여과하는 장치로, 산소가 충분한 환경에서만 사용 가능
- 공기 중의 산소가 부족하면 사용할 수 없음
- 일시적인 작업 또는 긴급용
- 사용 중에 조금이라도 가스냄새가 나는 경우 새로운 정화통으로 교체하여야 함
- 정화통은 유해물질별로 구분하여 사용하도록 되어 있음
- 흡수제로 활성탄, 실리카겔, 소다라임(Sodalime) 등 사용
- 흡착제로 비극성의 유기증기에는 활성탄, 극성 물질에는 실리카겔 사용

③ 송기마스크(공기호흡기)
- 외부로부터 안전한 공기를 공급받아 산소결핍 환경에서 사용
- 유해물질의 농도가 즉시 생명에 위태로운 수준(IDLH, Immediately Dangerous to Life or Health)인 경우: 공기 정화식 보호구(예 방진마스크, 방독마스크) 사용 불가, 반드시 자급식 호흡보호구(공기호흡기, SCBA) 또는 송기마스크(공기통 부착형 SAR) 등 고도의 보호장비 착용

■ 기타 보호구

1. 눈 보호구
① 용도: 비산물, 화학물질, 자외선, 레이저 등으로부터 눈 보호
② 종류: 안전안경, 고글, 페이스쉴드
③ 적용 예시: 용접, 연삭, 화학물 취급

2. 귀 보호구
① 개요
- 용도: 소음성 난청 예방
- 종류: 귀마개(차음 15~30dB), 귀덮개(저음역 20dB 이상, 고음역 45dB 이상)
- 적용 예시: 프레스, 해머, 대형 기계 작업장
② 귀덮개(Ear Muff)
- 귀마개보다 쉽게 착용
- 귀마개보다 일관성 있는 차음 효과 획득 가능
- 간헐적 소음 노출 시 사용
- 귀 안에 염증이 있어도 사용 가능
- 동일한 크기의 귀 덮개를 대부분의 근로자가 사용 가능
- 멀리서도 착용 유무 확인 가능
- 장시간 사용 시, 덥고 습한 환경에서 작업 시, 다른 보호구와 동시 사용 시 불편
- 주파수별 귀덮개 차음성능(차음치, dB) 기준

중심주파수(Hz)	차음치(dB) 대략적 수치
125	10 이상
250	15 이상
500	15~20 이상
1,000	20~25 이상
2,000	25~30 이상
4,000	25~35 이상
8,000	20 이상

③ 귀마개(Ear Plug)
- 외청도에 이상이 없는 경우에 사용 가능
- 더러운 손으로 만지면 외청도를 오염시킬 수 있음

- 귀덮개와 비교하면 제대로 착용하는 데 시간은 걸리나 부피가 작아 휴대 편리
- 착용여부 파악 곤란
- 기공이 많은 재료: 소리를 통과시키기 쉬우므로 차음 성능 약화
- 기공이 적고 밀도가 높은 재료: 차음 효과 가능

■ **보호구의 재질 및 점검**

1. 보호구 점검
   ① 보호구의 수는 사용하여야 할 근로자의 수 이상으로 준비할 것
   ② 호흡용 보호구는 사용 전, 사용 후 여재의 성능을 점검하여 성능이 저하된 것은 폐기, 보수, 교환 등의 조치를 취할 것
   ③ 보호구의 청결 유지에 노력하고, 보관할 때에는 건조하고, 분진이나 가스 등에 영향을 받지 않는 일정한 장소에 보관할 것
   ④ 호흡용 보호구나 귀마개 등은 특정 유해물질 취급이나 소음에 노출될 때 사용하는 것으로서 그 목적에 따라 반드시 개인으로 사용할 것

2. 보호구의 재질과 적용 물질

재질	적용물질	특징
면	고체상 물질	화학물질 보호에는 부적합, 극성 및 비극성 용제에 사용할 수 없음
천연고무 (Latex)	물, 극성 용제	내산성 · 내유성 약함, 비극성 용제에는 저항성 낮음
부틸 (Butyl) 고무	극성 용제, 알코올	내화학성 우수, 특히 극성 용제에 강함
니트릴 (Nitrile) 고무	비극성 용제	톨루엔 · 벤젠 등 비극성 용제에 적합
네오프렌 (Neoprene) 고무	비극성 용제	내유성 · 내화학성 보통
가죽	없음	용제 · 알코올 보호에 부적합
불소고무 (Viton)	비극성 용제 (극성 용제는 제한적)	열과 일부 약품에 강함

04 물리적 유해인자 관리

온열조건

- **고온**

1. 온열요소와 지적온도
   ① WBGT(Wet Bulb Globe Temperature, 습구흑구온도지수)
      - WBGT는 습구·흑구·건구 온도를 포함한 열스트레스 지표로, 작업 환경에서 열사병, 열탈진 등 고온 스트레스 예방을 위한 대표적 지표로 섭씨(℃) 단위로 표시
      - 기온, 기습, 기류 및 복사열을 고려하여 계산
      - 기습(습도)와 기류(바람)는 체열 손실 및 열스트레스에 큰 영향을 미치며, 흑구온도는 복사열을 반영
      - 태양광선이 있는 옥외 및 태양광선이 없는 옥내로 구분
      - 고온에서의 작업휴식시간비를 결정하는 지표로 활용
      - WBGT가 높을수록 근로자의 열스트레스가 커지므로 휴식시간을 증가시켜야 함
      - WBGT 산정
        - ✓ 옥내 or 옥외(햇볕 없는 곳)

$$WBGT = 0.7 \times 자연습구온도 + 0.3 \times 흑구온도$$

        - ✓ 옥외(햇볕 있는 곳)

$$WBGT = 0.7 \times 자연습구온도 + 0.2 \times 흑구온도 + 0.1 \times 건구온도$$

작업휴식시간비	경작업	중등작업	중작업
계속작업	30.0℃	26.7℃	25.0℃
매 시간 75% 작업, 25% 휴식	30.6℃	28.0℃	25.9℃
매 시간 50% 작업, 50% 휴식	31.4℃	29.4℃	27.9℃
매 시간 25% 작업, 75% 휴식	32.2℃	31.1℃	30.0℃

   - 경작업: ~200kcal/hr
   - 중등작업: 200~350kcal/hr
   - 중작업: 350~500kcal/hr

   ② 지적온도(Optimum Temperature)
      - 환경온도를 감각온도로 표시한 것
      - 작업자가 쾌적하게 느끼는 온도
      - 작업 효율과 안전을 고려한 환경 온도

주관적 지적온도	사람이 쾌적하게 느끼는 온도
생리적 지적온도	최소의 에너지로 최대 생리적 기능을 수행할 수 있는 온도
개별적 지적온도	개인별 체감이나 적응 상태를 고려한 온도

> **더 알아보기** 온열 4대 요소
>
> 기온(건구온도), 기습(습구온도), 기류(공기의 흐름), 복사열

2. 고열 장해와 생체 영향
   ① 열발진(Heat Rashes, 땀띠)
      - 땀 배출이 원활하지 않아 피부에 땀구멍이 막히면서 발생
      - 땀띠(Prickly Heat)라고도 하며, 피부 발진과 가려움증 야기
      - 주로 땀이 많이 나는 부위에 발생

- 작업환경에서 가장 흔히 발생하는 피부장애
- 땀에 젖은 피부 각질층이 떨어져 땀구멍을 막아 한선 내에 땀의 압력으로 염증성 반응을 일으켜 붉은 구진(Papules) 형태로 나타남

② 열사병(Heat Stroke)
- 과도한 고온 환경에 오랜 시간 노출되어 체온조절 기능이 마비되면서 발생하는 심각한 상태
- 체온이 40도 이상으로 올라가면서 두통, 어지러움, 구역질, 경련, 시력 장애, 의식 저하 등의 증상이 나타남
- 피부가 뜨겁고 건조하며 붉게 보이고, 땀이 나지 않는 경우가 많음(운동 관련 열사병은 땀이 남)
- 응급상황으로 빠른 냉각과 병원 치료가 필요
- 치료가 늦으면 장기 손상이나 사망에 이를 수 있음

③ 열허탈(Heat Collapse)
- 고온 환경에서 땀 배출로 인해 체액과 염분이 부족해져 혈압이 급격히 떨어지고 실신하는 상태
- 주요 원인은 혈관 확장과 혈액량 감소
- 어지러움, 탈진, 실신 등이 증상으로 나타남
- 일사병과 열사병 전 단계로 볼 수 있으며, 시원한 곳에서 휴식과 수분 보충이 중요

④ 열경련(Heat Cramps)
- 땀으로 인한 염분(나트륨 등)의 손실로 근육이 갑자기 경련을 일으키는 상태
- 주로 팔, 다리, 복부 근육에서 발생, 통증 동반
- 충분한 수분과 전해질 보충, 휴식으로 치료 가능

⑤ 열피로(Heat Fatigue)
- 고온 환경에서의 장시간 작업, 과도한 땀 손실로 인한 탈수 때문에 발생
- 무기력, 두통, 어지러움, 현기증 발생
- 발한과 탈수로 체력 저하가 주된 원인
- 적절한 휴식과 수분 보충 필요

⑥ 열실신(Heat Syncope)
- 뜨거운 환경에서 혈관이 확장되어 혈압이 떨어지고 뇌로 가는 혈류량이 감소하여 일시적 의식 소실, 기절이 발생하는 상태
- 주로 갑작스러운 일어서기, 장시간 서 있기 후에 발생할 수 있음

⑦ 열소모(Heat Exhaustion)
- 과다발한으로 수분·염분 손실에 의함
- 두통, 구역감, 현기증 등 발생
- 체온은 정상이거나 조금 높아짐

3. 고열 측정 및 평가
① 카타(Kata) 온도계: 알코올 팽창·수축 원리 이용하며 작업장의 환경에서는 기류의 방향이 일정하지 않거나, 실내 0.2~0.5m/s 정도의 불감기류를 측정할 때 사용
② 흑구온도계: 복사열 측정에 사용하는 기구로, 기류 속도 측정에는 사용하지 않음
③ 열선풍속계: 가열된 가느다란 선이 바람에 의해 냉각되는 현상을 이용해 기류 속도를 측정하는 기구
④ 풍차풍속계: 바람이 풍차를 돌리면 풍차 회전수로 기류 속도를 측정하는 기구
⑤ 아스만(Assmann) 통풍건습계: 온도와 습도를 측정하는 기기로, 기류 측정 기능은 없음

> **더 알아보기** 기류의 측정에 사용되는 기구
> - 열선풍속계
> - 카타온도계
> - 풍차풍속계

> **더 알아보기** 습도
> - 절대습도: 공기 1m³ 중 수증기 양(g)
> - 상대습도: 수증기 함유 비율(%)로, 절대습도와 구분
> - 포화습도: 주어진 온도에 대한 공기가 최대로 함유할 수 있는 수증기 양

■ 저온

1. 한랭의 생체 영향
   - 근육 긴장 증가, 떨림 발생
   - 피부 표면의 혈관들과 피하조직 수축
   - 부종, 저림, 가려움, 심한 통증 발생
   - 일반적으로 혈관 수축으로 인해 혈압 상승
   ① 동상(Frostbite)
      - 특징
        ✓ 차가운 환경에서 조직이 얼거나 손상되는 질환으로 한랭환경에서 직접 발생
        ✓ 피부의 동결은 -2~0℃에서 발생
        ✓ 동상에 대한 저항은 개인차가 있으며 일반적으로 발가락은 6℃ 정도에 도달하면 아픔을 느낌
        ✓ 직접적인 동결 이외에 한랭과 습기 또는 물에 지속적으로 접촉함으로써 발생
        ✓ 조직의 동결로 인한 세포 손상, 혈관수축과 혈류장애가 원인
      - 종류

구분	증상
1도 동상	• 피부에 일시적인 홍반과 부종, 따끔거림 또는 작열감 발생 • 피부표면만 손상, 조직 괴사 없음
2도 동상	• 수포(물집)와 함께 심한 부종, 통증, 피부염증 발생 • 피층까지 손상, 염증성 삼출 발생
3도 동상	• 피부와 피하 조직의 괴사로 피부가 검게 변하며 조직 경화 • 통증과 감각 상실 동반, 피부 및 조직 손상 심함
4도 동상	• 근육, 인대, 뼈까지 손상이 확대되어 조직 괴사 심함 • 심한 경우 절단 필요할 수 있음

   ② 참호족
      - 발이 장시간 축축하고 춥고 비위생적인 환경에 노출 시 발생하는 비동결성 한랭 손상
      - 피부 및 하부 조직 손상과 함께 혈액 공급 부족과 신경 손상 포함
      - 습하고 차가운 환경(0~10℃ 정도)에 장시간 노출될 때 혈액순환 장애로 인해 발에 일어나는 한랭 장해로, 군대 참호 속에서 발생했던 데서 유래된 명칭
   ③ 침수족(Immersion Foot)
      - 물에 장시간 노출될 때 발생, 참호족과 유사한 상태
      - 부종, 저림, 작열감, 소양감 및 심한 동통을 수반하며, 수포, 궤양 형성
      - 참호족과의 차이는 물에 대한 직접 침수 여부
   ④ 레이노씨 병
      - 주로 손가락, 발가락의 반복적 진동·냉노출, 교원성 질환, 자가면역질환 등이 원인
      - 진동공구 작업자, 냉동 관련 작업자 등에게서 잘 발생
      - 손가락 말초혈관운동의 장애로 인한 혈액순환 장애로 손가락의 감각이 마비되고, 창백해지며, 추운 환경에서 더욱 심해지는 증상 발생
   ⑤ 저체온증
      - 몸의 심부온도가 35℃ 이하로 내려간 것
      - 전신저체온의 첫 증상으로 억제하기 어려운 떨림과 냉(冷)감각 발생
      - 심박동이 불규칙하고 느려지며, 맥박은 약해지고 혈압이 낮아짐

2. 한랭에 대한 대책
   ① 방한복 등을 이용하여 신체 보온
   ② 고혈압자, 심장혈관장해 질환자와 간장 및 신장 질환자는 한랭작업을 피해야 함
   ③ 작업환경 기온은 10℃ 이상으로 유지시키고, 바람이 있는 작업장은 방풍시설을 하여야 함

이상기압

■ 이상기압

1. 이상기압 관련 용어의 정의
   ① 이상기압: 정상 대기압(1기압, 약 760mmHg)에서 벗어난 환경(=압력이 제곱센티미터당 1킬로그램 이상인 기압)
      ※ 압력: 게이지 압력
   ② 고압작업: 고기압에서 잠함공법이나 그 외의 압기 공법으로 하는 작업
   ③ 기압조절실: 고압작업을 하는 근로자가 가압 또는 감압을 받는 장소
   ④ 잠수작업: 물속에서 공기압축기나 호흡용 공기통을 이용하여 하는 작업
   ⑤ 표면공급식 잠수작업: 작업자가 직접 호흡용 기체통을 휴대하지 않고, 주로 수면에서 압축공기를 공급받으며 수행하는 잠수작업
   ⑥ 고기압 환경: 잠수, 압기공법, 고압실 작업 등
   ⑦ 저기압 환경: 고산지대, 항공작업 등

> **더 알아보기 압력 구분**
> - 절대압: 진공 기준, 실제 압력을 절대 기준에서 표현한 값
> - 게이지압: 대기압 기준, 우리가 흔히 보는 압력계(예 타이어 압력계)가 표시하는 값
> - 절대압 = 대기압 + 게이지압

2. 고압환경에서의 생체 영향
   ① 1차 가압현상(기계적 압력 현상)
      - 생체강(신체 내 빈 공간들, 예 폐, 부비강 등)과 외부 환경 사이에 기압 차가 생겨 발생하는 물리적, 기계적인 작용
      - 예시: 흉곽이 잔기량보다 적게 압축되어 폐가 압박되는 현상
      - 중이염, 기압 외상 등이 포함
      - 일반적으로 기압 차이로 인한 조직의 압박, 울혈, 출혈, 동통 등의 증상을 말함

   ② 2차 가압현상(화학적 또는 생리적 압력 현상)
      - 고압하에서 대기 중 가스(특히 질소, 산소 등)가 체내에서 발생시키는 생화학적 효과
      - 질소 마취(Nitrogen Narcosis): 고기압(4기압 이상)에서 질소가 체내에 과다 용해되어 중추신경계 억제 증상을 일으키는 현상
      - 산소중독(Oxygen Toxicity)
         ✓ 일반적으로 산소의 분압이 2기압이 넘으면 나타남
         ✓ 고압산소에 대한 노출이 중지되면 대부분의 증상이 빠르게 회복
         ✓ 수지와 족지의 작열통, 시력장해, 정신혼란, 근육경련 등의 증상을 보이며 나아가서는 간질 경련 발생
         ✓ 산소의 중독작용은 운동이나 중등량의 이산화탄소의 공급으로 악화될 수 있음
      - 운동이나 CO_2의 상승은 체내 대사율을 증가시켜 산소 소비량과 흡수량을 높이고, 산소중독을 더욱 촉진할 수 있음
      - 이산화탄소 중독(Carbon Dioxide Toxicity): 이상기압 환경에서 이산화탄소의 축적으로 인해 발생하는 독성

   ③ 감압병(Decompression Sickness, 잠수병)
      - 특징
         ✓ 감압환경은 주변 압력이 급격히 감소하는 환경을 말하며, 이로 인해 체내 조직과 혈액에 용해되어 있던 질소가 기포로 변함
         ✓ 이 질소 기포들이 혈관과 조직을 막아 통증과 호흡곤란, 심한 경우 무균성 골괴사 등을 유발
         ✓ 증상: 관절통, 호흡곤란, 신경장애, 무균성 골괴사 등
      - 예방 및 치료
         ✓ 고압환경에서의 작업시간을 제한
         ✓ 재가압산소요법: 최상의 감압병 치료법
         ✓ 잠수 및 감압방법은 특별히 잠수에 익숙한 사람을 제외하고 1분에 10m 정도씩 잠수하는 것이 안전

✓ 감압이 끝날 무렵에 순수한 산소를 흡입시키면 예방적 효과와 함께 감압시간을 단축시킬 수 있음

✓ 감압병의 증상을 보일 경우 환자를 인공적 고압실에 넣어 혈관 및 조직 속에 발생한 질소의 기포를 다시 용해시킨 후 천천히 감압

✓ 헬륨은 질소보다 확산속도가 크고 체내에서 안정적이므로 질소를 헬륨으로 대치한 공기로 호흡시킴

✓ 헬륨은 호흡용 혼합 가스에서 흔히 사용되며 호흡저항을 줄이고 감압병 위험도 감소시킴(질소↓, 헬륨↑)

3. 감압환경(저기압)에서의 생체 영향

① 폐수종(High-altitude Pulmonary Edema, HAPE)
- 산소 부족과 저기압 환경에서 폐 모세혈관의 장애로 인해 폐에 체액이 차는 현상
- 증상: 호흡 곤란, 기침, 분홍빛 거품 섞인 객담, 청색증 등
- 고도가 높거나 고공 작업 후 해면으로 내려올 때도 발생할 수 있으며, 치료를 위해 산소 공급과 저압 환경 복귀가 필요함
- 고공성 폐수종: 고공환경에서 발생하는 특수한 폐부종 형태이며, 폐포 내에 과도한 체액이 축적되어 호흡장애를 일으키는 상태

② 저산소증(hypoxia)
- 고도가 높아질수록 대기압이 낮아지고 그에 따라 공기 중 산소의 분압도 낮아져 인체에 공급되는 산소 감소
- 두통, 어지러움, 피로, 혼란, 심할 경우 의식 소실 초래
- 조종사 등 고공 비행 종사자는 산소 부족으로 인한 저산소증 위험에 노출되므로 보조 산소 공급과 여압조절 등이 필수적임

③ 급성 고산병(Acute Mountain Sickness, AMS)
- 고도 상승 후 몇 시간~하루 내에 발생하는 가장 흔한 증상
- 두통, 구역, 구토, 불면, 어지럼증, 피로감 등 유발
- 보통은 가벼우나 심하면 뇌부종이나 폐수종으로 진행

■ **산소결핍**

1. 산소결핍의 개념

① 밀폐공간: 산소결핍, 유해가스로 인한 질식·화재·폭발 등의 위험이 있는 장소

② 유해가스: 이산화탄소·일산화탄소·황화수소 등의 기체로서 인체에 유해한 영향을 미치는 물질

③ 적정공기: 산소농도의 범위가 18% 이상 23.5% 미만, 이산화탄소의 농도가 1.5% 미만, 일산화탄소의 농도가 30ppm 미만, 황화수소의 농도가 10ppm 미만인 수준의 공기

④ 산소결핍: 공기 중의 산소농도가 18% 미만인 상태

⑤ 산소결핍증: 산소가 결핍된 공기를 들이마심으로써 생기는 증상

2. 밀폐공간에서 산소결핍

① 소모(Consumption)
- 산소가 화학반응 등에 의해 실제로 소모되는 경우
- 예시: 용접·절단·불에 의한 연소, 금속의 산화(녹 발생), 사람의 호흡 시 산소 소비

② 치환(Displacement)
- 불활성 가스(예 질소, 아르곤, 헬륨 등)가 공간 내 산소를 밀어내면서 산소 농도를 낮추는 경우
- 산소가 실제로 화학적으로 반응하여 소모되는 것은 아니며 가스가 공간을 차지해 산소의 부피가 감소

③ 흡수(Absorption)
용해 또는 흡착 등 다른 방식으로 산소가 공간에서 제거되는 현상

3. 질식제의 종류
① 단순 질식제: 산소를 밀어내거나 산소 분압을 낮추어 생리적으로 질식을 유발하는 불활성 가스
  예 수소(H_2), 질소(N_2), 메탄(CH_4), 헬륨(He), 아세틸렌(C_2H_2)
② 화학적 질식제: 혈액 내 혈색소와 결합하여 산소 운반 능력을 방해하거나 조직 내 산화효소를 불활성화시켜 질식 작용을 일으키는 물질
  예 일산화탄소(CO), 시안화수소(HCN), 시안화염류($-CN$), 황화수소(H_2S), 이산화질소(NO_2), 포스겐($COCl_2$)

4. 산소결핍의 인체 장해
산소결핍이 진행되면서 생체에 나타나는 영향 순서

> 가벼운 어지러움 → 대뇌피질의 기능 저하 → 중추성 기능장애 → 사망

가벼운 어지러움	초기 산소결핍 증상으로서, 뇌 산소 공급이 줄어들며 어지러움, 집중력 저하 등이 나타남
대뇌피질의 기능 저하	산소 공급 부족이 심해지면서 뇌 기능, 특히 대뇌 피질의 인지력과 판단력이 저하
중추성 기능장애	뇌의 중추 신경계 기능이 손상되어 의식 장애, 신경학적 이상 등이 발생
사망	산소 공급이 심각하게 부족하여 생명 유지 기능이 정지

5. 산소결핍 위험 작업장의 관리
① 측정 및 평가
  • 작업 전, 작업 중, 작업 후 산소·유해가스 농도 측정
  • 휴대용 산소 농도계, 가스 검지기 사용
② 환기 관리
  강제 환기(송풍기, 국소배기)
③ 보호구
  • 송기마스크: 외부로부터 안전한 공기를 공급받아 산소결핍 환경에서 사용
  • 공기호흡기: 자체 공기통을 가지고 있어 산소결핍과 유해가스 환경 모두에 사용 가능
  • 에어라인마스크: 정화통 없이 청정공기를 공급하는 방식으로 산소결핍 환경에 적합
④ 관리적 조치
  • 밀폐공간 보건작업 프로그램을 수립하여 시행하여야 함
  • 작업 장소에 근로자를 입장시킬 때와 퇴장시킬 때마다 인원을 점검하여야 함
  • 밀폐공간에는 관계 근로자가 아닌 사람의 출입을 금지하고, 그 내용을 보기 쉬운 장소에 게시하여야 함

소음·진동

■ 소음

1. 소음의 정의와 종류
① 정의
  • 주관적인 청각적 불쾌감
  • 소음은 주관적이기 때문에 소음과 소음이 아닌 것은 소음계로 구분할 수 없음
  • 소음으로 인한 피해: 정신적, 심리적, 신체적 피해
  • 소음성 난청: 주로 고주파수 영역에서 청력 저하가 먼저 나타나며, 특히 4,000Hz(4kHz)에서 청력손실이 가장 뚜렷함
  • 언어를 구성하는 주파수: 250~3,000Hz의 범위
  • 젊은 사람의 가청주파수 영역: 20~20,000Hz의 범위
② 종류

충격소음	최대음압수준이 120dB(A) 이상인 소음이 1초 이상의 간격으로 발생
연속음	소음이 중단 없이 발생하여 휴지 간격이 1초 미만
단속음	소음과 소음 사이 휴지 간격이 1초 이상 발생

<table>
<tr><td>폭발음</td><td>작업환경 소음 중 순간적으로 매우 높은 음압 수준을 발생시키는 소리로, 폭발이나 급격한 압력 변화에 의해 유발되며 청력에 즉각적·영구적 손상을 초래</td></tr>
</table>

2. 소음의 물리적 특성

① 음압레벨(SPL)과 음의 세기레벨(SIL)

- 음의 세기(I): 단위 면적을 통과하는 음향 에너지의 양
- 음압(P): 음파에 의한 공기 압력의 변화
- 음의 세기: 음압의 제곱에 비례($I \propto P^2$)
- 음압레벨(SPL)

$$SPL(dB) = 20\log\left(\frac{P}{P_0}\right)$$

  ◦ P: 측정 음압(Pa, N/m^2)
  ◦ $P_0 = 2 \times 10^{-5}$Pa(사람이 들을 수 있는 최소 음압 기준)
- 음의 세기레벨(SIL)

$$SIL(dB) = 10\log\frac{I}{I_0}$$

  ◦ I_0: 기준음향의 세기($10^{-12}W/m^2$)
  ◦ I: 발생음의 세기

② 반향시간(Reverberation Time)

- 음원이 꺼진 후 소리가 60dB 감소하는 데 걸리는 시간(RT_{60})

$$RT_{60} = 0.161\frac{V}{A}$$

  ◦ V: 실내 공간 부피(m^3)
  ◦ A: 방 전체의 흡음량(m^2 Sabine 단위)
- 소음의 감쇠: 시간의 제곱에 반비례하지 않고, 대략적으로 지수함수적(로그 스케일)으로 감쇠
- 반향시간의 용도: 주로 실내에서 흡음 특성(흡음량 등) 파악 및 설계, 평가에 사용하며, 실외 흡음량 추정에는 사용되지 않음
- 소음이 60dB까지 감소하지 않아도, RT_{60}은 실제로 -5dB~-35dB 범위 등 부분 감쇠 구

간으로도 추정(보정)할 수 있으므로, 소음원-배경소음 차이만으로 측정 가능
- 반향시간을 측정하려면 측정 음원이 90dB 이상 되어야 하며, 실내 배경소음은 낮을수록 정확한 측정 가능

③ phon과 sone

- phon
  ✓ 음의 크기(음압 수준)를 인간의 청각 반응에 따라 조정한 단위로, 주파수에 따른 사람의 귀 민감도를 반영
  ✓ 음압 수준(dB)과는 다르며, 주관적으로 느끼는 음 압력의 크기를 나타냄
- sone
  ✓ 사람 귀가 느끼는 소리의 주관적 크기를 나타내는 단위로, 음의 크기를 인지하는 정도를 선형적으로 표현
  ✓ 1 sone은 1,000Hz에서 40dB 음의 크기와 동일한 크기이며, 소리가 2sone이면 1sone의 두 배 크기로 느껴짐

$$sone = 2^{\frac{phon-40}{10}}$$

④ 차음효과(Transmission Loss, TL)

- 작업장에 흔히 발생하는 일반 소음의 차음효과를 위해 장벽 설치
- 장벽의 단위 표면적당 무게를 2배씩 증가함에 따라 차음효과는 6dB씩 증가
- 소음 차음효과와 장벽의 단위 표면적당 무게(mass per unit area, m) 사이의 관계

$$TL_2 = TL_1 + 6 \times \log_2\left(\frac{m_2}{m_1}\right)$$

3. 소음의 생체 작용
① 소음성 난청
- C_5-dip 현상: 소음성 난청의 초기 단계
- 4,000~6,000Hz 정도에서 가장 많이 발생
- 심한 소음에 노출되면 처음에는 일시적 청력 변화를 초래하는데, 이것은 소음 노출을 중단하면 다시 노출 전의 상태로 회복되는 변화임
- 심한 소음에 반복하여 노출되면 일시적 청력 변화는 영구적 청력 변화로 변하며 코르티기관에 손상이 온 것이므로 회복 불가능
- 일시적 청력 변화 때의 각 주파수에 대한 청력 손실 양상은 같은 소리에 의하여 생긴 영구적 청력 변화 때의 청력손실 양상과 유사

더 알아보기 코르티기관(Organ of Corti)
달팽이관 내에 위치한 청각 수용 기관으로, 음파를 전기 신호로 변환하는 역할

더 알아보기 C_5-dip 현상
- 소음성 난청의 대표적인 청력 손실 형태로, 4,000Hz에서 청력감소가 가장 뚜렷하게 나타남
- 외이·중이·내이의 공명 특성과 소음에 의한 와우의 손상 민감도가 4,000Hz 부근에서 높기 때문임

② 노인성 난청의 청력손실
- 노인성 난청은 고주파수 영역에서 청력 손실이 점진적으로 심해지는 특성이 있음
- 주파 영역이 먼저 손상되고, 저주파 영역은 비교적 손상이 적으며, 1,000Hz 이하 저주파 음역에서는 상대적으로 청력 손실이 적게 나타남
- 1,000~8,000Hz 영역에서는 20~40dB 이상의 손실이 나타나는 경우가 많음

4. 소음에 대한 노출기준
① 산업안전보건법령(국내)에서 정하는 일일 8시간 기준의 소음 노출기준과 미국 ACGIH 노출기준의 비교

국내노출기준		ACGIH 노출기준	
1일 노출시간 (hr)	소음수준 [dB(A)]	1일 노출시간 (hr)	소음수준 [dB(A)]
8	90	8	85
4	95	4	88
2	100	2	91
1	105	1	94
1/2	110	1/2	97
1/4	115	1/4	100

② 국내노출기준
- 최대 노출 제한치는 115 dB(A)이며, 이를 초과하는 소음에 대한 노출은 금지됨
- 근로자가 8시간 동안 90 dB(A)에 노출될 경우 청력 손실 위험이 상승하므로 이를 기준으로 보호 조치 권장

더 알아보기 NRR(Noise Reduction Rating)
개인 보호구(예 귀마개, 방음헤드폰) 등의 차음 성능을 평가하는 지수, 차음 능력을 수치로 나타냄

5. 소음 관리 및 예방 대책
① 공학적 대책: 소음원의 밀폐, 격리, 흡음·차음재 설치, 저소음 기계로의 교체 등 작업환경 자체를 물리적으로 개선하는 방법
② 관리적 대책: 작업시간 단축, 작업자 교대, 청력 검사, 보호구 지급과 착용 등 작업 방법이나 관리체계의 개선에 해당
③ 보호구 지급: 소음성 난청 예방에서 최후의 수단으로, 공학적 또는 관리적 대책이 곤란할 때 실시

6. 소음측정 시 소음계의 특성
  ① A특성(A-weighting)
    - 사람 귀가 소리를 느끼는 청감 특성을 반영하여 저주파와 고주파에서 감도를 낮추고, 중간 주파수 대역에 더 민감하게 반응하도록 보정한 가중치로 일반적인 소음 측정에 많이 사용
    - dB(A)로 표시
    - A특성은 사람의 청각이 가장 민감한 1,000Hz를 기준으로 보정값이 0이며, 저주파(저음) 영역에서는 감도가 낮아 보정치가 크게 음압을 낮춤
    - 40phon 등감곡선에 근접한 보정이며, 이는 일반적인 환경소음 평가에 사용
  ② B특성(B-weighting)
    - A특성과 C특성의 중간 정도 특성으로, 중간 소음 수준에 적합한 가중치
    - B특성은 70phon 등감곡선에 근접한 보정이며, 현재는 거의 사용되지 않음
  ③ C특성(C-weighting)
    - 거의 평탄한 응답 곡선으로 저주파부터 고주파까지 거의 동일한 가중치를 부여
    - 큰 소음(고강도 소음) 측정에 적합하며, 충격음이나 폭발음 같은 특수한 소음 측정에 주로 사용
    - dB(C)로 표시
    - C특성은 100phon 등감곡선에 근접하며, 저주파도 거의 보정하지 않아 원음에 가까운 측정값을 제공
    - 고음압 환경(예 산업현장)에서 사용

■ 진동

1. 진동의 정의 및 구분
  ① 진동: 물체가 평형점 주변을 반복 운동하는 현상
  ② 전신진동(Whole Body Vibration, WBV): 차량·중장비 등에 의해 발생
  ③ 국소진동(Hand-Arm Vibration, HAV): 진동공구 사용 등으로 발생되며 주로 손과 팔 등 인체의 일부에 영향을 미치는 진동으로 주파수 범위가 넓음

2. 진동의 물리적 성질
  ① 변위: 진동의 진폭, 즉 물체가 기준 위치에서 얼마나 이동했는지를 나타내며 보통 mm 단위를 사용
  ② 속도: 진동하는 물체의 속도 크기를 나타내며 mm/s 단위로 측정
  ③ 가속도: 진동의 가속도 크기, 즉 힘의 크기를 반영하며 mm/s^2 단위로 표현
  ④ 진동수(Hz, Hertz): 주파수의 단위로, 1초 동안 발생하는 진동이나 파동의 횟수를 의미

3. 진동의 생체 작용
  ① 전신진동
    - 전신진동이 인체에 미치는 영향은 주로 진동의 물리적 특성에 의해 결정
    - 중요 인자: 진동의 강도(진폭), 방향, 진동수(주파수)
    - 평형감각에 영향을 미침
    - 산소 소비량과 폐환기량 증가
    - 작업수행 능력과 집중력 저하
    - 말초혈관 수축, 혈압상승, 맥박증가, 피부 전기 저항 저하
    - 산소소비량은 전신진동으로 증가, 폐환기도 촉진
    - 전신진동의 영향 및 장애는 자율신경(특히 순환기)에 크게 나타남
    - 전신진동과 주파수
      ✓ 인체에 미치는 영향이 가장 큰 전신진동의 주파수 범위: 2~100Hz
      ✓ 고주파 진동: 주로 손이나 다리 등 국소 부위에 영향
      ✓ 전신진동: 주로 저주파 대역에서 인체 전반에 영향
      ✓ 두부와 경부: 20~30Hz 진동에 공명
      ✓ 안구: 60~90Hz 진동에 공명
      ✓ 진동수 4~10Hz: 압박감과 동통감을 받음
      ✓ 진동수 20~30Hz: 시력 및 청력 장애가 나타나기 시작

✓ 진동수 3Hz 이하: 신체가 함께 움직여 Motion Sickness와 같은 동요감을 느낌

② 국소진동

- 정의: 신체의 특정 부위에 진동이 국한되어 전달되는 현상으로 주로 손과 팔, 발목 등 접촉 부위를 통해 발생

- 영향을 받는 부위

주요 부위	손, 손목, 팔, 발 등 진동을 직접 받는 말단부
관련 조직	피부, 말초혈관, 신경, 근육, 힘줄, 관절

- 신체영향

혈관계 변화	말초혈관 수축으로 혈류 감소와 냉감
신경계 손상	감각저하, 무감각, 저린감, 신경병증성 통증
근골격계 증상	근력 약화, 관절통, 손기능 저하가 발생
피부 반응	피부 전기저항 변화 및 피부색 변화

- 국소진동과 주파수

  ✓ 인체에 가장 영향을 주는 진동 주파수 범위는 약 8Hz에서 1,500Hz까지로 알려짐

  ✓ 진동 주파수가 높아질수록 피부와 신경에 미치는 영향이 커짐

  ✓ 1,000Hz 이상의 고주파 진동은 신경계와 피부 조직에 심각한 손상을 줄 수 있음

> **더 알아보기** 레이노 현상(Raynaud's Phenomenon)
> - 추운 환경, 국소 진동, 혈액순환장애 등으로 인해 말초 혈관이 과도하게 수축하여 손발끝 피부가 창백하거나 청색증을 보이는 질환
> - 진동공구를 장시간 사용하면서 손이나 팔에 가해지는 국소 진동이 혈관 경련과 말초 혈류 이상 유발

4. 진동 관리 및 예방 대책

① 진동발생원 관리대책

- 발생원 제거: 진동을 일으키는 시설, 설비, 장비 등을 근본적으로 제거하거나 교체하는 방법

- 발생원 격리: 진동이 다른 구조물이나 작업공간에 전달되는 것을 방지하기 위해 진동 격리대를 설치하거나 독립된 공간에 두는 방법

- 발생원 재배치: 진동원이 작업자와 떨어진 위치에 설치되도록 배치하는 방법

- 보호구 착용: 진동 저감 장갑 등 개인보호장비를 착용하는 방법

② 진동에 의한 작업자의 건강장해를 예방하기 위한 대책

- 공구의 손잡이를 세게 잡지 않을 것

- 진동공구를 사용하는 작업은 1일 2시간을 초과하지 말것(작업시간 단축)

- 진동공구와 손 사이 공간에 방진재료를 채워 놓을 것

- 진동에 의한 건강장해 예방을 위해서는 가능한 한 가벼운 공구를 사용하여 진동 부담을 줄일 것

- 14℃ 이하의 옥외작업에서는 보온대책 필요

- 가능한 공구를 기계적으로 지지해 줄 것

방사선

■ 개요

1. 전리방사선
   원자나 분자를 이온화시키는 에너지의 크기를 기준으로 함
   > **예** 알파선, 베타선, 감마선, X선

2. 비전리방사선
   적외선, 가시광선, 전파 등 이온화 능력이 없는 방사선
   ① 파장: 방사선 분류는 주로 파장의 길이로 나누는데, 짧은 파장은 에너지가 높아 전리능력이 있음
   ② 주파수: 높은 주파수는 높은 에너지를 의미하며 전리방사선과 비전리방사선을 구분하는 중요한 기준임
   ③ 이온화하는 성질
   - 전리방사선은 물질을 이온화시킬 수 있는 능력을 가지며, 비전리방사선은 이 능력이 없음
   - 이온화 능력이 가장 핵심적인 분류 인자임

> **더 알아보기** 전리방사선과 비전리방사선의 구분 기준
> - 인간 생체에서 이온화시키는 데 필요한 최소에너지를 기준으로 전리방사선과 비전리방사선을 구분
> - 전리방사선과 비전리방사선을 구분하는 에너지의 강도: 약 12eV

■ 전리방사선

1. 전리방사선(Ionizing Radiation)의 개요
   ① 정의
   원자나 분자로부터 전자를 떼어내어 이온화할 수 있는 에너지를 가진 방사선으로 물질 내 원자구조를 변화시키며 생물학적 손상을 일으킬 수 있음
   ② 주요 종류

전리 방사선	입자방사선	알파선(α선), 베타선(β선), 중성자선
	전자기방사선	감마선(γ선), 엑스선(X선)

③ 전리방사선 관련 단위
- Sv(시버트): 흡수선량에 방사선 종류에 따른 방사선 가중치(생물학적 효과를 반영)를 곱해 산출한 선량당량 및 생체실효선량의 SI 단위
- rad
  - ✓ 방사선이 물질에 흡수된 에너지량을 나타내는 전통 단위
  - ✓ 물질 1그램당 흡수된 방사선 에너지가 100erg인 흡수선량의 단위
  - ✓ SI 단위로는 그레이(Gy)가 있으며, 1rad는 0.01Gy에 해당
- curie: 1초 동안에 3.7×10^{10}개의 원자붕괴가 일어나는 방사능 물질의 양을 의미
- Roentgen(R): 공기 중에 방사선에 의해 생성되는 이온의 양으로 주로 X선 및 감마선의 조사량 표시에 쓰임
- rem
  - ✓ 방사선의 생물학적 효과를 고려한 등가선량 또는 유효선량 단위
  - ✓ rad에 방사선의 종류에 따른 생물학적 효과 계수를 곱한 값
  - ✓ 1rem: 0.01시버트(Sv)
  - ✓ 인간에 미치는 방사선 피해 정도 평가에 사용
- Bq
  - ✓ 베크렐(Becquerel, Bq)은 방사성 물질의 방사능 강도를 나타내는 단위
  - ✓ 1초당 1개의 핵변환 혹은 방사성 붕괴가 발생하는 정도를 의미
  - ✓ SI 단위계에 속함

> **더 알아보기** 방사선의 단위환산
> - 1rem = 0.01Sv
> - 1rad = 100erg/g = 0.01Gy
> - 1Bq = 2.7×10^{-11}Ci
> - 1Gy=100rad=1J/kg

2. 전리방사선의 종류와 특성
① α선(알파선)
- 헬륨 원자핵으로 구성된 입자로, 무겁고 양전하를 띠며, 매우 낮은 침투력으로 피부 표면조차 깊게 투과하지 못함
- 외부조사로는 위험이 적으나, 체내에 흡입 또는 섭취되면 방사성 물질이 세포 가까이 위치하여 치명적인 손상을 일으킴

② β선(베타선)
- 고에너지 전자나 양전자로 구성되어 α선보다 침투력이 강해 피부를 통과할 수 있음
- 체내로 들어왔을 때 α선보다 조직 손상이 덜함

③ γ선(감마선)
- 전자기파의 일종으로 매우 높은 침투력을 가짐
- 외부조사와 내부조사 모두 위험하지만 내부 흡수와 섭취에 따른 피해는 α선보다 일반적으로 낮음

④ X선
- γ선과 유사한 전자기파이며, 의료용으로 주로 사용
- 침투력이 크지만 방사능 입자가 아니므로 내부 섭취에 의한 위험은 거의 없음

3. 전리방사선의 인체영향
① 전리방사선이 인체에 미치는 영향에 관여하는 인자

전리작용	방사선이 인체 내 원자나 분자에 이온화를 일으켜 세포 및 DNA 손상에 직접 관여하는 중요 과정
피폭선량	• 인체에 흡수된 방사선량 • 영향의 크기와 직접 연관된 핵심 인자
조직의 감수성	• 방사선에 대한 조직별 민감도 차이 • 손상의 정도에 큰 영향을 줌

② 전리방사선의 인체 투과력

> γ선, X선, 중성자선 > β선 > α선

- 알파선(α): 헬륨 원자핵으로 구성되어 무겁고 투과력이 가장 약해 종이나 피부 표면으로도 차단

- 베타선(β): 고속 전자 또는 양전자 입자로 알파선보다 가볍고 투과력이 크지만 X선보다 낮음
- X선, 감마선, 중성자선: 파장이 매우 짧고 에너지가 높아 투과력이 가장 큼

③ 전리방사선의 인체 감수성
- 전리방사선 감수성은 세포 분열 빈도와 분화 정도에 따라 다르며, 세포 분열이 활발한 조직일수록 감수성이 높음
- 높은 감수성을 보이는 조직에는 생식선, 골수, 임파조직 등이 있으며, 이들은 세포분열 활동이 활발

방사선 종류	구성 및 특징	투과력·차단 방법
알파선 (α)	헬륨 원자핵, 강한 이온화 작용	매우 낮음, 종이 한 장으로 차단 가능
베타선 (β)	전자 또는 양전자, 중간 강도의 이온화	중간, 알루미늄 판으로 차단 가능
중성자선	중성자 입자, 핵반응시 발생	매우 강함, 특수 차폐 필요
감마선 (γ)	고에너지 전자기파, 핵붕괴 발생	매우 강함, 두꺼운 납·콘크리트 차폐 필요
엑스선 (X선)	고에너지 전자기파, 의료용 및 산업용	강함, 납 차폐 필요

④ 전리방사선에 의한 인체 손상
- 전리방사선이 인체에 조사되면 생체 구성 성분의 손상을 일으킴
- 그 손상이 일어나는 순서

> 분자수준에서의 손상 → 세포수준의 손상 → 조직 및 기관수준의 손상 → 발암현상

■ 비전리방사선

1. 비전리방사선(Non-ionizing Radiation)의 개요
   ① 에너지가 낮아 원자를 이온화하지는 못하지만, 분자 진동·회전, 전자 전이를 유발하여 열작용, 광화학 작용을 일으킴
   ② 종류: 자외선, 가시광선, 적외선, 마이크로파, 전파, 레이저, 초음파, 극저주파, 라디오파 등(이온화 불가)

2. 종류와 특징
   ① 자외선
      • 파장: 100~400nm
      • 생체반응: 적혈구, 백혈구에 영향
      • 280~315nm의 자외선: 도르노선(Dorno ray)
      • 200nm 이하의 자외선은 공기 중에서 대부분 흡수되어 인체에 직접 닿지 못하며, 주로 각막이나 수정체에서 흡수됨
      • 옥외작업을 하면서 콜타르의 유도체, 벤조피렌, 안트라센 화합물과 상호작용하여 피부암을 유발시키는 것으로 알려진 비전리방사선
      • 전기성 안염(전광선 안염)과 가장 관련이 깊은 비전리방사선

> **더 알아보기 전기성 안염**
> 자외선에 의한 각막 상피 손상으로, 눈이 뻑뻑하고, 충혈, 눈부심, 통증, 흐린 시야 등의 증상 유발

> **더 알아보기 도르노선(Dorno ray)**
> • 소독작용, 비타민 D 형성, 피부색소 침착 등 생물학적 작용이 강한 특성을 가진 자외선
> • UV-B 자외선의 한 종류로서 2,800Å ~3,150Å (280~315nm) 구간에 해당하며, 이 범위의 자외선은 소독, 비타민 D 생성, 피부 색소 침착 등 광화학적 생리작용이 강함
> • 1Å(옹스트롬)는 0.1nm이므로 2,800Å는 280nm, 3,150Å는 315nm에 해당

② 가시광선
   • 파장: 약 400nm~700nm
   • 인간의 눈에 보이는 전자기파로 색상과 밝기를 인식하게 하며 자연광, 조명에 해당

③ 적외선
   • 파장: 약 700nm~1mm
   • 가시광선보다 파장이 긴 전자기파로 주로 열에너지를 전달하며, 눈에 보이지 않고 온도 감지, 열 영상 등에 사용
   • 태양으로부터 방출되는 복사 에너지의 52% 정도를 차지하고 피부조직 온도를 상승시켜 충혈, 혈관확장, 각막손상, 두부장해를 일으키는 유해광선
   • 적외선의 생체작용
      ✓ 조직에 흡수된 적외선은 화학반응을 일으키는 것이 아니라 구성분자의 운동에너지를 증대
      ✓ 만성노출에 따라 눈장해인 백내장을 일으키고 700nm이상의 적외선은 눈의 각막을 손상시킴
      ✓ 적외선이 체외에서 조사되면 일부는 피부에서 반사되고 나머지만 흡수
      ✓ 조직에서의 흡수는 수분함량에 따라 다름
      ✓ 조사부위의 온도가 오르면 혈관이 확장되어 혈류가 증가되며 심하면 홍반 유발
      ✓ 적외선은 주로 조직 내의 수분 및 단백질에 의해 흡수되며, 흡수 시 광자 에너지가 열에너지로 변환되어 조직 온도 상승

④ 마이크로파
   • 파장: 약 1mm~1m(주파수 약 300MHz~300GHz)
   • 라디오파와 적외선 사이의 주파수 대역을 가진 전자기파로 통신, 레이더, 전자레인지 등에 사용, 파장이 길어 물체 투과에 강함
   • 마이크로파의 생물학적 작용
      ✓ 인체에 흡수된 마이크로파는 기본적으로 열로 전환
      ✓ 두통, 피로감, 기억력 감퇴 등의 증상 유발

✓ 생식기와 눈: 마이크로파의 열작용에 가장 많은 영향을 받는 기관, 1,000~10,000Hz의 마이크로파는 백내장을 일으킴

✓ 일반적으로 150MHz 이하의 마이크로파와 라디오파는 흡수되어도 감지되지 않음

✓ 3cm 이하 파장: 외피에 흡수

✓ 3~10cm 파장: 1mm~1cm 정도 피부 내로 투과

✓ 25~200cm 파장: 세포 조직과 신체기관까지 투과

✓ 200cm 이상의 파장은 인체 조직 투과

> **더 알아보기** **라디오파**
> - 전자기파의 한 종류로, 매우 낮은 주파수(3 kHz)부터 300 GHz에 이르는 넓은 주파수 대역을 포괄
> - 파장의 범위: 1m~100km

⑤ 레이저

- 파장: 특정 파장대에 집중(가시광선, 적외선 등 다양한 범위 가능)
- 레이저(Laser): "Light Amplification by Stimulated Emission of Radiation"의 약자
- 유도방출에 의해 특정 파장 빛이 증폭된 단일 방향성의 빛으로 높은 방향성과 집중도로 정밀 가공, 통신, 의료 등에 활용
- 레이저는 극히 좁은 파장범위이고 쉽게 산란되지 않으며 강력하고 예리한 지향성을 지니고, 직진성이 매우 강함
- 레이저는 단색성, 공간적 일관성, 고휘도의 특성을 가진 비전리방사선의 한 종류
- 레이저광에 가장 민감한 표적기관: 눈
- 레이저광은 출력이 대단히 강력하고 극히 좁은 파장범위를 갖기 때문에 쉽게 산란하지 않음
- 파장, 조사량 또는 시간 및 개인의 감수성에 따라 피부에 홍반, 수포형성, 색소침착 등이 생김

⑥ 비전리방사선의 특징

분류	파장 범위(nm)	주요 특징 및 영향
UV-C	100~280 (또는 200 ~ 280)	• 가장 짧은 파장으로 에너지가 가장 강함 • 살균과 살바이러스 효과가 뛰어남 • 대기 중 오존층에 의해 대부분 흡수되어 지표면에 거의 도달하지 않음 • 인공적으로 살균램프 등에 이용됨
UV-B	280~315 (또는 280 ~ 320)	• 중간 파장대, 자외선 중 피부 일광화상과 피부암의 주요 원인 • 대부분 오존층에 흡수되나 일부는 지표에 도달 • 피부를 태우고 DNA 손상을 일으킴
UV-A	315~400 (또는 320 ~ 400)	• 가장 긴 파장으로 대기층 대부분 통과 • 피부 진피 깊숙이 침투하여 피부 노화, 색소침착 유발 • 에너지량은 UV-B 이하지만 장시간 노출 시 누적 손상, 피부암의 보조적 원인 가능
가시 광선	400~700	과도한 노출 시 광화학적 또는 열에 의한 각막 손상, 피부 화상
IR-A (적외선)	780~1,400	수정체 손상으로 백내장 유발 가능, 망막 손상
IR-B (적외선)	1,400~3,000	각막 및 결막 염증 유발, 표면 조직 손상
IR-C (적외선)	3,000~1,000,000	표피층 가열에 주로 영향, 깊은 조직 침투 적음, 열적 자극 유발

■ **조명**

1. 조명의 필요성
   ① 시각작업 효율 증대, 안전사고 예방, 피로 감소 등
   ② 작업환경 조명에서 직접적으로 고려하는 요소:
      조명의 질과 양, 즉 조도, 휘도, 눈부심 등

2. 빛과 밝기의 단위
   ① 반사율: 조도에 대한 휘도의 비로 표시
   ② 광속
      • 광원으로부터 나오는 빛의 양
      • 단위: 루멘(lumen), 1루멘은 1칸델라 광원이 1스테라디안 입체각으로 방출하는 빛의 양
   ③ 광도
      • 광원으로부터 나오는 빛의 세기
      • 단위: 칸델라(candela, cd) 또는 cd/m^2(니트, nit)
      • 칸델라(candela): 지름이 1inch 되는 촛불이 수평방향으로 비칠 때의 빛의 광도
      • 촉광(칸델라)은 광원의 특정 방향에서의 빛의 강도 단위로 구분
      • 예시: 자동차 헤드라이트의 밝기, TV 화면의 밝기 측정 등

   > **더 알아보기** 휘도
   > • 단위 면적당 광도의 강도로, 특정 방향으로 방출하는 빛의 양이며 밝게 보이는 정도를 의미
   > • cd/m^2의 단위를 사용

   ④ 조도
      • 입사면의 단면적에 대한 광속의 비로 $1m^2$의 평면에 1루멘의 빛이 비칠 때의 밝기를 의미
      • 럭스(lux)
        ✓ 1제곱미터당 도달하는 빛의 양, 즉 조도의 단위
        ✓ 1럭스는 1제곱미터(m^2) 면적에 1루멘(lm)의 빛이 고르게 비칠 때의 밝기
        ✓ $1lux = 1lm/m^2$으로 표현
      • 풋캔들(foot candle): 1루멘의 빛이 1평방피트(ft^2)에 수직으로 비칠 때의 조도 단위
        ✓ 미국 등에서 조도 단위로 자주 쓰임

$$1fc = \frac{1루멘}{1ft^2 \times \frac{(0.3048m)^2}{1ft^2}} = 10.7639lux$$

      • 예시: 책상 위 조명 밝기, 실내 조명 설계에서 작업면의 밝기 측정

3. 채광 및 조명방법
   ① 자연조명

창의 면적	바닥 면적의 15~20% 정도가 이상적
입사각	28° 이상이 좋으며, 입사각이 클수록 실내는 밝음
개각	보통 4~5°가 적당하며, 개각이 작을수록 실내는 어두움
유리창	청결한 상태여도 10~15% 조도가 감소되는 점 고려
창의 방향	• 많은 채광을 요구할 경우 남향이 좋음 • 조명의 평등을 요하는 작업실인 경우 북향이 좋음

   ② 직접조명과 간접조명

구분	직접조명	간접조명
정의	광원이 빛을 비추고자 하는 곳에 직접 빛을 비추는 조명 방식	광원이 벽, 천장 등에 빛을 비추고, 그 반사광으로 공간을 밝히는 조명 방식
특징	• 조명기구 구조가 간단하고 효율이 높음 • 높은 조도를 얻을 수 있음 • 눈부심 발생 가능성 높음 • 그림자가 뚜렷함	• 은은하고 부드러운 빛을 제공 • 눈부심과 그림자가 적음 • 조도의 분포가 균일함 • 조명기구 구조가 복잡하고 비용이 높음
용도	작업장, 업무 집중이 필요한 공간	휴식 공간, 병실, 분위기 조성에 적합

③ 작업장 내 조명방법
- 인공조명 시 고려하여야 할 사항
  - ✓ 가급적 간접 조명이 되도록 함
  - ✓ 조도는 작업상 충분히 유지
  - ✓ 조명도는 균등히 유지할 수 있어야 함 → 천정, 마루, 기계, 벽 등의 반사율을 크게 하면 조도를 일정하게 얻을 수 있음
  - ✓ 광색은 주광색에 가깝게 함
  - ✓ 시계공장 등 작은 물건을 식별하는 작업을 하는 곳은 국소조명이 적합
- 작업장의 조도
  통상 근로자의 눈을 보호하기 위하여 인공광선에 의해 충분한 조도를 확보하여야 함

- 작업장의 조명 종류와 특징
  - ✓ 형광등: 백색에 가까운 빛을 얻을 수 있음
  - ✓ 수은등: 형광물질의 종류에 따라 임의의 광색을 얻을 수 있음
  - ✓ 나트륨등: 주로 주황색 또는 황색 빛을 발산하여 색을 정확히 구별해야 하는 작업장에는 부적합
  - ✓ 백열전구와 고압수은등: 적절히 혼합시켜 주광에 가까운 빛을 얻음
  - ✓ 바둑판형 형광등: 천장에 배열 시 음영을 약하게 할 수 있음

4. 적정조명수준
① 적정 조도
- 작업장에서 전체조명(General Lighting)과 국부조명(Local Lighting)을 병용할 경우, 조도의 균형이 맞아야 눈부심과 시각적 피로를 줄일 수 있음
- 전체조도의 밝기는 국부조도의 1/5~1/10 정도가 적당
- 전체조명이 너무 어두우면 국부조명 주변과 배경의 명암 대비가 커져 눈의 피로가 증가
- 전체조명이 너무 밝으면 국부조명의 효과가 약해져 불필요한 에너지가 낭비

② 눈부심을 없애기 위한 방법
- 광원 또는 전등의 휘도를 줄임
- 광원을 시선에서 멀리 위치시킴
- 눈이 부신 물체와 시선과의 각을 크게 함
- 광원 주위를 밝게 하여 적절히 밝게 함

③ 작업별 조도 기준

구분	조도
초정밀작업	750럭스 이상
정밀작업	300럭스 이상
보통작업(상시작업)	150럭스 이상
그 밖의 작업	75럭스 이상

5. 조명의 영향
① 조명 부족: 눈의 조절 기능이 손상되어 시각 피로, 시력 저하뿐 아니라 안구진탕증과 같은 안구 운동 장애가 발생할 수 있음
② 조명과잉: 망막을 자극해서 잔상을 동반한 시력 장해 또는 시력협착을 일으킴
③ 안구진탕증: 조명 부족과 같은 환경적 요인에 의해 발생할 수 있어 갱 내부 조명부족과 관련이 깊음

산업독성학

입자상 물질

■ 종류, 발생, 성질

1. 정의

① 입자상 물질: 대기나 작업환경 중에 부유하거나 침적되어 있는 고체 또는 액체 미립자를 통칭

② 직경: 수 나노미터에서 수백 마이크로미터까지 다양하며, 성상에 따라 흄(Fume), 미스트(Mist), 스모그(Smog), 분진(Dust) 등으로 분류

③ 물리적·화학적 특성, 크기, 밀도, 발생원에 따라 인체 위해성과 환경적 영향이 달라짐

2. 종류

분진 (Dust)	고체가 기계적 충격, 마찰, 분쇄 과정에서 잘게 부서져 발생한 입자
흄 (Fume)	금속이나 비금속 물질이 고온에서 증발 후 응축해 생긴 미세입자
미스트 (Mist)	액체가 분무·분사·응축되면서 형성된 작은 액적(액체 미립자)
스모크 (Smoke)	• 연소나 열분해로 생성된 고체 입자와 액적(액체 미립자)이 혼합된 에어로졸 • 액체·고체 두 상태로 존재할 수 있음 • 에어로졸(Aerosol): 기체 중에 분산된 고체 또는 액체 입자 전체를 포괄하는 개념
증기 (Vapor)	상온에서 액체나 고체 상태인 물질이 기체화된 상태

3. 모양 및 크기

① ACGIH 입자 크기별 기준과 특징

구분	평균 입경	특징
흡입성 분진 (Inhalable Particulate Mass, IPM)	100 μm	• 입경이 약 100 μm 이하로서 비강, 인후두, 기관 등 기도 부위에 침착할 수 있는 먼지 • 호흡기계 어느 부위에 침착하더라도 독성을 나타낼 수 있어 주로 상기도 및 하기도 자극 유발과 만성 호흡기 질환의 원인이 됨
흉곽성 분진 (Thoracic Particulate Mass, TPM)	10 μm	기관지 및 폐포 등 폐의 깊은 부위에 침착되는 먼지
호흡성 분진 (Respirable Particulate Mass, RPM)	4 μm	크기가 더 작아 폐포까지 도달하며 폐에 침착, 폐 조직 손상 야기

② 입자의 직경

공기역학적 직경	• 역학적 특성, 즉 침강속도 또는 종단속도에 의해 측정되는 먼지 크기 • 실제 입자와 같은 침강속도 • 밀도를 $1\,\text{g/cm}^3$로 가정한 이상적인 구형 입자의 직경 • 직경분립충돌기(Cascade Impactor)를 이용해 입자의 크기 및 형태 등을 분리
스토크스 직경	입자와 침강속도 및 밀도가 동일한 구형 입자의 직경

등면적 직경	입자의 투영면적과 같은 면적을 가진 구의 직경
기하학적 직경	입자의 실제 물리적 크기 예 최장거리 등
페렛 직경	• 입자의 투영된 가장자리에서 가장 먼 두 점을 잇는 직선을 직경으로 하여 측정하는 방법 • 입자의 크기가 과대평가될 가능성이 있음
마틴 직경	입자의 면적을 2등분하는 선의 길이로 과소평가될 수 있음

■ **인체 영향**

1. 인체 내 축적 및 제거

   ① 인체 내 축적

   - 차단(Slipping or Interception): 길이가 긴 입자상 물질은 호흡기계로 들어올 때 입자의 가장자리가 기도 표면을 스치며 물리적으로 걸려 침착되는 현상
   - 충돌: 주로 입자가 기류의 방향을 바꿀 때 관성에 의해 기도 벽에 직접 부딪쳐 침착하는 현상
   - 침전: 중력에 의해 입자가 천천히 아래로 가라앉아 침착하는 현상
   - 확산: 작은 입자가 무작위 운동(브라운 운동)에 의해 움직이며 침착되는 현상

   ② 먼지 정화기전(방어기전)

   - 어떤 먼지는 폐포벽을 뚫고 림프계나 다른 부위로 들어가기도 함
   - 폐에 침착된 먼지는 대식세포에 의하여 포위되어, 포위된 먼지의 일부는 미세 기관지로 운반되고 점액섬모운동에 의하여 정화
   - 먼지는 대식세포가 방출하는 효소에 의해 용해되어 제거
   - 폐에서 먼지를 포위하는 대식세포는 수명이 다한 후 사멸하고 다시 새로운 대식세포가 먼지를 포위하는 과정이 계속적으로 일어남

> **더 알아보기** **대식세포(식세포)**
>
> 큰 세포질을 가진 백혈구이며, 체내 이물질과 미생물, 암세포 등을 식균작용(Phagocytosis)으로 제거

> **더 알아보기** **림프계**
>
> • 몸 안의 조직 사이에 있는 과잉 체액(조직액)을 모아 심장으로 돌려보내는 체액순환의 보조 시스템이며, 면역 기능을 수행하는 중요한 기관계
> • 림프관, 림프절(작은 콩 모양의 여과기관), 비장, 흉선 등으로 구성

2. 노출기준(ACGIH 입자크기별 기준)

ACGIH 입자크기	평균입경
흡입성 입자상 물질	100 μm
흉곽성 입자상 물질	10 μm
호흡성 입자상 물질	4 μm

3. 건강 장해

급성 영향	호흡기 자극, 기침, 기관지염
만성 영향	진폐증, 만성기관지염, 폐기능 저하, 폐암
특정 물질의 특이 질환	석면에 의한 중피종, 베릴륨폐, 흑연폐증 등

4. 진폐증(Pneumoconiosis)

   ① 개요

   - 정의: 광물성 분진(무기성 분진)을 장기간 흡입함으로써 폐에 영구적인 손상(섬유화)이 생기는 만성 직업성 폐질환의 총칭
   - 종류: 대표적으로 규폐증, 탄광부진폐증(석탄노동자 진폐증), 석면폐증 등
   - 진폐증 발생 중요 요인
     - ✓ 분진의 노출 기간, 분진의 농도, 분진의 크기 등
     - ✓ 이들 요인은 폐에 분진이 침착되고 염증과 섬유화가 일어나는 주요 원인이 됨

- 길이가 5 ~ 8μm보다 길고, 두께가 0.25 ~ 1.5μm보다 얇은 분진이 진폐증을 가장 잘 일으킴

② 진폐증의 독성병리기전

섬유증	진폐증의 주요 병리로, 폐 조직에 만성 염증 후 콜라겐 섬유가 과다 증식하여 폐가 딱딱해지는 섬유화가 진행
폐 탄력성 저하	폐 섬유화로 인해 폐 조직의 탄성 성질이 감소하고, 이에 따라 폐의 수축 및 팽창 능력이 저하
콜라겐 섬유 증식	진폐증 과정에서 만성 염증 후 콜라겐 섬유가 증가하여 섬유화 및 폐 조직 경화가 진행

③ 무기성 분진에 의한 진폐증

규폐증	결정형 이산화규소 미세입자 흡입으로 폐에 결절성 섬유화를 일으켜 진행성 호흡곤란과 폐기능 저하를 초래하는 진폐증
철폐증	철분 분진 흡입으로 발생하는 무기성 진폐
용접공 폐증	용접 작업 시 발생하는 금속 분진과 용접흄에 의한 진폐증으로 무기성 분진에 해당
흑연폐증	흑연이라는 무기성 분진에 의한 진폐증에 해당
탄소폐증	탄소분진(주로 탄광에서 발생하는 무연탄·흑연·석탄가루 등)을 장기간 흡입하여 폐에 쌓여 생기는 직업성 진폐증
활석폐증	무기 광물질(활석) 흡입에 의한 진폐증

④ 유기성 분진에 의한 진폐증

면폐증	유기성 분진에 의한 진폐증으로, 면사 가공업에 종사하는 근로자에게서 주로 나타나는 직업성 폐질환
농부폐증	• 유기성 분진에 의함 • 체내 반응보다는 직접적인 알레르기 반응 야기 • 호열성 방선균류의 과민증상이 많은 진폐증

목재분진 폐증	목재분진의 유기성 항원에 반복 노출되어 과민 반응성 폐렴 양상을 보이는 과민성 폐렴 형태의 직업성 폐질환
연초폐증	연초, 즉 담배의 유기성 분진에 의해 발생하는 폐질환

5. 석면

① 개요

- 석면(Asbestos): 천연 섬유성 규산염 광물로서 여러 종류가 있으며, 특히 청석면이 악성 중피종 발생 위험이 높음
- 산업안전보건법령에서 석면 및 내화성 세라믹 섬유의 노출기준은 공기 중 섬유 개수로 설정되며, 표준 단위는 cm^3(입방센티미터)당 섬유 개수($개/cm^3$)로 표시

② 석면에 의한 건강장해

- 악성 중피종(Mesothelioma): 폐를 둘러싼 흉막이나 복막에 발생하는 치명적인 암으로, 석면 노출 후 수십 년의 잠복기를 거쳐 발병
- 석면은 국제암연구소(IARC)와 산업안전보건법에서 사람에게 '충분한 발암성 증거가 있는 물질(Group 1 발암물질)'로 분류되며, 모든 형태의 석면이 폐암, 중피종 등 중대한 건강장해를 일으킬 수 있음이 명확히 확인됨

③ 석면작업의 주의사항

- 석면 등을 사용하는 작업은 가능한 한 습식으로 하도록 함
- 석면을 사용하는 작업장이나 공정 등은 격리시켜 근로자의 노출 막음
- 공정상 밀폐가 곤란한 경우, 적절한 형식과 기능을 갖춘 국소배기장치 설치
- 근로자가 상시 접근할 필요가 없는 석면취급 설비는 밀폐실에 넣어 음압 유지

6. 산화규소
   ① 산화규소: 폐암 등의 발암성이 확인된 유해인자
   ② 기타 분진의 결정체 산화규소(예 석영, 크리스토
      발라이트, 트리디마이트)의 함유율이 1% 이하인
      분진을 의미하며, 이 경우 노출기준은 10 mg/m^3
      (총 분진 기준)임
   ③ 1%를 초과하면 일반 분진이 아닌 "결정형 유리
      규산 분진" 등으로 별도의 더 엄격한 기준이 적
      용됨
   ④ 산화규소의 노출기준(TWA)

결정체 석영 (Quartz)	0.05mg/m³
결정체 트리디마이트 (Tridymite)	0.05mg/m³
결정체 크리스토발라이트 (Cristobalite)	0.05mg/m³
결정체 트리폴리 (Tripoli)	0.1mg/m³
비결정체 규소 (용융된 비결정형 실리카)	0.1mg/m³

📑 유해화학물질

■ 정의

① 유해화학물질: 인체 건강이나 환경에 위해를 미칠
   수 있는 모든 화학적 인자를 포괄
② 독성 양상 결정 요인

물리적 성질	휘발성, 용해도, 반응성 등
화학적 성질	산·염기성, 산화·환원성, 결합력 등

③ 유해물질이 인체에 미치는 영향을 결정하는 인자:
   개인의 감수성, 유해물질의 농도, 노출시간, 호흡량 등

■ 대표적인 유해화학물질의 특성

1. 일산화탄소(CO)
   ① 혈액 내 헤모글로빈(Hb)과 결합하는 친화력이
      산소보다 약 200배 이상 강함
   ② CO는 헤모글로빈과 결합해 카르복시헤모글로빈
      (COHb)을 형성하고, 이로 인해 산소 운반이 저해
   ③ 높은 COHb 농도는 혈액 내 정상적인 산소 해
      리를 방해하여 조직 저산소증 유발
   ④ 고압산소 치료: 일산화탄소 중독의 치료에 사용
   ⑤ 카나리아새: 과거 탄광에서 일산화탄소 중독 경
      고용으로 사용

2. 황화수소(H_2S)
   ① 달걀 썩는 것 같은 심한 부패성 냄새가 나는 물질
   ② 노출 시 중추신경 억제와 후각의 마비 증상 유발
   ③ 치료 시 100% O_2 투여 조치 필요
   ④ 천연가스, 석유정제산업, 지하석탄광업 등을 통
      해 노출
   ⑤ 산화효소를 불활성화시켜 세포 내 산소 이용 차
      단 → 산소가 폐로 들어가더라도 조직에서 제대
      로 활용되지 않아 치명적 질식 초래

3. 암모니아(NH_3)
   ① 강한 자극성 및 부식성을 지녀 피부와 점막을 심
      하게 자극
   ② 눈에 닿으면 결막염, 각막염이나 심한 경우 실명
      유발
   ③ 폐에 흡입되면 폐부종, 성대경련, 호흡곤란, 기관
      지 경련 등의 심각한 호흡기 증상 야기
   ④ 급성 노출 시 두통, 메스꺼움, 구토, 기침, 호흡
      곤란 등 동반

4. 염소계 화합물
   ① 금속 제련, 군사용 연막탄, 살서제 등에 사용
   ② 고온에서 포스겐(극독성 가스) 등 유해가스 발생
   ③ 간 독성, 신장 독성 가능

5. 벤젠(C_6H_6)

① 대표적인 방향족 탄화수소

② 만성적으로 노출되면 골수 기능을 억제하여 조혈장해 유발

③ 재생불량성 빈혈, 백혈구 감소, 백혈병 등의 질환 야기

④ 유기용제로 쓰이나 독성 및 발암성 우려가 높아 약품 정제에는 제한적으로 사용

⑤ 벤젠은 주로 페놀로 대사되며 페놀은 벤젠의 생물학적 노출지표로 이용

6. 톨루엔($C_6H_5CH_3$)

① 급성 전신중독을 유발하는 독성이 가장 강한 방향족 탄화수소

② 높은 지질 용해도로 중추신경계에 신속히 흡수되어 마취 유사 작용을 일으키며, 낮은 반수치치사농도(LC_{50})를 보여 급성 독성이 큼

7. 다환방향족탄화수소(PAHs, Polycyclic Aromatic Hydrocarbons)

① 2개 이상의 벤젠 고리가 서로 융합된 구조를 가진 유기화합물로, 철강 제조 공정 중 석탄 건류에서 발생하는 대표적인 유해물질 📘예 나프탈렌, 페난트렌, 안트라센 등

② 배설을 쉽게 하기 위하여 수용성으로 대사됨

8. 이황화탄소(CS_2)

① 대표적인 이황화탄소 중독 사건: 원진레이온 사건, 인조견(비스코스 인견사) 제조 과정에서 노출 위험이 컸음

② 주로 인조견, 셀로판, 사염화탄소 등 생산 공정에서 사용되며, 적절한 환기나 보호장비 없이 작업할 경우 중독 위험이 매우 높음

③ 감각 및 운동신경에 장애 유발

④ 고혈압의 유병률과 콜레스테롤 수치의 상승빈도 증가 → 뇌, 심장 및 신장의 동맥 경화성 질환 초래

9. 메탄올(CH_3OH)

① 호흡기 및 피부로 흡수

② 공업용제로 사용, 자극성, 중추신경계 억제

③ 중간대사체에 의하여 시신경에 독성을 나타냄

④ 메탄올의 생물학적 노출지표: 소변 중 메탄올

⑤ 플라스틱, 필름제조와 휘발유첨가제 등에 이용

⑥ 시각장해의 기전: 메탄올의 대사산물인 포름알데히드가 망막조직을 손상시키는 것

| 메탄올 → 포름알데히드 → 포름산 → 이산화탄소 |

10. 질식제

① 단순 질식제: 산소를 밀어내거나 산소 분압을 낮추어 생리적으로 질식을 유발하는 불활성 가스 📘예 수소(H_2), 질소(N_2), 이산화탄소(CO_2), 메탄(CH_4), 헬륨(He), 아세틸렌(C_2H_2)

② 화학적 질식제: 혈액 내 혈색소와 결합하여 산소 운반 능력을 방해하거나 조직 내 산화효소를 불활성화시켜 질식 작용을 일으키는 물질 📘예 일산화탄소(CO), 시안화수소(HCN), 시안화염류(-CN), 황화수소(H_2S), 이산화질소(NO_2), 포스겐($COCl_2$)

11. 유기용제

① 특징

- 유기용제의 분류: 화학구조에 따라 탄화수소계(지방족, 방향족 등), 할로겐화 탄화수소, 알코올류, 알데히드류, 에테르류, 에스테르류, 케톤류, 글리콜 유도체 등으로 분류

- 유기용제 중독의 가장 일반적 증상: 중추신경계 활성억제(마취작용)이며, 뇌 기능 억제로 다양한 신경계 증상을 일으킴

- 대표적 유기용제: 벤젠, 톨루엔 등

② 유기용제의 흡수 및 대사

- 유기용제의 인체 유입 경로는 호흡기를 통한 경우가 가장 많음

- 유기용제는 휘발성이 강하기 때문에 호흡기를 통하여 들어간 경우 다시 호흡기로 상당량 배출

- 체내로 들어온 유기용제는 산화, 환원, 가수분해로 이루어지는 생전환과 포합체를 형성하는 포합반응인 두 단계의 대사과정을 거침
- 유기용제는 대부분 지용성이며, 대사과정을 통해 물에 용해되는 수용성 대사산물로 전환되어 체외로 배설

③ 중추신경계 활성억제
- 유기용제의 중추신경계 활성 억제 정도는 주로 화학구조에 따라 다르며, 할로겐화합물이 가장 강한 억제 효과를 나타냄
- 중추신경계 억제작용 순서

> 알칸족 < 알켄족 < 알코올족 < 유기산
> < 에스테르 < 에테르 < 할로겐족

할로겐화합물	• 염소, 불소 등이 결합된 유기화합물로 중추신경 억제 및 독성이 강함 • 할로겐기가 첨가되면 물질이 지용성이 되어 신경 세포 지질막에 쉽게 흡수되어 영향을 미치기 때문
알칸(C_nH_{2n+2})	탄화수소 화합물로서 상대적으로 중추신경 억제 효과가 약함
알켄(C_nH_{2n})	이중 결합을 가진 탄화수소로 알칸보다 중추 신경 억제작용이 강함
알코올(-OH)	중추신경계 억제 효과가 알칸, 알켄보다 강함
에테르(-O-) 및 유기산	알코올보다 강하며, 강한 신경 독성을 가진 유기용제군
에스테르(-COO-)	가장 강한 중추신경 억제작용을 가진 유기용제

④ 그 외 유기용제의 특징

클로로포름	• 유기용제로서 약품 추출제, 냉동제, 합성수지 제조 등에 널리 사용 • 페니실린 같은 항생제 정제 시에도 추출제로 이용되어 약효성분 분리에 활용
염화에틸렌	• 화기와 반응 시 포스겐이라는 유독한 화학물질 생성 • 폐에 심각한 손상, 폐수종 유발
트리클로로에틸렌	• 무색 투명한 휘발성 용매로, 금속 도금 작업 등에서 탈지 및 세정용으로 많이 사용 • 간과 신장에 독성 유발, 장기간 노출 시 간기능 저하, 신장 손상 등 초래
사염화탄소	• 피부를 통해 쉽게 흡수 • 고농도에 노출되면 중추신경계 장애 외에 간장과 신장장애 유발 • 신장장애 증상으로 감뇨, 혈뇨 등 발생, 완전 무뇨증이 되면 사망할 수 있음 • 초기 증상: 지속적인 두통, 구역 또는 구토, 복부선통과 설사, 간압통
아민류	• 대표적인 중추신경 자극 물질 • 페닐에틸아민(Phenylethylamine) 등은 중추신경 자극제로 분류되며, 각성, 고양감, 집중력 강화 등 강한 자극 작용 야기
할로겐 탄화수소	• 중추신경계의 억제에 의한 마취작용 발생 • 일반적으로 할로겐화탄화수소의 독성 정도는 화합물의 분자량과 할로겐 원소의 수가 커질수록 증가 • 인화점이 매우 높거나 불연성인 경우가 많아 가연성 및 폭발 위험성은 낮음

⑤ 유기용제별 중독의 대표적인 증상

에틸렌글리콜 에테르	생식기능 장해
벤젠	조혈장해(골수 손상, 빈혈, 백혈병 유발)
크실렌	주로 호흡기 자극, 중추신경계 억제, 간 장해, 생식기능 장해 등
염화탄화수소	간 장해
노말헥산	말초신경 장해(사지의 지각상실, 신근마비 등 다발성 신경 장해)
염화탄화수소	간 장해
MBK (메틸부틸케톤)	말초신경 장해
이황화탄소	중추신경 및 말초신경 장해, 생식기능 장해
메탄올	중추신경계 억제와 시각 장해

중금속

■ 개요

1. 정의
   원자량과 밀도가 큰 금속 원소로, 인체에 소량만 노출되어도 독성을 나타내는 경우가 많음
   예 납(Pb), 카드뮴(Cd), 수은(Hg), 비소(As), 망간(Mn), 크롬(Cr), 니켈(Ni) 등

2. 중금속의 노출 및 독성기전
   ① 작업장에서의 일반적인 금속에 대한 노출 경로
   - 호흡기를 통해서 입자상 물질 중의 금속이 흄과 먼지의 형태로 흡수
   - 작업장 내에서 휴식시간에 음료수, 음식 등에 오염된 채로 소화관을 통해서 흡수될 수 있음
   - 일부 중금속(예 4-에틸납)은 피부로 흡수될 수 있음

   - 신장: 대부분의 금속이 배설되는 가장 중요한 경로
   ② 금속의 일반적인 독성작용 기전
   - 효소의 억제: 금속은 효소의 활성 부위에 결합하거나, 효소 작용에 필수적인 금속 이온(예 아연, 구리, 철 등)을 치환함으로써 효소 활성을 방해하거나 억제할 수 있음
   - 금속평형의 파괴: 필수 금속과 경쟁하거나 대체하여 생체 내 금속평형을 붕괴시키고, 결과적으로 정상적인 대사과정을 방해
   - 필수 금속성분의 대체: 중금속 등이 효소나 단백질에 필요한 필수 금속을 대체함으로써 그 기능을 저해할 수 있음

■ 대표적인 중금속의 특성

1. 납(Pb)
   ① 개요
   - 축전지제조업, 광명단제조업 근로자가 노출될 수 있음
   - 주로 신경계와 혈액, 신장 등에 영향
   - 적혈구 수명 감소, 혈색소 합성 장해
   - 체내에 들어가면 주로 뼈와 치아에 장기간 축적
   - 주로 호흡과 섭취에 의한 중독이 많고, 피부 자극은 적음
   - 무기연: 납을 포함하는 무기화합물
     예 금속연(금속 상태의 납), 일산화연(PbO), 사산화삼연(Pb_3O_4)
   - 유기연: 납을 포함하는 유기화합물
     예 4메틸연(4-Methyl Lead), 테트라메틸납
   ② 납중독 진단을 위한 검사

신경전달속도	만성 납중독에 따른 신경계 이상을 평가하는 데 이용
헴(Heme)의 대사	납중독으로 인한 헴 합성 장애를 반영하는 생화학적 지표

혈중의 납 농도	납 노출 평가에 가장 중요한 검사
말초신경의 신경전달 속도	납의 신경독성 평가를 위한 신경학적 검사
ALA(Amino Levulinic Acid, 5-아미노레불린산) 축적	납이 헴 합성 효소를 억제하여 나타나는 변화로, 납중독 진단에 이용

> **더 알아보기 헴(Heme)**
> 산소 운반, 세포 호흡, 약물 대사 등 다양한 생리 기능에 필수적이며, 그 대사는 세포 내 항상성 및 생리 조절에 핵심적인 역할을 함

③ 인체에 미치는 영향
- 납중독의 대표 증상: 적혈구 생성 감소로 인한 빈혈
- Ca-EDTA(칼슘-에틸렌디아민테트라아세트산): 납중독에 대한 치료방법의 일환으로 체내에 축적된 납 배출에 사용
- 신장장애: 신장 기능 저하, 신장 손상
- 중추 및 말초신경장애로 인한 신경계 증상: 마비, 쇠약, 보행 곤란, 뇌신경 손상
- 소화기 장애: 복통, 구토, 변비, 식욕 부진
- 납 중독 시 δ-ALAD(델타-아미노레불린산 탈수소효소) 활성치 저하 → 혈청 및 요 중 δ-ALA(델타-아미노레불린산) 농도 증가
- 적혈구 내 프로토폴피린 농도 증가
- 소변 중 코프로포르피린 증가
- 망상적혈구(Reticulocyte) 수 증가 또는 정상

> **더 알아보기 납 중독의 초기증상**
> 권태, 체중감소, 식욕저하, 변비, 적혈구 감소, 헤모글로빈의 저하

> **더 알아보기 망상적혈구**
> 골수에서 나온 미성숙 적혈구로, 혈액 내 적혈구 생성 상태를 반영하는 지표

> **더 알아보기 δ-ALAD 활성치**
> 헴 합성 과정에 관여하는 효소인 δ-아미노레불린산 탈수소효소의 활성도를 의미하며, 납 중독 시 효소 활성도가 저하되어 이를 통해 납 노출 여부를 평가함

> **더 알아보기 혈청**
> 혈액을 응고시켜서 혈구와 응고인자가 제거된 후 얻어지는 맑은 노란색 액체로, 혈장과 달리 응고단백질이 없고 각종 단백질과 전해질, 항체 등이 포함된 혈액의 액체 성분

2. 수은
① 개요
- 인간의 연금술과 의약품에 가장 오래 사용된 중금속 중 하나임
- 17세기 유럽에서는 주교용 중절모자를 수은 화합물로 다듬는 과정에서 증기·분진이 발생해 작업자가 근육경련 등 중독 증상을 겪음
- 당시 모자 제작자들을 가리켜 "Mad Hatter"라 불렀으며, 이는 수은 중독으로 인한 신경계 이상 때문임

② 특징
- 신경독성 물질로 뇌와 신장에 영향을 줌
- 주로 신경 조직과 신장에 많이 축적
- 수은 증기는 호흡을 통해 빠르게 흡수되어 중추신경계에 영향을 줌
- 신경독성, 신장독성, 면역독성 등을 일으키는 중금속으로, 특히 유기수은이 신경계에 치명적임
- 수은 중독 시 손발 저림, 운동 실조, 기억력 감퇴 등의 신경계 증상이 나타나며, 만성 노출 시 신장 손상도 초래
- 수은은 액체 상태로 존재하며 환경 및 직업 노출 시 문제가 됨
- 뇌홍의 제조에 사용되며 소화관으로는 2~7% 정도의 소량으로 흡수

- 수은의 독성은 단백질 변성, 효소비활성화, 신경계 및 신장 독성, 미나마타병 등 직업성·환경성 건강장해로 이어짐
- 수은(Hg)은 생체 단백질의 구조 내 thiol(-SH)기를 강하게 결합하여 단백질을 침전시키거나 효소의 정상적인 작용을 억제 → 조직손상, 생리 기능 장애, 심각한 독성 유발

> **더 알아보기 │ 황화수은**
> - 한때 약품 등에 사용되었으나 강력한 독성으로 현재 사용 제한
> - 수은 중독과 유사하나 더 강력한 독성을 가지며, 신경계, 신장 등에 심각한 영향을 주고 피부 접촉 시 자극 및 부작용을 유발

③ 수은중독의 예방대책
  - 수은 주입과정을 밀폐공간 안에서 자동화함
  - 작업장 내 음식물 섭취와 흡연 금지
  - 작업장에 흘린 수은은 신체에 닿지 않는 방법으로 즉시 제거

> **더 알아보기 │ 수은중독의 치료방법**
> - 급성중독 시 우유와 계란의 흰자를 먹여 단백질과 해당 물질을 결합시켜 침전시키거나, BAL(Dimercaprol)을 근육주사로 투여하여 치료
> - 급성 중독 치료제 중 킬레이트제로 BAL(브라디칼세팔린), 페니실라민, DMPS, DMSA 등이 사용

④ 수은의 배설
  - 유기수은화합물은 땀 또는 대변으로 배설
  - 무기(금속)수은은 대변보다 소변으로 배설이 잘 됨

3. 크롬

① 개요
  - 크롬은 금속 형태로, 3가 크롬과 6가 크롬으로 구분됨
  - 6가 크롬은 체내 흡수가 더 잘 되고 독성이 강하며, 발암성이 있음
  - 만성 크롬 노출은 비중격 천공뿐만 아니라 비강암, 폐암 등을 유발할 수 있음
  - 크롬산염 등이 비강 내 점막을 자극하고 염증을 일으켜 천공을 초래할 수 있음
  - 문제 발생 대상: 도금 작업자, 크롬 제련 및 가공 근로자

② 인체 작용 및 독성
  - 3가 크롬은 피부 흡수가 어려우나 6가 크롬은 쉽게 피부를 통과
  - 산업장의 노출의 관점에서 보면 6가 크롬이 3가 크롬보다 더 해로움
  - 세포막을 통과한 6가 크롬은 세포내에서 수분 내지 수 시간 만에 발암성을 가진 3가 형태로 환원
  - 6가에서 3가로의 환원이 세포질에서 일어나면 독성이 적으나 DNA의 근위부에서 일어나면 강한 변이원성을 나타냄
  - 크롬중독은 뇨 중의 크롬양을 검사하여 진단
  - 급성중독으로 심한 신장장해로 과뇨증이 오며 더 진전되면 무뇨증을 일으켜 유독증으로 10일 안에 사망에 이르게 함

4. 카드뮴

① 개요
  - 주로 도금, 건전지 등에 사용되며 폐 및 신장에 독성을 나타냄
  - 부드럽고 연성이 있는 금속으로 납광물이나 아연광물을 제련할 때 부산물로 얻어짐
  - 흡수된 카드뮴은 혈장단백질과 결합하여 최종적으로 신장에 축적
  - 카드뮴 흄이나 먼지에 급성 노출되면 호흡기가 손상되며 사망에 이르기도 함

② 인체 작용 및 독성
  - 만성 카드뮴중독은 주로 폐기능 장해, 골격계의 장해(골연화증, 골다공증 등), 신장기능 장해(신장손상, 단백뇨 등)를 일으킴
  - 신장은 카드뮴의 주요 축적기관이며, 신장기능 저하가 만성중독의 주요 증상 중 하나임

- 카드뮴은 체내에 흡수되어 메탈로티오닌과 결합한 후 주로 간과 신장에 주로 머무르며, 뼈에도 일부 축적
- 메탈로티오네인(Metallothionein)은 체내에 흡수된 카드뮴(Cd)과 결합해 독성을 해독하는 역할을 하며, 카드뮴 노출 시 간과 신장에서 이 단백질의 합성이 크게 증가

> **더 알아보기** 메탈로티오네인(Metallothionein)
> - 방향족 아미노산이 없음
> - 주로 간장과 신장에 많이 축적
> - 스테인이 주성분인 아미노산으로 구성
> - 메탈로티오네인(Metallothionein)은 카드뮴과 결합하면 독성이 약해짐

③ 작업장에서의 카드뮴
- 산소용접작업 시 용접흄에 포함된 카드뮴(Cd) 중금속에 노출될 위험이 크며, 카드뮴은 신장에 독성을 일으켜 단백뇨, 혈뇨와 같은 신장질환을 유발
- 카드뮴은 작업장 내 용가제 성분에 포함되어 흡입 시 급성 및 만성 폐손상과 신장 손상 가능성이 높음
- 급성 노출 시 흉통·가슴답답함(화학성 폐부종 위험)을, 만성 노출 시 뼈·관절·근육 통증(일본 이타이이타이병 양상)과 치아 과민·통증을 일으킴

④ 카드뮴의 중독, 치료 및 예방대책
- 소변 속의 카드뮴 배설량은 카드뮴 흡수를 나타내는 지표가 됨
- 칼슘대사에 장해를 주어 신장결석을 동반한 신장증후군이 나타나고 다량의 칼슘배설이 일어남
- 폐활량 감소, 잔기량 증가 및 호흡곤란의 폐증세가 나타나며, 이 증세는 노출기간과 노출농도에 의해 좌우됨

5. 비소
① 비소는 합금, 반도체, 농약 등에 사용되며 피부암, 폐암, 방광암 등 여러 암을 유발할 수 있음
② 만성 노출 시 피부 질환, 신장, 간 손상, 폐 기능 저하 등이 발생할 수 있음
③ 삼산화비소가 가장 문제가 되며 호흡기 노출로 인체에 유입
④ 급성 중독자에게 활성탄과 하제를 투여하고 구토를 유발시키며, 확진되면 Dimercaprol로 치료를 시작
⑤ 비소에 의한 쇼크의 치료는 강력한 정맥 수액제와 혈압상승제를 사용

6. 망간
① 개요
- 망간은 호흡기, 소화기 및 피부를 통하여 흡수되며, 이 중에서 호흡기를 통한 경로가 가장 많고 위험함
- 금속망간의 직업성 노출은 철강제조, 전기용접봉 제조업, 도자기 제조업, 건전지 제조업에서 발생
- 이산화망간 흄에 급성 폭로되면 열, 오한, 호흡곤란 등의 증상을 특징으로 하는 금속열을 일으킴
- 만성중독은 2가 이상의 망간화합물에 의해서 주로 발생

② 인체 작용 및 독성
- 무력증, 식욕감퇴, 보행장해 등 초기 증상은 망간에 의한 만성 노출에서 흔히 나타남
- 계속적인 망간 노출 시 파킨슨씨 증상(파킨슨증후군)이 발생할 수 있음
- 망간 중독은 신경계, 특히 중추신경계에 영향을 미쳐 운동장애와 보행장해, 근력 저하, 얼굴의 표정 감소, 운동 완만 등 파킨슨병과 유사한 증상들이 나타남
- 급성 망간 중독은 주로 폐자극, 폐부종 등의 호흡기 증상과 중추신경계 손상이 나타나는 것으로 알려져 있음

- 금속열이 발생하는 작업장에서는 개인 보호용구를 착용해야 함
- 금속 흄에 노출된 후 일정 시간의 잠복기를 지나 감기증상과 매우 비슷하여 오한, 구토감, 기침, 전신위약감 등의 증상이 나타남
- 아연, 마그네슘, 카드뮴, 안티몬, 구리, 망간 등 비교적 융점이 낮은 금속의 제련, 용해, 용접 시 발생하는 산화금속 흄을 흡입할 경우 생기는 발열성 질병
- 월요일 출근 후에 심해져서 월요일열(Monday Fever)이라고도 함
- 금속열은 대체로 단기간 내 호전되고 만성적인 호흡기·신경장해를 일으키는 것은 아님

7. 니켈

① 니켈은 합금, 도금, 전지 제조 등에 널리 사용되며, 특히 니켈 도금 작업자들에게서 피부 알레르기 반응이 흔하게 발생

② 장기간 고농도 노출 시 폐암 및 비강암 발병 위험이 높아지는 것으로 보고됨

③ 니켈에 의한 만성 노출은 알레르기성 접촉 피부염, 폐암, 비강암, 만성 비염, 부비동염 등을 야기

8. 베릴륨

① 베릴륨의 만성중독: Neighborhood Cases라고도 불리움

② 예방을 위해 X선 촬영과 폐기능 검사가 포함된 정기 건강검진 필요

③ 염화물, 황화물, 불화물과 같은 용해성 베릴륨화합물은 금성중독을 일으킴

독성물질과 인체 대사

■ 생물학적 모니터링

1. 개요

① 근로자의 유해인자에 대한 노출 정도를 소변, 호기, 혈액 중에서 그 물질이나 대사산물을 측정함으로써 노출 정도를 추정하는 방법을 의미

② 건강에 영향을 미치는 바람직하지 않은 노출상태를 파악

③ 최근 노출량이나 과거로부터 축적된 노출량을 간접적으로 파악

④ 건강상의 위험은 생물학적 검체에서 물질별 결정인자를 생물학적 노출지수와 비교하여 평가

⑤ 생물학적 시료를 분석하는 것은 작업환경 측정보다 훨씬 복잡하고 취급이 어려움

⑥ 화학물질의 종합적인 흡수 정도 평가 가능

⑦ 생물학적 모니터링
- 노출에 대한 모니터링
- 건강상의 영향에 대한 모니터링

최근에 흡수된 화학물질의 양으로, 몸 전체 또는 여러 신체 부위에 저장된 화학물질의 총량

2. 생물학적 모니터링에서 사용되는 약어의 의미

① B – Background: 배경 또는 기준선으로, 직업적으로 유해물질에 노출되지 않은 일반 인구 또는 근로자 검체에서 해당 결정인자가 검출될 수 있음을 의미

② Sc – Susceptibility: 감수성으로, 개인의 생리적 또는 유전적 특성에 의해 화학물질에 대한 반응이 달라질 수 있음을 나타냄

③ Nq – Nonquantitative: 정량적이지 않다는 의미로, 해당 결정인자가 노출을 가리키나 정확한 양을 수치로 해석하는 것이 어려움을 나타냄

④ Ns – Nonspecific: 비특이적으로, 특정 화학물질뿐 아니라 여러 다른 화학물질 또는 환경 요인에 의해서도 그 결정인자가 나타날 수 있음을 의미

3. 생물학적 모니터링의 장단점
① 작업환경측정과 비교한 생물학적 모니터링의 장점
- 모든 노출경로에 의한 흡수정도를 나타낼 수 있음
- 건강상의 위험에 대해서 보다 정확한 평가를 할 수 있음
- 작업환경측정(개인시료)보다 더 직접적으로 근로자 노출을 추정할 수 있음

작업환경측정보다 복잡하고, 결과 해석 역시 개인 차이와 물질의 대사 특성으로 인해 쉽지 않음

② 노출에 대한 단점
- 시료채취의 어려움: 생물학적 모니터링에서는 혈액, 소변 등 생체 시료를 채취해야 하는데, 이 과정이 복잡하고 어려울 수 있음
- 근로자의 생물학적 차이: 개인별 대사능력이나 건강 상태 차이로 인해 동일한 노출에도 결과가 다르게 나올 수 있음
- 유기시료의 특이성과 복잡성: 분석할 시료가 복잡하고 변수가 많아 정확한 평가가 어려울 수 있음

4. 생물학적 결정인자
① 체액의 화학물질 또는 그 대사산물: 혈액, 소변 등의 체액 내에 존재하는 유해화학물질 자체나 그것이 체내에서 변형된 대사산물을 측정하여 노출 정도를 평가하는 지표
② 표적조직에 작용하는 활성 화학물질의 양: 독성 물질이 체내 특정 조직(표적 조직)에서 실제로 작용하는 활성 형태의 농도를 측정하는 것으로, 조직 내에서의 직접적인 독성 가능성 평가
③ 건강상의 영향을 초래하지 않은 부위나 조직
- 인체 내에서 건강에 특별한 영향을 주지 않는 부위 또는 조직에서 측정된 지표
- 노출 평가에는 활용하나, 영향 평가나 결정인자로는 신뢰도가 낮을 수 있음

- 요 중의 유해인자나 대사산물
- 혈액 중의 유해인자나 대사산물
- 호기(Exhaled air)중의 유해인자나 대사산물

5. 결정인자의 선택 기준
① 검체의 채취나 검사과정에서 대상자에게 불편을 주지 않아야 함
② 적절한 민감도(Sensitivity)를 가진 결정인자이어야 함
③ 검사에 대한 분석적인 변이나 생물학적 변이가 타당해야 함
④ 결정인자는 노출된 물질에 대해 특이적이고 명확한 변화를 나타내야 함

6. 유해인자의 노출에 대한 생물학적 모니터링 방법
① 표적분자에 실제 활성인 화학물질에 대한 측정
② 건강상 악영향을 초래하지 않은 내재용량의 측정
③ 근로자의 체액에서 화학물질이나 대사산물의 측정

- 생물학적 모니터링: 체내 농도 또는 생리적 변화 측정을 통한 노출 평가
- 환경 모니터링: 공기, 토양, 물 등 환경 내 유해물질 농도 측정

7. 생물학적 모니터링 지표와 주요 유해물질
① 히푸르산(Hippuric acid)
- 톨루엔(Toluene)의 노출에 대한 생물학적 모니터링 지표로는 소변에서 확인 가능한 대사산물로 히푸르산이 사용됨
- 히푸르산은 톨루엔이 체내에서 대사되어 생성되는 부산물로, 톨루엔 노출을 평가하는 중요한 생체 지표임
② 메트헤모글로빈
- 니트로벤젠은 혈액에서 헤모글로빈을 메트헤모글로빈으로 산화시켜 메트헤모글로빈혈증을 유발

- 니트로벤젠 노출 정도를 평가할 때 혈액 내 메
  트헤모글로빈 수치를 측정하는 생물학적 모니
  터링 사용
③ t,t-뮤코닉산(t,t-Muconic acid)
  - 벤젠은 체내에서 대사되어 여러 대사산물로
    변환
  - 소변 중 t,t-뮤코닉산은 주요한 생물학적 모니
    터링 지표임
④ TTCA(2-Thiothiazolidine-4-Carboxylic acid)
  - 이황화탄소는 체내에서 대사된 후 주요 대사
    산물인 TTCA 형태로 소변 중 배설
  - 근로자의 이황화탄소 노출 정도를 평가하기
    위해 소변 중 TTCA 농도를 측정하는 것이 생
    물학적 노출 모니터링에 효과적

생물학적 지표	유해물질
소변 중의 총 페놀	벤젠
소변 중의 마뇨산	톨루엔
소변 중의 만델리산	스티렌
노말헥산 (2,5-Hexanedione, 2,5-헥산디온)	노말헥산(n-Hexane)
소변 중의 만델린산	에틸벤젠
소변 중의 메틸마뇨산	크실렌

- **■ 유해물질의 노출평가를 위한 표준절차**
  ① 사전조사 및 정보수집: 납이 발생하는 작업 환경 및
    공정에 대해 예비 조사를 하여 노출 가능성 파악
  ② 유해물질 위험성 확인: MSDS(물질안전보건자료)를
    통해 납의 독성, 노출기준 등의 정보 확인
  ③ 작업환경 노출측정: 작업장 내 공기중 납 농도를 측
    정하고 분석하여 실제 노출 정도 평가
  ④ 노출수준 평가: 측정된 납 농도를 허용 노출기준과
    비교하여 위험도 판단

⑤ 생물학적 모니터링: 근로자의 혈중 납 농도 측정 등
  을 통해 체내 흡수량 파악
⑥ 개선조치 및 관리: 노출이 기준을 초과할 경우 작업
  장 시설 개선, 개인 보호구 착용 등 조치 마련
⑦ 지속적 관리 및 재평가: 정기적으로 작업 환경과 근
  로자의 노출 상태를 재평가하여 건강장해 예방을 위
  한 조치 유지

- **■ 독성 물질**
  1. 독성물질의 상호작용
    ① 상승작용(Synergism): 3 + 3 = 6 초과
      두 가지 이상의 물질이 함께 작용할 때, 각각의
      효과를 단순히 더한 것보다 훨씬 더 큰 효과가
      나타나는 현상
      - 예 흡연과 석면에 동시에 노출되면 폐암 위험이
        각각의 위험을 더한 것보다 훨씬 커짐
    ② 가승(강화)작용(Potentiation): 3 + 0 = 10
      한 물질은 독성이 없거나 매우 약하지만, 다른
      물질의 독성을 크게 증가시키는 현상
      - 예 이소프로판올 자체는 독성이 없지만, 사염화
        탄소와 함께 노출되면 사염화탄소의 간독성
        이 크게 증가함
    ③ 상가작용(Additivity): 3 + 3 = 6
      두 가지 이상의 물질이 함께 작용할 때, 효과가
      단순히 합산되는 현상
      - 예 A의 효과가 2, B의 효과가 3이면, 함께 노출
        될 때 효과는 5(2 + 3 = 5)가 됨
    ④ 길항작용(Antagonism): 3 + 3 = 0
      두 가지 이상의 물질이 함께 작용할 때, 서로의
      효과를 약화시켜 결과적으로 효과가 줄어드는
      현상
      - 예 해독제가 독성물질의 효과를 감소시키는 경우

- 배분적 길항작용: 한 물질이 독성물질의 흡수, 분포, 대사, 배설 등의 과정을 변화시켜 독성물질이 표적기관에 도달하거나 작용하는 것을 줄임으로써 독성이 감소되는 현상
- 화학적 길항작용: 두 물질이 화학적으로 결합·반응하여 독성을 줄이는 현상
- 수용체 길항작용: 약물이나 독성물질이 수용체에서 경쟁적으로 작용을 억제하는 현상
- 기능적 길항작용: 서로 반대되는 생리적 기능이나 작용으로 인해 독성효과가 상쇄되는 현상

2. 독성물질 노출기간별 분류

분류	노출 기간 (실험동물 기준)	설명
급성독성	1일 이상 ~ 14일 정도	단기간 노출에 의한 즉각적 독성
아급성독성	15일 ~ 30일 (또는 60일) 정도	중간 기간 반복 노출 독성
아만성독성	1개월 ~ 3개월 정도	비교적 장기 노출에 의한 독성
만성독성	3개월 이상 ~ 1년 정도	장기 반복 투여에 따른 독성
초만성독성	1년 이상 ~ 3년 정도	매우 장기간 노출에 의한 독성

3. 독성물질의 용량표현

① 유효량(ED, Effective Dose): 실험동물에게 투여했을 때 독성을 일으키지 않으면서도 관찰 가능한 가역적 반응(예 약리학적 효과, 생리적 변화)을 나타내는 최소 용량

② 치사량(LD, Lethal Dose): 동물을 죽음에 이르게 하는 용량

③ 독성량(TD, Toxic Dose): 해로운 독성 반응을 일으키는 용량

④ 서한량(PD): 관찰 가능한 효과나 독성 반응이 나타나기 바로 직전의 한계치, 또는 '최소관찰효과량(LOAEL)·무영향수준(NOAEL)'과 같은 개념

⑤ ED_{50}(Effective Dose 50): 약물이나 독성물질을 투여했을 때 대상의 50%가 관찰 가능한 유효한 생리적, 치료적 반응을 나타내는 양

⑥ TD_{50}(Toxic Dose 50): 50%가 독성 반응을 보이는 투여량으로 치료 범위와 독성 범위 간 평가에 사용

⑦ 무영향수준(NOAEL): 아무런 독성 징후가 관찰되지 않는 최고 용량

⑧ 최소관찰효과량(LOAEL): 독성 징후가 처음 관찰되는 최소 용량

⑨ LC_{50}: 대기 중의 독성 물질 농도가 일정 기간 실험동물에 노출되었을 때, 실험동물의 50%가 사망하는 농도를 의미하며 보통 ppm(parts per million)이나 mg/m^3 단위로 표현

⑩ LD_{50}: 일정 용량(양)을 섭취하거나 체내에 들어간 물질로 실험동물 50%가 사망하는 양

4. 독성물질의 생체 내 변환

① 생체변환의 기전: 기존의 화합물보다 인체에서 제거하기 쉬운 대사물질로 변화시키는 것

② 생체 내 변환: 독성물질이나 약물의 제거에 대한 첫 번째 기전이며, 1상 반응과 2상 반응으로 구분

- 1상 반응: 독성물질이 체내에서 산화, 환원, 가수분해 등의 과정을 거쳐 극성기를 도입하여 물질을 친수성으로 만들거나 2상 반응에 적합한 형태로 변화시키는 과정
- 2상 반응: 1상 반응 후 생성된 중간대사체에 특정기(예 글루쿠론산, 황산, 글루타치온 등)와 결합하여 대사산물의 수용성을 높이고, 이를 통해 배설이 용이하게 하는 축합반응(Conjugation Reaction)

- CaEDTA(칼슘 디소듐 에데테이트): CaEDTA는 중금속을 킬레이트(결합)하여 소변으로 배출을 촉진하는 치료제로, 납 중독 시 가장 널리 사용
- BAL(British Anti-Lewisite, Dimercaprol): 비소(As), 수은(Hg), 금(Au), 납(Pb) 등의 중금속 중독 치료의 해독작용에 사용
- DMPS(2,3-디메르카프토-1-프로판설폰산): 주로 수은을 킬레이트시켜 소변으로 배출을 촉진, 친수성이고 주로 세포외 공간에 머무르며, 수은 중독시 담즙과 신장을 통해 수은 배출을 촉진하는 데 효과적
- 2-PAM(Pralidoxime): 유기인 농약 또는 신경가스 등의 독성 물질에 의한 중독 치료제로 사용, 아세틸콜린에스터라제 억제제를 해리시켜 신경계 독성을 완화
- Atropin(아트로핀): 유기인 농약 중독 시 교감신경 자극제로 이용, 분비물 억제, 기관지 확장 등 증상 완화에 사용

5. 호흡기 자극제

① 피부와 점막에 작용하여 부식작용을 하거나 수포를 형성하는 물질을 자극제라고 하며 고농도로 눈에 들어가면 결막염과 각막염을 일으킴

② 호흡기관의 종말기관지와 폐포점막에 작용하는 자극제는 일반적으로 수용성이 낮아 폐에 깊이 침투하여 심각한 영향을 주고, 수용성이 높은 물질은 주로 상기도에 영향을 미침

③ 상기도의 점막에 작용하는 자극제: 염화수소, 암모니아, 불화수소, 크롬산, 산화에틸렌 등

④ 상기도 점막과 호흡기관지에 작용하는 자극제: 불소, 요오드 등

⑤ 이산화질소는 물에 대하여 비교적 용해성이 낮고 상기도를 통과하여 폐수종을 일으킬 수 있으며, 주로 종말 기관지 및 폐포점막을 자극하는 물질로 분류됨

- 독성물질 노출의 영향은 농도(C)와 노출 시간(t)의 곱에 비례한다는 원리
- 같은 독성 효과를 내기 위해서는 농도가 낮으면 시간이 길어야 하고, 농도가 높으면 시간은 짧아도 됨

$$유해물질노출지수(K) = 농도(C) \times 시간(t)$$

■ 발암물질의 구분(ACGIH)

① A1(인체 발암성 확인물질): 인체에 대한 충분한 발암성 근거가 있는 물질
- 예) 석면, 벤젠, 자일렌, 비소, 다이옥신, 우라늄, 6가 크롬 화합물 등

② A2(인체 발암성 의심물질): 인체에 대한 발암성 가능성이 의심되나 충분한 근거는 없는 물질
- 예) 티오페놀, 다환방향족탄화수소, 일부 살충제 등

③ A3(동물에 대한 발암성이 입증되었으나 인체 발암성은 확실치 않은 물질): 실험동물에서는 발암성이 있으나 인체 역학자료가 부족한 물질
- 예) 일부 살충제, 일부 용매 등

④ A4(인체 발암성 분류 불가): 인체에 대해 발암성 평가가 불충분하여 분류할 수 없는 물질

⑤ A5(인체 발암성 미의심 물질): 충분한 연구결과 인체에 대한 발암성이 없는 것으로 판단된 물질
- 예) 아스피린, 벤질 알코올 등

- 1A: 충분한 인체 발암성 증거가 있는 물질로 사람을 대상으로 발암성(암 발생 증거)이 명확하게 확인된 물질 예) 벤지딘, 베릴륨, 염화비닐
- 2B: 사람이나 동물을 대상으로 발암성에 대한 제한적 증거만 있어, 발암성이 의심되는 물질로 사람의 암 발생과의 직접적 연관성이 충분하지 않으나, 동물실험 등에서 일부 의심증거가 나온 물질 예) 에틸벤젠, 톨루엔

■ 피부독성

1. 피부의 구분

① 표피

- 피부의 가장 바깥층으로, 두께는 약 0.1~0.3mm 정도이며 혈관이 없음
- 주로 각질형성세포로 구성
- 외부로부터 신체 보호
- 표피의 가장 아래층인 기저층에는 멜라닌 세포가 있어 피부 색소 형성에 관여
- 세포 재생과 각질층 형성, 방수 기능, 자외선 차단 등의 보호 기능 수행

② 진피

- 표피 아래에 위치한 두꺼운 결합조직층으로 피부 전체 두께 중 가장 두꺼움
- 섬유아세포와 교원섬유(콜라겐), 탄력섬유, 히알루론산 등의 성분으로 구성되어 있어 피부에 탄력과 강도 제공
- 혈관, 신경, 림프관, 모낭, 땀샘(한선), 피지선(피지샘), 감각기 등 여러 중요한 피부 부속 기관과 조직 존재
- 피부에 영양분을 공급하고 신경말단을 통해 감각을 전달

2. 직업성 피부질환

① 접촉성 피부염: 가장 빈번한 직업성 피부질환
② 첩포시험: 알레르기성 접촉 피부염의 감작물질을 색출하는 임상시험
③ 일부 화학물질과 식물은 광선에 의해서 활성화되어 피부반응을 보일 수 있음
④ 직업성 피부질환의 원인 중 물리적 요인: 피부 손상을 직접 일으키는 주요 요인
　　예 고온, 저온, 마찰, 압박, 진동, 습도, 자외선
⑤ 연령, 인종, 피부의 종류: 개인 특성으로서 피부질환 발생에 영향을 줄 수 있으나 직접적인 위험 요인보다는 취약성을 결정하는 간접적 요인임

- 정의: 원인으로 의심되는 물질을 피부(주로 등)에 일정 시간 부착하여 알레르기성 반응을 관찰하는 시험
- 목적: 접촉성 피부염, 즉 접촉에 의한 알레르기성 피부감작 여부와 원인 물질을 확인하기 위함
- 과정: 첩포(패치)에 의심 물질을 도포해 48~72시간 피부에 부착 후, 피부에 발적, 부종, 물집 등이 일어나는지 관찰

3. 접촉성 피부염의 특징

① 작업장에서 발생빈도가 높은 피부질환
② 증상 다양, 홍반과 부종 동반
③ 원인물질: 수분, 합성화학물질, 생물성 화학물질로 구분
④ 알레르기성 접촉 피부염

- 항원이 피부에 접촉했을 때 신체 면역반응이 일어나 24~72시간 이내에 증상이 나타나는 만성 염증성 질환
- 면역학적 지연형 반응으로, 과거 노출 경험이 있어야만 감작되어 피부반응이 나타남
- 일반적인 보호 기구로는 개선 효과가 낮음

4. 자극성 접촉피부염

① 피부에 자극을 줄 수 있는 화학물질이나 물리적 자극물질에 일정 농도 이상, 일정 시간 이상 노출될 때 발생하는 피부염
② 누구에게나 발생할 수 있으며, 피부 접촉 부위에 국한되어 홍반, 부종, 가려움, 따가움 등의 증상이 나타남
③ 만성적으로 노출되면 피부가 두꺼워지고 갈라지는 만성 습진 형태로 진행될 수 있음
④ 주로 손, 얼굴, 목과 같이 자극물질에 자주 노출되는 부위에 발생하며, 작업장에서 발생빈도가 가장 높은 피부질환임
⑤ 원인물질: 수분, 합성 화학물질, 생물성 화학물질

■ 직업성 천식

1. 개요
    ① 일단 질환에 이환하게 되면 작업 환경에서 추후 소량의 동일한 유발물질에 노출되더라도 지속적으로 증상이 발현
    ② 특징: 직업성 천식은 근무시간에 증상이 점점 심해지고, 휴일 같은 비근무시간에 증상이 완화되거나 없어짐

2. 직업성 천식을 유발하는 원인 물질
    ① 주로 면역반응에 의한 기전과 비면역적 기전에 의해 발생
    ② 목분진, 무수트리멜리트산(TMA, Trimellitic Anhydride), 톨루엔디이소시안산염(TDI, Toluene Diisocyanate)
    ③ TDI
        • 폴리우레탄 수지 제조 및 도장 작업에 주로 사용되는 화학물질로, 이 물질에 노출된 근로자에게서 직업성 천식 흔히 발생
        • TDI는 강한 알레르기 반응을 일으켜 기도의 염증과 협착 초래
        • 자동차 정비업체나 가구, 악기 공장의 도장 부서 등에서 작업 중 노출됨

3. 직업성 천식을 확진하는 방법
    ① 작업장 내 유발검사
    ② 증상 변화에 따른 추정
    ③ 특이항원 기관지 유발검사

Chapter 06

산업위생 계산유형 마스터

산업위생관리기사 계산유형 입문

■ 기초 단위

1. 차원과 단위의 분류

구분	질량(M)	길이(L)	힘(F)	시간(T)
CGS 단위	g	cm	dyne	sec
MKS 단위	kg	m	N	sec
FPS 단위	lb	ft	pound	sec

- 1ft = 0.3048m
- 1lb = 0.4536kg
- 1inch = 0.0254m
- SI 단위: 국제표준단위로 MKS를 의미
① 차원: 독립적인 물리량
  예 길이(L), 질량(M), 시간(t), 온도(T) 등
② 단위: 물리량의 기본 크기
  예 SI단위, MKS단위, CGS단위, FPS단위 등

- 길이

$$1km = 10^3 m = 10^5 cm = 10^6 mm = 10^9 \mu m = 10^{12} nm$$
$$10^{-12} km = 10^{-9} m = 10^{-7} cm = 10^{-6} mm = 10^{-3} \mu m = 1nm$$

- 부피

$$1m^3 = 10^3 L = 10^6 mL (mL = cm^3) = 10^9 \mu L$$
$$1\mu L = 10^{-3} mL (mL = cm^3) = 10^{-6} L = 10^{-9} m^3$$

- 질량

$$1ton = 10^3 kg = 10^6 g = 10^9 mg = 10^{12} \mu g = 10^{15} ng$$
$$1ng = 10^{-3} \mu g = 10^{-6} mg = 10^{-9} g = 10^{-12} kg = 10^{-15} ton$$

- 중력가속도

  - 가속도 = 거리/시간^2
  - 중력가속도 = 9.8m/sec^2 = 980cm/sec^2

- 밀도
  ✓ 단위체적에 대한 질량

$$\rho(밀도) = \frac{m(질량)}{\forall(부피)} = g/cm^3,\ kg/m^3,\ lb/ft^3,\ \cdots$$

  ✓ 물의 밀도

$$1g/mL = 1kg/L = 1ton/m^3 = 1{,}000kg/m^3$$

  ✓ 공기의 밀도

$$1.293g/L = 1.293kg/m^3$$

- 비중

$$비중 = \frac{대상물질의\ 밀도}{표준물질의\ 밀도}$$

  ✓ 표준물질의 밀도에 대한 대상물질의 밀도
  ✓ 기체(증기)의 표준물질: 0℃, 760mmHg의 공기(분자량 29)
  ✓ 액체 또는 고체의 표준물질: 4℃의 물(밀도 1kg/L)

- 점성계수
  ✓ 유체의 점도를 나타내는 값
  ✓ 전단응력에 대한 유체의 거리에 대한 속도 변화율에 대한 비
  ✓ 액체: 온도가 증가함에 따라 감소
  ✓ 기체: 온도가 증가함에 따라 증가
  ✓ 동점성계수: 점성계수를 유체의 밀도로 나눈 값

$$동점성계수 = \frac{점성계수}{밀도}$$

 점성계수와 동점성계수

점성계수(μ)	동점성계수(ν)
kg/m · sec	m^2/sec
g/cm · sec → P(Poise)	cm^2/sec
mg/mm · sec → cP(centiPoise)	mm^2/sec

 레이놀드수(Reynolds Number)

$$관의 \ Re = \frac{관성력}{점성력} = \frac{D\rho V}{\mu} = \frac{DV}{\nu}$$

- D: 직경   ρ: 밀도   V: 유속
- μ: 점성계수   ν: 동점성계수
- 층류영역: Re < 2,000
- 전이영역: 2,000 < Re < 4,000
- 난류영역: Re > 4,000

- 힘과 압력
  - ✓ 힘의 단위: N(Newton)

$$1N = kg \cdot m/sec^2 \ (1dyne = g \cdot cm/sec^2)$$

  - ✓ 압력: 단위면적당 작용하는 힘

$$\begin{aligned}
1atm &= 760mmHg = 1{,}013mbar \\
&= 101{,}325N/m^2 = 101{,}325Pa \\
&= 10{,}332mmH_2O = 10.332mH_2O \\
&= 14.7PSI = 1.0332kg_f/cm^2
\end{aligned}$$

- 온도

  - ℃: 섭씨온도
  - K(섭씨의 절대온도) = 273 + □℃
  - ℉(화씨온도) = 1.8 × □℃ + 32
  - R(화씨의 절대온도, 랭킹온도) = 460 + □℉

- 농도

$$농도 = \frac{용질}{용액(용질 + 용매)}$$

- 용액: 소금물   용질: 소금   용매: 물

- ✓ 용질을 용액의 양으로 나눈 값
- ✓ 질량(W)/질량(W), 부피(V)/질량(W), 질량(W)/부피(V), 부피(V)/부피(V) 등의 농도가 있으며 mg/kg, mL/kg, mg/L, mL/m^3 등의 단위 사용

✓ 분율(ppm, ppb, % 등)도 농도의 단위로 사용
- 분율
  총량에 대한 특정 물질의 비로 주로 농도와 관련된 개념으로 활용

구분		백분율	천분율	백만분율	십억분율
기호		%	ppt 또는 ‰	PPM	PPb
정의		1/100	1/1,000	$1/10^6$	$1/10^9$
단위	V/V	1mL/100mL, 1L/100L 등	1mL/L, 1L/m^3 등	1μL/L, 1mL/m^3 등	1μL/m^3 등
	W/W	1mg/100mg, 1g/100g 등	1g/kg, 1kg/ton 등	1mg/kg, 1g/ton 등	1mg/ton 등
	W/V	1g/100mL, 1kg/100L 등	1g/L, 1kg/m^3 등	1mg/L, 1g/m^3 등	1mg/m^3 등

- 1% = 10,000ppm $\left(\dfrac{1}{100} = \dfrac{10,000}{1,000,000} \right)$

- W/V: 주로 액체 상태에서 사용되며 1ppm은 1mg/L로 쓰임

- V/V: 주로 기체 상태에서 사용되며 1ppm은 1mL/m^3으로 쓰임

- 유량

$$유량(Q) = 면적(A) \times 유속(V) = \frac{부피(\forall)}{시간(t)}$$

✓ m^3/sec, L/sec, mL/min ...
✓ 단면적과 유속은 변하지만 유량은 동일한 경우

$$Q = A_1 V_1 = A_2 V_2$$

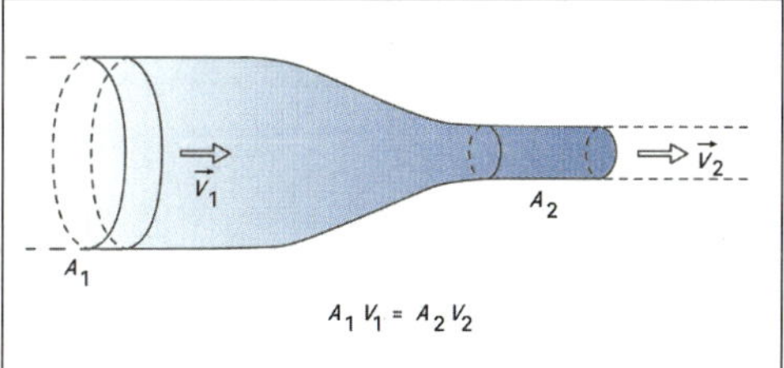

2. 단위 환산

① 바꾸고자 하는 단위가 분자에 있으면 분모에 같은 단위를 넣어 곱하고 분자에 바꾸려는 단위를 넣음

$$\frac{\bullet}{\Box} \times \frac{\triangle}{\bullet} = \frac{\triangle}{\Box}$$

② 바꾸고자 하는 단위가 분모에 있으면 분자에 같은 단위를 넣어 곱하고 분모에 바꾸려는 단위를 넣음

$$\frac{\Box}{\bullet} \times \frac{\bullet}{\triangle} = \frac{\Box}{\triangle}$$

■ 기초 화학

1. 원자량

① 양성자, 전자, 중성자로 이루어진 작은 입자를 원자라 하며 탄소를 기준으로 각각의 질량비를 정한 값을 각 원소의 원자량이라 함

② 원자량은 단위가 없으나 g 또는 kg을 붙여 g원자량 또는 kg원자량으로 사용

③ 원소의 원자량

원소명	기호	원자번호	원자량	원소명	기호	원자번호	원자량
수소	H	1	1	나트륨	Na	11	23
헬륨	He	2	4	마그네슘	Mg	12	24
리튬	Li	3	7	알루미늄	Al	13	27
베릴륨	Be	4	9	규소	Si	14	28
붕소	B	5	11	인	P	15	31
탄소	C	6	12	황	S	16	32
질소	N	7	14	염소	Cl	17	35.5
산소	O	8	16	아르곤	Ar	18	39.9
불소	F	9	19	칼륨	K	19	39
네온	Ne	10	20	칼슘	Ca	20	40

2. 분자량

① 개요

- 분자: 원자들의 합으로 이루어진 입자
- 분자량: 분자의 질량

분자식	명칭	분자량
H_2O	물	$1 \times 2 + 16 = 18$
H_2S	황화수소	$1 \times 2 + 32 = 34$
SO_2	이산화황	$32 + 2 \times 16 = 64$
CO_2	이산화탄소	$12 + 2 \times 16 = 44$
HCl	염화수소 (기체)	$1 + 35.5 = 36.5$
H_2SO_4	황산	$1 \times 2 + 32 + 4 \times 16 = 98$
HNO_3	질산	$1 + 14 + 3 \times 16 = 63$
NaOH	수산화나트륨	$23 + 16 + 1 = 40$
$Ca(OH)_2$	수산화칼슘	$40 + 2 \times (16 + 1) = 74$
$CaCO_3$	탄산칼슘	$40 + 12 + 3 \times 16 = 100$
$CaSO_4$	황산칼슘	$40 + 32 + 4 \times 16 = 136$
NH_3	암모니아	$14 + 3 \times 1 = 17$

더 알아보기 분자식의 계수

- $Ca(OH)_2$: Ca 1개, OH 2개
- $2Ca(OH)_2$: Ca 2개, OH 4개

② mol(몰)

$$1mol = g분자량 = 22.4L \text{ at STP} = 6.02 \times 10^{23}개$$

- 물질의 몰수(몰)

$$질량(g) / 화학식량$$

- 물질의 질량(g)

$$몰수 \times 화학식량$$

물질	물질의 양	1몰의 질량
탄소(C) 원자 1몰	원자량: 12	12g
물(H_2O) 분자 1몰	분자량: 18	18g

- 몰농도: 용액 1L 속에 1mol의 용질이 녹아 있을 때의 농도

$$몰농도(M) = mol/L$$

- STP(표준상태): 0℃, 1atm 상태
- 몰랄농도: 용매 1kg당 용질의 몰수

$$\text{몰랄농도} = \frac{\text{용질(mol)}}{\text{용매(kg)}}$$

③ eq(당량)

$$1eq = \frac{\text{분자량}}{\text{가수}}$$

- 노르말 농도: 용액 1L 속에 1eq의 용질이 녹아 있을 때의 농도

$$\text{노르말 농도(N)} = eq/L$$

- 몰농도와의 관계

$$N = nM(n\text{은 가수})$$

- 분자량과 가수의 예

명칭	분자기호	분자량	가수	당량
수산화나트륨	NaOH	40g	1가	$1eq = \dfrac{40g}{1\text{가}} = 40g$
황산	H_2SO_4	98g	2가	$1eq = \dfrac{98g}{2\text{가}} = 40g$
탄산칼슘	$CaCO_3$	100g	2가	$1eq = \dfrac{100g}{2\text{가}} = 50g$

- 가수의 산정

구분	가수
산, 염기	H^+와 OH^-의 수
화합물	양이온의 산화수
산화제나 환원제	교환한 전자의 수

가수	종류
1가	H^+, Na^+, K^+, Cl^-, OH^-
2가	Ca^{2+}, Mg^{2+}, Sr^{2+}, SO_4^{2-}, CO_3^{2-}
3가	PO_4^{3-}, Cr^{3+}
5가	$KMnO_4$
6가	$K_2Cr_2O_7$

3. 이상기체상태방정식

$$PV = nRT$$

- P: 압력(atm) ◦ V: 부피(L) ◦ n: 몰수(mol)
- R: 기체상수(0.082atm·L/mol·K)
- T: 절대온도(K)

4. 보일 샤를의 법칙

   기체의 부피는 절대온도에 비례하고 압력에 반비례하며 변화함

   ① 보일의 법칙: 일정한 온도에서 기체의 부피는 압력에 반비례

   ② 샤를의 법칙: 일정한 압력에서 기체의 부피는 절대온도에 비례

5. pH와 pOH 계산

   ① pH(수소이온지수)

$$pH = -\log[H^+] \rightarrow [H^+] = 10^{-pH}$$

   ② pOH(수산화이온지수)

$$pOH = -\log[OH^-] \rightarrow [OH^-] = 10^{-pOH}$$

   ③ pH와 pOH의 합

$$pH + pOH = 14$$

6. 화학반응식

   ① 화학반응식

$$C_mH_n + (m + \frac{n}{4})O_2 \rightarrow mCO_2 + \frac{n}{2}H_2O$$

   ② 성질

   - 반응물과 생성물의 원소 수가 같아야 함

기호	명칭	산화반응
CH_4	메탄	$CH_4 + 2O_2 \rightarrow CO_2 + 2H_2O$
C_2H_6	에탄	$C_2H_6 + 3.5O_2 \rightarrow 2CO_2 + 3H_2O$
C_3H_8	프로판	$C_3H_8 + 5O_2 \rightarrow 3CO_2 + 4H_2O$
C_4H_{10}	부탄	$C_4H_{10} + 6.5O_2 \rightarrow 4CO_2 + 5H_2O$

- 비율 간 관계

> 계수비 = 몰수비 = 분자수비
> = 부피비(기체의 경우) ≠ 질량비

 암모니아 생성반응식의 비율

질소, 수소, 암모니아의 각 비율은 다음과 같음

$$N_2 + 3H_2 \rightarrow 2NH_3$$

- 몰수의 비 → 1 : 3 : 2
- 기체반응의 법칙 1부피 → 3부피 : 2부피
- 기체의 부피비 → 22.4L : 3 × 22.4L : 2 × 22.4L
- 아보가드로의 법칙 → 1분자 : 3분자 : 2분자
- 질량보존의 법칙 → 28g : 3 × 2g : 2 × 17g
- 일정성분비의 법칙 14 : 3 : 17

산업위생관리기사 유형별 계산문제 MASTER

Key point 휴식시간과 작업시간

$$\text{휴식시간비율(\%)} = \left[\frac{\text{PWC} \times \dfrac{1}{3} - \text{작업대사량}}{\text{휴식대사량} - \text{작업대사량}} \right] \times 100$$

〈예제〉 38세 된 남성근로자의 육체적 작업능력(PWC)은 15kcal/min이다. 이 근로자가 1일 8시간 동안 물체를 운반하고 있으며 이때의 작업 대사량은 7kcal/min이고, 휴식 시 대사량은 1.2kcal/min이다. 이 사람의 적정 휴식시간과 작업시간의 배분(매 시간별)은 어떻게 하는 것이 이상적인가?

① 12분 휴식 48분 작업

② 17분 휴식 43분 작업

③ 21분 휴식 39분 작업

④ 27분 휴식 33분 작업

정답 ③

해설

- 휴식시간비율(%) = $\left[\dfrac{\text{PWC} \times \dfrac{1}{3} - \text{작업대사량}}{\text{휴식대사량} - \text{작업대사량}} \right] \times 100$

$$= \left[\frac{15 \times \dfrac{1}{3} - 7}{1.2 - 7} \right] \times 100 = 34.48\%$$

- 휴식시간 = 60min × 0.3448 = 20.688min
- 작업시간 = 60 - 20.688 = 39.212min

Key point 유해물질농도

〈예제〉온도 25℃, 1기압하에서 분당 100mL씩 60분 동안 채취한 공기 중에서 벤젠이 3mg 검출되었다. 검출된 벤젠은 약 몇 ppm인가? (단, 벤젠의 분자량은 78이다.)

① 11   ② 15.7

③ 111   ④ 157

정답 ④

해설

$$ppm = mL/m^3$$

$$\frac{3mg \times \dfrac{22.4mL}{78mg} \times \dfrac{(273 + 25)K}{273K}}{\dfrac{100mL}{min} \times 60min \times \dfrac{m^3}{10^6 mL}} = 156.7389mL/m^3$$

Key point 도수율

$$도수율 = \frac{재해\ 건수 \times 1,000,000}{총\ 근로시간}$$

〈예제〉어떤 플라스틱 제조 공장에 200명의 근로자가 근무하고 있다. 1년에 40건의 재해가 발생하였다면 이 공장의 도수율은? (단, 1일 8시간, 연간 290일 근무기준이다.)

① 200   ② 86.2

③ 17.3   ④ 4.4

정답 ②

해설

- 근로자 수: 200명
- 재해 건수: 40건
- 근무시간: 1일 8시간 × 290일
    - → 개인당 연간 근무시간 = 8 × 290 = 2,320시간
    - → 총 근로시간 = 2,320시간 × 200명 = 464,000시간
- 도수율 $= \dfrac{재해\ 건수 \times 1,000,000}{총\ 근로시간}$

$$= \frac{40 \times 1,000,000}{464,000} = 86.2068$$

Key point 연천인율

$$연천인율 = \frac{재해자\ 수}{연평균\ 근로자\ 수} \times 1,000$$

〈예제〉연평균 근로자 수가 5,000명인 사업장에서 1년 동안에 125건의 재해로 인하여 250명의 사상자가 발생하였다면, 이 사업장의 연천인율은 얼마인가? (단, 이 사업장의 근로자 1인당 연간 근로시간은 2,400시간이다.)

① 10   ② 25

③ 50   ④ 200

정답 ③

해설

연천인율이란 사업장에서 근로자 1,000명당 1년간 발생한 산업재해 사상자의 수를 나타내는 지수이다.

- 재해자 수(사상자 수): 250명
- 연평균 근로자 수: 5,000명
- 연천인율 $= \dfrac{재해자\ 수}{연평균\ 근로자\ 수} \times 1,000$

$$= \frac{250}{5,000} \times 1,000 = 50$$

$$\text{강도율} = \frac{\text{근로손실일 수}}{\text{연 근로시간 수}} \times 10^3$$

〈예제〉 300명의 근로자가 근무하는 A사업장에서 지난 한 해 동안 신체장애 12급 4명과, 3급 1명의 재해자가 발생하였다. 신체장애 등급별 근로손실일수가 다음 표와 같을 때 해당 사업장의 강도율은 약 얼마인가? (단, 연간 52주, 주당 5일, 1일 8시간을 근무하였다.)

신체장애 등급	근로손실 일수	신체장애 등급	근로손실 일수
1~3급	7,500일	9급	1,000일
4급	5,500일	10급	600일
5급	4,000일	11급	400일
6급	3,000일	12급	200일
7급	2,200일	13급	100일
8급	1,500일	14급	50일

① 0.33　　　　② 13.30
③ 25.02　　　　④ 52.35

정답　②

해설

- 재해 강도율: 재해로 인한 손실 정도(강도)를 나타내는 산업재해지표로, 근로시간 1,000시간당 발생한 손실일 수를 의미한다. 즉, 재해 발생 시 그 심각성·중증도를 평가한다.

- 강도율 $= \dfrac{\text{근로손실일 수}}{\text{연 근로시간 수}} \times 10^3$

$$= \frac{(200 \times 4) + (7,500 \times 1)}{300 \times 8 \times 5 \times 52} \times 10^3 = 13.3012$$

→ 신체장애 12급 → 200일(표 기준)
→ 신체장애 1~3급 → 7,500일(표 기준)

- 발생한 재해자
  ✓ 12급 4명 → 4 × 200 = 800일
  ✓ 3급 1명 → 1 × 7,500 = 7,500일
    → 총 근로손실일 수 = 800 + 7,500 = 8,300일
- 연간 총 근로시간 수 계산
  ✓ 한 근로자 연간 근로시간
    = 52주 × 5일/주 × 8시간/일 = 2,080시간/연
  ✓ 사업장 인원 300명
    → 연간 총 근로시간 수
      = 2,080 × 300 = 624,000시간

$$\text{체내흡수량} = \text{폐환기율(=호흡률)} \times \text{노출시간} \times \text{공기 중 유해물질농도} \times \text{체내잔류율}$$
$$= \text{체중} \times \text{안전흡수량}$$

〈예제〉 체중이 60kg인 사람이 1일 8시간 작업 시 안전흡수량이 1mg/kg인 물질의 체내흡수를 안전흡수량 이하로 유지하려면 공기중 농도를 몇 mg/m^3 이하로 하여야 하는가? (단, 작업 시 폐환기율은 1.25m^3/hr, 체내잔류율은 1.0으로 가정한다)

① 0.06mg/m^3
② 0.6mg/m^3
③ 6mg/m^3
④ 60mg/m^3

정답　③

해설

체내흡수량 = 폐환기율(=호흡률) × 노출시간 × 공기 중 유해물질농도 × 체내잔류율
= 체중 × 안전흡수량

$$\frac{1\text{mg}}{\text{kg}} \times 60\text{kg} = \frac{1.25\text{m}^3}{\text{hr}} \times 8\text{hr} \times \frac{\square\text{mg}}{\text{m}^3} \times 1$$

$$\square = 6\text{mg}/\text{m}^3$$

$$\text{사이또-오시마식에 의한 실동률(\%)} = 85 - (5 \times RMR)$$

〈예제〉 RMR이 10인 격심한 작업을 하는 근로자의 실동률(A)과 계속작업의 한계시간(B)으로 옳은 것은? (단, 실동률은 사이또 오시마식을 적용한다.)

① A: 55%, B: 약 7분

② A: 45%, B: 약 5분

③ A: 35%, B: 약 3분

④ A: 25%, B: 약 1분

정답 ③

해설

- RMR(작업대사율)이 10인 격심한 작업을 하는 근로자의 실동률(A)과 계속작업의 한계시간(B)은 다음과 같다.
- 사이또-오시마식에 의한 실동률(%)

  실동률(%) = 85 − (5 × RMR)

  RMR(작업대사율)이 10이므로,

  실동률 = 85 − (5 × 10) = 85 − 50 = 35%
- 격심한 작업(RMR 10)의 계속작업 한계시간은 약 3분이다.

계속작업 한계시간	설명
7분	RMR이 비교적 큰 격심한 작업의 최대 지속 시간 예시
5분	RMR이 더 높거나, 실제 작업 강도가 증가했을 때의 한계 시간
3분	• 매우 격심한 작업(RMR 10 등)에서 근로자가 연속으로 버틸 수 있는 최대 시간 • 이 이상은 과도한 피로와 생리적 부담 발생
1분	• 극도로 격심하거나, 한계에 가까운 부하에서 연속작업이 허용되는 아주 짧은 시간 • 꾸준한 작업은 불가능, 거의 '버티기' 수준임

🔲 **더 알아보기** 작업대사량(RMR)

$$\text{작업대사량} = \frac{\text{작업대사량}}{\text{기초대사량}}$$

$$= \frac{\text{작업 시 열량소비량 - 안정 시 열량소비량}}{\text{기초대사량}}$$

$$= \frac{\text{작업 시 산소소비량 - 안정 시 산소소비량}}{\text{기초대사 시 산소소비량}}$$

🔲 **Key point** 중량물 취급지수(LI)

$$\text{중량물 취급지수(LI)} = \frac{\text{실제 작업무게}}{\text{권장중량한계(RWL)}}$$

〈예제〉 NIOSH에서 제시한 권장중량한계가 6kg이고, 근로자가 실제 작업하는 중량물의 무게가 12kg일 경우 중량물 취급지수(LI)는?

① 0.5

② 1.0

③ 2.0

④ 6.0

정답 ③

해설

- 중량물 취급지수(LI) $= \dfrac{\text{실제 작업무게}}{\text{권장중량한계(RWL)}}$

  $= \dfrac{12kg}{6kg} = 2.0$
- LI 값이 커질수록 작업자의 부담과 건강 위험이 증가하며, LI가 1.0 초과일 때부터 주의가 필요하고, 3.0 이상일 때에는 가능한 한 빨리 작업조건을 개선해야 한다.

- OSHA 보정방법

$$\text{보정된 노출기준} = \text{8시간 노출기준} \times \frac{\text{8시간}}{\text{노출시간/일}}$$

- Brief and Scala 보정방법

$$RF = \frac{8}{H} \times \frac{24-H}{16}$$

〈예제〉 톨루엔(TLV = 50ppm)을 사용하는 작업장의 작업시간이 10시간일 때 허용기준을 보정하여야 한다. OSHA 보정법과 Brief and Scala 보정법을 적용하였을 경우 보정된 허용기준치 간의 차이는?

① 1ppm
② 2.5ppm
③ 5ppm
④ 10ppm

정답 ③

해설

- OSHA 보정방법

$$\text{보정된 노출기준} = \text{8시간 노출기준} \times \frac{\text{8시간}}{\text{노출시간/일}}$$

$$= 50 \times \frac{8}{10} = 40\text{ppm}$$

- Brief and Scala 보정방법

$$RF = \frac{8}{H} \times \frac{24-H}{16} = \frac{8}{10} \times \frac{24-10}{16} = 0.7$$

보정된 노출기준 = TLV × RF = 50 × 0.7 = 35ppm

- 허용기준치 차이 = 40 − 35 = 5ppm

📇 **Key point** 최대 허용시간(T_{end})

$$\log T_{end} = 3.720 - 0.1949E$$

〈예제〉 육체적 작업능력(PWC)이 16kcal/min인 근로자가 1일 8시간 동안 물체를 운반하고 있다. 이때의 작업대사량은 10kcal/min고, 휴식 시의 대사량은 1.5kcal/min이다. 이 사람이 쉬지 않고 계속하여 일할 수 있는 최대 허용시간은 약 몇 분인가? (단, $\log T_{end} = b_0 + b_1 \cdot E$, $b_0 = 3.720$, $b_1 = -0.1949$이다.)

① 60분
② 90분
③ 120분
④ 150분

정답 ①

해설

$\log T_{end} = 3.720 - 0.1949E$

작업대사량 E = 10kcal/min

$\log T_{end} = 3.720 - 0.1949 \times 10$

$T_{end} = 10^{(3.720\,-\,0.1949\,\times\,10)} = 59.0201\text{min}$

📇 **Key point** 작업강도(%MS)

$$\text{작업강도(\%MS)} = \frac{RF}{MS} \times 100$$

〈예제〉 젊은 근로자의 약한 손(오른손잡이일 경우 왼손)의 힘이 평균 45kp일 경우 이 근로자가 무게 10kg인 상자를 두 손으로 들어 올릴 경우의 작업강도(%MS)는 약 얼마인가?

① 1.1
② 8.5
③ 11.1
④ 21.1

정답 ③

해설

- $\text{작업강도(\%MS)} = \dfrac{RF}{MS} \times 100$

$$= \frac{10/2}{45} \times 100 = 11.11\%\text{MS}$$

- RF: 작업 시 한 손에 가해지는 힘(kp, kilopound)
- MS: 약한 손의 힘(kp)

$$EI = \frac{C_1}{T_1} + \frac{C_2}{T_2} + \cdots + \frac{C_n}{T_n}$$

〈예제〉 작업환경 공기 중에 벤젠(TVL = 10ppm) 4ppm, 톨루엔(TLV = 100ppm) 40ppm, 크실렌(TLV = 150ppm) 50ppm이 공존하고 있는 경우에 이 작업환경 전체로서 노출기준의 초과여부 및 혼합 유기용제의 농도는?

① 노출기준을 초과, 약 83ppm

② 노출기준을 초과, 약 98ppm

③ 노출기준을 초과하지 않음, 약 78ppm

④ 노출기준을 초과하지 않음, 약 93ppm

정답 ①

해설

• 노출기준 초과여부

$$EI = \frac{C_1}{T_1} + \frac{C_2}{T_2} + \cdots + \frac{C_n}{T_n}$$

$$= \frac{4}{10} + \frac{40}{100} + \frac{50}{150} = 1.1333$$

◦ C_n : 각 성분의 농도 또는 중량비

◦ T_n : 각 성분의 노출기준

노출지수가 1을 초과하므로, 노출기준을 초과하고 있다는 의미이다.

• 혼합유기용제의 농도

$$혼합농도 = \frac{혼합물의\ 공기\ 중\ 농도}{노출지수}$$

$$= \frac{(4+40+50)}{1.1333} = 82.9436$$

• $기하평균 = (x_1 \times x_2 \times x_3 \times \cdots \times x_n)^{\frac{1}{n}}$

• $산술평균 = \dfrac{x_1 \times x_2 \times x_3 \times \cdots \times x_n}{n}$

〈예제〉 유기용제 작업장에서 측정한 톨루엔 농도는 65, 150, 175, 63, 83, 112, 58, 49, 205, 178 ppm일 때. 산술평균과 기하평균값은 약 몇 ppm인가?

① 산술평균 108.4, 기하평균 100.4

② 산술평균 108.4, 기하평균 117.6

③ 산술평균 113.8, 기하평균 100.4

④ 산술평균 113.8, 기하평균 117.6

정답 ③

해설

• $산술평균 = \dfrac{x_1 + x_2 + x_3 + \cdots + x_n}{n}$

$$= \frac{65+150+175+63+83+112+58+49+205+178}{10}$$

$$= 113.8$$

• $기하평균 = (x_1 \times x_2 \times x_3 \times \cdots \times x_n)^{\frac{1}{n}}$

$$= (65 \times 150 \times 175 \times 63 \times 83 \times 112 \times 58 \times 49 \times 205 \times 178)^{\frac{1}{10}}$$

$$= 100.3570$$

$$\text{변이계수(CV)\%} = \frac{\text{표준편차}}{\text{평균}} \times 100$$

〈예제〉 측정값이 1, 7, 5, 3, 9일 때, 변이계수(%)는?

① 183

② 133

③ 63

④ 13

정답 ③

해설

• 평균 $= \dfrac{1+7+5+3+9}{5} = 5$

• 표준편차(s) $= \sqrt{\dfrac{\sum\limits_{i=1}^{n}\left(x_i - \overline{x}\right)^2}{n-1}}$

  ◦ x_i: 각 데이터 값

  ◦ $\overline{x}$: 데이터의 평균

  ◦ n: 데이터 수

$$\left[\frac{(1-5)^2+(7-5)^2+(5-5)^2+(3-5)^2+(9-5)^2}{5-1}\right]^{\frac{1}{2}}$$
$$= 3.1622$$

• 변이계수(CV)\% $= \dfrac{\text{표준편차}}{\text{평균}} \times 100$

$$= \frac{3.1622}{5} \times 100 = 63.244\%$$

$$\text{TWA} = \frac{C_1T_1 + C_2T_2 + \cdots + C_nT_n}{8}$$

$$= \frac{\sum\limits_{n=1}^{n}\left(C_n \times T_n\right)}{8}$$

〈예제〉 방직공장의 면분진 발생 공정에서 측정한 공기 중 면분진 농도가 2시간은 2.5mg/m^3, 3시간은 1.8mg/m^3, 3시간은 2.6mg/m^{3}일 때, 해당 공정의 시간가중평균노출기준 환산값은 약 얼마인가?

① 0.86mg/m^3

② 2.28mg/m^3

③ 2.35mg/m^3

④ 2.60mg/m^3

정답 ②

해설

$$\text{TWA} = \frac{C_1T_1 + C_2T_2 + \cdots + C_nT_n}{8}$$

$$= \frac{\sum\limits_{n=1}^{n}\left(C_n \times T_n\right)}{8}$$

$$= \frac{(2 \times 2.5) + (3 \times 1.8) + (3 \times 2.6)}{8}$$

$$= 2.275\,\text{mg/m}^3$$

- TWA = $16.61\log\dfrac{\text{누적소음노출량(\%)}}{100} + 90$

- TWA = $16.61\log\dfrac{\text{누적소음노출량(\%)}}{12.5 \times T} + 90$

○ 100은 12.5 × 8로 8시간 근로시간인 경우 적용

○ 12.5는 근로시간에 대한 노출 허용 기준과 관련된 상수로 사용

〈예제〉 단위작업 장소에서 소음의 강도가 불규칙적으로 변동하는 소음을 누적소음노출량 측정기로 측정하였다. 누적소음노출량이 300%인 경우, 시간가중평균 소음수준(dB(A))은?

① 92 　　　　② 98

③ 103 　　　　④ 106

정답 ②

해설

문제의 조건에 근로시간이 주어지지 않은 경우 8시간으로 산정한다.

$$TWA = 16.61\log\frac{\text{누적소음노출량(\%)}}{100} + 90$$

$$= 16.61\log\frac{300}{100} + 90 = 97.9249\text{dB}$$

〈예제〉 작업자 A의 4시간 작업 중 소음노출량이 76%일 때, 측정시간에 있어서의 평균치는 약 몇 dB(A)인가?

① 88 　　　　② 93

③ 98 　　　　④ 103

정답 ②

해설

$$TWA = \log\left(\frac{D(\%)}{12.5 \times T}\right) + 90$$

$$= 16.61\log\left(\frac{76}{12.5 \times 4}\right) + 90$$

$$= 93.0204\text{dB}$$

📋 **Key point** 소음감음량(NR)

$$NR = 10 \times \log\left(\frac{A_2}{A_1}\right)$$

〈예제〉 현재 총 흡음량이 1,200sabins인 작업장의 천장에 흡음물질을 첨가하여 2,400sabins을 추가할 경우 예측되는 소음감음량(NR)은 약 몇 dB인가?

① 2.6

② 3.5

③ 4.8

④ 5.2

정답 ③

해설

$$NR = 10 \times \log\left(\frac{A_2}{A_1}\right)$$

$$= 10 \times \log(3,600/1,200)$$

$$= 4.7712\text{dB(A)}$$

○ A_1 = 기존 총 흡음량 = 1,200sabins

○ A_2 = 추가 후 총 흡음량 = 1,200 + 2,400 = 3,600sabins

$$L_2 = L_1 - 20\log\left(\frac{r_2}{r_1}\right)$$

〈예제〉 공장 내 지면에 설치된 한 기계로부터 10m 떨어진 지점의 소음이 70dB(A)일 때, 기계의 소음이 50dB(A)로 들리는 지점은 기계에서 몇 m 떨어진 곳인가? (단, 점음원을 기준으로 하고, 기타 조건은 고려하지 않는다.)

① 50
② 100
③ 20
④ 400

정답 ②

해설

소음 감쇠는 아래 식을 활용한다.

$$L_2 = L_1 - 20\log\left(\frac{r_2}{r_1}\right)$$

$$50 = 70 - 20\log\left(\frac{r_2}{10\mathrm{m}}\right)$$

$$r_2 = 100\mathrm{m}$$

○ L_n: 소음도
○ r_n: 거리

$$RWL = LC \times HM \times VM \times DM \times AM \times FM \times CM$$

〈예제〉 다음 [표]를 이용하여 산출한 권장중량한계(RWL)는 약 얼마인가? (단, 개정된 NIOSH의 들기작업 권고기준에 따른다.)

계수구분	값
수평계수	0.5
수직계수	0.955
거리계수	0.91
비대칭계수	1
빈도계수	0.45
결합계수	0.95

① 4.27kg
② 8.55kg
③ 12.82kg
④ 21.36kg

정답 ①

해설

NIOSH 권장중량한계(Recommended Weight Limit, RWL) 공식은 다음과 같다.

RWL= LC × HM × VM × DM × AM × FM × CM
　　= 23 × 0.5 × 0.955 × 0.91 × 1 × 0.45 × 0.95
　　= 4.2724kg

○ LC: 기준중량(Load Constant), 23kg(미국 기준)
○ HM: 수평계수(Horizontal Multiplier)
○ VM: 수직계수(Vertical Multiplier)
○ DM: 거리계수(Distance Multiplier)
○ AM: 비대칭계수(Asymmetry Multiplier)
○ FM: 빈도계수(Frequency Multiplier)
○ CM: 결합계수(Coupling Multiplier)

$$\frac{C_1}{T_1} + \frac{C_2}{T_2} + \frac{C_3}{T_3} = \frac{C_1 + C_2 + C_3}{T_{mix}}$$

〈예제〉 공장에서 A용제 30%(노출기준 1,200mg/m^3), B용제 30%(노출기준 1,400mg/m^3) 및 C용제 40%(노출기준 1,600mg/m^3)의 중량비로 조성된 액체용제가 증발되어 작업 환경을 오염시킬 때, 이 혼합물의 노출기준(mg/m^3)은? (단, 혼합물의 성분은 상가 작용을 한다.)

① 1,400

② 1,450

③ 1,500

④ 1,550

정답 ①

해설

$$\frac{C_1}{T_1} + \frac{C_2}{T_2} + \frac{C_3}{T_3} = \frac{C_1 + C_2 + C_3}{T_{mix}}$$

$$\frac{30}{1,200} + \frac{30}{1,400} + \frac{40}{1,600} = \frac{100}{T_{mix}}$$

$$T_{mix} = 1,400 \, mg/m^3$$

∘ C_n : 각 성분의 농도 또는 중량비

∘ T_n : 각 성분의 노출기준(mg/m^3)

$$누적오차(\%) = [(x_1)^2 \times (x_2)^2 \times (x_3)^2 + \cdots]^{\frac{1}{2}}$$

〈예제〉 처음 측정한 측정치는 유량, 측정시간, 회수율, 분석에 의한 오차가 각각 15%, 3%, 10%, 7%이었으나 유량에 의한 오차가 개선되어 10%로 감소되었다면 개선 전 측정치의 누적오차와 개선 후 측정치의 누적오차의 차이(%)는?

① 6.5

② 5.5

③ 4.5

④ 3.5

정답 ④

해설

• 처음 누적오차(%) $= \left[(x_1)^2 + (x_2)^2 + (x_3)^2 + \cdots \right]^{\frac{1}{2}}$

  $= \left[(15)^2 + (3)^2 + (10)^2 + (7)^2 \right]^{\frac{1}{2}} = 19.5703\%$

• 개선 후 누적오차(%) $= \left[(x_1)^2 + (x_2)^2 + (x_3)^2 + \cdots \right]^{\frac{1}{2}}$

  $= \left[(10)^2 + (3)^2 + (10)^2 + (7)^2 \right]^{\frac{1}{2}} = 16.0623\%$

• 누적오차의 차이 $= 19.5703 - 16.0623 = 3.508\%$

$$V = K \times \rho \times d^2$$

〈예제〉 입경이 20μm이고 입자비중이 1.5인 입자의 침강 속도(cm/sec)는?

① 1.8
② 2.4
③ 12.7
④ 36.2

정답 ①

해설

Lippman식을 활용하면 다음과 같다.

$V = K \times \rho \times d^2$

$\quad = 0.003 \times 1.5 \times (20μm)^2 = 1.8cm/sec$

- V: 침강속도(cm/sec)
- K: 경험적으로 정해진 상수(일반적으로 0.003)
- ρ: 입자의 비중
- d: 입자의 직경(μm)

Lippman식은 공기 중 먼지나 에어로졸 등 입자의 침강 속도를 실제 환경에 더 가깝게 추정하기 위한 경험적 공식이다.

📲 **Key point** 입자의 침강속도(스토크스식)

$$V_g = \frac{d_P{}^2(\rho_\rho - \rho)g}{18\mu}$$

〈예제〉 직경이 5μm, 비중이 1.8인 원형 입자의 침강속도(cm/min)는? (단, 공기의 밀도는 0.0012g/cm³, 공기의 점도는 1.807×10^{-4}poise이다.)

① 6.1　　② 7.1
③ 8.1　　④ 9.1

정답 ③

해설

$$V_g = \frac{d_p^2(\rho_p - \rho)g}{18\mu}$$

$$= \frac{\left(5μm \times \dfrac{1cm}{10^4 μm}\right)^2 \times \dfrac{(1.8-0.0012)g}{cm^3} \times \dfrac{980cm}{sec^2}}{18 \times \dfrac{1.807 \times 10^{-4}g}{cm \cdot sec}}$$

$$\times \frac{60sec}{min} = 8.1296cm/min$$

📲 **Key point** 분진농도

$$분진농도 = \frac{채취된\ 분진량}{채취공기량}$$

〈예제〉 어느 작업장에서 시료채취기를 사용하여 분진농도를 측정한 결과 시료채취 전 여과지의 무게가 32.4mg이고 시료채취 후 여과지의 무게가 44.7mg일 때, 이 작업장의 분진농도(mg/m³)는? (단, 시료채취를 위해 사용된 펌프의 유량은 20L/min이고, 2시간 동안 시료를 채취하였다.)

① 5.1　　② 6.2
③ 10.6　　④ 12.3

정답 ①

해설

$$분진농도 = \frac{채취된\ 분진량}{채취공기량}$$

$$= \frac{(44.7-32.4)mg}{\dfrac{20L}{min} \times 2hr \times \dfrac{60min}{hr} \times \dfrac{m^3}{1,000L}} = 5.125mg/m^3$$

〈예제〉 87°C와 동등한 온도는? (단, 정수로 반올림한다.)

① 351K

② 189°F

③ 700°R

④ 186K

정답 ②

해설

② 189°F

$\triangle°F = 1.8 \times \square°C + 32$

$189°F = 1.8 \times \square°C + 32 \rightarrow \square = 87.2°C$

① 351K

$\triangle K = 273 + \square°C$

$351K = 273 + \square°C \rightarrow \square = 78°C$

③ 700°R

- $\triangle°R = 460 + \square°F$

  $700°R = 460 + \square°F \rightarrow \square = 240°F$

- $\triangle°F = 1.8 \times \square°C + 32$

  $240°F = 1.8 \times \square°C + 32 \rightarrow \square = 115.5°C$

④ 186K

$\triangle K = 273 + \square°C$

$186K = 273 + \square°C \rightarrow \square = -87°C$

$$L(dB) = 10\log\left(10^{\frac{L_1}{10}} + 10^{\frac{L_2}{10}} + 10^{\frac{L_3}{10}} + \cdots 10^{\frac{L_n}{10}}\right)$$

〈예제〉 어느 작업장에서 작동하는 기계 각각의 소음 측정결과가 아래와 같을 때, 총 음압수준(dB)은? (단, A, B, C기계는 동시에 작동된다.)

A기계: 93dB, B기계: 89dB, C기계: 88dB

① 91.5

② 92.7

③ 95.3

④ 96.8

정답 ③

해설

$$L(dB) = 10\log\left(10^{\frac{L_1}{10}} + 10^{\frac{L_2}{10}} + 10^{\frac{L_3}{10}} + \cdots 10^{\frac{L_n}{10}}\right)$$
$$= 10\log\left(10^{\frac{93}{10}} + 10^{\frac{89}{10}} + 10^{\frac{88}{10}}\right)$$
$$= 95.3409dB$$

Key point · 음의 세기레벨(SIL), 음압레벨(SPL)과 음향파워레벨(PWL)

- $\text{SIL(dB)} = 10\log\left(\dfrac{I}{I_0}\right)$

- $\text{SPL} = 20\log\left(\dfrac{P}{P_0}\right)$

- $\text{PWL} = 10\log\left(\dfrac{W}{W_0}\right)$

- $\text{SPL} = \text{PWL} - 20\log(r) - 11$

〈예제〉 음압이 10N/m^2일때, 음압수준은 약 몇 dB인가?
(단, 기준음압은 0.00002N/m^2이다.)

① 94
② 104
③ 114
④ 124

정답 ③

해설

$$\text{음압레벨(SPL)} = 20\log\left(\frac{P}{P_0}\right)$$
$$= 20\log\left(\frac{10}{2\times10^{-5}}\right) = 113.9794\text{dB}$$

- P: 측정 음압(Pa, N/m^2)
- P_0: $2\times10^{-5}\text{Pa}$(사람이 들을 수 있는 최소 음압 기준)

〈예제〉 음의 세기레벨이 80dB에서 85dB로 증가하면 음의 세기는 약 몇 배가 증가하겠는가?

① 1.5배
② 1.8배
③ 2.2배
④ 2.4배

정답 ③

해설

- $\text{SIL}\,(\text{dB}) = 10\log\dfrac{I}{I_0}$

- 80dB 에서 음의 세기

  $80\text{dB} = 10\log\dfrac{I}{10^{-12}\text{W/m}^2}$

  $I = 10^{-4}\text{W/m}^2$

- 85dB 에서 음의 세기

  $85\text{dB} = 10\log\dfrac{I}{10^{-12}\text{W/m}^2}$

  $I = 10^{-3.5}\text{W/m}^2$

- 증가율

  $\dfrac{10^{-3.5} - 10^{-4}}{10^{-4}} = 2.1622$

〈예제〉 출력이 0.4W인 작은 점음원에서 10m 떨어진 곳의 음압수준은 약 몇 dB인가? (단, 공기의 밀도는 $1.18kg/m^3$이고, 공기에서 음속은 344.4m/sec이다.)

① 80

② 85

③ 90

④ 95

정답 ②

해설

- 음향파워레벨(PWL) 산정

$$PWL = 10\log\left(\frac{W}{W_0}\right) = 10\log\left(\frac{0.4}{10^{-12}}\right)$$
$$= 116.0205dB$$

- 음압레벨(SPL) 산정

  PWL = SPL + 10log(S)의 관계에서 점음원(자유공간)이므로 음파가 구면파로 전파된다.

  음원의 단면적은 구의 단면적이므로 $S = 4\pi r^2$을 대입하면,

  $PWL = SPL + 10\log(4\pi r^2)$이고 정리하면

  $$SPL = PWL - 20\log(r) - 11$$
  $$= 116.0205 - 20\log(10) - 11 = 85.0205dB$$

  ◦ PWL: 음향파워레벨(dB)
  ◦ SPL: 음압레벨(dB)
  ◦ r: 거리(m)

〈예제〉 어떤 작업장의 8시간 작업 중 연속음 소음 100dB(A)가 1시간, 95dB(A)가 2시간 발생하고 그 외 5시간은 기준 이하의 소음이 발생되었을 때, 이 작업장의 누적소음도에 대한 노출기준 평가로 옳은 것은?

① 0.75로 기준 이하였다.

② 1.0으로 기준과 같았다.

③ 1.25로 기준을 초과하였다.

④ 1.50으로 기준을 초과하였다.

정답 ②

해설

- 산업안전보건법 기준은 기준 소음도 90dB(A)에서 8시간이다.
- 교환율(Exchange Rate)은 5dB(A)로, D(%) 공식은 다음과 같다.

$$D = \frac{C_1}{T_1} + \frac{C_2}{T_2}$$

  ◦ C_n: 해당 소음수준에서의 노출시간(시간)
  ◦ T_n: 해당 소음수준에서의 기준 허용노출시간(시간)

- 각 소음 수준별 허용노출시간(T)

소음 수준(dB(A))	허용노출시간(T)
90	8시간
95	4시간
100	2시간
105	1시간
110	0.5시간(30분)
115	0.25시간(15분)

- 각 기간에 대한 비율 계산

  ✓ 100dB(A)에서 1시간: $C_1 = 1$, $T_1 = 2$

  ✓ 95dB(A)에서 2시간: $C_2 = 2$, $T_2 = 4$

  (그 외 시간은 기준 이하로 무시)

  $$D = \frac{1}{2} + \frac{2}{4} = 1.0$$

〈예제〉 어느 작업장에서 소음의 음압수준(dB)을 측정한 결과가 85, 87, 84, 86, 89, 81, 82, 84, 83, 88일 때, 측정 결과의 중앙값(dB)은?

① 83.5
② 84.0
③ 84.5
④ 84.9

정답 ③

해설

- 중앙값(Median) 구하는 방법
  ✓ 값들을 크기 순서대로 정렬한다.
  ✓ 데이터 개수가 짝수일 때는 가운데 두 값의 평균, 홀수일 때는 가운데 한 값을 중앙값으로 한다.
- 10개의 값이므로 짝수이고, 정렬하면 다음과 같다.
  81, 82, 83, 84, 84, 85, 86, 87, 88, 89
- 가운데 두 값은 5번째와 6번째 값으로 84와 85이다.
- 중앙값 = (84 + 85) ÷ 2 = 84.5

Key point pH

$$pH = -\log[H^+]$$

〈예제〉 0.04M HCl이 2% 해리되어 있는 수용액의 pH는?

① 3.1
② 3.3
③ 3.5
④ 3.7

정답 ①

해설

$pH = -\log[H^+]$
$\quad = -\log[0.04 \times 0.02] = 3.0969$

Key point 전체 포집효율

$$\eta_T = 1 - (1 - \eta_1)(1 - \eta_2)$$

〈예제〉 표집효율이 90%와 50%인 임핀저(Impinger)를 직렬로 연결하여 작업장 내 가스를 포집할 경우 전체 포집효율(%)은?

① 93
② 95
③ 97
④ 99

정답 ②

해설

$\eta_T = 1 - (1 - \eta_1)(1 - \eta_2)$
$\quad = 1 - (1 - 0.9)(1 - 0.5) = 0.95 \ \rightarrow \ 95\%$

Key point 시료채취시간

$$필요한\ 시료량 = 채취시간 \times 농도 \times 채취유량$$

〈예제〉 금속제품을 탈지 세정하는 공정에서 사용하는 유기용제인 트리클로로에틸렌이 근로자에게 노출되는 농도를 측정하고자 한다. 과거의 노출농도를 조사해 본 결과, 평균 50ppm이었을 때, 활성탄관(100mg/50mg)을 이용하여 0.4L/min으로 채취하였다면 채취해야 할 시간(min)은? (단, 트리클로로에틸렌의 분자량은 131.39이고 기체크로마토그래피의 정량한계는 시료당 0.5mg, 1기압, 25°C 기준으로 기타 조건은 고려하지 않는다.)

① 2.4 　　　　② 3.2
③ 4.7 　　　　④ 5.3

정답 ③

해설

$필요한\ 시료량 = 채취시간 \times 농도 \times 채취유량$

$$0.5\text{mg} = \square\,\text{min} \times \dfrac{50\text{mL} \times \dfrac{131.39\text{mg}}{22.4\text{mL}}}{\text{Sm}^3 \times \dfrac{(273+25)\text{K}}{273\text{K}}} \times \dfrac{0.4\text{L}}{\text{min}} \times \dfrac{\text{m}^3}{1,000\text{L}}$$

$\square = 4.6524\text{min}$

$$n_1M_1V_1 = n_2M_2V_2 \ \text{또는} \ N_1V_1 = N_2V_2$$

〈예제〉 1N-HCl(F = 1,000) 500mL를 만들기 위해 필요한 진한 염산의 부피(mL)는? (단, 진한 염산의 물성은 비중 1.18, 함량 35%이다.)

① 약 18　　　　　② 약 36
③ 약 44　　　　　④ 약 66

정답 ③

해설

$HCl : 36.5g/eq$

$1N-HCl$ 500mL의 염산 eq와 진한 염산의 eq는 같으므로

$$\frac{1eq}{L} \times 0.5L = \frac{1.18g \times \dfrac{35}{100} \times \dfrac{eq}{36.5g}}{mL} \times \square mL$$

$$\square = 44.1888mL$$

📑 **Key point**　습구흑구온도지수(WBGT)

• 옥내 or 옥외(햇볕 없는 곳)
　WBGT = 0.7 × 자연습구온도 + 0.3 × 흑구온도
• 옥외(햇볕 있는 곳)
　WBGT = 0.7 × 자연습구온도 + 0.2 × 흑구온도
　　　　 + 0.1 × 건구온도

〈예제〉 실내 작업장에서 실내 온도 조건이 다음과 같을 때 WBGT(°C)는?

- 흑구온도 32°C
- 건구온도 27°C
- 자연습구온도 30°C

① 30.1　　　　　② 30.6
③ 30.8　　　　　④ 31.6

정답 ②

해설

실내작업장이므로
WBGT = 0.7 × 자연습구온도 + 0.3 × 흑구온도
　　　 = 0.7 × 30 + 0.3 × 32 = 30.6°C

📑 **Key point**　표준화 값

$$표준화 \ 값 = \frac{TWA}{TLV}$$

〈예제〉 어느 작업장에 8시간 작업시간 동안 측정한 유해인자의 농도는 0.045mg/m^{3}일 때, 95%의 신뢰도를 가진 하한치는 얼마인가? (단, 유해인자의 노출기준은 0.05mg/m^3, 시료채취 분석오차는 0.132이다.)

① 0.768

② 0.929

③ 1.032

④ 1.258

정답 ①

해설

$$표준화 \ 값 = \frac{TWA}{TLV}$$

$$= \frac{0.045mg/m^3}{0.05mg/m^3} = 0.9$$

∴ 하한치 = 표준화 값 − 시료채취 분석오차
$$= 0.9 - 0.132 = 0.768$$

$$VHR = \frac{포화증기농도}{노출기준}$$

〈예제〉 수은의 노출기준이 0.05mg/m³이고 증기압이 0.0018mmHg인 경우, VHR(Vapor Hazard Ratio)은 약 얼마인가? (단, 25°C, 1기압 기준이며, 수은 원자량은 200.59이다.)

① 306
② 321
③ 354
④ 389

정답 ④

해설

$$VHR = \frac{포화증기농도}{노출기준}$$

$$= \frac{\dfrac{0.0018\,mmHg}{760\,mmHg} \times 10^6}{0.05\,mg \times \dfrac{22.4\,mL}{200.59\,mg} \Big/ m^3 \times \dfrac{273K}{(273+25)K}} = 388.5944$$

$$비중 = \frac{대상물질의\ 밀도}{표준물질의\ 밀도}$$

〈예제〉 작업장에서 5,000ppm의 사염화에틸렌이 공기 중에 함유되었다면 이 작업장 공기의 비중은 얼마인가? (단, 표준기압, 온도이며 공기의 분자량은 29이고, 사염화에틸렌의 분자량은 166이다.)

① 1.024
② 1.032
③ 1.047
④ 1.054

정답 ①

해설

- 5,000ppm $= 0.5\%$ 이므로 $\dfrac{0.5}{100}$ 에 해당한다.

- 전체 공기의 부피를 $100m^3$으로 가정하면

  $$작업장의\ 공기\ 밀도 = \frac{질량}{부피}$$

  $$= \frac{100m^3 \times \dfrac{0.5}{100} \times \dfrac{166kg}{22.4m^3} + 100m^3 \times \dfrac{99.5}{100} \times \dfrac{29kg}{22.4m^3}}{100m^3}$$

  $$= 1.3252kg/m^3$$

- $비중 = \dfrac{대상물질의\ 밀도}{표준물질의\ 밀도}$

  $$= \frac{1.3252kg/m^3}{\dfrac{29kg}{22.4m^3}} = 1.0236$$

$$A = \log\left(\frac{1}{\text{투과율}}\right)$$

〈예제〉 흡광광도계에서 단색광이 어떤 시료용액을 통과할 때 그 빛의 60%가 흡수될 경우, 흡광도는 약 얼마인가?

① 0.22
② 0.37
③ 0.40
④ 1.60

정답　③

해설

$$A = \log\left(\frac{1}{\text{투과율}}\right)$$

$$= \log\left(\frac{1}{0.4}\right) = 0.3979$$

📇 **Key point**　보정노출기준

$$\text{보정노출기준} = TLV \times \frac{8}{H}$$

〈예제〉 1일 12시간 작업할 때 톨루엔(TLV-100ppm)의 보정노출기준은 약 몇 ppm인가? (단, 고용노동부 고시를 기준으로 한다.)

① 25
② 67
③ 75
④ 150

정답　②

해설

$$\text{보정노출기준} = TLV \times \frac{8}{H}$$

$$= 100\text{ppm} \times \frac{8}{12} = 66.6666\text{ppm}$$

📇 **Key point**　차음효과(NRR)

$$\text{차음효과} = (NRR - 7) \times 50\%$$

〈예제〉 어떤 작업장의 음압 수준이 86dB(A)이고, 근로자는 귀덮개를 착용하고 있다. 귀덮개의 차음평가수는 NRR은 19이다. 근로자가 노출되는 음압(예측)수준(dB(A))은? (단, OSHA 기준이다.)

① 74
② 76
③ 78
④ 80

정답　④

해설

- 차음효과
  = (NRR − 7) × 50% = (19 − 7) × 0.5 = 6dB
- 근로자가 노출되는 음압(예측)수준(dB(A))
  = 86 − 6 = 80dB(A)

> • $TL = 20\log(f \times m) - 47$
>
> • $TL_2 = TL_1 + 6 \times \log_2\left(\dfrac{m_2}{m_1}\right)$

〈예제〉 일반소음의 차음효과는 벽체의 단위표면적에 대하여 벽체의 무게를 2배로 할 때와 주파수가 2배가 될 때 차음은 몇 dB 증가 하는가?

① 2dB

② 6dB

③ 10dB

④ 15dB

정답 ②

해설

• $TL = 20\log(f \times m) - 47$
  - TL : 차음량(Transmission Loss, dB)
  - f : 주파수(Hz)
  - m : 벽체의 단위면적당 질량(kg/m^2)
• 질량이 2배가 될 때
  기존 질량이 m, 수파수는 동일하고 벽체 질량이 2배로 변화하면
  $20\log(f \times 2m) - 47 - (20\log(f \times m) - 47)$
  $= 20\log(2) = 6.0205dB$
  따라서 차음효과는 약 6dB 증가한다.
• 주파수가 2배가 될 때
  기존 주파수는 f, 질량은 동일하고 주파수를 2배로 변화하면
  $20\log(2f \times m) - 47 - (20\log(f \times m) - 47)$
  $= 20\log(2) = 6.0205dB$
  따라서 차음효과는 약 6dB 증가한다.

> • 유량(Q) = 여과속도(V) × 여과면적(A)

〈예제〉 직경이 38cm, 유효높이 2.5m의 원통형 백필터를 사용하여 $60m^3/min$의 함진 가스를 처리할 때 여과속도(cm/sec)는?

① 25

② 34

③ 50

④ 64

정답 ②

해설

유량(Q)=여과속도(V)×여과면적(A)

여기서, 여과면적은 원통형 백필터의 옆면적에 해당한다.
(π × 직경 × 높이)

$$\frac{60m^3}{min} = \pi \times 0.38m \times 2.5m \times \frac{\square\,cm}{sec}$$

$$\times \frac{1m}{100cm} \times \frac{60sec}{1min}$$

$$\square = 33.5063\,cm/sec$$

> $$포화농도(ppm) = \frac{포화증기압(mmHg)}{대기압(mmHg)} \times 10^6$$

〈예제〉 공기 중의 포화증기압이 1.52mmHg인 유기용제가 공기 중에 도달할 수 있는 포화농도(ppm)는?

① 2,000

② 4,000

③ 6,000

④ 8,000

정답 ①

해설

$$포화농도(ppm) = \frac{포화증기압(mmHg)}{대기압(mmHg)} \times 10^6$$

$$= \frac{1.52mmHg}{760mmHg} \times 10^6 = 2,000ppm$$

$$동압(VP) = \frac{\gamma V^2}{2g}$$

〈예제〉 관을 흐르는 유체의 양이 220m³/min일 때 속도압은 약 몇 mmH₂O인가? (단, 유체의 밀도는 1.21kg/m³, 관의 단면적은 0.5m², 중력가속도는 9.8m/sec²이다.)

① 2.1
② 3.3
③ 4.6
④ 5.9

정답 ②

해설

$$속도압(동압)(VP) = \frac{\gamma V^2}{2g}$$

$$= \frac{\dfrac{1.21\mathrm{kg}}{m^3} \times \left(\dfrac{220\mathrm{m}^3}{\min} \times \dfrac{1}{0.5\mathrm{m}^2} \times \dfrac{\min}{60\mathrm{sec}}\right)^2}{2 \times 9.8\mathrm{m/sec}^2}$$

$$= 3.3199\mathrm{mmH_2O}$$

○ VP: 동압 측정치(mmH₂O)
○ r: 가스 밀도(kg/m³)
○ V: 유속(m/sec)
○ g: 중력가속도(9.8m/sec²)

$$후드의\ 정압 = \frac{1}{C_e^2} \times VP$$

〈예제〉 유입계수가 0.82인 원형 후드가 있다. 원형 덕트의 면적이 0.0314m²이고 필요 환기량이 30m³/min이라고 할 때, 후드의 정압(mmH₂O)은? (단, 공기밀도는 1.2kg/m³이다.)

① 16
② 23
③ 32
④ 37

정답 ②

해설

• $동압(VP) = \dfrac{\gamma V^2}{2g}$

$$= \frac{1.2 \times \left(\dfrac{30\mathrm{m}^3}{\min} \times \dfrac{\min}{60\mathrm{sec}} \times \dfrac{1}{0.0314\mathrm{m}^2}\right)^2}{2 \times 9.8}$$

$$= 15.5240\mathrm{mmH_2O}$$

• $후드의\ 정압 = \dfrac{1}{C_e^2} \times VP$

$$= \frac{1}{0.82^2} \times 15.5240 = 23.0874\mathrm{mmH_2O}$$

○ VP: 동압 측정치(mmH₂O)
○ γ: 가스 밀도(kg/m³)
○ V: 유속(m/sec)
○ g: 중력가속도(9.8m/sec²)
○ C_e: 유입계수

$$송풍기\ 유효전압 = 출구\ 전압 - 입구\ 전압$$
$$= (출구\ 정압 + 출구\ 속도압)$$
$$- (입구\ 정압 + 입구\ 속도압)$$
$$= (배출관\ 정압 - 흡입관\ 정압)$$
$$- 흡입관\ 속도압$$

〈예제〉 흡입관의 정압 및 속도압은 −30.5mmH₂O, 7.2mmH₂O이고, 배출관의 정압 및 속도압은 20.0mmH₂O, 15mmH₂O일 때, 송풍기의 유효전압(mmH₂O)은?

① 58.3

② 64.2

③ 72.3

④ 81.1

정답 ①

해설

송풍기 유효전압 = (배출관 정압 + 배출관 속도압) -
(흡입관 정압 + 흡입관 속도압)
= (20 + 15) - (-30.5 + 7.2)
= 58.3mmH₂O

〈예제〉 흡입관의 정압과 속도압이 각각 -30.5mmH₂O, 7.2mmH₂O, 배출관의 정압과 속도압이 각각 23.0mmH₂O, 15mmH₂O 이면, 송풍기의 유효정압은?

① 26.1mmH₂O

② 33.2mmH₂O

③ 46.3mmH₂O

④ 58.4mmH₂O

정답 ③

해설

송풍기 유효정압
= (배출관 정압 - 흡입관 정압) - 흡입관 속도압
= {23 - (-30.5)} - 7.2 = 46.3mmH₂O

📋 **Key point** 압력손실(정압회복량)

$$\triangle P = \triangle P_r\left(\frac{1}{K} - 1\right)$$

〈예제〉 정압회복계수가 0.72이고 정압회복량이 7.2mmH₂O인 원형 확대관의 압력손실(mmH₂O)은?

① 4.2

② 3.6

③ 2.8

④ 1.3

정답 ③

해설

$$\triangle P = \triangle P_r\left(\frac{1}{K} - 1\right)$$
$$= 7.2 \times \left(\frac{1}{0.72} - 1\right) = 2.8mmH_2O$$

◦ $\triangle P$: 전체 압력손실

◦ $\triangle P_r$: 정압회복량(회복된 압력)

◦ K: 정압회복계수

📋 **Key point** 압력손실(유입계수)

$$\triangle P = F \times VP,\ 여기서\ F = \frac{1}{C_e^2} - 1$$

〈예제〉 후드의 유입계수가 0.82, 속도압이 50mmH₂O일 때 후드의 유입손실(mmH₂O)은?

① 22.4 ② 24.4

③ 26.4 ④ 28.4

정답 ②

해설

• 압력손실계수 산정

$$F = \frac{1}{C_e^2} - 1 = \frac{1}{0.82^2} - 1 = 0.4872$$

◦ F: 압력손실계수

◦ C_e: 유입계수(Coefficient of entry, 유입손실계수)

• 후드 유입손실 산정

$$\triangle P = F \times VP$$
$$= 0.4872 \times 50mmH_2O = 24.36mmH_2O$$

$$\triangle H = f \times \dfrac{L}{D} \times \dfrac{\gamma V^2}{2g}$$

〈예제〉 어떤 원형 덕트에 유체가 흐르고 있다. 덕트의 직경을 1/2로 하면 직관부분의 압력손실은 몇 배가 되는가? (단, 달시의 방정식을 적용한다.)
① 4배
② 8배
③ 16배
④ 32배

정답 ④

해설

• 덕트의 직경이 $\dfrac{1}{2}$ 이 되면

$Q = VA = V \times \dfrac{\pi D^2}{4}$ 에서 직경의 감소로 유속은 4배가 증가해야 동일 유량이 흐를 수 있다.

• $\triangle H = f \times \dfrac{L}{D} \times \dfrac{\gamma V^2}{2g} = f \times \dfrac{L}{\frac{1}{2}D} \times \dfrac{\gamma \times 4^2}{2g}$ 이므로 압력손실은 32배 증가한다.

• $\dfrac{풍량_2}{풍량_1} = \dfrac{회전수_2}{회전수_1}$

• $\dfrac{풍압_2}{풍압_1} = \left(\dfrac{회전수_2}{회전수_1}\right)^2$

• $\dfrac{동력_2}{동력_1} = \left(\dfrac{회전수_2}{회전수_1}\right)^3$

• 풍량: 송풍기의 회전수에 비례한다.
• 풍압: 송풍기의 회전수의 제곱에 비례한다.
• 동력(축동력): 송풍기의 회전수의 세제곱에 비례한다.

〈예제〉 회전차 외경이 600mm인 원심 송풍기의 풍량은 200m³/min이다. 회전차 외경이 1,200mm인 동류(상사구조)의 송풍기가 동일한 회전수로 운전된다면 이 송풍기의 풍량(m³/min)은? (단, 두 경우 모두 표준공기를 취급한다.)
① 1,000
② 1,200
③ 1,400
④ 1,600

정답 ④

해설
동류(상사구조) 원심 송풍기의 풍량은 회전차(임펠러) 외경의 세제곱에 비례한다.

$$\dfrac{Q_2}{Q_1} = \left(\dfrac{D_2}{D_1}\right)^3$$

$$\dfrac{Q_2}{200\text{m}^3/\text{min}} = \left(\dfrac{1,200\text{mm}}{600\text{mm}}\right)^3$$

$$Q_2 = 1,600\text{m}^3/\text{min}$$

〈예제〉 작업장에 설치된 후드가 100m³/min으로 환기되도록 송풍기를 설치하였다. 사용함에 따라 정압이 절반으로 줄었을 때, 환기량의 변화로 옳은 것은? (단, 상사법칙을 적용한다.)

① 환기량이 33.3m³/min으로 감소하였다.
② 환기량이 50m³/min으로 감소하였다.
③ 환기량이 57.7m³/min으로 감소하였다.
④ 환기량이 70.7m³/min으로 감소하였다.

정답 ④

해설

풍량은 송풍기의 회전수에 비례하고 풍압(정압)은 송풍기의 회전수의 제곱에 비례한다.

$$\frac{Q_2}{Q_1} = \frac{N_2}{N_1}, \quad \frac{P_2}{P_1} = \left(\frac{N_2}{N_1}\right)^2 \;\rightarrow\; \frac{P_2}{P_1} = \left(\frac{Q_2}{Q_1}\right)^2$$

$$\frac{1}{2} = \left(\frac{Q_2}{100\text{m}^3/\text{min}}\right)^2$$

$$Q_2 = 70.7106\text{m}^3/\text{min}$$

〈예제〉 회전치 외경이 600mm인 레이디일(방사날개형) 송풍기의 풍량은 300m³/min, 송풍기 전압은 60mmH₂O, 축동력이 0.70kW이다. 회전차 외경이 1,000mm로 상사인 레이디얼(방사날개형) 송풍기가 같은 회전수로 운전될 때 전압(mmH₂O)은? (단, 공기 비중은 같다.)

① 167
② 182
③ 214
④ 246

정답 ①

해설

동류(상사구조) 원심 송풍기의 풍압은 회전차(임펠러) 외경의 제곱에 비례한다.

$$\frac{P_2}{P_1} = \left(\frac{N_2}{N_1}\right)^2$$

$$\frac{P_2}{60\text{mmH}_2\text{O}} = \left(\frac{1{,}000\text{mm}}{600\text{mm}}\right)^3$$

$$P_2 = 166.6666\text{mmH}_2\text{O}$$

Key point Reynolds 수

$$Re = \frac{D\rho V}{\mu}$$

〈예제〉 20°C, 1기압에서 공기유속은 5m/sec, 원형덕트의 단면적은 1.13m²일 때, Reynolds 수는? (단, 공기의 점성계수는 1.8×10^{-5}kg/sec·m이고, 공기의 밀도는 1.20kg/m³이다.)

① 4.0×10^5
② 3.0×10^5
③ 2.0×10^5
④ 1.0×10^5

정답 ①

해설

- $A = \dfrac{\pi D^2}{4}$ 이므로

  $$1.13 = \frac{\pi D^2}{4} \;\rightarrow\; D = 1.1994\text{m}$$

- $Rc - \dfrac{D\rho V}{\mu}$

  $$= \frac{1.1994\text{m} \times 1.2\text{kg}/\text{m}^3 \times 5\text{m}/\text{sec}}{1.8 \times 10^{-5}\text{kg}/\text{sec·m}}$$

  $$= 3.998 \times 10^5$$

〈예제〉 지름이 100cm인 원형 후드 입구로부터 200cm 떨어진 지점에 오염물질이 있다. 제어풍속이 3m/sec일 때, 후드의 필요 환기량(m^3/sec)은? (단, 자유공간에 위치하며 플랜지는 없다.)

① 143
② 122
③ 103
④ 83

정답 ②

해설

외부식 후드의 필요 환기량(Q)은 다음과 같이 구한다.

$$Q = V_c \times (10X^2 + A)$$

$$= 3m/sec \times \left[(10 \times 2^2)m^2 + \left(\frac{\pi \times 1^2}{4} \right)m^2 \right]$$

$$= 122.3561 m^3/sec$$

∘ V_c: 제어풍속(m/sec)
∘ X: 원형 후드 입구와 오염원 사이 거리(m)
∘ A: 후드 입구 단면적(m^2)

〈예제〉 작업대 위에서 용접할 때 흄(Fume)을 포집제거하기 위해 작업면에 고정된 플랜지가 붙은 외부식 사각형 후드를 설치하였다면 소요 송풍량(m^3/min)은? (단, 개구면에서 작업지점까지의 거리는 0.25m, 제어속도는 0.5m/sec, 후드 개구면적은 0.5m^2이다.)

① 0.281
② 8.430
③ 16.875
④ 26.425

정답 ③

해설

플랜지 있는 외부식 사각형 후드(바닥면) 설치 시 소요 송풍량은 다음과 같이 구한다.

$$Q = 60 \times \frac{1}{2} \times V_c \times (10X^2 + A)$$

$$= 60 \times \frac{1}{2} \times 0.5 \times (10 \times 0.25^2 + 0.5)$$

$$= 16.875 m^3/min$$

〈예제〉 슬롯 길이가 3m이고, 제어속도가 2m/sec인 슬롯 후드에서 오염원이 2m 떨어져 있을 경우 필요 환기량은 몇 m^3/min인가? (단, 외부식이며 플랜지는 부착되어 있지 않다.)

① 1,434
② 2,664
③ 3,734
④ 4,864

정답 ②

해설

• 슬롯 후드의 필요 환기량(배풍량)은 다음 공식에 따라 계산한다.
• 외부식 슬롯 후드이고 플랜지가 부착되지 않은 경우

$$Q = 60 \times 3.7 \times L \times V \times X$$
$$= 60 \times 3.7 \times 3 \times 2 \times 2 = 2,664 m^3/min$$

(여기서, 60은 sec를 min으로 변환하는 인자이다.)
∘ L = 3m(슬롯 길이)
∘ V = 2m/sec(제어속도)
∘ X = 2m(오염원과의 거리)

$$P = \frac{Q \times \triangle H}{102 \times \eta}$$

〈예제〉 흡인 풍량이 200m^3/min, 송풍기 유효전압이 150mmH$_2$O, 송풍기 효율이 80%인 송풍기의 소요 동력(kW)은?

① 4.1
② 5.1
③ 6.1
④ 7.1

정답 ③

해설

$$P = \frac{Q \times \triangle H}{102 \times \eta}$$

$$= \frac{\dfrac{200 m^3}{min} \times \dfrac{min}{60 sec} \times 150 mmH_2O}{102 \times 0.8} = 6.1274 kW$$

$$\ln\left(\frac{C_t}{C_0}\right) = -kt = -\left(\frac{Q}{\forall}\right) \times t$$

〈예제〉 체적이 1,000m³이고 유효환기량이 50m³/min인 작업장에 메틸클로로포름 증기가 발생하여 100ppm의 상태로 오염되었다. 이 상태에서 증기발생이 중지되었다면 25ppm까지 농도를 감소시키는 데 걸리는 시간은?

① 약 17분　　　　② 약 28분
③ 약 32분　　　　④ 약 41분

정답 ②

해설

외부유입공기 중 메틸클로로포름의 농도는 0ppm이므로 1차 반응의 단순희석 개념을 적용한다.

$$\ln\left(\frac{C_t}{C_0}\right)=-kt \;\rightarrow\; \ln\left(\frac{C_t}{C_0}\right)=-\frac{Q}{\forall}\times t$$

$$\ln\left(\frac{25}{100}\right)=-\frac{50\text{m}^3/\text{min}}{1,000\text{m}^3}\times t$$

$$t = 27.7258\text{min}$$

📋 **Key point** 덕트의 유속

$$Q = AV$$

〈예제〉 직경이 400mm인 환기시설을 통해서 50m³/min의 표준 상태의 공기를 보낼 때 이 덕트 내의 유속(m/sec)은 얼마인가?

① 약 3.3m/sec　　　② 약 4.4m/sec
③ 약 6.6m/sec　　　④ 약 8.8m/sec

정답 ③

해설

$$Q = AV$$

$$\frac{50\text{m}^3}{\min\times\frac{60\text{sec}}{\min}}=\frac{\pi}{4}\times(0.4\text{m})^2\times\square\,\text{m/sec}$$

$$\square = 6.6631\text{m/sec}$$

📋 **Key point** 공기교환 횟수

$$\bullet\; \text{ACH} = \frac{\text{시간당 환기량}}{\text{작업장 체적}}$$

$$\bullet\; \text{시간당 공기교환 횟수} = \frac{\ln\frac{C_1-C_0}{C_2-C_0}}{t}$$

〈예제〉 작업장 용적이 10m × 3m × 40m이고 필요 환기량이 120m³/min일 때 시간당 공기교환 횟수는?

① 360회
② 60회
③ 6회
④ 0.6회

정답 ③

해설

- 작업장 용적(체적)
  10m × 3m × 40m = 1,200m³
- 시간당 환기량
  필요 환기량은 120m³/min이므로
  120 × 60 = 7,200m³/h
- 시간당 공기교환 횟수(Air Changes per Hour, ACH)는 작업장 체적에 대한 시간당 환기량 비율로, 다음 식으로 계산한다.
  ACH = (시간당 환기량) ÷ (작업장 체적)
  　　= 7,200m³/h ÷ 1,200m³ = 6회/시간

<예제> 오후 6시 20분에 측정한 사무실 내 이산화탄소의 농도는 1,200ppm, 사무실이 빈 상태로 1시간이 경과한 오후 7시 20분에 측정한 이산화탄소의 농도는 400ppm이었다. 이 사무실의 시간당 공기교환 횟수는? (단, 외부공기 중의 이산화탄소의 농도는 330ppm이다.)

① 0.56
② 1.22
③ 2.52
④ 4.26

정답 ③

해설

$$시간당\ 공기교환\ 횟수 = \frac{\ln\left(\dfrac{C_1 - C_0}{C_2 - C_0}\right)}{t}$$

$$= \frac{\ln\left(\dfrac{1,200 - 330}{400 - 330}\right)}{1} = 2.5199$$

° $C_1 = 1,200\text{ppm}$ (초기 농도)
° $C_2 = 400\text{ppm}$ (1시간 후 농도)
° $C_0 = 330\text{ppm}$ (외부 농도)
° $t = 1$시간

Key point 필요환기량

$$Q(환기량) = \frac{K(안전계수) \times G(발생량)}{C(허용농도)}$$

<예제> 작업장에서 Methylene chloride(비중 = 1.336, 분자량 = 84.94, TLV = 500ppm)를 500g/hr를 사용할 때, 필요한 환기량은 약 몇 m³/min인가? (단, 안전계수는 7이고, 실내온도는 21°C이다.)

① 26.3
② 33.1
③ 42.0
④ 51.3

정답 ②

해설

$$Q(환기량) = \frac{K(안전계수) \times G(발생량)}{C(허용농도)}$$

$$= 7 \times \frac{\dfrac{500g}{hr} \times \dfrac{60min}{hr}}{500mL \times \dfrac{273K}{(273+21)K} \times \dfrac{84.94mg}{22.4mL} \times \dfrac{g}{1,000mg}}$$

$$= 33.1334 \, \text{m}^3/\text{min}$$

° K(안전계수) $= 7$
° G(발생량) $= 500\text{g/hr}$
° C(허용농도(TLV)) $= 500\text{ppm}$

<예제> 납의 독성에 대한 인체실험 결과, 안전흡수량이 체중(kg)당 0.005mg이었다. 1일 8시간 작업 시의 허용 농도(mg/m^3)는? (단, 근로자의 평균 체중은 70kg, 해당 작업 시의 폐환기량(또는 호흡량)은 시간당 $1.25m^3$으로 가정한다.)

① 0.030
② 0.035
③ 0.040
④ 0.045

정답 ②

해설

$$허용농도 = \frac{허용흡수량}{총\ 환기량}$$

$$= \frac{\dfrac{0.005\,mg}{kg} \times 70kg}{\dfrac{1.25m^3}{hr} \times 8hr} = 0.035\,mg/m^3$$

Key point 할당보호계수

$$APF = \frac{C_o}{C_i}$$

<예제> A분진의 노출기준은 $10mg/m^3$이며 일반적으로 반면형 마스크의 할당보호계수(APF)는 10일 때, 반면형 마스크를 착용할 수 있는 작업장 내 A분진의 최대 농도는 얼마인가?

① $1mg/m^3$
② $10mg/m^3$
③ $50mg/m^3$
④ $100mg/m^3$

정답 ④

해설

$$APF = \frac{C_0}{C_1}$$

$$10 = \frac{C_0}{10mg/m^3}$$

$$C_0 = 100mg/m^3$$

Key point 특이도

$$Specificity = \frac{TN}{TN + FP}$$

- TN(True Negative, 진음성): 실제로 질병이 없고 검사도 음성으로 나온 경우
- FP(False Positive, 위양성): 실제로는 질병이 없는데 검사에서 양성으로 잘못 나온 경우

<예제> 다음 표와 같은 망간 중독을 스크린하는 검사법을 개발하였다면, 이 검사법의 특이도는 얼마인가?

구분		망간 중독 진단		합계
		양성	음성	
검사법	양성	17	7	24
	음성	5	25	30
합계		22	32	54

① 70.8%
② 77.3%
③ 78.1%
④ 83.3%

정답 ③

해설

- 망간 중독 스크린 검사법

구분		망간 중독 진단		합계
		양성	음성	
검사법	양성	17(TP)	7(FP)	24
	음성	5(FN)	25(TN)	30
합계		22	32	54

- TP(True Positive, 진양성) = 17
- FP(False Positive, 위양성) = 7
- FN(False Negative, 위음성) = 5
- TN(True Negative, 진음성) = 25
- 특이도(Specificity) 공식

$$Specificity = \frac{TN}{TN + FP} = \frac{25}{25 + 7} = 0.7812$$

$$\rightarrow 78.12\%$$

$$상대위험비(RR) = \frac{노출군\ 발생률}{비노출군\ 발생률}$$

〈예제〉 다음 표는 A작업장의 백혈병과 벤젠에 대한 코호트 연구를 수행한 결과이다. 이 때 벤젠의 백혈병에 대한 상대위험비는 약 얼마인가?

	백혈병 발병	백혈병 비발병	합계(명)
벤젠 노출군	5	14	19
벤젠 비노출군	2	25	27
합계	7	39	46

① 3.29

② 3.55

③ 4.64

④ 4.82

정답 ②

해설

- 벤젠 노출군에서 백혈병 발생률 = $\dfrac{5}{19}$ = 0.2631

- 벤젠 비노출군에서 백혈병 발생률 = $\dfrac{2}{27}$ = 0.0740

- 상대위험비(RR) = $\dfrac{노출군\ 발생률}{비노출군\ 발생률}$

  = $\dfrac{0.2631}{0.0740}$ = 3.5554

📋 **Key point** 민감도

$$민감도 = \frac{진양성(TP)}{진양성(TP) + 위음성(FN)} \times 100$$

〈예제〉 유기용제 중독을 스크린하는 다음 검사법의 민감도(Sensitivity)는 얼마인가?

구분		실제값(질병)		합계
		양성	음성	
검사법	양성	15	25	40
	음성	5	15	20
합계		20	40	60

① 25.0%

② 37.5%

③ 62.5%

④ 75.0%

정답 ④

해설

구분		실제값(질병)		합계
		양성	음성	
검사법	양성	15(TP)	25(FP)	40
	음성	5(FN)	15(TN)	20
합계		20	40	60

민감도 = $\dfrac{진양성(TP)}{진양성(TP) + 위음성(FN)} \times 100$

$\dfrac{15}{15 + 5} \times 100 = 75\%$

◦ TP(True Positive, 진양성) = 15

◦ FP(False Positive, 위양성) = 25

◦ FN(False Negative, 위음성) = 5

◦ TN(True Negative, 진음성) = 15

$$\text{파장}(\lambda) = \frac{\text{음속}(C)}{\text{주파수}(f)}$$

〈예제〉 18℃ 공기 중에서 800Hz인 음의 파장은 약 몇 m인가?

① 0.35
② 0.43
③ 3.5
④ 4.3

정답 ②

해설

- 음속 $= 331.42 + 0.6t$
- $\text{파장}(\lambda) = \dfrac{\text{음속}(C)}{\text{주파수}(f)}$

$$= \frac{[331.42 + (0.6 \times 18)]\text{m}/\sec}{800\text{Hz}} = 0.4277\text{m}$$

$$I = \frac{P}{A}$$

〈예제〉 음향출력이 1,000W 인 음원이 반자유공간(반구면파)에 있을 때 20m 떨어진 지점에서의 음의 세기는 약 얼마인가?

① 0.2 W/m^2
② 0.4 W/m^2
③ 2.0 W/m^2
④ 4.0 W/m^2

정답 ②

해설

- 반구면(반자유공간)에서는 음파가 반구 형태로 퍼지며, 음의 세기(I)는 다음과 같이 구한다.
- 반구인 경우 면적 $= 2\pi r^2$

$$= 2\pi \times (20\text{m})^2 = 2,513.2714\text{m}^2$$

- 음의 세기 $= I = \dfrac{P}{A}$

$$= \frac{1,000\text{W}}{2,513.2741\text{m}^2} = 0.3978\text{W}/\text{m}^2$$

- P: 음향출력(W)
- A: 면적

$$청력손실 = \frac{a + 2b + 2c + d}{6}$$

〈예제〉 개인의 평균 청력손실을 평가하기 위하여 6분법을 적용하였을 때, 500Hz에서 6dB, 1,000Hz에서 10dB, 2,000Hz에서 10dB, 4,000Hz에서 20dB이면 이때의 청력손실을 얼마인가?

① 10dB
② 11dB
③ 12dB
④ 13dB

정답　②

해설

- 6분법은 청력손실을 평가하는 방법으로, 주어진 4개 주파수에서의 청력 역치를 가중 평균하는 식이다. 식은 다음과 같다.

$$청력손실 = \frac{a + 2b + 2c + d}{6}$$

- 여기서 a는 500Hz, b는 1,000Hz, c는 2,000Hz, d는 4,000Hz에서 각각 측정한 역치이다.

$$청력손실 = \frac{6 + 2 \times 10 + 2 \times 10 + 20}{6} = 11dB$$

$$조도(lux) = \frac{광도}{(거리)^2}$$

〈예제〉 사무실 책상면으로부터 수직으로 1.4m의 거리에 1,000cd(모든 방향으로 일정하다.)의 광도를 가지는 광원이 있다. 이 광원에 대한 책상에서의 조도(Intensity of Illumination, lux)는 약 얼마인가?

① 410
② 444
③ 510
④ 544

정답　③

해설

$$조도(lux) = \frac{광도}{(거리)^2} = \frac{1,000}{1.4^2} = 510.20lux$$

〈예제〉 가로 10m, 세로 7m, 높이 4m인 작업장의 흡음율이 바닥은 0.1, 천정은 0.2, 벽은 0.15이다. 이 방의 평균 흡음율은 얼마인가?

① 0.10

② 0.15

③ 0.20

④ 0.25

정답 ②

해설

이 방의 평균 흡음율은 면적 가중 평균으로 계산한다.

- 각 면의 면적 계산
  - ✓ 바닥: $10m \times 7m = 70m^2$
  - ✓ 천정: $10m \times 7m = 70m^2$
  - ✓ 벽: $(10m \times 4m) \times 2 + (7m \times 4m) \times 2$
    $= 80m^2 + 56m^2 = 136m^2$
- 각 면의 흡음율과 면적 곱
  - ✓ 바닥: $70 \times 0.1 = 7$
  - ✓ 천정: $70 \times 0.2 = 14$
  - ✓ 벽: $136 \times 0.15 = 20.4$
- 전체 면적 = $70 + 70 + 136 = 276m^2$
- 평균 흡음율(avg) 계산

$$평균\ 흡음률 = \frac{7 + 14 + 20.4}{276} = 0.15$$

$$1atm = 760mmHg = 101,325Pa$$

〈예제〉 다음 중 해수면의 산소분압은 약 얼마인지 고르시오. (단, 표준 상태 기준이며, 공기 중 산소함유량은 21vol%이다.)

① 90mmHg

② 160mmHg

③ 210mmHg

④ 230mmHg

정답 ②

해설

$1atm = 760mmHg$

$760mmHg \times 0.21 = 159.6mmHg$

$$f = \frac{n \times rpm}{60}$$

〈예제〉 날개수 10개의 송풍기가 1,500rpm으로 운전되고 있다. 기본음 주파수는 얼마인지 구하시오.

① 125Hz　　　② 250Hz

③ 500Hz　　　④ 1,000Hz

정답 ②

해설

$$f = \frac{n \times rpm}{60}$$

$$= \frac{10 \times 1,500}{60} = 250Hz$$

- n: 날개수
- rpm: 분당 회전수

$$상대(비교)습도 = \frac{절대습도}{포화습도} \times 100$$

〈예제〉 기온이 0°C이고, 절대습도가 4.57mmHg일 때 0°C의 포화습도는 4.57mmHg라면 이 때의 비교습도는 얼마인가?

① 30%

② 40%

③ 70%

④ 100%

정답　④

해설

$$상대(비교)습도 = \frac{절대습도}{포화습도} \times 100$$

$$= \frac{4.57}{4.57} \times 100 = 100\%$$

$$안전농도 = \frac{안전\ 일일\ 흡수량}{총\ 흡입\ 공기량}$$

〈예제〉 어떤 물질의 독성에 관한 인체실험 결과 안전흡수량이 체중 1kg당 0.15mg이었다. 체중이 70kg인 근로자가 1일 8시간 작업할 경우, 이 물질의 체내 흡수를 안전흡수량 이하로 유지하려면, 공기 중 농도를 약 얼마 이하로 하여야 하는가? (단, 작업 시 폐환기율(또는 호흡률)은 1.3m³/h, 체내 잔류율은 1.0으로 한다.)

① 0.52mg/m³

② 1.01mg/m³

③ 1.57mg/m³

④ 2.02mg/m³

정답　②

해설

- 안전 일일 흡수량 = 0.15mg/kg × 70kg

  = 10.5mg(1일 허용 체내 흡수량)

  ◦ 안전흡수량 = 0.15mg/kg

  ◦ 체중 = 70kg

- 총 흡입 공기량 = 폐환기율 × 작업시간

  = 1.3m³/h × 8h = 10.4m³

  ◦ 작업시간 = 8시간

  ◦ 폐환기율 = 1.3m³/h

  ◦ 체내 잔류율 = 1.0

- 안전농도 = $\dfrac{안전\ 일일\ 흡수량}{총\ 흡입\ 공기량}$

  $$= \frac{10.5mg}{10.4m^3} = 1.0096mg/m^3$$

2018년~2019년 공개기출문제
QR코드를 스캔하시면 공개기출문제를 풀어보실 수 있습니다. 

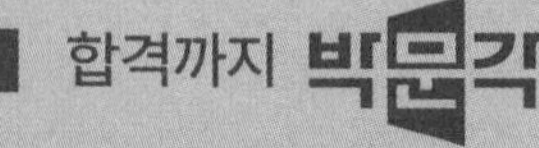

02

공개기출문제
(2020년~2022년)

01

직업성 질환 발생의 요인을 직접적인 원인과 간접적인 원인으로 구분할 때 직접적인 원인에 해당되지 않는 것은?

① 물리적 환경요인
② 화학적 환경요인
③ 작업강도와 작업시간적 요인
④ 부자연스러운 자세와 단순 반복 작업 등의 작업요인

- 직접적인 원인은 질환 발생에 즉각적으로 영향을 미치는 요인으로, 주로 물리적 환경요인(소음, 진동, 방사선 등), 화학적 환경요인(유해화학물질, 가스, 분진 등), 작업요인(부자연스러운 자세, 반복 작업 등)이 포함된다.
- 작업강도와 작업시간은 질환 발생에 간접적으로 영향을 미치는 요인으로 분류되며, 이는 작업 환경의 부담을 증가시켜 직접적인 원인과 결합하여 질환을 유발할 수 있다.

02

산업안전보건법령상 시간당 200~350kcal의 열량이 소요되는 작업을 매 시간 50% 작업, 50% 휴식 시의 고온노출 기준(WBGT)은?

① 26.7℃
② 28.0℃
③ 28.4℃
④ 29.4℃

작업휴식시간비	경작업	중등작업	중작업
계속 작업	30.0℃	26.7℃	25.0℃
매 시간 75% 작업, 25% 휴식	30.6℃	28.0℃	25.9℃
매 시간 50% 작업, 50% 휴식	31.4℃	29.4℃	27.9℃
매 시간 25% 작업, 75% 휴식	32.2℃	31.1℃	30.0℃

- 경작업: ~200kcal/hr
- 중등작업: 200~350kcal/hr
- 중작업: 350~500kcal/hr

03

산업안전보건법령상 사무실 오염물질에 대한 관리기준으로 옳지 않은 것은?

① 라돈: 148Bq/㎥ 이하
② 일산화탄소: 10ppm 이하
③ 이산화질소: 0.1ppm 이하
④ 포름알데히드: 500μg/㎥ 이하

포름알데히드(HCHO)의 관리기준은 100μg/㎥ 이하이다.

관련개념 사무실 공기관리 지침[고용노동부고시 제2020-45호]

오염물질	관리기준*
미세먼지(PM10)	100μg/㎥
초미세먼지(PM2.5)	50μg/㎥
이산화탄소(CO_2)	1,000ppm
일산화탄소(CO)	10ppm
이산화질소(NO_2)	0.1ppm
포름알데히드(HCHO)	100μg/㎥
총휘발성유기화합물(TVOC)	500μg/㎥
라돈(radon)**	148Bq/㎥
총부유세균	800CFU/㎥
곰팡이	500CFU/㎥

* 관리기준: 8시간 시간가중평균농도 기준
** 라돈: 지상 1층을 포함한 지하에 위치한 사무실에만 적용

정답　　01 ③　02 ④　03 ④

04 빈출

유해인자와 그로 인하여 발생되는 직업병이 올바르게 연결된 것은?

① 크롬 – 간암
② 이상기압 – 침수족
③ 망간 – 비중격천공
④ 석면 – 악성중피종

④ 석면: 폐암, 악성중피종, 석면폐증 등 중증 직업성 질환의 주요 원인
① 크롬: 6가 크롬은 비중격천공, 폐암, 비강암 등 유발
② 이상기압: 잠함병(감압병) 등 유발
③ 망간: 중추신경장애(만성망간중독) 유발

05

근골격계 부담작업으로 인한 건강장해 예방을 위한 조치 항목으로 옳지 않은 것은?

① 근골격계 질환 예방관리 프로그램을 작성·시행할 경우에는 노사협의를 거쳐야 한다.
② 근골격계 질환 예방관리 프로그램에는 유해요인조사, 작업환경개선, 교육·훈련 및 평가 등이 포함되어 있다.
③ 사업주는 25kg 이상의 중량물을 들어 올리는 작업에 대하여 중량과 무게중심에 대하여 안내표시를 하여야 한다.
④ 근골격계 부담작업에 해당하는 새로운 작업·설비 등을 도입한 경우, 지체 없이 유해요인조사를 실시하여야 한다.

사업주는 5kg 이상의 중량물을 들어 올리는 작업에 대하여 중량과 무게중심에 대하여 안내표시를 하여야 한다.

관련개념
사업주는 근로자가 5kg 이상의 중량물을 인력으로 들어 올리는 작업을 하는 경우에 다음의 조치를 해야 한다.
• 주로 취급하는 물품에 대하여 근로자가 쉽게 알 수 있도록 물품의 중량과 무게중심에 대하여 작업장 주변에 안내표시를 할 것
• 취급하기 곤란한 물품은 손잡이를 붙이거나 갈고리, 진공빨판 등 적절한 보조도구를 활용할 것

06 빈출

연평균 근로자수가 5,000명인 사업장에서 1년 동안에 125건의 재해로 인하여 250명의 사상자가 발생하였다면, 이 사업장의 연천인율은 얼마인가? (단, 이 사업장의 근로자 1인당 연간 근로시간은 2,400시간이다.)

① 10
② 25
③ 50
④ 200

연천인율이란 사업장에서 근로자 1,000명당 1년간 발생한 산업재해 사상자의 수를 나타내는 지수이다
• 재해자 수(사상자 수): 250명
• 연평균 근로자 수: 5,000명
• 연천인율 = $\dfrac{\text{재해자 수}}{\text{연평균 근로자 수}} \times 1,000$

$= \dfrac{250}{5,000} \times 1,000 = 50$

07 빈출

영국의 외과의사 Pott에 의하여 발견된 직업성 암은?

① 비암
② 폐암
③ 간암
④ 음낭암

Percivall Pott(퍼시벌 포트)는 영국 외과의사로, 굴뚝 청소부에게 음낭암(Scrotal Cancer)이 발생함을 관찰하여, 검댕(Smut)이 원인임을 최초로 밝혀 직업성 암의 개념을 도입하였다.

08

산업피로(Industrial Fatigue)에 관한 설명으로 옳지 않은 것은?

① 산업피로의 유발원인으로는 작업부하, 작업환경조건, 생활조건 등이 있다.
② 작업과정 사이에 짧은 휴식보다 장시간의 휴식시간을 삽입하여 산업피로를 경감시킨다.
③ 산업피로의 검사방법은 한 가지 방법으로 판정하기는 어려우므로 여러 가지 검사를 종합하여 결정한다.
④ 산업피로란 일반적으로 작업현장에서 고단하다는 주관적인 느낌이 있으면서, 작업능률이 떨어지고, 생체기능의 변화를 가져오는 현상이라고 정의할 수 있다.

작업과정 사이에 여러 번 나누어 짧게 휴식을 취하는 것이 장시간 한 번에 휴식하는 것보다 효과적으로 피로를 줄인다. 즉, 짧은 휴식들을 자주 갖는 것이 피로 회복과 작업 집중력 유지에 더 유리하다.

09 빈출

산업안전보건법령상 사무실 공기의 시료채취 방법이 잘못 연결된 것은?

① 일산화탄소 – 전기화학검출기에 의한 채취
② 이산화질소 – 캐니스터(Canister)를 이용한 채취
③ 이산화탄소 – 비분산적외선검출기에 의한 채취
④ 총부유세균 – 충돌법을 이용한 부유세균채취기로 채취

이산화질소는 흡수관을 이용한 흡수법이나 기체검출장비를 이용한다.

관련개념 캐니스터(Canister)
주로 가스나 증기 등을 보관하거나 포집하는 원통형 용기이다. 산업현장이나 환경 측정에서 대기 중 가스 시료를 채취할 때 사용되며, 활성탄 등이 내장되어 증발가스나 유해가스를 흡착 포집하는 역할을 한다.

10 빈출

재해예방의 4원칙에 대한 설명으로 옳지 않은 것은?

① 재해발생에는 반드시 그 원인이 있다.
② 재해가 발생하면 반드시 손실도 발생한다.
③ 재해는 원인 제거를 통하여 예방이 가능하다.
④ 재해예방을 위한 가능한 안전대책은 반드시 존재한다.

손실은 우연적이며 반드시 발생하지 않을 수 있다.

관련개념 재해예방의 4원칙
하인리히에 의해 정립되었으며 다음과 같다.
• 예방가능의 원칙: 천재를 제외한 인재는 모두 예방 가능하다.
• 손실우연의 원칙: 재해 발생 시 손실(피해)이 나타날 수도 있고 나타나지 않을 수도 있으며, 손실의 크기는 우연성에 따른다. 따라서 손실이 필연적인 결과는 아니다.
• 원인계기의 원칙: 재해에는 반드시 원인과 그들이 연쇄적으로 연결되어 있다.
• 대책선정의 원칙: 재해를 예방하기 위한 안전대책은 반드시 존재한다.

11

작업환경측정기관이 작업환경측정을 한 경우 결과를 시료채취를 마친 날부터 며칠 이내에 관할 지방고용노동관서의 장에게 제출하여야 하는가? (단, 제출기간의 연장은 고려하지 않는다.)

① 30일
② 60일
③ 90일
④ 120일

작업환경측정기관이 작업환경측정을 한 경우, 그 결과를 시료채취를 마친 날부터 30일 이내에 관할 지방고용노동관서의 장에게 제출하여야 한다.

12

산업안전보건법령상 보건관리자의 업무가 아닌 것은? (단, 그 밖에 작업관리 및 작업환경관리에 관한 사항은 제외한다.)

① 물질안전보건자료의 게시 또는 비치에 관한 보좌 및 지도·조언
② 보건교육계획의 수립 및 보건교육 실시에 관한 보좌 및 지도·조언
③ 안전인증대상기계 등 보건과 관련된 보호구의 점검, 지도, 유지에 관한 보좌 및 지도·조언
④ 전체 환기장치 등에 관한 설비의 점검과 작업방법의 공학적 개선에 관한 보좌 및 지도·조언

"안전인증대상기계 등과 자율안전확인대상기계 등 중 보건과 관련된 보호구 구입 시 적격품 선정에 관한 보좌 및 지도·조언" 업무가 보건관리자의 업무로 규정되어 있다.

관련개념 보건관리자의 업무
• 산업안전보건위원회 또는 노사협의체에서 심의·의결한 업무와 안전보건관리규정 및 취업규칙에서 정한 업무
• 안전인증대상기계 등과 자율안전확인대상기계 등 중 보건과 관련된 보호구(保護具) 구입 시 적격품 선정에 관한 보좌 및 지도·조언
• 위험성평가에 관한 보좌 및 지도·조언
• 물질안전보건자료의 게시 또는 비치에 관한 보좌 및 지도·조언
• 산업보건의의 직무
• 해당 사업장 보건교육계획의 수립 및 보건교육 실시에 관한 보좌 및 지도·조언
• 해당 사업장의 근로자를 보호하기 위한 다음의 조치에 해당하는 의료행위
  ✓ 자주 발생하는 가벼운 부상에 대한 치료
  ✓ 응급처치가 필요한 사람에 대한 처치
  ✓ 부상·질병의 악화를 방지하기 위한 처치
  ✓ 건강진단 결과 발견된 질병자의 요양 지도 및 관리
  ✓ 위 4가지 의료행위에 따르는 의약품의 투여
• 작업장 내에서 사용되는 전체 환기장치 및 국소 배기장치 등에 관한 설비의 점검과 작업방법의 공학적 개선에 관한 보좌 및 지도·조언
• 사업장 순회점검, 지도 및 조치 건의
• 산업재해 발생의 원인 조사·분석 및 재발 방지를 위한 기술적 보좌 및 지도·조언
• 산업재해에 관한 통계의 유지·관리·분석을 위한 보좌 및 지도·조언
• 법 또는 법에 따른 명령으로 정한 보건에 관한 사항의 이행에 관한 보좌 및 지도·조언
• 업무 수행 내용의 기록·유지
• 그 밖에 보건과 관련된 작업관리 및 작업환경관리에 관한 사항으로서 고용노동부장관이 정하는 사항

13

인간공학에서 고려해야 할 인간의 특성과 가장 거리가 먼 것은?

① 인간의 습성
② 신체의 크기와 작업환경
③ 기술, 집단에 대한 적응능력
④ 인간의 독립성 및 감정적 조화성

인간의 독립성 또는 감정적 조화성은 인간공학에서 주로 고려하는 신체적 및 인지적 특성과는 거리가 있으며, 주로 심리학이나 조직 행동학 영역에 더 가깝다.

14

산업안전보건법령상 유해위험방지계획서의 제출 대상이 되는 사업이 아닌 것은? (단, 모두 전기 계약용량이 300킬로와트 이상이다.)

① 항만운송사업
② 반도체 제조업
③ 식료품 제조업
④ 전자부품 제조업

유해위험방지계획서 제출 대상(사업으로서 전기 계약용량이 300킬로와트 이상인 경우)
• 금속 가공제품 제조업(기계 및 가구 제외)
• 비금속 광물제품 제조업
• 기타 기계 및 장비 제조업
• 자동차 및 트레일러 제조업
• 식료품 제조업
• 고무제품 및 플라스틱제품 제조업
• 목재 및 나무제품 제조업
• 기타 제품 제조업
• 1차 금속 제조업
• 가구 제조업
• 화학물질 및 화학제품 제조업
• 반도체 제조업
• 전자부품 제조업

PART 02

정답 12 ③ 13 ④ 14 ①

15 빈출

산업위생전문가의 윤리강령 중 "전문가로서의 책임"에 해당하지 않는 것은?

① 기업체의 기밀은 누설하지 않는다.
② 과학적 방법의 적용과 자료의 해석에서 객관성을 유지한다.
③ 근로자, 사회 및 전문 직종의 이익을 위해 과학적 지식은 공개하거나 발표하지 않는다.
④ 전문적 판단이 타협에 의하여 좌우될 수 있는 상황에는 개입하지 않는다.

> 근로자, 사회 및 전문 직종의 이익을 위해 과학적 지식은 공개하고 발표한다.

16

작업자세는 피로 또는 작업 능률과 밀접한 관계가 있는데, 바람직한 작업자세의 조건으로 보기 어려운 것은?

① 정적 작업을 도모한다.
② 작업에 주로 사용하는 팔은 심장높이에 두도록 한다.
③ 작업물체와 눈과의 거리는 명시거리로 30cm 정도를 유지하도록 한다.
④ 근육을 지속적으로 수축시키기 때문에 불안정한 자세는 피하도록 한다.

> 정적 작업이나 오랜 시간 같은 자세를 유지하는 것은 혈액순환을 저해하고 피로를 유발하므로 바람직하지 않다.

17

지능검사, 기능검사, 인성검사는 직업 적성검사 중 어느 검사항목에 해당되는가?

① 감각적 기능검사
② 생리적 적성검사
③ 신체적 적성검사
④ 심리적 적성검사

> 지능검사, 기능검사, 인성검사는 개인의 심리적 특성(지적 능력, 정신적 기능, 성격 및 인성 등)을 평가하는 검사로 분류된다. 신체적, 감각적, 생리적 검사는 신체적 능력이나 감각기관의 기능 등에 초점을 둔다.

18

산업위생 활동 중 유해인자의 양적, 질적인 정도가 근로자들의 건강에 어떤 영향을 미칠 것인지 판단하는 의사결정단계는?

① 인지
② 예측
③ 측정
④ 평가

> ④ 산업위생 활동 중 유해인자의 양적, 질적인 정도가 근로자들의 건강에 어떤 영향을 미칠 것인지 판단하는 의사결정단계는 평가단계이다. 평가 단계에서는 관찰, 인터뷰, 측정 등을 통해 얻은 데이터를 기준치(TLVs, RELs, PELs 등)와 비교하여 유해인자의 건강 영향 정도를 판단한다. 이는 유해인자로부터 근로자의 건강 보호 및 작업환경 개선을 위한 중요한 의사결정 과정이다.
> ① 인지는 유해인자 존재나 위험 상황을 알아채고 인식하는 단계이다.
> ② 예측은 현재 및 미래 유해인자가 근로자 건강에 미칠 영향을 예상하는 단계이다.
> ③ 측정은 작업환경에서 유해인자의 물리적, 화학적 양과 특성을 직접 측정하는 단계이다.

정답 15 ③ 16 ① 17 ④ 18 ④

19 빈출

근로자에 있어서 약한 손(왼손잡이의 경우 오른손)의 힘은 평균 45kp라고 한다. 이 근로자가 무게 18kg인 박스를 두 손으로 들어 올리는 작업을 할 경우의 작업강도(%MS)는?

① 15% ② 20%
③ 25% ④ 30%

$$작업강도(\%MS) = \frac{RF}{MS} \times 100$$

$$= \frac{18/2}{45} \times 100 = 20\%MS$$

∘ RF: 작업 시 한 손에 가해지는 힘(kp, kilopound)
∘ MS: 약한 손의 힘(kp)

20 빈출

물체 무게가 2kg, 권고중량한계가 4kg일 때 NIOSH의 중량물 취급지수(LI, Lifting Index)는?

① 0.5 ② 1
③ 2   ④ 4

$$중량물\ 취급지수(LI) = \frac{실제\ 작업무게}{권장무게한계(RWL)}$$

$$= \frac{2kg}{4kg} = 0.5$$

관련개념 NIOSH[미국 국립직업안전위생연구소(National Institute for Occupational Safety and Health)]에서 제시한 중량물 취급지수(LI)의 분류 기준

- $LI \leq 1.0$: 안전한 작업 범위 → 작업부하가 권장무게한계 이하이며 위험이 낮다고 판단한다. 일반적으로 별도의 작업 개선이 필요하지 않은 상태이다.
- $1.0 < LI < 3.0$: 경고 구간(주의 필요) → 작업부하가 권장한계를 초과하여 근골격계 질환 발생 위험이 증가한다. 작업환경을 개선하거나 작업 방법을 재설계할 필요가 있다.
- $LI \geq 3.0$: 매우 위험한 작업 → 극단적으로 과도한 부하 상태로 즉각적인 작업 개선과 공학적 조치가 반드시 요구된다.
- 즉, LI 값이 커질수록 작업자의 부담과 건강 위험이 증가하며, LI가 1.0 초과일 때부터 주의가 필요하고, 3.0 이상일 땐 가능한 한 빨리 작업조건을 개선해야 한다.

21

시료채취기를 근로자에게 착용시켜 가스·증기·미스트·흄 또는 분진 등을 호흡기 위치에서 채취하는 것을 무엇이라고 하는가?

① 지역시료채취
② 개인시료채취
③ 작업시료채취
④ 노출시료채취

시료채취기를 근로자에게 착용시켜 가스, 증기, 미스트, 흄 또는 분진 등을 근로자의 호흡기 위치에서 채취하는 것은 "개인시료채취"라고 한다. 이는 작업환경측정에서 유해인자 노출 정도를 근로자 개인별로 정확히 평가하기 위한 방법이다.

22 빈출

공장 내 지면에 설치된 한 기계로부터 10m 떨어진 지점의 소음이 70dB(A)일 때, 기계의 소음이 50dB(A)로 들리는 지점은 기계에서 몇 m 떨어진 곳인가? (단, 점음원을 기준으로 하고, 기타 조건은 고려하지 않는다.)

① 50
② 100
③ 200
④ 400

소음 감쇠는 아래 식을 활용한다.

$$L_2 = L_1 - 20\log\left(\frac{r_2}{r_1}\right)$$

$$50 = 70 - 20\log\left(\frac{r_2}{10m}\right)$$

$$r_2 = 100m$$

∘ L_n : 소음도
∘ r_n : 거리

---

23 ⭐빈출

상온에서 벤젠(C_6H_6)의 농도 $20mg/m^3$는 부피단위 농도로 약 몇 ppm인가?

① 0.06
② 0.6
③ 6
④ 60

- 상온: 15~25℃
- ppm: mL/m^3
- 벤젠(C_6H_6): 78g/mol

- 15℃일 때: $\dfrac{20mg \times \dfrac{22.4mL}{78mg}}{m^3 \times \dfrac{273K}{(273+15)K}} = 6.0591ppm$

- 25℃일 때: $\dfrac{20mg \times \dfrac{22.4mL}{78mg}}{m^3 \times \dfrac{273K}{(273+25)K}} = 6.2695ppm$

24 ⭐빈출

소음작업장에서 두 기계 각각의 음압레벨이 90dB로 동일하게 나타났다면 두 기계가 모두 가동되는 이 작업장의 음압레벨(dB)은? (단, 기타 조건은 같다.)

① 93
② 95
③ 97
④ 99

총 음압레벨(dB(A)) $= 10\log\left(10^{L_1/10} + 10^{L_2/10} + \cdots + 10^{L_a/10}\right)$
$= 10\log\left(10^{90/10} + 10^{90/10}\right) = 93.0102db(A)$

25

대푯값에 대한 설명 중 틀린 것은?

① 측정값 중 빈도가 가장 많은 수가 최빈값이다.
② 가중평균은 빈도를 가중치로 택하여 평균값을 계산한다.
③ 중앙값은 측정값을 모두 나열하였을 때 중앙에 위치하는 측정값이다.
④ 기하평균은 n개의 측정값이 있을 때 이들의 합을 개수로 나눈 값으로 산업위생분야에서 많이 사용한다.

- 산술평균은 n개의 측정값이 있을 때 이들의 합을 개수로 나눈 값으로 산업위생분야에서 많이 사용한다.
- 기하평균은 농도의 중앙 경향을 표현할 때 유용하며, 특히 측정값 간 편차가 크거나 자료가 로그 정규분포를 따를 때 사용한다.

26 ⭐빈출

금속 도장 작업장의 공기 중에 혼합된 기체의 농도와 TLV가 다음 표와 같을 때, 이 작업장의 노출지수(EI)는 얼마인가? (단, 상가 작용 기준이며 농도 및 TLV의 단위는 ppm이다.)

기체명	기체의 농도	TLV
Toluene	55	100
MBK	25	50
Acetone	280	750
MEK	90	200

① 1.573
② 1.673
③ 1.773
④ 1.873

$EI = \dfrac{C_1}{T_1} + \dfrac{C_2}{T_2} + \cdots + \dfrac{C_n}{T_n}$
$= \dfrac{55}{100} + \dfrac{25}{50} + \dfrac{280}{750} + \dfrac{90}{200} = 1.8733$

- C_n: 각 성분의 농도 또는 중량비
- T_n: 각 성분의 노출기준

정답　23 ③　24 ①　25 ④　26 ④

27 ⭐ 빈출

허용농도(TLV) 적용상 주의할 사항으로 틀린 것은?

① 대기오염평가 및 관리에 적용될 수 없다.
② 기존의 질병이나 육체적 조건을 판단하기 위한 척도로 사용될 수 없다.
③ 사업장의 유해조건을 평가하고 개선하는 지침으로 사용될 수 없다.
④ 안전농도와 위험농도를 정확히 구분하는 경계선이 아니다.

> 사업장의 유해조건을 평가하고 개선하는 지침으로 사용할 수 있다.

관련개념 허용농도(TLV)
- 허용농도(TLV)는 특정 물질에 대해 근로자가 하루 8시간, 주 40시간 동안 노출되어도 건강에 해를 끼치지 않는 최대 농도를 의미한다. 이는 미국 산업위생전문가협회(ACGIH)에서 제시하는 지표로 널리 사용된다.
- TLV-TWA(시간가중평균농도): 장시간 노출에 대한 평균 허용농도
- TLV-STEL(단시간노출허용농도): 15분 이내 단시간 노출 시 허용농도
- TLV-C(최고허용농도): 절대로 초과해서는 안 되는 최대 농도

28

소음 측정을 위한 소음계(Sound Level Meter)는 주파수에 따른 사람의 느낌을 감안하여 세 가지 특성 즉 A, B 및 C특성에서 음압을 측정할 수 있다. 다음 내용에서 A, B 및 C특성에 대한 설명이 바르게 된 것은?

① A특성 보정치는 4,000Hz 수준에서 가장 크다.
② B특성 보정치와 C특성 보정치는 각각 70phon과 40phon의 등감곡선과 비슷하게 보정하여 측정한 값이다.
③ B특성 보정치(dB)는 2,000Hz에서 값이 0이다.
④ A특성 보정치(dB)는 1,000Hz에서 값이 0이다.

- A특성은 사람의 청각이 가장 민감한 1,000Hz를 기준으로 보정값이 0이며, 저주파(저음) 영역에서는 감도가 낮아 보정치가 크게 음압을 낮춘다. 40phon 등감곡선에 근접한 보정이며, 이는 일반적인 환경소음 평가에 사용된다.
- B특성은 70phon 등감곡선에 근접한 보정이며, 현재는 거의 사용되지 않는다.
- C특성은 100phon 등감곡선에 근접하며, 저주파도 거의 보정하지 않아 원음에 가까운 측정값을 제공한다. 이는 고음압 환경(예 산업현장)에서 사용된다.

29

작업환경측정 및 정도관리 등에 관한 고시상 원자흡광도법(AAS)으로 분석할 수 있는 유해인자가 아닌 것은?

① 코발트
② 구리
③ 산화철
④ 카드뮴

> 원자흡광광도법(AAS)으로 분석할 수 있는 유해인자에는 구리, 납, 니켈, 크롬, 망간, 산화마그네슘, 산화아연, 산화철, 수산화나트륨, 카드뮴이 있다.

30

불꽃 방식 원자흡광광도계가 갖는 특징으로 틀린 것은?

① 분석시간이 흑연로 원자흡광광도 장치에 비하여 적게 소요된다.
② 혈액이나 소변 등 생물학적 시료의 유해금속 분석에 주로 많이 사용된다.
③ 일반적으로 흑연로 장치나 유도결합플라즈마 - 원자발광분석기에 비하여 저렴하다.
④ 용질이 고농도로 용해되어 있는 경우 버너의 슬롯을 막을 수 있으며 점성이 큰 용액이 분무가 어려워 분무구멍을 막아버릴 수 있다.

- 혈액이나 소변 같은 생물학적 시료 분석에는 보통 흑연로 AAS가 더 많이 사용된다.
- 불꽃 AAS는 생물학적 시료보다는 주로 작업환경 및 환경 시료의 금속 분석에 많이 사용된다.

정답 27 ③ 28 ④ 29 ① 30 ②

31

작업환경측정 결과를 통계처리 시 고려해야 할 사항으로 적절하지 않은 것은?

① 대표성
② 불변성
③ 통계적 평가
④ 2차 정규분포 여부

④ 정규분포 여부를 고려해야 한다.
① 대표성은 측정결과가 전체 작업환경을 잘 대표하는지 확인하는 중요한 요소이다.
② 불변성은 측정조건이나 방법이 일정하게 유지되는지 의미한다.
③ 통계적 평가는 측정 결과를 체계적으로 분석하고 해석하는 과정이다.

관련개념 정규분포
- 평균을 중심으로 좌우 대칭인 종 모양의 분포이다. 평균, 중앙값, 최빈값이 모두 같으며, 데이터가 이 분포를 따르면 대부분의 값이 평균 근처에 몰려있다. 표준편차에 따라 분포의 폭이 결정되며, 이는 측정값의 변동성을 나타낸다.
- 정규분포는 자연현상이나 작업환경측정 결과 등에서 자주 나타나며, 많은 **통계 분석**이 이 분포를 전제로 한다.

32 빈출

1N-HCl(F=1,000) 500mL를 만들기 위해 필요한 진한 염산의 부피(mL)는? (단, 진한 염산의 물성은 비중 1.18, 함량 35%이다.)

① 약 18
② 약 36
③ 약 44
④ 약 66

HCl : 36.5g/eq

1N-HCl 500mL의 염산 eq와 진한 염산의 eq는 같으므로

$$\frac{1eq}{L} \times 0.5L = \frac{1.18g \times \dfrac{35}{100} \times \dfrac{eq}{36.5g}}{mL} \times \square mL$$

$$\square = 44.1888mL$$

33 빈출

고온의 노출기준에서 작업자가 경작업을 할 때, 휴식 없이 계속 작업할 수 있는 기준에 위배되는 온도는? (단, 고용노동부 고시를 기준으로 한다.)

① 습구흑구온도지수: 30℃
② 태양광이 내리쬐는 옥외장소
   자연습구온도: 28℃
   흑구온도: 32℃
   건구온도: 40℃
③ 태양광이 내리쬐는 옥외장소
   자연습구온도: 29℃
   흑구온도: 33℃
   건구온도: 33℃
④ 태양광이 내리쬐는 옥외 장소
   자연습구온도: 30℃
   흑구온도: 30℃
   건구온도: 30℃

- 경작업 시 휴식 없이 계속 작업할 수 있는 습구흑구온도지수(WBGT) 기준은 30℃이다.
  ✓ 옥내 or 옥외(햇볕 없는 곳)
- WBGT = 0.7 × 자연습구온도 + 0.3 × 흑구온도
  ✓ 옥외(햇볕 있는 곳)
    WBGT = 0.7 × 자연습구온도 + 0.2 × 흑구온도 + 0.1 × 건구온도
- WBGT를 계산하면,
  ① 습구흑구온도지수(WBGT): 30℃
  ② 습구흑구온도지수(WBGT): 30℃
    WBGT = 0.7 × 28 + 0.2 × 32 + 0.1 × 40
  ③ 습구흑구온도지수(WBGT): 30.2℃
    WBGT = 0.7 × 29 + 0.2 × 33 + 0.1 × 33
  ④ 습구흑구온도지수(WBGT): 30℃
    WBGT = 0.7 × 30 + 0.2 × 30 + 0.1 × 30

정답   31 ④   32 ③   33 ③

WBGT는 습구·흑구·건구온도를 포함한 열 스트레스 지표로, 작업환경에서 열사병, 열탈진 등 고온 스트레스 예방을 위한 대표적 지표이다.

작업휴식시간비	경작업	중등작업	중작업
계속 작업	30.0℃	26.7℃	25.0℃
매 시간 75% 작업, 25% 휴식	30.6℃	28.0℃	25.9℃
매 시간 50% 작업, 50% 휴식	31.4℃	29.4℃	27.9℃
매 시간 25% 작업, 75% 휴식	32.2℃	31.1℃	30.0℃

- 경작업: ~200kcal/hr
- 중등작업: 200~350kcal/hr
- 중작업: 350~500kcal/hr

34

다음 중 고열 측정기기 및 측정방법 등에 관한 내용으로 틀린 것은?

① 고열은 습구흑구온도지수를 측정할 수 있는 기기 또는 이와 동등 이상의 성능을 가진 기기를 사용한다.
② 고열을 측정하는 경우 측정기 제조자가 지정한 방법과 시간을 준수하여 사용한다.
③ 고열작업에 대한 측정은 1일 작업시간 중 최대로 고열에 노출되고 있는 1시간을 30분 간격으로 연속하여 측정한다.
④ 측정기의 위치는 바닥 면으로부터 50cm 이상, 150cm 이하의 위치에서 측정한다.

고열작업에 대한 측정은 1일 작업시간 중 최대로 고열에 노출되고 있는 1시간을 10분 간격으로 연속하여 측정한다.

35

다음 중 활성탄에 흡착된 유기화합물을 탈착하는 데 가장 많이 사용하는 용매는?

① 톨루엔
② 이황화탄소
③ 클로로포름
④ 메틸클로로포름

이황화탄소(CS_2)는 활성탄에 흡착된 유기화합물을 효과적으로 용해 및 탈착시키는 용매로 널리 사용된다.

- 활성탄(Activated Carbon): 표면적이 넓고 미세한 기공이 많아 유기화합물의 흡착에 효과적인 물질이다.
- 탈착(Desorption): 흡착된 물질을 용매를 이용해 다시 추출하는 과정이다.
- 이황화탄소(CS_2): 휘발성이 높고 비극성이며, 유기화합물에 대한 용해력이 뛰어나 활성탄 탈착용으로 널리 사용된다.

36 ★비출

입경이 50μm이고 비중이 1.32인 입자의 침강속도(cm/sec)는 얼마인가?

① 8.6
② 9.9
③ 11.9
④ 13.6

Lippman식

$V = K \times \rho \times d^2$
$\quad = 0.003 \times 1.32 \times (50\mu m)^2 = 9.9 \text{cm/sec}$

- V: 침강속도(cm/sec)
- K: 경험적으로 정해진 상수(일반적으로 0.003)
- ρ: 입자의 비중
- d: 입자의 직경(μm)

Lippman식은 공기 중 먼지나 에어로졸 등 입자의 침강속도를 실제 환경에 더 가깝게 추정하기 위한 경험적 공식이다.

작업자가 유해물질에 노출된 정도를 표준화하기 위한 계산식으로 옳은 것은? (단, 고용노동부 고시를 기준으로 하며, C_n은 유해물질의 농도, T_n은 노출시간을 의미한다.)

① $\dfrac{\sum\limits_{n=1}^{n}(C_n \times T_n)}{8}$

② $\dfrac{8}{\sum\limits_{n=1}^{n}(C_n)\times T_n}$

③ $\dfrac{\sum\limits_{n=1}^{n}(C_n)\times T_n}{8}$

④ $\dfrac{\sum\limits_{n=1}^{n}(C_n)+ T_n}{8}$

시간가중평균노출기준(Time Weighted Average, TWA)
1일 8시간 작업을 기준으로 유해인자가 발생한 시간별 측정치에 발생시간을 곱하여 8시간으로 나눈 값을 말한다. 산출식은 다음과 같다.

$$TWA = \frac{C_1 T_1 + C_2 T_2 + \cdots + C_n T_n}{8} = \frac{\sum\limits_{n=1}^{n}(C_n \times T_n)}{8}$$

여기서, 8시간은 1일 작업시간을 의미한다.
- C_n: 유해인자의 농도
- T_n: 각 농도가 발생한 시간(시간 단위)

38

원자흡광분광법의 기본 원리가 아닌 것은?

① 모든 원자들은 빛을 흡수한다.
② 빛을 흡수할 수 있는 곳에서 빛은 각 화학적 원소에 대한 특정파장을 갖는다.
③ 흡수되는 빛의 양은 시료에 함유되어 있는 원자의 농도에 비례한다.
④ 컬럼 안에서 시료들은 충진제와 친화력에 의해서 상호 작용하게 된다.

크로마토그래피법은 컬럼 안에서 시료들은 충진제와 친화력에 의해서 상호 작용하게 된다.

다음 ( ) 안에 들어갈 수치는?

> 단시간노출기준(STEL): (   )분간의 시간가중평균노출값

① 10
② 15
③ 20
④ 40

STEL은 15분간의 시간가중평균노출값을 의미한다. 15분 동안 노출 농도가 시간가중평균노출기준(TWA)을 초과하는 경우 작업자는 일정 휴식 시간을 가져야 한다.

40

흡수액 측정법에 주로 사용되는 주요 기구로 옳지 않은 것은?

① 테드라 백(Tedlar Bag)
② 프리티드 버블러(Fritted Bubbler)
③ 간이 가스 세척병(Simple Gas Washing Bottle)
④ 유리구 충진분리관(Packed Glass Bead Column)

① 테드라 백: 가스 시료 채취용으로 주로 사용되며, 흡수액 측정법에서 사용하는 기구는 아니다.
② 프리티드 버블러: 미세한 기포를 발생시켜 흡수액과 가스의 접촉면적을 넓혀 유해물질 흡착 효율을 높이는 기구이다.
③ 간이 가스 세척병: 가스를 세척액과 접촉시켜 일부 성분을 제거하거나 흡수시키는 간단한 장치이다.
④ 유리구 충진분리관: 유리 구슬로 채워져 가스와 액체가 충분히 접촉하도록 하여 흡수 효율을 증가시키는 장치이다.

41 ⭐빈출

무거운 분진(납분진, 주물사, 금속가루분진)의 일반적인 반송속도로 적절한 것은?

① 5m/s
② 10m/s
③ 15m/s
④ 25m/s

유해물질의 일반적인 반송속도
- 가스·증기·흄 및 극히 가벼운 분진: 10m/s
- 가벼운 건조분진: 15m/s
- 일반 분진(공업분진): 20m/s
- 무거운 분진: 25m/s
- 무겁고 비교적 큰 입자의 젖은 분진: 25m/s 이상

42

여과집진장치의 설명 중 옳은 것은?

ㄱ 여과속도가 클수록 미세입자포집에 유리하다.
ㄴ 연속식은 고농도 함진 배기가스처리에 적합하다.
ㄷ 습식제진에 유리하다.
ㄹ 조작 불량을 조기에 발견할 수 있다.

---

① ㄱ, ㄷ
② ㄴ, ㄹ
③ ㄴ, ㄷ
④ ㄱ, ㄴ

여과집진장치는 여과포를 통해 분진을 걸러내는 집진 설비이다.
ㄱ 여과속도가 작을수록 미세입자포집에 유리하다.
ㄷ 건식제진에 유리하다.

43

호흡기 보호구의 밀착도 검사(Fit Test)에 대한 설명이 잘못된 것은?

① 정량적인 방법에는 냄새, 맛, 자극물질 등을 이용한다.
② 밀착도 검사란 얼굴피부 접촉면과 보호구 안면부가 적합하게 밀착되는지를 측정하는 것이다.
③ 밀착도 검사를 하는 것은 작업자가 작업장에 들어가기 전 누설 정도를 최소화시키기 위함이다.
④ 어떤 형태의 마스크가 작업자에게 적합한지 마스크를 선택하는 데 도움을 주어 작업자의 건강을 보호한다.

- 정량적인 밀착도 검사에서는 입자 계수기나 음압을 이용해 객관적으로 밀착 정도를 측정한다.
- 냄새, 맛, 자극물질 등을 이용하는 방법은 정성적 검사에 해당한다.

44

어떤 공장에서 접착공정이 유기용제 중독의 원인이 되었다. 직업병 예방을 위한 작업환경 관리대책이 아닌 것은?

① 신선한 공기에 의한 희석 및 환기 실시
② 공정의 밀폐 및 격리
③ 조업방법의 개선
④ 보건교육 미실시

보건교육 실시는 직업병 예방을 위한 건강관리대책에 포함된다.

45

후드의 개구(Opening) 내부로 작업환경의 오염공기를 흡입시키는 데 필요한 압력차에 관한 설명 중 적합하지 않은 것은?

① 정지상태의 공기가속에 필요한 것 이상의 에너지이어야 한다.
② 개구에서 발생되는 난류손실을 보전할 수 있는 에너지이어야 한다.
③ 개구에서 발생되는 난류손실은 형태나 재질에 무관하게 일정하다.
④ 공기의 가속에 필요한 에너지는 공기의 이동에 필요한 속도압과 같다.

개구에서 발생하는 난류손실은 후드의 형태, 재질, 크기, 표면 상태 등에 따라 변하므로 일정하지 않다.

46

90° 곡관의 반경비가 2.0일 때 압력손실계수는 0.27이다. 속도압이 14mmH₂O라면 곡관의 압력손실(mmH₂O)은?

① 7.6
② 5.5
③ 3.8
④ 2.7

- 곡관의 압력손실은 손실계수와 속도압의 곱으로 계산한다.
  압력손실 = 손실계수 × 속도압
  $= 0.27 \times 14\text{mmH}_2\text{O} = 3.78\text{mmH}_2\text{O}$
- 반경비가 2.0일 때 손실계수는 일반적으로 0.27을 적용한다.
- 반경비(r/D): 곡관의 곡률반경 r을 관경 D로 나눈 값으로, 값이 클수록 유동이 완만해져 손실계수가 작아지는 경향이 있다.

47

용기충진이나 컨베이어 적재와 같이 발생기류가 높고 유해물질이 활발하게 발생하는 작업조건의 제어속도로 가장 알맞은 것은? (단, ACGIH 권고 기준에 따른다.)

① 2.0m/s
② 3.0m/s
③ 4.0m/s
④ 5.0m/s

용기충진이나 컨베이어 적재와 같이 발생기류가 높고 유해물질이 활발하게 발생하는 작업조건의 제어속도(Air Velocity Control)로 ACGIH 권고 기준에 따르면 1.0~2.5m/s 범위가 적합하며, 일반적으로 2.0m/s가 가장 적절한 값으로 권고되고 있다.

관련개념 제어속도 범위(ACGIH 권고 기준)

작업조건	작업공정 사례	제어속도 범위(m/s)
움직이지 않는 공기 중으로 속도 없이 배출됨	탱크에서 증발, 탈지	0.25~0.5
약간의 공기 움직임, 낮은 속도 배출	스프레이 도장, 용접, 도금, 저속 컨베이어 운반	0.5~1.0
발생기류가 높고 유해물질 활발 발생	스프레이 두장, 용기충진, 컨베이어 적재, 분쇄기	1.0~2.5
고속기류 내 높은 초기 속도 배출	회전연삭, 블라스팅	2.5~10.0

48

귀덮개의 장점을 모두 짝지은 것으로 가장 옳은 것은?

A. 귀마개보다 쉽게 착용할 수 있다.
B. 귀마개보다 일관성 있는 차음 효과를 얻을 수 있다.
C. 크기를 여러 가지로 할 필요가 없다.
D. 착용 여부를 쉽게 확인할 수 있다.

① A, B, D
② A, B, C
③ A, C, D
④ A, B, C, D

귀덮개는 착용이 간편하고 일관된 차음 효과를 제공하며, 여러 크기를 준비할 필요 없이 얼굴에 맞게 밀착되기 때문에 관리가 용이하고 착용 여부를 쉽게 확인할 수 있다.

49 빈출

강제환기의 효과를 제고하기 위한 원칙으로 틀린 것은?

① 오염물질 배출구는 가능한 한 오염원으로부터 가까운 곳에 설치하여 점환기 현상을 방지한다.
② 공기배출구와 근로자의 작업위치 사이에 오염원이 위치하여야 한다.
③ 공기가 배출되면서 오염장소를 통과하도록 공기배출구와 유입구의 위치를 선정한다.
④ 오염원 주위에 다른 작업 공정이 있으면 공기배출량을 공급량보다 약간 크게 하여 음압을 형성하여 주위 근로자에게 오염 물질이 확산되지 않도록 한다.

오염물질 배출구는 가능한 한 오염원으로부터 먼 곳에 설치하여 점환기 현상을 방지한다.

관련개념 점환기 현상
- 공기배출구 부근에서 배출된 오염물질이 초기 운동에너지를 잃고 정체되어 거의 움직임이 없는 상태가 되는 현상이다.
- 오염물질이 배출구 가까이 머물러 제대로 확산 또는 배출되지 못하게 하는 문제로, 국소배기장치 효율을 저하시키고 작업장 내 오염물질 농도를 높이는 원인이 된다.
- 점환기 현상을 방지하려면 오염물질 배출구를 오염원으로부터 가능한 한 멀리 설치하여 유동성을 확보하고 배출되는 공기가 원활히 흐르도록 해야 한다.

50

후드 흡인기류의 불량상태를 점검할 때 필요하지 않은 측정기기는?

① 열선풍속계
② Threaded Thermometer
③ 연기발생기
④ Pitot Tube

- 후드 흡인기류 점검에 주로 사용하는 기구는 열선풍속계, 연기발생기(스모크테스터), Pitot Tube(피토관)이며, 이들은 기류 속도와 흡인 정도를 측정하고 확인하는 데 사용된다.
- Threaded Thermometer(나사식 온도계)는 공정 배관, 탱크, 장비 등에 나사(스레드) 방식으로 직접 체결하여 사용하는 온도 측정기이다. 주로 액체나 기체의 온도를 측정하며, 산업 현장에서 널리 쓰인다.

51

원심력 송풍기 중 다익형 송풍기에 관한 설명으로 가장 거리가 먼 것은?

① 송풍기의 임펠러가 다람쥐 쳇바퀴 모양으로 생겼다.
② 큰 압력손실에서 송풍량이 급격하게 떨어지는 단점이 있다.
③ 고강도가 요구되기 때문에 제작비용이 비싸다는 단점이 있다.
④ 다른 송풍기와 비교하여 동일 송풍량을 발생시키기 위한 임펠러 회전속도가 상대적으로 낮기 때문에 소음이 작다.

강도가 크게 요구되지 않기 때문에 적은 비용으로 제작가능하다.

관련개념 다익형 송풍기(Multiblade Centrifugal Fan)
임펠러가 다람쥐 쳇바퀴 모양이며, 송풍기 깃이 회전방향과 동일한 방향으로 설계되어 있다.
- 특성: 저압·대유량에 적합, 소음이 비교적 작음
- 단점: 큰 압력손실이 발생하면 송풍량이 급격히 감소함
- 용도: 공조기, 환기설비, 집진기 등에서 사용
- 회전속도: 동일 송풍량을 내기 위해 상대적으로 낮은 회전속도로 운전 가능하여 소음이 적음

52 빈출

덕트(Duct)의 압력손실에 관한 설명으로 옳지 않은 것은?

① 직관에서의 마찰손실과 형태에 따른 압력손실로 구분할 수 있다.
② 압력손실은 유체의 속도압에 반비례한다.
③ 덕트 압력손실은 배관의 길이와 정비례한다.
④ 덕트 압력손실은 관직경과 반비례한다.

압력손실은 유체의 속도압에 비례한다.

53

송풍기 깃이 회전방향 반대편으로 경사지게 설계되어 충분한 압력을 발생시킬 수 있고, 원심력송풍기 중 효율이 가장 좋은 송풍기는?

① 후향날개형 송풍기
② 방사날개형 송풍기
③ 전향날개형 송풍기
④ 안내깃이 붙은 축류 송풍기

① 터보 송풍기(후향날개형): 날개가 회전방향 반대쪽으로 굽어 있어 저소음, 고효율을 실현한다. 구조가 정교하여 고농도 분진이나 입자가 많은 공기 이송에는 적합하지 않아 집진기 설치 후 사용하는 것이 바람직하다.
② 방사날개형 송풍기: 임펠러 날개가 회전방향으로 휘어져 있으며 공기를 반지름 방향으로 밀어내는 원심형 송풍기이다. 풍량이 크지만 효율은 후향날개형보다 낮다.
③ 전향날개형 송풍기: 임펠러 날개가 회전방향과 반대 방향으로 경사진 형태로, 높은 압력과 효율을 내며 소음이 적다. 고압 환경에 적합하다.
④ 안내깃이 붙은 축류 송풍기: 바람 방향이 축 방향으로 직선이며, 안내깃이 있어 유동을 안정시켜 효율을 높인다. 주로 큰 풍량의 저압 배기에 사용된다.

54

전기집진장치의 장점으로 옳지 않은 것은?

① 가연성 입자의 처리에 효율적이다.
② 넓은 범위의 입경과 분진농도에 집진효율이 높다.
③ 압력손실이 낮으므로 송풍기의 가동비용이 저렴하다.
④ 고온 가스를 처리할 수 있어 보일러와 철강로 등에 설치할 수 있다.

불연성 입자의 처리에 효율적이다.

관련개념 전기집진장치
- 공기 중에 부유하는 분진을 전기적으로 하전시켜 집진하는 장치이다. 고압의 직류 전원을 사용해 방전극과 집진극 사이에 전기장을 형성하고, 이 전기장에서 발생하는 코로나 방전을 통해 분진 입자에 음전하를 부여한다. 이렇게 하전된 입자는 쿨롱 힘에 의해 집진극으로 이동하여 부착되고 분리된다.
- 주요 특징은 높은 집진 효율(99% 이상), 미세 입자 집진 가능, 낮은 압력 손실로 대량 가스 처리 가능, 고온 가스 처리 가능, 유지보수가 비교적 적은 점이다.

55

어떤 원형덕트에 유체가 흐르고 있다. 덕트의 직경을 1/2로 하면 직관부분의 압력손실은 몇 배가 되는가? (단, 달시의 방정식을 적용한다.)

① 4배
② 8배
③ 16배
④ 32배

- 덕트의 직경이 1/2이 되면

$$Q = VA = V \times \frac{\pi D^2}{4}$$ 에서 직경의 감소로 유속은 4배가 증가해야 동일 유량이 흐를 수 있다.

- $$\Delta H = f \times \frac{L}{D} \times \frac{\gamma V^2}{2g}$$

$$= f \times \frac{L}{\frac{1}{2}D} \times \frac{\gamma 4^2}{2g}$$ 이므로 압력손실은 32배 증가한다.

56

눈 보호구에 관한 설명으로 틀린 것은? (단, KS 표준 기준이다.)

① 눈을 보호하는 보호구는 유해광선 차광 보호구와 먼지나 이물을 막아주는 방진안경이 있다.
② 400A 이상의 아크 용접 시 차광도 번호 14의 차광도 보호안경을 사용하여야 한다.
③ 눈, 지붕 등으로부터 반사광을 받는 작업에서는 차광도 번호 1.2~3 정도의 차광도 보호안경을 사용하는 것이 알맞다.
④ 단순히 눈의 외상을 막는 데 사용되는 보호안경은 열처리를 하거나 색깔을 넣은 렌즈를 사용할 필요가 없다.

> 단순히 눈의 외상을 막는 보호안경도 열처리나 색깔이 있는 렌즈를 사용할 필요가 있는데, 이는 충격 보호력과 추가 보호를 위해 필요하다.

57

소음 작업장에 소음수준을 줄이기 위하여 흡음을 중심으로 하는 소음저감대책을 수립한 후, 그 효과를 측정하였다. 소음 감소효과가 있었다고 보기 어려운 경우는?

① 음의 잔향시간을 측정하였더니 잔향시간이 약간이지만 증가한 것으로 나타났다.
② 대책 후의 총흡음량이 약간 증가하였다.
③ 소음원으로부터 거리가 멀어질수록 소음수준이 낮아지는 정도가 대책수립 전보다 커졌다.
④ 실내상수 R을 계산해보니 R값이 대책 수립전보다 커졌다.

> 음의 잔향시간이 증가했다는 것은 소리가 더 오래 반사되어 남아 있음을 의미해 흡음 대책이 효과적이지 못했다는 뜻이다.

관련개념 실내상수 R
실내 음향에서 소리의 흡음 정도를 나타내는 값이다. 이는 실내 표면에서 흡수되는 음의 비율을 수치화한 것으로, 값이 클수록 실내에서 음이 잘 흡수되어 잔향시간이 짧아지고, 소음 저감 효과가 크다는 의미이다.

58

국소환기시설에 필요한 공기송풍량을 계산하는 공식 중 점흡인에 해당하는 것은?

① $Q = 4\pi \times X^2 \times V_c$
② $Q = 2\pi \times L \times X \times V_c$
③ $Q = 60 \times 0.75 \times V_c(10X^2 + A)$
④ $Q = 60 \times 0.5 \times V_c(10X^2 + A)$

> **점흡인**
>
> $Q = 4\pi \times X^2 \times V_c$
> - Q: 송풍량,
> - X: 점흡인 지점에서 후드까지 거리
> - V_c: 제어속도
>
> ② $Q = 2\pi \times L \times X \times V_c$
>
> 원통형(또는 원형) 후드 등의 선흡인 형태에서 사용한다.
> L은 선길이, X는 후드 개구부 반경, V_c는 제어속도로, 후드 주변의 원통 면적에 제어속도를 곱해 송풍량을 산출한다.
>
> ③ $Q = 60 \times 0.75 \times V_c(10X^2 + A)$
>
> 캡(덮개)형 후드에서 사용되는 공식으로, V_c는 제어속도, X는 후드와 오염원 사이 거리, A는 개구 면적, 0.75는 안전계수(불균일한 풍속 등을 보정), 60은 단위 변환($m^3/s \rightarrow m^3/min$)을 위한 계수이다.

59

확대각이 10°인 원형 확대관에서 입구직관의 정압은 −15mmH$_2$O, 속도압은 35mmH$_2$O이고, 확대된 출구직관의 속도압은 25mmH$_2$O이다. 확대된 출구직관의 정압(mmH$_2$O)은? (단, 확대각이 10°일 때 압력손실계수(ζ)는 0.28이다.)

① 7.8
② 15.6
③ −7.8
④ −15.6

[풀이 1]
- 전압 = 정압 + 속도압 = 정압 − 확대손실
- 확대손실 = 손실계수 × (입구속도압 − 출구속도압)
  = 0.28 × (35 − 25) = 2.8
- 입구전압 = 입구정압 + 입구속도압 = −15 + 35 = 20
- 출구전압 = 입구정압 − 확대손실 = 20 − 2.8 = 17.2
- 출구정압 = 출구전압 − 출구속도압 = 17.2 − 25 = −7.8mmH$_2$O

[풀이 2]
- 출구정압(SP$_2$) = 입구정압(SP$_1$) + R × [입구속도압(VP$_1$) − 출구속도압(VP$_2$)]
  = −15 + [0.72 × (35 − 25)]
  = −7.8mmH$_2$O
- R(정압회복계수) = 1 − ζ = 1 − 0.28 = 0.72

60

목재분진을 측정하기 위한 시료채취장치로 가장 적합한 것은?

① 활성탄관(Charcoal Tube)
② 흡입성분진 시료채취기(IOM Sampler)
③ 호흡성분진 시료채취기(Aluminum Cyclone)
④ 실리카겔관(Silica Gel Tube)

② 흡입성분진 시료채취기(IOM Sampler)는 작업자의 호흡기 주변에서 실제로 흡입 가능한 입자 크기의 분진을 효과적으로 채취할 수 있다.
① 활성탄관(Charcoal Tube)은 주로 가스성 유해물질을 측정한다.
③ 호흡성분진 시료채취기(Aluminum Cyclone)는 미세분진을 측정한다.
④ 실리카겔관(Silica Gel Tube)은 습기 흡수용이다.

61 ⭐

질식우려가 있는 지하 맨홀 작업에 앞서서 준비해야 할 장비나 보호구로 볼 수 없는 것은?

① 안전대
② 방독마스크
③ 송기마스크
④ 산소농도 측정기

방독마스크(공기정화식 가스마스크)는 기체상 유해가스나 증기, 화학물질 등에 사용되지만 산소 농도 18% 미만의 산소 결핍 작업장에서는 사용할 수 없으며, 반드시 산소 공급식 마스크를 사용해야 한다.

62

진동 발생원에 대한 대책으로 가장 적극적인 방법은?

① 발생원의 격리
② 보호구 착용
③ 발생원의 제거
④ 발생원의 재배치

- 진동 발생원에 대한 대책 중에서 가장 적극적인 방법은 발생원의 제거이다. 발생 자체가 없으면 2차적 격리, 재배치, 보호구 등 후속 조치가 불필요해지기 때문이다.
- 발생원의 제거가 어려운 경우, 발생 원천에서의 격리, 발생원의 재배치, 작업자의 보호구 착용과 같은 방법을 차선책으로 사용한다.

정답   59 ③   60 ②   61 ②   62 ③

63

전리방사선에 의한 장해에 해당하지 않는 것은?

① 참호족
② 피부 장해
③ 유전적 장해
④ 조혈기능 장해

참호족은 발을 장시간 축축하고 춥고 비위생적인 환경에 노출시 발생하는 비동결성 한랭 손상으로, 피부 및 하부 조직 손상과 함께 혈액 공급 부족과 신경 손상을 포함한다.

64

고소음으로 인한 소음성 난청 질환자를 예방하기 위한 작업환경관리방법 중 공학적 개선에 해당되지 않는 것은?

① 소음원의 밀폐
② 보호구의 지급
③ 소음원을 벽으로 격리
④ 작업장 흡음시설의 설치

- 공학적 개선은 소음의 발생 자체를 줄이거나, 소리가 전달되는 경로에서 차단·감쇠하는 물리적·기계적 방법을 의미한다.
- '보호구의 지급'은 근로자에게 귀마개 등 개인 보호장비를 지급하는 관리적 대책(개인적 보호대책)에 해당하며, 공학적 개선이 아니다.

관련개념
- 공학적 대책: 소음원의 밀폐, 격리, 흡음·차음재 설치, 저소음 기계로의 교체 등 작업환경 자체를 물리적으로 개선하는 방법이다.
- 관리적 대책: 작업시간 단축, 작업자 교대, 청력검사, 보호구 지급과 착용 등 작업 방법이나 관리체계의 개선에 해당한다.
- 보호구 지급: 소음성 난청 예방에서 최후의 수단으로, 공학적 또는 관리적 대책이 곤란할 때 실시한다.

65

비이온화 방사선의 파장별 건강에 미치는 영향으로 옳지 않은 것은?

① UV-A: 315~400nm − 피부노화촉진
② IR-B: 780~1,400nm − 백내장, 각막화상
③ UV-B: 280~315nm − 발진, 피부암, 광결막염
④ 가시광선: 400~700nm − 광화학적이거나 열에 의한 각막손상, 피부화상

- IR-A(780~1,400nm): 백내장, 각막화상
- IR-B(1,400~3,000nm): 각막염, 결막염 등 표면 조직의 염증

66 비출

WBGT에 대한 설명으로 옳지 않은 것은?

① 표시단위는 절대온도(K)이다.
② 기온, 기습, 기류 및 복사열을 고려하여 계산된다.
③ 태양광선이 있는 옥외 및 태양광선이 없는 옥내로 구분된다.
④ 고온에서의 작업휴식시간비를 결정하는 지표로 활용된다.

WBGT는 섭씨(℃) 단위로 표시된다.

관련개념 WBGT(Wet Bulb Globe Temperature)
- WBGT 지수는 건구온도, 자연습구온도,, 흑구온도를 종합하여 계산되며, 열 스트레스 환경에서 인체가 느끼는 온도를 나타내는 대표적인 열 스트레스 지표이다.
  - ✓ 옥내 or 옥외(햇볕 없는 곳)
    WBGT = 0.7 × 자연습구온도 + 0.3 × 흑구온도
  - ✓ 옥외(햇볕 있는 곳)
    WBGT = 0.7 × 자연습구온도 + 0.2 × 흑구온도 + 0.1 × 건구온도
- WBGT는 고온에서 작업자의 작업휴식시간 비율 결정 등의 열 스트레스 관리 지표로 활용된다.

67 빈출

작업자 A의 4시간 작업 중 소음노출량이 76%일 때, 측정 시간에 있어서의 평균치는 약 몇 dB(A)인가?

① 88
② 93
③ 98
④ 103

$$TWA = 16.61 \log\left(\frac{D(\%)}{12.5 \times T}\right) + 90$$
$$= 16.61 \log\left(\frac{76}{12.5 \times 4}\right) + 90$$
$$= 93.0204 dB$$

관련개념 누적소음노출량 평가

$$TWA = 16.61 \log \frac{누적소음노출량(\%)}{100} + 90$$

$$TWA = 16.61 \log \frac{누적소음노출량(\%)}{12.5 \times T} + 90$$

※ 100은 12.5×8로 8시간 근로시간인 경우 적용
※ 12.5는 근로시간에 대한 노출 허용 기준과 관련된 상수로 사용

68 빈출

이온화 방사선과 비이온화 방사선을 구분하는 광자에너지는?

① 1eV
② 4eV
③ 12.4eV
④ 15.6eV

- 이온화 방사선(전리방사선)과 비이온화 방사선(비전리방사선)을 구분하는 기준은 광자의 에너지이다. 광자의 에너지가 약 12.4 전자볼트(eV) 이상일 경우, 원자나 분자를 이온화시킬 수 있으므로 이온화 방사선이다. 이보다 에너지가 낮으면 전자를 떼어내기 어렵기 때문에 비이온화 방사선에 해당한다.
- 이온화 방사선은 엑스선, 감마선, 자외선 중 고에너지 부분을 포함하며, 비이온화 방사선은 적외선, 가시광선, 저에너지 자외선 등이 있다.

69 빈출

이상기압에 의하여 발생하는 직업병에 영향을 미치는 유해인자가 아닌 것은?

① 산소(O_2)
② 이산화황(SO_2)
③ 질소(N_2)
④ 이산화탄소(CO_2)

- 이상기압에 의해 발생하는 직업병은 기압 변화에 따른 기체의 용해·팽창·압축 작용이 주요 원인이며, 특히 산소(O_2) 과다·결핍, 질소(N_2) 과다 흡수(감압병·체공병), 이산화탄소(CO_2) 축적으로 인한 중독 등이 문제가 된다.
- 이산화황은 화학적 유해인자로서 대기압 변화 자체가 아닌 화학적 자극에 의해 호흡기 등을 손상시키므로, 이상기압 직업병의 유해인자에는 해당하지 않는다.

70

채광계획에 관한 설명으로 옳지 않은 것은?

① 창의 면적은 방바닥 면적의 15~20%가 이상적이다.
② 조명의 평등을 요하는 작업실은 남향으로 하는 것이 좋다.
③ 실내 각점의 개각은 4~5°, 입사각은 28° 이상이 되어야 한다.
④ 유리창은 청결한 상태여도 10~15% 조도가 감소되는 점을 고려한다.

창의 방향은 많은 채광을 요구할 경우 남향이 좋으며 조명의 평등을 요하는 작업실의 경우 북창이 좋다.

71 빈출

빛에 관한 설명으로 옳지 않은 것은?

① 광원으로부터 나오는 빛의 세기를 조도라 한다.
② 단위 평면적에서 발산 또는 반사되는 광량을 휘도라 한다.
③ 루멘은 1촉광의 광원으로부터 단위 입체각으로 나가는 광속의 단위이다.
④ 조도는 어떤 면에 들어오는 광속의 양에 비례하고, 입사면의 단면적에 반비례한다.

- 광원으로부터 나오는 빛의 세기는 광도(Luminous Intensity)로, 단위는 칸델라(cd)이다.
- 조도(Illuminance)는 단위 면적에 들어오는 빛의 양을 나타내는 물리량으로, 특정 면에 도달하는 광속의 밀도를 의미하며 단위는 룩스(lx)이다. 조도는 빛의 세기가 아니라, 광원이 비추는 면에 도달하는 빛의 양이다. 조도는 어떤 면에 들어오는 광속의 양에 비례하며 입사면의 크기에 반비례하므로, 단면적에 반비례한다.

72

태양으로부터 방출되는 복사 에너지의 52% 정도를 차지하고 피부조직 온도를 상승시켜 충혈, 혈관확장, 각막손상, 두부장해를 일으키는 유해광선은?

① 자외선
② 적외선
③ 가시광선
④ 마이크로파

- 태양으로부터 방출되는 복사 에너지 중 약 52%는 적외선에 해당한다. 적외선은 피부 조직 온도를 상승시키며, 이로 인해 피부 충혈, 혈관 확장, 각막 손상, 두부장애와 같은 유해 영향을 일으킨다.
- 가시광선은 약 43%를 차지하며, 자외선은 약 7%로 비교적 적은 비중을 차지한다.

73 빈출

감압병의 예방 및 치료의 방법으로 옳지 않은 것은?

① 감압이 끝날 무렵에 순수한 산소를 흡입시키면 예방적 효과와 함께 감압시간을 단축시킬 수 있다.
② 잠수 및 감압방법은 특별히 잠수에 익숙한 사람을 제외하고는 1분에 10m 정도씩 잠수하는 것이 안전하다.
③ 고압환경에서 작업 시 질소를 헬륨으로 대치하면 성대에 손상을 입힐 수 있으므로 할로겐 가스로 대치한다.
④ 감압병의 증상을 보일 경우 환자를 인공적 고압실에 넣어 혈관 및 조직 속에 발생한 질소의 기포를 다시 용해시킨 후 천천히 감압한다.

질소 대신 헬륨을 사용하는 혼합 가스를 이용할 때 성대 손상 우려는 없다. 헬륨은 호흡용 혼합 가스에서 흔히 사용되며, 할로겐 가스는 이 용도로 사용하지 않는다. 헬륨 호흡은 호흡저항을 줄이고 감압병 위험도 감소시킨다.

74 빈출

흑구온도는 32℃, 건구온도는 27℃, 자연습구온도는 30℃인 실내작업장의 습구·흑구온도지수는?

① 33.3℃
② 32.6℃
③ 31.3℃
④ 30.6℃

실내작업장이므로
WBGT = 0.7 × 자연습구온도 + 0.3 × 흑구온도
　　　 = 0.7 × 30 + 0.3 × 32 = 30.6℃

관련개념 WBGT(습구흑구온도지수, Wet Bulb Globe Temperature)
근로자의 열 스트레스(온열환경 부담)를 평가하기 위한 대표적인 지표로, 온도, 습도, 복사열, 공기 흐름 등을 종합적으로 반영한다.
- 옥내 or 옥외(햇볕 없는 곳)
  WBGT = 0.7 × 자연습구온도 + 0.3 × 흑구온도
- 옥외(햇볕 있는 곳)
  WBGT = 0.7 × 자연습구온도 + 0.2 × 흑구온도 + 0.1 × 건구온도

75 빈출

저온환경에서 나타나는 일차적인 생리적 반응이 아닌 것은?

① 체표면적의 증가
② 피부혈관의 수축
③ 근육긴장의 증가와 떨림
④ 화학적 대사작용의 증가

체표면적의 감소는 저온환경에서 나타나는 일차적인 생리적 반응이다. 한랭(추운) 환경에 노출되면 인체는 체온을 유지하기 위해 피부혈관을 수축시켜(혈관 수축) 혈류를 줄이고, 체열 손실을 최소화하려 한다.

76

소음에 의하여 발생하는 노인성 난청의 청력손실에 대한 설명으로 옳은 것은?

① 고주파 영역으로 갈수록 큰 청력손실이 예상된다.
② 2,000Hz에서 가장 큰 청력장애가 예상된다.
③ 1,000Hz 이하에서는 20~30dB의 청력손실이 예상된다.
④ 1,000~8,000Hz 영역에서는 0~20dB의 청력손실이 예상된다.

① 노인성 난청은 고주파수 영역에서 청력손실이 점진적으로 심해지는 특성이 있다. 고주파 영역이 먼저 손상되고, 저주파 영역은 비교적 손상이 적으며, 1,000Hz 이하 저주파 음역에서는 상대적으로 청력 손실이 적게 나타난다.
② 2,000Hz에서 가장 큰 청력장애가 나타나지 않고, 고주파 영역(약 3,000~8,000Hz)에서 악화된다.
③ 1,000Hz 이하에서는 청력손실이 상대적으로 적다.
④ 1,000~8,000Hz 영역에서는 20~40dB 이상의 손실이 나타나는 경우가 많다.

77

고압환경에서 발생할 수 있는 생체증상으로 볼 수 없는 것은?

① 부종
② 압치통
③ 폐압박
④ 폐수종

폐수종은 산소 부족과 저기압 환경에서 폐 모세혈관의 장애로 인해 폐에 체액이 차는 현상이다. 증상으로는 호흡 곤란, 기침, 분홍빛 거품 섞인 객담, 청색증 등이 나타난다.

78 빈출

음(Sound)에 관한 설명으로 옳지 않은 것은?

① 음(음파)이란 대기압보다 높거나 낮은 압력의 파동이고, 매질을 타고 전달되는 진동에너지이다.
② 주파수란 1초 동안에 음파로 발생되는 고압력 부분과 저압력 부분을 포함한 압력 변화의 완전한 주기를 말한다.
③ 음의 단위는 물리적 단위를 쓰는 것이 아니라 감각수준인 데시벨(dB)이라는 무차원의 비교단위를 사용한다.
④ 사람이 대기압에서 들을 수 있는 음압은 0.000002N/㎡에서부터 20N/㎡까지 광범위한 영역이다.

• 사람이 들을 수 있는 음압의 범위는 일반적으로 20μPa (=0.00002N/㎡)에서 20Pa까지이다.
• 0.000002N/㎡는 실제 청각의 최소 감지 음압보다 10배 낮은 값으로, 인간이 감지할 수 있는 범위에 해당하지 않는다.

관련개념
• 음(Sound): 공기, 물, 고체 등 매질을 통해 전달되는 압력의 진동이다.
• 주파수(Frequency): 1초 동안 반복되는 음파의 주기 수로, 단위는 Hz이다.
• 데시벨(dB): 음의 크기를 상대적으로 표현하는 무차원 단위로, 로그 스케일을 사용하여 인간의 감각 특성을 반영한다.
• 청각 범위
 ✓ 음압(P): 약 20μPa(0.00002N/㎡)~20Pa
 ✓ 주파수(f): 약 20Hz~20,000Hz

정답   75 ①   76 ①   77 ④   78 ④

79

흡음재의 종류 중 다공질 재료에 해당되지 않는 것은?

① 암면
② 펠트(Felt)
③ 석고보드
④ 발포 수지재료

③ 석고보드는 표면이 단단하고 기공이 거의 없어 공기 흐름 저항
이 낮아 음파 에너지를 흡수하기 어려운 비다공질 재료이다.
①, ②, ④ 암면, 펠트, 발포 수지재료는 내부에 미세한 기공이 형
성된 다공질 구조를 가지며, 음파가 기공 사이로 침투하면서 운
동에너지를 열에너지로 변환하여 흡음하는 특성을 지닌다.

80 ⭐빈출

6N/m²의 음압은 약 몇 dB의 음압수준인가?

① 90
② 100
③ 110
④ 120

$$\text{음압레벨(SPL)} = 20\log\left(\frac{P}{P_0}\right)$$
$$= 20\log\left(\frac{6}{2\times10^{-5}}\right) = 109.5424\text{dB}$$

◦ P: 측정 음압(Pa, N/m²)
◦ P_0: 2×10^{-5}Pa(사람이 들을 수 있는 최소 음압 기준)

81

Metallothionein에 대한 설명으로 옳지 않은 것은?

① 방향족 아미노산이 없다.
② 주로 간장과 신장에 많이 축적된다.
③ 카드뮴과 결합하면 독성이 강해진다.
④ 시스테인이 주성분인 아미노산으로 구성된다.

• 메탈로티오네인(Metallothionein)은 카드뮴과 결합하면 독성이
약해진다.
• 메탈로티오네인은 시스테인 함량이 매우 높은 저분자량 금속 결
합 단백질로, 아미노산 중 방향족 아미노산은 포함되지 않는다.
시스테인이 주요 아미노산으로 구성되며, 시스테인의 티올기
(–SH)가 금속과 강하게 결합한다.

82

직업병의 유병율이란 발생율에서 어떠한 인자를 제거한 것
인가?

① 기간
② 집단수
③ 장소
④ 질병종류

• 발생율(Incidence rate): 특정 기간 동안 새로운 질병 발생자의
비율을 나타내는 지표로, 기간에 대한 정보가 포함된다.
• 유병율(Prevalence): 특정 시점 또는 기간 내에 질병을 가진 모
든 사람(신규 및 기존)의 비율을 나타내며, 발생 시점과 기간에
대한 구분 없이 질병의 존재 여부만을 고려한다.

83

투명한 휘발성 액체로 페인트, 시너, 잉크 등의 용제로 사용되며 장기간 노출될 경우 말초신경장해가 초래되어 사지의 지각상실과 신근마비 등 다발성 신경장해를 일으키는 파라핀계 탄화수소의 대표적인 유해물질은?

① 벤젠
② 노말헥산
③ 톨루엔
④ 클로로포름

- 파라핀계 탄화수소는 포화 탄화수소로 탄소가 사슬 모양으로 연결된 구조를 가지며, 흔히 노말헥산(n-Hexane)과 같은 물질들이 포함된다. 노말헥산은 무색 투명하고 휘발성이 강한 액체이며, 주로 용제로 사용된다.
- 벤젠과 톨루엔 등은 방향족 탄화수소로 독성이 있으나, 말초신경장해라는 특성은 노말헥산에 더 강하게 나타난다. 클로로포름은 할로겐화 탄화수소로 독성을 가지고 있다.

84

급성 전신중독을 유빌하는 데 있어 그 독성이 가상 강한 방향족 탄화수소는?

① 벤젠(Benzene)
② 크실렌(Xylene)
③ 톨루엔(Toluene)
④ 에틸렌(Ethylene)

급성 전신중독을 유발하는 독성이 가장 강한 방향족 탄화수소는 톨루엔이다. 톨루엔은 높은 지질 용해도로 중추신경계에 신속히 흡수되어 마취 유사 작용을 일으키며, 낮은 반수치치사농도(LC₅₀)를 보여 급성 독성이 크다. 벤젠은 주로 만성 독성과 발암성이 문제가 되지만, 급성 전신독성 면에서는 톨루엔이 더 강한 것으로 평가된다. 반수치치사농도(LC₅₀)는 실험동물의 50%를 사망에 이르게 하는 물질의 농도를 비교하는 지표이다.

85

사업장에서 노출되는 금속의 일반적인 독성기전이 아닌 것은?

① 효소억제
② 금속평형의 파괴
③ 중추신경계 활성억제
④ 필수 금속 성분의 대체

- ③ 중추신경계 활성억제: 독성기전으로 중추신경계 손상이 적합하다.
- ① 효소억제: 금속이 효소의 활성 부위에 결합하여 효소 활성을 저해하는 독성기전으로 흔히 발생한다.
- ② 금속평형의 파괴: 체내 필수 금속과의 평형을 깨트려 생리적 기능장애를 유발하는 기전이다.
- ④ 필수 금속 성분의 대체: 유해 금속이 필수 금속을 대체하여 단백질 기능을 방해하는 기전이다.

86 ⭐ 빈출

무기성 분진에 의한 진폐증에 해당하는 것은?

① 면폐증
② 농부폐증
③ 규폐증
④ 목재분진폐증

- ③ 규폐증: 결정형 이산화규소 미세입자 흡입으로 폐에 결절성 섬유화를 일으켜 진행성 호흡곤란과 폐기능 저하를 초래하는 진폐증이다.
- ① 면폐증: 유기성 분진에 의한 진폐증으로, 면사 가공업에 종사하는 근로자에게서 주로 나타나는 직업성 폐질환이다.
- ② 농부폐증: 사일로나 곰팡이 핀 건초 등에서 증식한 열성방선균 항원에 과민 반응하여 기침·발열·호흡곤란을 나타내는 과민성 폐렴이다.
- ④ 목재분진폐증: 목재분진의 유기성 항원에 반복 노출되어 과민 반응성 폐렴 양상을 보이는 과민성 폐렴 형태의 직업성 폐질환이다.

> **관련개념** 진폐증(Pneumoconiosis)
> - 정의: 광물성 분진(무기성 분진)을 장기간 흡입함으로써 폐에 영구적인 손상(섬유화, 반흔 등)이 생기는 만성 직업성 폐질환의 총칭이다.
> - 종류: 대표적으로 규폐증, 탄광부진폐증(석탄노동자 진폐증), 석면폐증 등이 있다.

생물학적 모니터링에 대한 설명으로 옳지 않은 것은?

① 화학물질의 종합적인 흡수 정도를 평가할 수 있다.
② 노출기준을 가진 화학물질의 수보다 BEI를 가지는 화학물질의 수가 더 많다.
③ 생물학적 시료를 분석하는 것은 작업환경 측정보다 훨씬 복잡하고 취급이 어렵다.
④ 근로자의 유해인자에 대한 노출 정도를 소변, 호기, 혈액 중에서 그 물질이나 대사산물을 측정함으로써 노출 정도를 추정하는 방법을 의미한다.

> BEI(Biological Exposure Indices)는 ACGIH(미국산업위생전문가협의회)에서 제시하는 생물학적 노출 지표로, BEI를 가진 화학물질의 수가 노출기준을 가진 화학물질의 수보다 많지 않다. 즉, 모든 화학물질에 대해 BEI가 제정된 것은 아니다.

88 빈출

니트로벤젠의 화학물질의 영향에 대한 생물학적 모니터링 대상으로 옳은 것은?

① 요에서의 마뇨산
② 적혈구에서의 ZPP(징크프로토포르피린)
③ 요에서의 저분자량 단백질
④ 혈액에서의 메트헤모글로빈

> 니트로벤젠은 체내에서 헤모글로빈을 메트헤모글로빈으로 산화시켜 메트헤모글로빈혈증을 유발한다. 따라서 니트로벤젠 노출 정도를 평가할 때 혈액 내 메트헤모글로빈 수치를 측정하는 생물학적 모니터링이 사용된다.

89

직업성 천식을 유발하는 대표적인 물질로 나열된 것은?

① 알루미늄, 2-Bromopropane
② TDI(Toluene Diisocyanate), Asbestos
③ 실리카, DBCP(1,2-Dibromo-3-Chloropropane)
④ TDI(Toluene Diisocyanate), TMA(Trimellitic Anhydride)

> • TDI와 TMA는 이소시아네이트 계열로, 특히 가구 제조, 도장, 접착제 작업 등에서 많이 노출되어 대표적인 직업성 천식 유발 물질로 알려져 있다.
> • 벤젠, 알루미늄, 아스베스토스, 실리카, dBCP 등은 다른 종류의 독성물질이나 먼지, 발암물질로 인해 다양한 직업병을 유발하지만 직업성 천식과 직접적인 관련성은 상대적으로 낮다.

90 빈출

생리적으로는 아무 작용도 하지 않으나 공기 중에 많이 존재하여 산소분압을 저하시켜 조직에 필요한 산소의 공급부족을 초래하는 질식제는?

① 단순 질식제
② 화학적 질식제
③ 물리적 질식제
④ 생물학적 질식제

> ① 단순 질식제는 생리적으로 아무 작용도 하지 않지만 공기 중에 많이 존재하여 산소를 대체해 산소 분압을 낮추어 조직에 산소 공급 부족을 초래하는 물질이다. 대표적으로 질소, 아르곤, 이산화탄소 등이 포함된다.
> ② 화학적 질식제는 일산화탄소, 청산 등으로, 체내에서 생리적으로 산소 운반을 방해하거나 독성 작용을 한다.
> ③ 물리적 질식제는 기도 폐쇄 등 외부 물리적 요인에 의해 산소 공급이 차단되는 경우를 뜻한다.
> ④ 생물학적 질식제는 미생물 감염 등으로 발생하는 경우를 의미한다.

91

크롬화합물 중독에 대한 설명으로 옳지 않은 것은?

① 크롬중독은 뇨 중의 크롬양을 검사하여 진단한다.
② 크롬 만성중독의 특징은 코, 폐 및 위장 병변이다.
③ 중독치료는 배설촉진제인 Ca-EDTA를 투약하여야
　한다.
④ 정상인보다 크롬취급자는 폐암으로 인한 사망률이 약
　13~31배나 높다고 보고된 바 있다.

• Ca-EDTA는 납(대표적), 망간, 아연의 해독작용을 한다.
• Ca-EDTA는 납중독과 같은 금속중독에 사용되며, 크롬중독 치료
　에 표준으로 사용되지 않는다. 크롬 중독은 증상별 대증치료 및
　노출 회피가 중심이다.

92 빈출

기관지와 폐포 등 폐 내부의 공기통로와 가스교환 부위에
침착되는 먼지로서 공기역학적 지름이 30μm 이하의 크기
를 가지는 것은?

① 흉곽성 먼지
② 호흡성 먼지
③ 흡입성 먼지
④ 침착성 먼지

가장 가까운 먼지는 흉곽성 먼지이다.

관련개념 ACGIH 입자 크기별 기준
• 흡입성 입자상 물질: 평균입경 100μm
• 흉곽성 입자상 물질: 평균입경 10μm
• 호흡성 입자상 물질: 평균입경 4μm

93

자극성 접촉피부염에 대한 설명으로 옳지 않은 것은?

① 홍반과 부종을 동반하는 것이 특징이다.
② 작업장에서 발생빈도가 가장 높은 피부질환이다.
③ 진정한 의미의 알레르기 반응이 수반되는 것은 포함
　시키지 않는다.
④ 항원에 노출되고 일정 시간이 지난 후에 다시 노출되
　었을 때 세포매개성 과민반응에 의하여 나타나는 부
　작용의 결과이다.

④는 알레르기성 접촉피부염의 특징으로, 일정 시간 지난 후 다시
노출되어 세포매개성 과민반응을 일으키는 반응이다. 자극성 접촉
피부염은 즉각적 또는 짧은 시간 내에 증상이 나타난다.

관련개념 자극성 접촉피부염
피부에 자극을 줄 수 있는 화학물질이나 물리적 자극물질에 일정 농
도 이상과 일정 시간 이상 노출될 때 발생하는 피부염이다. 누구에게
나 발생할 수 있으며, 피부 접촉 부위에 국한되어 홍반, 부종, 가려
움, 따가움 등의 증상이 나타난다. 만성적으로 노출되면 피부가 두꺼
워지고 갈라지는 만성 습진 형태로 진행될 수 있다. 주로 손, 얼굴,
목과 같이 자극물질에 자주 노출되는 부위에 발생하며, 작업장이나
가성 등 나양한 환경에서 발생할 수 있다.

94

중금속과 중금속이 인체에 미치는 영향을 연결한 것으로
옳지 않은 것은?

① 크롬 – 폐암
② 수은 – 파킨슨병
③ 납 – 소아의 IQ 저하
④ 카드뮴 – 호흡기의 손상

수은의 독성은 단백질 변성, 효소 비활성화, 신경계 및 신장 독성,
미나마타병 등 직업성 · 환경성 건강장해로 이어진다.

95

작업환경에서 발생될 수 있는 망간에 관한 설명으로 옳지 않은 것은?

① 주로 철합금으로 사용되며, 화학공업에서는 건전지 제조업에 사용된다.
② 만성노출 시 언어가 느려지고 무표정하게 되며, 파킨슨 증후군 등의 증상이 나타나기도 한다.
③ 망간은 호흡기, 소화기 및 피부를 통하여 흡수되며, 이 중에서 호흡기를 통한 경로가 가장 많고 위험하다.
④ 급성 중독 시 신장장애를 일으켜 요독증(Uremia)으로 8~10일 이내 사망하는 경우도 있다.

> 급성 망간 중독은 주로 폐자극, 폐부종 등의 호흡기 증상과 중추신경계 손상이 나타나는 것으로 알려져 있다.

관련개념 망간
- 용도: 제강·알루미늄 합금 첨가제로 주로 사용되며, 알카라인 건전지 제조에도 활용된다.
- 흡수 경로: 호흡기를 통한 흡수가 가장 많고 위험하며, 소화기 흡수는 적고 피부 투과는 미미하다.
- 만성 중독(망간증): 언어장애, 안면무표정, 운동실조, 파킨슨 유사 증후군 등이 특징이다.
- 급성 중독 증상: 호흡기 자극, 기침, 천명음, 폐부종 등이 발생할 수 있다.

96

유해물질을 생리적 작용에 의하여 분류한 자극제에 관한 설명으로 옳지 않은 것은?

① 상기도의 점막에 작용하는 자극제는 크롬산, 산화에틸렌 등이 해당된다.
② 상기도 점막과 호흡기관지에 작용하는 자극제는 불소, 요오드 등이 해당된다.
③ 호흡기관의 종말기관지와 폐포점막에 작용하는 자극제는 수용성이 높아 심각한 영향을 준다.
④ 피부와 점막에 작용하여 부식작용을 하거나 수포를 형성하는 물질을 자극제라고 하며 고농도로 눈에 들어가면 결막염과 각막염을 일으킨다.

> 호흡기관의 종말기관지와 폐포점막에 작용하는 자극제는 일반적으로 수용성이 낮아 폐에 깊이 침투하여 심각한 영향을 준다. 수용성이 높은 물질은 주로 상기도에 영향을 미친다.

97 빈출

어떤 물질의 독성에 관한 인체실험 결과 안전흡수량이 체중 1kg당 0.15mg이었다. 체중이 70kg인 근로자가 1일 8시간 작업할 경우, 이 물질의 체내 흡수를 안전흡수량 이하로 유지하려면, 공기 중 농도를 약 얼마 이하로 하여야 하는가? (단, 작업 시 폐환기율(또는 호흡률)은 1.3m³/h, 체내 잔류율은 1.0으로 한다.)

① 0.52mg/m^3
② 1.01mg/m^3
③ 1.57mg/m^3
④ 2.02mg/m^3

> - 안전 일일 흡수량 = 안전흡수량 × 체중
>   = 0.15mg/kg × 70kg
>   = 10.5mg(1일 허용 체내 흡수량)
> - 안전흡수량 = 0.15mg/kg
> - 체중 = 70kg
> - 총 흡입 공기량 = 폐환기율 × 작업시간
>   = 1.3m³/h × 8h
>   = 10.4m³
> - 작업시간 = 8시간
> - 폐환기율 = 1.3m³/h
> - 체내 잔류율 = 1.0
> - 안전 농도 = 안전 일일 흡수량 / 총 흡입 공기량
>   = 10.5mg / 10.4m³ = 1.0096mg/m³

ACGIH에서 규정한 유해물질 허용기준에 관한 사항으로 옳지 않은 것은?

① TLV-C: 최고 노출기준
② TLV-STEL: 단기간 노출기준
③ TLV-TWA: 8시간 평균 노출기준
④ TLV-TLM: 시간가중 한계농도기준

④ TLV-TLM이라는 용어는 ACGIH에서 사용하지 않으며, 시간가중 한계농도기준은 TLV-TWA로 표현한다.
① TLV-C(Ceiling)는 작업 중 잠시라도 초과해서는 안 되는 최고 노출기준이다.
② TLV-STEL(Short Term Exposure Limit)는 15분간 허용되는 단기간 노출기준이다.
③ TLV-TWA(Time-Weighted Average)는 8시간의 작업 시간 평균 노출기준을 뜻한다.

99

먼지가 호흡기계로 들어올 때 인체가 가지고 있는 방어기전으로 가장 적정하게 조합된 것은?

① 면역작용과 폐 내의 대사 작용
② 폐포의 활발한 가스교환과 대사 작용
③ 점액 섬모운동과 가스교환에 의한 정화
④ 점액 섬모운동과 폐포의 대식세포의 작용

• 점액 섬모운동은 기관과 기관지 내 점액층에 붙은 먼지와 미생물을 섬모가 기도 위쪽으로 밀어내어 배출하는 작용이다.
• 폐포의 대식세포는 폐포에 침착된 미세 입자와 병원균을 식균 작용으로 제거하여 폐를 보호한다.
• 이 두 작용은 호흡기계 내에서 먼지와 유해물질에 대한 주요 방어기전이다.

100

공기 중 입자상 물질의 호흡기계 축적 기전에 해당하지 않는 것은?

① 교환
② 충돌
③ 침전
④ 확산

① 교환(Exchange)은 입자 침착 기전에 포함되지 않는다.
② 충돌(Collison)은 입자가 기도 벽에 부딪혀 침착되는 현상이다.
③ 침전(Settling)은 중력에 의해 입자가 내려앉는 현상이다.
④ 확산(Diffusion)은 미세한 입자가 가스 분자와 충돌하여 무작위 운동으로 폐포 등 깊숙한 부위에 도달하는 것을 말한다.

정답   98 ④ 99 ④ 100 ①

Chapter 02

2020년 3회 | 공개기출문제

1과목　산업위생학개론

01

주로 정적인 자세에서 인체의 특정부위를 지속적, 반복적으로 사용하거나 부적합한 자세로 장기간 작업할 때 나타나는 질환을 의미하는 것이 아닌 것은?

① 반복성긴장장애
② 누적외상성질환
③ 작업관련성 신경계질환
④ 작업관련성 근골격계질환

작업관련성 신경계질환은 신경계에 영향을 주는 다양한 원인으로 인해 발생하며, 반드시 정적이거나 반복적인 동작에 국한되지 않는다. 즉, 작업환경과 직접 관련되지만 정적 자세 및 반복적 근육 사용과는 구분된다.

02 빈출

육체적 작업 시 혐기성 대사에 의해 생성되는 에너지원에 해당하지 않는 것은?

① 산소(Oxygen)
② 포도당(Glucose)
③ 크레아틴 인산(CP)
④ 아데노신 삼인산(ATP)

① 혐기성 대사는 산소 없이 에너지를 생성하는 과정으로, 산소는 사용되지 않는다.
② 포도당(Glucose)은 혐기성 해당과정에서 ATP를 생성하는 연료 역할을 한다.
③ 크레아틴 인산(Creatine Phosphate, CP)은 근육 내 빠른 에너지 공급원으로 ATP 재생에 사용된다.
④ 아데노신 삼인산(ATP)은 모든 세포 활동을 위한 직접적인 에너지 화합물이다.

03 빈출

산업안전보건법령상 발암성 정보물질의 표기법 중 '사람에게 충분한 발암성 증거가 있는 물질'에 대한 표기방법으로 옳은 것은?

① 1
② 1A
③ 2A
④ 2B

발암성 정보물질의 표기법

구분	설명	세부적용 기준
1A	사람(역학, 의학적 데이터 등)에서 발암성과 화학물질 노출 사이의 인과관계가 명확하게 확인된 경우	신뢰성 있는 역학 연구에서 우연성, 편견, 교란요인 없이 발암성(노출-암발생 인과관계)이 인정된 경우 참고 IARC(국제암연구소) 1군과 동일
1B	동물실험에서 발암성이 충분히 증명, 사람에서도 유사할 것으로 추정되는 경우	• 여러 종의 실험동물에서 반복연구로 발암성이 입증 • 사람에서는 직접 증거가 부족
2	사람과 동물 모두에서 제한된 증거만 있는 경우	• 실험 결과 일부만 발암성을 시사 • 인과관계의 신뢰성 부족

04

산업안전보건법령상 작업환경측정에 대한 설명으로 옳지 않은 것은?

① 작업환경측정의 방법, 횟수 등의 필요사항은 사업주가 판단하여 정할 수 있다.
② 사업주는 작업환경의 측정 중 시료의 분석을 작업환경측정기관에 위탁할 수 있다.
③ 사업주는 작업환경측정 결과를 해당 작업장의 근로자에게 알려야 한다.
④ 사업주는 근로자대표가 요구할 경우 작업환경측정 시 근로자대표를 참석시켜야 한다.

작업환경측정은 산업안전보건법에 근거하여 사업주가 고용노동부령으로 정하는 자격을 가진 자에게 하도록 하며, 작업환경측정의 방법, 횟수 등은 법령과 고용노동부령에 의해 정해져 있어 사업주의 임의 판단에 맡길 수 없다. 사업주는 작업환경측정 결과를 해당 작업장의 근로자에게 알려야 하고, 근로자대표가 요구할 경우 작업환경측정 시 근로자대표를 참석시켜야 하며, 시료 분석은 작업환경측정기관에 위탁할 수 있다.

05 ★빈출

온도 25℃, 1기압 하에서 분당 100mL씩 60분 동안 채취한 공기 중에서 벤젠이 5mg 검출되었다면 검출된 벤젠은 약 몇 ppm인가? (단, 벤젠의 분자량은 78이다.)

① 15.7
② 26.1
③ 157
④ 261

$$\text{ppm} = \text{mL/m}^3$$

$$\frac{5\text{mg} \times \dfrac{22.4\text{mL}}{78\text{mg}} \times \dfrac{(273+25)\text{K}}{273\text{K}}}{\dfrac{100\text{mL}}{\text{min}} \times 60\text{min} \times \dfrac{\text{m}^3}{10^6\text{mL}}} = 261.2316\text{mL/m}^3$$

06

화학적 원인에 의한 직업성 질환으로 볼 수 없는 것은?

① 정맥류
② 수전증
③ 치아산식증
④ 시신경 장해

직업성 질환은 작업환경의 유해인자에 노출되어 발생하는 질환으로, 화학적 원인에는 중금속 중독, 유기용제 중독, 가스 및 분진 등이 포함된다.
① 정맥류는 하지 정맥의 혈액이 역류하여 혈관이 확장되는 질환으로, 주로 물리적 인자(오래 서 있기, 압력 증가 등)나 혈액 순환 문제에 의한 것으로 화학적 원인 직업성 질환에 포함되지 않는다.
② 수전증은 유기용제 등 화학물질에 장기간 노출되어 발생하는 신경학적 손상 증상으로 화학적 원인에 해당한다.
③ 치아산식증은 작업환경 중 산성 화학물질에 노출되어 치아가 부식되는 현상으로 화학적 원인 직업성 질환이다.
④ 시신경 장해는 납, 수은 등 중금속 및 유기용제 등 화학물질에 의한 신경독성으로 나타나는 질환이다.

07 ★빈출

다음 ( ) 안에 들어갈 알맞은 것은?

산업안전보건법령상 화학물질 및 물리적 인자의 노출기준에서 「시간가중평균노출기준(TWA)」이란 1일 (A)시간 작업을 기준으로 하며 유해인자의 측정치에 발생시간을 곱하여 (B)시간으로 나눈 값을 말한다.

① A: 6, B: 6
② A: 6, B: 8
③ A: 8, B: 6
④ A: 8, B: 8

시간가중평균노출기준(Time Weighted Average, TWA)
1일 8시간 작업을 기준으로 유해인자가 발생한 시간별 측정치에 발생시간을 곱하여 8시간으로 나눈 값을 말한다. 산출식은 다음과 같다.

$$\text{TWA} = \frac{C_1 T_1 + C_2 T_2 + \cdots + C_n T_n}{8} = \frac{\displaystyle\sum_{n=1}^{n}(C_n \times T_n)}{8}$$

여기서, 8시간은 1일 작업시간을 의미한다.
- C_n: 유해인자의 농도
- T_n: 각 농도가 발생한 시간(시간 단위)

08 빈출

산업위생전문가의 윤리강령 중 "근로자에 대한 책임"에 해당하는 것은?

① 적절하고도 확실한 사실을 근거로 전문적인 견해를 발표한다.
② 기업주에 대하여는 실현 가능한 개선점으로 선별하여 보고한다.
③ 이해관계가 있는 상황에서는 고객의 입장에서 관련 자료를 제시한다.
④ 근로자의 건강보호가 산업위생전문가의 1차적인 책임이라는 것을 인식한다.

산업위생전문가의 윤리강령에서 "근로자에 대한 책임"은 근로자의 건강보호가 전문가의 가장 우선적인 책임임을 인식하는 것을 말한다.

09

주요 실내 오염물질의 발생원으로 보기 어려운 것은?

① 호흡
② 흡연
③ 자외선
④ 연소기기

③ 자외선: 오염물질을 발생시키는 원인이 아닌 에너지원 또는 광선의 일종으로, 실내 오염물질의 발생원으로 보지 않는다.
① 호흡: 사람의 호흡 활동으로 이산화탄소, 수분, 미생물 등이 실내 공기에 배출된다.
② 흡연: 담배 연기로 인해 다양한 유해 화학물질과 미세먼지가 실내 공기를 오염시킨다.
④ 연소기기: 취사용 가스기구, 난방기기 등에서 일산화탄소, 이산화질소, 미세먼지 등이 발생한다.

10 빈출

산업피로의 종류에 대한 설명으로 옳지 않은 것은?

① 근육의 일부 부위에만 발생하는 국소피로와 전신에 나타나는 전신피로가 있다.
② 신체피로는 육체적 노동에 의한 근육의 피로를 말하는 것으로 근육노동을 할 경우 주로 발생된다.
③ 피로는 그 정도에 따라 보통피로, 과로 및 곤비로 분류할 수 있으며 가장 경증의 피로단계는 곤비이다.
④ 정신피로는 중추신경계의 피로를 말하는 것으로 정밀작업 등과 같은 정신적 긴장을 요하는 작업 시에 발생된다.

피로 단계는 '보통피로 → 과로 → 곤비' 순이며, 여기서 가장 경증의 피로 단계는 보통피로이다. 곤비는 가장 심각한 상태를 나타낸다.

관련개념
- 국소피로: 근육의 일부 부위에 발생하는 피로이다.
- 전신피로: 몸 전체에 나타나는 피로로 신경계와 전신 근육이 피로해진 상태이다.
- 신체피로: 육체노동에 의해 발생하는 근육 피로로, 주로 근육 노동 시 나타난다.
- 정신피로: 중추신경계가 긴장되어 나타나는 피로로 정밀작업 등 정신적 긴장이 필요한 작업 시 발생한다.
- 곤비: 심한 노동 후 피로 현상으로, 단기간의 휴식에 의해 회복되지 않고 병적 상태로 발전하는 현상을 곤비(困憊)라 한다. '지나친 피로나 과로로 인해 장기간에 걸쳐 신체적·정신적 기능 저하가 지속되는 병적 피로 상태'로, 단순한 과로나 일시적 전신피로와는 구분된다. 곤비 상태는 능률 저하, 업무 중 사고 증가, 만성적 신체 증상과 같은 문제를 유발할 수 있으며, 충분한 휴식에도 불구하고 피로가 풀리지 않고 일상생활에 지장을 준다면 곤비로 간주한다.

11

산업안전보건법령상 사업주가 사업을 할 때 근로자의 건강장해를 예방하기 위하여 필요한 보건상의 조치를 하여야 할 항목이 아닌 것은?

① 사업장에서 배출되는 기계·액체 또는 찌꺼기 등에 의한 건강장해
② 폭발성, 발화성 및 인화성 물질 등에 의한 위험 작업의 건강장해
③ 계측감시, 컴퓨터 단말기 조작, 정밀공작 등의 작업에 의한 건강장해
④ 단순반복작업 또는 인체에 과도한 부담을 주는 작업에 의한 건강장해

폭발성, 발화성 및 인화성 물질 등에 의한 위험 작업은 주로 안전상의 위험으로 분류하며, 이는 보건상의 조치 항목이 아닌 안전상의 위험 예방 의무에 해당한다. 즉, 해당 항목은 보건상의 조치 대상이 아니다.

12 빈출

육체적 작업능력(PWC)이 16kcal/min인 남성 근로자가 1일 8시간 동안 물체를 운반하는 작업을 하고 있다. 이때 작업대사율은 10kcal/min이고, 휴식 시 대사율은 2kcal/min이다. 매 시간마다 적정한 휴식시간은 약 몇 분인가? (단, Herting의 공식을 적용하여 계산한다.)

① 15분
② 25분
③ 35분
④ 45분

• 휴식시간비율(%) = $\left[\dfrac{\text{PWC} \times \dfrac{1}{3} - \text{작업대사량}}{\text{휴식대사량} - \text{작업대사량}} \right] \times 100$

$= \left[\dfrac{16 \times \dfrac{1}{3} - 10}{2 - 10} \right] \times 100 = 58.3333\%$

• 휴식시간 = 60min × 0.5833 = 34.998min

13 빈출

Diethyl Ketone(TLV=200ppm)을 사용하는 근로자의 작업시간이 9시간일 때 허용기준을 보정하였다. OSHA 보정법과 Brief and Scala 보정법을 적용하였을 경우 보정된 허용기준치 간의 차이는 약 몇 ppm인가?

① 5.05
② 11.11
③ 22.22
④ 33.33

• OSHA 보정방법

보정된 노출기준 = 8시간 노출기준 × $\dfrac{8\text{시간}}{\text{노출시간 / 일}}$

$= 200 \times \dfrac{8}{9} = 177.77\text{ppm}$

• Brief and Scala 보정방법

$\text{RF} = \left(\dfrac{8}{H} \right) \times \dfrac{24 - H}{16} = \left(\dfrac{8}{9} \right) \times \dfrac{24 - 9}{16} = 0.8333$

보정된 노출기준 = TLV × RF = 200 × 0.8333

$= 166.66\text{ppm}$

• 허용기준치 차이 = 177.77 − 166.66 = 11.11ppm

14 ⭐빈출

산업위생의 역사에서 직업과 질병의 관계가 있음을 알렸고, 광산에서의 납중독을 보고한 인물은?

① Larigo
② Paracelsus
③ Percival Pott
④ Hippocrates

④ Hippocrates(히포크라테스): Hippocrates(기원전 460~377)는 고대 그리스 의사로, 납중독 등 직업병에 대해 역사상 최초로 언급하였다. 당시 납을 다루는 사람들에서 건강문제가 발생함을 기록하였다.
① Larigo(라리고): Larigo는 산업위생사 또는 산업의학과 관련된 주요 인물이 아니며, 직업병 역사와 관련한 중요한 보고나 업적과 연결되지 않는다.
② Paracelsus(파라켈수스): Paracelsus(1493~1541)는 르네상스 시대 의사로 현대 독성학과 직업병학의 선구자이다. 그는 광산 작업자와 금속 노출로 인한 직업병을 연구하고, 금속 증기와 먼지가 폐에 치명적임을 처음으로 체계적으로 보고하였다. 그의 저서 『광부병과 광부의 기타 질병에 관하여』는 최초의 직업의학 관련 문헌 중 하나로 알려져 있다.
③ Percival Pott(퍼시벌 포트): Percival Pott(1714~1788)는 영국 외과의사로, 직업과 암의 연관성을 최초로 밝힌 인물이다. 그는 굴뚝 청소부에게 음낭암(Scrotal Cancer)이 발생함을 관찰하여, 검댕(Smut)이 원인임을 최초로 밝혀 직업성 암의 개념을 도입하였다.

15

피로의 예방대책으로 적절하지 않은 것은?

① 충분한 수면을 갖는다.
② 작업 환경을 정리, 정돈한다.
③ 정적인 자세를 유지하는 작업을 동적인 작업으로 전환하도록 한다.
④ 작업과정 사이에 여러 번 나누어 휴식하는 것보다 장시간의 휴식을 취한다.

작업과정 사이에 여러 번 나누어 짧게 휴식을 취하는 것이 장시간 한 번에 휴식하는 것보다 효과적으로 피로를 줄인다. 즉, 짧은 휴식들을 자주 갖는 것이 피로 회복과 작업 집중력 유지에 더 유리하다.

16

직업성 변이(Occupational Stigmata)의 정의로 옳은 것은?

① 직업에 따라 체온량의 변화가 일어나는 것이다.
② 직업에 따라 체지방량의 변화가 일어나는 것이다.
③ 직업에 따라 신체 활동량의 변화가 일어나는 것이다.
④ 직업에 따라 신체 형태와 기능에 국소적 변화가 일어나는 것이다.

직업성 변이(Occupational Stigmata)란 특정 직업에서 반복적이고 지속적인 작업 환경이나 작업 방식에 의해 신체의 형태 및 기능이 국소적으로 변화하는 현상을 말한다. 이는 직업에 따른 신체적 적응 또는 변형 형태로, 작업 부위에 특이한 근육 발달, 피부 변화, 변형 등이 나타나는 경우이다.

관련개념
• 국소적 변화: 작업 부위에 제한적인 신체 변화가 생기는 것
• 직업성 변이 사례: 목수의 두꺼운 손바닥 피부, 장인의 특정 손가락 굵기 증가 등이 있다.

17

생체와 환경과의 열교환 방정식을 올바르게 나타낸 것은? (단, $\triangle S$: 생체 내 열용량의 변화, M: 대사에 의한 열 생산, E: 수분증발에 의한 열 방산, R: 복사에 의한 열 득실, C: 대류 및 전도에 의한 열 득실)

① $\triangle S = M + E \pm R - C$
② $\triangle S = M - E \pm R \pm C$
③ $\triangle S = R + M + C + E$
④ $\triangle S = C - M - R - E$

• 열수지 방정식은 인체에서의 열 균형 상태를 나타내며, $\triangle S = 0$ 은 열평형 상태를 의미한다.
• 생체 내 열 저장의 변화는 대사로 발생한 열에서 증발로 잃은 열을 빼고 복사 및 대류·전도로 얻거나 잃는 열을 더하거나 빼서 계산한다.
• 증발은 주로 땀의 증발로 체온을 냉각한다.
• 복사 및 대류·전도는 환경과의 열교환 방법이다.

18

작업적성에 대한 생리적 적성검사 항목에 해당하는 것은?

① 체력 검사
② 지능 검사
③ 인성 검사
④ 지각동작 검사

- 작업적성 평가 중 생리적 적성검사는 근로자가 작업환경에 적합한 신체적 능력과 체력을 가지고 있는지를 평가하는 항목이다. 체력 검사는 근육 힘, 지구력, 유연성 등 신체 능력을 검사하여 작업을 수행하는 데 필요한 신체적 조건을 평가한다.
- 지능 검사, 인성 검사, 지각동작 검사는 심리적, 인지적, 정신적 적성검사 항목이다.

19

다음 ( ) 안에 들어갈 알맞은 용어는?

> (   )은/는 근로자나 일반대중에게 질병, 건강장해와 능률저하 등을 초래하는 작업환경 요인과 스트레스를 예측, 인식(측정), 평가, 관리하는 과학인 동시에 기술을 말한다.

① 유해인자
② 산업위생
③ 위생인식
④ 인간공학

산업위생은 근로자나 일반대중에게 질병, 건강장해와 능률저하 등을 초래하는 작업환경 요인과 스트레스를 예측, 인식(측정), 평가, 관리하는 과학인 동시에 기술을 말한다.

20 빈출

근로시간 1,000시간당 발생한 재해에 의하여 손실된 총 근로손실일 수로 재해자의 수나 발생빈도와 관계없이 재해의 내용(상해정도)을 측정하는 척도로 사용되는 것은?

① 건수율
② 연천인율
③ 재해 강도율
④ 재해 도수율

③ 재해 강도율: (근로손실일 수 / 연 근로시간 수) × 1,000
재해로 인한 손실 정도("강도")를 나타내는 산업재해지표로, 근로시간 1,000시간당 발생한 손실일수를 의미한다. 즉, 재해 발생 시 그 심각성·중증도를 평가한다
① 건수율: 특정 기간 내 재해건수를 근로자 수로 나눈 비율이다.
② 연천인율: (연간재해자 수 / 평균근로자 수) × 1,000
재해의 피재근로자 수를 근로자 수로 나눈 비율로, 1년간 근로자 1,000명당 재해에 당한 근로자 수를 나타낸다. 즉, 인원 기준의 재해 규모를 파악하는 지표이다.
④ 재해 도수율: (재해발생건수 / 연간 총 근로시간) × 1,000,000
연간 총 근로시간 1,000,000시간당 발생한 재해건수를 나타내는 지표이다. 이는 재해의 발생 빈도를 측정하는 데 사용된다.

정답   18 ①   19 ②   20 ③

21

분석용어에 대한 설명 중 틀린 것은?

① 이동상이란 시료를 이동시키는 데 필요한 유동체로서 기체일 경우를 GC라고 한다.

② 크로마토그램이란 유해물질이 검출기에서 반응하여 띠 모양으로 나타낸 것을 말한다.

③ 전처리는 분석물질 이외의 것들을 제거하거나 분석에 방해되지 않도록 하는 과정으로서 분석기기에 의한 정량을 포함한다.

④ AAS 분석원리는 원자가 갖고 있는 고유한 흡수파장을 이용한 것이다.

> 전처리는 분석물질 이외의 것들을 제거하거나 분석에 방해되지 않도록 하는 과정으로서 분석기기에 의한 정량을 포함하지 않는다.

22 빈출

벤젠으로 오염된 작업장에서 무작위로 15개 지점의 벤젠의 농도를 측정하여 다음과 같은 결과를 얻었을 때, 이 작업장의 표준편차는?

8, 10, 15, 12, 9, 13, 16, 15, 11, 9, 12, 8, 13, 15, 14

① 4.7

② 3.7

③ 2.7

④ 0.7

• 평균 산정

$$\frac{8+10+15+12+9+13+16+15+11+9+12+8+13+15+14}{15}$$

$$=\frac{180}{15}=12$$

• 표준편차$(s) = \sqrt{\dfrac{\sum\limits_{i=1}^{n}(x_i - \bar{x})^2}{n-1}}$

$$= \sqrt{\frac{\begin{matrix}(8-12)^2+(10-12)^2+(15-12)^2+(12-12)^2+(9-12)^2+ \\ (13-12)^2+(16-12)^2+(15-12)^2+(11-12)^2+(9-12)^2+ \\ (12-12)^2+(8-12)^2+(13-12)^2+(15-12)^2+(14-12)^2\end{matrix}}{15-1}}$$

$$= \sqrt{\frac{104}{14}} = 2.7255$$

- x_i : 각 데이터 값
- $\bar{x}$: 데이터의 평균
- n : 데이터 수

23

방사선이 물질과 상호작용한 결과 그 물질의 단위질량에 흡수된 에너지(Gray, Gy)의 명칭은?

① 조사선량

② 등가선량

③ 유효선량

④ 흡수선량

> ④ 흡수선량(Absorbed Dose): 방사선이 물질과 상호작용하여 물질의 단위질량당 흡수된 에너지의 양을 말한다. 단위는 그레이(Gray, Gy)로, 1Gy는 1킬로그램의 물질에 1줄(J)의 에너지가 흡수된 것을 의미한다.
>
> ① 조사선량(Exposure Dose): 감마선이나 엑스선이 공기 중에 생성하는 전하량으로, 주로 공기에 한정된다. 단위는 뢴트겐(R, Rroentgen)을 사용한다.
>
> ② 등가선량(Equivalent Dose): 인체가 받은 흡수선량에 방사선 종류별 가중치를 곱해 생물학적 효과를 보정한 값이며, 단위는 시버트(Sv)이다.
>
> ③ 유효선량(Effective Dose): 등가선량에 각 장기별 민감도를 반영한 값으로 인체 전체의 방사선 영향을 평가할 때 사용하며 단위는 시버트(Sv)이다.

24 빈출

두 개의 버블러를 연속적으로 연결하여 시료를 채취할 때, 첫 번째 버블러의 채취효율이 75%이고, 두 번째 버블러의 채취효율이 90%이면 전체 채취효율(%)은?

① 91.5
② 93.5
③ 95.5
④ 97.5

$$\eta_T = 1 - (1 - \eta_1)(1 - \eta_2) = 1 - (1 - 0.75)(1 - 0.9)$$
$$= 0.975 \rightarrow 97.5\%$$

25 빈출

시료채취 매체와 해당 매체로 포집할 수 있는 유해인자의 연결로 가장 거리가 먼 것은?

① 활성탄관 – 메탄올
② 유리섬유 여과지 – 캡탄
③ PVC 여과지 – 석탄분진
④ MCE막 여과지 – 석면

① 활성탄관은 주로 유기 화합물, 특히 휘발성 유기화합물(VOCs)을 흡착하여 포집하는 데 사용된다. 메탄올은 매우 극성인 알코올류로 활성탄관에 포집되기 어렵다.
② 유리섬유 여과지(Fiber Glass Filter)는 주로 캡탄(Captan, 살균제) 등 입자상 물질이나 여과지 측정에 적합한 물질 포집에 사용된다.
③ PVC 여과지(Polyvinyl Chloride Filter)는 석탄분진과 같은 미세먼지, 분진 포집에 널리 사용된다.
④ MCE 막여과지(Mixed Cellulose Ester)는 석면과 같은 섬유상 물질 포집에 적합한 매체이다.

26 빈출

작업환경측정 및 정도 관리 등에 관한 고시상 시료채취 근로자수에 대한 설명 중 옳은 것은?

① 단위작업장소에서 최고 노출근로자 2명 이상에 대하여 동시에 개인 시료채취 방법으로 측정하되, 단위작업장소에 근로자가 1명인 경우에는 그러하지 아니하며, 동일 작업근로자수가 20명을 초과하는 경우에는 매 5명당 1명 이상 추가하여 측정하여야 한다.
② 단위작업장소에서 최고 노출근로자 2명 이상에 대하여 동시에 개인 시료채취 방법으로 측정하되, 동일 작업근로자수가 100명을 초과하는 경우에는 최대 시료채취 근로자수를 20명으로 조정할 수 있다.
③ 지역 시료채취 방법으로 측정을 하는 경우 단위작업장소 내에서 3개 이상의 지점에 대하여 동시에 측정하여야 한다.
④ 지역 시료채취 방법으로 측정을 하는 경우 단위작업장소의 넓이가 60평방미터 이상인 경우에는 매 30평방미터마다 1개 지점 이상을 추가로 측정하여야 한다.

• 단위작업장소에서 최고 노출근로자 2명 이상에 대해 동시에 측정하며, 단위작업장소에 근로자가 1명인 경우는 예외이다.
• 근로자 수가 10명을 초과하는 경우 매 5명당 1명 이상 추가 측정하며, 따라서, 10명까지는 2명 측정, 11명부터는 5명당 1명씩 추가 측정한다.
예를 들어,
10명까지: 2명
11~15명: +1명(총 3명)
16~20명: +1명(총 4명)
• 다만, 동일 작업 근로자 수가 100명을 초과하는 경우 최대 시료채취 근로자 수를 20명으로 조정할 수 있다.
• 지역 시료채취 방법은 단위작업장소에서 2개 지점 이상 실시하며, 넓이가 50m² 이상인 경우 매 30m²마다 1개 지점 이상 추가해야 한다.

정답   24 ④   25 ①   26 ②

27

고성능 액체크로마토그래피(HPLC)에 관한 설명으로 틀린 것은?

① 주 분석대상 화학물질은 PCB 등의 유기화학물질이다.
② 장점으로 빠른 분석 속도, 해상도, 민감도를 들 수 있다.
③ 분석물질이 이동상에 녹아야 하는 제한점이 있다.
④ 이동상인 운반가스의 친화력에 따라 용리법, 치환법으로 구분된다.

> HPLC는 액체 이동상을 사용하며, 이동상 성질에 따른 구분은 없다. 이동상을 기체 운반가스로 하는 분석법은 기체크로마토그래피(GC)이다

28 빈출

18℃ 770mmHg인 작업장에서 Methyl Ethyl Ketone의 농도가 26ppm일 때 mg/m³ 단위로 환산된 농도는? (단, Methyl Ethyl Ketone의 분자량은 72g/mol이다.)

① 64.5
② 79.4
③ 87.3
④ 93.2

> ppm = mL/m³
> 18℃ 770mmHg에서 26ppm이면 표준상태에서도 26ppm이다.
>
> $$\dfrac{26mL \times \dfrac{72mg}{22.4mL}}{Sm^3 \times \dfrac{(273+18)K}{273K} \times \dfrac{760mmHg}{770mmHg}} = 79.4336 mg/m^3$$

29 빈출

작업장에 작동되는 기계 두 대의 소음레벨이 각각 98dB(A), 96dB(A)로 측정되었을 때, 두 대의 기계가 동시에 작동되었을 경우에 소음레벨(dB(A))은?

① 98
② 100
③ 102
④ 104

> 총 소음레벨(dB(A)) $= 10\log\left(10^{L_1/10} + 10^{L_2/10} + \cdots + 10^{L_n/10}\right)$
> $= 10\log\left(10^{98/10} + 10^{96/10}\right) = 100.1244 dB(A)$

30 빈출

어떤 작업자에 50% Acetone, 30% Benzene, 20% Xylene의 중량비로 조성된 용제가 증발하여 작업환경을 오염시키고 있을 때, 이 용제의 허용농도(TLV; mg/m³)는? (단, Actone, Benzene, Xylene의 TVL는 각각 1,600, 720, 670mg/m³이고, 용제의 각 성분은 상가작용을 하며, 성분 간 비휘발도 차이는 고려하지 않는다.)

① 873
② 973
③ 1,073
④ 1,173

> $$\dfrac{C_1 + C_2 + C_3}{허용농도} = \dfrac{C_1}{T_1} + \dfrac{C_2}{T_2} + \dfrac{C_3}{T_3}$$
>
> $$\dfrac{50 + 30 + 20}{허용농도} = \dfrac{50}{1,600} + \dfrac{30}{720} + \dfrac{20}{670}$$
>
> 허용농도 $= 973.0711 mg/m^3$
> ∘ C_n : 각 성분의 농도 또는 중량비
> ∘ T_n : 각 성분의 TLV

정답   27 ④ 28 ② 29 ② 30 ②

31 ⭐빈출

시간당 약 150kcal의 열량이 소모되는 작업조건에서 WBGT 측정치가 30.6℃일 때 고온의 노출기준에 따른 작업휴식 조건으로 적절한 것은?

① 매 시간 75% 작업, 25% 휴식
② 매 시간 50% 작업, 50% 휴식
③ 매 시간 25% 작업, 75% 휴식
④ 계속 작업

작업휴식시간비	경작업	중등작업	중작업
계속 작업	30.0℃	26.7℃	25.0℃
매 시간 75% 작업, 25% 휴식	30.6℃	28.0℃	25.9℃
매 시간 50% 작업, 50% 휴식	31.4℃	29.4℃	27.9℃
매 시간 25% 작업, 75% 휴식	32.2℃	31.1℃	30.0℃

- 경작업: ~200kcal/hr
- 중등작업: 200~350kcal/hr
- 중작업: 350~500kcal/hr

32 ⭐빈출

검지관의 장·단점으로 틀린 것은?

① 측정대상물질의 동정이 미리 되어 있지 않아도 측정이 가능하다.
② 민감도가 낮으며 비교적 고농도에 적용이 가능하다.
③ 특이도가 낮다. 즉, 다른 방해물질의 영향을 받기 쉬워 오차가 크다.
④ 색이 시간에 따라 변화하므로 제조자가 정한 시간에 읽어야 한다.

검지관은 측정하려는 대상 물질에 맞는 전용 검지관을 선택해야 하므로, 측정 전 반드시 측정할 물질이 무엇인지 동정(사전 파악)되어 있어야 한다.

관련개념 검지관
튜브 내부에 화학 시약이 충진되어 있어, 특정 유해물질이 통과할 때 화학 반응 및 색변화를 통해 농도를 직관적으로 확인할 수 있는 직독식 측정도구

33

MCE 여과지를 사용하여 금속성분을 측정, 분석한다. 샘플링이 끝난 시료를 전처리하기 위해 회화용액(Ashing Acid)을 사용하는데 다음 중 NIOSH에서 제시한 금속별 전처리 용액 중 적절하지 않은 것은?

① 납: 질산
② 크롬: 염산 + 인산
③ 카드뮴: 질산, 염산
④ 다성분금속: 질산 + 과염소산

크롬의 전처리 용액으로 적절한 것은 염산과 질산의 혼합물(염산 + 질산)이다.

34

Kata 온도계로 불감기류를 측정하는 방법에 대한 설명으로 틀린 것은?

① Kata 온도계의 구(球)부를 50~60℃의 온수에 넣어 구부의 알코올을 팽창시켜 관의 상부 눈금까지 올라가게 한다.
② 온도계를 온수에서 꺼내어 구(球)부를 완전히 닦아내고 스탠드에 고정한다.
③ 알코올의 눈금이 100°F에서 65°F까지 내려가는 데 소요되는 시간을 초시계로 4~5회 측정하여 평균을 낸다.
④ 눈금 하강에 소요되는 시간으로 Kata 상수를 나눈 값 H는 온도계의 구부 1cm²에서 1초 동안에 방산되는 열량을 나타낸다.

알코올의 눈금이 100°F에서 95°F까지 내려가는 데 소요되는 시간을 초시계로 4~5회 측정하여 평균을 낸다.

35

실리카겔 흡착에 대한 설명으로 틀린 것은?

① 실리카겔은 규산나트륨과 황산의 반응에서 유도된 무정형의 물질이다.
② 극성을 띠고 흡습성이 강하므로 습도가 높을수록 파과 용량이 증가한다.
③ 추출액이 화학분석이나 기기분석에 방해물질로 작용하는 경우가 많지 않다.
④ 활성탄으로 채취가 어려운 아닐린, 오르쏘-톨루이딘 등의 아민류나 몇몇 무기물질의 채취도 가능하다.

> 극성을 띠고 흡습성이 강하므로 습도가 높을수록 이미 수분이 흡착되어 흡착 가능한 공간이 줄어들기 때문에 파과 용량(흡착 최대 용량)이 감소한다.

36

작업장에서 어떤 유해물질의 농도를 무작위로 측정한 결과가 아래와 같을 때, 측정값에 대한 기하평균(GM)은?

> 5, 10, 28, 46, 90, 200 (단위: ppm)

① 11.4
② 32.4
③ 63.2
④ 104.5

> 기하평균은 농도의 중앙 경향을 표현할 때 유용하며, 특히 측정값 간 편차가 크거나 자료가 로그 정규분포를 따를 때 사용한다.
>
> 기하평균 $= (x_1 \times x_2 \times x_3 \times \cdots \times x_n)^{\frac{1}{n}}$
>
> $= (5 \times 10 \times 28 \times 46 \times 90 \times 200)^{\frac{1}{6}} = 32.4110$

37

접착공정에서 본드를 사용하는 작업장에서 톨루엔을 측정하고자 한다. 노출기준의 10%까지 측정하고자 할 때, 최소시료채취시간(min)은? (단, 작업장은 25℃, 1기압이며, 톨루엔의 분자량은 92.14, 기체크로마토그래피의 분석에서 톨루엔의 정량한계는 0.5mg, 노출 기준은 100ppm, 채취유량은 0.15L/분이다.)

① 13.3
② 39.6
③ 88.5
④ 182.5

> - 최소시료채취시간(min)을 구하려면, 시료에 포함되어야 하는 최소 질량(정량한계)까지 작업장 공기를 채취하는 데 걸리는 시간(분)을 계산한다.
> - 필요한 시료량 = 채취시간 × 농도 × 채취유량
>
> $$0.5\text{mg} = \square\,\text{min} \times \dfrac{100\text{mL} \times \dfrac{10}{100} \times \dfrac{92.14\text{mg}}{22.4\text{mL}}}{\text{Sm}^3 \times \dfrac{(273+25)\text{K}}{273\text{K}}} \times \dfrac{0.15\text{L}}{\text{min}} \times \dfrac{\text{m}^3}{1{,}000\text{L}}$$
>
> $\square = 88.4569\text{min}$
> - 노출 기준 100ppm의 10% = 10ppm
> - 채취유량 = 0.15L/min
> - 톨루엔 분자량 = 92.14
> - 정량한계 = 0.5mg

38

셀룰로오스 에스테르 막여과지에 관한 설명으로 옳지 않은 것은?

① 산에 쉽게 용해된다.
② 중금속 시료채취에 유리하다.
③ 유해물질이 표면에 주로 침착된다.
④ 흡습성이 적어 중량분석에 적당하다.

> - 셀룰로오스 에스테르 막여과지는 셀룰로오스 아세테이트와 셀룰로오스 나이트레이트가 혼합된 멤브레인 필터이다.
> - 셀룰로오스 에스테르 막여과지는 흡습성이 비교적 높아 중량분석에 적합하지 않다. 흡습성이 낮은 여과지가 중량분석에 더 적합하다.

39 빈출

작업장 소음에 대한 1일 8시간 노출 시 허용기준(dB(A))은? (단, 미국 OSHA의 연속소음에 대한 노출기준으로 한다.)

① 45
② 60
③ 86
④ 90

미국 OSHA의 연속소음에 대한 노출기준
- 1일 8시간 노출 시 허용기준은 90dB(A)이다.
- 교환율(Exchange Rate)은 5dB(A)로, 소음이 5dB(A) 증가하면 허용 노출시간이 절반으로 줄어든다.

소음(dB(A))	90	95	100	105	110	115
허용 노출시간	8시간	4시간	2시간	1시간	30분	15분

- 최대 노출 제한치는 115dB(A)이며, 이를 초과하는 소음에 대한 노출은 금지된다.
- OSHA는 8시간 기준 시간가중평균(TWA) 소음 수준이 90dB(A)를 넘지 않도록 관리하도록 하고 있다.
- 근로자가 8시간 동안 90dB(A)에 노출될 경우 청력 손실 위험이 상승하므로 이를 기준으로 보호 조치를 권장한다.

40 빈출

코크스 제조공정에서 발생되는 코크스 오븐 배출물질을 채취할 때, 다음 중 가장 적합한 여과지는?

① 은막 여과지
② PVC 여과지
③ 유리섬유 여과지
④ PTFE 여과지

① 은막 여과지: 균일한 공극 크기로 코크스 오븐 배출물질, 다환방향족탄화수소(PAHs), 브롬(Br), 염소(Cl) 등 유기물질 비함유 물질의 포집에 적합하다.

② PVC 여과지(Polyvinyl Chloride): 내화학성, 강도, 균일한 공극 구조를 가진 멤브레인 필터로 액체 필터링과 공기 중 입자 포집에 사용된다.

③ 유리섬유 여과지: 500℃까지 고온 사용이 가능하며, 내열성과 내화학성이 뛰어나 공기와 액체 내 미세 입자 포집에 주로 사용되고, 멤브레인 전처리용 필터로도 활용된다. 제약, 식음료, 환경 모니터링, 생명공학 등 다양한 산업에서 정밀여과와 고온·부식 환경에 적합하다.

④ PTFE 여과지(Polytetrafluoroethylene): 내열·내화학성이 우수한 불소수지 멤브레인 필터이며 소수성 특성을 가져 고온 및 화학물질 환경의 액체·기체 여과에 적합하고, 내산성·내알칼리성이 요구되는 환경에서 많이 사용된다.

3과목 작업환경 관리대책

41 빈출

덕트에서 평균속도압이 25mmH₂O일 때, 반송속도(m/sec)는?

① 101.1
② 50.5
③ 20.2
④ 10.1

$$동압(VP) = \frac{\gamma V^2}{2g}$$

$$25mmH_2O = \frac{\dfrac{1.2kg}{m^3} \times V^2}{2 \times 9.8m/sec^2}$$

$$V = 20.2072m/sec$$

- VP = 동압 측정치(mmH₂O)
- γ = 가스밀도(kg/m³)
- V = 유속(m/sec)
- g = 중력가속도(9.8m/sec²)
- 상온인 20℃에서의 공기밀도(1.2kg/m³)를 적용한다.

정답   39 ④   40 ①   41 ③

42

덕트 합류 시 댐퍼를 이용한 균형유지 방법의 장점이 아닌 것은?

① 시설 설치 후 변경에 유연하게 대처 가능
② 설치 후 부적당한 배기유량 조절 가능
③ 임의로 유량을 조절하기 어려움
④ 설계 계산이 상대적으로 간단함

댐퍼 방식은 송풍량 조절이 용이한 편이다.

관련개념 댐퍼
공조 및 환기 시스템에서 공기 흐름을 제어하는 장치이다. 주로 댐퍼는 특정 구획 간의 공기 이동을 제한하거나 허용하여 온도, 습도, 환기량 등을 조절하는 역할을 한다.

43 빈출

송풍기의 송풍량과 회전수의 관계에 대한 설명 중 옳은 것은?

① 송풍량과 회전수는 비례한다.
② 송풍량은 회전수의 제곱에 비례한다.
③ 송풍량은 회전수의 세제곱에 비례한다.
④ 송풍량과 회전수는 역비례한다.

• 송풍량과 회전수는 비례한다.
• 송풍기 정압(압력 상승)은 회전수의 제곱에 비례한다.
• 축동력(동력 소비)은 회전수의 세제곱에 비례한다.

44

동일한 두께로 벽체를 만들었을 경우에 차음효과가 가장 크게 나타나는 재질은? (단, 2,000Hz 소음을 기준으로 하며, 공극률 등 기타 조건은 동일하다고 가정한다.)

① 납
② 석고
③ 알루미늄
④ 콘크리트

차음은 주로 질량법칙에 의해 영향을 받으며, 밀도가 높은 재질일수록 고주파 영역(2,000Hz 등)에서 차음효과가 우수하다.
• 납: 매우 높은 밀도와 질량으로 2,000Hz 주파수에서 뛰어난 투과손실(차음성능)을 보이며, 같은 두께 기준 가장 큰 차음성능을 나타낸다.
• 석고: 가벼운 재질로 차음성능은 상대적으로 작다.
• 알루미늄: 밀도가 납과 콘크리트에 비해 낮고, 차음성능도 상대적으로 적은 편이다.
• 콘크리트: 비교적 높은 밀도를 지니며, 납보다는 낮지만 우수한 차음성능을 가진다.

45

다음 〈보기〉 중 공기공급시스템(보충용 공기의 공급 장치)이 필요한 이유가 모두 선택된 것은?

─────[보기]─────
a. 연료를 절약하기 위해서
b. 작업장 내 안전사고를 예방하기 위해서
c. 국소배기장치를 적절하게 가동시키기 위해서
d. 작업장의 교차기류를 유지하기 위해서

① a, b
② a, b, c
③ b, c, d
④ a, b, c, d

작업장의 교차기류(방해기류)를 방지하기 위해 공기공급시스템이 필요하다.

정답
42 ③ 43 ① 44 ① 45 ②

46 ⭐ 빈출

동력과 회전수의 관계로 옳은 것은?

① 동력은 송풍기 회전속도에 비례한다.
② 동력은 송풍기 회전속도의 제곱에 비례한다.
③ 동력은 송풍기 회전속도의 세제곱에 비례한다.
④ 동력은 송풍기 회전속도에 반비례한다.

- 송풍량과 회전수는 비례한다.
- 송풍기 정압(압력 상승)은 회전수의 제곱에 비례한다.
- 축동력(동력 소비)은 회전수의 세제곱에 비례한다.

47 ⭐ 빈출

강제환기를 실시할 때 환기효과를 제고하기 위해 따르는 원칙으로 옳지 않은 것은?

① 배출공기를 보충하기 위하여 청정공기를 공급할 수 있다.
② 공기배출구와 근로자의 작업위치 사이에 오염원이 위치하여야 한다.
③ 오염물질 배출구는 가능한 한 오염원으로부터 가까운 곳에 설치하여 점환기 현상을 방지한다.
④ 오염원 주위에 다른 작업공정이 있으면 공기배출량을 공급량보다 약간 크게 하여 음압을 형성하여 주위 근로자에게 오염물질이 확산되지 않도록 한다.

오염물질 배출구는 가능한 한 오염원으로부터 먼 곳에 설치하여 점환기 현상을 방지한다.

관련개념 점환기 현상
- 공기배출구 부근에서 배출된 오염물질이 초기 운동에너지를 잃고 정체되어 거의 움직임이 없는 상태가 되는 현상이다.
- 오염물질이 배출구 가까이 머물러 제대로 확산 또는 배출되지 못하게 하는 문제로, 국소배기장치 효율을 저하시키고 작업장 내 오염물질 농도를 높이는 원인이 된다.
- 점환기 현상을 방지하려면 오염물질 배출구를 오염원으로부터 가능한 한 멀리 설치하여 유동성을 확보하고 배출되는 공기가 원활히 흐르도록 해야 한다.

48 ⭐ 빈출

점음원과 1m 거리에서 소음을 측정한 결과 95dB로 측정되었다. 소음수준을 90dB로 하는 제한구역을 설정할 때, 제한구역의 반경(m)은?

① 3.16
② 2.20
③ 1.78
④ 1.39

소음 감쇠

$$L_2 = L_1 - 20\log\left(\frac{r_2}{r_1}\right)$$

$$90 = 95 - 20\log\left(\frac{r_2}{1m}\right)$$

$$r_2 = 1.7782m$$

- L_1: 측정 소음 레벨
- r_1: 측정 거리(1m)
- L_2: 제한 소음 레벨
- r_2: 구하려는 제한구역 반경(m)

49 ⭐ 빈출

층류영역에서 직경이 2μm이며 비중이 3인 입자상 물질의 침강속도(cm/sec)는?

① 0.032
② 0.036
③ 0.042
④ 0.046

Lippman식

$V = K \times \rho \times d^2$
   $= 0.003 \times 3.0 \times (2\mu m)^2 = 0.036cm/sec$

- V: 침강속도(cm/sec)
- K: 경험적으로 정해진 상수(일반적으로 0.003)
- ρ: 입자의 비중
- d: 입자의 직경(μm)

Lippman식은 공기 중 먼지나 에어로졸 등 입자의 침강속도를 실제 환경에 더 가깝게 추정하기 위한 경험적 공식이다.

50

입자상 물질을 처리하기 위한 공기정화장치로 가장 거리가 먼 것은?

① 사이클론
② 중력집진장치
③ 여과집진장치
④ 촉매산화에 의한 연소장치

④ 촉매산화에 의한 연소장치는 주로 가스상 유기화합물 등 기체상의 오염물질을 산화, 분해 처리하는 장치이다.
①, ②, ③ 사이클론, 중력집진장치, 여과집진장치는 모두 입자상 물질을 물리적으로 분리하거나 집진하는 장치이다. 사이클론은 원심력을 이용한 집진장치, 중력집진장치는 중력에 의한 침강 방식을 사용하며, 여과집진장치는 필터를 통해 입자를 포집한다.

51

공기가 흡입되는 덕트관 또는 공기가 배출되는 덕트관에서 음압이 될 수 없는 압력의 종류는?

① 속도압(VP)
② 정압(SP)
③ 확대압(EP)
④ 전압(TP)

① 속도압(VP, Velocity Pressure)은 유체의 운동에너지에 해당하는 압력으로, 공기 속도에 비례하여 항상 양의 값을 갖는다. 따라서 음압이 될 수 없다.
② 정압(SP, Static Pressure)은 공기가 주변에 미치는 압력으로 흡인 시 음압(음의 정압)이 될 수 있다.
③ 확대압(EP, Expansion Pressure)은 덕트나 관 내 압력 변화와 관련된 압력이다.
④ 전압(TP, Total Pressure)은 정압과 속도압의 합으로, 유체 전체 에너지에 해당한다.

52 빈출

다음의 보호장구의 재질 중 극성용제에 가장 효과적인 것은?

① Viton
② Nitrile 고무
③ Neoprene 고무
④ Butyl 고무

• Viton(불소고무)은 내열성과 내약품성이 뛰어나지만 극성 용제에 대한 저항성에서는 Butyl 고무에 비해 떨어진다.
• Nitrile 고무(니트릴)와 Neoprene 고무(네오프렌)는 내유성 및 내화학성이 있지만 극성 용제에는 상대적으로 덜 효과적이다.
• Butyl 고무는 내화학성이 우수하고 특히 극성 용제에 대한 저항성이 뛰어나다.

53

귀덮개 착용 시 일반적으로 요구되는 차음 효과는?

① 저음에서 15dB 이상, 고음에서 30dB 이상
② 저음에서 20dB 이상, 고음에서 45dB 이상
③ 저음에서 25dB 이상, 고음에서 50dB 이상
④ 저음에서 30dB 이상, 고음에서 55dB 이상

• 귀덮개는 귀 전체를 덮어 소음을 차단하며, 저주파(저음) 영역에서는 약 20dB 이상의 차음 효과를 제공하고 고주파(고음) 영역에서는 45dB 이상의 차음을 기대할 수 있다.
• 일반적으로 귀덮개의 차음 효과는 귀마개보다 크며, 고온이나 착용 부위의 특성에 따라 차음률이 다소 변할 수 있다.

54 빈출

움직이지 않는 공기 중으로 속도 없이 배출되는 작업조건
(예시: 탱크에서 증발)의 제어속도 범위(m/s)는? (단, ACGIH
권고 기준에 따른다.)

① 0.1~0.3
② 0.3~0.5
③ 0.5~1.0
④ 1.0~1.5

관련개념 제어속도 범위(ACGIH 권고 기준)

작업조건	작업공정 사례	제어속도 범위(m/s)
움직이지 않는 공기 중으로 속도 없이 배출됨	탱크에서 증발, 탈지	0.25~0.5
약간의 공기 움직임, 낮은 속도 배출	스프레이 도장, 용접, 도금, 저속 컨베이어 운반	0.5~1.0
발생기류가 높고 유해물질 활발 발생	스프레이 도장, 용기충진, 컨베이어 적재, 분쇄기	1.0~2.5
고속기류 내 높은 초기 속도 배출	회전연삭, 블라스팅	2.5~10.0

55

기류를 고려하지 않고 감각온도(Effective Temperature)
의 근사치로 널리 사용되는 지수는?

① WBGT
② Radiation
③ Evaporation
④ Glove Temperature

56

안전보건규칙상 국소배기장치의 덕트 설치 기준으로 틀린
것은?

① 가능하면 길이는 짧게 하고 굴곡부의 수는 적게 할 것
② 접속부의 안쪽은 돌출된 부분이 없도록 할 것
③ 덕트 내부에 오염물질이 쌓이지 않도록 이송속도를
유지할 것
④ 연결 부위 등은 내부 공기가 들어오지 않도록 할 것

57 빈출

Stokes 침강법칙에서 침강속도에 대한 설명으로 옳지 않은
것은? (단, 자유공간에서 구형의 분진입자를 고려한다.)

① 기체와 분진입자의 밀도 차에 반비례한다.
② 중력가속도에 비례한다.
③ 기체의 점도에 반비례한다.
④ 분진입자 직경의 제곱에 비례한다.

관련개념 Stokes 침강법칙

$$V_g = \frac{d_p^2 (\rho_p - \rho) g}{18\mu}$$

- V_g: 침강속도
- d_p: 입자의 직경
- ρ_p: 입자의 밀도
- ρ: 유체의 밀도
- g: 중력가속도
- μ: 유체의 점도

58

호흡용 보호구 중 마스크의 올바른 사용법이 아닌 것은?

① 마스크를 착용할 때는 반드시 밀착성에 유의해야 한다.
② 공기정화식 가스마스크(방독마스크)는 방진마스크와는 달리 산소 결핍 작업장에서도 사용이 가능하다.
③ 정화통 혹은 흡수통(Canister)은 한번 개봉하면 재사용을 피하는 것이 좋다.
④ 유해물질의 농도가 극히 높으면 자기공급식 장치를 사용한다.

> 방독마스크(공기정화식 가스마스크)는 산소 농도 18% 미만의 산소 결핍 작업장에서는 사용할 수 없으며, 반드시 산소 공급식 마스크를 사용해야 한다.

59

21℃, 1기압의 어느 작업장에서 톨루엔과 이소프로필알코올을 각각 100g/h씩 사용(증발)할 때, 필요환기량(㎥/h)은? (단, 두 물질은 상가작용을 하며, 톨루엔의 분자량은 92, TLV는 50ppm, 이소프로필알코올의 분자량은 60, TLV는 200ppm이고, 각 물질의 여유계수는 10으로 동일하다.)

① 약 6,250
② 약 7,250
③ 약 8,650
④ 약 9,150

> • 톨루엔
>
> $$Q(환기량) = \frac{K(안전계수) \times G(발생량)}{C(허용농도)}$$
>
> $$= 10 \times \frac{\dfrac{100g}{hr}}{\dfrac{50mL \times \dfrac{273K}{(273+21)K} \times \dfrac{92mg}{22.4mL} \times \dfrac{g}{1,000mg}}{m^3}}$$
>
> $$= 5,244.1471 m^3/hr$$
>
> • 이소프로필알코올
>
> $$Q(환기량) = 10 \times \frac{\dfrac{100g}{hr}}{\dfrac{200mL \times \dfrac{273K}{(273+21)K} \times \dfrac{60mg}{22.4mL} \times \dfrac{g}{1,000mg}}{m^3}}$$
>
> $$= 2,010.2564 m^3/hr$$
>
> • 필요환기량: $5,244.1471 + 2,010.2564 = 7,254.4035 m^3/hr$

60

덕트에서 속도압 및 정압을 측정할 수 있는 표준기기는?

① 피토관
② 풍차풍속계
③ 열선풍속계
④ 임핀저관

> ① 피토관: 유체(기체 또는 액체) 흐름 속에서 전압(총압, 정체압)과 정압을 동시에 측정하는 장치이다. 전압과 정압의 차이로 동압(속도압)을 구할 수 있어, 유속 계산에 필수적으로 사용된다.
> ② 풍차풍속계: 날개(베인)가 바람을 받아 회전하는 속도를 전기신호로 전환해 유속을 측정한다. 비교적 간단하며 저~중풍속 영역에서 사용하며, 덕트 외부에서의 풍속 측정에 적합하다.
> ③ 열선풍속계: 얇은 저항선을 전기로 가열한 후 공기의 흐름에 의해 냉각되는 정도를 측정해 유속을 산출한다. 고감도, 빠른 반응속도를 가지며 저속 및 난류 환경에서도 정확히 측정 가능하다. 주로 실내 공기 덕트나 실험실 등 정밀한 유량 측정에 쓰인다.
> ④ 임핀저관: 관 내 유체 유동에 흐름 방해물을 넣어 유체 흐름에 의한 압력 강하를 측정하여 유량을 산출하는 기기이다. 직접 속도압이나 정압을 측정하는 것이 아니며, 유량 측정에 사용된다.

61

지적환경(Potimum Working Environment)을 평가하는 방법이 아닌 것은?

① 생산적(Productive) 방법
② 생리적(Physiological) 방법
③ 정신적(Psychological) 방법
④ 생물역학적(Biomechanical) 방법

> ④ 생물역학적(Biomechanical) 방법: 일반적으로 작업환경의 물리적 부담, 근골격계 부상 가능성 등의 평가에 사용되며, 지적환경 평가는 아니다.
> ① 생산적(Productive) 방법: 작업 환경이 작업 생산성과 직접적으로 얼마나 관련되는지를 평가하는 방법이다.
> ② 생리적(Physiological) 방법: 작업자의 신체적 반응, 열 스트레스, 에너지 소모 등을 통해 작업환경의 적합성을 평가한다.
> ③ 정신적(Psychological) 방법: 작업자의 정신적 스트레스, 만족도, 집중력 등을 평가하여 환경이 정신 건강에 미치는 영향을 본다.

> **관련개념** 지적환경(Potimum Working Environment)
> 인간이 작업을 수행하는 데 있어 최적의 지적 자극과 지원이 제공되는 환경을 의미한다. 이는 사람들이 아이디어를 나누고 지식을 공유하며 학습과 창의적인 활동을 할 수 있도록 유도하는 환경 조건을 포함한다. 좋은 지적환경은 학습 능률과 문제 해결 능력을 높이고, 새로운 아이디어와 지식을 효과적으로 습득하고 발전시키는 데 도움을 준다. 반대로 지적 자극이 부족하면 작업 효율과 정신적 건강에 부정적인 영향을 미칠 수 있다.

62

감압환경의 설명 및 인체에 미치는 영향으로 옳은 것은?

① 인체와 환경 사이의 기압차이 때문으로 부종, 출혈, 동통 등을 동반한다.
② 화학적 장해로 작업력의 저하, 기분의 변환, 여러 종류의 다행증이 일어난다.
③ 대기가스의 독성 때문으로 시력장애, 정신혼란, 간질 경련을 나타낸다.
④ 용해질소의 기포형성 때문으로 동통성 관절장애, 호흡곤란, 무균성 골괴사 등을 일으킨다.

> 감압환경은 주변 압력이 급격히 감소하는 환경을 말하며, 이로 인해 체내 조직과 혈액에 용해되어 있던 질소가 기포로 변한다. 이 질소 기포들이 혈관과 조직을 막아 통증과 호흡곤란, 심한 경우 무균성 골괴사 등을 유발한다. 이것이 감압병(Decompression Sickness)의 주요 원인이다.

63

진동의 강도를 표현하는 방법으로 옳지 않은 것은?

① 속도(Velocity)
② 투과(Transmission)
③ 변위(Displacement)
④ 가속도(Acceleration)

> 투과(Transmission)는 진동이나 빛 등이 다른 매체로 전달 또는 통과되는 정도를 가리키는 용어이다.

64 ★빈출

전리방사선의 흡수선량이 생체에 영향을 주는 정도를 표시하는 선당량(생체실효선량)의 단위는?

① R
② Ci
③ Sv
④ Gy

> ① Sv(시버트)는 흡수선량에 방사선 종류에 따른 방사선 가중치(생물학적 효과를 반영)를 곱해 산출한 선량당량 및 생체실효선량의 SI 단위이다. 1Sv는 인체에 미치는 방사선 영향의 양을 나타내며, 방사선 방호 및 피폭 평가 시 중요하게 사용된다.
> ①, ②, ④ R(렌트겐)은 공기 중의 이온화 정도를 나타내는 단위이고, Ci(퀴리)는 방사성 물질의 방사능을 나타내는 단위이며, Gy(그레이)는 흡수선량의 단위로 물질 1kg당 1Joule의 방사선 에너지가 흡수된 양을 뜻한다.

정답　　61 ④　62 ④　63 ②　64 ③

65 빈출

실효음압이 $2 \times 10^{-3} N/m^2$인 음의 음압수준은 몇 dB인가?

① 40
② 50
③ 60
④ 70

음압레벨$(SPL) = 20\log\left(\dfrac{P}{P_0}\right) = 20\log\left(\dfrac{2 \times 10^{-3}}{2 \times 10^{-5}}\right) = 40dB$

- P: 측정 음압(Pa, N/m²)
- P₀: $2 \times 10^{-5} Pa$(사람이 들을 수 있는 최소 음압 기준)

66

고압 작업환경만으로 나열된 것은?

① 고소작업, 등반작업
② 용접작업, 고소작업
③ 탈지작업, 샌드블라스트(Sand Blast)작업
④ 잠함(Caisson)작업, 광산의 수직갱내 작업

- 고압 작업환경이란 대기압보다 높은 압력의 환경에서 작업하는 것을 말하며, 대표적으로 잠함 작업과 광산의 수직갱내 작업이 이에 해당한다.
- 잠함 작업은 물속이나 지하에서 밀폐된 공간 내에서 고압 상태로 작업하는 것을 뜻하고, 광산의 수직갱내 작업도 지하 깊은 곳에서 높은 압력 상태에서 이루어진다.

67

다음 (   ) 안에 들어갈 내용으로 옳은 것은?

일반적으로 (   )의 마이크로파는 신체를 완전히 투과하며 흡수되지만 감지되지 않는다.

① 150MHz 이하
② 300MHz 이하
③ 500MHz 이하
④ 1,000MHz 이하

- 마이크로파는 전자기파의 일종이며, 주파수가 낮을수록 인체를 깊게 투과하는 특성이 있다.
- 150MHz 이하의 낮은 마이크로파 주파수는 인체의 조직을 거의 완전히 투과하며, 신체 조직 내에서의 흡수로 인한 열 발생이 미미해 인체가 감지하지 못한다.

68 빈출

저온에 의한 1차적인 생리적 영향에 해당하는 것은?

① 말초현관의 수축
② 혈압의 일시적 상승
③ 근육긴장의 증가와 전율
④ 조직대사의 증진과 식욕 항진

③ 저온에 노출되면 인체는 체온 유지를 위해 먼저 근육긴장을 증가시키고, 떨림(전율)을 통해 열을 발생시켜 체온을 보존하려고 한다.
①, ② 말초혈관 수축과 혈압 상승도 발생하지만 이는 2차적 혹은 반응의 일부로 볼 수 있다.
④ 조직대사가 증진되고 식욕이 항진되는 것은 저온에 대한 장기적 적응 또는 반응 중 일부이다.

65 ①   66 ④   67 ①   68 ③

69 빈출

실내 작업장에서 실내 온도 조건이 다음과 같을 때 WBGT(℃)는?

> • 흑구온도 32℃
> • 건구온도 27℃
> • 자연습구온도 30℃

① 30.1
② 30.6
③ 30.8
④ 31.6

실내작업장이므로
WBGT = 0.7 × 자연습구온도 + 0.3 × 흑구온도
= 0.7 × 30 + 0.3 × 32 = 30.6℃

관련개념 WBGT(습구흑구온도지수, Wet Bulb Globe Temperature) 근로자의 열 스트레스(온열환경 부담)를 평가하기 위한 대표적인 지표로, 온도, 습도, 복사열, 공기 흐름 등을 종합적으로 반영한다.
• 옥내 or 옥외(햇볕 없는 곳):
WBGT = 0.7 × 자연습구온도 + 0.3 × 흑구온도
• 옥외(햇볕 있는 곳):
WBGT = 0.7 × 자연습구온도 + 0.2 × 흑구온도 + 0.1 × 건구온도

70 빈출

소독작용, 비타민 D 형성, 피부 색소 침착 등 생물학적 작용이 강한 특성을 가진 자외선(Dorno선)의 파장 범위는?

① 1,000Å~2,800Å
② 2,800Å~3,150Å
③ 3,150Å~4,000Å
④ 4,000Å~4,700Å

• 도르노선은 2,800Å ~ 3,150Å(280~315nm) 구간에 해당하며, 이 범위의 자외선은 소독, 비타민 D 생성, 피부 색소 침착 등 광화학적 생리작용이 강한 특성을 가진다.
• 1Å(옹스트롬)는 0.1nm이므로 2,800Å는 280nm, 3,150Å는 315nm에 해당한다.

71 빈출

고압환경의 인체작용에 있어 2차적 가압현상에 해당하지 않는 것은?

① 산소 중독
② 질소 마취
③ 공기 전색
④ 이산화탄소 중독

공기 전색은 1차적 가압현상(기계적 장해) 또는 급성 폐손상과 관련된 증상으로, 2차적 화학적 작용에 포함되지 않는다.

관련개념
• 1차적 가압현상(기계적 장해): 고압 환경에서 압력 변화로 인해 인체의 폐, 부비강, 중이 등 밀폐된 공간에 물리적 압력이 가해져 치통, 부비강통, 폐 압박 등의 증상이 나타난다. 주로 압력 차이에 따른 기계적 손상 및 압박에 의한 영향이다.
• 2차적 가압현상(화학적 장해): 고압 환경에서 대기 중 가스들이 체내 체액에 녹아들어 그 농도와 상태 변화에 따라 발생하는 생리적, 화학적 영향이다. 질소 마취(질소가 체액에 녹는 현상), 산소 중독, 이산화탄소 중독 등이 이에 속하며 작업능력 저하, 신경장애, 의식장애 같은 증상이 나타난다.

72

다음 중 차음평가지수를 나타내는 것은?

① sone
② NRN
③ NRR
④ phon

③ NRR(Noise Reduction Rating): 개인 보호구(예 귀마개, 방음 헤드폰) 등의 차음 성능을 평가하는 지수로, 차음 능력을 수치로 나타낸다. 단위는 dB이며, 차음구가 소음을 얼마나 줄여주는지를 알 수 있게 해준다.
① sone: 사람 귀가 느끼는 소리의 주관적 크기를 나타내는 단위로, 음의 크기를 인지하는 정도를 선형적으로 표현한다. 1sone은 1,000Hz에서 40dB 음의 크기와 동일한 크기이며, 소리가 2sone이면 1sone의 두 배 크기로 느껴진다.
② NRN(Noise Rating Number): 환경 소음의 불쾌감 정도나 소음 차폐 효과를 수치로 표현하는 지수로, 주로 실내 소음의 쾌적성 평가에 사용된다.
④ phon: 음의 크기(음압 수준)를 인간의 청각 반응에 따라 조정한 단위로, 주파수에 따른 사람의 귀 민감도를 반영한다. 음압 수준(dB)과는 다르며, 주관적으로 느끼는 음 압력의 크기를 나타낸다.

정답   69 ②   70 ②   71 ③   72 ③

73

소음성 난청에 대한 내용으로 옳지 않은 것은?

① 내이의 세포 변성이 원인이다.
② 음이 강해짐에 따라 정상인에 비해 음이 급격하게 크게 들린다.
③ 청력손실은 초기에 4,000Hz 부근에서 영향이 현저하다.
④ 소음 노출과 관계없이 연령이 증가함에 따라 발생하는 청력장애를 말한다.

- 소음성 난청은 내이의 감각세포(달팽이관 내 세포)의 변성이 원인으로, 반복적이고 지속적인 소음 노출로 발생한다. 음이 강해질수록 소리에 대한 민감도가 변해 정상인에 비해 음이 급격하게 크게 들릴 수 있다. 청력손실은 초기에는 4,000Hz 부근에서 주로 나타나며 그 주변 주파수로 확산된다.
- ④는 노화에 따른 청력장애(노인성 난청)에 대한 설명이다.

74

소음계(Sound Level Meter)로 소음 측정 시 A 및 C특성으로 측정하였다. 만약 C특성으로 측정한 값이 A특성으로 측정한 값보다 훨씬 크다면 소음의 주파수영역은 어떻게 추정이 되겠는가?

① 저주파수가 주성분이다.
② 중주파수가 주성분이다.
③ 고주파수가 주성분이다.
④ 중 및 고주파수가 주성분이다.

- A특성 가중치는 사람 귀의 청감 특성을 반영하여 저주파 소리에 둔감하고 중주파에서 더 민감하여 소리를 측정한다.
- C특성 가중치는 거의 평탄한 응답 곡선으로 저주파와 고주파를 거의 동일하게 평가한다.
- 따라서 C특성 값이 A특성 값보다 훨씬 크다는 것은 저주파 음압이 상대적으로 높음을 의미한다.
- 반대로 두 값의 차이가 작으면 고주파 음이 주성분으로 추정된다.

관련개념 소음특성

- A특성(A-weighting): 사람 귀가 소리를 느끼는 청감 특성을 반영하여 저주파와 고주파에서 감도를 낮추고, 중간 주파수 대역에 더 민감하게 반응하도록 보정한 가중치이다. 일반적인 소음 측정에 많이 사용되며, dB(A)로 표시한다.
- B특성(B-weighting): A특성과 C특성의 중간 정도 특성으로, 중간 소음 수준에 적합한 가중치이다. 현재는 거의 사용되지 않는다.
- C특성(C-weighting): 거의 평탄한 응답 곡선으로 저주파부터 고주파까지 거의 동일한 가중치를 부여한다. 큰 소음(고강도 소음) 측정에 적합하며, 충격음이나 폭발음 같은 특수한 소음 측정에 주로 사용된다. dB(C)로 표시한다.

75

전리방사선 방어의 궁극적 목적은 가능한 한 방사선에 불필요하게 노출되는 것을 최소화하는 데 있다. 국제방사선방호위원회(ICRP)가 노출을 최소화하기 위해 정한 원칙 3가지에 해당하지 않는 것은?

① 작업의 최적화
② 작업의 다양성
③ 작업의 정당성
④ 개개인의 노출량의 한계

국제방사선방호위원회(ICRP)가 방사선 노출을 최소화하기 위해 정한 3가지 원칙

- 작업의 정당성(Justification): 방사선 노출로 인한 위험보다 이로 얻어지는 이익이 커야 한다는 원칙이다.
- 작업의 최적화(Optimization): 방사선 노출을 가능한 한 낮게 유지하되, 경제적·사회적 측면을 고려해 합리적으로 최소화하는 원칙이다.
- 개개인의 노출량의 한계(Dose Limits): 방사선 노출량이 과도하지 않도록 법적·의학적 한계를 설정하는 원칙이다.

76 빈출

현재 총 흡음량이 1,200sabins인 작업장의 천장에 흡음물질을 첨가하여 2,800sabins을 더할 경우 예측되는 소음감소량(dB)은 약 얼마인가?

① 3.5
② 4.2
③ 4.8
④ 5.2

$$NR = 10 \times \log(A_2/A_1)$$
$$= 10 \times \log(4,000/1,200)$$
$$= 5.2287dB(A)$$

◦ A_1 = 기존 총 흡음량 = 1,200sabins
◦ A_2 = 추가 후 총흡음량 = 1,200 + 2,800 = 4,000sabins

77 빈출

레이노 현상(Raynaud's Phenomenon)과 관련이 없는 것은?

① 방사선
② 국소 진동
③ 혈액순환장애
④ 저온 환경

레이노 현상은 추운 환경, 국소 진동, 혈액순환장애 등으로 인해 말초 혈관이 과도하게 수축하여 손발끝 피부가 창백하거나 청색증을 보이는 질환이다.

78

작업장 내 조명방법에 관한 내용으로 옳지 않은 것은?

① 형광등은 백색에 가까운 빛을 얻을 수 있다.
② 나트륨등은 색을 식별하는 작업장에 가장 적합하다.
③ 수은등은 형광물질의 종류에 따라 임의의 광색을 얻을 수 있다.
④ 시계공장 등 작은 물건을 식별하는 작업을 하는 곳은 국소조명이 적합하다.

나트륨등은 주로 주황색 또는 황색 빛을 발산하여 색을 정확히 구별해야 하는 작업장에는 부적합하다.

79 빈출

럭스(lux)의 정의로 옳은 것은?

① 1m²의 평면에 1루멘의 빛이 비칠 때의 밝기를 의미한다.
② 1촉광의 광원으로부터 한 단위 입체각으로 나가는 빛의 밝기 단위이다.
③ 지름이 1인치 되는 촛불이 수평방향으로 비칠 때의 빛의 광도를 나타내는 단위이다.
④ 1루멘의 빛이 1ft²의 평면상에 수직방향으로 비칠 때 그 평면의 빛의 양을 의미한다.

• 럭스(lux): 1제곱미터당 도달하는 빛의 양, 즉 조도의 단위이다. 이는 1lx = 1lm/m²으로 표현된다.
• 루멘(lumen): 광원의 총 빛 출력량을 나타내는 단위이다.
• 칸델라(candela): 광원의 특정 방향에서 방출되는 빛의 강도를 나타낸다. 지름이 1inch 되는 촛불이 수평방향으로 비칠 때의 빛의 광도이다.

80 빈출

유해한 환경의 산소결핍 장소에 출입 시 착용하여야 할 보호구와 가장 거리가 먼 것은?

① 방독마스크
② 송기마스크
③ 공기호흡기
④ 에어라인마스크

① 방독마스크: 가스, 증기, 입자 등을 여과하는 장치로, 산소가 충분한 환경에서만 사용 가능하다.
② 송기마스크: 외부로부터 안전한 공기를 공급받아 산소결핍 환경에서 사용한다.
③ 공기호흡기: 자체 공기통을 가지고 있어 산소결핍과 유해가스 환경 모두에 사용 가능하다.
④ 에어라인마스크: 정화통 없이 청정공기를 공급하는 방식으로 산소결핍 환경에 적합하다.

81 빈출

유해물질의 생리적 작용에 의한 분류에서 질식제를 단순 질식제와 화학적 질식제로 구분할 때 화학적 질식제에 해당하는 것은?

① 수소(H_2)
② 메탄(CH_4)
③ 헬륨(He)
④ 일산화탄소(CO)

- 단순 질식제: 산소를 밀어내거나 산소 분압을 낮추어 생리적으로 질식을 유발하는 불활성 가스들이다.
  - 예 수소(H_2), 질소(N_2), 이산화탄소(CO_2), 메탄(CH_4), 헬륨(He), 아세틸렌(C_2H_2)
- 화학적 질식제: 혈액 내 혈색소와 결합하여 산소 운반 능력을 방해하거나 조직 내 산화효소를 불활성화시켜 질식 작용을 일으키는 물질이다.
  - 예 일산화탄소(CO), 시안화수소(HCN), 시안화염류(CN^-), 황화수소(H_2S), 이산화질소(NO_2), 포스겐($COCl_2$)

82 빈출

화학물질 및 물리적 인자의 노출기준에서 근로자가 1일 작업시간 동안 잠시라도 노출되어서는 아니 되는 기준을 나타내는 것은?

① TLV-C
② TLV-Skin
③ TLV-TWA
④ TLV-STEL

① TLV-C(허용농도-최고치)(Threshold Limit Value-Ceiling)는 근로자가 하루 작업시간 중 단 1회라도 초과하여 노출되어서는 안 되는 최대 허용 농도 기준이다. 이 값은 즉시 초과할 경우 급성 건강 피해를 일으킬 수 있는 물질에 적용된다.
② TLV-Skin(허용농도-피부)은 화학물질이 피부를 통해 흡수될 우려가 있을 때 고려하는 추가 노출 경로 기준이다.
③ TLV-TWA(허용농도-시간가중평균)(Time Weighted Average)는 8시간 작업시간 동안 평균적으로 노출되어도 건강상 문제가 발생하지 않는 농도를 의미한다.
④ TLV-STEL(허용농도-단시간노출한계)(Short Term Exposure Limit)은 최대 15분 동안 노출될 수 있는 단시간 노출기준으로, 급성 영향을 방지하기 위해 설정된다.

83 빈출

생물학적 모니터링을 위한 시료가 아닌 것은?

① 공기 중 유해인자
② 요 중의 유해인자나 대사산물
③ 혈액 중의 유해인자나 대사산물
④ 호기(Exhaled Air)중의 유해인자나 대사산물

- 생물학적 모니터링은 근로자가 유해물질에 노출된 정도를 평가하기 위해 인체 내 또는 인체에서 나오거나 배출되는 체액, 체내 물질을 이용하여 검사를 하는 방법이다. 시료로는 주로 혈액, 소변, 호기(호흡가스) 등이 사용되며, 이는 체내 흡수된 유해물질이나 그 대사산물을 측정 가능하기 때문이다.
- 공기 중 유해인자는 환경 모니터링(작업환경측정)의 대상이며, 인체 내 흡수량을 직접 측정하지는 않는다. 따라서 공기 중 유해인자는 생물학적 모니터링 시료에 포함되지 않는다.

관련개념
- 생물학적 모니터링 시료: 혈액, 소변, 호기(호흡가스) 등이 있으며, 각각 유해물질이나 대사산물을 측정하여 체내 흡수 정도를 평가한다.
- 환경 모니터링 시료: 공기 중 유해물질 농도를 측정하여 작업 환경의 유해 정도를 판단한다.
- 건강감시: 근로자의 건강 상태 변화를 관찰, 평가하는 활동이며, 생물학적 모니터링과 연계된다.

84 빈출

흡인분진의 종류에 의한 진폐증의 분류 중 무기성 분진에 의한 진폐증이 아닌 것은?

① 규폐증
② 면폐증
③ 철폐증
④ 용접공폐증

② 면폐증: 면사나 목화 분진 등 유기성 분진에 의해 발생하는 진폐증이며, 기도의 염증 반응이 특징이다.
① 규폐증: 석영 분진(규산염)에 의한 무기성 진폐증으로, 가장 흔하고 위험한 진폐증이다.
③ 철폐증: 철분 분진 흡입으로 발생하는 무기성 진폐증이다.
④ 용접공폐증: 용접 작업시 발생하는 금속 분진과 용접흄에 의한 진폐증으로 무기성 분진에 해당한다.

정답   81 ④   82 ①   83 ①   84 ②

85

3가 및 6가 크롬의 인체 작용 및 독성에 관한 내용으로 옳지 않은 것은?

① 산업장의 노출의 관점에서 보면 3가 크롬이 6가 크롬보다 더 해롭다.
② 3가 크롬은 피부 흡수가 어려우나 6가 크롬은 쉽게 피부를 통과한다.
③ 세포막을 통과한 6가 크롬은 세포 내에서 수 분 내지 수 시간 만에 발암성을 가진 3가 형태로 환원된다.
④ 6가에서 3가로의 환원이 세포질에서 일어나면 독성이 적으나 DNA의 근위부에서 일어나면 강한 변이원성을 나타낸다.

86

다음 중 만성중독 시 코, 폐 및 위장의 점막에 병변을 일으키며, 장기간 흡입하는 경우 원발성 기관지암과 폐암이 발생하는 것으로 알려진 대표적인 중금속은?

① 납(Pb)
② 수은(Hg)
③ 크롬(Cr)
④ 베릴륨(Be)

87

독성물질 생체 내 변환에 관한 설명으로 옳지 않은 것은?

① 1상 반응은 산화, 환원, 가수분해 등의 과정을 통해 이루어진다.
② 2상 반응은 2상 반응이 불가능한 물질에 대한 추가적 축합반응이다.
③ 생체변환의 기전은 기존의 화합물보다 인체에서 제거하기 쉬운 대사물질로 변화시키는 것이다.
④ 생체 내 변환은 독성물질이나 약물의 제거에 대한 첫 번째 기전이며, 1상 반응과 2상 반응으로 구분된다.

관련개념 생체변환

생체변환의 주 목표는 독성물질을 기존 화합물보다 인체 내에서 제거하기 쉬운 형태로 변화시키는 것이다. 생체 내 변환은 독성물질이나 약물의 체내 제거를 위한 첫 번째 생리적 기전이며, 1상 반응과 2상 반응으로 구분된다.
• 1상 반응: 독성물질이 체내에서 산화, 환원, 가수분해 등의 과정을 거쳐 극성기를 도입하여 물질을 친수성으로 만들거나 2상 반응에 적합한 형태로 변화시키는 과정이다.
• 2상 반응: 1상 반응 후 생성된 중간대사체에 특정기(예 글루쿠론산, 황산, 글루타치온 등)와 결합하여 대사산물의 수용성을 높이고, 이를 통해 배설이 용이하게 되는 축합반응(Conjugation Reaction)이다.

88

다음 중금속 취급에 의한 대표적인 직업성 질환을 연결한 것으로 서로 관련이 가장 적은 것은?

① 니켈 중독 – 백혈병, 재생불량성 빈혈
② 납 중독 – 골수침입, 빈혈, 소화기장해
③ 수은 중독 – 구내염, 수전증, 정신장해
④ 망간 중독 – 신경염, 신장염, 중추신경장해

89

다음 중 가스상 물질의 호흡기계 축적을 결정하는 가장 중요한 인자는?

① 물질의 농도차
② 물질의 입자분포
③ 물질의 발생기전
④ 물질의 수용성 정도

가스상 물질이 호흡기계에 축적되는 정도와 위치는 주로 물질의 수용성에 의해 결정된다. 수용성이 높은 가스는 주로 상기도(코, 인두, 기관)에서 흡수되어 자극을 일으키거나 국소적 손상을 초래한다. 반면, 수용성이 낮은 가스는 폐 말단 부위까지 깊이 침투하여 하기도나 폐포에 축적될 수 있어 만성적인 폐질환을 유발할 수도 있다.

관련개념
- 수용성 가스: 암모니아, 염소 등은 상기도 점막에 자극 및 염증을 일으킨다.
- 비수용성 가스: 이산화질소, 포스겐 등은 폐 깊은 곳에 영향을 주어 만성 손상을 초래할 수 있다.

90

중금속에 중독되었을 경우에 치료제로 BAL이나 Ca-EDTA 등 금속배설 촉진제를 투여해서는 안 되는 중금속은?

① 납
② 비소
③ 망간
④ 카드뮴

- BAL(British Anti-Lewisite, Dimercaprol): 비소(As), 수은(Hg), 금(Au), 납(Pb) 등의 중금속 중독 치료의 해독작용에 사용된다.
- Ca-EDTA: 납(대표적), 망간, 아연의 해독작용에 사용된다.
- 카드뮴 중독 치료에 BAL(디메르카프롤(Dimercaprol))은 효과적이지 않고, 오히려 신장 손상을 악화시킬 수 있어서 사용하지 않는다.
- Ca-EDTA(칼슘-에틸렌디아민테트라아세트산) 역시 카드뮴과 강하게 결합하지 않아 일반적으로 권장되지 않는다.

91

산업안전보건법령상 석면 및 내화성 세라믹 섬유의 노출기준 표시단위로 옳은 것은?

① %
② ppm
③ 개/cm³
④ mg/m³

- 산업안전보건법령에서 석면 및 내화성 세라믹 섬유의 노출기준은 공기 중 섬유 개수로 설정되며, 표준 단위는 cm³(입방센티미터)당 섬유 개수(개/cm³)로 표시된다.
- %는 농도의 백분율, ppm은 기체 등에서 주로 사용되는 단위이고, mg/m³는 일반 분진, 가스 등에서 사용되는 단위이다.

92

피부독성 반응의 설명으로 옳지 않은 것은?

① 가장 빈번한 피부반응은 접촉성 피부염이다.
② 알레르기성 접촉피부염은 면역반응과 관계가 없다.
③ 광독성 반응은 홍반·부종·착색을 동반하기도 한다.
④ 담마진 반응은 접촉 후 보통 30~60분 후에 발생한다.

알레르기성 접촉피부염은 피부가 특정 화학물질(항원)에 반복적으로 접촉할 때 신체의 면역체계가 반응하여 나타나는 피부염 증상이다.

관련개념
- 알레르기성 접촉피부염: 항원이 피부에 접촉했을 때 신체 면역반응이 일어나 24~72시간 이내에 증상이 나타나는 만성 염증성 질환이다.
- 광독성 반응: 자외선 등 광선과 특정 물질이 결합해 발생하며, 미용·치료 화학물질도 원인이 된다.
- 담마진: 히스타민 등 매개 물질의 영향으로 단시간 내 두드러기, 팽진 등 반응이 나타난다.

93 ⭐빈출

산업안전보건법령상 사람에게 충분한 발암성 증거가 있는
물질(1A)에 포함되어 있지 않은 것은?

① 벤지딘(Benzidine)
② 베릴륨(Beryllium)
③ 에틸벤젠(Ethyl Benzene)
④ 염화비닐(Vinyl Chloride)

- 1A: 1A란 충분한 인체 발암성 증거가 있는 물질이다.
  ✓ 사람을 대상으로 발암성(암 발생 증거)이 명확하게 확인된 물질
    이다.
  ✓ 대표적으로 벤지딘, 베릴륨, 염화비닐 등이 해당하며, 해당 물
    질에 노출 시 암 발생 위험이 높다.
- 2B: 2B란 사람이나 동물에서 발암성에 대한 제한적 증거만 있
  어, 발암성이 의심되는 물질이다.
  ✓ 사람에서 암 발생과의 직접적 연관성이 충분하지 않으나, 동물
    실험 등에서 일부 의심증거가 나온 물질이다.
  ✓ 대표적으로 에틸벤젠, 톨루엔 등이 해당한다.

94

단백질을 침전시키며 thiol(-SH)기를 가진 효소의 작용을
억제하여 독성을 나타내는 것은?

① 수은
② 구리
③ 아연
④ 코발트

수은(Hg)은 생체 단백질의 구조 내 thiol(-SH)기를 강하게 결합하
여 단백질을 침전시키거나 효소의 정상적인 작용을 억제한다. 이로
인해 조직 손상, 생리 기능 장애, 심각한 독성을 유발한다.

95 ⭐빈출

동물을 대상으로 약물을 투여했을 때 독성을 초래하지는
않지만 대상의 50%가 관찰 가능한 가역적인 반응이 나타
나는 작용량을 무엇이라 하는가?

① LC_{50}
② ED_{50}
③ LD_{50}
④ TD_{50}

② ED_{50}(Effective Dose 50)은 약물이나 독성물질을 투여했을 때
  대상의 50%가 관찰 가능한 유효한 생리적, 치료적 반응을 나타
  내는 양이다.
① LC_{50}(Lethal Concentration 50)은 기체 상태 물질이 대상의
  50%를 사망하게 하는 농도이다.
③ LD_{50}(Lethal Dose 50)은 대상 동물의 50%가 죽는(치명적인
  반응) 투여량이며, 독성 평가에 흔히 사용된다.
④ TD_{50}(Toxic Dose 50)은 50%가 독성 반응을 보이는 투여량으
  로 치료 범위와 독성 범위 간 평가에 사용된다.

96

이황화탄소(CS_2)에 중독될 가능성이 가장 높은 작업장은?

① 비료 제조 및 초자공 작업장
② 유리 제조 및 농약 제조 작업장
③ 타르, 도장 및 석유 정제 작업장
④ 인조견, 셀로판 및 사염화탄소 생산 작업장

- 이황화탄소는 주로 비스코스레이온(인조견)과 셀로판 제조 공정에
  서 사용되는 유기용매이며, 이들 작업장에서는 고농도 이황화탄소
  증기에 노출될 위험이 크다.
- 원진레이온 사태로 대표되는 인조견 제조 작업장은 이황화탄소
  중독이 많이 발생한 대표적 사업장이다. 또한, 사염화탄소 생산
  과정에서도 이황화탄소 노출 가능성이 높다.

97

다음 사례의 근로자에게서 의심되는 노출인자는?

> 41세 A씨는 1990년부터 1997년까지 기계공구제조업에서 산소용접작업을 하다가 두통, 관절통, 전신근육통, 가슴 답답함, 이가 시리고 아픈 증상이 있어 건강검진을 받았다. 건강검진 결과 단백뇨와 혈뇨가 있어 신장질환 유소견자 진단을 받았다. 이 유해인자의 혈중, 소변 중 농도가 직업병 예방을 위한 생물학적 노출기준을 초과하였다.

① 납
② 망간
③ 수은
④ 카드뮴

- 산소용접작업 시 용접흄에 포함된 카드뮴(Cd) 중금속에 노출될 위험이 크며, 카드뮴은 신장에 독성을 일으켜 단백뇨, 혈뇨와 같은 신장질환을 유발한다.
- 카드뮴은 작업장 내 용가제 성분에 포함되어 흡입 시 급성 및 만성 폐손상과 신장 손상 가능성이 높다.

98 빈출

유기용제의 중추신경 활성억제의 순위를 큰 것에서부터 작은 순으로 나타낸 것 중 옳은 것은?

① 알켄 > 알칸 > 알코올
② 에테르 > 알코올 > 에스테르
③ 할로겐화합물 > 에스테르 > 알켄
④ 할로겐화합물 > 유기산 > 에테르

중추신경계 억제작용 순서
알칸족 < 알켄족 < 알코올족 < 유기산 < 에스테르 < 에테르 < 할로겐족

99

다음 입자상 물질의 종류 중 액체나 고체의 2가지 상태로 존재할 수 있는 것은?

① 흄(Fume)
② 증기(Vapor)
③ 미스트(Mist)
④ 스모크(Smoke)

- ④ 스모크(Smoke)는 유기성 물질이 연소하는 과정에서 발생하며, 액체 상태의 미립자(연무)와 고체 상태 미립자(연기)의 혼합체로서 액체와 고체 두 가지 상태로 존재할 수 있다.
- ① 흄(Fume)은 고체 상태의 미세입자로, 금속 증기가 응고되어 형성되며 고체 상태로 존재한다.
- ② 증기(Vapor)는 상온에서 액체나 고체 상태인 물질이 기체화된 상태로, 기체 형태로 존재한다.
- ③ 미스트(Mist)는 액체가 미립자로 공기 중에 분산된 상태로, 액체 상태이다.

100 빈출

벤젠을 취급하는 근로자를 대상으로 벤젠에 대한 노출량을 추정하기 위해 호흡기 주변에서 벤젠 농도를 측정함과 동시에 생물학적 모니터링을 실시하였다. 벤젠 노출로 인한 대사산물의 결정인자(Determinant)로 옳은 것은?

① 호기 중의 벤젠
② 소변 중의 마뇨산
③ 소변 중의 총 페놀
④ 혈액 중의 만델리산

벤젠이 체내에 흡수되면 간에서 대사되어 여러 대사 산물을 생성하는데, 이 중 생물학적 모니터링에서 대표적인 지표는 소변 중의 총 페놀(Phenol)이다.

01 빈출

미국산업위생학술원(AAIH)에서 채택한 산업위생전문가의 윤리강령 중 기업주와 고객에 대한 책임과 관계된 윤리강령은?

① 기업체의 기밀은 누설하지 않는다.
② 전문적 판단이 타협의 의하여 좌우될 수 있는 상황에는 개입하지 않는다.
③ 근로자, 사회 및 전문 직종의 이익을 위해 과학적 지식을 공개하고 발표한다.
④ 결과와 결론을 뒷받침할 수 있도록 기록을 유지하고 산업위생사업을 전문가답게 운영, 관리한다.

①, ②, ③은 미국산업위생학술원(American Academy of Industrial Hygiene, AAIH)에서 제정한 산업위생전문가의 윤리강령 중 "전문가로서의 책임"에 해당된다.

02

산업안전보건법령상 보건관리자의 자격에 해당되지 않는 것은?

① 「의료법」에 따른 의사
② 「의료법」에 따른 간호사
③ 「국가기술자격법」에 따른 산업위생관리산업기사 이상의 자격을 취득한 사람
④ 「국가기술자격법」에 따른 대기환경기사 이상의 자격을 취득한 사람

「국가기술자격법」에 따른 대기환경산업기사 이상의 자격을 취득한 사람이 보건관리자의 자격에 해당된다.

관련개념 산업안전보건법령상 보건관리자의 자격
• 산업보건지도사 자격을 가진 사람
• 「의료법」에 따른 의사
• 「의료법」에 따른 간호사
• 「국가기술자격법」에 따른 산업위생관리산업기사 또는 대기환경산업기사 이상의 자격을 취득한 사람
• 「국가기술자격법」에 따른 인간공학기사 이상의 자격을 취득한 사람
• 「고등교육법」에 따른 전문대학 이상의 학교에서 산업보건 또는 산업위생 분야의 학과를 졸업한 사람(법령상 이와 동등 이상의 학력이 인정되는 사람 포함)

03

근육과 뼈를 연결하는 섬유조직을 무엇이라 하는가?

① 건(Tendon)
② 관절(Joint)
③ 뉴런(Neuron)
④ 인대(Ligament)

① 건(Tendon)은 근육을 뼈에 연결하는 매우 강하고 유연한 섬유조직이다. 주로 콜라겐 섬유로 구성되어 있으며, 근육의 수축력을 뼈로 전달하여 신체 운동을 가능하게 한다.
② 관절(Joint)은 두 뼈가 만나는 부위이다.
③ 뉴런(Neuron)은 신경세포로 근육과 뼈 연결과는 무관하다.
④ 인대(Ligament)는 뼈와 뼈를 연결하는 섬유조직으로 관절을 안정화시키는 역할을 한다.

정답 01 ④ 02 ④ 03 ①

04 ⭐빈출

다음 중 18세기 영국에서 최초로 보고하였으며, 어린이 굴뚝 청소부에게 많이 발생하였고, 원인물질이 검댕(Soot)이라고 규명된 직업성 암은?

① 폐암
② 후두암
③ 음낭암
④ 피부암

> 음낭암은 18세기 영국에서 어린이 굴뚝 청소부에게 많이 발생한 직업성 암으로, 검댕(Soot) 노출이 주요 원인이다. 의사 퍼시벌 포트가 최초로 발견했으며, 산업성 암의 역사적 사례로 유명하다.

05

다음은 직업성 질환과 그 원인이 되는 직업이 가장 적합하게 연결된 것은?

① 평편족 – VDT 작업
② 진폐증 – 고압, 저압작업
③ 중추신경 장해 – 광산작업
④ 목위팔(경견완)증후군 – 타이핑작업

> ① 평편족은 발의 아치가 평평해지면서 발바닥이 편평해지는 상태로, 주로 신체적 원인과 관련되어 있으며 VDT 작업과는 직접적인 연관은 적다.
> ② 진폐증은 주로 먼지, 분진 등의 흡입으로 발생하는 폐질환으로, 고압·저압 작업보다는 광산업, 건설업 등에서 발생한다.
> ③ 광산작업에서는 진폐증 같은 폐질환이 발생하기 쉽다.

06

산업안전보건법령상 제조 등이 금지되는 유해물질이 아닌 것은?

① 석면
② 염화비닐
③ β-나프틸아민
④ 4-니트로디페닐

> 산업안전보건법령상 제조가 금지된 유해물질에는 β-나프틸아민과 그 염, 4-니트로디페닐과 그 염, 백연(페인트 포함 일정, 비율 이하 제외), 벤젠을 포함하는 고무풀(일정 비율 이하 제외), 석면, 폴리클로리네이티드 터페닐, 황린(성냥) 등이 있다.

07

재해발생의 주요 원인에서 불안전한 행동에 해당하는 것은?

① 보호구 미착용
② 방호장치 미설치
③ 시끄러운 주변 환경
④ 경고 및 위험표지 미설치

> • 불안전한 행동이란 작업자가 해야 할 안전조치나 규정을 지키지 않는 행동을 말하며, 보호구 미착용은 대표적인 불안전 행동이다.
> • 반면, 방호장치 미설치, 경고 및 위험표지 미설치 등은 설비나 환경에 관한 불안전한 상태에 해당한다. 시끄러운 환경도 작업환경(불안전한 상태) 문제로 분류된다.

08 ⭐빈출

효과적인 교대근무제의 운용방법에 대한 내용으로 옳은 것은?

① 야간 근무 종료 후 휴식은 24시간 전후로 한다.
② 야간 근무는 가면(假眠)을 하더라도 10시간 이내가 좋다.
③ 신체적 적응을 위하여 야간 근무의 연속일수는 대략 1주일로 한다.
④ 누적 피로를 회복하기 위해서는 정교대 방식보다는 역교대 방식이 좋다.

> ① 야간 근무 종료 후 휴식은 24시간 이상이 좋다.
> ③ 신체적 적응을 위하여 야간 근무의 연속일수는 보통 3~4일 이하로 제한한다.
> ④ 누적 피로를 회복하기 위해서는 역교대(야간 → 주간 → 휴무 순) 방식보다는 정교대(주간 → 야간 → 휴무 순) 방식이 좋다.

09 ⭐빈출

산업안전보건법령상 입자상 물질의 농도 평가에서 2회 이상 측정한 단시간 노출 농도값이 단시간 노출 기준과 시간 가중평균 기준값 사이일 때 노출기준 초과로 평가해야 하는 경우가 아닌 것은?

① 1일 4회를 초과하는 경우
② 15분 이상 연속 노출되는 경우
③ 노출과 노출 사이의 간격이 1시간 이내인 경우
④ 단위작업장소의 넓이가 80평방미터 이상인 경우

10

다음 산업위생의 정의 중 ( ) 안에 들어갈 내용으로 볼 수 없는 것은?

> 산업위생이란, 근로자나 일반 대중에게 질병, 건강장애 등을 초래하는 작업환경 요인과 스트레스를 (   ) 하는 과학과 기술이다.

① 보상
② 예측
③ 평가
④ 관리

11

산업안전보건법령상 영상표시단말기(VDT) 취급 근로자의 작업자세로 옳지 않은 것은?

① 팔꿈치의 내각은 90° 이상이 되도록 한다.
② 근로자의 발바닥 전면이 바닥면에 닿는 자세를 기본으로 한다.
③ 무릎의 내각(Knee Angle)은 90° 전후가 되도록 한다.
④ 근로자의 시선은 수평선상으로부터 10~15° 위로 가도록 한다.

12

직업성 질환에 관한 설명으로 옳지 않은 것은?

① 직업성 질환과 일반 질환은 경계가 뚜렷하다.
② 직업성 질환은 재해성 질환과 직업병으로 나눌 수 있다.
③ 직업성 질환이란 어떤 작업에 종사함으로써 발생하는 업무상 질병을 의미한다.
④ 직업병은 저농도 또는 저수준의 상태로 장시간 걸쳐 반복노출로 생긴 질병을 의미한다.

13 ★빈출

사고예방대책 기본 원리 5단계를 올바르게 나열한 것은?

① 사실의 발견 → 조직 → 분석 · 평가 → 시정방법의 선
   정 → 시정책의 적용
② 사실의 발견 → 조직 → 시정방법의 선정 → 시정책의
   적용 → 분석 · 평가
③ 조직 → 사실의 발견 → 분석 · 평가 → 시정방법의 선
   정 → 시정책의 적용
④ 조직 → 분석 · 평가 → 사실의 발견 → 시정방법의
   선정 → 시정책의 적용

경영자의 안전목표 설정과 조직 구성, 불안전 상태와 행동 등 사실
의 발견, 원인 및 위험 분석, 개선책 선정(기술, 교육, 관리), 그리
고 선정된 시정책 적용 및 평가의 단계로 구성되어 있다.

14

유해물질의 생물학적 노출지수 평가를 위한 소변 시료채취
방법 중 채취시간에 제한없이 채취할 수 있는 유해물질은
무엇인가? (단, ACGIH 권장기준이다.)

① 벤젠
② 카드뮴
③ 일산화탄소
④ 트리클로로에틸렌

카드뮴은 만성적으로 체내에 축적되는 성질이 있어 시간에 관계없
이 채취한 소변에서 신뢰성 있게 노출 상황을 평가할 수 있다.

15 ★빈출

A유해물질의 노출기준은 100ppm이다. 잔업으로 인하여
작업시간이 8시간에서 10시간으로 늘었다면 이 기준치는
몇 ppm으로 보정해 주어야 하는가? (단, Brief와 Scala의
보정방법을 적용하며 1일 노출시간을 기준으로 한다.)

① 60
② 70
③ 80
④ 90

Brief와 Scala의 보정방법

$$\text{보정계수} = \left(\frac{8}{H}\right) \times \frac{24-H}{16} = \left(\frac{8}{10}\right) \times \frac{24-10}{16} = 0.7$$

$$\begin{aligned}\text{보정된 노출기준} &= \text{노출기준(8시간)} \times \text{보정계수} \\ &= 100\text{ppm} \times 0.7 \\ &= 70\text{ppm}\end{aligned}$$

16 ★빈출

젊은 근로자의 약한 손(오른손잡이일 경우 왼손)의 힘이 평
균 45kp일 경우 이 근로자가 무게 10kg인 상자를 두 손
으로 들어 올릴 경우의 작업강도(%MS)는 약 얼마인가?

① 1.1
② 8.5
③ 11.1
④ 21.1

- 작업강도(%MS) $= \dfrac{RF}{MS} \times 100$

$$= \frac{10/2}{45} \times 100 = 11.11\%MS$$

  ◦ RF: 작업 시 한 손에 가해지는 힘(kp, kilopound)
  ◦ MS: 약한 손의 힘(kp)

17 ★빈출

다음 최대작업역(Maximum Area)에 대한 설명으로 옳은
것은?

① 작업자가 작업할 때 팔과 다리를 모두 이용하여 닿는
   영역
② 작업자가 작업을 할 때 아래팔을 뻗어 파악할 수 있
   는 영역
③ 작업자가 작업할 때 상체를 기울여 손이 닿는 영역
④ 작업자가 작업할 때 윗팔과 아래팔을 곧게 펴서 파악
   할 수 있는 영역

최대작업역은 팔을 최대한 뻗었을 때 손이 닿을 수 있는 범위를 말
하며, 윗팔과 아래팔이 곧게 펴진 상태에서 측정된다.

18

산업 스트레스의 반응에 따른 심리적 결과에 해당되지 않는 것은?

① 가정문제
② 수면방해
③ 돌발적 사고
④ 성(性)적 역기능

가정문제, 수면방해, 성적 역기능 등은 모두 산업 스트레스의 심리적 결과로 나타날 수 있다. 반면, 돌발적 사고는 주로 행동적 혹은 물리적 결과에 가까우며, 심리적 결과로 분류되지 않는다.

19 빈출

전신피로의 원인으로 볼 수 없는 것은?

① 산소공급의 부족
② 작업강도의 증가
③ 혈중포도당 농도의 저하
④ 근육 내 글리코겐 양의 증가

- 근육 내 글리코겐 양의 감소가 전신피로의 원인이다.
- 근육 내 글리코겐은 운동 중 근육에 필요한 에너지원으로 사용된다.
- 글리코겐 저장량이 부족하거나 고갈되면 에너지 생산이 줄어들어 근육 피로와 전신 피로가 발생한다. 반대로 근육 내 글리코겐 양이 충분하면 운동 지속 능력이 높아지고 피로가 지연된다.

20 빈출

공기 중의 혼합물로서 아세톤 400ppm(TLV=750ppm), 메틸에틸케톤 100ppm(TLV=200ppm)이 서로 상가작용을 할 때 이 혼합물의 노출지수(EI)는 약 얼마인가?

① 0.82
② 1.03
③ 1.10
④ 1.45

$$EI = \frac{C_1}{T_1} + \frac{C_2}{T_2}$$

$$= \frac{400}{750} + \frac{100}{200} = 1.0333$$

- C_n: 각 성분의 농도 또는 중량비
- T_n: 각 성분의 노출기준

21 빈출

공기 중에 카본 테트라클로라이드(TLV=10ppm) 8ppm, 1,2-디클로로에탄(TLV=50ppm) 40ppm, 1,2-디브로모에탄(TLV=20ppm) 10ppm으로 오염되었을 때, 이 작업장 환경의 허용기준농도(ppm)는? (단, 상가작용을 기준으로 한다.)

① 24.5
② 27.6
③ 29.6
④ 58.0

$$\frac{C_1 + C_2 + C_3}{\text{허용기준농도}} = \frac{C_1}{T_1} + \frac{C_2}{T_2} + \frac{C_3}{T_3}$$

$$\frac{8 + 40 + 10}{\text{허용기준농도}} = \frac{8}{10} + \frac{40}{50} + \frac{10}{20}$$

허용기준농도 $= 27.6190\text{ppm}$

- C_n: 각 성분의 농도 또는 중량비
- T_n: 각 성분의 TLV

정답　18 ③　19 ④　20 ②　21 ②

시간당 200~300kcal의 열량이 소요되는 중등작업 조건에서 WBGT 측정치가 31.1℃일 때 고열작업 노출기준의 작업휴식조건으로 가장 적절한 것은?

① 계속 작업
② 매 시간 25% 작업, 75% 휴식
③ 매 시간 50% 작업, 50% 휴식
④ 매 시간 75% 작업, 25% 휴식

작업휴식시간비	경작업	중등작업	중작업
계속 작업	30.0℃	26.7℃	25.0℃
매 시간 75% 작업, 25% 휴식	30.6℃	28.0℃	25.9℃
매 시간 50% 작업, 50% 휴식	31.4℃	29.4℃	27.9℃
매 시간 25% 작업, 75% 휴식	32.2℃	31.1℃	30.0℃

- 경작업: ~200kcal/hr
- 중등작업: 200~350kcal/hr
- 중작업: 350~500kcal/hr

23

다음 중 직독식 기구로만 나열된 것은?

① AAS, ICP, 가스모니터
② AAS, 휴대용 GC, GC
③ 휴대용 GC, ICP, 가스검지관
④ 가스모니터, 가스검지관, 휴대용 GC

직독식 기구는 현장에서 바로 측정 결과를 확인할 수 있는 기구이다.
- 가스모니터: 전기화학식, 적외선식, 촉매연소식 등 다양한 원리를 사용해 가스 농도를 즉시 측정하고 표시하는 기기이다.
- 가스검지관: 유해가스가 통과할 때 색깔 변화를 통해 농도를 직독식으로 확인 가능한 관이다.
- 휴대용 GC(가스크로마토그래피): 휴대용으로 현장에서 가스를 분리·분석하여 농도를 바로 확인 가능한 장비이다.
- AAS(원자흡광광도계): 금속 원소의 농도를 측정하는 실험실 분석장비로, 직접 현장에서 즉시 측정하는 직독식 기구는 아니다.
- ICP(유도 결합 플라즈마 분석기): 다양한 원소를 고감도로 분석하는 실험실 장비로, 직독식이 아니며, 보통 실험실에서 사용된다.

자상 물질을 채취하는 데 사용하는 여과지 중 막여과지(Membrane Filter)가 아닌 것은?

① MCE 여과지
② PVC 여과지
③ 유리섬유 여과지
④ PTFE 여과지

③ 유리섬유 여과지는 섬유 형태로 짜여진 필터로, 막여과지처럼 균일하고 미세한 공극을 가지지 않고 단단한 섬유망 구조이다. 유리섬유 여과지는 입자가 큰 총 분진 채취나 전처리에 주로 사용된다.
① MCE 여과지(Mixed Cellulose Ester)는 친수성이며 셀룰로오스 아세테이트와 셀룰로오스 나이트레이트가 혼합된 멤브레인 필터로, 균일하고 미세한 공극으로 미생물 및 미립자 포집에 적합하여 주로 수용액 여과와 미생물 검사에 사용된다.
② PVC 여과지(Polyvinyl Chloride)는 내화학성이 뛰어나고 강도가 높으며 균일한 공극구조를 가진 멤브레인 필터로, 액체 필터링과 공기 중 입자 포집에 사용된다.
④ PTFE 여과지(Polytetrafluoroethylene)는 내열성과 내화학성이 우수한 불소수지 멤브레인 필터로, 소수성 특성을 가지며 화학물질 및 고온 환경에서 액체와 기체 여과에 적합하고, 내산성과 내알칼리성이 요구되는 환경에 많이 사용된다.

25

연속적으로 일정한 농도를 유지하면서 만드는 방법 중 Dynamic Method에 관한 설명으로 틀린 것은?

① 농도변화를 줄 수 있다.
② 대개 운반용으로 제작된다.
③ 만들기가 복잡하고, 가격이 고가이다.
④ 소량의 누출이나 벽면에 의한 손실은 무시할 수 있다.

동적 방법(Dynamic Method)은 농도 조절과 유지 목적이며, 대개 운반용으로 제작되는 것은 아니다. 운반용 기구는 별도로 존재하고, 동적 방법 장비는 주로 실험이나 분석용으로 사용된다.

관련개념
- 동적 방법(Dynamic Method): 동적 방법은 가스나 액체를 지속적으로 공급하거나 배출하여 일정한 농도를 유지하는 방식이다. 농도 변화를 자유롭게 조절할 수 있고, 만들기가 복잡하며 가격이 상대적으로 고가이다. 소량의 누출이나 벽면에 의한 손실은 무시할 수 있다.
- 정적 방법(Static Method): 정적 방법은 일정한 양의 시료를 용기나 챔버에 넣고 혼합하여 농도를 고정하는 방식이다. 농도는 외부에서 별도로 공급하거나 배출하지 않고 일정하게 유지된다. 만들기가 비교적 간단하고 비용도 낮으나, 농도 조절 및 유지가 제한적이다.

정답   22 ②   23 ④   24 ③   25 ②

26

다음 중 활성탄관과 비교한 실리카겔관의 장점과 가장 거리가 먼 것은?

① 수분을 잘 흡수하여 습도에 대한 민감도가 높다.
② 매우 유독한 이황화탄소를 탈착용매로 사용하지 않는다.
③ 극성물질을 채취한 경우 물, 에탄올 등 다양한 용매로 쉽게 탈착된다.
④ 추출액이 화학분석이나 기기분석에 방해물질로 작용하는 경우가 많지 않다.

> 수분을 잘 흡수하여 습도에 대한 민감도가 높아 습기가 많은 환경에서 성능이 저하될 수 있다.

27 빈출

호흡성 먼지에 관한 내용으로 옳은 것은? (단, ACGIH를 기준으로 한다.)

① 평균입경은 $1\mu m$이다.
② 평균입경은 $4\mu m$이다.
③ 평균입경은 $10\mu m$이다.
④ 평균입경은 $50\mu m$이다.

> **ACGIH 입자 크기별 기준**
> - 흡입성 입자상 물질: 평균입경 $100\mu m$
> - 흉곽성 입자상 물질: 평균입경 $10\mu m$
> - 호흡성 입자상 물질: 평균입경 $4\mu m$

28 빈출

셀룰로오스 에스테르 막여과지에 대한 설명으로 틀린 것은?

① 산에 쉽게 용해된다.
② 유해물질이 표면에 주로 침착되어 현미경 분석에 유리하다.
③ 흡습성이 적어 중량분석에 주로 적용된다.
④ 중금속 시료채취에 유리하다.

> - 셀룰로오스 에스테르 막여과지는 셀룰로오스 아세테이트와 셀룰로오스 나이트레이트가 혼합된 멤브레인 필터이다.
> - 셀룰로오스 에스테르 막여과지는 흡습성이 비교적 높아 중량분석에 적합하지 않다. 흡습성이 낮은 여과지가 중량분석에 더 적합하다.

29

작업장의 유해인자에 대한 위해도 평가에 영향을 미치는 것과 가장 거리가 먼 것은?

① 유해인자의 위해성
② 휴식시간의 배분 정도
③ 유해인자에 노출되는 근로자 수
④ 노출되는 시간 및 공간적인 특성과 빈도

> - 유해인자의 위해성은 위해도 평가의 핵심 요소이며, 유해인자에 노출되는 근로자 수, 노출되는 시간과 공간적 특성 및 빈도 역시 중요한 평가 기준이다.
> - 휴식시간의 배분 정도는 직접적인 유해인자 노출 정도나 위해성과는 거리가 있으며, 위해도 평가에는 크게 영향을 미치지 않는다.

30 

직경이 5μm, 비중이 1.8인 원형 입자의 침강속도(cm/min)는? (단, 공기의 밀도는 0.0012g/cm³, 공기의 점도는 1.807×10^{-4}poise이다.)

① 6.1
② 7.1
③ 8.1
④ 9.1

$$V_g = \frac{d_p^2(\rho_p - \rho)g}{18\mu}$$

$$= \frac{\left(5\mu m \times \frac{1cm}{10^4 \mu m}\right)^2 \times \frac{(1.8-0.0012)g}{cm^3} \times \frac{980cm}{sec^2} \times \frac{60sec}{min}}{18 \times \frac{1.807 \times 10^{-4}g}{cm \cdot sec}}$$

$$= 8.1296\,cm/min$$

31

어느 작업장의 소음 측정 결과가 다음과 같을 때, 총 음압레벨(dB(A))은? (단, A, B, C 기계는 동시에 작동된다.)

- A기계: 81dB(A)
- B기계: 85dB(A)
- C기계: 88dB(A)

① 84.7
② 86.5
③ 88.0
④ 90.3

$$\text{총 음압레벨}(dB(A)) = 10\log\left(10^{L_1/10} + 10^{L_2/10} + \cdots + 10^{L_n/10}\right)$$
$$= 10\log\left(10^{81/10} + 10^{85/10} + 10^{88/10}\right)$$
$$= 90.3063\,dB(A)$$

32

작업환경측정방법 중 소음측정시간 및 횟수에 관한 내용 중 ( ) 안에 들어갈 내용으로 옳은 것은? (단, 고용노동부 고시를 기준으로 한다.)

> 단위작업장소에서의 소음발생시간이 6시간 이내인 경우나 소음발생원에서의 발생시간이 간헐적인 경우에는 발생시간 동안 연속 측정하거나 등간격으로 나누어 (   )회 이상 측정하여야 한다.

① 2
② 3
③ 4
④ 6

소음측정시간
- 단위작업장소에서 소음수준은 규정된 측정위치 및 지점에서 1일 작업시간 동안 6시간 이상 연속 측정하거나 작업시간을 1시간 간격으로 나누어 6회 이상 측정하여야 한다. 다만, 소음의 발생특성이 연속음으로서 측정치가 변동이 없다고 자격자 또는 지정측정기관이 판단한 경우에는 1시간 동안을 등간격으로 나누어 3회 이상 측정할 수 있다.
- 단위작업장소에서의 소음발생시간이 6시간 이내인 경우나 소음발생원에서의 발생시간이 간헐적인 경우에는 발생시간동안 연속 측정하거나 등간격으로 나누어 4회 이상 측정하여야 한다.

33

레이저광의 폭로량을 평가하는 사항에 해당하지 않는 항목은?

① 각막 표면에서의 조사량(J/cm²) 또는 폭로량을 측정한다.
② 조사량의 서한도는 1mm 구경에 대한 평균치이다.
③ 레이저광과 같은 직사광파 형광등 또는 백열등과 같은 확산광은 구별하여 사용해야 한다.
④ 레이저광에 대한 눈의 허용량은 폭로 시간에 따라 수정되어야 한다.

레이저광에 대한 눈의 허용량은 시간에 따른 최대 허용 노출값(MPE) 기준에 의해 평가된다.

정답   30 ③ 31 ④ 32 ③ 33 ④

34

분석 기기에서 바탕선량(Background)과 구별하여 분석될 수 있는 최소의 양은?

① 검출한계
② 정량한계
③ 정성한계
④ 정도한계

② 정량한계(Limit of Quantification, LOQ): 분석기기에서 물질을 신뢰성 있게 정량(수치로 측정)할 수 있는 최소 농도 또는 양이다. 검출한계보다 높은 수준으로, 정량 결과의 정확도와 정밀도가 확보되는 범위이다.
③ 정성한계: 분석에서 물질의 존재 여부를 확인할 수 있는 최소 농도 또는 양을 말한다. 물질이 있다고 판단할 수 있는 한계로, 정량보다는 낮은 단계의 확인 기준이다.
④ 정도한계: 분석 결과가 허용오차 범위 내에서 정확하고 신뢰성 있게 나타날 수 있는 최소 농도 또는 양이다. 분석의 신뢰도를 보장하는 한계치로, 주로 품질 관리나 검증에 활용된다.

35

작업장의 온도 측정결과가 다음과 같을 때, 측정결과의 기하평균은?

5, 7, 12, 18, 25, 13 (단위: ℃)

① 11.6℃
② 12.4℃
③ 13.3℃
④ 15.7℃

기하평균은 농도의 중앙 경향을 표현할 때 유용하며, 특히 측정값 간 편차가 크거나 자료가 로그 정규분포를 따를 때 사용한다.

$$기하평균 = (x_1 \times x_2 \times x_3 \times \cdots \times x_n)^{\frac{1}{n}}$$
$$= (5 \times 7 \times 12 \times 18 \times 25 \times 13)^{\frac{1}{6}} = 11.6162$$

36

금속제품을 탈지 세정하는 공정에서 사용하는 유기용제인 트리클로로에틸렌이 근로자에게 노출되는 농도를 측정하고자 한다. 과거의 노출농도를 조사해 본 결과, 평균 50ppm이었을 때, 활성탄관(100mg/50mg)을 이용하여 0.4L/min으로 채취하였다면 채취해야 할 시간(min)은? (단, 트리클로로에틸렌의 분자량은 131.39이고 기체 크로마토그래피의 정량한계는 시료당 0.5mg, 1기압, 25℃ 기준으로 기타 조건은 고려하지 않는다.)

① 2.4
② 3.2
③ 4.7
④ 5.3

필요한 시료량 = 채취시간 × 농도 × 채취유량

$$0.5\text{mg} = \square\text{min} \times \frac{50\text{mL} \times \frac{131.39\text{mg}}{22.4\text{mL}}}{\text{Sm}^3 \times \frac{(273+25)\text{K}}{273\text{K}}} \times \frac{0.4\text{L}}{\text{min}} \times \frac{\text{m}^3}{1,000\text{L}}$$

$$\square = 4.6524\text{min}$$

37

5M 황산을 이용하여 0.004M 황산용액 3L를 만들기 위해 필요한 5M 황산의 부피(mL)는?

① 5.6
② 4.8
③ 3.1
④ 2.4

$$M_1V_1 = M_2V_2$$

$$\frac{5\text{mol}}{\text{L}} \times \square\text{mL} = \frac{0.004\text{mol}}{\text{L}} \times 3,000\text{mL}$$

$$\square = 2.4\text{mL}$$

38

작업환경공기 중의 물질A(TLV 50ppm)가 55ppm이고, 물질B(TLV 50ppm)가 47ppm이며, 물질C(TLV 50ppm)가 52ppm이었다면, 공기의 노출농도 초과도는? (단, 상가작용을 기준으로 한다.)

① 3.62
② 3.08
③ 2.73
④ 2.33

$$\text{초과도} = \frac{C_1}{T_1} + \frac{C_2}{T_2} + \frac{C_3}{T_3}$$

$$= \frac{55}{50} + \frac{47}{50} + \frac{52}{50} = 3.08$$

- C_n: 각 성분의 농도 또는 중량비
- T_n: 각 성분의 TLV

39

다음 중 정밀도를 나타내는 통계적 방법과 가장 거리가 먼 것은?

① 오차
② 산포도
③ 표준편차
④ 변이계수

- 정밀도는 측정값들의 일관성 또는 반복성으로, 측정값 간의 산포 정도를 뜻한다.
- 정밀도를 나타내는 대표적인 통계적 지표로는 산포도(데이터의 흩어진 정도), 표준편차(데이터의 평균으로부터의 평균적인 떨어진 정도), 변이계수(표준편차를 평균으로 나눈 상대적 산포도)가 있다.
- 오차는 실제값과 측정값 간의 차이로, 정밀도보다는 정확도(Accuracy)와 관련이 깊다.

40

빛의 파장의 단위로 사용되는 Å(Ångström)을 국제표준단위계(SI)로 나타낸 것은?

① 10^{-6}m
② 10^{-8}m
③ 10^{-10}m
④ 10^{-12}m

- 옹스트롬은 스웨덴의 천문학자 안데르스 요나스 옹스트룀(Anders Jonas Ångström)의 이름을 따서 명명된 길이 단위로, 주로 빛의 파장, 원자 및 분자 크기 등을 나타낼 때 사용된다.
- 국제단위계(SI)에서 공식 단위는 아니지만, 1Å = 0.1nm = 10^{-10}m 로 환산하여 나노미터 단위로 표현하는 것이 일반적이다.

3과목 **작업환경 관리대책**

41

국소배기시스템 설계에서 송풍기 전압이 136mmH₂O이고, 송풍량은 184m³/min일 때, 필요한 송풍기 소요 동력은 약 몇 kW인가? (단, 송풍기의 효율은 60%이다.)

① 2.7
② 4.8
③ 6.8
④ 8.7

$$P = \frac{Q \times \Delta H}{102 \times \eta}$$

$$= \frac{\dfrac{184m^3}{min} \times \dfrac{min}{60sec} \times 136mmH_2O}{102 \times 0.6} = 6.8148kW$$

42

페인트 도장이나 농약 살포와 같이 공기 중에 가스 및 증기상 물질과 분진이 동시에 존재하는 경우 호흡 보호구에 이용되는 가장 적절한 공기 정화기는?

① 필터
② 만능형 캐니스터
③ 요오드를 입힌 활성탄
④ 금속산화물을 도포한 활성탄

43 빈출

전체환기시설을 설치하기 위한 기본원칙으로 가장 거리가 먼 것은?

① 오염물질 사용량을 조사하여 필요환기량을 계산한다.
② 공기배출구와 근로자의 작업위치 사이에 오염원이 위치해야 한다.
③ 오염물질 배출구는 가능한 한 오염원으로부터 가까운 곳에 설치하여 점환기 효과를 얻는다.
④ 오염원 주위에 다른 작업공정이 있으면 공기 공급량을 배출량보다 크게 하여 양압을 형성시킨다.

44

송풍관(Duct) 내부에서 유속이 가장 빠른 곳은? (단, d는 송풍관의 직경을 의미한다.)

① 위에서 1/10 · d 지점
② 위에서 1/5 · d 지점
③ 위에서 1/3 · d 지점
④ 위에서 1/2 · d 지점

45 빈출

작업장 용적이 10m × 3m × 40m이고 필요 환기량이 120m³/min일 때 시간당 공기교환 횟수는?

① 360회
② 60회
③ 6회
④ 0.6회

  42 ② 43 ④ 44 ④ 45 ③

46

국소배기시설이 희석환기시설보다 오염물질을 제거하는 데 효과적이므로 선호도가 높다. 이에 대한 이유가 아닌 것은?

① 설계가 잘된 경우 오염물질의 제거가 거의 완벽하다.
② 오염물질의 발생 즉시 배기시키므로 필요 공기량이 적다.
③ 오염 발생원의 이동성이 큰 경우에도 적용 가능하다.
④ 오염물질 독성이 클 때도 효과적 제거가 가능하다.

> 오염원이 고정되어 있거나 위치가 명확할 때 매우 효과적이다.

47

산업안전보건법령상 관리대상 유해물질 관련 국소배기장치 후드의 제어풍속(m/s)의 기준으로 옳은 것은?

① 가스상태(포위식 포위형): 0.4
② 가스상태(외부식 상방흡인형): 0.5
③ 입자상태(포위식 포위형): 1.0
④ 입자상태(외부식 상방흡인형): 1.5

> • 가스상태
>   ✓ 포위식 포위형: 0.4
>   ✓ 외부식 측방흡인형: 0.5
>   ✓ 외부식 하방흡인형: 0.5
>   ✓ 외부식 상방흡인형: 1.0
> • 입자상태
>   ✓ 포위식 포위형: 0.7
>   ✓ 외부식 측방흡인형: 1.0
>   ✓ 외부식 하방흡인형: 1.0
>   ✓ 외부식 상방흡인형: 1.2

48 빈출

총흡음량이 900sabins인 소음발생작업장에 흡음재를 천장에 설치하여 2,000sabins 더 추가하였다. 이 작업장에서 기대되는 소음감소치(NR; db(A))는?

① 약 3
② 약 5
③ 약 7
④ 약 9

> $NR = 10 \times \log(A_2/A_1)$
> $\quad\quad = 10 \times \log(2,900/900)$
> $\quad\quad = 5.0815dB(A)$
> ° A_1 = 기존 총흡음량 = 900sabins
> ° A_2 = 추가 후 총흡음량 = 900 + 2,000 = 2,900sabins

49

외부식 후드(포집형 후드)의 단점이 아닌 것은?

① 포위식 후드보다 일반적으로 필요송풍량이 많다.
② 외부 난기류의 영향을 받아서 흡인효과가 떨어진다.
③ 근로자가 발생원과 환기시설 사이에서 작업하게 되는 경우가 많다.
④ 기류속도가 후드 주변에서 매우 빠르므로 쉽게 흡인되는 물질의 손실이 크다.

> • 외부식 후드는 근로자가 발생원과 환기시설 사이에서 작업하게 되는 경우가 드물며, 오히려 포위식 후드에서 해당 현상이 더 많이 발생한다.
> • 외부식 후드는 발산원 외부에 설치되어 오염물질을 포집한다. 포위식 후드에 비해 필요송풍량이 많고, 외부 난기류의 영향으로 흡인 효과가 저하될 수 있으며, 후드 주변의 기류속도가 빨라 물질 손실이 크다는 단점이 있다.

50

송풍기의 효율이 큰 순서대로 나열된 것은?

① 평판송풍기 > 다익송풍기 > 터보송풍기
② 다익송풍기 > 평판송풍기 > 터보송풍기
③ 터보송풍기 > 다익송풍기 > 평판송풍기
④ 터보송풍기 > 평판송풍기 > 다익송풍기

- 터보송풍기: 고속 회전하는 터빈(임펠러)이 공기를 압축하여 배출하는 원심식 송풍기이다. 높은 효율과 고풍량, 고압력이 가능하며, 대형 산업용과 고성능 시스템에 적합하다.
- 평판송풍기: 평판 형태의 날개를 가진 송풍기로, 구조가 단순하며 소형 저압 환경에 적합하다.
- 다익송풍기: 다익(사이클로닉) 형태의 임펠러를 가진 원심송풍기로, 여러 공업 현장에서 널리 사용되며, 상대적으로 설치와 유지가 용이하다.

51 빈출

송풍기 입구 전압이 280mmH₂O이고 송풍기 출구 정압이 100mmH₂O이다. 송풍기 출구 속도압이 200mmH₂O일 때, 전압(mmH₂O)은?

① 20
② 40
③ 80
④ 180

전압은 송풍기가 공기를 밀어내기 위해 발생시키는 압력차를 뜻하며, 출구 쪽의 정압과 속도압을 합산한 값에서 입구 전압을 빼 주어 구한다. 입구 속도압은 주어지지 않았으므로 0으로 한다.
- 송풍기 유효전압 = 출구 전압 − 입구 전압
  = (출구 정압 + 출구 속도압) − (입구 정압 + 입구 속도압)
  = (100 + 200) − (280 + 0) = 20mmH₂O

52

플레넘형 환기시설의 장점이 아닌 것은?

① 연마분진과 같이 끈적거리거나 보풀거리는 분진의 처리가 용이하다.
② 주관의 어느 위치에서도 분지관을 추가하거나 제거할 수 있다.
③ 주관은 입경이 큰 분진을 제거할 수 있는 침강식의 역할이 가능하다.
④ 분지관으로부터 송풍기까지 낮은 압력손실을 제공하여 운전동력을 최소화할 수 있다.

플레넘형 환기시설은 송풍기와 분지관 사이를 하나의 커다란 공간(플레넘)으로 사용하여, 분지관 추가 및 제거가 용이하고 주관이 침강식 역할로 큰 분진을 어느 정도 제거한다. 또한 분지관에서 송풍기까지 압력손실이 적어 동력 절감 효과가 크다. 하지만 끈적거리거나 보풀거리는 연마분진은 플레넘 내부에 달라붙어 처리하기 어렵기 때문에 플레넘형 환기시설에서는 처리가 용이하지 않다.

53

레시버식 캐노피형 후드를 설치할 때, 적절한 H/E는? (단, E는 배출원의 크기이고, H는 후드면과 배출원 간의 거리를 의미한다.)

① 0.7 이하
② 0.8 이하
③ 0.9 이하
④ 1.0 이하

레시버식 캐노피형 후드는 주로 열상승기류나 관성기류를 이용해 오염물질을 배기하는 후드 형태이다. 레시버식 캐노피형 후드는 배출원에 대한 적절한 흡인 능력을 유지하기 위해 H와 E의 비율(H/E)을 0.7 이하로 유지하는 것이 권장된다. 일반적으로 H/E가 너무 크면(거리 너무 멀면) 제어풍속이 떨어져 배기 효과가 감소한다.

54

귀덮개의 차음성능기준상 중심주파수가 1,000Hz인 음원의 차음치(dB)는?

① 10 이상
② 15 이상
③ 25 이상
④ 35 이상

안전인증대상 방음용 귀덮개는 주파수별 차음성능 기준이 정해져 있으며, 1,000Hz 중심주파수의 경우 차음치는 최소 25dB 이상이어야 한다. 이 기준은 작업환경에서 고주파 소음에 대한 귀덮개의 최소 성능을 규정한다.

관련개념 주파수별 귀덮개 차음성능(차음치, dB) 기준

중심주파수(Hz)	차음치(dB) 대략적 수치
125	10 이상
250	15 이상
500	15~20 이상
1,000	20~25 이상
2,000	25~30 이상
4,000	25~35 이상
8,000	20 이상

55 빈출

작업환경개선에서 공학적인 대책과 가장 거리가 먼 것은?

① 교육
② 환기
③ 대체
④ 격리

- 공학적 대책: 대체, 격리, 밀폐, 차단, 산업 환기 등 유해인자를 직접 제거하거나 차단하는 방법
- 관리적(행정적) 대책: 작업시간 조정, 휴식시간 조정, 작업자 교육, 교대근무, 작업 전환 등

56 빈출

작업대 위에서 용접할 때 흄(Fume)을 포집제거하기 위해 작업면에 고정된 플랜지가 붙은 외부식 사각형 후드를 설치하였다면 소요 송풍량(m^3/min)은? (단, 개구면에서 작업지점까지의 거리는 0.25m, 제어속도는 0.5m/sec, 후드 개구면적은 0.5m²이다.)

① 0.281
② 8.430
③ 16.875
④ 26.425

플랜지가 있는 외부식 사각형 후드(바닥면)

$$Q = 60 \times \frac{1}{2} \times V_c \times (10X^2 + A)$$

$$= 60 \times \frac{1}{2} \times 0.5 \times (10 \times 0.25^2 + 0.5) = 16.875 m^3/min$$

57

산업위생보호구의 점검, 보수 및 관리방법에 관한 설명 중 틀린 것은?

① 보호구의 수는 사용하여야 할 근로자의 수 이상으로 준비한다.
② 호흡용 보호구는 사용 전, 사용 후 여재의 성능을 점검하여 성능이 저하된 것은 폐기, 보수, 교환 등의 조치를 취한다.
③ 보호구의 청결 유지에 노력하고, 보관할 때에는 건조한 장소와 분진이나 가스 등에 영향을 받지 않는 일정한 장소에 보관한다.
④ 호흡용 보호구나 귀마개 등은 특정 유해물질 취급이나 소음에 노출될 때 사용하는 것으로서 그 목적에 따라 반드시 공용으로 사용해야 한다.

호흡용 보호구나 귀마개 등은 특정 유해물질 취급이나 소음에 노출될 때 사용하는 것으로서 그 목적에 따라 반드시 개인으로 사용해야 한다.

정답　54 ③　55 ①　56 ③　57 ④

58

세정제진장치의 특징으로 틀린 것은?

① 배출수의 재가열이 필요없다.
② 포집효율을 변화시킬 수 있다.
③ 유출수가 수질오염을 야기할 수 있다.
④ 가연성, 폭발성 분진을 처리할 수 있다.

세정제진장치(세정집진장치, 스크러버)는 기체 내 오염물질을 세정액과 접촉시켜 제거하는 장치로 경우에 따라 배출수의 재가열이 필요하다.

59

다음은 직관의 압력손실에 관한 설명으로 잘못된 것은?

① 직관의 마찰계수에 비례한다.
② 직관의 길이에 비례한다.
③ 직관의 직경에 비례한다.
④ 속도(관 내 유속)의 제곱에 비례한다.

Darcy–Weisbach 식

$$\text{마찰손실} = f \times \frac{L}{D} \times \frac{\gamma V^2}{2g}$$

- f: 마찰계수
- L: 길이
- D: 직경
- γ: 가스 밀도
- V: 속도
- g: 중력가속도

60 빈출

덕트의 설치 원칙과 가장 거리가 먼 것은?

① 가능한 한 후드와 먼 곳에 설치한다.
② 덕트는 가능한 한 짧게 배치하도록 한다.
③ 밴드의 수는 가능한 한 적게 하도록 한다.
④ 공기가 아래로 흐르도록 하향구배를 만든다.

덕트는 오염물질을 효과적으로 포집·배출하기 위해 후드와 송풍기 사이를 연결하는 통로로, 가능한 한 후드에서 가까운 위치에 설치하는 것이 좋다. 먼 곳에 설치하면 압력손실과 효율 저하가 발생할 수 있다.

61 빈출

다음에서 설명하고 있는 측정기구는?

작업장의 환경에서 기류의 방향이 일정하지 않거나 실내 0.2~0.5m/s 정도의 불감기류를 측정할 때 사용되며 온도에 따른 알코올의 팽창, 수축원리를 이용하여 기류속도를 측정한다.

① 풍차풍속계
② 카타(Kata)온도계
③ 가열온도풍속계
④ 습구흑구온도계(WBGT)

① 풍차풍속계: 회전하는 날개를 이용해 바람이나 기류의 속도를 측정하는 장비
③ 가열온도풍속계: 열선을 이용해 기류 속도를 측정하는 장비
④ 습구흑구온도계(WBGT): 작업장의 열환경, 열 스트레스 지수를 평가하는 데 쓰이는 온도계

62

진동에 의한 작업자의 건강장해를 예방하기 위한 대책으로 옳지 않은 것은?

① 공구의 손잡이를 세게 잡지 않는다.
② 가능한 한 무거운 공구를 사용하여 진동을 최소화한다.
③ 진동공구를 사용하는 작업시간을 단축시킨다.
④ 진동공구와 손 사이 공간에 방진재료를 채워 놓는다.

진동에 의한 건강장해 예방을 위해서는 가능한 한 가벼운 공구를 사용하여 진동 부담을 줄이는 것이 중요하다. 무거운 공구를 사용하면 오히려 작업자의 부담과 진동 노출이 커질 수 있다.

63

마이크로파가 인체에 미치는 영향으로 옳지 않은 것은?

① 1,000~10,000Hz의 마이크로파는 백내장을 일으킨다.
② 두통, 피로감, 기억력 감퇴 등의 증상을 유발시킨다.
③ 마이크로파의 열작용에 많은 영향을 받는 기관은 생식기와 눈이다.
④ 중추신경계는 1,400~2,800Hz 마이크로파 범위에서 가장 영향을 많이 받는다.

중추신경에 대해서는 300~1,200Hz의 주파수 범위에서 가장 민감하다.

64

감압에 따르는 조직 내 질소기포 형성량에 영향을 주는 요인인 조직에 용해된 가스량을 결정하는 인자로 가장 적절한 것은?

① 감압 속도
② 혈류의 변화 정도
③ 노출 정도와 시간 및 체내 지방량
④ 폐 내의 이산화탄소 농도

조직 내 용해된 가스량은 잠수 시의 가스 노출 정도와 시간에 따라 달라지며, 체내 지방량이 많은 조직일수록 질소 등의 비활성 가스가 더 많이 용해된다. 이 용해된 가스는 감압 시 체내에서 기포를 형성할 수 있으며, 이는 감압병의 한 원인이 된다.

65 ★ 빈출

다음 중 전리방사선에 대한 감수성이 가장 낮은 인체조직은?

① 골수
② 생식선
③ 신경조직
④ 임파조직

- 전리방사선 감수성은 세포 분열 빈도와 분화 정도에 따라 다르며, 세포 분열이 활발한 조직일수록 감수성이 높다. 높은 감수성을 보이는 조직에는 생식선, 골수, 임파조직 등이 있으며, 이들은 세포 분열 활동이 활발하다.
- 신경조직은 세포 분열이 거의 없고 분화가 완료된 조직으로 방사선에 대한 감수성이 가장 낮다.

66

비전리방사선 중 유도방출에 의한 광선을 증폭시킴으로서 얻는 복사선으로, 쉽게 산란하지 않으며 강력하고 예리한 지향성을 지닌 것은?

① 적외선
② 마이크로파
③ 가시광선
④ 레이저광선

- 적외선
  - ✓ 정의: 가시광선보다 파장이 긴 전자기파
  - ✓ 파장 범위: 약 700nm~1mm
  - ✓ 특징: 주로 열 에너지를 전달하며, 눈에 보이지 않고 온도 감지, 열 영상 등에 사용됨
- 마이크로파
  - ✓ 정의: 라디오파와 적외선 사이의 주파수 대역을 가진 전자기파
  - ✓ 파장 범위: 약 1mm~1m(주파수 약 300MHz~300GHz)
  - ✓ 특징: 통신, 레이더, 전자레인지 등에 사용, 파장이 길어 물체 투과에 강함
- 가시광선
  - ✓ 정의: 인간 눈에 보이는 전자기파
  - ✓ 파장 범위: 약 400nm~700nm
  - ✓ 특징: 색상과 밝기를 인식하게 하며 자연광, 조명에 해당
- 레이저광선
  - ✓ 정의: 유도방출에 의해 특정 파장 빛이 증폭된 단일 방향성의 빛
  - ✓ 파장 범위: 특정 파장대에 집중(가시광선, 적외선 등 다양한 범위 가능)
  - ✓ 특징: 높은 방향성과 집중도로 정밀 가공, 통신, 의료 등에 활용됨

67 빈출

한랭환경에서 발생할 수 있는 건강장해에 관한 설명으로 옳지 않은 것은?

① 혈관의 이상은 저온 노출로 유발되거나 악화된다.
② 참호족과 침수족은 지속적인 국소의 산소결핍 때문이며, 모세혈관 벽이 손상되는 것이다.
③ 전신체온강하는 단시간의 한랭폭로에 따른 일시적 체온상실에 따라 발생하는 중증장해에 속한다.
④ 동상에 대한 저항은 개인에 따라 차이가 있으나 중증 환자의 경우 근육 및 신경조직 등 심부조직이 손상된다.

- 전신체온강하는 장시간의 한랭폭로에 따른 지속적 체온상실에 따라 발생하는 중증장해에 속한다.
- 단시간 일시적 노출로 인한 급성 장해는 주로 동상, 참호족, 침수족 등의 국소 장해에 해당한다.

68

일반소음의 차음효과는 벽체의 단위표면적에 대하여 벽체의 무게를 2배로 할 때 또는 주파수가 2배로 증가될 때 차음은 몇 dB 증가하는가?

① 2dB
② 6dB
③ 10dB
④ 15dB

- $TL = 20\log(f \times m) - 47$
  - TL: 차음량(Transmission Loss, dB)
  - f: 주파수(Hz)
  - m: 벽체의 단위면적당 질량(kg/m²)
- 질량이 2배가 될 때
  기존 질량이 m, 주파수는 동일하고 벽체 질량이 2배로 변화하면
  $20\log(f \times 2m) - 47 - (20\log(f \times m) - 47)$
  $= 20\log(2) = 6.0205dB$
  따라서 차음효과는 약 6dB 증가한다.
- 주파수가 2배가 될 때
  기존 주파수는 f, 질량은 동일하고 주파수를 2배로 변화하면
  $20\log(2f \times m) - 47 - (20\log(f \times m) - 47)$
  $= 20\log(2) = 6.0205dB$
  따라서 차음효과는 약 6dB 증가한다.

69 빈출

3N/m²의 음압은 약 몇 dB의 음압수준인가?

① 95
② 104
③ 110
④ 1,115

$$음압레벨(SPL) = 20\log\left(\frac{P}{P_0}\right) = 20\log\left(\frac{3}{2 \times 10^{-5}}\right) = 103.5218dB$$

- P: 측정 음압(Pa, N/m²)
- P_0: 2×10^{-5}Pa(사람이 들을 수 있는 최소 음압 기준)

70 빈출

손가락의 말초혈관운동의 장애로 인한 혈액순환장애로 손가락의 감각이 마비되고, 창백해지며, 추운 환경에서 더욱 심해지는 레이노(Raynaud) 현상의 주요 원인으로 옳은 것은?

① 진동
② 소음
③ 조명
④ 기압

손가락의 말초혈관운동 장애로 인한 혈액순환장애로 손가락 감각이 마비되고 창백해지며 추운 환경에서 심해지는 레이노(Raynaud) 현상의 주요 원인은 진동이다.

고열장해에 대한 내용으로 옳지 않은 것은?

① 열경련(Heat Cramps): 고온 환경에서 고된 육체적인 작업을 하면서 땀을 많이 흘릴 때 많은 물을 마시지만 신체의 염분 손실을 충당하지 못할 경우 발생한다.
② 열허탈(Heat Collapse): 고열작업에 순화되지 못해 말초혈관이 확장되고, 신체 말단에 혈액이 과다하게 저류되어 뇌의 산소부족이 나타난다.
③ 열소모(Heat Exhaustion): 과다발한으로 수분·염분손실에 의하여 나타나며, 두통, 구역감, 현기증 등이 나타나지만 체온은 정상이거나 조금 높아진다.
④ 열사병(Heat Stroke): 작업환경에서 가장 흔히 발생하는 피부장해로서 땀에 젖은 피부 각질층이 떨어져 땀구멍을 막아 염증성 반응을 일으켜 붉은 구진 형태로 나타난다.

> 열발진(Heat Rashes)은 작업환경에서 가장 흔히 발생하는 피부장해로서 땀에 젖은 피부 각질층이 떨어져 땀구멍을 막아 염증성 반응을 일으켜 붉은 구진 형태로 나타난다.

관련개념 열사병(Heat Stroke)
과도한 고온 환경에 오랜 시간 노출되어 체온 조절 기능이 마비되면서 발생하는 심각한 상태이다. 체온이 40도 이상으로 올라가면서 두통, 어지러움, 구역질, 경련, 시력 장애, 의식 저하 등의 증상이 나타난다. 피부가 뜨겁고 건조하며 붉게 보이고, 땀이 나지 않는 경우가 많다(운동 관련 열사병은 땀이 남). 응급상황으로 빠른 냉각과 병원 치료가 필요하다. 치료가 늦으면 장기 손상이나 사망에 이를 수 있다.

72 ⭐빈출

이상기압의 대책에 관한 내용으로 옳지 않은 것은?

① 고압실 내의 작업에서는 탄산가스의 분압이 증가하지 않도록 신선한 공기를 송기한다.
② 고압환경에서 작업하는 근로자에게는 질소의 양을 증가시킨 공기를 호흡시킨다.
③ 귀 등의 장해를 예방하기 위하여 압력을 가하는 속도를 매 분당 0.8kg/cm² 이하가 되도록 한다.
④ 감압병의 증상이 발생하였을 때에는 환자를 바로 원래의 고압환경 상태로 복귀시키거나, 인공고압실에서 천천히 감압한다.

> 고압실 내에서는 질소의 양을 조절하여 질소 과다흡입(질소 중독)을 예방하는 것이 중요하다. 즉, 질소의 양을 임의로 증가시키는 것은 오히려 해롭다. 산소 농도를 적절히 유지하며 신선한 공기를 공급하는 것이 올바른 대책이다.

73

산소농도가 6% 이하인 공기 중의 산소분압으로 옳은 것은? (단, 표준상태이며, 부피기준이다.)

① 45mmHg 이하
② 55mmHg 이하
③ 65mmHg 이하
④ 75mmHg 이하

> $$760\text{mmHg} \times \frac{6}{100} = 45.6\text{mmHg}$$

74 ⭐빈출

1fc(foot candle)은 약 몇 럭스(lux)인가?

① 3.9
② 8.9
③ 10.8
④ 13.4

> 1fc는 1ft²당 1루멘의 조도량을 의미한다.
> $$1\,\text{fc} = \frac{1\text{루멘}}{1\,\text{ft}^2 \times \frac{(0.3048\text{m})^2}{1\,\text{ft}^2}} = 10.7639\text{lux}$$

정답 71 ④ 72 ② 73 ① 74 ③

75

작업장 내의 직접조명에 관한 설명으로 옳은 것은?

① 장시간 작업에도 눈이 부시지 않는다.
② 조명기구가 간단하고, 조명기구의 효율이 좋다.
③ 벽이나 천정의 색조에 좌우되는 경향이 있다.
④ 작업장 내의 균일한 조도의 확보가 가능하다.

- 직접조명은 광원이 작업면에 직접 빛을 비추는 방식으로 조명기구가 비교적 간단하고 효율적이다. 그러나 눈부심이 발생하기 쉽고, 균일한 조도 확보가 어렵고, 그림자가 강하게 생기는 단점이 있다.
- ①, ③, ④는 간접조명에 관한 설명이다.

76

고압 환경의 생체작용과 가장 거리가 먼 것은?

① 고공성 폐수종
② 이산화탄소(CO_2) 중독
③ 귀, 부비강, 치아의 압통
④ 손가락과 발가락의 작열통과 같은 산소 중독

고공성 폐수종은 고압이 아닌 고공(저압) 환경에서 발생하는 것으로, 고압 환경과는 반대 개념이다.

77 빈출

음압이 20N/m²일 경우 음압수준(Sound Pressure Level)은 얼마인가?

① 100dB
② 110dB
③ 120dB
④ 130dB

$$음압레벨(SPL) = 20\log\left(\frac{P}{P_0}\right) = 20\log\left(\frac{20}{2\times10^{-5}}\right) = 120dB$$

- P: 측정 음압(Pa, N/m²)
- P_0: 2×10^{-5}Pa(사람이 들을 수 있는 최소 음압 기준)

78 빈출

25℃일 때, 공기 중에서 1,000Hz인 음의 파장은 약 몇 m인가? (단, 0℃, 1기압에서의 음속은 331.5m/sec이다.)

① 0.035
② 0.35
③ 3.5
④ 35

- 음속 $= 331.5 + 0.6t$
- $$파장(\lambda) = \frac{음속(C)}{주파수(f)}$$
$$= \frac{[331.5+(0.6\times25)]\text{m/sec}}{1,000\text{Hz}} = 0.3465\text{m}$$

79

난청에 관한 설명으로 옳지 않은 것은?

① 일시적 난청은 청력의 일시적인 피로현상이다.
② 영구적 난청은 노인성 난청과 같은 현상이다.
③ 일반적으로 초기청력 손실을 C_5-dip 현상이라 한다.
④ 소음성 난청은 내이의 세포변성을 원인으로 볼 수 있다.

영구적 난청은 소음성 난청과 같은 현상이다.

80 빈출

다음 전리방사선 중 투과력이 가장 약한 것은?

① 중성자
② γ선
③ β선
④ α선

α선이 가장 투과력이 약하다.

관련개념

방사선 종류	구성 및 특징	투과력 · 차단 방법
알파선(α)	헬륨 원자핵, 강한 이온화 작용	매우 낮음, 종이 한 장으로 차단 가능
베타선(β)	전자 또는 양전자, 중간 강도의 이온화	중간, 알루미늄 판으로 차단 가능
중성자선	중성자 입자, 핵반응 시 발생	매우 강함, 특수 차폐 필요
감마선(γ)	고에너지 전자기파, 핵붕괴 발생	매우 강함, 두꺼운 납·콘크리트 차폐 필요
엑스선(X선)	고에너지 전자기파, 의료용 및 산업용	강함, 납 차폐 필요

정답 75 ② 76 ① 77 ③ 78 ② 79 ② 80 ④

81 빈출

물질 A의 독성에 관한 인체실험 결과, 안전흡수량이 체중 kg당 0.1mg이었다. 체중이 50kg인 근로자가 1일 8시간 작업할 경우 이 물질의 체내흡수를 안전흡수량 이하로 유지하려면 공기 중 농도를 몇 mg/m³ 이하로 하여야 하는가? (단, 작업 시 폐환기율은 1.25m³/h, 체내잔류율은 1.0으로 한다.)

① 0.5
② 1.0
③ 1.5
④ 2.0

체내흡수량 = 폐환기율(=호흡률) × 노출시간 × 공기 중 유해물질농도 × 체내잔류율
= 체중 × 안전흡수량

$$\frac{0.1mg}{kg} \times 50kg = \frac{1.25m^3}{hr} \times 8hr \times \frac{\square mg}{m^3} \times 1$$

$$\square = 0.5mg/m^3$$

82 빈출

소변을 이용한 생물학적 모니터링의 특징으로 옳지 않은 것은?

① 비파괴적 시료채취 방법이다.
② 많은 양의 시료확보가 가능하다.
③ EDTA와 같은 항응고제를 첨가한다.
④ 크레아티닌 농도 및 비중으로 보정이 필요하다.

소변은 혈액과 달리 항응고제가 필요 없으므로 EDTA 같은 항응고제를 첨가하지 않는다.

관련개념

- EDTA: 에틸렌다이민테트라아세트산(Ethylenediaminetetraacetic acid)의 약자로, 화학적으로 금속이온과 결합하는 킬레이트제이다. 특히 혈액 검사에서 항응고제 역할을 하며, 칼슘 이온과 결합해 혈액 내 칼슘을 막음으로써 혈액 응고 과정을 방해하여 혈액이 굳는 것을 예방한다.
- 크레아티닌: 근육에서 대사과정 중 생성되는 노폐물로, 신장에서 주로 여과되어 소변으로 배설된다. 크레아티닌 수치는 신장 기능을 평가하는 중요한 지표로 사용되며, 혈액 내 크레아티닌 농도가 높으면 신장 기능이 저하되었을 가능성이 있다. 크레아티닌은 근육량에 비례하여 생성되며, 혈액과 소변에서의 농도를 통해 신장이 얼마나 잘 작동하는지(사구체 여과율)를 추정할 수 있다.

83 빈출

톨루엔(Toluene)의 노출에 대한 생물학적 모니터링 지표 중 소변에서 확인 가능한 대사산물은?

① Thiocyante
② Glucuronate
③ Hippuric acid
④ Organic Sulfate

톨루엔(Toluene)의 노출에 대한 생물학적 모니터링 지표로는 소변에서 확인 가능한 대사산물로 히푸르산(Hippuric Acid)이 사용된다. 히푸르산은 톨루엔이 체내에서 대사되어 생성되는 부산물로, 톨루엔 노출을 평가하는 중요한 생체 지표이다.

관련개념

- Thiocyanate(티오시아네이트): 체내에서 시안화물의 해독과 대사에 관여하는 물질로, 주로 담배연기 노출과 관련된 생체지표로 사용된다.
- Glucuronate(글루쿠로나트): 간에서 독성물질이나 약물을 수용성 형태로 변환하는 글루쿠론산포합 반응 산물로, 다양한 외부 물질의 배설을 돕는다.
- Hippuric Acid(히푸르산): 톨루엔 등 방향족 화합물이 체내에서 대사되어 생성되는 주요 대사산물로, 톨루엔 노출을 평가하는 생물학적 모니터링 지표이다.
- Organic Sulfate(유기황산염): 황산화 반응을 거쳐 형성된 대사산물로, 다양한 유기 화합물의 대사 및 배설 과정에서 나타난다.

84 ★빈출

생물학적 모니터링 방법 중 생물학적 결정인자로 보기 어려운 것은?

① 체액의 화학물질 또는 그 대사산물
② 표적조직에 작용하는 활성 화학물질의 양
③ 건강상의 영향을 초래하지 않는 부위나 조직
④ 처음으로 접촉하는 부위에 직접 독성영향을 야기하는 물질

④ 처음으로 접촉하는 부위에 직접 독성영향을 야기하는 물질: 유해물질이 신체에 처음 접촉하는 부위(예 피부, 호흡기 점막)에서 국소적으로 나타나는 독성 영향이다. 이는 외부 접촉 부위의 물리적 또는 화학적 독성 반응을 의미하며, 체내 생물학적 결정인자와는 구분된다.
① 체액의 화학물질 또는 그 대사산물: 혈액, 소변 등의 체액 내에 존재하는 유해화학물질 자체나 그것이 체내에서 변형된 대사산물을 측정하여 노출 정도를 평가하는 지표이다.
② 표적조직에 작용하는 활성 화학물질의 양: 독성물질이 체내 특정 조직(표적 조직)에서 실제로 작용하는 활성 형태의 농도를 측정하는 것으로, 조직 내에서의 직접적인 독성 가능성을 평가한다.
③ 건강상의 영향을 초래하지 않는 부위나 조직: 인체 내에서 건강에 특별한 영향을 주지 않는 부위 또는 조직에서 측정된 지표를 말한다. 이러한 지표는 노출 평가에는 활용하나, 영향 평가나 결정인자로는 신뢰도가 낮을 수 있다.

85 ★빈출

작업환경 내의 유해물질과 그로 인한 대표적인 장애를 잘못 연결한 것은?

① 벤젠 – 시신경 장애
② 염화비닐 – 간 장애
③ 톨루엔 – 중추신경계 억제
④ 이황화탄소 – 생식기능 장애

벤젠은 대표적인 방향족 탄화수소로, 만성적으로 노출되면 골수 기능을 억제하여 조혈장해를 유발한다. 이는 재생불량성 빈혈, 백혈구 감소, 백혈병 등의 질환으로 이어질 수 있다.

86

독성을 지속기간에 따라 분류할 때 만성독성(Chronic Toxicity)에 해당되는 독성물질 투여(노출)기간은? (단, 실험동물에 외인성 물칠을 투여하는 경우로 한정한다.)

① 1일 이상~14일 정도
② 30일 이상~60일 정도
③ 3개월 이상~1년 정도
④ 1년 이상~3년 정도

만성독성(Chronic Toxicity)에 해당되는 독성물질 투여(노출) 기간은 실험동물에 외인성 물질을 투여하는 경우 일반적으로 3개월 이상 ~ 1년 정도이다.

관련개념 독성물질 노출기간별 분류

분류	노출기간(실험동물 기준)	설명
급성독성	1일 이상~14일 정도	단기간 노출에 의한 즉각적 독성
아급성독성	15일~30일 (또는 60일) 정도	중간 기간 반복 노출 독성
아만성독성	1개월~3개월 정도	비교적 장기 노출에 의한 독성
만성독성	3개월 이상~1년 정도	장기 반복 투여에 따른 독성
초만성독성	1년 이상~3년 정도	매우 장기간 노출에 의한 독성

87 ★빈출

단시간 노출기준이 시간가중평균농도(TLV-TWA)와 단기간 노출기준(TLV-STEL) 사이일 경우 충족시켜야 하는 3가지 조건에 해당하지 않는 것은?

① 1일 4회를 초과해서는 안 된다.
② 15분 이상 지속 노출되어서는 안 된다.
③ 노출과 노출 사이에는 60분 이상의 간격이 있어야 한다.
④ TLV-TWA의 3배 농도에는 30분 이상 노출되어서는 안 된다.

단시간 노출허용기준은 보통 15분 이내 노출이며, 하루 4회까지, 그리고 노출 사이에 최소 60분 간격이 필요하다.

88

직업성 폐암을 일으키는 물질과 가장 거리가 먼 것은?

① 니켈
② 석면
③ β-나프틸아민
④ 결정형 실리카

- 니켈, 석면, 결정형 실리카는 국제암연구소(IARC)에서 인정한 직업성 폐암 발생의 주요 발암물질이다.
- β-나프틸아민은 주로 방광암과 관련된 발암물질로 알려져 있어 폐암과는 연관성이 적다.

89

2000년대 외국인 근로자에게 다발성말초신경병증을 집단으로 유발한 노말헥산(n-hexane)은 체내 대사과정을 거쳐 어떤 물질로 배설되는가?

① 2-hexanone
② 2,5-hexanedione
③ hexachlorophene
④ hexachloroethane

③ n-hexane: 체내에서 대사과정을 거쳐 2,5-hexanedione으로 전환되며, 이것이 신경독성(다발성 말초신경병증)의 원인으로 알려져 있다. 소변 내 2,5-hexanedione(2,5-헥산디온)의 농도는 n-hexane 노출의 생물학적 지표로 사용된다.
① 2-hexanone(2-헥사논): n-hexane의 초기 대사산물로, 중간 대사체이며 상대적으로 신경독성 영향은 적다.
③ hexachlorophene(헥사클로로페네): 항균제로 사용되었으나, 신경독성과 피부 자극을 일으킬 수 있는 물질로, n-hexane과는 무관하다.
④ hexachloroethane(헥사클로로에탄): 방독면 제조 등에 사용되던 화학물질로, 폐와 간에 독성을 일으킬 수 있으나 n-hexane 대사산물은 아니다.

90

비중격 천공을 유발시키는 물질은?

① 납
② 크롬
③ 수은
④ 카드뮴

만성 크롬 노출은 비중격 천공분만 아니라 비강암, 폐암 등을 유발할 수 있다. 크롬산염 등이 비강 내 점막을 자극하고 염증을 일으켜 천공을 초래할 수 있다. 도금 작업자, 크롬 제련 및 가공 근로자에게서 주로 문제가 된다.

91

진폐증의 독성병리기전과 거리가 먼 것은?

① 천식
② 섬유증
③ 폐 탄력성 저하
④ 콜라겐 섬유 증식

① 천식: 기도의 알레르기성 염증과 과민성으로 인해 기도 수축과 폐쇄가 나타나는 질환이다. 진폐증은 주로 폐 실질 조직의 섬유화와 관련된 질환으로, 천식은 진폐증의 직접적인 독성병리기전과 거리가 있다.
② 섬유증: 진폐증의 주요 병리로, 폐 조직에 만성 염증 후 콜라겐 섬유가 과다 증식하여 폐가 딱딱해지는 섬유화가 진행된다.
③ 폐 탄력성 저하: 폐 섬유화로 인해 폐 조직의 탄성 성질이 감소하고, 이에 따라 폐의 수축 및 팽창 능력이 저하된다.
④ 콜라겐 섬유 증식: 진폐증 과정에서 만성 염증 후 콜라겐 섬유가 증가하여 섬유화 및 폐 조직 경화가 진행된다.

92

중금속 노출에 의하여 나타나는 금속열은 흄 형태의 금속을 흡입하여 발생되는데, 감기증상과 매우 비슷하여 오한, 구토감, 기침, 전신위약감 등의 증상이 있으며 월요일 출근 후에 심해져서 월요일열(Monday Fever)이라고도 한다. 다음 중 금속열을 일으키는 물질이 아닌 것은?

① 납
② 카드뮴
③ 안티몬
④ 산화아연

납(Lead)은 금속열을 일으키는 대표적인 금속이 아니다.

93 빈출

독성물질의 생체과정인 흡수, 분포, 생전환, 배설 등에 변화를 일으켜 독성이 낮아지는 길항작용(Antagonism)은?

① 화학적 길항작용
② 기능적 길항작용
③ 배분적 길항작용
④ 수용체 길항작용

길항작용이란 두 개 이상의 요인이 인체나 생물체 내에서 동시에 작용할 때, 각각의 효과가 서로 반대되어 상쇄(약화)되는 작용이다.
③ 배분적 길항작용은 한 물질이 독성물질의 흡수, 분포, 대사, 배설 등의 과정을 변화시켜 독성물질이 표적기관에 도달하거나 작용하는 것을 줄임으로써 독성이 감소되는 현상이다. 예로, 활성탄(목탄)을 이용해 독성물질의 흡수를 저해하여 체내 독성 작용을 막는 경우가 여기에 해당한다.
① 화학적 길항작용은 두 물질이 화학적으로 결합·반응하여 독성을 줄이는 것이다.
④ 수용체 길항작용은 약물이나 독성물질이 수용체에서 경쟁적으로 작용을 억제하는 것이다.
② 기능적 길항작용은 서로 반대되는 생리적 기능이나 작용으로 인해 독성효과가 상쇄되는 현상이다.

94

합금, 도금 및 전지 등의 제조에 사용되며, 알레르기 반응, 폐암 및 비강암을 유발할 수 있는 중금속은?

① 비소
② 니켈
③ 베릴륨
④ 안티몬

② 니켈(Nickel): 합금, 도금, 전지 제조 등에 널리 사용되며, 알레르기성 접촉 피부염, 폐암, 비강암, 만성 비염, 부비동염 등을 일으킨다. 니켈은 특히 전신 독성 및 호산구성 폐렴과 같은 전신 질환도 유발할 수 있다.
① 비소(Arsenic): 비소는 합금, 반도체, 농약 등에 사용되며 피부암, 폐암, 방광암 등 여러 암을 유발할 수 있다. 만성 노출 시 피부 질환, 신장, 간 손상, 폐 기능 저하 등이 발생할 수 있다.
③ 베릴륨(Beryllium): 항공우주 및 전자산업에 사용되며 만성 베릴륨병(만성 폐섬유증)을 유발한다. 또한 폐암 발생 위험도 있다.
④ 안티몬(Antimony): 연마재, 합금, 제련 및 전자산업에서 사용되며, 장기간 노출 시 피부염, 호흡기 자극, 폐 질환 등을 유발한다. 발암 가능성도 있으나 니켈보다는 발암성이 낮다고 평가된다.

95

독성실험단계에 있어 제1단계(동물에 대한 급성노출시험)에 관한 내용과 가장 거리가 먼 것은?

① 생식독성과 최기형성 독성실험을 한다.
② 눈과 피부에 대한 자극성 실험을 한다.
③ 변이원성에 대하여 1차적인 스크리닝 실험을 한다.
④ 치사성과 기관장해에 대한 양-반응곡선을 작성한다.

• 최기형성 독성실험: 태아의 기관 형성기(배아 발생 중 주요 장기들이 만들어지는 시기)에 시험물질 노출이 미치는 영향을 체계적으로 조사하는 시험이다
• 생식독성과 최기형성 독성실험: 제2단계(동물에 대한 만성폭로시험)에 해당한다.

관련개념
• 제1단계(동물에 대한 급성노출시험): 소수의 실험 동물을 대상으로 한다. 단기간 고농도 노출을 통해 급성독성, 치사율, 자극성 등을 평가하는 것이 목적이다.
• 제2단계(동물에 대한 만성노출시험): 다수의 동물을 대상으로 한다. 장기간 반복 노출을 통해 만성독성, 발암성, 생식독성, 기형독성 등을 체계적으로 평가한다.

96

암모니아(NH₃)가 인체에 미치는 영향으로 가장 적합한 것은?

① 전구증상이 없이 치사량에 이를 수 있으며, 심한 경우 호흡부전에 빠질 수 있다.
② 고농도일 때 기도의 염증, 폐수종, 치아산식증, 위장장해 등을 초래한다.
③ 용해도가 낮아 하기도까지 침투하며, 급성 증상으로는 기침, 천명, 흉부압박감 외에 두통, 오심 등이 온다.
④ 피부, 점막에 작용하며 눈의 결막, 각막을 자극하며 폐부종, 성대경련, 호흡장애 및 기관지경련 등을 초래한다.

암모니아는 강한 자극성 및 부식성을 지녀 피부와 점막을 심하게 자극한다. 눈에 닿으면 결막염, 각막염이나 심한 경우 실명을 유발할 수 있다. 폐에 흡입되면 폐부종, 성대경련, 호흡곤란, 기관지 경련 등의 심각한 호흡기 증상을 일으킨다. 급성 노출 시 두통, 메스꺼움, 구토, 기침, 호흡곤란 등이 동반될 수 있다.

97

지방족 할로겐화 탄화수소물 중 인체 노출 시, 간의 장해인 중심소엽성 괴사를 일으키는 물질은?

① 톨루엔
② 노말헥산
③ 사염화탄소
④ 트리클로로에틸렌

사염화탄소는 간에서 대사되어 독성 활성 대사산물을 형성하며, 이로 인해 간의 중심소엽(Centrilobular) 부위에서 괴사 및 심한 간 손상을 초래한다.

98

납중독을 확인하는 데 이용하는 시험으로 옳지 않은 것은?

① 혈중 납중도
② EDTA 흡착능
③ 신경전달속도
④ 헴(Heme)의 대사

② EDTA 흡착능 검사는 납중독 진단에 사용되지 않으며, 이는 납 해독(치료) 시 EDTA를 사용하는 것과 관련은 있지만 독성 진단 검사 항목은 아니다.
① 납중독 진단에는 주로 혈중 납농도 측정이 사용된다.
③ 신경전달속도 검사는 만성 납중독에 따른 신경계 이상을 평가하는 데 이용된다.
④ 헴(Heme)의 대사는 납중독으로 인한 헴 합성 장애를 반영하는 생화학적 지표이다.

99 빈출

유기용제 중 벤젠에 대한 설명으로 옳지 않은 것은?

① 벤젠은 백혈병을 일으키는 원인물질이다.
② 벤젠은 만성장해로 조혈장해를 유발하지 않는다.
③ 벤젠은 빈혈을 일으켜 혈액의 모든 세포성분이 감소한다.
④ 벤젠은 주로 페놀로 대사되며 페놀은 벤젠의 생물학적 노출지표로 이용된다.

벤젠은 만성장해로 조혈장해를 유발한다.

100

근로자의 유해물질 노출 및 흡수 정도를 종합적으로 평가하기 위하여 생물학적 측정이 필요하다. 또한 유해물질 배출 및 축적 속도에 따라 시료 채취시기를 적절히 정해야 하는데, 시료채취 시기에 제한을 가장 작게 받는 것은?

① 요중 납
② 호기중 벤젠
③ 요중 총 페놀
④ 혈중 총 무기수은

• 요중 납은 체내에 흡수된 납이 소변으로 배설되기 때문에 비교적 시료 채취 시기에 융통성이 크고, 하루 중 언제든 채취 가능하다.
• 호기중 벤젠, 요중 총 페놀, 혈중 총 무기수은은 배출 및 축적 속도, 대사율에 따라 시료 채취 시기를 엄격히 조절해야 하므로 제한을 더 많이 받는다.

정답   96 ④   97 ③   98 ②   99 ②   100 ①

1과목 산업위생학개론

01

산업재해의 원인을 직접원인(1차원인)과 간접원인(2차원인)으로 구분할 때 직접원인에 대한 설명으로 옳지 않은 것은?

① 불안전한 상태와 불안전한 행위로 나눌 수 있다.
② 근로자의 신체적 원인(두통, 현기증, 만취상태 등)이 있다.
③ 근로자의 방심, 태만, 무모한 행위에서 비롯되는 인적 원인이 있다.
④ 작업장소의 결함, 보호장구의 결함 등의 물적 원인이 있다.

> 근로자의 신체적 상태나 피로, 정신적 상태 등은 사고 발생에 간접적으로 영향을 미치는 원인으로 분류한다.

02

작업장에서 누적된 스트레스를 개인차원에서 관리하는 방법에 대한 설명으로 옳지 않은 것은?

① 신체검사를 통하여 스트레스성 질환을 평가한다.
② 자신의 한계와 문제의 징후를 인식하여 해결방안을 도출한다.
③ 규칙적인 운동을 삼가하고 흡연, 음주 등을 통해 스트레스를 관리한다.
④ 명상, 요가 등의 긴장 이완훈련을 통하여 생리적 휴식 상태를 점검한다.

> 규칙적인 운동을 하고 흡연, 음주 등을 삼가한다.

03 ⭐빈출

어느 사업장에서 톨루엔($C_6H_5CH_3$)의 농도가 0℃일 때 100ppm이었다. 기압의 변화 없이 기온이 25℃로 올라갈 때 농도는 약 몇 mg/m³인가?

① 325mg/m³
② 346mg/m³
③ 365mg/m³
④ 376mg/m³

> $C_6H_5CH_3$의 분자량: 92g/mol
>
> $$\frac{100\text{mL} \times \dfrac{92\text{mg}}{22.4\text{mL}}}{\text{Sm}^3 \times \dfrac{(273+25)\text{K}}{273\text{K}}} = 376.2583\text{mg/m}^3$$

04

인체의 항상성(Homeostasis) 유지기전의 특성에 해당하지 않는 것은?

① 확산성(Diffusion)
② 보상성(Compensatory)
③ 자가조절성(Self-regulatory)
④ 되먹이기전(Feedback Mechanism)

> • 항상성(Homeostasis)은 인체 내부 환경을 일정하게 유지하는 능력으로, 주로 보상성(Compensatory), 자가조절성(Self-regulatory), 그리고 되먹이기전(Feedback Mechanism, 특히 음성 되먹이기)을 특성으로 가진다. 이러한 기전들은 인체가 환경 변화에 능동적으로 대응하고 내부 균형을 맞추도록 한다.
> • 확산성(Diffusion)은 물질이 농도 차이에 의해 수동적으로 이동하는 물리적 현상으로, 항상성 유지의 조절기전이나 특성 자체라기보다는 물질 이동의 한 원리일 뿐이다.

정답　　01 ② 　02 ③ 　03 ④ 　04 ①

05 ⭐빈출

산업안전보건법령상 밀폐공간작업으로 인한 건강장해의 예방에 있어 다음 각 용어의 정의로 옳지 않은 것은?

① "밀폐공간"이란 산소결핍, 유해가스로 인한 화재, 폭발 등의 위험이 있는 장소이다.
② "산소결핍"이란 공기 중의 산소농도가 16% 미만인 상태를 말한다.
③ "적정한 공기"란 산소농도의 범위가 18% 이상 23.5% 미만, 탄산가스 농도가 1.5% 미만, 황화수소의 농도가 10ppm 미만인 수준의 공기를 말한다.
④ "유해가스"란 탄산가스·일산화탄소·황화수소 등의 기체로서 인체에 유해한 영향을 미치는 물질을 말한다.

"산소결핍"이란 공기 중의 산소농도가 18% 미만인 상태를 말한다.

06

AIHA(American Industrial Hygiene Association)에서 정의하고 있는 산업위생의 범위에 해당하지 않는 것은?

① 근로자의 작업 스트레스를 예측하여 관리하는 기술
② 작업장 내 기계의 품질 향상을 위해 관리하는 기술
③ 근로자에게 비능률을 초래하는 작업환경요인을 예측하는 기술
④ 지역사회 주민들에게 건강장애를 초래하는 작업환경요인을 평가하는 기술

AIHA(American Industrial Hygiene Association)에서 정의한 산업위생의 범위
- 근로자의 건강과 쾌적한 작업환경 조성
- 근로자에게 비능률을 초래하는 작업환경요인 예측 및 관리
- 지역사회 주민들에게 영향을 미치는 작업환경요인 평가 및 관리
- 근로자의 작업 스트레스 예측 및 관리

07 ⭐빈출

하인리히의 사고예방대책의 기본원리 5단계를 순서대로 나타낸 것은?

① 조직 → 사실의 발견 → 분석·평가 → 시정책의 선정 → 시정책의 적용
② 조직 → 분석·평가 → 사실의 발견 → 시정책의 선정 → 시정책의 적용
③ 사실의 발견 → 조직 → 분석·평가 → 시정책의 선정 → 시정책의 적용
④ 사실의 발견 → 조직 → 시정책의 선정 → 시정책의 적용 → 분석·평가

경영자의 안전목표 설정과 조직 구성, 불안전 상태와 행동 등 사실의 발견, 원인 및 위험 분석, 개선책 선정(기술, 교육, 관리), 그리고 선정된 시정책 적용 및 평가의 단계로 구성되어 있다.

08 ⭐빈출

혈액을 이용한 생물학적 모니터링의 단점으로 옳지 않은 것은?

① 보관, 처치에 주의를 요한다.
② 시료채취 시 오염되는 경우가 많다.
③ 시료채취 시 근로자가 부담을 가질 수 있다.
④ 약물동력학적 변이 요인들의 영향을 받는다.

시료채취 시 오염되는 경우는 적은 편이다.

09

산업안전보건법령상 위험성평가를 실시하여야 하는 사업장의 사업주가 위험성평가의 결과와 조치사항을 기록할 때 포함되어야 하는 사항으로 볼 수 없는 것은?

① 위험성 결정의 내용
② 위험성평가 대상의 유해 · 위험요인
③ 위험성평가에 소요된 기간, 예산
④ 위험성 결정에 따른 조치의 내용

위험성평가 실시내용 및 결과의 기록 · 보존(산업안전보건법 시행규칙 제37조)
- 사업주가 법 제36조 제3항에 따라 위험성평가의 결과와 조치사항을 기록 · 보존할 때에는 다음의 사항이 포함되어야 한다.
  ✓ 위험성평가 대상의 유해 · 위험요인
  ✓ 위험성 결정의 내용
  ✓ 위험성 결정에 따른 조치의 내용
  ✓ 그 밖에 위험성평가의 실시내용을 확인하기 위하여 필요한 사항으로서 고용노동부장관이 정하여 고시하는 사항
- 사업주는 위에 따른 자료를 3년간 보존해야 한다.

10

단순반복동작 작업으로 인한 손, 손가락 또는 손목의 부적절한 작업방법과 자세 등으로 주로 손목 부위에 발생하는 근골격계질환은?

① 테니스엘보
② 회전근개손상
③ 수근관증후군
④ 흉곽출구증후군

- 수근관증후군(손목터널증후군)은 손목 안쪽의 인대나 조직이 붓거나 압박되어 정중신경이 눌리는 질환으로, 반복적이고 지속적인 손목 사용, 특히 손목을 자주 구부리거나 압박받는 작업에서 흔히 발생한다. 이 질환은 손목 부위에서 신경 압박으로 인한 저림, 감각 이상, 근육 약화 등의 증상을 유발한다.
- 테니스엘보(외측상과염)는 팔꿈치 바깥쪽, 회전근개손상은 어깨 근육, 흉곽출구증후군은 목과 어깨 사이 신경 · 혈관 압박과 관련이 있다.

11 빈출

작업자의 최대작업역(Maximum Area)이란?

① 어깨에서부터 팔을 뻗쳐 도달하는 최대 영역
② 위팔과 아래팔을 상, 하로 이동할 때 닿는 최대 범위
③ 상체를 좌, 우로 이동하여 최대한 닿을 수 있는 범위
④ 위팔을 상체에 붙인 채 아래팔과 손으로 조작할 수 있는 범위

작업자의 최대작업역(Maximum Working Area)은 어깨에서부터 팔을 최대한 뻗어서 도달할 수 있는 최대 영역을 의미한다. 즉, 어깨를 중심으로 팔을 쭉 뻗었을 때 손이 닿을 수 있는 가장 넓은 작업 공간을 말한다. 이 정의는 작업자의 동작 범위를 기준으로 작업 공간을 설계할 때 기본 기준이 되며, 작업자의 신체적 한계 내에서 접근 가능한 최대 영역을 뜻한다.

12 빈출

미국산업위생학술원(AAIH)에서 정한 산업위생전문가들이 지켜야 할 윤리강령 중 전문가로서의 책임에 해당되지 않는 것은?

① 기업체의 기밀을 누설하지 않는다.
② 전문 분야로서의 산업위생 발전에 기여한다.
③ 근로자, 사회 및 전문 분야의 이익을 위해 과학적 지식을 공개하고 발표한다.
④ 위험요인의 측정, 평가 및 관리에 있어서 외부의 압력에 굴하지 않고 중립적 태도를 취한다.

④는 전문가로서의 태도(객관성, 독립성)에 해당하며 책임과는 거리가 멀다.

13

턱뼈의 괴사를 유발하여 영국에서 사용 금지된 최초의 물질은?

① 벤지딘(Benzidine)
② 청석면(Crocidolite)
③ 적린(Red Phosphorus)
④ 황린(Yellow Phosphorus)

19세기 초 성냥 제조에 사용된 백린(황린, Yellow Phosphorus)은 인체에 매우 유해하여 특히 성냥 공장에서 일하는 노동자들에게 턱뼈 괴사(Phossy Jaw)를 일으켰다. 이로 인해 심각한 건강 문제가 발생하였고, 1900년대 초 영국에서 백린 성냥의 사용이 금지되었다. 이후 인체에 덜 해로운 적린(Red Phosphorus) 성냥이 개발되었다

14 ★빈출

산업안전보건법령상 강렬한 소음작업에 대한 정의로 옳지 않은 것은?

① 90데시벨 이상의 소음이 1일 8시간 이상 발생하는 작업
② 105데시벨 이상의 소음이 1일 1시간 이상 발생하는 작업
③ 110데시벨 이상의 소음이 1일 30분 이상 발생하는 작업
④ 115데시벨 이상의 소음이 1일 10분 이상 발생하는 작업

산업안전보건법령상 강렬한 소음작업이란 115데시벨 이상의 소음이 1일 15분 이상 발생하는 작업이다.

관련개념 용어의 정의(산업안전보건기준에 관한 규칙 제512조)
- "소음작업"이란 1일 8시간 작업을 기준으로 85데시벨 이상의 소음이 발생하는 작업을 말한다.
- "강렬한 소음작업"이란 다음의 어느 하나에 해당하는 작업을 말한다.
  ✓ 90데시벨 이상의 소음이 1일 8시간 이상 발생하는 작업
  ✓ 95데시벨 이상의 소음이 1일 4시간 이상 발생하는 작업
  ✓ 100데시벨 이상의 소음이 1일 2시간 이상 발생하는 작업
  ✓ 105데시벨 이상의 소음이 1일 1시간 이상 발생하는 작업
  ✓ 110데시벨 이상의 소음이 1일 30분 이상 발생하는 작업
  ✓ 115데시벨 이상의 소음이 1일 15분 이상 발생하는 작업
- "충격소음작업"이란 소음이 1초 이상의 간격으로 발생하는 작업으로서 다음의 어느 하나에 해당하는 작업을 말한다.
  ✓ 120데시벨을 초과하는 소음이 1일 1만회 이상 발생하는 작업
  ✓ 130데시벨을 초과하는 소음이 1일 1천회 이상 발생하는 작업
  ✓ 140데시벨을 초과하는 소음이 1일 1백회 이상 발생하는 작업

15 ★빈출

38세 된 남성근로자의 육체적 작업능력(PWC)은 15kcal/min이다. 이 근로자가 1일 8시간 동안 물체를 운반하고 있으며 이때의 작업대사량이 7kcal/min이고, 휴식 시 대사량이 1.2kcal/min일 경우 이 사람이 쉬지 않고 계속하여 일을 할 수 있는 최대 허용시간(T_{end})은? (단, $\log T_{end} = 3.720 - 0.1949E$이다.)

① 7분
② 98분
③ 227분
④ 3,063분

- 작업대사량 $E = 7\text{kcal/min}$
- $\log T_{end} = 3.720 - 0.1949E$
  $$= 3.720 - 0.1949 \times 7$$
  $$T_{end} = 10^{(3.720 - 0.1949 \times 7)} = 226.8297\text{min}$$

16

다음 중 직업병의 발생 원인으로 볼 수 없는 것은?

① 국소 난방
② 과도한 작업량
③ 유해물질의 취급
④ 불규칙한 작업시간

17 빈출

온도 25℃, 1기압 하에서 분당 100mL씩 60분 동안 채취한 공기 중에서 벤젠이 3mg 검출되었다면 이때 검출된 벤젠은 약 몇 ppm인가? (단, 벤젠의 분자량은 78이다.)

① 11
② 15.7
③ 111
④ 157

$$\frac{3\,\text{mg} \times \dfrac{22.4\,\text{mL}}{78\,\text{mg}} \times \dfrac{(273+25)\text{K}}{273\text{K}}}{\dfrac{100\,\text{mL}}{\text{min}} \times 60\,\text{min} \times \dfrac{\text{m}^3}{10^6\,\text{mL}}} = 156.7389\,\text{mL/m}^3$$

18 빈출

교대근무제의 효과적인 운영방법으로 옳지 않은 것은?

① 업무효율을 위해 연속근무를 실시한다.
② 근무 교대시간은 근로자의 수면을 방해하지 않도록 정해야 한다.
③ 근무시간은 8시간을 주기로 교대하며 야간근무 시 충분한 휴식을 보장해주어야 한다.
④ 교대작업은 피로회복을 위해 역교대근무 방식보다 전진근무 방식(주간근무 → 저녁근무 → 야간근무 → 주간근무)으로 하는 것이 좋다.

19

다음 물질에 관한 생물학적 노출지수를 측정하려 할 때 시료의 채취시기가 다른 하나는?

① 크실렌
② 이황화탄소
③ 일산화탄소
④ 트리클로로에틸렌

20

심한 작업이나 운동 시 호흡조절에 영향을 주는 요인과 거리가 먼 것은?

① 산소
② 수소이온
③ 혈중 포도당
④ 이산화탄소

정답　16 ①　17 ④　18 ①　19 ④　20 ③

21 빈출

어느 작업장에서 소음의 음압수준(dB)을 측정한 결과가 85, 87, 84, 86, 89, 81, 82, 84, 83, 88일 때, 측정 결과의 중앙값(dB)은?

① 83.5
② 84.0
③ 84.5
④ 84.9

- 중앙값(median) 구하는 방법
  ✓ 값들을 크기 순서대로 정렬한다.
  ✓ 데이터 개수가 짝수일 때는 가운데 두 값의 평균, 홀수일 때는 가운데 한 값을 중앙값으로 한다.
- 10개의 값이므로 짝수이고, 정렬하면 다음과 같다.
  81, 82, 83, 84, 84, 85, 86, 87, 88, 89
- 가운데 두 값은 5번째와 6번째 값으로 84와 85이다.
- 중앙값 = (84 + 85) ÷ 2 = 84.5

22

직경 25mm 여과지(유효면적 385mm²)를 사용하여 백석면을 채취하여 분석한 결과 단위 시야당 시료는 3.15개, 공시료는 0.05개였을 때 석면의 농도(개/cc)는? (단, 측정 시간은 100분, 펌프유량은 2.0L/min, 단위 시야의 면적은 0.00785mm²이다.)

① 0.7
② 0.76
③ 0.78
④ 0.80

- 시야 수 산정

$$시야수 = \frac{유효면적}{단위\ 시야면적}$$

$$= \frac{385\text{mm}^2}{0.00785\text{mm}^2} = 4,9044.5859$$

- 석면 농도 산정

$$석면의\ 농도(개/cc) = \frac{(N - B)}{V}$$

$$= \frac{(3.15 \times 49,044.5859 - 0.05 \times 49,044.5859)}{\dfrac{2L}{min} \times 100min \times \dfrac{1,000cc}{1L}}$$

$$= 0.7601 개/cc$$

- N: 단위 시야당 석면 개수 평균 × 시야 수
- B: 공시료 개수 평균 × 시야 수
- A: 여과지의 유효면적(mm²)
- V: 채취한 공기 부피(L 또는 cc)

23

측정기구와 측정하고자하는 물리적 인자의 연결이 틀린 것은?

① 피토관 – 정압
② 흑구온도 – 복사온도
③ 아스만통풍건습계 – 기류
④ 가이거뮬러카운터 – 방사능

아스만통풍건습계는 건구온도와 습구온도를 이용해 상대습도 등을 측정하는 통풍식 건습계이다.

24 빈출

양자역학을 응용하여 아주 짧은 파장의 전자기파를 증폭 또는 발진하여 발생시키며, 단일파장이고 위상이 고르며 간섭현상이 일어나기 쉬운 특성이 있는 비전리방사선은?

① X-ray
② Microwave
③ Laser
④ Gamma-ray

③ 레이저(Laser)는 "Light Amplification by Stimulated Emission of Radiation"의 약자로, 양자역학 원리를 이용해 에너지가 정확히 일정한 단일파장을 갖는 빛(또는 다른 파장대의 전자기파)을 만들어 낸다. 레이저는 비전리방사선에 속하며, 단색성(단일파장), 높은 직진성, 위상 일치성, 간섭성 등의 특성을 지닌다.
①, ④ X선(X-ray)과 감마선(Gamma-ray)은 전리방사선에 해당한다.
② 마이크로웨이브(Microwave)는 비전리방사선이지만, 짧은 파장의 단일파장, 높은 간섭성 등 레이저의 특성과 일치하지 않는다.

25 ⭐빈출

태양광선이 내리쬐지 않는 옥외 장소의 습구흑구온도지수
(WBGT)를 산출하는 식은?

① WBGT = 0.7 × 자연습구온도 + 0.3 × 흑구온도
② WBGT = 0.3 × 자연습구온도 + 0.7 × 흑구온도
③ WBGT = 0.3 × 자연습구온도 + 0.7 × 건구온도
④ WBGT = 0.7 × 자연습구온도 + 0.3 × 건구온도

WBGT(습구흑구온도지수, Wet Bulb Globe Temperature)
근로자의 열 스트레스(온열환경 부담)를 평가하기 위한 대표적인 지
표로, 온도, 습도, 복사열, 공기 흐름 등을 종합적으로 반영한다.
- 옥내 or 옥외(햇볕 없는 곳)
  WBGT = 0.7 × 자연습구온도 + 0.3 × 흑구온도
- 옥외(햇볕 있는 곳)
  WBGT = 0.7 × 자연습구온도 + 0.2 × 흑구온도 + 0.1 × 건구온도

관련개념
- 흑구온도(Black Globe Temperature): 복사열(태양, 열원)의 영향
  을 반영한 온도
- 자연습구온도(Natural Wet Bulb Temperature): 공기 중 습도와
  증발에 영향을 받는 온도

26

일정한 온도조건에서 가스의 부피와 압력이 반비례하는 것
과 가장 관계가 있는 법칙은?

① 보일의 법칙
② 샤를의 법칙
③ 라울의 법칙
④ 게이-루삭의 법칙

① 보일의 법칙: 일정 온도에서 기체의 압력과 부피는 반비례한다
  는 법칙
② 샤를의 법칙: 기체의 압력이 일정할 때, 기체의 부피는 절대온도
  에 비례한다는 법칙
③ 라울의 법칙: 용액에서 한 성분의 증기압은 그 성분의 몰분율과
  순수한 상태에서의 증기압의 곱과 같다는 법칙
④ 게이-루삭의 법칙: 기체의 부피가 일정할 때, 압력은 절대온도
  에 비례한다는 법칙

27

소음의 단위 중 음원에서 발생하는 에너지를 의미하는 음
력(Sound Power)의 단위는?

① dB
② phon
③ W
④ Hz

dB(데시벨)은 음의 세기나 압력, 소음레벨 등을 로그 척도로 표현
할 때 사용하는 단위이고, phon(폰)은 소리의 크기(음의 감각적 크
기)를 나타내는 단위이며, Hz(헤르츠)는 주파수를 나타내는 단위이다.

28

산업안전보건법령상 유해인자와 단위의 연결이 틀린 것은?

① 소음 – dB
② 흄 – mg/m³
③ 석면 – 개/cm³
④ 고열 – 습구·흑구온도지수, ℃

산업안전보건법령에 따르면 소음의 측정 단위는 A특성 데시벨, 즉
dB(A)를 사용한다.

29

작업장의 기본적인 특성을 파악하는 예비조사의 목적으로 가장 적절한 것은?

① 유사노출그룹 설정
② 노출기준 초과여부 판정
③ 작업장과 공정의 특성파악
④ 발생되는 유해인자 특성조사

- 작업환경측정 흐름: 예비조사 → 작업측정 계획 및 준비 → 측정 → 시료 분석 → 평가 → 보고서 작성 순으로 진행된다.
- 작업장의 기본적인 특성을 파악하는 예비조사 중 유사노출그룹 설정
  ✓ 조직, 공정, 작업범주 그리고 공정과 작업내용별로 구분하여 설정한다.
  ✓ 역학조사를 수행할 때 사건이 발생된 근로자와 동일 노출그룹의 노출농도를 근거로 사건이 발생된 노출농도를 추정할 수 있다.
  ✓ 모든 근로자의 노출농도를 평가하고자 하는 데 목적이 있다.
  ✓ 모든 근로자를 유사한 노출그룹별로 구분하고 그룹별로 대표적인 근로자를 선택하여 측정하면 측정하지 않은 근로자의 노출농도까지도 추정할 수 있다.

30

유기용제 취급 사업장의 메탄올 농도 측정 결과가 100, 89, 94, 99, 120ppm일 때, 이 사업장의 메탄올 농도 기하평균(ppm)은?

① 99.4
② 99.9
③ 100.4
④ 102.3

기하평균은 농도의 중앙 경향을 표현할 때 유용하며, 특히 측정값 간 편차가 크거나 자료가 로그 정규분포를 따를 때 사용한다.

$$\text{기하평균} = (x_1 \times x_2 \times x_3 \times \cdots \times x_n)^{\frac{1}{n}}$$
$$= (100 \times 89 \times 94 \times 99 \times 120)^{\frac{1}{5}}$$
$$= 99.8773$$

31 빈출

소음의 변동이 심하지 않은 작업장에서 1시간 간격으로 8회 측정한 산술평균의 소음수준이 93.5dB(A)이었을 때, 작업시간이 8시간인 근로자의 하루 소음노출량(Noise dose; %)은? (단, 기준소음노출시간과 수준 및 Exchange rate은 OHSA 기준을 준용한다.)

① 104
② 135
③ 162
④ 234

$$\text{TWA} = 16.61 \log \left(\frac{\text{D}(\%)}{100} \right) + 90$$
$$93.5 = 16.61 \log \left(\frac{\text{D}(\%)}{100} \right) + 90$$
$$\text{D} = 162.4487\%$$

> **관련개념** 누적소음노출량 평가
>
> - $\text{TWA} = 16.61 \log \dfrac{\text{누적소음노출량}(\%)}{12.5 \times \text{T}} + 90$
> - $\text{TWA} = 16.61 \log \dfrac{\text{누적소음노출량}(\%)}{100} + 90$
>
> ※ 100은 12.5×8로 8시간 근로시간인 경우 적용
> ※ 12.5는 근로시간에 대한 노출 허용 기준과 관련된 상수로 사용

32

흡착제를 이용하여 시료채취를 할 때 영향을 주는 인자에 관한 설명으로 틀린 것은?

① 흡착제의 크기: 입자의 크기가 작을수록 표면적이 증가하여 채취효율이 증가하나 압력강하가 심하다.
② 흡착관의 크기: 흡착관의 크기가 커지면 전체 흡착제의 표면적이 증가하여 채취용량이 증가하므로 파과가 쉽게 발생되지 않는다.
③ 습도: 극성 흡착제를 사용할 때 수증기가 흡착되기 때문에 파과가 일어나기 쉽다.
④ 온도: 온도가 높을수록 기공활동이 활발하여 흡착능이 증가하나 흡착제의 변형이 일어날 수 있다.

물리적 흡착은 온도가 높을수록 흡착능이 감소하고 흡착제의 변형이 일어날 수 있다.

33

0.04M HCl이 2% 해리되어 있는 수용액의 pH는?

① 3.1
② 3.3
③ 3.5
④ 3.7

$$pH = -\log[H^+]$$
$$= -\log[0.04 \times 0.02] = 3.0969$$

34 빈출

표집효율이 90%와 50%인 임핀저(Impinger)를 직렬로 연결하여 작업장 내 가스를 포집할 경우 전체 포집효율(%)은?

① 93
② 95
③ 97
④ 99

$$\eta_T = 1 - (1 - \eta_1)(1 - \eta_2) = 1 - (1 - 0.9)(1 - 0.5) = 0.95 \rightarrow 95\%$$

35

먼지를 크기별 분포로 측정한 결과를 가지고 기하표준편차(GSD)를 계산하고자 할 때 필요한 자료가 아닌 것은?

① 15.9%의 분포를 가진 값
② 18.1%의 분포를 가진 값
③ 50.0%의 분포를 가진 값
④ 84.1%의 분포를 가진 값

- 기하표준편차(GSD, Geometric Standard Deviation)는 작업장에서의 먼지 입경 분포를 평가할 때 사용되는 지표로, 입경이 로그정규분포를 따른다고 가정했을 때 산출된다.
- GSD 계산에는 입경 누적분포의 84.1% 값과 15.9% 값을 사용한다. 로그정규분포에서 50% 분포값은 중위경(중앙값, MMAD: Mass Median Aerodynamic Diameter)을 의미한다.

- $GSD(기하표준편차) = \sqrt{\dfrac{84.1\%\,입경값}{15.9\%\,입경값}}$
- GSD 값이 작을수록 입경 분포가 좁고 균일하며, 클수록 분포 폭이 넓다.

36

복사기, 전기기구, 플라즈마 이온방식의 공기청정기 등에서 공통적으로 발생할 수 있는 유해물질로 가장 적절한 것은?

① 오존
② 이산화질소
③ 일산화탄소
④ 포름알데히드

오존(O_3)은 산소의 동소체로, 전기방전이나 자외선 조사 시 생성되는 강한 산화제이며, 공기정화기나 복사기에서 누출될 수 있다.

37 빈출

벤젠이 배출되는 작업장에서 채취한 시료의 벤젠 농도 분석 결과가 3시간 동안 4.5ppm, 2시간 동안 12.8ppm, 1시간 동안 6.8ppm일 때, 이 작업장의 벤젠 TWA(ppm)는?

① 4.5
② 5.7
③ 7.4
④ 9.8

벤젠 농도 분석 결과

측정시간	노출농도(ppm)
3시간	4.5
2시간	12.8
1시간	6.8
2시간	0.0

$$TWA = \frac{(3 \times 4.5) + (2 \times 12.8) + (1 \times 6.8)}{8} = 5.7375\,ppm$$

38

산업안전보건법령상 고열 측정 시간과 간격으로 옳은 것은?

① 작업시간 중 노출되는 고열의 평균온도에 해당하는 1시간, 10분 간격
② 작업시간 중 노출되는 고열의 평균온도에 해당하는 1시간, 5분 간격
③ 작업시간 중 가장 높은 고열에 노출되는 1시간, 5분 간격
④ 작업시간 중 가장 높은 고열에 노출되는 1시간, 10분 간격

산업안전보건법령 및 관련 고시에서는 고열 작업환경의 측정 시, 작업시간 중 근로자가 가장 높은 고열에 노출되는 1시간 동안 10분 간격으로 습구흑구온도지수(WBGT)를 연속 측정하도록 규정하고 있다.

39

입자상 물질의 여과 원리와 가장 거리가 먼 것은?

① 차단
② 확산
③ 흡착
④ 관성충돌

• 입자상 물질의 여과 원리: 차단, 관성충돌, 확산, 중력, 가교작용의 원리가 주로 적용된다.
• 흡착: 기체나 증기 상태의 유해가스가 필터 표면에 부착되는 현상이다.

40

산화마그네슘, 망간, 구리 등의 금속 분진을 분석하기 위한 장비로 가장 적절한 것은?

① 자외선/가시광선 분광광도계
② 가스크로마토그래피
③ 핵자기공명분광계
④ 원자흡광광도계

④ 원자흡광광도계는 시료 내 금속 원소들이 흡수하는 특정 파장의 빛의 흡광도를 측정하여 금속 농도를 정밀하게 분석한다.
① 자외선/가시광선 분광광도계는 주로 유기물질이나 일부 무기물질의 흡광도 분석에 사용되며, 금속 원소 개별 분석에는 적합하지 않다.
② 가스크로마토그래피(GC)는 기체상 화합물 분석에 주로 사용되며, 금속 분진 분석에는 부적합하다.
③ 핵자기공명분광계(NMR)는 주로 유기화학 구조 분석에 사용된다.

3과목　　**작업환경 관리대책**

41

유해물질의 증기 발생률에 영향을 미치는 요소로 가장 거리가 먼 것은?

① 물질의 비중
② 물질의 사용량
③ 물질의 증기압
④ 물질의 노출기준

노출기준은 작업장 내에서 허용되는 유해물질 농도의 한계치를 의미하며, 작업환경 안전관리 기준이지, 물질이 얼마나 증발하는가와는 관련이 없다.

42 ⭐빈출

회전차 외경이 600mm인 원심 송풍기의 풍량은 200m³/min이다. 회전차 외경이 1,000mm인 동류(상사구조)의 송풍기가 동일한 회전수로 운전된다면 이 송풍기의 풍량(m³/min)은? (단, 두 경우 모두 표준공기를 취급한다.)

① 333
② 556
③ 926
④ 2,572

동류(상사구조) 원심 송풍기의 풍량은 회전차(임펠러) 외경의 세제곱에 비례한다.

$$\frac{Q_2}{Q_1} = \left(\frac{D_2}{D_1}\right)^3$$

$$\frac{Q_2}{200\text{m}^3/\text{min}} = \left(\frac{1,000\text{mm}}{600\text{mm}}\right)^3$$

$$Q_2 = 925.9259\text{m}^3/\text{min}$$

관련개념
- 풍량: 송풍기의 회전수에 비례한다.
- 풍압: 송풍기의 회전수의 제곱에 비례한다.
- 동력(축동력): 송풍기의 회전수의 세제곱에 비례한다.

43 ⭐빈출

후드의 유입계수가 0.82, 속도압이 50mmH₂O일 때 후드의 유입손실(mmH₂O)은?

① 22.4
② 24.4
③ 26.4
④ 28.4

- 압력손실계수 산정

$$F = \frac{1}{C_e^2} - 1 = \frac{1}{0.82^2} - 1 = 0.4872$$

  ∘ F: 압력손실계수
  ∘ C_e: 유입계수(Coefficient of entry, 유입손실계수)
- 후드 유입손실 산정

$$\Delta P = F \times VP$$
$$= 0.4872 \times 50\text{mmH}_2\text{O} = 24.36\text{mmH}_2\text{O}$$

44

길이, 폭, 높이가 각각 25m, 10m, 3m인 실내에 시간당 18회의 환기를 하고자 한다. 직경 50cm의 개구부를 통하여 공기를 공급하고자 하면 개구부를 통과하는 공기의 유속(m/sec)은?

① 13.7
② 15.3
③ 17.2
④ 19.1

$$유속 = \frac{유량}{면적}$$

$$= \frac{(25\text{m} \times 10\text{m} \times 3\text{m}) \times \dfrac{18}{\text{hr}} \times \dfrac{\text{hr}}{3,600\text{sec}}}{\dfrac{\pi}{4} \times (0.5\text{m})^2} = 19.0985\text{m/sec}$$

45

입자상 물질 집진기의 집진원리를 설명한 것이다. 아래의 설명에 해당하는 집진원리는?

분진의 입경이 클 때, 분진은 가스흐름의 궤도에서 벗어나게 된다. 즉 입자의 크기에 따라 비교적 큰 분진은 가스통과 경로를 따라 발생하지 못하고, 작은 분진은 가스와 같이 발생한다.

① 직접차단
② 관성충돌
③ 원심력
④ 확산

① 직접차단(Direct interception): 입자가 흐름선을 따라 이동하다가 필터 표면에 접촉하여 포집되는 원리이다.
③ 원심력(Centrifugal Force): 가스를 회전시켜 원심력으로 입자를 분리하는 방식이다(사이클론 등).
④ 확산(Diffusion): 매우 작은 입자가 브라운 운동으로 무작위로 움직이며 필터에 닿아 포집되는 원리이다.

정답 42 ③ 43 ② 44 ④ 45 ②

46 빈출

21℃, 1기압의 어느 작업장에서 톨루엔과 이소프로필알코올을 각각 100g/hr씩 사용(증발)할 때, 필요환기량(m³/hr)은? (단, 두 물질은 상가작용을 하며, 톨루엔의 분자량은 92, TLV는 50ppm, 이소프로필알코올의 분자량은 60, TLV는 200ppm이고, 각 물질의 여유계수는 10으로 동일하다.)

① 약 6,250
② 약 7,250
③ 약 8,650
④ 약 9,150

- 톨루엔

$$Q(환기량) = \frac{K(안전계수) \times G(발생량)}{C(허용농도)}$$

$$= 10 \times \frac{\dfrac{100g}{hr}}{\dfrac{50mL \times \dfrac{273K}{(273+21)K} \times \dfrac{92mg}{22.4mL} \times \dfrac{g}{1,000mg}}{m^3}}$$

$$= 5,244.1471 m^3/hr$$

- 이소프로필알코올

$$Q(환기량) = 10 \times \frac{\dfrac{100g}{hr}}{\dfrac{200mL \times \dfrac{273K}{(273+21)K} \times \dfrac{60mg}{22.4mL} \times \dfrac{g}{1000mg}}{m^3}}$$

$$= 2010.2564 m^3/hr$$

- 필요환기량: $5,244.1471 + 2,010.2564 = 7,254.4035 m^3/hr$

47

다음 중 위생보호구에 대한 설명과 가장 거리가 먼 것은?

① 사용자는 손질방법 및 착용방법을 숙지해야 한다.
② 근로자 스스로 폭로대책으로 사용할 수 있다.
③ 규격에 적합한 것을 사용해야 한다.
④ 보호구 착용으로 유해물질로부터의 모든 신체적 장해를 막을 수 있다.

보호구는 위험을 감소시키거나 일정 부분 보호할 수 있으나, 모든 유해물질이나 모든 신체적 장해를 완벽히 차단할 수는 없다. 작업환경 개선, 공정 변경과 같은 근본적인 대책과 병행해야 하며, 보호구도 한계가 있다.

48

곡간에서 곡률반경비(R/D)가 1.0일 때 압력손실계수 값이 가장 작은 곡관의 종류는?

① 2조각 관
② 3조각 관
③ 4조각 관
④ 5조각 관

- 곡관은 조각 수가 많아질수록 곡률이 부드러워지고 공기 흐름에 미치는 저항이 줄어들어 압력손실계수가 낮아진다. 따라서 같은 R/D 비율에서 조각 수가 가장 많은 5조각 관이 가장 작은 압력손실계수를 갖는다.
- R/D = 1.0 고정 시, '2조각 < 3조각 < 4조각 < 5조각 관' 순으로 곡관이 더 부드럽고 압력손실이 감소한다.

49 빈출

작업 중 발생하는 먼지에 대한 설명으로 옳지 않은 것은?

① 일반적으로 특별한 유해성이 없는 먼지는 불활성 먼지 또는 공해서 먼지라고 하며, 이러한 먼지에 노출된 경우 일반적으로 폐용량에 이상이 나타나지 않으며, 먼지에 대한 폐의 조직반응은 가역적이다.
② 결정형 유리규산(Free Silica)은 규산의 종류에 따라 Cristobalite, Quartz, Tridymite, Tripoli가 있다.
③ 용융규산(Fused Silica)은 비결정형 규산으로 노출기준은 총 먼지로 10mg/m³이다.
④ 일반적으로 호흡성 먼지란 종말 모세기관지나 폐포 영역의 가스교환이 이루어지는 영역까지 도달하는 미세먼지를 말한다.

용융규산(Fused Silica)은 비결정형 규산으로 노출기준은 총 먼지로 0.1mg/m³이다.

> **관련개념** 화학물질 및 물리적 인자의 노출기준에 따른 산화규소 종류와 노출기준(TWA)
> - 결정체 석영(Quartz): 0.05mg/m³
> - 결정체 트리디마이트(Tridymite): 0.05mg/m³
> - 결정체 크리스토발라이트(Cristobalite): 0.05mg/m³
> - 결정체 트리폴리(Tripoli): 0.1mg/m³
> - 비결정체 규소(용융된 비결정형 실리카): 0.1mg/m³

50 빈출

작업대 위에서 용접할 때 흄(Fume)을 포집제거하기 위해 작업면에 고정된 플랜지가 붙은 외부식 사각형 후드를 설치하였다면 소요 송풍량(m³/min)은? (단, 개구면에서 작업지점까지의 거리는 0.25m, 제어속도는 0.5m/sec, 후드 개구면적은 0.5m²이다.)

① 0.281
② 8.430
③ 16.875
④ 26.425

플랜지가 있는 외부식 사각형 후드(바닥면)

$$Q = 60 \times \frac{1}{2} \times V_c \times (10X^2 + A)$$

$$= 60 \times \frac{1}{2} \times 0.5 \times (10 \times 0.25^2 + 0.5) = 16.875 \, m^3/min$$

51

그림과 같은 형태로 설치하는 후드는?

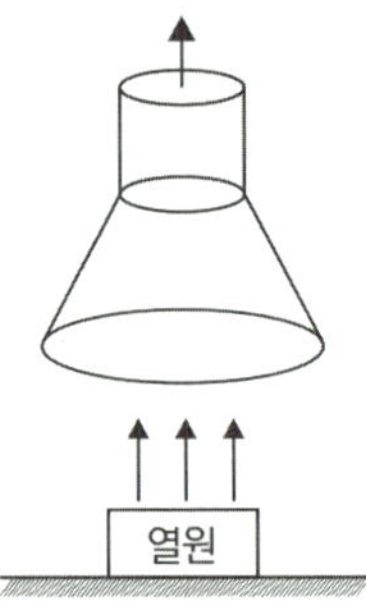

① 레시바식 캐노피형(Receiving Canopy Hoods)
② 포위식 커버형(Enclosures Cover Hoods)
③ 부스식 드래프트 챔버형(Booth Draft Chamber Hoods)
④ 외부식 그리드형(Exterior Capturing Grid Hoods)

② 포위식 커버형(Enclosures Cover Hoods): 유해물질 발생원을 전부 또는 부분적으로 포위하여 밀폐하는 형태의 후드이다.
③ 부스식 드래프트 챔버형(Booth Draft Chamber Hoods): 작업 공간을 부스 형태로 둘러싸고 한 면을 개방하여 유해물질을 효율적으로 배기하는 후드이다.
④ 외부식 그리드형(Exterior Capturing Grid Hoods): 유해물질 발생원을 포위하지 않고 근처에서 오염물질을 포획하는 개방형 후드이다.

52

산업안전보건법령상 안전인증 방독마스크에 안전인증 표시 외에 추가로 표시되어야 할 항목이 아닌 것은?

① 포집효율
② 파과곡선도
③ 사용시간 기록카드
④ 사용상의 주의사항

포집효율은 방진마스크에 적용되는 사항이며, 방독마스크의 추가 표시사항은 아니다.

관련개념

안전인증 방독마스크에 기본적인 안전인증 표시 외에 추가로 표시되어야 할 항목은 파과곡선도, 사용시간 기록카드, 사용상의 주의사항, 정화통 외부 측면의 표시 색이다.

53 빈출

에틸벤젠의 농도가 400ppm인 1,000m³ 체적의 작업장의 환기를 위해 90m³/min 속도로 외부 공기를 유입한다고 할 때, 이 작업장의 에틸벤젠 농도가 노출기준(TLV) 이하로 감소되기 위한 최소소요시간(min)은? (단, 에틸벤젠의 TLV는 100ppm이고 외부유입공기 중 에틸벤젠의 농도는 0ppm이다.)

① 11.8
② 15.4
③ 19.2
④ 23.6

외부유입공기 중 에틸벤젠의 농도는 0ppm이므로 1차 반응의 단순 희석 개념을 적용한다.

$$\ln\left(\frac{C_t}{C_0}\right) = -kt \;\rightarrow\; \ln\left(\frac{C_t}{C_0}\right) = -\frac{Q}{\forall} \times t$$

$$\ln\left(\frac{100}{400}\right) = -\frac{90 \, m^3/min}{1,000 \, m^3} \times t$$

$$t = 15.4032 \, min$$

54 

덕트에서 공기 흐름의 평균속도압이 25mmH₂O였다면 덕트에서의 공기의 반송속도(m/sec)는? (단, 공기밀도는 1.21kg/m³로 동일하다.)

① 10
② 15
③ 20
④ 25

$$속도압(동압)(VP) = \frac{\gamma V^2}{2g}$$

$$25mmH_2O = \frac{\frac{1.21kg}{m^3} \times V^2}{2 \times 9.8m/sec^2}$$

$V = 20.1235m/sec$

◦ VP: 동압 측정치(mmH₂O)
◦ γ: 가스 밀도(kg/m³)
◦ V: 유속(m/sec)
◦ g: 중력가속도(9.8m/sec²)

55

강제환기를 실시할 때 환기효과를 제고시킬 수 있는 방법이 아닌 것은?

① 공기배출구와 근로자의 작업위치 사이에 오염원이 위치하지 않도록 하여야 한다.
② 배출구가 창문이나 문 근처에 위치하지 않도록 한다.
③ 오염물질 배출구는 가능한 한 오염원으로부터 가까운 곳에 설치하여 점환기 효과를 얻는다.
④ 공기가 배출되면서 오염장소를 통과하도록 공기배출구와 유입구의 위치를 선정한다.

공기배출구와 근로자의 작업위치 사이에 오염원이 위치하도록 하여야 오염원이 근로자 쪽으로 가지 않고 직접 배출구 쪽으로 유도된다. 배출구가 창문이나 문 근처에 있으면 오염공기가 다시 실내로 순환될 수 있으므로 주의해야 한다.

56

전기집진장치의 장·단점으로 틀린 것은?

① 운전 및 유지비가 많이 든다.
② 고온가스처리가 가능하다.
③ 설치 공간이 많이 든다.
④ 압력손실이 낮다.

전기집진장치는 초기 설치비용이 많이 들고(높은 투자비, 설치 공간이 많이 듦), 고온가스 처리가 가능하며, 낮은 압력손실로 대량의 공기를 효율적으로 처리할 수 있다. 운전 및 유지비는 비교적 적게 드는 편이며(필터 교환이 불필요하고, 전기 소모도 상대적으로 적음), 운전 및 유지관리가 쉬운 편이다.

57

산업위생관리를 작업환경관리, 작업관리, 건강관리로 나눠서 구분할 때, 다음 중 작업환경관리와 가장 거리가 먼 것은?

① 유해 공정의 격리
② 유해 설비의 밀폐화
③ 전체환기에 의한 오염물질의 희석 배출
④ 보호구 사용에 의한 유해물질의 인체 침입방지

• 작업환경관리는 유해한 작업환경을 개선하거나 제거하는 공학적 조치에 해당한다. 예를 들어, 유해 공정의 격리, 유해설비의 밀폐화, 전체환기에 의한 오염물질의 희석 배출 등이 포함된다.
• 보호구 사용에 의한 유해물질의 인체 침입 방지는 작업자 개인이 착용하는 개인보호장구에 의한 보호로, 건강관리와 관련이 있다.

58

국소환기시스템의 슬롯(Slot) 후드에 설치된 충만실(Plenum Chamber)에 관한 설명 중 옳지 않은 것은?

① 후드가 크게 되면 충만실의 공기속도 손실도 고려해야 한다.
② 제어속도는 슬롯속도와는 관계가 없어 슬롯속도가 높다고 흡인력을 증가시키지는 않는다.
③ 슬롯에서의 병목현상으로 인하여 유체의 에너지가 손실된다.
④ 충만실의 목적은 슬롯의 공기유속을 결과적으로 일정하게 상승시키는 것이다.

충만실(Plenum Chamber)의 주 목적은 후드 또는 덕트 내로 들어가는 공기의 흐름을 균일하게 하고, 안정화시키며, 전체적으로 압력을 균등 분배하는 데 있다.

관련개념 충만실(Plenum Chamber)
- 정의: 국소환기 시스템에서 후드나 덕트와 연결되어 설치된 공간으로, 공기의 압력을 조절하고 흐름을 균일하게 해 주는 역할을 하는 공간이다. 즉, 공기를 모아 고르게 나누고 안정시키는 공간이다.
- 주요 특징
  - ✓ 후드나 덕트에 유입되는 공기의 속도와 압력을 안정화시켜, 공기 흐름이 고르게 분포되도록 한다.
  - ✓ 공기 흐름의 와류나 난류를 줄여 에너지 손실을 최소화한다.
  - ✓ 슬롯 후드에서 특히 중요하며, 여러 위치에서 공기가 균일하게 흡입되도록 도와준다.
  - ✓ 충만실 내부의 단면적은 유입구 면적보다 크고, 공기 속도는 그만큼 낮아지도록 설계하여 병목현상 및 공기속도 불균형을 줄인다.
  - ✓ 소음 저감을 위한 흡음재가 설치된 경우도 있다.

59

귀마개에 관한 설명으로 가장 거리가 먼 것은?

① 휴대가 편하다.
② 고온작업장에서도 불편 없이 사용할 수 있다.
③ 근로자들이 착용하였는지 쉽게 확인할 수 있다.
④ 제대로 착용하는 데 시간이 걸리고 요령을 습득해야 한다.

근로자들이 착용하였는지 쉽게 확인할 수 없다.

60

덕트 설치 시 고려해야 할 사항으로 가장 거리가 먼 것은?

① 직경이 다른 덕트를 연결할 때에는 경사 30° 이내의 테이퍼를 부착한다.
② 곡관의 곡률반경은 최대 덕트 직경의 3.0배 이상으로 하며 주로 4.0배를 사용한다.
③ 송풍기를 연결할 때에는 최소 덕트 직경의 6배 정도는 직선구간으로 한다.
④ 가급적 원형덕트를 사용하여 부득이 사각형 덕트를 사용할 경우에는 가능한 한 정방형을 사용한다.

곡관의 곡률반경은 최소 덕트 직경의 1.5배 이상으로 하며 주로 2.0배를 사용한다.

61 

귀마개의 차음평가수(NRR)가 27일 경우 이 귀마개의 차음효과는 얼마인가? (단, OSHA의 계산방법을 따른다.)

① 6dB
② 8dB
③ 10dB
④ 12dB

차음효과 = (NRR − 7) × 50%
= (27 − 7) × 0.5 = 10dB

62

소음성 난청에 영향을 미치는 요소의 설명으로 옳지 않은 것은?

① 음압 수준: 높을수록 유해하다.
② 소음의 특성: 저주파음이 고주파음보다 유해하다.
③ 노출시간: 간헐적 노출이 계속적 노출보다 덜 유해하다.
④ 개인의 감수성: 소음에 노출된 사람이 똑같이 반응하지는 않으며, 감수성이 매우 높은 사람이 극소수 존재한다.

> 고주파음이 저주파음보다 유해하다.

63

진동 작업장의 환경관리 대책이나 근로자의 건강보호를 위한 조치로 옳지 않은 것은?

① 발진원과 작업자의 거리를 가능한 한 멀리한다.
② 작업자의 체온을 낮게 유지시키는 것이 바람직하다.
③ 절연패드의 재질로는 코르크, 펠트(Felt), 유리섬유 등을 사용한다.
④ 진동공구의 무게는 10kg을 넘지 않게 하며 방진장갑 사용을 권장한다.

> 작업자의 체온을 낮게 유지시키면 건강에 해롭다.

64 빈출

한랭환경에 의한 건강장해에 대한 설명으로 옳지 않은 것은?

① 레이노씨 병과 같은 혈관 이상이 있을 경우에는 증상이 악화된다.
② 제2도 동상은 수포와 함께 광범위한 삼출성 염증이 일어나는 경우를 의미한다.
③ 참호족은 지속적인 국소의 영양결핍 때문이며, 한랭에 의한 신경조직의 손상이 발생한다.
④ 전신 저체온의 첫 증상으로 억제하기 어려운 떨림과 냉(冷)감각이 생기고 심박동이 불규칙하고 느려지며, 맥박은 약해지고 혈압이 낮아진다.

> - 참호족은 발을 장시간 축축하고 춥고 비위생적인 환경에 노출 시 발생하는 비동결성 한랭 손상으로, 피부 및 하부 조직 손상과 함께 혈액 공급 부족과 신경 손상을 포함한다
> - 레이노씨 병(Raynaud's disease)은 추위나 스트레스에 의해 손가락, 발가락, 코, 귀 등의 말초 혈관이 발작적으로 수축하는 질환이다.

관련개념 동상
- 1도 동상(표재성 동상): 피부에 일시적인 홍반과 부종이다. 따끔거림 또는 작열감 발생, 피부표면만 손상되며 조직 괴사는 없다.
- 2도 동상: 수포(물집) 발생과 함께 심한 부종, 통증, 피부염증을 일으킨다. 진피층까지 손상되고 염증성 삼출이 나타난다.
- 3도 동상: 피부와 피하 조직의 괴사로 피부가 검게 변하며 조직이 경화된다. 통증과 감각 상실 동반, 피부 및 조직 손상이 심하다.
- 4도 동상: 근육, 인대, 뼈까지 손상이 확대되어 조직 괴사가 심하다. 심한 경우 절단이 필요할 수 있다.

정답　62 ②　63 ②　64 ③

65

다음 중 피부에 강한 특이적 홍반작용과 색소침착, 피부암 발생 등의 장해를 모두 일으키는 것은?

① 가시광선
② 적외선
③ 마이크로파
④ 자외선

자외선(UV)은 파장이 짧아 에너지가 강하며, 피부에 도달해 혈관확장에 의한 홍반(발적)과 멜라닌 활동을 자극해 색소침착을 일으킨다. 장기간 노출 시 피부 세포의 DNA 손상을 야기해 피부암 위험을 증가시킨다.

66

인체에 미치는 영향이 가장 큰 전신진동의 주파수 범위는?

① 2~100Hz
② 140~250Hz
③ 275~500HZ
④ 4,000Hz 이상

고주파 진동은 주로 손이나 다리 등 국소 부위에 영향을 주며, 전신진동은 주로 저주파 대역에서 인체 전반에 영향을 미친다.

67 ⭐

음력이 1.2W인 소음원으로부터 35m 되는 자유공간 지점에서의 음압수준(dB)은 약 얼마인가?

① 62
② 74
③ 79
④ 121

$$PWL = 10\log\left(\frac{W}{W_0}\right)$$

$$= 10\log\left(\frac{1.2}{10^{-12}}\right) = 120.7918dB$$

자유 공간에서 점음원의 음압레벨은 거리 r에서 다음 공식으로 계산한다.

$$SPL = PWL - 20\log(r) - 11$$
$$= 120.7918 - 20\log(35) - 11 = 78.9104dB$$

68

극저주파 방사선(Extremely Low Frequency Fields)에 대한 설명으로 옳지 않은 것은?

① 강한 전기장의 발생원은 고전류장비와 같은 높은 전류와 관련이 있으며 강한 자기장의 발생원은 고전압장비와 같은 높은 전하와 관련이 있다.
② 작업장에서 발전, 송전, 전기 사용에 의해 발생되며 이들 경로에 있는 발전기에서 전력선, 전기설비, 기계, 기구 등도 잠재적인 노출원이다.
③ 주파수가 1~3,000Hz에 해당되는 것으로 정의되며, 이 범위 중 50~60Hz의 전력선과 관련한 주파수의 범위가 건강과 밀접한 연관이 있다.
④ 교류전기는 1초에 60번씩 극성이 바뀌는 60Hz의 저주파를 나타내므로 이에 대한 노출평가, 생물학적 및 인체영향 연구가 많이 이루어져 왔다.

강한 전기장의 발생원은 고전압장비와 같은 높은 전하와 관련이 있으며 강한 자기장의 발생원은 고전류장비와 같은 높은 전류와 관련이 있다.

관련개념
- 고전류: 많은 전자의 흐름을 의미
- 고전압: 전자를 움직이게 하는 강한 전기적 힘을 의미

69 빈출

다음 중 전리방사선의 영향에 대하여 감수성이 가장 큰 인체 내의 기관은?

① 폐
② 혈관
③ 근육
④ 골수

전리방사선에 대한 인체 내 감수성이 가장 큰 기관은 골수이다. 골수는 조혈기 조직으로서 방사선에 매우 민감하여, 전리방사선에 노출되면 혈액세포 생성이 크게 감소하여 백혈구, 적혈구, 혈소판이 줄어드는 등의 심각한 영향을 받는다.

관련개념 전리방사선(Ionizing Radiation)
- 원자나 분자로부터 전자를 떼어내어 이온화할 수 있는 에너지를 가진 방사선이다. 물질 내 원자구조를 변화시키며 생물학적 손상을 일으킬 수 있다.
- 주요 종류: 입자방사선과 전자기방사선 포함

전리방사선	입자방사선	알파선(α선), 베타선(β선), 중성자선
	전자기방사선	감마선(γ선), 엑스선(X선)

70 빈출

1루멘의 빛이 1ft²의 평면상에 수직방향으로 비칠 때 그 평면의 빛 밝기를 나타내는 것은?

① 1lux
② 1candela
③ 1촉광
④ 1foot candle

lux와 foot candle은 조도의 단위로 면적당 빛의 밝기를 나타내고, candela(촉광)는 광원의 밝기를 나타내는 단위이다.
④ 1foot candle: 풋캔들은 1루멘의 빛이 1평방피트(ft²)에 수직으로 비칠 때의 조도 단위이다. 미국 등에서 조도 단위로 자주 쓰인다.
① 1lux: lux(럭스)는 조도 단위로, 1루멘의 빛이 1제곱미터(m²)에 수직으로 비칠 때의 밝기이다. 즉, 빛이 닿는 면적당 광속의 밀도를 나타낸다.
② 1candela: 칸델라(촉광)는 광원의 밝기 단위로, 특정 방향으로 얼마나 많은 빛을 내는지를 나타낸다. 1칸델라는 양초 하나의 밝기와 같다(지름이 1inch 되는 촛불이 수평방향으로 비칠 때의 빛의 광도).
③ 1촉광(candle): 촉광은 칸델라(candela)의 옛 명칭으로 같은 의미로 쓰인다.

71

인체와 환경 간의 열교환에 관여하는 온열조건 인자로 볼 수 없는 것은?

① 대류
② 증발
③ 복사
④ 기압

④ 기압: 대기압은 주로 호흡과 관련된 생리적 요인이지, 직접적인 인체와 환경 간 열교환 메커니즘의 인자는 아니다.
① 대류(Convection): 공기나 액체 등의 유체가 움직이면서 열을 운반하는 현상으로, 인체와 환경 간에 열교환 시 중요한 인자이다.
② 증발(Evaporation): 땀 등의 수분이 증발하면서 체내 열이 함께 빠져나가는 현상으로, 체온 조절에 필수적이다.
③ 복사(Radiation): 인체에서 적외선 형태로 열이 방출되거나 주변 환경에서 열 방사에 의한 열교환이 이루어진다.

72 빈출

감압병의 증상에 대한 설명으로 옳지 않은 것은?

① 관절, 심부 근육 및 뼈에 동통이 일어나는 것을 Bends라 한다.
② 흉통 및 호흡곤란은 흔하지 않은 특수형 질식이다.
③ 산소의 기포가 뼈의 소동맥을 막아서 후유증으로 무균성 골괴사를 일으킨다.
④ 마비는 감압증에서 보는 중증 합병증이며 하지의 강직성 마비가 나타나는데 이는 척수나 그 혈관에 기포가 형성되어 일어난다.

질소의 기포가 뼈의 소동맥을 막아서 후유증으로 무균성 골괴사를 일으킨다.

73 빈출

작업환경 조건을 측정하는 기기 중 기류를 측정하는 것이 아닌 것은?

① Kata 온도계
② 풍차풍속계
③ 열선풍속계
④ Assmann 통풍건습계

74 빈출

음의 세기(I)와 음압(P) 사이의 관계로 옳은 것은?

① 음의 세기는 음압에 정비례
② 음의 세기는 음압에 반비례
③ 음의 세기는 음압의 제곱에 비례
④ 음의 세기는 음압의 세제곱에 비례

75 빈출

고압환경의 인체작용에 있어 2차적인 가압현상에 대한 내용이 아닌 것은?

① 흉곽이 잔기량보다 적은 용량까지 압축되면 폐압박 현상이 나타난다.
② 4기압 이상에서 공기 중의 질소가스는 마취작용을 나타낸다.
③ 산소의 분압이 2기압을 넘으면 산소중독증세가 나타난다.
④ 이산화탄소는 산소의 독성과 질소의 마취작용을 증강시킨다.

76 빈출

작업장에 흔히 발생하는 일반 소음의 차음효과(Transmission Loss)를 위해서 장벽을 설치한다. 이때 장벽의 단위 표면적당 무게를 2배씩 증가함에 따라 차음효과는 약 얼마씩 증가하는가?

① 2dB
② 6dB
③ 10dB
④ 16dB

77 빈출

산업안전보건법령상 상시 작업을 실시하는 장소에 대한 작업면의 조도 기준으로 옳은 것은?

① 초정밀 작업: 1,000럭스 이상
② 정밀 작업: 500럭스 이상
③ 보통 작업: 150럭스 이상
④ 그 밖의 작업: 50럭스 이상

정답   73 ④   74 ③   75 ①   76 ②   77 ③

78 빈출

인간 생체에서 이온화시키는 데 필요한 최소에너지를 기준으로 전리방사선과 비전리방사선을 구분한다. 전리방사선과 비전리방사선을 구분하는 에너지의 강도는 약 얼마인가?

① 7eV
② 12eV
③ 17eV
④ 22eV

12eV는 인간 생체 내 분자를 이온화시키는 데 필요한 최소 에너지로, 이 수치를 기준으로 그보다 큰 에너지는 전리방사선, 그보다 낮은 에너지는 비전리방사선으로 분류한다.

79 빈출

산업안전보건법령상 근로자가 밀폐공간에서 작업을 하는 경우, 사업주가 조치해야 할 사항으로 옳지 않은 것은?

① 사업주는 밀폐공간 작업 프로그램을 수립하여 시행하여야 한다.
② 사업주는 사업장 특성상 환기가 곤란한 경우 방독마스크를 지급하여 착용하도록 하고 환기를 하지 않을 수 있다.
③ 사업주는 근로자가 밀폐공간에서 작업을 하는 경우에 그 장소에 근로자를 입장시킬 때와 퇴장시킬 때마다 인원을 점검하여야 한다.
④ 사업주는 밀폐공간에 관계 근로자가 아닌 사람의 출입을 금지하고, 출입금지 표지를 밀폐공간 근처의 보기 쉬운 장소에 게시하여야 한다.

사업주는 사업장 특성상 환기가 곤란한 경우 송기마스크를 지급하여 착용하도록 하고 환기를 해야 한다.

80 빈출

고온환경에서 심한 육체노동을 할 때 잘 발생하며, 그 기전은 지나친 발한에 의한 탈수와 염분소실로 나타나는 건강장해는?

① 열경련(Heat Cramps)
② 열피로(Heat Fatigue)
③ 열실신(Heat Syncope)
④ 열발진(Heat Rashes)

② 열피로(Heat Fatigue): 고온 환경에서 장시간 작업하거나 과도한 땀 손실로 인한 탈수 때문에 발생한다. 무기력, 두통, 어지러움, 현기증과 같은 증상이 나타나며, 발한과 탈수로 체력 저하가 주된 원인이다. 적절한 휴식과 수분 보충이 필요하다.
③ 열실신(Heat Syncope): 뜨거운 환경에서 혈관이 확장되어 혈압이 떨어지고 뇌로 가는 혈류량이 감소하여 일시적인 의식 소실이나 기절이 발생하는 상태이다. 주로 갑작스러운 일어서기, 장시간 서 있기 후에 발생할 수 있다.
④ 열발진(Heat Rashes): 땀 배출구가 막히거나 막혀서 피부에 발진이 생기는 것으로, 홍반과 작은 물집 형태로 나타난다. 땀이 제대로 배출되지 않아 피부가 자극을 받아 발생하는 피부 질환이다.

정답   78 ②   79 ②   80 ①

81

호흡기에 대한 자극작용은 유해물질의 용해도에 따라 구분
되는데 다음 중 상기도 점막 자극제에 해당하지 않는 것
은?

① 염화수소
② 아황산가스
③ 암모니아
④ 이산화질소

- 염화수소, 아황산가스, 암모니아는 모두 상기도 점막을 자극하는
  물질에 해당한다.
- 이산화질소는 주로 종말 기관지 및 폐포점막을 자극하는 물질로
  분류된다.

82

납중독에 대한 치료방법의 일환으로 체내에 축적된 납을
배출하도록 하는 데 사용되는 것은?

① CaEDTA
② DMPS
③ 2-PAM
④ Atropin

CaEDTA(칼슘 디소듐 에데테이트)는 중금속을 킬레이트(결합)하여
소변으로 배출을 촉진하는 치료제로, 납중독 시 가장 널리 사용된다.

83

다음에서 설명하고 있는 유해물질 관리기준은?

이것은 유해물질에 폭로된 생체시료 중의 유해물질
또는 그 대사물질 등에 대한 생물학적 감시(Monitoring)
를 실시하여 생체 내에 침입한 유해물질의 총량 또는
유해물질에 의하여 일어난 생체변화의 강도를 지수로
서 표현한 것이다.

① TLV(Threshold Limit Value)
② BEI(Biological Exposure Indices)
③ THP(Total Health Promotion Plan)
④ STEL(Short Term Exposure Limit)

① TLV(Threshold Limit Value): 작업환경에서 근로자가 매일 반
　복적으로 노출되어도 건강에 해가 없다고 판단되는 공기 중 유
　해물질의 최대 허용 농도를 의미한다. 보통 8시간 작업 기준으
　로 평균 농도를 정하며, 미국 산업위생전문가협회(ACGIH) 등이
　제정한다.
③ THP(Total Health Promotion Plan): 작업장 및 근로자의 전
　반적인 건강 증진을 위한 종합적인 계획 또는 프로그램을 뜻한
　다. 유해물질 관리뿐 아니라 건강검진, 생활습관 개선 등 건강
　유지와 증진을 목적으로 한다.
④ STEL(Short Term Exposure Limit): 단기간(보통 15분) 동안
　근로자가 노출되어도 건강에 해롭지 않은 최대 농도를 뜻한다.
　하루 4회 이하, 각 노출 간격은 최소 60분 이상이어야 한다.
　TLV 중 단기 노출 한계치로서 높은 농도 유해물질 노출 시 기
　준이 된다.

정답　　81 ④　82 ①　83 ②

84 빈출

수치로 나타낸 독성의 크기가 각각 2와 3인 두 물질이 화학적 상호작용에 의해 상대적 독성이 9로 상승하였다면 이러한 상호작용을 무엇이라 하는가?

① 상가작용
② 가승작용
③ 상승작용
④ 길항작용

① 상가작용: 두 가지 이상의 물질이 함께 작용할 때, 효과가 단순히 합산되는 현상이다.
　예 A의 효과가 2, B의 효과가 3이면, 함께 노출될 때 효과는 5(2+3=5)가 됨
② 가승(강화)작용: 무독성 물질이 독성 물질과 동시에 작용하여 그 독성 영향력이 커지는 작용을 말한다. 즉, 원래 독성 물질만 있을 때보다 무독성 물질이 함께 있을 때 독성이 더 강해지는 경우를 의미한다.
　예 이소프로필알코올과 사염화탄소가 혼합되면 독성이 더 강해지는 경우
④ 길항작용: 두 가지 이상의 물질이 함께 작용할 때, 서로의 효과를 약화시켜 결과적으로 효과가 줄어드는 현상이다.
　예 해독제가 독성물질의 효과를 감소시키는 경우

85 빈출

화학물질 및 물리적 인자의 노출기준상 산화규소 종류와 노출기준이 올바르게 연결된 것은? (단, 노출기준은 TWA 기준이다.)

① 결정체 석영 – $0.1mg/m^3$
② 결정체 트리폴리 – $0.1mg/m^3$
③ 비결정체 규소 – $0.01mg/m^3$
④ 결정체 트리디마이트 – $0.01mg/m^3$

① 결정체 석영 – $0.05mg/m^3$
③ 비결정체 규소 – $0.1mg/m^3$
④ 결정체 트리디마이트 – $0.05mg/m^3$

86 빈출

노출에 대한 생물학적 모니터링의 단점이 아닌 것은?

① 시료채취의 어려움
② 근로자의 생물학적 차이
③ 유기시료의 특이성과 복잡성
④ 호흡기를 통한 노출만을 고려

④ 생물학적 모니터링은 호흡기를 통한 노출 외에도 피부, 소화기 등 다양한 경로로 유해물질 노출을 평가할 수 있다.
① 시료채취의 어려움: 생물학적 모니터링에서는 혈액, 소변 등 생체 시료를 채취해야 하는데, 이 과정이 복잡하고 어려울 수 있다.
② 근로자의 생물학적 차이: 개인별 대사능력이나 건강 상태 차이로 인해 동일한 노출에도 결과가 다르게 나올 수 있다.
③ 유기시료의 특이성과 복잡성: 분석할 시료가 복잡하고 변수가 많아 정확한 평가가 어려울 수 있다.

87

인체 내 주요 장기 중 화학물질 대사능력이 가장 높은 기관은?

① 폐
② 간장
③ 소화기관
④ 신장

간장은 다양한 효소 시스템을 통해 화학물질을 대사하여 해독하거나 체내에서 배출될 수 있는 형태로 변환하는 역할을 수행한다. 폐, 소화기관, 신장도 대사나 배출에 관여하지만, 간장의 대사능력이 가장 크다.

정답　　84 ③　85 ②　86 ④　87 ②

88 빈출

중추신경계에 억제작용이 가장 큰 것은?

① 알칸족
② 알켄족
③ 알코올족
④ 할로겐족

할로겐족 화합물은 중추신경계에 대해 강한 억제 작용, 즉 마취 작용을 나타낸다. 할로겐기가 첨가되면 물질이 지용성이 되어 신경세포 지질막에 쉽게 흡수되어 영향을 미치기 때문이다.

관련개념 중추신경계 억제작용 순서
알칸족 < 알켄족 < 알코올족 < 유기산 <에스테르 < 에테르 < 할로겐족

89

망간중독에 대한 설명으로 옳지 않은 것은?

① 금속망간의 직업성 노출은 철강 제조 분야에서 많다.
② 망간의 만성중독을 일으키는 것은 2가의 망간화합물이다.
③ 치료제는 CaEDTA가 있으며 중독 시 신경이나 뇌세포 손상 회복에 효과가 크다.
④ 이산화망간 흄에 급성 폭로되면 열, 오한, 호흡곤란 등의 증상을 특징으로 하는 금속열을 일으킨다.

CaEDTA(칼슘 디소듐 에데테이트)는 중금속을 킬레이트(결합)하여 소변으로 배출을 촉진하는 치료제로, 납중독 시 가장 널리 사용된다.

90

다음 단순 에스테르 중 독성이 가장 높은 것은?

① 초산염
② 개미산염
③ 부틸산염
④ 프로피온산염

• 에스테르는 모두 에스터기($-COO-$)를 포함한다.
• 부틸산염은 일반적으로 에스테르류 중에서 독성이 비교적 높은 편에 속한다.

91 빈출

작업장에서 생물학적 모니터링의 결정인자를 선택하는 기준으로 옳지 않은 것은?

① 검체의 채취나 검사과정에서 대상자에게 불편을 주지 않아야 한다.
② 적절한 민감도(Sensitivity)를 가진 결정인자이어야 한다.
③ 검사에 대한 분석적인 변이나 생물학적 변이가 타당해야 한다.
④ 결정인자는 노출된 화학물질로 인해 나타나는 결과가 특이하지 않고 평범해야 한다.

결정인자는 노출된 물질에 대해 특이적이고 명확한 변화를 나타내야 한다. 특이성이 없으면 노출과 인과관계를 정확히 판단하기 어렵다.

92

카드뮴의 만성중독 증상으로 볼 수 없는 것은?

① 폐기능 장해
② 골격계의 장해
③ 신장기능 장해
④ 시각기능 장해

만성 카드뮴중독은 주로 폐기능 장해, 골격계의 장해(골연화증, 골다공증 등), 그리고 신장기능 장해(신장 손상, 단백뇨 등)를 일으킨다. 특히 신장은 카드뮴의 주요 축적기관이며, 신장기능 저하가 만성중독의 주요 증상 중 하나이다.

93

인체에 흡수된 납(Pb) 성분이 주로 축적되는 곳은?

① 간
② 뼈
③ 신장
④ 근육

납은 체내에 흡수되면 약 92~95%가 뼈의 석회질 부분에 축적된다. 이는 납이 칼슘과 유사한 대사과정을 거치면서 뼈에 주로 저장되기 때문이다. 간장이나 신장에는 미미한 양(0.1~0.4%)만 축적된다. 따라서 납중독 시 뼈가 가장 중요한 축적 부위로 작용한다.

94

작업자의 소변에서 마뇨산이 검출되었다. 이 작업자는 어떤 물질을 취급하였다고 볼 수 있는가?

① 톨루엔
② 에탄올
③ 클로로벤젠
④ 트리클로로에틸렌

마뇨산($C_9H_9NO_3$, $C_6H_5-CO-NH-CH_2-COOH$)은 톨루엔이 인체 내에서 대사되어 생성되는 주요 대사산물로, 생물학적 노출지표로 널리 사용된다

95

중금속의 노출 및 독성기전에 대한 설명으로 옳지 않은 것은?

① 작업환경 중 작업자가 흡입하는 금속형태는 흄과 먼지 형태이다.
② 대부분의 금속이 배설되는 가장 중요한 경로는 신장이다.
③ 크롬은 6가 크롬보다 3가 크롬이 체내 흡수가 많이 된다.
④ 납에 노출될 수 있는 업종은 축전지 제조, 합금업체, 전자산업 등이다.

크롬의 경우 6가 크롬이 3가 크롬보다 체내 흡수가 더 잘 되어 독성이 훨씬 강하다. 3가 크롬은 상대적으로 흡수가 적고 독성이 낮다.

96

약품 정제를 하기 위한 추출제 등에 이용되는 물질로 간장, 신장의 암 발생에 주로 영향을 미치는 것은?

① 크롬
② 벤젠
③ 유리규산
④ 클로로포름

④ 클로로포름: 약품 정제 과정이나 추출제 등으로 사용되며, 인체에 노출되면 간과 신장에 주로 독성과 암 발생 위험을 유발하는 물질이다.
① 크롬: 금속 형태로, 3가 크롬과 6가 크롬으로 구분된다. 6가 크롬은 체내 흡수가 더 잘 되고 독성이 강하며, 발암성이 있다. 주로 금속 가공, 도금 산업에서 노출된다.
② 벤젠: 방향족 탄화수소의 일종으로, 무색 투명한 휘발성 액체이다. 골수 독성과 발암성이 매우 강해 1군 발암물질로 분류된다. 장기간 노출 시 빈혈, 백혈병 등 혈액계 질환을 유발한다.
③ 유리규산: 규산염의 일종으로 미세한 분진 형태로 존재한다. 주로 광산업, 건설업에서 발생하며, 폐에 축적되어 폐섬유증이나 실리코시스 같은 호흡기 질환을 유발한다. 발암성도 인정된다.

97

다음 중 악성 중피종(Mesothelioma)을 유발시키는 대표적인 인자는?

① 석면
② 주석
③ 아연
④ 크롬

- 악성 중피종(Mesothelioma): 폐를 둘러싼 흉막이나 복막에 발생하는 치명적인 암으로, 석면 노출 후 수십 년의 잠복기를 거쳐 발병한다.
- 석면(Asbestos): 천연 섬유성 규산염 광물로서 여러 종류가 있으며, 특히 청석면이 악성 중피종 발생 위험이 높다.

98

유리규산(석영) 분진에 의한 규폐성 결정과 폐포벽 파괴 등 망상 내피계 반응은 분진입자의 크기가 얼마일 때 자주 일어나는가?

① $0.1{\sim}0.5\,\mu m$
② $2{\sim}5\,\mu m$
③ $10{\sim}15\,\mu m$
④ $15{\sim}20\,\mu m$

분진 입자 크기
- $2{\sim}5\,\mu m$ 입자는 폐포까지 도달해 조직 손상을 일으키는 주된 크기이다.
- $0.1{\sim}0.5\,\mu m$ 입자는 주로 폐의 깊은 부위로 침투 가능하지만 대사와 제거가 비교적 쉽다.
- $10\,\mu m$ 이상의 입자는 상기도에서 걸러지는 경우가 많다.

99

입자상 물질의 호흡기계 침착기전 중 길이가 긴 입자가 호흡기계로 들어오면 그 입자의 가장자리가 기도의 표면을 스치게 됨으로써 침착하는 현상은?

① 충돌
② 침전
③ 차단
④ 확산

③ 차단(Slipping or Interception): 길이가 긴 입자상 물질이 호흡기계로 들어올 때 입자의 가장자리가 기도 표면을 스치며 물리적으로 걸려 침착되는 현상이다.
① 충돌(Impaction): 주로 입자가 기류의 방향을 바꿀 때 관성에 의해 기도 벽에 직접 부딪쳐 침착하는 현상이다.
② 침전(Settling): 중력에 의해 입자가 천천히 아래로 가라앉아 침착하는 현상이다.
④ 확산(Diffusion): 작은 입자가 무작위 운동(브라운 운동)에 의해 움직이며 침착되는 현상이다.

100

다음에서 설명하는 물질은?

> 이것은 소방제나 세척액 등으로 사용되었으나 현재는 강한 독성 때문에 이용되지 않으며 고농도의 이 물질에 노출되면 중추신경계 장애 외에 간장과 신장 장애를 유발한다. 대표적인 초기증상으로는 두통, 구토, 설사 등이 있으며 그 후에 알부민뇨, 혈뇨 및 혈중 Urea 수치의 상승 등의 증상이 있다.

① 납
② 수은
③ 황화수은
④ 사염화탄소

① 납: 납은 중금속으로, 체내 축적 시 혈액, 신경계, 신장 등 여러 장기에 영향을 미친다. 초기 증상으로는 식욕부진, 변비, 복통 등이 나타나며, 만성 노출 시 신경근육장애, 빈혈, 인지 기능 저하 등이 발생한다. 특히 중추 신경계 손상이 심하게 나타날 수 있다.
② 수은: 수은은 신경독성 물질로 뇌와 신장에 영향을 준다. 수은 중독 시 손발 저림, 운동 실조, 기억력 감퇴 등의 신경계 증상이 나타나며, 만성 노출 시 신장 손상도 초래한다. 수은은 액체상태로 존재하며 환경 및 직업 노출 시 문제가 된다.
③ 황화수은: 황화수은(주로 수은의 화합물)은 한때 약품 등에 사용되었으나 강력한 독성으로 현재 사용이 제한된다. 수은 중독과 유사하나 더 강력한 독성을 가지며, 신경계, 신장 등에 심각한 영향을 주고 피부 접촉 시 자극 및 부작용을 유발한다.

1과목　산업위생학개론

01

다음 중 최초로 기록된 직업병은?

① 규폐증
② 폐질환
③ 음낭암
④ 납중독

> 고대 히포크라테스(B.C. 4세기)가 광산에서의 납중독을 처음으로 보고하였으며, 이는 역사상 최초로 기록된 직업병으로 알려져 있다.
> • 규폐증: 19세기 중반(1800년대 중반)
> • 폐질환: 산업혁명 시기부터(18~19세기)
> • 음낭암: 1767년(18세기 후반)
> • 납중독: 기원전 4세기(히포크라테스 기록)

02

근골격계질환에 관한 설명으로 옳지 않은 것은?

① 점액낭염(Bursitis)은 관절 사이의 윤활액을 싸고 있는 윤활낭에 염증이 생기는 질병이다.
② 건초염(Tendosynovitis)은 건막에 염증이 생긴 질환이며, 건염(Tendonitis)은 건의 염증으로, 건염과 건초염을 정확히 구분하기 어렵다.
③ 수근관 증후군(Carpal Tunnel Syndrome)은 반복적이고, 지속적인 손목의 압박, 무리한 힘 등으로 인해 수근관 내부에 정중신경이 손상되어 발생한다.
④ 요추 염좌(Lumbar Sprain)는 근육이 잘못된 자세, 외부의 충격, 과도한 스트레스 등으로 수축되어 굳어지면 근섬유의 일부가 띠처럼 단단하게 변하여 근육의 특정 부위에 압통, 방사통, 목 부위 운동 제한, 두통 등의 증상이 나타난다.

> 요추 염좌는 척추 주변 근육이나 인대가 과도한 스트레스, 외상 등에 의해 손상되어 통증과 운동 제한을 일으키는 질환으로 요추 염좌는 주로 허리 부위의 국소통증과 움직임 제한을 유발한다.

03

근로자가 노동환경에 노출될 때 유해인자에 대한 해치(Hatch)의 양-반응관계곡선의 기관장해 3단계에 해당하지 않는 것은?

① 보상단계
② 고장단계
③ 회복단계
④ 항상성 유지단계

> 근로자가 노동환경에 노출될 때 유해인자에 대한 해치(Hatch)의 양-반응관계곡선에서 제시하는 기관장해 3단계는 "보상단계", "고장단계", "항상성 유지단계"이다.

04 ⭐빈출

산업피로의 용어에 관한 설명으로 옳지 않은 것은?

① 곤비란 단시간의 휴식으로 회복될 수 있는 피로를 말한다.
② 다음 날까지도 피로상태가 계속되는 것을 과로라 한다.
③ 보통 피로는 하룻밤 잠을 자고 나면 다음날 회복되는 정도이다.
④ 정신피로는 중추신경계의 피로를 말하는 것으로 정밀작업 등과 같은 정신적 긴장을 요하는 작업 시에 발생된다.

> 심한 노동 후 피로 현상으로, 단기간의 휴식에 의해 회복되지 않고 병적 상태로 발전하는 현상을 곤비(困憊)라 한다.

정답　01 ④　02 ④　03 ③　04 ①

05

산업안전보건법령에서 정하고 있는 제조 등이 금지되는 유해물질에 해당되지 않는 것은?

① 석면(Asbestos)
② 크롬산 아연(Zinc Chromates)
③ 황린 성냥(Yellow Phosphorus Match)
④ β-나프틸아민과 그 염(β-Naphthylamine and its salts)

제조 등이 금지되는 유해물질(산업안전보건법 시행령 제87조)
1. β-나프틸아민[91-59-8]과 그 염(β-Naphthylamine and its salts)
2. 4-니트로디페닐[92-93-3]과 그 염(4-Nitrodiphenyl and its salts)
3. 백연[1319-46-6]을 포함한 페인트(포함된 중량의 비율이 2퍼센트 이하인 것은 제외한다)
4. 벤젠[71-43-2]을 포함하는 고무풀(포함된 중량의 비율이 5퍼센트 이하인 것은 제외한다)
5. 석면(Asbestos; 1332-21-4 등)
6. 폴리클로리네이티드 터페닐(Polychlorinated Terphenyls; 61788-33-8 등)
7. 황린(黃燐)[12185-10-3] 성냥(Yellow Phosphorus Match)
8. 제1호, 제2호, 제5호 또는 제6호에 해당하는 물질을 포함한 혼합물(포함된 중량의 비율이 1퍼센트 이하인 것은 제외한다)
9. 「화학물질관리법」 제2조 제5호에 따른 금지물질(같은 법 제3조 제1항 제1호부터 제12호까지의 규정에 해당하는 화학물질은 제외한다)
10. 그 밖에 보건상 해로운 물질로서 산업재해보상보험 및 예방심의위원회의 심의를 거쳐 고용노동부장관이 정하는 유해물질

06 ★ 빈출

사무실 공기관리 지침에 관한 내용으로 옳지 않은 것은? (단, 고용노동부 고시를 기준으로 한다.)

① 오염물질인 미세먼지(PM10)의 관리기준은 $100\mu g/m^3$ 이다.
② 사무실 공기의 관리기준은 8시간 시간가중평균농도를 기준으로 한다.
③ 총 부유세균의 시료는 충돌법을 이용한 부유세균채취기(Bioair Sampler)로 채취한다.
④ 사무실 공기질의 모든 항목에 대한 측정결과는 측정치 전체에 대한 평균값을 이용하여 평가한다.

사무실 공기질 평가 시 일부 항목은 항목별 평균값이 아닌 별도의 평가 방법을 적용해야 한다.

07

산업안전보건법령상 물질안전보건자료 대상물질을 제조·수입하려는 자가 물질안전보건자료에 기재해야하는 사항에 해당되지 않는 것은? (단, 그 밖에 고용노동부장관이 정하는 사항은 제외한다.)

① 응급조치 요령
② 물리·화학적 특성
③ 안전관리자의 직무범위
④ 폭발·화재 시의 대처방법

물질안전보건자료(MSDS) 16가지 기재 항목
1. 화학제품과 회사에 관한 정보
2. 유해성·위험성
3. 구성성분의 명칭 및 함유량
4. 응급조치 요령
5. 폭발·화재 시 대처방법
6. 누출 사고 시 대처방법
7. 취급 및 저장방법
8. 노출방지 및 개인보호구
9. 물리·화학적 특성
10. 안정성 및 반응성
11. 독성에 관한 정보
12. 환경에 미치는 영향
13. 폐기 시 주의사항
14. 운송에 필요한 정보
15. 법적 규제 현황
16. 그 밖의 참고사항

정답   05 ②　06 ④　07 ③

08

산업안전보건법령상 근로자에 대해 실시하는 특수건강진단 대상 유해인자에 해당되지 않는 것은?

① 에탄올(Ethanol)
② 가솔린(Gasoline)
③ 니트로벤젠(Nitrobenzene)
④ 디에틸 에테르(Diethyl Ether)

특수건강진단 대상 유해인자에는 가솔린, 니트로벤젠, 디에틸 에테르 등 유기화합물이 포함되지만, 에탄올은 대상에 포함되지 않는다.

09

산업피로에 대한 대책으로 옳은 것은?

① 커피, 홍차, 엽차 및 비타민 B_1은 피로 회복에 도움이 되므로 공급한다.
② 신체 리듬의 적응을 위하여 야간근무는 연속으로 7일 이상 실시하도록 한다.
③ 움직이는 작업은 피로를 가중시키므로 될수록 정적인 작업으로 전환하도록 한다.
④ 피로한 후 장시간 휴식하는 것이 휴식시간을 여러 번으로 나누는 것보다 효과적이다.

② 야간근무를 연속 7일 이상 하도록 하는 것은 피로를 가중시키고 신체 리듬 적응에 부정적이므로 옳지 않다. 신체적 적응을 위하여 야간근무의 연속일수는 보통 3~4일 이하로 제한한다.
③ 움직이는 작업은 피로를 가중시키지 않으므로 동적인 작업으로 전환하도록 한다.
④ 장시간 휴식보다 여러 번 나누어 휴식하는 것이 피로 회복에 더 효과적이다.

10

직업성 질환 중 직업상의 업무에 의하여 1차적으로 발생하는 질환은?

① 합병증
② 일반 질환
③ 원발성 질환
④ 속발성 질환

③ 원발성 질환은 근로자가 수행하는 업무나 작업환경의 유해인자가 직접 원인이 되어 처음 발생하는 질환을 의미한다.
① 합병증은 원발성 질환에 따른 2차적인 병적 변화로 발생하는 경우를 말한다.
② 일반 질환은 업무와 무관하게 발생할 수 있는 질병이다.
④ 속발성 질환은 원발성 질환이나 다른 질병에 뒤이은 연쇄적 질환을 의미한다.

11 빈출

재해예방의 4원칙에 해당되지 않는 것은?

① 손실우연의 원칙
② 예방가능의 원칙
③ 대책선정의 원칙
④ 원인조사의 원칙

재해예방의 4원칙
• 예방가능의 원칙: 천재지변을 제외한 모든 인재는 원인을 제거하면 예방이 가능하다는 원칙이다.
• 손실우연의 원칙: 재해손실의 크기나 발생 여부는 사고 당시의 조건에 따라 우연적으로 결정된다는 원칙이다.
• 원인계기의 원칙: 모든 사고에는 반드시 원인이 존재하며 사고와 원인은 필연적 관계가 있다는 원칙이다.
• 대책선정의 원칙: 재해의 원인을 정확히 규명하여 적절한 예방 대책을 선정하고 실행해야 한다는 원칙이다.

12

토양이나 암석 등에 존재하는 우라늄의 자연적 붕괴로 생성되어 건물의 균열을 통해 실내공기로 유입되는 발암성 오염물질은?

① 라돈
② 석면
③ 알레르겐
④ 포름알데히드

- 우라늄이 붕괴하여 라듐(Ra)을 만들고, 이 라듐이 붕괴하면서 라돈(Rn)이 생성된다.
- 라돈은 토양이나 암석에서 발생하여 건물 내부로 침투할 수 있으며, 폐암 등 건강에 해로운 발암성 물질로 알려져 있다. 이 때문에 라돈은 '침묵의 살인자'라고 불리며, 실내 공기 질 관리에서 중요한 유해인자로 평가된다.

13 ⭐빈출

NIOSH에서 제시한 권장무게한계가 6kg이고, 근로자가 실제 작업하는 중량물의 무게가 12kg일 경우 중량물 취급지수(LI)는?

① 0.5
② 1.0
③ 2.0
④ 6.0

중량물 취급지수(LI) = 실제 작업무게 / 권장무게한계(RWL)
= 12kg / 6kg = 2.0

14 ⭐빈출

미국산업위생학술원(American Academy of Industrial Hygiene)에서 산업위생 분야에 종사하는 사람들이 반드시 지켜야 할 윤리강령 중 전문가로서의 책임부문에 해당하지 않는 것은?

① 기업체의 기밀은 누설하지 않는다.
② 근로자의 건강보호 책임을 최우선으로 한다.
③ 전문 분야로서의 산업위생을 학문적으로 발전시킨다.
④ 과학적 방법의 적용과 자료의 해석에서 객관성을 유지한다.

근로자의 건강보호 책임을 최우선으로 한다는 것은 근로자의 책임이다.

15 ⭐빈출

근육운동을 하는 동안 혐기성 대사에 동원되는 에너지원과 가장 거리가 먼 것은?

① 글리코겐
② 아세트알데히드
③ 크레아틴인산(CP)
④ 아데노신삼인산(ATP)

- 혐기성 대사 시 주로 동원되는 에너지원은 글리코겐, 크레아틴인산(CP), 그리고 아데노신삼인산(ATP)이다.
- 글리코겐은 근육 내 저장된 탄수화물로, 산소 부족 상태에서 빠르게 에너지원으로 분해되어 젖산을 생성하며 에너지를 공급한다.
- 크레아틴인산은 즉각적인 에너지 공급원으로 ATP 재합성을 돕는다.
- 아데노신삼인산은 근육 수축에 직접적으로 사용되는 에너지 화합물이다.

16 ⭐빈출

산업안전보건법령상 중대재해에 해당되지 않는 것은?

① 사망자가 2명이 발생한 재해
② 상해는 없으나 재산피해 정도가 심각한 재해
③ 4개월의 요양이 필요한 부상자가 동시에 2명이 발생한 재해
④ 부상자 또는 직업성 질병자가 동시에 12명이 발생한 재해

중대재해(산업안전보건법 시행규칙 제3조)
- 사망자가 1명 이상 발생한 재해
- 3개월 이상의 요양이 필요한 부상자가 동시에 2명 이상 발생한 재해
- 부상자 또는 직업성 질병자가 동시에 10명 이상 발생한 재해

정답   12 ①   13 ③   14 ②   15 ②   16 ②

17

마이스터(D. Meister)가 정의한 내용으로 시스템으로부터 요구된 작업결과(Performance)와의 차이(Deviation)가 의미하는 것은?

① 인간실수
② 무의식 행동
③ 주변적 동작
④ 지름길 반응

인간실수는 작업 수행 중 시스템이 요구하는 결과와 실제 성과 간의 차이로 정의된다.

18 ⭐빈출

작업대사율이 3인 강한 작업을 하는 근로자의 실동률(%)은?

① 50
② 60
③ 70
④ 80

사이또-오시마식에 의한 실동률(%)
RMR이 3이므로,
실동률(%) = 85 − (5 × RMR)
= 85 − (5 × 3) = 85 − 15 = 70%

19

산업위생활동 중 평가(Evaluation)의 주요과정에 대한 설명으로 옳지 않은 것은?

① 시료를 채취하고 분석한다.
② 예비조사의 목적과 범위를 결정한다.
③ 현장조사로 정량적인 유해인자의 양을 측정한다.
④ 바람직한 작업환경을 만드는 최정적인 활동이다.

바람직한 작업환경을 만드는 최정적인 활동은 평가 이후의 관리(Control) 단계에 해당하는 내용이다.

관련개념 산업위생활동 5단계
• 예측(Anticipation) 단계
• 인지(Recognition) 단계
• 측정(Measurement) 단계
• 평가(Evaluation) 단계
• 관리(Control) 단계

20 ⭐빈출

톨루엔(TLV=50ppm)을 사용하는 작업장의 작업시간이 10시간일 때 허용기준을 보정하여야 한다. OSHA 보정법과 Brief and Scala 보정법을 적용하였을 경우 보정된 허용기준치 간의 차이는?

① 1ppm
② 2.5ppm
③ 5ppm
④ 10ppm

• OSHA 보정방법

보정된 노출기준 = 8시간 노출기준 × $\dfrac{8시간}{노출시간/일}$

$$= 50 \times \frac{8}{10} = 40ppm$$

• Brief and Scala 보정방법

$$RF = \frac{8}{H} \times \frac{24 - H}{16} = \frac{8}{10} \times \frac{24 - 10}{16} = 0.7$$

보정된 노출기준 = TLV × RF = 50 × 0.7 = 35ppm
• 허용기준치 차이 = 40 − 35 = 5ppm

21

가스상 물질의 분석 및 평가를 위한 열탈착에 관한 설명으로 틀린 것은?

① 이황화탄소를 활용한 용매탈착은 독성 및 인화성이 크고 작업이 번잡하여 열탈착이 보다 간편한 방법이다.
② 활성탄관을 이용하여 시료를 채취한 경우, 열탈착에 300℃ 이상의 온도가 필요하므로 사용이 제한된다.
③ 열탈착은 용매탈착에 비하여 흡착제에 채취된 일부 분석물질만 기기로 주입되어 감도가 떨어진다.
④ 열탈착은 대개 자동으로 수행되며 탈착된 분석물질이 가스크로마토그래피로 직접 주입되도록 되어 있다.

> 용매탈착은 열탈착에 비하여 흡착제에 채취된 일부 분석물질만 기기로 주입되어 감도가 떨어진다.

22 빈출

정량한계에 관한 설명으로 옳은 것은?

① 표준편차의 3배 또는 검출한계의 5배(또는 5.5배)로 정의
② 표준편차의 3배 또는 검출한계의 10배(또는 10.3배)로 정의
③ 표준편차의 5배 또는 검출한계의 3배(또는 3.3배)로 정의
④ 표준편차의 10배 또는 검출한계의 3배(또는 3.3배)로 정의

> 정량한계 = 3 × 검출한계
>   = 10 × 표준편차

23 빈출

고온의 노출기준을 구분하는 작업강도 중 중등작업에 해당하는 열량(kcal/h)은? (단, 고용노동부 고시를 기준으로 한다.)

① 130
② 221
③ 365
④ 445

> • 경작업: 시간당 200kcal 이하의 열량이 소요되는 작업이다. 앉아서 또는 서서 기계 조정을 위해 손 또는 팔을 가볍게 쓰는 작업을 의미한다.
> • 중등작업: 시간당 200~350kcal의 열량이 소요되는 작업이다. 물체를 들거나 밀면서 걸어 다니는 일 등이 이에 해당한다.
> • 중작업: 시간당 350~500kcal의 열량이 소요되는 작업이다. 곡괭이질, 삽질 같은 힘든 작업이 이에 포함된다.

24 빈출

고열(Heat Stress) 환경의 온열 측정과 관련된 내용으로 틀린 것은?

① 흑구온도와 기온의 차를 실효복사온도라 한다.
② 실제 환경의 복사온도를 평가할 때는 평균복사온도를 이용한다.
③ 고열로 인한 환경적인 요인은 기온, 기류, 습도 및 복사열이다.
④ 습구흑구온도지수(WBGT) 계산 시에는 반드시 기류를 고려하여야 한다.

> 습구흑구온도지수(WBGT) 계산 시 기류는 고려되지 않는다.

> **관련개념** 습구흑구온도지수(WBGT) 계산
> 주로 건구온도, 습구온도, 흑구온도 3가지를 사용한다.
> • 태양 복사열이 있는 야외
>   WBGT = 0.7 × 습구온도 + 0.2 × 흑구온도 + 0.1 × 건구온도
> • 실내 혹은 그늘
>   WBGT = 0.7 × 습구온도 + 0.3 × 흑구온도

정답　　21 ③　22 ④　23 ②　24 ④

25

입경범위가 0.1~0.5μm인 입자상 물질이 여과지에 포집될 경우에 관여하는 주된 메커니즘은?

① 충돌과 간섭
② 확산과 간섭
③ 확산과 충돌
④ 충돌

입경 범위(μm)	주된 포집 메커니즘	설명
< 0.1	확산	브라운 운동에 의해 무작위로 움직이며 섬유에 접촉
0.1~0.5	간섭 + 확산 (간섭 우세)	섬유 주변을 지나가는 입자가 표면에 닿는 간섭과 확산이 모두 작용
0.5~1	간섭	입자 크기 때문에 섬유에 닿아 포집

26 빈출

금속제품을 탈지 세정하는 공정에서 사용하는 유기용제인 Trichloroethylene의 근로자 노출농도를 측정하고자 한다. 과거의 노출농도를 조사해 본 결과, 평균 40ppm이었다. 활성탄관(100mg/50mg)을 이용하여 0.14L/분으로 채취하였다. 채취해야 할 최소한의 시간(분)은? (단, Trichloroethylene의 분자량은 131.39이고, 25℃, 1기압 기준이며, 가스크로마토그래피의 정량한계(LOQ)는 0.4mg이다.)

① 10.3
② 13.3
③ 16.3
④ 19.3

- 최소시료채취시간(min)을 구하려면, 시료에 포함되어야 하는 최소 질량(정량한계)까지 작업장 공기를 채취하는 데 걸리는 시간(분)을 계산한다.
- 필요한 시료량 = 채취시간 × 농도 × 채취유량

$$0.4\text{mg} = \square\,\text{min} \times \dfrac{40\text{mL} \times \dfrac{131.39\text{mg}}{22.4\text{mL}}}{\text{Sm}^3 \times \dfrac{(273+25)\text{K}}{273\text{K}}} \times \dfrac{0.14\text{L}}{\text{min}} \times \dfrac{\text{m}^3}{1,000\text{L}}$$

$\square = 13.2926\text{min}$
- 노출 농도 = 40ppm
- 채취유량 = 0.14L/min
- Trichloroethylene 분자량 = 131.39
- 정량한계 = 0.4mg

27 빈출

1% Sodium Bisulfite의 흡수액 20mL를 취한 유리제품의 미드젯임핀져를 고속시료포집 펌프에 연결하여 공기시료 0.480m³(25℃)를 포집하였다. 가시광선흡광광도계를 사용하여 시료를 실험실에서 분석한 값이 표준검량선의 외삽법에 의하여 50μg/mL가 지시되었다. 표준상태에서 시료포집 기간 동안의 공기 중 포름알데히드 증기의 농도(ppm)는? (단, 포름알데히드 분자량은 30g/mol이다.)

① 1.7
② 2.5
③ 3.4
④ 4.8

$$\text{ppm} = \text{mL/m}^3$$

$$\dfrac{\dfrac{50\mu g}{\text{mL}} \times 20\text{mL} \times \dfrac{1\text{mg}}{1,000\mu g} \times \dfrac{22.4\text{mL}}{30\text{mg}}}{0.480\text{m}^3 \times \dfrac{273\text{K}}{(273+25)\text{K}}} = 1.6980\text{mL/m}^3$$

28

고체흡착관의 뒷층에서 분석된 양이 앞층의 25%였다. 이에 대한 분석자의 결정으로 바람직하지 않은 것은?

① 파과가 일어났다고 판단하였다.
② 파과실험의 중요성을 인식하였다.
③ 시료채취 과정에서 오차가 발생되었다고 판단하였다.
④ 분석된 앞층과 뒷층을 합하여 분석결과로 이용하였다.

흡착관 뒷층에 상당량(25%)이 검출된 것은 흡착관 내 파과(Breakthrough) 현상이 발생했음을 의미한다. 앞층과 뒷층을 단순 합하여 분석결과로 이용하는 것은 파과가 발생했을 가능성을 간과하는 것으로, 실제 가스 농도가 과소평가될 수 있으므로 바람직하지 않다. 파과가 의심되면 재시험 또는 시료 채취 조건 재설정이 필요하다.

29 ⭐빈출

옥내의 습구흑구온도지수(WBGT)를 계산하는 식으로 옳은 것은?

① WBGT = 0.1 × 자연습구온도 + 0.9 × 흑구온도
② WBGT = 0.9 × 자연습구온도 + 0.1 × 흑구온도
③ WBGT = 0.3 × 자연습구온도 + 0.7 × 흑구온도
④ WBGT = 0.7 × 자연습구온도 + 0.3 × 흑구온도

WBGT(습구흑구온도지수, Wet Bulb Globe Temperature)
근로자의 열 스트레스(온열환경 부담)를 평가하기 위한 대표적인 지표로, 온도, 습도, 복사열, 공기 흐름 등을 종합적으로 반영한다.
- 옥내 or 옥외(햇볕 없는 곳)
  WBGT = 0.7 × 자연습구온도 + 0.3 × 흑구온도
- 옥외(햇볕 있는 곳)
  WBGT = 0.7 × 자연습구온도 + 0.2 × 흑구온도 + 0.1 × 건구온도

관련개념
- 흑구온도(Black Globe Temperature): 복사열(태양, 열원)의 영향을 반영한 온도
- 자연습구온도(Natural Wet Bulb Temperature): 공기 중 습도와 증발에 영향을 받는 온도

30

활성탄관에 대한 설명으로 틀린 것은?

① 흡착관은 길이 7cm, 외경 6mm인 것을 주로 사용한다.
② 흡입구 방향으로 가장 앞쪽에는 유리섬유가 장착되어 있다.
③ 활성탄 입자는 크기가 20~40mesh인 것을 선별하여 사용한다.
④ 앞층과 뒷층을 우레탄 폼으로 구분하며 뒷층이 100mg으로 앞층보다 2배 정도 많다.

일반적으로 흡착관의 앞층은 100mg, 뒷층은 50mg으로 되어 있으나 다른 크기의 것도 사용한다.

31 ⭐빈출

처음 측정한 측정치는 유량, 측정시간, 회수율, 분석에 의한 오차가 각각 15%, 3%, 10%, 7%이었으나 유량에 의한 오차가 개선되어 10%로 감소되었다면 개선 전 측정치의 누적오차와 개선 후 측정치의 누적오차의 차이(%)는?

① 6.5
② 5.5
③ 4.5
④ 3.5

- 처음 누적오차(%) $= \left[(x_1)^2 + (x_2)^2 + (x_3)^2 + \cdots\right]^{\frac{1}{2}}$

$\qquad = \left[(15)^2 + (3)^2 + (10)^2 + (7)^2\right]^{\frac{1}{2}}$

$\qquad = 19.5703\%$

- 개선 후 누적오차(%) $= \left[(x_1)^2 + (x_2)^2 + (x_3)^2 + \cdots\right]^{\frac{1}{2}}$

$\qquad = \left[(10)^2 + (3)^2 + (10)^2 + (7)^2\right]^{\frac{1}{2}}$

$\qquad = 16.0623\%$

- 누적오차의 차이 $= 19.5703 - 16.0623 = 3.508\%$

32 ⭐빈출

산업위생통계에서 적용하는 변이계수에 대한 설명으로 틀린 것은?

① 표준오차에 대한 평균값의 크기를 나타낸 수치이다.
② 통계집단의 측정값들에 대한 균일성, 정밀성 정도를 표현하는 것이다.
③ 단위가 서로 다른 집단이나 특성값의 상호 산포도를 비교하는 데 이용될 수 있다.
④ 평균값의 크기가 0에 가까울수록 변이계수의 의의가 작아지는 단점이 있다.

표준편차에 대한 평균값의 상대적인 크기를 나타내는 수치이다.

$$변이계수(CV)\% = \frac{표준편차}{평균} \times 100$$

정답   29 ④   30 ④   31 ④   32 ①

33 빈출

누적소음노출량 측정기로 소음을 측정할 때의 기기 설정값으로 옳은 것은? (단, 고용노동부 고시를 기준으로 한다.)

① Threshold = 80dB, Criteria = 90dB, Exchange Rate = 5dB

② Threshold = 80dB, Criteria = 90dB, Exchange Rate = 10dB

③ Threshold = 90dB, Criteria = 80dB, Exchange Rate = 10dB

④ Threshold = 90dB, Criteria = 80dB, Exchange Rate = 5dB

- 고용노동부 고시 기준에 따른 누적소음노출량 측정기 등의 기기 설정값은 다음과 같다.
  ✓ Threshold(임계값) = 80dB
  ✓ Criteria(기준치) = 90dB
  ✓ Exchange Rate(교환율) = 5dB
- 이 설정값은 소음 노출 평가 시 기준으로 삼는 음압레벨과, 소음 노출 시간에 따른 허용치를 결정하는 데 이용된다.

34

석면농도를 측정하는 방법에 대한 설명 중 ( ) 안에 들어갈 적절한 기체는? (단, NIOSH 방법 기준을 따른다.)

> 공기 중 석면농도를 측정하는 방법으로 충전식 휴대용 펌프를 이용하여 여과지를 통하여 공기를 통과시켜 시료를 채취한 다음, 이 여과지에 (A) 증기를 쏘우고 (B) 시약을 가한 후 위상차 현미경으로 400~450배의 배율에서 섬유 수를 계수한다.

① 솔벤트, 메틸에틸케톤

② 아황산가스, 클로로포름

③ 아세톤, 트리아세틴

④ 트리클로로에탄, 트리클로로에틸렌

공기 중 석면농도를 측정하는 방법으로 충전식 휴대용 펌프를 이용하여 여과지를 통하여 공기를 통과시켜 시료를 채취한 다음, 이 여과지에 아세톤 증기를 쏘우고 트리아세틴 시약을 가한 후 위상 차 현미경으로 400~450배의 배율에서 섬유 수를 계수한다.

35

방사성 물질의 단위에 대한 설명이 잘못된 것은?

① 방사능의 SI 단위는 Becquerel(Bq)이다.

② 1Bq는 3.7×10^{10}dps이다.

③ 물질에 조사되는 선량은 Röntgen(R)으로 표시한다.

④ 방사선의 흡수선량은 Gray(Gy)로 표시한다.

② 1Curie(Ci)가 3.7×10^{10}dps(붕괴/초)이다. 즉, 1Ci = 3.7×10^{10}dps이고, 1Bq = 1dps이다.
① Becquerel(Bq)은 SI단위로, 방사능의 단위이며, 1Bq는 1초당 1개의 원자핵 붕괴 수를 뜻한다.
③ 물질에 조사되는 선량은 Röntgen(R)으로 표시하며, 이는 외부 방사선의 공기 이온화량을 나타내는 단위이다.
④ 방사선의 흡수선량은 Gray(Gy, 1Gy = 1J/kg)로 표시한다.

36 빈출

세 개의 소음원의 소음수준을 한 지점에서 각각 측정해보니 첫 번째 소음원만 가동될 때 88dB, 두 번째 소음원만 가동될 때 86dB, 세 번째 소음원만이 가동될 때 91dB이었다. 세 개의 소음원이 동시에 가동될 때 측정 지점에서의 음압수준(dB)은?

① 91.6

② 93.6

③ 95.4

④ 100.2

$$L(dB) = 10\log\left(10^{\frac{L_1}{10}} + 10^{\frac{L_2}{10}} + 10^{\frac{L_3}{10}} + \cdots + 10^{\frac{L_n}{10}}\right)$$
$$= 10\log\left(10^{\frac{88}{10}} + 10^{\frac{86}{10}} + 10^{\frac{91}{10}}\right) = 93.5945dB$$

37

채취시료 10mL를 채취하여 분석한 결과 납(Pb)의 양이 8.5μg이고 Blank 시료도 동일한 방법으로 분석한 결과 납의 양이 0.7μg이다. 총 흡인 유량이 60L일 때 작업환경 중 납의 농도(mg/m³)는? (단, 탈착효율은 0.95이다.)

① 0.14
② 0.21
③ 0.65
④ 0.70

$$\frac{(8.5-0.7)\mu g \times \dfrac{mg}{1,000\mu g}}{60L \times \dfrac{m^3}{1,000L}} \times \frac{100}{95} = 0.1368 mg/m^3$$

38

작업환경 내 105dB(A)의 소음이 30분, 110dB(A) 소음이 15분, 115dB(A)의 소음이 5분 발생하였을 때, 작업환경의 소음 정도는? (단, 105dB(A), 110dB(A), 115dB(A)의 1일 노출허용시간은 각각 1시간, 30분, 15분이고, 소음은 단속음이다.)

① 허용기준 초과
② 허용기준과 일치
③ 허용기준 미만
④ 평가할 수 없음(조건 부족)

소음레벨(dB)	실제 노출시간(분)	허용노출시간(분)
105	30	60
110	15	30
115	5	15

- 노출비율 $= \dfrac{t_1}{T_1} + \dfrac{t_2}{T_2} + \dfrac{t_3}{T_3}$

  $= \dfrac{30}{60} + \dfrac{15}{30} + \dfrac{5}{15} = 1.3333$

  ○ t_i = 실제노출시간
  ○ T_i = 허용노출시간(기준)
- 노출비율이 1보다 크면 허용기준 초과이다.

39

금속가공유를 사용하는 절단작업 시 주로 발생할 수 있는 공기 중 부유물질의 형태로 가장 적합한 것은?

① 미스트(Mist)
② 먼지(Dust)
③ 가스(Gas)
④ 흄(Fume)

금속가공유 작업 중에 금속가공유가 고속으로 분사되거나 절단작업 과정에서 액체 미립자들이 공기 중에 미스트 형태로 발생한다. 미스트는 액체 입자가 공기 중에 떠 있는 상태로, 작업자의 호흡기 및 피부를 통해 노출될 수 있어 산업위생적으로 중요한 유해인자이다

40

두 집단의 어떤 유해물질의 측정값이 아래 도표와 같을 때 두 집단의 표준편차의 크기 비교에 대한 설명 중 옳은 것은? (단, X축은 유해물질의 농도(ppm), Y축은 인수(n)이다.)

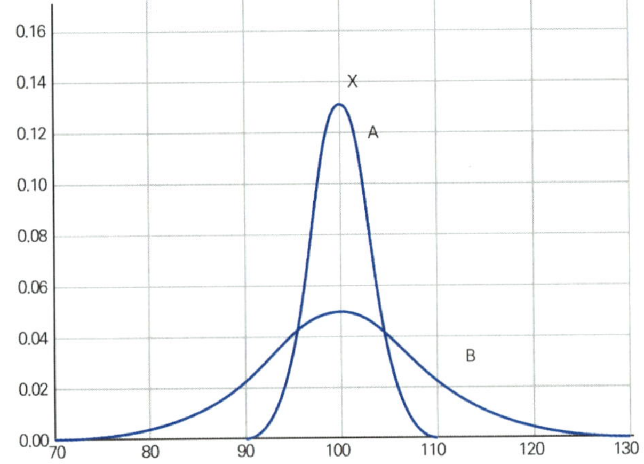

① A집단과 B집단은 서로 같다.
② A집단의 경우가 B집단의 경우보다 크다.
③ A집단의 경우가 B집단의 경우보다 작다.
④ 주어진 도표만으로 판단하기 어렵다.

표준편차는 각 측정값의 산포 정도를 나타내는 지표로, 평균으로부터 떨어진 정도가 클수록(값의 차이가 클수록) 표준편차가 커진다. A집단은 값이 평균 근처에 모여 있어서 표준편차가 작고, B집단은 양극단으로 퍼져 있어서 표준편차가 크다.

41

다음 중 특급 분리식 방진마스크의 여과재 분진 등의 포집 효율은? (단, 고용노동부 고시를 기준으로 한다.)

① 80% 이상
② 94% 이상
③ 99.0% 이상
④ 99.95% 이상

등급	입자 크기(μm)	분진 포집효율	용도 예시
특급	0.4~0.6	99.95% 이상	석면, 베릴륨 등 발암성 물질
1급	0.4~0.6	94% 이상	금속흄 등
2급	0.4~0.6	80% 이상	일반 분진 등

42 

방진마스크에 대한 설명으로 가장 거리가 먼 것은?

① 방진마스크의 필터에는 활성탄과 실리카겔이 주로 사용된다.
② 방진마스크는 인체에 유해한 분진, 연무, 흄, 미스트 등 입자를 작업자가 흡입하지 않도록 하는 보호구이다.
③ 방진마스크의 종류에는 격리식과 직결식, 면체여과식이 있다.
④ 비휘발성 입자에 대한 보호만 가능하며, 가스 및 증기로부터의 보호는 안 된다.

방진마스크의 필터에는 일반적으로 미세분진을 걸러내기 위한 부직포 필터가 주로 사용되며, 일부 방진마스크 필터에는 탈취 기능을 위해 활성탄이 첨가될 수 있으나 실리카겔은 일반적으로 방진마스크 필터 재료로 사용되지 않는다. 실리카겔은 주로 습기 제거용 흡습제로 쓰인다.

43 빈출

지름이 100cm인 원형 후드 입구로부터 200cm 떨어진 지점에 오염물질이 있다. 제어풍속이 3m/sec일 때, 후드의 필요 환기량(m³/sec)은? (단, 자유공간에 위치하며 플랜지는 없다.)

① 143
② 122
③ 103
④ 83

외부식 후드의 필요환기량(Q)

$$Q = V_c \times (10X^2 + A)$$

$$= 3\text{m/sec} \times \left[(10 \times 2^2)\text{m}^2 + \left(\frac{\pi \times 1^2}{4}\right)\text{m}^2\right]$$

$$= 122.3561 \text{m}^3/\text{sec}$$

◦ V_c: 제어풍속(m/sec)
◦ X: 원형 후드 입구와 오염원 사이 거리(m)
◦ A: 후드 입구 단면적(m²)

44 빈출

보호구의 재질과 적용 물질에 대한 내용으로 틀린 것은?

① 면: 고체상 물질에 효과적이다.
② 부틸(Butyl) 고무: 극성 용제에 효과적이다.
③ 니트릴(Nitrile) 고무: 비극성 용제에 효과적이다.
④ 천연 고무(Latex): 비극성 용제에 효과적이다.

천연 고무(Latex)는 주로 내산성이나 내유성이 약하여 비극성 용제(예 벤젠, 톨루엔 등)에 대한 저항성이 낮다. 따라서 비극성 용제에 대해 효과적이지 않다.

45 빈출

국소환기장치 설계에서 제어속도에 대한 설명으로 옳은 것은?

① 작업장 내의 평균유속을 말한다.
② 발산되는 유해물질을 후드로 흡인하는 데 필요한 기류속도이다.
③ 덕트 내의 기류속도를 말한다.
④ 일명 반송속도라고도 한다.

제어속도(Control Velocity 또는 Capture Velocity)란 유해물질이 후드 쪽으로 흡인되기 위해 필요한 최소한의 공기 흐름 속도를 말한다.

46 빈출

흡인 풍량이 200m³/min, 송풍기 유효전압이 150mmH₂O, 송풍기 효율이 80%인 송풍기의 소요 동력(kW)은?

① 4.1
② 5.1
③ 6.1
④ 7.1

$$P = \frac{Q \times \Delta H}{102 \times \eta}$$

$$= \frac{\dfrac{200\text{m}^3}{\text{min}} \times \dfrac{\text{min}}{60\text{sec}} \times 150\text{mmH}_2\text{O}}{102 \times 0.8} = 6.1274\text{kW}$$

47 빈출

덕트 내 공기흐름에서의 레이놀즈 수(Reynolds Number)를 계산하기 위해 알아야 하는 모든 요소는?

① 공기속도, 공기점성계수, 공기밀도, 덕트의 직경
② 공기속도, 공기밀도, 중력가속도
③ 공기속도, 공기온도, 덕트의 길이
④ 공기속도, 공기점성계수, 덕트의 길이

$$Re = \frac{\text{덕트의 직경(D)} \times \text{공기밀도}(\rho) \times \text{공기속도(V)}}{\text{공기점성계수}}$$

48 빈출

작업환경 관리대책 중 물질의 대체에 해당되지 않는 것은?

① 성냥을 만들 때 백린을 적린으로 교체한다.
② 보온 재료인 유리섬유를 석면으로 교체한다.
③ 야광시계의 자판에 라듐 대신 인을 사용한다.
④ 분체 입자를 큰 입자로 대체한다.

- 작업환경 관리에서 물질의 대체(대치, Substitution)는 유해성이 큰 물질을 덜 해로운 물질로 바꾸어 작업자 노출 위험을 줄이는 것을 의미한다.
- 유리섬유보다 훨씬 위험하고 유해한 석면으로 교체하면 유해성이 증가하게 된다.

49 빈출

7m × 14m × 3m의 체적을 가진 방에 톨루엔이 저장되어 있고 공기를 공급하기 전에 측정한 농도가 300ppm이었다. 이 방으로 10m³/min의 환기량을 공급한 후 노출기준인 100ppm으로 도달하는 데 걸리는 시간(min)은?

① 12
② 16
③ 24
④ 32

1차 반응식을 적용한다.

$$\ln\left(\frac{C_t}{C_0}\right) = -kt = -\left(\frac{Q}{\forall}\right) \times t$$

$$\ln\left(\frac{100}{300}\right) = -\left(\frac{10\text{m}^3/\text{min}}{(7 \times 14 \times 3)\text{m}^3}\right) \times t$$

$$t = 32.2992\text{min}$$

50 빈출

후드의 선택에서 필요환기량을 최소화하기 위한 방법이 아닌 것은?

① 측면 조절판 또는 커텐 등으로 가능한 공정을 둘러쌀 것
② 후드를 오염원에 가능한 한 가깝게 설치할 것
③ 후드 개구부로 유입되는 기류속도 분포가 균일하게 되도록 할 것
④ 공정 중 발생되는 오염물질의 비산속도를 크게 할 것

공정 중 발생되는 오염물질의 비산속도를 작게 해야 한다.

51 빈출

송풍기의 회전수 변화에 따른 풍량, 풍압 및 동력에 대한 설명으로 옳은 것은?

① 풍량은 송풍기의 회전수에 비례한다.
② 풍압은 송풍기의 회전수에 반비례한다.
③ 동력은 송풍기의 회전수에 비례한다.
④ 동력은 송풍기 회전수의 제곱에 비례한다.

• 풍량: 송풍기의 회전수에 비례한다.
• 풍압: 송풍기의 회전수의 제곱에 비례한다.
• 동력(축동력): 송풍기의 회전수의 세제곱에 비례한다.

52

1기압에서 혼합기체의 부피비가 질소 71%, 산소 14%, 탄산가스 15%로 구성되어 있을 때, 질소의 분압(mmHg)은?

① 433.2
② 539.6
③ 646.0
④ 653.6

1atm = 760mmHg
760 × 0.71 = 539.6mmHg

53

공기정화장치의 한 종류인 원심력집진기에서 절단입경의 의미로 옳은 것은?

① 100% 분리 포집되는 입자의 최소 크기
② 100% 처리효율로 제거되는 입자크기
③ 90% 이상 처리효율로 제거되는 입자크기
④ 50% 처리효율로 제거되는 입자크기

• 절단입경: 50% 처리효율로 제거되는 입자크기
• 임계입경: 100% 처리효율로 제거되는 입자크기

54 빈출

작업환경개선에서 공학적인 대책과 가장 거리가 먼 것은?

① 교육
② 환기
③ 대체
④ 격리

• 공학적 대책: 대체, 격리, 밀폐, 차단, 산업 환기 등 유해인자를 직접 제거하거나 차단하는 방법
• 관리적(행정적) 대책: 작업시간 조정, 휴식시간 조정, 작업자 교육, 교대근무, 작업 전환 등

정답   50 ④   51 ①   52 ②   53 ④   54 ①

55 빈출

유입계수가 0.82인 원형 후드가 있다. 원형 덕트의 면적이 0.0314m²이고 필요환기량이 30m³/min이라고 할 때, 후드의 정압(mmH₂O)은? (단, 공기밀도는 1.2kg/m³이다.)

① 16
② 23
③ 32
④ 37

- 동압(VP) $= \dfrac{\gamma V^2}{2g} = \dfrac{1.2 \times \left(\dfrac{30m^3}{min} \times \dfrac{min}{60sec} \times \dfrac{1}{0.0314m^2}\right)^2}{2 \times 9.8m/sec^2}$

  $= 15.5240 mmH_2O$

- 후드의 정압 $= \dfrac{1}{C_e^2} \times VP = \dfrac{1}{0.82^2} \times 15.5240 = 23.0874 mmH_2O$

  ◦ VP: 동압 측정치(mmH₂O)
  ◦ V: 유속(m/sec)
  ◦ γ: 가스 밀도(kg/m³)
  ◦ g: 중력가속도(9.8m/sec²)
  ◦ C_e: 유입계수

56

방사형 송풍기에 관한 설명과 가장 거리가 먼 것은?

① 고농도 분진 함유 공기나 부식성이 강한 공기를 이송시키는 데 많이 이용된다.
② 깃이 평판으로 되어 있다.
③ 가격이 저렴하고 효율이 높다.
④ 깃의 구조가 분진을 자체 정화할 수 있도록 되어 있다.

방사형 송풍기는 구조가 상대적으로 복잡하고, 제작 비용이 비교적 높으며, 같은 용량 대비 가격이 저렴하지 않고 에너지 효율도 축류 송풍기에 비해 낮은 편이다.

57

플랜지 없는 외부식 사각형 후드가 설치되어 있다. 성능을 높이기 위해 플랜지 있는 외부식 사각형 후드로 작업대에 부착했을 때, 필요환기량의 변화로 옳은 것은? (단, 포촉거리, 개구면적, 제어속도는 같다.)

① 기존 대비 10%로 줄어든다.
② 기존 대비 25%로 줄어든다.
③ 기존 대비 50%로 줄어든다.
④ 기존 대비 75%로 줄어든다.

- 플랜지 없는 외부식 사각형 후드(자유공간)

  $Q_1 = 60 \times V_c(10X^2 + A)$

- 플랜지 있는 외부식 사각형 후드(바닥면)

  $Q_2 = 60 \times \dfrac{1}{2} \times V_c(10X^2 + A)$

58 빈출

50℃의 송풍관에 15m/sec의 유속으로 흐르는 기체의 속도압(mmH₂O)은? (단, 기체의 밀도는 1.293kg/m³이다.)

① 32.4
② 22.6
③ 14.8
④ 7.2

속도압(동압)(VP) $= \dfrac{\gamma V^2}{2g}$

$= \dfrac{\dfrac{1.293kg}{m^3} \times (15m/sec)^2}{2 \times 9.8m/sec^2}$

$= 14.8431 mmH_2O$

◦ VP: 동압 측정치(mmH₂O)
◦ γ: 가스 밀도(kg/m³)
◦ V: 유속(m/sec)
◦ g: 중력가속도(9.8m/sec²)

59

온도 50℃인 기체가 관을 통하여 20m³/min으로 흐르고 있을 때, 같은 조건의 0℃에서 유량(m³/min)은? (단, 관 내 압력 및 기타 조건은 일정하다.)

① 14.7
② 16.9
③ 20.0
④ 23.7

$$\frac{20\text{m}^3 \times \dfrac{273\text{K}}{(273+50)\text{K}}}{\text{min}} = 16.9040\,\text{m}^3/\text{min}$$

60

원심력 송풍기 중 다익형 송풍기에 관한 설명과 가장 거리가 먼 것은?

① 큰 압력손실에서도 송풍량이 안정적이다.
② 송풍기의 임펠러가 다람쥐 쳇바퀴 모양으로 생겼다.
③ 강도가 크게 요구되지 않기 때문에 적은 비용으로 제작가능하다.
④ 다른 송풍기와 비교하여 동일 송풍량을 발생시키기 위한 임펠러 회전속도가 상대적으로 낮기 때문에 소음이 작다.

큰 압력손실에서도 송풍량이 불안정하다.

61

진동증후군(HAVS)에 대한 스톡홀름 워크숍의 분류로서 옳지 않은 것은?

① 진동증후군의 단계를 0부터 4까지 5단계로 구분하였다.
② 1단계는 가벼운 증상으로 1개 또는 그 이상의 손가락 끝부분이 하얗게 변하는 증상을 의미한다.
③ 3단계는 심각한 증상으로 1개 또는 그 이상의 손가락 가운뎃마디 부분까지 하얗게 변하는 증상이 나타나는 단계이다.
④ 4단계는 매우 심각한 증상으로 대부분의 손가락이 하얗게 변하는 증상과 함께 손끝에서 땀의 분비가 제대로 일어나지 않는 등의 변화가 나타나는 단계이다.

심각한 증상으로 1개 또는 그 이상의 손가락 가운뎃마디 부분까지 하얗게 변하는 증상이 나타나는 단계는 4단계이다.

관련개념 진동증후군(HAVS, Hand-Arm Vibration Syndrome)의 스톡홀름 워크숍 분류
- 0단계: 증상이 없는 정상 상태
- 1단계: 가벼운 증상으로, 1개 이상 손가락 끝부분이 하얗게 변하는 백색증(혈관경련) 발생
- 2단계: 백색증이 심해져서 하나 또는 여러 손가락 끝부분에 반복적이고 느린 회복의 혈관경련이 나타남
- 3단계: 중간 정도 심각한 단계로, 여러 손가락 끝부분에 더 빈번하고 오래 지속되는 백색증이 나타나며, 신경학적 증상(감각저하, 저림 등)도 동반 가능
- 4단계: 매우 심각한 단계로, 대부분 손가락에 백색증과 함께 손끝에서 땀 분비 저하 등 자율신경계 장애 증상 발생, 감각 소실 및 조직 손상 가능

62

인체와 작업환경과의 사이의 열교환에 영향을 미치는 것으로 가장 거리가 먼 것은?

① 대류(Convection)
② 열복사(Radiation)
③ 증발(Evaporation)
④ 열순응(Acclimatization to Heat)

열순응(Acclimatization to Heat)은 인체가 고온환경에 적응하는 생리적 과정으로, 열교환 그 자체가 아니라 그 결과로 인체 반응이 변하는 것이다. 즉, 열을 전달하거나 이동시키는 물리적 현상이 아니며, 인체가 열 스트레스에 대응하는 능력 변화이다.

63

비전리방사선의 종류 중 옥외작업을 하면서 콜타르의 유도체, 벤조피렌, 안트라센 화합물과 상호작용하여 피부암을 유발시키는 것으로 알려진 비전리방사선은?

① γ선
② 자외선
③ 적외선
④ 마이크로파

콜타르 등에서 나오는 다환방향족탄화수소(PAHs) 화합물들은 자외선과 같이 작용하여 피부에 광독성 접촉성 피부염이나 피부암을 유발하는 것으로 알려져 있다. 특히 자외선은 피부에 도달해 이들 화합물의 발암성을 촉진시키는 주요 비전리방사선이다.

64

소독작용, 비타민 D 형성, 피부 색소 침착 등 생물학적 작용이 강한 특성을 가진 자외선(Dorno선)의 파장 범위는 약 얼마인가?

① 1,000Å~2,800Å
② 2,800Å~3,150Å
③ 3,150Å~4,000Å
④ 4,000Å~4,700Å

• 도르노선은 2,800Å ~ 3,150Å(280~315nm) 구간에 해당하며, 이 범위의 자외선은 소독, 비타민 D 생성, 피부 색소 침착 등 광화학적 생리작용이 강한 특성을 가진다.
• 1Å(옹스트롬)는 0.1nm이므로 2,800Å은 280nm, 3,150Å은 315nm에 해당한다.

65 빈출

전리방사선 중 전자기방사선에 속하는 것은?

① α선
② β선
③ γ선
④ 중성자

전리방사선	입자방사선	알파선(α선), 베타선(β선), 중성자선
	전자기방사선	감마선(γ선), 엑스선(X선)

66 빈출

다음 중 이상기압의 인체작용으로 2차적인 가압현상과 가장 거리가 먼 것은? (단, 화학적 장해를 말한다.)

① 질소 마취
② 산소 중독
③ 이산화탄소의 중독
④ 일산화탄소의 작용

④ 일산화탄소: 주로 혈액 내 헤모글로빈과 결합하여 산소 운반을 방해하는 독성 가스이며, 이상기압 환경과의 인과관계가 2차적인 가압현상으로 분류되지 않는다.
① 질소 마취(Nitrogen Narcosis): 고기압에서 질소가 체내에 과다 용해되어 중추신경계 억제 증상을 일으키는 현상
② 산소 중독(Oxygen Toxicity): 고농도의 산소가 고기압에서 체내에 과도하게 작용해 중추신경계 또는 폐 등에 독성을 발생시키는 현상
③ 이산화탄소 중독(Carbon Dioxide Toxicity): 이상기압 환경에서 이산화탄소의 축적으로 인해 발생하는 독성

정답   62 ④   63 ②   64 ②   65 ③   66 ④

67 

출력이 10Watt인 작은 점음원으로부터 자유공간의 10m 떨어져 있는 곳의 음압레벨(Sound Pressure Level)은 몇 dB 정도인가?

① 89
② 99
③ 161
④ 229

- 음향파워레벨(PWL) 산정

$$PWL = 10\log\left(\frac{W}{W_0}\right) = 10\log\left(\frac{10}{10^{-12}}\right) = 130dB$$

- 음압레벨(SPL) 산정
  ✓ PWL = SPL + 10log(S)의 관계에서 자유공간이므로 음파가 구면파로 전파된다.
  ✓ 음원의 단면적은 구의 단면적이므로 S = 4πr²을 대입하면,
    PWL = SPL + 10log(4πr²)이고 정리하면,
    SPL = PWL − 20log(r) − 11이 된다.
        = 130 − 20log(10) − 11 = 99dB
  ◦ PWL: 음향파워레벨(dB)
  ◦ SPL: 음압레벨(dB)
  ◦ r: 거리(m)

68 

1sone이란 몇 Hz에서, 몇 dB의 음압레벨을 갖는 소음의 크기를 말하는가?

① 1,000Hz, 40dB
② 1,200Hz, 45dB
③ 1,500Hz, 45dB
④ 2,000Hz, 48dB

- phon: 1,000Hz에서의 음압레벨(dB SPL)과 동일한 크기의 주관적 음량
- sone: 40phon(1,000Hz, 40dB)을 기준으로 한 상대적 음량 지표로, 음량이 2배면 sone도 2배이다. → $sone = 2^{\frac{phon - 40}{10}}$

69

자연조명에 관한 설명으로 옳지 않은 것은?

① 창의 면적은 바닥 면적의 15~20% 정도가 이상적이다.
② 개각은 4~5°가 좋으며, 개각이 작을수록 실내는 밝다.
③ 균일한 조명을 요구하는 작업실은 동북 또는 북창이 좋다.
④ 입사각은 28° 이상이 좋으며, 입사각이 클수록 실내는 밝다.

개각은 4~5°가 좋으며, 개각이 작을수록 실내는 어둡다.

70

전신진동 노출에 따른 인체의 영향에 대한 설명으로 옳지 않은 것은?

① 평형감각에 영향을 미친다.
② 산소 소비량과 폐환기량이 증가한다.
③ 작업수행 능력과 집중력이 저하된다.
④ 저속노출 시 레이노드 증후군(Raynaud's phenomenon)을 유발한다.

레이노드 증후군은 주로 손·팔 진동 노출에 의한 부분적 영향인 손진동증후군(HAVS)에서 발생한다.

71

소음에 의한 인체의 장해 정도(소음성 난청)에 영향을 미치는 요인이 아닌 것은?

① 소음의 크기
② 개인의 감수성
③ 소음 발생 장소
④ 소음의 주파수 구성

소음성 난청의 주요 영향 요인
• 소음의 크기(음압 수준, 데시벨)
• 개인의 감수성(개인별 청력 민감성 차이)
• 소음의 주파수 구성(특히 고주파 영역의 영향이 큼)

72

다음 중 전리방사선에 대한 감수성의 크기를 올바른 순서대로 나열한 것은?

> ㄱ. 상피세포
> ㄴ. 골수, 흉선 및 림프조직(조혈기관)
> ㄷ. 근육세포
> ㄹ. 신경조직

① ㄱ > ㄴ > ㄷ > ㄹ
② ㄱ > ㄹ > ㄴ > ㄷ
③ ㄴ > ㄱ > ㄷ > ㄹ
④ ㄴ > ㄷ > ㄹ > ㄱ

• 골수는 모든 혈액세포와 B세포(항체를 만들어 병원체를 중화)를 만든다.
• 흉선은 T세포(감염된 세포를 직접 공격하거나 면역체계를 조절)를 성숙시킨다.
• 림프조직 및 림프절은 림프구가 활성화되고 감염이나 이물질을 제거하는 곳이다.
• 상피세포는 신체 표면 및 내벽을 덮으며 보호, 흡수, 분비 기능을 가진 세포로 재생력이 높다.
• 근육세포는 수축을 통해 운동과 힘 생성에 관여하며, 재생은 제한적이다.
• 신경조직은 전기 신호로 정보를 전달하고 조절하는 역할을 하며, 분열과 재생이 매우 제한적이다.

73

한랭 환경에서 인체의 일차적 생리적 반응으로 볼 수 없는 것은?

① 피부혈관의 팽창
② 체표면적의 감소
③ 화학적 대사작용의 증가
④ 근육긴장의 증가와 떨림

한랭(추운) 환경에 노출되면 인체는 체온을 유지하기 위해 피부혈관을 수축시켜(혈관 수축) 혈류를 줄이고, 체열 손실을 최소화하려 한다.

74 빈출

10시간 동안 측정한 누적소음노출량이 300%일 때 측정시간 평균 소음 수준은 약 얼마인가?

① 94.2dB(A)
② 96.3dB(A)
③ 97.4dB(A)
④ 98.6dB(A)

$$TWA = 16.61\log\left(\frac{D(\%)}{12.5\times T}\right)+90$$
$$= 16.61\log\left(\frac{300}{12.5\times10}\right)+90$$
$$= 96.3153\,dB(A)$$

관련개념 누적소음노출량 평가

• $TWA = 16.61\log\dfrac{\text{누적소음노출량}(\%)}{12.5\times T}+90$

• $TWA = 16.61\log\dfrac{\text{누적소음노출량}(\%)}{100}+90$

※ 100은 12.5×8로 8시간 근로시간인 경우 적용
※ 12.5는 근로시간에 대한 노출 허용 기준과 관련된 상수로 사용

75

감압에 따른 인체의 기포 형성량을 좌우하는 요인과 가장 거리가 먼 것은?

① 감압속도
② 산소공급량
③ 조직에 용해된 가스량
④ 혈류를 변화시키는 상태

② 산소공급량은 감압 과정에서 직접적인 기포 형성량과는 관련이 적으며, 오히려 산소는 감압 중 조직 내 질소 배출과 회복에 긍정적 역할을 한다.
① 감압속도가 빠를수록 혈액과 조직에 녹아 있던 질소 같은 불활성기체가 기포로 급격히 변해 감압병 위험이 커진다.
③ 조직 내에 용해된 기체량이 많을수록 감압 시 기포 형성 가능성이 높다.
④ 혈류를 변화시키는 상태도 기포 이동과 제거에 영향을 미쳐 중요하다.

76 빈출

다음에서 설명하는 고열장해는?

이것은 작업환경에서 가장 흔히 발생하는 피부장애로서 땀띠(Prickly Heat)라고도 말하며, 땀에 젖은 피부 각질층이 떨어져 땀구멍을 막아 한선 내에 땀의 압력으로 염증성 반응을 일으켜 붉은 구진(Papules) 형태로 나타난다.

① 열사병(Heat Stroke)
② 열허탈(Heat Collapse)
③ 열경련(Heat Cramps)
④ 열발진(Heat Rashes)

① 열사병: 체온 40도 이상, 의식 저하, 피부가 뜨겁고 건조함
② 열허탈: 혈압 저하로 인한 실신, 탈진, 어지러움
③ 열경련: 근육 경련과 통증, 전해질 손실로 발생

77 빈출

소음의 흡음 평가 시 적용되는 반향시간(Reverberation Time)에 관한 설명으로 옳은 것은?

① 반향시간은 실내공간의 크기에 비례한다.
② 실내 흡음량을 증가시키면 반향시간도 증가한다.
③ 반향시간은 음압수준이 30dB 감소하는 데 소요되는 시간이다.
④ 반향시간을 측정하려면 실내 배경소음이 90dB 이상 되어야 한다.

② 실내 흡음량을 증가시키면 반향시간은 감소한다.
③ 반향시간은 음압수준이 60dB 감소하는 데 소요되는 시간이다.
④ 반향시간을 측정하려면 측정 음원이 90dB 이상 되어야 한다. 실내 배경소음은 낮을수록 정확한 측정이 가능하다.

관련개념 반향시간
"음원이 꺼진 후 소리가 60dB 감소하는 데 걸리는 시간"으로 정의한다(RT_{60})

$$RT_{60} = 0.161 \frac{V}{A}$$

∘ V: 실내 공간 부피(m^3)
∘ A: 방 전체의 흡음량(m^2 Sabine 단위)

78 빈출

1촉광의 광원으로부터 한 단위 입체각으로 나가는 광속의 단위를 무엇이라 하는가?

① 럭스(lux)
② 램버트(lambert)
③ 캔들(candle)
④ 루멘(lumen)

④ 루멘은 광속의 단위이며, 1칸델라 광원이 1스테라디안 입체각으로 방출하는 빛의 양이 1루멘이다.
① 럭스(lux): 조도(lux)는 단위 면적당 입사하는 광속(lumen/m^2)으로 정의된다.
② 램버트(lambert): 램버트 코사인 법칙(Lambert's cosine Law)은 빛의 세기는 표면법선과 입사광 사이의 각도 코사인에 비례한다.
③ 캔들(candle): 광도는 특정 방향으로 방출되는 빛의 세기를 나타내며 단위가 칸델라(cd)이다.

79

밀폐공간에서 산소결핍의 원인을 소모(Consumption), 치환(Displacement), 흡수(Absorption)로 구분할 때 소모에 해당하지 않는 것은?

① 용접, 절단, 불 등에 의한 연소
② 금속의 산화, 녹 등의 화학반응
③ 제한된 공간 내에서 사람의 호흡
④ 질소, 아르곤, 헬륨 등의 불활성 가스 사용

질소, 아르곤, 헬륨 등의 불활성 가스 사용 시 산소결핍의 원인은 치환이다.

관련개념
- 소모(Consumption): 산소가 화학반응 등에 의해 실제로 소모되는 경우를 뜻하며, 대표적으로 용접 · 절단 · 불에 의한 연소, 금속의 산화(녹 발생), 사람의 호흡 등에서 산소가 소비된다.
- 치환(Displacement): 불활성 가스(예 질소, 아르곤, 헬륨 등)가 공간 내 산소를 밀어내면서 산소 농도를 낮추는 경우를 말한다. 이 경우 산소가 실제로 화학적으로 반응하여 소모되는 것은 아니며 가스가 공간을 차지해 산소의 부피가 감소하게 된다.
- 흡수(Absorption): 용해 또는 흡착 등 다른 방식으로 산소가 공간에서 제거되는 것을 의미한다.

80 빈출

산업안전보건법령상 이상기압에 의한 건강장해의 예방에 있어 사용되는 용어의 정의로 옳지 않은 것은?

① 압력이란 절대압과 게이지압의 합을 말한다.
② 고압작업이란 고기압에서 잠함공법이나 그 외의 압기공법으로 하는 작업을 말한다.
③ 기압조절실이란 고압작업을 하는 근로자 또는 잠수작업을 하는 근로자가 가압 또는 감압을 받는 장소를 말한다.
④ 표면공급식 잠수작업이란 수면 위의 공기압축기 또는 호흡용 기체통에서 압축된 호흡용 기체를 공급받으면서 하는 작업을 말한다.

이상기압에서 '압력'은 게이지압(기준 압력 대비 초과된 압력)이다.

81

건강영향에 따른 분진의 분류와 유발물질의 종류를 잘못 짝지은 것은?

① 유기성 분진 – 목분진, 면, 밀가루
② 알레르기성 분진 – 크롬산, 망간, 황
③ 진폐성 분진 – 규산, 석면, 활석, 흑연
④ 발암성 분진 – 석면, 니켈카보닐, 아민계 색소

- 알레르기성 분진: 주로 곡물분진, 동물성 분진, 꽃가루 등과 같이 알레르기 반응을 유발하는 분진이 해당
- 발암성 분진: 금속 산화물(예 크롬산), 금속(망간), 황, 석면, 니켈카보닐, 아민계 색소 등

82

다음 중 칼슘대사에 장해를 주어 신장결석을 동반한 신장증후군이 나타나고 다량의 칼슘배설이 일어나 뼈의 통증, 골연화증 및 골수공증과 같은 골격계 장해를 유발하는 중금속은?

① 망간
② 수은
③ 비소
④ 카드뮴

① 망간은 파킨슨씨 증상(파킨슨증후군)이 발생할 수 있다. 망간중독에서는 신경계, 특히 중추신경계에 영향을 미쳐 운동장애와 보행장해, 근력 저하, 얼굴의 표정 감소, 운동 완만 등 파킨슨병과 유사한 증상들이 나타난다.
② 수은은 중추신경계, 폐, 신장 등에 독성을 일으키며, 특히 메틸수은은 신경계 발달 장애를 유발한다.
③ 비소는 주로 피부병, 폐암, 혈관질환 등을 유발하는 독성 중금속이다.

83

폐에 침착된 먼지의 정화과정에 대한 설명으로 옳지 않은 것은?

① 어떤 먼지는 폐포벽을 통과하여 림프계나 다른 부위로 들어가기도 한다.
② 먼지는 세포가 방출하는 효소에 의해 용해되지 않으므로 점액층에 의한 방출 이외에는 체내에 축적된다.
③ 폐에 침착된 먼지는 식세포에 의하여 포위되어, 포위된 먼지의 일부는 미세 기관지로 운반되고 점액 섬모 운동에 의하여 정화된다.
④ 폐에서 먼지를 포위하는 식세포는 수명이 다한 후 사멸하고 다시 새로운 식세포가 먼지를 포위하는 과정이 계속적으로 일어난다.

- 먼지는 대식세포가 방출하는 효소에 의해 용해되어 제거된다.
- 폐 먼지 정화 메커니즘은 식세포 포위, 효소 분해, 점액 섬모운동 및 림프계 이동 등이다.

84

카드뮴이 체내에 흡수되었을 경우 주로 축적되는 곳은?

① 뼈, 근육
② 뇌, 근육
③ 간, 신장
④ 혈액, 모발

카드뮴이 체내에 축적되는 주요 기관으로는 간과 신장이 가장 대표적이다. 카드뮴은 체내에 흡수되어 메탈로티오닌과 결합한 후 주로 간과 신장에 주로 머무르며, 뼈에도 일부 축적된다.

85

생물학적 모니터링(Biological Monitoring)에 관한 설명으로 옳지 않은 것은?

① 주 목적은 근로자 채용 시기를 조정하기 위하여 실시한다.
② 건강에 영향을 미치는 바람직하지 않은 노출상태를 파악하는 것이다.
③ 최근의 노출량이나 과거로부터 축적된 노출량을 파악한다.
④ 건강상의 위험은 생물학적 검체에서 물질별 결정인자를 생물학적 노출지수와 비교하여 평가된다.

생물학적 모니터링의 목적은 근로자가 작업 중 유해물질에 노출되어 건강에 바람직하지 않은 영향을 받을 위험이 있는지를 평가하고, 최근 또는 누적된 노출량을 파악하며, 작업 환경이나 작업 방법 개선 등에 활용하는 데 있다.

86

흡입분진의 종류에 따른 진폐증의 분류 중 유기성 분진에 의한 진폐증에 해당하는 것은?

① 규폐증
② 활석폐증
③ 연초폐증
④ 석면폐증

유기성 분진에 의한 진폐증은 식물성, 동물성 등 유기물(생물체 기원) 성분의 분진을 흡입하여 생기는 진폐증이다.
③ 연초폐증(타바코 폐증, Tobacco Worker's Lung)은 주로 담배(연초) 분진 등 유기성 소재를 다루는 환경에서 발생하는 진폐증으로, 유기성 분진에 해당한다.
① 규폐증(실리코시스)은 무기성 광물질인 규사(실리카) 흡입에 의해 발생한다.
② 활석폐증은 무기 광물질(활석) 흡입에 의한 진폐증이다.
④ 석면폐증은 무기성 분진인 석면에 의한 진폐증이다.

87

다음 중 중추신경의 자극작용이 가장 강한 유기용제는?

① 아민
② 알코올
③ 알칸
④ 알데히드

88 빈출

화학물질의 상호작용인 길항작용 중 독성물질의 생체과정인 흡수, 대사 등에 변화를 일으켜 독성이 감소되는 것을 무엇이라 하는가?

① 화학적 길항작용
② 배분적 길항작용
③ 수용체 길항작용
④ 기능적 길항작용

89

직업성 천식에 관한 설명으로 옳지 않은 것은?

① 작업 환경 중 천식을 유발하는 대표물질로 톨루엔 디이소시안산염(TDI), 무수 트리멜리트산(TMA)이 있다.
② 일단 질환에 이환하게 되면 작업 환경에서 추후 소량의 동일한 유발물질에 노출되더라도 지속적으로 증상이 발현된다.
③ 항원공여세포가 탐식되면 T림프구 중 I형 T림프구(type I killer T cell)가 특정 알레르기 항원을 인식한다.
④ 직업성 천식은 근무시간에 증상이 점점 심해지고, 휴일 같은 비근무시간에 증상이 완화되거나 없어지는 특징이 있다.

정답   87 ①   88 ②   89 ③

90 빈출

다음 중 납중독에서 나타날 수 있는 증상을 모두 나열한 것은?

> ㄱ. 빈혈
> ㄴ. 신장장애
> ㄷ. 중추 및 말초신경장애
> ㄹ. 소화기 장애

① ㄱ, ㄷ
② ㄴ, ㄹ
③ ㄱ, ㄴ, ㄷ
④ ㄱ, ㄴ, ㄷ, ㄹ

- 납중독은 적혈구 생성 감소로 인한 빈혈을 유발하며, 이는 대표적인 증상이다.
- 신장장애도 납 중독에서 흔히 관찰되며 신장 기능 저하, 신장 손상 등을 초래한다.
- 중추 및 말초신경장애로 인해 마비, 쇠약, 보행 곤란, 뇌신경 손상 등 신경계 증상이 발생할 수 있다.
- 소화기 장애로 복통, 구토, 변비, 식욕 부진 등이 나타나는 것도 납중독의 흔한 증상이다.

91

이황화탄소를 취급하는 근로자를 대상으로 생물학적 모니터링을 하는 데 이용될 수 있는 생체 내 대사산물은?

① 소변 중 마뇨산
② 소변 중 메탄올
③ 소변 중 메틸마뇨산
④ 소변 중 TTCA(2-thiothiazolidine-4-carboxylic acid)

- 이황화탄소는 흡입, 피부 접촉, 경구 등으로 체내에 흡수되며, 이 중 약 6%가 소변으로 TTCA 형태로 배설된다.
- TTCA는 이황화탄소 노출에 특이적인 생물학적 노출지표로서, 생물학적 모니터링에 널리 사용된다.

92 빈출

산업안전보건법령상 다음의 설명에서 ㉠~㉢에 해당하는 내용으로 옳은 것은?

> 단시간노출기준(STEL)이란 (㉠)분간의 시간가중평균노출값으로서 노출농도가 시간가중평균노출기준(TWA)을 초과하고 단시간노출기준(STEL) 이하인 경우에는 1회 노출 지속시간이 (㉡)분 미만이어야 하고, 이러한 상태가 1일 (㉢)회 이하로 발생하여야 하며, 각 노출의 간격은 60분 이상이어야 한다.

① ㉠: 15, ㉡: 20, ㉢: 2
② ㉠: 20, ㉡: 15, ㉢: 2
③ ㉠: 15, ㉡: 15, ㉢: 4
④ ㉠: 20, ㉡: 20, ㉢: 4

단시간노출기준(STEL)이란 15분간의 시간가중평균노출값으로서 노출농도가 시간가중평균노출기준(TWA)을 초과하고 단시간노출기준(STEL) 이하인 경우에는 1회 노출 지속시간이 15분 미만이어야 하고, 이러한 상태가 1일 4회 이하로 발생하여야 하며, 각 노출의 간격은 60분 이상이어야 한다.

93

사염화탄소에 관한 설명으로 옳지 않은 것은?

① 생식기에 대한 독성작용이 특히 심하다.
② 고농도에 노출되면 중추신경계 장애 외에 간장과 신장장애를 유발한다.
③ 신장장애 증상으로 감뇨, 혈뇨 등이 발생하며, 완전 무뇨증이 되면 사망할 수도 있다.
④ 초기 증상으로는 지속적인 두통, 구역 또는 구토, 복부선통과 설사, 간압통 등이 나타난다.

생식기에 대한 독성작용은 약하다.

94 빈출

단순 질식제에 해당되는 물질은?

① 아닐린
② 황화수소
③ 이산화탄소
④ 니트로벤젠

- 단순 질식제: 산소를 밀어내거나 산소 분압을 낮추어 생리적으로 질식을 유발하는 불활성 가스이다.
  예 수소(H_2), 질소(N_2), 이산화탄소(CO_2), 메탄(CH_4), 헬륨(He), 아세틸렌(C_2H_2)
- 화학적 질식제: 혈액 내 혈색소와 결합하여 산소 운반 능력을 방해하거나 조직 내 산화효소를 불활성화시켜 질식 작용을 일으키는 물질이다.
  예 일산화탄소(CO), 시안화수소(HCN), 시안화염류(CN^-), 황화수소(H_2S), 이산화질소(NO_2), 포스겐($COCl_2$)

95

상기도 점막 자극제로 볼 수 없는 것은?

① 포스겐
② 크롬산
③ 암모니아
④ 염화수소

포스겐은 상기도 점막 자극제에 해당하지 않고, 주로 종말 기관지 및 폐포점막 자극제로 분류된다.

96

적혈구의 산소운반 단백질을 무엇이라 하는가?

① 백혈구
② 단구
③ 혈소판
④ 헤모글로빈

헤모글로빈은 철을 함유한 단백질로 적혈구 내에서 산소를 결합하여 폐에서 신체 조직으로 산소를 운반하는 역할을 한다. 산소와 결합하여 체내 산소 공급을 담당하며, 건강한 사람의 혈액에는 일정량의 헤모글로빈이 존재한다. 적혈구는 헤모글로빈을 포함하고 있어 산소 운반능력을 가진다.

97

할로겐화탄화수소에 관한 설명으로 옳지 않은 것은?

① 대개 중추신경계의 억제에 의한 마취작용이 나타난다.
② 가연성과 폭발의 위험성이 높으므로 취급 시 주의하여야 한다.
③ 일반적으로 할로겐화탄화수소의 독성 정도는 화합물의 분자량이 커질수록 증가한다.
④ 일반적으로 할로겐화탄화수소의 독성 정도는 할로겐 원소의 수가 커질수록 증가한다.

할로겐화탄화수소는 일반적으로 가연성이 낮거나 거의 없으며, 인화점이 매우 높거나 불연성인 경우가 많아 가연성 및 폭발 위험성은 낮다.

98

다음 표는 A작업장의 백혈병과 벤젠에 대한 코호트 연구를 수행한 결과이다. 이때 벤젠의 백혈병에 대한 상대위험비는 약 얼마인가?

구분	백혈병 발병	백혈병 비발병	합계(명)
벤젠 노출군	5	14	19
벤젠 비노출군	2	25	27
합계	7	39	46

① 3.29
② 3.55
③ 4.64
④ 4.82

- 벤젠 노출군에서 백혈병 발생률 = 5 / 19 = 0.2631
- 벤젠 비노출군에서 백혈병 발생률 = 2 / 27 = 0.0740
- 상대위험비(RR) = (노출군 발생률) / (비노출군 발생률)
  = 0.2631 / 0.0740 = 3.5554

99

다음 중 중절모자를 만드는 사람들에게 처음으로 발견되어 Hatter's Shake라고 하며 근육경련을 유발하는 중금속 은?

① 카드뮴
② 수은
③ 망간
④ 납

"Hatter's Shake"는 18~19세기 중절모자 제작자들이 사용하던 수은 화합물에 의한 수은 중독 증세를 가리키는 용어이다. 수은 중독은 근육 경련, 떨림, 신경과민, 행동 변화 등 신경계 증상을 일으키며, 특히 수은 증기에 장기간 노출된 모자 제작자들 사이에서 흔히 발견되었다.

100 빈출

유기용제별 중독의 대표적인 증상으로 올바르게 연결된 것 은?

① 벤젠 – 간장해
② 크실렌 – 조혈장해
③ 염화탄화수소 – 시신경장해
④ 에틸렌글리콜에테르 – 생식기능장해

① 벤젠-조혈장해(골수 손상, 빈혈, 백혈병 유발)와 관련이 있다.
② 크실렌-주로 호흡기 자극, 중추신경계 억제, 간장해, 생식기능장해 등과 관련이 있다.
③ 염화탄화수소-간 장해와 관련이 있다.

01 빈출 

화학물질 및 물리적 인자의 노출기준상 사람에게 충분한 발암성 증거가 있는 물질의 표기는?

① 1A
② 1B
③ 2C
④ 1D

발암성 정보물질의 표기법

구분	설명	세부적용 기준
1A	사람(역학, 의학적 데이터 등)에서 발암성과 화학물질 노출 사이의 인과관계가 명확하게 확인된 경우	신뢰성 있는 역학 연구에서 우연성, 편견, 교란요인 없이 발암성(노출-암발생 인과관계)이 인정된 경우 예 IARC(국제암연구소) 1군과 동일
1B	동물실험에서 발암성이 충분히 증명, 사람에서도 유사할 것으로 추정되는 경우	• 여러 종의 실험동물에서 반복연구로 발암성이 입증 • 사람에서는 직접 증거가 부족
2	사람과 동물 모두에서 제한된 증거만 있는 경우	• 실험 결과 일부만 발암성을 시사 • 인과관계의 신뢰성 부족

02

미국산업안전보건연구원(NIOSH)에서 제시한 중량물의 들기작업에 관한 감시기준(Action Limit)과 최대허용기준(Maximum Permissible Limit)의 관계를 바르게 나타낸 것은?

① MPL = 5AL
② MPL = 3AL
③ MPL = 10AL
④ MPL = $\sqrt{2}$ AL

최대허용기준(MPL)은 감시기준(AL)의 3배에 해당한다.

03

산업안전보건법령상 작업환경측정에 관한 내용으로 옳지 않은 것은?

① 모든 측정은 지역시료채취 방법을 우선으로 실시하여야 한다.
② 작업환경측정을 실시하기 전에 예비조사를 실시하여야 한다.
③ 작업환경측정자는 그 사업장에 소속된 사람으로 산업위생관리산업기사 이상의 자격을 가진 사람이다.
④ 작업이 정상적으로 이루어져 작업시간과 유해인자에 대한 근로자의 노출 정도를 정확히 평가할 수 있을 때 실시하여야 한다.

개인시료채취를 원칙으로 하되, 개인시료채취가 곤란한 경우 지역시료채취를 할 수 있다.

04

근골격계질환 평가 방법 중 JSI(Job Strain Index)에 대한 설명으로 옳지 않은 것은?

① 특히 허리와 팔을 중심으로 이루어지는 작업 평가에 유용하게 사용된다.
② JSI 평가결과의 점수가 7점 이상이면 위험한 작업이므로 즉시 작업개선이 필요한 작업으로 관리기준을 제시하게 된다.
③ 이 기법은 힘, 근육사용 기간, 작업 자세, 하루 작업시간 등 6개의 위험요소로 구성되어, 이를 곱한 값으로 상지질환의 위험성을 평가한다.
④ 이 평가방법은 손목의 특이적인 위험성만을 평가하고 있어 제한적인 작업에 대해서만 평가가 가능하고, 손, 손목 부위에서 중요한 진동에 대한 위험요인이 배제되었다는 단점이 있다.

> JSI(Job Strain Index)는 손, 손목, 팔꿈치 등 상지의 말단 부위를 평가하기 위한 방법으로, 허리 중심의 근골격계 평가에는 적합하지 않다.

05

휘발성 유기화합물의 특징이 아닌 것은?

① 물질에 따라 인체에 발암성을 보이기도 한다.
② 대기 중에 반응하여 광화학 스모그를 유발한다.
③ 증기압이 낮아 대기 중으로 쉽게 증발하지 않고 실내에 장기간 머무른다.
④ 지표면 부근 오존 생성에 관여하여 결과적으로 지구 온난화에 간접적으로 기여한다.

> 휘발성 유기화합물(VOC)은 증기압이 높아 대기 중으로 쉽게 증발된다.

06 빈출

체중이 60kg인 사람이 1일 8시간 작업 시 안전흡수량이 1mg/kg인 물질의 체내흡수를 안전흡수량 이하로 유지하려면 공기 중 유해물질 농도를 몇 mg/m³ 이하로 하여야 하는가? (단, 작업 시 폐환기율은 1.25m³/hr, 체내잔류율은 1로 가정한다.)

① 0.06
② 0.6
③ 6
④ 60

> 체내흡수량 = 폐환기율(=호흡률) × 노출시간 × 공기 중 유해물질농도 × 체내잔류율
> = 체중 × 안전흡수량
>
> $$\frac{1mg}{kg} \times 60kg = \frac{1.25m^3}{hr} \times 8hr \times \frac{\square mg}{m^3} \times 1$$
>
> $$\square = 6mg/m^3$$

07

업무상 사고나 업무상 질병을 유발할 수 있는 불안전한 행동의 직접원인에 해당되지 않는 것은?

① 지식의 부족
② 기능의 미숙
③ 태도의 불량
④ 의식의 우회

> - 업무상 사고나 업무상 질병을 유발할 수 있는 불안전한 행동의 직접원인은 주로 지식의 부족, 기능의 미숙, 태도의 불량과 같은 인적 요인이다. 이는 "근로자의 개인적 능력과 태도, 학습 및 훈련 상태, 동기와 주의력 등"과 직접적으로 관련된다.
> - 의식의 우회(예 고의, 일부러 위험행동을 하는 것)는 불안전한 행동의 직접원인이 아니라, 오히려 심리적·동기적 요인 또는 고의적·의도적 행위로 간주되며, 재해 원인 분석이나 산업안전관리에서 직접원인에 해당하지 않는다.

08

산업위생의 목적과 가장 거리가 먼 것은?

① 근로자의 건강을 유지시키고 작업능률을 향상시킨다.
② 근로자들의 육체적, 정신적, 사회적 건강을 증진시킨다.
③ 유해한 작업환경 및 조건으로 발생한 질병을 진단하고 치료한다.
④ 작업 환경 및 작업 조건이 최적화되도록 개선하여 질병을 예방한다.

산업위생의 목적은 근로자의 건강을 보호·증진하고, 작업환경 및 조건을 개선하여 질병을 예방하며, 작업능률 향상과 쾌적한 작업환경 조성에 있다. 이에 따라 가장 거리가 먼 것은 질병의 진단과 치료이다. 산업위생은 유해요인의 예측, 인지, 측정, 평가, 관리를 통해 직업병 등 질환의 예방을 중점적으로 다룬다. 실제로 발생한 질병을 진단·치료하는 것은 산업위생의 본질적 목적이 아니며, 의학·임상의 영역이다.

09 빈출

교대근무에 있어 야간작업의 생리적 현상으로 옳지 않은 것은?

① 체중의 감소가 발생한다.
② 체온이 주간보다 올라간다.
③ 주간 근무에 비하여 피로를 쉽게 느낀다.
④ 수면 부족 및 식사시간의 불규칙으로 위장장애를 유발한다.

체온은 야간에 오히려 떨어지는 것이 정상적인 생리적 현상이다.

10

미국에서 1910년 납(Lead) 공장에 대한 조사를 시작으로 레이온 공장의 이황화탄소 중독, 구리 광산에서 규폐증, 수은 광산에서의 수은 중독 등을 조사하여 미국의 산업보건 분야에 크게 공헌한 선구자는?

① Leonard Hill
② Max Von Pettenkofer
③ Edward Chadwick
④ Alice Hamilton

④ Alice Hamilton: 1910년 미국에서 납(Lead) 공장에 대한 조사를 비롯해, 레이온 공장의 이황화탄소 중독, 구리 광산의 규폐증, 수은 광산의 수은 중독 등 다양한 산업 현장의 직업병과 유해물질 문제를 조사했다. 그녀는 미국 산업보건(산업위생) 분야의 선구자로, 산업 독성학 및 산업의학, 산업위생 발전에 지대한 공헌을 하였으며 "미국 산업의학의 어머니"로 불린다
① Leonard Hill: 영국의 생리학자로, 산업재해와 작업환경(특히 실내 환기, 기압, 일산화탄소와 같은 가스 중독 등)에 대한 연구를 수행하였으며, 산업위생 발전에 기여하였다. 하지만 미국 산업보건 분야의 선구자로 꼽히지는 않는다
② Max Von Pettenkofer: 독일의 위생학자이자 공중보건(衛生學)의 선구자로, 도시 상·하수도, 환기, 위생 검사 및 미생물에 관한 연구로 유명하며, 산업위생보다는 환경위생 및 공중보건 분야에 탁월한 공헌을 하였다.
③ Edward Chadwick: 영국의 사회개혁가로, 19세기 중반 영국의 공중보건개혁(공중보건법, 위생개혁 등)에 결정적 역할을 하였다. 위생과 환경문제, 노동자 주택 개선방안에 기여했지만, 산업보건·산업위생 분야의 선구자는 아니다.

11

산업안전보건법령상 작업환경측정 대상 유해인자(분진)에 해당하지 않는 것은? (단, 그 밖에 고용노동부장관이 정하여 고시하는 인체에 해로운 유해인자는 제외한다.)

① 면 분진(Cotton Dusts)
② 목재 분진(Wood Dusts)
③ 지류 분진(Paper Dusts)
④ 곡물 분진(Grain Dusts)

산업안전보건법령상 작업환경측정 대상 유해인자(분진)에는 면 분진(Cotton Dusts), 목재 분진(Wood Dusts), 곡물 분진(Grain Dusts)이 포함되어 있다.

12 

RMR이 10인 격심한 작업을 하는 근로자의 실동률(A)과 계속작업의 한계시간(B)으로 옳은 것은? (단, 실동률은 사이또 오시마식을 적용한다.)

① A: 55%, B: 약 7분
② A: 45%, B: 약 5분
③ A: 35%, B: 약 3분
④ A: 25%, B: 약 1분

- RMR(작업대사율)이 10인 격심한 작업을 하는 근로자의 실동률(A)과 계속작업의 한계시간(B)은 다음과 같다.
- 사이또-오시마식에 의한 실동률(%)
  RMR(작업대사율)이 10이므로,
  실동률(%) = 85 − (5 × RMR)
  = 85 − (5 × 10) = 85 − 50 = 35%
- 격심한 작업(RMR 10)의 계속작업 한계시간은 약 3분이다.

계속작업 한계시간	설명
7분	RMR이 비교적 큰 격심한 작업의 최대 지속 시간 예시이다.
5분	RMR이 더 높거나, 실제 작업 강도가 증가했을 때의 한계 시간이다.
3분	매우 격심한 작업(RMR 10 등)에서 근로자가 연속으로 버틸 수 있는 최대 시간으로 이 이상은 과도한 피로와 생리적 부담이 발생한다.
1분	극도로 격심하거나, 한계에 가까운 부하에서 연속작업이 허용되는 아주 짧은 시간으로 꾸준한 작업은 불가능, 거의 '버티기' 수준이다.

13

다음 중 산업안전보건법령상 제조 등이 허가되는 유해물질에 해당하는 것은?

① 석면(Asbestos)
② 베릴륨(Beryllium)
③ 황린 성냥(Yellow Phosphorus Match)
④ β-나프틸아민과 그 염(β-Naphthylamine and its salts)

베릴륨(Beryllium)은 허가 대상 유해물질에 해당한다. 즉, 고용노동부장관의 허가를 받아야만 제조 · 사용이 가능하다.

14

직업병 진단 시 유해요인 노출 내용과 정도에 대한 평가요소와 가장 거리가 먼 것은?

① 성별
② 노출의 추정
③ 작업환경측정
④ 생물학적 모니터링

- 노출의 추정: 과거 작업 내역이나 동료와의 비교 등 정밀한 조사를 통해 노출 정도를 추정한다.
- 작업환경측정: 해당 작업장에서의 공기 중 유해물질 농도, 작업환경에서의 실제 노출 수준을 측정해 평가한다.
- 생물학적 모니터링: 근로자의 체액, 생체 지표 등을 검사해 실제 체내 노출 정도를 확인한다.

15

직업적성검사 중 생리적 기능검사에 해당하지 않는 것은?

① 체력검사
② 감각기능검사
③ 심폐기능검사
④ 지각동작검사

- 체력검사, 감각기능검사, 심폐기능검사는 대표적인 생리적 기능검사에 해당한다.
- 지각동작검사는 주로 '뇌의 정보처리 능력', 즉 자극에 대한 인지와 반응(지각 및 동작의 협응)을 평가하는 '심리학적 기능 검사'이나 '인지 · 운동기능검사'에 더 가까운 항목이다.

16 빈출

산업재해 통계 중 재해발생건수(100만 배)를 총 연인원의 근로시간수로 나누어 산정하는 것으로 재해발생의 정도를 표현하는 것은?

① 강도율
② 도수율
③ 발생율
④ 연천인율

> ② 도수율 = (재해 건수 / 총 근로시간) × 1,000,000
>   이는 산업재해가 얼마나 자주 발생하는지(재해 발생의 "정도" 또는 "빈도")를 나타내는 대표적인 산업재해 통계 지표이다
> ① 강도율 = (근로손실일수 / 연근로시간수) × 1,000
> ④ 연천인율 = (연간재해자수 / 평균근로자수) × 1,000

17

직업병 및 작업관련성 질환에 관한 설명으로 옳지 않은 것은?

① 작업관련성 질환은 작업에 의하여 악화되거나 작업과 관련하여 높은 발병률을 보이는 질병이다.
② 직업병은 일반적으로 단일요인에 의해, 작업관련성 질환은 다수의 원인 요인에 의해서 발병된다.
③ 직업병은 직업에 의해 발생된 질병으로서 직업환경 노출과 특정 질병 간에 인과관계는 불분명하다.
④ 작업관련성 질환은 작업환경과 업무수행상의 요인들이 다른 위험요인과 함께 질병발생의 복합적 병인 중 한 요인으로서 기여한다.

> • 직업병은 직업환경에서의 유해인자와 특정 질병 간에 인과관계가 뚜렷한 질병을 의미한다.
> • 반대로, 작업관련성 질환은 직업 이외의 다양한 요인(개인, 생활환경, 사회적 요인 등)과 함께 발병하며, 직업적 요인이 일부 기여하거나 질병을 악화시킬 수 있는 질환이다.

18 빈출

미국산업위생학술원(AAIH)이 채택한 윤리강령 중 사업주에 대한 책임에 해당되는 내용은?

① 일반 대중에 관한 사항은 정직하게 발표한다.
② 위험 요소와 예방 조치에 관하여 근로자와 상담한다.
③ 성실성과 학문적 실력 면에서 최고 수준을 유지한다.
④ 근로자의 건강에 대한 궁극적인 책임은 사업주에게 있음을 인식시킨다.

> 근로자의 건강보호의 궁극적 책임 주체는 사업주임을 분명히 해야 한다는 점이 AAIH 윤리강령 중 "사업주에 대한 책임"의 핵심이다. 산업위생전문가는 이 점을 사업주에게 인식시키고, 이를 전제로 업무를 수행해야 한다는 의미이다.

19 빈출

단기간의 휴식에 의하여 회복될 수 없는 병적 상태를 일컫는 용어는?

① 곤비
② 과로
③ 국소피로
④ 전신피로

> • 곤비란 과로의 축적으로 단기간의 휴식으로는 회복되지 않는 병적 피로 상태를 의미한다. 즉, 신체적·정신적 피로가 누적되어 휴식이나 수면으로도 정상적인 회복이 어렵고, 생활이나 작업능력에 지장을 주는 단계의 병적 상태이다.
> • 반대로, 일반적 피로나 과로는 비교적 휴식·수면 등으로 회복이 가능하다.

20 빈출

사무실 공기관리 지침상 오염물질과 관리기준이 잘못 연결된 것은? (단, 관리기준은 8시간 시간가중평균농도이며, 고용노동부 고시를 따른다.)

① 총부유세균 – 800CFU/m³
② 일산화탄소(CO) – 10ppm
③ 초미세먼지(PM2.5) – 50μg/m³
④ 포름알데히드(HCHO) – 150μg/m³

> 포름알데히드(HCHO)의 관리기준은 100μg/m³이다.

관련개념 사무실 공기관리 지침[고용노동부고시 제2020-45호]

오염물질	관리기준*
미세먼지(PM10)	100μg/m³
초미세먼지(PM2.5)	50μg/m³
이산화탄소(CO_2)	1,000ppm
일산화탄소(CO)	10ppm
이산화질소(NO_2)	0.1ppm
포름알데히드(HCHO)	100μg/m³
총휘발성유기화합물(TVOC)	500μg/m³
라돈(radon)**	148Bq/m³
총부유세균	800CFU/m³
곰팡이	500CFU/m³

* 관리기준: 8시간 시간가중평균농도 기준
** 라돈: 지상 1층을 포함한 지하에 위치한 사무실에만 적용

---

21 빈출

금속탈지 공정에서 측정한 Trichloroethylene의 농도(ppm)가 아래와 같을 때, 기하평균 농도(ppm)는?

> 101, 45, 51, 87, 36, 54, 40

① 49.7
② 54.7
③ 55.2
④ 57.2

> 기하평균은 농도의 중앙 경향을 표현할 때 유용하며, 특히 측정값 간 편차가 크거나 자료가 로그 정규분포를 따를 때 사용한다.
>
> $$기하평균 = (x_1 \times x_2 \times x_3 \times \cdots \times x_n)^{\frac{1}{n}}$$
>
> $$= (101 \times 45 \times 51 \times 87 \times 36 \times 54 \times 40)^{\frac{1}{7}} = 55.2328$$

22

공기 중 채취된 먼지의 입자 크기의 중앙값(Median)은 1.12μm이고 84%에 해당하는 크기가 2.68μm일 때, 기하표준편차 값은? (단, 채취된 입경의 분포는 대수정규분포를 따른다.)

① 0.42
② 0.94
③ 2.25
④ 2.39

> $$기하표준편차 = \frac{84\%에\ 해당하는\ 입경(d_{84})}{중앙값(기하평균,\ d_{50})}$$
> $$= 2.68/1.12 = 2.3928$$

23 ⭐빈출

입경이 20μm이고 입자비중이 1.5인 입자의 침강속도 (cm/sec)는?

① 1.8
② 2.4
③ 12.7
④ 36.2

Lippman식

$V = K \times \rho \times d^2$

$\quad = 0.003 \times 1.5 \times (20\mu m)^2 = 1.8\,cm/sec$

- V: 침강속도(cm/sec)
- K: 경험적으로 정해진 상수(일반적으로 0.003)
- ρ: 입자의 비중
- d: 입자의 직경(μm)

Lippman식은 공기 중 먼지나 에어로졸 등 입자의 침강속도를 실제 환경에 더 가깝게 추정하기 위한 경험적 공식이다.

24 ⭐빈출

어느 작업장에서 시료채취기를 사용하여 분진 농도를 측정한 결과 시료채취 전/후 여과지의 무게가 각각 32.4/44.7mg일 때, 이 작업장의 분진 농도(mg/m³)는? (단, 시료채취를 위해 사용된 펌프의 유량은 20L/min이고, 2시간 동안 시료를 채취하였다.)

① 5.1
② 6.2
③ 10.6
④ 12.3

$$분진농도 = \frac{채취된\ 분진량}{채취공기량}$$

$$= \frac{(44.7 - 32.4)mg}{\dfrac{20L}{min} \times 2hr \times \dfrac{60min}{hr} \times \dfrac{m^3}{1,000L}} = 5.125\,mg/m^3$$

25

근로자 개인의 청력 손실 여부를 알기 위해 사용하는 청력 측정용 기기는?

① Audiometer
② Noise Dosimeter
③ Sound Level Meter
④ Impact Sound Level Meter

① Audiometer: 근로자의 청력 손실 정도를 측정하는 장비로, 다양한 주파수에서 순음청력검사를 시행하여 개인별 청력 손실 여부를 정확히 평가할 수 있다
② Noise Dosimeter: 개인의 소음 노출 정도를 측정하는 장비이다.
③ Sound Level Meter: 작업환경의 소음 레벨을 측정하는 계측기이다.
④ Impact Sound Level Meter: 충격음의 음압 수준을 측정하는 장비로, 개인 청력 상태 평가용이 아니다.

26

Fick 법칙이 적용된 확산포집방법에 의하여 시료가 포집될 경우, 포집량에 영향을 주는 요인과 가장 거리가 먼 것은?

① 공기 중 포집대상물질의 농도와 포집매체에 함유된 포집대상물질의 농도 차이
② 포집기의 표면이 공기에 노출된 시간
③ 대상물질과 확산매체와의 확산계수 차이
④ 포집기에서 오염물질이 포집되는 면적

공기 중 포집대상물질의 농도와 포집매체에 함유된 포집대상물질의 농도 차이가 클수록 확산 속도(즉, 포집량)가 커진다.

관련개념 Fick의 제1법칙(확산포집에 적용)

포집량(확산을 통해 포집기에 들어오는 물질량)은 일반적으로 아래와 같은 식으로 계산된다.

$$W = \frac{DA(C_a - C_s)t}{L}$$

- W: 포집된 물질의 양(질량)(mg 또는 μg)
- D: 확산계수(대상물질에 대한 값, 고정)(cm²/s)
- A: 확산면적(오염물질이 통과하는 면적)(cm²)
- C_a: 공기 중 농도(포집 대상 농도)(mg/m³ 또는 ppm)
- C_s: 포집기 내부 농도(보통 매우 작아 무시 가능)(mg/m³)
- t: 노출 시간(s 또는 min)
- L: 확산거리(Diffusion Path Length: 공기 → 흡수면 거리)(cm)

27 ⭐빈출

옥내의 습구흑구온도지수(WBGT)를 산출하는 식은?

① WBGT(℃) = 0.7×자연습구온도 + 0.3×흑구온도
② WBGT(℃) = 0.4×자연습구온도 + 0.6×흑구온도
③ WBGT(℃) = 0.7×자연습구온도 + 0.1×흑구온도 + 0.2×건구온도
④ WBGT(℃) = 0.7×자연습구온도 + 0.2×흑구온도 + 0.1×건구온도

WBGT(습구흑구온도지수, Wet Bulb Globe Temperature)
근로자의 열 스트레스(온열환경 부담)를 평가하기 위한 대표적인 지표로, 온도, 습도, 복사열, 공기 흐름 등을 종합적으로 반영한다.
- 옥내 or 옥외(햇볕 없는 곳)
  WBGT = 0.7 × 자연습구온도 + 0.3 × 흑구온도
- 옥외(햇볕 있는 곳)
  WBGT = 0.7 × 자연습구온도 + 0.2 × 흑구온도 + 0.1 × 건구온도

관련개념
- 흑구온도(Black Globe Temperature): 복사열(태양, 열원)의 영향을 반영한 온도
- 자연습구온도(Natural Wet Bulb Temperature): 공기 중 습도와 증발에 영향을 받는 온도

28

87℃와 동등한 온도는? (단, 정수로 반올림한다.)

① 351K
② 189°F
③ 700°R
④ 186K

② 189°F
  $\triangle$°F = 1.8 × □℃ + 32
  189°F = 1.8 × □℃ + 32 → □ = 87.2℃
① 351K
  $\triangle$K = 273 + □℃
  351K = 273 + □℃ → □ = 78℃
③ 700°R
  - $\triangle$°R = 460 + □°F
    700°R = 460 + □°F → □ = 240°F
  - $\triangle$°F = 1.8 × □℃ + 32
    240°F = 1.8 × □℃ + 32 → □ = 115.5℃
④ 186K
  $\triangle$K = 273 + □℃
  186K = 273 + □℃ → □ = -87℃

29 ⭐빈출

입자상 물질을 채취하는 방법 중 직경분립충돌기의 장점으로 틀린 것은?

① 호흡기에 부분별로 침착된 입자크기의 자료를 추정할 수 있다.
② 흡입성, 흉곽성, 호흡성 입자의 크기별 분포와 농도를 계산할 수 있다.
③ 시료 채취 준비에 시간이 적게 걸리며 비교적 채취가 용이하다.
④ 입자의 질량크기 분포를 얻을 수 있다.

시료 채취 준비에 시간이 많이 걸리며 비교적 채취가 용이하지 않다.

관련개념 직경분립충돌기(Cascade Impactor)
- 입자의 관성에 의한 충돌 원리를 이용해, 크기별로 입자를 분리 및 채취하는 기기
- 일반적으로 여러 개의 노즐과 수집판(Stage)으로 구성되어, 입자 크기별로 분급 가능
- 사용 시 여러 단계를 거쳐야 하므로 기기 구성 및 시료채취 준비가 복잡하고 시간 소요가 큰 편

30

공기 중 유기용제 시료를 활성탄관으로 채취하였을 때 가장 적절한 탈착용매는?

① 황산
② 사염화탄소
③ 중크롬산칼륨
④ 이황화탄소

이황화탄소(CS_2)는 다양한 유기용제에 대해 높은 탈착 효율을 보이고, 가스크로마토그래피 분석에 적합하다.

31 빈출

산업안전보건법령상 소음 측정방법에 관한 내용이다. (   ) 안에 맞는 내용은?

> 소음이 1초 이상의 간격을 유지하면서 최대음압수준이 (   )dB(A) 이상의 소음인 경우에는 소음수준에 따른 1분 동안의 발생횟수를 측정할 것

① 110
② 120
③ 130
④ 140

소음이 1초 이상의 간격을 유지하면서 최대음압수준이 120dB(A) 이상의 소음인 경우에는 소음수준에 따른 1분 동안의 발생횟수를 측정해야 한다.

32 빈출

산업안전보건법령상 단위작업장소에서 작업 근로자 수가 17명일 때, 측정해야 할 근로자 수는? (단, 시료채취는 개인 시료채취로 한다.)

① 1
② 2
③ 3
④ 4

- 단위작업장소에서 최고 노출근로자 2명 이상에 대해 동시에 측정하며, 단위작업장소에 근로자가 1명인 경우는 예외이다.
- 근로자 수가 10명을 초과하는 경우 매 5명당 1명 이상 추가 측정하며, 따라서, 10명까지는 2명 측정, 11명부터는 5명당 1명씩 추가 측정한다.
  예를 들어,
  10명까지: 2명
  11~15명: +1명(총 3명)
  16~20명: +1명(총 4명)
- 다만, 동일 작업 근로자 수가 100명을 초과하는 경우 최대 시료채취 근로자 수를 20명으로 조정할 수 있다.
- 지역 시료채취 방법은 단위작업장소에서 2개 지점 이상 실시하며, 넓이가 50m² 이상인 경우 매 30m²마다 1개 지점 이상 추가해야 한다.

33

실리카겔과 친화력이 가장 큰 물질은?

① 알데히드류
② 올레핀류
③ 파라핀류
④ 에스테르류

- 실리카겔은 본질적으로 강한 친수성을 띠는 물질이며, 선택적 흡착 성질이 있어 물이나 극성기, 수소결합이 가능한 물질(예 알데히드)과 친화성이 매우 높다.
- 올레핀류, 파라핀류, 에스테르류는 대부분 비극성이거나 친수성이 알데히드류보다 약하다.

34

시료채취방법 중 유해물질에 따른 흡착제의 연결이 적절하지 않은 것은?

① 방향족 유기용제류 – Charcoal Tube
② 방향족 아민류 – Silicagel Tube
③ 니트로벤젠 – Silicagel Tube
④ 알코올류 – Amberlite(XAD-2)

- 알코올류에 효과적인 흡착제는 Charcoal(활성탄)이다.
- Amberlite XAD-2는 비극성 또는 소수성 유기물질(예 방향족 탄화수소)에 적합한 수지이다.

35

직독식 기구에 대한 설명과 가장 거리가 먼 것은?

① 측정과 작동이 간편하여 인력과 분석비를 절감할 수 있다.
② 연속적인 시료채취전략으로 작업시간 동안 하나의 완전한 시료채취에 해당된다.
③ 현장에서 실제 작업시간이나 어떤 순간에서 유해인자의 수준과 변화를 쉽게 알 수 있다.
④ 현장에서 즉각적인 자료가 요구될 때 민감성과 특이성이 있는 경우 매우 유용하게 사용될 수 있다.

직독식 기기는 순간 농도(즉시 농도)를 측정하는 것이 주 용도이다. 시간가중평균(TWA) 시료채취처럼 전체 작업시간을 반영한 연속 채취용은 아니다. ②는 펌프를 이용한 개인 시료채취기에 해당되는 설명이므로 직독식의 정의와 거리가 먼 설명이다.

36

측정값이 1, 7, 5, 3, 9일 때, 변이계수(%)는?

① 183
② 133
③ 63
④ 13

- 평균 $= \dfrac{1+7+5+3+9}{5} = 5$
- 표준편차
$$= \left[\frac{(1-5)^2+(7-5)^2+(5-5)^2+(3-5)^2+(9-5)^2}{5-1}\right]^{\frac{1}{2}} = 3.1622$$
- 변이계수(CV)% $= \dfrac{표준편차}{평균} \times 100$
$$= \frac{3.1622}{5} \times 100 = 63.244\%$$

37

어느 작업장에서 작동하는 기계 각각의 소음 측정결과가 아래와 같을 때, 총 음압수준(dB)은? (단, A, B, C기계는 동시에 작동된다.)

A기계: 93dB, B기계: 89dB, C기계: 88dB

① 91.5
② 92.7
③ 95.3
④ 96.8

$$L(dB) = 10\log\left(10^{\frac{L_1}{10}} + 10^{\frac{L_2}{10}} + 10^{\frac{L_3}{10}} + \cdots + 10^{\frac{L_n}{10}}\right)$$
$$= 10\log\left(10^{\frac{93}{10}} + 10^{\frac{89}{10}} + 10^{\frac{88}{10}}\right) = 95.3409dB$$

38

검지관의 장·단점에 관한 내용으로 옳지 않은 것은?

① 사용이 간편하고, 복잡한 분석실 분석이 필요 없다.
② 산소결핍이나 폭발성 가스로 인한 위험이 있는 경우에도 사용이 가능하다.
③ 민감도 및 특이도가 낮고 색변화가 선명하지 않아 판독자에 따라 변이가 심하다.
④ 측정대상물질의 동정이 미리 되어 있지 않아도 측정을 용이하게 할 수 있다.

검지관은 측정하려는 대상물질에 맞는 전용 검지관을 선택해야 하므로, 측정 전 반드시 측정할 물질이 무엇인지 동정(사전 파악)되어 있어야 한다.

관련개념 검지관
튜브 내부에 화학 시약이 충진되어 있어, 특정 유해물질이 통과할 때 화학 반응 및 색변화를 통해 농도를 직관적으로 확인할 수 있는 직독식 측정도구

39 빈출

어떤 작업장의 8시간 작업 중 연속음 소음 100dB(A)가 1시간, 95dB(A)가 2시간 발생하고 그 외 5시간은 기준 이하의 소음이 발생되었을 때, 이 작업장의 누적소음도에 대한 노출기준 평가로 옳은 것은?

① 0.75로 기준 이하였다.
② 1.0으로 기준과 같았다.
③ 1.25로 기준을 초과하였다.
④ 1.50으로 기준을 초과하였다.

- 산업안전보건법 기준은 기준 소음도 90dB(A)에서 8시간이다.
- 교환율(Exchange Rate)은 5dB(A)로, D(%) 공식은 다음과 같다.

$$D = \frac{C_1}{T_1} + \frac{C_2}{T_2}$$

- C_n: 해당 소음수준에서의 노출시간(시간)
- T_n: 해당 소음수준에서의 기준 허용노출시간(시간)

① 각 소음 수준별 허용노출시간(T)

소음 수준(dB(A))	허용노출시간(T)
90	8시간
95	4시간
100	2시간
105	1시간
110	0.5시간(30분)
115	0.25시간(15분)

② 각 시간에 대한 비율 계산
100dB(A)에서 1시간: $C_1 = 1$, $T_1 = 2$
95dB(A)에서 2시간: $C_2 = 2$, $T_2 = 4$
(그 외 시간은 기준 이하로 무시)

$$D = \frac{1}{2} + \frac{2}{4} = 1.0$$

40

유해인자에 대한 노출평가방법인 위해도평가(Risk Assessment)를 설명한 것으로 가장 거리가 먼 것은?

① 위험이 가장 큰 유해인자를 결정하는 것이다.
② 유해인자가 본래 가지고 있는 위해성과 노출요인에 의해 결정된다.
③ 모든 유해인자 및 작업자, 공정을 대상으로 동일한 비중을 두면서 관리하기 위한 방안이다.
④ 노출량이 높고 건강상의 영향이 큰 유해인자인 경우 관리해야 할 우선순위도 높게 된다.

위해도평가는 자원이 제한된 상황에서, 우선순위를 정해 효율적 관리가 목적이다. 즉, 동일한 비중으로 관리하는 것이 아니라, 위험이 큰 부분을 우선순위로 관리한다.

---

41 빈출

호흡기 보호구에 대한 설명으로 옳지 않은 것은?

① 호흡기 보호구를 선정할 때는 기대되는 공기 중의 농도를 노출기준으로 나눈 값을 위해비(HR)라 하는데, 위해비보다 할당보호계수(APF)가 작은 것을 선택한다.
② 할당보호계수(APF)가 100인 보호구를 착용하고 작업장에 들어가면 외부 유해물질로부터 적어도 100배만큼의 보호를 받을 수 있다는 의미이다.
③ 보호구를 착용함으로써 유해물질로부터 얼마만큼 보호해주는지 나타내는 것은 보호계수(PF)이다.
④ 보호계수(PF)는 보호구 밖의 농도(C_o)와 안의 농도(C_i)의 비(C_o/C_i)로 표현할 수 있다.

- 호흡기 보호구를 선정할 때는 기대되는 공기 중의 농도를 노출기준으로 나눈 값을 위해비(HR)라 하는데, 위해비보다 할당보호계수(APF)가 크거나 같은 것을 선택한다.
- 위해비(HR)란 유해물질의 공기 중 농도를 해당 물질의 노출기준으로 나눈 값이며, 이는 작업장 내 유해인자의 오염 정도를 나타낸다.
- 할당보호계수(APF, Assigned Protection Factor)는 호흡기 보호구가 제공할 수 있는 보호 수준을 의미한다.
- 보호구 선정 시에는 위해비보다 크거나 같은 APF를 가진 보호구를 선택해야 한다. 즉, APF가 여기서의 위해비보다 작으면 안 된다.

---

42 ⭐빈출

흡입관의 정압 및 속도압은 −30.5mmH₂O, 7.2mmH₂O
이고, 배출관의 정압 및 속도압은 20.0mmH₂O, 15mmH₂O
일 때, 송풍기의 유효전압(mmH₂O)은?

① 58.3
② 64.2
③ 72.3
④ 81.1

송풍기 유효전압 = (배출관 정압 + 배출관 속도압) − (흡입관 정압 +
흡입관 속도압)
= (20 + 15) − (−30.5 + 7.2) = 58.3mmH₂O

43

환기시설 내 기류가 기본적 유체역학적 원리에 의하여 지
배되기 위한 전제 조건에 관한 내용으로 틀린 것은?

① 환기시설 내외의 열교환은 무시한다.
② 공기의 압축이나 팽창을 무시한다.
③ 공기는 포화수증기 상태로 가정한다.
④ 대부분의 환기시설에서는 공기 중에 포함된 유해물질
의 무게와 용량을 무시한다.

유체역학적 원리에 의하여 지배되기 위한 전제 조건으로 공기는 건
조공기 상태로 가정한다.

44

전기도금 공정에 가장 적합한 후드 형태는?

① 캐노피 후드
② 슬롯 후드
③ 포위식 후드
④ 종형 후드

슬롯 후드(Slot Hood)의 특징
• 좁고 긴 틈(슬롯)을 통해 기체를 빨아들이는 구조
• 기체가 퍼지는 방향(수평)을 효과적으로 잡아내어 탱크와 평행하
게 설치하여 도금 작업 중 발생하는 증기를 효율적으로 제거 가능

45

보호구의 재질에 따른 효과적 보호가 가능한 화학물질을
잘못 짝지은 것은?

① 가죽 − 알코올
② 천연고무 − 물
③ 면 − 고체상 물질
④ 부틸고무 − 알코올

가죽은 알코올과의 접촉에 상대적으로 내성이 떨어져 보호에 부적
합하다.

46 ⭐빈출

덕트의 설치 원칙으로 올바르지 않은 것은?

① 덕트는 가능한 한 짧게 배치하도록 한다.
② 밴드의 수는 가능한 한 적게 하도록 한다.
③ 가능한 한 후드와 먼 곳에 설치한다.
④ 공기가 아래로 흐르도록 하향구배를 만든다.

오염물질 배출구는 가능한 한 오염원으로부터 가까운 곳에 설치하
여 점환기의 효과를 얻는다.

관련개념 점환기 현상
• 공기배출구 부근에서 배출된 오염물질이 초기 운동에너지를 잃고
  정체되어 거의 움직임이 없는 상태가 되는 현상이다.
• 오염물질이 배출구 가까이 머물러 제대로 확산 또는 배출되지 못하
  게 하는 문제로, 국소배기장치 효율을 저하시키고 작업장 내 오염
  물질 농도를 높이는 원인이 된다.
• 점환기 현상을 방지하려면 오염물질 배출구를 오염원으로부터 가능
  한 한 멀리 설치하여 유동성을 확보하고 배출되는 공기가 원활히
  흐르도록 해야 한다.

47

터보(Turbo) 송풍기에 관한 설명으로 틀린 것은?

① 후향날개형 송풍기라고도 한다.
② 송풍기의 깃이 회전방향 반대편으로 경사지게 설계되어 있다.
③ 고농도 분진함유 공기를 이송시킬 경우, 집진기 후단에 설치하여 사용해야 한다.
④ 방사날개형이나 전향날개형 송풍기에 비해 효율이 떨어진다.

터보 송풍기는 후향날개 구조로 고효율이며 소음이 적은 편이다. 반대로 방사날개형(방사형)이나 전향날개형은 효율이 상대적으로 낮거나 소음이 크다.

48 빈출

밀도가 $1.225kg/m^3$인 공기가 20m/sec의 속도로 덕트를 통과하고 있을 때 동압(mmH_2O)은?

① 15
② 20
③ 25
④ 30

$$동압(VP) = \frac{\gamma V^2}{2g}$$

$$= \frac{\frac{1.225kg}{m^3} \times (20m/sec)^2}{2 \times 9.8m/sec^2}$$

$$= 25mmH_2O$$

- VP: 동압 측정치(mmH_2O)
- γ: 가스 밀도(kg/m^3)
- V: 유속(m/sec)
- g: 중력가속도($9.8m/sec^2$)

49 빈출

정압회복계수가 0.72이고 정압회복량이 $7.2mmH_2O$인 원형 확대관의 압력손실(mmH_2O)은?

① 4.2
② 3.6
③ 2.8
④ 1.3

$$\Delta P = \Delta P_r \left(\frac{1}{K} - 1\right)$$

$$= 7.2\left(\frac{1}{0.72} - 1\right) = 2.8mmH_2O$$

- ΔP: 전체 압력손실
- ΔP_r: 정압회복량(회복된 압력)
- K: 정압회복계수

50

유기용제 취급 공정의 작업환경 관리대책으로 가장 거리가 먼 것은?

① 근로자에 대한 정신건강관리 프로그램 운영
② 유기용제의 대체사용과 작업공정 배치
③ 유기용제 발산원의 밀폐 등 조치
④ 국소배기장치의 설치 및 관리

유기용제 취급 공정의 주요 작업환경 관리대책은 유해물질의 노출을 차단하거나 줄이는 기술적·관리적 조치에 집중되며, 정신건강 프로그램은 직접적인 작업환경 관리대책과는 거리가 있다.

51

송풍기의 풍량조절기법 중에서 풍량(Q)을 가장 크게 조절할 수 있는 것은?

① 회전수 조절법
② 안내익 조절법
③ 댐퍼부착 조절법
④ 흡입압력 조절법

풍량은 회전수에 거의 비례하여 변하므로 가장 넓은 범위에서 효과적으로 조절 가능하다.

52 빈출

회전차 외경이 600mm인 원심 송풍기의 풍량은 200m³/min이다. 회전차 외경이 1,200mm인 동류(상사구조)의 송풍기가 동일한 회전수로 운전된다면 이 송풍기의 풍량(m³/min)은? (단, 두 경우 모두 표준공기를 취급한다.)

① 1,000
② 1,200
③ 1,400
④ 1,600

동류(상사구조) 원심 송풍기의 풍량은 회전차(임펠러) 외경의 세제곱에 비례한다.

$$\frac{Q_2}{Q_1} = \left(\frac{D_2}{D_1}\right)^3$$

$$\frac{Q_2}{200\text{m}^3/\text{min}} = \left(\frac{1,200\text{mm}}{600\text{mm}}\right)^3$$

$$Q_2 = 1,600\text{m}^3/\text{min}$$

관련개념
• 풍량: 송풍기의 회전수에 비례한다.
• 풍압: 송풍기의 회전수의 제곱에 비례한다.
• 동력(축동력): 송풍기의 회전수의 세제곱에 비례한다.

53

송풍기 축의 회전수를 측정하기 위한 측정기구는?

① 열선풍속계(Hot Wire Anemometer)
② 타코미터(Tachometer)
③ 마노미터(Manometer)
④ 피토관(Pitot Tube)

② 타코미터(Tachometer): 송풍기 축의 회전수(rpm)를 직접 측정하는 대표적인 기구
① 열선풍속계(Hot Wire Anemometer): 공기 흐름 속도를 측정하는 장비
③ 마노미터(Manometer): 압력(수두, 차압 등)을 측정하는 기구
④ 피토관(Pitot Tube): 유속(풍속, 흐름 속도)을 측정할 때 사용하는 관으로, 주로 덕트나 유체 흐름의 속도를 측정할 때 활용

54 빈출

20℃, 1기압에서 공기유속은 5m/sec, 원형덕트의 단면적은 1.13m²일 때, Reynolds 수는? (단, 공기의 점성계수는 1.8×10^{-5}kg/sec · m이고, 공기의 밀도는 1.2kg/m³이다.)

① 4.0×10^5
② 3.0×10^5
③ 2.0×10^5
④ 1.0×10^5

• $A = \dfrac{\pi D^2}{4}$ 이므로

$$1.13 = \frac{\pi D^2}{4} \rightarrow D = 1.1994\text{m}$$

• $Re = \dfrac{D\rho V}{\mu} = \dfrac{1.1994\text{m} \times 1.2\text{kg}/\text{m}^3 \times 5\text{m}/\text{sec}}{1.8 \times 10^{-5}\text{kg}/\text{sec} \cdot \text{m}} = 3.998 \times 10^5$

55 ⭐빈출

유해물질별 송풍관의 적정 반송속도로 옳지 않은 것은?

① 가스상 물질: 10m/s
② 무거운 물질: 25m/s
③ 일반 공업 물질: 20m/s
④ 가벼운 건조 물질: 30m/s

가벼운 건조 물질의 적정 반송속도는 20m/s이다.

56

신체 보호구에 대한 설명으로 틀린 것은?

① 정전복은 마찰에 의하여 발생되는 정전기의 대전을 방지하기 위하여 사용된다.
② 방열의에는 석면제나 섬유에 알루미늄 등을 증착한 알루미나이즈 방열의가 사용된다.
③ 위생복(보호의)에서 방한복, 방한화, 방한모는 −18℃ 이하인 급냉동창고 하역작업 등에 이용된다.
④ 안면 보호구에는 일반 보호면, 용접면, 안전모, 방진 마스크 등이 있다.

안면 보호구(Face Protection)에는 일반 보호면, 용접면, 페이스쉴드 등 얼굴을 보호하는 장비가 해당된다.

57

국소환기시설 설계에 있어 정압조절평형법의 장점으로 틀린 것은?

① 예기치 않은 침식 및 부식이나 퇴적문제가 일어나지 않는다.
② 설치된 시설의 개조가 용이하여 장치변경이나 확장에 대한 유연성이 크다.
③ 설계가 정확할 때에는 가장 효율적인 시설이 된다.
④ 설계 시 잘못 설계된 분지관 또는 저항이 제일 큰 분지관을 쉽게 발견할 수 있다.

정압조절평형법(정압균형유지법, 유속조절평형법)은 국소배기시설 설계 시 합류점에서 각 분기 덕트의 정압을 균형 있게 조절하여 풍량을 적절히 분배하는 방법이다. 설계가 어렵고 시간이 많이 걸린다는 단점이 있어 설치된 시설의 개조나 장치변경은 어렵다.

58

전체 환기의 목적에 해당되지 않는 것은?

① 발생된 유해물질을 완전히 제거하여 건강을 유지·증진한다.
② 유해물질의 농도를 희석시켜 건강을 유지·증진한다.
③ 실내의 온도와 습도를 조절한다.
④ 화재나 폭발을 예방한다.

전체 환기는 작업장 내 유해물질을 완전히 제거하는 능력이 국소배기보다 훨씬 떨어진다. 전체 환기는 원칙적으로 오염물질 농도를 희석하는 역할을 하며, 완전 제거는 국소배기 시스템에서 주로 달성된다

59

심한 난류 상태의 덕트 내에서 마찰계수를 결정하는 데 가장 큰 영향을 미치는 요소는?

① 덕트의 직경
② 공기점토와 밀도
③ 덕트의 표면조도
④ 레이놀즈 수

• 난류 영역에서는 마찰계수가 레이놀즈 수(Re)의 영향이 감소하여 거의 무시되고, 대신 상대 조도(표면조도 ÷ 관 직경)가 주된 영향을 미친다.
• 난류 영역에서는 레이놀즈 수가 더 커질수록 마찰계수가 거의 일정해지며, 상대 조도 크기에 의해 마찰계수가 결정된다.

60 

호흡용 보호구 중 방독/방진 마스크에 대한 설명 중 옳지 않은 것은?

① 방진 마스크의 흡기저항과 배기저항은 모두 낮은 것이 좋다.
② 방진 마스크의 포집효율과 흡기저항 상승률은 모두 높은 것이 좋다.
③ 방독 마스크는 사용 중에 조금이라도 가스냄새가 나는 경우 새로운 정화통으로 교체하여야 한다.
④ 방독 마스크의 흡수제는 활성탄, 실리카겔, 소다라임 등이 사용된다.

포집효율은 높을수록 좋지만 흡기저항 상승률이 높으면 호흡이 힘들어지고 착용감이 나빠진다. 효율이 높더라도 흡기저항이 너무 높으면 사용에 제한이 생긴다.

4과목　물리적 유해인자 관리

61 빈출

다음 파장 중 살균 작용이 가장 강한 자외선의 파장범위는?

① 220~234nm
② 254~280nm
③ 290~315nm
④ 325~400nm

살균 작용이 가장 강한 자외선의 파장 범위는 일반적으로 254~280nm 구간이며, 이는 자외선 C(UV-C) 영역에 해당한다. 살균 효과가 파장 250~265nm 부근에서 극대화됨이 확인되고, 특히 254nm 자외선 소독램프가 대표적으로 사용된다.

62 빈출

산업안전보건법령상 고온의 노출기준 중 중등작업의 계속작업 시 노출기준은 몇 ℃(WBGT)인가?

① 26.7
② 28.3
③ 29.7
④ 31.4

WBGT(Wet Bulb Globe Temperature)는 습구·흑구·건구 온도를 포함한 열 스트레스 지표로 중등작업의 계속작업 시 노출한계기준은 26.7℃이다.

관련개념 고온 스트레스 예방을 위한 대표적 지표

작업 강도	작업 형태	WBGT 노출한계기준(℃)
경작업	계속작업	30.0
중등작업	계속작업	26.7
중등작업	간헐작업	29.4
중작업(고강도)	계속작업	25.0
중작업	간헐작업	27.5

63 빈출

다음 중 레이노 현상(Raynaud's Phenomenon)의 주요 원인으로 옳은 것은?

① 국소진동
② 전신진동
③ 고온환경
④ 다습환경

- 레이노 현상은 추운 환경, 국소진동, 혈액순환장애 등으로 인해 말초 혈관이 과도하게 수축하여 손발끝 피부가 창백하거나 청색증을 보이는 질환이다.
- 진동공구를 장시간 사용하면서 손이나 팔에 가해지는 국소진동이 혈관 경련과 말초 혈류 이상을 유발한다.
- 전신진동보다는 국소진동 노출이 레이노 증후군(특히 작업환경 관련)의 대표적 유발 요인이다.

정답　　60 ② 　61 ② 　62 ① 　63 ①

64

일반소음에 대한 차음효과는 벽체의 단위표면적에 대하여 벽체의 무게가 2배가 될 때마다 약 몇 dB씩 증가하는가? (단, 벽체 무게 이외의 조건은 동일하다.)

① 4
② 6
③ 8
④ 10

- 소음 차음효과(Transmission Loss, TL)와 장벽의 단위 표면적당 무게(mass per unit area, m) 사이의 관계는 다음과 같이 표현된다.

$$TL_2 = TL_1 + 6 \times \log_2\left(\frac{m_2}{m_1}\right)$$

- 단위 표면적당 무게가 2배 증가하면

$$TL_2 = TL_1 + 6 \times \log_2\left(\frac{2}{1}\right)$$ 이므로 6dB 증가한다.

65

전기성 안염(전광선 안염)과 가장 관련이 깊은 비전리방사선은?

① 자외선
② 적외선
③ 가시광선
④ 마이크로파

전기성 안염(전광선 안염)
- 전기성 안염은 자외선에 의한 각막 상피 손상으로, 눈이 뻑뻑하고, 충혈, 눈부심, 통증, 흐린 시야 등의 증상을 유발한다.
- 용접불꽃(전광선)이나 태양의 강한 짧은 파장인 자외선 노출로 발생하며, "전광선 각막염" 또는 "용접공 눈(welder's flash)"이라고도 불린다.
- 대개 일시적이며 수일 내에 회복되지만, 계속 노출되면 각막 손상 및 시력 장애 우려가 있다.
- 예방을 위해서는 자외선 차단 기능이 있는 보호안경이나 용접면 착용이 필수적이다.

66

한랭노출 시 발생하는 신체적 장해에 대한 설명으로 옳지 않은 것은?

① 동상은 조직의 동결을 말하며, 피부의 이론상 동결온도는 약 −1℃ 정도이다.
② 전신 체온강하는 장시간의 한랭노출과 체열상실에 따라 발생하는 급성 중증 장해이다.
③ 참호족은 동결 온도 이하의 찬 공기에 단기간의 접촉으로 급격한 동결이 발생하는 장해이다.
④ 침수족은 부종, 저림, 작열감, 소양감 및 심한 동통을 수반하며, 수포, 궤양이 형성되기도 한다.

참호족은 동결 온도 이하의 찬 공기에 단기간 노출되어 발생하는 급격한 동결 장해가 아니다. 이는 습하고 차가운 환경(0~10℃ 정도)에 장시간 노출될 때 혈액순환 장애로 인해 발에 일어나는 한랭 장해로, 군대 참호 속에서 발생했던 데서 유래된 명칭이다.

67

산업안전보건법령상 "적정한 공기"에 해당하지 않는 것은? (단, 다른 성분의 조건은 적정한 것으로 가정한다.)

① 탄산가스 농도 1.5% 미만
② 일산화탄소 농도 100ppm 미만
③ 황화수소 농도 10ppm 미만
④ 산소 농도 18% 이상 23.5% 미만

일산화탄소 농도가 30ppm 미만이어야 한다.

68

인체와 작업환경 사이의 열교환이 이루어지는 조건에 해당되지 않는 것은?

① 대류에 의한 열교환
② 복사에 의한 열교환
③ 증발에 의한 열교환
④ 기온에 의한 열교환

기온 자체는 열교환 메커니즘이 아니라, 열교환이 일어나는 환경 조건(온도 요소)일 뿐이다. 즉, 기온에 의해 직접 열이 이동하는 것이 아니라 대류나 복사 같은 과정으로 열교환이 이루어진다.

69

심한 소음에 반복 노출되면, 일시적인 청력변화는 영구적 청력변화로 변하게 되는데, 이는 다음 중 어느 기관의 손상으로 인한 것인가?

① 원형창
② 삼반규반
③ 유스타키오관
④ 코르티기관

심한 소음에 반복 노출되어 일시적 청력변화가 영구적 청력변화로 진행되는 것은 청각기관 내의 코르티기관 손상 때문이다. 코르티기관은 내이의 와우관 속에 위치하며, 청각수용세포가 모여 있어 소리를 신경 신호로 변환하는 핵심 기관이다

70

방진재료로 적절하지 않은 것은?

① 방진고무
② 코르크
③ 유리섬유
④ 코일 용수철

유리섬유는 강도가 높고 단단하지만 취성(부서지기 쉬움)이 있어 진동 및 충격 완화에는 부적합하며, 방진재료로는 적절하지 않다.

71 ⭐빈출

전리방사선이 인체에 미치는 영향에 관여하는 인자와 가장 거리가 먼 것은?

① 전리작용
② 피폭선량
③ 회절과 산란
④ 조직의 감수성

회절과 산란은 방사선의 물리적 특성 중 하나로서, 전리방사선의 인체 내 영향 정도를 결정하는 인자라기보다는 방사선이 물질을 통과하며 방향을 바꾸는 현상으로, 영향의 크기나 손상 기전과는 직접적 연관성이 적다.

72

산업안전보건법령상 소음작업의 기준은?

① 1일 8시간 작업을 기준으로 80데시벨 이상의 소음이 발생하는 작업
② 1일 8시간 작업을 기준으로 85데시벨 이상의 소음이 발생하는 작업
③ 1일 8시간 작업을 기준으로 90데시벨 이상의 소음이 발생하는 작업
④ 1일 8시간 작업을 기준으로 95데시벨 이상의 소음이 발생하는 작업

산업안전보건법상 소음작업이란 1일 8시간 작업을 기준으로 85데시벨 이상의 소음이 발생하는 작업이다.

관련개념 용어의 정의(산업안전보건기준에 관한 규칙 제512조)
• "소음작업"이란 1일 8시간 작업을 기준으로 85데시벨 이상의 소음이 발생하는 작업을 말한다.
• "강렬한 소음작업"이란 다음의 어느 하나에 해당하는 작업을 말한다.
  ✓ 90데시벨 이상의 소음이 1일 8시간 이상 발생하는 작업
  ✓ 95데시벨 이상의 소음이 1일 4시간 이상 발생하는 작업
  ✓ 100데시벨 이상의 소음이 1일 2시간 이상 발생하는 작업
  ✓ 105데시벨 이상의 소음이 1일 1시간 이상 발생하는 작업
  ✓ 110데시벨 이상의 소음이 1일 30분 이상 발생하는 작업
  ✓ 115데시벨 이상의 소음이 1일 15분 이상 발생하는 작업
• "충격소음작업"이란 소음이 1초 이상의 간격으로 발생하는 작업으로서 다음의 어느 하나에 해당하는 작업을 말한다.
  ✓ 120데시벨을 초과하는 소음이 1일 1만회 이상 발생하는 작업
  ✓ 130데시벨을 초과하는 소음이 1일 1천회 이상 발생하는 작업
  ✓ 140데시벨을 초과하는 소음이 1일 1백회 이상 발생하는 작업

정답   68 ④   69 ④   70 ③   71 ③   72 ②

73 ⭐빈출

비전리방사선이 아닌 것은?

① 적외선
② 레이저
③ 라디오파
④ 알파(α)선

74 ⭐빈출

음원으로부터 40m 되는 지점에서 음압수준이 75dB로 측정되었다면 10m 되는 지점에서의 음압수준(dB)은 약 얼마인가?

① 84
② 87
③ 90
④ 93

$$L_2 = L_1 - 20\log\left(\frac{r_2}{r_1}\right)$$

$$L_2 = 75\text{dB} - 20\log\left(\frac{10\text{m}}{40\text{m}}\right) = 87.0411\text{dB}$$

75 ⭐빈출

산업안전보건법령상 정밀작업을 수행하는 작업장의 조도기준은?

① 150럭스 이상
② 300럭스 이상
③ 450럭스 이상
④ 750럭스 이상

- 초정밀작업: 750럭스 이상
- 정밀작업: 300럭스 이상
- 보통작업: 150럭스 이상
- 그 밖의 작업: 75럭스 이상

76 ⭐빈출

고압환경의 2차적인 가압현상 중 산소중독에 관한 내용으로 옳지 않은 것은?

① 일반적으로 산소의 분압이 2기압이 넘으면 산소중독 증세가 나타난다.
② 산소중독에 따른 증상은 고압산소에 대한 노출이 중지되면 멈추게 된다.
③ 산소의 중독작용은 운동이나 중등량의 이산화탄소의 공급으로 다소 완화될 수 있다.
④ 수지와 족지의 작열통, 시력장해, 정신혼란, 근육경련 등의 증상을 보이며 나아가서는 간질 경련을 나타낸다.

77 ⭐빈출

빛과 밝기에 관한 설명으로 옳지 않은 것은?

① 광도의 단위로는 칸델라(candela)를 사용한다.
② 광원으로부터 한 방향으로 나오는 빛의 세기를 광속이라 한다.
③ 루멘(lumen)은 1촉광의 광원으로부터 단위 입체각으로 나가는 광속의 단위이다.
④ 조도는 어떤 면에 들어오는 광속의 양에 비례하고, 입사면의 단면적에 반비례한다.

   73 ④   74 ②   75 ②   76 ③   77 ②

78 ⭐ 빈출

감압병의 예방대책으로 적절하지 않은 것은?

① 호흡용 혼합가스의 산소에 대한 질소의 비율을 증가 시킨다.
② 호흡기 또는 순환기에 이상이 있는 사람은 작업에 투입하지 않는다.
③ 감압병 발생 시 원래의 고압환경으로 복귀시키거나 인공 고압실에 넣는다.
④ 고압실 작업에서는 탄산가스의 분압이 증가하지 않도록 신선한 공기를 송기한다.

호흡용 혼합가스의 산소에 대한 질소의 비율을 감소시킨다. 질소의 비율이 높아지면 체내 질소 용해량이 증가하여 감압병 위험이 오히려 커진다.

79 ⭐ 빈출

이상기압의 영향으로 발생되는 고공성 폐수종에 관한 설명으로 옳지 않은 것은?

① 어른보다 아이들에게서 많이 발생된다.
② 고공 순화된 사람이 해면에 돌아올 때에도 흔히 일어난다.
③ 산소공급과 해면 귀환으로 급속히 소실되며, 증세가 반복되는 경향이 있다.
④ 진해성 기침과 과호흡이 나타나고 폐동맥 혈압이 급격히 낮아진다.

진해성 기침과 과호흡이 나타나고 폐동맥 혈압이 급격히 상승한다.

80 ⭐ 빈출

1,000Hz에서의 음압레벨을 기준으로 하여 등청감곡선을 나타내는 단위로 사용되는 것은?

① mel
② bell
③ sone
④ phon

④ phon: 1,000Hz에서의 음압레벨(dB SPL)과 동일한 크기의 주관적 음량을 나타내는 단위이다.
① mel: 음고(pitch)를 나타내는 단위로, 주파수와 관련된 심리음향적 척도이다.
② bell: 소리 세기의 비율을 로그 스케일로 나타내는 단위이며, 데시벨(dB)의 10배 단위이다.
③ sone: 주관적 음량(Loudness)을 나타내는 단위로, phon과 연관되지만 음압레벨과는 다른 개념이다. sone은 40phon(1,000Hz, 40dB)을 기준으로 한 상대적 음량 지표로, 음량이 2배면 sone도 2배이다. → $sone = 2^{\frac{phon-40}{10}}$

5과목　산업독성학

81

다음 중 무기연에 속하지 않는 것은?

① 금속연
② 일산화연
③ 사산화삼연
④ 4메틸연

- 무기연(無機鉛, Inorganic Lead Compounds)은 납을 포함하되, 유기화합물이 아닌 무기화합물을 의미한다. 금속연(금속 상태의 납), 일산화연(PbO), 사산화삼연(Pb_3O_4) 등은 모두 무기 납화합물에 해당한다.
- 4메틸연(4-Methyl Lead)은 납을 포함한 유기 납화합물로, 납 원자와 메틸기(CH_3) 등의 유기기가 결합한 형태이다. 따라서 무기연에 속하지 않는다. 대표적으로 테트라메틸납(Tetramethyllead, $Pb(CH_3)_4$)이 있다.

82

접촉에 의한 알레르기성 피부감작을 증명하기 위한 시험으로 가장 적절한 것은?

① 첩포시험 ② 진균시험
③ 조직시험 ④ 유발시험

첩포시험(Patch Test)
- 정의: 원인으로 의심되는 물질을 피부(주로 등)에 일정 시간 부착하여 알레르기성 반응을 관찰하는 시험
- 목적: 접촉성 피부염, 즉 접촉에 의한 알레르기성 피부감작 여부와 원인 물질을 확인하기 위함
- 과정: 첩포(패치)에 의심 물질을 도포해 48~72시간 피부에 부착 후, 피부에 발적, 부종, 물집 등이 일어나는지 관찰
- 특징: 지연성(제4형) 과민반응을 확인하는 대표적이고 신뢰도 높은 검사

보기	목적 · 정의	피부감작성 증명과의 관련성
첩포시험	피부에 알레르기 유발물질 부착 후 반응 확인	가장 직접적이고 표준적인 시험
진균시험	진균(곰팡이 등) 검사	관련 없음
조직시험	조직을 채취해 병리학적 진단	피부감작성 직접 입증 불가
유발시험	의심 물질에 반복 노출해 알레르기 유도 확인	첩포시험 보조로 사용 가능, 표준은 아님

83

피부는 표피와 진피로 구분하는데, 진피에만 있는 구조물이 아닌 것은?

① 혈관
② 모낭
③ 땀샘
④ 멜라닌 세포

멜라닌 세포는 표피의 기저층에 위치하는 세포로, 진피에는 없다.

84

근로자의 소변 속에서 마뇨산(Hhppuric Acid)이 다량 검출되었다면 이 근로자는 다음 중 어떤 유해물질에 폭로되었다고 판단되는가?

① 클로로포름
② 초산메틸
③ 벤젠
④ 톨루엔

마뇨산은 톨루엔이 인체 내에서 대사되어 생성되는 주요 대사산물로, 생물학적 노출지표로 널리 사용된다.

85

카드뮴의 중독, 치료 및 예방대책에 관한 설명으로 옳지 않은 것은?

① 소변 속의 카드뮴 배설량은 카드뮴 흡수를 나타내는 지표가 된다.
② BAL 또는 Ca-EDTA 등을 투여하여 신장에 대한 독작용을 제거한다.
③ 칼슘대사에 장해를 주어 신장결석을 동반한 신장증후군이 나타나고 다량의 칼슘배설이 일어난다.
④ 폐활량 감소, 잔기량 증가 및 호흡곤란의 폐증세가 나타나며, 이 증세는 노출기간과 노출농도에 의해 좌우된다.

- 카드뮴 중독 치료에 BAL(디메르카프롤(Dimercaprol))은 효과적이지 않고, 오히려 신장 손상을 악화시킬 수 있어서 사용하지 않는다.
- Ca-EDTA(칼슘-에틸렌디아민테트라아세트산) 역시 카드뮴과 강하게 결합하지 않아 일반적으로 권장되지 않는다.

관련개념
- BAL(British Anti-Lewisite, Dimercaprol): 비소(As), 수은(Hg), 금(Au), 납(Pb) 등의 중금속 중독 치료의 해독작용에 사용된다.
- Ca-EDTA: 납(대표적), 망간, 아연의 해독작용에 사용된다.

86

접촉성 피부염의 특징으로 옳지 않은 것은?

① 작업장에서 발생빈도가 높은 피부질환이다.
② 증상은 다양하지만 홍반과 부종을 동반하는 것이 특징이다.
③ 원인물질은 크게 수분, 합성화학물질, 생물성 화학물질로 구분할 수 있다.
④ 면역학적 반응에 따라 과거 노출경험이 있어야만 반응이 나타난다.

87

건강영향에 따른 분진의 분류와 유발물질의 종류를 잘못 짝지은 것은?

① 유기성 분진 – 목분진, 면, 밀가루
② 알레르기성 분진 – 크롬산, 망간, 황
③ 진폐성 분진 – 규산, 석면, 활석, 흑연
④ 발암성 분진 – 석면, 니켈카보닐, 아민계 색소

88

직업성 피부질환에 영향을 주는 직접적인 요인에 해당되는 것은?

① 연령
② 인종
③ 고온
④ 피부의 종류

89

호흡기계로 들어온 입자상 물질에 대한 제거기전의 조합으로 가장 적절한 것은?

① 면역작용과 대식세포의 작용
② 폐포의 활발한 가스교환과 대식세포의 작용
③ 점액 섬모운동과 대식세포에 의한 정화
④ 점액 섬모운동과 면역작용에 의한 정화

90 ⭐빈출

노말헥산이 체내 대사과정을 거쳐 변환되는 물질로 노말헥산에 폭로된 근로자의 생물학적 노출지표로 이용되는 물질로 옳은 것은?

① hippuric acid
② 2,5-hexanedione
③ hydroquinone
④ 9-hydroxyquinoline

91 빈출

근로자가 1일 작업시간 동안 잠시라도 노출되어서는 아니되는 기준을 나타내는 것은?

① TLV-C
② TLV-STEL
③ TLV-TWA
④ TLV-skin

① TLV-C: 작업 중 어느 순간에도 이 농도를 초과해서는 안 되는 노출 한계로, 근로자가 1일 작업시간 동안 잠시라도 초과 노출되어서는 안 되는 기준이다.
② TLV-STEL(Short Term Exposure Limit): 15분간의 단기간 노출기준으로, 단시간 노출 시에도 건강에 해를 끼치지 않는 한계이며, 1일 4회 이하, 각 노출 간격 60분 이상이어야 한다.
③ TLV-TWA(Time Weighted Average): 8시간 또는 1일 작업시간 동안 평균 노출 허용 한계이다.
④ TLV-Skin: 피부를 통해 흡수될 수 있는 물질의 노출을 의미하는 추가 지표이다.

92

대상 먼지와 침강속도가 같고, 밀도가 1이며 구형인 먼지의 직경으로 환산하여 표현하는 입자상 물질의 직경을 무엇이라 하는가?

① 입체적 직경
② 등면적 직경
③ 기하학적 직경
④ 공기역학적 직경

공기역학적 직경(Aerodynamic Diameter)은 실제 입자와 같은 침강속도를 가지며, 밀도를 1g/cm^3로 가정한 이상적인 구형 입자의 직경이다.

93 빈출

다음 중 규폐증(Silicosis)을 일으키는 원인 물질과 가장 관계가 깊은 것은?

① 매연
② 암석분진
③ 일반부유분진
④ 목재분진

규폐증(Silicosis)은 주로 암석분진에 노출되어 발생하는 직업성 폐질환이다. 암석분진 속에 포함된 규소(SiO_2, 규산)가 폐에 쌓여 염증과 섬유화를 일으키기 때문이다.

94 빈출

방향족 탄화수소 중 만성노출에 의한 조혈장해를 유발시키는 것은?

① 벤젠
② 톨루엔
③ 클로로포름
④ 나프탈렌

벤젠은 대표적인 방향족 탄화수소로, 만성적으로 노출되면 골수 기능을 억제하여 조혈장해를 유발한다. 이는 재생불량성 빈혈, 백혈구 감소, 백혈병 등의 질환으로 이어질 수 있다.

95

금속열에 관한 설명으로 옳지 않은 것은?

① 금속열이 발생하는 작업장에서는 개인 보호용구를 착용해야 한다.
② 금속 흄에 노출된 후 일정 시간의 잠복기를 지나 감기와 비슷한 증상이 나타난다.
③ 금속열은 일주일 정도가 지나면 증상은 회복되나 후유증으로 호흡기, 시신경 장애 등을 일으킨다.
④ 아연, 마그네슘 등 비교적 융점이 낮은 금속의 제련, 용해, 용접 시 발생하는 산화금속 흄을 흡입할 경우 생기는 발열성 질병이다.

금속열은 대체로 단기간 내 호전되고 만성적인 호흡기·신경장해를 일으키는 것은 아니다.

96

납이 인체에 흡수됨으로써 초래되는 결과로 옳지 않은 것은?

① δ-ALAD 활성치 저하
② 혈청 및 요중 δ-ALA 증가
③ 망상적혈구 수의 감소
④ 적혈구 내 프로토폴피린 증가

납 중독 시 망상적혈구(Reticulocyte) 수는 오히려 증가하거나 정상인 경우가 많으며, 감소하지 않는다. 이는 납에 의한 혈액 생성장해에도 불구하고 조혈 작용이 자극되거나 골수의 반응성이 유지되기 때문이다.

97 빈출

유해물질의 경구투여용량에 따른 반응범위를 결정하는 독성검사에서 얻은 용량-반응곡선(Dose-Response Curve)에서 실험동물군의 50%가 일정시간 동안 죽는 치사량을 나타내는 것은?

① LC_{50}
② LD_{50}
③ ED_{50}
④ TD_{50}

• LC_{50}(Lethal Concentration 50): 주로 기체나 증기를 흡입할 때 농도로 표현하며, 동물의 50%가 사망하는 농도를 뜻한다.
• LD_{50}(Lethal Dose 50): 독성물질을 일정 용량 투여했을 때, 시험동물의 50%가 사망하는 데에 필요한 용량을 의미한다. 주로 mg/kg(체중 1kg당 mg)을 단위로 한다.
• ED_{50}(Effective Dose 50): 약물이나 화학물질의 효과가 나타나는 50%의 용량을 의미한다.
• TD_{50}(Toxic Dose 50): 독성 반응이 나타나는 50%의 용량을 의미한다.

98

카드뮴에 노출되었을 때 체내의 주요 축적 기관으로만 나열한 것은?

① 간, 신장
② 심장, 뇌
③ 뼈, 근육
④ 혈액, 모발

카드뮴이 체내에 축적되는 주요 기관으로는 간과 신장이 가장 대표적이다.

99 빈출

인체 내에서 독성이 강한 화학물질과 무독한 화학물질이 상호작용하여 독성이 증가되는 현상을 무엇이라 하는가?

① 상가작용
② 상승작용
③ 가승작용
④ 길항작용

• 상가작용(Additivity): 두 물질의 독성이 단순히 더해지는 경우이다.
• 상승작용(Synergism): 두 물질의 독성 합보다 훨씬 큰 효과가 나타나는 경우이다.
• 가승(강화)작용(Potentiation): 본래 독성이 없는 물질이 다른 독성물질과 함께 있을 때 그 독성을 증가시키는 현상이다.
• 길항작용(Antagonism): 한 물질이 다른 물질의 독성을 억제하는 경우이다.

100

무색의 휘발성 용액으로서 도금 사업장에서 금속표면의 탈지 및 세정용, 드라이클리닝, 접착제 등으로 사용되며, 간 및 신장 장해를 유발시키는 유기용제는?

① 톨루엔
② 노르말헥산
③ 클로로포름
④ 트리클로로에틸렌

트리클로로에틸렌(Trichloroethylene, TCE)은 무색의 휘발성 액체로, 금속 부품의 탈지제 및 세정제로 산업 현장에서 널리 사용된다. 또한 드라이클리닝용 용제 및 접착제, 페인트 제거제 등 다양한 용도로도 쓰인다. 독성이 있어 간 및 신장 손상을 일으킬 수 있으며, 장기간 노출 시 건강에 문제가 생길 수 있다.

1과목 산업위생학개론

01

중량물 취급으로 인한 요통발생에 관여하는 요인으로 볼 수 없는 것은?

① 근로자의 육체적 조건
② 작업빈도와 대상의 무게
③ 습관성 약물의 사용 유무
④ 작업습관과 개인적인 생활태도

> 중량물 취급으로 인한 요통 발생은 일반적으로 근로자의 신체 조건, 작업의 강도와 빈도, 작업자세 및 생활습관 등 물리적·생리적 요인과 관련이 있다.

02

산업위생의 기본적인 과제에 해당하지 않는 것은?

① 작업환경이 미치는 건강장애에 관한 연구
② 작업능률 저하에 따른 작업조건에 관한 연구
③ 작업환경의 유해물질이 대기오염에 미치는 영향에 관한 연구
④ 작업환경에 의한 신체적 영향과 최적환경의 연구

> 산업위생은 근로자의 건강 보호 및 증진을 목적으로 하며, 작업환경이 인체에 미치는 영향을 연구하고 이를 관리하는 학문이다. ①, ②, ④는 모두 작업환경과 근로자의 건강 및 작업능률과의 관련성을 다루므로 산업위생의 기본 과제에 해당한다.

03

작업시작 및 종료 시 호흡의 산소소비량에 대한 설명으로 옳지 않은 것은?

① 산소소비량은 작업부하가 계속 증가하면 일정한 비율로 계속 증가한다.
② 작업이 끝난 후에도 맥박과 호흡수가 작업개시 수준으로 즉시 돌아오지 않고 서서히 감소한다.
③ 작업부하 수준이 최대 산소소비량 수준보다 높아지게 되면, 젖산의 제거 속도가 생성 속도에 못 미치게 된다.
④ 작업이 끝난 후에 남아 있는 젖산을 제거하기 위해서는 산소가 더 필요하며, 이때 동원되는 산소소비량을 산소부채(Oxygen Debt)라 한다.

> • 작업부하가 점점 증가하면 산소소비량은 어느 수준까지는 증가하지만, 최대 산소소비량($V_{O_2\ max}$)에 도달하면 더 이상 증가하지 않고 Plateau(평형)에 도달한다.
> • 산소부채(Oxygen Debt)는 고강도 작업 이후 회복 과정에서 필요한 산소이다.

정답   01 ③ 02 ③ 03 ①

04 

38세 된 남성근로자의 육체적 작업능력(PWC)은 15kcal/min 이다. 이 근로자가 1일 8시간 동안 물체를 운반하고 있으며, 이때의 작업대사량은 7kcal/min이고, 휴식 시 대사량은 1.2kcal/min이다. 이 사람의 적정 휴식시간과 작업시간의 배분(매 시간별)은 어떻게 하는 것이 이상적인가?

① 12분 휴식 48분 작업
② 17분 휴식 43분 작업
③ 21분 휴식 39분 작업
④ 27분 휴식 33분 작업

- 휴식시간비율(%) = $\left[\dfrac{PWC \times \frac{1}{3} - 작업대사량}{휴식대사량 - 작업대사량}\right] \times 100$

$= \left[\dfrac{15 \times \frac{1}{3} - 7}{1.2 - 7}\right] \times 100 = 34.48\%$

- 휴식시간 = 60min × 0.3448 = 20.688min
- 작업시간 = 60 − 20.688 = 39.212min

05

산업위생의 역사에 있어 주요 인물과 업적의 연결이 올바른 것은?

① Percivall Pott − 구리광산의 산 증기 위험성 보고
② Hippocrates − 역사상 최초의 직업병(납중독) 보고
③ G. Agricola − 검댕에 의한 직업성 암의 최초 보고
④ Bernardino Ramazzini − 금속 중독과 수은의 위험성 규명

② Hippocrates(히포크라테스) − 고대 그리스 의사로, 납중독 등 직업병에 대해 역사상 최초로 언급하였다. 당시 납을 다루는 사람들에서 건강문제가 발생함을 기록하였다.
① Percivall Pott(퍼시벌 포트) − 영국 외과의사로, 굴뚝 청소부에게 음낭암(Scrotal Cancer)이 발생함을 관찰하여, 검댕(Smut)이 원인임을 최초로 밝혀 직업성 암의 개념을 도입하였다.
③ G. Agricola(게오르그 아그리콜라) − 광산업과 관련된 학문을 정리한 학자로 저서 『De Re Metallica』에서 광산 작업자의 건강 위험성, 환기 필요성 등을 기술하였다.
④ Bernardino Ramazzini(라마치니) − '직업의학의 아버지'로 불리며 저서 『De Morbis Artificum Diatriba(직업병론)』에서 다양한 직업과 관련된 건강영향을 기술하였다.

06

산업안전보건법령상 자격을 갖춘 보건관리자가 해당 사업장의 근로자를 보호하기 위한 조치에 해당하는 의료행위를 모두 고른 것은? (단, 보건관리자는 의료법에 따른 의사로 한정한다.)

> 가. 자주 발생하는 가벼운 부상에 대한 치료
> 나. 응급처치가 필요한 사람에 대한 처치
> 다. 부상·질병의 악화를 방지하기 위한 처치
> 라. 건강진단 결과 발견된 질병자의 요양지도 및 관리

① 가, 나
② 가, 다
③ 가, 다, 라
④ 가, 나, 다, 라

산업안전보건법령상 자격을 갖춘 보건관리자가 해당 사업장의 근로자를 보호하기 위한 조치에 해당하는 의료행위는 다음과 같다. 단, 보건관리자는 의료법에 따른 의사로 한정한다.
- 자주 발생하는 가벼운 부상에 대한 치료
- 응급처치가 필요한 사람에 대한 처치
- 부상·질병의 악화를 방지하기 위한 처치
- 건강진단 결과 발견된 질병자의 요양지도 및 관리

07

온도 25℃, 1기압 하에서 분당 100mL씩 60분 동안 채취한 공기 중에서 벤젠이 5mg 검출되었다면 검출된 벤젠은 약 몇 ppm인가? (단, 벤젠의 분자량은 78이다.)

① 15.7
② 26.1
③ 157
④ 261

$ppm = mL/m^3$

$$\dfrac{5mg \times \dfrac{22.4mL}{78mg} \times \dfrac{(273+25)K}{273K}}{\dfrac{100mL}{min} \times 60min \times \dfrac{m^3}{10^6 mL}} = 261.2216 mL/m^3$$

정답 04 ③ 05 ② 06 ④ 07 ④

08 빈출

산업위생전문가들이 지켜야 할 윤리강령에 있어 전문가로서의 책임에 해당하는 것은?

① 일반 대중에 관한 사항은 정직하게 발표한다.
② 위험요소와 예방조치에 관하여 근로자와 상담한다.
③ 과학적 방법의 적용과 자료의 해석에서 객관성을 유지한다.
④ 위험요인의 측정, 평가 및 관리에 있어서 외부의 압력에 굴하지 않고 중립적 태도를 취한다.

③ 전문가로서의 책임에는 자신의 전문지식을 바탕으로 객관적이고 과학적인 태도를 유지하는 것이 포함된다.
①, ② 일반 대중 또는 근로자와의 소통에 관한 내용이다.
④ 전문가로서의 태도(객관성, 독립성)에 해당하며 책임과는 거리가 멀다.

09 빈출

어떤 플라스틱 제조 공장에 200명의 근로자가 근무하고 있다. 1년에 40건의 재해가 발생하였다면 이 공장의 도수율은? (단, 1일 8시간, 연간 290일 근무기준이다.)

① 200
② 86.2
③ 17.3
④ 4.4

- 근로자 수: 200명
- 재해 건수: 40건
- 근무시간: 1일 8시간 × 290일
  → 개인당 연간 근무시간 = 8 × 290 = 2,320시간
  → 총 근로시간 = 2,320시간 × 200명 = 464,000시간
- 도수율 = $\dfrac{\text{재해건수} \times 1{,}000{,}000}{\text{총 근로시간}}$

  $= \dfrac{40 \times 1{,}000{,}000}{464{,}000} = 86.2068$

10

산업스트레스에 대한 반응을 심리적 결과와 행동적 결과로 구분할 때 행동적 결과로 볼 수 없는 것은?

① 수면 방해
② 약물 남용
③ 식욕 부진
④ 돌발 행동

- 심리적 결과: 감정, 인지, 정신 건강 등 내면적 변화와 관련된 반응
  예 불안, 우울, 불만족, 수면 방해, 가정문제 등
- 행동적 결과: 실제로 나타나는 행동의 변화
  예 약물 남용, 흡연, 음주, 돌발 행동(충동적 행동, 사고 유발), 식욕 부진 등

11 빈출

산업안전보건법령상 충격소음의 강도가 130dB(A)을 초과할 때 1일 노출횟수 기준으로 옳은 것은?

① 50
② 100
③ 500
④ 1,000

용어의 정의(산업안전보건기준에 관한 규칙 제512조)
- "소음작업"이란 1일 8시간 작업을 기준으로 85데시벨 이상의 소음이 발생하는 작업을 말한다.
- "강렬한 소음작업"이란 다음 중 어느 하나에 해당하는 작업을 말한다.
  ✔ 90데시벨 이상의 소음이 1일 8시간 이상 발생하는 작업
  ✔ 95데시벨 이상의 소음이 1일 4시간 이상 발생하는 작업
  ✔ 100데시벨 이상의 소음이 1일 2시간 이상 발생하는 작업
  ✔ 105데시벨 이상의 소음이 1일 1시간 이상 발생하는 작업
  ✔ 110데시벨 이상의 소음이 1일 30분 이상 발생하는 작업
  ✔ 115데시벨 이상의 소음이 1일 15분 이상 발생하는 작업
- "충격소음작업"이란 소음이 1초 이상의 간격으로 발생하는 작업으로서 다음 중 어느 하나에 해당하는 작업을 말한다.
  ✔ 120데시벨을 초과하는 소음이 1일 1만회 이상 발생하는 작업
  ✔ 130데시벨을 초과하는 소음이 1일 1천회 이상 발생하는 작업
  ✔ 140데시벨을 초과하는 소음이 1일 1백회 이상 발생하는 작업

정답   08 ③   09 ②   10 ①   11 ④

12

다음 중 일반적인 실내공기질 오염과 가장 관련이 적은 질환은?

① 규폐증(Silicosis)
② 가습기 열(Humidifier Fever)
③ 레지오넬라병(Legionnaire's Disease)
④ 과민성 폐렴(Hypersensitivity Pneumonitis)

> 규폐증(Silicosis)은 주로 광산, 건설현장 등에서 발생하는 규사 분진(실리카 먼지)의 장기간 흡입에 의해 발생하는 직업성 폐질환으로, 일반적인 실내공기질 오염과는 직접적인 관련이 없다. 규폐증은 산업 현장의 분진 노출과 관련된 질환이다.

13 ★ 빈출

물체의 실제무게를 미국 NIOSH의 권고 중량물한계기준(RWL: Recommended Weight Limit)으로 나누어 준 값을 무엇이라 하는가?

① 중량상수(LC)
② 빈도승수(FM)
③ 비대칭승수(AM)
④ 중량물 취급지수(LI)

> ④ 중량물 취급지수(LI) = 실제무게/RWL
> - RWL: 미국 NIOSH의 권고 중량물한계기준
> ① 중량상수(LC, Load Constant): NIOSH 들기 작업 공식에서 기준이 되는 기본 상수
> ② 빈도승수(FM, Frequency Multiplier): 작업자가 일정 시간 동안 물체를 들어올리는 빈도(횟수)에 따라 작업의 부담 정도를 조정해 주는 계수
> ③ 비대칭승수(AM, Asymmetric Multiplier): 물체를 들어올릴 때 몸이 비틀리는 각도(비대칭 각도, A)에 따라 작업 부담을 조정하는 계수

14

산업안전보건법령상 사업주가 위험성평가의 결과와 조치사항을 기록·보존할 때 포함되어야 할 사항이 아닌 것은? (단, 그 밖에 위험성평가의 실시내용을 확인하기 위하여 필요한 사항은 제외한다.)

① 위험성 결정의 내용
② 유해위험방지계획서 수립 유무
③ 위험성 결정에 따른 조치의 내용
④ 위험성평가 대상의 유해·위험요인

> **위험성평가 실시내용 및 결과의 기록·보존(산업안전보건법 시행규칙 제37조)**
> - 사업주가 법 제36조 제3항에 따라 위험성평가의 결과와 조치사항을 기록·보존할 때에는 다음의 사항이 포함되어야 한다.
>   ✔ 위험성평가 대상의 유해·위험요인
>   ✔ 위험성 결정의 내용
>   ✔ 위험성 결정에 따른 조치의 내용
>   ✔ 그 밖에 위험성평가의 실시내용을 확인하기 위하여 필요한 사항으로서 고용노동부장관이 정하여 고시하는 사항
> - 사업주는 위에 따른 자료를 3년간 보존해야 한다.

15 ★ 빈출

다음 중 규폐증을 일으키는 주요 물질은?

① 면분진
② 석탄 분진
③ 유리규산
④ 납흄

> ③ 규폐증을 일으키는 주요 물질은 유리규산(SiO_2, 결정질 실리카)이다. 규폐증은 주로 광산, 채석장, 도공, 주물공장 등에서 발생하며, 모래·석영·화강암 등 규소가 풍부한 광물의 분진, 즉 유리규산의 미세 입자를 장기간 흡입할 때 생긴다.
> ① 면분진: 면폐증의 원인
> ② 석탄 분진: 탄광부 진폐증(석탄노동자 진폐증)의 원인
> ④ 납흄: 납중독 등 금속중독의 원인

16 ⭐빈출

화학물질 및 물리적 인자의 노출기준 고시상 다음 ( )에 들어갈 유해물질들 간의 상호작용은?

> (노출기준 사용상의 유의사항) 각 유해인자의 노출기준은 해당 유해인자가 단독으로 존재하는 경우의 노출기준을 말하며, 2종 또는 그 이상의 유해인자가 존재하는 경우에는 각 유해인자의 (   )으로 유해성이 증가할 수 있으므로 법에 따라 산출하는 노출기준을 사용하여야 한다.

① 상승작용
② 강화작용
③ 상가작용
④ 길항작용

- 상승작용(Synergism): 두 가지 이상의 물질이 함께 작용할 때, 각각의 효과를 단순히 더한 것보다 훨씬 더 큰 효과가 나타나는 현상이다.
  - 예 흡연과 석면에 동시에 노출되면 폐암 위험이 각각의 위험을 더한 것보다 훨씬 커짐
- 강화(가승)작용(Potentiation): 한 물질은 독성이 없거나 매우 약하지만, 다른 물질의 독성을 크게 증가시키는 현상이다.
  - 예 이소프로판올 자체는 독성이 없지만, 사염화탄소와 함께 노출되면 사염화탄소의 간독성이 크게 증가함
- 상가작용(Additivity): 두 가지 이상의 물질이 함께 작용할 때, 효과가 단순히 합산되는 현상이다.
  - 예 A의 효과가 2, B의 효과가 3이면, 함께 노출될 때 효과는 5 (2 + 3 = 5)가 됨
- 길항작용(Antagonism): 두 가지 이상의 물질이 함께 작용할 때, 서로의 효과를 약화시켜 결과적으로 효과가 줄어드는 현상이다.
  - 예 해독제가 독성물질의 효과를 감소시키는 경우

17 ⭐빈출

A사업장에서 중대재해인 사망사고가 1년간 4건 발생하였다면 이 사업장의 1년간 4일 미만의 치료를 요하는 경미한 사고건수는 몇 건이 발생하는지 예측되는가? (단, Heinrich의 이론에 근거하여 추정한다.)

① 116
② 120
③ 1,160
④ 1,200

> **하인리히가 제시한 산업재해의 구성비율**
> 사망 또는 중상해 : 경상 : 무상해 사고 = 1 : 29 : 300
> 사망사고 : 경상(경미한 사고) = 1 : 29 = 4 : □
> □ = 116

18

교대작업이 생기게 된 배경으로 옳지 않은 것은?

① 사회환경의 변화로 국민생활과 이용자들의 편의를 위한 공공사업의 증가
② 의학의 발달로 인한 생체주기 등의 건강상 문제 감소 및 의료기관의 증가
③ 석유화학 및 제철업 등과 같이 공정상 조업중단이 불가능한 산업의 증가
④ 생산설비의 완전가동을 통해 시설투자비용을 조속히 회수하려는 기업의 증가

- ② 교대작업 때문에 건강상 문제와 생체리듬(일주기리듬) 장애, 수면의 질 저하 등 다양한 건강 문제가 사회문제로 대두되고 있다.
- ① 의료, 방송, 통신, 신문, 교통 등 국민 편의와 사회 필수 서비스를 24시간 제공하기 위한 교대작업 도입 사례이다.
- ③ 석유화학 · 철강 산업 등 연속공정에서는 작업 중단이 불가피하게 경제적 손실로 이어지므로 교대작업이 필수적이다.
- ④ 대규모 생산설비의 투자비용을 단기간에 회수하기 위해 설비를 24시간 가동하는데, 이를 위해 교대작업이 도입된다.

19 ⭐빈출

작업장에 존재하는 유해인자와 직업성 질환의 연결이 옳지 않은 것은?

① 망간 – 신경염
② 무기 분진 – 진폐증
③ 6가 크롬 – 비중격천공
④ 이상기압 – 레이노씨 병

레이노씨 병(레이노 현상)은 진동, 냉노출, 혈관질환 등과 관련이 깊고, 이상기압(고압 · 저압환경)에 의한 대표적 직업병은 감압병, 고압증 등이다.

관련개념
- 레이노씨 병: 주로 손가락, 발가락의 반복적 진동 · 냉노출, 교원성 질환, 자가면역질환 등이 원인이고, 이상기압과의 직접적 연관성은 없다. 오히려 진동공구 작업자, 냉동 관련 작업자 등에게서 잘 발생한다.
- 이상기압 환경: 감압병(잠수병), 고압증, 질식 또는 폐기포 손상 등이 대표적 직업성 질환이다.

20 ⭐빈출

심한 노동 후의 피로 현상으로 단기간의 휴식에 의해 회복될 수 없는 병적 상태를 무엇이라 하는가?

① 곤비
② 과로
③ 전신피로
④ 국소피로

- 심한 노동 후 피로 현상으로, 단기간의 휴식에 의해 회복되지 않고 병적 상태로 발전하는 현상은 곤비(困憊)라 한다. 곤비란 '지나친 피로나 과로로 인해 장기간에 걸쳐 신체적 · 정신적 기능 저하가 지속되는 병적 피로 상태'로, 단순한 과로나 일시적 전신피로와는 구분된다. 곤비 상태는 능률 저하, 업무 중 사고 증가, 만성적 신체 증상과 같은 문제를 유발할 수 있으며, 충분한 휴식에도 불구하고 피로가 풀리지 않고 일상생활에 지장을 준다면 곤비로 간주한다.
- '과로', '전신피로', '국소피로'는 피로의 일반적 분류 혹은 원인이 될 수 있지만, 임상적으로 단기간 휴식에 회복되지 않는 병적 피로 상태의 정확한 명칭은 곤비이다.

21

고체 흡착제를 이용하여 시료채취를 할 때 영향을 주는 인자에 관한 설명으로 틀린 것은?

① 오염물질 농도: 공기 중 오염물질의 농도가 높을수록 파과 용량은 증가한다.
② 습도: 습도가 높으면 극성 흡착제를 사용할 때 파과 공기량이 적어진다.
③ 온도: 일반적으로 흡착은 발열 반응이므로 열역학적으로 온도가 낮을수록 흡착에 좋은 조건이다.
④ 시료 채취유량: 시료 채취유량이 높으면 쉽게 파과가 일어나나 코팅된 흡착제인 경우는 그 경향이 약하다.

시료 채취유량이 높으면 쉽게 파과가 일어나나 코팅된 흡착제인 경우는 그 경향이 강하다.

22

불꽃방식의 원자흡광광도계의 특징으로 옳지 않은 것은?

① 조작이 쉽고 간편하다.
② 분석시간이 흑연로장치에 비하여 적게 소요된다.
③ 주입 시료액의 대부분이 불꽃 부분으로 보내지므로 감도가 높다.
④ 고체 시료의 경우 전처리에 의하여 매트릭스를 제거해야 한다.

불꽃방식에서는 시료액의 대부분이 불꽃으로 도달하지 못하고 손실되는 경우가 많아 흑연로 방식에 비해 감도가 상대적으로 낮다. 불꽃원자화는 시료 소비가 크고 감도가 낮은 편이다.

23 빈출

산업안전보건법령상 소음의 측정시간에 관한 내용 중 A에 들어갈 숫자는?

> 단위작업 장소에서 소음 수준을 측정할 때는 1일 작업시간 동안 (A)시간 이상 연속 측정하거나, 또는 작업시간을 1시간 간격으로 나누어 (A)회 이상 측정해야 한다

① 2
② 4
③ 6
④ 8

단위작업 장소에서 소음 수준을 측정할 때는 1일 작업시간 동안 6시간 이상 연속 측정하거나, 또는 작업시간을 1시간 간격으로 나누어 6회 이상 측정해야 한다.

24

산업안전보건법령상 다음과 같이 정의되는 용어는?

> 작업환경측정 · 분석 결과에 대한 정확성과 정밀도를 확보하기 위하여 작업환경측정기관의 측정 · 분석능력을 확인하고, 그 결과에 따라 지도 · 교육 등 측정 · 분석능력 향상을 위하여 행하는 모든 관리적 수단

① 정밀관리
② 정확관리
③ 적정관리
④ 정도관리

정도관리(精度管理)란 작업환경측정 및 분석의 정도(정확성 및 정밀도)를 확보하고 유지하기 위해 실시하는 지도, 교육, 시험, 평가, 보완, 문서화 등 일체의 관리적 수단을 말한다. 주관기관이 종합관리하며, 정도관리 결과가 미흡할 경우 재교육 또는 시정조치가 요구된다.

25 빈출

한 근로자가 하루 동안 TCE에 노출되는 것을 측정한 결과가 아래와 같을 때, 8시간 시간가중평균치(TWA; ppm)는?

측정시간	노출농도(ppm)
1시간	10.0
2시간	15.0
4시간	17.5
1시간	0.0

① 15.7
② 14.2
③ 13.8
④ 10.6

$$\text{TWA} = \frac{(1 \times 10) + (2 \times 15) + (4 \times 17.5) + (1 \times 0)}{8} = 13.75$$

26 빈출

Pitot Tube(피토관)에 대한 설명 중 옳은 것은? (단, 측정 기체는 공기이다.)

① Pitot Tube의 정확성에는 한계가 있어 정밀한 측정에서는 경사 마노미터를 사용한다.
② Pitot Tube를 이용하여 곧바로 기류를 측정할 수 있다.
③ Pitot Tube를 이용하여 총압과 속도압을 구하여 정압을 계산한다.
④ 속도압이 25mmH₂O일 때 기류속도는 28.58m/sec이다.

② Pitot Tube를 이용하여 곧바로 기류를 측정할 수 없으며 계산을 통해 산정한다.
③ Pitot Tube를 이용하여 총압과 정압을 구하여 속도압을 계산한다.(총압 - 정압 = 속도압)
④ 속도압이 25mmH₂O일 때 기류속도는 20.21m/sec이다(상온인 20℃에서의 공기밀도(1.2kg/m³)를 적용한다).

$$\text{동압(VP)} = \frac{\gamma V^2}{2g}$$

$$25\text{mmH}_2\text{O} = \frac{\frac{1.2\text{kg}}{\text{m}^3} \times V^2}{2 \times 9.8\text{m/sec}^2}$$

$$V = 20.2072\text{m/sec}$$

∘ VP: 동압 측정치(mmH₂O)   ∘ γ: 가스 밀도(kg/m³)
∘ V: 유속(m/sec)   ∘ g: 중력가속도(9.8 m/sec²)

27

산업안전보건법령상 작업환경측정 대상이 되는 작업장 또는 공정에서 정상적인 작업을 수행하는 동일 노출집단의 근로자가 작업을 하는 장소를 지칭하는 용어는?

① 동일작업 장소
② 단위작업 장소
③ 노출측정 장소
④ 측정작업 장소

정상적인 작업을 수행하는 동일 노출집단의 근로자가 작업을 하는 장소는 단위작업 장소이다.

28

근로자가 일정 시간 동안 일정 농도의 유해물질에 노출될 때 체내에 흡수되는 유해물질의 양은 아래의 식을 적용하여 구한다. 각 인자에 대한 설명이 틀린 것은?

$$\text{체내 흡수량(mg)} = C \times T \times R \times V$$

① C: 공기 중 유해물질 농도
② T: 노출시간
③ R: 체내 잔류율
④ V: 작업공간 공기의 부피

V는 작업자가 들이마신 공기의 부피(폐 환기량)이다.

29

고열(Heat Stress)의 작업환경 평가와 관련된 내용으로 틀린 것은?

① 가장 일반적인 방법은 습구흑구온도(WBGT)를 측정하는 방법이다.
② 자연습구온도는 대기온도를 측정하긴 하지만 습도와 공기의 움직임에 영향을 받는다.
③ 흑구온도는 복사열에 의해 발생하는 온도이다.
④ 습도가 높고 대기 흐름이 적을 때 낮은 습구온도가 발생한다.

습구온도는 기온보다 낮은 값으로, 천이 감긴 수분이 증발하면서 식는 효과 덕분에 낮게 나타난다. 하지만, 습도가 높으면 증발이 잘 안 되므로 냉각 효과가 적어져 습구온도가 올라간다. 또한, 공기 흐름이 약하면 증발 속도가 느려져 역시 습구온도가 높아진다. 즉, 습구온도가 낮으려면 습도가 낮고, 대기 흐름(바람)이 강해야 한다는 뜻이다.

관련개념
- 습구온도(Wet Bult Temperature): 젖은 천이 감긴 온도계로 측정한 온도이며, 기온 이외에도 공기 중 습도와 대기 흐름(통풍)에 영향을 받는다.
- 흑구온도(Globe Temperature): 검은색 구 표면에서 측정한 온도로, 태양 복사열 등 주위의 복사에너지에 주로 영향을 받는다.

30 ⭐빈출

같은 작업 장소에서 동시에 5개의 공기시료를 동일한 채취 조건하에서 채취하여 벤젠에 대해 아래의 도표와 같은 분석결과를 얻었다. 이때 벤젠농도 측정의 변이계수(CV%)는?

공기시료번호	벤젠농도(ppm)
1	5.0
2	4.5
3	4.0
4	4.6
5	4.4

① 8%
② 14%
③ 56%
④ 96%

- 평균 $= \dfrac{5.0+4.5+4.0+4.6+4.4}{5} = 4.5\text{ppm}$
- 표준편차

$$= \left[\frac{(5.0-4.5)^2+(4.5-4.5)^2+(4.0-4.5)^2+(4.6-4.5)^2+(4.4-4.5)^2}{5-1}\right]^{\frac{1}{2}} = 0.3605$$

- 변이계수(CV) $= \dfrac{\text{표준편차}}{\text{평균}} \times 100\%$

$$= \frac{0.3605}{4.5} \times 100 = 8.0111\%$$

31

작업장 내 다습한 공기에 포함된 비극성 유기증기를 채취하기 위해 이용할 수 있는 흡착제의 종류로 가장 적절한 것은?

① 활성탄(Activated Charcoal)
② 실리카겔(Silica Gel)
③ 분자체(Molecular Sieve)
④ 알루미나(Alumina)

- 활성탄은 넓은 표면적과 비극성 흡착특성을 가지고 있어 톨루엔, 벤젠, 자일렌 등 비극성 유기화합물을 효과적으로 포집할 수 있다. 물분자에 덜 민감하여 다습한 환경에서도 상대적으로 안정적인 성능을 유지하기 때문에 가장 널리 사용된다.
- 실리카겔, 분자체, 알루미나 등은 극성 물질에 주로 사용되며 수분에 민감하거나 흡착력이 떨어질 수 있다.

32 빈출

산업안전보건법령상 가스상 물질의 측정에 관한 내용 중 일부이다. (   )에 들어갈 내용으로 옳은 것은?

> 검지관방식으로 측정하는 경우에는 1일 작업시간 동안 1시간 간격으로 (   )회 이상 측정하되 측정시간마다 2회 이상 반복 측정하여 평균값을 산출하여야 한다.

① 2
② 4
③ 6
④ 8

검지관방식으로 측정하는 경우에는 1일 작업시간 동안 1시간 간격으로 6회 이상 측정하되 측정시간마다 2회 이상 반복 측정하여 평균값을 산출하여야 한다.

33

벤젠과 톨루엔이 혼합된 시료를 길이 30cm, 내경 3mm인 충진관이 장치된 기체크로마토그래피로 분석한 결과가 아래와 같을 때, 혼합 시료의 분리효율을 99.7%로 증가시키는 데 필요한 충진관의 길이(cm)는? (단, N, H, L, W, R_s, t_R은 각각 이론단수, 높이(HETP), 길이, 봉우리 너비, 분리계수, 머무름 시간을 의미하고, 문자 위 "−"(bar)는 평균값을, 하첨자 A와 B는 각각의 물질을 의미하며, 분리효율이 99.7%가 되기 위한 R_s는 1.50이다.)

[크로마토그램 결과]

분석물질	머무름시간 (Retention Time)	봉우리 너비 (Peak Width)
벤젠	16.4분	1.15분
톨루엔	17.6분	1.25분

[크로마토그램 관계식]

$$N = 16\left(\frac{t_R}{W}\right)^2, \quad H = \frac{L}{N}$$

$$R_s = \frac{2(t_{RA} - t_{RB})}{W_A + W_B}, \quad \frac{\overline{N_1}}{\overline{N_2}} = \frac{R_{s1}^2}{R_{s2}^2}$$

① 60
② 62.5
③ 67.5
④ 72.5

- $N = 16\left(\frac{t_R}{W}\right)^2, \quad H = \frac{L}{N}$

- $R_s = \frac{2(t_{RA} - t_{RB})}{W_A + W_B}, \quad \frac{\overline{N_1}}{\overline{N_2}} = \frac{R_{s1}^2}{R_{s2}^2}$

  - N: 이론단수
  - H: 높이(HETP)
  - L: 길이
  - W: 봉우리 너비
  - R_s: 분리계수
  - t_R: 머무름 시간

- $H = \dfrac{L}{N}$ 이므로 $L \propto N$이다.

  따라서 $\dfrac{\overline{N_1}}{\overline{N_2}} = \dfrac{R_{s1}^2}{R_{s2}^2} = \dfrac{L_1}{L_2}$ 가 된다.

- $R_s = \dfrac{2(t_{RA} - t_{RB})}{W_A + W_B} = \dfrac{2(17.6 - 16.4)}{1.25 + 1.15} = 1$

  R_s가 1.5일 때 분리효율이 99.7%가 되므로,

  $$\frac{1^2}{1.5^2} = \frac{30\text{cm}}{L_2}$$

  $L_2 = 67.5\text{cm}$

정답 31 ① 32 ③ 33 ③

34 빈출

단위작업 장소에서 소음의 강도가 불규칙적으로 변동하는 소음을 누적소음노출량 측정기로 측정하였다. 누적소음 노출량이 300%인 경우, 시간가중평균 소음수준(dB(A))은?

① 92
② 98
③ 103
④ 106

$$TWA = 16.61 \log \frac{누적소음노출량(\%)}{100} + 90$$

$$= 16.61 \log \frac{300}{100} + 90$$

$$= 97.9249$$

관련개념 누적소음노출량 평가

- $TWA = 16.61 \log \dfrac{누적소음노출량(\%)}{12.5 \times T} + 90$
- $TWA = 16.61 \log \dfrac{누적소음노출량(\%)}{100} + 90$

※ 100은 12.5×8로 8시간 근로시간인 경우 적용
※ 12.5는 근로시간에 대한 노출 허용 기준과 관련된 상수로 사용

35 빈출

공장에서 A용제 30%(노출기준 1,200mg/m³), B용제 30%(노출기준 1,400mg/m³) 및 C용제 40%(노출기준 1,600mg/m³)의 중량비로 조성된 액체용제가 증발되어 작업환경을 오염시킬 때, 이 혼합물의 노출기준(mg/m³)은? (단, 혼합물의 성분은 상가 작용을 한다.)

① 1,400
② 1,450
③ 1,500
④ 1,550

$$\frac{C_1}{T_1} + \frac{C_2}{T_2} + \frac{C_3}{T_3} = \frac{C_1 + C_2 + C_3}{T_{mix}}$$

$$\frac{30}{1,200} + \frac{30}{1,400} + \frac{40}{1,600} = \frac{100}{T_{mix}}$$

$$T_{mix} = 1,400 mg/m^3$$

∘ C_n : 각 성분의 농도 또는 중량비
∘ T_n : 각 성분의 노출기준(mg/m³)

36 빈출

WBGT 측정기의 구성요소로 적절하지 않은 것은?

① 습구온도계
② 건구온도계
③ 카타온도계
④ 흑구온도계

- WBGT 측정기는 습구온도계, 건구온도계, 흑구온도계로 구성되며, 세 지표를 사용하여 열 스트레스를 평가한다.
- 카타온도계는 기류(풍속) 측정에 사용되는 온도계로, WBGT 측정기의 구성요소가 아니다.

37 빈출

유량, 측정시간, 회수율 및 분석에 의한 오차가 각각 18%, 3%, 9%, 5%일 때, 누적 오차(%)는?

① 18
② 21
③ 24
④ 29

$$누적오차(\%) = \left[(x_1)^2 + (x_2)^2 + (x_3)^2 + \cdots\right]^{\frac{1}{2}}$$

$$= \left[(18)^2 + (3)^2 + (9)^2 + (5)^2\right]^{\frac{1}{2}} = 20.9523\%$$

38

흡광광도법에 관한 설명으로 틀린 것은?

① 광원에서 나오는 빛을 단색화 장치를 통해 넓은 파장 범위의 단색 빛으로 변화시킨다.
② 선택된 파장의 빛을 시료액 층으로 통과시킨 후 흡광도를 측정하여 농도를 구한다.
③ 분석의 기초가 되는 법칙은 램버어트-비어의 법칙이다.
④ 표준액에 대한 흡광도와 농도의 관계를 구한 후, 시료의 흡광도를 측정하여 농도를 구한다.

광원에서 나오는 빛을 단색화 장치를 통해 좁은 파장 범위의 단색 빛으로 변화시킨다.

39 빈출

작업환경 중 분진의 측정 농도가 대수정규분포를 따를 때, 측정 자료의 대표치에 해당되는 용어는?

① 기하평균치
② 산술평균치
③ 최빈치
④ 중앙치

작업환경 중 분진의 농도와 같이 농도 데이터가 대수정규분포(로그-정규분포)를 따를 때, 측정 자료의 대표치로는 기하평균치가 가장 적합하다. 이는 산술평균치가 극단값(이상치)의 영향을 많이 받는 반면, 기하평균치는 대수정규분포의 중앙 경향을 잘 나타내기 때문이다.

40

진동을 측정하기 위한 기기는?

① 충격측정기(Impulse Meter)
② 레이저 판독판(Laser Readout)
③ 가속측정기(Accelerometer)
④ 소음측정기(Sound Level Meter)

가속측정기는 진동의 주요 특성인 가속도, 속도, 변위를 측정할 수 있는 대표적인 센서로, 산업 현장과 각종 장비의 진동 계측에 널리 사용된다.

41 빈출

국소배기 시설에서 장치 배치 순서로 가장 적절한 것은?

① 송풍기 → 공기정화기 → 후드 → 덕트 → 배출구
② 공기정화기 → 후드 → 송풍기 → 덕트 → 배출구
③ 후드 → 덕트 → 공기정화기 → 송풍기 → 배출구
④ 후드 → 송풍기 → 공기정화기 → 덕트 → 배출구

국소배기 시설의 장치 배치순서
후드 → 덕트 → 공기정화기 → 송풍기 → 배출구

42 빈출

금속을 가공하는 음압수준이 98dB(A)인 공정에서 NRR이 17인 귀마개를 착용했을 때의 차음효과(dB(A))는? (단, OSHA의 차음효과 예측방법을 적용한다.)

① 2
② 3
③ 5
④ 7

차음효과 = (NRR − 7) × 50%
　　　　= (17 − 7) × 0.5 = 5dB

43

다음 중 중성자의 차폐(Shielding) 효과가 가장 적은 물질은?

① 물
② 파라핀
③ 납
④ 흑연

- 중성자 차폐 효과가 큰 물질은 일반적으로 수소를 많이 포함한 물질(예 물, 파라핀)로, 중성자가 이러한 가벼운 원자들과 충돌하며 에너지를 효과적으로 잃기 때문이다.
- 흑연(탄소 기반 물질)도 어느 정도 효과적인 감속재로 쓰일 수 있다.
- 납은 밀도가 높아 감마선 차폐에는 효과적이지만, 가벼운 원소가 아니므로 중성자 차폐에는 효과가 적다.

정답 　39 ①　40 ③　41 ③　42 ③　43 ③

44

테이블에 붙여서 설치한 사각형 후드의 필요환기량 $Q(m^3/min)$을 구하는 식으로 적절한 것은? (단, 플랜지는 부착되지 않았고, $A(m^2)$는 개구면적, $X(m)$는 개구부와 오염원 사이의 거리, $V(m/sec)$는 제어 속도를 의미한다.)

① $Q = V \times (5X^2 + A)$
② $Q = V \times (7X^2 + A)$
③ $Q = 60 \times V \times (5X^2 + A)$
④ $Q = 60 \times V \times (7X^2 + A)$

테이블에 붙인 사각형 외부식 후드의 경우, 플랜지 미부착이므로 $Q = 60 \times V \times (5X^2 + A)$이다.

45

원심력집진장치에 관한 설명 중 옳지 않은 것은?

① 비교적 적은 비용으로 집진이 가능하다.
② 분진의 농도가 낮을수록 집진효율이 증가한다.
③ 함진가스에 선회류를 일으키는 원심력을 이용한다.
④ 입자의 크기가 크고 모양이 구체에 가까울수록 집진 효율이 증가한다.

분진의 농도가 높을수록 집진효율이 증가한다.

46

직경이 38cm, 유효높이 2.5m의 원통형 백필터를 사용하여 $60m^3/min$의 함진가스를 처리할 때 여과속도(cm/sec)는?

① 25
② 34
③ 50
④ 64

유량(Q) = 여과속도(V) × 여과면적(A)
여기서, 여과면적은 원통형 백필터의 옆면적에 해당한다(π × 직경 × 높이).

$$\frac{60m^3}{min} = \pi \times 0.38m \times 2.5m \times \frac{\square cm}{sec} \times \frac{1m}{100cm} \times \frac{60sec}{1min}$$

$\square = 33.5063 cm/sec$

47

표준상태(STP; 0℃, 1기압)에서 공기의 밀도가 $1.293kg/m^3$일 때, 40℃, 1기압에서 공기의 밀도(kg/m^3)는?

① 1.040
② 1.128
③ 1.185
④ 1.312

$$\frac{1.293kg}{m^3 \times \dfrac{(273+40)K}{273K}} = 1.1277kg/m^3$$

48

국소배기장치로 외부식 측방형 후드를 설치할 때, 제어 풍속을 고려하여야 할 위치는?

① 후드의 개구면
② 작업자의 호흡 위치
③ 발산되는 오염 공기 중의 중심위치
④ 후드의 개구면으로부터 가장 먼 작업 위치

• 포위식 후드: 후드 개구면에서의 풍속 기준
• 외부식 후드: 후드 개구면으로부터 가장 먼 작업 위치에서의 풍속 기준

49

작업장에서 작업공구와 재료 등에 적용할 수 있는 진동대책과 가장 거리가 먼 것은?

① 진동공구의 무게는 10kg 이상 초과하지 않도록 만들어야 한다.
② 강철로 코일용수철을 만들면 설계를 자유롭게 할 수 있으나 Oil Damper 등의 저항요소가 필요할 수 있다.
③ 방진고무를 사용하면 공진 시 진폭이 지나치게 커지지 않지만 내구성, 내약품성이 문제가 될 수 있다.
④ 코르크는 정확하게 설계할 수 있고 고유진동수가 20Hz 이상이므로 진동방지에 유용하게 사용할 수 있다.

코르크는 재질이 일정하지 않아 정확한 설계와 성능 예측이 어렵기 때문에 일반적으로 진동대책 재료로 널리 채택되지 않는다. 즉, 코르크는 정확하게 설계될 수 있는 진동재료도 아니고, 고유진동수가 높을수록 오히려 저주파 진동 방지에는 부적합하다.

50 빈출

여과집진장치의 여과지에 대한 설명으로 틀린 것은?

① 0.1μm 이하의 입자는 주로 확산에 의해 채취된다.
② 압력강하가 적으면 여과지의 효율이 크다.
③ 여과지의 특성을 나타내는 항목으로 기공의 크기, 여과지의 두께 등이 있다.
④ 혼합섬유 여과지로 가장 많이 사용되는 것은 Microsorban 여과지이다.

유리섬유 여과지로 가장 많이 사용되는 것은 Microsorban 여과지이다.

51 빈출

일반적인 후드 설치의 유의사항으로 가장 거리가 먼 것은?

① 오염원 전체를 포위시킬 것
② 후드는 오염원에 가까이 설치할 것
③ 오염 공기의 성질, 발생상태, 발생원인을 파악할 것
④ 후드의 흡인방향과 오염가스의 이동방향은 반대로 할 것

후드의 흡인방향과 오염가스의 이동방향은 같은 방향으로 해야 한다.

관련개념 후드 설치의 일반적인 유의사항
• 오염원 전체를 포위시킬 것: 오염물질이 후드 밖으로 확산되는 것을 최소화하기 위해 포위식이나 부스식 후드를 우선 설치한다는 규정이 있다.
• 후드는 오염원에 최대한 가깝게 설치할 것: 오염물의 흡입 효율을 높이고 실내로의 확산을 막기 위해 후드는 오염원 근처에 두는 것이 원칙이다.
• 오염공기의 성질, 발생상태, 발생원인을 파악할 것: 적절한 후드 형식과 설계, 설치를 위해 오염원의 특성을 충분히 분석해야 한다

52

앞으로 구부리고 수행하는 작업공정에서 올바른 작업자세라고 볼 수 없는 것은?

① 작업 점의 높이는 팔꿈치보다 낮게 한다.
② 바닥의 얼룩을 닦을 때에는 허리를 구부리지 말고 다리를 구부려서 작업한다.
③ 상체를 구부리고 작업을 하다가 일어설 때는 무릎을 굴절시켰다가 다리 힘으로 일어난다.
④ 신체의 중심이 물체의 중심보다 뒤쪽에 있도록 한다.

올바른 자세는 운반물(또는 작업 대상)의 중심축과 몸의 중심축이 가능한 한 일치하도록 하여, 무게중심을 신체 가까이에 두는 것이다. 무게중심이 몸 뒤쪽에 있으면 허리 부상과 불균형의 위험이 높아지므로 신체의 중심과 물체의 중심은 가까이 위치하도록 한다.

53

호흡기 보호구의 사용 시 주의사항과 가장 거리가 먼 것은?

① 보호구의 능력을 과대평가하지 말아야 한다.
② 보호구 내 유해물질 농도는 허용기준 이하로 유지해야 한다.
③ 보호구를 사용할 수 있는 최대 사용가능농도는 노출기준에 할당보호계수를 곱한 값이다.
④ 유해물질의 농도가 즉시 생명에 위태로울 정도인 경우는 공기 정화식 보호구를 착용해야 한다.

유해물질의 농도가 즉시 생명에 위태로운 수준(IDLH, Immediately Dangerous to Life or Health)인 경우에는 공기 정화식 보호구(예 방진마스크, 방독마스크)를 사용할 수 없으며, 이때는 반드시 자급식 호흡보호구(공기호흡기, SCBA) 또는 송기마스크(공기통 부착형 SAR) 등 고도의 보호장비를 착용해야 한다. 공기 정화식 보호구는 산소 부족 환경, 고농도 유해가스 환경, 즉시 위험(응급상황) 환경에서는 적합하지 않다.

54

흡인구와 분사구의 등속선에서 노즐의 분사구 개구면 유속을 100%라고 할 때 유속이 10% 수준이 되는 지점은 분사구 내경(d)의 몇 배 거리인가?

① 5d
② 10d
③ 30d
④ 40d

노즐 분사구 내경(d)의 30배 거리(30d) 지점에서 유속이 분사구 유속의 10% 수준이 된다.

55

방진마스크의 성능 기준 및 사용 장소에 대한 설명 중 옳지 않은 것은?

① 방진마스크 등급 중 2급은 포집효율이 분리식과 안면부 여과식 모두 90% 이상이어야 한다.
② 방진마스크 등급 중 특급의 포집효율은 분리식의 경우 99.95% 이상, 안면부 여과식의 경우 99.0% 이상이어야 한다.
③ 베릴륨 등과 같이 독성이 강한 물질들을 함유한 분진이 발생하는 장소에서는 특급 방진마스크를 착용하여야 한다.
④ 금속흄 등과 같이 열적으로 생기는 분진이 발생하는 장소에서는 1급 방진마스크를 착용하여야 한다.

방진마스크 등급 중 2급은 포집효율이 분리식과 안면부 여과식 모두 80% 이상이어야 한다.

56

레시버식 캐노피형 후드 설치에 있어 열원 주위 상부의 퍼짐각도는? (단, 실내에는 다소의 난기류가 존재한다.)

① 20°
② 40°
③ 60°
④ 90°

레시버식 캐노피형 후드
• 열원의 바로 위에 설치하며, 사각형 또는 원형 모양의 덮개(캐노피)가 퍼지듯 열려 있다.
• 퍼짐각(난기류 시 40°)을 형성한다.
• 오염물이 상승기류를 따라 후드 아래로 이동한다.
• 후드 상단 혹은 측면에 덕트가 연결되어 오염공기를 배출한다.

57 빈출

국소배기시설의 투자비용과 운전비를 작게 하기 위한 조건으로 옳은 것은?

① 제어속도 증가
② 필요송풍량 감소
③ 후드 개구면적 증가
④ 발생원과의 원거리 유지

① 제어속도를 필요한 최소 수준으로 유지한다.
③ 후드의 개구면적을 최소화한다.
④ 후드를 오염원 가까이에 설치한다.

58

정상류가 흐르고 있는 유체 유동에 관한 연속 방정식을 설명하는 데 적용된 법칙은?

① 관성의 법칙
② 운동량의 법칙
③ 질량보존의 법칙
④ 점성의 법칙

③ 질량보존의 법칙: 유체를 포함하여 모든 물질에 적용되는 기본 법칙으로, 닫힌 계에서 질량은 생성되거나 소멸되지 않고 일정함을 의미한다. 연속 방정식은 이 질량보존 법칙에서 출발한 방정식이다.
① 관성의 법칙(제1법칙): 아이작 뉴턴이 제안한 물리학의 기본 법칙 중 하나로, 외부 힘이 작용하지 않으면 물체는 정지하거나 등속 직선 운동을 계속한다는 원리이다.
② 운동량의 법칙(제2법칙): 뉴턴의 운동 제2법칙으로, 물체에 작용하는 힘이 물체의 질량과 가속도의 곱과 같다는 원리이다($F = ma$). 유체역학에서는 유체의 운동량 변화를 다루는 운동량 방정식(나비에-스토크스 방정식 등)에 적용된다.
④ 점성의 법칙: 점성은 유체 내부의 마찰력을 의미하며, 점성의 법칙은 유체 내 층간 속도 차이에 따라 점성력이 발생한다는 원리이다.

59 빈출

공기 중의 포화증기압이 1.52mmHg인 유기용제가 공기 중에 도달할 수 있는 포화농도(ppm)는?

① 2,000
② 4,000
③ 6,000
④ 8,000

$$\text{포화농도(ppm)} = \frac{\text{포화증기압(mmHg)}}{\text{대기압(mmHg)}} \times 10^6$$

$$= \frac{1.52\text{mmHg}}{760\text{mmHg}} \times 10^6 = 2,000\text{ppm}$$

60 빈출

표준공기(21℃)에서 동압이 5mmHg일 때 유속(m/sec)은?

① 9
② 15
③ 33
④ 45

$$\text{동압(VP)} = \frac{\gamma V^2}{2g}$$

$$5\text{mmHg} \times \frac{10,332\text{mmH}_2\text{O}}{760\text{mmHg}} = \frac{\dfrac{1.3\text{kg}}{\text{Sm}^3 \times \dfrac{(273+21)\text{K}}{273\text{K}}} \times V^2}{2 \times 9.8\text{m/sec}^2}$$

$V = 33.2214\text{m/sec}$

○ VP: 동압 측정치(mmH₂O)
○ γ: 가스 밀도(kg/m³)
○ V: 유속(m/sec)
○ g: 중력가속도(9.8m/sec²)

61

일반적으로 전신진동에 의한 생체반응에 관여하는 인자와 가장 거리가 먼 것은?

① 온도
② 진동 강도
③ 진동 방향
④ 진동수

- 진동 강도(진폭), 진동 방향, 진동수(주파수)는 전신진동 인체 영향에서 핵심적으로 다루는 물리적 특성으로, 각종 기준에서도 주요 관리 인자에 해당한다.
- 온도는 전신진동의 생체반응(불편감, 건강장해 등)에 관여하는 주된 인자가 아니다. 온도는 작업환경 인자로 고려될 수 있지만, 진동의 특성이나 인체 반응의 직접 요인으로 취급되지 않는다

62 

반향시간(Reverberation Time)에 관한 설명으로 옳은 것은?

① 반향시간과 작업장의 공간부피만 알면 흡음량을 추정할 수 있다.
② 소음원에서 소음발생이 중지한 후 소음의 감소는 시간의 제곱에 반비례하여 감소한다.
③ 반향시간은 소음이 닿는 면적을 계산하기 어려운 실외에서의 흡음량을 추정하기 위하여 주로 사용한다.
④ 소음원에서 발생하는 소음과 배경소음 간의 차이가 40dB인 경우에는 60dB만큼 소음이 감소하지 않기 때문에 반향시간을 측정할 수 없다.

① 반향시간은 "음원이 꺼진 후 소리가 60dB 감소하는 데 걸리는 시간"으로 정의한다(RT_{60}).

$$RT_{60} = 0.161\frac{V}{A}$$

- V: 실내 공간 부피(m^3)
- A: 방 전체의 흡음량(m^2 Sabine 단위)

② 소음의 감쇠는 시간의 제곱에 반비례하지 않고, 대략적으로 지수함수적(로그 스케일)으로 감쇠한다.
③ 반향시간은 주로 실내에서 흡음 특성(흡음량 등) 파악 및 설계, 평가에 사용하며, 실외 흡음량 추정에는 사용되지 않는다.
④ 소음이 60dB까지 감소하지 않아도, RT_{60}은 실제로 −5dB~ −35dB 범위 등 부분 감쇠 구간으로도 추정(보정)할 수 있으므로, 소음원-배경소음 차이만으로 측정할 수 있다.

63

산업안전보건법령상 이상기압과 관련된 용어의 정의가 옳지 않은 것은?

① 압력이란 게이지 압력을 말한다.
② 표면공급식 잠수작업은 호흡용 기체통을 휴대하고 하는 작업을 말한다.
③ 고압작업이란 고기압에서 잠함공법이나 그 외의 압기공법으로 하는 작업을 말한다.
④ 기압조절실이란 고압작업을 하는 근로자가 가압 또는 감압을 받는 장소를 말한다.

- "표면공급식 잠수작업"이란 작업자가 직접 호흡용 기체통을 휴대하지 않고, 주로 수면에서 압축공기를 공급받으며 수행하는 잠수작업이다.
- 기체통을 휴대하고 하는 잠수는 "자급식" 또는 "자유잠수법(SCUBA)"이라 한다.

64 빈출

빛과 밝기의 단위에 관한 설명으로 옳지 않은 것은?

① 반사율은 조도에 대한 휘도의 비로 표시한다.
② 광원으로부터 나오는 빛의 양을 광속이라고 하며 단위는 루멘을 사용한다.
③ 입사면의 단면적에 대한 광도의 비를 조도라 하며 단위는 촉광을 사용한다.
④ 광원으로부터 나오는 빛의 세기를 광도라고 하며 단위는 칸델라를 사용한다.

> 입사면의 단면적에 대한 광속의 비를 조도라 하며 단위는 럭스(lux)을 사용한다.

65 빈출

전리방사선의 종류에 해당하지 않는 것은?

① γ선 　　　　② 중성자
③ 레이저 　　　　④ β선

> • γ선(감마선), 중성자, β선(베타선)은 모두 전리방사선에 해당한다.
> • 레이저는 가시광선, 적외선 등 비전리방사선의 한 종류로, 전리방사선이 아니다.

66

다음 중 방사선에 감수성이 가장 큰 인체조직은?

① 눈의 수정체
② 뼈 및 근육조직
③ 신경조직
④ 결합조직과 지방조직

> • 방사선 감수성은 세포분열이 활발할수록, 미분화 조직일수록 높다.
> • 눈의 수정체는 중감수성 조직으로 분류되며, 소량의 방사선에도 쉽게 손상될 수 있기 때문에 특별히 방사선 방호 기준이 엄격하게 적용된다.
> • 눈의 수정체는 방사선 노출 시 백내장이 쉽게 생길 수 있을 정도로 감수성이 매우 높아, 방사선 작업 종사자의 보호 기준도 엄격하게 적용된다.

67

산소결핍이 진행되면서 생체에 나타나는 영향을 순서대로 나열한 것은?

㉠ 가벼운 어지러움
㉡ 사망
㉢ 대뇌피질의 기능 저하
㉣ 중추성 기능장애

① ㉠ → ㉢ → ㉣ → ㉡
② ㉠ → ㉣ → ㉢ → ㉡
③ ㉢ → ㉠ → ㉣ → ㉡
④ ㉢ → ㉣ → ㉠ → ㉡

> ㉠ 가벼운 어지러움: 초기 산소결핍 증상으로서, 뇌 산소 공급이 줄어들며 어지러움, 집중력 저하 등이 나타난다.
> ㉢ 대뇌피질의 기능 저하: 산소 공급 부족이 심해지면서 뇌 기능, 특히 대뇌 피질의 인지력과 판단력이 저하된다.
> ㉣ 중추성 기능장애: 뇌의 중추 신경계 기능이 손상되어 의식 장애, 신경학적 이상 등이 발생한다.
> ㉡ 사망: 산소 공급이 심각하게 부족하여 생명 유지 기능이 정지하게 된다.

68

자외선으로부터 눈을 보호하기 위한 차광보호구를 선정하고자 하는데 차광도가 큰 것이 없어 두 개를 겹쳐서 사용하였다. 각각의 보호구의 차광도가 6과 3이었다면 두 개를 겹쳐서 사용한 경우의 차광도는?

① 6
② 8
③ 9
④ 18

> 차광도 = (6 + 3) − 1 = 8

69

체온의 상승에 따라 체온조절중추인 시상하부에서 혈액온도를 감지하거나 신경망을 통하여 정보를 받아들여 체온방산작용이 활발해지는 작용은?

① 정신적 조절작용(Spiritual Thermoregulation)
② 화학적 조절작용(Chemical Themoregulation)
③ 생물학적 조절작용(Biological Thermoregulation)
④ 물리적 조절작용(Physical Thermoregulation)

> ④ 물리적 조절작용(Physical Thermoregulation): 신경계, 특히 시상하부가 온도 변화에 반응하여 혈관 확장·수축, 발한 같은 물리적 방산·보존기전을 작동시키는 것이다. 체열 발산(땀, 피부혈관 확장) 및 열 보존(혈관 수축, 옷을 입는 행동 등)의 물리적 방법과 직접 연결된다.
> ① 정신적 조절작용(Spiritual Thermoregulation): 체온조절 생리학에서 다루지 않으며, 체온 변화에 대한 심리적 반응이나 의식적 조작을 의미할 수 있으나, 본질적인 체온 생리 조절과는 거리가 멀다.
> ② 화학적 조절작용(Chemical Thermoregulation): 대사활동 조절을 통해 체온을 조절하는 메커니즘이다. 예를 들어 갑상선 호르몬, 아드레날린 등 대사를 촉진하여 열 생산을 증가시키는 것이 있다. 근육 떨림(오한) 등에 의한 열 생성, 갈색지방조직의 비떨림성 열 발생, 호르몬 분비 변화처럼 내부 생화학 반응과 연관된다.
> ③ 생물학적 조절작용(Biological Thermoregulation): 생명체가 전반적으로 체온을 조절하는 모든 생리적 메커니즘을 의미한다. 혈류 조절, 발한, 행동 및 대사 변화 등이 모두 포함된다. 크게 보면 물리적, 화학적 조절작용까지 모두 포괄하는 상위 개념에 해당한다.

70

다음 중 진동에 의한 장해를 최소화시키는 방법과 거리가 먼 것은?

① 진동의 발생원을 격리시킨다.
② 진동의 노출시간을 최소화시킨다.
③ 훈련을 통하여 신체의 적응력을 향상시킨다.
④ 진동을 최소화하기 위하여 공학적으로 설계 및 관리한다.

> 유해노출 저감이 근본대책이고, 개인 적응력 강화는 인정되지 않는다.

71 빈출

저온 환경에 의한 장해의 내용으로 옳지 않은 것은?

① 근육 긴장이 증가하고 떨림이 발생한다.
② 혈압은 변화되지 않고 일정하게 유지된다.
③ 피부 표면의 혈관들과 피하조직이 수축된다.
④ 부종, 저림, 가려움, 심한 통증 등이 생긴다.

> 혈관 수축으로 인해 혈압이 상승하는 것이 일반적이다.

72

작업장의 조도를 균등하게 하기 위하여 국소조명과 전체조명이 병용될 때, 일반적으로 전체조명의 조도는 국부조명의 어느 정도가 적당한가?

① 1/20~1/10
② 1/10~1/5
③ 1/5~1/3
④ 1/3~1/2

> 작업장에서 전체조명(General Lighting)과 국부조명(Local Lighting)을 병용할 경우, 조도의 균형이 맞아야 눈부심과 시각적 피로를 줄일 수 있다. 전체조도의 밝기는 국부조도의 1/10~1/5 정도가 적당하다. 전체조명이 너무 어두우면 국부조명 주변과 배경의 명암 대비가 커져 눈의 피로가 증가하고 전체조명이 너무 밝으면 국부조명의 효과가 약해져 불필요한 에너지가 낭비된다.

73

다음 중 소음에 의한 청력장해가 가장 잘 일어나는 주파수 대역은?

① 1,000Hz
② 2,000Hz
③ 4,000Hz
④ 8,000Hz

> 소음성 난청은 주로 고주파수 영역에서 청력 저하가 먼저 나타나며, 특히 4,000Hz(4kHz)에서 청력손실이 가장 뚜렷하다

정답 69 ④ 70 ③ 71 ② 72 ② 73 ③

74 ⭐

다음 중 감압과정에서 감압속도가 너무 빨라서 나타나는 종격기종, 기흉의 원인이 되는 것은?

① 질소
② 이산화탄소
③ 산소
④ 일산화탄소

감압 과정에서 감압 속도가 너무 빨라지면 체내에 용해되어 있던 기체가 갑자기 기포로 변해 혈관과 조직에 문제를 일으킬 수 있다. 특히 질소는 고기압 환경(예 잠수)에서 체내에 많이 용해되었다가 급격히 감압되면 빠져나오지 못해 기포를 형성하며, 이 기포가 종격기종, 기흉 등과 같은 장해의 원인이 된다. 이러한 현상(잠수병, 감압병)의 주된 원인은 질소이며, 산소, 이산화탄소, 일산화탄소 등 다른 기체는 인체에서 이런 방식으로 기포를 만들지 않거나 체내 용해/배출 방식이 다르다.

75

음향출력이 1,000W인 음원이 반자유공간(반구면파)에 있을 때 20m 떨어진 지점에서의 음의 세기는 약 얼마인가?

① 0.2W/m²
② 0.4W/m²
③ 2.0W/m²
④ 4.0W/m²

반구면(반자유공간)에서는 음파가 반구 형태로 퍼지며, 음의 세기(I)는 다음과 같다.
- 반구인 경우 면적 $= 2\pi r^2$

  $A = 2\pi \times (20m)^2 = 2513.2714 m^2$
- 음의 세기(I)

$$I = \frac{P}{A} = \frac{1,000W}{2,513.2741 m^2} = 0.3978 W/m^2$$

  ◦ P: 음향출력(W)
  ◦ A: 면적

76 ⭐

다음에서 설명하는 고열 건강장해는?

> 고온 환경에서 강한 육체적 노동을 할 때 잘 발생하며, 지나친 발한에 의한 탈수와 염분소실이 발생하며 수의근의 유동성 경련증상이 나타나는 것이 특징이다.

① 열성발진(Heat Rashes)
② 열사병(Heat Stroke)
③ 열피로(Heat Fatigue)
④ 열경련(Heat Cramps)

① 열성발진: 땀샘의 폐쇄로 인한 발진 발생
② 열사병: 체온조절 실패로 인한 고열과 중추신경계 손상
③ 열피로: 탈수 및 염분 손실로 인한 피로감과 무기력 증상

77

마이크로파와 라디오파에 관한 설명으로 옳지 않은 것은?

① 마이크로파의 주파수 대역은 100~3,000MHz 정도이며, 국가(지역)에 따라 범위의 규정이 각각 다르다.
② 라디오파의 파장은 1MHz와 자외선 사이의 범위를 말한다.
③ 마이크로파와 라디오파의 생체작용 중 대표적인 것은 온감을 느끼는 열작용이다.
④ 마이크로파의 생물학적 작용은 파장뿐만 아니라 출력, 노출시간, 노출된 조직에 따라 다르다.

라디오파는 전자기파의 한 종류로, 매우 낮은 주파수(3kHz)부터 300GHz에 이르는 넓은 주파수 대역을 포괄한다. 파장의 범위는 1m~100km이다.

78 ⭐빈출

18℃ 공기 중에서 800Hz인 음의 파장은 약 몇 m인가?

① 0.35
② 0.43
③ 3.5
④ 4.3

$$\text{파장}(\lambda) = \frac{\text{음속}(C)}{\text{주파수}(f)}$$
$$= \frac{[331.42+(0.6\times18)]\text{m/sec}}{800\text{Hz}} = 0.4277\text{m}$$

여기서, 음속 $= 331.42 + 0.6t$

79 ⭐빈출

음압이 2배로 증가하면 음압레벨(Sound Pressure Level)은 몇 dB 증가하는가?

① 2
② 3
③ 6
④ 12

$$\text{SPL} = 20\log\left(\frac{P}{P_0}\right)$$
$$= 20\log\left(\frac{2P_0}{P_0}\right) = 20\log2 = 6.0205\text{dB}$$

80 ⭐빈출

고압환경의 영향 중 2차적인 가압 현상(화학적 장해)에 관한 설명으로 옳지 않은 것은?

① 4기압 이상에서 공기 중의 질소 가스는 마취 작용을 나타낸다.
② 이산화탄소의 증가는 산소의 독성과 질소의 마취작용을 촉진시킨다.
③ 산소의 분압이 2기압을 넘으면 산소 중독증세가 나타난다.
④ 산소중독은 고압산소에 대한 노출이 중지되어도 근육경련, 환청 등 후유증이 장기간 계속된다.

산소중독은 노출이 중단되면 대부분의 증상이 빠르게 회복된다.

81

산업안전보건법령상 사람에게 충분한 발암성 증거가 있는 유해물질에 해당하지 않는 것은?

① 석면(모든 형태)
② 크롬광 가공(크롬산)
③ 알루미늄(용접 흄)
④ 황화니켈(흄 및 분진)

알루미늄의 용접 흄은 관리대상 유해물질(금속류)로 분류는 되지만, 사람에서의 충분한 발암성(Group 1) 근거가 인정되지 않는다. 즉, 인체발암성에 대한 증거는 불충분하다.

82

다음 설명에 해당하는 중금속은?

- 뇌홍의 제조에 사용
- 소화관으로는 2~7% 정도의 소량 흡수
- 금속 형태는 뇌, 혈액, 심근에 많이 분포
- 만성노출 시 식욕부진, 신기능부전, 구내염 발생

① 납(Pb)
② 수은(Hg)
③ 카드뮴(Cd)
④ 안티몬(Sb)

수은은 뇌홍(수은화합물 또는 수은 사용 화학제품) 제조에 사용되는 중금속이다. 사람의 소화관을 통해서는 2~7% 정도만 소량 흡수되며, 주로 금속 형태의 수은은 뇌, 혈액, 심근 등에 많이 분포한다. 만성적으로 수은에 노출되면 식욕부진, 신기능부전, 구내염 등의 증상이 나타난다. 수은은 특히 중추 신경계와 신장 등에 독성을 일으키는 대표적 중금속이다.

정답　　78 ② 79 ③ 80 ④ 81 ③ 82 ②

83

골수장애로 재생불량성 빈혈을 일으키는 물질이 아닌 것은?

① 벤젠(benzene)
② 2-브로모프로판(2-bromopropane)
③ TNT(trinitrotoluene)
④ 2,4-TDI(toluene-2,4-diisocyanate)

2,4-TDI(톨루엔-2,4-디이소시아네이트)는 주로 호흡기계, 특히 천식 등 알레르기성 폐질환과 관계가 깊고, 재생불량성 빈혈 유발과는 관련이 없다.

84 빈출

호흡성 먼지(Respirable Particulate Mass)에 대한 미국 ACGIH의 정의로 옳은 것은?

① 크기가 10~100μm로 코와 인후두를 통하여 기관지나 폐에 침착한다.
② 폐포에 도달하는 먼지로 입경이 7.1μm 미만인 먼지를 말한다.
③ 평균 입경이 4μm이고, 공기역학적 직경이 10μm 미만인 먼지를 말한다.
④ 평균 입경이 10μm인 먼지로 흉곽성(Thoracic) 먼지라고도 한다.

① 10~100μm 크기의 먼지는 주로 코와 인후두에 침착되는 비호흡성 먼지이다.
② 폐포에 도달하는 먼지는 입경이 약 4μm 이하인 경우가 많아 7.1μm 미만이라는 표현은 부정확하다.
④ 평균 입경이 10μm인 먼지는 흉곽성(Thoracic) 먼지로 분류되며, 호흡성 먼지와는 다르다.

관련개념 ACGIH 입자 크기별 기준
• 흡입성 입자상 물질: 평균입경 100μm
• 흉곽성 입자상 물질: 평균입경 10μm
• 호흡성 입자상 물질: 평균입경 4μm

85 빈출

무기성 분진에 의한 진폐증이 아닌 것은?

① 규폐증(Silicosis)
② 연초폐증(Tabacosis)
③ 흑연폐증(Graphite lung)
④ 용접공폐증(Welder's lung)

② 연초폐증(Tabacosis)은 연초, 즉 담배의 유기성 분진에 의해 발생하는 폐질환이며, 무기성 분진에 의한 진폐증이 아니다.
① 규폐증(Silicosis)은 대표적인 무기성 분진(유리규산)에 의해 발생하는 진폐증이다.
③ 흑연폐증(Graphite lung)은 흑연이라는 무기성 분진에 의한 진폐증에 해당한다.
④ 용접공폐증(Welder's lung)은 금속성 무기분진에 노출되어 발생하는 진폐증에 포함된다.

86 빈출

생물학적 모니터링에 관한 설명으로 옳지 않은 것을 모두 고른 것은?

• (A): 생물학적 검체인 호기, 소변, 혈액 등에서 결정인자를 측정하여 노출 정도를 추정하는 방법이다.
• (B): 결정인자는 공기 중에서 흡수된 화학물질이나 그것의 대사산물 또는 화학물질에 의해 생긴 비가역적인 생화학적 변화이다.
• (C): 공기 중의 농도를 측정하는 것이 개인의 건강 위험을 보다 직접적으로 평가할 수 있다.
• (D): 목적은 화학물질에 대한 현재나 과거의 노출이 있었던 것인지를 확인하는 것이다.
• (E): 공기 중 노출기준이 설정된 화학물질의 수만큼 생물학적 노출기준(BEI)이 있다.

① (A), (B), (C) 　　② (A), (C), (D)
③ (B), (C), (E) 　　④ (B), (D), (E)

• (B): 결정인자는 보통 흡수된 화학물질이나 그 대사산물을 의미하며, '비가역적 생화학적 변화'는 건강영향 모니터링에 해당한다.
• (C): 실제 건강 위험을 더 직접적으로 평가하는 방법은 생물학적 모니터링이고, 공기 중 농도 측정은 간접적인 환경 모니터링이다.
• (E): 공기 중 노출기준이 설정된 화학물질보다 생물학적 노출기준(BEI)이 훨씬 적게 설정되어 있다.

정답　　　　83 ④　84 ③　85 ②　86 ③

87

체내에 노출되면 Metallothionein이라는 단백질을 합성하여 노출된 중금속의 독성을 감소시키는 경우가 있는데 이에 해당되는 중금속은?

① 납
② 니켈
③ 비소
④ 카드뮴

- Metallothionein(메탈로티오네인)은 체내에 흡수된 카드뮴(Cd)과 결합해 독성을 해독하는 역할을 하며, 카드뮴 노출 시 간과 신장에서 이 단백질의 합성이 크게 증가한다.
- 납, 니켈, 비소 등도 중금속이지만 메탈로티오네인과의 직접적인 관련성은 카드뮴만큼 강하지 않다.

88

산업안전보건법령상 다음 유해물질 중 노출기준(ppm)이 가장 낮은 것은? (단, 노출기준은 TWA 기준이다.)

① 오존(O_3)
② 암모니아(NH_3)
③ 염소(Cl_2)
④ 일산화탄소(CO)

각 유해물질의 시간가중평균노출기준(TWA, ppm)
- 오존(O_3): 0.1ppm
- 암모니아(NH_3): 25ppm
- 염소(Cl_2): 0.5ppm
- 일산화탄소(CO): 50ppm

89

유해인자에 노출된 집단에서의 질병 발생률과 노출되지 않은 집단에서 질병 발생률과의 비를 무엇이라 하는가?

① 교차비
② 발병비
③ 기여위험도
④ 상대위험도

- ④ 상대위험도(Relative Risk, RR): 노출군 발생률을 비노출군 발생률로 나눈 비율로, 노출과 질병 발생 간 상대적 위험도를 나타내며 코호트 연구 등에서 대표적으로 사용된다.
- ① 교차비(Odds Ratio, OR): 환자-대조군 연구에서 사용되며, 노출군과 비노출군의 질병 발생 가능성 비율을 나타낸다. 직접 발생률 산출이 어려운 연구에서 연관성 지표로 활용되고, 드문 질병에서는 상대위험도(Relative Risk, RR)와 유사하게 해석된다.
- ② 발병비(Incidence Rate Ratio): 두 집단의 질병 발생률을 나눈 값으로, 상대위험도와 비슷하게 집단 간 상대적 위험성을 비교하는 데 쓰인다.
- ③ 기여위험도(Attributable Risk, AR): 노출군과 비노출군 간 발생률 차이로, 노출 요인에 의해 추가된 질병 위험을 의미하며, 위험 제거 시 예방 효과 평가에 유용하다.

90

수은중독의 예방대책이 아닌 것은?

① 수은 주입과정을 밀폐공간 안에서 자동화한다.
② 작업장 내에서 음식물 섭취와 흡연 등의 행동을 금지한다.
③ 수은취급 근로자의 비점막 궤양 생성여부를 면밀히 관찰한다.
④ 작업장에 흘린 수은은 신체가 닿지 않는 방법으로 즉시 제거한다.

수은취급 근로자의 비점막 궤양 생성여부를 면밀히 관찰하는 것은 조기 진단이나 건강검진에 해당하나, 예방대책이라기보다 건강영향 모니터링에 가깝다. 즉, 예방적 조치가 아니라 건강피해 여부를 확인하는 사후적 관리이다.

91

일산화탄소 중독과 관련이 없는 것은?

① 고압산소실
② 카나리아새
③ 식염의 다량투여
④ 카르복시헤모글로빈(Carboxyhemoglobin)

③ 식염의 다량투여는 일산화탄소 중독과 관련이 없으며, 치료나 예방법으로 인정되지 않는다.
① 고압산소실은 일산화탄소 중독 치료에 실제로 사용되는 방법으로, 혈중 일산화탄소(카르복시헤모글로빈)의 반감기를 단축시켜 증상을 빠르게 완화한다.
② 카나리아새는 과거 광산에서 일산화탄소 감지용으로 사용된 예시로 일산화탄소 중독과 밀접한 관련이 있다.
④ 카르복시헤모글로빈(Carboxyhemoglobin)은 일산화탄소가 헤모글로빈과 결합하여 형성되는 화합물로서, 진단 및 병태생리에 직접 관련이 있다.

92

유해물질이 인체에 미치는 영향을 결정하는 인자와 가장 거리가 먼 것은?

① 개인의 감수성
② 유해물질의 독립성
③ 유해물질의 농도
④ 유해물질의 노출시간

"유해물질의 독립성"은 유해물질 자체가 인체에 영향을 미치는 과정과 직접적인 관련이 없는 개념으로, 인체 영향 결정 인자와는 거리가 멀다.

93

벤젠의 생물학적 지표가 되는 대사물질은?

① Phenol
② Coproporphyrin
③ Hydroquinone
④ 1,2,4-Trihydroxybenzene

② Coproporphyrin(코프로포르피린)은 주로 납 또는 일부 금속 중독, 간질환과 관련된 대사산물로, 벤젠의 특이적 대사물질이나 생물학적 지표로 사용되지 않는다.
③ Hydroquinone(히드로퀴논)은 벤젠의 대사 과정에서 생성될 수 있는 대사물질 중 하나이지만, 생물학적 노출지표로 사용되는 대표적인 물질은 아니다.
④ 1,2,4-Trihydroxybenzene 역시 벤젠의 여러 대사 경로 중 하나에서 소량 생성될 수 있으나, 주요 노출 평가지표로 사용되지는 않는다.

94

유기용제의 흡수 및 대사에 관한 설명으로 옳지 않은 것은?

① 유기용제가 인체로 들어오는 경로는 호흡기를 통한 경우가 가장 많다.
② 대부분의 유기용제는 물에 용해되어 지용성 대사산물로 전환되어 체외로 배설된다.
③ 유기용제는 휘발성이 강하기 때문에 호흡기를 통하여 들어간 경우에 다시 호흡기로 상당량이 배출된다.
④ 체내로 들어온 유기용제는 산화, 환원, 가수분해로 이루어지는 생전환과 포합체를 형성하는 포합반응인 두 단계의 대사과정을 거친다.

유기용제는 대부분 지용성이며, 대사과정을 통해 물에 용해되는 수용성 대사산물로 전환되어 체외로 배설된다.

95

다환방향족탄화수소(PAHs)에 대한 설명으로 옳지 않은 것은?

① 벤젠고리가 2개 이상이다.
② 대사가 활발한 다환방향족화합물로 되어있으며 수용성이다.
③ 시토크롬(Cytochrome) P-450의 준개체단에 의하여 대사된다.
④ 철강 제조업에서 석탄을 건류할 때나 아스팔트를 콜타르 피치로 포장할 때 발생된다.

- 인체 대사는 생물체 내에서 일어나는 모든 화학반응의 총합을 의미한다. 구체적으로, 섭취한 영양물질을 체내에서 분해하여 에너지를 생산하고, 필요한 물질을 합성하며, 노폐물을 배출하는 일련의 생리 과정이다.
- 다환방향족탄화수소는 대사가 거의 되지 않고 다환방향족화합물로 되어있으며 지용성이다.

96

증상으로는 무력증, 식욕감퇴, 보행장해 등의 증상을 나타내며, 계속적인 노출 시에는 파킨슨씨 증상을 초래하는 유해물질은?

① 망간
② 카드뮴
③ 산화칼륨
④ 산화마그네슘

- 무력증, 식욕감퇴, 보행장해 등 초기 증상은 망간에 의한 만성 노출에서 흔히 나타난다.
- 계속적인 망간 노출 시 파킨슨씨 증상(파킨슨증후군)이 발생할 수 있다. 망간 중독에서는 신경계, 특히 중추신경계에 영향을 미쳐 운동장애와 보행장해, 근력 저하, 얼굴의 표정 감소, 운동 완만 등 파킨슨병과 유사한 증상들이 나타난다.

97 빈출

다음 중 중추신경 활성억제 작용이 가장 큰 것은?

① 알칸
② 알코올
③ 유기산
④ 에테르

중추신경계 억제작용 순서
알칸족 < 알켄족 < 알코올족 < 유기산 < 에스테르 < 에테르 < 할로겐족

98 빈출

산업안전보건법령상 기타 분진의 산화규소 결정체 함유율과 노출기준으로 옳은 것은?

① 함유율: 0.1% 이상, 노출기준: 5mg/m³
② 함유율: 0.1% 이하, 노출기준: 10mg/m³
③ 함유율: 1% 이상, 노출기준: 5mg/m³
④ 함유율: 1% 이하, 노출기준: 10mg/m³

- 산업안전보건법령에 따르면 기타 분진이란 결정체 산화규소(예 석영, 크리스토발라이트, 트리디마이트)의 함유율이 1% 이하인 분진을 의미하며, 이 경우 노출기준은 10mg/m³(총 분진 기준)이다.
- 1%를 초과하면 일반 분진이 아닌 "결정형 유리규산 분진" 등으로 별도의 더 엄격한 기준이 적용된다.

정답 95 ② 96 ① 97 ④ 98 ④

99 빈출

단순 질식제로 볼 수 없는 것은?

① 오존
② 메탄
③ 질소
④ 헬륨

오존은 산화제이다.

관련개념
- 단순 질식제: 산소를 밀어내거나 산소 분압을 낮추어 생리적으로 질식을 유발하는 불활성 가스이다.
  예 수소(H_2), 질소(N_2), 이산화탄소(CO_2), 메탄(CH_4), 헬륨(He), 아세틸렌(C_2H_2)
- 화학적 질식제: 혈액 내 혈색소와 결합하여 산소 운반 능력을 방해하거나 조직 내 산화효소를 불활성화시켜 질식 작용을 일으키는 물질이다.
  예 일산화탄소(CO), 시안화수소(HCN), 시안화염류(CN^-), 황화수소(H_2S), 이산화질소(NO_2), 포스겐($COCl_2$)

100

금속의 일반적인 독성 작용기전으로 옳지 않은 것은?

① 효소의 억제
② 금속평형의 파괴
③ DNA 염기의 대체
④ 필수 금속성분의 대체

DNA 염기의 대체는 금속 독성의 일반적인 작용기전이 아니며, 금속은 DNA 손상을 유발할 수는 있지만 DNA의 염기서열 자체를 직접 다른 물질로 치환하는 작용은 하지 않는다.

1과목　산업위생학개론

01

작업대사량(RMR)을 계산하는 방법이 아닌 것은?

① 작업대사량/기초대사량
② 기초작업대사량/작업대사량
③ (작업 시 열량소비량 – 안정 시 열량소비량)/기초대사량
④ (작업 시 산소소비량 – 안정 시 산소소비량)/기초대사 시 산소소비량

$$작업대사량(RMR) = \frac{작업대사량}{기초대사량}$$

$$= \frac{작업\ 시\ 열량소비량 – 안정\ 시\ 열량소비량}{기초대사량}$$

$$= \frac{작업\ 시\ 산소소비량 – 안정\ 시\ 산소소비량}{기초대사\ 시\ 산소소비량}$$

02 빈출

최대작업영역을 설명한 것으로 맞는 것은?

① 작업자가 작업할 때 전박을 뻗쳐서 닿는 범위
② 작업자가 작업할 때 사지를 뻗쳐서 닿는 범위
③ 작업자가 작업할 때 어깨를 뻗쳐서 닿는 범위
④ 작업자가 작업할 때 상지를 뻗쳐서 닿는 범위

최대작업영역은 팔 전체(상완, 전박, 손목 등의 전 과정)가 곧게 펴지고 수평범위 내에서 도달할 수 있는 최대 운동범위이다.

관련개념
• 정상작업영역: 위팔을 몸통 옆에 자연스럽게 내린 자세에서 아래팔만 움직여 편하게 도달할 수 있는 작업 범위로, 일반적으로 34~45cm 정도이다. 이 영역은 작업자가 편안하게 작업할 수 있는 영역이다.
• 최대작업영역: 위팔과 아래팔을 모두 곧게 펴서 최대한 뻗어 도달할 수 있는 작업 범위로, 일반적으로 55~65cm 정도이다. 이 영역에서는 작업자의 피로가 더 쉽게 쌓이고 작업 효율이 떨어질 수 있다.

03 빈출

방직공장의 면분진 발생 공정에서 측정한 공기 중 면분진 농도가 2시간은 2.5mg/m³, 3시간은 1.8mg/m³, 3시간은 2.6mg/m³일 때, 해당 공정의 시간가중 평균노출기준 환산값은 약 얼마인가?

① 0.86mg/m³
② 2.28mg/m³
③ 2.35mg/m³
④ 2.60mg/m³

$$• \text{TWA} = \frac{C_1 T_1 + C_2 T_2 + \cdots + C_n T_n}{8}$$

$$= \frac{(2 \times 2.5) + (3 \times 1.8) + (3 \times 2.6)}{8}$$

$$= 2.275\text{mg/m}^3$$

관련개념 시간가중 평균노출기준(Time Weighted Average, TWA)
1일 8시간 작업을 기준으로 유해인자가 발생한 시간별 측정치에 발생시간을 곱하여 8시간으로 나눈 값을 말한다. 산출식은 다음과 같다.

$$\text{TWA} = \frac{C_1 T_1 + C_2 T_2 + \cdots + C_n T_n}{8} = \frac{\sum_{n=1}^{n} (C_n \times T_n)}{8}$$

여기서, 8시간은 1일 작업시간을 의미한다.
◦ C_n: 유해인자의 농도
◦ T_n: 각 농도가 발생한 시간(시간 단위)

정답　01 ②　02 ④　03 ②

04

산업피로의 발생현상(기전)과 가장 관계가 없는 것은?

① 생체 내 조절기능의 변화
② 체내 생리대사의 물리·화학적 변화
③ 물질대사에 의한 피로물질의 체내 축적
④ 산소와 영양소 등의 에너지원 발생 증가

산소 및 영양물질 공급 부족, 에너지원 소모가 산업피로를 유발한다.

05

스트레스 관리 방안 중 조직적 차원의 대응책으로 가장 적합하지 않은 것은?

① 직무 재설계
② 적절한 시간 관리
③ 참여 의사 결정
④ 우호적인 직장 분위기 조성

적절한 시간 관리는 개인적 차원의 스트레스 관리 방법에 속한다.

06

산업안전보건법상 근로자 건강진단의 종류가 아닌 것은?

① 퇴직후건강진단
② 특수건강진단
③ 배치전건강진단
④ 임시건강진단

산업안전보건법상 근로자 건강진단에는 일반건강진단, 특수건강진단, 배치전건강진단, 건강관리카드소지자 건강진단, 수시건강진단, 임시건강진단이 있다.

07

산업위생의 목적과 가장 거리가 먼 것은?

① 근로자의 건강을 유지·증진시키고 작업 능률을 향상시킴
② 근로자들의 육체적, 정신적, 사회적 건강을 유지·증진시킴
③ 유해한 작업환경 및 조건으로 발생한 질병을 진단하고 치료함
④ 작업 환경 및 작업 조건이 최적화되도록 개선하여 질병을 예방함

• 산업위생의 목적은 근로자의 건강을 보호·증진하고, 작업환경 및 조건을 개선하여 질병을 예방하며, 작업능률 향상과 쾌적한 작업환경 조성에 있다.
• 산업위생은 유해요인의 예측, 인지, 측정, 평가, 관리를 통해 직업병 등 질환의 예방을 중점적으로 다룬다.
• 실제로 발생한 질병을 진단·치료하는 것은 산업위생의 본질적 목적이 아니며, 의학·임상의 영역이다.

08 ⭐빈출

어떤 사업장에서 70명의 종업원이 1년간 작업하는 데 1급 장해 1명, 12급 장해 11명의 신체장해가 발생하였을 때 강도율은? (단, 연간 근로일수는 290일, 일 근로시간은 8시간이다.)

신체장애 등급	1~3	11	12
근로손실일수	7,500	400	200

① 59.7
② 72.0
③ 124.3
④ 360.0

- 재해 강도율: (근로손실일수 / 연근로시간수) × 1,000
  재해로 인한 손실 정도("강도")를 나타내는 산업재해지표로, 근로시간 1,000시간당 발생한 손실일수를 의미한다. 즉, 재해 발생 시 그 심각성·중증도를 평가한다.
- 신체장애 12급 → 근로손실일수 = 200일(표 기준)
- 신체장애 1~3급 → 근로손실일수 = 7,500일(표 기준)
- 발생한 재해자
  ✓ 12급 11명 → 11 × 200 = 2,200일
  ✓ 3급 1명 → 1 × 7,500 = 7,500일
  　→ 총 근로손실일수 = 2,200 + 7,500 = 9,700일
- 연간 총 근로시간수 계산
  ✓ 한 근로자 연간 근로시간
  　→ 290일 × 8시간/일 = 2,320시간/연
  ✓ 사업장 인원 70명의 연간 총 근로시간수
  　→ 2,320 × 70 = 162,400시간
- 강도율 = (총 근로손실일수 / 연간 총 근로시간수) × 1,000
  = (9,700 / 162,400) × 1,000 = 59.7290

09

우리나라 산업위생 역사와 관련된 내용 중 맞는 것은?

① 문송면 – 납중독 사건
② 원진레이온 – 이황화탄소 중독 사건
③ 근로복지공단 – 작업환경측정기관에 대한 정도관리제도 도입
④ 보건복지부 – 산업안전보건법·시행령·시행규칙의 제정 및 공포

- ② 원진레이온 사건은 우리나라에서 1990년대 초에 집단적으로 발생한 이황화탄소 중독 사건으로 유명하다. 이 사건은 펄프를 이황화탄소로 처리하는 과정에서 발생했으며 작업환경측정과 건강진단 소홀로 인해 문제가 크게 부각되었다.
- ① 문송면은 우리나라 수은중독 사건의 피해자로, 1988년에 문송면 군이 수은중독으로 사망한 사건이다.
- ③ 작업환경측정기관에 대한 정도관리제도 도입은 한국산업안전공단이 1987년에 설립된 이후 관련 제도를 추진한 것으로 알려져 있다.
- ④ 산업안전보건법 및 관련 시행령·시행규칙은 고용노동부(구 노동부)가 중심이 되어 제정 및 공포하였다.

10 ⭐빈출

에틸벤젠(TLV-100ppm)을 사용하는 작업장의 작업시간이 9시간일 때에는 허용기준을 보정하여야 한다. OSHA 보정방법과 Brief and Scala 보정방법을 적용하였을 때 두 보정된 허용기준치 간의 차이는 약 얼마인가?

① 2.2ppm　　② 3.3ppm
③ 4.2ppm　　④ 5.6ppm

- OSHA 보정방법

  $$보정된\ 노출기준 = 8시간\ 노출기준 \times \frac{8시간}{노출시간/일}$$

  $$= 100 \times \frac{8}{9} = 88.88ppm$$

- Brief and Scala 보정방법

  $$RF = \left(\frac{8}{H}\right) \times \frac{24-H}{16} = \left(\frac{8}{9}\right) \times \frac{24-9}{16} = 0.8333$$

  보정된 노출기준 $= TLV \times RF = 100 \times 0.8333 = 83.33ppm$
- 허용기준치 차이 $= 88.88 - 83.33 = 5.55ppm$

정답　　08 ①　09 ②　10 ④

11

산업안전보건법상 제조 등 금지 대상 물질이 아닌 것은?

① 황린 성냥
② 청석면, 갈석면
③ 디클로로벤지딘과 그 염
④ 4-니트로디페닐과 그 염

- 제조 등 금지 대상 물질에는 황린 성냥, 석면(청석면, 갈석면 포함), 4-니트로디페닐과 그 염이 있다.
- 디클로로벤지딘과 그 염은 허가 대상 유해물질이다.

12

각 개인의 육체적 작업 능력(PWC, Physical Work Capacity)을 결정하는 요인이라고 볼 수 없는 것은?

① 대사 정도
② 호흡기계 활동
③ 소화기계 활동
④ 순환기계 활동

- ③ 소화기계 활동은 음식물 소화와 흡수를 담당하지만 육체적 작업 수행능력과 직접적인 관계는 없다. 육체적 작업 능력은 신체가 작업 수행에 필요한 에너지를 얼마나 효율적으로 생산하고 사용하는가에 따라 결정된다. 주요 결정 요인으로는 대사 정도, 호흡기계 활동, 순환기계 활동이 있다.
- ① 대사 정도는 신체 내 에너지 생성 능력과 관련된다.
- ② 호흡기계 활동은 산소를 흡수해 에너지를 생산하는 데 필수적이다.
- ④ 순환기계 활동은 산소와 영양소를 근육에 공급하여 작업 능력 유지에 중요하다.

13 ⭐빈출

미국산업위생학술원(AAIH)이 채택한 윤리강령 중 기업주와 고객에 대한 책임에 해당하는 내용은?

① 일반 대중에 관한 사항은 정직하게 발표한다.
② 위험 요소와 예방 조치에 관하여 근로자와 상담한다.
③ 성실과 학문적 실력 면에서 최고 수준을 유지한다.
④ 궁극적으로 기업주와 고객보다 근로자의 건강 보호에 있다.

- 기업주와 고객에 대한 책임에는 신뢰를 바탕으로 정직하게 충고하고, 정확한 기록을 유지하며, 쾌적한 작업환경 조성을 위해 책임감 있게 행동해야 한다는 내용이 포함된다.
- 특히, 근로자의 건강 보호가 궁극적 책임임을 인식하고 행동해야 한다고 명시했다.

14 ⭐빈출

산업안전보건법상 입자상 물질의 농도 평가에서 2회 이상 측정한 단시간 노출 농도값이 단시간 노출 기준과 시간 가중평균 기준값 사이일 때 노출기준 초과로 평가해야 하는 경우가 아닌 것은?

① 1일 4회를 초과하는 경우
② 15분 이상 연속 노출되는 경우
③ 노출과 노출 사이의 간격이 1시간 이내인 경우
④ 단위작업장소의 넓이가 30평방미터 이상인 경우

산업안전보건법령상 입자상 물질의 농도 평가에서 2회 이상 측정한 단시간 노출 농도값이 단시간 노출 기준과 시간 가중평균 기준값 사이일 때, 노출 기준 초과로 평가해야 하는 경우는 다음과 같다.
- 1일 4회를 초과하는 경우
- 15분 이상 연속 노출되는 경우
- 노출과 노출 사이의 간격이 1시간 이내인 경우

15

산업안전보건법상 허용기준 대상 물질에 해당하지 않는 것은?

① 노말헥산
② 1-브로모프로판
③ 포름알데히드
④ 디메틸포름아미드

2-브로모프로판이 산업안전보건법상 허용기준 대상 물질에 해당한다.

16

사무실 등의 실내환경에 대한 공기질 개선 방법으로 가장 적합하지 않은 것은?

① 공기청정기를 설치한다.
② 실내 오염원을 제어한다.
③ 창문 개방 등에 따른 실외 공기의 환기량을 증대시킨다.
④ 친환경적이고 유해공기오염물질의 배출정도가 낮은 건축자재를 사용한다.

17

공간의 효율적인 배치를 위해 적용되는 원리로 가장 거리가 먼 것은?

① 기능성 원리
② 중요도의 원리
③ 사용빈도의 원리
④ 독립성의 원리

관련개념 공간 배치 원리
- 공간 배치 원리에는 중요도의 원리, 사용빈도의 원리, 기능성 원리가 대표적이다.
- 중요도의 원리는 중요한 요소일수록 접근이 편리한 위치에 배치하는 것이다.
- 사용빈도의 원리는 자주 사용하는 것을 가까이 배치하는 원리이다.
- 기능성 원리는 기능적으로 관련이 깊은 요소들을 가까이 배치하여 작업효율을 높이는 원리이다

18

어떤 유해요인에 노출될 때 얼마만큼의 환자 수가 증가되는지를 설명해 주는 위험도는?

① 상대 위험도
② 인자 위험도
③ 기여 위험도
④ 노출 위험도

19 ⭐빈출

산업재해가 발생할 급박한 위험이 있거나 중대재해가 발생하였을 경우 취하는 행동으로 적합하지 않은 것은?

① 근로자는 직상급자에게 보고한 후 해당 작업을 즉시 중지시킨다.
② 사업주는 즉시 작업을 중지시키고 근로자를 작업 장소로부터 대피시켜야 한다.
③ 고용노동부 장관은 근로감독관 등으로 하여금 안전·보건진단이나 그 밖의 필요한 조치를 하도록 할 수 있다.
④ 사업주는 급박한 위험에 대한 합리적인 근거가 있을 경우에 작업을 중지하고 대피한 근로자에게 해고 등의 불리한 처우를 해서는 안 된다.

20

산업피로에 대한 대책으로 맞는 것은?

① 커피, 홍차, 엽차 및 비타민 B_1은 피로회복에 도움이 되므로 공급한다.
② 피로한 후 장시간 휴식하는 것이 휴식시간을 여러 번으로 나누는 것보다 효과적이다.
③ 움직이는 작업은 피로를 가중시키므로 될수록 정적인 작업으로 전환하도록 한다.
④ 신체 리듬의 적응을 위하여 야간근무는 연속으로 7일 이상 실시하도록 한다.

2과목 **작업위생 측정 및 평가**

21 빈출

작업장의 현재 총 흡음량은 600sabins이다. 천장과 벽 부분에 흡음재를 사용하여 작업장의 흡음량을 3,000sabins 추가하였을 때 흡음 대책에 따른 실내 소음의 저감량(dB)은?

① 약 12
② 약 8
③ 약 4
④ 약 3

22

일정한 부피조건에서 압력과 온도가 비례한다는 표준 가스에 대한 법칙은?

① 보일 법칙
② 샤를 법칙
③ 게이-루삭 법칙
④ 라울트 법칙

23 빈출

분석기기가 검출할 수 있는 신뢰성을 가질 수 있는 양인 정량한계(LOQ)는?

① 표준편차의 3배
② 표준편차의 3.3배
③ 표준편차의 5배
④ 표준편차의 10배

24 ⭐빈출

작업 환경 측정 결과 측정치가 5, 10, 15, 15, 10, 5, 7, 6, 9, 6의 10개일 때 표준편차는? (단, 단위=ppm)

① 약 1.13
② 약 1.87
③ 약 2.13
④ 약 3.76

- 평균 산정

$$\frac{5+10+15+15+10+5+7+6+9+6}{10}=8.8$$

- 표준편차

$$\text{표준편차}(s)=\sqrt{\frac{\sum\limits_{i=1}^{n}\left(x_i-\overline{x}\right)^2}{n-1}}$$

$$=\sqrt{\frac{\begin{array}{c}(5-8.8)^2+(10-8.8)^2+(15-8.8)^2\\+(15-8.8)^2+(10-8.8)^2+(5-8.8)^2\\+(7-8.8)^2+(6-8.8)^2+(9-8.8)^2+(6-8.8)^2\end{array}}{10-1}}$$

$$=3.7653$$

- x_i: 각 데이터 값
- $\overline{x}$: 데이터의 평균
- n: 데이터 수

25

1N-HCl(F=1.000) 500mL를 만들기 위해 필요한 진한 염산(비중: 1.18, 함량: 35%)의 부피(mL)는?

① 약 18
② 약 36
③ 약 44
④ 약 66

$HCl : 36.5g/eq$

1N-HCl 500mL의 염산 eq와 진한 염산의 eq는 같으므로

$$\frac{1eq}{L}\times 0.5L=\frac{1.18g\times\dfrac{35}{100}\times\dfrac{eq}{36.5g}}{mL}\times\square mL$$

$$\square=44.1888mL$$

26 ⭐빈출

공장에서 A용제 30%(노출기준 1,200mg/m³), B용제 30%(노출기준 1,400mg/m³) 및 C용제 40%(노출기준 1,600mg/m³)의 중량비로 조성된 액체용제가 증발되어 작업환경을 오염시킬 때, 이 혼합물의 노출기준(mg/m³)은? (단, 혼합물의 성분은 상가 작용을 한다.)

① 1,400
② 1,450
③ 1,500
④ 1,550

$$\frac{C_1}{T_1}+\frac{C_2}{T_2}+\frac{C_3}{T_3}=\frac{C_1+C_2+C_3}{T_{mix}}$$

$$\frac{30}{1,200}+\frac{30}{1,400}+\frac{40}{1,600}=\frac{100}{T_{mix}}$$

$$T_{mix}=1,400mg/m^3$$

- C_n: 각 성분의 농도 또는 중량비
- T_n: 각 성분의 노출기준(mg/m³)

27 ⭐빈출

WBGT 측정기의 구성요소로 적절하지 않은 것은?

① 습구온도계
② 건구온도계
③ 카타온도계
④ 흑구온도계

- WBGT 측정기는 습구온도계, 건구온도계, 흑구온도계로 구성되며, 세 지표를 사용하여 열 스트레스를 평가한다.
- 카타온도계는 기류(풍속) 측정에 사용되는 온도계로, WBGT 측정기의 구성요소가 아니다.

28 빈출

유량, 측정시간, 회수율, 분석에 의한 오차가 각각 10, 5, 7, 5%이었다. 만약 유량에 의한 오차(10%)를 5%로 개선시켰다면 개선 후의 누적오차(%)는?

① 약 8.9   ② 약 11.1
③ 약 12.4   ④ 약 14.3

- 처음 누적오차(%) $= \left[(x_1)^2 + (x_2)^2 + (x_3)^2 + \cdots \right]^{\frac{1}{2}}$
$$= \left[(10)^2 + (5)^2 + (7)^2 + (5)^2 \right]^{\frac{1}{2}}$$
$$= 14.1067\%$$

- 개선 후 누적오차(%) $= \left[(x_1)^2 + (x_2)^2 + (x_3)^2 + \cdots \right]^{\frac{1}{2}}$
$$= \left[(5)^2 + (5)^2 + (7)^2 + (5)^2 \right]^{\frac{1}{2}}$$
$$= 11.1355\%$$

29 빈출

작업장 내 톨루엔 노출농도를 측정하고자 한다. 과거의 노출농도는 평균 50ppm이었다. 시료는 활성탄관을 이용하여 0.2L/min의 유량으로 채취한다. 톨루엔의 분자량은 92, 가스크로마토그래피의 정량한계(LOQ)는 시료당 0.5mg이다. 시료를 채취해야 할 최소한의 시간(분)은? (단, 작업장 내 온도는 25℃이다.)

① 10.3   ② 13.3
③ 16.3   ④ 19.3

- 최소시료채취시간(min)을 구하려면, 시료에 포함되어야 하는 최소 질량(정량한계)까지 작업장 공기를 채취하는 데 걸리는 시간(분)을 계산한다.
- 필요한 시료량 = 채취시간 × 농도 × 채취유량

$$0.5\text{mg} = \square\text{min} \times \dfrac{50\text{mL} \times \dfrac{92\text{mg}}{22.4\text{mL}}}{\text{Sm}^3 \times \dfrac{(273+25)\text{K}}{273\text{K}}} \times \dfrac{0.2\text{L}}{\text{min}} \times \dfrac{\text{m}^3}{1{,}000\text{L}}$$

- $\square = 13.2887\text{min}$
- 노출농도 = 50ppm
- 채취유량 = 0.2L/min
- 톨루엔 분자량 = 92
- 정량한계 = 0.5mg

30 빈출

직경분립충돌기에 관한 설명으로 틀린 것은?

① 흡입성, 흉곽성, 호흡성 입자의 크기별 분포와 농도를 계산할 수 있다.
② 호흡기의 부분별로 침착된 입자 크기를 추정할 수 있다.
③ 입자의 질량크기 분포를 얻을 수 있다.
④ 되튐 또는 과부하로 인한 시료 손실이 없어 비교적 정확한 측정이 가능하다.

- 직경분립충돌기(Cascade Impactor)는 입자의 관성력을 이용하여 여러 단계에서 입자를 크기별로 분리·채취하는 장비이다. 각 단계에서 입자의 크기별 질량 농도 분포를 상세히 분석할 수 있다.
- 직경분립충돌기는 되튐 또는 과부하로 인한 시료 손실이 발생할 수 있으므로, 완전 무손실 측정이 불가능하다.

31 빈출

작업장 내의 오염물질 측정방법인 검지관법에 관한 설명으로 옳지 않은 것은?

① 민감도가 낮다.
② 특이도가 낮다.
③ 측정대상 오염물질의 동정 없이 간편하게 측정할 수 있다.
④ 맨홀, 밀폐 공간에서의 산소가 부족하거나 폭발성 가스로 인하여 안전이 문제가 될 때 유용하게 사용될 수 있다.

- 검지관법은 오염물질 동정 없이 사용할 수 없으므로, 항상 어떤 가스를 측정하는지 명확히 해야 한다.
- 동정이란 측정대상 물질이나 현상을 정확히 확인하고 식별하는 것을 의미한다. 즉, 가스 측정 시 동정은 어떤 가스인지, 어떤 오염물질인지를 알아내고 구별하는 작업이다.

32 

옥내의 습구흑구온도지수(WBGT)를 산출하는 공식은?

① WBGT = 0.7NWB + 0.2GT + 0.1DT
② WBGT = 0.7NWB + 0.3GT
③ WBGT = 0.7NWB + 0.1GT + 0.2DT
④ WBGT = 0.7NWB + 0.1GT

WBGT(습구흑구온도지수, Wet Bulb Globe Temperature)
근로자의 열 스트레스(온열환경 부담)를 평가하기 위한 대표적인 지표로, 온도, 습도, 복사열, 공기 흐름 등을 종합적으로 반영한다.
• 옥내 or 옥외(햇볕 없는 곳)
  WBGT = 0.7 × 자연습구온도 + 0.3 × 흑구온도
• 옥외(햇볕 있는 곳)
  WBGT = 0.7 × 자연습구온도 + 0.2 × 흑구온도 + 0.1 × 건구온도

33

유기용제 채취 시 적정한 공기채취용량(또는 시료채취시간)을 선정하는 데 고려하여야 하는 조건으로 가장 거리가 먼 것은?

① 공기 중의 예상 농도
② 채취 유속
③ 채취 시료 수
④ 분석기기의 최저 정량한계

③ 채취 시료 수는 여러 샘플을 의미하지만, 시료 용량이나 시간을 선정하는 데 직접적인 영향 요인은 아니므로 다른 조건에 비해 거리가 있다.
① 공기 중 예상 농도는 시료 채취량을 결정하는 중요한 인자로, 농도가 낮으면 더 많은 양을 채취하거나 긴 시간을 채취해야 한다.
② 채취 유속은 일정한 유속으로 안정적으로 시료를 채취하기 위해 조절해야 하며, 유속이 너무 높거나 낮으면 정확도가 떨어질 수 있다.
④ 분석기기의 최저 정량한계는 감지 가능한 최소 농도를 의미하며, 이를 고려해 충분한 양의 시료를 채취해야 결과가 유의미하다.

34

가스크로마토그래피(GC) 분석에서 분해능(또는 분리도)을 높이기 위한 방법이 아닌 것은?

① 시료의 양을 적게 한다.
② 고정상의 양을 적게 한다.
③ 고체 지지체의 입자 크기를 작게 한다.
④ 분리관(Column)의 길이를 짧게 한다.

분해능은 분리관 길이의 제곱급에 비례하므로 분리관(Column)의 길이를 길게 한다.

35

소음 측정에 관한 설명 중 ( )에 알맞은 것은? (단, 고용노동부 고시 기준에 따른다.)

누적소음노출량 측정기로 소음을 측정하는 경우에는 Criteria는 (㉠)dB, Exchange Rate는 5dB, Threshold는 (㉡)dB로 기기를 설정할 것

① ㉠ 70, ㉡ 80
② ㉠ 80, ㉡ 70
③ ㉠ 80, ㉡ 90
④ ㉠ 90, ㉡ 80

• 고용노동부 고시 기준에 따른 누적소음노출량 측정기 등의 기기 설정값은 다음과 같다.
  ✓ Criteria(기준치) = 90dB
  ✓ Exchange Rate(교환율) = 5dB
  ✓ Threshold(임계값) = 80dB
• 이 설정값은 소음 노출 평가 시 기준으로 삼는 음압레벨과, 소음 노출 시간에 따른 허용치를 결정하는 데 이용된다.

36

시료 측정 시 측정하고자 하는 시료의 피크와는 전혀 관계 없는 피크가 크로마토그램에 때때로 나타나는 경우가 있는 데 이것을 유령피크(Ghost Peak)라고 한다. 유령피크의 발생 원인으로 가장 거리가 먼 것은?

① 칼럼이 충분하게 묵힘(Aging)되지 않아서 칼럼에 남아 있는 성분들이 배출되는 경우
② 주입부에 있던 오염물질이 증발되어 배출되는 경우
③ 운반기체가 오염된 경우
④ 주입부에 사용하는 격막(Septum)에서 오염물질이 방출되는 경우

- 운반기체 라인 내 오일, 수분, 산화물 불순물이 컬럼으로 유입되는 경우 유령피크가 발생할 수 있다.
- 운반기체(캐리어 가스) 오염은 일반적으로 유령피크 발생과 거리가 있으며, 오염된 운반기체는 주로 백그라운드 신호 증가나 기준선 불안정으로 나타난다.
- 유령피크는 잔류물, 오염물질, 기기부품에서 방출된 화합물에 의해 발생하는데, 정확한 분석을 방해하는 원치 않는 피크이다.
- 유령피크 문제를 해결하려면 칼럼 세척, 주입구 관리, 격막 교체 등이 필수적이다.

37 빈출

작업장에 소음 발생 기계 4대가 설치되어 있다. 1대 가동 시 소음레벨을 측정한 결과 82dB을 얻었다면 4대 동시 작동 시 소음레벨(dB)은? (단, 기타 조건은 고려하지 않음)

① 89
② 88
③ 87
④ 86

$$\text{총 음압레벨}(dB(A)) = 10\log\left(10^{L_1/10} + 10^{L_2/10} + \cdots + 10^{L_n/10}\right)$$
$$= 10\log\left(4 \times 10^{82/10}\right) = 88.0205 dB(A)$$

38

원자흡광분석기에 적용되어 사용되는 법칙은?

① 반데르발스(Van der Waals)법칙
② 비어-램버트(Beer-Lambert)법칙
③ 보일-샤를(Boyle-Charles)법칙
④ 에너지보존(Energy Conservation)법칙

- 원자흡광분석기(AAS)는 시료 중 원자가 특정 파장의 빛을 흡수하는 성질을 이용해 원소 농도를 정량하는 분석기이다.
- 분석 시 빛이 투과하면서 흡수되는 정도는 시료 내 원자 농도에 비례하는데, 이 관계를 수학적으로 나타낸 법칙이 비어-램버트 법칙이다.

39

노출 대수정규분포에서 평균 노출을 가장 잘 나타내는 대푯값은?

① 기하평균
② 산술평균
③ 기하표준편차
④ 범위

② 노출이 대수정규분포를 따르는 경우, 노출값의 산술평균은 전체 노출 수준의 중심을 가장 잘 나타낸다.
① 기하평균은 데이터가 로그 변환된 후의 평균으로서, 분포의 중간 값을 대략 나타내지만 실제 노출의 평균값(산술평균)과는 다르다.
③ 기하표준편차는 산포도를 나타내는 값이며, 대푯값으로 사용되지 않는다.
④ 범위는 최댓값과 최솟값의 차이로, 대표적인 중심 경향 대푯값과는 성격이 다르다.

40

실리카겔 흡착에 대한 설명으로 틀린 것은?

① 실리카겔은 규산나트륨과 황산의 반응에서 유도된 무정형의 물질이다.
② 극성을 띠고 흡습성이 강하므로 습도가 높을수록 파과 용량이 증가한다.
③ 추출액이 화학분석이나 기기분석에 방해 물질로 작용하는 경우가 많지 않다.
④ 활성탄으로 채취가 어려운 아닐린, 오르쏘-톨루이딘 등의 아민류나 몇몇 무기물질의 채취도 가능하다.

극성을 띠고 흡습성이 강하므로 습도가 높을수록 이미 수분이 흡착되어 흡착 가능한 공간이 줄어들기 때문에 파과 용량(흡착 최대 용량)이 감소한다.

3과목 작업환경 관리대책

41 빈출

다음의 ( )에 들어갈 내용이 알맞게 조합된 것은?

원형직관에서 압력손실은 (㉠)에 비례하고 (㉡)에 반비례하며 속도의 (㉢)에 비례한다.

① ㉠ 송풍관의 길이, ㉡ 송풍관의 직경, ㉢ 제곱
② ㉠ 송풍관의 직경, ㉡ 송풍관의 길이, ㉢ 제곱
③ ㉠ 송풍관의 길이, ㉡ 속도압, ㉢ 세제곱
④ ㉠ 속도압, ㉡ 송풍관의 길이, ㉢ 세제곱

원형직관에서 압력손실은 송풍관의 길이에 비례하고 송풍관의 직경에 반비례하며 속도의 제곱에 비례한다.

42

산업위생보호구와 가장 거리가 먼 것은?

① 내열 방화복
② 안전모
③ 일반 장갑
④ 일반 보호면

• 산업위생보호구는 근로자의 건강 보호를 위해 유해물질로부터 호흡기, 피부, 눈, 손 등을 보호하는 개인 보호구를 말한다. 예를 들어, 내열 방화복, 일반 장갑, 일반 보호면 등이 이에 해당한다.
• 안전모는 작업장에서 낙하물이나 충격으로부터 머리를 보호하는 안전보호구로 산업안전보건법상 산업안전보호구로 분류된다.

43 빈출

방진마스크에 대한 설명으로 가장 거리가 먼 것은?

① 방진마스크는 인체에 유해한 분진, 연무, 흄, 미스트, 스프레이 입자를 작업자가 흡입하지 않도록 하는 보호구이다.
② 방진마스크의 종류에는 격리식과 직결식, 면체여과식이 있다.
③ 방진마스크의 필터에는 활성탄과 실리카겔이 주로 사용된다.
④ 비휘발성 입자에 대한 보호만 가능하며, 가스 및 증기로부터의 보호는 안 된다.

방진마스크의 필터에는 일반적으로 미세분진을 걸러내기 위한 부직포 필터가 주로 사용되며, 일부 방진마스크 필터에는 탈취 기능을 위해 활성탄이 첨가될 수 있으나 실리카겔은 일반적으로 방진마스크 필터 재료로 사용되지 않는다. 실리카겔은 주로 습기 제거용 흡습제로 쓰인다.

44

전체 환기의 목적에 해당되지 않는 것은?

① 발생된 유해물질을 완전히 제거하여 건강을 유지·증진한다.
② 유해물질의 농도를 감소시켜 건강을 유지·증진한다.
③ 화재나 폭발을 예방한다.
④ 실내의 온도와 습도를 조절한다.

발생된 유해물질을 완전히 제거하여 건강을 유지·증진하는 것은 국소 환기의 목적이다.

45 빈출

덕트 주관에 45°로 분지관이 연결되어 있다. 주관과 분지관의 반송속도는 모두 18m/sec이고, 주관의 압력손실계수는 0.20이며, 분지관의 압력손실계수는 0.28이다. 주관과 분지관의 합류에 의한 압력손실(mmH₂O)은? (단, 공기밀도=1.2kg/m³)

① 9.5 ② 8.5
③ 7.5 ④ 6.5

- 합류관 압력손실($\triangle$P) = 압력손실계수(F) × 속도압(VP)

- 속도압(VP) = $\dfrac{\gamma V^2}{2g}$

- $\triangle$P = 분지관 압력손실 + 주관 압력손실

$$= \left[0.28 \times \left(\frac{1.2 \times 18^2}{2 \times 9.8}\right)\right] + \left[0.2 \times \left(\frac{1.2 \times 18^2}{2 \times 9.8}\right)\right]$$

$$= 9.5216 \text{mmH}_2\text{O}$$

46 빈출

레이놀드 수(Re)를 산출하는 공식은? (단, d는 덕트직경(m), v는 공기유속(m/sec), u는 공기의 점성계수(kg/sec·m), p는 공기밀도(kg/m³)이다.)

① Re = (u × p × d)/v
② Re = (p × v × u)/d
③ Re = (d × v × u)/p
④ Re = (d × p × v)/u

$$\text{Re} = \frac{\text{덕트의 직경} \times \text{공기밀도} \times \text{공기속도}}{\text{공기점성계수}}$$

47 빈출

송풍기의 전압이 300mmH₂O이고 풍량이 400m³/min, 효율이 0.6일 때 소요 동력(kW)은?

① 약 33
② 약 45
③ 약 53
④ 약 65

$$P = \frac{Q \times \triangle H}{102 \times \eta}$$

$$= \frac{\dfrac{400\text{m}^3}{\text{min}} \times \dfrac{\text{min}}{60\text{sec}} \times 300\text{mmH}_2\text{O}}{102 \times 0.6} = 32.6797\text{kW}$$

48 빈출

움직이지 않는 공기 중으로 속도 없이 배출되는 작업조건(작업공정: 탱크에서 증발)의 제어속도 범위(m/s)는? (단, ACGIH 권고 기준을 따른다.)

① 0.1~0.3
② 0.3~0.5
③ 0.5~1.0
④ 1.0~1.5

움직이지 않는 공기 중으로 속도 없이 배출되는 작업조건의 제어속도 범위(m/sec)는 0.3~0.5이다.

관련개념 제어속도 범위(ACGIH 권고 기준)

작업조건	작업공정 사례	제어속도 범위(m/sec)
움직이지 않는 공기 중으로 속도 없이 배출됨	탱크에서 증발, 탈지	0.25~0.5
약간의 공기 움직임, 낮은 속도 배출	스프레이 도장, 용접, 도금, 저속 컨베이어 운반	0.5~1.0
발생기류가 높고 유해물질 활발 발생	스프레이 도장, 용기충진, 컨베이어 적재, 분쇄기	1.0~2.5
고속기류 내 높은 초기 속도 배출	회전연삭, 블라스팅	2.5~10.0

49

방사날개형 송풍기에 관한 설명으로 틀린 것은?

① 고농도 분진함유 공기나 부식성이 강한 공기를 이송
시키는 데 많이 이용된다.
② 깃이 평판으로 되어 있다.
③ 가격이 저렴하고 효율이 높다.
④ 깃의 구조가 분진을 자체 정화할 수 있도록 되어 있다.

방사형 송풍기(원심 송풍기)는 고농도 분진을 포함한 공기나 부식성
강한 공기를 이송하는 데 적합하며, 깃(Blade)이 평판 형태로 되어
있어 내구성이 좋고 분진 자체정화 기능을 가진 구조가 많아 유지
보수가 용이하다. 그러나 방사형 송풍기는 구조가 상대적으로 복잡
하고, 제작 비용이 비교적 높으며, 같은 용량 대비 가격이 저렴하지
않고 에너지 효율도 축류 송풍기에 비해 낮은 편이다.

50

30,000ppm의 테트라클로로에틸렌(Tetrachloro-Ethylene)
이 작업환경 중의 공기와 완전 혼합되어 있다. 이 혼합물
의 유효비중은? (단, 테트라클로로에틸렌은 공기보다 5.7배
무겁다.)

① 약 1.124
② 약 1.141
③ 약 1.164
④ 약 1.186

- 30,000ppm = 3%이므로 3/100에 해당한다.
- 전체 공기의 부피를 100m³으로 가정하면,
  작업장의 공기밀도 = 질량/부피

$$= \frac{100\text{m}^3 \times \frac{3}{100} \times \frac{5.7\text{kg}}{\text{m}^3} + 100\text{m}^3 \times \frac{97}{100} \times \frac{1\text{kg}}{\text{m}^3}}{100\text{m}^3} = 1.141\text{kg}/\text{m}^3$$

- 비중 = 대상물질의 밀도/표준물질의 밀도

$$= \frac{1.141\text{kg}/\text{m}^3}{1\text{kg}/\text{m}^3} = 1.141$$

51

귀덮개의 차음성능기준상 중심주파수가 1,000Hz인 음원
의 차음치(dB)는?

① 10 이상
② 15 이상
③ 25 이상
④ 35 이상

안전인증대상 방음용 귀덮개는 주파수별 차음성능 기준이 정해져
있으며, 1,000Hz 중심주파수의 경우 차음치는 최소 25dB 이상이
어야 한다. 이 기준은 작업환경에서 고주파 소음에 대한 귀덮개의
최소 성능을 규정한다.

관련개념 주파수별 귀덮개 차음성능(차음치, dB)

중심주파수(Hz)	차음치(dB) 대략적 수치
125	10 이상
250	15 이상
500	15~20 이상
1,000	20~25 이상
2,000	25~30 이상
4,000	25~35 이상
8,000	20 이상

52 ⭐

강제환기를 실시할 때 환기효과를 제고할 수 있는 필요 원칙을 모두 고른 것은?

> ㉠ 배출구가 창문이나 문 근처에 위치하지 않도록 한다.
> ㉡ 배출공기를 보충하기 위하여 청정공기를 공급한다.
> ㉢ 공기 배출구와 근로자의 작업위치 사이에 오염원이 위치하여야 한다.
> ㉣ 오염물질 배출구는 오염원으로부터 가까운 곳에 설치하여 점환기 현상을 방지한다.

① ㉠, ㉡
② ㉠, ㉡, ㉢
③ ㉠, ㉡, ㉣
④ ㉠, ㉡, ㉢, ㉣

오염물질 배출구는 오염원으로부터 가까운 곳에 설치하여 점환기 현상을 유도한다.

관련개념 점환기 현상
- 공기배출구 부근에서 배출된 오염물질이 초기 운동에너지를 잃고 정체되어 거의 움직임이 없는 상태가 되는 현상이다.
- 오염물질이 배출구 가까이 머물러 제대로 확산 또는 배출되지 못하게 하는 문제로, 국소배기장치 효율을 저하시키고 작업장 내 오염물질 농도를 높이는 원인이 된다.
- 점환기 현상을 방지하려면 오염물질 배출구를 오염원으로부터 가능한 한 멀리 설치하여 유동성을 확보하고 배출되는 공기가 원활히 흐르도록 해야 한다.

53

송풍기의 효율이 큰 순서대로 나열된 것은?

① 평판송풍기 > 다익송풍기 > 터보송풍기
② 다익송풍기 > 평판송풍기 > 터보송풍기
③ 터보송풍기 > 다익송풍기 > 평판송풍기
④ 터보송풍기 > 평판송풍기 > 다익송풍기

- 터보송풍기: 고속 회전하는 터빈(임펠러)이 공기를 압축하여 배출하는 원심식 송풍기이다. 높은 효율과 고풍량, 고압력이 가능하며, 대형 산업용과 고성능 시스템에 적합하다.
- 평판송풍기: 평판 형태의 날개를 가진 송풍기로, 구조가 단순하며 소형 저압 환경에 적합하다.
- 다익송풍기: 다익(사이클로닉) 형태의 임펠러를 가진 원심송풍기로, 여러 공업 현장에서 널리 사용되며, 상대적으로 설치와 유지가 용이하다.

54 ⭐

후드로부터 0.25m 떨어진 곳에 있는 공정에서 발생되는 먼지를, 제어속도가 5m/sec, 후드직경이 0.4m인 원형 후드를 이용하여 제거할 때, 필요환기량은 약 몇 m³/min 인가? (단, 프랜지 등 기타 조건은 고려하지 않는다.)

① 205
② 215
③ 225
④ 235

외부식 후드의 필요환기량(Q)

$$Q = V_c \times (10X^2 + A)$$

$$= \frac{5\text{m}}{\text{sec}} \times \frac{60\text{sec}}{\text{min}} \times \left[(10 \times 0.25^2)\text{m}^2 + \left(\frac{\pi \times 0.4^2}{4} \right)\text{m}^2 \right]$$

$$= 225.1991\text{m}^3/\text{min}$$

- V_c: 제어풍속(m/sec)
- X: 원형 후드 입구와 오염원 사이 거리(m)
- A: 후드 입구 단면적(m²)

55

배출원이 많아서 여러 개의 후드를 주관에 연결한 경우(분지관의 수가 많고 덕트의 압력손실이 클 때) 총 압력손실 계산법으로 가장 적절한 방법은?

① 정압조절평형법
② 저항조절평형법
③ 등가조절평형법
④ 속도압평형법

② 저항조절평형법은 분지관들이 많고 덕트 내 압력손실이 복잡할 때 각 분기관의 저항을 조절하여 전체 시스템의 압력손실과 유량을 균형있게 맞추는 방법이다.
① 정압조절평형법은 주로 압력손실이 일정한 단순 분기 시스템에 적합하며, 분지관 수가 많아 복잡한 경우에는 한계가 있다.
③ 등가조절평형법은 여러 덕트나 밸브 등 장치들을 하나의 등가 저항으로 간주하는 방법으로, 복잡한 시스템에 활용할 수 있지만, 정확성에서 저항조절법에 못 미친다.
④ 속도압평형법은 속도압을 기준으로 조절하는 방법으로, 대체로 저항조절법과 함께 사용되나 단독법으로는 활용이 제한적이다.

56

1기압에서 혼합기체가 질소(N_2) 66%, 산소(O_2) 14%, 탄산가스 20%로 구성되어 있을 때 질소 가스의 분압은? (단, 단위: mmHg)

① 501.6
② 521.6
③ 541.6
④ 560.4

760mmHg × 0.66 = 501.6mmHg

57

자연환기와 강제환기에 관한 설명으로 옳지 않은 것은?

① 강제환기는 외부 조건에 관계없이 작업환경을 일정하게 유지시킬 수 있다.
② 자연환기는 환기량 예측 자료를 구하기가 용이하다.
③ 자연환기는 적당한 온도 차와 바람이 있다면 비용 면에서 상당히 효과적이다.
④ 자연환기는 외부 기상조건과 내부 작업조건에 따라 환기량 변화가 심하다.

자연환기는 환기량 예측 자료를 구하기 어렵다.

58

환기시설 내 기류가 기본적인 유체역학적 원리에 따르기 위한 전제조건과 가장 거리가 먼 것은?

① 환기시설 내외의 열교환은 무시한다.
② 공기의 압축이나 팽창은 무시한다.
③ 공기는 절대습도를 기준으로 한다.
④ 공기 중에 포함된 유해물질의 무게와 용량을 무시한다.

환기시설 내 기류는 일반적으로 건조공기를 기준으로 한다.

59 빈출

후드의 유입계수가 0.86, 속도압이 25mmH$_2$O일 때 후드의 압력손실(mmH$_2$O)은?

① 8.8
② 12.2
③ 15.4
④ 17.2

• 압력손실계수 산정

$$F = \frac{1}{C_e^2} - 1 = \frac{1}{0.86^2} - 1 = 0.3520$$

  ◦ F : 압력손실계수
  ◦ C_e : 유입계수(Coefficient of entry, 유입손실계수)

• 후드 유입손실 산정

$$\Delta P = F \times VP$$
$$= 0.3520 \times 25mmH_2O = 8.8mmH_2O$$

정답 55 ② 56 ① 57 ② 58 ③ 59 ①

60

슬로트 후드에서 슬로트의 역할은?

① 제어속도를 감소시킴
② 후드 제작에 필요한 재료 절약
③ 공기가 균일하게 흡입되도록 함
④ 제어속도를 증가시킴

슬로트 후드는 가늘고 긴 틈 형태의 후드 개구부로, 슬로트 내부에는 공기 흐름을 균일하게 유지하는 배플 등이 설치되기도 한다.

61

소음에 대한 대책으로 적절하지 않은 것은?

① 차음효과는 밀도가 큰 재질일수록 좋다.
② 흡음효과에 방해를 주지 않기 위해서, 다공질 재료 표면에 종이를 입혀서는 안 된다.
③ 흡음효과를 높이기 위해서는 흡음재를 실내의 틈이나 가장자리에 부착하는 것이 좋다.
④ 저주파성분이 큰 공장이나 기계실 내에서는 다공질 재료에 의한 흡음처리가 효과적이다.

고주파성분이 큰 공장이나 기계실 내에서는 다공질 재료에 의한 흡음처리가 효과적이다. 저주파는 파장이 길어 일반적인 다공질 흡음재만으로 흡음이 어렵다.

62 빈출

소독작용, 비타민 D 형성, 피부 색소 침착 등 생물학적 작용이 강한 특성을 가진 자외선(Dorno선)의 파장 범위는?

① 1,000Å~2,800Å
② 2,800Å~3,150Å
③ 3,150Å~4,000Å
④ 4,000Å~4,700Å

• 도르노선은 2,800Å ~ 3,150Å(280~315nm) 구간에 해당하며, 이 범위의 자외선은 소독, 비타민 D 생성, 피부 색소 침착 등 광화학적 생리작용이 강한 특성을 가진다.
• 1Å(옹스트롬)는 0.1nm이므로 2,800Å는 280nm, 3,150Å는 315nm에 해당한다.

63 빈출

실내에서 박스를 들고 나르는 작업(300kcal/hr)을 하고 있다. 온도가 다음과 같을 때 시간당 작업시간과 휴식시간의 비율로 가장 적절한 것은?

• 흑구온도 31℃
• 건구온도 28℃
• 자연습구온도 30℃

① 5분 작업, 55분 휴식
② 15분 작업, 45분 휴식
③ 30분 작업, 30분 휴식
④ 45분 작업, 15분 휴식

WBGT(습구흑구온도지수, Wet Bulb Globe Temperature)
• WBGT는 근로자의 열 스트레스(온열환경 부담)를 평가하기 위한 대표적인 지표로, 온도, 습도, 복사열, 공기 흐름 등을 종합적으로 반영한다.
　✔ 옥내 or 옥외(햇볕 없는 곳)
　　WBGT = 0.7 × 자연습구온도 + 0.3 × 흑구온도
　✔ 옥외(햇볕 있는 곳)
　　WBGT = 0.7 × 자연습구온도 + 0.2 × 흑구온도 + 0.1 × 건구온도
• 실내작업장이므로
　WBGT = 0.7 × 자연습구온도 + 0.3 × 흑구온도
　　　　 = 0.7 × 30 + 0.3 × 31 = 30.3℃
• WBGT는 30.3℃이고 300kcal/hr는 중등작업에 해당하므로 매 시간 25% 작업, 75% 휴식을 취해야 한다.
　✔ 작업시간: 60 × 0.25 = 15min
　✔ 휴식시간: 60 − 15 = 45min

관련개념

작업휴식시간비	경작업	중등작업	중작업
계속작업	30.0℃	26.7℃	25.0℃
매 시간 75% 작업, 25% 휴식	30.6℃	28.0℃	25.9℃
매 시간 50% 작업, 50% 휴식	31.4℃	29.4℃	27.9℃
매 시간 25% 작업, 75% 휴식	32.2℃	31.1℃	30.0℃

• 경작업: ~200kcal/hr
• 중등작업: 200~350kcal/hr
• 중작업: 350~500kcal/hr

정답　　60 ③　61 ④　62 ②　63 ②

64

다음 설명에 해당하는 진동방진재료는?

> 여러 가지 형태로 된 철물에 견고하게 부착할 수 있는 반면, 내구성, 내약품성이 약하고 공기 중의 오존에 의해 산화된다는 단점을 가지고 있다.

① 코르크
② 금속스프링
③ 방진고무
④ 공기스프링

방진고무는 진동을 흡수하고 감쇠시키는 역할을 하는 재료로, 다양한 형태의 금속 구조물에 부착하여 사용 가능하다. 방진고무는 내구성, 내약품성 면에서 약하며, 특히 공기 중 오존에 노출되면 쉽게 산화되어 물성이 저하될 수 있다.

65

기류의 측정에 쓰이는 기기에 대한 설명으로 틀린 것은?

① 옥내 기류 측정에는 Kata 온도계가 쓰인다.
② 풍차풍속계는 1m/sec 이하의 풍속을 측정하는 데 쓰이는 것으로, 옥외용이다.
③ 열선풍속계는 기온과 정압을 동시에 구할 수 있어 환기시설의 점검에 유용하게 쓰인다.
④ Kata 온도계의 표면에는 눈금이 아래위로 두 개 있는데 일반용은 아래가 95°F(35℃)이고 위가 100°F(37.8℃)이다.

풍차풍속계는 회전하는 날개를 이용해 바람이나 기류의 속도를 측정하는 장비로 보통 1~150m/sec 범위의 풍속을 측정하며 옥외용이다.

66

전리방사선의 영향에 대한 감수성이 가장 큰 인체 내 기관은?

① 혈관
② 뼈 및 근육조직
③ 신경조직
④ 골수 및 임파구

- 전리방사선 감수성은 세포 분열 빈도와 분화 정도에 따라 다르며, 세포 분열이 활발한 조직일수록 감수성이 높다.
- 높은 감수성을 보이는 조직에는 생식선, 골수, 임파조직 등이 있으며, 이들은 세포분열 활동이 활발하다.

67

음압이 20N/m²일 경우 음압수준(Sound Pressure Level)은 얼마인가?

① 100dB
② 110dB
③ 120dB
④ 130dB

$$음압레벨(SPL) = 20\log\left(\frac{P}{P_0}\right) = 20\log\left(\frac{20}{2 \times 10^{-5}}\right) = 120dB$$

- P: 측정 음압(Pa, N/m²)
- P_0: 2×10^{-5} Pa(사람이 들을 수 있는 최소 음압 기준)

68

파장이 400~760nm이면 어떤 종류의 비전리방사선인가?

① 적외선
② 라디오파
③ 마이크로파
④ 가시광선

④ 가시광선: 약 400nm에서 760nm 사이
① 적외선: 약 760nm 이상부터 수천 마이크로미터(μm)까지
② 라디오파: 수밀리미터(mm) 이상 매우 긴 파장
③ 마이크로파: 약 1mm에서 1m 사이

정답 64 ③ 65 ② 66 ④ 67 ③ 68 ④

69

마이크로파의 생물학적 작용에 대한 설명 중 틀린 것은?

① 인체에 흡수된 마이크로파는 기본적으로 열로 전환된다.
② 마이크로파의 열작용에 가장 많은 영향을 받는 기관은 생식기와 눈이다.
③ 광선의 파장과 특정 조직의 광선 흡수 능력에 따라 장해 출현 부위가 달라진다.
④ 일반적으로 150MHz 이하의 마이크로파와 라디오파는 흡수되어도 감지되지 않는다.

마이크로파 작용은 주로 열작용이며, 광선의 흡수 능력에 따른 조직별 차이보다는 열의 전달 및 축적에 의해 영향이 발생한다.

70

작업장의 자연채광 계획 수립에 관한 설명으로 맞는 것은?

① 실내의 입사각은 4~5°가 좋다.
② 창의 방향은 많은 채광을 요구할 경우 북향이 좋다.
③ 창의 방향은 조명의 평등을 요하는 작업실인 경우 남향이 좋다.
④ 창의 면적은 일반적으로 바닥 면적의 15~20%가 이상적이다.

① 실내의 개각은 4~5°, 입사각은 28° 이상이 되어야 한다.
② 창의 방향은 많은 채광을 요구할 경우 남향이 좋다.
③ 창의 방향은 조명의 평등을 요하는 작업실인 경우 북향이 좋다.

71

소음에 의한 청력장해가 가장 잘 일어나는 주파수는?

① 1,000Hz
② 2,000Hz
③ 4,000Hz
④ 8,000Hz

소음성 난청은 주로 고주파수 영역에서 청력 저하가 먼저 나타나며, 특히 4,000Hz(4kHz)에서 청력손실이 가장 뚜렷하다.

72

25℃일 때, 공기 중에서 1,000Hz인 음의 파장은 약 몇 m인가? (단, 0℃, 1기압에서의 음속은 331.5m/sec이다.)

① 0.035
② 0.35
③ 3.5
④ 35

• 음속 = 331.5 + 0.6t

• $파장(\lambda) = \dfrac{음속(C)}{주파수(f)}$

$$= \frac{[331.5 + (0.6 \times 25)]\text{m/sec}}{1,000\text{Hz}} = 0.3465\text{m}$$

73

산업안전보건법상의 이상기압에 대한 설명으로 틀린 것은?

① 이상기압이란 압력이 제곱센티미터당 1킬로그램 이상인 기압을 말한다.
② 사업주는 잠수작업을 하는 잠수작업자에게 고농도의 산소만을 마시도록 하여야 한다.
③ 사업주는 기압조절실에서 고압작업자에게 가압을 하는 경우 1분 제곱센티미터당(cm^2/min) 0.8킬로그램 이하의 속도로 가압하여야 한다.
④ 사업주는 근로자가 고압작업에 종사하는 경우에 작업실 공기의 부피가 근로자 1인당 4세제곱미터 이상이 되도록 하여야 한다.

잠수작업 시에는 순수 고농도 산소만을 호흡가스로 쓰도록 규정되지 않는다. 오히려 산소중독 위험 때문에 산소농도 21~40% 범위의 압축공기를 호흡가스로 사용하도록 한다.

74 

소음에 관한 설명으로 틀린 것은?

① 소음작업자의 영구성 청력손실은 4,000Hz에서 가장 심하다.
② 언어를 구성하는 주파수는 주로 250~3,000Hz의 범위이다.
③ 젊은 사람의 가청주파수 영역은 20~20,000Hz의 범위가 일반적이다.
④ 기준음압은 이상적인 청력 조건하에서 들을 수 있는 최소 가청음역으로, 0.02dyne/cm²로 잡고 있다.

기준음압은 이상적인 청력 조건하에서 들을 수 있는 최소 가청음역으로, 0.0002dyne/cm²로 잡고 있다

관련개념 음압레벨(SPL)

$$SPL = 20\log\left(\frac{P}{P_0}\right)$$

∘ P: 측정 음압(Pa, N/m²)
∘ P_0: 2×10^{-5}Pa(사람이 들을 수 있는 최소 음압 기준)
∘ 2×10^{-5}Pa $= 2 \times 10^{-5}$N/m² $= 2 \times 10^{-4}$dyne/m² $= 20\mu$Pa

75

전신진동에 대한 건강장해의 설명으로 틀린 것은?

① 진동수 4~10Hz에서 압박감과 동통감을 받게 된다.
② 진동수 60~90Hz에서는 두개골이 공명하기 시작하여 안구가 공명한다.
③ 진동수 20~30Hz에서는 시력 및 청력 장애가 나타나기 시작한다.
④ 진동수 3Hz 이하이면 신체가 함께 움직여 Motion Sickness와 같은 동요감을 느낀다.

두부(머리)와 견부(어깨)는 20~30Hz 진동에 공명하고, 안구는 70~90Hz 진동에 공명한다.

76

한랭 환경에서의 생리적 기전이 아닌 것은?

① 피부혈관의 팽창
② 체표면적의 감소
③ 체내 대사율 증가
④ 근육긴장의 증가와 떨림

한랭(추운) 환경에 노출되면 인체는 체온을 유지하기 위해 피부혈관을 수축시켜(혈관 수축) 혈류를 줄이고, 체열 손실을 최소화하려 한다.

77

빛의 밝기 단위에 관한 설명 중 틀린 것은?

① 럭스(lux) - 1ft²의 평면에 1루멘의 빛이 비칠 때의 밝기이다.
② 촉광(candle) - 지름이 1인치 되는 촛불이 수평방향으로 비칠 때가 1촉광이다.
③ 루멘(lumen) - 1촉광의 광원으로부터 한 단위 입체각으로 나가는 광속의 단위이다.
④ 풋캔들(foot candle) - 1루멘의 빛이 1ft²의 평면 상에 수직 방향으로 비칠 때 그 평면의 빛의 양이다.

조도(lux)는 단위 면적당 입사하는 광속(lumen/m²)으로 정의된다.

78

산업안전보건법상 산소 결핍, 유해가스로 인한 화재·폭발 등의 위험이 있는 밀폐 공간 내에서 작업할 때의 조치사항으로 적합하지 않은 것은?

① 사업주는 밀폐 공간 보건작업 프로그램을 수립하여 시행하여야 한다.
② 사업주는 밀폐 공간에 관계 근로자가 아닌 사람의 출입을 금지하고, 그 내용을 보기 쉬운 장소에 게시하여야 한다.
③ 사업주는 근로자가 밀폐 공간에서 작업을 하는 경우 작업을 시작하기 전에 방독마스크를 착용하게 하여야 한다.
④ 사업주는 근로자가 밀폐 공간에서 작업을 하는 경우에 그 장소에 근로자를 입장시키거나 퇴장시킬 때마다 인원을 점검하여야 한다.

사업주는 근로자가 밀폐 공간에서 작업을 하는 경우 작업을 시작하기 전에 공기호흡기 또는 송기마스크를 착용하게 하여야 한다.

79

고압작업에 관한 설명으로 맞는 것은?

① 산소분압이 2기압을 초과하면 산소중독이 나타나 건강장해를 초래한다.
② 일반적으로 고압환경에서는 산소 분압이 낮기 때문에 저산소증을 유발한다.
③ SCUBA와 같이 호흡장치를 착용하고 잠수하는 것은 고압환경에 해당되지 않는다.
④ 사람이 절대압 1기압에 이르는 고압환경에 노출되면 개구부가 막혀 귀, 부비강, 치아 등에서 통증이나 압박감을 느끼게 된다.

② 일반적으로 고압환경에서는 산소 분압이 높기 때문에 산소중독을 유발한다.
③ SCUBA와 같이 호흡장치를 착용하고 잠수하는 것은 고압환경에 해당한다.
④ 사람이 절대압 1기압보다 낮은 저압환경에 노출되면 개구부가 막혀 귀, 부비강, 치아 등에서 통증이나 압박감을 느끼게 된다.

80

5,000m 이상의 고공에서 비행업무에 종사하는 사람에게 가장 큰 문제가 되는 것은?

① 산소 부족
② 질소 부족
③ 탄산가스
④ 일산화탄소

고도가 높아질수록 대기압이 낮아지고 그에 따라 공기 중 산소의 분압도 낮아져 인체에 공급되는 산소가 감소한다. 이는 저산소증(hypoxia)을 유발하며, 두통, 어지러움, 피로, 혼란, 심할 경우 의식 소실까지 초래할 수 있다. 특히, 조종사 등 고공 비행 종사자는 산소 부족으로 인한 저산소증 위험에 노출되므로 보조 산소 공급과 여압조절 등이 필수적이다.

5과목	산업독성학

81

이황화탄소(CS_2)에 중독될 가능성이 가장 높은 작업장은?

① 비료 제조 및 초자공 작업장
② 유리 제조 및 농약 제조 작업장
③ 타르, 도장 및 석유 정제 작업장
④ 인조견, 셀로판 및 사염화탄소 생산 작업장

• 이황화탄소 중독 사건으로 대표적인 원진레이온 사건에서는 인조견(비스코스 인견사) 제조 과정에서 노출 위험이 컸다.
• 이황화탄소는 주로 인조견, 셀로판, 사염화탄소 등 생산 공정에서 사용되며, 적절한 환기나 보호장비 없이 작업할 경우 중독 위험이 매우 높다.

정답 78 ③ 79 ① 80 ① 81 ④

82 ⭐빈출

유기성 분진에 의한 것으로 체내 반응보다는 직접적인 알레르기 반응을 일으키며 특히 호열성 방선균류의 과민증상이 많은 진폐증은?

① 농부폐증
② 규폐증
③ 석면폐증
④ 면폐증

83

작업장의 유해물질을 공기 중 허용농도에 의존하는 것 이외에 근로자의 노출상태를 측정하는 방법으로, 근로자들은 조직과 체액 또는 호기를 검사해서 건강장애를 일으키는 일이 없이 노출될 수 있는 양을 규정한 것은?

① LD
② SHD
③ BEI
④ STEL

84

다환방향족화합물(PAH)에 대한 설명으로 틀린 것은?

① 톨루엔, 크실렌 등이 대표적이라 할 수 있다.
② PAH는 벤젠 고리가 2개 이상 연결된 것이다.
③ PAH는 배설을 쉽게 하기 위하여 수용성으로 대사된다.
④ PAH는 대사에 관여하는 효소는 시토크롬 P-448로 대사되는 중간산물이 발암성을 나타낸다.

85

크롬으로 인한 피부궤양 발생 시 치료에 사용하는 것과 가장 관계가 먼 것은?

① 10% BAL 용액
② Sodium Citrate 용액
③ Sodium Thiosulfate 용액
④ 10% CaNa₂EDTA 연고

정답   82 ① 83 ③ 84 ① 85 ①

86

다음 사례의 근로자에게 의심되는 노출인자는?

> 41세 A씨는 1990년부터 1997년까지 기계공구제조업에서 산소용접작업을 하다가 두통, 관절통, 전신근육통, 가슴답답함, 이가 시리고 아픈 증상이 있어 건강검진을 받았다. 건강검진 유소견자 진단을 받았다. 유해인자의 혈중, 소변 중 농도가 직업병 예방을 위한 생물학적 노출기준을 초과하였다.

① 납
② 망간
③ 수은
④ 카드뮴

- 산소용접작업 중 기계부품의 카드뮴 도금층이 고온에서 증발·연소되며 카드뮴 증기·입자로 흡입된다.
- 급성 노출 시 흉통·가슴답답함(화학성 폐부종 위험)을, 만성 노출 시 뼈·관절·근육 통증(일본 이타이이타이병 양상)과 치아 과민·통증을 일으킨다.
- 생물학적 모니터링 지표로 혈중·요중 카드뮴 농도를 측정하며, 기준 초과 시 직업병 발생 위험이 높아진다.

87

유해물질과 생물학적 노출지표 물질이 잘못 연결된 것은?

① 납 – 소변 중 납
② 페놀 – 소변 중 총 페놀
③ 크실렌 – 소변 중 메틸마뇨산
④ 일산화탄소 – 소변 중 카르복시헤모글로빈

일산화탄소 노출 평가는 혈중 카르복시헤모글로빈(Carboxyhemoglobin) 농도로 하며, 이는 혈액 내 지표이다.

88

직업성 천식에 대한 설명으로 틀린 것은?

① 작업 환경 중 천식을 유발하는 대표물질로 톨루엔디이소시안산염(TDD, 무수트리멜리트산(TMA)을 들 수 있다.
② 항원공여세포가 탐식되면 T림프구 중 I형 T림프구(type I killer T cell)가 특정 알레르기 항원을 인식한다.
③ 일단 질환에 이환하게 되면 작업환경에서 추후 소량의 동일한 유발물질에 노출되더라도 지속적으로 증상이 발현된다.
④ 직업성 천식은 근무시간에 증상이 점점 심해지고, 휴일 같은 비근무시간에 증상이 완화되거나 없어지는 특징이 있다.

직업성 천식에서 알레르기 항원을 인식하는 주요 세포는 I형 T림프구(type I killer T cell)가 아니라, 주로 TH₂ helper T 세포이며, 항원공여세포(Dendritic Cell 등)가 탐식한 항원을 제시하여 TH₂ 세포가 IgE 매개 면역 반응을 유도한다. I형 T림프구는 일반적으로 사이토톡식 T 세포(세포독성 T 세포)로 알려져 있어, 일반적인 알레르기 반응과는 다르다.

89

인간의 연금술, 의약품 등에 가장 오래 사용해 왔던 중금속 중의 하나로 17세기 유럽에서 신사용 중절모자를 제조하는 데 사용하여 근육경련을 일으킨 물질은?

① 납
② 비소
③ 수은
④ 베릴륨

수은은 인간의 연금술과 의약품에 가장 오래 사용된 중금속 중 하나이다. 17세기 유럽에서는 주교용 중절모자를 수은 화합물로 다듬는 과정에서 증기·분진이 발생해 작업자가 근육경련 등 중독 증상을 겪었다. 당시 모자 제작자들을 가리켜 "Mad Hatter"라 불렀으며, 이는 수은중독으로 인한 신경계 이상 때문이다.

86 ④   87 ④   88 ②   89 ③

90 빈출

생물학적 모니터링에 대한 설명으로 틀린 것은?

① 피부, 소화기계를 통한 유해인자의 종합적인 흡수 정도를 평가할 수 있다.
② 생물학적 시료를 분석하는 것은 작업환경 측정보다 훨씬 복잡하고 취급이 어렵다.
③ 건강상의 영향과 생물학적 변수와 상관성이 높아 공기 중의 노출기준(TLV)보다 훨씬 많은 생물학적 노출지수(BEI)가 있다.
④ 근로자의 유해인자에 대한 노출 정도를 소변, 호기, 혈액 중에서 그 물질이나 대사산물을 측정함으로써 노출 정도를 추정하는 방법을 의미한다.

> 건강상의 영향과 생물학적 변수 간 상관성이 높기 때문에, 공기 중 노출기준(TLV)과는 별도로 일부 물질에 대해 생물학적 노출지수(BEI)가 설정되어 있다.

91 빈출

산업안전보건법상 발암성 물질로 확인된 물질(A1)에 포함되어 있지 않은 것은?

① 벤지딘
② 염화비닐
③ 베릴륨
④ 에틸벤젠

> • 1A 발암성 물질: 벤지딘, 베릴륨, 염화비닐 등
> • 2B 발암 가능성 물질: 에틸벤젠, 톨루엔 등

관련개념
• 1A: 1A란 충분한 인체 발암성 증거가 있는 물질이다. 사람을 대상으로 발암성(암 발생 증거)이 명확하게 확인된 물질이다. 대표적으로 벤지딘, 베릴륨, 염화비닐 등이 해당하며, 해당 물질에 노출 시 암 발생 위험이 높다.
• 2B: 2B란 사람이나 동물에서 발암성에 대한 제한적 증거만 있어, 발암성이 의심되는 물질이다. 사람에서 암 발생과의 직접적 연관성이 충분하지 않으나, 동물 실험 등에서 일부 의심증거가 나온 물질이다. 대표적으로 에틸벤젠, 톨루엔 등이 해당한다.

92

입자상 물질의 하나인 흄(Fume)의 발생기전 3단계에 해당하지 않는 것은?

① 산화
② 응축
③ 입자화
④ 증기화

> **입자상 물질인 흄(Fume)의 발생기전 3단계**
> • 증기화(금속이 녹는 점 이상의 열에너지를 받아 증기 형태로 공기 중으로 증기화됨)
> • 산화(증기화 된 금속이 공기 중 산소와 반응하여 산화물을 형성함)
> • 응축(형성된 산화물이 냉각되어 다시 고체인 입자 상태로 응집됨)

93

대사과정에 의해서 변화된 후에만 발암성을 나타내는 선행발암물질(Procarcinogen)로만 연결된 것은?

① PAH, Nitrosamine
② PAH, Methyl Nitrosourea
③ Benzo(a)pyrene, Dimethyl Sulfate
④ Nitrosamine, Ethyl Methanesulfonate

> • 선행발암물질(Procarcinogen)은 체내 대사 과정에서 활성발암물질로 변환되어 발암성을 나타낸다.
> • PAH(다환방향족탄화수소)와 Nitrosamine은 대사 과정에서 효소에 의해 활성형 발암물질로 변형되어 DNA 손상 및 돌연변이를 유발한다.
> • Methyl Nitrosourea, Dimethyl Sulfate, Ethyl Methanesulfonate 등은 대사 없이도 직접 발암성을 나타내는 물질로 주로 직접발암물질(Direct Carcinogen)에 속한다.

94

직업성 천식을 확진하는 방법이 아닌 것은?

① 작업장 내 유발검사
② Ca-EDTA 이동시험
③ 증상 변화에 따른 추정
④ 특이 항원 기관지 유발검사

- 작업장 내 유발검사, 증상 변화에 따른 추정, 특이 항원 기관지 유발검사는 직업성 천식 진단에 사용되는 방법이다.
- Ca-EDTA 이동시험은 중금속 해독 등에 사용되는 검사법으로, 직업성 천식 진단과는 관련이 없다.

95 빈출

산업안전보건상 기타 분진의 산화규소, 결정체 함유율과 노출기준으로 맞는 것은?

① 함유율: 0.1% 이상, 노출기준: 5mg/m³
② 함유율: 0.1% 이하, 노출기준: 10mg/m³
③ 함유율: 1% 이상, 노출기준: 5mg/m³
④ 함유율: 1% 이하, 노출기준: 10mg/m³

산업안전보건법에서는 기타 분진 중 산화규소 결정체 함유율이 1% 이하일 때 노출기준을 10mg/m³로 정하고 있다.

96

다음은 납이 발생되는 환경에서 납 노출을 평가하는 활동이다. 순서가 맞게 나열된 것은?

> ㉠ 납의 독성과 노출기준 등을 MSDS를 통해 찾아본다.
> ㉡ 납에 대한 노출을 측정하고 분석한다.
> ㉢ 납이 노출되는 것은 부적합하므로 시설개선을 해야 한다.
> ㉣ 납에 대한 노출 정도를 노출기준과 비교한다.
> ㉤ 납이 어떻게 발생되는지 예비조사한다.

① ㉠ → ㉡ → ㉢ → ㉣ → ㉤
② ㉢ → ㉡ → ㉠ → ㉣ → ㉤
③ ㉤ → ㉠ → ㉡ → ㉣ → ㉢
④ ㉤ → ㉡ → ㉠ → ㉣ → ㉢

납 노출 평가를 위한 표준 절차
- 사전조사 및 정보수집: 납이 발생하는 작업환경 및 공정에 대해 예비조사를 하여 노출 가능성을 파악한다.
- 유해물질 위험성 확인: MSDS(Material Safety Data Sheet)를 통해 납의 독성, 노출기준 등의 정보를 확인한다.
- 작업환경 노출측정: 작업장 내 공기 중 납 농도를 측정하고 분석하여 실제 노출 정도를 평가한다.
- 노출수준 평가: 측정된 납 농도를 허용 노출기준과 비교하여 위험도를 판단한다.
- 생물학적 모니터링: 근로자의 혈중 납 농도 측정 등을 통해 체내 흡수량을 파악한다.
- 개선조치 및 관리: 노출이 기준을 초과할 경우 작업장 시설 개선, 개인보호구 착용 등 조치를 마련한다.
- 지속적 관리 및 재평가: 정기적으로 작업환경과 근로자의 노출 상태를 재평가하여 건강장해 예방을 위한 조치를 유지한다.

97

Haber의 법칙을 가장 잘 설명한 공식은? (단, K는 유해지수, C는 농도, t는 시간이다.)

① $K = C \div t$
② $K = C \times t$
③ $K = t \div C$
④ $K = C^2 \times t$

Haber의 법칙
독성물질 노출의 영향은 농도(C)와 노출 시간(t)의 곱에 비례한다는 원리이다. 즉, 같은 독성 효과를 내기 위해서는 농도가 낮으면 시간이 길어야 하고, 농도가 높으면 시간은 짧아도 된다는 의미로 표현된다. 따라서 공식은 $K = C \times t$이다.

정답   94 ② 95 ④ 96 ③ 97 ②

98

최근 스마트 기기의 등장으로 이를 활용하는 방법이 빠르게 소개되고 있다. 소음측정을 위해 개발된 스마트 기기용 어플리케이션의 민감도(Sensitivity)를 확인하려고 한다. 85dB을 넘는 조건과 그렇지 않은 조건을 어플리케이션과 소음측정기로 동시에 측정하여 다음과 같은 결과를 얻었다. 이 스마트 기기 어플리케이션의 민감도는 얼마인가?

- 어플리케이션을 이용하였을 때 85dB 이상이 30개소, 85dB 미만이 50개소
- 소음측정기를 이용하였을 때 85dB 이상이 25개소, 85dB 미만이 55개소
- 어플리케이션과 소음측정기 모두 85dB 이상은 18개소

① 60%
② 72%
③ 78%
④ 86%

- 스마트 기기용 어플리케이션의 민감도(Sensitivity)는 실제 소음측정기와 어플리케이션 간 85dB 이상으로 측정된 결과를 비교하여 계산한다. 민감도는 실제 85dB 이상 소음을 제대로 탐지한 비율을 의미한다.
  - ✓ 어플리케이션 85dB 이상: 30개소
  - ✓ 소음측정기 85dB 이상: 25개소
  - ✓ 어플리케이션과 소음측정기 모두 85dB 이상: 18개소
- 민감도 = 어플리케이션과 소음측정기 모두 85dB 이상인 개소/소음측정기 85dB 이상인 개소 × 100
  = 18 / 25 × 100 = 72%

99

납중독의 대표적인 증상 및 징후로 틀린 것은?

① 간장장해
② 근육계통장해
③ 위장장해
④ 중추신경장해

- 납중독의 주요 증상으로는 위장장해(복통, 변비 등), 근육계통장해(근육 약화, 관절통), 중추신경장해(두통, 신경장애, 정신 변화 등)가 흔히 나타난다. 납중독은 주로 신경계, 위장계, 혈액계에 영향을 미친다.
- 간장장해의 대표적인 물질은 염소화 탄화수소류(특히 사염화탄소)이다.

100 빈출

독성물질 간의 상호작용을 잘못 표현한 것은? (단, 숫자는 독성값을 표현한 것이다.)

① 길항작용: 3 + 3 = 0
② 상승작용: 3 + 3 = 5
③ 상가작용: 3 + 3 = 6
④ 가승작용: 3 + 0 = 10

- ② 상승작용(Synergism): 두 독성물질의 결합 효과가 단순 합을 초과하는 경우를 말한다. 예를 들어 3 + 3이 6 초과이어야 하며, 5는 부족한 수치이다.
- ① 길항작용(Antagonism): 두 물질의 독성이 서로 상쇄되어 합이 0에 가까운 경우를 말하며, 3 + 3 = 0으로 표현된다.
- ③ 상가작용(Additivity): 두 독성물질 독성의 합과 같을 때를 말하며, 3 + 3 = 6으로 표현된다.
- ④ 가승(강화)작용(Potentiation): 한 물질이 독성을 가지지 않을 때(0) 다른 물질의 독성을 극적으로 증가시키는 경우로 3 + 0 = 10 등이 나타난다.

정답   98 ②   99 ①   100 ②

03

최신
CBT 기출복원문제
(2022년~2025년)

01

고용노동부장관은 직업병의 발생원인을 찾아내거나 직업병의 예방을 위하여 필요하다고 인정할 때는 근로자의 질병과 화학물질 등 유해요인과의 상관관계에 관한 어떤 조사를 실시할 수 있는가?

① 역학조사
② 안전보건진단
③ 작업환경측정
④ 특수건강진단

- 고용노동부장관은 직업병 발생원인 규명과 예방을 위해 근로자의 질병과 유해요인 간 상관관계를 조사하기 위해 역학조사를 실시할 수 있다.
- 안전보건진단, 작업환경측정, 특수건강진단도 중요하지만 이들은 개별 건강상태 평가나 환경측정에 중점을 두며, 직업병 원인 규명과 연관된 근본적 조사로는 역학조사가 사용된다.

02 ⭐ 빈출

NIOSH의 들기 작업에 대한 평가방법은 여러 작업요인에 근거하여 가장 안전하게 취급할 수 있는 권고기준(Recommended Weight Limit, RWL)을 계산한다. RWL의 계산과정에서 각각의 변수들에 대한 설명으로 틀린 것은?

① 중량물 상수(Load Constant)는 변하지 않는 상수값으로 항상 23kg을 기준으로 한다.
② 운반 거리값(Distance Multiplier)은 최초의 위치에서 최종 운반위치까지의 수직이동거리(cm)를 의미한다.
③ 허리 비틀림 각도(Asymmetric Multiplier)는 물건을 들어 올릴 때 허리의 비틀림 각도(Asymmetric Multiplier)를 측정하여 $1-0.32 \times A$에 대입한다.
④ 수평 위치값(Horizontal Multiplier)은 몸의 수직선상의 중심에서 물체를 잡는 손의 중앙까지의 수평거리(H, cm)를 측정하여 $25/H$로 구한다.

비대칭승수(AM, Asymmetric Multiplier)는 물체를 들어 올릴 때 몸이 비틀리는 각도(비대칭 각도, A)에 따라 작업 부담을 조정하는 계수로 $1-0.0032A$로 구한다.

03

우리나라 산업위생역사에서 중요한 원진레이온 공장에서의 집단적인 직업병 유발물질은 무엇인가?

① 수은
② 디클로로메탄
③ 벤젠(Benzene)
④ 이황화탄소(CS_2)

- 이황화탄소는 주로 비스코스레이온(인조견)과 셀로판 제조 공정에서 사용되는 유기용매이며, 이들 작업장에서는 고농도 이황화탄소 증기에 노출될 위험이 크다.
- 원진레이온 사태로 대표되는 인조견 제조 작업장은 이황화탄소 중독이 많이 발생한 대표적 사업장이다. 또한, 사염화탄소 생산 과정에서도 이황화탄소 노출 가능성이 높다.

04

피로의 판정을 위한 평가(검사) 항목(종류)과 가장 거리가 먼 것은?

① 혈액
② 감각기능
③ 위장기능
④ 작업성적

피로 판정에서는 혈액 검사, 감각기능 평가, 작업성적 등이 주요 평가 항목이다.

정답 01 ① 02 ③ 03 ④ 04 ③

05

산업위생관리에서 중점을 두어야 하는 구체적인 과제로 적합하지 않는 것은?

① 기계 · 기구의 방호장치 점검 및 적절한 개선
② 작업근로자의 작업자세와 육체적 부담의 인간공학적 평가
③ 기존 및 신규화학물질의 유해성 평가 및 사용대책의 수립
④ 고령근로자 및 여성근로자의 작업조건과 정신적 조건의 평가

기계 · 기구의 방호장치 점검 및 적절한 개선은 산업안전관리에서 중점을 두어야 하는 과제이다.

06

근골격계질환 작업위험요인의 인간공학적 평가방법이 아닌 것은?

① OWAS   ② RULA
③ REBA   ④ ICER

④ ICER: 비용-효과 분석 지표이다.
① OWAS(Ovako Working Posture Analysis System): 작업자의 자세를 허리, 팔, 다리와 하중 기준으로 평가하는 방법이다. 주로 인력에 의한 중량물 취급 작업에 적합하다.
② RULA(Rapid Upper Limb Assessment): 상지 근골격계 질환 예방을 위해 팔, 손목, 목, 허리, 다리 등을 평가하는 기법이다. 자동차 조립라인 등 상지 작업 위주 현장에 적합하다.
③ REBA(rapid entire body assessment): 목, 허리, 팔, 다리, 손목 등 전신 자세와 작업환경, 반복성 등을 종합 평가하는 방법이다. 보건관리 및 서비스업 등 다양한 작업환경에 적용 가능하다.

관련개념 ICER(Incremental Cost – Effectiveness Ratio, 점증적 비용 – 효과비)
• 특정 의료 개입이나 신약의 경제성을 평가하는 지표이다.
• 평가 방식: 효과가 개선된 의료 개입에 대해 비교 대안보다 추가적으로 발생하는 비용을 추가 효과 단위당 비용으로 산출한다.
• 특징: 비용 대비 효과를 수치화하여 신약 등이 비교 대안에 비해 비용 면에서 효율적인지 판단하는 데 사용한다. 효과 개선 단위당 추가 비용을 측정해 경제성을 평가한다.
• 우리나라에서는 명시적 임계값을 사용하지 않고, 질병의 위중도, 사회적 부담, 삶의 질 영향, 혁신성 등 다양한 요소를 종합하여 평가한다.
• 경제성 평가는 보건의료 급여 결정의 중요한 기준으로 활용되며, 비용 효과성 외 임상 유용성, 보험 재정 영향도 함께 고려한다.

07

산업재해에 따른 보상에 있어 보험급여에 해당하지 않는 것은?

① 유족급여
② 직업재활급여
③ 대체인력훈련비
④ 상병(傷病)보상연금

산업재해보상 보험급여의 종류에는 요양급여, 휴업급여, 장해급여, 간병급여, 유족급여, 상병보상연금, 장례비, 직업재활급여가 있다.

08

직업성 질환 중 직업상의 업무에 의하여 1차적으로 발생하는 질환을 무엇이라 하는가?

① 합병증
② 원발성 질환
③ 일반 질환
④ 속발성 질환

② 원발성 질환은 근로자가 수행하는 업무나 작업환경의 유해인자가 직접 원인이 되어 처음 발생하는 질환을 의미한다.
① 합병증은 원발성 질환에 따른 2차적인 병적 변화로 발생하는 경우를 말한다.
③ 일반 질환은 업무와 무관하게 발생할 수 있는 질병을 의미한다.
④ 속발성 질환은 원발성 질환이나 다른 질병에 뒤이은 연쇄적 질환을 의미한다.

09

마이스터(D. Meister)가 정의한 내용으로 시스템으로부터 요구된 작업결과(Performance)와의 차이(Deviation)는 무엇을 의미하는가?

① 무의식 행동
② 인간실수
③ 주변적 동작
④ 지름길 반응

인간실수는 작업 수행 중 시스템이 요구하는 결과와 실제 성과 간의 차이로 정의된다.

10

산업안전보건법상 다음 설명에 해당하는 건강진단의 종류는?

특수건강진단대상 업무에 종사할 근로자에 대하여 배치 예정업무에 대한 적합성 평가를 위하여 사업주가 실시하는 건강진단

① 일반건강진단
② 수시건강진단
③ 임시건강진단
④ 배치전건강진단

④ 배치전건강진단은 근로자가 특수건강진단대상 업무에 배치되기 전에 해당 업무에 적합한지를 평가하기 위해 실시한다.
① 일반건강진단은 모든 근로자를 대상으로 정기적으로 실시하는 건강진단이다.
② 수시건강진단은 건강장해 의심이나 의료진 소견에 따라 필요 시 실시한다.
③ 임시건강진단은 지방고용노동관서 장의 명령에 따라 실시하는 건강진단이다.

11

도수율(Frequency Rate of Injury)이 10인 사업장에서 작업자가 평생 동안 작업할 경우 발생할 수 있는 재해의 건수는? (단, 평생의 총 근로시간수는 120,000시간으로 한다.)

① 0.8건
② 1.2건
③ 2.4건
④ 12건

$$\text{도수율} = \frac{\text{재해건수} \times 1,000,000}{\text{총 근로시간}}$$

$$10 = \frac{\text{재해건수} \times 1,000,000}{120,000}$$

$$\text{재해건수} = 1.2\text{건}$$

12

어느 사업장에서 톨루엔($C_6H_5CH_3$)의 농도가 0℃일 때 100ppm이었다. 기압의 변화 없이 기온이 25℃로 올라갈 때 농도는 약 몇 mg/m³로 예측되는가?

① 325mg/m³
② 346mg/m³
③ 365mg/m³
④ 376mg/m³

- 1ppm = 1mL/m³
- 1mol = g분자량 = 22.4L at 0℃, 1atm

$$\frac{100\text{mL} \times \dfrac{273\text{K}}{(273+25)\text{K}} \times \dfrac{92\text{mg}}{22.4\text{mL}}}{\text{m}^3} = 376.2583\text{mg}/\text{m}^3$$

13

새로운 건물이나 새로 지은 집에 입주하기 전 실내를 모두 닫고 30℃ 이상으로 5~6시간 유지시킨 후 1시간 정도 환기를 하는 방식을 여러 번 반복하여 실내의 휘발성 유기화합물이나 포름알데히드의 저감 효과를 얻는 방법을 무엇이라 하는가?

① Bake Out
② Heating Up
③ Room Heating
④ Burning Up

Bake Out은 건물 내부 온도를 인위적으로 높여 유해 화학물질의 휘발을 촉진시킨 후 환기하여 실내 공기 오염을 줄이는 방법이다. 주로 신축 건물이나 신축 주택에서 실내 공기질 개선 및 악취 제거를 위해 사용한다. 일정 온도 이상으로 유지하고 환기하는 과정을 반복해서 유해물질 농도를 효과적으로 낮춘다.

14

작업자세는 피로 또는 작업능률과 밀접한 관계가 있는데, 바람직한 작업자세의 조건으로 보기 어려운 것은?

① 정적 작업을 도모한다.
② 작업에 주로 사용하는 팔은 심장높이에 두도록 한다.
③ 작업물체와 눈과의 거리는 명시거리로 30cm 정도를 유지하도록 한다.
④ 근육을 지속적으로 수축시키기 때문에 불안정한 자세는 피하도록 한다.

움직이는 작업은 피로를 가중시키지 않으므로 동적인 작업으로 전환하도록 한다.

15

인간공학에서 고려해야 할 인간의 특성과 가장 거리가 먼 것은?

① 인간의 습성
② 신체의 크기와 작업환경
③ 기술, 집단에 대한 적응능력
④ 인간의 독립성 및 감정적 조화성

인간의 독립성 또는 감정적 조화성은 인간공학에서 주로 고려하는 신체적 및 인지적 특성과는 거리가 있으며, 주로 심리학이나 조직행동학 영역에 더 가깝다.

16 빈출

ACGIH TLV 적용 시 주의사항으로 틀린 것은?

① 경험 있는 산업위생가가 적용해야 함
② 독성강도를 비교할 수 있는 지표가 아님
③ 안전과 위험농도를 구분하는 일반적 경계선으로 적용해야 함
④ 정상작업시간을 초과한 노출에 대한 독성평가에는 적용할 수 없음

안전과 위험농도를 구분하는 경계선이 아니다.

관련개념 허용농도(TLV)
- 허용농도(TLV)는 특정 물질에 대해 근로자가 하루 8시간, 주 40시간 동안 노출되어도 건강에 해를 끼치지 않는 최대 농도를 의미한다. 이는 미국 산업위생전문가협회(ACGIH)에서 제시하는 지표로 널리 사용된다.
- TLV-TWA(시간가중평균농도): 장시간 노출에 대한 평균 허용농도
- TLV-STEL(단시간노출허용농도): 15분 이내 단시간 노출 시 허용농도
- TLV-C(최고허용농도): 절대로 초과해서는 안 되는 최대 농도

17 빈출

산업안전보건법상 사무실 공기질의 측정대상물질에 해당하지 않는 것은?

① 포름알데히드
② 일산화질소
③ 일산화탄소
④ 총부유세균

일산화질소는 해당되지 않는다.

관련개념 사무실 공기관리 지침[고용노동부고시 제2020-45호]

오염물질	관리기준*
미세먼지(PM10)	$100\mu g/m^3$
초미세먼지(PM2.5)	$50\mu g/m^3$
이산화탄소(CO_2)	1,000ppm
일산화탄소(CO)	10ppm
이산화질소(NO_2)	0.1ppm
포름알데히드(HCHO)	$100\mu g/m^3$
총휘발성유기화합물(TVOC)	$500\mu g/m^3$
라돈(radon)**	$148Bq/m^3$
총부유세균	$800CFU/m^3$
곰팡이	$500CFU/m^3$

* 관리기준: 8시간 시간가중평균농도 기준
** 라돈: 지상 1층을 포함한 지하에 위치한 사무실에만 적용

18 빈출

육체적 작업능력(PWC)이 12kcal/min인 어느 여성이 8시간 동안 피로를 느끼지 않고 일을 하기 위한 작업강도는 어느 정도인가?

① 3kcal/min
② 4kcal/min
③ 6kcal/min
④ 12kcal/min

$$작업강도 = PWC \times \frac{1}{3} = 12 \times \frac{1}{3} = 4kcal/min$$

19

근로자가 노동환경에 노출될 때 유해인자에 대한 해치(Hatch)의 양-반응관계곡선의 기관장해 3단계에 해당하지 않는 것은?

① 보상단계
② 고장단계
③ 회복단계
④ 항상성 유지단계

- 근로자가 노동환경에 노출될 때 유해인자에 대한 해치(Hatch)의 양-반응관계곡선에서 제시하는 기관장해 3단계는 "보상단계", "고장단계", "항상성 유지단계"이다.
- 보상단계는 인체가 보상작용으로 유해인자에 대응하여 기능을 유지하는 단계이다.
- 고장단계는 기능 손상이 시작되어 질병으로 진행되는 단계이다.
- 항상성 유지단계는 인체가 정상 상태를 유지하며 유해인자에 적응하는 단계이다.

20 빈출

미국산업위생학술원(AAIH)에서 채택한 산업위생분야에 종사하는 사람들이 지켜야 할 윤리강령에 포함되지 않는 것은?

① 국가에 대한 책임
② 전문가로서의 책임
③ 일반대중에 대한 책임
④ 기업주와 고객에 대한 책임

미국산업위생학술원(AAIH)에서 채택한 산업위생분야에 종사하는 사람들이 지켜야 할 윤리강령
- 산업위생전문가로서의 책임
- 일반대중에 대한 책임
- 기업주와 고객에 대한 책임
- 근로자에 대한 책임

정답   17 ② 18 ② 19 ③ 20 ①

21 빈출

다음 중 1차 표준기구와 가장 거리가 먼 것은?

① 폐활량계
② Pitot 튜브
③ 비누거품 미터
④ 습식테스트 미터

- 1차 표준기구: 물리적 크기에 따라 공간의 부피를 직접 측정할 수 있는 기구로, 대표적으로 흑연 피스톤 미터, 비누거품 미터, 폐활량계, 가스치환병, 유리 피스톤 미터, 피토 튜브 등이 있다.
- 2차 표준기구: 공간의 부피를 직접 측정할 수 없으며, 기류 속도나 압력을 유량으로 환산해 사용하는 기구로, 로타미터, 건식가스미터, 습식테스트 미터, 오리피스 미터, 열선기류계 등이 있다.

22

다음 중 활성탄에 흡착된 유기화합물을 탈착하는 데 가장 많이 사용하는 용매는?

① 톨루엔
② 이황화탄소
③ 클로로포름
④ 메틸클로로포름

이황화탄소(CS_2)는 활성탄에 흡착된 유기화합물을 효과적으로 용해 및 탈착시키는 용매로 널리 사용된다.

관련개념
- 활성탄(Activated Carbon): 표면적이 넓고 미세한 기공이 많아 유기화합물의 흡착에 효과적인 물질이다.
- 탈착(Desorption): 흡착된 물질을 용매를 이용해 다시 추출하는 과정이다.
- 이황화탄소(CS_2): 휘발성이 높고 비극성이며, 유기화합물에 대한 용해력이 뛰어나 활성탄 탈착용으로 널리 사용된다.

23

다음 중 작업장의 유해인자에 대한 위해도 평가에 영향을 미치는 것 중 가장 거리가 먼 것은?

① 유해인자의 위해성
② 휴식시간의 배분 정도
③ 유해인자에 노출되는 근로자 수
④ 노출되는 시간 및 공간적인 특성과 빈도

- 유해인자의 위해성은 위해도 평가의 핵심 요소이며, 유해인자에 노출되는 근로자 수, 노출되는 시간과 공간적 특성 및 빈도 역시 중요한 평가 기준이다.
- 휴식시간의 배분 정도는 직접적인 유해인자 노출 정도나 위해성과는 거리가 있으며, 위해도 평가에는 크게 영향을 미치지 않는다.

24

작업환경 측정의 단위 표시로 틀린 것은? (단, 고용노동부 고시를 기준으로 한다.)

① 석면 농도: 개/kg
② 분진, 흄의 농도: mg/m^3 또는 ppm
③ 가스, 증기의 농도: mg/m^3 또는 ppm
④ 고열(복사열 포함): 습구·흑구온도지수를 구하여 ℃로 표시

석면 농도의 측정단위는 개/cm^3 또는 개/cc이다.

25 

작업환경 내 105dB(A)의 소음이 30분, 110dB(A)의 소음이 15분, 115dB(A)의 소음이 5분 발생되었을 때, 작업환경의 소음 정도는? (단, 105dB(A), 110dB(A), 115dB(A)의 1일 노출허용시간은 각각 1시간, 30분, 15분이고, 소음은 단속음이다.)

① 허용기준 초과
② 허용기준 미달
③ 허용기준과 일치
④ 평가할 수 없음(조건 부족)

소음레벨(dB)	실제노출시간(분)	허용노출시간(분)
105	30	60
110	15	30
115	5	15

- 노출비율 $= \dfrac{t_1}{T_1} + \dfrac{t_2}{T_2} + \dfrac{t_3}{T_3}$

  $= \dfrac{30}{60} + \dfrac{15}{30} + \dfrac{5}{15} = 1.3333$

  ° t_i = 실제노출시간
  ° T_i = 허용노출시간(기준)
- 노출비율이 1보다 크면 허용기준 초과이다.

26

연속적으로 일정한 농도를 유지하면서 만드는 방법 중 Dynamic Method에 관한 설명으로 틀린 것은?

① 농도 변화를 줄 수 있다.
② 대개 운반용으로 제작된다.
③ 만들기가 복잡하고, 가격이 고가이다.
④ 소량의 누출이나 벽면에 의한 손실은 무시할 수 있다.

동적 방법은 농도 조절과 유지 목적이며, 대개 운반용으로 제작되는 것은 아니다. 운반용 기구는 별도로 존재하고, 동적 방법 장비는 주로 실험이나 분석용으로 사용된다.

27

열, 화학물질, 압력 등에 강한 특성을 가지고 있어 석탄 건류나 증류 등의 고열공정에서 발생하는 다환방향족탄화수소를 채취하는 데 이용되는 여과지는?

① 은막 여과지
② PVC 여과지
③ MCE 여과지
④ PTFE 여과지

④ PTFE 여과지(Polytetrafluoroethylene): 불소수지로 내열성, 내화학성이 뛰어나고 소수성 특성을 가지며 화학물질이나 고온 환경에서 액체 및 기체 여과에 적합하다. 내산성, 내알칼리성이 요구되는 환경에서 많이 쓰인다.
① 은막 여과지: 금속이나 은 필름으로 만들어져 있으며, 주로 가스상 물질 분석에 사용된다.
② PVC 여과지(Polyvinyl Chloride): 액체 필터링, 공기 중 입자 포집 등에 사용되며 중량분석이나 6가 크롬 등을 측정하는 데 사용된다. 폴리염화비닐 재질의 멤브레인 필터로 내화학성이 우수하여 유기용매나 산 등 일부 화학물질에 강한 편이다.
③ MCE 여과지(Mixed Cellulose Ester): 셀룰로오스 아세테이트와 셀룰로오스 나이트레이트가 혼합된 멤브레인 필터로 친수성이며, 균일하고 미세한 공극을 가지고 있어 미생물 및 미립자 포집에 적합하고 수용액 여과, 미생물 검사 등에 주로 사용된다.

작업환경공기 중의 벤젠농도를 측정한 결과 8mg/m³, 5mg/m³, 7mg/m³, 3ppm, 6mg/m³이었을 때, 기하평균은 약 몇 mg/m³인가? (단, 벤젠의 분자량은 78이고, 기온은 25℃이다.)

① 7.4
② 6.9
③ 5.3
④ 4.8

- ppm : mL/m³
- 벤젠(C_6H_6): 78g/mol
- 3ppm : $\dfrac{3mL \times \dfrac{273K}{(273+25)K} \times \dfrac{78mg}{22.4mL}}{m^3} = 9.5700mg/m^3$
- 기하평균은 농도의 중앙 경향을 표현할 때 유용하며, 특히 측정값 간 편차가 크거나 자료가 로그 정규분포를 따를 때 사용한다.

$$기하평균 = (x_1 \times x_2 \times x_3 \times \cdots \times x_n)^{\frac{1}{n}}$$
$$= (8 \times 5 \times 7 \times 9.57 \times 6)^{\frac{1}{5}} = 6.9381$$

29

작업환경측정 시 온도 표시에 관한 설명으로 옳지 않은 것은? (단, 고용노동부 고시를 기준으로 한다.)

① 열수: 약 100℃
② 상온: 15~25℃
③ 온수: 50~60℃
④ 미온: 30~40℃

온수(溫水)는 60~70℃를 말한다.

30

다음 중 가스크로마토그래피의 충진분리관에 사용되는 액상의 성질과 가장 거리가 먼 것은?

① 휘발성이 커야 한다.
② 열에 대해 안정해야 한다.
③ 시료 성분을 잘 녹일 수 있어야 한다.
④ 분리관의 최대온도보다 100℃ 이상에서 끓는점을 가져야 한다.

휘발성이 작아야 한다.

31

태양광선이 내리쬐지 않는 옥내에서 건구온도가 30℃, 자연습구온도가 32℃, 흑구온도가 35℃일 때, 습구흑구온도지수(WBGT)는? (단, 고용노동부 고시를 기준으로 한다.)

① 32.9℃
② 33.3℃
③ 37.2℃
④ 38.3℃

옥내 or 옥외(햇볕 없는 곳)의 습구흑구온도지수(WBGT)
WBGT = 0.7 × 자연습구온도 + 0.3 ×흑구온도
= 0.7 × 32 + 0.3 × 35 = 32.9℃

관련개념 WBGT(Wet Bulb Globe Temperature)
WBGT 지수는 건구온도, 자연습구온도, 흑구온도를 종합하여 계산되며, 열 스트레스 환경에서 인체가 느끼는 온도를 나타내는 대표적인 열 스트레스 지표이다.
- 옥내 or 옥외(햇볕 없는 곳)
  WBGT = 0.7 × 자연습구온도 + 0.3 × 흑구온도
- 옥외(햇볕 있는 곳)
  WBGT = 0.7 × 자연습구온도 + 0.2 × 흑구온도 + 0.1 × 건구온도

정답   28 ② 29 ③ 30 ① 31 ①

32 빈출

Hexane의 부분압이 120mmHg이라면 VHR은 약 얼마인가? (단, Hexane의 OEL = 500ppm이다.)

① 271
② 284
③ 316
④ 343

$$VHR = \frac{포화증기농도}{노출기준}$$

$$= \frac{\dfrac{120\text{mmHg}}{760\text{mmHg}} \times 10^6}{500\text{ppm}} = 315.7894$$

관련개념 VHR(Vapor Hazard Ratio, 증기위해비)
- 어떤 화학물질의 증기압에 따른 공기 중 최대 증기농도와 해당 물질의 노출기준(Occupational Exposure Limit, OEL)을 비교한 값
- VHR < 0.1: 증기 발생 위험이 낮음
- 0.1 ≤ VHR ≤ 10: 관리가 필요함
- VHR > 10: 증기 발생 위험이 높아 노출 가능성이 크므로 엄격한 관리 필요
- VHR 값이 클수록 그 물질이 작업장에서 쉽게 증기 상태로 존재하여 인체에 유해할 수 있다는 의미임

33

NaOH 10g을 10L의 용액에 녹였을 때, 이 용액의 몰농도(M)는? (단, 나트륨 원자량은 23이다.)

① 0.025
② 0.25
③ 0.05
④ 0.5

- NaOH: $23 + 16 + 1 = 40\text{g/mol}$
- 몰농도(M) = $\dfrac{10\text{g} \times \dfrac{\text{mol}}{40\text{g}}}{10\text{L}} = 0.025\text{mol/L}$

34 빈출

시간당 약 150kcal의 열량이 소모되는 경작업 조건에서 WBGT 측정치가 30.6℃일 때 고열작업 노출기준의 작업휴식조건으로 가장 적절한 것은?

① 계속 작업
② 매 시간 25% 작업, 75% 휴식
③ 매 시간 50% 작업, 50% 휴식
④ 매 시간 75% 작업, 25% 휴식

작업휴식시간비	경작업	중등작업	중작업
계속 작업	30.0℃	26.7℃	25.0℃
매 시간 75% 작업, 25% 휴식	30.6℃	28.0℃	25.9℃
매 시간 50% 작업, 50% 휴식	31.4℃	29.4℃	27.9℃
매 시간 25% 작업, 75% 휴식	32.2℃	31.1℃	30.0℃

- 경작업: ~200kcal/hr
- 중등작업: 200~350kcal/hr
- 중작업: 350~500kcal/hr

35

다음 중 대푯값에 대한 설명이 잘못된 것은?

① 측정값 중 빈도가 가장 많은 수가 최빈값이다.
② 가중평균은 빈도를 가중치로 택하여 평균값을 계산한다.
③ 중앙값은 측정값을 모두 나열하였을 때 중앙에 위치하는 측정값이다.
④ 기하평균은 n개의 측정값이 있을 때 이들의 합을 개수로 나눈 값으로 산업위생분야에서 많이 사용한다.

- 산술평균은 n개의 측정값이 있을 때 이들의 합을 개수로 나눈 값으로 산업위생분야에서 많이 사용한다.
- 기하평균은 농도의 중앙 경향을 표현할 때 유용하며, 특히 측정값 간 편차가 크거나 자료가 로그 정규분포를 따를 때 사용한다.

$$기하평균 = (x_1 \times x_2 \times x_3 \times \cdots \times x_n)^{\frac{1}{n}}$$

$$= (101 \times 45 \times 51 \times 87 \times 36 \times 54 \times 40)^{\frac{1}{7}} = 55.2328$$

정답 32 ③ 33 ① 34 ④ 35 ④

36 ⭐

두 개의 버블러를 연속적으로 연결하여 시료를 채취할 때, 첫 번째 버블러의 채취효율이 75%이고, 두 번째 버블러의 채취효율이 90%이면 전체 채취효율(%)은?

① 91.5
② 93.5
③ 95.5
④ 97.5

$$\eta_T = 1 - (1 - \eta_1)(1 - \eta_2)$$
$$= 1 - (1 - 0.75)(1 - 0.9) = 0.975$$
$$\rightarrow 97.5\%$$

37 ⭐

실내공간이 100m³인 빈 실험실에 MEK(Methyl Ethyl Ketone) 2mL가 기화되어 완전히 혼합되었을 때, 실내의 MEK 농도는 약 몇 ppm인가? (단, MEK 비중은 0.805, 분자량은 72.1, 실내는 25℃, 1기압 기준이다.)

① 2.3
② 3.7
③ 4.2
④ 5.5

- 액체 상태의 MEK(Methyl Ethyl Ketone) 2mL가 기화되었으므로 25℃, 1기압에서의 부피를 적용한다.
- $1\text{ppm} = \text{mL}/\text{m}^3$
- $\text{농도} = \dfrac{2\text{mL} \times \dfrac{0.805\text{g}}{\text{mL}} \times \dfrac{22.4\text{L}}{72.1\text{g}} \times \dfrac{(273+25)\text{K}}{273\text{K}} \times \dfrac{1{,}000\text{mL}}{1\text{L}}}{100\text{m}^3}$
  $= 5.4599\text{ppm}$

38

작업장의 소음 측정 시 소음계의 청감보정회로는? (단, 고용노동부 고시를 기준으로 한다.)

① A특성
② B특성
③ C특성
④ D특성

소음계의 청감보정회로는 A특성으로 한다.

> **관련개념** 소음특성
> - A특성(A-weighting): 사람 귀가 소리를 느끼는 청감특성을 반영하여 저주파와 고주파에서 감도를 낮추고, 중간 주파수 대역에 더 민감하게 반응하도록 보정한 가중치이다. 일반적인 소음 측정에 많이 사용되며, dB(A)로 표시한다.
> - B특성(B-weighting): A특성과 C특성의 중간 정도 특성으로, 중간 소음 수준에 적합한 가중치이다. 현재는 거의 사용되지 않는다.
> - C특성(C-weighting): 거의 평탄한 응답 곡선으로 저주파부터 고주파까지 거의 동일한 가중치를 부여한다. 큰 소음(고강도 소음) 측정에 적합하며, 충격음이나 폭발음 같은 특수한 소음 측정에 주로 사용된다. dB(C)로 표시한다.

39 ⭐

작업장에 작동되는 기계 두 대의 소음레벨이 각각 98dB(A), 96dB(A)로 측정되었을 때, 두 대의 기계가 동시에 작동되었을 경우에 소음레벨은 약 몇 dB(A)인가?

① 98
② 100
③ 102
④ 104

$$\text{총 소음레벨(dB(A))} = 10\log\left(10^{L_1/10} + 10^{L_2/10} + 10^{L_n/10}\right)$$
$$= 10\log\left(10^{98/10} + 10^{96/10}\right)$$
$$= 100.1244\text{dB(A)}$$

40

용접작업장에서 개인시료 펌프를 이용하여 9시 5분부터 11시 55분까지, 13시 5분부터 16시 23분까지 시료를 채취한 결과 공기량이 787L일 경우 펌프의 유량은 약 몇 L/min인가?

① 1.14
② 2.14
③ 3.14
④ 4.14

$$\frac{787\text{L}}{170\text{min} + 198\text{min}} = 2.1385\text{L/min}$$

정답   36 ④   37 ④   38 ①   39 ②   40 ②

41

다음 중 유해작업환경에 대한 개선대책 중 대체(Substitution)에 대한 설명과 가장 거리가 먼 것은?

① 페인트 내에 들어 있는 아연을 납 성분으로 전환한다.
② 큰 압축공기식 임펙트렌치를 저소음 유압식렌치로 교체한다.
③ 소음이 많이 발생하는 리벳팅 작업 대신 너트와 볼트 작업으로 전환한다.
④ 유기용제를 사용하는 세척공정을 스팀 세척이나, 비눗물을 이용하는 공정으로 전환한다.

- 대체는 유해성이 강한 물질이나 작업방법, 장비 등을 독성이 적거나 무해한 것으로 바꾸는 것을 의미한다.
- 페인트 내에 들어 있는 납(독성 강한 물질)을 아연(비교적 안전한 물질) 성분으로 전환한다.

42

다음 중 덕트 내 공기에 의한 마찰손실에 영향을 주는 요소와 가장 거리가 먼 것은?

① 덕트 직경
② 공기 점도
③ 덕트의 재료
④ 덕트 면의 조도

마찰손실은 주로 덕트 직경, 공기의 점도, 덕트 면의 조도(표면 거칠기)에 의해 결정된다.
① 덕트 직경이 작을수록 마찰손실이 커진다.
② 공기 점도는 유체의 점성으로 마찰에 직접적인 영향을 준다.
④ 덕트 면의 조도는 표면이 거칠수록 마찰이 증가하여 마찰손실이 커진다.

43

다음 중 보호구를 착용하는 데 있어서 착용자의 책임으로 가장 거리가 먼 것은?

① 지시대로 착용해야 한다.
② 보호구가 손상되지 않도록 잘 관리해야 한다.
③ 매번 착용할 때마다 밀착도 체크를 실시해야 한다.
④ 노출 위험성의 평가 및 보호구에 대한 검사를 해야 한다.

노출 위험성 평가 및 보호구에 대한 검사는 사업주나 안전관리자의 책임이다.

44

보호장구의 재질과 적용 물질에 대한 내용으로 틀린 것은?

① 면: 극성 용제에 효과적이다.
② 가죽: 용제에는 사용하지 못한다.
③ Nitrile 고무: 비극성 용제에 효과적이다.
④ 천연고무(Latex): 극성 용제에 효과적이다.

면은 화학물질 보호에는 적합하지 않으며, 극성 및 비극성 용제에 사용할 수 없다.

45 빈출

보호구를 착용함으로써 유해물질로부터 얼마만큼 보호되는지를 나타내는 보호계수(PF) 산정식은? (단, C_o: 호흡기보호구 밖의 유해물질 농도, C_i: 호흡기보호구 안의 유해물질 농도)

① $PF = C_i / C_o$
② $PF = C_o / C_i$
③ $PF = (C_o - C_i) / 100$
④ $PF = (C_i - C_o) / 100$

- 보호구의 보호정도와 한계를 나타내는 보호계수(PF) 산정에 사용되는 공식
  $PF = C_o / C_i$
  ◦ C_o: 보호구 밖의 오염물질 농도
  ◦ C_i: 보호구 안의 오염물질 농도
- 보호구가 착용자를 얼마나 잘 보호하는지를 나타내며, 보호구 밖 농도에 비해 안쪽 농도가 얼마나 감소되었는지 비율로 표현한다.
- 보호계수가 클수록 보호 성능이 우수함을 의미한다.

정답   41 ①   42 ③   43 ④   44 ①   45 ②

46 ⭐

방진마스크에 관한 설명으로 틀린 것은?

① 비휘발성 입자에 대한 보호가 가능하다.
② 형태별로 전면마스크와 반면마스크가 있다.
③ 필터의 재질은 면, 모, 합성섬유, 유리섬유, 금속섬유 등이다.
④ 반면마스크는 안경을 쓴 사람에게 유리하며 밀착성이 우수하다.

> 반면마스크는 안경을 쓴 사람에게 불리하며 밀착성이 불량하다.

관련개념
- 반면마스크
  - ✓ 반면마스크는 호흡보호구의 한 종류로, 얼굴의 코와 입(하부 얼굴 반쪽)만 덮도록 설계된 마스크
  - ✓ 구조: 코와 입을 덮는 본체 + 여과재(필터) + 머리끈
  - ✓ 특징: 비교적 가볍고 착용이 편리하지만, 얼굴과 밀착이 중요하며 안면부 수염이나 피부 상태에 따라 밀폐력이 떨어질 수 있음
- 전면마스크
  - ✓ 전면마스크(Full Facepiece Respirator)는 호흡보호구의 한 종류로, 얼굴 전체(눈, 코, 입)를 덮는 형태
  - ✓ 구조: 얼굴 전체를 덮는 본체 + 시야 확보용 투명 렌즈 + 여과재(필터) + 머리끈
  - ✓ 특징
    - 눈, 코, 입을 모두 보호 → 눈을 자극하는 가스나 증기에도 효과적
    - 반면마스크보다 밀폐성이 높고 보호 효과 우수
    - 무겁고 착용 불편감이 크며, 장시간 착용 시 피로감이 있을 수 있음

47

다음 중 덕트 설치 시 압력손실을 줄이기 위한 주요사항과 가장 거리가 먼 것은?

① 덕트는 가능한 한 상향구배를 만든다.
② 덕트는 가능한 한 짧게 배치하도록 한다.
③ 가능한 한 후드의 가까운 곳에 설치한다.
④ 밴드의 수는 가능한 한 적게 하도록 한다.

> 공기 흐름은 하향구배를 원칙으로 한다.

48

원심력 송풍기 중 다익형 송풍기에 관한 설명으로 가장 거리가 먼 것은?

① 송풍기의 임펠러가 다람쥐 쳇바퀴 모양으로 생겼다.
② 큰 압력손실에서 송풍량이 급격하게 떨어지는 단점이 있다.
③ 고강도가 요구되기 때문에 제작비용이 비싸다는 단점이 있다.
④ 다른 송풍기와 비교하여 동일 송풍량을 발생시키기 위한 임펠러 회전속도가 상대적으로 낮기 때문에 소음이 작다.

> 강도가 크게 요구되지 않기 때문에 적은 비용으로 제작가능하다.

관련개념 다익형송풍기(Multiblade Centrifugal Fan)
임펠러가 다람쥐 쳇바퀴 모양이며, 송풍기 깃이 회전방향과 동일한 방향으로 설계되어 있다.
- 특성: 저압·대유량에 적합, 소음이 비교적 작다.
- 단점: 큰 압력손실이 발생하면 송풍량이 급격히 감소한다.
- 용도: 공조기, 환기설비, 집진기 등에서 사용한다.
- 회전속도: 동일 송풍량을 내기 위해 상대적으로 낮은 회전속도로 운전 가능하여 소음이 적다.

49 ⭐

관을 흐르는 유체의 양이 220m³/min일 때 속도압은 약 몇 mmH₂O인가? (단, 유체의 밀도는 1.21kg/m³, 관의 단면적은 0.5m², 중력가속도는 9.8m/sec²이다.)

① 2.1
② 3.3
③ 4.6
④ 5.9

$$\text{속도압(동압)}(VP) = \frac{\gamma V^2}{2g}$$

$$= \frac{\dfrac{1.21\text{kg}}{\text{m}^3} \times \left(\dfrac{220\text{m}^3}{\text{min}} \times \dfrac{1}{0.5\text{m}^2} \times \dfrac{\text{min}}{60\text{sec}} \right)^2}{2 \times 9.8\text{m/sec}^2}$$

$$= 3.3199\text{mmH}_2\text{O}$$

- VP: 동압 측정치(mmH₂O)
- γ: 유체밀도(kg/m³)
- V: 유속(m/sec)
- g: 중력가속도(9.8m/sec²)

50

다음 중 전체환기를 실시하고자 할 때, 고려해야 하는 원칙과 가장 거리가 먼 것은?

① 필요환기량은 오염물질이 충분히 희석될 수 있는 양으로 설계한다.
② 오염물질이 발생하는 가장 가까운 위치에 배기구를 설치해야 한다.
③ 오염원 주위에 근로자의 작업공간이 존재할 경우에는 급기를 배기보다 약간 많이 한다.
④ 희석을 위한 공기가 급기구를 통하여 들어와서 오염물질이 있는 영역을 통과하여 배기구로 빠져나가도록 설계해야 한다.

오염원 주위에 다른 작업공정이 있으면 공기배출량(배기)을 공급량(급기)보다 약간 크게 하여 음압을 형성하여 주위 근로자에게 오염물질이 확산되지 않도록 한다.

51

재순환 공기의 CO_2 농도는 900ppm이고 급기의 CO_2 농도는 700ppm일 때, 급기 중의 외부공기 포함량은 약 몇 %인가? (단, 외부공기의 CO_2 농도는 330ppm이다.)

① 30% ② 35%
③ 40% ④ 45%

- 재순환 공기 CO_2 농도, C_r = 900ppm
- 급기 CO_2 농도, C_s = 700ppm
- 외부공기 CO_2 농도, C_o = 330ppm
- 급기 중 외부공기 비율, x
- 급기 중 CO_2의 농도 = 급기 중 외부공기 비율 × 외부공기 CO_2 농도 + (1 − 급기 중 외부공기 비율) × 재순환 공기 CO_2 농도

$$C_s = xC_0 + (1-x)C_r$$

- $x(\%) = \dfrac{C_r - C_s}{C_r - C_0} \times 100$

$$= \frac{900-700}{900-330} \times 100 = 35.0877\%$$

52

작업장에서 작업공구와 재료 등에 적용할 수 있는 진동대책과 가장 거리가 먼 것은?

① 진동공구의 무게는 10kg 이상 초과하지 않도록 만들어야 한다.
② 강철로 코일용수철을 만들면 설계를 자유롭게 할 수 있으나 Oil Damper 등의 저항요소가 필요할 수 있다.
③ 방진고무를 사용하면 공진 시 진폭이 지나치게 커지지 않지만 내구성, 내약품성이 문제가 될 수 있다.
④ 코르크는 정확하게 설계할 수 있고 고유진동수가 20Hz 이상이므로 진동방지에 유용하게 사용할 수 있다.

코르크는 재질이 일정하지 않아 정확한 설계와 성능 예측이 어렵기 때문에 일반적으로 진동대책 재료로 널리 채택되지 않는다. 즉, 코르크는 정확하게 설계될 수 있는 진동재료도 아니고, 고유진동수가 높을수록 오히려 저주파 진동 방지에는 부적합하다.

53 빈출

층류영역에서 직경이 $2\mu m$이며 비중이 3인 입자상 물질의 침강속도는 약 몇 cm/sec인가?

① 0.032
② 0.036
③ 0.042
④ 0.046

Lippman식
$V = K \times \rho \times d^2$
$\quad = 0.003 \times 3 \times (2\mu m)^2 = 0.036 \text{cm/sec}$
- V: 침강속도(cm/sec)
- K: 경험적으로 정해진 상수(일반적으로 0.003)
- ρ: 입자의 비중
- d: 입자의 직경(μm)
Lippman식은 공기 중 먼지나 에어로졸 등 입자의 침강속도를 실제 환경에 더 가깝게 추정하기 위한 경험적 공식이다.

54 빈출

다음 중 방독마스크 사용 용도와 가장 거리가 먼 것은?

① 산소결핍장소에서는 사용해서는 안 된다.
② 흡착제가 들어있는 카트리지나 캐니스터를 사용해야 한다.
③ IDLH(Immediately Dangerous to Life and Health) 상황에서 사용한다.
④ 일반적으로 흡착제로는 비극성의 유기증기에는 활성탄을, 극성 물질에는 실리카겔을 사용한다.

유해물질의 농도가 즉시 생명에 위태로운 수준(IDLH, Immediately Dangerous to Life or Health)인 경우에는 공기 정화식 보호구(예 방진마스크, 방독마스크)를 사용할 수 없으며, 이때는 반드시 자급식 호흡보호구(공기호흡기, SCBA) 또는 송기마스크(공기통 부착형 SAR) 등 고도의 보호장비를 착용해야 한다.

55

일반적인 실내외 공기에서 자연환기에 영향을 주는 요소와 가장 거리가 먼 것은?

① 기압　　　　　② 온도
③ 조도　　　　　④ 바람

자연환기는 주로 외부 기압, 온도 차이, 바람 등 대기 조건에 의해 영향을 받는다.
① 기압 차는 공기 흐름을 일으키는 원동력이다.
② 온도 차는 부력 환기(굴뚝 효과)를 유발한다.
④ 바람은 풍력 환기를 촉진하는 중요한 외부 요소이다.

56

다음 중 국소배기장치를 반드시 설치해야 하는 경우와 가장 거리가 먼 것은?

① 발생원이 주로 이동하는 경우
② 유해물질의 발생량이 많은 경우
③ 법적으로 국소배기장치를 설치해야 하는 경우
④ 근로자의 작업위치가 유해물질 발생원에 근접해 있는 경우

발생원이 주로 이동하는 경우 국소배기장치를 설치할 수 없다.

57 빈출

다음 중 작업환경개선에서 공학적인 대책과 가장 거리가 먼 것은?

① 환기　　　　　② 대체
③ 교육　　　　　④ 격리

- 공학적 대책: 대체, 격리, 밀폐, 차단, 산업 환기 등 유해인자를 직접 제거하거나 차단하는 방법
- 관리적(행정적) 대책: 작업시간 조정, 휴식시간 조정, 작업자 교육, 교대근무, 작업 전환 등

58 빈출

벤젠의 증기발생량이 400g/hr일 때, 실내 벤젠의 평균농도를 10ppm 이하로 유지하기 위한 필요환기량은 약 몇 m³/min인가? (단, 벤젠 분자량은 78, 25℃, 1기압 상태 기준, 안전계수는 10이다.)

① 약 130
② 약 150
③ 약 180
④ 약 210

$$10\text{mL/m}^3$$

$$= \frac{\dfrac{400g}{hr} \times \dfrac{hr}{60min} \times \dfrac{22.4L}{78g} \times \dfrac{1{,}000mL}{1L} \times \dfrac{(273+25)K}{273K}}{\dfrac{\square m^3}{min}} \times 1.0$$

$$\square = 208.9853 m^3/min$$

59

다음 중 전기집진기의 설명으로 틀린 것은?

① 설치 공간을 많이 차지한다.
② 가연성 입자의 처리가 용이하다.
③ 넓은 범위의 입경과 분진농도에 집진효율이 높다.
④ 낮은 압력손실로 송풍기의 가동비용이 저렴하다.

불연성 입자의 처리에 효율적이다.

관련개념 전기집진장치
• 공기 중에 부유하는 분진을 전기적으로 하전시켜 집진하는 장치이
  다. 고압의 직류 전원을 사용해 방전극과 집진극 사이에 전기장을
  형성하고, 이 전기장에서 발생하는 코로나 방전을 통해 분진 입자
  에 음전하를 부여한다. 이렇게 하전된 입자는 쿨롱 힘에 의해 집진
  극으로 이동하여 부착되고 분리된다.
• 주요 특징은 높은 집진 효율(99% 이상), 미세 입자 집진 가능, 낮은
  압력 손실로 대량 가스 처리 가능, 고온 가스 처리 가능, 유지보수
  가 비교적 적은 점이다.

60

여포집진기에서 처리할 배기 가스량이 2m³/sec이고 여포
집진기의 면적이 6m²일 때 여과속도는 약 몇 cm/sec인
가?

① 25
② 30
③ 33
④ 36

$Q = AV$

$$\frac{2m^3}{sec} = 6m^2 \times \frac{\square m}{sec}$$

$\square = 0.3333 m/sec = 33.33 cm/sec$

4과목 물리적 유해인자 관리

61 빈출

인간 생체에서 이온화시키는 데 필요한 최소에너지를 기준
으로 전리방사선과 비전리방사선을 구분한다. 전리방사선
과 비전리방사선을 구분하는 에너지의 강도는 약 얼마인
가?

① 7eV
② 12eV
③ 17eV
④ 22eV

12eV는 인간 생체 내 분자를 이온화시키는 데 필요한 최소 에너지
로, 이 수치를 기준으로 그보다 큰 에너지는 전리방사선, 그보다 낮
은 에너지는 비전리방사선으로 분류한다.

62

다음과 같은 작업조건에서 1일 8시간 동안 작업하였다면,
1일 근무시간 동안 인체에 누적된 열량은 얼마인가? (단,
근로자의 체중은 60kg이다.)

• 작업대사량: +1.5kcal/kg · hr
• 대류에 의한 열전달: +1.2kcal/kg · hr
• 복사열 전달: +0.8kcal/kg · hr
• 피부에서의 총 땀 증발량: 300g/hr
• 수분증발열: 580cal/g

① 242kcal
② 288kcal
③ 1,152kcal
④ 3,072kcal

인체에 누적된 열량 = 인체에 들어오는 열량 합(대사량 + 대류 +
복사) − 증발로 인한 열 전달량

$$= \left[(1.5+1.2+0.8)\frac{kcal}{kg \cdot hr} \right] \times 60kg \times 8hr - \frac{300g}{hr} \times \frac{0.58kcal}{g} \times 8hr$$

$= 288kcal$

63 ★빈출

레이노 현상(Raynaud Phenomenon)의 주된 원인이 되는 것은?

① 소음
② 고온
③ 진동
④ 기압

- 레이노 현상은 추운 환경, 국소 진동, 혈액순환장애 등으로 인해 말초 혈관이 과도하게 수축하여 손발끝 피부가 창백하거나 청색증을 보이는 질환이다.
- 저온 환경과 국소 진동은 혈관 수축을 유발하여 레이노 현상을 악화시키는 주된 원인 중 하나이다.

64 ★빈출

소리의 크기가 20N/m²이라면 음압레벨은 몇 dB(A)인가?

① 100
② 110
③ 120
④ 130

음압레벨(SPL)

$$SPL = 20\log\left(\frac{P}{P_0}\right) = 20\log\left(\frac{20}{2\times10^{-5}}\right) = 120dB$$

- P: 측정 음압(Pa, N/m²)
- P_0: 2 × 10⁻⁵Pa(사람이 들을 수 있는 최소 음압 기준)

65 ★빈출

고압환경에서의 2차적 가압현상에 의한 생체변환과 거리가 먼 것은?

① 질소마취
② 산소중독
③ 질소기포의 형성
④ 이산화탄소의 영향

- 2차적 가압현상(화학적 장해)은 고압환경에서 대기 중 가스들이 인체에 미치는 화학적 또는 생리적 영향을 말한다. 산소 중독, 질소 마취, 이산화탄소 중독은 모두 고압환경에서 나타나는 2차적 가압현상에 속한다.
- 질소기포의 형성은 급격한 감압 시 발생하는 기계적 장해(1차적 가압현상)이다.

관련개념

- 1차적 가압현상(기계적 장해): 고압환경에서 압력 변화로 인해 인체의 폐, 부비강, 중이 등 밀폐된 공간에 물리적 압력이 가해져 치통, 부비강통, 폐 압박 등의 증상이 나타난다. 주로 압력 차이에 따른 기계적 손상 및 압박에 의한 영향이다.
- 2차적 가압현상(화학적 장해): 고압환경에서 대기 중 가스들이 체내 체액에 녹아들어 그 농도와 상태 변화에 따라 발생하는 생리적, 화학적 영향이다. 질소 마취(질소가 체액에 녹는 현상), 산소 중독, 이산화탄소 중독 등이 이에 속하며 작업능력 저하, 신경장애, 의식장애 같은 증상이 나타난다.

66

공기의 구성 성분에서 조성비율이 표준공기와 같을 때, 압력이 낮아져 고용노동부에서 정한 산소결핍장소에 해당하게 되는데, 이 기준에 해당하는 대기압 조건은 약 얼마인가?

① 650mmHg
② 670mmHg
③ 690mmHg
④ 710mmHg

- 산소결핍장소란 대기 중 산소농도가 18% 미만인 상태로, 산소농도는 정상 대기압에서 약 21%~18% 이하로 떨어질 때 위험하다.
- 대기압이 낮아지면 산소분압도 낮아지는데, 대기압이 약 650mmHg 이하로 떨어지면 산소농도가 18% 미만인 산소결핍장소로 간주한다.

67 ⭐

1루멘(lumen)의 빛이 1m²의 평면에 비칠 때의 밝기를 무엇이라 하는가?

① Lambert
② 럭스(lux)
③ 촉광(candle)
④ 푸트캔들(foot candle)

① Lambert는 빛의 밝기를 나타내는 단위 중 하나로, 주로 광학에서 휘도를 나타낸다.
③ 촉광(candle): 칸델라(촉광)는 광원의 밝기 단위로, 특정 방향으로 얼마나 많은 빛을 내는지를 나타낸다. 1칸델라는 양초 하나의 밝기와 같다. 지름이 1inch 되는 촛불이 수평방향으로 비칠 때의 빛의 광도이다.
④ 푸트캔들(foot candle): 1루멘의 빛이 1ft²의 평면상에 수직방향으로 비칠 때 그 평면의 빛 밝기를 나타낸다.

68

진동 작업장의 환경관리 대책이나 근로자의 건강보호를 위한 조치로 틀린 것은?

① 발진원과 작업자의 거리를 가능한 한 멀리한다.
② 작업자의 체온을 낮게 유지시키는 것이 바람직하다.
③ 절연패드의 재질로는 코르크, 펠트(Felt), 유리섬유 등을 사용한다.
④ 진동공구의 무게는 10kg을 넘지 않게 하며 방진장갑 사용을 권장한다.

작업자의 체온을 낮게 유지시키면 건강에 해롭다.

69 ⭐

저온의 이차적 생리적 영향과 거리가 먼 것은?

① 말초냉각
② 식욕변화
③ 혈압변화
④ 피부혈관의 수축

피부혈관의 수축은 1차적 생리적 영향이다.

70

질소 기포 형성 효과에 있어 감압에 따른 기포 형성량에 영향을 주는 주요인자와 가장 거리가 먼 것은?

① 감압속도
② 체내 수분량
③ 고기압의 노출정도
④ 연령 등 혈류를 변화시키는 상태

① 감압속도는 빠를수록 질소가 급격히 기포로 변할 위험이 커진다.
③ 고기압 노출정도는 체내에 녹아든 질소량에 영향을 미쳐 기포 형성에 중요한 영향을 준다.
④ 연령 및 혈류 변화 상태는 질소 기포 형성 및 배출에 영향을 준다.

71

방사선의 단위환산이 잘못된 것은?

① rad = 0.1Gy
② 1rem = 0.01Sv
③ 1Sv = 100rem
④ $1Bq = 2.7 \times 10^{-11}Ci$

• rad = 0.01Gy(그레이)
• 1Gy = 100rad = 1J/kg

72 ⭐

우리나라의 경우 누적소음노출량 측정기로 소음을 측정할 때 변환율(Exchange Rate)을 5dB(A)로 설정하였다. 만약 소음에 노출되는 시간이 1일 2시간일 때 산업안전보건법에서 정하는 소음의 노출기준은 얼마인가?

① 80dB(A)
② 85dB(A)
③ 95dB(A)
④ 100dB(A)

각 소음 수준별 허용노출시간(T)	
소음 수준(dB(A))	허용노출시간(T)
90	8시간
95	4시간
100	2시간
105	1시간
110	0.5시간(30분)
115	0.25시간(15분)

정답   67 ② 68 ② 69 ④ 70 ② 71 ① 72 ④

73

갱 내부 조명 부족과 관련한 질환으로 맞는 것은?

① 백내장
② 망막변성
③ 녹내장
④ 안구진탕증

- 갱 내부 조명이 부족하면 눈의 조절 기능이 손상되어 시각 피로, 시력 저하뿐 아니라 안구진탕증과 같은 안구 운동 장애가 발생할 수 있다.
- 안구진탕증은 조명 부족과 같은 환경적 요인에 의해 발생할 수 있어 갱 내부 조명 부족과 관련이 깊다.
- 백내장, 망막변성, 녹내장은 노화나 질환에 의한 시력 저하 질환으로, 조명 부족과 직접적인 관련성이 있는 것은 아니다.

74 빈출

충격소음에 대한 정의로 맞는 것은?

① 최대음압수준에 100dB(A) 이상인 소음이 1초 이상의 간격으로 발생하는 것을 말한다.
② 최대음압수준에 100dB(A) 이상인 소음이 2초 이상의 간격으로 발생하는 것을 말한다.
③ 최대음압수준에 120dB(A) 이상인 소음이 1초 이상의 간격으로 발생하는 것을 말한다.
④ 최대음압수준에 130dB(A) 이상인 소음이 2초 이상의 간격으로 발생하는 것을 말한다.

충격소음은 소음이 1초 미만의 간격으로 발생하면서, 1회 최대 허용기준은 120dB(A)이다.

75

소음성 난청인 $C_5 - dip$ 현상은 어느 주파수에서 잘 일어나는가?

① 2,000Hz
② 4,000Hz
③ 6,000Hz
④ 8,000Hz

$C_5 - dip$ 현상은 소음성 난청의 대표적인 청력 손실 형태로, 4,000Hz에서 청력감소가 가장 뚜렷하게 나타나는 특징을 가진다. 이는 외이·중이·내이의 공명 특성과 소음에 의한 와우의 손상 민감도가 4,000Hz 부근에서 높기 때문이다.

76 빈출

피부의 색소침착 등 생물학적 작용이 활발하게 일어나서 Dorno선 이라고 부르는 비전리 방사선은?

① 적외선
② 가시광선
③ 자외선
④ 마이크로파

도르노선은 자외선의 한 종류로 파장 범위는 약 280~315nm이다. 이 자외선은 살균 소독 작용이 뛰어나고, 피부에서 비타민 D 합성을 촉진하는 등 생물학적 효과가 강한 영역에 속한다.

77 빈출

습구흑구온도지수(WBGT)에 관한 설명으로 맞는 것은?

① WBGT가 높을수록 휴식시간이 증가되어야 한다.
② WBGT는 건구온도와 습구온도에 비례하고, 흑구온도에 반비례한다.
③ WBGT는 고온환경을 나타내는 값이므로 실외작업에만 적용한다.
④ WBGT는 복사열을 제외한 고열의 측정단위로 사용되며, 화씨온도(℉)로 표현한다.

① WBGT가 높을수록 근로자의 열 스트레스가 커지므로 휴식시간을 증가시켜야 한다.
② WBGT는 건구온도, 습구온도, 흑구온도 모두에 양의 계수를 부여하여 계산한다.
③ WBGT는 실외분 아니라 복사열이 존재하는 실내 작업환경에서도 적용한다.
④ WBGT는 복사열(흑구온도)을 포함한 고열 지수이며, 섭씨(℃)로 표현한다.

관련개념 WBGT(Wet Bulb Globe Temperature)
습구·흑구·건구 온도를 포함한 열 스트레스 지표로, 작업환경에서 열사병, 열탈진 등 고온 스트레스 예방을 위한 대표적 지표이다.
• 옥내 or 옥외(햇볕 없는 곳)
  WBGT = 0.7 × 자연습구온도 + 0.3 × 흑구온도
• 옥외(햇볕 있는 곳)
  WBGT = 0.7 × 자연습구온도 + 0.2 × 흑구온도 + 0.1 × 건구온도

78

소음발생의 대책으로 가장 먼저 고려해야 할 사항은?

① 소음원 밀폐
② 차음보호구 착용
③ 소음전파 차단
④ 소음노출시간 단축

• 소음 방지의 가장 효과적인 방법은 소음 발생원을 직접 차단하거나 밀폐하여 소음이 외부로 퍼지지 못하게 하는 것이다.
• 소음원 밀폐는 소음이 생성되는 근본 원인을 차단하는 공학적 대책으로, 차음, 흡음, 소음기 설치 등 다양한 형태로 시행된다.

79

다음 중 압력이 가장 높은 것은?

① 2atm
② 760mmHg
③ 14.7psi
④ 101,325Pa

① 2atm
② 760mmHg = 1atm
③ 14.7psi = 1atm
④ 101,325Pa = 1atm

80 빈출

비전리방사선으로만 나열한 것은?

① α선, β선, 레이저, 자외선
② 적외선, 레이저, 마이크로파, α선
③ 마이크로파, 중성자, 레이저, 자외선
④ 자외선, 레이저, 마이크로파, 가시광선

• 비전리방사선은 전리방사선과 달리 물질을 이온화시키지 않으며, 에너지가 상대적으로 낮아 분자의 화학 결합을 직접 끊거나 이온을 생성하지 않는다.
• 비전리방사선(비이온화 방사선)의 종류: 자외선(일부는 전리능력이 없으나 피부에 영향), 가시광선, 적외선, 레이저, 마이크로파(마이크로웨이브), 라디오파(무선주파수), 전자파(넓은 범위의 비전리 방사선 포함), 일부 초음파도 비전리방사선에 포함되기도 한다

관련개념 전리방사선(Ionizing Radiation)
• 원자나 분자로부터 전자를 떼어내어 이온화할 수 있는 에너지를 가진 방사선이다. 물질 내 원자구조를 변화시키며 생물학적 손상을 일으킬 수 있다.
• 주요 종류: 입자방사선과 전자기방사선 포함

전리방사선	입자방사선	알파선(α선), 베타선(β선), 중성자선
	전자기방사선	감마선(γ선), 엑스선(X선)

81 ⭐빈출

단시간 노출기준이 시간가중평균농도(TLV-TWA)와 단기간 노출기준(TLV-STEL) 사이일 경우 충족시켜야 하는 3가지 조건에 해당하지 않는 것은?

① 1일 4회를 초과해서는 안 된다.
② 15분 이상 지속 노출되어서는 안 된다.
③ 노출과 노출 사이에는 60분 이상의 간격이 있어야 한다.
④ TLV-TWA의 3배 농도에는 30분 이상 노출되어서는 안 된다.

> 단시간 노출 허용기준은 보통 15분 이내 노출이며, 하루 4회까지, 그리고 노출 사이에 최소 60분 간격이 필요하다.

82

유해화학물질의 생체막 투과 방법에 대한 다음 내용에 해당하는 것은?

> 운반체의 확산성을 이용하여 생체막을 통과하는 방법으로 운반체는 대부분 단백질로 되어 있다. 운반체의 수가 가장 많을 때 통과속도는 최대가 되지만 유사한 대상물질이 많이 존재하면 운반체의 결합에 경쟁하게 되어 투과속도가 선택적으로 억제된다. 일반적으로 필수영양소가 이 방법에 의하지만 필수영양소와 유사한 화학물질이 침투하여 운반체와 결합에 경쟁함으로써 생체막에 화학물질이 통과하여 독성이 나타나게 된다.

① 여과
② 촉진확산
③ 단순확산
④ 능동투과

> • 촉진확산은 운반체 단백질이 특정 물질과 결합해 생체막을 통과시키는 수동적 확산 방식이다. 운반체 수가 많을수록 투과 속도가 최대에 이르지만, 유사한 물질들이 경쟁하여 결합 시 투과가 선택적으로 억제된다. 필수영양소들이 주로 이 경로를 이용하며, 이와 유사한 유해화학물질이 경쟁적으로 운반체와 결합해 세포 내로 들어와 독성을 나타낼 수 있다.
> • 단순확산은 농도차에 의해 수동적으로 막을 통과하는 방식이며, 능동투과는 에너지를 사용하는 능동적 수송이다. 여과는 기계적 여과를 뜻한다.

83

피부의 표피를 설명한 것으로 틀린 것은?

① 혈관 및 림프관이 분포한다.
② 대부분 각질세포로 구성된다.
③ 멜라닌 세포와 랑게르한스 세포가 존재한다.
④ 각화세포를 결합하는 조직은 케라틴 단백질이다.

> ① 표피에는 혈관과 림프관이 없으며, 진피에서 혈관과 림프관이 분포하고 영양 공급이 이루어진다.
> ② 표피는 피부의 가장 바깥층으로, 대부분 각질형성세포(각질세포)로 구성되어 있다.
> ③ 표피에는 멜라닌 세포(피부색 담당)와 랑게르한스 세포(면역 기능)가 존재한다.
> ④ 각화세포(각질형성세포)를 결합하는 주된 단백질은 케라틴이다.

84

석유정제공장에서 다량의 벤젠을 분리하는 공정의 근로자가 해당 유해물질에 반복적으로 계속해서 노출될 경우 발생 가능성이 가장 높은 직업병은 무엇인가?

① 신장 손상
② 직업성 천식
③ 급성골수성 백혈병
④ 다발성 말초신경장해

벤젠은 강력한 발암물질로, 장기간 노출 시 백혈병, 특히 급성골수성 백혈병의 발생 위험이 매우 높다. 벤젠 노출로 인해 빈혈, 백혈구 감소증, 혈소판 감소증 등의 혈액질환이 나타나며, 이는 백혈병과 연관된다.

85

남성 근로자의 생식독성 유발요인이 아닌 것은?

① 흡연
② 망간
③ 풍진
④ 카드뮴

풍진은 주로 여성에게서 태아 기형 등 임신 관련 문제를 유발하는 바이러스성 질환이며, 남성 생식독성과는 직접적인 연관성이 적다.

86 빈출

유기성 분진에 의한 진폐증에 해당하는 것은?

① 규폐증
② 탄소폐증
③ 활석폐증
④ 농부폐증

④ 농부폐증: 사일로나 곰팡이 핀 건초 등에서 증식한 열성방선균 항원에 과민 반응하여 기침 · 발열 · 호흡곤란을 나타내는 과민성 폐염이다.
① 규폐증: 결정형 이산화규소 미세입자 흡입으로 폐에 결절성 섬유화를 일으켜 진행성 호흡곤란과 폐기능 저하를 초래하는 진폐증이다.
② 탄소폐증: 탄소분진(주로 탄광에서 발생하는 무연탄 · 흑연 · 석탄가루 등)을 장기간 흡입하여 폐에 쌓여 생기는 직업성 진폐증이다.
③ 활석폐증: 무기 광물질(활석) 흡입에 의한 진폐증이다.

87

직업성 천식을 유발하는 물질이 아닌 것은?

① 실리카
② 목분진
③ 무수트리멜리트산(TMA)
④ 톨루엔디이소시안산염(TDI)

• 실리카(규소)는 주로 폐에 석면증, 규폐증 등 폐 섬유화 질환을 일으키는 것으로 알려져 있으며, 천식 유발과는 거리가 있다.
• 목분진, 무수트리멜리트산(TMA), 톨루엔디이소시안산염(TDI)은 모두 직업성 천식을 유발하는 대표적인 물질이다. 특히 TDI는 산업 현장에서 많이 보고되는 천식 유발 물질이다.

88 

수치로 나타낸 독성의 크기가 각각 2와 3인 두 물질이 화학적 상호작용에 의해 상대적 독성이 9로 상승하였다면 이러한 상호작용을 무엇이라 하는가?

① 상가작용
② 가승작용
③ 상승작용
④ 길항작용

> 상승작용(Synergism)은 두 물질의 독성 효과가 서로 상승하여 단순 합보다 훨씬 큰 효과를 내는 현상이다. 주어진 경우에는 2와 3의 단순 합(5)을 넘어 9로 크게 증가했으므로 상승작용이다.

관련개념

- 상승작용(Synergism): 두 가지 이상의 물질이 함께 작용할 때, 각각의 효과를 단순히 더한 것보다 훨씬 더 큰 효과가 나타나는 현상이다.
  - 예 흡연과 석면에 동시에 노출되면 폐암 위험이 각각의 위험을 더한 것보다 훨씬 커짐
- 강화(가승)작용(Potentiation): 한 물질은 독성이 없거나 매우 약하지만, 다른 물질의 독성을 크게 증가시키는 현상이다.
  - 예 이소프로판올 자체는 독성이 없지만, 사염화탄소와 함께 노출되면 사염화탄소의 간독성이 크게 증가함
- 상가작용(Additivity): 두 가지 이상의 물질이 함께 작용할 때, 효과가 단순히 합산되는 현상이다.
  - 예 A의 효과가 2, B의 효과가 3이면, 함께 노출될 때 효과는 5(2+3=5)가 됨
- 길항작용(Antagonism): 두 가지 이상의 물질이 함께 작용할 때, 서로의 효과를 약화시켜 결과적으로 효과가 줄어드는 현상이다.
  - 예 해독제가 독성물질의 효과를 감소시키는 경우

89

직업성 피부질환에 영향을 주는 직접적인 요인에 해당되는 항목은?

① 연령
② 인종
③ 고온
④ 피부의 종류

> - 직업성 피부질환의 원인 중 물리적 요인으로는 고온, 저온, 마찰, 압박, 진동, 습도, 자외선 등이 있으며, 이들은 피부 손상을 직접 일으키는 주요 요인이다. 고온은 피부에 직접적인 자극과 손상을 주어 화상이나 피부염을 일으키는 물리적 인자이다.
> - 연령, 인종, 피부의 종류 등은 개인 특성으로서 피부질환 발생에 영향을 줄 수 있으나 직접적인 위험요인보다는 취약성을 결정하는 간접적 요인이다.

90

물에 대하여 비교적 용해성이 낮고 상기도를 통과하여 폐수종을 일으킬 수 있는 자극제는?

① 염화수소
② 암모니아
③ 불화수소
④ 이산화질소

> - 이산화질소는 물에 대한 용해성이 낮아 상기도를 크게 자극하지 않고 폐 깊숙이 침투하여 주로 폐에 직접적인 자극을 주어 폐렴, 폐수종 등의 심각한 호흡기 질환을 유발할 수 있는 강한 자극제이다.
> - 염화수소, 암모니아, 불화수소는 물에 잘 용해되어 상기도 점막을 자극하는 성질이 더 강하다.

정답 88 ③ 89 ③ 90 ④

91

근로자의 유해물질 노출 및 흡수 정도를 종합적으로 평가하기 위하여 생물학적 측정이 필요하다. 또한 유해물질 배출 및 축적 속도에 따라 시료 채취시기를 적절히 정해야 하는데, 시료채취 시기에 제한을 가장 작게 받는 것은?

① 요중 납
② 호기 중 벤젠
③ 혈중 총 무기수은
④ 요중 총 페놀

① 요중 납: 납은 체내에서 뼈와 같은 조직에 장기간 축적되며, 요 중 납은 누적 노출량 반영 → 단기간 변동이 적어서 채취 시점의 영향이 상대적으로 작음
② 호기 중 벤젠: 휘발성이 강하고 체내 체류 시간이 짧음 → 작업 직후 호기에서만 검출량이 의미 있음, 채취 시점 제한이 큼
③ 혈중 총 무기수은: 무기수은은 혈액 내 반감기가 짧음 → 노출 시기와 가까울수록 의미 있음, 채취 시점 제한이 큼
④ 요중 총 페놀: 페놀은 벤젠의 대사산물, 빠르게 배설됨 → 작업 직후 채취해야 의미 있음, 채취 시점 제한이 큼

92

어느 근로자가 두통, 현기증, 구토, 피로감, 황달, 빈뇨 등의 증세를 보인다면, 어느 물질에 노출되었다고 볼 수 있는가?

① 납
② 황화수은
③ 수은
④ 사염화탄소

• 사염화탄소는 신경계, 간, 신장 등 여러 장기에 독성을 나타내며, 사염화탄소 노출은 간 기능 장애와 관련된 황달, 신부전 증상, 중추신경계 이상을 유발할 수 있다.
• 납, 수은, 황화수은 등의 중금속은 주로 신경계와 혈액, 신장 등에 영향을 주나 황달 증상은 상대적으로 덜 나타난다.

93

인체에 침입한 납(Pb) 성분이 주로 축적되는 곳은?

① 간
② 뼈
③ 신장
④ 근육

• 납은 체내에 들어가면 주로 뼈와 치아에 장기간 축적된다.
• 뼈에 축적된 납은 서서히 혈액으로 방출되어 체내에 지속적인 노출 효과를 나타내며, 중독 증상을 유발할 수 있다.
• 간, 신장, 근육 등에도 납이 일부 축적되나, 뼈가 가장 주요한 축적 장소이다.

94 빈출

공기역학적 직경(Aerodynamic Diameter)에 대한 설명과 가장 거리가 먼 것은?

① 역학적 특성, 즉 침강속도 또는 종단속도에 의해 측정되는 먼지 크기이다.
② 직경분립충돌기(Cascade Impactor)를 이용해 입자의 크기 및 형태 등을 분리한다.
③ 대상 입자와 같은 침강속도를 가지며 밀도가 1인 가상적인 구형의 직경으로 환산한 것이다.
④ 마틴 직경, 페렛 직경 및 등면적 직경(Projected Area Diameter)의 세 가지로 나누어진다.

마틴 직경, 페렛 직경, 등면적 직경은 모두 입자의 기하학적 또는 투영면적과 관련된 직경이며, 공기역학적 직경의 범주에 포함되지 않는다.

관련개념
• 페렛 직경(Feret Diameter): 입자의 투영된 가장자리에서 가장 먼 두 점을 잇는 직선을 직경으로 하여 측정하는 방법이며, 이로 인해 입자의 크기가 과대평가될 가능성이 있다.
• 마틴 직경(Martin Diameter): 입자의 면적을 2등분하는 선의 길이로 과소평가될 수 있다.
• 공기역학 직경(Aerodynamic Diameter): 입자의 공기 중 운동과 침착 특성을 반영한 것으로, 물리적 크기와는 다르다.
• 등면적 직경(Equivalent Area Diameter): 입자의 면적과 같은 크기의 원의 직경이다.

정답   91 ①   92 ④   93 ②   94 ④

95

합금, 도금 및 전지 등의 제조에 사용되며, 알레르기 반응, 폐암 및 비강암을 유발할 수 있는 중금속은?

① 비소
② 니켈
③ 베릴륨
④ 안티몬

- 니켈은 합금, 도금, 전지 제조 등에 널리 사용되며, 특히 니켈 도금 작업자들에게서 피부 알레르기 반응이 흔하게 발생한다. 장기간 고농도 노출 시 폐암 및 비강암 발병 위험이 높아지는 것으로 보고되고 있다.
- 니켈에 의한 만성 노출은 접촉성 피부염, 호흡기 장애, 만성 비염 등도 유발될 수 있다.

96

벤젠에 노출되는 근로자 10명이 6개월 동안 근무하였고, 5명이 2년 동안 근무하였을 경우 노출인년(Person - Years of Exposure)은 얼마인가?

① 10
② 15
③ 20
④ 25

$$\text{노출인년} = \Sigma \left[\text{인원} \times \left(\frac{\text{근무한 개월 수}}{12\text{월}} \right) \right]$$

$$= \left[10 \times \left(\frac{6}{12} \right) \right] + \left[5 \times \left(\frac{24}{12} \right) \right] = 15$$

97

수은중독에 관한 설명 중 틀린 것은?

① 주된 증상은 구내염, 근육진전, 정신증상이 있다.
② 급성중독인 경우의 치료 시 10% EDTA를 투여한다.
③ 알킬수은화합물의 독성은 무기수은화합물의 독성보다 훨씬 강하다.
④ 전리된 수은이온이 단백질을 침전시키고 thiol기(SH)를 가진 효소작용을 억제한다.

급성중독 치료에는 킬레이트제인 BAL(브라디칼세팔린), 페니실라민, DMPS, DMSA 등이 사용된다.

관련개념

- BAL(브라디칼세팔린, British Anti-Lewisite): 제2차 세계대전 중 루이사이트 같은 독성 화학물질 해독제로 개발되었으며, 수은, 납, 비소, 안티모니 등 여러 중금속에 효과가 있다. 근육 주사제로 투여하며, 자체 독성이 있어 용량과 주사 시 통증에 주의가 필요하다.
- 페니실라민: 경구 투여하는 킬레이트제로 주로 납, 구리, 금 등 중금속 중독 치료에 쓰인다.
- DMPS(디메르캅토프로판설포네이트): 물에 잘 녹는 형태로, 무기수은 중독 치료에 매우 효과적이며 빠른 배출을 돕는다.
- DMSA(디메르캅토숙신산): 경구 투여가 가능하며, 중금속 해독제로 널리 쓰인다. 특히 납, 수은 해독에 효과적이다.

98

납은 적혈구 수명을 짧게 하고, 혈색소 합성에 장애를 발생시킨다. 납이 흡수됨으로써 초래되는 결과로 틀린 것은?

① 요중 코프로포르피린 증가
② 혈청 및 δ-ALA 요중 증가
③ 적혈구 내 프로토폴피린 증가
④ 혈중 β-마이크로글로빈 증가

요중 β-마이크로글로빈이 증가한다.

관련개념

- 코프로포르피린(Coproporphyrin): 헴 합성 과정 중간체의 하나로, 대사 이상 시 소변이나 대변에서 증가하며 포르피린증과 관련 있다. 포르피린증 환자에서 많이 검출되며 신경계와 피부 증상을 유발할 수 있다.
- 혈청(Serum): 혈액에서 혈구를 제외한 액체 부분으로, 각종 물질과 효소, 항체 등이 포함되어 있어 혈액 검사에 이용된다.
- δ-ALA(델타-아미노레불린산): 헴 합성과정의 초기 단계 물질로, 납 중독이나 포르피린증 등에서 혈중과 요중 농도가 증가한다.
- 프로토폴피린(Protoporphyrin): 헴 합성 후반 단계에 생성되는 포르피린의 일종이며, 주로 적혈구 내에 존재한다. 납중독 시 적혈구 내 농도가 증가한다.
- β-마이크로글로빈(β2-Microglobulin): 세포 표면에 존재하는 작은 단백질로, 신장 기능이 저하되면 요 중에 배설량이 증가한다. 혈중 농도는 보통 정상 범위에 있다.

99

3가 및 6가 크롬의 인체 작용 및 독성에 관한 내용으로 틀린 것은?

① 산업장의 노출의 관점에서 보면 3가 크롬이 더 해롭다.
② 3가 크롬은 피부 흡수가 어려우나 6가 크롬은 쉽게 피부를 통과한다.
③ 세포막을 통과한 6가 크롬은 세포내에서 수 분 내지 수 시간 만에 발암성을 가진 3가 형태로 환원된다.
④ 6가에서 3가로의 환원이 세포질에서 일어나면 독성이 적으나 DNA의 근위부에서 일어나면 강한 변이원성을 나타낸다.

산업장의 노출의 관점에서 보면 6가 크롬이 더 해롭다.

100

중독 증상으로 파킨슨 증후군 소견이 나타날 수 있는 중금속은?

① 납
② 비소
③ 망간
④ 카드뮴

망간 중독은 특히 용접공 등에서 흔하게 발생하며, 만성 과다 노출 시 파킨슨병과 유사한 파킨슨양 증후군을 유발할 수 있다. 증상으로는 운동 완만, 근육 경직, 운동장애, 진전 등이 있으며, MRI 영상에서 특정 뇌 부위의 신호 변화도 관찰된다.

Chapter 02

2023년 1회 | CBT 기출복원문제

1과목 산업위생학개론

01

전신피로 정도를 평가하기 위한 측정 수치가 아닌 것은?
(단, 측정 수치는 작업을 마친 직후 회복기의 심박수이다.)

① 작업 종료 후 30~60초 사이의 평균 맥박수
② 작업 종료 후 60~90초 사이의 평균 맥박수
③ 작업 종료 후 120~150초 사이의 평균 맥박수
④ 작업 종료 후 150~180초 사이의 평균 맥박수

전신피로는 작업 직후 빠른 시점의 회복 심박수를 평가 지표로 삼는다. 작업 종료 후 30~60초, 60~90초, 150~180초는 회복기 심박수 측정의 주요 구간이다.

02

사망에 대한 근로손실을 7,500일로 산출한 근거는 다음과 같다. ( )에 알맞은 내용으로만 나열한 것은?

- 재해로 인한 사망자의 평균 연령을 ( )세로 본다.
- 노동이 가능한 연령을 ( )세로 본다.
- 1년 동안의 노동일수를 ( )일로 본다.

① 30, 55, 300
② 30, 60, 310
③ 35, 55, 300
④ 35, 60, 310

- 재해로 인한 사망자의 평균 연령을 30세로 본다.
- 노동이 가능한 연령을 55세로 본다.
- 1년 동안의 노동일수를 300일로 본다.
→ 사망으로 인한 근로손실일수는
   (55세 − 30세) = 25년 × 300일 = 7,500일로 계산된다.

03

미국산업안전보건연구원(NIOSH)에서 제시한 중량물의 들기작업에 관한 감시기준(Action Limit)과 최대 허용기준(Maximum Permissible Limit)의 관계를 바르게 나타낸 것은?

① MPL = 3AL
② MPL = 5AL
③ MPL = 10AL
④ MPL = $\sqrt{2}$ AL

최대허용기준(MPL)은 감시기준(AL)의 3배에 해당한다.

04

심리학적 적성검사 중 직무에 관한 기본지식과 숙련도, 사고력 등 직무평가에 관련된 항목을 가지고 추리검사의 형식으로 실시하는 것은?

① 지능검사
② 기능검사
③ 인성검사
④ 직무능검사

심리학적 적성검사 중 직무에 관한 기본지식과 숙련도, 사고력 등 직무평가에 관련된 항목을 가지고 추리검사의 형식으로 실시하는 것은 기능검사이다.

정답   01 ③ 02 ① 03 ① 04 ②

05

산업재해를 대비하여 작업근로자가 취해야 할 내용과 거리가 먼 것은?

① 보호구 착용
② 작업방법의 숙지
③ 사업장 내부의 정리정돈
④ 공정과 설비에 대한 검토

- 보호구 착용, 작업방법의 숙지, 사업장 내부의 정리정돈은 근로자가 직접 실행할 수 있는 기본 안전수칙이다.
- 공정과 설비에 대한 검토는 기업이나 관리자가 해야 할 업무로, 작업근로자가 일상적으로 직접 수행하는 내용과 거리가 있다.

06 ★ 빈출

영국에서 최초로 보고된 직업성 암의 종류는?

① 폐암
② 골수암
③ 음낭암
④ 기관지암

음낭암은 18세기 영국에서 어린이 굴뚝청소부에게 많이 발생한 직업성 암으로, 검댕(Soot) 노출이 주요 원인이다. 의사 퍼시벌 포트가 최초로 발견했으며, 산업성 암의 역사적 사례로 유명하다.

07

영상표시단말기(VDT)의 작업자세로 틀린 것은?

① 발의 위치는 앞꿈치만 닿을 수 있도록 한다.
② 눈과 화면의 중심 사이의 거리는 40cm 이상이 되도록 한다.
③ 위팔과 아래팔이 이루는 각도는 90도 이상이 되도록 한다.
④ 아래팔은 손등과 일직선을 유지하여 손목이 꺾이지 않도록 한다.

근로자의 발바닥 전면이 바닥면에 닿는 자세를 기본으로 한다.

08

분진의 종류 중 산업안전보건법상 작업환경측정 대상이 아닌 것은?

① 목분진(Wood Dust)
② 지분진(Paper Dust)
③ 면분진(Cotton Dust)
④ 곡물분진(Grain Dust)

작업환경측정 대상 분진은 광물성분진, 곡물분진, 면분진, 목재분진, 석면분진, 용접흄, 유리섬유 등이 해당되며, 지분진은 포함되지 않는다.

09

실내공기오염물질 중 석면에 대한 일반적인 설명으로 거리가 먼 것은?

① 석면의 발암성 정보물질의 표기는 1A에 해당한다.
② 과거 내열성, 단열성, 절연성 및 견인력 등 뛰어난 특성 때문에 여러 분야에서 사용되었다.
③ 석면의 여러 종류 중 건강에 가장 치명적인 영향을 미치는 것은 사문석 계열의 청석면이다.
④ 작업환경측정에서 석면은 길이가 $5\mu m$보다 크고, 길이 대 넓이의 비가 3 : 1 이상인 섬유만 개수한다.

석면의 여러 종류 중 건강에 가장 치명적인 영향을 미치는 것은 각섬석 계열의 청석면이다.

관련개념
- 사문석계(백석면, Chrysotile): 가장 많이 사용된 석면으로 섬유가 상대적으로 휘어져 있어 체내 잔류성이 낮음
- 각섬석계(청석면, 갈석면 등): 섬유가 곧고 바늘처럼 생겨 체내에서 잘 분해되지 않고 오래 잔류하며 석면폐(Asbestosis), 폐암, 악성중피종(특히 청석면) 발생 위험이 훨씬 큼

10

다음 내용이 설명하는 것은?

> 작업 시 소비되는 산소소비량은 초기에 서서히 증가하다가 작업강도에 따라 일정한 양에 도달하고, 작업이 종료된 후 서서히 감소되어 일정 시간 동안 산소가 소비된다.

① 산소 부채
② 산소 섭취량
③ 산소 부족량
④ 최대 산소량

산소 부채는 작업 시 산소소비량이 초기에는 서서히 증가하다가 일정 수준에 도달하고, 작업 종료 후에도 산소 소비가 서서히 감소하여 일정 시간 동안 계속되는 현상을 말한다. 이는 작업 중 무산소 대사가 일어나면서 산소 부족 상태가 생기고, 작업이 끝난 후 이 부족한 산소를 보충하기 위해 몸이 더 많은 산소를 소비하는 과정에서 발생한다. 따라서 작업 후에도 평상시보다 더 많은 산소를 필요로 하는 상태를 산소 부채라 한다.

11 빈출

미국산업위생학술원에서 채택한 산업위생전문가의 윤리강령 중 기업주와 고객에 대한 책임과 관계된 윤리강령은?

① 기업체의 기밀은 누설하지 않는다.
② 전문적 판단이 타협에 의하여 좌우될 수 있는 상황에는 개입하지 않는다.
③ 근로자, 사회 및 전문 직종의 이익을 위해 과학적 지식을 공개하고 발표한다.
④ 결과와 결론을 뒷받침할 수 있도록 기록을 유지하고 산업위생사업을 전문가답게 운영, 관리한다.

미국산업위생학술원에서 채택한 산업위생전문가의 윤리강령 중 기업주와 고객에 대한 책임과 관계되는 윤리강령은 '결과와 결론을 뒷받침할 수 있도록 기록을 유지하고 산업위생사업을 전문가답게 운영, 관리'하는 것이다.

12

온도 25℃, 1기압 하에서 분당 100mL씩 60분 동안 채취한 공기 중에서 벤젠이 5mg 검출되었다. 검출된 벤젠은 약 몇 ppm인가? (단, 벤젠의 분자량은 78이다.)

① 15.7
② 26.1
③ 157
④ 261

$$\text{ppm} = \text{mL/m}^3$$

$$\dfrac{5\text{mg} \times \dfrac{22.4\text{mL}}{78\text{mg}} \times \dfrac{(273+25)\text{K}}{273\text{K}}}{\dfrac{100\text{mL}}{\text{min}} \times 60\text{min} \times \dfrac{\text{m}^3}{10^6\text{mL}}} = 261.2316\text{mL/m}^3$$

13

유리제조, 용광로 작업, 세라믹 제조과정에서 발생 가능성이 가장 높은 직업성 질환은?

① 요통
② 근육경련
③ 백내장
④ 레이노현상

유리제조, 용광로 작업, 세라믹 제조과정에서 발생 가능성이 가장 높은 직업성 질환은 백내장이다. 이 작업들은 고온의 환경과 강한 광선, 열, 자외선 등에 노출되기 쉬워 눈의 수정체에 영향을 미쳐 백내장이 발생할 위험이 크다.

14

근전도(Electromyogram, EMG)를 이용하여 국소피로를 평가할 때 고려하는 사항으로 틀린 것은?

① 총 전압의 감소
② 평균 주파수의 감소
③ 저주파수(0~40Hz) 힘의 증가
④ 고주파수(40~200Hz) 힘의 감소

피로한 상태에서는 운동 단위의 동원이 증가할 수 있고, 근육 수축에 대한 저항 및 비효율적 활성화가 증가해 총 전압이 상승한다.

15

물질안전보건자료(MSDS)의 작성원칙에 관한 설명으로 틀린 것은?

① MSDS는 한글로 작성하는 것을 원칙으로 한다.
② 실험실에서 시험·연구목적으로 사용하는 시약으로서 MSDS가 외국어로 작성된 경우에는 한국어로 번역하지 아니할 수 있다.
③ 외국어로 되어 있는 MSDS를 번역하는 경우에는 자료의 신뢰성이 확보될 수 있도록 최초 작성기관명과 시기를 함께 기재하여야 한다.
④ 각 작성항목을 빠짐없이 작성하여야 하지만 부득이 어느 항목에 대해 관련 정보를 얻을 수 없는 경우에는 작성란에 "해당없음"이라 기재한다.

각 작성항목은 가능한 정보를 모두 작성해야 하며, 부득이 정보를 얻지 못한 항목은 "해당없음" 또는 "정보없음" 등으로 명확히 기재해야 하며, 공란으로 두는 것은 원칙적으로 허용되지 않는다.

16

근로자의 산업안전보건을 위하여 사업주가 취하여야 할 일이 아닌 것은?

① 강렬한 소음을 내는 옥내작업장에 대하여 흡음시설을 설치한다.
② 내부환기가 되는 갱에서 내연기관이 부족한 기계를 사용하지 않도록 한다.
③ 인체에 해로운 가스의 옥내 작업장에서 공기 중 함유농도가 보건상 유해한 정도를 초과하지 않도록 조치한다.
④ 유해물질 취급작업으로 인하여 근로자에게 유해한 작업인 경우 그 원인을 제거하기 위하여 대체물 사용, 작업방법 및 시설의 변경 또는 개선 조치한다.

내부환기가 되지 않는 갱에서 내연기관이 부족한 기계를 사용하지 않도록 한다.

17

교대제를 기업에서 채택되고 있는 이유와 거리가 먼 것은?

① 섬유공업, 건설사업에서 근로자의 고용기회의 확대를 위하여
② 의료, 방송 등 공공사업에서 국민생활과 이용자의 편의를 위하여
③ 화학공업, 석유정제 등 생산과정이 주야로 연속되지 않으면 안 되는 경우
④ 기계공업, 방직공업 등 시설투자의 상각을 조속히 달성하고자 생산설비를 완전 가동하고 있는 경우

• 교대제는 국민생활의 연속성 확보가 필요한 공공서비스, 생산공정이 연속적으로 운영되어야 하는 산업, 설비가동률을 높여 투자회수를 도모하는 산업 등에서 채택되는 경우가 많다.
• 건설업은 대부분 주간작업 위주로 이루어져 통상적인 교대제 채택 사례와 거리가 멀다.

18 ⭐빈출

어떤 물질에 대한 작업환경을 측정한 결과 다음과 같은 TWA 결과값을 얻었다. 환산된 TWA는 약 얼마인가?

농도(ppm)	100	150	250	300
발생시간(분)	120	240	60	60

① 169ppm
② 198ppm
③ 220ppm
④ 256ppm

$$\text{TWA} = \frac{C_1 T_1 + C_2 T_2 + \cdots + C_n T_n}{8}$$

$$= \frac{(100 \times 2) + (150 \times 4) + (250 \times 1) + (300 \times 1)}{8}$$

$$= 168.75 \text{ppm}$$

관련개념 시간가중평균노출기준(Time Weighted Average, TWA)

1일 8시간 작업을 기준으로 유해인자가 발생한 시간별 측정치에 발생시간을 곱하여 8시간으로 나눈 값을 말한다. 산출식은 다음과 같다.

$$\text{TWA} = \frac{C_1 T_1 + C_2 T_2 + \cdots + C_n T_n}{8} = \frac{\sum_{n=1}^{n} (C_n \times T_n)}{8}$$

여기서, 8시간은 1일 작업시간을 의미한다.
- C_n: 유해인자의 농도
- T_n: 각 농도가 발생한 시간(시간 단위)

19

산업위생의 정의에 나타난 산업위생의 활동 단계 4가지 중 평가(Evaluation)에 포함되지 않는 것은?

① 시료의 채취와 분석
② 예비조사의 목적과 범위 결정
③ 노출정도를 노출기준과 통계적인 근거로 비교하여 판정
④ 물리적, 화학적, 생물학적, 인간공학적 유해인자 목록 작성

- 평가 단계는 유해인자의 노출 정도와 건강 영향 등을 노출기준과 통계적 근거로 비교해 판정하는 과정이다. 시료 채취와 분석, 예비조사의 목적과 범위 결정, 노출정도와 기준의 비교 및 판정은 평가 과정에 포함된다.
- 유해인자 목록 작성은 인지(Recognition) 단계에 해당하는 활동으로, 유해인자를 파악하고 분류하는 초기 단계이며 평가 단계에는 속하지 않는다.

20

직업성 피부질환에 대한 설명으로 틀린 것은?

① 대부분은 화학물질에 의한 접촉피부염이다.
② 접촉피부염의 대부분은 알레르기에 의한 것이다.
③ 정확한 발생빈도와 원인물질의 추정은 거의 불가능하다.
④ 직업성 피부질환의 간접요인으로는 인종, 연령, 계절 등이 있다.

알레르기성 접촉피부염은 피부가 특정 화학물질(항원)에 반복적으로 접촉할 때 신체의 면역체계가 반응하여 24~72시간 이내에 증상이 나타나는 만성 염증성 질환이다.

21 ⭐빈출

누적소음노출량(D: %)을 적용하여 시간가중평균소음수준
(TWA: dB(A))을 산출하는 공식은?

① $16.61\log(D/100) + 80$
② $19.81\log(D/100) + 80$
③ $16.61\log(D/100) + 90$
④ $19.81\log(D/100) + 90$

누적소음 노출량 평가

• $TWA = 16.61\log\dfrac{\text{누적소음노출량(\%)}}{100} + 90$

• $TWA = 16.61\log\dfrac{\text{누적소음노출량(\%)}}{12.5 \times T} + 90$

※ 100은 12.5 × 8로 8시간 근로시간인 경우 적용
※ 12.5는 근로시간에 대한 노출 허용 기준과 관련된 상수로 사용

22 ⭐빈출

샐룰로오스 에스테르 막여과지에 관한 설명으로 틀린 것은?

① 산에 쉽게 용해된다.
② 유해물질이 표면에 주로 침착되어 현미경 분석에 유리하다.
③ 흡습성이 적어 중량분석에 주로 적용된다.
④ 중금속 시료채취에 유리하다.

③ 셀룰로오스 에스테르 막여과지는 셀룰로오스 아세테이트와 셀룰로오스 나이트레이트가 혼합된 멤브레인 필터이다. 흡습성이 비교적 높아 중량분석에 적합하지 않다. 흡습성이 낮은 여과지가 중량분석에 더 적합하다.
① 셀룰로오스 에스테르 계열 여과지는 산에 용해되는 성질을 가지고 있다. 따라서 산성 용액을 사용하는 환경에서는 주의가 필요하다.
② 여과지는 균일한 구조로 되어 있어 입자들이 주로 표면에 침착되어 현미경으로 관찰하기 용이하다.
④ 셀룰로오스 에스테르 막여과지는 중금속 등 무기 성분 분석에 자주 사용된다.

23

흡착제를 이용하여 시료채취를 할 때 영향을 주는 인자에 관한 설명으로 틀린 것은?

① 온도: 온도가 높을수록 입자의 활성도가 커져 흡착에 좋으며 저온일수록 흡착능이 감소한다.
② 오염물질 농도: 공기 중 오염물질 농도가 높을수록 파과 용량은 증가하나 파과 공기량은 감소한다.
③ 흡착제의 크기: 입자의 크기가 작을수록 표면적이 증가하여 채취효율이 증가하나 압력강하가 심하다.
④ 시료채취 속도: 시료채취 속도가 높고 코팅된 흡착제일수록 파과가 일어나기 쉽다.

물리적 흡착은 온도가 높을수록 흡착능이 감소하고 흡착제의 변형이 일어날 수 있다.

24 ⭐빈출

자연습구온도는 31.0℃, 흑구온도는 24.0℃, 건구온도는 34.0℃인 실내작업장에서 시간당 400칼로리가 소모되며 계속작업을 실시하는 주조공장의 WBGT는?

① 28.9℃
② 29.9℃
③ 30.9℃
④ 31.9℃

옥내 or 옥외(햇볕 없는 곳)의 습구흑구온도지수(WBGT)
WBGT = 0.7 × 자연습구온도 + 0.3 ×흑구온도
　　　 = 0.7 × 31 + 0.3 × 24 = 28.9℃

관련개념 WBGT(습구 흑구 온도 지수, Wet Bulb Globe Temperature)
• 근로자의 열 스트레스(온열환경 부담)를 평가하기 위한 대표적인 지표로, 온도, 습도, 복사열, 공기 흐름 등을 종합적으로 반영한다.
　✓ 옥내 or 옥외(햇볕 없는 곳)
　　 WBGT = 0.7 × 자연습구온도 + 0.3 × 흑구온도
　✓ 옥외(햇볕 있는 곳)
　　 WBGT = 0.7 × 자연습구온도 + 0.2 × 흑구온도 + 0.1 × 건구온도
• 흑구온도(Black Globe Temperature): 복사열(태양, 열원)의 영향을 반영한 온도
• 자연습구온도(Natural Wet Bulb Temperature): 공기 중 습도와 증발에 영향을 받는 온도

정답　　　　21 ③　22 ③　23 ①　24 ①

25

활성탄관(Charcoal Tubes)을 사용하여 포집하기에 가장 부적합한 오염물질은?

① 할로겐화 탄화수소류
② 에스테르류
③ 방향족 탄화수소류
④ 니트로 벤젠류

- 활성탄관은 주로 할로겐화 탄화수소류, 에스테르류, 방향족 탄화수소류 같은 물질을 효과적으로 흡착하여 포집하는 데 적합하다.
- 니트로 벤젠류는 극성 물질로서 활성탄에 의한 흡착률이 낮아 포집에 부적합한 물질로 알려져 있다. 니트로 벤젠은 극성 방향족 물질로, Silicagel을 사용하며 Silicagel Tube가 있다.

26

표준가스에 대한 법칙 중 '일정한 부피 조건에서 압력과 온도는 비례한다'는 내용은?

① 픽스의 법칙
② 보일의 법칙
③ 샤를의 법칙
④ 게이-루삭의 법칙

- ④ 게이-루삭의 법칙: 기체의 부피가 일정할 때, 압력은 절대온도에 비례한다는 법칙
- ① 픽스의 법칙: 기체 혼합물 내 각 기체의 부분압과 총압의 비율에 관련된 법칙
- ② 라울의 법칙: 온도가 일정할 때, 기체의 압력은 부피에 반비례한다는 법칙
- ③ 샤를의 법칙: 기체의 압력이 일정할 때, 기체의 부피는 절대온도에 비례한다는 법칙

27 ⭐

1차, 2차 표준기구에 관한 내용으로 틀린 것은?

① 1차 표준기구란 물리적 차원인 공간의 부피를 직접 측정할 수 있는 기구를 말한다.
② 1차 표준기구로 폐활량제가 사용된다.
③ Wet-Test 미터, Rota 미터, Orifice 미터는 2차 표준기구이다.
④ 2차 표준기구는 1차 표준기구를 보정하는 기구를 말한다.

- 1차 표준기구: 물리적 크기에 따라 공간의 부피를 직접 측정할 수 있는 기구로, 대표적으로 흑연 피스톤 미터, 비누거품 미터, 폐활량계, 가스치환병, 유리 피스톤 미터, 피토튜브 등이 있다.
- 2차 표준기구: 공간의 부피를 직접 측정할 수 없으며, 기류 속도나 압력을 유량으로 환산해 사용하는 기구로, 로타미터, 건식가스 미터, 습식테스트 미터, 오리피스 미터, 열선기류계 등이 있다.

28 ⭐

입자상 물질을 채취하는 방법 중 직경분립충돌기의 장점으로 틀린 것은?

① 호흡기에 무분별로 침착된 입자크기의 자료를 추정할 수 있다.
② 흡입성, 흉곽성, 호흡성 입자의 크기별 분포와 농도를 계산할 수 있다.
③ 시료 채취 준비에 시간이 적게 걸리며 비교적 채취가 용이하다.
④ 입자의 질량크기분포를 얻을 수 있다.

시료 채취 준비에 시간이 많이 걸리며 비교적 채취가 용이하지 않다.

관련개념 직경분립충돌기(Cascade Impactor)
- 입자의 관성에 의한 충돌 원리를 이용해, 크기별로 입자를 분리 및 채취하는 기기
- 일반적으로 여러 개의 노즐과 수집판(Stage)으로 구성되어, 입자 크기별로 분급 가능
- 사용 시 여러 단계를 거쳐야 하므로 기기 구성 및 시료채취 준비가 복잡하고 시간 소요가 큰 편

29

유사노출그룹(HEG)에 관한 내용으로 틀린 것은?

① 시료 채취 수를 경제적으로 하는 데 목적이 있다.
② 유사노출그룹은 우선 유사한 유해인자별로 구분한 후 유해인자의 동질성을 보다 확보하기 위해 조직을 분석한다.
③ 역학조사를 수행할 때 사건이 발생된 근로자가 속한 유사노출그룹의 노출농도를 근거로 노출원인 및 농도를 추정할 수 있다.
④ 유사노출그룹은 노출되는 유해인자의 농도와 특성이 유사하거나 동일한 근로자 그룹을 말하며 유해인자의 특성이 동일하다는 것은 노출되는 유해인자가 동일하고 농도가 일정한 변이 내에서 통계적으로 유사하다는 의미이다.

> 유사노출그룹은 작업환경과 근로행태를 우선 분석하여 노출의 동질성을 확보한 뒤, 필요에 따라 유사한 유해인자별로 세분화하여 분류하는 것이다.

관련개념 유사노출그룹(HEG, 혹은 SEG)
- 정의: 동일한 작업환경과 작업조건에서 유사한 노출패턴을 보이는 근로자 집단이다.
- 목적: 관찰·측정 비용을 절감하면서 대표적인 노출특성을 파악하기 위함이다.
- 분류기준: 작업유형, 작업장 위치, 사용물질·공정, 작업시간·빈도, 보호구 사용 등 작업환경과 근로자 행태에 대한 분석을 통해 설정한다.
- 대표시료 채취: 유사노출그룹에서 일부 대표근로자 또는 대표작업을 선정하여 시료를 채취하면 그룹 전체의 노출평균을 추정할 수 있다.
- 역학조사 활용: 집단 내 사고자 또는 질병자가 속한 그룹의 노출정보를 통해 노출원인과 농도를 추정할 수 있다.

30 ⭐빈출

입자상 물질의 채취를 위한 섬유상 여과지인 유리섬유 여과지에 관한 설명으로 틀린 것은?

① 흡습성이 적고 열에 강하다.
② 결합제 첨가형과 결합제 비첨가형이 있다.
③ 와트만(Whatman) 여과지가 대표적이다.
④ 유해물질이 여과지의 안층에서도 채취된다.

> 와트만(Whatman) 여과지는 셀룰로오스 여과지이다.

31 ⭐빈출

소음측정방법에 관한 내용으로 ( )에 알맞은 내용은? (단, 고용노동부 고시 기준을 따른다.)

> 소음이 1초 이상의 간격을 유지하면서 최대음압수준이 120dB(A) 이상의 소음인 경우에는 소음수준에 따른 (   ) 동안의 발생횟수를 측정한다.

① 1분
② 2분
③ 3분
④ 5분

> 소음이 1초 이상의 간격을 유지하면서 최대음압수준이 120dB(A) 이상의 소음인 경우에는 소음수준에 따른 1분 동안의 발생횟수를 측정한다.

정답   29 ②   30 ③   31 ①

32 ⭐빈출

소음의 변동이 심하지 않은 작업장에서 1시간 간격으로 8회 측정한 산술평균의 소음수준이 93.5dB(A)이었을 때 하루 소음노출량(Dose, %)은? (단, 근로자의 작업시간은 8시간이다.)

① 104%

② 135%

③ 162%

④ 234%

$$TWA = 16.61 \log\left(\frac{D(\%)}{100}\right) + 90$$

$$93.5 = 16.61 \log\left(\frac{D(\%)}{100}\right) + 90$$

$$D = 162.4487\%$$

관련개념 누적소음노출량 평가

- $TWA = 16.61 \log \dfrac{\text{누적소음노출량(\%)}}{100} + 90$

- $TWA = 16.61 \log \dfrac{\text{누적소음노출량(\%)}}{12.5 \times T} + 90$

※ 100은 12.5×8로 8시간 근로시간인 경우 적용

※ 12.5는 근로시간에 대한 노출 허용 기준과 관련된 상수로 사용

33 ⭐빈출

작업장 소음수준을 누적소음노출량 측정기로 측정할 경우 기기 설정으로 맞는 것은?

① Threshold = 80dB, Criteria = 90dB, Exchange Rate = 10dB

② Threshold = 90dB, Criteria = 80dB, Exchange Rate = 10dB

③ Threshold = 80dB, Criteria = 90dB, Exchange Rate = 5dB

④ Threshold = 90dB, Criteria = 80dB, Exchange Rate = 5dB

- 고용노동부 고시 기준에 따른 누적소음노출량 측정기 등의 기기 설정값은 다음과 같다.
  - ✓ Threshold(임계값) = 80dB
  - ✓ Criteria(기준치) = 90dB
  - ✓ Exchange Rate(교환율) = 5dB
- 이 설정값은 소음 노출 평가 시 기준으로 삼는 음압레벨과 소음 노출 시간에 따른 허용치를 결정하는 데 이용된다.

34

다음의 유기용제 중 실리카겔에 대한 친화력이 가장 강한 것은?

① 알코올류

② 알데히드류

③ 케톤류

④ 에스테르류

① 실리카겔은 본질적으로 강한 친수성을 띠는 물질이며, 선택적 흡착 성질이 있어 물이나 극성기, 수소결합이 가능한 물질의 친화성이 매우 높다. 알코올류[R-OH]는 실리카겔의 극성 흡착층과 잘 결합하여 친화력이 매우 높다. 케톤류, 에스테르류, 올레핀류는 알코올류에 비해 친화력이 약하다.

② 알데히드류(R-CHO)는 알코올 다음 수준의 친화력을 갖는다.

③ 케톤류[R-(C=O)-R']: 실리카겔과 중간 정도의 친화력을 가지는 극성 유기용제이다.

④ 에스테르류[R-(C=O)-O-R']: 실리카겔에 대한 친화력이 약한 비극성 탄화수소이며, 흡착력이 낮다.

35 

미국 ACGIH에서 정의한 (A) 흉곽성 먼지(Thoracic Particulate Mass, TPM)와 (B) 호흡성 먼지(Respirable Particulate Mass, RPM)의 평균입자크기로 옳은 것은?

① (A) $5\mu m$, (B) $15\mu m$
② (A) $15\mu m$, (B) $5\mu m$
③ (A) $4\mu m$, (B) $10\mu m$
④ (A) $10\mu m$, (B) $4\mu m$

ACGIH 입자 크기별 기준
- 흡입성 입자상 물질: 평균입경 $100\mu m$
- 흉곽성 입자상 물질: 평균입경 $10\mu m$
- 호흡성 입자상 물질: 평균입경 $4\mu m$

36 

흡광광도계에서 빛의 강도가 i_o인 단색광이 어떤 시료용액을 통과할 때 그 빛이 30%가 흡수될 경우, 흡광도는?

① 약 0.30
② 약 0.24
③ 약 0.16
④ 약 0.12

$$A = \log\left(\frac{1}{\text{투과율}}\right)$$
$$= \log\left(\frac{1}{0.7}\right) = 0.1549$$

37

시간당 200~350kcal의 열량이 소모되는 중등작업 조건에서 WBGT 측정치가 31.2℃일 때 고열작업 노출기준의 작업휴식조건은?

① 매 시간 50% 작업, 50% 휴식 조건
② 매 시간 75% 작업, 25% 휴식 조건
③ 매 시간 25% 작업, 75% 휴식 조건
④ 계속 작업 조건

작업휴식시간비	경작업	중등작업	중작업
계속 작업	30.0℃	26.7℃	25.0℃
매 시간 75% 작업, 25% 휴식	30.6℃	28.0℃	25.9℃
매 시간 50% 작업, 50% 휴식	31.4℃	29.4℃	27.9℃
매 시간 25% 작업, 75% 휴식	32.2℃	31.1℃	30.0℃

- 경작업: ~200kcal/hr
- 중등작업: 200~350kcal/hr
- 중작업: 350~500kcal/hr

38

40% 벤젠, 30% 아세톤 그리고 30% 톨루엔의 중량비로 조성된 용제가 증발되어 작업환경을 오염시키고 있다. 이 때 각각의 TLV가 각각 $30mg/m^3$, $1{,}780mg/m^3$ 및 $375mg/m^3$이라면 이 작업장의 혼합물의 허용농도(mg/m^3)는? (단, 상가작용 기준이다.)

① 47.9
② 59.9
③ 69.9
④ 76.9

$$\frac{C_1 + C_2 + C_3}{\text{허용농도}} = \frac{C_1}{T_1} + \frac{C_2}{T_2} + \frac{C_3}{T_3}$$

$$\frac{40 + 30 + 30}{\text{허용농도}} = \frac{40}{30} + \frac{30}{1{,}780} + \frac{30}{375}$$

허용농도 $= 69.9209mg/m^3$

- C_n: 각 성분의 농도 또는 중량비
- T_n: 각 성분의 노출기준

39

시간가중평균기준(TWA)이 설정되어 있는 대상물질을 측정하는 경우에는 1일 작업시간 동안 6시간 이상 연속 측정하거나 작업시간을 등간격으로 나누어 6시간 이상 연속 분리하여 측정하여야 한다. 다음 중 대상물질의 발생시간 동안 측정할 수 있는 경우가 아닌 것은? (단, 고용노동부 고시 기준을 따른다.)

① 대상물질의 발생시간이 6시간 이하인 경우
② 불규칙작업으로 6시간 이하의 작업
③ 발생원에서의 발생시간이 간헐적인 경우
④ 공정 및 취급인자 변동이 없는 경우

공정 및 취급인자에 변동이 없어서 노출패턴이 안정적인 경우에는 표준적인 등간격 또는 연속 6시간 이상 측정을 통해 8시간 TWA를 산정해야 하므로 발생시간 동안만 측정하는 것은 적절하지 않다.

40

음압이 10배 증가하면 음압 수준은 몇 dB가 증가하는가?

① 10dB
② 20dB
③ 30dB
④ 40dB

$SPL(dB) = 20\log\dfrac{P}{P_0}$ 이므로 음압이 10배 증가하면 20dB 증가한다.

41

작업장에서 메틸에틸케톤(MEK: 허용기준 200ppm)이 3L/hr로 증발하여 작업장을 오염시키고 있다. 전체(회식) 환기를 위한 필요환기량은? (단, K: 6, 분자량: 72, 메틸에틸케톤 비중 = 0.805, 21℃, 1기압 상태 기준이다.)

① 약 160m³/min
② 약 280m³/min
③ 약 330m³/min
④ 약 405m³/min

$$Q(환기량) = \frac{K(안전계수) \times G(발생량)}{C(허용농도)}$$

$$= 6 \times \frac{\dfrac{3L}{hr} \times \dfrac{0.805g}{mL} \times \dfrac{1,000mL}{L} \times \dfrac{hr}{60min}}{\dfrac{200mL \times \dfrac{273K}{(273+21)K} \times \dfrac{72mg}{22.4mL} \times \dfrac{g}{1,000mg}}{m^3}}$$

$$= 404.5641 m^3/min$$

- K(안전계수) = 6
- G(발생량) = 3L/hr
- C(허용농도(TLV)) = 200ppm

42

축류송풍기에 관한 설명으로 가장 거리가 먼 것은?

① 전등기와 직결할 수 있고, 또 축방향 흐름이기 때문에 관로 도중에 설치할 수 있다.
② 가볍고 재료비 및 설치비용이 저렴하다.
③ 원통형으로 되어 있다.
④ 급정 풍량 범위가 넓어 가열공기 또는 오염공기의 취급에 유리하다.

급격한 풍량 변화에 대응하기 어렵고, 가열공기 또는 오염공기의 취급에는 일반적으로 원심송풍기가 더 적합하다.

관련개념 축류송풍기의 특징과 장단점
- 특징
  - ✓ 공기를 임펠러의 축방향과 같은 방향으로 이송시키는 송풍기이다.
  - ✓ 프로펠러형 임펠러로 구성되며 임펠러 깃은 익형으로 되어 있다.
  - ✓ 크기가 작고 중량이 가벼워 좁은 공간에 설치하기 용이하다.
  - ✓ 구조가 비교적 간단하여 덕트 및 배관 설치가 쉽다.
  - ✓ 낮은 정압에서 비교적 큰 풍량을 발휘한다.
- 장점
  - ✓ 설치와 유지보수가 간편하다.
  - ✓ 가볍고 재료비와 설치비가 저렴하다.
  - ✓ 공간 제약이 있는 곳에 적합하다.
- 단점
  - ✓ 다른 송풍기보다 소음이 크다.
  - ✓ 정압이 낮아 고압이 필요한 작업에는 부적합하다.
  - ✓ 풍량 변화에 대한 풍압 변동폭이 작아 세밀한 조절이 어렵다.

43 ⭐

작업환경개선 대책 중 격리와 가장 거리가 먼 것은?

① 콘크리트 방호벽의 설치
② 원격조정
③ 자동화
④ 국소배기장치의 설치

- 격리는 작업자와 유해인자 사이에 물리적 장벽이나 거리, 시간 등을 둬서 접촉을 차단하는 방법이다.
- 국소배기장치는 유해물질을 발생원에서 즉시 제거하는 환기 대책이다.

관련개념 작업환경개선 대책
- 공학적 대책: 대체, 격리, 밀폐, 차단, 산업 환기 등 유해인자를 직접 제거하거나 차단하는 방법
- 관리적(행정적) 대책: 작업시간 조정, 휴식시간 조정, 작업자 교육, 교대근무, 작업 전환 등

44 ⭐

보호구의 보호 정도를 나타내는 할당보호계수(APF)에 관한 설명으로 가장 거리가 먼 것은?

① 보호구 밖의 유량과 안의 유량 비(Q_o/Q_i)로 표현된다.
② APF를 이용하여 보호구에 대한 최대사용 농도를 구할 수 있다.
③ APF가 100인 보호구를 착용하고 작업장에 들어가면 착용자는 외부유해물질로부터 적어도 100배만큼의 보호를 받을 수 있다는 의미이다.
④ 일반적인 PF 개념의 특별한 적용으로 적절히 밀착이 이루어진 호흡기보호구를 훈련된 일련의 착용자들이 작업장에서 착용하였을 때 기대되는 최소 보호정도치를 말한다.

- 할당보호계수(APF, Assigned Protection Factor)는 잘 훈련된 착용자가 보호구를 올바르게 착용했을 때 기대할 수 있는 보호 정도를 나타내는 값이다.
- APF는 보호구 밖의 오염물질 농도(C_o)와 보호구 내부 오염물질 농도(C_i)의 비율로 표현한다. 즉, APF = C_o/C_i이다.

45

방진마스크에 대한 설명으로 옳은 것은?

① 무게 중심은 안면에 강한 압박감을 주는 위치여야 한다.
② 흡기 저항 상승률이 높은 것이 좋다.
③ 필터의 여과효율이 높고 흡입저항이 클수록 좋다.
④ 비휘발성 입자에 대한 보호만 가능하고 가스 및 증기의 보호는 안 된다.

① 무게 중심은 안면에 강한 압박감을 주지 않는 위치여야 한다.
② 흡기 저항 상승률이 낮은 것이 좋다.
③ 필터의 여과효율이 높고 흡입저항이 작을수록 좋다.

46

국소환기시설 설계에 있어 정압조절평형법의 장점으로 틀린 것은?

① 예기치 않은 침식 및 부식이나 퇴적문제가 일어나지 않는다.
② 설계 설치된 시설의 개조가 용이하여 장치변경이나 확장에 대한 유연성이 크다.
③ 설계가 정확할 때에는 가장 효율적인 시설이 된다.
④ 설계 시 잘못 설계된 분지관 또는 저항이 제일 큰 분지관을 쉽게 발견할 수 있다.

• 정압조절평형법(정압균형유지법, 유속조절평형법)은 국소배기시설 설계 시 합류점에서 각 분기 덕트의 정압을 균형 있게 조절하여 풍량을 적절히 분배하는 방법이다.
• 설계가 어렵고 시간이 많이 걸린다는 단점이 있어 설치된 시설의 개조나 장치변경은 어렵다.

47

작업환경개선을 위해 전체환기를 적용할 수 있는 일반적인 상황으로 틀린 것은?

① 오염발생원의 유해물질 발생량이 적은 경우
② 작업자가 근무하는 장소로부터 오염발생원이 멀리 떨어져 있는 경우
③ 소량의 오염물질이 일정속도로 작업장으로 배출되는 경우
④ 동일작업장에 오염발생원이 한군데로 집중되어 있는 경우

동일작업장에 오염발생원이 한군데로 집중되어 있는 경우 국소배기장치를 사용하는 것이 유리하다.

48

직경이 10cm인 원형 후드가 있다. 관 내를 흐르는 유량이 0.2m³/sec라면 후드 입구에서 20cm 떨어진 곳에서의 제어속도(m/sec)는? (단, 프랜지 등 기타 조건은 고려하지 않는다.)

① 0.29
② 0.39
③ 0.49
④ 0.59

외부식 후드의 필요환기량(Q)

$$Q = V_c \times (10X^2 + A)$$

$$\frac{\square \text{m}}{\text{sec}} \times \left[(10 \times 0.2^2)\text{m}^2 + \left(\frac{\pi \times 0.1^2}{4} \right)\text{m}^2 \right] = 0.2\text{m}^3/\text{sec}$$

$$\square = 0.4903\text{m/sec}$$

∘ V_c: 제어풍속(m/s)
∘ X: 원형 후드 입구와 오염원 사이 거리(m)
∘ A: 후드 입구 단면적(m²)

49 빈출

사무실 직원이 모두 퇴근한 6시 30분에 CO_2 농도는 1,700ppm 이었다. 4시간이 지난 후 다시 CO_2 농도를 측정한 결과 CO_2 농도는 800ppm이었다면, 사무실의 시간당 공기 교환 횟수는? (단, 외부공기 중 CO_2 농도는 330ppm이다.)

① 0.11
② 0.19
③ 0.27
④ 0.35

$$\text{시간당 공기 교환 횟수} = \frac{\ln\left(\dfrac{C_1 - C_0}{C_2 - C_0}\right)}{t}$$

$$= \frac{\ln\left(\dfrac{1,700 - 330}{800 - 330}\right)}{4} = 0.2674$$

- $C_1 = 1,700\text{ppm}$ (초기 농도)
- $C_2 = 800\text{ppm}$ (4시간 후 농도)
- $C_0 = 330\text{ppm}$ (외부 농도)
- $t = 4$ 시간

50

A 물질의 증기압이 50mmHg이라면 이때 포화증기농도 (%)는? (단, 표준상태 기준이다.)

① 6.6
② 8.8
③ 10.0
④ 12.2

$$\text{포화농도}(\%) = \left[\frac{\text{포화증기압(mmHg)}}{\text{대기압(mmHg)}}\right] \times 100$$

$$= \left(\frac{50\text{mmHg}}{760\text{mmHg}}\right) \times 100 = 6.5789\%$$

51

다음 〈보기〉에서 공기공급시스템(보충용 공기의 공급 장치)이 필요한 이유로 옳게 짝지은 것은?

[보기]

a. 연료를 절약하기 위하여
b. 작업장 내 안전사고를 예방하기 위하여
c. 국소배기장치를 적절하게 가동시키기 위하여
d. 작업장의 교차기류를 유지하기 위하여

① a, b
② a, b, c
③ b, c, d
④ a, b, c, d

작업장의 교차기류(방해기류)를 방지하기 위해 공기공급시스템이 필요하다.

52 빈출

1기압, 온도 15℃ 조건에서 속도압이 37.2mmH₂O일 때 기류의 유속(m/sec)은? (단, 15℃, 1기압에서 공기의 밀도는 1.225kg/m³이다.)

① 24.4
② 26.1
③ 28.3
④ 29.6

$$\text{속도압(동압)}(VP) = \frac{\gamma V^2}{2g}$$

$$\frac{\dfrac{1.225\text{kg}}{\text{m}^3} \times \left(\dfrac{Vm}{\text{sec}}\right)^2}{2 \times 9.8\text{m/sec}^2} = 37.2\text{mmH}_2\text{O}$$

$$V = 24.3967\text{m/sec}$$

- VP: 동압 측정치(mmH_2O)
- γ: 가스 밀도(kg/m^3)
- V: 유속(m/sec)
- g: 중력가속도(9.8m/sec^2)

53

사무실에서 일하는 근로자의 건강장해를 예방하기 위해 시간당 공기교환 횟수는 6회 이상 되어야 한다. 사무실의 체적이 150m³일 때 최소 필요한 환기량(m³/min)은?

① 9
② 12
③ 15
④ 18

시간당 공기교환 횟수(Air Changes per Hour, ACH)는 작업장 체적에 대한 시간당 환기량 비율로, 다음 식으로 계산한다.
ACH = (시간당 환기량) ÷ (작업장 체적)

$$6\text{회/hr} = \dfrac{\dfrac{\square \text{m}^3}{\text{min}} \times \dfrac{60\text{min}}{\text{hr}}}{150\text{m}^3}$$

$$\square = 15\text{m}^3/\text{min}$$

54

관(管)의 안지름이 200mm인 직관을 통하여 가스유량이 55m³/분의 표준공기를 송풍할 때 관 내 평균유속(m/sec)은?

① 약 21.8
② 약 24.5
③ 약 29.2
④ 약 32.3

$$Q = AV$$

$$\dfrac{55\text{m}^3}{\text{min} \times \dfrac{60\text{sec}}{\text{min}}} = \dfrac{\pi}{4} \times (0.2\text{m})^2 \times \square \text{m/sec}$$

$$\square = 29.1784\text{m/sec}$$

55

송풍량이 400m³/min이고 송풍기전압이 100mmH₂O인 송풍기를 가동할 때 소용 동력(kW)은? (단, 송풍기의 효율은 60%이다.)

① 약 6.9
② 약 8.4
③ 약 10.9
④ 약 12.2

$$P = \dfrac{Q \times \Delta H}{102 \times \eta}$$

$$= \dfrac{\dfrac{400\text{m}^3}{\text{min}} \times \dfrac{\text{min}}{60\text{sec}} \times 100\text{mmH}_2\text{O}}{102 \times 0.6} = 10.8932\text{kW}$$

56

관 내 유속이 1.25m/sec, 관직경이 0.05m일 때 Reynolds 수는? (단, 20℃, 1기압, 동점성계수 = 1.5 × 10−5m²/sec)

① 3,257
② 4,167
③ 5,387
④ 6,237

$$Re = \dfrac{\text{덕트의 직경} \times \text{공기밀도} \times \text{공기속도}}{\text{공기점성계수}}$$

$$= \dfrac{\text{덕트의 직경} \times \text{공기속도}}{\text{동점성계수}}$$

$$= \dfrac{0.05\text{m} \times 1.25\text{m/sec}}{1.5 \times 10^{-5}\text{m}^2/\text{sec}} = 4,166.6666$$

57 ⭐ 빈출

정압회복계수가 0.72이고 정압회복량이 7.2mmH₂O인 원형 확대관의 압력손실(mmH₂O)은?

① 4.2
② 3.6
③ 2.8
④ 1.3

$$\Delta P = \Delta P_r \left(\frac{1}{K} - 1 \right)$$
$$= 7.2 \left(\frac{1}{0.72} - 1 \right) = 2.8 \text{mmH}_2\text{O}$$

- ΔP: 전체 압력손실
- ΔP_r: 정압회복량(회복된 압력)
- K: 정압회복계수

58 ⭐ 빈출

회전차 외경이 600mm인 레이디얼(방사날개형) 송풍기의 풍량은 300m³/min, 송풍기 전압은 60mmH₂O, 축동력이 0.70kW이다. 회전차 외경이 1,000mm로 상사인 레이디얼(방사날개형) 송풍기가 같은 회전수로 운전될 때 전압(mmH₂O)은? (단, 공기 비중은 같다.)

① 167
② 182
③ 214
④ 246

동류(상사구조) 원심송풍기의 풍압은 회전차(임펠러) 외경의 제곱에 비례한다.

$$\frac{P_2}{P_1} = \left(\frac{N_2}{N_1} \right)^2$$

$$\frac{P_2}{60\text{mmH}_2\text{O}} = \left(\frac{1,000\text{mm}}{600\text{mm}} \right)^2$$

$$P_2 = 166.6666\text{mmH}_2\text{O}$$

59

공기정화장치의 한 종류인 원심력 집진기에서 절단입경(Cut-Size, Dc)은 무엇을 의미하는가?

① 100% 분리 포집되는 입자의 최소 입경
② 100% 처리효율로 제거되는 입자크기
③ 90% 이상 처리효율로 제거되는 입자크기
④ 50% 처리효율로 제거되는 입자크기

- 절단입경: 50% 처리효율로 제거되는 입자크기
- 임계입경: 100% 처리효율로 제거되는 입자크기

60 ⭐ 빈출

어떤 작업장의 음압 수준이 86dB(A)이고, 근로자는 귀덮개를 착용하고 있다. 귀덮개의 차음평가수는 NRR = 19이다. 근로자가 노출되는 음압(예측)수준(dB(A))은? (단, OSHA 기준이다.)

① 74
② 76
③ 78
④ 80

- 차음효과 = (NRR−7) × 50% = (19 − 7) × 0.5 = 6dB
- 근로자가 노출되는 음압(예측)수준(dB(A)) = 86 − 6 = 80dB(A)

정답　　57 ③　58 ①　59 ④　60 ④

61

저압 환경상태에서 발생되는 질환이 아닌 것은?

① 폐수종
② 급성 고산병
③ 저산소증
④ 질소가스 마취장해

④ 4기압 이상에서 공기 중의 질소가스는 마취작용을 나타내어서 작업력의 저하, 기분의 변화, 여러 정도의 다행증(多幸症)이 일어난다.
① 폐수종(High-altitude pulmonary edema, HAPE): 저압환경에서 폐혈관의 압력이 증가하고 모세혈관이 손상되면서 폐포에 체액이 고이는 상태로 호흡곤란, 기침, 거품 섞인 가래, 청색증 등이 나타난다. 고산지대에서 비교적 빠르게 올라가면 잘 발생한다.
② 급성 고산병(Acute mountain sickness, AMS): 고도 상승 후 몇 시간~하루 내에 발생하는 가장 흔한 증상으로 두통, 구역, 구토, 불면, 어지럼증, 피로감 등이 나타난다. 보통은 가벼우나 심하면 뇌부종이나 폐수종으로 진행할 수 있다.
③ 저산소증(Hypoxia): 저압환경에서 가장 기본적으로 나타나는 현상으로 혈액과 조직으로 전달되는 산소가 부족해지는 상태이다. 집중력 저하, 두통, 시야 장애, 운동능력 저하, 심하면 의식 소실 등이 나타난다.

62 ★비출

청력 손실차가 다음과 같을 때, 6분법에 의하여 판정하면 청력 손실은 얼마인가?

- 500Hz에서 청력 손실차는 8
- 1,000Hz에서 청력 손실차는 12
- 2,000Hz에서 청력 손실차는 12
- 4,000Hz에서 청력 손실차는 22

① 12
② 13
③ 14
④ 15

6분법은 청력 손실을 평가하는 방법으로, 주어진 4개 주파수에서의 청력 역치를 가중 평균하는 식이다. 식은 다음과 같다.

$$청력\ 손실 = \frac{a+2b+2c+d}{6}$$

$$= \frac{8+2\times12+2\times12+22}{6} = 13dB$$

여기서, a는 500Hz, b는 1,000Hz, c는 2,000Hz, d는 4,000Hz에서 각각 측정한 역치이다.

63

빛에 관한 설명으로 틀린 것은?

① 광원으로부터 나오는 빛의 세기를 조도라 한다.
② 단위 평면적에서 발산 또는 반사되는 장량을 휘도라 한다.
③ 루멘은 1촉광의 광원으로부터 단위입체각으로 나가는 광속의 단위이다.
④ 조도는 어떤 면에 들어오는 광속의 양에 비례하고, 입사면의 단면적에 반비례한다.

- 광원으로부터 한 방향으로 나오는 빛의 세기를 광도라 한다.
- 조도는 어떤 면에 들어오는 광속의 양에 비례하고, 입사면의 단면적에 반비례한다.

64

불활성가스 용접에서는 자외선량이 많아 오존이 발생한다. 염화계 탄화수소에 자외선이 조사되어 분해될 경우 발생하는 유해물질로 맞은 것은?

① COCl₂(포스겐)
② HCl(염화수소)
③ NO₃(삼산화질소)
④ HCHO(포름알데히드)

용접 등에서 자외선에 의해 염소를 포함하는 유기용제가 열 또는 광분해되면 매우 독성이 강한 포스겐(COCl₂)이 발생할 수 있다. 포스겐은 독성이 매우 높고, 흡입 시 치명적일 수 있어 충분한 환기와 보호구 착용이 필요하다.

정답　　61 ④　62 ②　63 ①　64 ①

65 빈출

레이저광선에 가장 민감한 인체기관은?

① 눈
② 소뇌
③ 갑상선
④ 척수

레이저광에 가장 민감한 표적기관은 눈이다.

관련개념 레이저(Laser)
레이저(Laser)는 "Light Amplification by Stimulated Emission of Radiation"의 약자로, 양자역학 원리를 이용해 에너지가 정확히 일정한 단일파장을 갖는 빛(또는 다른 파장대의 전자기파)을 만들어 낸다. 레이저는 비전리방사선에 속하며, 단색성(단일파장), 높은 직진성, 위상 일치성, 간섭성 등의 특성을 지닌다.

66 빈출

대상음의 음압이 1.0N/m²일 때 음압레벨(Sound Presssure Level)은 몇 dB인가?

① 91
② 94
③ 97
④ 100

음압레벨(SPL)

$$SPL = 20\log\left(\frac{P}{P_0}\right) = 20\log\left(\frac{1}{2\times10^{-5}}\right) = 93.9794dB$$

- P: 측정 음압(Pa, N/m²)
- P_0: 2×10^{-5}Pa(사람이 들을 수 있는 최소 음압 기준)

67 빈출

화학적 질식제로 산소결핍장소에서 보건학적 의의가 가장 큰 것은?

① CO
② CO_2
③ SO_2
④ NO_2

- 화학적 질식제는 혈액 중의 산소 운반 능력을 방해하거나 조직의 산화효소를 불활성화시켜 질식 작용을 일으키는 물질이다.
- CO(일산화탄소)는 헤모글로빈과 결합해 산소 운반 능력을 크게 저해하며, 산소결핍장소에서 가장 대표적이고 위험한 화학적 질식제이다.

관련개념
- 단순 질식제: 산소를 밀어내거나 산소 분압을 낮추어 생리적으로 질식을 유발하는 불활성 가스이다.
  - **예** 수소(H_2), 질소(N_2), 이산화탄소(CO_2), 메탄(CH_4), 헬륨(He), 아세틸렌(C_2H_2)
- 화학적 질식제: 혈액 내 혈색소와 결합하여 산소 운반 능력을 방해하거나 조직 내 산화효소를 불활성화시켜 질식 작용을 일으키는 물질이다.
  - **예** 일산화탄소(CO), 시안화수소(HCN), 시안화염류(CN^-), 황화수소(H_2S), 이산화질소(NO_2), 포스겐($COCl_2$)

68

조명에 대한 설명으로 틀린 것은?

① 갱 내부에서의 안구진탕증은 조명부족으로 발생할 수 있다.
② 망막변성 등 기질적 안질환은 조명부족에 의한 영향이 큰 안질환이다.
③ 조명부족하에서 작은 대상물을 장시간 직시하면 근시를 유발할 수 있다.
④ 조명과잉은 망막을 자극해서 잔상을 동반한 시력장해 또는 시력협착을 일으킨다.

- 망막변성은 노화나 질환에 의한 시력 저하 질환으로 조명부족과 직접적으로 관련된 것은 아니다.
- 망막변성은 눈 안쪽에 있는 망막(빛을 받아들이는 신경조직)이 손상되면서 시력에 장애가 생기는 질환들을 통칭하며 대표적으로 노인성 황반변성과 망막색소변성이 있다.

69 빈출

고압 환경의 영향에 있어 2차적인 가압현상에 해당하지 않는 것은?

① 질소마취
② 산소중독
③ 조직의 통증
④ 이산화탄소 중독

2차적 가압현상은 화학적 영향(질소마취, 산소중독, 이산화탄소 중독 등)으로 인체에 나타나는 현상이다. 반면, 조직의 통증은 압력의 직접적인 물리적 영향(기계적 장해, 1차적 가압현상)으로 발생하는 증상이다.

70

가청 주파수 최대 범위로 맞는 것은?

① 10~80,000Hz
② 20~2,000Hz
③ 20~20,000Hz
④ 100~8,000Hz

가청주파수 영역은 20~20,000Hz의 범위가 일반적이다.

71

진동이 발생되는 작업장에서 근로자에게 노출되는 양을 줄이기 위한 관리대책 중 적절하지 못한 것은?

① 진동 전파 경로를 차단한다.
② 완충물 등 방진재료를 사용한다.
③ 공진을 확대시켜 진동을 최소화한다.
④ 작업시간의 단축 및 교대제를 실시한다.

• 공진은 스프링이 특정 주파수에서 진폭이 크게 증폭되는 현상으로, 진동 전달이 커지는 상황이다.
• 공진을 확대하면 진동이 증폭되어 위험성이 증가하며, 진동 최소화와는 반대되는 부적절한 관리대책이다.

72 빈출

한랭작업과 관련된 설명으로 틀린 것은?

① 저체온증은 몸의 심부온도가 35℃ 이하로 내려간 것을 말한다.
② 저온작업에서 손가락, 발가락 등의 말초부위는 피부온도 저하가 가장 심한 부위이다.
③ 극심한 한랭에 노출됨으로써 피부 및 피하조직 자체가 동결하여 조직이 손상되는 것을 말한다.
④ 근로자의 발이 한랭에 장기간 노출되고 동시에 지속적으로 습기나 물에 잠기게 되면 '선단자람증'의 원인이 된다.

선단자람증이 아니라 '침수족(Trench Foot)' 또는 '침습성 동상'이 발생하며, 선단자람증은 습기 및 침수 조건과 직접적 관련이 없다.

관련개념 선단자람증(Clubbing, 곤봉지·곤봉형 손발톱)
손가락이나 발가락 끝부분(특히 손톱 쪽)이 둥글고 두꺼워지며 불룩하게 자라는 증상이다.

73 빈출

산업장 소음에 대한 차음효과는 벽체의 단위 표면적에 대하여 벽체의 무게를 2배로 할 때마다 몇 dB씩 증가하는가?

① 2dB
② 3dB
③ 5dB
④ 6dB

• 소음 차음효과(Transmission Loss, TL)와 장벽의 단위 표면적당 무게(mass per unit area, m) 사이의 관계는 다음과 같이 표현된다.

$$TL_2 = TL_1 + 6 \times \log_2\left(\frac{m_2}{m_1}\right)$$

• 단위 표면적당 무게가 2배 증가하면

$$TL_2 = TL_1 + 6 \times \log_2\left(\frac{2}{1}\right)$$ 이므로 6dB 증가한다.

74

단위시간에 일어나는 방사선 붕괴율을 나타내며, 초당 3.7×10^{10}개의 원자붕괴가 일어나는 방사능물질의 양으로 정의되는 것은?

① R
② Ci
③ Gy
④ Sv

- Ci(큐리, Curie)는 방사능의 단위로, 한 초당 3.7×10^{10}개의 방사성 원자가 붕괴하는 양을 뜻한다.
- R(뢴트겐)은 공기 중에서 방사선의 이온화 정도를 나타내는 단위이고, Gy(그레이)는 물질 1kg당 흡수한 방사선 에너지의 양(흡수선량)이다. Sv(시버트)는 방사선이 인체에 미치는 생물학적 영향을 고려한 등가선량 단위이다.

75

해수면의 산소분압은 약 얼마인가? (단, 표준상태 기준이며, 공기 중 산소함유량은 21vol%이다.)

① 90mmHg
② 160mmHg
③ 210mmHg
④ 230mmHg

- 1atm = 760mmHg
- 760mmHg × 0.21 = 159.6mmHg

76

인체와 환경 사이의 열평형에 의하여 인체는 적절한 체온을 유지하려고 노력하는데 기본적인 열평형 방정식에 있어 신체 열용량의 변화가 0보다 크면 생산된 열이 축적되게 되고 체온조절중추인 시상하부에서 혈액온도를 감지하거나 신경망을 통하여 정보를 받아들여 체온 방산작용이 활발히 시작된다. 이러한 것은 무엇이라 하는가?

① 정신적 조절작용(Spiritual Thermo Regulation)
② 물리적 조절작용(Physical Thermo Regulation)
③ 화학적 조절작용(Chemical Thermo Regulation)
④ 생물학적 조절작용(Biological Thermo Regulation)

- ② 물리적 조절작용(Physical Thermo Regulation): 신경계, 특히 시상하부가 온도 변화에 반응하여 혈관 확장·수축, 발한 같은 물리적 방산·보존기전을 작동시키는 것이다. 체열 발산(땀, 피부혈관 확장) 및 열 보존(혈관 수축, 옷을 입는 행동 등)의 물리적 방법과 직접 연결된다.
- ① 정신적 조절작용(Spiritual Thermo Regulation): 체온조절 생리학에서 다루지 않으며, 체온 변화에 대한 심리적 반응이나 의식적 조작을 의미할 수 있으나, 본질적인 체온 생리 조절과는 거리가 멀다.
- ③ 화학적 조절작용(Chemical Thermo Regulation): 대사활동 조절을 통해 체온을 조절하는 메커니즘이다. 예를 들어 갑상선 호르몬, 아드레날린 등 대사를 촉진하여 열 생산을 증가시키는 것이 있다. 근육 떨림(오한) 등에 의한 열 생성, 갈색지방조직의 비떨림성 열 발생, 호르몬 분비 변화처럼 내부 생화학 반응과 연관된다.
- ④ 생물학적 조절작용(Biological Thermo Regulation): 생명체가 전반적으로 체온을 조절하는 모든 생리적 메커니즘을 의미한다. 혈류 조절, 발한, 행동 및 대사 변화 등이 모두 포함된다. 크게 보면 물리적, 화학적 조절작용까지 모두 포괄하는 상위 개념에 해당한다.

 74 ② 75 ② 76 ②

77

열경련(Heat Cramp)을 일으키는 가장 큰 원인은?

① 체온상승
② 중추신경마비
③ 순환기계 부조화
④ 체내수분 및 염분손실

열경련(Heat Cramps)
- 땀으로 인한 염분(나트륨 등)의 손실로 근육이 갑자기 경련을 일으키는 상태이다.
- 주로 팔, 다리, 복부 근육에서 발생하며 통증이 동반된다.
- 충분한 수분과 전해질 보충, 휴식으로 치료할 수 있다.

78

소음의 생리적 영향으로 볼 수 없는 것은?

① 혈압 감소
② 맥박수 증가
③ 위분비액 감소
④ 집중력 감소

혈압이 상승한다.

79

X-선과 동일한 특성을 가지는 전자파 전리방사선으로 원자의 핵에서 발생되고 깊은 투과성 때문에 외부노출에 의한 문제점이 지적되고 있는 것은?

① 중성자
② 알파(α)선
③ 베타(β)선
④ 감마(γ)선

감마선은 X선과 같이 전자기파이며, 에너지와 파장이 비슷하고 자연 방사성 원소의 원자핵 붕괴 과정에서 발생한다. 뛰어난 투과성을 가지며 두꺼운 납이나 콘크리트 등의 차폐재료가 없으면 인체 내부까지 침투할 수 있어 외부노출 시 건강에 심각한 위험을 초래한다.

관련개념

방사선 종류	구성 및 특징	투과력·차단 방법
알파선(α)	헬륨 원자핵, 강한 이온화 작용	매우 낮음, 종이 한 장으로 차단 가능
베타선(β)	전자 또는 양전자, 중간 강도의 이온화	중간, 알루미늄 판으로 차단 가능
중성자선	중성자 입자, 핵반응 시 발생	매우 강함, 특수 차폐 필요
감마선(γ)	고에너지 전자기파, 핵붕괴 발생	매우 강함, 두꺼운 납·콘크리트 차폐 필요
엑스선(X선)	고에너지 전자기파, 의료용 및 산업용	강함, 납 차폐 필요

80

일반적으로 전신진동에 의한 생체반응에 관여하는 인자로 거리가 먼 것은?

① 강도
② 방향
③ 온도
④ 진동수

- 전신진동에 의한 생체반응은 주로 진동의 강도, 방향, 진동수와 같은 물리적 특성에 의해 영향을 받는다.
- 진동 강도는 진동의 세기이며, 방향과 진동수는 인체 조직과 기관에 미치는 영향에 큰 영향을 준다.
- 온도는 진동 자체가 아닌 외부 환경 요인으로, 전신진동에 의한 직접적 생체반응에 포함되지는 않는다.

정답　　77 ④　78 ①　79 ④　80 ③

81

다음 설명에 해당하는 중금속의 종류는?

> 이 금속 중독의 특징적인 증상은 구내염, 정신 증상, 근육 진전이다. 급성 중독 시 우유나 계란의 흰자를 먹이며, 만성 중독 시 취급을 즉시 중지하고 BAL을 투여한다.

① 납
② 크롬
③ 수은
④ 카드뮴

수은 중독의 특징적인 증상으로는 구내염, 정신 증상(우울증, 환각 등), 근육 진전(손발 떨림) 등이 있다. 급성 중독 시 우유나 계란 흰자를 먹이며, 만성 중독 시 취급을 중단하고 해독제인 BAL을 투여한다.

82

유기용제의 화학적 성상에 따른 유기용제의 구분으로 볼 수 없는 것은?

① 신나류
② 글리콜류
③ 케톤류
④ 지방족 탄화수소

- 유기용제는 화학구조에 따라 탄화수소계(지방족, 방향족 등), 할로겐화 탄화수소, 알코올류, 알데히드류, 에테르류, 에스테르류, 케톤류, 글리콜 유도체 등으로 분류된다.
- 신나류는 특정 화학적 그룹이 아니라 주로 혼합물 또는 용매류를 통칭하는 명칭으로, 화학적 성상 구분에 포함되지 않는다.

83

건강영향에 따른 분진의 분류와 유발물질의 종류를 잘못 짝지은 것은?

① 유기성 분진 – 목분진, 면, 밀가루
② 알레르기성 분진 – 크롬산, 망간, 황
③ 진폐성 분진 – 규산, 석면, 활석, 흑연
④ 발암성 분진 – 석면, 니켈카보닐, 아민계 색소

- 알레르기성 분진: 주로 곡물분진, 동물성 분진, 꽃가루 등과 같이 알레르기 반응을 유발하는 분진이 해당
- 발암성 분진: 금속 산화물(예 크롬산), 금속(망간), 황, 석면, 니켈카보닐, 아민계 색소 등

84

헤모글로빈의 철성분이 어떤 화학물질에 의하여 메트헤로글로빈으로 전환되기도 하는데 이러한 현상은 철성분이 어떠한 화학작용을 받기 때문인가?

① 산화작용
② 환원작용
③ 착화물작용
④ 가수분해작용

- 헤모글로빈의 철 이온(Fe^{2+})이 산화되어 Fe^{3+} 상태가 되면 산소와 결합하지 못하고 메트헤모글로빈(Methemoglobin)으로 변한다. 이 산화작용 때문에 산소 운반 능력이 떨어지고, 메트헤모글로빈 환원효소에 의해 정상 상태로 환원되어야 한다.
- 환원작용은 메트헤모글로빈을 다시 헤모글로빈으로 전환하는 과정이며, 착화물작용과 가수분해작용은 관련이 없다.

정답   81 ③   82 ①   83 ②   84 ①

85

작업장 유해인자의 위해도 평가를 위해 고려하여야 할 요인과 거리가 먼 것은?

① 공간적 분포
② 조직적 특성
③ 평가의 합리성
④ 시간적 빈도와 기간

- 위해도 평가는 작업장 내 유해인자의 공간적 분포(얼마나 넓게 퍼져 있는지), 조직적 특성(근로자 특성, 작업 조직 형태), 시간적 빈도와 기간(노출 빈도와 기간) 등을 고려하는 것이 중요하다.
- 평가의 합리성은 평가를 수행하는 방법 또는 과정의 적절성을 말하며, 위해도 평가 시 고려 대상 요인 자체는 아니다.

86

혈액독성의 평가내용으로 거리가 먼 것은?

① 백혈구 수가 정상치보다 낮으면 재생 불량성 빈혈이 의심된다.
② 혈색소가 정상치보다 높으면 간장질환, 관절염이 의심된다.
③ 혈구용적이 정상치보다 높으면 탈수증과 다혈구증이 의심된다.
④ 혈소판수가 정상치보다 낮으면 골수기능저하가 의심된다.

혈색소가 정상치보다 높으면 일반적으로 혈액 농축이나 고산증, 심부전, 두통, 황달, 홍조증 등이 의심되며, 간장질환이나 관절염과는 직접적 연관이 적다.

87

유해물질의 흡수에서 배설까지에 관한 설명으로 틀린 것은?

① 흡수된 유해물질은 원래의 형태든, 대사산물의 형태로든 배설되기 위하여 수용성으로 대사된다.
② 흡수된 유해화학물질은 다양한 비특이적 효소에 의하여 이루어지는 유해물질의 대사로 수용성이 증가되어 체외로 배출이 용이하게 된다.
③ 간은 화학물질을 대사시키고 콩팥과 함께 배설시키는 기능을 가지고 있는 것과 관련하여 다른 장기보다도 여러 유해물질의 농도가 낮다.
④ 유해물질은 조직에 분포되기 전에 먼저 몇 개의 막을 통과하여야 하며, 흡수속도는 유해물질의 물리화학적 성상과 막의 특성에 따라 결정된다.

간은 화학물질을 대사시키고 콩팥과 함께 배설시키는 기능을 담당하여, 다른 장기보다도 여러 유해물질의 농도가 높다. 간 자체에 다량의 유해물질이 축적될 수 있으며, 때로는 간 독성을 유발한다.

88

유해화학물질의 노출 정보에 관한 설명으로 틀린 것은?

① 위의 산도에 따라서 유해물질이 화학반응을 일으키기도 한다.
② 입으로 들어간 유해물질은 침이나 그 밖의 소화액에 의해 위장관에서 흡수된다.
③ 소화기계통으로 노출되는 경우가 호흡기로 노출되는 경우보다 흡수가 잘 이루어진다.
④ 소화기계통으로 침입하는 것은 위장관에서 산화, 환원, 분해과정을 거치면서 해독되기도 한다.

호흡기계통으로 노출되는 경우가 소화기로 노출되는 경우보다 흡수가 잘 이루어진다.

89

유기용제에 대한 생물학적 지표로 이용되는 요중 대사산물을 알맞게 짝지은 것은?

① 톨루엔 – 페놀
② 크실렌 – 페놀
③ 노말헥산 – 만델린산
④ 에틸벤젠 – 만델린산

① 톨루엔 – 마뇨산
② 크실렌 – 메틸마뇨산
③ 노말헥산 – 노말헥산

90

납에 관한 설명으로 틀린 것은?

① 폐암을 야기하는 발암물질로 확인되었다.
② 축전지제조업, 광명단제조업 근로자가 노출될 수 있다.
③ 최근의 납의 노출정도는 혈액 중 납 농도로 확인할 수 있다.
④ 납중독을 확인하는 데는 혈액 중 ZPP 농도를 이용할 수 있다.

납은 주로 신경계와 혈액, 신장 등에 영향을 준다. 폐암을 확실히 야기하는 발암물질로 완전하게 확인된 것은 아니다.

91

인체에 미치는 영향에 있어서 석면(Asbestos)은 유리규산(Free Silica)과 거의 비슷하지만 구별되는 특징이 있다. 석면에 의한 특징적 질병 혹은 증상은?

① 폐기종
② 악성중피종
③ 호흡곤란
④ 가슴의 통증

석면은 폐에 침착되어 폐 섬유화(석면폐), 폐암, 그리고 특히 악성중피종(석면과 강한 관련이 있는 늑막암)을 유발하는 것으로 알려져 있다. 악성중피종은 석면 노출 후 수십 년의 잠복기를 거쳐 발생하며, 석면의 내구성과 섬유 모양 등이 병리적 영향에 크게 작용한다.

92

화기 등에 접촉하면 유독성의 포스겐이 발생하여 폐수종을 일으킬 수 있는 유기용제는?

① 벤젠
② 크실렌
③ 노말헥산
④ 염화에틸렌

염화에틸렌은 화기와 반응 시 포스겐이라는 유독한 화학물질을 생성하며, 이는 폐에 심각한 손상을 주고 폐수종을 유발할 수 있다.

93

다음 내용과 가장 관계가 깊은 물질은?

- 요중 코프로포르피린 증가
- 요중 델타 아미노레블린산 증가
- 혈중 프로토포르피린 증가

① 납
② 비소
③ 수은
④ 카드뮴

납 중독 시 요중 코프로포르피린 증가, 요중 델타 아미노레블린산 증가, 혈중 프로토포르피린 증가가 나타난다. 이는 납이 헤모글로빈 합성과 관련한 효소(특히 델타 – 아미노레블린산 탈수효소 등)를 억제하여 헤모글로빈 전구체들이 축적되기 때문이다.

94

중금속 노출에 의하여 나타나는 금속열은 흄 형태의 금속을 흡입하여 발생되는데, 감기증상과 매우 비슷하여 오한, 구토감, 기침, 전신위약감 등의 증상이 있으며, 월요일 출근 후에 심해져서 월요일열이라고도 한다. 다음 중 금속열을 일으키는 물질이 아닌 것은?

① 납
② 카드뮴
③ 산화아연
④ 안티몬

- 금속열은 금속이 용융점 이상으로 가열될 때 형성되는 산화금속을 흄 형태로 흡입할 경우 발생한다.
- 카드뮴, 안티몬, 아연, 마그네슘 등 비교적 융점이 낮은 금속의 제련, 용해, 용접 시 발생하는 산화금속흄을 흡입 할 경우 생기는 발열성 질병이다.

95 빈출

폐결핵을 합병증으로 하여 폐하엽 부위에 많이 생기는 증상으로 맞는 것은?

① 면폐증
② 철폐증
③ 규폐증
④ 석면폐증

③ 규폐증은 폐결핵 등의 합병증으로 폐하엽 부위에 많이 발생하는 폐의 석회화 현상으로 알려져 있다.
①, ②, ④ 면폐증은 폐에 공기가 차는 질환, 철폐증은 폐에 철분 침착 증상을 의미하고, 석면폐증은 석면 노출로 인한 폐질환이다.

96

무색의 휘발성 용액으로서 도금 사업장에서 금속표면의 탈지 및 세정용으로 사용되며, 간 및 신장 장해를 유발시키는 유기용제는?

① 톨루엔
② 노르말헥산
③ 트리클로로에틸렌
④ 클로르포름

트리클로로에틸렌은 무색 투명한 휘발성 용매로, 금속 도금 작업 등에서 탈지 및 세정용으로 많이 사용된다. 간과 신장에 독성을 유발하며, 장기간 노출 시 간기능 저하, 신장 손상 등을 초래할 수 있다.

97

화학물질에 의한 암발생 이론 중 다단계 이론에서 언급되는 단계와 거리가 먼 것은?

① 개시 단계
② 진행 단계
③ 촉진 단계
④ 병리 단계

다단계 이론은 '개시 – 촉진 – 전환 – 진행'의 4단계로 구분된다.

관련개념 다단계 암발생 이론의 4단계
- 개시 단계(Initiation)
  - ✓ 정상 세포의 DNA에 돌연변이가 일어나 암세포로 전환될 가능성이 생기는 단계이다.
  - ✓ 발암물질이나 방사선 등이 DNA를 손상시켜 유전적 변이가 발생한다.
  - ✓ 이 단계는 비가역적이며, 돌이킬 수 없는 변화가 일어난다.
- 촉진 단계(Promotion)
  - ✓ 개시된 변이 세포가 증식하도록 촉진하는 단계로, 환경적 요인이나 특정 촉진제가 영향이 있다.
  - ✓ 이 과정은 가역적이며, 촉진 요인이 제거되면 진행이 중단될 수 있다.
  - ✓ 양성 종양 등이 형성될 수 있으나 아직 악성은 아니다.
- 전환 단계(Transformation)
  - ✓ 촉진된 세포가 악성 세포로 변화하는 단계로, 세포가 종양세포로 완전히 변환된다.
  - ✓ 세포의 성장 조절능력 상실, 침윤능력 획득, 유전자 돌연변이 누적 등이 나타난다.
- 진행 단계(Progression)
  - ✓ 악성 종양이 성장하고 확산되는 단계로, 전이 및 종양 다양성 증가가 일어난다.
  - ✓ 세포들의 유전적 이질성 증가, 침윤성 및 전이 능력 향상이 특징이다.

98 빈출

생물학적 모니터링을 위한 시료채취시간에 제한이 없는 것은?

① 소변 중 아세톤
② 소변 중 카드뮴
③ 호기 중 일산화탄소
④ 소변 중 총 크롬(6가)

- 생물학적 모니터링에서 시료 채취 시간은 물질의 대사 및 체내 동태에 따라 정해지며, 특정 시간대에 채취해야 정확한 노출 평가가 가능하다.
- 소변 중 아세톤, 호기 중 일산화탄소, 소변 중 총 크롬(6가)은 대사 속도가 빠르거나 변동성이 크기 때문에 채취 시간에 제한이 있다. 반면, 카드뮴은 체내에 축적되고 대사와 배출이 느려서 시료 채취 시간이 특별히 제한되지 않고 언제나 채취 가능하다.

99 빈출

납의 독성에 대한 인체실험 결과, 안전흡수량이 체중 kg당 0.005mg이었다. 1일 8시간 작업 시의 허용농도(mg/m³)는? (단, 근로자의 평균 체중은 70kg, 해당 작업 시의 폐환기율은 시간당 1.25m³으로 가정한다.)

① 0.030
② 0.035
③ 0.040
④ 0.045

- 체내흡수량 = 폐환기율(=호흡률) × 노출시간 × 공기 중 유해물질농도 × 체내잔류율
  = 체중 × 안전흡수량

$$\frac{0.005\text{mg}}{\text{kg}} \times 70\text{kg} = \frac{1.25\text{m}^3}{\text{hr}} \times 8\text{hr} \times \frac{\square\text{mg}}{\text{m}^3} \times 1$$

$\square = 0.035\text{mg}/\text{m}^3$

100 빈출

다음 설명의 (   )에 알맞은 내용으로 나열된 것은?

> 단시간노출기준(STEL)이란 (㉠)분 간의 시간가중평균노출값으로서 노출농도가 시간가중평균노출기준(TWA)을 초과하고 단시간노출기준(STEL) 이하인 경우에는 1회 노출 지속시간이 (㉡)분 미만이어야 하고, 이러한 상태가 1일 (㉢)회 이하로 발생하여야 하며, 각 노출의 간격은 60분 이상이어야 한다.

① ㉠: 15, ㉡: 20, ㉢: 2
② ㉠: 15, ㉡: 15, ㉢: 4
③ ㉠: 20, ㉡: 15, ㉢: 2
④ ㉠: 20, ㉡: 20, ㉢: 4

단시간노출기준(STEL)이란 15분 간의 시간가중평균노출값으로서 노출농도가 시간가중평균노출기준(TWA)을 초과하고 단시간노출기준(STEL) 이하인 경우에는 1회 노출 지속시간이 15분 미만이어야 하고, 이러한 상태가 1일 4회 이하로 발생하여야 하며, 각 노출의 간격은 60분 이상이어야 한다.

1과목　산업위생학개론

01

직업성 질환의 예방에 관한 설명으로 틀린 것은?

① 직업성 질환의 3차 예방은 대개 치료와 재활과정으로, 근로자들이 더 이상 노출되지 않도록 해야 하며 필요 시 적절한 의학적 치료를 받아야 한다.
② 직업성 질환의 1차 예방은 원인인자의 제거나 원인이 되는 손상을 막는 것으로, 새로운 유해인자의 통제, 알려진 유해인자의 통제, 노출관리를 통해 할 수 있다.
③ 직업성 질환의 2차 예방은 근로자가 진료를 받기 전 단계인 초기에 질병을 발견하는 것으로, 질병의 선별 검사, 감시, 주기적인 의학적 감사, 법적인 의학적 검사를 통해 할 수 있다.
④ 직업성 질환은 전체적인 질병 이환율에 비해서는 비교적 높지만, 직업성 질환은 원인인자가 알려져 있고 유해인자에 대한 노출을 조절할 수 없으므로 안전 농도로 유지할 수 있기 때문에 예방대책을 마련할 수 있다.

일부 직업군에서 특정 직업성 질환이 집중적으로 나타날 수 있으나, 전체 인구 대비 직업성 질환의 비율이 높다고 일반화하기는 어렵다. 직업성 질환은 원인 인자가 대부분 알려져 있고, 유해인자에 대한 노출을 조절하여 안전 농도 이하로 유지함으로써 예방할 수 있다.

02

육체적 작업능력이 16kcal/min인 근로자가 1일 8시간씩 일하고 있다. 이때 작업대사량은 8kcal/min이고, 휴식 시의 대사량은 1.2kcal/min이다. 1시간을 기준으로 할 때 이 근로자의 적정휴식시간은 약 얼마인가?

① 18.2분
② 23.5분
③ 25.3분
④ 30.5분

- 휴식시간비율(%) = $\left[\dfrac{PWC \times \dfrac{1}{3} - 작업대사량}{휴식대사량 - 작업대사량} \right] \times 100$

  $= \left[\dfrac{16 \times \dfrac{1}{3} - 8}{1.2 - 8} \right] \times 100 = 39.2156\%$

- 휴식시간 = 60min × 0.3921 = 23.526min

03 ⭐빈출

미국산업위생학술원(American Academy of Industrial Hygiene)에서 산업위생 분야에 종사하는 사람들이 반드시 지켜야 할 윤리강령 중 전문가로서의 책임부문에 해당하지 않는 것은?

① 기업체의 기밀을 누설하지 않는다.
② 근로자의 건강보호 책임을 최우선으로 한다.
③ 전문 분야로서의 산업위생을 학문적으로 발전시킨다.
④ 과학적 방법의 적용과 자료의 해석에서 객관성을 유지한다.

근로자의 건강보호 책임을 최우선으로 하는 것은 근로자의 책임부문에 해당된다.

정답　01 ④　02 ②　03 ②

04

주로 여름과 초가을에 흔히 발생되고 강제기류 난방장치, 가습장치, 저수조 온수장치 등 공기를 순환시키는 장치들과 냉각탑 등에 기생하며 실내·외로 확산되어 호흡기 질환을 유발시키는 세균은?

① 푸른곰팡이
② 나이세리아균
③ 바실러스균
④ 레지오넬라균

- 레지오넬라균은 35~45℃의 따뜻한 물 환경에서 잘 자라, 냉각탑, 온수탱크, 가습기 등에서 증식한다.
- 사람이 오염된 수증기를 흡입함으로써 감염되며, 레지오넬라 폐렴 혹은 폰티악열 같은 호흡기 질환을 유발한다.
- 주로 여름과 초가을에 발생 빈도가 높으며, 면역력이 약한 사람이나 만성폐질환자에서 중증으로 진행될 수 있다.

05 빈출

산업안전보건법령상 단위작업장소에서 동일 작업근로자수가 13명일 경우 시료채취 근로자수는 얼마가 되는가?

① 1명
② 2명
③ 3명
④ 4명

- 단위작업장소에서 최고 노출근로자 2명 이상에 대해 동시에 측정하며, 단위작업장소에 근로자가 1명인 경우는 예외이다.
- 근로자 수가 10명을 초과하는 경우 매 5명당 1명 이상 추가 측정하며, 따라서, 10명까지는 2명 측정, 11명부터는 5명당 1명씩 추가 측정한다.
  예를 들어,
  10명까지: 2명
  11~15명: +1명(총 3명)
  16~20명: +1명(총 4명)
- 다만, 동일 작업 근로자 수가 100명을 초과하는 경우 최대 시료채취 근로자 수를 20명으로 조정할 수 있다.
- 지역 시료채취 방법은 단위작업장소에서 2개 지점 이상 실시하며, 넓이가 50m² 이상인 경우 매 30m²마다 1개 지점 이상 추가해야 한다.

06 빈출

재해예방의 4원칙에 대한 설명으로 틀린 것은?

① 재해발생에는 반드시 그 원인이 있다.
② 재해가 발생하면 반드시 손실도 발생한다.
③ 재해는 원칙적으로 원인만 제거되면 예방이 가능하다.
④ 재해예방을 위한 가능한 안전대책은 반드시 존재한다.

손실은 우연적이며 반드시 발생하지 않을 수 있다.

관련개념 재해예방의 4원칙
- 예방가능의 원칙: 천재를 제외한 인재는 모두 예방 가능하다.
- 손실우연의 원칙: 재해 발생 시 손실(피해)이 나타날 수도 있고 나타나지 않을 수도 있으며, 손실의 크기는 우연성에 따른다. 따라서 손실이 필연적인 결과는 아니다.
- 원인계기의 원칙: 재해에는 반드시 원인과 그들이 연쇄적으로 연결되어 있다.
- 대책선정의 원칙: 재해를 예방하기 위한 안전대책은 반드시 존재한다.

07 

산업위생의 역사에서 직업과 질병의 관계가 있음을 알렸고, 광산에서의 납중독을 보고한 사람은?

① Larigo
② Paracelsus
③ Percival Pott
④ Hippocrates

④ Hippocrates(히포크라테스): Hippocrates(기원전 460~377)는 고대 그리스 의사로, 납중독 등 직업병에 대해 역사상 최초로 언급하였다. 당시 납을 다루는 사람들에서 건강문제가 발생함을 기록하였다.
① Larigo(라리고): Larigo는 산업위생사 또는 산업의학과 관련된 주요 인물이 아니며, 직업병 역사와 관련한 중요한 보고나 업적과 연결되지 않는다.
② Paracelsus(파라켈수스): Paracelsus(1493~1541)는 르네상스 시대 의사로 현대 독성학과 직업병학의 선구자이다. 그는 광산 작업자와 금속 노출로 인한 직업병을 연구하고, 금속 증기와 먼지가 폐에 치명적임을 처음으로 체계적으로 보고하였다. 그의 저서 『광부병과 광부의 기타 질병에 관하여』는 최초의 직업의학 관련 문헌 중 하나로 알려져 있다.
③ Percival Pott(퍼시벌 포트): Percival Pott(1714~1788)는 영국 외과의사로, 직업과 암의 연관성을 최초로 밝힌 인물이다. 그는 굴뚝 청소부에게 음낭암(Scrotal Cancer)이 발생함을 관찰하여, 검댕(Smut)이 원인임을 최초로 밝혀 직업성 암의 개념을 도입하였다.1

08

직업병의 발생요인 중 직접요인은 크게 환경요인과 작업요인으로 구분되는데 환경요인으로 볼 수 없는 것은?

① 진동현상
② 대기조건의 변화
③ 격렬한 근육운동
④ 화학물질의 취급 또는 발생

③ 격렬한 근육운동, 반복적 동작, 무거운 물건 들기: 작업 자체와 관련된 작업요인
① 진동현상: 환경요인(물리적 인자)
② 대기조건의 변화: 환경요인
④ 화학물질의 취급 또는 발생: 환경요인(화학적 인자)

09

조건이 고려된 NIOSH에서 제안한 중량물 취급작업의 권고치 중 감시기준(AL)을 구하기 위한 식에 포함된 요소가 아닌 것은?

① 대상물체의 수평거리
② 대상물체의 이동거리
③ 대상물체의 이동속도
④ 중량물 취급작업의 빈도

$$AL = 40\left(\frac{15}{H}\right)(1 - 0.004|V - 75|)\left(0.7 + \frac{7.5}{D}\right)\left(1 - \frac{F}{F_{max}}\right)$$

- AL: 감시기준(kg)
- H: 대상물체의 수평거리
- V: 대상물체의 수직거리
- D: 대상물체의 이동거리
- F: 중량물 취급작업의 빈도

10

우리나라의 화학물질의 노출기준에 관한 설명으로 틀린 것은?

① Skin이라고 표시된 물질은 피부 자극성을 뜻한다.
② 발암성 정보물질의 표기 중 1A는 사람에게 충분한 발암성 증거가 있는 물질을 의미한다.
③ Skin 표시 물질은 점막과 눈 그리고 경피로 흡수되어 전신 영향을 일으킬 수 있는 물질을 말한다.
④ 화학물질이 IARC 등의 발암성 등급과 NTP의 R 등급을 모두 갖는 경우에는 NTP의 R 등급은 고려하지 아니한다.

"Skin" 표시 물질은 점막과 눈 그리고 경피로 흡수되어 전신 영향을 일으킬 수 있는 물질을 의미한다.

정답   07 ④   08 ③   09 ③   10 ①

11 ⭐빈출

사무실 공기관리 지침에서 정한 사무실 공기의 오염물질에 대한 시료채취시간이 바르게 연결된 것은?

① 미세먼지: 업무시간 동안 4시간 이상 연속 측정
② 포름알데히드: 업무시간 동안 2시간 단위로 10분간 3회 측정
③ 이산화탄소: 업무시작 후 1시간 전후 및 종료 전 1시간 전후 각각 30분간 측정
④ 일산화탄소: 업무시작 후 1시간 이내 및 종료 전 1시간 이내 각각 10분간 측정

① 미세먼지: 업무시간 동안 6시간 이상 연속 측정
② 포름알데히드: 업무시간 동안 6시간 이상 연속 측정
③ 이산화탄소: 업무시작 후 1시간 전후 및 종료 전 2시간 전후 각 각 10분간 측정

관련개념 사무실 공기의 오염물질에 대한 시료채취시간

오염물질	측정횟수 (측정시기)	시료채취시간
미세먼지 (PM10)	연 1회 이상	업무시간 동안(6시간 이상 연속 측정)
초미세먼지 (PM2.5)	연 1회 이상	업무시간 동안(6시간 이상 연속 측정)
이산화탄소 (CO_2)	연 1회 이상	업무시작 후 2시간 전후 및 종료 2시간 전(각각 10분간 측정)
일산화탄소 (CO)	연 1회 이상	업무시작 후 1시간 전후 및 종료 1시간 전(각각 10분간 측정)
이산화질소 (NO_2)	연 1회 이상	업무시작 후 1시간~종료 1시간 전 (1시간 측정)
포름알데히드 (HCHO)	연 1회 이상 및 신축(대수선 포함) 건물 입주 전	업무시작 후 1시간~종료 1시간 전 (30분간 2회 측정)
총휘발성유기 화합물(TVOC)	연 1회 이상 및 신축(대수선 포함) 건물 입주 전	업무시작 후 1시간~종료 1시간 전 (30분간 2회 측정)
라돈(Rn)	연 1회 이상	3일 이상~3개월 이내 연속 측정
총부유세균	연 1회 이상	업무시작 후 1시간~종료 1시간 전 (최고 실내온도에서 1회 측정)
곰팡이	연 1회 이상	업무시작 후 1시간~종료 1시간 전 (최고 실내온도에서 1회 측정)

12

근골격계질환 평가 방법 중 JSI(Job Strain Index)에 대한 설명으로 틀린 것은?

① 주로 상지작업 특히 허리와 팔을 중심으로 이루어지는 작업에 유용하게 사용할 수 있다.
② JSI 평가결과의 점수가 7점 이상이면 위험한 작업이므로 즉시 작업개선이 필요한 작업으로 관리기준을 제시하게 된다.
③ 이 평가방법은 손목의 특이적인 위험성만을 평가하고 있어 제한적인 작업에 대해서만 평가가 가능하고, 손, 손목부위에서 중요한 진동에 대한 위험요인이 배제되었다는 단점이 있다.
④ 평가과정은 지속적인 힘에 대해 5등급으로 나누어 평가하고, 힘을 필요로 하는 작업의 비율, 손목의 부적절한 작업자세, 반복성, 작업속도, 작업시간 등 총 6가지 요소를 평가한 후 각각의 점수를 곱하여 최종 점수를 산출하게 된다.

JSI(Job Strain Index)는 상지 말단(손, 손목, 팔꿈치) 작업의 근골격계질환 위험 평가에 특화된 방법이다.

13

근로자의 작업에 대한 적성검사 방법 중 심리학적 적성검사에 해당하지 않는 것은?

① 지능검사
② 감각기능검사
③ 인성검사
④ 지각동작검사

- 심리학적 적성검사는 주로 지능검사, 지각동작검사, 인성검사 등 개인의 심리적 특성, 능력, 성격, 적응력 등을 평가한다.
- 감각기능검사는 주로 물리적 감각 능력을 평가하는 검사로서, 심리학적 적성검사 범주에는 포함되지 않는다.

정답   11 ④ 12 ① 13 ②

14

산업위생의 목적과 거리가 먼 것은?

① 작업환경의 개선
② 작업자의 건강보호
③ 직업병 치료와 보상
④ 작업조건의 인간공학적 개선

- 산업위생의 목적은 작업환경의 유해 인자를 예측, 인지, 측정, 평가, 관리하여 근로자의 건강과 쾌적한 작업환경을 유지·증진시키는 것이다.
- 작업환경 및 작업조건을 개선하여 직업병과 산업재해를 예방하고, 근로자의 신체적·정신적 건강을 보호하는 것을 중심으로 한다. 또한, 작업조건의 인간공학적 개선을 통해 작업능률 향상과 근로자의 작업 적응성을 높인다.
- 직업병 치료와 보상은 산업위생의 직접적인 목적이 아니며, 이는 산업의학 및 산재보상 제도의 역할이다.

15

산업피로를 가장 적게 하고 생산량을 최고로 올릴 수 있는 경제적인 작업속도를 무엇이라 하는가?

① 지적속도
② 산소섭취속도
③ 산소소비속도
④ 작업효율속도

- 산업피로를 가장 적게 하고 생산량을 최고로 올릴 수 있는 경제적인 작업속도를 지적속도라고 한다.
- 지적속도는 작업자가 과도한 피로를 느끼지 않으면서 최대한 효율적으로 작업할 수 있는 속도를 의미한다.

16 ⭐ 빈출

연간총근로시간수가 100,000시간인 사업장에서 1년 동안 재해가 50건 발생하였으며, 손실된 근로일수가 100일이었다. 이 사업장의 강도율은 얼마인가?

① 1
② 2
③ 20
④ 40

강도율은 재해로 인한 손실 정도(강도)를 나타내는 산업재해지표로, 근로시간 1,000시간당 발생한 손실일수를 의미한다. 즉, 재해 발생 시 그 심각성·중증도를 평가한다

$$강도율 = \frac{근로손실일수}{연근로시간수} \times 10^3$$

$$= \frac{100}{100,000} \times 10^3 = 1$$

17

산업피로에 대한 대책으로 거리가 먼 것은?

① 정신신경 작업에 있어서는 몸을 가볍게 움직이는 휴식을 취하는 것이 좋다.
② 단위시간당 적정 작업량을 도모하기 위하여 일 또는 월간 작업량을 적정화하여야 한다.
③ 전신의 근육을 쓰는 작업에서는 휴식 시에 체조 등으로 몸을 움직이는 편이 피로회복에 도움이 된다.
④ 작업 자세(물체와 눈과의 거리, 작업에 사용되는 신체 부위의 위치, 높이 등)를 적정하게 유지하는 것이 좋다.

전신의 근육을 쓰는 작업에서는 휴식 시에 안정을 취하는 편이 피로회복에 도움이 된다.

18

국소피로의 평가를 위하여 근전도(EMG)를 측정하였다. 피로한 근육이 정상 근육에 비하여 나타내는 근전도상의 차이를 설명한 것으로 틀린 것은?

① 총 전압이 감소한다.
② 평균주파수가 감소한다.
③ 저주파수(0~40Hz)에서 힘이 증가한다.
④ 고주파수(40~200Hz)에서 힘이 감소한다.

> 피로한 상태에서는 운동 단위의 동원이 증가할 수 있고, 근육 수축에 대한 저항 및 비효율적 활성화가 증가해 총 전압이 상승한다.

19

산업안전보건법령상 유해인자의 분류기준에 있어 다음 설명 중 ( ) 안에 해당하는 내용을 바르게 나열한 것은?

> 급성독성물질은 입 또는 피부를 통하여 (A)회 투여 또는 24시간 이내에 여러 차례로 나누어 투여하거나 호흡기를 통하여 (B)시간 동안 흡입하는 경우 유해한 영향을 일으키는 물질을 말한다.

① A: 1, B: 4
② A: 1, B: 6
③ A: 2, B: 4
④ A: 2, B: 6

> 급성독성물질은 입 또는 피부를 통하여 1회 투여 또는 24시간 이내에 여러 차례로 나누어 투여하거나 호흡기를 통하여 4시간 동안 흡입하는 경우 유해한 영향을 일으키는 물질을 말한다.

20

산업안전보건법령상 사업주는 몇 kg 이상의 중량을 들어올리는 작업에 근로자를 종사하도록 할 때 다음과 같은 조치를 취하여야 하는가?

> • 주로 취급하는 물품에 대하여 근로자가 쉽게 알 수 있도록 물품의 중량과 무게중심에 대하여 작업장 주변에 안내표시를 할 것
> • 취급하기 곤란한 물품은 손잡이를 붙이거나 갈고리, 진공빨판 등 적절한 보조도구를 활용할 것

① 3kg
② 5kg
③ 10kg
④ 15kg

> 사업주는 근로자가 5킬로그램 이상의 중량물을 인력으로 들어올리는 작업을 하는 경우에 다음의 조치를 해야 한다.
> • 주로 취급하는 물품에 대하여 근로자가 쉽게 알 수 있도록 물품의 중량과 무게중심에 대하여 작업장 주변에 안내표시를 할 것
> • 취급하기 곤란한 물품은 손잡이를 붙이거나 갈고리, 진공빨판 등 적절한 보조도구를 활용할 것

정답　18 ①　19 ①　20 ②

21 빈출

소음측정 시 단위작업장소에서 소음발생시간이 6시간 이내인 경우나 소음발생원에서의 발생시간이 간헐적인 경우의 측정시간 및 횟수 기준으로 옳은 것은? (단, 고용노동부 고시 기준을 따른다.)

① 발생시간 동안 연속 측정하거나 등 간격으로 나누어 2회 이상 측정하여야 한다.
② 발생시간 동안 연속 측정하거나 등 간격으로 나누어 4회 이상 측정하여야 한다.
③ 발생시간 동안 연속 측정하거나 등 간격으로 나누어 6회 이상 측정하여야 한다.
④ 발생시간 동안 연속 측정하거나 등 간격으로 나누어 8회 이상 측정하여야 한다.

> 단위작업장소에서의 소음발생시간이 6시간 이내인 경우나 소음발생원에서의 발생시간이 간헐적인 경우에는 발생시간 동안 연속 측정하거나 등간격으로 나누어 4회 이상 측정하여야 한다.

22 빈출

누적소음노출량 측정기로 소음을 측정하는 경우에 기기설정으로 적절한 것은? (단, 고용노동부 고시 기준을 따른다.)

① Criteria: 80dB, Exchange Rate: 10dB, Threshold: 90dB
② Criteria: 90dB, Exchange Rate: 10dB, Threshold: 80dB
③ Criteria: 80dB, Exchange Rate: 5dB, Threshold: 90dB
④ Criteria: 90dB, Exchange Rate: 5dB, Threshold: 80dB

> • 고용노동부 고시 기준에 따른 누적소음노출량 측정기 등의 기기 설정값은 다음과 같다.
>   ✓ Criteria(기준치) = 90dB
>   ✓ Exchange Rate(교환율) = 5dB
>   ✓ Threshold(임계값) = 80dB
> • 이 설정값은 소음 노출 평가 시 기준으로 삼는 음압레벨과, 소음 노출 시간에 따른 허용치를 결정하는 데 이용된다.

23 빈출

어느 작업장의 소음 측정 결과가 다음과 같았다. 이때의 총 음압레벨(음압레벨 합산)은? (단, 기계 음압레벨 측정 기준이다.)

A기계: 95dB(A)　B기계: 90dB(A)　C기계: 88dB(A)

① 약 92.3dB(A)
② 약 94.6dB(A)
③ 약 96.8dB(A)
④ 약 98.2dB(A)

> 총 음압레벨$(\mathrm{dB(A)}) = 10\log\left(10^{L_1/10} + 10^{L_2/10} + \cdots + 10^{L_n/10}\right)$
> $\qquad = 10\log\left(10^{95/10} + 10^{90/10} + 10^{88/10}\right)$
> $\qquad = 96.8062\mathrm{dB(A)}$

24

공기 중 석면을 막여과지에 채취한 후 전처리하여 분석하는 방법으로 다른 방법에 비하여 간편하나 석면의 감별에 어려움이 있는 측정방법은?

① X선 회절법
② 편광현미경법
③ 위상차현미경법
④ 전자현미경법

> ③ 위상차현미경법(Phase Contrast Microscopy, PCM)은 공기 중 석면 섬유를 막여과지에 채취한 후 전처리하여 분석하는 방법 중 하나이다. 이 방법은 다른 전자현미경법에 비하여 분석 절차가 간편하고 비용과 시간이 적게 소요된다는 장점이 있다. 그러나 석면 섬유를 정확하게 감별하는 데는 한계가 있어, 석면과 비석면 섬유의 구별이 어려울 수 있다. 이로 인해 정밀 분석이 필요할 경우 전자현미경법 등이 보조적으로 활용된다.
> ① X선 회절법(XRD)은 고형 시료 중 석면의 결정구조를 분석하여 정량적 판단을 하는 방법이다. 주로 고체 시료에 사용되며, 공기 중 석면 분석보다는 건축 자재 등의 석면 함유 여부 평가에 적합하다.
> ② 편광현미경법(PLM)은 고체 시료에서 석면의 종류와 함유량을 정성·정량 분석하는 방법이다. 광학현미경법으로 고체 시료 분석에 주로 쓰이며, 공기 중 석면 분석에는 적합하지 않다.
> ④ 전자현미경법은 투과전자현미경(TEM)과 주사전자현미경(SEM) 등이 있으며, 석면의 형태, 화학성분, 결정구조를 정확히 식별할 수 있는 고도의 분석법이다. 석면 섬유의 크기 구분과 감별이 가능하며, 가장 신뢰성 있는 방법이다.

정답　　21 ②　22 ④　23 ③　24 ③

25

화학시험의 일반사항 중 시약 및 표준물질에 관한 설명으로 틀린 것은? (단, 고용노동부 고시 기준을 따른다.)

① 분석에 사용하는 시약은 따로 규정이 없는 한 특급 또는 1급 이상이거나 이와 동등한 규격의 것을 사용하여야 한다.
② 분석에 사용되는 표준품은 원칙적으로 1급 이상이거나 이와 동등한 규격의 것을 사용하여야 한다.
③ 시료의 시험, 바탕시험 및 표준액에 대한 시험을 일련의 동일시험으로 행할 때에 사용하는 시약 또는 시액은 동일 로트로 조제된 것을 사용한다.
④ 분석에 사용하는 시약 중 단순히 염산으로 표시하였을 때는 농도 35.0~37.0%(비중(약)은 1.18) 이상의 것을 말한다.

> 분석에 사용되는 표준품은 원칙적으로 특급 이상이거나 이와 동등한 규격의 것을 사용하여야 한다.

26

산업위생통계에서 유해물질 농도를 표준화하려면 무엇을 알아야 하는가?

① 측정치와 노출기준
② 평균치와 표준편차
③ 측정치와 시료 수
④ 기하 평균치와 기하 표준편차

> $$표준화\ 값 = \frac{측정치(\text{TWA})}{노출기준(\text{TLV})}$$

27 빈출

ACGIH에서는 입자상 물질을 크게 흡입성, 흉곽성, 호흡성으로 제시하고 있다. 다음 설명 중 옳은 것은?

① 흡입성 먼지는 기관지계나 폐포 어느 곳에 침착하더라도 유해한 입자상 물질로 보통 입자크기는 $1{\sim}10\mu m$ 이내의 범위이다.
② 흉곽성 먼지는 가스교환부위인 폐기도에 침착하여 독성을 나타내며 평균입자크기는 $50\mu m$이다.
③ 흉곽성 먼지는 호흡기계 어느 부위에 침착하더라도 유해한 입자상 물질이며 평균입자크기는 $25\mu m$이다.
④ 호흡성 먼지는 폐포에 침착하여 독성을 나타내며 평균입자크기는 $4\mu m$이다.

> • 흡입성 입자상 물질: 평균입경 $100\mu m$
> • 흉곽성 입자상 물질: 평균입경 $10\mu m$
> • 호흡성 입자상 물질: 평균입경 $4\mu m$

28 빈출

작업환경 공기 중에 벤젠(TVL = 10ppm) 4ppm, 톨루엔(TLV = 100ppm) 40ppm, 크실렌(TLV = 150ppm) 50ppm 이 공존하고 있는 경우에 이 작업환경 전체로서 노출기준의 초과여부 및 혼합 유기용제의 농도는?

① 노출기준을 초과, 약 83ppm
② 노출기준을 초과, 약 98ppm
③ 노출기준을 초과하지 않음, 약 78ppm
④ 노출기준을 초과하지 않음, 약 93ppm

- 노출기준 초과여부

$$EI = \frac{C_1}{T_1} + \frac{C_2}{T_2} + \cdots + \frac{C_n}{T_n}$$

$$= \frac{4}{10} + \frac{40}{100} + \frac{50}{150} = 1.1333$$

  ° C_n: 각 성분의 농도 또는 중량비
  ° T_n: 각 성분의 노출기준
  노출지수가 1을 초과하므로, 노출기준을 초과하고 있다는 의미이다.
- 혼합 유기용제의 농도

$$혼합농도 = \frac{혼합물의 공기 중 농도}{노출지수}$$

$$= \frac{(4+40+50)}{1.1333} = 82.9436$$

29

고체 흡착제를 이용하여 시료채취를 할 때 영향을 주는 인자에 관한 설명으로 틀린 것은?

① 오염물질 농도: 공기 중 오염물질의 농도가 높을수록 파과 용량은 증가한다.
② 습도: 습도가 높으면 극성 흡착제를 사용할 때 파과공기량이 적어진다.
③ 온도: 모든 흡착은 발열반응이므로 온도가 낮을수록 흡착에 좋은 조건인 것은 열역학적으로 분명하다.
④ 시료채취유량: 시료채취유량이 높으면 쉽게 파과가 일어나나 코팅된 흡착제인 경우는 그 경향이 약하다.

시료채취유량이 높으면 파과가 일어나기 쉬우며 코팅된 흡착제일수록 그 경향이 강하다.

- 파과용량(Breakthrough Capacity): 흡착제에 흡착되어 최대한 포화할 수 있는 오염물질의 양을 의미한다. 즉, 흡착제가 포집할 수 있는 총 오염물질의 질량이다.
- 파과공기량(Breakthrough Volume): 파과가 일어날 때까지 흡착제에 통과시킨 공기의 부피량을 의미한다. 즉, 오염물질이 흡착제를 뚫고 나오는 시점까지 통과한 총 공기량이다.

30 빈출

측정방법의 정밀도를 평가하는 변이계수(Coefficient of Variation, CV)를 알맞게 나타낸 것은?

① 표준편차/산술평균
② 기하평균/표준편차
③ 표준오차/표준편차
④ 표준편차/표준오차

변이계수(Coefficient of Variation, CV)란 표준편차를 산술평균으로 나눈 값으로, 서로 다른 단위를 가진 자료 간의 상대적인 변동성을 비교할 때 사용된다.

31 빈출

WBGT 측정기의 구성요소로 적절하지 않은 것은?

① 습구온도계
② 건구온도계
③ 카타온도계
④ 흑구온도계

- WBGT 측정기는 습구온도계, 건구온도계, 흑구온도계로 구성되며, 세 지표를 사용하여 열 스트레스를 평가한다.
- 카타온도계는 기류(풍속) 측정에 사용되는 온도계로, WBGT 측정기의 구성요소가 아니다.

32

작업장에서 입자상 물질은 보통 여과원리에 따라 시료를 채취한다. 여과지의 공극보다 작은 입자가 여과지에 채취되는 기전은 여과이론으로 설명할 수 있는데 다음 중 여과이론에 관여하는 기전과 가장 거리가 먼 것은?

① 차단
② 확산
③ 흡착
④ 관성충돌

③ 흡착은 입자가 여과지 표면에 물리적 또는 화학적으로 붙는 현상이다. 입자상 물질을 여과지에 채취할 때 여과원리에 따라 작용하는 주요 기전은 차단(Interception), 확산(Diffusion), 관성충돌(Inertial impaction)이다. 이들은 입자의 크기와 운동 특성에 의해 입자가 여과지에 포집되는 물리적인 작용을 의미한다.
① 차단은 입자가 공기 흐름선과 달리 직선으로 이동하여 여과섬유나 여과지에 부딪혀 붙는 현상이다.
② 확산은 미세 입자들이 브라운 운동 등으로 인해 불규칙하게 움직여 여과 섬유에 닿아 채취되는 원리이다.
④ 관성충돌은 입자가 공기 흐름을 따라가다 운동 관성으로 인해 여과섬유 표면에 충돌해 채집되는 현상이다.

33 빈출

농약공장의 작업환경 내에는 TLV가 0.1mg/m³인 파리티온과 TLV가 0.5mg/m³인 EPN이 2 : 3의 비율로 혼합된 분진이 부유하고 있다. 이러한 혼합분진의 TLV(mg/m³)는?

① 0.15
② 0.17
③ 0.19
④ 0.21

$$\frac{C_1}{T_1} + \frac{C_2}{T_2} = \frac{C_1 + C_2}{T_{mix}}$$

$$\frac{40}{0.1} + \frac{60}{0.5} = \frac{100}{T_{mix}}$$

∘ $T_{mix} = 0.1923 \text{mg/m}^3$
∘ C_n: 각 성분의 농도 또는 중량비
∘ T_n: 각 성분의 노출기준(mg/m³)

34 빈출

흉곽성 먼지(TPM)의 50%가 침착되는 평균입자의 크기는? (단, ACGIH 기준이다.)

① 0.5μm
② 2μm
③ 4μm
④ 10μm

ACGIH 기준에 따르면 흉곽성 먼지(Thoracic Particulate Matter, TPM)의 50%가 침착되는 평균입자 크기는 약 10μm이다. 흉곽성 먼지는 기관지와 폐기도 등 흉곽 내 부위에 침착하는 입자상 물질로, 보통 10μm 이하의 입자들이 이에 해당한다.

35 빈출

종단속도가 0.632m/hr인 입자가 있다. 이 입자의 직경이 3μm라면 비중은?

① 0.65
② 0.55
③ 0.86
④ 0.77

Lippman식

$$V = K \times \rho \times d^2$$

$$\frac{0.632 \text{m} \times \dfrac{100\text{cm}}{\text{m}}}{\text{hr} \times \dfrac{3,600\text{sec}}{\text{hr}}} = 0.003 \times 3^2 \times \square$$

$\square = 0.6502$

∘ V: 침강속도(cm/sec)
∘ K: 경험적으로 정해진 상수(일반적으로 0.003)
∘ ρ: 입자의 비중
∘ d: 입자의 직경(μm)

Lippman식은 공기 중 먼지나 에어로졸 등 입자의 침강속도를 실제 환경에 더 가깝게 추정하기 위한 경험적 공식이다.

정답   32 ③   33 ③   34 ④   35 ①

36

작업장 기본특성 파악을 위한 예비조사 내용 중 유사노출그룹(HEG) 설정에 관한 설명으로 알맞지 않은 것은?

① 조직, 공정, 작업범주 그리고 공정과 작업내용별로 구분하여 설정한다.
② 역학조사를 수행할 때 사건이 발생된 근로자와 다른 노출그룹의 노출농도를 근거로 사건 발생된 노출농도를 추정할 수 있다.
③ 모든 근로자의 노출농도를 평가하고자 하는 데 목적이 있다.
④ 모든 근로자를 유사한 노출그룹별로 구분하고 그룹별로 대표적인 근로자를 선택하여 측정하면 측정하지 않은 근로자의 노출농도까지도 추정할 수 있다.

역학조사를 수행할 때 사건이 발생된 근로자가 속한 유사노출그룹의 노출농도를 근거로 노출원인을 추정할 수 있다.

37 빈출

공기유량과 용량을 보정하는 데 사용되는 표준기구 중 1차 표준기구가 아닌 것은?

① 폐활량계
② 로타미터
③ 비누거품 미터
④ 피토튜브

- 1차 표준기구: 물리적 크기에 따라 공간의 부피를 직접 측정할 수 있는 기구로, 대표적으로 흑연 피스톤 미터, 비누거품 미터, 폐활량계, 가스치환병, 유리 피스톤 미터, 피토튜브 등이 있다.
- 2차 표준기구: 공간의 부피를 직접 측정할 수 없으며, 기류 속도나 압력을 유량으로 환산해 사용하는 기구로, 로타미터, 건식가스미터, 습식테스트 미터, 오리피스 미터, 열선기류계 등이 있다.

38 빈출

시료 채취용 막여과지에 관한 설명으로 틀린 것은?

① MCE 막여과지: 표면에 주로 침착되어 중량분석에 적당함
② PVC 막여과지: 흡습성이 적음
③ PTFE 막여과지: 열, 화학물질, 압력에 강한 특성이 있음
④ 은막 여과지: 열적, 화학적 안정성이 있음

MCE(Mixed Cellulose Ester) 막여과지는 산에 쉽게 용해되므로 입자상 물질 중의 금속을 채취하여 원자흡광광도법으로 분석하는 데 적당하다.

39 빈출

허용농도가 50ppm인 트리클로로에틸렌을 취급하는 작업장에 하루 10시간 근무한다면 그 조건에서의 허용 농도치는? (단, Brief-Scala 보정방법 기준이다.)

① 47ppm
② 42ppm
③ 39ppm
④ 35ppm

Brief and Scala 보정방법
$$RF = \left(\frac{8}{H}\right) \times \frac{24-H}{16} = \left(\frac{8}{10}\right) \times \frac{24-10}{16} = 0.7$$
보정된 노출기준 $= TLV \times RF = 50 \times 0.7 = 35ppm$

옥내의 습구흑구온도지수(WBGT)를 산출하는 식은?

① WBGT(℃) = 0.7×자연습구온도 + 0.3×흑구온도
② WBGT(℃) = 0.4×자연습구온도 + 0.6×흑구온도
③ WBGT(℃) = 0.7×자연습구온도 + 0.1×흑구온도 + 0.2×건구온도
④ WBGT(℃) = 0.7×자연습구온도 + 0.2×흑구온도 + 0.1×건구온도

WBGT(습구흑구온도지수, Wet Bulb Globe Temperature)
근로자의 열 스트레스(온열환경 부담)를 평가하기 위한 대표적인 지표로, 온도, 습도, 복사열, 공기 흐름 등을 종합적으로 반영한다.
• 옥내 or 옥외(햇볕 없는 곳)
  WBGT = 0.7 × 자연습구온도 + 0.3 × 흑구온도
• 옥외(햇볕 있는 곳)
  WBGT = 0.7 × 자연습구온도 + 0.2 × 흑구온도 + 0.1 × 건구온도

관련개념
• 흑구온도(Black Globe Temperature): 복사열(태양, 열원)의 영향을 반영한 온도
• 자연습구온도(Natural Wet Bulb Temperature): 공기 중 습도와 증발에 영향을 받는 온도

3과목　　**작업환경 관리대책**

41

25℃에서 공기의 점성계수 μ = 1.607 × 10⁻⁴poise, 밀도 = 1.203kg/m³이다. 이때 동점성계수(m²/sec)는?

① $1.336×10^{-5}$
② $1.736×10^{-5}$
③ $1.336×10^{-6}$
④ $1.736×10^{-6}$

동점성계수 = 점성계수/밀도

$$= \frac{\dfrac{1.607\times10^{-4}\text{g}}{\text{cm·sec}}\times\dfrac{100\text{cm}}{\text{m}}\times\dfrac{\text{kg}}{1,000\text{g}}}{\dfrac{1.203\text{kg}}{\text{m}^3}}$$

$$= 1.3358\times10^{-5}\text{m}^2/\text{sec}$$

42

작업환경 관리의 목적으로 가장 관련이 먼 것은?

① 산업재해 예방
② 작업환경의 개선
③ 작업능률의 향상
④ 직업병 치료

• 작업환경 관리의 궁극적인 목표는 직업병을 예방하는 것이지, 이미 발생한 직업병을 치료하는 것은 아니다.
• 작업환경 관리의 주요 목적은 산업재해 예방과 작업환경의 개선, 나아가 근로자의 작업능률 향상에 있다. 작업환경 관리는 유해인자의 노출을 최소화하고 작업조건을 안전하고 쾌적하게 만들어 근로자의 건강을 유지하고 작업 효율을 높이기 위한 활동이다.

43

분진이나 섬유유리 등으로부터 피부를 직접 보호하기 위해 사용하는 산업용 피부보호제는?

① 수용성 물질차단 피부보호제
② 피막형성형 피부보호제
③ 지용성 물질차단 피부보호제
④ 광과민성 물질차단 피부보호제

② 분진이나 섬유유리 등으로부터 피부를 직접 보호하기 위해 사용하는 산업용 피부보호제는 작업 시 피부 표면에 얇은 막을 형성하여 물리적으로 유해 물질이 피부에 접촉하는 것을 막는 피막형성형 피부보호제이다. 이 보호제는 분진, 섬유유리 조각 등 고체 입자로부터 피부를 보호하는 데 효과적이다.
① 수용성 물질차단 피부보호제는 물에 녹는 화학물질로부터 보호할 때 사용하며, 분진과 같은 고체 입자에는 적합하지 않다.
③ 지용성 물질차단 피부보호제는 지용성 유기용제와 같이 기름에 녹는 물질에 대해 피부를 보호하는 데 사용된다.
④ 광과민성 물질차단 피부보호제는 광과민성 물질로 인해 피부가 민감해지는 것을 막기 위해 사용하는 보호제로, 분진이나 섬유유리 보호와는 목적이 다르다.

44

지적온도(Optimum Temperature)에 미치는 영향인자들의 설명으로 가장 거리가 먼 것은?

① 작업량이 클수록 체열 생산량이 많아 지적온도는 낮아진다.
② 여름철이 겨울철보다 지적온도가 높다.
③ 더운 음식물, 알콜, 기름진 음식 등을 섭취하면 지적온도는 낮아진다.
④ 노인들보다 젊은 사람의 지적온도가 높다.

지적온도(Optimum Temperature)란 환경온도를 감각온도로 표시한 것을 지적온도라고 한다. 작업자가 쾌적하게 느끼는 온도로, 작업 효율과 안전을 고려한 환경 온도이다.
④ 노인들보다 젊은 사람의 지적온도가 낮다. 노인은 대사율이 낮고 체온 조절 능력이 떨어지므로 더 높은 온도를 쾌적하게 느낀다. 젊은 사람은 대사율이 높아 상대적으로 낮은 온도를 선호한다.
① 활동량이 많으면 내부 열 생산이 증가하므로 외부 온도는 낮아야 쾌적함을 느낀다.
② 계절에 따라 체온 조절 적응이 달라지며, 여름에는 상대적으로 높은 지적온도를 더 쾌적하게 느낀다.
③ 더운 음식물, 알콜, 기름진 음식 등은 체온을 상승시키므로 외부 온도가 낮아야 쾌적하게 느껴진다.

45

보호구에 대한 설명으로 틀린 것은?

① 신체보호구에는 내열방화복, 정전복, 위생보호복, 앞치마 등이 있다.
② 방열의에는 석면제나 섬유에 알루미늄 등을 증착한 알루미나이즈 방열의가 사용된다.
③ 위생복(보호의)에서 방한복, 방한화, 방한모는 −18℃ 이하인 급냉동창고 하역작업 등에 이용된다.
④ 안면보호구에는 일반보호면, 용접면, 안전모, 방진마스크 등이 있다.

안면보호구(Face Protection)에는 일반보호면, 용접면, 페이스쉴드 등 얼굴을 보호하는 장비가 해당된다.

46 ⭐

덕트직경이 30cm이고 공기유속이 10m/sec일 때 레이놀드수는? (단, 공기의 점성계수는 1.85×10^{-5}kg/sec · m, 공기밀도는 1.2kg/m³이다.)

① 195,000
② 215,000
③ 235,000
④ 255,000

$$Re = \frac{덕트의\ 직경 \times 공기밀도 \times 공기속도}{공기점성계수}$$

$$= \frac{0.3\text{m} \times 1.2\text{kg/m}^3 \times 10\text{m/sec}}{1.85 \times 10^{-5}\text{kg/m} \cdot \text{sec}} = 194,594.5946$$

47

환기시설 내 기류가 기본적 유체역학적 원리에 의하여 지배되기 위한 전제 조건에 관한 내용으로 틀린 것은?

① 환기시설 내외의 열교환은 무시한다.
② 공기의 압축이나 팽창을 무시한다.
③ 공기는 포화수증기 상태로 가정한다.
④ 대부분의 환기시설에서는 공기 중에 포함된 유해물질의 무게와 용량을 무시한다.

유체역학적 원리에 의하여 지배되기 위한 전제 조건으로 공기는 건조공기 상태로 가정한다.

48

청력보호구의 차음효과를 높이기 위한 유의사항 중 틀린 것은?

① 청력보호구는 머리의 모양이나 귓구멍에 잘 맞는 것을 사용한다.
② 청력보호구는 잘 고정시켜서 보호구 자체의 진동을 최소한도로 줄여야 한다.
③ 청력보호구는 기공(氣孔)이 많은 재료를 사용하여 제조한다.
④ 귀덮개 형식의 보호구는 머리카락이 길 때와 안경테가 굵어서 잘 밀착되지 않을 때는 사용이 어렵다.

기공이 많은 재료는 소리를 통과시키기 쉬우므로 차음 성능을 약화시킨다. 차음효과를 높이기 위해서는 기공이 적고 밀도가 높은 재료를 사용하여 제조한다.

49 빈출

회전차 외경이 600mm인 원심 송풍기의 풍량은 200m³/min이다. 회전차 외경이 1,000mm인 동류(상사구조)의 송풍기가 동일한 회전수로 운전된다면 이 송풍의 풍량(m³/min)은? (단, 두 경우 모두 표준공기를 취급한다.)

① 약 333
② 약 556
③ 약 926
④ 약 2,572

동류(상사구조) 원심 송풍기의 풍량은 회전차(임펠러) 외경의 세제곱에 비례한다.

$$\frac{Q_2}{Q_1} = \left(\frac{D_2}{D_1}\right)^3$$

$$\frac{Q_2}{200\text{m}^3/\text{min}} = \left(\frac{1,000\text{mm}}{600\text{mm}}\right)^3$$

$$Q_2 = 925.9259\text{m}^3/\text{min}$$

관련개념
- 풍량: 송풍기의 회전수에 비례한다.
- 풍압: 송풍기의 회전수의 제곱에 비례한다.
- 동력(축동력): 송풍기의 회전수의 세제곱에 비례한다.

50 빈출

송풍기 배출구의 총합정압은 20mmH₂O이고, 흡입구의 총합정압은 −90mmH₂O이며 송풍기 전후의 속도압은 20mmH₂O이다. 이 송풍기의 실효정압(mmH₂O)은?

① −130
② −110
③ +130
④ +110

실효정압(송풍기 정압) = 배출구 정압 − 흡입구 정압
= 20 − (−90) = +110mmH₂O

관련개념
- 실효정압 = 송풍기 정압(FSP)
- 유효전압 = 송풍기 전압(FTP)
- 전압(Total Pressure, Pt) = 정압(Static Pressure, Ps) + 속도압(Velocity Pressure, Pv)
- 송풍기 전압(Fan Total Pressure, FTP) = (배출구 총압) − (흡입구 총압)
- 송풍기 정압(Fan Static Pressure, FSP) = (배출구 정압) − (흡입구 정압) = 송풍기 전압 − 전후 속도압

51

방진재료로 사용하는 방진고무의 장·단점으로 틀린 것은?

① 공기 중의 오존에 의해 산화된다.
② 내부마찰에 의한 발열 때문에 열화되고 내유 및 내열성이 약하다.
③ 동적배율이 낮아 스프링 정수의 선택범위가 좁다.
④ 고무자체의 내부마찰에 의해 저항을 얻을 수 있고 고주파 진동의 차진에 양호하다.

동적배율(Dynamic Magnification Factor)이 높고 스프링 정수 선택 범위가 넓다.

관련개념
- 동적배율: 진동이 얼마나 증폭되는지 나타내는 지표
- 공진: 외력 주파수 = 고유진동수일 때 발생하는 과도한 진동
- 스프링 정수: 스프링의 강성(힘/변위)으로, 고유진동수와 직결됨

52

덕트 내 공기의 압력을 측정하는 데 사용하는 장비는?

① 피토관
② 타코메타
③ 열선유속계
④ 회전날개형 유속계

- 피토관은 덕트 내 유속을 측정하는 장비로, 정압과 '정압 + 속도압 (전압)'을 동시에 측정해 차압으로 속도를 산출할 수 있다. 이 과정에서 정압을 측정하는 역할도 수행하여 덕트 내 압력 측정에 적합하다.
- 타코메타는 회전속도 측정기, 열선유속계와 회전날개형 유속계는 주로 속도 측정에 사용된다.

53

여과집진장치의 장·단점으로 가장 거리가 먼 것은?

① 다양한 용량을 처리할 수 있다.
② 탈진방법과 여과재의 사용에 따른 설계상의 융통성이 있다.
③ 섬유 여포상에서 응축이 일어날 때 습한 가스를 취급할 수 없다.
④ 집진효율이 처리가스의 양과 밀도 변화에 영향이 크다.

집진효율은 주로 입자 크기, 입도 분포, 여과재 특성에 의해 결정되고, 가스량이나 밀도 변화에 상대적으로 큰 영향을 받지 않는다.

54

보호장구의 재질과 적용화학물질에 관한 내용으로 틀린 것은?

① Butyl 고무는 극성용제에 효과적으로 적용할 수 있다.
② 가죽은 기본적인 찰과상 예방이 되며 용제에는 사용하지 못한다.
③ 천연고무(Latex)는 절단 및 찰과상 예방에 좋으며 수용성 용액, 극성 용제에 효과적으로 적용할 수 있다.
④ Viton은 구조적으로 강하며 극성용제에 효과적으로 사용할 수 있다.

Viton(불소고무)은 비극성 용제 및 강한 화학물질에는 내성이 좋으나, 극성용제에는 적합하지 않다.

55

길이, 폭, 높이가 각각 30m, 10m, 4m인 실내공간을 1시간당 12회의 환기를 하고자 한다. 이 실내의 환기를 위한 유량(m³/min)은?

① 240
② 290
③ 320
④ 360

$$\frac{30\text{m} \times 10\text{m} \times 4\text{m}}{60\text{min}} \times 12 = 240\text{m}^3/\text{min}$$

56 

작업장에서 Methyl Ethyl Ketone을 시간당 1.5리터 사용할 경우 작업장의 필요한 환기량(m³/min)은? (단, MEK의 비중은 0.805, TLV는 200ppm, 분자량은 72.10이고, 안전계수 K는 7로 하며 1기압 21℃ 기준이다.)

① 약 235
② 약 465
③ 약 565
④ 약 695

$$Q(\text{환기량}) = \frac{K(\text{안전계수}) \times G(\text{발생량})}{C(\text{허용농도})}$$

$$= 7 \times \frac{\dfrac{1.5\text{L}}{\text{hr}} \times \dfrac{0.805\text{g}}{\text{mL}} \times \dfrac{1{,}000\text{mL}}{\text{L}} \times \dfrac{\text{hr}}{60\text{min}}}{\dfrac{200\text{mL} \times \dfrac{273\text{K}}{(273+21)\text{K}} \times \dfrac{72.1\text{mg}}{22.4\text{mL}} \times \dfrac{\text{g}}{1{,}000\text{mg}}}{\text{m}^3}}$$

$$= 235.6684\text{m}^3/\text{min}$$

- K(안전계수) = 7
- G(발생량) = 1.5L/hr
- C(허용농도(TLV)) = 200ppm

57 

외부식 후드의 필요송풍량을 절약하는 방법에 대한 설명으로 틀린 것은?

① 가능한 발생원의 형태와 크기에 맞는 후드를 선택하고 그 후드의 개구면을 발생원에 접근시켜 설치한다.
② 발생원의 특성에 맞는 후드의 형식을 선정한다.
③ 후드의 크기는 유해물질이 밖으로 빠져 나가지 않도록 가능한 한 크게 하는 편이 좋다.
④ 가능하면 발생원의 일부만이라도 후두 개구 안에 들어가도록 설치한다.

후드의 크기는 유해물질이 밖으로 빠져 나가지 않도록 가능한 한 작게 하는 편이 좋다.

58

연기발생기 이용에 관한 설명으로 가장 거리가 먼 것은?

① 오염물질의 확산 이동 관찰
② 공기의 누출입에 의한 음과 축수상자의 이상음 점검
③ 후드로부터 오염물질의 이탈 요인 규명
④ 후드 성능에 미치는 난기류의 영향에 대한 평가

- 연기발생기는 후드 내 기류 가시화를 위한 장비로, 오염물질의 확산 이동 관찰, 후드로부터 오염물질의 이탈 요인 규명, 그리고 후드 성능에 미치는 난기류의 영향 평가 등 후드 성능 평가에 주로 사용된다. 연기발생기를 이용하면 후드 흡입 성능 및 국소배기장치의 실효성을 시각적으로 확인할 수 있다.
- 공기의 누출입에 의한 음과 축수상자의 이상음 점검은 연기발생기를 통해 할 수 있는 점검이 아니며, 음향 및 기계적 이상음 점검은 별도의 음향 감지 장비나 계측기를 사용한다.

59

작업환경관리 원칙 중 대치에 관한 설명으로 옳지 않은 것은?

① 야광시계 자판에 Radium을 인으로 대치한다.
② 도자기 제조공정에서 건조 전에 실시하던 점토배합을 건조 후 실시한다.
③ 금속세척 작업 시 TCE를 대신하여 계면활성제를 사용한다.
④ 분체 입자를 큰 입자로 대치한다.

도자기 제조공정에서 건조 후에 실시하던 점토배합을 건조 전에 실시한다.

60 빈출

주관에 45°로 분지관이 연결되어 있다. 주관 입구와 분지관의 속도압은 20mmH$_2$O로 같고 압력손실계수는 각각 0.2 및 0.28이다. 주관과 분지관이 합류에 의한 압력손실(mmH$_2$O)은?

① 약 6
② 약 8
③ 약 10
④ 약 12

- 합류관 압력손실($\triangle$P) = 압력손실계수(F) × 속도압(VP)
- $\triangle$P = 분지관 압력손실 + 주관 압력손실
  = (0.2 × 20) + (0.28 × 20) = 9.6mmH$_2$O

4과목 물리적 유해인자 관리

61

전리방사선이 인체에 미치는 영향에 관여하는 인자와 가장 거리가 먼 것은?

① 전리작용
② 회절과 산란
③ 피폭선량
④ 조직의 감수성

- ② 회절과 산란: 방사선의 물리적 특성 중 하나로서, 전리방사선의 인체 내 영향 정도를 결정하는 인자라기보다는 방사선이 물질을 통과하며 방향을 바꾸는 현상으로, 영향의 크기나 손상 기전과는 직접적 연관성이 적다.
- ① 전리작용: 방사선이 인체 내 원자나 분자에 이온화를 일으켜 세포 및 DNA 손상에 직접 관여하는 중요한 과정이다.
- ③ 피폭선량: 인체에 흡수된 방사선량으로, 영향의 크기와 직접 연관된 핵심 인자이다.
- ④ 조직의 감수성: 방사선에 대한 조직별 민감도 차이로, 손상의 정도에 큰 영향을 준다.

62 빈출

저온에 의한 1차적 생리적 영향에 해당하는 것은?

① 말초혈관의 수축
② 혈압의 일시적 상승
③ 근육긴장의 증가와 전율
④ 조직대사의 증진과 식욕항진

- 저온에 노출되면 인체는 체온 유지를 위해 먼저 근육긴장을 증가시키고, 떨림(전율)을 통해 열을 발생시켜 체온을 보존하려고 한다.
- 말초혈관 수축과 혈압 상승도 발생하지만 이는 2차적 혹은 반응의 일부로 볼 수 있다.
- 조직 대사가 증진되고 식욕이 항진되는 것은 저온에 대한 장기적 적응 또는 반응 중 일부이다.

63

음(Sound)의 용어를 설명한 것으로 틀린 것은?

① 음선 – 음의 진행방향을 나타내는 선으로 파면에 수직한다.
② 파면 – 다수의 음원이 동시에 작용할 때 접촉하는 에너지가 동일한 점들을 연결한 선이다.
③ 음파 – 공기 등의 매질을 통하여 전파하는 소밀파이며, 순음의 경우 정현파적으로 변화한다.
④ 파동 – 음에너지의 전달은 매질의 운동에너지와 위치에너지의 교번작용으로 이루어진다.

파면은 파동의 위상이 같은 점들을 연결한 선이다.

64 ⭐빈출

전리방사선을 인체 투과력이 큰 것에서부터 작은 순서대로 나열한 것은?

① γ선 > β선 > α선
② β선 > γ선 > α선
③ β선 > α선 > γ선
④ α선 > β선 > γ선

- X선과 감마선(γ)은 파장이 매우 짧고 에너지가 높아 투과력이 가장 크다.
- 베타선(β)은 고속 전자 또는 양전자 입자로 알파선보다 가볍고 투과력이 크지만 X선보다 낮다.
- 알파선(α)은 헬륨 원자핵으로 구성되어 무겁고 투과력이 가장 약해 종이나 피부 표면으로도 차단된다.

관련개념

방사선 종류	구성 및 특징	투과력 · 차단 방법
알파선(α)	헬륨 원자핵, 강한 이온화 작용	매우 낮음, 종이 한 장으로 차단 가능
베타선(β)	전자 또는 양전자, 중간 강도의 이온화	중간, 알루미늄 판으로 차단 가능
중성자선	중성자 입자, 핵반응 시 발생	매우 강함, 특수 차폐 필요
감마선(γ)	고에너지 전자기파, 핵붕괴 발생	매우 강함, 두꺼운 납 · 콘크리트 차폐 필요
엑스선(X선)	고에너지 전자기파, 의료용 및 산업용	강함, 납 차폐 필요

65

해면 기준에서 정상적인 대기 중의 산소분압은 약 얼마인가?

① 80mmHg
② 160mmHg
③ 300mmHg
④ 760mmHg

- 1atm = 760mmHg
- 760mmHg × 0.21 = 159.6mmHg

66

일반소음의 차음효과는 벽체의 단위표면적에 대하여 벽체의 무게를 2배로 할 때와 주파수가 2배가 될 때 차음은 몇 dB 증가하는가?

① 2dB
② 6dB
③ 10dB
④ 15dB

- TL = 20log(f × m) − 47
  - TL: 차음량(Transmission Loss, dB)
  - f: 주파수(Hz)
  - m: 벽체의 단위면적당 질량(kg/m²)
- 질량이 2배가 될 때
  기존 질량이 m, 주파수는 동일하고 벽체 질량이 2배로 변화하면
  20log(f × 2m) − 47 − (20log(f × m) − 47)
  = 20log(2) = 6.0205dB
  따라서 차음효과는 약 6dB 증가한다.
- 주파수가 2배가 될 때
  기존 주파수는 f, 질량은 동일하고 주파수를 2배로 변화하면
  20log(2f × m) − 47 − (20log(f × m) − 47)
  = 20log(2) = 6.0205dB
  따라서 차음효과는 약 6dB 증가한다.

67 ⭐빈출

장시간 온열환경에 노출 후 대량의 염분상실을 동반한 땀의 과다로 인하여 발생하는 증상은?

① 열경련
② 열피로
③ 열사병
④ 열성발진

열경련
- 땀으로 인한 염분(나트륨 등)의 손실로 근육이 갑자기 경련을 일으키는 상태이다.
- 주로 팔, 다리, 복부 근육에서 발생하며 통증이 동반된다.
- 충분한 수분과 전해질 보충, 휴식으로 치료할 수 있다.

관련개념
- 열피로: 고온 환경에서 장시간 작업하거나 과도한 땀 손실로 인한 탈수 때문에 발생한다. 무기력, 두통, 어지러움, 현기증과 같은 증상이 나타나며, 발한과 탈수로 체력 저하가 주된 원인이다. 적절한 휴식과 수분 보충이 필요하다.
- 열사병: 고온 다습한 환경에서 체온 조절 중추 기능이 마비되어 체내 열 배출이 제대로 이루어지지 않는 상태이다. 체온이 40℃ 이상 급격히 상승하고, 의식 변화, 혼수상태, 발작 등이 나타난다. 피부는 뜨겁고 건조하며 발한이 없거나 매우 줄어든다. 매우 위험한 상태로 신속한 응급조치와 병원 치료가 필요하다.
- 열성발진: 땀 배출이 원활하지 않아 피부에 땀구멍이 막히면서 발생한다. 주로 땀띠라고도 하며, 피부 발진과 가려움증을 일으킨다. 주로 땀이 많이 나는 부위에 발생한다.

68

인체에 적당한 기류(온열요소)속도 범위로 맞는 것은?

① 2~3m/min
② 6~7m/min
③ 12~13m/min
④ 16~17m/min

- 인체에 적당한 기류속도는 빠르지 않아 쾌적한 환경을 제공하는 범위 내의 저속 풍속이다. 일반적으로 6~7m/min 정도의 기류속도가 인체에 적절한 기류 범위로 알려져 있다.
- 기류 속도가 너무 낮으면 환기 부족으로 공기 질 저하를 초래한다.
- 기류 속도가 너무 높으면 피부 표면의 열지수 증가와 불쾌한 냉각감을 유발한다.
- 쾌적한 환경 조성을 위해서는 온도, 습도, 기류 속도가 적절히 조절되어야 한다.

69

높은(고) 기압에 의한 건강영향의 설명으로 틀린 것은?

① 청력의 저하, 귀의 압박감이 일어나며 심하면 고막파열이 일어날 수 있다.
② 부비강 개구부 감염 혹은 기형으로 폐쇄된 경우 심한 구토, 두통 등의 증상을 일으킨다.
③ 압력상승이 급속한 경우 폐 및 혈액으로 탄산가스의 일과성 배출이 일어나 호흡이 억제된다.
④ 3~4기압의 산소 혹은 이에 상당하는 공기 중 산소분압에 의하여 중추신경계의 장해에 기인하는 운동장해를 나타내는데 이것을 산소중독이라고 한다.

압력상승이 급속한 경우 호흡이 빨라진다.

70

다음 설명에 해당하는 방진재료는?

- 여러 가지 형태로 철골에 부착할 수 있다.
- 자체의 내부마찰에 의해 저항을 얻을 수 있다.
- 내구성 및 내약품성이 문제가 될 수 있다.

① 펠트
② 코일용수철
③ 방진고무
④ 공기용수철

③ 방진고무는 여러 가지 형태로 철골 등에 부착할 수 있으며, 자체 내부마찰에 의해 진동 저항력을 얻는다. 내구성 및 내약품성은 상대적으로 약할 수 있어서 사용환경에 따라 관리와 교체가 필요하다.
① 펠트는 섬유성 재료로 유연하지만 주로 소음 감쇠용이며, 철골 부착에 특화되지 않는다.
②, ④ 코일용수철과 공기용수철은 용수철계 방진재료로, 내부마찰보다는 탄성에 의한 진동 감쇠가 주특징이다.

71 ⭐ 빈출

70dB(A)의 소음을 발생하는 두 개의 기계가 동시에 소음을 발생시킨다면 얼마 정도가 되겠는가?

① 73dB(A)
② 76dB(A)
③ 80dB(A)
④ 140dB(A)

$$\text{총 음압레벨(dB(A))} = 10\log\left(10^{L_1/10} + 10^{L_2/10} + \cdots + 10^{L_n/10}\right)$$
$$= 10\log\left(10^{70/10} + 10^{70/10}\right) = 73.0102\text{dB(A)}$$

72

소음성 난청 중 청력장해(C_5-dip)가 가장 심해지는 소음의 주파수는?

① 2,000Hz
② 4,000Hz
③ 6,000Hz
④ 8,000Hz

- C_5-dip 현상은 소음성 난청의 대표적인 청력 손실 형태로, 4,000Hz에서 청력감소가 가장 뚜렷하게 나타나는 특징을 가진다.
- 이는 외이·중이·내이의 공명 특성과 소음에 의한 와우의 손상 민감도가 4,000Hz 부근에서 높기 때문이다.

73

레이저(Lasers)에 관한 설명으로 틀린 것은?

① 레이저광에 가장 민감한 표적기관은 눈이다.
② 레이저광은 출력이 대단히 강력하고 극히 좁은 파장 범위를 갖기 때문에 쉽게 산란하지 않는다.
③ 파장, 조사량 또는 시간 및 개인의 감수성에 따라 피부에 홍반, 수포형성, 색소침착 등이 생긴다.
④ 레이저광 중 에너지의 양을 지속적으로 축적하여 강력한 파동을 발생시키는 것을 지속파라 한다.

레이저광 중 에너지의 양을 지속적으로 축적하여 강력한 파동을 발생시키는 것을 펄스파라 한다.
- 지속파(CW, Continuous Wave): 레이저 출력이 연속적으로 방출되는 형태
- 펄스파(pulse wave): 에너지를 축적했다가 순간적으로 방출하는 방식

74

빛과 밝기의 단위에 관한 내용으로 맞는 것은?

① lumen: 1촉광의 광원으로부터 1m 거리에 1m² 면적에 투사되는 빛의 양
② 촉광: 지름이 10cm 되는 촛불이 수평방향으로 비칠 때의 빛의 광도
③ lux: 1루멘의 빛이 1m²의 구면상에 수직으로 비추어질 때의 그 평면의 빛 밝기
④ foot-candle: 1촉광의 빛이 1inch²의 평면상에 수평방향으로 비칠 때의 그 평면의 빛의 밝기

① lumen: 1촉광의 광원으로부터 단위 입체각으로 나가는 광속의 단위
② 촉광(candela): 지름이 1inch 되는 촛불이 수평방향으로 비칠 때의 빛의 광도
④ foot-candle: 1루멘의 빛이 1평방피트(ft²)에 수직으로 비칠 때의 조도 단위

75 ⭐빈출

레이노(Raynaud) 증후군의 발생 가능성이 가장 큰 작업은?

① 인쇄작업
② 용접작업
③ 보일러 수리 및 가동
④ 공기 해머(Hammer) 작업

레이노씨 병(레이노 현상)은 진동, 냉노출, 혈관질환 등과 관련이 깊고, 이상기압(고압·저압 환경)에 의한 대표적 직업병은 감압병, 고압증 등이다.

관련개념
- 레이노씨 병: 주로 손가락, 발가락의 반복적 진동·냉노출, 교원성 질환, 자가면역질환 등이 원인이고, 이상기압과의 직접적 연관성은 없다. 오히려 진동공구 작업자, 냉동 관련 작업자 등에게서 잘 발생한다.
- 이상기압 환경: 감압병(잠수병), 고압증, 질식 또는 폐기포 손상 등이 대표적 직업성 질환이다.

76

마이크로파의 생체작용과 가장 거리가 먼 것은?

① 체표면은 조기에 온감을 느낀다.
② 두통, 피로감, 기억력 감퇴 등을 나타낸다.
③ 500~1,000Hz의 마이크로파는 백내장을 일으킨다.
④ 중추신경에 대해서는 300~1,200Hz의 주파수 범위에서 가장 민감하다.

- 1,000~10,000Hz의 마이크로파는 백내장을 일으킨다.
- 마이크로파의 주파수 대역은 100~3,000MHz 정도이며, 국가(지역)에 따라 범위의 규정이 각각 다르다.

77 ⭐빈출

감압과정에서 발생하는 감압병에 관한 설명으로 틀린 것은?

① 증상에 따른 진단은 매우 용이하다.
② 감압병의 치료는 재가압산소요법이 최상이다.
③ 중추신경계 감압병은 고공비행사는 뇌에, 잠수사는 척수에 더 잘 발생한다.
④ 감압병 환자는 수중재가압으로 시행하여 현장에서 즉시 치료하는 것이 바람직하다.

감압병의 증상이 발생하였을 때에는 환자를 바로 원래의 고압환경 상태로 복귀시키거나, 인공고압실에서 천천히 감압한다.

78

중심주파수가 8,000Hz인 경우, 하한주파수와 상한주파수로 가장 적절한 것은? (단, 1/1 옥타브 밴드 기준이다.)

① 5,150Hz, 10,300Hz
② 5,220Hz, 10,500Hz
③ 5,420Hz, 11,000Hz
④ 5,650Hz, 11,300Hz

- f_C (중심주파수) $= \sqrt{2}\, f_L$
- f_L (하한주파수) $= \dfrac{f_C}{\sqrt{2}} = \dfrac{8,000}{\sqrt{2}} = 5,656.8542\text{Hz}$
- f_C (중심주파수) $= \sqrt{f_L \times f_U}$
- f_U (상한주파수) $= \dfrac{f_C{}^2}{f_L} = \dfrac{(8,000)^2}{5656.8542} = 11,313.7086\text{Hz}$

79

일반적으로 인공조명 시 고려하여야 할 사항으로 가장 적절하지 않은 것은?

① 광색은 백색에 가깝게 한다.
② 가급적 간접 조명이 되도록 한다.
③ 조도는 작업상 충분히 유지시킨다.
④ 조명도는 균등히 유지할 수 있어야 한다.

광색은 주광색에 가깝게 한다.

80

고압 및 고압산소요법의 질병 치료기전과 가장 거리가 먼 것은?

① 간장 및 신장 등 내분비계 감수성 증가효과
② 체내에 형성된 기포의 크기를 감소시키는 압력효과
③ 혈장 내 용존산소량을 증가시키는 산소분압 상승효과
④ 모세혈관 신생촉진 및 백혈구의 살균능력 항진 등 창상 치료효과

- 고압산소요법(HBOT)은 고압환경에서 100% 산소를 흡입하게 하여 혈액 내 산소용존량을 증가시키고, 조직에 충분한 산소를 공급함으로써 치료 효과를 발휘한다.
- 고압산소요법은 조직 저산소증 해소, 혈관 신생 촉진, 감염성 질환 치료 등 다양한 분야에 활용되며, 특히 잠수병, 일산화탄소 중독, 만성 창상 치료에 효과적이다.
- 고압산소요법은 간장 및 신장 등 내분비계 감수성 감소효과를 가져온다.

81 빈출

페노바비탈은 디란틴을 비활성화시키는 효소를 유도함으로써 급·만성의 독성이 감소될 수 있다. 이러한 상호작용을 무엇이라고 하는가?

① 상가작용　　　　② 부가작용
③ 단독작용　　　　④ 길항작용

- 길항작용은 두 약물이 서로의 작용을 방해하거나 약화시키는 상호작용을 의미한다.
- 페노바비탈이 디란틴의 대사를 촉진하여 디란틴 효과를 약화시키므로, 이는 약물의 효과를 감소시키는 길항작용이다.

관련개념
- 상가작용(시너지 작용)은 두 약물의 효과가 합쳐져서 더 커지는 작용이다.
- 부가작용은 한 약물이 다른 약물의 대사효소를 유도하거나 억제하여 영향을 주는 경우이다.
- 단독작용은 약물이 독립적으로 작용하는 경우이다.
- 길항작용은 한 약물이 다른 약물의 효과를 방해하는 작용이다.

82 빈출

생물학적 모니터링(Biological Monitoring)에 관한 설명으로 틀린 것은?

① 근로자 채용 후 검사 시기를 조정하기 위하여 실시한다.
② 건강에 영향을 미치는 바람직하지 않은 노출상태를 파악하는 것이다.
③ 최근 노출량이나 과거로부터 축적된 노출량을 간접적으로 파악한다.
④ 건강상의 위험은 생물학적 검체에서 물질별 결정인자를 생물학적 노출지수와 비교하여 평가된다.

생물학적 모니터링의 목적은 근로자가 작업 중 유해물질에 노출되어 건강에 바람직하지 않은 영향을 받을 위험이 있는지를 평가하고, 최근 또는 누적된 노출량을 파악하며, 작업 환경이나 작업 방법 개선 등에 활용하는 데 있다.

83

진폐증을 일으키는 물질이 아닌 것은?

① 철
② 흑연
③ 베릴륨
④ 셀레늄

진폐증은 폐에 분진이 침착하여 염증과 섬유화가 발생하는 직업성 폐질환이다. 진폐증을 유발하는 물질로는 철, 흑연, 베릴륨 등이 있으며, 이들 분진이 폐에 쌓여 폐 조직에 손상을 초래한다. 반면 셀레늄은 진폐증을 일으키는 물질이 아니다.

84

표와 같은 크롬 중독을 스크린하는 검사법의 특이도는 얼마인가?

구분		크롬중독진단		합계
		양성	음성	
검사법	양성	15	9	24
	음성	9	21	30
합계		24	30	54

① 68%
② 69%
③ 70%
④ 71%

구분		크롬 중독 진단		합계
		양성	음성	
검사법	양성	15(TP)	9(FP)	24
	음성	9(FN)	21(TN)	30
합계		24	30	54

$$\text{특이도(Specificity)} = \frac{TN}{TN+FP} \quad \frac{21}{21+9} = 0.7 \rightarrow 70\%$$

∘ TP(True Positive, 진양성) = 15
∘ FP(False Positive, 위양성) = 9
∘ FN(False Negative, 위음성) = 9
∘ TN(True Negative, 진음성) = 21

관련개념 특이도(Specificity)

정상(질병 없음)인 사람을 정확히 음성으로 판별하는 능력이다. 즉, "병이 없는 사람을 병이 없다고 제대로 판정하는 비율"이다.

$$\text{Specificity} = \frac{TN}{TN+FP}$$

∘ TN(True Negative, 진음성): 실제로 질병이 없고 검사도 음성으로 나온 경우
∘ FP(False Positive, 위양성): 실제로는 질병이 없는데 검사에서 양성으로 잘못 나온 경우

85

유해물질이 인체에 미치는 유해성(건강영향)을 좌우하는 인자로 그 영향이 적은 것은?

① 호흡량
② 개인의 감수성
③ 유해물질의 밀도
④ 유해물질의 노출시간

유해물질의 밀도는 상대적으로 인체 건강영향에 미치는 영향이 적다.

86

유해화학물질이 체내에서 해독되는 중요한 작용을 하는 것은?

① 효소
② 임파구
③ 체표온도
④ 적혈구

① 체내에서 유해화학물질은 주로 간에서 효소에 의해 대사되고 해독된다. 효소는 독성 물질을 변형하여 덜 유해하거나 배출 가능한 형태로 전환한다.
② 임파구는 인체 면역세포로 외부 침입자나 이물질을 포식하여 방어하는 역할을 한다. 해독 작용은 직접적이지 않으나 체내 유해물질 제거에 간접적으로 관여한다.
③ 체표온도는 체내 대사 반응에 영향을 미치나 유해화학물질 해독을 직접 수행하지 않는다.
④ 적혈구는 산소 운반을 담당하며, 해독 기능은 없다.

87

자극성 접촉피부염에 관한 설명으로 틀린 것은?

① 작업장에서 발생빈도가 가장 높은 피부질환이다.
② 증상은 다양하지만 홍반과 부종을 동반하는 것이 특징이다.
③ 원인물질은 크게 수분, 합성 화학물질, 생물성 화학물질로 구분할 수 있다.
④ 면역학적 반응에 따라 과거 노출경험이 있을 때 심하게 반응이 나타난다.

> 알레르기성 접촉피부염은 면역학적 지연형 반응으로, 과거 노출 경험이 있어야만 감작되어 피부반응이 나타난다

88 ⭐빈출

화학적 질식제(Chemical Asphyxiant)에 심하게 노출되었을 경우 사망에 이르게 되는 이유로 적절한 것은?

① 폐에서 산소를 제거하기 때문
② 심장의 기능을 저하시키기 때문
③ 폐 속으로 들어가는 산소의 활용을 방해하기 때문
④ 신진대사 기능을 높여 가용한 산소가 부족해지기 때문

> 화학적 질식제는 혈액 내 산소 운반 능력을 저해하거나 조직의 산소 활용을 방해하는 물질이다.

관련개념
- 단순 질식제: 산소를 밀어내거나 산소 분압을 낮추어 생리적으로 질식을 유발하는 불활성 가스이다.
  - 예 수소(H_2), 질소(N_2), 이산화탄소(CO_2), 메탄(CH_4), 헬륨(He), 아세틸렌(C_2H_2)
- 화학적 질식제: 혈액 내 혈색소와 결합하여 산소 운반 능력을 방해하거나 조직 내 산화효소를 불활성화시켜 질식 작용을 일으키는 물질이다.
  - 예 일산화탄소(CO), 시안화수소(HCN), 시안화염류(CN^-), 황화수소(H_2S), 이산화질소(NO_2), 포스겐($COCl_2$)

89

금속열에 관한 설명으로 틀린 것은?

① 고농도의 금속산화물을 흡입함으로써 발병된다.
② 용접, 전기도금, 제련과정에서 발생하는 경우가 많다.
③ 폐렴과 폐결핵의 원인이 되며 증상은 유행성 감기와 비슷하다.
④ 주로 아연과 마그네슘의 증기가 원인이 되지만 다른 금속에 의하여 생기기도 한다.

> - 금속열은 대체로 단기간 내 호전되고 만성적인 호흡기·신경장해를 일으키는 것은 아니다.
> - 금속 흄에 노출된 후 일정 시간의 잠복기를 지나 감기와 비슷한 증상이 나타난다.

90

동물실험에서 구해진 역치량을 사람에게 외삽하여 "사람에게 안전한 양"으로 추정한 것을 SHD(Safe Human Dose)라고 하는데 SHD 계산에 활용되지 않는 항목은?

① 배설률
② 노출시간
③ 호흡률
④ 폐흡수비율

> - SHD 계산 시 주로 고려하는 인자는 동물과 인간 간의 차이를 반영하여 안전한 노출 수준을 산출하는 것으로, 노출시간, 호흡률, 폐흡수비율 등 노출 환경 및 인체 흡수 관련 인자들이 중요하다.
> - 동물실험에서 측정된 배설률 자체는 SHD 산출 공식에 직접적으로 포함되지 않는다.

91

메탄올이 독성을 나타내는 대사단계를 바르게 나타낸 것은?

① 메탄올 → 에탄올 → 포름산 → 포름알데히드
② 메탄올 → 아세트알데히드 → 아세테이트 → 물
③ 메탄올 → 포름알데히드 → 포름산 → 이산화탄소
④ 메탄올 → 아세트알데히드 → 포름알데히드 → 이산
화탄소

- 체내에서 메탄올은 알코올 탈수소효소에 의해 포름알데히드로 대사된다.
- 포름알데히드는 다시 포름산(개미산)으로 대사되는데, 이 두 물질이 메탄올 중독의 주요 독성 물질이다. 포름산은 체내 산증을 일으키고 시신경 손상 등을 초래한다.
- 최종적으로 포름산은 이산화탄소와 물로 분해된다.

92

카드뮴이 체내에 흡수되었을 경우 주로 축적되는 곳은?

① 뼈, 근육
② 뇌, 근육
③ 간, 신장
④ 혈액, 모발

카드뮴이 체내에 축적되는 주요 기관으로는 간과 신장이 가장 대표적이다. 카드뮴은 체내에 흡수되어 메탈로티오닌과 결합한 후 주로 간과 신장에 주로 머무르며, 뼈에도 일부 축적된다.

93

입자의 호흡기계 축적기전이 아닌 것은?

① 충돌
② 변성
③ 차단
④ 확산

입자는 호흡기계 내에서 충돌, 차단, 확산 등의 기전으로 축적된다.
② 변성은 입자 축적기전과 관련 없는 생화학적 변화 과정이다.
① 충돌은 큰 입자가 상기도에서 기도 벽과 충돌하여 축적되는 현상이다.
③ 차단은 중간 크기의 입자가 공기 흐름의 급격한 변화 지점에서 축적되는 기전이다.
④ 확산은 매우 작은 입자가 브라운 운동으로 폐포에 침착되는 현상이다.

94

유기용제의 중추신경계 활성억제의 순위를 바르게 나열한 것은?

① 에스테르 < 알코올 < 유기산 < 알칸 < 알켄
② 에스테르 < 유기산 < 알코올 < 알켄 < 알칸
③ 알칸 < 알켄 < 유기산 < 알코올 < 에스테르
④ 알칸 < 알켄 < 알코올 < 유기산 < 에스테르

중추신경계 억제작용 순서
알칸족 < 알켄족 < 알코올족 < 유기산 < 에스테르 < 에테르 < 할로겐족

95

무기성 납으로 인한 중독 시 원활한 체내 배출을 위해 사용하는 배설촉진제는?

① BAL
② Ca-EDTA
③ ALAD
④ 코프로포르피린

② Ca-EDTA(칼슘 디소듐 에데테이트)는 무기성 납중독 치료에 가장 흔히 사용되는 킬레이트제로, 납과 결합하여 배출을 촉진한다.
① BAL은 납중독 치료에 사용하는 킬레이트제로, 납과 결합하여 체내 배설을 촉진한다. 납중독 치료에 사용되지만, 주로 유기성 납에 효과적이며 부작용이 있을 수 있다.
③ ALAD(δ-아미노레불린산 탈수소효소)는 납중독 시 활성 저하되는 효소로, 치료제는 아니다.
④ 코프로포르피린은 혈액 검사 시 납중독 지표로 사용되는 대사산물이지 치료제는 아니다.

96

Haber의 법칙에서 유해물질지수는 노출시간(T)과 무엇의 곱으로 나타내는가?

① 상수(Constant)
② 용량(Capacity)
③ 천정치(Ceiling)
④ 농도(Conentration)

97 빈출

동물을 대상으로 양을 투여했을 때 독성을 초래하지는 않지만 대상의 50%가 관찰 가능한 가역적인 반응이 나타나는 작용량을 무엇이라 하는가?

① ED_{50}
② LC_{50}
③ LD_{50}
④ TD_{50}

98

사업위생관리에서 사용되는 용어의 설명으로 틀린 것은?

① STEL은 단시간 노출기준을 의미한다.
② LEL은 생물학적 허용기준을 의미한다.
③ TLV는 유해물질의 허용농도를 의미한다.
④ TWA는 시간가중평균노출기준을 의미한다.

99

납이 인체 내로 흡수됨으로써 초래되는 현상이 아닌 것은?

① 혈색소량 저하
② 혈청 내 철 감소
③ 망상적혈구 수의 증가
④ 소변 중 코프로포르피린 증가

100

methyl, n-butyl, ketone에 노출된 근로자의 소변 중 배설량으로 생물학적 노출지표에 이용되는 물질은?

① quinol
② phenol
③ 2,5-hexanedione
④ 8-hydroxy quinone

1과목　산업위생학개론

01 빈출

1994년에 ACGIH와 AIHA 등에서 제정하여 공포한 산업 위생 전문가의 윤리강령에서 사업주에 대한 책임에 해당되지 않는 내용은 무엇인가?

① 결과와 결론을 위해 사용된 모든 자료들을 정확히 기록·유지하여 보관한다.
② 전문가의 의견은 적절한 지식과 명확한 정의에 기초를 두고 있어야 한다.
③ 신뢰를 중요시하고, 정직하게 충고하며, 결과와 권고 사항을 정확히 보고한다.
④ 쾌적한 작업환경을 달성하기 위해 산업위생 원리들을 적용할 때 책임감을 갖고 행동한다.

"전문가의 의견은 적절한 지식과 명확한 정의에 기초를 두고 있어야 한다"는 내용은 전문가 개인의 윤리적 책임과 관련된 내용이다.

02

산업안전보건법의 '사무실 공기관리 지침'에서 정하는 근로자 1인당 사무실의 환기기준으로 적절한 것은?

① 최소 외기량: 0.57m³/hr, 환기횟수: 시간당 2회 이상
② 최소 외기량: 0.57m³/hr, 환기횟수: 시간당 4회 이상
③ 최소 외기량: 0.57m³/min, 환기횟수: 시간당 2회 이상
④ 최소 외기량: 0.57m³/min, 환기횟수: 시간당 4회 이상

사무실에서 근로자 1인당 필요한 최소 외기량은 0.57m³/min 이상으로 규정되어 있다. 환기횟수는 시간당 4회 이상이 권장되며, 이를 통해 쾌적하고 건강한 실내 환경을 유지하도록 한다.

03

인간공학적인 의자 설계의 원칙과 거리가 먼 것은?

① 의자의 안전성
② 체중의 분포 설계
③ 의자 좌판의 높이
④ 의자 좌판의 깊이와 폭

인간공학적인 의자 설계는 체중 분포, 좌판의 높이, 깊이, 폭 등 인체의 특성과 편안함을 고려한 기능적 측면에 초점을 맞춘다.

04 빈출

화학물질 및 물리적인자의 노출기준에 있어 2종 이상의 화학물질이 공기 중에 혼재하는 경우, 유해성이 인체의 서로 다른 조직에 영향을 미치는 근거가 없는 한, 유해물질들 간의 상호작용은 어떤 것으로 간주하는가?

① 상승작용　　　　② 강화작용
③ 상가작용　　　　④ 길항작용

③ 상가작용(Additivity): 두 가지 이상의 물질이 함께 작용할 때, 효과가 단순히 합산되는 현상이다.
　예 A의 효과가 2, B의 효과가 3이면, 함께 노출될 때 효과는 5(2 + 3 = 5)가 됨
① 상승작용(Synergism): 두 가지 이상의 물질이 함께 작용할 때, 각각의 효과를 단순히 더한 것보다 훨씬 더 큰 효과가 나타나는 현상이다.
　예 흡연과 석면에 동시에 노출되면 폐암 위험이 각각의 위험을 더한 것보다 훨씬 커짐
② 강화(가승)작용(Potentiation): 한 물질은 독성이 없거나 매우 약하지만, 다른 물질의 독성을 크게 증가시키는 현상이다.
　예 이소프로판올 자체는 독성이 없지만, 사염화탄소와 함께 노출되면 사염화탄소의 간독성이 크게 증가함
④ 길항작용(Antagonism): 두 가지 이상의 물질이 함께 작용할 때, 서로의 효과를 약화시켜 결과적으로 효과가 줄어드는 현상이다.
　예 해독제가 독성물질의 효과를 감소시키는 경우

정답　　01 ②　02 ④　03 ①　04 ③

05 ⭐ 빈출

600명의 근로자가 근무하는 공장에서 1년에 30건의 재해가 발생하였다. 이 가운데 근로자들이 질병, 기타의 사유로 인하여 총 근로시간 중 3%를 결근하였다면 이 공장의 도수율은 얼마인가? (단, 1주일에 40시간, 연간 50주를 근무한다.)

① 25.77
② 48.50
③ 49.55
④ 50.00

- 근로자 수: 600명
- 재해 건수: 30건
- 근무시간: 1주 40시간 × 50주
  - → 개인당 연간 근무시간 = 40 × 50 × 0.97 = 1,940시간
  - → 총 근로시간 = 1,940시간 × 600명 = 1,164,000시간

$$\text{도수율} = \frac{\text{재해건수} \times 1,000,000}{\text{총 근로시간}}$$

$$= \frac{30 \times 1,000,000}{1,164,000} = 25.7731$$

06

산업피로의 증상과 가장 거리가 먼 것은?

① 혈액 및 소변의 소견
② 자각증상 및 타각증상
③ 신경기능 및 체온의 변화
④ 순환기능 및 호흡기능의 변화

자각증상은 본인이 느끼는 주관적 증상이고, 타각증상은 객관적 검사나 관찰을 통해 확인되는 증상으로 산업피로의 증상과 가장 거리가 멀다.

07

작업관련 근골격계 장애(Work-related Musculoskeletal Disorders, WMSDs)가 문제로 인식되는 이유 중 가장 적절하지 못한 것은?

① WMSDs는 다양한 작업장과 다양한 직무활동에서 발생한다.
② WMSDs는 생산성을 저하시켜 제품과 서비스의 질을 저하시킨다.
③ WMSDs는 거의 모든 산업 분야에서 예방하기 어려운 상해 내지는 질환이다.
④ WMSDs는 특히 허리가 포함되었을 때 가장 비용이 많이 소요되는 직업성 질환이다.

WMSDs는 적절한 인간공학적 설계와 작업환경 개선, 예방 프로그램으로 관리 및 예방 가능하다.

08

근로자 건강진단실시 결과 건강관리구분에 따른 내용의 연결이 틀린 것은?

① R: 건강관리상 사후관리가 필요 없는 근로자
② C_1: 직업성 질병으로 진전될 우려가 있어 추적검사 등 관찰이 필요한 근로자
③ D_1: 직업성 질병의 소견을 보여 사후관리가 필요한 근로자
④ D_2: 일반 질병의 소견을 보여 사후관리가 필요한 근로자

> - R: 건강진단 1차 검사결과 건강수준의 평가가 곤란하거나 질병이 의심되는 근로자로, 2차 건강진단 대상자
> - A: 건강관리상 사후관리가 필요 없는 근로자

관련개념 건강관리구분 판정
- A: 건강관리상 사후관리가 필요 없는 근로자(건강한 근로자)
- C_1: 직업성 질병으로 진전될 우려가 있어 추적검사 등 관찰이 필요한 근로자(직업병 요관찰자)
- C_2: 일반질병으로 진전될 우려가 있어 추적관찰이 필요한 근로자 (일반질병 요관찰자)
- CN: 질병으로 진전될 우려가 있어 야간작업 시 추적관찰이 필요한 근로자(질병 요관찰자)
- D_1: 직업성 질병의 소견을 보여 사후관리가 필요한 근로자(직업병 유소견자)
- D_2: 일반 질병의 소견을 보여 사후관리가 필요한 근로자(일반질병 유소견자)
- DN: 질병의 소견을 보여 야간작업 시 사후관리가 필요한 근로자 (질병 유소견자)
- R: 건강검진 1차 검사결과 건강수준의 평가가 곤란하거나 질병이 의심되는 근로자(제2차 건강검진 대상자)
- U: 2차 건강검진대상이나 퇴직 등의 사유로 건강검진을 종료하지 못해 건강관리구분을 판정하지 못하는 경우

09

화학적 원인에 의한 직업성 질환으로 볼 수 없는 것은?

① 수전증
② 치아산식증
③ 정맥류
④ 시신경장해

> 직업성 질환은 작업환경의 유해인자에 노출되어 발생하는 질환으로, 화학적 원인에는 중금속 중독, 유기용제 중독, 가스 및 분진 등이 포함된다.
> ③ 정맥류는 하지 정맥의 혈액이 역류하여 혈관이 확장되는 질환으로, 주로 물리적 인자(오래 서 있기, 압력 증가 등)나 혈액 순환 문제에 의한 것으로 화학적 원인 직업성 질환에 포함되지 않는다.
> ① 수전증은 유기용제 등 화학물질에 장기간 노출되어 발생하는 신경학적 손상 증상으로 화학적 원인에 해당한다.
> ② 치아산식증은 작업환경 중 산성 화학물질에 노출되어 치아가 부식되는 현상으로 화학적 원인 직업성 질환이다.
> ④ 시신경 장해는 납, 수은 등 중금속 및 유기용제 등 화학물질에 의한 신경독성으로 나타나는 질환이다.

10 ⭐빈출

교대제에 대한 설명이 잘못된 것은?

① 산업보건면이나 관리면에서 가장 문제가 되는 것은 3교대제이다.
② 교대근무자와 주간근무자에 있어서 재해 발생율은 거의 비슷한 수준으로 발생한다.
③ 석유정제, 화학공업 등 생산과정이 주야로 연속되지 않으면 안 되는 산업에서 교대제를 채택하고 있다.
④ 젊은층의 교대근무자에게 있어서는 체중의 감소가 뚜렷하고 회복은 빠른 반면, 중년층에서는 체중의 변화가 적고 회복은 늦다.

> 교대근무는 주간근무자에 비해 재해 발생률이 현저히 높다.

11

직업성 변이(Occupational Stigmata)의 정의로 맞는 것은?

① 직업에 따라 체온량의 변화가 일어나는 것이다.
② 직업에 따라 체지방량의 변화가 일어나는 것이다.
③ 직업에 따라 신체 활동량의 변화가 일어나는 것이다.
④ 직업에 따라 신체 형태와 기능에 국소적 변화가 일어나는 것이다.

직업성 변이(Occupational Stigmata)란 특정 직업에서 반복적이고 지속적인 작업 환경이나 작업 방식에 의해 신체의 형태 및 기능이 국소적으로 변화하는 현상을 말한다. 이는 직업에 따른 신체적 적응 또는 변형 형태로, 작업 부위에 특이한 근육 발달, 피부 변화, 변형 등이 나타나는 경우이다.

관련개념
• 국소적 변화: 작업 부위에 제한적인 신체 변화가 생기는 것
• 직업성 변이 사례: 목수의 두꺼운 손바닥 피부, 장인의 특정 손가락 굵기 증가 등

12 ★빈출

다음은 사고예방대책의 기본 원리 5단계의 내용이다. 순서대로 나열한 것은?

> ㉠ 조직
> ㉡ 분석 · 평가
> ㉢ 사실의 발견
> ㉣ 시정책의 적용
> ㉤ 시정방법의 선정

① ㉢ → ㉡ → ㉠ → ㉤ → ㉣
② ㉢ → ㉤ → ㉡ → ㉠ → ㉣
③ ㉠ → ㉡ → ㉢ → ㉤ → ㉣
④ ㉠ → ㉢ → ㉡ → ㉤ → ㉣

경영자의 안전목표 설정과 조직 구성, 불안전 상태와 행동 등 사실 발견, 원인 및 위험 분석, 개선책 선정(기술, 교육, 관리), 그리고 선정된 시정책 적용 및 평가의 단계로 구성되어 있다.

13

아연과 황의 유해성을 주장하고 먼지 방지용 마스크로 동물의 방광을 사용토록 주장한 이는?

① Pliny
② Ramazzini
③ Galen
④ Paracelsus

① Pliny: 동물 방광 마스크 제안
② Ramazzini: 직업병 학문적으로 정리
③ Galen: 납 · 광산 질환 언급
④ Paracelsus: 독성학의 원리 확립

관련개념
• Pliny(플리니): 고대 로마의 박물학자, 광산 작업에서 아연, 황 등의 유해성을 언급, 동물 방광을 마스크로 사용하도록 제안
  → 산업위생학 초기 개념
• Ramazzini(라마찌니): "산업의학의 아버지", 저서 《De Morbis Artificum Diatriba》(산업인 질병론)에서 직업병 54종을 정리, 직업과 질병의 연관성을 체계적으로 연구
• Galen(갈레노스): 고대 그리스의 의학자, 해부학 및 생리학 체계 확립, 납중독, 동굴 · 광산 작업자의 호흡기 질환을 언급
• Paracelsus(파라셀수스): 근대 화학 · 의학의 선구자, "모든 물질은 독이다. 용량이 독을 만든다(Dosis Facit Venenum)"라는 독성학 원리 제시, 광산 노동자의 폐질환 연구

14

산업안전보건법상 보건관리자의 자격과 선임제도에 관한 설명으로 틀린 것은?

① 상시 근로자 50인 이상 사업장은 보건관리자의 자격기준에 해당하는 자 중 1인 이상을 보건관리자로 선임하여야 한다.
② 보건관리대행은 보건관리자의 직무를 보건관리를 전문으로 행하는 외부기관에 위탁하여 수행하는 제도로 1990년부터 법적근거를 갖고 시행되고 있다.
③ 작업환경상에 유해요인이 상존하는 제조업은 근로자의 수가 2,000명을 초과하는 경우에 의사인 보건관리자 1인을 포함하는 3인의 보건관리자를 선임하여야 한다.
④ 보건관리자 자격기준은 의료법에 의한 의사 또는 간호사, 산업안전보건법에 의한 산업위생지도사, 국가기술자격법에 의한 산업위생관리산업기사 또는 환경관리산업기사(대기분야에 한함) 이상이다.

15

산업위생의 정의에 있어 4가지 주요 활동에 해당하지 않는 것은?

① 관리(Control)
② 평가(Evaluation)
③ 인지(Recognition)
④ 보상(Compensation)

16

MPWC가 17.5kcal/min인 사람이 1일 8시간 동안 물건 운반 작업을 하고 있다. 이때 작업대사량(에너지소비량)이 8.75kcal/min이고 휴식할 때 평균대사량이 1.7kcal/min이라면, 지속작업의 허용시간은 약 몇 분인가? (단, 작업에 따른 두 가지 상수는 3.720, 0.1949를 적용한다.)

① 88분
② 103분
③ 319분
④ 383분

17

우리나라 고용노동부에서 지정한 특별관리 물질에 해당하지 않는 것은?

① 페놀
② 클로로포름
③ 황산
④ 트리클로로에틸렌

18 ⭐

혐기성 대사에 사용되는 에너지원이 아닌 것은?

① 포도당
② 크레아틴인산
③ 단백질
④ 아데노신삼인산

- 혐기성 대사: 아데노신삼인산(ATP) → 크레아틴인산(CP) → 글리코겐(glycogen) or 포도당(glucose)
- 아데노신삼인산(ATP)과 크레아틴인산은 근육 내에 저장되어 있어 순간적으로 빠르게 에너지를 공급하는 혐기성 대사의 주요 원료이다.
- 글리코겐은 해당과정을 통해 산소 없이도 에너지를 공급하므로 혐기성 대사의 중요한 에너지원이다.

19

산업 스트레스 발생요인으로 집단 간의 갈등이 너무 낮은 경우 집단 간의 갈등을 기능적인 수준까지 자극하는 갈등촉진기법에 해당되지 않는 것은?

① 자원의 확대
② 경쟁의 자극
③ 조직구조의 변경
④ 커뮤니케이션의 증대

① 자원의 확대: 자원이 충분히 제공되면 집단 간 자원 경쟁이 줄어들어 갈등이 오히려 감소하므로 갈등촉진기법이 아니다.
② 경쟁의 자극: 경쟁을 유발하여 갈등을 자극시키는 방법으로 갈등촉진기법에 해당한다.
③ 조직구조의 변경: 부서 재편성, 권한 조정 등은 갈등을 자극시킬 수 있어 촉진기법에 해당한다.
④ 커뮤니케이션의 증대: 집단 간 소통을 늘려 갈등을 명확히 하여 생산적으로 활용하는 기법이다.

관련개념 갈등촉진기법
집단 간의 갈등이 너무 낮아 협력이나 의사소통이 부족할 때, 갈등을 적절하게 자극하여 기능적이고 생산적인 수준으로 유도하는 방법이다. 이때 갈등을 촉진시키는 방법으로 경쟁의 자극, 조직구조의 변경, 커뮤니케이션의 증대 등이 쓰인다.

20 ⭐

아세톤(TLV = 500ppm) 200ppm과 톨루엔 (TLV = 50ppm) 35ppm이 각각 노출되어 있는 실내 작업장에서 노출기준의 초과 여부를 평가한 결과로 맞는 것은? (단, 두 물질 간에 유해성이 인체의 서로 다른 부위에 작용한다는 증거가 없는 것으로 간주한다.)

① 노출지수가 약 0.72이므로 노출기준 미만이다.
② 노출지수가 약 0.72이므로 노출기준을 초과하였다.
③ 노출지수가 약 1.1이므로 노출기준 미만이다.
④ 노출지수가 약 1.1이므로 노출기준을 초과하였다.

$$EI = \frac{C_1}{T_1} + \frac{C_2}{T_2}$$

$$= \frac{200}{500} + \frac{35}{50} = 1.1$$

- C_n: 각 성분의 농도 또는 중량비
- T_n: 각 성분의 노출기준
→ 노출지수가 1을 초과하므로, 노출기준을 초과하고 있다는 의미이다.

21

작업장 공기 중 벤젠 증기를 활성탄관 흡착제로 채취할 때 작업장 공기 중 페놀이 함께 다량 존재하면 벤젠 증기를 효율적으로 채취할 수 없게 되는 이유로 가장 적합한 것은?

① 벤젠과 흡착제와의 결합자리를 페놀이 우선적으로 차지하기 때문
② 실리카겔 흡착제가 벤젠과 페놀이 반응할 수 있는 장소로 이용되어 부산물을 생성하기 때문
③ 페놀이 실리카겔과 벤젠의 결합을 증가시키는 다리 역할을 하여 분석 시 벤젠의 탈착을 어렵게 하기 때문
④ 벤젠과 페놀이 공기 내에서 서로 반응을 하여 벤젠의 일부가 손실되기 때문

> 활성탄은 흡착제로서 표면에 있는 결합자리를 통해 물질을 흡착한다. 페놀은 활성탄 표면에 강하게 흡착하는 특성을 가지고 있어, 공기 중에 다량 존재할 경우 활성탄의 결합자리를 차지하게 된다. 그 결과 벤젠이 활성탄에 흡착될 수 있는 자리가 부족해져 벤젠 증기의 채취 효율이 떨어진다.

22

원자가 가장 낮은 에너지 상태인 바닥에서 에너지를 흡수하면 들뜬 상태가 되고 들뜬 상태의 원자들이 낮은 에너지 상태로 돌아올 때 에너지를 방출하게 된다. 금속마다 고유한 방출스펙트럼을 갖고 있으며 이를 측정하여 중금속을 분석하는 장비는?

① 불꽃 원자흡광광도계
② 비불꽃 원자흡광광도계
③ 이온크로마토그래피
④ 유도결합플라즈마 분광광도계

④ 유도결합플라즈마 분광광도계(ICP)는 시료 내 원자가 특정 파장의 에너지를 방출하는 고유한 방출 스펙트럼을 측정하여 다수 금속 원소를 동시에 고감도로 분석할 수 있다. ICP는 플라즈마 상태에서 원자를 들뜬 상태로 만들어 그 방출선을 검출하는 원자 방출 분광법을 사용하며, 복잡한 시료에서도 정확한 금속 원소 정성이 가능하다.
① 불꽃 원자흡광광도계는 시료를 불꽃 내 원자로 만들어 특정 파장의 빛을 흡수하는 양을 측정해 금속 농도를 정량한다.
② 비불꽃 원자흡광광도계는 흑연로 등 비불꽃 원자화장치를 사용하여 미량 시료 분석에 적합하다.
③ 이온크로마토그래피는 이온 성분을 분리 분석하는 기법이다.

23

캐스케이드 임팩터(Cascade Impactor)에 의하여 에어로졸을 포집할 때 관여하는 충돌이론에 대한 설명이 잘못된 것은?

① 충돌이론에 의하여 차단점 직경(Cutpoint Diameter)을 예측할 수 있다.
② 충돌이론에 의하여 포집효율 곡선의 모양을 예측할 수 있다.
③ 충돌이론은 스토크스 수(Stokes Number)와 관계되어 있다.
④ 레이놀즈 수(Reynolds Number)가 200을 초과하게 되면 충돌이론에 미치는 영향은 매우 커진다.

> 레이놀즈 수(Reynolds Number)가 200을 초과하게 되면 충돌이론에 미치는 영향은 매우 작아진다.

관련개념
- 차단점 직경(Cutpoint Diameter): 각 스테이지에서 50% 포집 효율을 갖는 입자 크기
- 포집효율 곡선: 크기가 다른 입자에 대한 스테이지별 포집 확률 분포
- 스토크스 수(Stokes Number): 입자 관성력과 유체 점성력 비, 포집 여부 판단 기준

24

레이저광의 폭로량을 평가하는 사항에 해당하지 않는 항목은?

① 각막 표면에서의 조사량(J/cm^2) 또는 폭로량을 측정한다.
② 조사량의 서한도는 1mm 구경에 대한 평균치이다.
③ 레이저광과 같은 직사광과 형광등 또는 백열등과 같은 확산광은 구별하여 사용해야 한다.
④ 레이저광에 대한 눈의 허용량은 폭로 시간에 따라 수정되어야 한다.

> 레이저광에 대한 눈의 허용량은 시간에 따른 최대 허용 노출값(MPE) 기준에 의해 평가된다.

관련개념 레이저광선
- 정의: 유도방출에 의해 특정 파장 빛이 증폭된 단일 방향성의 빛
- 파장 범위: 특정 파장대에 집중(가시광선, 적외선 등 다양한 범위 가능)
- 특징: 높은 방향성과 집중도로 정밀 가공, 통신, 의료 등에 활용됨

25 [빈출]

저온의 작업환경 공기온도를 측정하려고 한다. 영하 20℃까지 측정할 수 있는 온도계로 측정하려고 할 때 측정시간으로 가장 적합한 것은?

① 30초 이상
② 1분 이상
③ 3분 이상
④ 5분 이상

> 저온 환경에서 온도계를 사용할 때는 주위 온도와의 평형에 이르기까지 가급적 충분한 시간이 필요하다. 특히 −20℃ 이하의 환경에서는 유리 또는 알코올 온도계 기준으로 측정대상 환경에 온도계를 설치한 뒤 온도계가 완전히 안정될 때까지 최소 5분 이상 기다려야 정확한 값을 얻을 수 있다. 짧은 측정시간(1~3분)으로는 온도계가 외기온과 완전히 평형을 이루지 못해 오차가 커질 수 있다.

26

1회 분석의 우연오차의 표준편차를 σ라 하였을 때 n회의 평균치의 표준편차는?

① $\dfrac{\sigma}{n}$
② $\sigma\sqrt{n}$
③ $\dfrac{\sqrt{n}}{\sigma}$
④ $\dfrac{\sigma}{\sqrt{n}}$

> 표본 평균의 표준편차는 일반적으로 "표준오차(Standard Error)"라고 한다.
>
> $$표준오차 = \dfrac{\sigma}{\sqrt{n}}$$
>
> - σ: 표준편차
> - n: 자료의 수

27 [빈출]

그라인딩 작업 시 발생되는 먼지를 개인 시료 포집기를 사용하여 유리섬유 여과지로 포집하였다. 이때의 먼지농도(mg/m^3)는? (단, 포집 전 유속은 1.5L/min, 여과지 무게는 0.436mg, 4시간의 포집하는 동안 유속은 1.3L/min, 여과지의 무게는 0.948mg이다.)

① 약 1.5
② 약 2.3
③ 약 3.1
④ 약 4.3

> 포집 전과 포집 중의 평균 유량을 적용한다.
>
> $$\dfrac{(0.948-0.436)\text{mg}}{\dfrac{(1.5+1.3)}{2}\dfrac{\text{L}}{\text{min}}\times 4\text{hr}\times\dfrac{60\text{min}}{\text{hr}}\times\dfrac{\text{m}^3}{1,000\text{L}}}=1.5238\text{mg/m}^3$$

28

유체가 위쪽으로 흐름에 따라 Float도 위로 올라가며 Float와 관벽 사이의 접촉면에서 발생되는 압력강하가 Float를 충분히 지지해줄 때까지 올라간 Float의 눈금을 읽어 측정하는 장비는?

① 오리피스미터(Orifice Meter)
② 벤츄리미터(Venturi Meter)
③ 로타미터(Rotameter)
④ 유출노즐(Flow Nozzles)

③ 로타미터는 투명 관(테이퍼관) 내부에 Float가 들어 있는 구조로, 유체가 위로 흐르면 유체의 운동에너지가 Float를 밀어 올리게 된다. Float는 관벽과의 좁은 틈에서 발생하는 압력강하와 부력, 중력 사이의 평형점에 정지하게 되며, 이때 Float의 위치(눈금)가 유량을 나타낸다. Float와 벽 사이의 압력강하가 Float를 지지해줄 때까지 올라가며, 읽힌 위치가 유량값이 된다.
① 오리피스미터는 얇은 원판(오리피스판)의 전후 압력차이로 유량을 계산하는 장치이다.
② 벤츄리미터는 점차 좁아지는 관의 전후 압력차로 유량을 측정하는 장치이다.
④ 유출노즐도 노즐 전후 차압을 이용해 유량을 구하는 방식이다.

29 

WBGT 측정기의 구성요소로 적절하지 않은 것은?

① 습구온도계
② 건구온도계
③ 카타온도계
④ 흑구온도계

• WBGT 측정기는 습구온도계, 건구온도계, 흑구온도계로 구성되며, 세 지표를 사용하여 열 스트레스를 평가한다.
• 카타온도계는 기류(풍속) 측정에 사용되는 온도계로, WBGT 측정기의 구성요소가 아니다.

30

유량, 측정시간, 회수율 및 분석에 의한 오차가 각각 18%, 3%, 9%, 5%일 때 누적오차는?

① 약 18%
② 약 21%
③ 약 24%
④ 약 29%

$$\text{누적오차}(\%) = \left[(x_1)^2 + (x_2)^2 + (x_3)^2 + \cdots\right]^{\frac{1}{2}}$$
$$= \left[(18)^2 + (3)^2 + (9)^2 + (5)^2\right]^{\frac{1}{2}} = 20.9523\%$$

31

음압레벨이 105dB(A)인 연속소음에 대한 근로자 폭로 노출시간(시간/일) 허용기준은? (단, 우리나라 고용노동부의 허용기준을 따른다.)

① 0.5
② 1
③ 2
④ 4

소음레벨(dB)	실제 노출시간(분)	허용노출시간(분)
105	30	60
110	15	30
115	5	15

32 빈출

누적소음노출량 측정기로 소음을 측정하는 경우, 기기 설정으로 적절한 것은? (단, 고시 기준을 따른다.)

① Criteria = 80dB, Exchange Rate = 5dB,
Threshold = 90dB
② Criteria = 80dB, Exchange Rate = 10dB,
Threshold = 90dB
③ Criteria = 90dB, Exchange Rate = 5dB,
Threshold = 80dB
④ Criteria = 90dB, Exchange Rate = 10dB,
Threshold = 80dB

- 고용노동부 고시 기준에 따른 누적소음노출량 측정기 등의 기기 설정값은 다음과 같다.
  ✓ Criteria(기준치) = 90dB
  ✓ Exchange Rate(교환율) = 5dB
  ✓ Threshold(임계값) = 80dB
- 이 설정값은 소음 노출 평가 시 기준으로 삼는 음압레벨과, 소음 노출 시간에 따른 허용치를 결정하는 데 이용된다.

33

작업장에서 오염물질 농도를 측정하였더니 그 중 일산화탄소(CO)가 0.01%이었다. 이때 일산화탄소 농도(mg/m^3)는 약 얼마인가? (단, 25℃, 1기압 기준이다.)

① 95
② 105
③ 115
④ 125

- 1% = 10,000ppm(mL/Sm³)이므로 0.01% = 100ppm(mL/Sm³)이다. 25℃, 1기압 기준이므로 표준상태의 부피(분모)를 25℃, 1기압에서의 부피로 환산한다.
- CO의 분자량은 28이므로 농도는 다음과 같다.

$$\frac{100\text{mL} \times \dfrac{28\text{mg}}{22.4\text{mL}}}{\text{Sm}^3 \times \dfrac{(273+25)\text{K}}{273\text{K}}} = 114.5134\,\text{mg}/\text{m}^3$$

34 빈출

어느 작업장 근로자가 400ppm의 acetone(TLV = 1,000ppm)과 50ppm의 secbutyl acetone(TLV = 200ppm)와 2-butanone(TLV = 200ppm)에 폭로되었다. 이 근로자가 허용치 이하로 폭로되기 위해서는 2-butanone에 몇 ppm 이하에 폭로되어야 하는가? (단, 상가작용하는 것으로 가정한다.)

① 70ppm
② 82ppm
③ 114ppm
④ 122ppm

$$EI = \frac{C_1}{T_1} + \frac{C_2}{T_2} + \cdots + \frac{C_n}{T_n}$$

$$\frac{400}{1,000} + \frac{50}{200} + \frac{\square}{200} = 1$$

$\square = 70\text{ppm}$

- C_n: 각 성분의 농도 또는 중량비
- T_n: 각 성분의 노출기준

> **관련개념** 상가작용(Additivity)
> 두 가지 이상의 물질이 함께 작용할 때, 효과가 단순히 합산되는 현상이다.
> 📌 A의 효과가 2, B의 효과가 3이면, 함께 노출될 때 효과는 5(2 + 3 = 5)가 됨

35

근로자가 일정 시간 동안 일정농도의 유해물질에 노출될 때 체내에 흡수되는 유해물질의 양은 다음 식으로 구한다. 인자의 설명이 잘못된 것은? (단, 체내 흡수량(mg) = C × T × V × R)

① C: 공기 중 유해물질농도
② T: 노출시간
③ V: 작업공간 내의 공기기적
④ R: 체내 잔류율

V는 작업자가 들이마신 공기의 부피(폐 환기량)이다.

36

입경범위가 0.1~0.5μm인 입자성 물질이 여과지에 포집될 경우에 관여하는 주된 메커니즘은?

① 충돌과 간섭
② 확산과 간섭
③ 확산과 충돌
④ 충돌

입경 범위(μm)	주된 포집 메커니즘	설명
< 0.1	확산	브라운 운동에 의해 무작위로 움직이며 섬유에 접촉
0.1~0.5	간섭 + 확산 (간섭 우세)	섬유 주변을 지나가는 입자가 표면에 닿는 간섭과 확산이 모두 작용
0.5~1	간섭	입자 크기 때문에 섬유에 닿아 포집

37

소음진동공정시험기준에 따른 환경기준 중 소음측정방법으로 옳지 않은 것은?

① 소음계의 동특성은 원칙적으로 빠름(Fast) 모드로 하여 측정하여야 한다.
② 소음계와 소음도기록기를 연결하여 측정·기록하는 것을 원칙으로 한다.
③ 소음계 및 소음도기록기의 전언과 기기의 동작을 점검하고 매회 교정을 실시하여야 한다.
④ 소음계의 청감보정회로는 C특성에 고정하여 측정하여야 한다.

소음계의 청감보정회로는 A특성으로 한다.

38

유해인자에 대한 노출평가방법인 위해도평가(Risk Assessment)를 설명한 것으로 가장 거리가 먼 것은?

① 위험이 가장 큰 유해인자를 결정하는 것이다.
② 유해인자가 본래 가지고 있는 위해성과 노출요인에 의해 결정된다.
③ 모든 유해인자 및 작업자, 공정을 대상으로 동일한 비중을 두면서 관리하기 위한 방안이다.
④ 노출도 많고 건강상의 영향이 큰 인자인 경우 위해도가 크고 관리해야 할 우선순위가 높게 된다.

위해도평가는 자원이 제한된 상황에서, 우선순위를 정해 효율적 관리가 목적이다. 즉, 동일한 비중으로 관리하는 것이 아니라, 위험이 큰 부분을 우선순위로 관리한다.

39 빈출

산업보건분야에서는 입자상 물질의 크기를 표시하는 데 주로 공기역학적(유체역학적) 직경을 사용한다. 공기역학적 직경에 관한 설명으로 옳은 것은?

① 대상먼지와 침강속도가 같고 밀도가 0.1이며 구형인 먼지의 직경으로 확산
② 대상먼지와 침강속도가 같고 밀도가 1이며 구형인 먼지의 직경으로 확산
③ 대상먼지와 침강속도가 다르고 밀도가 0.1이며 구형인 먼지의 직경으로 확산
④ 대상먼지와 침강속도가 다르고 밀도가 1이며 구형인 먼지의 직경으로 확산

공기역학적 직경(Arodynamic Diameter)은 실제 입자와 같은 침강속도를 가지며, 밀도를 1g/cm³로 가정한 이상적인 구형 입자의 직경이다.

관련개념

• 페렛 직경(Feret Diameter): 입자의 투영된 가장자리에서 가장 먼 두 점을 잇는 직선을 직경으로 하여 측정하는 방법이며, 이로 인해 입자의 크기가 과대평가될 가능성이 있다.
• 마틴 직경(Martin Diameter): 입자의 면적을 2등분하는 선의 길이로 과소평가될 수 있다.
• 스토크스 직경(Stokes Diameter): 입자와 침강속도 및 밀도가 동일한 구형 입자의 직경이다.
• 등면적 직경(Equivalent Area Diameter): 입자의 면적과 같은 크기의 원의 직경이다.

40 ⭐빈출

산업보건분야에서 스토크스의 법칙에 따른 침강속도를 구하는 식을 대신하여 간편하게 계산하는 식으로 적절한 것은? (단, V는 종단속도(cm/sec), SG는 입자의 비중, d는 입자의 직경(μm), 입자크기는 1~50μm이다.)

① $V = 0.001 \times SG \times d^2$
② $V = 0.003 \times SG \times d^2$
③ $V = 0.005 \times SG \times d^2$
④ $V = 0.009 \times SG \times d^2$

> **Lippman식**
> $V = K \times \rho \times d^2$
> ◦ V: 침강속도(cm/sec)
> ◦ K: 경험적으로 정해진 상수(일반적으로 0.003)
> ◦ ρ: 입자의 비중
> ◦ d: 입자의 직경(μm)
> Lippman식은 공기 중 먼지나 에어로졸 등 입자의 침강속도를 실제 환경에 더 가깝게 추정하기 위한 경험적 공식이다.

3과목 작업환경 관리대책

41

주물사, 고온가스를 취급하는 공정에 환기시설을 설치하고자 할 때, 덕트의 재료로 가장 적당한 것은?

① 아연도금 강판
② 중질 콘크리트
③ 스테인레스 강판
④ 흑피 강판

> **환기시설의 덕트 재질**
> • 주물사, 고온가스: 흑피 강판
> • 유기용제(부식이나 마모의 우려가 없는 곳): 아연도금 강판
> • 알칼리성 가스: 강판
> • 강산, 염소계 용제: 스테인리스스틸 강판
> • 전리방사선: 중질 콘크리트 차폐 구조

42

작업환경개선 대책 중 대치의 방법을 열거한 것이다. 공정변경의 대책으로 가장 거리가 먼 것은?

① 금속을 두드려서 자르는 대신 톱으로 자름
② 흄 배출용 드래프트 창 대신에 안전유리로 교체함
③ 작은 날개로 고속 회전시키는 송풍기를 큰 날개로 저속 회전시킴
④ 자동차 산업에서 땜질한 납 연마 시 고속회전 그라인더의 사용을 저속 Oscillating - Typesander로 변경함

> 흄 배출용 드래프트 창 대신에 안전유리로 교체하는 것은 시설변경 대책에 해당한다.

43

주물작업 시 발생되는 유해인자로 가장 거리가 먼 것은?

① 소음 발생
② 금속흄 발생
③ 분진 발생
④ 자외선 발생

> ④ 자외선은 주로 용접 작업 등에서 문제되며, 주물작업 자체에서는 상대적으로 발생 가능성이 낮아 유해인자로 보기 어렵다.
> ①, ②, ③ 주물작업에서는 주로 금속흄, 분진, 그리고 작업 중 발생하는 높은 소음이 주요 유해인자로 보고된다. 금속흄과 분진은 주물작업의 용해, 주입, 탈사 등 공정에서 많이 발생하며, 소음도 기계 및 작업환경에서 매우 흔하다.

44

귀덮개의 사용 환경으로 가장 옳은 것은?

① 장시간 사용 시
② 간헐적 소음 노출 시
③ 덥고 습한 환경에서 작업 시
④ 다른 보호구와 동시 사용 시

장시간 사용 시, 덥고 습한 환경에서 작업 시, 다른 보호구와 동시 사용 시 불편함이 있다.

45 ⭐빈출

후드의 유입계수가 0.7이고 속도압이 20mmH₂O일 때 후드의 유입손실(mmH₂O)은?

① 약 10.5
② 약 20.8
③ 약 32.5
④ 약 40.8

- 압력손실계수 산정

$$F = \frac{1}{C_e^2} - 1 = \frac{1}{0.7^2} - 1 = 1.0408$$

  ∘ F : 압력손실계수
  ∘ C_e : 유입계수(Coefficient of entry, 유입손실계수)
- 후드 유입손실 산정

$$\Delta P = F \times VP$$
$$= 1.0408 \times 20mmH_2O = 20.816mmH_2O$$

46

전체환기를 적용하기 부적절한 경우는?

① 오염발생원이 근로자가 근무하는 장소와 근접되어 있는 경우
② 소량의 오염물질이 일정한 시간과 속도로 사업장으로 배출되는 경우
③ 오염물질의 독성이 낮은 경우
④ 동일사업장에 다수의 오염발생원이 분산되어 있는 경우

오염발생원이 근로자가 근무하는 장소와 근접되어 있는 경우 국소환기를 한다.

47

공기 중의 사염화탄소 농도가 0.3%라면 정화통의 사용 가능 시간은? (단, 사염화탄소 0.5%에서 100분간 사용 가능한 정화통 기준이다.)

① 166분
② 181분
③ 218분
④ 235분

$$사용\ 가능한\ 시간 = \frac{표준\ 유효시간 \times 시험가스\ 농도}{유해가스\ 농도}$$
$$= \frac{100 \times 0.5}{0.3} = 166.6666분$$

48 ⭐빈출

유해성 유기용매 A가 7m × 14m × 4m의 체적을 가진 방에 저장되어 있다. 공기를 공급하기 전에 측정한 농도는 400ppm이었다. 이 방으로 60m³/min의 공기를 공급한 후 노출기준인 100ppm으로 달성되는 데 걸리는 시간은? (단, 유해성 유기용매 증발 중단이고, 공급공기의 유해성 유기용매 농도는 0이며, 희석만 고려한다.)

① 약 3분
② 약 5분
③ 약 7분
④ 약 9분

외부유입공기 중 오염물질의 농도는 0ppm이므로 1차 반응의 단순 희석 개념을 적용한다.

$$\ln\left(\frac{C_t}{C_0}\right) = -kt \;\rightarrow\; \ln\left(\frac{C_t}{C_0}\right) = -\frac{Q}{\forall} \times t$$

$$\ln\left(\frac{100}{400}\right) = -\frac{\dfrac{60m^3}{min}}{7m \times 14m \times 4m} \times t$$

$$t = 9.0571min$$

49 ⭐빈출

어떤 송풍기가 송풍기 유효전압이 100mmH₂O이고 풍량은 16m³/min의 성능을 발휘한다. 전압효율이 80%일 때 축동력(kW)은?

① 약 0.13
② 약 0.26
③ 약 0.33
④ 약 0.57

$$P = \frac{Q \times \triangle H}{102 \times \eta}$$

$$= \frac{\dfrac{16m^3}{min} \times \dfrac{min}{60sec} \times 100mmH_2O}{102 \times 0.8} = 0.3267kW$$

50 ⭐빈출

송풍기에 관한 설명으로 옳은 것은?

① 풍량은 송풍기의 회전수에 비례한다.
② 동력은 송풍기의 회전수의 제곱에 비례한다.
③ 풍력은 송풍기의 회전수의 세제곱에 비례한다.
④ 풍압은 송풍기의 회전수의 세제곱에 비례한다.

- 풍량: 송풍기의 회전수에 비례한다.
- 풍압: 송풍기의 회전수의 제곱에 비례한다.
- 동력(축동력): 송풍기의 회전수의 세제곱에 비례한다.

51 ⭐빈출

개구면적이 0.6m²인 외부식 사각형 후드가 자유공간에 설치되어 있다. 개구면과 유해물질 사이의 거리는 0.5m이고 제어속도가 0.8m/sec일 때, 필요한 송풍량은 약 몇 m³/min인가? (단, 플랜지를 부착하지 않은 상태이다.)

① 126
② 149
③ 164
④ 182

외부식 후드의 필요환기량

$$Q = V_c \times (10X^2 + A)$$

$$= \frac{0.8m}{sec} \times [(10 \times 0.5^2)m^2 + 0.6m^2] \times \frac{60sec}{min}$$

$$= 148.8m^3/min$$

- V_c: 제어풍속(m/sec)
- X: 후드 입구와 오염원 사이 거리(m)
- A: 후드 입구 단면적(m²)

52 ⭐비출

작업장에서 Methyl Alcohol(비중 = 0.792, 분자량 = 32.04, 허용농도 = 200ppm)을 시간당 2리터 사용하고 안전계수가 6, 실내온도가 20℃일 때 필요환기량(m^3/min)은 약 얼마인가?

① 400
② 600
③ 800
④ 1,000

$$Q(환기량) = \frac{K(안전계수) \times G(발생량)}{C(허용농도)}$$

$$= 6 \times \frac{\dfrac{2L}{hr} \times \dfrac{0.792g}{mL} \times \dfrac{1,000mL}{L} \times \dfrac{hr}{60min}}{200mL \times \dfrac{273K}{(273+20)K} \times \dfrac{32.04mg}{22.4mL} \times \dfrac{g}{1,000mg}}{m^3}$$

$$= 594.2725 m^3/min$$

- K(안전계수) = 6
- G(발생량) = 2L/hr
- C(허용농도(TLV)) = 200ppm

53

전기집진장치의 장단점으로 틀린 것은?

① 운전 및 유지비가 많이 든다.
② 설치 공간이 많이 든다.
③ 압력손실이 낮다.
④ 고온 가스처리가 가능하다.

전기집진장치는 초기 설치비용이 많이 들고(높은 투자비, 설치 공간이 많이 듦), 고온가스 처리가 가능하며, 낮은 압력손실로 대량의 공기를 효율적으로 처리할 수 있다. 운전 및 유지비는 비교적 적게 드는 편이며(필터 교환이 불필요하고, 전기 소모도 상대적으로 적음), 운전 및 유지관리가 쉬운 편이다.

54 ⭐비출

입자의 침강속도에 대한 설명으로 틀린 것은? (단, Stokes 법칙 기준이다.)

① 입자직경의 제곱에 비례한다.
② 입자의 밀도차에 반비례한다.
③ 중력가속도에 비례한다.
④ 공기의 점성계수에 반비례한다.

기체와 분진입자의 밀도차에 비례한다.

관련개념 Stokes 침강법칙

$$V_g = \frac{d_p^2(\rho_p - \rho)g}{18\mu}$$

- V_g: 침강속도
- d_p: 입자의 직경
- ρ_p: 입자의 밀도
- ρ: 유체의 밀도
- g: 중력가속도
- μ: 유체의 점도

55

정상류가 흐르고 있는 유체 유동에 관한 연속방정식을 설명하는 데 적용된 법칙은?

① 관성의 법칙
② 운동량의 법칙
③ 질량보존의 법칙
④ 점성의 법칙

연속방정식은 유체의 흐름에서 어떤 폐곡면 내의 유체 질량이 일정하게 유지됨을 수학적으로 표현한 것이다. 즉, 들어오는 질량과 나가는 질량이 같다는 질량보존 원칙에 근거한다. 정상상태의 비압축성 유체에서는 단면적과 유속 곱이 일정함($Q = A_1V_1 = A_2V_2$)을 나타낸다.

56

관성력 제진장치에 관한 설명으로 틀린 것은?

① 충돌 전의 처리가스 속도를 적당히 빠르게 하면 미세 입자를 포집할 수 있다.
② 처리 후의 출구가스 속도가 느릴수록 미세입자를 포집할 수 있다.
③ 기류의 방향전환 각도가 작을수록 압력손실이 적어져 제진효율이 높아진다.
④ 기류의 방향전환 횟수가 많을수록 압력손실은 증가한다.

기류의 방향전환 각도가 작을수록 압력손실이 커지나 제진효율이 높아진다.

57

적용화학물질이 밀랍, 탈수라노린, 파라핀, 유동파라핀, 탄산마그네슘이며 적용용도로는 광산류, 유기산, 염류 및 무기염류 취급작업인 보호크림의 종류로 가장 알맞은 것은?

① 친수성크림
② 차광크림
③ 소수성크림
④ 피막형 크림

소수성크림은 물과 섞이지 않으며, 파라핀, 밀랍 등과 같이 소수성(기름 성분) 화학물질을 함유한다. 이러한 크림은 광산류, 유기산, 염류, 무기염류 등 물이나 수용성 오염물의 피부 침투를 막는 데 적합하다. 유동파라핀, 파라핀, 밀랍 등과 같은 소수성 성분이 피부에 보호막을 형성하여 화학물질의 침투와 자극을 감소시키기 때문에 이러한 작업환경 보호에 주로 사용된다.

58

국소환기장치 설계에서 제어풍속에 대한 설명으로 가장 알맞은 것은?

① 작업장 내의 평균유속을 말한다.
② 발산되는 유해물질을 후드로 완전히 흡인하는 데 필요한 기류속도이다.
③ 덕트 내의 기류속도를 말한다.
④ 일명 반송속도라고도 한다.

제어풍속(Control Velocity 또는 Capture Velocity)은 작업장 내에서 유해물질이 발생되는 지점에서 오염물질을 후드 방향으로 흡인하여 확산을 막고, 후드 내부로 안정적으로 유해물질을 이동시키기 위한 최소한의 기류속도를 의미한다.

59 빈출

방독마스크를 효과적으로 사용할 수 있는 작업으로 가장 적절한 것은?

① 맨홀 작업
② 오래 방치된 우물 속의 작업
③ 오래 방치된 정화조 내 작업
④ 지상의 유해물질 중독 위험작업

• 방독마스크는 일반적으로 산소 결핍이 아닌 지상에서 유해가스, 분진, 화학오염물질 노출 위험이 있는 환경에서 사용하는 보호구이다.
• 맨홀, 우물, 정화조 내 작업은 모두 밀폐공간에 해당하며, 산소 결핍 위험 및 치명적인 유독가스 발생 가능성이 높으므로 방독마스크가 아닌 송기마스크나 공기호흡기를 적용해야 한다.

관련개념
• 밀폐공간(맨홀, 정화조, 우물 등)에서는 반드시 충분한 산소 공급이 가능한 송기마스크 또는 공기호흡기를 사용해야 하며, 방독마스크 착용 시 질식 위험이 있다.
• 방독마스크는 지상에서 환기가 이루어지고, 산소 농도가 정상인 작업환경에서만 유해가스의 방어용으로 사용한다.

정답   56 ③   57 ③   58 ②   59 ④

60

희석환기를 적용하기에 가장 부적당한 화학물질은?

① Acetone
② Xylene
③ Toluene
④ Ethylene Oxide

- 희석환기는 실내에 퍼지는 유해물질 농도를 환기량을 통해 희석시켜 허용농도 이하로 유지하는 방식이다. 하지만 Ethylene Oxide는 폭발성과 독성이 매우 높아 소량의 누출만으로도 심각한 위험을 초래하므로, 희석환기로 안전하게 농도를 조절하기에 부적합하다.
- Acetone, Xylene, Toluene 등은 희석환기 적용이 가능하며, 환기량 조절로 농도 관리가 비교적 용이하다.

4과목 물리적 유해인자 관리

61

자외선으로부터 눈을 보호하기 위한 차광보호구를 선정하고자 하는데 차광도가 큰 것이 없어 두 개를 겹쳐서 사용하였다. 각각의 차광도가 6과 3이었다면 두 개를 겹쳐서 사용한 경우의 차광도는 얼마인가?

① 6
② 8
③ 9
④ 18

차광도 = (6 + 3) − 1 = 8

62

진동에 의한 생체영향과 가장 거리가 먼 것은?

① C_5-dip 현상
② Raynaud 현상
③ 내분비계 장해
④ 뼈 및 관절의 장해

C_5-dip 현상은 4,000Hz 부근에서 청력 손실이 급격히 일어나는 현상으로, 소음 노출로 인해 발생하는 대표적인 청력장애 증상이다.

63 비출

감압병의 예방 및 치료의 방법으로 적절하지 않은 것은?

① 잠수 및 감압방법은 특별히 잠수에 익숙한 사람을 제외하고는 1분에 10m 정도씩 잠수하는 것이 안전하다.
② 감압이 끝날 무렵에 순수한 산소를 흡입시키면 예방적 효과와 함께 감압시간을 25%가량 단축시킬 수 있다.
③ 고압환경에서 작업 시 질소를 헬륨으로 대치할 경우 목소리를 변화시켜 성대에 손상을 입힐 수 있으므로 할로겐 가스로 대치한다.
④ 감압병의 증상을 보일 경우 환자를 원래의 고압환경에 복귀시키거나 인공적 고압실에 넣어 혈관 및 조직 속에 발생한 질소의 기포를 다시 용해시킨 후 천천히 감압한다.

질소 대신 헬륨을 사용하는 혼합 가스를 이용할 때 성대 손상 우려는 없다. 헬륨은 호흡용 혼합 가스에서 흔히 사용되며, 할로겐 가스는 이 용도로 사용하지 않는다. 헬륨 호흡은 호흡저항을 줄이고 감압병 위험도 감소시킨다.

관련개념
- 감압병은 잠수나 고압환경에서 체내에 용존하는 질소가 급격한 감압 시 기포로 변해 조직을 손상시키는 질환이다.
- 감압병 예방을 위해 감압 규칙 준수, 순수 산소 흡입, 안전한 상승 속도 유지 등이 중요하다.
- 헬륨-산소 혼합가스는 깊은 잠수 시 질소 마취를 줄이고 호흡 저항을 완화하는 유용한 가스이다.

64

한랭장해에 대한 예방법으로 적절하지 않은 것은?

① 의복 등은 습기를 제거한다.
② 과도한 피로를 피하고, 충분한 식사를 한다.
③ 가능한 한 항상 발과 다리를 움직여 혈액순환을 돕
　는다.
④ 가능한 한 꼭 맞는 구두, 장갑을 착용하여 한기가 들
　어오지 않도록 한다.

한랭장해 예방을 위해서는 의복이나 장갑, 신발이 너무 꼭 끼지 않
도록 여유 있게 착용하여 혈액순환을 방해하지 않아야 한다. 혈액
순환이 원활해야 동상 · 저체온증 등 한랭질환을 예방할 수 있다.
오히려 너무 꼭 맞는 신발이나 장갑은 혈류를 저해하고 체온 유지
에 불리하다.

65 빈출

저기압 상태의 작업환경에서 나타날 수 있는 증상이 아닌
것은?

① 저산소증(Hypoxia)
② 잠함병(Caisson Disease)
③ 폐수종(Pulmonary Edema)
④ 고산병(Mountain Sickness)

• 잠함병(Caisson Disease)은 고기압 환경(잠수, 압축공기 작업
　등) 에서 발생하는 감압병이다.
• 저기압 환경에서는 대기압이 낮아 산소분압이 감소하면 저산소증,
　고산병 같은 증상이 대표적으로 나타난다.
• 폐수종은 고산병의 합병증으로 발생할 수 있다.

66

등청감곡선에 의하면 인간의 청력은 저주파 대역에서 둔감
한 반응을 보인다. 따라서 작업현장에서 근로자에게 노출
되는 소음을 측정할 경우 저주파 대역을 보정한 청감보정
회로를 사용해야 하는데 이때 적합한 청감보정회로는?

① A특성
② B특성
③ C특성
④ Plat특성

• A특성 청감보정회로는 사람 귀의 청감곡선을 가장 잘 반영하여
　저주파는 약간 감쇠하고 중고주파역은 상대적으로 민감하게 측정
　하도록 설계되었다. 따라서 작업장의 소음 측정 시 인간의 실제
　청각 반응에 근접한 값을 얻기 위해 A특성이 가장 많이 사용된다.
• B특성은 중음역대에, C특성은 고음에 상대적으로 평탄하며, D특
　성은 항공기 소음 등 특정 목적에 사용된다.

67 빈출

사무실 책상면(1.4m²)에 수직으로 광원이 있으며 광도가
1,000cd(모든 방향으로 일정하다)이다. 이 광원에 대한
책상에서의 조도(Intensity of Illumination, lux)는 약 얼
마인가?

① 410
② 444
③ 510
④ 544

$$조도(\text{lux}) = \frac{광도(\text{candle})}{(거리)^2} = \frac{1,000}{1.4^2} = 510.20 \, \text{lux}$$

68

공기 1m³ 중에 포함된 수증기의 양을 g으로 나타낸 것을 무엇이라 하는가?

① 절대습도
② 상대습도
③ 포화습도
④ 한계습도

절대습도(Absolute Humidity)는 특정 부피의 공기(예 1m³)에 포함된 수증기 질량을 그램 단위로 나타낸 것으로, 공기 중 수증기의 절대적인 양을 의미한다. 절대습도는 온도나 압력에 따라 변하며, 단위는 g/m³를 사용한다.

관련개념
- 절대습도: 공기 1m³ 중 수증기 양(g)이다.
- 상대습도: 수증기 함유 비율(%)로, 절대습도와 구분된다.
- 포화습도: 주어진 온도에 대한 공기가 최대로 함유할 수 있는 수증기 양이다.

69 ⭐빈출

유해한 환경의 산소결핍 장소에 출입 시 착용하여야 할 보호구로 적절하지 않은 것은?

① 방독마스크
② 송기마스크
③ 공기호흡기
④ 에어라인마스크

방독마스크는 일반적으로 산소결핍이 아닌 지상에서 유해가스, 분진, 화학오염물질 노출 위험이 있는 환경에서 사용하는 보호구이다.

관련개념
- 밀폐공간(맨홀, 정화조, 우물 등)에서는 반드시 충분한 산소 공급이 가능한 송기마스크 또는 공기호흡기를 사용해야 하며, 방독마스크 착용 시 질식 위험이 있다.
- 방독마스크는 지상에서 환기가 이루어지고, 산소 농도가 정상인 작업환경에서만 유해가스의 방어용으로 사용한다.

70

소음성 난청에 영향을 미치는 요소의 설명으로 틀린 것은?

① 음압 수준: 높을수록 유해하다.
② 소음의 특성: 고주파음이 저주파음보다 유해하다.
③ 노출시간: 간헐적 노출이 계속적 노출보다 덜 유해하다.
④ 개인의 감수성: 소음에 노출된 사람이 똑같이 반응한다.

개인의 감수성에 따라 소음반응이 다양하다.

71 ⭐빈출

이상기압과 건강장해에 대한 설명으로 맞는 것은?

① 고기압 조건은 주로 고공에서 비행업무에 종사하는 사람에게 나타나며 이를 다루는 학문은 항공의학 분야이다.
② 고기압 조건에서의 건강장해는 주로 기후의 변화로 인한 대기압의 변화 때문에 발생하며 휴식이 가장 좋은 대책이다.
③ 고압 조건에서 급격한 압력저하(감압)과정은 혈액과 조직에 녹아있던 질소가 기포를 형성하여 조직과 순환기계 손상을 일으킨다.
④ 고기압 조건에서 주요 건강장해 기전은 산소부족이므로 고기압으로 인한 건강장행의 일차적인 응급치료는 고압산소실에서 치료하는 것이 바람직하다.

③ 고기압 조건은 잠함 또는 고압환경 작업 시 발생하며, 특히 급격한 압력저하(감압) 시 혈액과 조직 내에 용해되어 있던 질소가 기포를 형성하여 조직 및 혈관을 손상시키는 감압병(잠수병)이 대표적 건강장해이다.
① 항공의학은 저기압(고공 환경) 관련 분야이며, 고기압 조건과는 다르다.
② 고기압 건강장해는 기후보다는 압력과 가스 분압 변화가 원인이며, 단순 휴식으로 해결되지 않는다.
④ 고기압 상태에서는 산소과잉 독성(산소중독)이 문제가 될 수 있으나 고기압 조건 하에서 일차적 건강장해 기전은 산소부족이 아니다.

0.1W의 음향출력이 발생하는 소형 사이렌의 음향파워레벨(PWL)은 몇 dB인가?

① 90
② 100
③ 110
④ 120

음향파워레벨(PWL) 산정

$$PWL = 10\log\left(\frac{W}{W_0}\right) = 10\log\left(\frac{0.1}{10^{-12}}\right) = 110dB$$

73

고소음으로 인한 소음성 난청 질환자를 예방하기 위한 작업환경관리방법 중 공학적 개선에 해당되지 않는 것은?

① 소음원의 밀폐
② 보호구의 지급
③ 소음원을 벽으로 격리
④ 작업장 흡음시설의 설치

- 공학적 개선은 소음의 발생 자체를 줄이거나, 소리가 전달되는 경로에서 차단·감쇠하는 물리적·기계적 방법을 의미한다.
- '보호구의 지급'은 근로자에게 귀마개 등 개인 보호장비를 지급하는 관리적 대책(개인적 보호대책)에 해당하며, 공학적 개선이 아니다.

관련개념
- 공학적 대책: 소음원의 밀폐, 격리, 흡음·차음재 설치, 저소음 기계로의 교체 등 작업환경 자체를 물리적으로 개선하는 방법이다.
- 관리적 대책: 작업시간 단축, 작업자 교대, 청력검사, 보호구 지급과 착용 등 작업 방법이나 관리체계의 개선에 해당한다.
- 보호구 지급: 소음성 난청 예방에서 최후의 수단으로, 공학적 또는 관리적 대책이 곤란할 때 실시한다.

74

내부마찰로 적당한 저항력을 가지며, 설계 및 부착이 비교적 간결하고, 금속과도 견고하게 접착할 수 있는 방진재료는?

① 코르크
② 펠트(Felt)
③ 방진고무
④ 공기용수철

방진고무는 진동을 흡수하고 감쇠시키는 역할을 하는 재료로, 다양한 형태의 금속 구조물에 부착하여 사용 가능하다. 방진고무는 내구성, 내약품성 면에서 약하며, 특히 공기 중 오존에 노출되면 쉽게 산화되어 물성이 저하될 수 있다.

75

빛 또는 밝기와 관련된 단위가 아닌 것은?

① cd
② lm
③ nit
④ Wb

- ④ Wb(웨버): 자기 플럭스(자기 선속)의 단위로, 빛 또는 밝기와 관련이 없다.
- ① cd(칸델라): 광도의 단위로, 광원에서 특정 방향으로 방출되는 빛의 강도를 나타낸다.
- ② lm(루멘): 광속의 단위로, 광원이 모든 방향으로 방출하는 빛의 총량을 측정한다.
- ③ nit(니트): 휘도의 단위로, 단위 면적당 광원의 밝기(칸델라/m²)를 의미한다.

정답
72 ③ 73 ② 74 ③ 75 ④

76 ⭐

고온다습 환경에 노출될 때 발생하는 질병 중 뇌 온도의 상승으로 체온조절중추의 기능장해를 초래하는 질환은?

① 열사병
② 열경련
③ 열피로
④ 피부장해

> ① 열사병: 고온다습 환경에서 체온이 급격히 상승하고, 뇌의 체온조절중추 기능이 장애를 받으면서 나타나는 심각한 온열질환이다. 체온이 40도 이상으로 올라가며 의식 소실, 경련, 혼수 상태 등 치명적인 증상을 유발할 수 있다.
> ② 열경련: 고온환경에서 근육 경련이 발생하는 증상으로 체온조절중추 장애와는 다르다.
> ③ 열피로: 장시간 더위 노출로 인한 피로와 탈수 증상이다.
> ④ 피부장해: 자외선이나 열에 의한 피부 손상을 말한다.

77 ⭐

인간 생체에서 이온화시키는 데 필요한 최소에너지를 기준으로 전리방사선과 비전리방사선을 구분한다. 전리방사선과 비전리방사선을 구분하는 에너지의 강도는 약 얼마인가?

① 7eV
② 12eV
③ 17eV
④ 22eV

> 12eV는 인간 생체 내 분자를 이온화시키는 데 필요한 최소에너지로, 이 수치를 기준으로 그보다 큰 에너지는 전리방사선, 그보다 낮은 에너지는 비전리방사선으로 분류한다.

78

자외선에 관한 설명으로 틀린 것은?

① 비전리방사선이다.
② 200nm 이하의 자외선은 망막까지 도달한다.
③ 생체반응으로는 적혈구, 백혈구에 영향을 미친다.
④ 280~315nm의 자외선을 도르노선(Dornoray)이라고 한다.

> 200nm 이하의 자외선은 공기 중에서 대부분 흡수되어 인체에 직접 닿지 못하며, 주로 각막이나 수정체에서 흡수된다.

79 ⭐

전리방사선의 영향에 대하여 감수성이 가장 큰 인체 내의 기관은?

① 폐
② 혈관
③ 근육
④ 골수

> • 전리방사선 감수성은 세포 분열 빈도와 분화 정도에 따라 다르며, 세포 분열이 활발한 조직일수록 감수성이 높다.
> • 높은 감수성을 보이는 조직에는 생식선, 골수, 임파조직 등이 있으며, 이들은 세포분열 활동이 활발하다.

80 ⭐

해머 작업을 하는 작업장에서 발생되는 93dB(A)의 소음원이 3개 있다. 이 작업장의 전체 소음은 약 몇 dB(A)인가?

① 94.8
② 96.8
③ 97.8
④ 99.4

> 총 음압레벨(dB(A)) $= 10\log\left(10^{L_1/10} + 10^{L_2/10} + \cdots + 10^{L_n/10}\right)$
> $= 10\log\left(3 \times 10^{93/10}\right) = 97.7712 \text{dB(A)}$

81

화학물질의 독성 특성을 설명한 것으로 틀린 것은?

① 혈액의 독성물질이란 임파액과 호르몬의 생산이나 그 정상 활동을 방해하는 것을 말한다.
② 중추신경계 독성물질이란 뇌, 척수에 작용하여 마취작용, 신경염, 정신장해 등을 일으킨다.
③ 화학성 질식성 물질이란 혈액 중의 혈색소와 결합하여 산소운반능력을 방해하여 질식시키는 물질을 말한다.
④ 단순 질식성 물질이란 그 자체의 독성은 약하나 공기 중에 많이 존재하면 산소분압을 저하시켜 조직에 필요한 산소공급의 부족을 초래하는 물질을 말한다.

> 혈액의 독성물질은 혈액 자체 또는 혈액과 관련된 기능에 영향을 미치는 물질을 의미한다.

82

흡인된 분진이 폐 조직에 축적되어 병적인 변화를 일으키는 질환을 총괄적으로 의미하는 용어는?

① 천식
② 질식
③ 진폐증
④ 중독증

> ③ 진폐증: 폐에 분진이 침착하여 폐 조직 내 염증과 섬유화(흉터)를 초래하는 만성 폐질환으로, 주로 직업적 분진 노출에 의해 발생한다. 폐 포자 내부에 쌓인 분진은 폐 기능 저하와 호흡곤란을 유발하며, 치료가 어렵고 진행성인 특징이 있다.
> ① 천식: 알레르기 반응 등으로 기도 염증을 일으켜 호흡 곤란을 초래하는 질환이다.
> ② 질식: 산소 공급이 부족하여 생명 유지 활동에 지장을 주는 상태를 의미한다.
> ④ 중독증: 유해 물질의 독성에 의해 발생하는 건강 장애를 의미한다.

83

고농도로 폭로되면 중추신경계 장해 외에 간장이나 신장에 장해가 일어나 황달, 단백뇨, 혈뇨의 증상을 보이는 할로겐화 탄화수소로 적절한 것은?

① 벤젠
② 톨루엔
③ 사염화탄소
④ 파라니트로클로로벤젠

> ③ 사염화탄소: 할로겐화 탄화수소로서, 고농도 노출 시 중추신경계와 간, 신장에 독성을 일으킨다. 특히 간 손상과 신장 손상을 유발하여 황달, 단백뇨, 혈뇨 등의 증상이 나타난다.
> ① 벤젠: 주로 골수와 혈액계 독성, 백혈병 유발 가능성이 있다.
> ② 톨루엔: 중추신경계 억제효과 주로 나타난다.
> ④ 파라니트로클로로벤젠: 특정 독성 효과를 가지지만, 간·신장 독성의 대표적 물질은 아니다.

84

금속의 독성에 관한 일반적인 특성을 설명한 것으로 틀린 것은?

① 금속의 대부분은 이온상태로 작용한다.
② 생리과정에 이온상태의 금속이 활용되는 정도는 용해도에 달려있다.
③ 금속이온과 유기화합물 사이의 강한 결합력은 배설율에도 영향을 미치게 한다.
④ 용해성 금속염은 생체 내 여러 가지 물질과 작용하여 수용성 화합물로 전환된다.

> 용해성 금속염은 생체 내 여러 가지 물질과 작용하여 지용성 화합물로 전환된다.

85

유기용제 중독을 스크린하는 다음 검사법의 민감도(Sensitivity)는 얼마인가?

구분		실제값(질병)		합계
		양성	음성	
검사법	양성	15	25	40
	음성	5	15	20
합계		20	40	60

① 25.0%
② 37.5%
③ 62.5%
④ 75.0%

구분		실제값(질병)		합계
		양성	음성	
검사법	양성	15(TP)	25(FP)	40
	음성	5(FN)	15(TN)	20
합계		20	40	60

$$민감도 = \frac{진양성(TP)}{진양성(TP) + 위음성(FN)} \times 100$$

$$= \frac{15}{15 + 5} \times 100 = 75\%$$

- TP(True Positive, 진양성) = 15
- FP(False Positive, 위양성) = 25
- FN(False Negative, 위음성) = 5
- TN(True Negative, 진음성) = 15

86 ★빈출

ACGIH에 의한 입자상 물질의 분진의 이름과 호흡기계 부위별 누적빈도 50%에 해당하는 크기가 연결된 것으로 틀린 것은?

① 폐포성 분진 – 1μm
② 호흡성 분진 – 4μm
③ 흉곽성 분진 – 10μm
④ 흡입성 분진 – 100μm

ACGIH 입자 크기별 기준
- 흡입성 입자상 물질: 평균입경 100μm
- 흉곽성 입자상 물질: 평균입경 10μm
- 호흡성 입자상 물질: 평균입경 4μm

87

카드뮴의 노출과 영향에 대한 생물학적 지표를 맞게 나열한 것은?

① 혈중 카드뮴 – 혈중 ZPP
② 혈중 카드뮴 – 요중 마뇨산
③ 혈중 카드뮴 – 혈중 포프피린
④ 요중 카드뮴 – 요중 저분자량 단백질

- 카드뮴 노출 시 체내 축적 및 독성 영향 평가는 주로 혈액과 소변에서 측정하는 생물학적 지표를 통해 이루어진다.
- 혈중 카드뮴 농도는 최근 노출 수준을 반영하며, 요중 카드뮴 농도는 누적 노출 및 체내 축적 정도를 나타낸다. 특히 요중 저분자량 단백질(예 β_2-마이크로글로불린)은 카드뮴에 의한 신장 손상을 반영하는 민감한 바이오마커로 활용된다.

88

납중독에 대한 치료방법의 일환으로 체내에 축적된 납을 배출하도록 하는 데 사용되는 것은?

① DMPS
② 2-PAM
③ Atropin
④ Ca-EDTA

- ④ 칼슘 EDTA: 납과 같은 중금속과 결합하는 킬레이트제(Chelator)로, 체내의 납을 결합해 소변으로 배출시켜 중독 증상을 완화
- ① DMPS: 주로 수은중독 해독제이며, 납중독에는 제한적으로 사용
- ② 2-PAM: 유기인 농약 중독 치료제
- ③ Atropin: 유기인 또는 신경작용제 중독 해독제

89 ⭐ 빈출

유해화학물질의 노출기준을 정하고 있는 기관과 노출기준 명칭의 연결이 맞는 것은?

① OSHA: REL
② AIHA: MAC
③ ACGIH: TLV
④ NIOSH: PEL

③ ACGIH(미국 산업위생학자협회): TLV
① OSHA(미국 산업안전보건청): PEL
② AIHA(미국 산업위생협회): WEEL
④ NIOSH미국 국립산업안전보건연구원): REL

관련개념
- OSHA 노출기준 - PEL
  - ✓ OSHA의 PEL(Permissible Exposure Limit)은 미국 산업안전보건청(OSHA)이 법적으로 강제하는 작업장 허용 노출 기준이다.
  - ✓ PEL은 주로 8시간 시간 가중평균치(TWA)로 설정되며, 일부 물질에 대해서는 15분 단기 노출허용치(STEL)나 절대 초과 금지 상한치(Ceiling)가 별도로 지정된다. 모든 사업장은 PEL을 넘어서지 않도록 환기·공정관리·개인보호구 착용 등을 통해 법적 의무를 준수해야 한다.
- AIHA 노출기준 - WEEL
  - ✓ AIHA의 WEEL(Workplace Environmental Exposure Level)은 미국 산업위생협회(AIHA)가 과학적 문헌 및 실험데이터를 근거로 권고하는 작업장 환경 노출 기준이다.
  - ✓ WEEL은 법적 구속력은 없지만, 규제 기준이 마련되지 않은 화학물질에 대해 안전성을 확보하기 위한 지침으로 활용된다. 기업체나 산업보건 전문가들이 내부 가이드라인으로 채택하거나, 화학물질관리 계획 수립 시 참고자료로 사용한다.
- ACGIH 노출기준 - TLV
  - ✓ ACGIH의 TLV(Threshold Limit Value)는 미국 산업위생학자협회(ACGIH)가 권고하는 화학물질 및 물리적 인자에 대한 노출기준이다.
  - ✓ TLV는 TWA, STEL, Ceiling의 세 가지 형태로 제시되며, 노동자의 건강 보호를 최우선으로 설정된 과학적 권고치이다.
  - ✓ TLV는 법적 강제력은 없으나, 전 세계 많은 규제 기관 및 기업 내부 기준의 기준점으로 활용된다.
- NIOSH 노출기준 - REL
  - ✓ NIOSH의 REL(Recommended Exposure Limit)은 미국 국립산업안전보건연구원(NIOSH)이 연구 데이터를 바탕으로 권장하는 노출 한계치이다.
  - ✓ REL은 8시간 TWA 및 15분 STEL 형태로 제시되며, 작업자 건강 보호를 목적으로 제안되는 비강제성 기준이다. 규제 당국 및 산업계에서는 REL을 근거로 법적 기준을 신설하거나 내부 노출 관리를 강화하는 데 참고한다.

90

장기간 노출된 경우 간 조직제포에 섬유화증상이 나타나고, 특징적인 악성변화로 간에 혈관육종(Hemangio-Sarcoma)을 일으키는 물질은?

① 염화비닐
② 삼염화에틸렌
③ 메틸클로로포름
④ 사염화에틸렌

① 염화비닐: 주로 폴리염화비닐(PVC) 제조에 사용되는 불포화 할로겐화 탄화수소로 간에 특이적으로 독성을 나타낸다. 장기 노출 시 간 조직에 섬유화가 발생하고, 혈관육종과 같은 악성종양 발생 위험이 높아지는 것으로 알려져 있다.
② 염화에틸렌: 주로 신경독성 및 간독성이 있으나 혈관육종과 관련성이 낮다.
③ 메틸클로로포름: 용매 및 냉매로 사용되며, 간독성이 있지만 혈관육종은 드물다.
④ 사염화에틸렌: 건조세척용 등에서 사용되며 일부 간독성 보고가 있으나 혈관육종과는 관련성이 적다.

91

다음의 사례에 의심되는 유해인자는?

> 48세의 이씨는 10년 동안 용접작업을 하였다. 1998년부터 왼쪽 손 떨림, 구음장애, 왼쪽 상지의 근력저하 등의 소견이 나타났고, 주위 사람으로부터 걸을 때 팔을 흔들지 않는다는 이야기를 들었다. 몇 개월 후 한의원에서 중풍의 진단을 받고 한 달 동안 치료를 하였으나 증상의 변화는 없었다. 자기공명영상촬영에서 뇌기저핵 부위에 고신호강도 소견이 있었다.

① 크롬
② 망간
③ 톨루엔
④ 크실렌

망간은 용접 흄에 포함되는 주요 금속으로, 장기간 고농도 노출 시 뇌기저핵에 축적되어 중추신경계 손상을 초래한다. 이로 인해 파킨슨증후군과 유사한 증상(떨림, 운동 기능 저하, 언어장애 등)이 나타날 수 있으며, 자기공명영상에서 뇌기저핵 고신호강도 소견이 관찰된다.

정답

89 ③　90 ①　91 ②

92

납중독에 대한 대표적인 임상증상으로 볼 수 없는 것은?

① 위장장해
② 안구장해
③ 중추신경장해
④ 신경 및 근육계통의 장해

납중독의 대표적인 임상증상은 위장장해(식욕부진, 변비, 복부통증 등), 중추신경장해(두통, 정신 이상, 경련 등), 신경 및 근육계통의 장해(근력 저하, 근육 마비, 손처짐 등) 등이 있다.

93

생물학적 노출지수(BEI)에 관한 설명으로 틀린 것은?

① 시료는 소변, 호기 및 혈액 등이 주로 이용된다.
② 혈액에서 휘발성 물질의 생물학적 노출지수는 동맥 중의 농도를 말한다.
③ 유해물질의 대사산물, 유해물질 자체 및 생화학적 변화 등을 총칭한다.
④ 배출이 빠르고 반감기가 5분 이내의 물질에 대해서는 시료재취 시기가 대단히 중요하다.

혈액에서 휘발성 물질의 생물학적 노출지수는 정맥 중의 농도를 말한다.

94

중금속에 중독되었을 경우에 치료제로 BAL이나 Ca-EDTA 등 금속배설 촉진제를 투여해서는 안 되는 중금속은?

① 납
② 비소
③ 망간
④ 카드뮴

카드뮴 중독 시 BAL이나 EDTA 계열 약제를 투여하면 신장 독성이 심화될 수 있어 사용하지 않는 것이 권장된다.

95

신장을 통한 배설과정에 대한 설명으로 틀린 것은?

① 세뇨관을 통한 분비는 선택적으로 작용하며 능동 및 수동수송 방식으로 이루어진다.
② 신장을 통한 배설은 사구체 여과, 세뇨관, 재흡수, 그리고 세뇨관 분비에 의해 제거된다.
③ 세뇨관 내의 물질은 재흡수에 의해 혈중으로 돌아갈 수 있으나, 아미노산 및 독성물질은 재흡수되지 않는다.
④ 사구체를 통한 여과는 심장의 박동으로 생성되는 혈압 등의 정수압(Hydrostatic Pressure)의 차이에 의하여 일어난다.

세뇨관 내의 물질은 재흡수에 의해 혈중으로 돌아갈 수 있으며, 아미노산 및 독성물질은 재흡수된다.

96 빈출

규폐증(Silicosis)에 관한 설명으로 틀린 것은?

① 석영 분진에 직업적으로 노출될 때 발생하는 진폐증의 일종이다.
② 채석장 및 모래분사 작업장에 종사하는 작업자들이 잘 걸리는 폐질환이다.
③ 석면의 고농도분진을 단기적으로 흡입할 때 주로 발생되는 질병이다.
④ 역사적으로 보면 이집트의 미이라에서도 발견되는 오랜 질병이다.

• 규폐증은 규소(결정질 실리카) 분진에 장기간 노출되어 폐에 결절성 섬유화가 생기는 진폐증의 일종이며, 주로 채석장, 모래분사 작업장에서 발생한다.
• 석면 분진에 의한 질병은 석면폐증(Asbestosis)으로 별도의 폐질환이며, 단기 노출보다는 주로 장기 노출에 의해 발생한다.

97

카드뮴 중독의 발생 가능성이 가장 큰 산업작업 또는 제품
으로만 나열된 것은?

① 니켈, 알루미늄과의 합금, 살균제, 페인트
② 페인트 및 안료의 제조, 도자기 제조, 인쇄업
③ 금, 은의 정련, 청동 주석 등의 도금, 인견제조
④ 가죽제조, 내화벽돌 제조, 시멘트제조업, 화학비료공업

카드뮴은 주로 금속 제련 공정, 니켈-카드뮴 배터리 제조, 금속 합
금, 페인트 및 살균제 제조 과정 등에서 노출될 가능성이 높다. 특
히 페인트, 안료, 도금, 플라스틱 안정제 등에 카드뮴이 사용되며,
작업장 내 분진과 흄 형태로 호흡기를 통해 노출될 수 있다.

98

비중격천공을 유발시키는 물질은?

① 납(Pb)
② 크롬(Cr)
③ 수은(Hg)
④ 카드뮴(Cd)

② 크롬(Cr): 비중격천공(코를 양쪽으로 나누는 비중격에 구멍이 생
  기는 질환)을 유발한다.
① 납(Pb): 납 중독은 위장장애(복통, 변비, 식욕부진), 중추신경장
  애(두통, 정신장애, 경련), 신경 및 근육계통 장애(근력 저하, 손
  떨림), 빈혈, 피부염 등을 유발한다. 주로 골수와 신경계, 신장에
  독성을 미치며, 만성 노출 시 발달 지연과 인지 저하가 나타날
  수 있다.
③ 수은(Hg): 수은 중독은 급성에서는 호흡기 및 중추신경계 손상,
  만성적으로는 구내염, 손떨림(진전), 정신 변화, 신장 기능 저하,
  시력 청력 장애 등을 일으킨다. 미나마타병으로 알려진 심각한
  신경계 질환도 수은 중독으로 발생한다.
④ 카드뮴(Cd): 카드뮴 중독은 주로 신장기능장애와 골격 이상(골
  감소증, 골연화증) 및 위장장애(구토, 설사)를 유발하며, 일본의
  이따이이따이병이 대표적인 사례이다. 또한, 간 손상과 폐 손상
  을 초래할 수 있다.

99

산업역학에서 이용되는 "상대위험도 = 1"이 의미하는 것은?

① 질병의 위험이 증가함
② 노출군 전부가 발병하였음
③ 질병에 대한 방어효과가 있음
④ 노출과 질병발생 사이에 연관 없음

① 질병의 위험이 증가함: RR > 1일 때 해당
② 노출군 전부가 발병하였음: RR과 직접 관련없는 설명
③ 질병에 대한 방어효과가 있음: RR < 1일 때 해당

관련개념 상대위험도(Relative Risk, RR)
노출군과 비노출군 사이의 질병 발생 위험 비율을 나타낸다.
• RR = 1이면 노출과 질병 발생 간에 아무런 연관성(위험 증가나 감
  소)이 없음을 의미한다.
• RR > 1이면 노출이 질병 발생 위험을 증가시키는 위험 인자임을
  뜻한다.
• RR < 1이면 노출이 질병 발생 위험을 줄이는 보호 인자임을 의미
  한다.

100

유해물질이 인체 내에 침입 시 접촉면적이 큰 순서대로 나
열된 것은?

① 소화기 > 피부 > 호흡기
② 호흡기 > 피부 > 소화기
③ 피부 > 소화기 > 호흡기
④ 소화기 > 호흡기 > 피부

호흡기의 점막 면적은 인체 내에서 가장 넓어 유해물질이 호흡기를
통해 침입하는 접촉 면적이 가장 크다. 피부는 외부와 직접 접촉하
는 면적이 매우 넓으나, 피부 자체가 방어막 역할을 해 침투율은 상
대적으로 낮다. 소화기는 섭취 경로로 작용하지만 접촉 면적은 호
흡기와 피부에 비해 작다.

Chapter 05

2024년 1회 | CBT 기출복원문제

1과목　산업위생학개론

01

다음 중 작업강도에 영향을 미치는 요인으로 틀린 것은?

① 작업밀도가 적다.
② 대인 접촉이 많다.
③ 열량소비량이 크다.
④ 작업대상의 종류가 많다.

① 작업밀도가 큰 경우 작업강도에 영향을 미친다.
② 대인 접촉이 많으면 작업 스트레스가 증가하여 작업강도에 영향을 준다.
③ 열량소비량이 크면 신체적 부담이 커져 작업강도가 높아진다.
④ 작업대상의 종류가 많으면 작업의 복잡성과 정신적 부담이 증가하여 작업강도에 영향을 준다.

02 빈출

어떤 사업장에서 1,000명의 근로자가 1년 동안 작업하던 중 재해가 40건 발생하였다면 도수율은 얼마인가? (단, 근로자는 1일 8시간씩 연간 300일을 근무하였다.)

① 12.3
② 16.7
③ 24.4
④ 33.4

재해 도수율은 연간 총 근로시간 1,000,000시간당 발생한 재해 건수를 나타내는 지표이다. 이는 재해의 발생 빈도를 측정하는 데 사용된다.

$$\text{도수율} = \frac{\text{재해 발생 건수}}{\text{연간 총 근로시간}} \times 1,000,000$$

$$= \frac{40}{1,000\text{명} \times 8\text{시간} \times 300\text{일}} \times 10^6 = 16.6666$$

03 빈출

다음 중 전신피로에 있어 생리학적 원인에 속하지 않는 것은?

① 젖산의 감소
② 산소공급의 부족
③ 글리코겐량의 감소
④ 혈중 포도당 농도의 저하

젖산의 증가와 관련이 있다.

04

다음 중 노출기준에 피부(Skin) 표시를 첨부하는 물질이 아닌 것은?

① 옥탄올 - 물 분배계수가 높은 물질
② 반복하여 피부에 도포했을 때 전신작용을 일으키는 물질
③ 손이나 팔에 의한 흡수가 몸 전체에서 많은 부분을 차지하는 물질
④ 동물을 이용한 급성중독 실험 결과, 피부 흡수에 의한 치사량이 비교적 높은 물질

동물을 이용한 급성독성 실험에서 피부 흡수로 인한 치사량이 비교적 높은 물질은 피부를 통한 흡수가 낮아 피부 표시가 필요하지 않다.

관련개념
- 피부 노출 표시(Skin Notation)는 피부로 인한 흡수가 건강에 중요한 영향을 끼칠 때 부착한다. 급성독성 시험 결과 피부 흡수에 의한 독성이 낮으면 건강영향이 적어 피부 표시가 필요하지 않다.
- 옥탄올 - 물 분배계수(K_{ow})는 물질의 지용성을 나타내며, 값이 높을수록 피부 흡수가 용이하다.

정답　01 ①　20 ②　03 ①　04 ④

05

근로자로부터 40cm 떨어진 물체(9kg)를 바닥으로부터 150cm 들어 올리는 작업을 1분에 5회씩 1일 8시간 실시하였을 때 감시기준(AL, Action Limit)은 얼마인가? (단, H는 수평거리, V는 수직거리, D는 이동거리, F는 작업빈도계수이다.)

$$AL(kg) = 40\left(\frac{15}{H}\right)(1-0.004|V-75|)\left(0.7+\frac{7.5}{D}\right)\left(1-\frac{F}{12}\right)$$

① 2.6kg
② 3.6kg
③ 4.6kg
④ 5.6kg

06

국내 직업병 발생에 대한 설명 중 틀린 것은?

① 1994년까지는 직업병 유소견자 현황에 진폐증이 차지하는 비율이 66~80% 정도로 가장 높았고, 여기에 소음성 난청을 합치면 대략 90%가 넘어 직업병 유소견자의 대부분은 진폐와 소음 난청이었다.
② 1988년 15살의 "문송면"군은 온도계 제조회사에 입사한 지 3개월 만에 수은에 중독되어 사망에 이르렀다.
③ 경기도 화성시 모 디지털 회사에서 근무하는 외국인(태국) 근로자 8명에게서 노말헥산의 과다노출에 따른 다발성 말초신경염이 발생되었다.
④ 모 전자부품 업체에서 크실렌이라는 유기용제에 노출되어 생리 중단과 '재생불량성 빈혈'이라는 건강상 장해가 일어나 사회문제가 되었다.

07

다음 중 직업적성을 알아보기 위한 생리적 기능검사와 가장 거리가 먼 것은?

① 체력검사
② 감각기능검사
③ 심폐기능검사
④ 지각동작기능검사

08 빈출

미국산업위생학회 등에서 산업위생전문가들이 지켜야 할 윤리강령을 채택한 바 있는데 다음 중 전문가로서의 책임에 해당되지 않는 것은?

① 기업체의 기밀은 누설하지 않는다.
② 전문 분야로서의 산업위생 발전에 기여한다.
③ 근로자, 사회 및 전문 분야의 이익을 위해 과학적 지식을 공개한다.
④ 위험요인의 측정, 평가 및 관리에 있어서 외부의 압력에 굴하지 않고 중립적 태도를 취한다.

09

다음 중 사고예방대책의 기본원리가 다음과 같을 때 각 단계를 순서대로 올바르게 나열한 것은?

ⓐ 분석평가
ⓑ 시정책의 적용
ⓒ 안전관리 조직
ⓓ 시정책의 선정
ⓔ 사실의 발견

---

① ⓒ → ⓔ → ⓐ → ⓓ → ⓑ
② ⓒ → ⓔ → ⓓ → ⓑ → ⓐ
③ ⓔ → ⓒ → ⓓ → ⓑ → ⓐ
④ ⓔ → ⓓ → ⓒ → ⓑ → ⓐ

사고예방대책의 기본 단계는 다음과 같이 진행된다. 먼저 안전관리 조직을 구성한다(ⓒ). 그 다음 사실의 발견을 통해 사고나 위험요인의 현황을 조사한다(ⓔ). 발견된 사실을 바탕으로 분석평가하여 원인을 파악한다(ⓐ). 분석 결과에 따라 해결 방안(시정책)을 선정한다(ⓓ). 마지막으로 선정된 시정책을 실제 적용한다(ⓑ).

관련개념
- 안전관리 조직: 사고예방을 위한 책임자, 체계와 조직을 구성하는 단계이다.
- 사실의 발견: 사고 혹은 위험의 존재를 구체적으로 조사·확인하는 단계이다.
- 분석평가: 사실을 바탕으로 위험의 원인과 구조를 면밀히 분석하는 단계이다.
- 시정책의 선정: 분석 결과에 따라 최적의 해결 방안이나 예방책을 선택하는 단계이다.
- 시정책의 적용: 선정된 대책을 실제로 현장 및 관리체계에 도입·실행하는 단계이다.

10 ⭐빈출

다음 중 사무실 공기관리 지침상 관리대상 오염물질의 종류에 해당하지 않는 것은?

① 라돈
② 호흡성분진(RSP)
③ 총부유세균
④ 일산화탄소(CO)

호흡성분진(RSP)은 해당되지 않는다.

관련개념 사무실 공기관리 지침[고용노동부고시 제2020-45호]

오염물질	관리기준*
미세먼지(PM10)	100μg/m³
초미세먼지(PM2.5)	50μg/m³
이산화탄소(CO_2)	1,000ppm
일산화탄소(CO)	10ppm
이산화질소(NO_2)	0.1ppm
포름알데히드(HCHO)	100μg/m³
총휘발성유기화합물(TVOC)	500μg/m³
라돈(radon)**	148Bq/m³
총부유세균	800CFU/m³
곰팡이	500CFU/m³

* 관리기준: 8시간 시간가중평균농도 기준
** 라돈: 지상 1층을 포함한 지하에 위치한 사무실에만 적용

11

다음 중 산업위생의 목적으로 가장 적합하지 않은 것은?

① 작업조건을 개선한다.
② 근로자의 작업능률을 향상시킨다.
③ 근로자의 건강을 유지 및 증진시킨다.
④ 유해한 작업환경으로 일어난 질병을 진단한다.

- 산업위생의 목적은 근로자의 건강을 보호·증진하고, 작업환경 및 조건을 개선하여 질병을 예방하며, 작업능률 향상과 쾌적한 작업환경 조성에 있다.
- 산업위생은 유해요인의 예측, 인지, 측정, 평가, 관리를 통해 직업병 등 질환의 예방을 중점적으로 다룬다.
- 실제로 발생한 질병을 진단·치료하는 것은 산업위생의 본질적 목적이 아니며, 의학·임상의 영역이다.

12 ⭐빈출

다음 중 유해인자와 그로 인하여 발생되는 직업병이 올바르게 연결된 것은?

① 크롬 – 간암
② 이상기압 – 침수족
③ 석면 – 악성중피종
④ 망간 – 비중격천공

① 크롬: 비중격천공, 폐암, 비강암, 피부궤양 등
② 이상기압: 잠수병, 감압병 등
④ 망간: 중추신경계 장애

13

다음 중 Flex-Time제를 가장 올바르게 설명한 것은?

① 주휴 2일제로 주당 40시간 이상의 근무를 원칙으로 하는 제도
② 하루 중 자기가 편한 시간을 정하여 자유 출·퇴근하는 제도
③ 작업상 전 근로자가 일하는 중추시간(Core Time)을 제외하고 자유롭게 출·퇴근하는 제도
④ 연중 4주간의 연차 휴가를 정하여 근로자가 원하는 시기에 휴가를 갖는 제도

Flex-Time 제도는 근로자가 하루 중 반드시 일해야 하는 중추시간(Core Time)을 제외하고, 주당 40시간 내외의 근로조건 하에서 자신의 출퇴근 시간을 자율적으로 조정할 수 있는 제도이다. 즉, 모든 직원이 동시에 근무해야 하는 핵심 근무시간 외에는 본인 일정에 맞게 자유롭게 출퇴근이 가능하며, 일과 삶의 균형을 높인다.

14

다음 중 산업안전보건법상 "물질안전보건자료의 작성과 비치가 제외되는 대상물질"이 아닌 것은?

① "농약관리법"에 따른 농약
② "폐기물관리법"에 따른 폐기물
③ "대기관리법"에 따른 대기오염물질
④ "식품위생법"에 따른 식품 및 식품첨가물

"대기관리법"에 따른 대기오염물질은 해당되지 않는다.

관련개념 물질안전보건자료의 작성·제출 제외 대상 화학물질 등(산업안전보건법 시행령 제86조)
• 「건강기능식품에 관한 법률」에 따른 건강기능식품
• 「농약관리법」에 따른 농약
• 「마약류 관리에 관한 법률」에 따른 마약 및 향정신성의약품
• 「비료관리법」에 따른 비료
• 「사료관리법」에 따른 사료
• 「생활주변방사선 안전관리법」에 따른 원료물질
• 「생활화학제품 및 살생물제의 안전관리에 관한 법률」에 따른 안전확인대상생활화학제품 및 살생물제품 중 일반소비자의 생활용으로 제공되는 제품
• 「식품위생법」에 따른 식품 및 식품첨가물
• 「약사법」에 따른 의약품 및 의약외품
• 「원자력안전법」에 따른 방사성물질
• 「위생용품 관리법」에 따른 위생용품
• 「의료기기법」에 따른 의료기기
• 「첨단재생의료 및 첨단바이오의약품 안전 및 지원에 관한 법률」에 따른 첨단바이오의약품
• 「총포·도검·화약류 등의 안전관리에 관한 법률」에 따른 화약류
• 「폐기물관리법」에 따른 폐기물
• 「화장품법」에 따른 화장품

다음 중 산업안전보건법상 "충격소음작업"에 해당하는 것은? (단, 작업은 소음이 1초 이상의 간격으로 발생한다.)

① 120데시벨을 초과하는 소음이 1일 1만회 이상 발생되는 작업
② 125데시벨을 초과하는 소음이 1일 1천회 이상 발생되는 작업
③ 130데시벨을 초과하는 소음이 1일 1백회 이상 발생되는 작업
④ 140데시벨을 초과하는 소음이 1일 10회 이상 발생되는 작업

"충격소음작업"이란 소음이 1초 이상의 간격으로 발생하는 작업으로서 다음 중 어느 하나에 해당하는 작업을 말한다.
• 120데시벨을 초과하는 소음이 1일 1만회 이상 발생하는 작업
• 130데시벨을 초과하는 소음이 1일 1천회 이상 발생하는 작업
• 140데시벨을 초과하는 소음이 1일 1백회 이상 발생하는 작업

관련개념 용어의 정의(산업안전보건기준에 관한 규칙 제512조)
• "소음작업"이란 1일 8시간 작업을 기준으로 85데시벨 이상의 소음이 발생하는 작업을 말한다.
• "강렬한 소음작업"이란 다음 중 어느 하나에 해당하는 작업을 말한다.
  ✓ 90데시벨 이상의 소음이 1일 8시간 이상 발생하는 작업
  ✓ 95데시벨 이상의 소음이 1일 4시간 이상 발생하는 작업
  ✓ 100데시벨 이상의 소음이 1일 2시간 이상 발생하는 작업
  ✓ 105데시벨 이상의 소음이 1일 1시간 이상 발생하는 작업
  ✓ 110데시벨 이상의 소음이 1일 30분 이상 발생하는 작업
  ✓ 115데시벨 이상의 소음이 1일 15분 이상 발생하는 작업
• "충격소음작업"이란 소음이 1초 이상의 간격으로 발생하는 작업으로서 다음 중 어느 하나에 해당하는 작업을 말한다.
  ✓ 120데시벨을 초과하는 소음이 1일 1만회 이상 발생하는 작업
  ✓ 130데시벨을 초과하는 소음이 1일 1천회 이상 발생하는 작업
  ✓ 140데시벨을 초과하는 소음이 1일 1백회 이상 발생하는 작업

16

다음 중 인간공학에서 최대작업영역(Maximum Area)에 대한 설명으로 가장 적절한 것은?

① 허리의 불편 없이 적절히 조작할 수 있는 영역
② 팔과 다리를 이용하여 최대한 도달할 수 있는 영역
③ 어깨에서부터 팔을 뻗어 도달할 수 있는 영역
④ 상완을 자연스럽게 몸에 붙인 채로 전완을 움직일 때 도달하는 영역

작업자의 최대 작업역(Maximum Working Area)은 어깨에서부터 팔을 최대한 뻗어서 도달할 수 있는 최대 영역을 의미한다. 즉, 어깨를 중심으로 팔을 쭉 뻗었을 때 손이 닿을 수 있는 가장 넓은 작업 공간을 말한다. 이 정의는 작업자의 동작 범위를 기준으로 작업 공간을 설계할 때 기본 기준이 되며, 작업자의 신체적 한계 내에서 접근 가능한 최대 영역을 뜻한다.

17

다음 중 영국의 외과의사 Pott에 의하여 최초로 발견된 직업성 암은?

① 음낭암
② 비암
③ 폐암
④ 간암

Percival Pott(퍼시벌 포트, 1714~1788)는 영국 외과의사로, 직업과 암의 연관성을 최초로 밝힌 인물이다. 그는 굴뚝 청소부에게 음낭암(Scrotal Cancer)이 발생함을 관찰하여, 검댕(Smut)이 원인임을 최초로 밝혀 직업성 암의 개념을 도입하였다.

정답   15 ① 16 ③ 17 ①

18 

Diethyl Ketone(TLV=200ppm)을 사용하는 근로자의 작업시간이 9시간일 때 허용기준을 보정하였다. OSHA 보정법과 Brief and Scala 보정법을 적용하였을 경우 보정된 허용기준치 간의 차이는?

① 5.05
② 11.11
③ 22.22
④ 33.33

- OSHA 보정방법

  보정된 노출기준 = 8시간 노출기준 × $\dfrac{8시간}{노출시간 / 일}$

  $$= 200 \times \dfrac{8}{9} = 177.77\text{ppm}$$

- Brief and Scala 보정방법

  $$RF = \left(\dfrac{8}{H}\right) \times \dfrac{24-H}{16} = \left(\dfrac{8}{9}\right) \times \dfrac{24-9}{16} = 0.8333$$

  보정된 노출기준 = TLV × RF = 200 × 0.8333

  $$= 166.66\text{ppm}$$

- 허용기준치 차이 = 177.77 − 166.66 = 11.11ppm

19

금속이 용해되어 액상 물질이 되고, 이것이 가스상 물질로 기화된 후 다시 응축되어 발생하는 고체입자를 무엇이라 하는가?

① 에어로졸(Aerosol)
② 흄(Fume)
③ 미스트(Mist)
④ 스모그(Smog)

- ② 흄(Fume): 금속 등이 고온에서 증발 후 응축하여 생긴 미세한 고체입자(예 용접흄, 금속흄)
- ① 에어로졸(Aerosol): 공기 중에 부유하는 고체 또는 액체 미립자의 총칭(예 먼지, 연기, 미스트 등 모두 포함하는 큰 개념)
- ③ 미스트(Mist): 액체가 분무, 응축 등에 의해 공기 중에 미세한 액적 상태로 떠 있는 것(예 오일미스트)
- ④ 스모그(Smog): 연기(smoke)와 안개(fog)가 결합된 오염 현상으로, 대기오염에 의해 발생하는 혼합체(예 광화학 스모그)

20

작업대사율(RMR) 계산 시 직접적으로 필요한 항목과 가장 거리가 먼 것은?

① 작업시간
② 안정 시 열량
③ 기초대사량
④ 작업에 소모된 열량

작업대사량(RMR) $= \dfrac{작업대사량}{기초대사량}$

$$= \dfrac{작업 시 열량소비량 - 안정 시 열량소비량}{기초대사량}$$

$$= \dfrac{작업 시 산소소비량 - 안정 시 산소소비량}{기초대사 시 산소소비량}$$

2과목 **작업위생 측정 및 평가**

21

검지관 사용 시 장단점으로 가장 거리가 먼 것은?

① 숙련된 산업위생전문가가 아니더라도 어느 정도만 숙지하면 사용할 수 있다.
② 민감도가 낮아 비교적 고농도에 적용이 가능하다.
③ 특이도가 낮아 다른 방해물질의 영향을 받기 쉽다.
④ 측정대상물질의 동정 없이 측정이 용이하다.

- 검지관법은 오염물질 동정 없이 사용할 수 없으므로, 항상 어떤 가스를 측정하는지 명확히 해야 한다.
- 동정이란 측정대상 물질이나 현상을 정확히 확인하고 식별하는 것을 의미한다. 즉, 가스 측정 시 동정은 어떤 가스인지, 어떤 오염물질인지를 알아내고 구별하는 작업이다.

22 빈출

어느 옥외 작업장의 온도를 측정한 결과, 건구온도 30℃, 자연습구온도 26℃, 흑구온도 36℃를 얻었다. 이 작업장의 WBGT는? (단, 태양광선이 내리쬐지 않는 장소이다.)

① 28℃
② 29℃
③ 30℃
④ 31℃

옥내 or 옥외(햇볕 없는 곳)의 습구흑구온도지수(WBGT)
WBGT = 0.7 × 자연습구온도 + 0.3 × 흑구온도
     = 0.7 × 26 + 0.3 × 36 = 29℃

관련개념 WBGT(Wet Bulb Globe Temperature)
WBGT는 습구·흑구·건구 온도를 포함한 열 스트레스 지표로, 작업 환경에서 열사병, 열탈진 등 고온 스트레스 예방을 위한 대표적 지표
- 옥내 or 옥외(햇볕 없는 곳)
  WBGT = 0.7 × 자연습구온도 + 0.3 × 흑구온도
- 옥외(햇볕 있는 곳)
  WBGT = 0.7 × 자연습구온도 + 0.2 × 흑구온도 + 0.1 × 건구온도

23 빈출

정량한계(LOQ)에 관한 설명으로 가장 옳은 것은?

① 검출한계의 2배로 정의
② 검출한계의 3배로 정의
③ 검출한계의 5배로 정의
④ 검출한계의 10배로 정의

정량한계는 표준편차의 10배 또는 검출한계의 3배(또는 3.3배)로 정의한다.

관련개념
- 정량한계는 신뢰할 만한 정량값을 얻을 수 있는 분석 대상물질의 최소 농도 또는 양이다.
- 표준편차는 측정값들의 흩어짐 정도를 나타내는 통계적 수치로, 정량한계와 검출한계 산출에 사용된다.

24 빈출

수은(알킬수은 제외)의 노출기준은 0.05mg/m³이고 증기압은 0.0029mmHg이라면 VHR(Vapor Hazard Ratio)은? (단, 25℃, 1기압 기준이고, 수은의 원자량은 200.6이다.)

① 약 330
② 약 430
③ 약 530
④ 약 630

$$\mathrm{VHR} = \frac{\text{포화증기농도}}{\text{노출기준}}$$

$$= \frac{\dfrac{0.0029\mathrm{mmHg}}{760\mathrm{mmHg}} \times 10^6}{0.05\mathrm{mg} \times \dfrac{22.4\mathrm{mL}}{200.6\mathrm{mg}} \Big/ \Big(\mathrm{m}^3 \times \dfrac{273\mathrm{K}}{(273+25)\mathrm{K}}\Big)} = 626.0999$$

25 빈출

다음 중 2차 표준기구인 것은?

① 유리 피스톤 미터
② 폐활량계
③ 열선기류계
④ 가스치환병

- 1차 표준기구: 물리적 크기에 따라 공간의 부피를 직접 측정할 수 있는 기구로, 대표적으로 흑연 피스톤 미터, 비누거품 미터, 폐활량계, 가스치환병, 유리 피스톤 미터, 피토튜브 등이 있다.
- 2차 표준기구: 공간의 부피를 직접 측정할 수 없으며, 기류 속도나 압력을 유량으로 환산해 사용하는 기구로, 로타미터, 건식가스 미터, 습식테스트 미터, 오리피스 미터, 열선기류계 등이 있다.

26 

WBGT 측정기의 구성요소로 적절하지 않은 것은?

① 습구온도계
② 건구온도계
③ 카타온도계
④ 흑구온도계

> • WBGT 측정기는 습구온도계, 건구온도계, 흑구온도계로 구성되며, 세 지표를 사용하여 열 스트레스를 평가한다.
> • 카타온도계는 기류(풍속) 측정에 사용되는 온도계로, WBGT 측정기의 구성요소가 아니다.

27 빈출

입자상 물질의 측정 매체인 MCE(Mixed Cellulose Ester Membrane) 여과지에 관한 설명으로 틀린 것은?

① 산에 쉽게 용해된다.
② MCE 여과지의 원료인 셀룰로오스는 수분을 흡수하는 특성을 가지고 있다.
③ 시료가 여과지의 표면 또는 표면 가까운 데에 침착되므로 석면, 유리섬유 등 현미경 분석을 위한 시료채취에 이용된다.
④ 입자상 물질에 대한 중량분석에 주로 적용된다.

> PVC(Polyvinyl Chloride) 여과지는 입자상 물질(공해성 먼지, 총먼지 등)에 대한 중량분석에 주로 적용된다.

관련개념 MCE(Mixed Cellulose Ester) 여과지
• 셀룰로오스 아세테이트와 셀룰로오스 나이트레이트가 혼합된 멤브레인 필터이다.
• 친수성이며 균일하고 미세한 공극을 가지고 있어 미생물 및 미립자 포집에 적합하며 수용액 여과, 미생물 검사 등에 주로 사용됨

28

알고 있는 공기 중 농도를 만드는 방법인 Dynamic Method에 관한 내용으로 틀린 것은?

① 만들기가 복잡하고 가격이 고가이다.
② 온습도 조절이 가능하다.
③ 소량의 누출이나 벽면에 의한 손실은 무시할 수 있다.
④ 대개 운반용으로 제작하기가 용이하다.

> 동적 방법은 농도 조절과 유지 목적이며, 대개 운반용으로 제작되는 것은 아니다. 운반용 기구는 별도로 존재하고, 동적 방법 장비는 주로 실험이나 분석용으로 사용된다.

관련개념
• 동적 방법(Dynamic Method): 동적 방법은 가스나 액체를 지속적으로 공급하거나 배출하여 일정한 농도를 유지하는 방식이다. 농도 변화를 자유롭게 조절할 수 있고, 만들기가 복잡하며 가격이 상대적으로 고가이다. 소량의 누출이나 벽면에 의한 손실은 무시할 수 있다.
• 정적 방법(Static Method): 정적 방법은 일정한 양의 시료를 용기나 챔버에 넣고 혼합하여 농도를 고정하는 방식이다. 농도는 외부에서 별도로 공급하거나 배출하지 않고 일정하게 유지된다. 만들기가 비교적 간단하고 비용도 낮으나, 농도 조절 및 유지가 제한적이다.

29 빈출

'변이계수'에 관한 설명으로 틀린 것은?

① 평균값의 크기가 0에 가까울수록 변이계수의 의의는 커진다.
② 측정단위와 무관하게 독립적으로 산출된다.
③ 변이계수는 %로 표현된다.
④ 통계집단의 측정값들에 대한 균일성, 정밀성 정도를 표현하는 것이다.

> • 평균값의 크기가 0에 가까울수록 변이계수의 의의가 작아지는 단점이 있다.
> • 표준편차에 대한 평균값의 상대적인 크기를 나타내는 수치이다.
>
> $$변이계수(CV)\% = \frac{표준편차}{평균} \times 100$$

30 ⭐ 빈출

어떤 음의 발생원의 Sound Power가 0.006W이면 이때 음향 파워레벨은?

① 92dB
② 94dB
③ 96dB
④ 98dB

음향파워레벨(PWL) 산정

$$PWL = 10\log\left(\frac{W}{W_0}\right) = 10\log\left(\frac{0.006}{10^{-12}}\right) = 97.7815 \text{dB}$$

31 ⭐ 빈출

직경 분립 충돌(Cascade Impactor)의 특성을 설명한 것으로 옳지 않은 것은?

① 비용이 저렴하고 채취 준비가 간단하다.
② 공기가 옆에서 유입되지 않도록 각 충돌기의 철저한 조립과 장착이 필요하다.
③ 입자의 질량크기 분포를 얻을 수 있다.
④ 흡입성, 흉곽성, 호흡성 입자의 크기별 분포와 농도를 얻을 수 있다.

비용이 많이 들고 시료채취 준비에 시간이 많이 걸리며 비교적 채취가 용이하지 않다.

관련개념 직경분립충돌기(Cascade Impactor)
- 입자의 관성에 의한 충돌 원리를 이용해, 크기별로 입자를 분리 및 채취하는 기기
- 일반적으로 여러 개의 노즐과 수집판(Stage)으로 구성되어, 입자 크기별로 분급 가능
- 사용 시 여러 단계를 거쳐야 하므로 기기 구성 및 시료채취 준비가 복잡하고 시간 소요가 큰 편

32 ⭐ 빈출

유형, 측정시간, 회수율, 분석에 의한 오차가 각각 10%, 5%, 10%, 5%일 때의 누적오차와 회수율에 의한 오차를 10%에서 7%로 감소(유형, 측정시간, 분석에 의한 오차율은 변화없음)시켰을 때 누적오차와의 차이는?

① 약 1.2%
② 약 1.7%
③ 약 2.6%
④ 약 3.4%

누적오차는 각 오차의 제곱을 합한 후 제곱근을 취하는 방식으로 계산한다.
- 개선 전 누적오차 $= \sqrt{10^2 + 5^2 + 10^2 + 5^2} = 15.8113\%$
- 개선 후 누적오차 $= \sqrt{10^2 + 5^2 + 7^2 + 5^2} = 14.1067\%$
- 누적오차의 차이 $= 15.8113 - 14.1067 = 1.7046\%$

33

실리카겔관이 활성탄관에 비하여 가지고 있는 장점과 가장 거리가 먼 것은?

① 극성물질을 채취한 경우 물, 메탄올 등 다양한 용매로 쉽게 탈착된다.
② 추출액이 화학분석이나 기기분석에 방해물질로 작용하는 경우가 많지 않다.
③ 매우 유독한 이황화탄소를 탈착 용매로 사용하지 않는다.
④ 수분을 잘 흡수하여 습도에 대한 민감도가 높다.

수분을 잘 흡수하여 습도에 대한 민감도가 높아 습기가 많은 환경에서 성능이 저하될 수 있다.

34

로터미터(Rotameter)에 관한 설명으로 알맞지 않는 것은?

① 유량을 측정하는 데 가장 흔히 사용되는 기기이다.
② 바닥으로 갈수록 점점 가늘어지는 수직관과 그 안에서 자유롭게 상하로 움직이는 부자로 이루어진다.
③ 관은 유리나 투명 플라스틱으로 되어있으며 눈금이 새겨져 있다.
④ 최대 유량과 최소 유량의 비율이 100 : 1 범위이고 대부분 ±1.0% 이내의 정확성을 나타낸다.

로터미터는 최대유량과 최소유량의 비율이 10 : 1 범위이고, ±5% 이내의 정확성을 나타낸다.

35 빈출

임핀저(Impinger)로 작업장 내 가스를 포집하는 경우, 첫 번째 임핀저의 포집효율이 90%이고 두 번째 임핀저의 포집효율은 50%이었다. 두 개를 직렬로 연결하여 포집하면 전체 포집효율은?

① 93%
② 95%
③ 97%
④ 99%

$$\eta_T = 1 - (1 - \eta_1)(1 - \eta_2) = 1 - (1 - 0.9)(1 - 0.5) = 0.95 \rightarrow 95\%$$

36 빈출

화학공장의 작업장 내에 먼지 농도를 측정하였더니 5, 6, 5, 6, 6, 6, 4, 8, 9, 8ppm이었다. 이러한 측정치의 기하평균(ppm)은?

① 5.13
② 5.83
③ 6.13
④ 6.83

기하평균은 농도의 중앙 경향을 표현할 때 유용하며, 특히 측정값 간 편차가 크거나 자료가 로그 정규분포를 따를 때 사용한다.

$$\text{기하평균} = (x_1 \times x_2 \times x_3 \times \cdots \times x_n)^{\frac{1}{n}}$$
$$= (5 \times 6 \times 5 \times 6 \times 6 \times 6 \times 4 \times 8 \times 9 \times 8)^{\frac{1}{10}} = 6.1277$$

37 빈출

공장 내부에 소음(대당 PWL = 85dB)을 발생시키는 기계가 있다. 이 기계 2대가 동시에 가동될 때 발생하는 PWL의 합은?

① 86dB
② 88dB
③ 90dB
④ 92dB

$$\begin{aligned}
\text{총 음압레벨(dB(A))} &= 10\log\left(10^{L_1/10} + 10^{L_2/10} + \cdots + 10^{L_n/10}\right) \\
&= 10\log\left(10^{85/10} + 10^{85/10}\right) \\
&= 88.0102\text{db(A)}
\end{aligned}$$

38 빈출

용접작업 중 발생되는 용접흄을 측정하기 위해 사용할 여과지를 화학천칭을 이용해 무게를 재었더니 70.11mg이었다. 이 여과지를 이용하여 2.5L/min의 시료채취 유량으로 120분간 측정을 실시한 후 잰 무게는 75.88mg이었다면 용접흄의 농도는?

① 약 13mg/m³
② 약 19mg/m³
③ 약 23mg/m³
④ 약 28mg/m³

$$\frac{(75.88 - 70.11)\text{mg}}{\dfrac{2.5\text{L}}{\text{min}} \times 120\text{min} \times \dfrac{\text{m}^3}{1,000\text{L}}} = 19.2333\text{mg/m}^3$$

39 

세척제로 사용하는 트리클로로에틸렌의 근로자 노출농도 측정을 위해 과거의 노출 농도를 조사해 본 결과, 평균 90 ppm이었다. 활성탄관을 이용하여 0.17L/분으로 채취하고자 할 때 채취하여야 할 최소한의 시간(분)은? (단, 25℃, 1기압 기준이고, 트리클로로 에틸렌의 분자량은 131.39, 가스크로마토그래피의 정량한계는 시료 당 0.4mg이다.)

① 4.9분
② 7.8분
③ 11.4분
④ 13.7분

필요한 시료량 = 채취시간 × 농도 × 채취유량

$$0.4mg = \square\,min \times \dfrac{90mL \times \dfrac{131.39mg}{22.4mL}}{Sm^3 \times \dfrac{(273+25)K}{273K}} \times \dfrac{0.17L}{min} \times \dfrac{m^3}{1,000L}$$

$$\square = 4.8652min$$

40

흡수용액을 이용하여 시료를 포집할 때 흡수효율을 높이는 방법과 거리가 먼 것은?

① 용액의 온도를 높여 오염물질을 휘발시킨다.
② 시료채취유량을 낮춘다.
③ 가는 구멍이 많은 Fritted 버블러 등 채취효율이 좋은 기구를 사용한다.
④ 두 개 이상의 버블러를 연속적으로 연결하여 용액의 양을 늘린다.

용액의 온도를 높이면 오염물질의 휘발성이 증가하여 흡수효율이 감소한다. 따라서 흡수효율을 높이기 위해서는 용액의 온도를 낮게 유지하는 것이 일반적이다.

41

톨루엔을 취급하는 근로자의 보호구 밖에서 측정한 톨루엔 농도가 30ppm이었고 보호구 안의 농도가 2ppm으로 나왔다면 보호계수(Protection Factor, PF) 값은? (단, 표준상태 기준이다.)

① 15
② 30
③ 60
④ 120

$$APF = C_o/C_i$$
$$\quad\quad = 30/2 = 15$$

관련개념 할당보호계수(APF, Assigned Protection Factor)
• 잘 훈련된 착용자가 보호구를 올바르게 착용했을 때 기대할 수 있는 보호 정도를 나타내는 값이다.
• APF는 보호구 밖의 오염물질 농도(C_o)와 보호구 내부 오염물질 농도(C_i)의 비율로 표현한다. 즉, $APF = C_o/C_i$이다.

42

귀마개의 장단점과 가장 거리가 먼 것은?

① 제대로 착용하는 데 시간이 걸린다.
② 착용여부 파악이 곤란하다.
③ 보안경 착용 시 차음효과가 감소한다.
④ 귀마개 오염 시 감염될 가능성이 있다.

귀마개는 보안경 착용에 간섭받지 않으므로 차음효과와 관계가 없다.

43

대치(Substitution) 방법으로 유해 작업환경을 개선한 경우로 적절하지 않은 것은?

① 유연휘발유를 무연휘발유로 대치
② 블라스팅 재료로서 모래를 철구슬로 대치
③ 야광시계의 자판을 라듐에서 인으로 대치
④ 페인트 희석제를 사염화탄소에서 석유나프타로 대치

44

송풍관(Duct) 내부에서 유속이 가장 빠른 곳은? (단, d는 직경이다.)

① 위에서 $1/10 \cdot d$ 지점
② 위에서 $1/5 \cdot d$ 지점
③ 위에서 $1/3 \cdot d$ 지점
④ 위에서 $1/2 \cdot d$ 지점

45

원심력 제진장치인 사이크론에 관한 설명 중 옳지 않은 것은?

① 함진가스에 선회류를 일으키는 원심력을 이용한다.
② 비교적 적은 비용으로 제진이 가능하다.
③ 가동부분이 많은 것이 기계적인 특징이다.
④ 원심력과 중력을 동시에 이용하기 때문에 입경이 크면 효율적이다.

46

공기정화장치의 한 종류인 원심력 제진장치의 분리계수(Separation Fator)에 대한 설명으로 옳지 않은 것은?

① 분리계수는 중력가속도와 반비례한다.
② 사이클론에서 입자에 작용하는 원심력을 중력으로 나눈 값을 분리계수라 한다.
③ 분리계수는 입자의 접선방향속도에 반비례한다.
④ 분리계수는 사이클론의 원추하부 반경에 반비례한다.

47 ⭐ 빈출

다음과 같은 조건에서 오염물질의 농도가 200ppm까지 도달하였다가 오염물질 발생이 중지되었을 때, 공기 중 농도가 200ppm에서 19ppm으로 감소하는 데 얼마나 걸리는가? (단, 1차 반응, 공간부피 V = 3,000m³, 환기량 Q = 1.17m³/sec)

① 약 89분
② 약 100분
③ 약 109분
④ 약 115분

외부유입공기 중 오염물질의 농도는 0ppm이므로 1차 반응의 단순 희석 개념을 적용한다.

$$\ln\left(\frac{C_t}{C_0}\right) = -kt \;\rightarrow\; \ln\left(\frac{C_t}{C_0}\right) = -\frac{Q}{\forall} \times t$$

$$\ln\left(\frac{19}{200}\right) = -\frac{\frac{1.17m^3}{sec} \times \frac{60sec}{min}}{3000m^3} \times t$$

$$t = 100.5930min$$

48

1기압에서 혼합기체는 질소(N_2) 66%, 산소(O_2) 14%, 탄산가스 20%로 구성되어 있다. 질소 가스의 분압은? (단, 단위: mmHg)

① 501.6
② 521.6
③ 541.6
④ 560.4

760mmHg × 0.66 = 501.6mmHg

49

0℃, 1기압인 표준상태에서 공기의 밀도가 1.293kg/Sm³라고 할 때 25℃, 1기압에서의 공기밀도는 몇 kg/m³인가?

① 0.903kg/m³
② 1.085kg/m³
③ 1.185kg/m³
④ 1.411kg/m³

$$\frac{1.293kg}{Sm^3 \times \frac{(273+25)K}{273K}} = 1.1845kg/m^3$$

50

덕트 합류 시 균형유지 방법 중 설계에 의한 정압균형유지법의 장·단점이 아닌 것은?

① 설계 시 잘못된 유량을 고치기가 용이함
② 설계가 복잡하고 시간이 걸림
③ 최대 저항 경로 선정이 잘못되어도 설계 시 쉽게 발견할 수 있음
④ 때에 따라 전체 필요한 최소유량보다 더 초과될 수 있음

설계가 어렵고 시간이 많이 걸린다는 단점이 있어 설치된 시설의 개조나 장치변경은 어렵다.

51

국소배기장치에 관한 주의사항으로 가장 거리가 먼 것은?

① 배기관은 유해물질이 발산하는 부위의 공기를 모두 빨아낼 수 있는 성능일 것
② 흡인되는 공기가 근로자의 호흡기를 거치지 않도록 할 것
③ 먼지를 제거할 때에는 공기속도를 조절하여 배기관 안에서 먼지가 일어나도록 할 것
④ 유독물질의 경우에는 굴뚝에 흡인장치를 보강할 것

먼지를 제거할 때에는 공기속도를 조절하여 배기관 안에서 먼지가 일어나지 않도록 해야 한다.

52 ⭐빈출

어느 실내의 길이, 폭, 높이가 각 각 25m, 10m, 3m이며 실내에 1시간당 18회의 환기를 하고자 한다. 직경 50cm의 개구부를 통하여 공기를 공급하고자 하면 개구부를 통과하는 공기의 유속(m/sec)은?

① 13.7
② 15.3
③ 17.2
④ 19.1

- $Q = \dfrac{25\text{m} \times 10\text{m} \times 3\text{m}}{\text{hr}} \times 18 = 13{,}500\text{m}^3/\text{hr}$

- $Q = AV$

$$\dfrac{13{,}500\text{m}^3}{\text{hr}} \times \dfrac{\text{hr}}{3{,}600\text{sec}} = \dfrac{\pi}{4} \times (0.5\text{m})^2 \times V$$

$$V = 19.0985\text{m/sec}$$

53 ⭐빈출

어느 작업장에서 크실렌(Xylene)을 시간당 2리터(2L/hr) 사용할 경우 작업장의 희석환기량(m³/min)은? (단, 크실렌의 비중은 0.88, 분자량은 106, TLV는 100ppm이고 안전계수 K는 6, 실내온도는 20℃이다.)

① 약 200
② 약 300
③ 약 400
④ 약 500

$$Q(환기량) = \dfrac{K(안전계수) \times G(발생량)}{C(허용농도)}$$

$$= 6 \times \dfrac{\dfrac{2\text{L}}{\text{hr}} \times \dfrac{0.88\text{g}}{\text{mL}} \times \dfrac{1{,}000\text{mL}}{\text{L}} \times \dfrac{\text{hr}}{60\text{min}}}{100\text{mL} \times \dfrac{273\text{K}}{(273+20)\text{K}} \times \dfrac{106\text{mg}}{22.4\text{mL}} \times \dfrac{\text{g}}{1{,}000\text{mg}}}{\text{m}^3}$$

$$= 399.1717\text{m}^3/\text{min}$$

- $K(안전계수) = 6$
- $G(발생량) = 2\text{L/hr}$
- $C(허용농도(TLV)) = 100\text{ppm}$

54 ⭐빈출

강제환기를 실시할 때 환기효과를 제고시킬 수 있는 방법으로 틀린 것은?

① 공기배출구와 근로자의 작업위치 사이에 오염원이 위치하지 않도록 하여야 한다.
② 배출구가 창문이나 문 근처에 위치하지 않도록 한다.
③ 오염물질 배출구는 가능한 한 오염원으로부터 가까운 곳에 설치하여 '점환기' 효과를 얻는다.
④ 공기가 배출되면서 오염장소를 통과하도록 공기배출구와 유입구의 위치를 선정한다.

공기배출구와 근로자의 작업위치 사이에 오염원이 위치해야 한다.

> **관련개념** 점환기 현상
> - 공기배출구 부근에서 배출된 오염물질이 초기 운동에너지를 잃고 정체되어 거의 움직임이 없는 상태가 되는 현상이다.
> - 오염물질이 배출구 가까이 머물러 제대로 확산 또는 배출되지 못하게 하는 문제로, 국소배기장치 효율을 저하시키고 작업장 내 오염물질 농도를 높이는 원인이 된다.
> - 점환기 현상을 방지하려면 오염물질 배출구를 오염원으로부터 가능한 한 멀리 설치하여 유동성을 확보하고 배출되는 공기가 원활히 흐르도록 해야 한다.

55

작업장 내 열부하량이 10,000kcal/hr이며, 외기온도 20℃, 작업장 내 온도는 35℃이다. 이때 전체환기를 위해 필요한 환기량(m^3/min)은? (단, 정압비열은 0.3kcal/$m^3 \cdot$ ℃이다.)

① 약 37
② 약 47
③ 약 57
④ 약 67

$$Q = \frac{H}{C_p \times (T_{내} - T_{외})}$$

$$= \frac{10,000\text{kcal/hr} \times \dfrac{\text{hr}}{60\text{min}}}{\dfrac{0.3\text{kcal}}{m^3 \cdot ℃} \times (35 - 20)℃} = 37.0370\,m^3/\text{min}$$

◦ 열부하량 H = 10,000kcal/hr
◦ 정압비열 C_p = 0.3kcal/($m^3 \cdot$ ℃)
◦ 작업장 내 온도 $T_{내}$ = 35℃
◦ 외기온도 $T_{외}$ = 20℃

56

1기압 동점성계수(20℃)는 $1.5 \times 10^{-5}\,m^2$/sec이고 유속은 10m/sec, 관반경은 0.125m일 때 Reynolds 수는?

① 1.67×10^5
② 1.87×10^5
③ 1.33×10^4
④ 1.37×10^5

$$\text{Re} = \frac{\text{덕트의 직경} \times \text{공기밀도} \times \text{공기속도}}{\text{공기점성계수}}$$

$$= \frac{\text{덕트의 직경} \times \text{공기속도}}{\text{동점성계수}}$$

$$= \frac{0.125m \times 2 \times 10\text{m/sec}}{1.5 \times 10^{-5}\,m^2/\text{sec}} = 166,666.6667$$

57 ⭐비출

유입계수 C_e=0.82인 원형 후드가 있다. 덕트의 원면적이 0.0314㎡이고 필요환기량 Q는 30m^3/min이라고 할 때 후드정압은? (단, 공기밀도 1.2kg/m^3 기준이다.)

① 16mmH₂O   ② 23mmH₂O
③ 32mmH₂O   ④ 37mmH₂O

• 동압(VP) $= \dfrac{\gamma V^2}{2g}$

$$= \frac{1.2\text{kg/}m^3 \times \left(\dfrac{30m^3}{\text{min}} \times \dfrac{\text{min}}{60\text{sec}} \times \dfrac{1}{0.0314m^2}\right)^2}{2 \times 9.8\text{m/sec}^2}$$

$$= 15.5240\,\text{mmH}_2\text{O}$$

• 후드의 정압 $= \dfrac{1}{C_e^2} \times VP = \dfrac{1}{0.82^2} \times 15.5240 = 23.0874\,\text{mmH}_2\text{O}$

◦ VP: 동압 측정치(mmH₂O)
◦ γ: 가스 밀도(kg/m^3)
◦ V: 유속(m/sec)
◦ g: 중력가속도(9.8m/sec²)
◦ C_e: 유입계수

58

외부식 후드(포집형 후드)의 단점으로 틀린 것은?

① 포위식 후드보다 일반적으로 필요 송풍량이 많다.
② 외부 난기류의 영향을 받아서 흡인효과가 떨어진다.
③ 기류속도가 후드 주변에서 매우 빠르므로 유기용제나 미세 원료 분말 등과 같은 물질의 손실이 크다.
④ 근로자가 발생원과 환기시설 사이에서 작업할 수 없어 여유계수가 커진다.

• 외부식 후드는 발산원 외부에 설치되어 오염물질을 포집한다. 포위식 후드에 비해 필요 송풍량이 많고, 외부 난기류의 영향으로 흡인 효과가 저하될 수 있으며, 후드 주변의 기류속도가 빨라 물질 손실이 크다는 단점이 있다.
• 외부식 후드는 근로자가 발생원과 환기시설 사이에서 작업할 수 없어 여유계수가 작아진다.

59 빈출

방진 마스크의 적절한 구비조건만으로 짝지은 것은?

> ㉠ 하방 시야가 60도 이상 되어야 한다.
> ㉡ 여과 효율이 높고 흡배기저항이 커야 한다.
> ㉢ 여과재료로서 면, 모, 합성섬유, 유리섬유, 금속섬유 등이 있다.

① ㉠, ㉡
② ㉡, ㉢
③ ㉠, ㉢
④ ㉠, ㉡, ㉢

흡배기저항이 크면 마스크 착용자가 호흡하기 어려워지므로 여과 효율이 높고 흡배기저항이 작아야 한다.

60

어떤 작업장의 음압수준이 100dB(A)이고 근로자가 NRR이 19인 귀마개를 착용하고 있다면 차음효과는? (단, OSHA 방법 기준이다.)

① 2dB(A)
② 4dB(A)
③ 6dB(A)
④ 8dB(A)

차음효과 = (NRR – 7) × 50%
　　　　 = (19 – 7) × 0.5 = 6dB

4과목　　**물리적 유해인자 관리**

61 빈출

고압환경의 영향 중 2차적인 가압 현상에 관한 설명으로 틀린 것은?

① 4기압 이상에서 공기 중의 질소가스는 마취 작용을 나타낸다.
② 이산화탄소의 증가는 산소의 독성과 질소의 마취 작용을 촉진시킨다.
③ 산소의 분압이 2기압을 넘으면 산소중독증세가 나타난다.
④ 산소중독은 고압산소에 대한 노출이 중지되어도 근육경련, 환청 등 후유증이 장기간 계속된다.

산소중독은 노출이 중단되면 대부분의 증상이 빠르게 회복된다.

62 빈출

다음 중 진동증후군(HAVS)에 대한 스톡홀름 워크숍의 분류로서 틀린 것은?

① 진동증후군의 단계를 0부터 4까지 5단계로 구분하였다.
② 1단계는 가벼운 증상으로 하나 또는 그 이상의 손가락 끝부분이 하얗게 변하는 증상을 의미한다.
③ 3단계는 심각한 증상으로 하나 또는 그 이상의 손가락 가운뎃마디 부분까지 하얗게 변하는 증상이 나타나는 단계이다.
④ 4단계는 매우 심각한 증상으로 대부분의 손가락이 하얗게 변하는 증상과 함께 손끝에서 땀의 분비가 제대로 일어나지 않는 등의 변화가 나타나는 단계이다.

심각한 증상이나 1개 또는 그 이상의 손가락 가운뎃마디 부분까지 하얗게 변하는 증상이 나타나는 단계는 4단계이다.

관련개념 진동증후군(HAVS, Hand-Arm Vibration Syndrome)의 스톡홀름 워크숍 분류
- 0단계: 증상이 없는 정상 상태
- 1단계: 가벼운 증상으로, 1개 이상 손가락 끝부분이 하얗게 변하는 백색증(혈관경련) 발생
- 2단계: 백색증이 심해져서 하나 또는 여러 손가락 끝부분에 반복적이고 느린 회복의 혈관경련이 나타남
- 3단계: 중간 정도 심각한 단계로, 여러 손가락 끝부분에 더 빈번하고 오래 지속되는 백색증이 나타나며, 신경학적 증상(감각저하, 저림 등)도 동반 가능
- 4단계: 매우 심각한 단계로, 대부분 손가락에 백색증과 함께 손끝에서 땀 분비 저하 등 자율신경계 장애 증상 발생, 감각 소실 및 조직 손상 가능

63

다음 중 소음대책에 대한 공학적 원리에 대한 설명으로 틀린 것은?

① 고주파음은 저주파음보다 격리 및 차폐로서의 소음감소 효과가 크다.
② 넓은 드라이브 벨트는 가는 드라이브 벨트로 대치하여 벨트 사이에 공간을 두는 것이 소음 발생을 줄일 수 있다.
③ 원형 톱날에는 고무 코팅재를 톱날측면에 부착시키면 소음의 공명현상을 줄일 수 있다.
④ 덕트 내에 이음부를 많이 부착하면 흡음효과로 소음을 줄일 수 있다.

덕트 내에 이음부를 많이 부착하면 흡음효과가 줄어들어 소음이 발생한다.

64

다음 중 소음성 난청에 영향을 미치는 요소에 대한 설명으로 틀린 것은?

① 음압수준이 높을수록 유해하다.
② 저주파음이 고주파음보다 더 유해하다.
③ 계속적 노출이 간헐적 노출보다 더 유해하다.
④ 개인의 감수성에 따라 소음반응이 다양하다.

고주파음이 저주파음보다 더 유해하다.

65 ⭐빈출

전리방사선 중 α입자의 성질을 가장 잘 설명한 것은?

① 전리작용이 약하다.
② 투과력이 가장 강하다.
③ 전자핵에서 방출되며 양자 1개를 가진다.
④ 외부조사로 건강상의 위해가 오는 일은 드물다.

① 전리작용이 강하다.
② 투과력이 가장 약하다.
③ α입자는 헬륨 원자핵이고 양성자 2개, 중성자 2개로 구성된다.

66 ⭐빈출

다음 중 열사병(Heat Stroke)에 관한 설명으로 옳은 것은?

① 피부는 차갑고, 습한 상태가 된다.
② 지나친 발한에 의한 탈수와 염분 소실이 원인이다.
③ 보온을 시키고, 더운 커피를 마시게 한다.
④ 뇌 온도의 상승으로 체온조절중추의 기능이 장해를 받게 된다.

④ 열사병은 고온환경에 장시간 노출되어 체온조절중추가 제대로 기능하지 못해 체온이 비정상적으로 상승하는 심각한 상태이다. 이로 인해 뇌를 비롯한 여러 장기 기능이 손상될 수 있고, 조기 치료하지 않으면 생명에 위협을 줄 수 있다.
① 피부는 보통 뜨겁고 건조한 상태이다.
② 지나친 발한에 의한 탈수와 염분 소실은 열경련과 열사병 전 단계인 일사병 원인으로, 열사병은 체온조절중추의 기능 장애가 본질적 원인이다.
③ 열사병 환자에게는 보온이 아니라 냉각이 필요하며, 더운 커피보다는 차가운 물 등 체온을 내릴 수 있는 음료가 권장된다.

67

다음 중 눈에 백내장을 일으키는 마이크로파의 파장 범위로 가장 적절한 것은?

① 1,000~10,000MHz
② 40,000~100,000MHz
③ 500~700MHz
④ 100~1,400MHz

- 1,000~10,000Hz의 마이크로파는 백내장을 일으킨다.
- 중추신경에 대해서는 300~1,200Hz의 주파수 범위에서 가장 민감하다.

68

다음의 빛과 밝기의 단위로 설명한 것으로 ㉠, ㉡에 해당하는 용어로 맞는 것은?

> 1루멘의 빛이 1ft²의 평면상에 수직방향으로 비칠 때, 그 평면의 빛의 양, 즉 조도를 (㉠)(이)라 하고, 1m²의 평면에 1루멘의 빛이 비칠 때의 밝기를 1(㉡)(이)라고 한다.

① ㉠: 캔들(candle), ㉡: 럭스(lux)
② ㉠: 럭스(lux), ㉡: 캔들(candle)
③ ㉠: 럭스(lux), ㉡: 푸트캔들(footcandle)
④ ㉠: 푸트캔들(footcandle), ㉡: 럭스(lux)

1루멘의 빛이 1ft²의 평면상에 수직방향으로 비칠 때, 그 평면의 빛의 양, 즉 조도를 푸트캔들(footcandle)이라 하고, 1m²의 평면에 1루멘의 빛이 비칠 때의 밝기를 1럭스(lux)라고 한다.

69 빈출

1sone이란 몇 Hz에서, 몇 dB의 음압레벨을 갖는 소음의 크기를 말하는가?

① 2,000Hz, 48dB
② 1,000Hz, 40dB
③ 1,500Hz, 45dB
④ 1,200Hz, 45dB

- sone은 음의 크기(Loudness)를 나타내는 단위로, phon값을 기준으로 정의되며, 40phon에 해당하는 음 압력을 1sone으로 정의한다. → $sone = 2^{\frac{phon-40}{10}}$
- phon은 특정 주파수(주로 1,000Hz)에서의 음압레벨을 기준으로 사람의 청감도를 반영하여 음의 크기를 나타내는 단위이다.
- 등청감곡선(Equal Loudness Contour)은 청각이 주파수에 따라 다르게 반응하는 특성을 고려하여, 같은 크기로 느껴지는 음압레벨을 연결한 곡선이다.

70

다음 중 동상의 종류와 증상이 잘못 연결된 것은?

① 1도: 발적
② 2도: 수포형성과 염증
③ 3도: 조직괴사로 괴저발생
④ 4도: 출혈

4도 동상의 증상은 근육, 인대, 뼈 괴사, 괴저이다.

관련개념 동상
- 1도 동상(표재성 동상): 피부에 일시적인 홍반과 부종이다. 따끔거림 또는 작열감 발생, 피부표면만 손상되며 조직 괴사는 없다.
- 2도 동상: 수포(물집) 발생과 함께 심한 부종, 통증, 피부염증을 일으킨다. 진피층까지 손상되고 염증성 삼출이 나타난다.
- 3도 동상: 피부와 피하 조직의 괴사로 피부가 검게 변하며 조직이 경화된다. 통증과 감각 상실 동반, 피부 및 조직 손상이 심하다.
- 4도 동상: 근육, 인대, 뼈까지 손상이 확대되어 조직 괴사가 심하다. 심한 경우 절단이 필요할 수 있다.

71 빈출

다음 중 산업안전보건법상 "적정한 공기"에 해당하는 것은? (단, 다른 성분의 조건은 적정한 것으로 가정한다.)

① 산소농도가 16%인 공기
② 산소농도가 25%인 공기
③ 탄산가스가 1.0%인 공기
④ 황화수소 농도가 25ppm인 공기

적정한 공기
- 산소농도의 범위가 18% 이상 23.5% 미만
- 탄산가스의 농도가 1.5% 미만
- 황화수소의 농도가 10ppm 미만

72 빈출

물체가 작열(灼熱)되면 방출되므로 광물이나 금속의 용해 작업, 로(Furnace)작업 특히 제강, 용접, 야금공정, 초자 제조공정, 레이저, 가열램프 등에서 발생되는 방사선은?

① X선
② β선
③ 적외선
④ 자외선

> ③ 금속 용해작업, 제강, 용접, 야금공정, 초자제조공정, 레이저, 가열램프 등에서 발생하는 방사선은 물체가 작열(灼熱)되어 방출되는 열복사이며, 주로 적외선(IR) 방사선이다. 적외선은 열에너지를 광자 형태로 전달하는 전자기파로, 고온의 물체에서 다량 방출된다.
> ① X선은 고전압에서 전자가 금속 표적에 충돌할 때 방출되는 전리 방사선이다.
> ② β선(베타선)은 방사성 핵종 붕괴 시 방출되는 고에너지 전자이다.
> ④ 자외선은 전자기파의 일종이나, 가열로 작업에서 주요 방출은 적외선이다.

73 빈출

다음 중 감압병의 예방 및 치료에 관한 설명으로 틀린 것은?

① 고압환경에서의 작업시간을 제한한다.
② 특별히 잠수에 익숙한 사람을 제외하고는 10m/min 속도 정도로 잠수하는 것이 안전하다.
③ 헬륨은 질소보다 확산속도가 작고 체내에서 불안정적이므로 질소를 헬륨으로 대치한 공기를 호흡시킨다.
④ 감압이 끝날 무렵에 순수한 산소를 흡입시키면 감압 시간을 25%가량 단축시킬 수 있다.

> 헬륨은 질소보다 확산속도가 크고 체내에서 안정적이므로 질소를 헬륨으로 대치한 공기로 호흡시킨다.

74 빈출

다음 중 사람의 청각에 대한 반응에 가깝게 음을 측정하여 나타낼 때 사용하는 단위는?

① dB(A)
② PWL(Sound Power Level)
③ SPL(Sound Pressure Level)
④ SIL(Sound Intensity Level)

> • dB(A)는 사람의 청각 특성을 반영하여 저주파수 영역의 감도를 보정한 데시벨 단위로, A-가중치 필터를 적용하여 인간이 실제로 느끼는 소리 크기를 평가한다.
> • PWL(Sound Power Level)은 소리의 전체 출력 에너지를 나타내고, SPL(Sound Pressure Level)은 음압의 크기를 나타내며, SIL(Sound Intensity Level)은 음의 세기를 나타내는 단위이다.

75

다음 중 국소진동의 경우에 주로 문제가 되는 주파수 범위로 가장 알맞은 것은?

① 10~150Hz
② 10~300Hz
③ 8~500Hz
④ 8~1,500Hz

> • 국소진동 주파수는 8~1,500Hz이다.
> • 전신진동(공해진동) 주파수는 1~90Hz이다.
> • 국소진동은 주로 손과 팔 등 인체의 일부에 영향을 미치는 진동으로 주파수 범위가 넓다. 인체에 가장 영향을 주는 진동 주파수 범위는 약 8Hz에서 1,500Hz까지로 알려져 있다.
> • 진동 주파수가 높아질수록 피부와 신경에 미치는 영향이 커진다. 특히 1,000Hz 이상의 고주파 진동은 신경계와 피부 조직에 심각한 손상을 줄 수 있다.

76 ⭐빈출

작업장의 환경에서는 기류의 방향이 일정하지 않거나, 실내 0.2~0.5m/s 정도의 불감기류를 측정할 때 사용하는 측정기구로 가장 적절한 것은?

① 풍차풍속계
② 카타(Kata)온도계
③ 가열온도풍속계
④ 습구흑구온도계(WBGT)

카타온도계는 기류의 방향이 일정하지 않거나, 실내 0.2~0.5m/s 정도의 불감기류를 측정할 때 사용한다.

77 ⭐빈출

자유공간에 위치한 점음원의 음향 파워레벨(PWL)이 110dB일 때, 이 점음원로부터 100m 떨어진 곳의 음압레벨(SPL)은?

① 49dB
② 59dB
③ 69dB
④ 79dB

음압레벨(SPL) 산정
- PWL = SPL + 10log(S)의 관계에서 자유공간이므로 음파가 구면파로 전파된다.
- 음원의 단면적은 구의 단면적이므로 $S = 4\pi r^2$을 대입하면,
  PWL = SPL + 10log($4\pi r^2$)이고 정리하면,
  SPL = PWL − 20log(r) − 11
      = 110 − 20log(100) − 11 = 59dB
- PWL: 음향파워레벨(dB)
- SPL: 음압레벨(dB)
- r: 거리(m)

78

다음 중 유해광선과 거리와의 노출관계를 올바르게 표현한 것은?

① 노출량은 거리에 비례한다.
② 노출량은 거리에 반비례한다.
③ 노출량은 거리의 제곱에 비례한다.
④ 노출량은 거리의 제곱에 반비례한다.

유해광선(예 자외선, 적외선, 레이저 광선 등)의 노출량은 광원으로부터의 거리 제곱에 반비례하는 인버스 제곱 법칙(Inverse Square Law)을 따른다. 즉, 거리(d)가 멀어질수록 노출량은 $\frac{1}{d^2}$만큼 감소한다. 따라서 거리가 2배 멀어지면 노출량은 $\frac{1}{4}$로 줄어든다.

79 ⭐빈출

다음 중 감압과정에서 감압속도가 너무 빨라서 나타나는 종격기종, 기흉의 원인이 되는 가스는?

① 산소
② 이산화탄소
③ 질소
④ 일산화탄소

감압과정에서 감압속도가 너무 빨라지면 체내에 용해되어 있던 기체가 갑자기 기포로 변해 혈관과 조직에 문제를 일으킬 수 있다. 특히 질소는 고기압 환경(예 잠수)에서 체내에 많이 용해되었다가 급격히 감압되면 빠져나오지 못해 기포를 형성하며, 이 기포가 종격기종, 기흉 등과 같은 장해의 원인이 된다. 이러한 현상(잠수병, 감압병)의 주된 원인은 질소이며, 산소, 이산화탄소, 일산화탄소 등 다른 기체는 인체에서 이런 방식으로 기포를 만들지 않거나 체내 용해/배출 방식이 다르다.

80

작업장에서 통상 근로자의 눈을 보호하기 위하여 인공광선에 의해 충분한 조도를 확보하여야 한다. 다음의 조건 중 조도를 증가시키지 않아도 되는 경우는?

① 피사체의 반사율이 증가할 때
② 시력이 나쁘거나 눈의 결함이 있을 때
③ 계속적으로 눈을 뜨고 정밀작업을 할 때
④ 취급물체가 주위와의 색깔의 대조가 뚜렷하지 않을 때

① 조도는 어떤 면에 들어오는 광속의 양에 비례하고, 입사면의 단면적에 반비례한다. 작업장에서 충분한 조도를 확보하는 이유는 근로자의 작업 효율과 눈의 피로를 줄이고, 안전사고를 예방하기 위해서이다. 그러나 피사체의 반사율이 높아 밝기가 충분히 크다면, 조명을 더 밝게 할 필요가 없어 조도를 증가시키지 않아도 된다.
② 시력이 나쁘거나 눈의 결함이 있을 때는 눈의 피로와 작업 효율을 고려해 조도를 증가시켜야 한다.
③ 계속적으로 눈을 뜨고 정밀작업을 할 때는 세밀한 작업을 위해 높은 조도가 필요하다.
④ 취급물체가 주위와 색깔 대비가 뚜렷하지 않을 때는 작업 시 물체를 명확하게 구분하기 위해 조도가 높아야 한다.

81 빈출

다음 중 유기용제에 대한 설명으로 틀린 것은?

① 벤젠은 백혈병을 일으키는 원인물질이다.
② 벤젠은 만성장해로 조혈장해를 유발하지 않는다.
③ 벤젠은 주로 페놀로 대사되며 페놀은 벤젠의 생물학적 노출지표로 이용된다.
④ 방향족 탄화수소 중 저농도에 장기간 노출되어 만성중독을 일으키는 경우에는 벤젠의 위험도가 크다.

벤젠은 대표적인 방향족 탄화수소로, 만성적으로 노출되면 골수 기능을 억제하여 조혈장해를 유발한다. 이는 재생불량성 빈혈, 백혈구 감소, 백혈병 등의 질환으로 이어질 수 있다.

82

다음 중 내재용량에 대한 개념으로 틀린 것은?

① 개인시료 채취량과 동일하다.
② 최근에 흡수된 화학물질의 양을 나타낸다.
③ 과거 수 개월 동안 흡수된 화학물질의 양을 의미한다.
④ 체내 주요 조직이나 부위의 작용과 결합한 화학물질의 양을 의미한다.

내재용량은 몸 전체 또는 여러 신체 부위에 저장된 화학물질의 총량을 의미하며, 개인시료 채취량과 다르다.

83

다음 중 진폐증 발생에 관여하는 요인이 아닌 것은?

① 분진의 크기
② 분진의 농도
③ 분진의 노출기간
④ 분진의 각도

진폐증의 발생에는 분진의 크기, 농도, 노출기간 등이 중요한 요인으로 작용한다. 이는 폐 속으로 들어가는 미세한 분진이 얼마나 자주, 얼마나 오래, 그리고 얼마나 작은 크기로 흡입되었는지에 따라 진폐증 발병 위험이 달라지기 때문이다.

84

다음 중 납중독을 확인하는 시험이 아닌 것은?

① 소변 중 단백질
② 혈중의 납 농도
③ 말초신경의 신경전달 속도
④ ALA(Amino Levulinic Acid) 축적

① 소변 중 단백질 검사: 일반적으로 신장 손상 등의 다른 질환 진단에 쓰이며, 납중독 확인용 검사로는 적합하지 않다.
② 혈중 납 농도: 납 노출 평가에 가장 중요한 검사이다.
③ 말초신경 전도 검사: 납의 신경독성 평가를 위한 신경학적 검사이다.
④ ALA 축적: 납이 헴 합성 효소를 억제하여 나타나는 변화로, 납중독 진단에 이용된다.

85

작업환경 중에서 부유 분진이 호흡기계에 축적되는 주요 작용기전과 가장 거리가 먼 것은?

① 충돌
② 침강
③ 확산
④ 농축

부유 분진이 호흡기계에 축적되는 주요 작용기전으로는 충돌, 침강, 확산 등이 포함된다.
① 충돌: 분진 입자가 기도의 벽에 부딪혀 침착하는 현상이다.
② 침강: 중력의 영향으로 입자가 하강하여 호흡기 내에 머무르는 현상이다.
③ 확산: 매우 작은 입자가 무작위 운동으로 기도의 벽에 닿아 침착하는 현상이다.

86

급성중독으로 심한 신장장해로 과뇨증이 오며 더 진전되면 무뇨증을 일으켜 유독증으로 10일 안에 사망에 이르게 하는 물질은?

① 비소
② 크롬
③ 벤젠
④ 베릴륨

② 크롬: 6가 크롬(Hexavalent Chromium)은 급성중독 시 신장 세뇨관 기능 손상, 급성 세뇨관 괴사, 급성 신부전증을 일으켜 급격한 신장 장애가 나타난다. 이로 인해 초기 과뇨증에서 무뇨증으로 진행하며, 치료하지 않으면 치명적일 수 있다.
① 비소: 만성중독 시 피부질환, 신경병증 등을 유발하지만 급성 신장장해로 인한 급사 사례는 드물다.
③ 벤젠: 주로 혈액계(빈혈, 백혈구 감소 등) 독성 및 골수 억제 증상을 나타낸다.
④ 베릴륨: 만성노출 시 폐 섬유증 등 만성 폐 질환을 일으키는 금속이다.

87

다음 중 암 발생 돌연변이로 알려진 유전자가 아닌 것은?

① Jun
② Integrin
③ ZPP(Zinc Protoporphyrin)
④ VEGF(Vascular Endothelial Growth Factor)

③ ZPP(Zinc Protoporphyrin)는 헤모글로빈 합성과 관련된 물질로 혈액 내에서의 철의 결핍과 관련된 바이오마커이며, 암 발생 돌연변이 유전자는 아니다.
① Jun 유전자는 종양 억제 및 세포 증식 관련 기능을 가진 유전자로, 암 발생과 연관된 돌연변이 유전자 중 하나이다.
② Integrin은 세포 부착, 이동과 연관된 단백질로, 암 세포의 침윤 및 전이에 중요한 역할을 한다.
④ VEGF(Vascular Endothelial Growth Factor)는 혈관신생을 촉진하여 암 종양의 성장과 전이를 돕는 유전자로 알려져 있다.

88

다음 중 납중독이 발생할 수 있는 작업장과 가장 관계가 적은 것은?

① 납의 용해작업
② 고무제품 접착작업
③ 활자의 문선, 조판작업
④ 축전지의 납 도포 작업

- 납중독은 납을 직접 다루거나 납이 포함된 분진, 증기, 화합물에 노출되는 작업장에서 주로 발생한다.
- 고무제품 접착작업은 주로 접착제 및 용매 노출이 문제되며, 납과는 직접적인 관련이 적다.

89

다음 중 유기용제와 그 특이증상을 짝지은 것으로 틀린 것은?

① 벤젠 – 조혈장애
② 염화탄화수소 – 시신경장애
③ 메틸부틸케톤 – 말초신경장애
④ 이황화탄소 – 중추신경 및 말초신경장애

염화탄화수소는 간 장애와 관련이 있다.

90

다음 중 납중독 진단을 위한 검사로 적합하지 않은 것은?

① 소변 중 코프로포르피린 배설량 측정
② 혈액검사(적혈구 측정, 전혈비중 측정)
③ 혈액 중 징크 – 프로토프르피린(ZPP)의 측정
④ 소변 중 β_2-microglobulin과 같은 저분자 단백질 검사

소변 중 β_2-microglobulin과 같은 저분자 단백질 검사는 납중독 진단을 위한 검사로 적합하지 않다.

91

다음 중 중추신경계에 억제 작용이 가장 큰 것은?

① 알칸족
② 알켄족
③ 알코올족
④ 할로겐족

할로겐족 화합물은 중추신경계에 대해 강한 억제 작용, 즉 마취 작용을 나타낸다. 할로겐기가 첨가되면 물질이 지용성이 되어 신경세포 지질막에 쉽게 흡수되어 영향을 미치기 때문이다.

관련개념 중추신경계 억제작용 순서
알칸족 < 알켄족 < 알코올족 < 유기산 < 에스테르 < 에테르 < 할로겐족

92

근로자가 1일 작업시간 동안 잠시라도 노출되어서는 아니되는 기준을 나타내는 것은?

① TLV-C
② TLV-STEL
③ TLV-TWA
④ TLV-Skin

① TLV-C(허용농도-최고치)(Threshold Limit Value – Ceiling)는 근로자가 하루 작업시간 중 단 1회라도 초과하여 노출되어서는 안 되는 최대 허용 농도 기준이다. 이 값은 즉시 초과할 경우 급성 건강 피해를 일으킬 수 있는 물질에 적용된다.
② TLV-STEL(허용농도-단시간노출한계)(Short Term Exposure Limit)은 최대 15분 동안 노출될 수 있는 단시간 노출기준으로, 급성 영향을 방지하기 위해 설정된다.
③ TLV-TWA(허용농도-시간가중평균)(Time Weighted Average)는 8시간 작업 시간 동안 평균적으로 노출되어도 건강상 문제가 발생하지 않는 농도를 의미한다.
④ TLV-Skin(허용농도-피부)은 화학물질이 피부를 통해 흡수될 우려가 있을 때 고려하는 추가 노출 경로 기준이다.

93 빈출

다음 중 호흡성 먼지(Respirabledust)에 대한 미국 ACGIH의 정의로 옳은 곳은?

① 크기가 10~100μm로 코와 인후두를 통하여 기관지나 폐에 침착한다.
② 폐포에 도달하는 먼지로, 입경이 7.1μm 미만인 먼지를 말한다.
③ 평균입경이 4μm이고, 공기 역학적 직경이 10μm 미만인 먼지를 말한다.
④ 평균입경이 10μm인 먼지로 흉곽성(Thoracic) 먼지라고도 말한다.

① 10~100μm 크기의 먼지는 주로 코와 인후두에 침착되는 비호흡성 먼지이다.
② 폐포에 도달하는 먼지는 입경이 약 4μm 이하인 경우가 많아 7.1μm 미만이라는 표현은 부정확하다.
④ 평균입경이 10μm인 먼지는 흉곽성(Thoracic) 먼지로 분류되며, 호흡성 먼지와는 다르다.

관련개념 ACGIH 입자 크기별 기준
• 흡입성 입자상 물질: 평균입경 100μm
• 흉곽성 입자상 물질: 평균입경 10μm
• 호흡성 입자상 물질: 평균입경 4μm

94

다음 중 유해물질의 생체 내 배설과 관련된 설명으로 틀린 것은?

① 유해물질은 대부분 위(胃)에서 대사된다.
② 흡수된 유해물질은 수용성으로 대사된다.
③ 유해물질의 분포량은 혈중농도에 대한 투여량으로 산출한다.
④ 유해물질의 혈장농도가 50%로 감소하는 데 소요되는 시간을 반감기라고 한다.

대부분의 유해물질 대사는 위가 아니라 간에서 주로 일어난다. 간은 생체 내 주요 대사기관으로, 여러 효소(시토크롬 P450 등)에 의해 유해물질이 변형, 해독되어 수용성 형태로 전환되고, 이후 신장이나 담즙을 통해 배설된다.

95

소변 중 화학물질 A의 농도는 28mg/mL, 단위시간(분)당 배설되는 소변의 부피는 1.5mL/min, 혈장 중 화학물질 A의 농도가 0.2mg/mL라면 단위시간(분)당 화학물질 A의 제거율(mL/min)은 얼마인가?

① 120
② 180
③ 210
④ 250

$$\text{제거율(mL/min)} = \frac{\text{소변 중 화학물질 배출량}}{\text{혈장 중 화학물질 농도}}$$

$$= \frac{\dfrac{28\text{mg}}{\text{mL}} \times \dfrac{1.5\text{mL}}{\text{min}}}{0.2\text{mg/mL}} = 210\text{mL/min}$$

96

다음 중 벤젠에 의한 혈액조직의 특정적인 단계별 변화를 설명한 것으로 틀린 것은?

① 1단계: 백혈구 수의 감소로 인한 응고작용결핍이 나타난다.
② 1단계: 혈액성분 감소로 인한 범혈구 감소증이 나타난다.
③ 2단계: 벤젠의 노출이 계속되면 골수의 성장부전이 나타난다.
④ 더욱 장시간 노출되어 심한 경우 빈혈과 출혈이 나타나고 재생불량성 빈혈이 된다.

2단계에서 벤젠의 노출이 계속되면 골수가 과다증식하여 백혈구의 생성을 자극한다.

97

다음 중 독성물질의 생체 내 변환에 관한 설명으로 틀린 것은?

① 생체 내 변환은 독성물질이나 약물의 제거에 대한 첫 번째 기전이며, 1상 반응과 2상 반응으로 구분된다.
② 1상 반응은 산화, 환원, 가수분해 등의 과정을 통해 이루어진다.
③ 2상 반응은 1상 반응이 불가능한 물질에 대한 추가적 축합반응이다.
④ 생체변환의 기전은 기존의 화합물보다 인체에서 제거하기 쉬운 대사물질로 변화시키는 것이다.

2상 반응은 1상 반응을 거친 물질에 대해 진행되는 축합반응 단계이다.

관련개념 생체변환
- 생체변환의 주 목표는 독성물질을 기존 화합물보다 인체 내에서 제거하기 쉬운 형태로 변화시키는 것이다.
- 생체 내 변환은 독성물질이나 약물의 체내 제거를 위한 첫 번째 생리적 기전이며, 1상 반응과 2상 반응으로 구분된다.
  - ✓ 1상 반응: 독성물질이 체내에서 산화, 환원, 가수분해 등의 과정을 거쳐 극성기를 도입하여 물질을 친수성으로 만들거나 2상 반응에 적합한 형태로 변화시키는 과정이다.
  - ✓ 2상 반응: 1상 반응 후 생성된 중간대사체에 특정기(예 글루쿠론산, 황산, 글루타치온 등)와 결합하여 대사산물의 수용성을 높이고, 이를 통해 배설이 용이하게 하는 축합반응(Conjugation Reaction)이다.

98 빈출

다음 중 유해물질의 분류에 있어 질식제로 분류되지 않는 것은?

① H_2
② N_2
③ H_2S
④ O_3

오존은 산화제이다.

관련개념
- 단순 질식제: 산소를 밀어내거나 산소 분압을 낮추어 생리적으로 질식을 유발하는 불활성 가스이다.
  - 예 수소(H_2), 질소(N_2), 이산화탄소(CO_2), 메탄(CH_4), 헬륨(He), 아세틸렌(C_2H_2)
- 화학적 질식제: 혈액 내 혈색소와 결합하여 산소 운반 능력을 방해하거나 조직 내 산화효소를 불활성화시켜 질식 작용을 일으키는 물질이다.
  - 예 일산화탄소(CO), 시안화수소(HCN), 시안화염류(CN^-), 황화수소(H_2S), 이산화질소(NO_2), 포스겐($COCl_2$)

99

다음 중 특정한 파장의 광선과 작용하여 광알러지성 피부염을 일으킬 수 있는 물질은?

① 아세톤(Acetone)
② 아닐린(Aniline)
③ 아크리딘(Acridine)
④ 아세토니트릴(Acetonitrile)

광알러지성 피부염은 자외선(UV-A, 320~400nm) 등 특정 광선과 피부에 접촉한 화학물질이 반응하여 발생한다. 아크리딘은 이와 같은 광과민성(광알러지성) 피부염을 유발할 수 있는 화학물질로 알려져 있다.

관련개념 광알러지
면역반응을 매개하는 특이 체질 반응이며, 자외선에 노출된 부위에서 가려움, 발진, 홍반 등의 증상을 일으킨다. 작업장 안전관리에서 자외선과 광알러지 유발물질에 대한 주의가 필요하다.

100

급성중독 시 우유와 계란의 흰자를 먹여 단백질과 해당 물질을 결합시켜 침전시키거나, BAL(Dimercaprol)을 근육주사로 투여하여야 하는 물질은?

① 납　　　　　② 수은
③ 크롬　　　　④ 카드뮴

수은중독 시 단백질과 결합하여 중독 증상을 완화하기 위해 우유와 계란 흰자를 사용하는 방법이 있으며, 해독제로는 BAL(Dimercaprol)이 근육주사로 투여된다.

정답　　　　　97 ③　98 ④　99 ③　100 ②

2024년 2회 | CBT 기출복원문제

1과목　산업위생학개론

01

다음 중 산업위생의 정의를 가장 올바르게 설명한 것은?

① 근로자와 일반 대중의 건강점검과 질병의 치료를 연구하는 학문이다.
② 인간과 주위의 생화학적 관계를 조사하여 질병의 원인을 분석하는 기술이다.
③ 인간과 직업, 기계, 환경, 노동의 관계를 과학적으로 연구하는 학문이다.
④ 근로자나 일반 대중에게 질병 등을 초래하는 작업환경 요인과 스트레스를 예측, 인식, 평가, 관리하는 과학과 기술이다.

> **미국산업위생학회(AHIA)에서 정한 산업위생의 정의**
> 근로자 및 일반 대중에게 질병, 건강장애, 심각한 불쾌감 및 능률 저하 등을 초래하는 작업환경 요인과 스트레스를 예측(Anticipation), 인지(Recognition), 측정(Measurement), 평가(Evaluation)하고 관리(Control)하는 과학과 기술을 뜻한다.

02 빈출

다음 중 산업피로를 줄이기 위한 바람직한 교대근무에 관한 내용으로 틀린 것은?

① 근무시간의 간격은 15~16시간 이상으로 하여야 한다.
② 야간근무 교대시간은 상오 0시 이전에 하는 것이 좋다.
③ 야간근무는 4일 이상 연속해야 피로에 적응할 수 있다.
④ 야간근무 시 가면(假眠)시간은 근무시간에 따라 2~4시간으로 하는 것이 좋다.

> 신체적 적응을 위하여 야간근무의 연속일수는 보통 3~4일 이하로 제한한다.

03

산업안전보건법령상 석면에 대한 작업환경측정결과 측정치가 노출기준을 초과하는 경우 그 측정일로부터 몇 개월에 몇 회 이상의 작업환경측정을 하여야 하는가?

① 1개월에 1회 이상
② 3개월에 1회 이상
③ 6개월에 1회 이상
④ 12개월에 1회 이상

> 산업안전보건법령상 석면에 대한 작업환경측정결과 측정치가 노출기준을 초과하는 경우 그 측정일로부터 3개월에 1회 이상의 작업환경측정을 하여야 한다.

04 빈출

다음 중 근육 운동에 필요한 에너지를 생산하는 혐기성 대사의 반응이 아닌 것은?

① $ATP + H_2O \leftrightarrows ADP + P + free\ energy$
② $glycogen + ADP \leftrightarrows citrate + ATP$
③ $glucose + P + ADP \rightarrow Lactate + ATP$
④ $creatine\ phosphate + ADP \leftrightarrows creatine + ATP$

> - 혐기성 대사: 아데노신삼인산(ATP) → 크레아틴인산(CP) → 글리코겐(glycogen) or 포도당(glucose)
> - 아데노신 삼인산(ATP)과 크레아틴 인산은 근육 내에 저장되어 있어 순간적으로 빠르게 에너지를 공급하는 혐기성 대사의 주요 원료이다.
> - 글리코겐은 해당과정을 통해 산소 없이도 에너지를 공급하므로 혐기성 대사의 중요한 에너지원이다.

정답　　01 ④　02 ③　03 ②　04 ②

05

다음 중 "사무실 공기관리"에 대한 설명으로 틀린 것은?

① 관리기준은 8시간 기간가중평균농도 기준이다.
② 이산화탄소와 일산화탄소는 비분산적외선 검출기의 연속 측정에 의한 직독식 분석 방법에 의한다.
③ 이산화탄소의 측정결과 평가는 각 지점에서 측정한 측정치 중 평균값을 기준으로 비교·평가한다.
④ 공기의 측정시료는 사무실 내에서 공기의 질이 가장 나쁠 것으로 예상되는 2곳 이상에서 사무실 바닥면으로부터 0.9~1.5m의 높이에서 채취한다.

> 사무실 공기질의 측정결과는 측정치 전체에 대한 평균값을 오염물질별 관리기준과 비교하여 평가한다. 다만, 이산화탄소는 각 지점에서 측정한 측정치 중 최고값을 기준으로 비교·평가한다.

06

우리나라 직업병에 관한 역사에 있어 원진레이온(주)에서 발생한 사건의 주요 원인 물질은?

① 이황화탄소(CS_2)
② 수은(Hg)
③ 벤젠(C_6H_6)
④ 납(Pb)

> - 원진레이온 사태로 대표되는 인조견 제조 작업장은 이황화탄소 중독이 많이 발생한 대표적 사업장이다. 또한, 사염화탄소 생산 과정에서도 이황화탄소 노출 가능성이 높다.
> - 이황화탄소는 주로 비스코스레이온(인조견)과 셀로판 제조 공정에서 사용되는 유기용매이며, 이들 작업장에서는 고농도 이황화탄소 증기에 노출될 위험이 크다.

07

육체적 작업능력(PWC)이 16kcal/min인 근로자가 1일 8시간 동안 물체를 운반하고 있고, 이때의 작업대사량은 9kcal/min이고, 휴식 시의 대사량은 1.5kcal/min이다. 다음 중 적정휴식시간과 작업시간으로 가장 적합한 것은?

① 매 시간당 25분 휴식, 35분 작업
② 매 시간당 29분 휴식, 31분 작업
③ 매 시간당 35분 휴식, 25분 작업
④ 매 시간당 39분 휴식, 21분 작업

> - 휴식시간비율(%) $= \left[\dfrac{PWC \times \dfrac{1}{3} - 작업대사량}{휴식대사량 - 작업대사량} \right] \times 100$
>
> $\qquad = \left[\dfrac{16 \times \dfrac{1}{3} - 9}{1.5 - 9} \right] \times 100 = 48.8888\%$
>
> - 휴식시간 = 60min × 0.4888 = 29.328min
> - 작업시간 = 60 − 29.328 = 30.672min

08

다음 중 인간의 행동에 영향을 미치는 산업안전심리의 5대 요소가 아닌 것은?

① 동기(Motive)
② 기질(Temper)
③ 경계(Caution)
④ 습성(Habits)

> 산업안전심리의 5대 요소는 동기(Motive), 기질(Temper), 감성(Feeling), 습성(Habit), 습관(Custom)이다.

09

다음 중 신체적 결함과 그 원인이 되는 작업이 가장 적합하게 연결된 것은?

① 평발 – VDT작업
② 진폐증 – 고압, 저압작업
③ 중추신경 장해 – 광산작업
④ 경견완증후군 – 타이핑작업

관련개념
- 경견완증후근: 타이핑, 사무작업, 반복성 손사용에서 흔히 발생하는 근골격계 질환
- 진폐증: 광산, 건설, 가공현장 등의 분진 노출에 의한 폐질환
- 중추신경 장해: 특정 화학물질이나 특수작업(유해물질, 중금속)과 연관
- 평발: 보행 또는 체중 부하작업과 연관

10

다음 중 산업위생전문가로서 근로자에 대한 책임과 가장 관계가 깊은 것은?

① 근로자의 건강보호가 산업위생전문가의 1차적인 책임이라는 것을 인식한다.
② 이해관계가 있는 상황에서는 고객의 입장에서 관련 자료를 제시한다.
③ 기업주에 대하여는 실현 가능한 개선점으로 선별하여 보고한다.
④ 적절하고도 확실한 사실을 근거로 전문적인 견해를 발표한다.

11

다음 중 피로의 발생 원인과 가장 거리가 먼 것은?

① 산소 공급의 부족
② 혈중 포도당의 저하
③ 항상성(Homeostasis)의 상실
④ 근육 내 글리코겐의 증가

12

NOISH에서 제시한 권장무게한계가 6kg이고, 근로자가 실제 작업하는 중량물의 무게가 12kg라면 중량물 취급지수는 얼마인가?

① 0.5
② 1.0
③ 2.0
④ 6.0

13

다음 중 사고예방대책 5단계를 올바르게 나열한 것은?

① 사실의 발견 → 조직 → 분석 · 평가 → 시정방법의 선정 → 시정책의 적용
② 조직 → 사실의 발견 → 분석 · 평가 → 시정방법의 선정 → 시정책의 적용
③ 사실의 발견 → 조직 → 시정방법의 선정 → 시정책의 적용 → 분석 · 평가
④ 조직 → 분석 · 평가 → 사실의 발견 → 시정방법의 선정 → 시정책의 적용

정답　　09 ④　10 ①　11 ④　12 ③　13 ②

14 ⭐빈출

60명의 근로자가 작업하는 사업장에서 1년 동안에 3건의 재해가 발생하여 5명의 재해자가 발생하였다. 이때 근로손실일수가 35일이었다면 이 사업장의 도수율은 약 얼마인가? (단, 근로자는 1일 8시간씩 연간 300일을 근무하였다.)

① 0.24
② 20.83
③ 34.72
④ 83.33

재해 도수율은 연간 총 근로시간 1,000,000시간당 발생한 재해 건수를 나타내는 지표이다. 이는 재해의 발생 빈도를 측정하는 데 사용된다.

$$\text{도수율} = \frac{\text{재해발생건수}}{\text{연간 총 근로시간}} \times 1,000,000$$

$$= \frac{3}{60\text{명} \times 8\text{시간} \times 300\text{일}} \times 10^6 = 20.8333$$

15

다음 중 산업안전보건법상 산업재해의 정의로 가장 적합한 것은?

① 예기치 않은, 계획되지 않은 사고이며, 상해를 수반하는 경우를 말한다.
② 작업상의 재해 또는 작업환경으로부터의 무리한 근로의 결과로부터 발생되는 절상, 골절, 염좌 등의 상해를 말한다.
③ 근로자가 업무에 관계되는 건설물·설비·원재료·가스·증기·분진 등에 의하거나 작업 또는 그 밖의 업무로 인하여 사망 또는 부상하거나 질병에 걸리는 것을 말한다.
④ 불특정 다수에게 의도하지 않은 사고가 발생하여 신체적, 재산상의 손실이 발생하는 것을 말한다.

산업안전보건법상 산업재해의 정의는 "근로자가 업무에 관계되는 건설물, 설비, 원재료, 가스, 증기, 분진 등에 의하거나 작업 또는 그 밖의 업무로 인하여 사망 또는 부상하거나 질병에 걸리는 것"을 의미한다.

16

다음 중 산업정신건강에 대한 설명과 가장 거리가 먼 것은?

① 사업장에서 볼 수 있는 심인성 정신장해로는 성격이상, 노이로제, 히스테리 등이 있다.
② 직장에서 정신면의 건강관리상 특히 중요시되는 정신장해는 정신분열증, 조울병, 알콜중독 등이다.
③ 정신분열증이나 조울병은 과거에 내인성 정신병이라고 하였으나 최근에는 심인도 관련하여 발병하는 것으로 알려져 있다.
④ 정신건강은 단지 정신병, 신경증, 정신지체 등의 정신장해가 없는 것만을 의미한다.

정신건강은 단순히 정신병, 신경증, 정신지체 등의 정신장해가 없는 상태를 의미하는 것이 아니라, 삶의 스트레스에 잘 대처하고 자신의 능력을 인식하며, 삶을 즐기고 생산적인 활동을 할 수 있는 정신적 안녕 상태를 포함한다.

17

다음 중 일반적인 실내공기질 오염과 가장 관계가 적은 질환은?

① 규폐증(Silicosis)
② 가습기 열(Humidifier Fever)
③ 레지오넬라병(Legionnaires' Disease)
④ 과민성 폐렴(Hypersensitivity Pneumonitis)

규폐증은 실내공기질 오염과는 직접적인 관련이 적고, 주로 작업장에서 장기간 실리카 먼지를 흡입하여 발생하는 폐질환이다. 이는 산업장 먼지 또는 광산 작업 등에서 발생하는 직업병으로 분류된다.

18

산업안전보건법령에 따라 근로자가 근골격계 부담작업을 하는 경우 유해요인조사의 주기는?

① 6개월
② 2년
③ 3년
④ 5년

사업주가 근골격계 부담작업에 근로자를 종사하도록 하는 경우 3년마다 유해요인 조사를 실시한다.

19

다음 중 물질안전보건자료(MSDS)와 관련한 기준에 따라 MSDS를 작성할 경우 반드시 포함되어야 하는 항목이 아닌 것은?

① 유해 · 위험성
② 게시방법 및 위치
③ 노출방지 및 개인보호구
④ 화학제품과 회사에 관한 정보

물질안전보건자료(MSDS) 16가지 기재 항목
1. 화학제품과 회사에 관한 정보
2. 유해성 · 위험성
3. 구성성분의 명칭 및 함유량
4. 응급조치 요령
5. 폭발 · 화재 시 대처방법
6. 누출 사고 시 대처방법
7. 취급 및 저장방법
8. 노출방지 및 개인보호구
9. 물리 · 화학적 특성
10. 안정성 및 반응성
11. 독성에 관한 정보
12. 환경에 미치는 영향
13. 폐기 시 주의사항
14. 운송에 필요한 정보
15. 법적 규제 현황
16. 그 밖의 참고사항

20

다음 중 노출기준에 대한 설명으로 옳은 것은?

① 노출기준 이하의 노출에서는 모든 근로자에게 건강상의 영향을 나타내지 않는다.
② 노출기준은 질병이나 육체적 조건을 판단하기 위한 척도로 사용될 수 있다.
③ 작업장이 아닌 대기에서는 건강한 사람이 대상이 되기 때문에 동일한 노출기준을 사용할 수 있다.
④ 노출기준은 독성의 강도를 비교할 수 있는 지표가 아니다.

노출기준은 근로자가 유해인자에 노출될 때 노출기준 이하 수준에서는 거의 모든 근로자에게 건강상 나쁜 영향을 미치지 않는 기준을 의미한다. 일반적으로 1일 8시간 작업을 기준으로 한 시간가중평균노출기준(TWA), 단시간노출기준(STEL), 최고노출기준(Ceiling)으로 표시된다.
① 노출기준 이하 수준에서는 대부분의 근로자에게 건강상 나쁜 영향이 거의 나타나지 않는 권고기준이다.
② 노출기준은 질병이나 육체적 조건을 판단하는 척도가 아니라 작업환경 평가 기준이다.
③ 작업장과 대기의 노출기준은 상황에 따라 다르게 적용되므로 동일한 기준을 적용하지 않는다.

21 빈출

처음 측정한 측정치는 유량, 측정시간, 회수율 및 분석 등에 의한 오차가 각각 15%, 3%, 9%, 5%이었으나 유량에 의한 오차가 개선되어 10%로 감소되었다면 개선 전 측정치의 누적오차와 개선 후의 측정치의 누적오차의 차이(%)는?

① 6.6%
② 5.6%
③ 4.6%
④ 3.8%

> 누적오차는 각 오차의 제곱을 합한 후 제곱근을 취하는 방식으로 계산한다.
> - 개선 전 누적오차 $= \sqrt{15^2 + 3^2 + 9^2 + 5^2} = 18.4390\%$
> - 개선 후 누적오차 $= \sqrt{10^2 + 3^2 + 9^2 + 5^2} = 14.6628\%$
> - 누적오차의 차이 $= 18.4390 - 14.6628 = 3.7762\%$

22

다음 중 계통 오차의 종류로 거리가 먼 것은?

① 한 가지 실험측정을 반복할 때 측정값들의 변동으로 발생되는 오차
② 측정 및 분석기기의 부정확성으로 발생된 오차
③ 측정하는 개인의 선입관으로 발생된 오차
④ 측정 및 분석 시 온도나 습도와 같이 알려진 외계의 영향으로 생기는 오차

> - 계통 오차(Systematic Error)는 측정 과정에서 일정한 규칙이나 원인에 의해 발생하는 오차로, 측정값에 일정한 방향으로 편향을 주며 반복해도 일정하게 나타난다. 계통 오차는 보정이나 교정을 통해 줄일 수 있다.
> - 한 가지 실험측정을 반복할 때 값들이 변동하는 현상으로, 이는 계통 오차가 아니라 우연(우발) 오차(Random Error)에 해당한다.

관련개념
- 계통오차: 일정한 방향과 크기로 반복 발생하며 보정 가능하다.
- 우연오차: 무작위적이고 불규칙한 변동으로 보정이 어렵다.

23

가스상 물질의 연속시료 채취방법 중 흡수액을 사용한 능동식 시료채취방법(시료채취 펌프를 이용하여 강제적으로 공기를 매체에 통과시키는 방법)의 일반적 시료 채취 유량 기준으로 가장 적절한 것은?

① 0.2L/분 이하
② 1.0L/분 이하
③ 5.0L/분 이하
④ 10.0L/분 이하

> 능동식 시료채취방법은 시료채취 펌프를 이용하여 강제적으로 공기를 흡수액이 담긴 채취용 매체에 통과시키는 방법으로, 유해 가스상 물질을 효과적으로 포집하기 위해 시료 채취 유량을 일정 범위 내로 유지하는 것이 중요하다. 일반적으로 흡수액을 사용한 능동식 시료 채취 시, 권장하는 유량은 1.0L/분 이하로 설정된다.

24

1차 표준 기구 중 일반적 사용범위가 10~500mL/분, 정확도는 ±0.05~0.25%인 것은?

① 폐활량계
② 가스치환병
③ 건식가스미터
④ 습식테스트미터

가스치환병은 정밀한 유량 조절과 높은 정확도를 요구하는 실험실 환경에서 주로 사용되는 1차 표준 기구로, 10~500mL/분의 유량 범위를 가진다.

관련개념
- 폐활량계
  - ✓ 측정원리: 폐에서 호흡하는 공기 부피를 측정
  - ✓ 장점: 인체 호흡량을 정확히 측정, 임상적 활용도 높음
  - ✓ 단점: 환자의 협조 필요, 기구 세척 및 관리 필요
- 가스치환병
  - ✓ 측정원리: 일정 부피의 가스를 교환하는 정밀 측정 방식
  - ✓ 장점: 유량 범위 10~500mL/min, 정확도 ±0.05~0.25%, 실험실 적합
  - ✓ 단점: 부피측정에 고정밀, 크기 및 비용 부담
- 건식가스미터
  - ✓ 측정 원리: 피스톤이나 기어 등 움직이는 부품으로 가스 부피 측정
  - ✓ 장점: 견고하고 휴대성 좋음, 유지보수 용이
  - ✓ 단점: 마모와 오염에 민감, 정확도는 비교적 낮음
- 습식테스트 미터
  - ✓ 측정 원리: 물이나 다른 액체로 가스 부피를 측정
  - ✓ 장점: 간단하고 저렴함
  - ✓ 단점: 부식 가능성, 유지관리 어렵고 정확도가 낮음

25

냉동기에서 냉매체가 유출되고 있는지 검사하려고 할 때 가장 적합한 측정기구는 무엇인가?

① 스펙트로미터(Spectrometer)
② 가스크로마토그래피(Gas Chromatography)
③ 할로겐화합물 측정기기(Halide Meter)
④ 연소가스지시계(Combustible Gas Meter)

③ 냉동기에서 냉매체(주로 할로겐화합물, CFC, HCFC 등)가 유출되고 있는지 검사할 때 가장 적합한 측정기구는 할로겐화합물 측정기기(Halide Meter)이다. 할로겐화합물에 특화된 누출 감지기로, 냉매 누출 탐지에 널리 사용된다.
① 스펙트로미터는 원소 분석용으로 현장 누출 탐지에는 부적절하다.
② 가스크로마토그래피는 정밀 분석용 기기로 시료를 실험실에서 분석할 때 사용한다.
④ 연소가스지시계는 가연성 가스를 탐지하는 도구이다.

26 빈출

옥내작업장에서 측정한 건구온도가 73℃이고 자연습구온도 65℃, 흑구온도 81℃일 때, WBGT는?

① 64.4℃
② 67.4℃
③ 69.8℃
④ 71.0℃

옥내 or 옥외(햇볕 없는 곳)의 습구흑구온도지수(WBGT)
WBGT = 0.7 × 자연습구온도 + 0.3 × 흑구온도
     = 0.7 × 65 + 0.3 × 81 = 69.8℃

관련개념 WBGT(Wet Bulb Globe Temperature)
WBGT는 습구·흑구·건구 온도를 포함한 열 스트레스 지표로, 작업환경에서 열사병, 열탈진 등 고온 스트레스 예방을 위한 대표적 지표이다.
- 옥내 or 옥외(햇볕 없는 곳)
  WBGT = 0.7 × 자연습구온도 + 0.3 × 흑구온도
- 옥외(햇볕 있는 곳)
  WBGT = 0.7 × 자연습구온도 + 0.2 × 흑구온도 + 0.1 × 건구온도

27

측정결과를 평가하기 위하여 "표준화 값"을 산정할 때 적용되는 인자는? (단, 고용노동부 고시 기준을 따른다.)

① 측정농도와 노출기준
② 평균농도와 표준편차
③ 측정농도와 평균농도
④ 측정농도와 표준편차

고용노동부고시에 따르면 작업환경측정 결과의 평가(표준화값 산정)는 시간가중평균값(TWA), 단시간 노출값(STEL) 등 실제 측정값과 해당 허용기준 값을 비교하여 산정한다.

$$\text{표준화 값}(Y) = \frac{\text{측정농도(TWA, STEL)}}{\text{노출기준(허용기준)}}$$

28

근로자 개인의 청력 손실 여부를 알기 위하여 사용하는 청력 측정용 기기를 무엇이라고 하는가?

① Audiometer
② Sound Level Meter
③ Noise Dosimeter
④ Impact Sound Level Meter

① Audiometer: 근로자의 청력 손실 정도를 측정하는 장비로, 다양한 주파수에서 순음청력검사를 시행하여 개인별 청력 손실 여부를 정확히 평가 가능
② Sound Level Meter: 작업환경의 소음레벨을 측정하는 계측기
③ Noise Dosimeter: 개인의 소음 노출 정도를 측정하는 장비
④ Impact Sound Level Meter: 충격음의 음압 수준을 측정하는 장비로, 개인 청력 상태 평가용이 아님

29

작업환경의 감시(Monitoring)에 관한 목적을 가장 적절하게 설명한 것은?

① 잠재적인 인체에 대한 유해성을 평가하고 적절한 보호대책을 결정하기 위함
② 유해물질에 의한 근로자의 폭로도를 평가하기 위함
③ 적절한 공학적 대책수립에 필요한 정보를 제공하기 위함
④ 공정변화로 인한 작업환경 변화의 파악을 위함

① 작업환경 감시(Monitoring)의 목적은 근로자의 작업장 내 유해인자 노출 상태를 조사하여, 잠재적 유해성을 평가하고 근로자의 건강 보호를 위한 적절한 보호대책 수립에 활용하는 데 있다. 이를 통해 건강장해 예방과 쾌적한 작업환경 조성에 기여한다.
② 근로자의 유해인자 폭로도 평가에 초점이 있으나, 이것은 감시의 한 부분이다.
③ 작업환경 개선 대책 수립에 필요한 정보 제공을 의미한다.
④ 작업장 환경 변화 파악을 통한 관리 측면을 의미한다.

관련개념
- 작업환경 감시: 유해인자 노출 상태 파악과 보호대책 결정
- 보호대책: 환경 개선, 개인보호구 착용 등

정답   27 ①　28 ①　29 ①

30 ⭐빈출

금속제품을 탈지 세정하는 공정에서 사용하는 유기용제인 Trichloroethylene의 근로자 노출농도를 측정하고자 한다. 과거의 노출농도를 조사해 본 결과, 평균 40ppm이었다. 활성탄관(100mg/50mg)을 이용하여 0.14L/분으로 채취하였다. 채취해야 할 최소한의 시간(분)은? (단, Trichloroethylene의 분자량은 131.39, 25℃ 1기압 기준이며, 가스크로마토그래피의 정량한계(LOQ)는 0.4mg이다.)

① 10.3
② 13.3
③ 16.3
④ 19.3

- 최소시료채취시간(min)을 구하려면, 시료에 포함되어야 하는 최소 질량(정량한계)까지 작업장 공기를 채취하는 데 걸리는 시간(분)을 계산한다.
- 필요한 시료량 = 채취시간 × 농도 × 채취유량

$$0.4\text{mg} = \square\,\text{min} \times \dfrac{40\text{mL} \times \dfrac{131.39\text{mg}}{22.4\text{mL}}}{\text{Sm}^3 \times \dfrac{(273+25)\text{K}}{273\text{K}}} \times \dfrac{0.14\text{L}}{\text{min}} \times \dfrac{\text{m}^3}{1{,}000\text{L}}$$

$\square = 13.2926\text{min}$
- 노출농도 $= 40\text{ppm}$
- 채취유량 $= 0.14\text{L/min}$
- Trichloroethylene 분자량 $= 131.39$
- 정량한계 $= 0.4\text{mg}$

31

직독식 측정기구가 전형적 방법에 비해 가지는 장점과 가장 거리가 먼 것은?

① 측정과 작동이 간편하여 인력과 분석비를 절감할 수 있다.
② 현장에서 실제 작업시간이나 어떤 순간에서 유해인자의 수준과 변화를 손쉽게 알 수 있다.
③ 직독식 기구로 유해물질을 측정하는 방법의 민감도와 특이성 외의 모든 특성은 전형적 방법과 유사하다.
④ 현장에서 즉각적인 자료가 요구될 때 매우 유용하게 이용될 수 있다.

- 직독식 기구는 민감도와 특이성에서 전형적 방법과 차이가 있으며, 이 외 특성들도 완전히 유사하지 않아 일부 차별점이 존재한다.
- 전형적 방법은 실험실 분석 등의 정밀한 측정을 의미하고, 직독식 방법은 실시간 모니터링에 강점을 가지나 정확도, 민감도 면에서는 한계가 있다.

32 ⭐빈출

WBGT 측정기의 구성요소로 적절하지 않은 것은?

① 습구온도계
② 건구온도계
③ 카타온도계
④ 흑구온도계

- WBGT 측정기는 습구온도계, 건구온도계, 흑구온도계로 구성되며, 세 지표를 사용하여 열 스트레스를 평가한다.
- 카타온도계는 기류(풍속) 측정에 사용되는 온도계로, WBGT 측정기의 구성요소가 아니다.

33 ⭐빈출

작업장 내 기류측정에 대한 설명으로 옳지 않은 것은?

① 풍차풍속계는 풍차의 회전속도로 풍속을 측정한다.
② 풍차풍속계는 보통 1~150m/sec 범위의 풍속을 측정하며 옥외용이다.
③ 기류속도가 아주 낮을 때에는 카타온도계와 복사풍속계를 사용하는 것이 정확하다.
④ 카타온도계는 기류의 방향이 일정하지 않던가, 실내 0.2~0.5m/sec 정도의 불감기류를 측정할 때 사용한다.

기류속도가 아주 낮을 때는 열선풍속계(Hot Wire Anemometer)가 더 정확한 측정에 적합하다.

관련개념
- 카타(Kata)온도계: 가열 후 냉각속도(냉각력)를 측정해서 기류의 세기, 즉 불감기류나 미세한 공기 흐름을 평가하는 기기
- 풍차풍속계: 기류의 풍속을 측정하는 기기
- 열선풍속계: 열선의 냉각 정도로 기류 풍속을 측정하는 기기

정답   30 ② 31 ③ 32 ③ 33 ③

34

제관공장에서 용접흄을 측정한 결과가 다음과 같다면 노출기준 초과여부평가로 알맞은 것은?

> - 용접흄의 TWA: 5.27mg/m³
> - 노출기준: 5.0mg/m³
> - SAE(시료채취 분석오차): 0.12

① 초과
② 초과 가능
③ 초과하지 않음
④ 평가할 수 없음

- 노출기준 상한 = 5.0 × (1 + 0.12) = 5.6mg/m³
- 노출기준 하한 = 5.0 × (1 − 0.12) = 4.4mg/m³
- 측정값 5.27mg/m³은 노출기준 5.0mg/m³보다 크지만 오차범위 내인 5.6mg/m³ 이하이므로 확실한 초과라 판단하기 어렵다. 따라서 "초과 가능"으로 평가하는 것이 합리적이다.

35

다음 기체에 관한 법칙 중 일정한 온도조건에서 부피와 압력은 반비례한다는 것은?

① 보일의 법칙
② 샤를의 법칙
③ 게이-루삭의 법칙
④ 라울트의 법칙

① 보일 법칙은 온도가 일정할 때 기체의 압력과 부피가 반비례 관계임을 나타낸다.
② 샤를 법칙은 압력이 일정할 때 기체의 부피와 온도가 비례하는 관계를 설명한다.
③ 게이-루삭 법칙은 부피가 일정할 때 온도와 압력이 비례한다는 것을 나타낸다.
④ 라울트 법칙은 증기압과 관련된 법칙으로, 혼합물의 증기압은 각 성분의 증기압과 몰 분율에 따른 가중평균임을 설명한다.

36 빈출

어느 작업장의 온도가 18℃이고, 기압이 770mmHg, Methylethyl Ketone(분자량=72)의 농도가 26ppm일 때 mg/m³ 단위로 환산된 농도는?

① 64.5
② 79.4
③ 87.3
④ 93.2

ppm = mL/m³
18℃, 770mmHg에서 26ppm이면 표준상태에서도 26ppm이다.

$$\frac{26\text{mL} \times \dfrac{72\text{mg}}{22.4\text{mL}}}{\text{Sm}^3 \times \dfrac{(273+18)\text{K}}{273\text{K}} \times \dfrac{760\text{mmHg}}{770\text{mmHg}}} = 79.4336\text{mg/m}^3$$

37 빈출

태양광선이 내리쬐는 옥외작업장에서 작업강도 중등도의 연속작업이 이루어질 때 습구흑구온도지수(WBGT)는?
(단, 건구온도: 30℃, 자연습구온도: 28℃, 흑구온도: 32℃)

① WBGT: 27.0℃
② WBGT: 28.2℃
③ WBGT: 29.0℃
④ WBGT: 30.2℃

옥외(햇볕 있는 곳)의 습구흑구온도지수(WBGT)
WBGT = 0.7 × 자연습구온도 + 0.2 × 흑구온도 + 0.1 × 건구온도
　　　 = 0.7 × 28 + 0.2 × 32 + 0.1 × 30 = 29℃

관련개념 WBGT(습구흑구온도지수, Wet Bulb Globe Temperature)
근로자의 열 스트레스(온열환경 부담)를 평가하기 위한 대표적인 지표로, 온도, 습도, 복사열, 공기 흐름 등을 종합적으로 반영한다.
- 옥내 or 옥외(햇볕 없는 곳)
  WBGT = 0.7 × 자연습구온도 + 0.3 × 흑구온도
- 옥외(햇볕 있는 곳)
  WBGT = 0.7 × 자연습구온도 + 0.2 × 흑구온도 + 0.1 × 건구온도

38

고열 측정방법에 관한 내용이다. ( ) 안에 맞는 내용은? (단, 고용노동부 고시 기준을 따른다.)

> 측정은 단위작업장소에서 측정대상이 되는 근로자의 작업행동 범위 내에서 주 작업 위치의 바닥 면으로부터 (   )의 위치에서 행하여야 한다.

① 50cm 이상, 120cm 이하
② 50cm 이상, 150cm 이하
③ 80cm 이상, 120cm 이하
④ 80cm 이상, 150cm 이하

측정기의 위치는 바닥 면으로부터 50cm 이상, 150cm 이하의 위치에서 측정한다.

39

다음 물질 중 실리카겔과 친화력이 가장 큰 것은?

① 알데히드류
② 올레핀류
③ 파라핀류
④ 에스테르류

- 실리카겔은 본질적으로 강한 친수성을 띠는 물질이며, 선택적 흡착 성질이 있어 물이나 극성기, 수소결합이 가능한 물질(예 알데히드)의 친화성이 매우 높다.
- 올레핀류, 파라핀류, 에스테르류는 대부분 비극성이거나 친수성이 알데히드류보다 약하다.

40 빈출

유해가스의 생리학적 분류를 단순 질식제, 화학적 질식제, 자극가스 등으로 할 때 다음 중 단순 질식제로 구분되는 것은?

① 일산화탄소
② 아세틸렌
③ 포름알데히드
④ 오존

- 단순 질식제: 산소를 밀어내거나 산소 분압을 낮추어 생리적으로 질식을 유발하는 불활성 가스이다.
  예 수소(H_2), 질소(N_2), 이산화탄소(CO_2), 메탄(CH_4), 헬륨(He), 아세틸렌(C_2H_2)
- 화학적 질식제: 혈액 내 혈색소와 결합하여 산소 운반 능력을 방해하거나 조직 내 산화효소를 불활성화시켜 질식 작용을 일으키는 물질이다.
  예 일산화탄소(CO), 시안화수소(HCN), 시안화염류($-CN$), 황화수소(H_2S), 이산화질소(NO_2), 포스겐($COCl_2$)

3과목   작업환경 관리대책

41

이산화탄소 가스의 비중은? (단, 0℃, 1기압 기준이다.)

① 1.34
② 1.41
③ 1.52
④ 1.63

$$가스의\ 비중 = \frac{가스의\ 분자량}{공기의\ 평균\ 분자량}$$
$$= \frac{44}{29} = 1.5172$$

42 빈출

분진 채취 전후의 여과지 무게가 각각 21.3mg, 25.8mg이고, 개인시료채취기로 포집한 공기량이 450L일 경우 분진농도는 약 몇 mg/m³인가?

① 1
② 10
③ 20
④ 25

$$\frac{(25.8 - 21.3)\text{mg}}{450\text{L} \times \dfrac{\text{m}^3}{1,000\text{L}}} = 10\text{mg/m}^3$$

43 ⭐

90° 곡관의 반경비가 2.0일 때 압력손실계수는 0.27이다. 속도압이 14mmH₂O라면 곡관의 압력손실은?

① 7.6
② 5.5
③ 3.8
④ 2.7

후드 유입손실 산정
$\Delta P = F \times VP$
$\quad\quad = 0.27 \times 14mmH_2O = 3.78mmH_2O$

44

유해물의 발산을 제거하거나 감소시킬 수 있는 생산공정 작업방법 개량과 거리가 가장 먼 것은?

① 주물공정에서 쉘 몰드법을 채용한다.
② 석면 함유분체 원료를 건식믹서로 혼합하고 용제를 가하던 것을 용제를 가한 후 혼합한다.
③ 광산에서는 습식 착암기를 사용하여 파쇄, 연마작업을 한다.
④ 용제를 사용하는 분무도장을 에어스프레이 도장으로 바꾼다.

석면 함유분체 원료를 습식믹서로 혼합하고 용제를 가하던 것을 용제를 가한 후 혼합한다.

45 ⭐

강제환기의 효과를 제고하기 위한 원칙으로 틀린 것은?

① 오염물질 배출구는 가능한 한 오염원으로부터 가까운 곳에 설치하여 점환기 현상을 방지한다.
② 공기배출구와 근로자의 작업위치 사이에 오염원이 위치하여야 한다.
③ 공기가 배출되면서 오염장소를 통과하도록 공기배출구와 유입구의 위치를 선정한다.
④ 오염원 주위에 다른 작업 공정이 있으면 공기배출량을 공급량보다 약간 크게 하여 음압을 형성하여 주위 근로자에게 오염물질이 확산되지 않도록 한다.

오염물질 배출구는 가능한 한 오염원으로부터 먼 곳에 설치하여 점환기 현상을 방지한다.

관련개념 점환기 현상
• 공기배출구 부근에서 배출된 오염물질이 초기 운동에너지를 잃고 정체되어 거의 움직임이 없는 상태가 되는 현상이다.
• 오염물질이 배출구 가까이 머물러 제대로 확산 또는 배출되지 못하게 하는 문제로, 국소배기장치 효율을 저하시키고 작업장 내 오염물질 농도를 높이는 원인이 된다.
• 점환기 현상을 방지하려면 오염물질 배출구를 오염원으로부터 가능한 한 멀리 설치하여 유동성을 확보하고 배출되는 공기가 원활히 흐르도록 해야 한다.

46 ⭐

흡인풍량이 200m³/min, 송풍기 유효전압이 150mmH₂O, 송풍기 효율이 80%, 여유율이 1.2인 송풍기의 소요 동력은? (단, 송풍기 효율과 여유율을 고려한다.)

① 4.8kW
② 5.4kW
③ 6.7kW
④ 7.4kW

$$P = \frac{Q \times \Delta H}{102 \times \eta} \times \alpha$$

$$= \frac{\dfrac{200m^3}{min} \times \dfrac{min}{60sec} \times 150mmH_2O}{102 \times 0.8} \times 1.2 = 7.3529kW$$

47

분진대책 중의 하나인 발진의 방지 방법과 가장 거리가 먼 것은?

① 원재료 및 사용재료의 변경
② 생산기술의 변경 및 개량
③ 습식화에 의한 분진발생 억제
④ 밀폐 또는 포위

48 빈출

덕트 직경이 30cm 이고 공기유속이 5m/sec일 때 레이놀드수(Re)는? (단, 공기의 점성계수는 20℃에서 1.85×10^{-5}kg/sec · m, 공기밀도는 20℃에서 1.2kg/m³이다.)

① 97,300
② 117,500
③ 124,400
④ 135,200

$$Re = \frac{덕트의\ 직경 \times 공기밀도 \times 공기속도}{공기점성계수}$$

$$= \frac{0.3m \times 1.2kg/m^3 \times 5m/sec}{1.85 \times 10^{-5}kg/m \cdot sec} = 97{,}297.2973$$

49 빈출

송풍기에 연결된 환기 시스템에서 송풍량에 따른 압력손실 요구량을 나타내는 Q-P 특성곡선 중 Q와 P의 관계는? (단, Q는 풍량, P는 풍압이며, 유동조건은 난류형태이다.)

① $P \propto Q$
② $P^2 \propto Q$
③ $P \propto Q^2$
④ $P^2 \propto Q^3$

풍량은 송풍기의 회전수에 비례하고 풍압(정압)은 송풍기의 회전수의 제곱에 비례한다.

$$\frac{Q_2}{Q_1} = \frac{N_2}{N_1}, \quad \frac{P_2}{P_1} = \left(\frac{N_2}{N_1}\right)^2 \rightarrow \frac{P_2}{P_1} = \left(\frac{Q_2}{Q_1}\right)^2 \rightarrow P \propto Q^2$$

관련개념
- 풍량: 송풍기의 회전수에 비례한다.
- 풍압: 송풍기의 회전수의 제곱에 비례한다.
- 동력(축동력): 송풍기의 회전수의 세제곱에 비례한다.

50 빈출

한랭작업장에서 일하고 있는 근로자의 관리에 대한 내용으로 옳지 않은 것은?

① 한랭에 대한 순화는 고온 순화보다 빠르다.
② 노출된 피부나 전신의 온도가 떨어지지 않도록 온도를 높이고 기류의 속도를 낮추어야 한다.
③ 필요하다면 작업을 자신이 조절하게 한다.
④ 외부 액체가 스며들지 않도록 방수 처리된 의복을 입는다.

51

산업안전보건법령상 안전인증 방독마스크에 안전인증 표시 외에 추가로 표시되어야 할 항목이 아닌 것은?

① 포집효율
② 파과곡선도
③ 사용시간 기록카드
④ 사용상의 주의사항

포집효율은 방진마스크에 적용되는 사항이며, 방독마스크의 추가 표시사항은 아니다.

관련개념

안전인증 방독마스크에 기본적인 안전인증 표시 외에 추가로 표시되어야 할 항목은 파과곡선도, 사용시간 기록카드, 사용상의 주의사항, 정화통 외부 측면의 표시 색이다.

52 ⭐ 빈출

유효전압이 120mmH₂O, 송풍량이 306m³/min인 송풍기의 축동력이 7.5kW일 때 이 송풍기의 전압 효율은? (단, 기타 조건은 고려하지 않는다.)

① 65%
② 70%
③ 75%
④ 80%

$$P = \frac{Q \times \Delta H}{102 \times \eta}$$

$$= \frac{\dfrac{306\text{m}^3}{\text{min}} \times \dfrac{\text{min}}{60\text{sec}} \times 120\text{mmH}_2\text{O}}{102 \times \eta} = 7.5\text{kW}$$

효율 $\eta = 0.8 \rightarrow 80\%$

53

다음 〈보기〉에서 여과집진장치의 장점만을 고른 것은?

——— [보기] ———

a. 다양한 용량(송풍량)을 처리할 수 있다.
b. 습한 가스 처리에 효율적이다.
c. 미세입자에 대한 집진 효율이 비교적 높은 편이다.
d. 여과재는 고온 및 부식성 물질에 손상되지 않는다.

① a, b
② a, c
③ c, d
④ b, d

b. 습한 가스 처리에는 효율적이지 못하다.
d. 여과재는 고온 및 부식성 물질에 손상된다.

관련개념 여과집진장치

• 가스가 여과섬유(필터)를 통과할 때 분진이 섬유와 충돌(관성충돌), 직접 차단, 확산(브라운운동), 중력침강, 정전기력 등 여러 물리적 작용에 의해 포집된다. 이러한 복합적 집진 원리 때문에 $0.01\mu\text{m}$ 이하의 미세분진까지도 고효율로 집진할 수 있다.
• 여과집진기는 백필터(Bag Filter) 형태가 대표적이며, 분진층이 필터의 추가 여과층 역할을 하여 집진 효율을 더욱 높인다.
• 연속적 또는 간헐적 탈진으로 정상 운전이 가능하고, 고농도 및 다양한 환경 조건에서도 안정적이다.

54

희석환기의 또 다른 목적은 화재나 폭발을 방지하기 위한 것이다. 폭발 하한치인 LEL(Lower Explosive Limit)에 대한 설명 중 틀린 것은?

① 폭발성, 인화성이 있는 가스 및 증기 혹은 입자상의 물질을 대상으로 한다.
② LEL은 근로자의 건강을 위해 만들어 놓은 TLV보다 낮은 값이다.
③ LEL의 단위는 %이다.
④ 오븐이나 덕트처럼 밀폐되고 환기가 계속적으로 가동되고 있는 곳에서는 LEL의 1/4을 유지하는 것이 안전하다.

TLV(Threshold Limit Value)는 근로자 건강을 위해 설정한 노출 기준이며, LEL은 폭발 안전 기준으로 근본적으로 다른 개념이다. 그러나 LEL이 반드시 TLV보다 낮다고는 할 수 없으며, 성분마다 다르다.

관련개념

구분	LEL (Lower Explosive Limit)	TLV (Threshold Limit Value)
정의	가연성 가스 또는 증기가 공기 중에서 폭발 가능한 최저 농도	근로자가 건강에 해를 입지 않는다고 인정되는 허용 노출 농도
목적	화재 및 폭발 방지	근로자 건강 보호
적용 대상	폭발성, 인화성 가스, 증기, 입자물질	모든 유해 화학물질 및 환경적 요소
단위	보통 %(부피비율) 또는 ppm	보통 ppm, mg/m³ 등 다양한 단위 사용
안전 기준	보통 LEL의 1/4 이하 농도 유지 권장	TWA(8시간 가중평균), STEL(단시간 노출 한도) 등 규정
측정 및 관리	폭발 위험 감시용, 현장 가스 농도 모니터링	근로자 노출 측정 및 작업환경 관리

55

고속기류 내로 높은 초기 속도로 배출되는 작업조건에서 회전연삭, 블라스팅 작업공정 시 제어속도로 적절한 것은? (단, 미국산업위생전문가협의회 권고 기준을 따른다.)

① 1.8m/sec
② 2.1m/sec
③ 8.8m/sec
④ 12.8m/sec

미국산업위생전문가협의회(ACGIH)는 고속기류 작업공정의 제어속도를 2.5~10m/sec 범위로 권고하며, 주어진 선택지 중 8.8m/sec가 적절하다

관련개념 제어속도 범위(ACGIH 권고 기준)

작업조건	작업공정 사례	제어속도 범위(m/sec)
움직이지 않는 공기 중 속도 없이 배출됨	탱크에서 증발, 탈지	0.25~0.5
약간의 공기 움직임, 낮은 속도 배출	스프레이 도장, 용접, 도금, 저속 컨베이어 운반	0.5~1.0
발생기류가 높고 유해물질 활발 발생	스프레이 도장, 용기충진, 컨베이어 적재, 분쇄기	1.0~2.5
고속기류 내 높은 초기 속도 배출	회전연삭, 블라스팅	2.5~10.0

56

국소환기장치 설계에서 제어속도에 대한 설명으로 옳은 것은?

① 작업장 내의 평균유속을 말한다.
② 발산되는 유해물질을 후드로 흡인하는 데 필요한 기류속도이다.
③ 덕트 내의 기류속도를 말한다.
④ 일명 반송속도라고도 한다.

- 제어속도(Control Velocity 또는 Capture Velocity)란 유해물질이 후드 쪽으로 흡인되기 위해 필요한 최소한의 공기 흐름 속도를 말한다.
- 작업장 내 평균 유속이나 덕트 내 기류속도와는 다르며, 유해물질이 후드로 잘 빨려 들어가도록 오염원을 직접 제어하는 속도이다.
- 일반적으로 후드 개구면에서 또는 외부식 후드의 경우 가장 먼 작업 위치에서 측정하며, 국소배기장치 설계 시 중요 기준으로 사용된다.
- 반송속도(Transport Velocity)는 덕트 내에서 물질이 퇴적되지 않고 이동하도록 하는 최소 속도를 의미하며, 제어속도와 다르다.

57

청력보호구의 차음효과를 높이기 위해서 유의할 사항으로 볼 수 없는 것은?

① 청력보호구는 머리의 모양이나 귓구멍에 잘 맞는 것을 사용하여 차음효과를 높이도록 한다.
② 청력보호구는 기공이 많은 재료로 만들어 흡음효과를 높여야 한다.
③ 청력보호구를 잘 고정시켜 보호구 자체의 진동을 최소한도로 줄이도록 한다.
④ 귀덮개 형식의 보호구는 머리카락이 길 때와 안경테가 굵거나 잘 부착되지 않을 때에는 사용하지 말도록 한다.

> 기공이 많은 재료는 소리를 통과시키기 쉬우므로 차음 성능을 약화시킨다. 차음효과를 높이기 위해서는 기공이 적고 밀도가 높은 재료를 사용하여 제조한다.

58 빈출

산소가 결핍된 밀폐공간에서 작업하려고 한다. 다음 중 가장 적합한 호흡용 보호구는?

① 방진마스크
② 방독마스크
③ 송기마스크
④ 면체 여과식 마스크

> ③ 송기마스크: 외부로부터 안전한 공기를 공급받아 산소결핍 환경에서 사용한다.
> ① 방진마스크: 주로 먼지, 미스트, 비휘발성 입자(분진 등)를 차단하여 호흡기를 보호한다
> ② 방독마스크: 가스, 증기, 입자 등을 여과하는 장치로, 산소가 충분한 환경에서만 사용 가능하다.
> ④ 면체 여과식 마스크: 오염된 공기를 필터(여과재)로 거른 뒤 착용자가 직접 흡입하는 방식의 호흡용 보호구이다.

59

귀덮개의 착용 시 일반적으로 요구되는 차음효과를 가장 알맞게 나타낸 것은?

① 저음역 20dB 이상, 고음역 45dB 이상
② 저음역 20dB 이상, 고음역 55dB 이상
③ 저음역 30dB 이상, 고음역 40dB 이상
④ 저음역 30dB 이상, 고음역 50dB 이상

> 귀덮개 착용 시 저음역 20dB 이상, 고음역 45dB 이상의 차음효과가 있다.

60 빈출

$80\mu m$인 분진 입자를 중력 침강실에서 처리하려고 한다. 입자의 밀도는 $2g/cm^3$, 가스의 밀도는 $1.2kg/m^3$, 가스의 점성계수는 $2.0 \times 10^{-3}g/cm \cdot sec$일 때 침강속도는? (단, Stokes 식을 적용한다.)

① $3.49 \times 10^{-3}m/sec$
② $3.49 \times 10^{-2}m/sec$
③ $4.49 \times 10^{-3}m/sec$
④ $4.49 \times 10^{-2}m/sec$

> **Stokes 침강법칙**
>
> $$V_g = \frac{d_p^2(\rho_p - \rho)g}{18\mu}$$
>
> $$= \frac{\left(80\mu m \times \dfrac{1m}{10^6 \mu m}\right)^2 \times \left(\dfrac{2000kg}{m^3} - \dfrac{1.2kg}{m^3}\right) \times \dfrac{9.8m}{sec^2}}{18 \times \dfrac{2.0 \times 10^{-3}g}{cm \cdot sec} \times \dfrac{1kg}{1000g} \times \dfrac{100cm}{m}}$$
>
> $$= 3.4823 \times 10^{-2}m/sec$$
>
> ∘ V_g: 침강속도
> ∘ d_p: 입자의 직경
> ∘ ρ_p: 입자의 밀도
> ∘ ρ: 유체의 밀도
> ∘ g: 중력가속도
> ∘ μ: 유체의 점도

61

작업장의 습도를 측정한 결과 절대습도는 4.57mmHg, 포화습도는 18.25mmHg이었다. 이때 이 작업장의 습도 상태에 대하여 가장 올바르게 설명한 것은?

① 적당하다.
② 건조한 상태이다.
③ 습도가 높은 편이다.
④ 습도가 포화상태이다.

- 산업안전보건기준 및 일반 작업장 권고 습도는 보통 40~70% 상대습도로 적절하다.
- 상대습도 = (절대습도 / 포화습도) × 100
  = (4.57 / 18.25) × 100
  = 25.0410%
- 상대습도 25%는 작업장에서는 다소 건조한 상태에 해당한다. 너무 건조하면 작업자 피부 건조, 호흡기 자극, 정전기 발생 등이 우려된다.

62 ★빈출

이상기압의 대책에 관한 내용으로 옳지 않은 것은?

① 고압실 내의 작업에서는 탄산가스의 분압이 증가하지 않도록 신선한 공기를 송기한다.
② 고압환경에서 작업하는 근로자에게는 질소의 양을 증가시킨 공기를 호흡시킨다.
③ 귀 등의 장해를 예방하기 위하여 압력을 가하는 속도를 매 분당 0.8kg/cm² 이하가 되도록 한다.
④ 감압병의 증상이 발생하였을 때에는 환자를 바로 원래의 고압환경 상태로 복귀시키거나, 인공고압실에서 천천히 감압한다.

- 고압환경에서 작업하는 근로자에게는 산소의 양을 증가시킨 공기를 호흡시킨다.
- 고압실 내에서는 질소의 양을 조절하여 질소 과다흡입(질소 중독)을 예방하는 것이 중요하다. 즉, 질소의 양을 임의로 증가시키는 것은 오히려 해롭다. 산소 농도를 적절히 유지하며 신선한 공기를 공급하는 것이 올바른 대책이다.

63

다음 중 자외선에 관한 설명으로 틀린 것은?

① 비전리방사선이다.
② 태양광선, 고압수은증기등, 전기용접 등이 배출원이다.
③ 구름이나 눈에 반사되며, 고층구름이 낀 맑은 날에 가장 많다.
④ 태양에너지의 52%를 차지하며 보통 700~1,400nm 파장을 말한다.

> 태양에너지의 5%를 차지하며 보통 100~400nm 파장을 말한다.

관련개념 자외선(UV)
- 파장이 100~400nm 범위의 전자기파로 비전리방사선에 속하며, 태양광선, 고압수은등, 전기용접 등에서 배출된다.
- 자외선은 파장에 따라 UVA(320~400nm), UVB(290~320nm), UVC(200~290nm) 등으로 나뉘며, 700~1,400nm 파장은 적외선 영역에 해당한다.
- 태양에너지는 약 52%가 적외선, 43%가 가시광선, 5% 정도가 자외선으로 구성된다.

64

태양으로부터 방출되는 복사에너지의 52% 정도를 차지하고 피부조직 온도를 상승시켜 충혈, 혈관확장, 각막손상, 두부장해를 일으키는 유해광선은?

① 자외선
② 적외선
③ 가시광선
④ 마이크로파

- 태양으로부터 방출되는 복사에너지 중 약 52%는 적외선에 해당한다.
- 적외선은 피부 조직 온도를 상승시키며, 이로 인해 피부 충혈, 혈관 확장, 각막 손상, 두부장애와 같은 유해 영향을 일으킨다.
- 가시광선은 약 43%를 차지하며, 자외선은 약 5%로 비교적 적은 비중을 차지한다.

관련개념
- 자외선: 피부암, 백내장 등 광선 손상을 유발하는 반면, 적외선은 주로 열에너지로서 피부와 눈 조직의 온도를 상승시켜 조직 손상을 일으킨다.
- 가시광선: 인간이 인지할 수 있는 빛이며, 마이크로파는 주로 전자기파의 한 종류로 열적 효과를 나타내지만 태양 복사에너지 비중은 작다.
- 적외선: 주로 열에너지로 작용하여 피부와 눈의 표면 조직을 가열한다.

정답　　61 ② 　62 ② 　63 ④ 　64 ②

65

심한 소음에 반복 노출되면, 일시적인 청력변화는 영구적 청력변화로 변하게 되는데, 이는 다음 중 어느 기관의 손상으로 인한 것인가?

① 원형창
② 삼반규반
③ 유스타키오관
④ 코르티기관

심한 소음에 반복 노출되어 일시적 청력변화가 영구적 청력변화로 진행되는 것은 청각기관 내의 코르티기관 손상 때문이다. 코르티기관은 내이의 와우관 속에 위치하며, 청각수용세포가 모여 있어 소리를 신경 신호로 변환하는 핵심 기관이다.

66 빈출

시간당 150kcal 열량이 소요되는 작업을 하는 실내작업장이다. 다음 온도 조건에서 시간당 작업휴식시간비로 가장 적절한 것은?

- 흑구온도: 32℃
- 건구온도: 27℃
- 자연습구온도: 30℃

작업휴식시간비	경작업	중등 작업	중작업
계속 작업	30.0℃	26.7℃	25.0℃
매 시간 75% 작업, 25% 휴식	30.6℃	28.0℃	25.9℃
매 시간 50% 작업, 50% 휴식	31.4℃	29.4℃	27.9℃
매 시간 25% 작업, 75% 휴식	32.2℃	31.1℃	30.0℃

① 계속 작업
② 매 시간 25% 작업, 75% 휴식
③ 매 시간 50% 작업, 50% 휴식
④ 매 시간 75% 작업, 25% 휴식

- 시간당 150kcal 열량이 소요되는 작업은 경작업에 해당한다.
  - ✓ 경작업: ~200kcal/hr
  - ✓ 중등작업: 200~350kcal/hr
  - ✓ 중작업: 350~500kcal/hr
- 실내작업장이므로
  WBGT = 0.7 × 자연습구온도 + 0.3 × 흑구온도
  $\quad$ = 0.7 × 30 + 0.3 × 32 = 30.6℃
- 따라서 매 시간 75% 작업, 25% 휴식이다.

관련개념 WBGT(습구흑구온도지수, Wet Bulb Globe Temperature) 근로자의 열 스트레스(온열환경 부담)를 평가하기 위한 대표적인 지표로, 온도, 습도, 복사열, 공기 흐름 등을 종합적으로 반영한다.
- 옥내 or 옥외(햇볕 없는 곳)
  WBGT = 0.7 × 자연습구온도 + 0.3 × 흑구온도
- 옥외(햇볕 있는 곳)
  WBGT = 0.7 × 자연습구온도 + 0.2 × 흑구온도 + 0.1 × 건구온도

67 빈출

현재 총 흡음량이 1,200sabins인 작업장의 천장에 흡음물질을 첨가하여 2,800sabins을 더할 경우 예측되는 소음감소량(dB)은 약 얼마인가?

① 3.5
② 4.2
③ 4.8
④ 5.2

$NR = 10 × \log(A_2/A_1)$
$\quad = 10 × \log(4,000/1,200)$
$\quad = 5.2287 dB(A)$
- A_1 = 기존 총 흡음량 = 1,200sabins
- A_2 = 추가 후 총흡음량 = 1,200 + 2,800 = 4,000sabins

68

다음 중 산소결핍이 진행되면서 생체에 나타나는 영향을 순서대로 나열한 것은?

> ㉠ 가벼운 어지러움　　㉡ 사망
> ㉢ 대뇌피질의 기능 저하　㉣ 중추성 기능장애

① ㉠ → ㉢ → ㉣ → ㉡
② ㉠ → ㉣ → ㉢ → ㉡
③ ㉢ → ㉠ → ㉣ → ㉡
④ ㉢ → ㉣ → ㉠ → ㉡

> ㉠ 가벼운 어지러움: 초기 산소결핍 증상으로서, 뇌 산소 공급이 줄어들며 어지러움, 집중력 저하 등이 나타난다.
> ㉢ 대뇌피질의 기능 저하: 산소 공급 부족이 심해지면서 뇌 기능, 특히 대뇌 피질의 인지력과 판단력이 저하된다.
> ㉣ 중추성 기능장애: 뇌의 중추신경계 기능이 손상되어 의식 장애, 신경학적 이상 등이 발생한다.
> ㉡ 사망: 산소 공급이 심각하게 부족하여 생명 유지 기능이 정지하게 된다.

69 빈출

다음 중 외부조사보다 체내 흡입 및 섭취로 인한 내부조사의 피해가 가장 큰 전리방사선의 종류는?

① α선
② β선
③ γ선
④ X선

> α선은 내부로 흡입하거나 섭취될 경우 체내 조직에 매우 강한 손상을 입히는 방사선 종류이다. α선 입자는 크기가 크고 침투력이 매우 낮아 외부에서는 피부를 뚫지 못하지만, 체내에 들어가면 주변 세포를 강력하게 이온화하여 손상을 주기 때문에 내부조사에 의한 피해가 매우 크다. 반면, β선과 γ선, X선은 침투력이 상대적으로 커서 외부조사가 문제되지만, 체내 흡입이나 섭취로 인한 피해는 α선만큼 크지 않다.

70 빈출

다음 중 일반적으로 소음계에서 A특성치는 몇 phon의 등청감곡선과 비슷하게 주파수에 따른 반응을 보정하여 측정한 음압수준을 말하는가?

① 40
② 70
③ 100
④ 140

> • A특성은 사람의 청각이 가장 민감한 1,000Hz를 기준으로 보정값이 0이며, 저주파(저음) 영역에서는 감도가 낮아 보정치가 크게 음압을 낮춘다. 40phon 등감곡선에 근접한 보정이며, 이는 일반적인 환경소음 평가에 사용된다.
> • B특성은 70phon 등감곡선에 근접한 보정이며, 현재는 거의 사용되지 않는다.
> • C특성은 100phon 등감곡선에 근접하며, 저주파도 거의 보정하지 않아 원음에 가까운 측정값을 제공한다. 이는 고음압 환경(예 산업현장)에서 사용된다.

71

전신진동은 진동이 작용하는 축에 따라 인체에 영향을 미치는 주파수의 범위가 다르다. 각 축에 따른 주파수의 범위로 옳은 것은?

① 수직방향: 4~8Hz, 수평방향: 1~2Hz
② 수직방향: 10~20Hz, 수평방향: 4~8Hz
③ 수직방향: 2~100Hz, 수평방향: 8~150Hz
④ 수직방향: 8~1,500Hz, 수평방향: 50~100Hz

> 전신진동이 인체에 미치는 영향은 진동이 작용하는 방향(축)에 따라 다르고, 특히 주파수 범위에 따라 인체의 반응이 달라진다. 일반적으로 수직방향 진동은 4~8Hz 주파수 대역에서 인체에 가장 영향을 미치며, 이 범위는 주로 척추와 내장기관에 충격을 가한다. 반면, 수평방향 진동은 1~2Hz 주파수 범위에서 인체에 영향을 미치는데, 이는 좌우 또는 전후 방향으로 작용하는 진동에 해당한다.

72 ⭐빈출

작업기계에서 음향파워레벨(PWL)이 110dB인 소음이 발생되고 있다. 이 기계의 음향파워는 몇 W(watt)인가?

① 0.05
② 0.1
③ 1
④ 10

음향파워레벨(PWL) 산정

$$PWL = 10\log\left(\frac{W}{W_0}\right) = 10\log\left(\frac{W}{10^{-12}}\right) = 110dB$$

$$W = 0.1watt$$

73

다음 중 단기간 동안 자외선(UV)에 초과 노출될 경우 발생하는 질병은?

① Hypothermia
② Stoker's Problem
③ Welder's Flash
④ Pyrogenic Response

③ 용접불꽃(전광선)이나 태양의 강한 짧은 파장 자외선 노출로 발생하며, "전광선 각막염" 또는 "용접공 눈(Welder's Flash)"이라고도 불린다.
① Hypothermia(저체온증)는 체온이 35℃ 이하로 떨어져 신체의 대사와 생리 기능이 저하되는 상태로 떨림, 혼돈, 의식 저하 등이 나타난다.
② Stoker's Problem(스토커스 병)은 보일러·용광로 같은 고온 작업장에서 발생하는 열사병(Heat Stroke)을 지칭하는 산업위생학 용어로 고열환경과 탈수로 인해 체온조절기능이 마비되어 의식 소실, 사망에 이를 수 있다.
④ Pyrogenic Response(발열 반응)는 세균 내독소, 화학물질 등 발열물질(Pyrogen)이 체내에 들어와 체온조절 중추를 자극하여 발생하는 발열 반응이다.

74

다음 중 진동에 대한 설명으로 틀린 것은?

① 전신진동에 대해 인체는 대략 $0.01m/s^2$에서 $10m/s^2$까지의 진동 가속도를 느낄 수 있다.
② 진동 시스템을 구성하는 3가지 요소는 질량(Mass), 탄성(Elasticity)과 댐핑(Damping)이다.
③ 심한 진동에 노출될 경우 일부 노출군에서 뼈, 관절 및 신경, 근육, 혈관 등 연부조직에 병변이 나타난다.
④ 간헐적인 노출시간(주당 1일)에 대해 노출 기준치를 초과하는 주파수 - 보정, 실효치, 성분가속도에 대한 급성노출은 반드시 더 유해하다.

급성노출보다 장기간 노출과 누적 노출이 더 문제될 수 있다.

75

다음 중 자연채광을 이용한 조명방법으로 가장 적절하지 않은 것은?

① 입사각은 25° 미만이 좋다.
② 실내 각점의 개각은 4~5°가 좋다.
③ 창의 면적은 바닥면적의 15~20%가 이상적이다.
④ 창의 방향은 많은 채광을 요구할 경우 남향이 좋으며 조명의 평등을 요하는 작업실의 경우 북창이 좋다.

입사각은 28° 이상이 되어야 한다.

76

다음 중 1기압(atm)에 관한 설명으로 틀린 것은?

① 약 $1kgf/cm^2$과 동일하다.
② torr로는 0.76에 해당한다.
③ 수은주로 760mmHg과 동일하다.
④ 수주(水株)로 $10,332mmH_2O$에 해당한다.

torr로는 760에 해당한다.

정답 72 ② 73 ③ 74 ④ 75 ① 76 ②

77 빈출

다음 중 한랭환경에 의한 건강장해에 대한 설명으로 틀린 것은?

① 전신저체온의 첫 증상으로 억제하기 어려운 떨림과 냉(冷)감각이 생기고 심박동이 불규칙하고 느려지며, 맥박은 약해지고 혈압이 낮아진다.
② 제2도 동상은 수포와 함께 광범위한 삼출성 염증이 일어나는 경우를 말한다.
③ 참호족은 지속적인 국소의 영양결핍 때문이며 한랭에 의한 신경조직의 손상이 발생한다.
④ 레이노씨 병과 같은 혈관 이상이 있을 경우에는 증상이 악화된다.

- 참호족은 발을 장시간 축축하고 춥고 비위생적인 환경에 노출 시 발생하는 비동결성 한랭 손상으로, 피부 및 하부 조직 손상과 함께 혈액 공급 부족과 신경 손상을 포함한다
- 레이노씨 병(Raynaud's disease)은 추위나 스트레스에 의해 손가락, 발가락, 코, 귀 등의 말초 혈관이 발작적으로 수축하는 질환이다.

관련개념 동상
- 1도 동상(표재성 동상): 피부에 일시적인 홍반과 부종이다. 따끔거림 또는 작열감 발생, 피부표면만 손상되며 조직 괴사는 없다.
- 2도 동상: 수포(물집) 발생과 함께 심한 부종, 통증, 피부염증을 일으킨다. 진피층까지 손상되고 염증성 삼출이 나타난다.
- 3도 동상: 피부와 피하 조직의 괴사로 피부가 검게 변하며 조직이 경화된다. 통증과 감각 상실 동반, 피부 및 조직 손상이 심하다.
- 4도 동상: 근육, 인대, 뼈까지 손상이 확대되어 조직 괴사가 심하다. 심한 경우 절단이 필요할 수 있다.

78

감압과 관련된 다음 설명 중 ( ) 안에 알맞은 내용으로 나열한 것은?

> 깊은 물에서 올라오거나 감압실 내에서 감압을 하는 도중에 폐압박의 경우와는 반대로 폐 속에 공기가 팽창한다. 이때는 감압에 의한 (㉠)과 (㉡)의 두 가지 건강상 문제가 발생한다.

① ㉠ 폐수종, ㉡ 저산소증
② ㉠ 질소기포형성, ㉡ 산소중독
③ ㉠ 가스팽창, ㉡ 질소기포형성
④ ㉠ 가스압축, ㉡ 이산화탄소중독

> 깊은 물에서 올라오거나 감압실 내에서 감압을 하는 도중에 폐압박의 경우와는 반대로 폐 속에 공기가 팽창한다. 이때는 감압에 의한 가스팽창과 질소기포형성의 두 가지 건강상 문제가 발생한다.

79 빈출

산업안전보건법령(국내)에서 정하는 일일 8시간 기준의 소음노출기준과 ACGIH 노출기준의 비교 및 각각의 기준에 대한 노출시간 반감에 따른 소음변화율을 다음 [표] 중 올바르게 구분한 것은?

구분	노출기준		소음변화율	
	국내	ACGIH	국내	ACGIH
㉠	90dB	85dB	3dB	3dB
㉡	90dB	90dB	5dB	5dB
㉢	90dB	85dB	5dB	3dB
㉣	90dB	90dB	3dB	5dB

① ㉠
② ㉡
③ ㉢
④ ㉣

국내노출기준		ACGIH 노출기준	
1일 노출시간(hr)	소음수준[dB(A)]	1일 노출시간(hr)	소음수준[dB(A)]
8	90	8	85
4	95	4	88
2	100	2	91
1	105	1	94
1/2	110	1/2	97
1/4	115	1/4	100

정답 77 ③ 78 ③ 79 ③

80

다음 중 조명을 작업환경의 한 요인으로 볼 때 고려해야 할 중요한 사항과 가장 거리가 먼 것은?

① 빛의 색
② 눈부심과 휘도
③ 조명 시간
④ 조도와 조도의 분포

작업환경 조명에서 직접적으로 고려하는 요소는 조명의 질과 양, 즉 조도, 휘도, 눈부심 등이며, 조명 시간은 작업 환경의 조명 조건과 직접적인 관련 요인이 아니다.

5과목   산업독성학

81 빈출

다음 중 주로 비강, 인후두, 기관 등 호흡기의 기도 부위에 축적됨으로써 호흡기계 독성을 유발하는 분진은?

① 호흡성 분진
② 흡입성 분진
③ 흉곽성 분진
④ 총부유 분진

흡입성 분진은 주로 비강, 인후두, 기관 등 호흡기의 상기도 부위에 축적되어 호흡기계 독성을 유발하는 분진이다. 입자 크기는 1~100 μm 범위이며, 호흡기의 어느 부위에서든 독성을 나타낼 수 있다. 이러한 분진은 기도에서 침착해 염증이나 자극, 조직 손상 등을 일으킬 수 있다.

관련개념
- 흡입성 분진(Inhalable Dust): 입자가 크고 호흡기 어느 부위에나 침착하여 독성을 나타낼 수 있는 분진이다. 주로 비강, 인후두, 기관 등에 침착하며, 상기도에 영향을 미친다.
- 호흡성 분진(Respirable Dust): 크기가 작아 폐포 등 하기도 부위에 침착하는 분진으로, 진폐증 등 폐질환을 유발한다.
- 흉곽성 분진(Thoracic Dust): 폐 내 가스 교환 부위에 침착하는 분진이다.
- 총부유 분진(Total Suspended Particulate, TSP): 공기 중에 부유하는 모든 크기의 분진을 포함한다.

82

다음 설명에 해당하는 중금속은?

- 뇌홍의 제조에 사용
- 소화관으로는 2~7% 정도의 소량으로 흡수
- 급성 형태는 뇌, 혈액, 심근에 많이 분포
- 만성노출 시 식욕부진, 신기능부전, 구내염 발생

① 납(Pb)
② 수은(Hg)
③ 카드뮴(Cd)
④ 안티몬(Sb)

② 수은(Hg): 뇌홍(수은화합물 또는 수은 사용 화학제품) 제조에 사용되는 중금속이다. 사람의 소화관을 통해서는 2~7% 정도만 소량 흡수되며, 주로 금속 형태의 수은은 뇌, 혈액, 심근 등에 많이 분포한다. 만성적으로 수은에 노출되면 식욕부진, 신기능부전, 구내염 등의 증상이 나타난다. 수은은 특히 중추 신경계와 신장 등에 독성을 일으키는 대표적 중금속이다.

① 납(Pb): 주로 배터리, 납땜, 페인트 등에 사용되며 신경 독성 및 혈액 독성을 가진다.
③ 카드뮴(Cd): 주로 도금, 건전지 등에 사용되며 폐 및 신장에 독성을 나타낸다.
④ 안티몬(Sb): 난연제, 전자기기, 합금 등에 사용되고 중독 시 위장 및 폐 기능 이상을 유발한다.

83

다음 중 직업성 천식이 유발될 수 있는 근로자와 거리가 가장 먼 것은?

① 채석장에서 돌을 가공하는 근로자
② 목분진에 과도하게 노출되는 근로자
③ 빵집에서 밀가루에 노출되는 근로자
④ 폴리우레탄 페이트 생산에 TDI를 사용하는 근로자

- 직업성 천식은 주로 목분진, 밀가루 분진, 이소시아네이트(TDI) 등과 같은 알레르기 유발물질 및 자극물질에 노출된 근로자에게 발생한다. 목분진 과다 노출, 밀가루 노출, 그리고 폴리우레탄 페인트 생산 시 사용되는 TDI 노출은 모두 직업성 천식을 유발하는 대표적 사례이다.
- 채석장에서 돌을 가공하는 작업은 주로 분진 노출이 많지만, 천식 발생과 직접적으로 연관되는 알레르기성 요인이 적어 상대적으로 직업성 천식과 거리가 멀다.

---

84 ⭐빈출

다음 중 무기성 분진에 의한 진폐증이 아닌 것은?

① 규폐증
② 용접공폐증
③ 철폐증
④ 면폐증

④ 면폐증: 면사나 목화 분진 등 유기성 분진에 의해 발생하는 진폐증이며, 기도의 염증 반응이 특징이다.
① 규폐증: 대표적인 무기성 분진(유리규산)에 의해 발생하는 진폐증이다.
② 용접공폐증: 금속성 무기분진에 노출되어 발생하는 진폐증에 포함된다.
③ 철폐증: 철분 분진 흡입으로 발생하는 무기성 진폐증이다.

85

다음 방향족 탄화수소 중 저농도에 장기간 노출되어 만성중독을 일으키는 경우 가장 위험한 것은?

① 벤젠
② 크실렌
③ 톨루엔
④ 에틸렌

벤젠은 방향족 탄화수소 중 가장 대표적이며, 저농도에 장기간 노출될 경우 만성중독을 일으키는 물질로 알려져 있다. 특히 벤젠은 백혈병과 같은 혈액암을 유발할 수 있는 강력한 발암성 물질이다. 만성적인 노출은 골수 기능 저하, 빈혈, 면역력 저하 등 심각한 건강 문제를 일으킨다.

86 ⭐빈출

어떤 물질의 독성에 관한 인체실험 결과 안전 흡수량이 체중 1kg당 0.15mg이었다. 체중이 70kg인 근로자가 1일 8시간 작업할 경우 이물질의 체내 흡수를 안전흡수량 이하로 유지하려면 공기 중 농도를 얼마 이하로 하여야 하는가? (단, 작업 시 폐환기율은 1.3m³/h, 체내잔류율은 1.0으로 한다.)

① 0.52mg/m³
② 1.01mg/m³
③ 1.57mg/m³
④ 2.02mg/m³

체내흡수량 = 폐환기율(=호흡률) × 노출시간 × 공기 중 유해물질농도 × 체내잔류율
= 체중 × 안전흡수량

$$\frac{0.15\text{mg}}{\text{kg}} \times 70\text{kg} = \frac{1.3\text{m}^3}{\text{hr}} \times 8\text{hr} \times \frac{\square\text{mg}}{\text{m}^3} \times 1$$

$$\square = 1.0096\text{mg/m}^3$$

87 ⭐빈출

다음 중 중추신경계 억제작용이 큰 유기화학물질의 순서로 옳은 것은?

① 유기산 < 알칸 < 알켄 < 알코올 < 에스테르 < 에테르
② 유기산 < 에스테르 < 에테르 < 알칸 < 알켄 < 알코올
③ 알칸 < 알켄 < 알코올 < 유기산 < 에스테르 < 에테르
④ 알코올 < 유기산 < 에스테르 < 에테르 < 알칸 < 알켄

중추신경계 억제작용 순서
알칸족 < 알켄족 < 알코올족 < 유기산 < 에스테르 < 에테르 < 할로겐족

88

유병률(P)은 10% 이하이고, 발생률(I)과 평균이환기간(D)이 시간 경과에 따라 일정하다고 할 때 다음 중 유병률과 발생률 사이의 관계로 옳은 것은?

① $P = \dfrac{I}{D^2}$ 　② $P = \dfrac{I}{D}$

③ $P = I \times D^2$ 　④ $P = I \times D$

유병률(P)은 10% 이하이고, 발생률(I)과 평균이환기간(D)이 시간 경과에 따라 일정하다고 할 때, 유병률과 발생률 사이의 관계는 다음 식으로 표현된다.
유병률(P) = 발생률(I) × 평균이환기간(D)

관련개념
- 유병률(Prevalence): 어떤 시점 또는 기간 동안 특정 질병을 가진 인구의 비율이다.
- 발생률(Incidence): 새로운 질병 사례가 일정 기간 내에 발생하는 비율이다.
- 이환기간(Duration): 질병 상태가 지속되는 평균 기간이다.

89 빈출

다음 중 생물학적 모니터링(Biological Monitoring)에 대한 개념을 설명한 것으로 적절하지 않은 것은?

① 내재용량은 최근에 흡수된 화학물질의 양이다.
② 화학물질이 건강상 영향을 나타내는 조직이나 부위에 결합된 양을 말한다.
③ 여러 신체 부분이나 몸 전체에서 저장된 화학물질 중 호흡기계로 흡수된 물질을 의미한다.
④ 생물학적 모니터링에는 노출에 대한 모니터링과 건강상의 영향에 대한 모니터링으로 나눌 수 있다.

내재용량은 몸 전체 또는 여러 신체 부위에 저장된 화학물질의 총량을 의미한다.

90

다음 중 피부 독성에 있어 경피흡수에 영향을 주는 인자와 가장 거리가 먼 것은?

① 개인의 민감도
② 용매(Vehicle)
③ 화학물질
④ 외기온도

피부 온도가 올라가면 피부 혈류량과 확산 속도가 증가하여 흡수가 촉진된다.

91

다음 중 망간중독에 관한 설명으로 틀린 것은?

① 금속망간의 직업성 노출은 철강제조 분야에서 많다.
② 치료제는 CaEDTA가 있으며 중독 시 신경이나 뇌세포 손상 회복에 효과가 크다.
③ 망간의 노출이 계속되면 파킨슨 증후군과 거의 비슷하게 될 수 있다.
④ 이산화망간 흄에 급성 폭로되면 열, 오한, 호흡곤란 등의 증상을 특징으로 하는 금속열을 일으킨다.

CaEDTA(칼슘 디소듐 에데테이트)는 중금속을 킬레이트(결합)하여 소변으로 배출을 촉진하는 치료제로, 납중독 시 가장 널리 사용된다.

92 ⭐ 빈출

생리적으로는 아무 작용도 하지 않으나 공기 중에 많이 존재하여 산소분압을 저하시켜 조직에 필요한 산소의 공급부족을 초래하는 질식제는?

① 단순 질식제
② 화학적 질식제
③ 물리적 질식제
④ 생물학적 질식제

① 단순 질식제는 생리적으로 아무 작용도 하지 않지만 공기 중에 많이 존재하여 산소를 대체해 산소분압을 낮추어 조직에 산소 공급부족을 초래하는 물질이다. 대표적으로 질소, 아르곤, 이산화탄소 등이 포함된다.
② 화학적 질식제는 일산화탄소, 청산 등으로, 체내에서 생리적으로 산소 운반을 방해하거나 독성 작용을 한다.
③ 물리적 질식제는 기도 폐쇄 등 외부 물리적 요인에 의해 산소 공급이 차단되는 경우를 뜻한다.
④ 생물학적 질식제는 미생물 감염 등으로 발생하는 경우를 의미한다.

관련개념
• 단순 질식제: 산소를 밀어내거나 산소 분압을 낮추어 생리적으로 질식을 유발하는 불활성 가스이다.
  예 수소(H_2), 질소(N_2), 이산화탄소(CO_2), 메탄(CH_4), 헬륨(He), 아세틸렌(C_2H_2) 등
• 화학적 질식제: 혈액 내 혈색소와 결합하여 산소 운반 능력을 방해하거나 조직 내 산화효소를 불활성화시켜 질식 작용을 일으키는 물질이다.
  예 일산화탄소(CO), 시안화수소(HCN), 시안화염류(CN^-), 황화수소(H_2S), 이산화질소(NO_2), 포스겐($COCl_2$)

93

다음 중 미국정부산업위생전문가협의회(ACGIH)의 노출기준(TLV) 적용에 관한 설명으로 틀린 것은?

① 기존의 질병을 판단하기 위한 척도이다.
② 산업위생전문가에 의하여 적용되어야 한다.
③ 독성의 강도를 비교할 수 있는 지표가 아니다.
④ 대기오염의 정도를 판단하는데 사용해서는 안 된다.

기존의 질병을 판단할 수 없다.

관련개념 ACGIH 노출기준 – TLV
• ACGIH의 TLV(Threshold Limit Value)는 미국 산업위생학자협회(ACGIH)가 권고하는 화학물질 및 물리적 인자에 대한 노출 기준이다.
• TLV는 TWA, STEL, Ceiling의 세 가지 형태로 제시되며, 노동자의 건강 보호를 최우선으로 설정된 과학적 권고치이다.
• TLV는 법적 강제력은 없으나, 전 세계 많은 규제 기관 및 기업 내부 기준의 기준점으로 활용된다.

94

체내에 노출되면 Metallothionein이라는 단백질을 합성하여 노출된 중금속의 독성을 감소시키는 경우가 있는데 이에 해당되는 중금속은?

① 납
② 니켈
③ 비소
④ 카드뮴

• Metallothionein(메탈로티오네인)은 체내에 흡수된 카드뮴(Cd)과 결합해 독성을 해독하는 역할을 하며, 카드뮴 노출 시 간과 신장에서 이 단백질의 합성이 크게 증가한다
• 납, 니켈, 비소 등도 중금속이지만 메탈로티오네인과의 직접적인 관련성은 카드뮴만큼 강하지 않다.

95

금속열은 고농도의 금속산화물을 흡입함으로써 발병되는 질병이다. 다음 중 원인물질로 가장 대표적인 것은?

① 니켈
② 크롬
③ 아연
④ 비소

아연, 마그네슘 등 비교적 융점이 낮은 금속의 제련, 용해, 용접 시 발생하는 산화금속 흄을 흡입할 경우 생기는 발열성 질병이다.

96

다음 중 수은의 배설에 관한 설명으로 틀린 것은?

① 유기수은화합물은 땀으로도 배설된다.
② 유기수은화합물은 대변으로 주로 배설된다.
③ 금속수은은 대변보다 소변으로 배설이 잘 된다.
④ 무기수은화합물의 생물학적 반감기는 2주 이내이다.

> 무기수은화합물의 생물학적 반감기는 6주 정도이다.

97

산업특성학 용어 중 무관찰영향수준(NOEL)에 관한 설명으로 틀린 것은?

① 주로 동물실험에서 유효량으로 이용된다.
② 아급성 또는 만성독성 시험에서 구해지는 지표이다.
③ 양 - 반응관계에서 안전하다고 여겨지는 양으로 간주한다.
④ NOEL의 투여에서는 투여하는 전 기간에 걸쳐 치사, 발병 및 병태생리학적 변화가 모든 실험대상에서 관찰되지 않는다.

> NOEL은 유효량(Effective Dose, ED)과 다르다. 유효량은 바람직한 효과가 나타나는 최소량이며, NOEL은 어떤 영향도 관찰되지 않는 최대량이다.

관련개념 무관찰영향수준(NOEL, No Observed Effect Level)
독성시험에서 치사, 발병 및 병태생리학적 변화가 전혀 관찰되지 않는 최대 투여량 또는 농도이다. 일반적으로 아급성 또는 만성독성 시험과 같은 장기간 시험에서 도출하며, 안전성 평가에 이용된다. NOEL은 양 - 반응관계에서 인체 또는 시험동물에 영향을 미치지 않는 안전한 용량의 기준으로 간주한다.

98

다음 중 이황화탄소(CS_2)에 관한 설명으로 틀린 것은?

① 감각 및 운동신경에 장애를 유발한다.
② 생물학적 노출지표는 소변 중의 삼염화에탄올 검사방법을 적용한다.
③ 휘발성이 강한 액체로서 인조견, 셀로판 및 사염화탄소의 생산과 수지와 고무제품의 용제에 이용된다.
④ 고혈압의 유병률과 콜레스테롤치의 상승빈도가 증가되어 뇌, 심장 및 신장의 동맥 경화성 질환을 초래한다.

> 이황화탄소(CS_2)는 체내에서 대사된 후 주요 대사산물인 TTCA(2-thiothiazolidine-4-carboxylic acid) 형태로 소변 중 배설된다. 이황화탄소는 감각 및 운동신경에 장애를 유발하는 독성 물질이다. 휘발성이 강한 액체로 인조견, 셀로판, 사염화탄소 생산과 수지, 고무제품의 용제로 사용된다. 만성노출 시 고혈압의 유병률과 콜레스테롤 상승 빈도가 증가하여 뇌, 심장, 신장의 동맥 경화성 질환을 초래한다.

99 ⭐빈출

다음 중 생물학적 모니터링을 할 수 없거나 어려운 물질은?

① 카드뮴　　　　② 유기용제
③ 톨루엔　　　　④ 자극성 물질

> • 생물학적 모니터링은 인체 내에서 특정 유해물질이 흡수된 정도를 직접 측정하여 노출 상태를 평가하는 방법이다. 카드뮴, 유기용제, 톨루엔 등은 혈액, 소변 등 생물학적 시료에서 측정 가능한 대사물질이나 원물질을 통해 모니터링이 가능하다.
> • 자극성 물질은 주로 피부나 눈 등의 자극 유발 물질로, 체내 대사물질 측정이 어려워 생물학적 모니터링이 제한적이다.

100

다음 설명 중 ( ) 안에 들어갈 용어가 올바른 순서대로 나열된 것은?

> 산업위생에서 관리해야 할 유해인자의 특성은 (ⓐ)이나 (ⓑ), 그 자체가 아니고 근로자의 노출 가능성을 고려한 (ⓒ)이다.

① ⓐ 독성, ⓑ 유해성, ⓒ 위험
② ⓐ 위험, ⓑ 독성, ⓒ 유해성
③ ⓐ 유해성, ⓑ 위험, ⓒ 독성
④ ⓐ 반응성, ⓑ 독성, ⓒ 위험

> 산업위생에서 관리해야 할 유해인자의 특성은 단순히 독성이나 유해성 그 자체가 아니라, 근로자의 노출 가능성을 고려한 위험을 의미한다.

관련개념
• 독성(Toxicity): 물질이 인체에 미치는 유해한 작용의 정도
• 유해성(Hazard): 그 물질이 갖는 잠재적 해로움
• 위험(Risk): 유해성에 근로자의 노출 정도와 가능성을 곱하여 실제로 건강에 영향을 줄 가능성을 나타내는 개념

정답　　　　96 ④　97 ①　98 ②　99 ④　100 ①

1과목 산업위생학개론

01

미국산업위생학회(AIHA)에서 정한 산업위생의 정의로 가장 적절한 설명은?

① 국민의 육체적 건강을 최고도로 증진시키는 것이다.
② 지역주민에게 질병, 건강장애를 유발하고 안녕을 위협하는 인자를 관리하는 것이다.
③ 근로자와 지역주민들에게 건강장애와 불쾌감을 초래하는 작업환경요인을 측정하여 관리하는 것이다.
④ 지역주민과 근로자에게 심각한 불쾌감과 비능률을 초래하는 스트레스를 인지하는 것이다.

> **미국산업위생학회(AHIA)에서 정한 산업위생의 정의**
> 근로자 및 일반대중에게 질병, 건강장애, 심각한 불쾌감 및 능률 저하 등을 초래하는 작업환경 요인과 스트레스를 예측(Anticipation), 인지(Recognition), 측정(Measurement), 평가(Evaluation)하고 관리(Control)하는 과학과 기술을 뜻한다.

02 빈출

미국산업위생학회 등에서 산업위생전문가들이 지켜야 할 윤리강령을 채택한 바 있는데 다음 중 전문가로서의 책임에 해당하는 것은?

① 일반 대중에 관한 사항은 정직하게 발표한다.
② 위험요소와 예방조치에 관하여 근로자와 상담한다.
③ 성실성과 학문적 실력면에서 최고 수준을 유지한다.
④ 신뢰를 존중하여 정직하게 권고하고, 결과와 개선점을 정확히 보고한다.

③ 전문가로서의 책임에는 전문적 능력과 학문적 실력을 높은 수준으로 유지하고, 과학적 방법을 준수하여 객관성을 확보하는 것이 포함된다.
① 일반 대중에 관한 책임에 해당한다.
② 근로자에 대한 책임에 해당한다.
④ 기업주와 고객에 대한 책임에 더 가까운 내용이다.

03 빈출

산업안전보건법령에서 정하는 중대재해라고 볼 수 없는 것은?

① 사망자가 1명 이상 발생한 재해
② 3개월 이상의 요양을 요하는 부상자가 동시에 2명 이상 발생한 재해
③ 6개월 이상의 요양을 요하는 부상자가 동시에 1명 이상 발생한 재해
④ 부상자 또는 직업성 질병자가 동시에 10명 이상 발생한 재해

> **중대재해(산업안전보건법 시행규칙 제3조)**
> • 사망자가 1명 이상 발생한 재해
> • 3개월 이상의 요양이 필요한 부상자가 동시에 2명 이상 발생한 재해
> • 부상자 또는 직업성 질병자가 동시에 10명 이상 발생한 재해

정답 01 ③ 02 ③ 03 ③

04

다음 중 직업성 질환 발생의 직접적인 원인이라고 할 수 없는 것은?

① 물리적 환경요인
② 화학적 환경요인
③ 작업강도와 작업시간적 요인
④ 부자연스러운 자세와 단순 반복 작업 등의 작업요인

- 직접적인 원인은 질환 발생에 즉각적으로 영향을 미치는 요인으로, 주로 물리적 환경요인(소음, 진동, 방사선 등), 화학적 환경요인(유해화학물질, 가스, 분진 등), 작업요인(부자연스러운 자세, 반복 작업 등)이 포함된다.
- 작업강도와 작업시간은 질환 발생에 간접적으로 영향을 미치는 요인으로 분류되며, 이는 작업환경의 부담을 증가시켜 직접적인 원인과 결합하여 질환을 유발할 수 있다.

05 빈출

다음 중 인간공학에서 고려해야 할 인간의 특성과 가장 거리가 먼 것은?

① 감각과 지각
② 운동력과 근력
③ 감정과 생산능력
④ 기술, 집단에 대한 적응능력

- 인간공학은 주로 인간의 신체적·생리적 특성(예 감각과 지각, 운동과 근력), 인지적 특성, 그리고 기술 및 집단에 대한 적응능력을 고려한다.
- 감정은 인간의 심리적 상태로서 일부 관련되나, 생산능력은 인간공학에서 직접적으로 다루는 범주가 아니며, 생산능력은 보다 경영학, 산업공학, 조직학 등에서 주로 다루는 개념이다.

06

산업안전보건법령상 밀폐공간 작업으로 인한 건강장해 예방을 위하여 "적정한 공기"의 조성 조건으로 옳은 것은?

① 산소농도가 28% 이상 21% 미만, 탄산가스 농도가 1.5% 미만, 황화수소 농도가 10ppm 미만 수준의 공기
② 산소농도가 16% 이상 23.5% 미만, 탄산가스 농도가 3% 미만, 황화수소 농도가 5ppm 미만 수준의 공기
③ 산소농도가 18% 이상 21% 미만, 탄산가스 농도가 1.5% 미만, 황화수소 농도가 5ppm 미만 수준의 공기
④ 산소농도가 18% 이상 23.5% 미만, 탄산가스 농도가 1.5% 미만, 황화수소 농도가 10ppm 미만 수준의 공기

"적정한 공기"란 산소농도의 범위가 18% 이상 23.5% 미만, 탄산가스 농도가 1.5% 미만, 황화수소의 농도가 10ppm 미만인 수준의 공기를 말한다.

07

다음 중 직업성 질환의 범위에 대한 설명으로 틀린 것은?

① 직업상 업무에 기인하여 1차적으로 발생하는 원발성 질환은 제외한다.
② 원발성 질환과 합병 작용하여 제2의 질환을 유발하는 경우를 포함한다.
③ 합병증이 원발성 질환과 불가분의 관계를 가지는 경우를 포함한다.
④ 원발성 질환에 떨어진 다른 부위에 같은 원인에 의한 제2의 질환을 일으키는 경우를 포함한다.

직업상 업무에 기인하여 1차적으로 발생하는 원발성 질환을 포함한다. 원발성 질환은 근로자가 수행하는 업무나 작업환경의 유해인자가 직접 원인이 되어 처음 발생하는 질환을 의미한다.

08

산업안전보건법에서 산업재해를 예방하기 위하여 잠재적 위험성을 발견하고 그 개선대책을 수립할 목적으로 고용노동부장관이 지정하는 조사 평가를 무엇이라 하는가?

① 위험성평가
② 작업환경측정, 평가
③ 안전, 보건진단
④ 유해성, 위험성 조사

① 위험성평가: 작업장의 유해·위험요인을 미리 파악하고, 그로 인한 재해 발생 가능성과 중대성을 평가하여 개선대책을 마련하는 체계적인 절차이다.
② 작업환경측정, 평가: 작업장 내의 유해인자(화학물질, 분진, 소음 등) 농도나 강도를 과학적으로 측정하고 평가하여 법적 기준 이내로 관리하는 활동이다.
④ 유해성, 위험성 조사: 작업장이나 작업공정에서 존재하거나 발생 가능한 유해인자와 그 위험성을 체계적으로 조사하고 평가하는 과정 또는 절차를 뜻한다.

09

다음 중 피로를 가장 적게 하고, 생산량을 최고로 올릴 수 있는 경제적인 작업속도를 무엇이라 하는가?

① 완속속도
② 지적속도
③ 감각속도
④ 민감속도

• 산업피로를 가장 적게 하고 생산량을 최고로 올릴 수 있는 경제적인 작업속도를 지적속도라고 한다.
• 지적속도는 작업자가 과도한 피로를 느끼지 않으면서 최대한 효율적으로 작업할 수 있는 속도를 의미한다.

10 ★빈출

다음 중 하인리히의 사고연쇄반응 이론(도미노 이론)에서 사고가 발생하기 바로 직전의 단계에 해당하는 것은?

① 개인적 결함
② 사회적 환경
③ 선진 기술의 미적용
④ 불안전한 행동 및 상태

• 하인리히 도미노 이론의 5단계는 사회적 환경 → 개인적 결함 → 불안전한 행동 및 상태 → 사고 → 재해로 구성된다.
• 이 중 '불안전한 행동 및 상태'가 직접적인 사고 발생의 원인이 되며, 바로 그 다음 단계가 실제 사고 발생이다.

11

미국산업위생전문가협의회(ACGIH)에서 1일 8시간 및 1주일 40시간의 평균농도로 거의 모든 근로자가 나쁜 영향을 받지 않고 노출될 수 있는 농도를 어떻게 표기하는가?

① MAC
② TLV-TWA
③ Ceiling
④ TLV-STEL

TLV는 Threshold Limit Value의 약자로, 작업환경에서 근로자가 건강상 큰 문제 없이 노출될 수 있는 농도를 의미한다.
② TLV-TWA는 하루 8시간, 주 40시간 작업 기준의 시간가중평균 허용 농도를 나타내며, 평상시 노출 한계치를 설정하는 데 사용된다.
①, ③, ④ Ceiling은 노출이 절대 초과해서는 안 되는 최대 허용농도이고, TLV-STEL은 단기간(보통 15분) 노출 허용 최대 농도이며, MAC은 특정국가의 허용농도 표기법이다.

12 빈출

다음 중 실내공기의 오염에 따른 건강상의 영향을 나타내는 용어와 가장 거리가 먼 것은?

① 새차증후군
② 화학물질과민증
③ 헌집증후군
④ 스티븐슨존슨 증후군

스티븐슨존슨 증후군(Stevens-Johnson Syndrome)은 약물이나 감염에 의해 발생하는 급성 피부·점막 질환이며, 실내공기 오염과는 관련이 없다.

13

다음 중 산업피로의 증상에 대한 설명으로 틀린 것은?

① 혈당치가 높아지고 젖산, 탄산이 증가한다.
② 호흡이 빨라지고 혈액 중 CO_2의 양이 증가한다.
③ 체온은 처음에 높아지다가 피로가 심해지면 나중에 떨어진다.
④ 혈압은 처음에 높아지나 피로가 진행되면 나중에 오히려 떨어진다.

혈당치가 낮아지고 젖산, 탄산이 증가한다.

14

다음 중 사무직 근로자가 건강장해를 호소하는 경우 사무실 공기관리 상태를 평가하기 위해 사업주가 실시해야 하는 조사방법과 가장 거리가 먼 것은?

① 사무실 조명의 조도 조사
② 외부의 오염물질 유입경로의 조사
③ 공기정화시설의 환기량이 적정한지 조사
④ 근로자가 호소하는 증상(호흡기, 눈, 피부, 자극 등)에 대한 조사

사무실 조명의 조도와 사무실 공기관리 상태는 관계가 없다.

15 빈출

다음 중 교대근무와 보건관리에 관한 내용으로 가장 적합하지 않은 것은?

① 야간근무는 연속 2~3일 정도가 좋다.
② 2교대는 최저 3조의 정원을, 3교대면 4조의 정원으로 편성한다.
③ 야근 후 다음 교대반으로 가는 간격은 최저 12시간을 가지도록 하여야 한다.
④ 채용 후 건강관리로서 정기적으로 체중, 위장 증상 등을 기록해야 하며 체중이 3kg 이상 감소 시 정밀검사를 받도록 한다.

야근 후 다음 교대반으로 가는 간격은 최저 48시간을 가지도록 하여야 한다.

16 빈출

18세기 영국의 외과의사 Pott에 의해 직업성 암(癌)으로 보고되었고, 오늘날 검댕 속에 다환방향족탄화수소가 원인인 것으로 밝혀진 지병은?

① 폐암
② 음낭암
③ 방광암
④ 중피종

Percivall Pott(퍼시벌 포트)는 영국 외과의사로, 굴뚝 청소부에게 음낭암(Scrotal Cancer)이 발생함을 관찰하여, 검댕(Smut)이 원인임을 최초로 밝혀 직업성 암의 개념을 도입하였다.

17 ⭐빈출

다음 중 최대작업영역에 대한 설명으로 옳은 것은?

① 상지를 뻗쳐서 닿는 작업영역
② 전박을 뻗쳐서 닿는 작업영역
③ 사지를 뻗쳐서 닿는 작업영역
④ 상체를 최대한 뻗쳐서 닿는 작업영역

- 최대작업영역은 팔 전체(상완, 전박, 손목 등의 전 과정)가 곧게 펴지고 수평범위 내에서 도달할 수 있는 최대 운동범위이다.
- 정상작업영역이 자연스러운 자세에서 팔 및 손이 쉽게 닿는 범위라면, 최대작업영역은 팔을 곧게 펴서 최대한 뻗을 수 있는 범위를 나타낸다. 이 범위는 업무의 설계에서 작업자의 신체 조건에 따른 허용 범위를 측정하기 위해 사용한다.
- 상지는 팔 전체, 하지는 다리 전체이고, 전박은 팔뚝 앞쪽, 후박은 팔뚝 뒤쪽 부분에 해당한다.

관련개념
- 정상작업영역: 위팔을 몸통 옆에 자연스럽게 내린 자세에서 아래팔만 움직여 편하게 도달할 수 있는 작업 범위로, 일반적으로 34~45cm 정도이다. 이 영역은 작업자가 편안하게 작업할 수 있는 영역이다.
- 최대작업영역: 위팔과 아래팔을 모두 곧게 펴서 최대한 뻗어 도달할 수 있는 작업 범위로, 일반적으로 55~65cm 정도이다. 이 영역에서는 작업자의 피로가 더 쉽게 쌓이고 작업 효율이 떨어질 수 있다.

18

다음 중 스트레스에 관한 설명으로 잘못된 것은?

① 위협적인 환경 특성에 대한 개인의 반응이다.
② 스트레스가 아주 없거나 너무 많을 때에는 역기능 스트레스로 작용한다.
③ 환경의 요구가 개인의 능력 한계를 벗어날 때 발생하는 개인의 환경과의 불균형 상태이다.
④ 스트레스를 지속적으로 받게 되면 인체는 자기조절 능력을 발휘하여 스트레스로부터 벗어난다.

- 스트레스는 위협적인 환경 특성에 대한 개인의 반응이며, 환경 요구가 개인의 능력을 초과할 때 발생하는 불균형 상태이다.
- 스트레스는 적당한 수준에 있을 때는 개인의 능력을 끌어올리고 집중력을 높이지만, 너무 많거나 너무 적으면 역기능적으로 작용한다.
- 스트레스를 지속해서 받으면 오히려 신체적, 정신적 자원이 고갈되어 만성적 피로, 우울증, 면역력 저하 등의 부정적인 영향을 초래한다.

19

중량물 취급과 관련하여 요통 발생에 관여하는 요인으로 가장 관계가 적은 것은?

① 근로자의 심리상태 및 조건
② 작업습관과 개인적인 생활태도
③ 요통 및 기타 장애(자동차 사고, 넘어짐)의 경력
④ 물리적 환경요인(작업빈도, 물체 위치·무게 및 크기)

- 요통 발생에 관여하는 주요 요인은 작업환경과 작업습관에 밀접한 관련이 있다. 중량물 취급 시 작업빈도, 물체의 위치, 무게 및 크기 같은 물리적 환경요인이 요통 발생에 직접적인 영향을 주며, 작업습관과 개인적인 생활태도 또한 중요한 요인이다. 또한 과거 요통이나 기타 장애의 경력도 요통 발생 위험을 높인다.
- 스트레스나 심리적 요인은 직접적인 물리적 부상 원인에 비해 영향력은 적은 편이다.

20 ⭐빈출

어떤 사업장에서 500명의 근로자가 1년 동안 작업하던 중 재해가 50건 발생하였으며 이로 인해 총 근로시간 중 5%의 손실이 발생하였다면 이 사업장의 도수율은 약 얼마인가? (단, 근로자는 1일 8시간씩 연간 300일을 근무하였다.)

① 14
② 24
③ 34
④ 44

$$도수율 = \frac{재해건수 \times 1,000,000}{총\ 근로시간}$$

$$= \frac{50 \times 1,000,000}{1,140,000} = 43.8596$$

- → 개인당 연간 근무시간 = 8 × 300 × 0.95 = 2,280시간
- → 총 근로시간 = 2,280시간 × 500명 = 1,140,000시간
- 근로자 수: 500명
- 재해 건수: 50건
- 근무시간: 1일 8시간 × 300일

정답   17 ① 18 ④ 19 ① 20 ④

21

흡착제에 대한 설명으로 틀린 것은?

① 실리카 및 알루미나계 흡착제는 그 표면에서 물과 같은 극성분자를 선택적으로 흡착한다.
② 흡착제의 선정은 대개 극성 오염물질이면 극성 흡착제를, 비극성 오염물질이면 비극성 흡착제를 사용하나 반드시 그러하지는 않다.
③ 활성탄은 다른 흡착제에 비하여 큰 비표면적을 갖고 있다.
④ 활성탄은 탄소의 불포화 결합을 가진 분자를 선택적으로 흡착한다.

실리카 및 알루미나계 흡착제는 탄소의 불포화 결합을 가진 분자를 선택적으로 흡착한다.

22

작업장 기본특성 파악을 위한 예비조사 내용 중 유사노출그룹(HEG) 설정에 관한 설명으로 가장 거리가 먼 것은?

① 역학조사를 수행 시 사건이 발생된 근로자와 다른 노출그룹의 노출농도를 근거로 사건이 발생된 노출농도의 추정에 유용하며, 지역시료채취만 인정된다.
② 조직, 공정, 작업범주 그리고 공정과 작업내용별로 구분하여 설정한다.
③ 모든 근로자를 유사한 노출그룹별로 구분하고 그룹별로 대표적인 근로자를 선택하여 측정하면 측정하지 않은 근로자의 노출농도까지도 추정할 수 있다.
④ 유사노출그룹 설정을 위한 목적 중 시료채취 수를 경제적으로 하기 위함도 있다.

역학조사를 수행할 때 사건이 발생된 근로자가 속한 유사노출그룹의 노출농도를 근거로 노출원인을 추정할 수 있다. 개인시료채취를 원칙으로 하되, 개인시료채취가 곤란한 경우 지역시료채취를 할 수 있다.

23

일정한 온도조건에서 부피와 압력은 반비례한다는 표준 가스 법칙은?

① 보일의 법칙
② 샤를의 법칙
③ 게이-루삭의 법칙
④ 라울트의 법칙

① 보일 법칙은 온도가 일정할 때 기체의 압력과 부피가 반비례 관계임을 나타낸다.
② 샤를 법칙은 압력이 일정할 때 기체의 부피와 온도가 비례하는 관계를 설명한다.
③ 게이-루삭 법칙은 부피가 일정할 때 온도와 압력이 비례한다는 것을 나타낸다.
④ 라울트 법칙은 증기압과 관련된 법칙으로, 혼합물의 증기압은 각 성분의 증기압과 몰 분율에 따른 가중평균임을 설명한다.

24 빈출

작업환경공기 중 벤젠(TLV 10ppm)이 5ppm, 톨루엔(TLV 100ppm)이 50ppm 및 크실렌(TLV 100ppm)이 60ppm으로 공존하고 있다고 하면 혼합물의 허용농도는? (단, 상가작용 기준이다.)

① 78ppm
② 72ppm
③ 68ppm
④ 64ppm

$$\frac{C_1 + C_2 + C_3}{\text{허용농도}} = \frac{C_1}{T_1} + \frac{C_2}{T_2} + \frac{C_3}{T_3}$$

$$\frac{5 + 50 + 60}{\text{허용농도}} = \frac{50}{10} + \frac{50}{100} + \frac{60}{100}$$

허용농도 $= 71.875\text{ppm}$

∘ C_n : 각 성분의 농도 또는 중량비
∘ T_n : 각 성분의 노출기준

25

활성탄관을 연결한 저유량 공기 시료채취펌프를 이용하여 벤젠 증기(MW = 78g/mol)을 0.038m³ 채취하였다. GC를 이용하여 분석한 결과 478μg의 벤젠이 검출되었다면 벤젠 증기의 농도(ppm)는? (단, 온도 25℃, 1기압 기준이고, 기타 조건은 고려하지 않는다.)

① 1.87
② 2.34
③ 3.94
④ 4.78

$$\text{ppm} = mL/m^3$$

$$\frac{478\mu g \times \dfrac{1mg}{1,000\mu g} \times \dfrac{22.4mL}{78mg} \times \dfrac{(273+25)K}{273K}}{0.038m^3} = 3.9432mL/m^3$$

26

먼지 채취 시 직경분립충돌기가 사이클론충돌기에 비해 갖는 장점이라 볼 수 없는 것은?

① 사용이 간편하고 경제적이다.
② 호흡성 먼지에 대한 자료를 쉽게 얻을 수 있다.
③ 입자의 질량크기분포를 얻을 수 있다.
④ 매체의 코팅과 같은 별도의 특별한 처리가 필요 없다.

• 사이클론충돌기는 가스를 회전시켜 원심력으로 입자를 분리하는 방식이다(사이클론 등). 사이클론은 주로 특정 크기(예 호흡성 먼지)를 분리하는 데 사용된다.
• 직경분립충돌기를 사용 시 입자의 질량크기분포를 얻을 수 있다.

관련개념 직경분립충돌기(Cascade Impactor)
• 입자의 관성에 의한 충돌 원리를 이용해, 크기별로 입자를 분리 및 채취하는 기기
• 일반적으로 여러 개의 노즐과 수집판(Stage)으로 구성되어, 입자 크기별로 분급 가능
• 사용 시 여러 단계를 거쳐야 하므로 기기 구성 및 시료채취 준비가 복잡하고 시간 소요가 큰 편

27 빈출

다음은 작업장 소음측정에 관한 내용이다. ( ) 안에 내용으로 옳은 것은? (단, 고용노동부 고시를 기준으로 한다.)

누적소음노출량 측정기로 소음을 측정하는 경우에는 Criteria는 (㉠)dB, Exchange Rate는 5dB, Threshold는 (㉡)dB로 기기를 설정할 것

① ㉠ 70, ㉡ 80
② ㉠ 80, ㉡ 70
③ ㉠ 80, ㉡ 90
④ ㉠ 90, ㉡ 80

• 고용노동부 고시 기준에 따른 누적소음노출량 측정기 등의 기기 설정값은 다음과 같다.
  ✓ Criteria(기준치) = 90dB
  ✓ Exchange Rate(교환율) = 5dB
  ✓ Threshold(임계값) = 80dB
• 이 설정값은 소음 노출 평가 시 기준으로 삼는 음압 레벨과, 소음 노출 시간에 따른 허용치를 결정하는 데 이용된다.

28

3,000mL의 0.004M의 황산용액을 만들려고 한다. 5M 황산을 이용할 경우 몇 mL가 필요한가?

① 5.6mL
② 4.8mL
③ 3.1mL
④ 2.4mL

용액 속에 포함된 황산의 mol수는 같으므로

$$3,000mL \times \frac{0.004mol}{L} = \square mL \times \frac{5mol}{L}$$

$$\square = 2.4mL$$

29

흡광광도법에서 사용되는 흡수셀의 재질 가운데 자외선 영역의 파장범위에 사용되는 재질은?

① 유리
② 석영
③ 플라스틱
④ 유리와 플라스틱

- 유리는 가시광선 및 근적외선 영역에 적합하다.
- 석영은 자외선 영역에서 사용된다.
- 플라스틱은 주로 가시광선 영역에 적합하다.

30 빈출

검지관의 장단점으로 틀린 것은?

① 민감도가 낮으며 비교적 고농도에 적용이 가능하다.
② 측정대상물질의 동정이 미리 되어 있지 않아도 측정이 가능하다.
③ 색이 시간에 따라 변화하므로 제조자가 정한 시간에 읽어야 한다.
④ 특이도가 낮다. 즉, 다른 방해물질의 영향을 받기 쉬워 오차가 크다.

측정하려는 대상 물질에 맞는 전용 검지관을 선택해야 하므로, 측정 전 반드시 측정할 물질이 무엇인지 동정(사전 파악)되어 있어야 한다.

관련개념 검지관
튜브 내부에 화학 시약이 충진되어 있어, 특정 유해물질이 통과할 때 화학 반응 및 색변화를 통해 농도를 직관적으로 확인할 수 있는 직독식 측정도구

31 빈출

세 개의 소음원의 소음 수준을 한 지점에서 각각 측정해보니 첫 번째 소음원만 가동될 때 88dB, 두 번째 소음원만 가동될 때 86dB, 세 번째 소음원만이 가동될 때 91dB이었다. 세 개의 소음원이 동시에 가동될 때 그 지점에서의 음압수준은?

① 91.6dB
② 93.6dB
③ 95.4dB
④ 100.2dB

$$L(\text{dB}) = 10\log\left(10^{\frac{L_1}{10}} + 10^{\frac{L_2}{10}} + 10^{\frac{L_3}{10}} + \cdots + 10^{\frac{L_n}{10}}\right)$$
$$= 10\log\left(10^{\frac{88}{10}} + 10^{\frac{86}{10}} + 10^{\frac{91}{10}}\right) = 93.5945\text{dB}$$

32

입자상 물질인 흄(Fume)에 관한 설명으로 옳지 않은 것은?

① 용접공정에서 흄이 발생한다.
② 흄의 입자크기는 먼지보다 매우 커 폐포에 쉽게 도달되지 않는다.
③ 흄은 상온에서 고체상태의 물질이 고온으로 액체화된 다음 증기화되고, 증기물의 응축 및 산화로 생기는 고체상의 미립자이다.
④ 용접 흄은 용접공폐의 원인이 된다.

흄의 입자크기는 먼지보다 매우 작아 폐포에 쉽게 도달한다.

33 ⭐

입자의 가장자리를 이등분한 직경으로 과대평가될 가능성이 있는 직경은?

① 마틴 직경
② 페렛 직경
③ 공기역학 직경
④ 등면적 직경

> ② 페렛 직경(Feret Diameter)은 입자의 투영된 가장자리에서 가장 먼 두 점을 잇는 직선을 직경으로 하여 측정하는 방법이며, 이로 인해 입자의 크기가 과대평가될 가능성이 있다.
> ① 마틴 직경(Martin Diameter)은 입자의 면적을 2등분하는 선의 길이로 과소평가될 수 있다.
> ③ 공기역학 직경(Aerodynamic Diameter)은 입자의 공기 중 운동과 침착 특성을 반영한 것으로, 물리적 크기와는 다르다.
> ④ 등면적 직경(Equivalent Area Diameter)은 입자의 면적과 같은 크기의 원의 직경이다.

34

수동식 시료채취기(Passive Sampler)로 8시간 동안 벤젠을 포집하였다. 포집된 시료를 GC를 이용하여 분석한 결과 20,000ng이었으며 공시료는 0ng이었다. 회사에서 제시한 벤젠의 시료채취량은 35.6mL/분이고 탈착효율은 0.96이라면 공기 중 농도는 몇 ppm인가? (단, 벤젠의 분자량은 78이고, 25℃, 1기압 기준이다.)

① 0.38
② 1.22
③ 5.87
④ 10.57

> $$\mathrm{ppm} = \mathrm{mL/m^3}$$
>
> $$\frac{(20{,}000-0)\mathrm{ng}\times\dfrac{\mathrm{mg}}{10^6\mathrm{ng}}\times\dfrac{100}{96}\times\dfrac{22.4\mathrm{mL}}{78\mathrm{mg}}\times\dfrac{(273+25)\mathrm{K}}{273\mathrm{K}}}{\dfrac{35.6\mathrm{mL}}{\min}\times 8\mathrm{hr}\times\dfrac{60\min}{\mathrm{hr}}\times\dfrac{\mathrm{m^3}}{10^6\mathrm{mL}}}$$
>
> $$= 0.3821\mathrm{mL/m^3}$$

35

Hexane의 부분압이 100mgHg(OEL 500ppm)이었을 때 VHR_{Hexane}은?

① 212.5
② 226.3
③ 247.2
④ 263.2

> **VHR(Vapor Hazard Ratio)**
>
> $$VHR = \frac{\text{포화증기농도}}{\text{노출기준}}$$
>
> $$= \frac{\dfrac{100\mathrm{mmHg}}{760\mathrm{mmHg}}\times 10^6}{500\mathrm{ppm}} = 263.1578\mathrm{ppm}$$

36 ⭐

유리규산을 채취하여 X-선 회절법으로 분석하는 데 적절하고 6가 크롬 그리고 아연산화물의 채취에 이용하며 수분에 영향이 크지 않아 공해성 먼지, 총 먼지 등의 중량분석을 위한 측정에 사용하는 막여과지로 가장 적합한 것은?

① MCE 막여과지
② PVC 막여과지
③ PTFE 막여과지
④ 은 막여과지

> ① MCE 막여과지: 셀룰로오스 아세테이트와 셀룰로오스 나이트레이트가 혼합된 멤브레인 필터로 친수성이며, 균일하고 미세한 공극을 가지고 있어 미생물 및 미립자 포집에 적합하며 수용액 여과, 미생물 검사 등에 주로 사용된다.
> ③ PTFE 막여과지: 불소수지로 내열성, 내화학성이 뛰어나고 소수성 특성을 가진다. 화학물질이나 고온 환경에서 액체 및 기체 여과에 적합하며 내산성, 내알칼리성이 요구되는 환경에서 많이 쓰인다.
> ④ 은 막여과지: 금속이나 은 필름으로 만들어져 있으며, 주로 가스 상 물질 분석에 사용된다.

37

펌프유량 보정기구 중에서 1차 표준기구(Primary Standards)로 사용하는 Pitot Tube에 대한 설명으로 맞는 것은?

① Pitot Tube의 정확성에는 한계가 있으며, 기류가 12.7m/sec 이상일 때는 U자 튜브를 이용하고, 그 이하에서는 기울어진 튜브(Inclined Tube)를 이용한다.

② Pitot Tube를 이용하여 곧바로 기류를 측정할 수 있다.

③ Pitot Tube를 이용하여 총압과 속도압을 구하여 정압을 계산한다.

④ 속도압이 25mmH₂O일 때 기류속도는 28.58m/sec이다.

> ② Pitot Tube를 이용하여 곧바로 기류를 측정할 수 없으며 계산을 통해 산정한다.
> ③ Pitot Tube를 이용하여 총압과 정압을 구하여 속도압을 계산한다(총압 − 정압 = 속도압).
> ④ 속도압이 25mmH₂O일 때 기류속도는 20.21m/sec이다(상온인 20℃에서의 공기밀도(1.2kg/m³)를 적용한다).
>
> $$동압(VP) = \frac{\gamma V^2}{2g}$$
>
> $$mmH_2O = \frac{\frac{2kg}{m^3} \times V^2}{2 \times 9.8 m/sec^2}$$
>
> $V = 20.2072 m/sec$
> ◦ VP: 동압 측정치(mmH₂O)
> ◦ γ: 가스밀도(kg/m³)
> ◦ V: 유속(m/sec)
> ◦ g: 중력가속도(9.8m/sec²)

38 ⭐빈출

작업환경측정방법 중 소음측정시간 및 횟수에 관한 내용 중 (   ) 안에 들어갈 내용으로 옳은 것은? (단, 고용노동부 고시를 기준으로 한다.)

> 단위작업장소에서의 소음발생시간이 6시간 이내인 경우나 소음발생원에서의 발생시간이 간헐적인 경우에는 발생시간 동안 연속 측정하거나 등간격으로 나누어 (   )회 이상 측정하여야 한다.

① 2   ② 3
③ 4   ④ 6

> **소음측정시간**
> • 단위작업장소에서 소음수준은 규정된 측정위치 및 지점에서 1일 작업시간 동안 6시간 이상 연속 측정하거나 작업시간을 1시간 간격으로 나누어 6회 이상 측정하여야 한다. 다만, 소음의 발생특성이 연속음으로서 측정치가 변동이 없다고 자격자 또는 지정측정기관이 판단한 경우에는 1시간 동안을 등간격으로 나누어 3회 이상 측정할 수 있다.
> • 단위작업장소에서의 소음발생시간이 6시간 이내인 경우나 소음발생원에서의 발생시간이 간헐적인 경우에는 발생시간 동안 연속 측정하거나 등간격으로 나누어 4회 이상 측정하여야 한다.

39

파과현상(Breakthrough)에 영향을 미치는 요인이라고 볼 수 없는 것은?

① 포집대상인 작업장의 온도
② 탈착에 사용하는 용매의 종류
③ 포집을 끝마친 후부터 분석까지의 시간
④ 포집된 오염물질의 종류

> 탈착에 사용하는 용매의 종류는 시료 채취 후 분석 단계에서의 요소로, 파과 용량에는 영향을 미치지 않는다.

> **관련개념** 파과 용량에 영향을 미치는 주요 요인
> 흡착제의 종류와 양, 오염물질의 물리·화학적 특성, 샘플링 유량, 작동 온도, 작업장의 상대습도, 오염물질의 농도, 흡착관의 구조(흡착층 깊이 등), 경쟁성 물질의 유무 등

정답   37 ① 38 ③ 39 ②

40 ★빈출

어느 작업장에서 Toluene의 농도를 측정한 결과 23.2ppm, 21.6ppm, 22.4ppm, 24.1ppm, 22.7ppm을 각각 얻었다. 기하평균 농도(ppm)는?

① 22.8
② 23.3
③ 23.6
④ 23.9

기하평균은 농도의 중앙 경향을 표현할 때 유용하며, 특히 측정값 간 편차가 크거나 자료가 로그 정규분포를 따를 때 사용한다.

$$\text{기하평균} = (x_1 \times x_2 \times x_3 \times \cdots \times x_n)^{\frac{1}{n}}$$

$$= (23.2 \times 21.6 \times 22.4 \times 24.1 \times 22.7)^{\frac{1}{5}} = 22.7848$$

3과목 **작업환경 관리대책**

41

고열 발생원에 대한 공학적 대책 방법 중 대류에 의한 열흡수 경감법이 아닌 것은?

① 방열
② 일반환기
③ 국소환기
④ 차열판 설치

대류에 의한 열흡수 경감법은 고열 발생원으로부터 열을 유체(공기 등)의 흐름을 이용해 제거하거나 열전달을 줄이는 방법이다. 주요 방법으로는 방열, 일반환기, 국소환기가 있다.
④ 차열판 설치는 복사열이나 전도열을 차단하거나 반사하는 방법으로, 대류에 의한 열흡수 경감법에 포함되지 않는다.
① 방열은 열을 대류로 전달하여 주변으로 배출하는 방법이다.
② 일반환기는 작업장 전체의 공기를 순환시켜 열을 제거하는 방법이다.
③ 국소환기는 열이 발생하는 국소 부위를 직접 환기하여 열을 빠르게 제거한다.

42

차광 보호크림의 적용화학물질로 가장 알맞게 짝지어진 것은?

① 글리세린, 산화제이철
② 벤드나이드, 탄산마그네슘
③ 밀랍, 이산화티탄, 염화비닐수지
④ 탈수라노린, 스테아린산

① 글리세린, 산화제이철: 글리세린은 보습제, 산화제이철은 차광·차단제 역할 → 실제 자외선 차단용 조성에 쓰임
② 벤드나이드, 탄산마그네슘: "벤드나이드"는 피부보호제 성분으로 잘 알려져 있지 않고, 탄산마그네슘은 흡착제 성격 → 차광 효과와는 거리가 있음
③ 밀랍, 이산화티탄, 염화비닐수지: 이산화티탄은 대표적인 자외선 차단제지만, 보기에 같이 있는 밀랍·염화비닐수지는 보호막 형성은 가능해도 조합 자체가 정형화된 차광 보호크림 성분으로는 잘 쓰이지 않음
④ 탈수라노린, 스테아린산: 유성 보호크림 성분으로는 적합하지만, 차광 목적에는 맞지 않음

43

유해물질을 관리하기 위해 전체환기를 적용할 수 있는 일반적인 상황과 가장 거리가 먼 것은?

① 작업자가 근무하는 장소로부터 오염발생원이 멀리 떨어져 있는 경우
② 오염발생원의 이동성이 없는 경우
③ 동일작업장에 다수의 오염발생원이 분산되어 있는 경우
④ 소량의 오염물질이 일정속도로 작업장으로 배출되는 경우

• 오염발생원의 이동성이 없고 국소적일 경우에는 전체환기보다는 국소배기(국소환기) 방식이 더 효과적이다. 오염원이 고정되어 있고 강한 오염물질이 발생하면 전체 환기로는 충분한 제거가 어렵다.
• 전체환기는 작업장 내 공기를 순환시켜 비교적 넓은 공간에 퍼져 있는 유해물질을 희석 및 제거하는 방법이다.

정답   40 ①   41 ④   42 ①   43 ②

44

일정 장소에 설치되어 있는 콤프레셔나 압축공기실린더에서 호흡할 수 있는 공기를 보호구 안면부에 연결된 관을 통하여 공급하는 호흡용 보호기 중 폐력식에 관한 내용으로 가장 거리가 먼 것은?

① 누설 가능성이 없다.
② 보호구 안에 음압이 생긴다.
③ Demand식이라고도 한다.
④ 레귤레이터 착용자가 호흡할 때 발생하는 압력에 따라 공기가 공급된다.

- 폐력식 호흡용 보호기는 착용자의 폐(호흡)에 의해 발생하는 음압을 이용하여 공기를 흡입하는 방식이라 Demand식이라고 불리며, 착용자가 들이쉬는 힘에 따라 공기가 공급된다. 이로 인해 보호구 안에는 음압이 형성된다.
- 폐력식 보호기에서는 누설 가능성이 존재한다. 음압이 형성되므로 주변 오염 공기가 누설될 가능성이 있다.

관련개념
- **폐력식 보호기**: 착용자의 폐력에 의해 공기 공급이 시작되며, 음압이 발생해 누설 가능성이 있다.
- **양압식 보호기**: 내부에 양압이 형성되어 누설이 발생할 가능성이 낮다.
- **레귤레이터**: 사용자의 폐력에 따라 압축공기 공급량 조절 역할을 한다.

45 비출

송풍량(Q)이 300m³/min일 때 송풍기의 회전속도는 150RPM이었다. 송풍량을 500m³/min으로 확대시킬 경우 같은 송풍기의 회전속도는 대략 몇 RPM이 되는가? (단, 기타 조건은 같다고 가정한다.)

① 약 200RPM
② 약 250RPM
③ 약 300RPM
④ 약 350RPM

풍량은 송풍기의 회전수에 비례한다.

$$\frac{Q_2}{Q_1} = \frac{N_2}{N_1}$$

$$\frac{500\text{m}^3/\text{min}}{300\text{m}^3/\text{min}} = \frac{N_2}{150\text{rpm}}$$

$$N_2 = 250\text{rpm}$$

관련개념
- 풍량: 송풍기의 회전수에 비례한다.
- 풍압: 송풍기의 회전수의 제곱에 비례한다.
- 동력(축동력): 송풍기의 회전수의 세제곱에 비례한다.

46 비출

비중량이 1.255kgf/m³인 공기가 20m/sec의 속도로 덕트를 통과하고 있을 때의 동압은?

① 약 15mmH₂O
② 약 20mmH₂O
③ 약 25mmH₂O
④ 약 30mmH₂O

속도압(동압)(VP) $= \dfrac{\gamma V^2}{2g}$

$$= \frac{\dfrac{1.255\text{kg}}{\text{m}^3} \times (20\text{m/sec})^2}{2 \times 9.8\text{m/sec}^2} = 25.6122\text{mmH}_2\text{O}$$

- VP: 동압 측정치(mmH₂O)
- γ: 가스밀도(kg/m³)
- V: 유속(m/sec)
- g: 중력가속도(9.8m/sec²)

47

귀덮개와 비교하여 귀마개를 사용하기에 적합한 환경이 아닌 것은?

① 덥고 습한 환경에서 사용할 때
② 장시간 사용할 때
③ 간헐적 소음에 노출될 때
④ 다른 보호구와 동시 사용할 때

간헐적 소음 노출 시 적합한 귀 보호구는 귀덮개이다.

48

페인트 도장이나 농약 살포와 같이 공기 중에 가스 및 증기상 물질과 분진이 동시에 존재하는 경우 호흡 보호구에 이용되는 가장 적절한 공기 정화기는?

① 필터
② 요오드를 입힌 활성탄
③ 금속산화물을 도포한 활성탄
④ 만능형 캐니스터

④ 만능형 캐니스터는 분진(방진)과 가스 · 증기(방독)를 동시에 걸러내도록 설계된 복합 정화통으로, 다양한 유해 물질 동시 노출 환경에 적합하다.
① 필터는 주로 분진과 입자를 걸러내는 데 사용되며, 가스나 증기에는 효과적이지 않다.
② 요오드를 입힌 활성탄은 특정 가스(예 요오드 관련)에 효과적이나, 일반적인 유기용제 가스 및 증기까지 포괄하지 못한다.
③ 금속산화물을 도포한 활성탄도 특정 가스 제거용으로 제한적이다.

49 빈출

강제환기를 실시할 때 따라야 하는 원칙으로 옳지 않은 것은?

① 배출공기를 보충하기 위하여 청정공기를 공급한다.
② 공기배출구와 근로자의 작업위치 사이에 오염원이 위치하지 않도록 한다.
③ 오염물질 배출구는 가능한 한 오염원으로부터 가까운 곳에 설치하여 점환기의 효과를 얻는다.
④ 공기가 배출되면서 오염장소를 통과하도록 공기배출구와 유입구의 위치를 선정한다.

공기배출구와 근로자의 작업위치 사이에 오염원이 위치해야 한다.

관련개념 점환기 현상
• 공기배출구 부근에서 배출된 오염물질이 초기 운동에너지를 잃고 정체되어 거의 움직임이 없는 상태가 되는 현상이다.
• 오염물질이 배출구 가까이 머물러 제대로 확산 또는 배출되지 못하게 하는 문제로, 국소배기장치 효율을 저하시키고 작업장 내 오염물질 농도를 높이는 원인이 된다.
• 점환기 현상을 방지하려면 오염물질 배출구를 오염원으로부터 가능한 한 멀리 설치하여 유동성을 확보하고 배출되는 공기가 원활히 흐르도록 해야 한다.

50 빈출

풍량 $2m^3/sec$, 송풍기 유효전압 $100mmH_2O$, 송풍기의 효율이 75%인 송풍기의 소용 동력은?

① 2.6kW
② 3.8kW
③ 4.4kW
④ 5.3kW

$$P = \frac{Q \times \Delta H}{102 \times \eta}$$

$$= \frac{\frac{2m^3}{sec} \times 100mmH_2O}{102 \times 0.75} = 2.6143kW$$

51

다음은 직관의 압력손실에 관한 설명이다. 잘못된 것은?

① 직관의 마찰계수에 비례한다.
② 직관의 길이에 비례한다.
③ 직관의 직경에 비례한다.
④ 속도(관 내 유속)의 제곱에 비례한다.

직관의 직경에 반비례한다.

52

길이, 폭, 높이가 각각 25m, 10m, 3m인 실내에 시간당 18회의 환기를 하고자 한다. 직경 50cm의 개구부를 통하여 공기를 공급하고자 하면 개구부를 통과하는 공기의 유속(m/sec)은?

① 13.7
② 15.3
③ 17.2
④ 19.1

$$\text{유속} = \frac{\text{유량}}{\text{면적}}$$

$$= \frac{(25\text{m} \times 10\text{m} \times 3\text{m}) \times \dfrac{18}{\text{hr}} \times \dfrac{\text{hr}}{3,600\text{sec}}}{\dfrac{\pi}{4} \times (0.5\text{m})^2} = 19.0985\text{m/sec}$$

53

차음보호구에 대한 다음의 설명사항 중에서 알맞지 않은 것은?

① Ear Plug는 외청도가 이상이 없는 경우에만 사용이 가능하다.
② Ear Plug의 차음효과는 일반적으로 Ear Muff보다 좋고, 개인차가 적다.
③ Ear Muff는 일반적으로 저음의 차음효과는 20dB, 고음역의 차음효과는 45dB 이상을 갖는다.
④ Ear Muff는 Ear Plug에 비하여 고온 작업장에서 착용하기가 어렵다.

귀덮개(Ear Muff)의 차음효과는 일반적으로 귀마개(Ear Plug)보다 좋고, 개인차가 적다.

54

작업환경 관리에서 유해인자의 제거, 저감을 위한 공학적 대책으로 옳지 않은 것은?

① 보온재로 석면 대신 유리섬유나 암면 등의 사용
② 소음 저감을 위해 너트/볼트작업 대신 리벳팅(Ribet) 사용
③ 광물을 채취할 때 건식공정 대신 습식공정의 사용
④ 주물공정에서 실리카 모래 대신 그린(Green) 모래의 사용

소음이 많이 발생하는 리벳팅 작업 대신 너트와 볼트작업으로 전환한다.

55

작업환경의 관리원칙인 대치 개선 방법으로 옳지 않은 것은?

① 성냥 제조 시 황린 대신 적린을 사용하였다.
② 세탁 시 화재 예방을 위해 석유 나프타 대신 퍼클로로에틸렌을 사용하였다.
③ 땜질한 납을 Oscillating-Type Sander로 깎던 것을 고속회전 그라인더를 이용하였다.
④ 분말로 출하되는 원료를 고형상태의 원료로 출하하였다.

> 자동차 산업에서 땜질한 납 연마 시 고속회전 그라인더의 사용을 저속 Oscillating – Type Sander로 변경한다.

56

벤젠 2kg이 모두 증발하였다면 벤젠이 차지하는 부피는? (단, 벤젠 비중은 0.88, 분자량은 78이고, 1기압 21℃ 기준이다.)

① 약 521L
② 약 618L
③ 약 736L
④ 약 871L

> $$2,000g \times \frac{22.4L}{78g} \times \frac{(273+21)K}{273K} = 618.5404L$$

57 빈출

어떤 작업장에서 메틸알코올(비중 0.792, 분자량 32.04)이 시간당 1.0L 증발되어 공기를 오염시키고 있다. 여유계수 K값은 3이고, 허용치 기준 TLV는 200ppm이라면 이 작업장을 전체환기시키는데 요구되는 필요환기량은? (단, 1기압, 21℃ 기준이다.)

① 120m³/min
② 150m³/min
③ 180m³/min
④ 210m³/min

> $$Q(환기량) = \frac{K(안전계수) \times G(발생량)}{C(허용농도)}$$
>
> $$= 3 \times \frac{\dfrac{1L}{hr} \times \dfrac{0.792g}{mL} \times \dfrac{1,000mL}{L} \times \dfrac{hr}{60min}}{\dfrac{200mL \times \dfrac{273K}{(273+21)K} \times \dfrac{32.04mg}{22.4mL} \times \dfrac{g}{1,000mg}}{m^3}}$$
>
> $$= 149.0751m^3/min$$
>
> ∘ K(안전계수) = 3
> ∘ G(발생량) = 1L/hr
> ∘ C(허용농도(TLV)) = 200ppm

58 빈출

국소배기장치 설계의 순서로 가장 알맞은 것은?

① 소요풍량 계산 – 반송속도 결정 – 후드형식 선정 – 제어속도 결정
② 제어속도 결정 – 소요풍량 계산 – 반송속도 결정 – 후드형식 선정
③ 후드형식 선정 – 제어속도 결정 – 소요풍량 계산 – 반송속도 결정
④ 반송속도 결정 – 후드형식 선정 – 제어속도 결정 – 소요풍량 계산

> **국소배기장치 설계 순서**
> • 후드형식 선정: 작업 현장과 오염물질 발생 상황에 맞는 후드형식을 선택한다.
> • 제어속도 결정: 후드형식과 오염물질 특성에 따라 오염원 주변의 오염물질을 효과적으로 제어할 수 있는 적절한 제어풍속을 정한다.
> • 소요풍량 계산: 후드의 개구면적과 제어풍속을 곱하여 필요한 환기량을 계산한다.
> • 반송속도 결정: 덕트 내에서 이송속도를 결정하여 분진 등이 덕트 내에 퇴적되지 않도록 한다.

59

사이클론 집진장치에서 발생하는 블로우 다운(Blow Down) 효과에 관한 설명으로 옳은 것은?

① 유효 원심력을 감소시켜 선회기류의 흐트러짐을 방지한다.
② 관 내 분진부착으로 인한 장치의 폐쇄현상을 방지한다.
③ 부분적 난류 증가로 집진된 입자가 재비산된다.
④ 처리배기량의 50% 정도가 재유입되는 현상이다.

> ② 블로우다운은 사이클론 내부 벽면에 부착된 분진을 주기적으로 제거하여 관 내 분진 부착으로 인한 장치 폐쇄현상을 방지하는 방법이다. 이로 인해 집진장치가 정상 원심류를 유지하며 효율 저하 없이 장시간 운전이 가능하다.
> ① 유효 원심력을 증가시켜 선회기류의 흐트러짐을 방지한다.
> ③ 부분적 난류 감소로 입자의 집진율이 증가한다.
> ④ 처리배기량의 5~10% 정도가 재유입되는 현상이다.

60

폭과 길이의 비(종횡비, W/L)가 0.2 이하인 슬로트형 후드의 경우, 배풍량은 다음 중 어느 공식에 의해서 산출하는 것이 가장 적절하겠는가? (단, 플랜지가 부착되지 않았고 L은 길이, W는 폭, X는 오염원에서 후드 개구부까지의 거리, V는 제어속도이며, 단위는 적절하다고 가정한다.)

① Q = 2.6LVX
② Q = 3.7LVX
③ Q = 4.3LVX
④ Q = 5.2LVX

> - 자유공간에 설치한 사각형 후드의 필요환기량(Q)은 제어속도(V), 유해물질과 후드 개구부 간 거리(X), 후드의 폭(W)과 높이(L)의 곱(LW)을 이용하여 산출한다. 후드의 환기량 계산식 중 폭과 높이의 비가 0.5인 경우 일반적으로 사용되는 식은 $Q = V(10X^2 + LW)$이다.
> - 폭과 높이의 비가 0.2 이하인 경우
>   - ✓ Q = 3.7LVX: 슬로트형 후드 환기량 계산식(플랜지가 부착되어 있지 않은 경우)
>   - ✓ Q = 2.6LVX: 슬로트형 후드 환기량 계산식(플랜지가 부착되어 있는 경우)

61

다음 중 조명 시의 고려사항으로 광원으로부터의 직접적인 눈부심을 없애기 위한 방법으로 가장 적당하지 않은 것은?

① 광원 또는 전등의 휘도를 줄인다.
② 광원을 시선에서 멀리 위치시킨다.
③ 광원 주위를 어둡게 하여 광도비를 높인다.
④ 눈이 부신 물체와 시선과의 각을 크게 한다.

> - 광원 주위를 밝게 하여 적절히 밝게 한다.
> - 광원 주위를 어둡게 하여 광도비를 높이면 주변 대비가 커져 광원이 더 눈에 띄어 눈부심을 악화시킬 수 있다. 눈부심을 줄이려면 광원의 휘도를 낮추거나 광원을 시선에서 멀리 두고 차광·확산기구를 사용하거나 눈과 광원 사이의 각도를 크게 하는 방법이 효과적이다.

62

수심 40m에서 작업을 할 때 작업자가 받는 절대압은 어느 정도인가?

① 3기압
② 4기압
③ 5기압
④ 6기압

> 수심 40m에서 작업자가 받는 절대압은 대기압 1기압에 수심에 따른 수압을 더한 값이다. 일반적으로 수심 10m마다 수압이 약 1기압씩 증가한다.
> - 수심 0m(해면): 1기압(대기압)
> - 수심 10m: 2기압
> - 수심 20m: 3기압
> - 수심 30m: 4기압
> - 수심 40m: 5기압

관련개념
- 절대압은 대기압과 수압의 합으로, 작업자가 실제 받는 압력이다.
- 수압은 물의 무게에 의해 발생하며, 수심이 깊어질수록 증가한다.
- 대기압은 수면에서 받는 압력이며, 약 1기압(101.3kPa)이다.

63 빈출

1루멘의 빛이 1ft²의 평면상에 수직방향으로 비칠 때 그 평면의 빛 밝기를 나타내는 것은?

① 1lux
② 1candela
③ 1촉광
④ 1foot candle

lux와 foot candle은 조도의 단위로 면적당 빛의 밝기를 나타내고, candela(촉광)은 광원의 밝기를 나타내는 단위이다.
④ 1foot candle: 풋캔들은 1루멘의 빛이 1평방피트(ft²)에 수직으로 비칠 때의 조도 단위이다. 미국 등에서 조도 단위로 자주 쓰인다.
① 1lux: lux(럭스)는 조도 단위로, 1루멘의 빛이 1제곱미터(m²)에 수직으로 비칠 때의 밝기이다. 즉, 빛이 닿는 면적당 광속의 밀도를 나타낸다.
② 1candela: 칸델라(촉광)는 광원의 밝기 단위로, 특정 방향으로 얼마나 많은 빛을 내는지를 나타낸다. 1칸델라는 양초 하나의 밝기와 같다(지름이 1inch 되는 촛불이 수평방향으로 비칠 때의 빛의 광도).
③ 1촉광(candle): 촉광은 칸델라(candela)의 옛 명칭으로 같은 의미로 쓰인다.

64

소음계(Sound Level Meter)로 소음측정 시 A 및 C특성으로 측정하였다. 만약 C특성으로 측정한 값이 A특성으로 측정한 값보다 훨씬 크다면 소음의 주파수 영역은 어떻게 추정이 되겠는가?

① 저주파수가 주성분이다.
② 중주파수가 주성분이다.
③ 고주파수가 주성분이다.
④ 중 및 고주파수가 주성분이다.

- A특성 가중치는 사람 귀의 청감 특성을 반영하여 저주파 소리에 둔감하고 중주파에서 더 민감하여 소리를 측정한다.
- C특성 가중치는 거의 평탄한 응답 곡선으로 저주파와 고주파를 거의 동일하게 평가한다.
- 따라서 C특성 값이 A특성 값보다 훨씬 크다는 것은 저주파 음압이 상대적으로 높음을 의미한다.
- 반대로 두 값의 차이가 작으면 고주파 음이 주성분으로 추정된다.

관련개념 소음특성

- A특성 (A-weighting): 사람 귀가 소리를 느끼는 청감 특성을 반영하여 저주파와 고주파에서 감도를 낮추고, 중간 주파수 대역에 더 민감하게 반응하도록 보정한 가중치이다. 일반적인 소음 측정에 많이 사용되며, dB(A)로 표시한다.
- B특성 (B-weighting): A특성과 C특성의 중간 정도 특성으로, 중간 소음 수준에 적합한 가중치이다. 현재는 거의 사용되지 않는다.
- C특성 (C-weighting): 거의 평탄한 응답 곡선으로 저주파부터 고주파까지 거의 동일한 가중치를 부여한다. 큰 소음(고강도 소음) 측정에 적합하며, 충격음이나 폭발음 같은 특수한 소음 측정에 주로 사용된다. dB(C)로 표시한다.

65 빈출

다음 중 이상기압의 영향으로 발생되는 고공성 폐수종에 관한 설명으로 틀린 것은?

① 어른보다 아이들에게서 많이 발생된다.
② 고공 순화된 사람이 해면에 돌아올 때에도 흔히 일어난다.
③ 산소공급과 해면 귀환으로 급속히 소실되며, 증세는 반복해서 발병하는 경향이 있다.
④ 진해성 기침과 호흡곤란이 나타나고 폐동맥 혈압이 급격히 낮아져 구토, 실신 등이 발생한다.

진해성 기침과 과호흡이 나타나고 폐동맥 혈압이 급격히 상승한다.

관련개념

- 고공성 폐수종: 산소 부족과 저기압 환경에서 폐 모세혈관의 장애로 인해 폐에 체액이 차는 현상이다. 증상으로는 호흡 곤란, 기침, 분홍빛 거품 섞인 객담, 청색증 등이 나타난다. 고도가 높거나 고공 작업 후 해면으로 내려올 때도 발생할 수 있으며, 치료를 위해 산소 공급과 저압 환경 복귀가 필요하다. 즉, 고공성 폐수종은 고공환경에서 발생하는 특수한 폐부종 형태이며, 폐포 내에 과도한 체액이 축적되어 호흡장애를 일으키는 상태이다
- 진해성 기침: '가볍거나 단순한 기침'과 달리 심하고 지속적이며 발작성인 기침

66

다음 중 진동에 대한 설명으로 틀린 것은?

① 전신진동에 노출 시에는 산소소비량과 폐환기량이 감소한다.
② 60~90Hz 정도에서는 안구의 공명현상으로 시력장해가 온다.
③ 수직과 수평진동이 동시에 가해지면 2배의 자각현상이 나타난다.
④ 전신진동의 경우 3Hz 이하에서는 급성적 증상으로 상복부의 통증과 팽만감 및 구토 등이 있을 수 있다.

전신진동에 노출 시에는 산소소비량과 폐환기량이 증가한다.

67 빈출

다음 중 감압병 예방을 위한 이상기압 환경에 대한 대책으로 적절하지 않은 것은?

① 작업시간을 제한한다.
② 가급적 빨리 감압시킨다.
③ 순환기에 이상이 있는 사람은 취업 또는 작업을 제한한다.
④ 고압환경에서 작업 시 헬륨 – 산소혼합가스 등으로 대체하여 이용한다.

감압병은 압력이 급격하게 변화할 때 체내에 용해된 질소가 기포로 변하면서 발생하는 질환이다. 가장 중요한 예방 방법 중 하나는 감압(압력 감소)을 천천히 하는 것이다. 빠르게 감압하면 체내 질소가 급격히 기포로 변하여 감압병 위험이 크게 증가한다.

관련개념
- 감압병: 압력 변화로 인한 질소 기포 형성으로 발생하는 질환이다.
- 감압: 압력을 천천히 줄여 체내 질소를 안전하게 배출하도록 한다.
- 헬륨 – 산소 혼합가스 사용: 질소보다 기체 확산이 빨라 감압병 위험 완화에 사용된다.

68 빈출

다음 중 한랭환경으로 인하여 발생되거나 악화되는 질병과 가장 거리가 먼 것은?

① 동상(Frostbite)
② 지단자람증(Acrocyanosis)
③ 케이슨병(Caisson Disease)
④ 레이노드씨 병(Raynaud's Disease)

③ 케이슨병(Caisson Disease): 압력 변화에 의해 체내에 질소가스가 과포화되어 발생하는 질환으로, 주로 잠수 작업이나 고기압 환경에서 발생하며 한랭환경과 직접적인 관련이 적다.
① 동상(Frostbite): 차가운 환경에서 조직이 얼거나 손상되는 질환으로 한랭환경에서 직접 발생한다.
② 지단자람증(Acrocyanosis): 한랭에 노출되어 피부 말단부 혈액순환이 감소하면서 청색증이 나타나는 질환이다.
④ 레이노드씨 병(Raynaud's Disease): 한랭에 노출되면 손발 말단부의 혈관이 과도하게 수축하여 혈액 공급이 감소하고, 통증과 색 변화가 나타나는 질환이다.

69

전리방사선 방어의 궁극적 목적은 가능한 한 방사선에 불필요하게 노출되는 것을 최소화하는 데 있다. 국제방사선방호위원회(ICRP)가 노출을 최소화하기 위해 정한 원칙 3가지에 해당하지 않는 것은?

① 작업의 최적화
② 작업의 다양성
③ 작업의 정당성
④ 개개인의 노출량의 한계

방사선 노출을 최소화하기 위해 정한 3가지 원칙(국제방사선방호위원회(ICRP))
- 작업의 최적화(Optimization): 방사선 노출을 가능한 한 낮게 유지하되, 경제적 · 사회적 측면을 고려해 합리적으로 최소화하는 원칙이다.
- 작업의 정당성(Justification): 방사선 노출로 인한 위험보다 이로 얻어지는 이익이 커야 한다는 원칙이다.
- 개개인의 노출량의 한계(Dose Limits): 방사선 노출량이 과도하지 않도록 법적 · 의학적 한계를 설정하는 원칙이다.

70

다음 중 피부 투과력이 가장 큰 것은?

① α선
② β선
③ X선
④ 레이저

- 피부 투과력은 X선이 가장 크다. X선은 고에너지 전자기파로 조직을 깊숙이 통과하며, 인체 내장 기관까지 조사할 수 있다
- 레이저는 파장·출력에 따라 다르지만 주로 표피나 진피 표면 절삭에 이용될 뿐 X선처럼 깊이 투과하지 않는다.

관련개념

방사선 종류	구성 및 특징	투과력·차단 방법
알파선(α)	헬륨 원자핵, 강한 이온화 작용	매우 낮음, 종이 한 장으로 차단 가능
베타선(β)	전자 또는 양전자, 중간 강도의 이온화	중간, 알루미늄 판으로 차단 가능
중성자선	중성자 입자, 핵반응 시 발생	매우 강함, 특수 차폐 필요
감마선(γ)	고에너지 전자기파, 핵붕괴 발생	매우 강함, 두꺼운 납·콘크리트 차폐 필요
엑스선(X선)	고에너지 전자기파, 의료용 및 산업용	강함, 납 차폐 필요

71

다음 중 인체 각 부위별로 공명현상이 일어나는 진동의 크기를 올바르게 나타낸 것은 무엇인가?

① 둔부: 2~4Hz
② 안구: 6~9Hz
③ 구간과 상체: 10~20Hz
④ 두부와 견부: 20~30Hz

두부(머리)와 견부(어깨)는 20~30Hz 진동에 공명하고, 안구는 70~90Hz 진동에 공명한다.

72

다음 중 자외선의 인체 내 작용에 대한 설명과 가장 거리가 먼 것은?

① 홍반은 250nm 이하에서 노출 시 가장 강한 영향을 준다.
② 자외선 노출에 의한 가장 심각한 만성영향은 피부암이다.
③ 280~320nm에서는 비타민 D의 생성이 활발해진다.
④ 254~280nm에서 강한 살균작용을 나타낸다.

- 홍반은 주로 UVB(280~320nm) 파장대에서 발생하며, 이 영역이 피부에 가장 강하게 작용한다.
- 250nm 이하 파장(UVC 영역)은 피부 깊이 침투하지 않고 강한 살균 작용을 한다. 따라서 인체에 홍반(피부 발적)을 일으키는 주된 파장대는 아니다.

관련개념
- 홍반(Erythema): UVB에 의해 피부에서 나타나는 염증성 반응이다.
- 피부암: 만성 자외선 노출에 의한 심각한 결과로, UVB가 주요 원인이다.
- 비타민 D 생성: UVB 파장에서 피부 내 합성이 촉진된다.
- 살균 작용: UVC 파장대에서 DNA 손상으로 미생물 사멸이 일어난다.

73

다음 중 국소진동으로 인한 장해를 예방하기 위한 작업자에 대한 대책으로 가장 적절하지 않은 것은?

① 작업자는 공구의 손잡이를 세게 잡고 있어야 한다.
② 14℃ 이하의 옥외작업에서는 보온대책이 필요하다.
③ 가능한 공구를 기계적으로 지지(支持)해 주어야 한다.
④ 진동공구를 사용하는 작업은 1일 2시간을 초과하지 말아야 한다.

공구의 손잡이를 세게 잡지 않는다.

74 ⭐빈출

다음 중 음의 세기레벨을 나타내는 dB의 계산식으로 옳은 것은? (단, I_0=기준음향의 세기, I=발생음의 세기)

① $dB = 10\log\dfrac{I}{I_0}$

② $dB = 20\log\dfrac{I}{I_0}$

③ $dB = 10\log\dfrac{I_0}{I}$

④ $dB = 20\log\dfrac{I_0}{I}$

dB(데시벨)은 음의 세기나 압력, 소음레벨 등을 로그 척도로 표현할 때 사용하는 단위이고, $dB = 10\log\dfrac{I}{I_0}$로 구한다.

75

환경온도를 감각온도로 표시한 것을 지적온도라 하는데 다음 중 3가지 관점에 따른 지적온도로 볼 수 없는 것은?

① 주관적 지적온도
② 생리적 지적온도
③ 생산적 지적온도
④ 개별적 지적온도

지적온도(Optimum Temperature)란 환경온도를 감각온도로 표시한 것을 지적온도라고 한다. 작업자가 쾌적하게 느끼는 온도로, 작업 효율과 안전을 고려한 환경 온도이다.
① 주관적 지적온도: 사람이 쾌적하게 느끼는 온도를 말한다.
② 생리적 지적온도: 최소의 에너지로 최대 생리적 기능을 수행할 수 있는 온도를 의미한다.
④ 개별적 지적온도: 개인별 체감이나 적응 상태를 고려한 온도를 의미한다.

76

다음 중 산소결핍의 위험이 가장 적은 작업장소는?

① 실내에서 전기용접을 실시하는 작업장소
② 장기간 사용하지 않은 우물 내부의 작업 장소
③ 장기간 밀폐된 보일러 탱크 내부의 작업 장소
④ 물품 저장을 위한 지하실 내부의 청소 작업 장소

- 산소결핍 위험이 높은 작업장은 주로 환기가 불충분한 밀폐공간이며, 산소가 소비되거나 다른 유해가스에 의해 산소가 대체되는 장소이다.
- 전기용접 작업장은 산소소비가 상대적으로 적고 환기가 비교적 잘 되는 경우가 많아 산소결핍 위험이 낮다.
- 장기간 사용하지 않은 우물 내부, 밀폐된 보일러 탱크 내부, 물품 저장 지하실 등은 환기 불량과 유기물 부패, 산소소비 및 유해가스 축적으로 산소결핍 위험이 매우 높다.

관련개념
- 산소결핍: 공기 중 산소농도가 정상 21% 이하, 특히 18% 미만일 때 위험하다.
- 밀폐공간: 탱크, 우물, 보일러 내부, 지하실 등은 산소결핍과 유해가스 발생 위험이 높다.
- 전기용접: 기본적으로 산소결핍보다는 가스중독(아크가스, 오존) 위험이 더 크다.

77

다음 중 Tesla(T)는 무엇을 나타내는 단위인가?

① 전계강도
② 자장강도
③ 전리밀도
④ 자속밀도

테슬라(Tesla, 기호 T)는 국제단위계(SI 단위)에서 자기선속밀도, 즉 자기장 강도를 나타내는 단위이다.

78

다음 중 소음성 난청에 관한 설명으로 틀린 것은?

① 소음성 난청의 초기 증상을 C_5-dip 현상이라 한다.
② 소음성 난청은 대체로 노인성 난청과 연령별 청력변화가 같다.
③ 소음성 난청은 대부분 양측성이며, 감각 신경성 난청에 속한다.
④ 소음성 난청은 주로 주파수 4,000Hz 영역에서 시작하여 전영역으로 파급된다.

- 소음성 난청은 주로 고주파수 영역에서 청력 저하가 먼저 나타나며, 특히 4,000Hz(4kHz)에서 청력손실이 가장 뚜렷하다.
- 소음성 난청과 영구적 난청은 같은 현상이다.

79 

지상에서 음력이 10W인 소음원으로부터 10m 떨어진 곳의 음압수준은 약 얼마인가? (단, 음속은 344.4m/sec, 공기의 밀도는 1.18kg/m³이다.)

① 96dB
② 99dB
③ 102dB
④ 105dB

- 음향파워레벨(PWL) 산정

$$PWL = 10\log\left(\frac{W}{W_0}\right) = 10\log\left(\frac{10}{10^{-12}}\right) = 130dB$$

- 음압레벨(SPL) 산정
  - PWL = SPL + 10log(S)의 관계에서 점음원(자유공간)이므로 음파가 구면파로 전파된다.
  - 음원의 단면적은 구의 단면적이므로 $S = 4\pi r^2$을 대입하면, PWL = SPL + 10log($4\pi r^2$)이고 정리하면,
    SPL = PWL − 20log(r) − 11이 된다.
    = 130 − 20log(10) − 11 = 99dB
  - PWL: 음향파워레벨(dB)
  - SPL: 음압레벨(dB)
  - r: 거리(m)

80

가로 10m, 세로 7m, 높이 4m인 작업장의 흡음률이 바닥은 0.1, 천정은 0.2, 벽은 0.15이다. 이 방의 평균 흡음률은 얼마인가?

① 0.10
② 0.15
③ 0.20
④ 0.25

이 방의 평균 흡음률은 면적 가중 평균으로 계산한다.
- 각 면의 면적 계산
  - 바닥: 10m × 7m = 70m²
  - 천정: 10m × 7m = 70m²
  - 벽: (10m × 4m) × 2 + (7m × 4m) × 2
    = 80m² + 56m² = 136m²
- 각 면의 흡음율과 면적 곱
  - 바닥: 70 × 0.1 = 7
  - 천정: 70 × 0.2 = 14
  - 벽: 136 × 0.15 = 20.4
  - 전체 면적: 70 + 70 + 136 = 276m²
- 평균 흡음률(avg) 계산

$$평균\ 흡음률 = \frac{7 + 14 + 20.4}{276} = 0.15$$

81

다음 중 카드뮴에 관한 설명으로 틀린 것은?

① 카드뮴은 부드럽고 연성이 있는 금속으로 납광물이나 아연광물을 제련할 때 부산물로 얻어진다.
② 흡수된 카드뮴은 혈장단백질과 결합하여 최종적으로 신장에 축적된다.
③ 인체 내에서 철을 필요로 하는 효소와의 결합반응으로 독성을 나타낸다.
④ 카드뮴 흄이나 먼지에 급성 노출되면 호흡기가 손상되며 사망에 이르기도 한다.

- 카드뮴이 체내에 축적되는 주요 기관으로는 간과 신장이 가장 대표적이다. 카드뮴은 체내에 흡수되어 메탈로티오닌과 결합한 후 주로 간과 신장에 주로 머무르며, 뼈에도 일부 축적된다.
- 시안화합물(−CN)은 인체 내에서 철을 필요로 하는 효소와의 결합반응으로 독성을 나타낸다.

82

다음 중 전향적 코호트 역학연구와 후향적 코호트 연구의 가장 큰 차이점은?

① 질병 종류
② 유해인자 종류
③ 질병 발생률
④ 연구 개시 시점과 기간

- 전향적 코호트 연구는 연구자가 설정한 시점에서 출발하여 미래로 향해 대상자를 추적 관찰하는 방식으로 연구를 진행한다.
- 후향적 코호트 연구는 이미 지나간 과거의 자료를 이용하여 과거 노출부터 현재까지의 결과를 분석하는 방식이다.
- 두 연구는 질병 종류, 유해인자 종류, 질병 발생률 등의 요소는 공통적으로 연구할 수 있으나, 시간적 관점에서 연구 시작 시점과 이후 관찰 기간이 다르다.

83 빈출

주요 원인 물질은 혼합물질이며, 건축업, 도자기 작업장, 채석장, 석재공장 등의 작업장에서 근무하는 근로자에게 발생할 수 있는 진폐증은?

① 석면폐증
② 용접공폐증
③ 철폐증
④ 규폐증

- ④ 규폐증을 일으키는 주요 물질은 유리규산(SiO_2, 결정질 실리카)이다. 규폐증은 주로 광산, 채석장, 도공, 주물공장 등에서 발생하며, 모래·석영·화강암 등 규소가 풍부한 광물의 분진, 즉 유리규산의 미세 입자를 장기간 흡입할 때 생긴다.
- ① 석면폐증은 무기성 분진인 석면에 의한 진폐증이다.
- ② 용접공폐증은 용접 작업 시 발생하는 금속 분진과 용접흄에 의한 진폐증으로 무기성 분진에 해당한다.
- ④ 철폐증은 철분 분진 흡입으로 발생하는 무기성 진폐증이다.

84

다음 중 급성 중독자에게 활성탄과 하제를 투여하고 구토를 유발시키며, 확진되면 Dimercaprol로 치료를 시작하려는 유해물질은? (단, 쇼크의 치료는 강력한 정맥 수액제와 혈압상승제를 사용한다.)

① 납(Pb)
② 크롬(Cr)
③ 비소(As)
④ 카드뮴(Cd)

비소 중독의 급성 치료
- 활성탄을 투여하여 체내 흡수를 줄이고, 구토를 유발하여 독성물질을 배출한다.
- 중독이 확진되면 Dimercaprol(디머캅롤, BAL)을 사용하여 비소를 킬레이트 해독한다.
- 쇼크 증상이 나타나면 강력한 정맥 수액과 혈압상승제를 투여한다.

85 빈출

화학물질의 상호작용인 길항작용 중 배분적 길항작용에 대하여 가장 적절히 설명한 것은?

① 두 물질이 생체에서 서로 반대되는 생리적 기능을 갖는 관계로 동시에 투여한 경우
② 두 물질을 동시에 투여하였을 때 상호반응에 의하여 독성이 감소되는 경우
③ 독성물질의 생체과정인 흡수, 분포, 생전환, 배설 등의 변화를 일으켜 독성이 낮아지는 경우
④ 두 물질이 생체 내에서 같은 수용체에 결합하는 관계로 동시 투여 시 경쟁관계로 인하여 독성이 감소되는 경우

- 길항작용(Antagonism)은 한 물질이 다른 물질의 독성을 억제하는 경우이다.
- 배분적 길항작용은 한 물질이 독성물질의 흡수, 분포, 대사, 배설 등의 과정을 변화시켜 독성물질이 표적기관에 도달하거나 작용하는 것을 줄임으로써 독성이 감소되는 현상이다. 예로, 활성탄(목탄)을 이용해 독성물질의 흡수를 저해하여 체내 독성 작용을 막는 경우가 여기에 해당한다.

- 길항작용: 두 개 이상의 요인이 인체나 생물체 내에서 동시에 작용할 때, 각각의 효과가 서로 반대되어 상쇄(약화)되는 작용이다.
- 배분적 길항작용: 한 물질이 독성물질의 흡수, 분포, 대사, 배설 등의 과정을 변화시켜 독성물질이 표적기관에 도달하거나 작용하는 것을 줄임으로써 독성이 감소되는 현상이다. 예로, 활성탄(목탄)을 이용해 독성물질의 흡수를 저해하여 체내 독성 작용을 막는 경우가 여기에 해당한다.
- 화학적 길항작용: 두 물질이 화학적으로 결합·반응하여 독성을 줄이는 것이다.
- 수용체 길항작용: 약물이나 독성물질이 수용체에서 경쟁적으로 작용을 억제하는 것이다.
- 기능적 길항작용: 서로 반대되는 생리적 기능이나 작용으로 인해 독성효과가 상쇄되는 현상이다.

86

다음 중 피부에 묻었을 경우 피부를 강하게 자극하고, 피부로부터 흡수되어 간장장해 등의 중독증상을 일으키는 유해화학물질은?

① 납(Lead)
② 헵탄(Heptane)
③ 아세톤(Acetone)
④ DMF(Dimethylformamide)

- DMF는 피부에 접촉 시 강한 자극을 일으키며, 피부로부터 흡수되어 간장장해 및 중독증상을 유발하는 유해화학물질이다.
- DMF 노출 시 피부 자극, 홍반, 가려움증, 염증 등의 피부 증상이 나타난다. 피부를 통해 체내로 쉽게 흡수되어 간 독성, 소화기장애, 신경계 이상 등을 유발한다.
- 납(Lead)은 주로 호흡과 섭취에 의한 중독이 많고, 피부 자극은 적다.
- 헵탄(Heptane)과 아세톤(Acetone)은 피부에 자극이 있지만 간장장해 같은 중독 증상은 비교적 적다.

87

다음 중 천연가스, 석유정제산업, 지하석탄광업 등을 통해서 노출되며, 중추신경의 억제와 후각의 마비 증상을 유발하며, 치료로는 100% O_2를 투여하는 등의 조치가 필요한 물질은?

① 암모니아
② 포스겐
③ 오존
④ 황화수소

① 암모니아: 자극성 냄새가 난다.
② 포스겐: 냄새는 곡물과 비슷하며, 폐 손상을 초래한다.
③ 오존: 자극성 기체로 산화력이 강하다.

88

다음 중 납중독의 주요 증상에 포함되지 않는 것은?

① 혈중의 Methallothionein 증가
② 적혈구 내 Protoporphyrin 증가
③ 혈색소량 저하
④ 혈청 내 철 증가

- 납중독 시 적혈구 내 Protoporphyrin 증가, 혈색소량 저하, 혈청 내 철 증가 등의 증상이 빈혈과 관련하여 흔히 나타난다. 납중독 환자에서는 빈혈로 인해 혈색소량이 감소하고, 철의 대사 이상으로 혈청 내 철 농도가 상승할 수 있다.
- 특히 납은 헴 합성 과정의 효소를 억제하여 Protoporphyrin이 축적되고, 이것이 적혈구 내에서 관찰된다.
- Methallothionein(메탈로티오네인, 혈당단백질)은 주로 중금속의 해독과 관련되어 있으며, 납중독의 주요 지표나 증상으로 알려져 있지 않다.

정답   86 ④ 87 ④ 88 ①

89

공기 중 일산화탄소 농도가 10mg/m³인 작업장에서 1일 8시간 동안 작업하는 근로자가 흡입하는 일산화탄소의 양은 몇 mg인가? (단, 근로자의 시간당 평균 흡기량은 1,250L이다.)

① 10
② 50
③ 100
④ 500

$$\frac{10\text{mg}}{\text{m}^3} \times \frac{1.25\text{m}^3}{\text{hr}} \times 8\text{hr} = 100\text{mg}$$

90 ⭐빈출

다음 중 단순 질식제에 해당하는 것은?

① 수소가스
② 염소가스
③ 불소가스
④ 암모니아가스

- 단순 질식제: 산소를 밀어내거나 산소 분압을 낮추어 생리적으로 질식을 유발하는 불활성 가스이다.
  - 예 수소(H_2), 질소(N_2), 이산화탄소(CO_2), 메탄(CH_4), 헬륨(He), 아세틸렌(C_2H_2) 등
- 화학적 질식제: 혈액 내 혈색소와 결합하여 산소 운반 능력을 방해하거나 조직 내 산화효소를 불활성화시켜 질식 작용을 일으키는 물질이다.
  - 예 일산화탄소(CO), 시안화수소(HCN), 시안화염류(CN^-), 황화수소(H_2S), 이산화질소(NO_2), 포스겐($COCl_2$)

91

다음 중 유해화학물질에 노출되었을 때 간장이 표적장기가 되는 주요 이유로 가장 거리가 먼 것은?

① 간장은 각종 대사효소가 집중적으로 분포되어 있고, 이들 효소활동에 의해 다양한 대사물질이 만들어지기 때문에 다른 기관에 비해 독성물질의 노출가능성이 매우 높다.
② 간장은 대정맥을 통하여 소화기계로부터 혈액을 공급받기 때문에 소화기관을 통하여 흡수된 독성물질의 이차표적이 된다.
③ 간장은 정상적인 생활에서도 여러 가지 복잡한 생화학 반응 등 매우 복잡한 기능을 수행함에 따라 기능의 손상가능성이 매우 높다.
④ 혈액의 흐름이 매우 풍부하기 때문에 혈액을 통해서 쉽게 침투가 가능하다.

- 간장은 문맥을 통하여 소화기계로부터 혈액을 공급받기 때문에 소화기관을 통하여 흡수된 독성물질의 일차표적이 된다.
- 문맥(Vena Portae Hepatis)은 위, 장, 비장 등 소화기관에서 온 혈액을 간으로 운반한다.
- 대정맥(Vena Cava)은 간에서 나온 혈액을 심장으로 운반한다.

92

다음 중 "Cholinesterase" 효소를 억압하여 신경증상을 나타내는 것은?

① 중금속화합물
② 유기인제
③ 파라쿼트
④ 비소화합물

- 유기인제(Organophosphates)는 콜린에스터라아제(Cholinesterase)라는 효소를 억제하여 아세틸콜린이 분해되지 못하게 만든다. 이로 인해 아세틸콜린이 시냅스에 축적되어 신경이 과도하게 자극되고, 신경증상을 유발한다.
- 콜린에스터라아제 억제로 인한 신경증상은 근육경련, 호흡곤란, 과다한 침 분비, 구토, 발한, 근육 약화 등을 포함한다.
- 이러한 작용 때문에 유기인제는 농약, 신경가스 등으로 사용되며 중독 시 매우 위험하다.

관련개념
- 콜린에스터라아제: 신경전달물질인 아세틸콜린을 분해하는 효소이다.
- 유기인제: 아세틸콜린 분해를 막아 신경계 흥분을 유발하는 독성 물질이다.

정답 89 ③ 90 ① 91 ② 92 ②

다음 중 유해인자의 노출에 대한 생물학적 모니터링을 하는 방법과 가장 거리가 먼 것은?

① 유해인자의 공기 중 농도 측정
② 표적분자에 실제 활성인 화학물질에 대한 측정
③ 건강상 악영향을 초래하지 않는 내재용량의 측정
④ 근로자의 체액에서 화학물질이나 대사산물의 측정

- 생물학적 모니터링의 목적은 근로자가 작업 중 유해물질에 노출되어 건강에 바람직하지 않은 영향을 받을 위험이 있는지를 평가하고, 최근 또는 누적된 노출량을 파악하며, 작업환경이나 작업방법 개선 등에 활용하는 데 있다.
- 공기 중 농도 측정은 환경 모니터링이며, 생물학적 모니터링과는 구분된다.

관련개념
- 환경 모니터링: 공기, 토양, 물 등 환경 내 유해물질 농도 측정
- 생물학적 모니터링: 체내 농도 또는 생리적 변화 측정을 통한 노출 평가
- 생물학적 노출 지표: 혈중 납, 요중 카드뮴, 혈중 톨루엔 등

94 빈출

다음 중 화학물질의 노출기준에서 근로자가 1일 작업시간 동안 잠시라도 노출되어서는 아니 되는 기준을 나타낸 것은?

① TLV-C
② TLV-Skin
③ TLV-TWA
④ TLV-STEL

① TLV-C: 작업 중 어느 순간에도 이 농도를 초과해서는 안 되는 노출 한계로, 근로자가 1일 작업시간 동안 잠시라도 초과 노출되어서는 안 되는 기준이다.
② TLV-Skin: 피부를 통해 흡수될 수 있는 물질의 노출을 의미하는 추가 지표이다.
③ TLV-TWA(Time Weighted Average): 8시간 또는 1일 작업시간 동안 평균 노출 허용 한계이다.
④ TLV-STEL(Short Term Exposure Limit): 15분간의 단기간 노출기준으로, 단시간 노출 시에도 건강에 해를 끼치지 않는 한계이며, 1일 4회 이하, 각 노출 간격 60분 이상이어야 한다.

95 빈출

벤젠 노출근로자에게 생물학적 모니터링을 하기 위하여 소변시료를 확보하였다. 다음 중 분석해야 하는 대사산물로 옳은 것은?

① 마뇨산(Hippuric Acid)
② t,t-뮤코닉산(t,t-Muconic Acid)
③ 메틸마뇨산(Methylhippuric Acid)
④ 트리클로로아세트산(Trichloroacetic Acid)

- 벤젠은 체내에서 대사되어 여러 대사산물로 변환되는데, 이 중 t,t-뮤코닉산은 주요한 생물학적 모니터링 지표이다.
- 마뇨산(Hippuric Acid)은 톨루엔 노출 시 주요 대사산물이고, 메틸마뇨산은 자일렌 노출 시 산물이다. 트리클로로아세트산은 삼염화에틸렌 등의 다른 화학물질 대사산물이다.

96

다음 중 작업장에서 일반적으로 금속에 대한 노출 경로를 설명한 것으로 틀린 것은?

① 대부분 피부를 통해서 흡수되는 것이 일반적이다.
② 호흡기를 통해서 입자상 물질 중의 금속이 흡수된다.
③ 작업장 내에서 휴식시간에 음료수, 음식 등에 오염된 채로 소화관을 통해서 흡수될 수 있다.
④ 4-에틸납은 피부로 흡수될 수 있다.

대부분 호흡을 통해서 흡수되는 것이 일반적이다.

97

다음 중 수은중독의 예방대책으로 가장 적합하지 않은 것은?

① 수은 주입과정을 밀폐공간 안에서 자동화한다.
② 작업장 내에서 음식물을 먹거나 흡연을 금지한다.
③ 작업장에 흘린 수은은 신체가 닿지 않는 방법으로 즉시 제거한다.
④ 수은취급 근로자의 비점막 궤양 생성여부를 면밀히 관찰한다.

비점막 궤양 생성 여부를 관찰하는 것은 수은중독 예방이라기보다는 이미 발생한 증상을 확인하는 사후 관리에 해당한다.

98

다음 중 폐에 침착된 먼지의 정화과정에 대한 설명으로 틀린 것은?

① 어떤 먼지는 폐포벽을 뚫고 림프계나 다른 부위로 들어가기도 한다.
② 먼지는 세포가 방출하는 효소에 의해 용해되지 않으므로 점액층에 의한 방출 이외에는 체내에 축적된다.
③ 폐에서 먼지를 포위하는 식세포는 수명이 다한 후 사멸하고 다시 새로운 식세포가 먼지를 포위하는 과정이 계속적으로 일어난다.
④ 폐에 침착된 먼지는 식세포에 의하여 포위되어, 포위된 먼지의 일부는 미세 기관지로 운반되고 점액 섬모 운동에 의하여 정화된다.

• 먼지는 대식세포가 방출하는 효소에 의해 용해되어 제거된다.
• 폐 먼지 정화 메커니즘은 식세포 포위, 효소 분해, 점액 섬모운동 및 림프계 이동 등이다.

99 빈출

다음 중 폐포에 가장 잘 침착하는 분진의 크기는?

① 0.01~0.05μm
② 0.5~5.0μm
③ 5~10μm
④ 10~20μm

호흡성 먼지는 폐포에 도달하여 독성을 나타낼 수 있는 입자 크기를 기준으로 분류되며, 이는 평균 4μm 정도인 매우 작은 입자 크기이다.

100

다음 중 유해화학물질의 노출기간에 따른 분류 가운데 만성독성에 해당되는 기간으로 가장 적절한 것은? (단, 실험동물에 외인성 물질을 투여하는 경우이다.)

① 1일 이상~14일 이상
② 30일 이상~60일 정도
③ 3개월 이상~1년 정도
④ 1년 이상~3년 정도

만성독성(Chronic Toxicity)에 해당되는 독성물질 투여(노출) 기간은 실험동물에 외인성 물질을 투여하는 경우 일반적으로 3개월 이상 ~ 1년 정도이다.

관련개념 독성물질 노출기간별 분류

분류	노출기간(실험동물 기준)	설명
급성독성	1일 이상 ~ 14일 정도	단기간 노출에 의한 즉각적 독성
아급성독성	15일 ~ 30일 (또는 60일) 정도	중간 기간 반복 노출 독성
아만성독성	1개월 ~ 3개월 정도	비교적 장기 노출에 의한 독성
만성독성	3개월 이상 ~ 1년 정도	장기 반복 투여에 따른 독성
초만성독성	1년 이상 ~ 3년 정도	매우 장기간 노출에 의한 독성

1과목 산업위생학개론

01

무색, 무취의 기체로서 흙, 콘크리트, 시멘트나 벽돌 등의 건축자재에 존재하였다가 공기 중으로 방출되며 지하공간에서 더 높은 농도를 보이고, 폐암을 유발하는 실내공기 오염물질은 무엇인가?

① 라듐
② 라돈
③ 비스무스
④ 우라늄

- 라돈은 우라늄(U)과 토륨(Th)이 붕괴하는 과정에서 생성되는 방사성 기체로, 무색·무취·무미의 특성을 가진다.
- 라돈은 토양이나 암석에서 발생하여 건물 내부로 침투할 수 있으며, 폐암 등 건강에 해로운 발암성 물질로 알려져 있다.
- 이 때문에 라돈은 '침묵의 살인자'라고 불리며, 실내 공기 질 관리에서 중요한 유해인자로 평가된다

02 빈출

다음 [표]를 이용하여 산출한 권장무게한계(RWL)는 약 얼마인가? (단, 개정된 NIOSH의 들기작업 권고기준에 따른다.)

계수 구분	값
수평계수	0.5
수직계수	0.955
거리계수	0.91
비대칭계수	1
빈도계수	0.45
커플링계수	0.95

① 4.27kg
② 8.55kg
③ 12.82kg
④ 21.36kg

NIOSH 권고중량한계(Recommended Weight Limit, RWL) 공식

$RWL = LC \times HM \times VM \times DM \times AM \times FM \times CM$
$= 23 \times 0.5 \times 0.955 \times 0.91 \times 1 \times 0.45 \times 0.95 = 4.2724kg$

- LC: 기준중량(Load Constant), 23kg(미국 기준)
- HM: 수평거리계수(Horizontal Multiplier)
- VM: 수직거리계수(Vertical Multiplier)
- DM: 거리계수(Distance Multiplier)
- AM: 비대칭계수(Asymmetry Multiplier)
- FM: 빈도계수(Frequency Multiplier)
- CM: 결합계수(Coupling Multiplier)

03 빈출

1년간 연근로시간이 240,000시간인 작업장에 5건의 재해가 발생하여 500일의 휴업일수를 기록하였다. 연간근로일수를 300일로 할 때 강도율(Intensity Rate)은 약 얼마인가?

① 1.7
② 2.1
③ 2.7
④ 3.2

재해로 인한 손실 정도(강도)를 나타내는 산업재해지표로, 근로시간 1,000시간당 발생한 손실일수를 의미한다. 즉, 재해 발생 시 그 심각성·중증도를 평가한다

$$근로손실일수 = 총\ 휴업일수 \times \frac{300}{365}$$

$$강도율 = \frac{근로손실일수}{연근로시간수} \times 10^3$$

$$= \frac{\frac{300}{365} \times 500}{240,000} \times 10^3 = 1.7123$$

04

다음 중 산업위생관리 업무와 가장 거리가 먼 것은?

① 직업성 질환에 대한 판정과 보상
② 유해작업환경에 대한 공학적인 조치
③ 작업조건에 대한 인간공학적인 평가
④ 작업환경에 대한 정확한 분석기법의 개발

직업성 질환에 대한 판정과 보상은 주로 의료진, 보건행정기관, 노동 관련 기관의 역할로 산업위생관리 업무와는 다소 거리가 있다.

05

직업과 적성에 대한 내용 중에서 심리적 적성검사에 해당되지 않는 것은?

① 지능검사
② 기능검사
③ 체력검사
④ 인성검사

- 심리적 적성검사에는 지능검사, 기능검사, 인성검사 등이 포함된다.
- 체력검사는 신체적 능력 검사를 의미하며 심리 검사 범주에 포함되지 않는다.

06 빈출

다음 중 재해예방의 4원칙에 관한 설명으로 틀린 것은?

① 재해발생과 손실의 발생은 우연적이므로 사고 발생 자체의 방지가 이루어져야 한다.
② 재해발생에는 반드시 원인이 있으며, 사고와 원인의 관계는 필연적이다.
③ 재해는 원칙적으로 예방이 불가능하므로 지속적인 교육이 필요하다.
④ 재해예방을 위한 가능한 안전대책은 반드시 존재한다.

재해는 예방이 가능하므로 지속적인 교육이 필요하다.

관련개념 재해예방 4원칙
- 원인계기의 원칙: 재해 발생에는 반드시 원인이 있다.
- 손실우연의 원칙: 재해 발생과 손실 발생은 우연적일 수 있다.
- 예방가능의 원칙: 재해는 예방이 가능하다.
- 대책선정의 원칙: 재해예방을 위한 적절한 대책은 반드시 존재한다.

07 빈출

어떤 젊은 근로자의 약한 쪽 손의 힘이 평균 50kp (kilopound)이다. 이러한 근로자가 무게 10kg인 상자를 두 손으로 들어 올리는 작업을 할 때의 작업강도(%MS)는 얼마인가? (단, 1kp는 질량 1kg을 중력의 크기로 당기는 힘을 나타낸다.)

① 0.1
② 1
③ 10
④ 100

$$작업강도(\%MS) = \frac{RF}{MS} \times 100$$
$$= \frac{10/2}{50} \times 100 = 10\%MS$$

- RF: 작업 시 한 손에 가해지는 힘(kp, kilopound)
- MS: 약한 손의 힘(kp)

08

산업안전보건법에 따라 사업주가 허가대상 유해물질을 제조하거나 사용하는 작업장의 보기 쉬운 장소에 반드시 게시하여야 하는 내용이 아닌 것은?

① 제조날짜
② 취급상의 주의사항
③ 인체에 미치는 영향
④ 착용하여야 할 보호구

산업안전보건법에 따른 허가대상 유해물질 제조 · 사용 시 게시사항
- 허가대상 유해물질의 명칭
- 인체에 미치는 영향
- 취급상의 주의사항
- 착용하여야 할 보호구
- 응급처치와 긴급 방재 요령 등

09

산업위생관리 측면에서 피로의 예방 대책으로 적절하지 않은 것은?

① 각 개인에 따라 작업량을 조절한다.
② 작업과정에 적절한 간격으로 휴식시간을 둔다.
③ 개인의 숙련도 등에 따라 작업속도를 조절한다.
④ 동적인 작업을 모두 정적인 작업으로 전환한다.

정적인 작업을 동적인 작업으로 전환한다.

10 빈출

다음 중 산업안전보건법령상 중대재해에 해당하지 않는 것은?

① 사망자가 1명 발생한 재해
② 부상자가 동시에 5명 발생한 재해
③ 직업성 질병자가 동시에 12명 발생한 재해
④ 3개월 이상의 요양을 요하는 부상자가 동시에 3명 발생한 재해

중대재해(산업안전보건법 시행규칙 제3조)
• 사망자가 1명 이상 발생한 재해
• 3개월 이상의 요양이 필요한 부상자가 동시에 2명 이상 발생한 재해
• 부상자 또는 직업성 질병자가 동시에 10명 이상 발생한 재해

11

다음 중 우리나라의 노출기준 단위가 다른 하나는?

① 결정체 석영
② 유리섬유 분진
③ 광물성 섬유
④ 내화성 세라믹섬유

① 결정체 석영: mg/m^3
② 유리섬유 분진: mg/m^3
③ 광물성 섬유: mg/m^3
④ 내화성 세라믹섬유: 개/cm^3

12

다음 중 L_5/S_1디스크에 얼마 정도의 압력이 초과되면 대부분의 근로자에게 장해가 나타내는가?

① 3,400N
② 4,400N
③ 5,400N
④ 6,400N

• L_5/S_1디스크에 6,400N 이상의 압력이 초과되면 대부분의 근로자에서 장해가 발생할 수 있다.
• L_5/S_1(요추 5번과 천추 1번 사이) 부위의 디스크는 고중량 작업 시 반복적 스트레스에 취약하다.

13 빈출

미국산업위생학술원(AAIH)에서 채택한 산업위생전문가로서의 책임에 해당하지 않는 것은?

① 직업병을 평가하고 관리한다.
② 성실성과 학문적 실력에서 최고 수준을 유지한다.
③ 전문분야로서의 산업위생을 학문적으로 발전시킨다.
④ 과학적 방법의 적용과 자료 해석의 객관성 유지한다.

"직업병을 평가하고 관리한다"는 산업위생전문가의 실무적 역할에 해당되며, 미국산업위생학술원(AAIH)이 채택한 윤리적 책임 항목에는 포함되지 않는다.

14

피로의 현상과 피로조사방법 등을 나타낸 내용 중 가장 관계가 먼 것은?

① 피로현상은 개인차가 심하므로 작업에 대한 개체의 반응을 수치로 나타내기 어렵다.
② 노동수명(Turn Over Ratio)으로서 피로를 판정하는 것은 적합하지 않다.
③ 피로조사는 피로도를 판가름하는 데 그치지 않고 작업방법과 교대제 등을 과학적으로 검토할 필요가 있다.
④ 작업시간이 등차급수적으로 늘어나면 피로회복에 요하는 시간은 등비급수적으로 증가하게 된다.

> 노동수명(Turn Over Ratio)으로서 피로를 판정할 수 있다.

15

다음 중 주요 실내 오염물질의 발생원으로 가장 보기 어려운 것은?

① 호흡
② 흡연
③ 연소기기
④ 자외선

> 자외선은 오염물질이 아니라 광선의 일종으로 자체가 오염물질을 발생시키지 않는다.

16

다음 중 고온에 순응된 사람들이 고온에 계속적으로 노출되었을 때 증가하는 현상을 나타내는 것은?

① 심장박동
② 피부온도
③ 직장온도
④ 땀의 분비속도

> • 고온환경에 적응하면 체온 조절을 위해 땀 분비가 증가한다.
> • 심장박동수는 초기에는 증가할 수 있으나 고온 순응이 되면 안정된다.
> • 피부온도와 직장온도는 상대적으로 크게 변하지 않거나 일정 범위 내에서 유지된다.

17

다음 중 직업성 피부질환에 관한 내용으로 틀린 것은?

① 작업환경 내 유해인자에 노출되어 피부 및 부속기관에 병변이 발생되거나 악화되는 질환을 직업성 피부질환이라 한다.
② 피부종양은 발암물질과의 피부의 직접 접촉뿐만 아니라 다른 경로를 통한 전신적인 흡수에 의하여도 발생될 수 있다.
③ 미국의 경우 피부질환의 발생빈도가 낮아 사회적 손실을 적게 추정하고 있다.
④ 직업성 피부질환의 간접적 요인으로 인종, 아토피, 피부질환 등이 있다.

> 미국에서 직업성 피부질환 발생은 적지 않고, 사회적 손실도 적게 추정되지 않는다.

18 ⭐

다음 중 최대작업영역의 설명으로 가장 적당한 것은?

① 움직이지 않고 상지(上肢)를 뻗쳐서 닿는 범위
② 움직이지 않고 전박(前膊)과 손으로 조작할 수 있는 범위
③ 최대한 움직인 상태에서 상지(上肢)를 뻗쳐서 닿는 범위
④ 최대한 움직인 상태에서 전박(前膊)과 손으로 조작할 수 있는 범위

- 최대작업영역은 팔 전체(상완, 전박, 손목 등의 전 과정)가 곧게 펴지고 수평범위 내에서 도달할 수 있는 최대 운동범위이다.
- 정상작업영역이 자연스러운 자세에서 팔 및 손이 쉽게 닿는 범위라면, 최대작업영역은 팔을 곧게 펴서 최대한 뻗을 수 있는 범위를 나타낸다. 이 범위는 업무의 설계에서 작업자의 신체 조건에 따른 허용 범위를 측정하기 위해 사용한다.
- 상지는 팔 전체, 하지는 다리 전체이고, 전박은 팔뚝 앞쪽, 후박은 팔뚝 뒤쪽 부분에 해당한다.

관련개념
- 정상작업영역: 위팔을 몸통 옆에 자연스럽게 내린 자세에서 아래팔만 움직여 편하게 도달할 수 있는 작업 범위로, 일반적으로 34~45cm 정도이다. 이 영역은 작업자가 편안하게 작업할 수 있는 영역이다.
- 최대작업영역: 위팔과 아래팔을 모두 곧게 펴서 최대한 뻗어 도달할 수 있는 작업 범위로, 일반적으로 55~65cm 정도이다. 이 영역에서는 작업자의 피로가 더 쉽게 쌓이고 작업 효율이 떨어질 수 있다.

19

다음 중 물질안전보건자료(MSDS)의 작성 원칙에 관한 설명으로 틀린 것은?

① MSDS의 작성단위는 「계량에 관한 법률」이 정하는 바에 의한다.
② MSDS는 한글로 작성하는 것을 원칙으로 하되 화학물질명, 외국기관명 등의 고유명사를 영어로 표기할 수 있다.
③ 각 작성항목은 빠짐없이 작성하여야 하며, 부득이 어느 항목에 대해 관련 정보를 얻을 수 없는 경우 작성란은 공란으로 둔다.
④ 외국어로 되어 있는 MSDS를 번역하는 경우에는 자료의 신뢰성이 확보될 수 있도록 최초 작성기관명 및 시기를 함께 기재하여야 한다.

각 작성항목은 가능한 정보를 모두 작성해야 하며, 부득이 정보를 얻지 못한 항목은 "해당없음" 또는 "정보없음" 등으로 명확히 기재해야 하며, 공란으로 두는 것은 원칙적으로 허용되지 않는다.

20

이탈리아 의사인 Ramazzini는 1700년에 "직업인의 질병(De Morbis Artificum Diatriba)"을 발간하였는데, 이 사람이 제시한 직업병의 원인과 가장 거리가 먼 것은?

① 근로자들의 과격한 동작
② 작업장을 관리하는 체계
③ 작업장에서 사용하는 유해물질
④ 근로자들의 불안전한 작업 자세

라마치니는 1700년 저서 "직업인의 질병(De Morbis Artificum Diatriba)"에서 직업병의 원인으로 작업장에서 사용하는 유해물질과 근로자들의 불안전한 작업 자세, 과격한 동작 등을 지목하였다. 반면 작업장을 관리하는 체계는 후대에 발전한 개념이며, 당시 라마치니가 제시한 원인에는 포함되지 않았다.

21 빈출

열, 화학물질, 압력 등에 강한 특성을 가지고 있어 고열공정에서 발생되는 다환방향족탄화수소 채취에 이용되는 막여과지로 가장 적절한 것은?

① PVC
② 섬유상
③ PTFE
④ MCE

③ PTFE 막여과지: 불소수지 기반의 막여과지로 내화학성이 뛰어나 가스, 유기용제 등에도 강하다. 미세한 입자 포집뿐 아니라 화학적 내구성이 필요한 환경에서 사용된다.

① PVC 막여과지: 액체 필터링, 공기 중 입자 포집 등에 사용되며 중량분석이나 6가 크롬 등을 측정하는 데 사용된다. 폴리염화비닐 재질의 멤브레인 필터로 내화학성이 우수하여 유기용매나 산 등 일부 화학물질에 강한 편이다.

② 섬유상 막여과지: 유리섬유나 합성섬유로 만들어진 여과지로, 입자상 물질 포집에 효과적이다. 공해 먼지, 총 먼지, 미세먼지 등 다양하게 사용된다.

④ MCE 막여과지(멤브레인 셀룰로오스 에스테르): 셀룰로오스 에스테르를 원료로 한 막여과지로 미세 입자상 물질 포집에 매우 적합하다. 주로 석면, 미세먼지, 금속성 분진 포집에 사용된다.

22 빈출

WBGT 측정기의 구성요소로 적절하지 않은 것은?

① 습구온도계
② 건구온도계
③ 카타온도계
④ 흑구온도계

- WBGT 측정기는 습구온도계, 건구온도계, 흑구온도계로 구성되며, 세 지표를 사용하여 열 스트레스를 평가한다.
- 카타온도계는 기류(풍속) 측정에 사용되는 온도계로, WBGT 측정기의 구성요소가 아니다.

23 빈출

어느 작업환경에서 발생되는 소음원 1개의 소음레벨이 92dB라면 소음원이 8개일 때의 전체 소음레벨은?

① 101dB
② 103dB
③ 105dB
④ 107dB

$$총\ 소음레벨(dB(A)) = 10\log\left(10^{L_1/10} + 10^{L_2/10} + \cdots + 10^{L_n/10}\right)$$
$$= 10\log\left(8 \times 10^{92/10}\right) = 101.0308 db(A)$$

24 빈출

어떤 작업장에서 벤젠(C_6H_6, 분자량은 78)의 8시간 평균 농도가 5ppmv(부피 단위)이었다. 측정 당시의 작업장 온도는 20℃이었고, 대기압은 760mmHg(1atm)이었다. 이 온도와 대기압에서 벤젠 5ppmv에 해당하는 mg/m³은?

① 13.22
② 14.22
③ 15.22
④ 16.22

$$1ppm = mL/m^3$$
$$\frac{5mL \times \dfrac{273K}{(273+20)K} \times \dfrac{78mg}{22.4mL}}{m^3} = 16.2222 mg/m^3$$

25 빈출

누적소음노출량 측정기로 소음을 측정하는 경우, 기기 설정으로 적절한 것은? (단, 고시 기준을 따른다.)

① Criteria = 80dB, Exchange Rate = 5dB, Threshold = 90dB
② Criteria = 80dB, Exchange Rate = 10dB, Threshold = 90dB
③ Criteria = 90dB, Exchange Rate = 5dB, Thershold = 80dB
④ Criteria = 90dB, Exchange Rate = 10dB, Threshold = 80dB

- 고용노동부 고시 기준에 따른 누적소음노출량 측정기 등의 기기 설정값은 다음과 같다.
  - ✓ Criteria(기준치) = 90dB
  - ✓ Exchange Rate(교환율) = 5dB
  - ✓ Threshold(임계값) = 80dB
- 이 설정값은 소음 노출 평가 시 기준으로 삼는 음압레벨과, 소음 노출 시간에 따른 허용치를 결정하는 데 이용된다.

26 빈출

어느 작업장의 온도를 측정하여, 건구온도 30℃, 자연습구온도 30℃, 흑구온도 34℃를 얻었다. 이 작업장의 옥외(태양광선이 내리쬐지 않는 장소) WBGT는? (단, 고시 기준을 따른다.)

① 30.4℃　　② 30.8℃
③ 31.2℃　　④ 31.6℃

옥내 or 옥외(햇볕 없는 곳)의 습구흑구온도지수(WBGT)
WBGT = 0.7 × 자연습구온도 + 0.3 × 흑구온도
　　　 = 0.7 × 30 + 0.3 × 34 = 31.2℃

관련개념 WBGT(Wet Bulb Globe Temperature)
WBGT는 습구·흑구·건구 온도를 포함한 열 스트레스 지표로, 작업 환경에서 열사병, 열탈진 등 고온 스트레스 예방을 위한 대표적 지표이다.
- 옥내 or 옥외(햇볕 없는 곳)
  WBGT = 0.7 × 자연습구온도 + 0.3 × 흑구온도
- 옥외(햇볕 있는 곳)
  WBGT = 0.7 × 자연습구온도 + 0.2 × 흑구온도 + 0.1 × 건구온도

27

흡착제로 사용되는 활성탄의 제한점에 관한 내용으로 옳지 않은 것은 무엇인가?

① 휘발성이 적은 고분자량의 탄화수소 화합물의 채취효율이 떨어진다.
② 암모니아, 에틸렌, 염화수소와 같은 저비점 화합물은 비효과적이다.
③ 비교적 높은 속도는 활성탄의 흡착용량을 저하시킨다.
④ 케톤의 경우 활성탄 표면에서 물을 포함하는 반응에 의하여 파괴되어 탈착률과 안정성에서 부적절하다.

휘발성이 매우 큰 저분자량의 탄화수소 화합물의 채취효율이 떨어진다.

28 빈출

Hexane의 부분압은 150mmHg(OEL 500ppm)이었을 때 Vapor Hazard Ration(VHR)는?

① 335
② 355
③ 375
④ 395

$$VHR = \frac{포화증기농도}{노출기준}$$

$$= \frac{\dfrac{150\text{mmHg}}{760\text{mmHg}} \times 10^6}{500\text{ppm}} = 394.7368$$

관련개념 VHR(Vapor Hazard Ratio, 증기위해비)
- 어떤 화학물질의 증기압에 따른 공기 중 최대 증기농도와 해당 물질의 노출기준(Occupational Exposure Limit, OEL)을 비교한 값
- VHR < 0.1: 증기 발생 위험이 낮음
- 0.1 ≤ VHR ≤ 10: 관리가 필요함
- VHR > 10: 증기 발생 위험이 높아 노출 가능성이 크므로 엄격한 관리 필요
- VHR 값이 클수록 그 물질이 작업장에서 쉽게 증기 상태로 존재하여 인체에 유해할 수 있다는 의미임

정답　25 ③　26 ③　27 ①　28 ④

29

호흡기계의 어느 부위에 침착하더라도 독성을 나타내는 입자물질(비암이나 비중격천공을 일으키는 입자물질이 여기에 속함, 보통 입경 범위 0~100μm)로 옳은 것은? (단, 미국 ACGIH 기준을 따른다.)

① SPM
② IPM
③ TPM
④ RPM

- 흡입성 분진(Inhalable Particulate Mass, IPM)은 입경이 약 100μm 이하로서 비강, 인후두, 기관 등 기도 부위에 침착할 수 있는 먼지이다. 이 분진은 호흡기계 어느 부위에 침착하더라도 독성을 나타낼 수 있어 주로 상기도 및 하기도 자극 유발과 만성 호흡기 질환의 원인이 된다.
- 흉곽성 분진(Thoracic Particulate Mass, TPM)은 기관지 및 폐포 등 폐의 깊은 부위에 침착되는 먼지를 의미한다.
- 호흡성 분진(Respirable Particulate Mass, RPM)은 크기가 더 작아 폐포까지 도달하며 폐에 침착되어 폐 조직 손상을 일으킨다.
- 총부유 분진(Total Suspended Particulate, TSP)는 대기 중 떠다니는 총 먼지 농도를 나타내는 용어로 특정 침착 부위를 나타내지 않는다.

관련개념 ACGIH 입자 크기별 기준
- 흡입성 입자상 물질: 평균입경 $100\mu m$
- 흉곽성 입자상 물질: 평균입경 $10\mu m$
- 호흡성 입자상 물질: 평균입경 $4\mu m$

30 빈출

다음의 2차 표준기구 중 주로 실험실에서 사용하는 것은?

① 건식가스미터
② 로타미터
③ 습식테스트 미터
④ 열선기류계

습식테스트 미터
- 측정 원리: 물이나 다른 액체로 가스 부피를 측정
- 장점: 간단하고 저렴함
- 단점: 부식 가능성, 유지관리 어렵고 정확도가 낮음

관련개념
- 1차 표준기구: 물리적 크기에 따라 공간의 부피를 직접 측정할 수 있는 기구로, 대표적으로 흑연 피스톤 미터, 비누거품 미터, 폐활량계, 가스치환병, 유리 피스톤 미터, 피토튜브 등이 있다.
- 2차 표준기구: 공간의 부피를 직접 측정할 수 없으며, 기류 속도나 압력을 유량으로 환산해 사용하는 기구로, 로타미터, 건식가스미터, 습식테스트 미터, 오리피스 미터, 열선기류계 등이 있다.

31

순수한 물의 몰(M)농도는? (단, 표준 상태 기준이다.)

① 35.2
② 45.3
③ 55.6
④ 65.7

물의 밀도는 1kg/L라고 하면,

$$\frac{1{,}000\text{g} \times \dfrac{\text{mol}}{18\text{g}}}{\text{L}} = 55.5555\text{mol/L}$$

정답 29 ② 30 ③ 31 ③

32 빈출

유기용제 작업장에서 측정한 톨루엔 농도는 65, 150, 175, 63, 83, 112, 58, 49, 205, 178ppm이다. 산술평균과 기하평균값은 각각 얼마인가?

① 산술평균 108.4, 기하평균 100.4
② 산술평균 108.4, 기하평균 117.6
③ 산술평균 113.8, 기하평균 100.4
④ 산술평균 113.8, 기하평균 117.6

$$\text{산술평균} = \frac{x_1 + x_2 + x_3 + \cdots + x_n}{n}$$

$$= \frac{65 + 150 + 175 + 63 + 83 + 112 + 58 + 49 + 205 + 178}{10}$$

$$= 113.8$$

$$\text{기하평균} = (x_1 \times x_2 \times x_3 \times \cdots \times x_n)^{\frac{1}{n}}$$

$$= (65 \times 150 \times 175 \times 63 \times 83 \times 112 \times 58 \times 49 \times 205 \times 178)^{\frac{1}{10}}$$

$$= 100.3570$$

관련개념
- 산술평균은 n개의 측정값이 있을 때 이들의 합을 개수로 나눈 값으로 산업위생분야에서 많이 사용한다.

$$\text{산술평균} = \frac{x_1 + x_2 + x_3 + \cdots + x_n}{n}$$

- 기하평균은 농도의 중앙 경향을 표현할 때 유용하며, 특히 측정값 간 편차가 크거나 자료가 로그 정규분포를 따를 때 사용한다.

$$\text{기하평균} = (x_1 \times x_2 \times x_3 \times \cdots \times x_n)^{\frac{1}{n}}$$

33

유기성 또는 무기성 가스나 증기가 포함된 공기 또는 호기를 채취할 때 사용되는 시료채취백에 대한 설명으로 옳지 않는 것은?

① 시료채취 전에 백의 내부를 불활성가스로 몇 번 치환하여 내부 오염물질을 제거한다.
② 백의 재질이 채취하고자 하는 오염물질에 대한 투과성이 높아야 한다.
③ 백의 재질과 오염물질 간에 반응이 없어야 한다.
④ 분석할 때까지 오염물질이 안정하여야 한다.

백의 재질이 채취하고자 하는 오염물질에 대한 투과성이 낮아야 한다.

34 빈출

시료를 포집할 때 4%의 오차가, 또 포집된 시료를 분석할 때 3%의 오차가 발생하였다면 다른 오차는 발생하지 않았다고 가정할 때 누적오차는?

① 4%
② 5%
③ 6%
④ 7%

누적오차는 각 오차의 제곱을 합한 후 제곱근을 취하는 방식으로 계산한다.
$$\text{누적오차} = \sqrt{4^2 + 3^2} = 5\%$$

정답　　32 ③　33 ②　34 ②

35 

작업장 내의 오염물질 측정방법인 검지관법에 관한 설명으로 옳지 않은 것은?

① 민감도가 낮다.
② 특이도가 낮다.
③ 측정대상 오염물질의 동정 없이 간편하게 측정할 수 있다.
④ 맨홀, 밀폐공간에서의 산소부족 또는 폭발성 가스로 인한 안전이 문제가 될 때 유용하게 사용될 수 있다.

- 검지관법은 오염물질 동정 없이 사용할 수 없으므로, 항상 어떤 가스를 측정하는지 명확히 해야 한다.
- 동정이란 측정대상 물질이나 현상을 정확히 확인하고 식별하는 것을 의미한다. 즉, 가스 측정 시 동정은 어떤 가스인지, 어떤 오염물질인지를 알아내고 구별하는 작업이다.

관련개념 검지관법
- 특정 오염물질에 반응하는 화학약품이 들어있는 관을 이용하여 오염물질 농도를 색 변화 등으로 직접 측정하는 방법이다.
- 검지관법은 반응 시간이 빠르고 사용이 간편하여, 맨홀이나 밀폐공간에서 산소 부족이나 폭발성 가스 위험 시에도 유용하게 사용된다.
- 검지관법의 단점은 민감도가 낮아 고농도에서만 정확한 측정이 가능하고, 특이도가 낮아 다른 물질의 간섭을 받을 수 있다는 점이다.
- 각 오염물질에 맞는 검지관을 사전에 선정해야 하며, 측정 대상 오염물질의 종류를 정확히 알아야 적합한 검지관을 사용할 수 있다.

36 빈출

직경분립충돌기에 관한 설명으로 옳지 않은 것은 무엇인가?

① 흡입성, 흉곽성, 호흡성 입자의 크기별 분포와 농도를 계산할 수 있다.
② 호흡기의 부분별로 침착된 입자크기의 자료를 추정할 수 있다.
③ 입자의 질량크기분포를 얻을 수 있다.
④ 되튐 또는 과부하에 대한 시료손실이 없어 비교적 정확한 측정이 가능하다.

- 직경분립충돌기(Cascade Impactor)는 입자의 관성력을 이용하여 여러 단계에서 입자를 크기별로 분리·채취하는 장비이다. 각 단계에서 입자의 크기별 질량 농도 분포를 상세히 분석할 수 있다.
- 되튐 또는 과부하로 인한 시료 손실이 발생할 수 있으므로, 완전 무손실 측정이 불가능하다.

37 빈출

유해가스를 생리학적으로 분류할 때 단순 질식제와 가장 거리가 먼 것은?

① 아르곤
② 메탄
③ 아세틸렌
④ 오존

- 단순 질식제: 산소를 밀어내거나 산소 분압을 낮추어 생리적으로 질식을 유발하는 불활성 가스이다.
  예 수소(H_2), 질소(N_2), 이산화탄소(CO_2), 메탄(CH_4), 헬륨(He), 아세틸렌(C_2H_2)
- 화학적 질식제: 혈액 내 혈색소와 결합하여 산소 운반 능력을 방해하거나 조직 내 산화효소를 불활성화시켜 질식 작용을 일으키는 물질이다.
  예 일산화탄소(CO), 시안화수소(HCN), 시안화염류(CN^-), 황화수소(H_2S), 이산화질소(NO_2), 포스겐($COCl_2$)

38

온도표시에 관한 내용으로 옳지 않은 것은?

① 실온: 1~35℃
② 미온: 30~40℃
③ 온수: 60~70℃
④ 냉수: 4℃ 이하

냉수(冷水)는 15℃ 이하를 말한다.

39 ⭐

PVC 막여과지에 관한 설명과 가장 거리가 먼 내용은?

① 유리규산을 채취하여 X-선 회절법으로 분석하는 데 적절하다.
② 코크스 제조공정에서 발생되는 코크스 오븐 배출물질을 채취하는 데 이용된다.
③ 수분에 대한 영향이 크지 않다.
④ 공해성 먼지, 총 먼지 등의 중량분석을 위한 측정에 이용된다.

> 은 막여과지는 균일한 공극 크기로 코크스 오븐 배출물질, 다환방향족탄화수소(PAHs), 브롬(Br), 염소(Cl) 등 유기물질 비함유 물질의 포집에 적합하다.

40

흡착제를 이용하여 시료채취를 할 때 영향을 주는 인자에 관한 설명으로 옳지 않는 것은?

① 흡착제의 크기: 입자의 크기가 작을수록 표면적이 증가하여 채취효율이 증가하나 압력강하가 심하다.
② 온도: 고온에서는 흡착대상 오염물질과 흡착제의 표면 사이의 반응속도가 증가하여 흡착에 유리하다.
③ 시료채취속도: 시료채취속도가 높고 코팅된 흡착제일수록 파과가 일어나기 쉽다.
④ 오염물질 농도: 공기 중 오염물질의 농도가 높을수록 파과 용량(흡착제에 흡착된 오염물질의 양(mg))은 증가하나 파과 공기량은 감소한다.

> 고온에서는 흡착대상 오염물질과 흡착제의 표면 사이 또는 2종 이상의 흡착대상 물질간 반응속도가 증가하여 불리한 조건이 된다. 온도가 낮을수록 흡착에 유리하다.

41 ⭐

메틸메타크릴레이트가 7m × 14m × 4m의 체적을 가진 방에 저장되어 있다. 공기를 공급하기 전에 측정한 농도는 400ppm이었다. 이 방으로 환기량을 10m³/min으로 공급한 후 노출기준인 100ppm이 달성되는 데 걸리는 시간은?

① 26분
② 37분
③ 48분
④ 54분

> 외부유입공기 중 오염물질의 농도는 0ppm이므로 1차 반응의 단순 희석 개념을 적용한다.
>
> $$\ln\left(\frac{C_t}{C_0}\right) = -kt \ \rightarrow \ \ln\left(\frac{C_t}{C_0}\right) = -\frac{Q}{\forall} \times t$$
>
> $$\ln\left(\frac{100}{400}\right) = -\frac{\dfrac{10\text{m}^3}{\text{min}}}{(7\times14\times4)\text{m}^3} \times t$$
>
> $t = 54.3427\text{min}$

42 ⭐

흡입관의 정압과 속도압이 각각 −30.5mmH₂O 7.2mmH₂O, 배출관의 정압과 속도압이 각각 23.0mmH₂O, 15mmH₂O 이면, 송풍기의 유효정압은?

① 26.1mmH₂O
② 33.2mmH₂O
③ 46.3mmH₂O
④ 58.4mmH₂O

> 송풍기 유효정압 = (배출관 정압 − 흡입관 정압) − 흡입관 속도압
> = [23 − (−30.5)] − (7.2) = 46.3mmH₂O

43 빈출

회전차 외경이 600mm인 원심 송풍기의 풍량은 200m³/min
이다. 회전차 외경이 1,200mm인 동류(상사구조)의 송풍
기가 동일한 회전수로 운전된다면 이 송풍기의 풍량은?
(단, 두 경우 모두 표준공기를 취급한다.)

① 1,000m³/min
② 1,200m³/min
③ 1,400m³/min
④ 1,600m³/min

동류(상사구조) 원심 송풍기의 풍량은 회전차(임펠러) 외경의 세제
곱에 비례한다.

$$\frac{Q_2}{Q_1} = \left(\frac{D_2}{D_1}\right)^3$$

$$\frac{Q_2}{200\text{m}^3/\text{min}} = \left(\frac{1,200\text{mm}}{600\text{mm}}\right)^3$$

$$Q_2 = 1,600\text{m}^3/\text{min}$$

관련개념
- 풍량: 송풍기의 회전수에 비례한다.
- 풍압: 송풍기의 회전수의 제곱에 비례한다.
- 동력(축동력): 송풍기의 회전수의 세제곱에 비례한다.

44

국소환기시설 설계(총 압력손실 계산)에 있어 정압조절평
형법의 장단점으로 옳지 않은 것은?

① 예기치 않은 침식 및 부식이나 퇴적문제가 일어난다.
② 송풍량은 근로자나 운전자의 의도대로 쉽게 변경되지
  않는다.
③ 설계 시 잘못 설계된 분지관 또는 저항이 제일 큰 분
  지관을 쉽게 발견할 수 있다.
④ 설계가 어렵고 시간이 많이 걸린다.

- 정압조절평형법(정압균형유지법, 유속조절평형법)은 국소배기시설
  설계 시 합류점에서 각 분기 덕트의 정압을 균형 있게 조절하여
  풍량을 적절히 분배하는 방법이다.
- 예기치 않은 침식 및 부식이나 퇴적문제가 일어나지 않는다.

45 빈출

어느 작업장에서 Methyl Ethyl Ketone을 시간당 1.5리
터 사용할 경우 작업장의 필요환기량(m³/min)은? (단,
MEK의 비중은 0.805, TLV는 200ppm, 분자량은 72.1
이고, 안전계수 K는 7로 하여 1기압 21℃ 기준이다.)

① 약 235
② 약 465
③ 약 565
④ 약 695

$$Q(\text{환기량}) = \frac{K(\text{안전계수}) \times G(\text{발생량})}{C(\text{허용농도})}$$

$$= 7 \times \frac{\dfrac{1.5\text{L}}{\text{hr}} \times \dfrac{0.805\text{g}}{\text{mL}} \times \dfrac{1,000\text{mL}}{\text{L}} \times \dfrac{\text{hr}}{60\text{min}}}{\dfrac{200\text{mL} \times \dfrac{273\text{K}}{(273+21)\text{K}} \times \dfrac{72.1\text{mg}}{22.4\text{mL}} \times \dfrac{\text{g}}{1,000\text{mg}}}{\text{m}^3}}$$

$$= 235.6684\text{m}^3/\text{min}$$

- K(안전계수) = 7
- G(발생량) = 1.5L/hr
- C(허용농도(TLV)) = 200ppm

46 빈출

후드로부터 0.25m 떨어진 곳에 있는 공정에서 발생되는
먼지를 제어속도는 5m/sec, 후드직경 0.4m인 원형 후드
를 이용하여 제거하고자 한다. 이때 필요환기량(m³/min)
은? (단, 프랜지 등 기타 조건은 고려하지 않는다.)

① 205 ② 215
③ 225 ④ 235

외부식 후드의 필요환기량(Q)

$$Q = V_c \times (10X^2 + A)$$

$$= \frac{5\text{m}}{\text{sec}} \times \frac{60\text{sec}}{\text{min}} \times \left[(10 \times 0.25^2)\text{m}^2 + \left(\frac{\pi \times 0.4^2}{4}\right)\text{m}^2\right]$$

$$= 225.1991\text{m}^3/\text{min}$$

- V_c: 제어풍속(m/sec)
- X: 원형 후드 입구와 오염원 사이 거리(m)
- A: 후드 입구 단면적(m²)

47 ⭐빈출

덕트 직경이 15cm이고, 공기 유속이 30m/sec일 때 Reynolds 수는? (단, 공기 점성계수는 1.8×10^{-5}kg/sec·m이고, 공기밀도는 1.2kg/m³이다.)

① 100,000
② 200,000
③ 300,000
④ 400,000

$$Re = \frac{D\rho V}{\mu}$$
$$= \frac{0.15\text{m} \times 1.2\text{kg/m}^3 \times 30\text{m/sec}}{1.8 \times 10^{-5}\text{kg/sec·m}} = 300,000$$

48 ⭐빈출

어느 유체관의 개구부에서 압력을 측정한 결과 정압이 −30mmH₂O이고, 전압(총압)이 −10mmH₂O이었다. 이 개구부의 유입손실계수(F)는?

① 0.3
② 0.4
③ 0.5
④ 0.6

- 속도압(동압) = 전압 − 정압 = −10 − (−30) = 20mmH₂O
- 후드의 정압 = 속도압(동압)(1 + 유입손실계수)
  30 = 20(1 + 유입손실계수)
  유입손실계수 = 0.5

49

지적온도(Optimum Temperature)에 미치는 영향인자들의 설명으로 옳지 않은 것은?

① 작업장이 클수록 체열 생산량이 많아 지적온도는 낮아진다.
② 여름철이 겨울철보다 지적온도가 높다.
③ 더운 음식물, 알콜, 기름진 음식 등을 섭취하면 지적온도는 낮아진다.
④ 노인들보다 젊은 사람의 지적온도가 높다.

지적온도(Optimum Temperature)란 환경온도를 감각온도로 표시한 것을 지적온도라고 한다. 작업자가 쾌적하게 느끼는 온도로, 작업 효율과 안전을 고려한 환경 온도이다.
④ 노인들보다 젊은 사람의 지적온도가 낮다. 노인은 대사율이 낮고 체온 조절 능력이 떨어지므로 더 높은 온도를 쾌적하게 느낀다. 젊은 사람은 대사율이 높아 상대적으로 낮은 온도를 선호한다.
① 활동량이 많으면 내부 열 생산이 증가하므로 외부 온도는 낮아야 쾌적함을 느낀다.
② 계절에 따라 체온 조절 적응이 달라지며, 여름에는 상대적으로 높은 지적 온도를 더 쾌적하게 느낀다.
③ 더운 음식물, 알콜, 기름진 음식 등은 체온을 상승시키므로 외부 온도가 낮아야 쾌적하게 느껴진다.

50

작업환경개선의 기본원칙으로 볼 수 없는 것은?

① 위치변경
② 공정변경
③ 시설변경
④ 물질변경

- 작업환경개선의 기본원칙은 주로 공정변경, 시설변경, 물질변경 등 작업의 구조적·기술적 변화를 통한 환경 개선에 집중한다.
- 위치변경은 단순히 작업이나 장비의 위치를 바꾸는 것으로, 근본적인 위험원 변화나 개선에 해당하지 않는다.

51

원심력송풍기 중 후향날개형 송풍기에 관한 설명으로 옳지 않은 것은?

① 송풍기 깃이 회전방향으로 경사지게 설계되어 충분한 압력을 발생시킬 수 있다.
② 고농도 분진함유 공기를 이송시킬 경우 깃 뒷면에 분진이 퇴적된다.
③ 고농도 분진함유 공기를 이송시킬 경우 집진기 후단에 설치하여야 한다.
④ 깃의 모양은 두께가 균일한 것과 익형이 있다.

송풍기 깃이 회전방향 반대편으로 경사지게 설계되어 충분한 압력을 발생시킬 수 있다.

관련개념
• 터보송풍기(후향날개형): 날개가 회전방향 반대쪽으로 굽어 있어 저소음, 고효율을 실현한다. 구조가 정교하여 고농도 분진이나 입자가 많은 공기 이송에는 적합하지 않아 집진기 설치 후 사용하는 것이 바람직하다.
• 방사날개형: 구조가 단순해 소음이 크고 효율이 낮다.
• 전향날개형: 전방으로 날개가 굽어 풍량이 크지만 소음과 에너지 손실이 크다.

52 ★ 빈출

20℃의 송풍관 내부에 480m/min으로 공기가 흐르고 있을 때, 속도압은 약 몇 mmH₂O인가? (단, 0℃ 공기밀도는 1.296kg/m³로 가정한다.)

① 2.3 ② 3.9
③ 4.5 ④ 7.3

0℃ 공기밀도를 20℃의 공기밀도로 환산한다.

$$속도압(동압)(VP) = \frac{\gamma V^2}{2g}$$

$$= \frac{\dfrac{1.296\text{kg}}{\text{Sm}^3 \times \dfrac{(273+20)\text{K}}{273\text{K}}} \times \left(\dfrac{480\text{m}}{\text{min}} \times \dfrac{\text{min}}{60\text{sec}}\right)^2}{2 \times 9.8\text{m/sec}^2}$$

$$= 3.9429\text{mmH}_2\text{O}$$

° VP: 동압 측정치(mmH₂O)
° γ: 가스 밀도(kg/m³)
° V: 유속(m/sec)
° g: 중력가속도(9.8m/sec²)

53

작업장 내 교차기류 형성에 따른 영향과 가장 거리가 먼 것은?

① 국소배기장치의 제어속도가 영향을 받는다.
② 작업장의 음압으로 인해 형성된 높은 기류는 근로자에게 불쾌감을 준다.
③ 작업장 내의 오염된 공기를 다른 곳으로 분산시키기 곤란하다.
④ 먼지가 발생할 공정인 경우, 침강된 먼지를 비산, 이동시켜 다시 오염되는 결과를 야기한다.

• 교차기류는 국소배기장치의 제어성능(제어속도)에 영향을 미치고, 강한 기류는 작업자에게 불쾌감을 준다. 또한 교차기류로 인해 침강된 먼지가 다시 비산되며 재오염될 위험도 있다.
• 교차기류가 형성되면 작업장 내 오염된 공기가 다른 곳으로 쉽게 분산될 수 있어 오염 확산 위험이 커진다.

관련개념 교차기류
작업장 내에서 서로 다른 방향으로 흐르는 공기 흐름이 만나 형성되는 난류 상태를 의미한다.

54

일반적으로 자연환기의 가장 큰 원동력이 될 수 있는 것은 실내외 공기의 무엇에 기인하는가?

① 기압
② 온도
③ 조도
④ 기류

자연환기는 기계장치 없이 실내외 온도 차이로 인한 공기밀도 차이(열적원동력)와 바람(풍력원동력) 등에 의해 공기가 움직이는 현상이다. 온도 차이에 의한 부력으로 발생하는 자연대류는 자연환기의 기본 원동력이며, 따뜻한 공기는 위로 상승하고 차가운 공기는 아래로 유입되어 환기가 이루어진다.

55 ⭐빈출

다음의 빈칸에 내용이 알맞게 조합된 것은?

> 원형직관에서 압력손실은 (㉠)에 비례하고 (㉡)에
> 반비례하며 속도의 (㉢)에 비례한다.

① ㉠ 송풍관의 길이, ㉡ 송풍관의 직경, ㉢ 제곱
② ㉠ 송풍관의 직경, ㉡ 송풍관의 길이, ㉢ 제곱
③ ㉠ 송풍관의 길이, ㉡ 속도압, ㉢ 세제곱
④ ㉠ 속도압, ㉡ 송풍관의 길이, ㉢ 세제곱

원형직관에서 압력손실은 송풍관의 길이에 비례하고 송풍관의 직경
에 반비례하며 속도의 제곱에 비례한다.

56 ⭐빈출

유해물질을 제어하기 위해 작업장에 설치된 후드가 $300m^3/min$
으로 환기되도록 송풍기를 설치하였다. 설치 초기 시 후드
정압은 $50mmH_2O$였는데, 6개월 후에 후드 정압을 측정
해 본 결과 절반으로 낮아졌다면 기타 조건에 변화가 없을
때 환기량은? (단, 상사법칙을 적용한다.)

① 환기량이 $252m^3/min$으로 감소하였다.
② 환기량이 $212m^3/min$으로 감소하였다.
③ 환기량이 $150m^3/min$으로 감소하였다.
④ 환기량이 $125m^3/min$으로 감소하였다.

$$\frac{Q_2}{Q_1} = \sqrt{\frac{P_2}{P_1}}$$

$$\frac{Q_2}{300m^3/min} = \sqrt{\frac{25mmH_2O}{50mmH_2O}}$$

$$Q_2 = 212.1320m^3/min$$

관련개념
- 풍량: 송풍기의 회전수에 비례한다.
- 풍압: 송풍기의 회전수의 제곱에 비례한다.
- 동력(축동력): 송풍기의 회전수의 세제곱에 비례한다.

57 ⭐빈출

후드의 유입계수가 0.82, 속도압이 $50mmH_2O$일 때 후드
압력손실은?

① $22.4mmH_2O$
② $24.4mmH_2O$
③ $26.4mmH_2O$
④ $28.4mmH_2O$

- 압력손실계수 산정
$$F = \frac{1}{C_e^2} - 1 = \frac{1}{0.82^2} - 1 = 0.4872$$
  - F : 압력손실계수
  - C_e : 유입계수(Coefficient of entry, 유입손실계수)
- 후드 유입손실 산정
$$\Delta P = F \times VP$$
$$= 0.4872 \times 50mmH_2O = 24.36mmH_2O$$

58

유해성이 적은 물질로 대치한 예로 옳지 않은 것은?

① 아조염료의 합성에서 디클로로벤지딘 대신 벤지딘을
사용한다.
② 야광시계의 자판으로 라듐 대신 인을 사용한다.
③ 분체의 원료는 입자가 큰 것으로 바꾼다.
④ 성냥 제조 시 황린 대신 적린을 사용한다.

일반적으로 벤지딘이 디클로로벤지딘보다 더 높은 발암성을 가지는
것으로 알려져 있어, 디클로로벤지딘 대신 벤지딘을 사용하는 것은
유해성을 더 증가시키는 것이라 할 수 있다.

59

방독마스크에 대한 설명으로 옳지 않은 것은?

① 흡착제가 들어있는 카트리지나 캐니스터를 사용해야 한다,
② 산소결핍장소에서는 사용해서는 안 된다.
③ IDLH(Immediately Dangerous to Life and Health) 상황에서 사용한다.
④ 가스나 증기를 제거하기 위하여 사용한다.

유해물질의 농도가 즉시 생명에 위태로운 수준(IDLH, Immediately Dangerous to Life or Health)인 경우에는 공기 정화식 보호구(예 방진마스크, 방독마스크)를 사용할 수 없으며, 이때는 반드시 자급식 호흡보호구(공기호흡기, SCBA) 또는 송기마스크(공기통 부착형 SAR) 등 고도의 보호장비를 착용해야 한다.

60

보호장구의 재질과 적용 물질에 대한 내용으로 옳지 않는 것은?

① Butyl 고무 – 비극성 용제에 효과적이다.
② 면 – 용제에는 사용하지 못한다.
③ 천연고무 – 극성용제에 효과적이다.
④ 가죽 – 용제에는 사용하지 못한다.

Butyl 고무는 극성용제에 효과적으로 적용할 수 있다.

61

열중증 질환 중에서 체온이 현저히 상승하는 질환은?

① 열사병　　　　② 열피로
③ 열경련　　　　④ 열복통

① 열사병(Heat Stroke): 과도한 고온 환경에 오랜 시간 노출되어 체온 조절 기능이 마비되면서 발생하는 심각한 상태이다.
　• 체온이 40도 이상으로 올라가면서 두통, 어지러움, 구역질, 경련, 시력 장애, 의식 저하 등의 증상이 나타난다.
　• 피부가 뜨겁고 건조하며 붉게 보이고, 땀이 나지 않는 경우가 많다(운동 관련 열사병은 땀이 남).
　• 응급상황으로 빠른 냉각과 병원 치료가 필요하다. 치료가 늦으면 장기 손상이나 사망에 이를 수 있다.
② 열피로: 장시간 더위 노출로 인한 피로와 탈수 증상이다.
③ 열경련: 장시간 온열환경에 노출 후 대량의 염분상실을 동반한 땀의 과다로 인하여 발생하는 증상이다.
④ 열복통: 더운 환경에서 과도한 땀 배출로 체내 수분과 염분(특히 나트륨)이 급격히 손실될 때 생기는 복부 근육 경련이다.

62

10시간 동안 측정한 소음노출량이 300%일 때 등가음압 레벨(Leq)은 얼마인가?

① 94.2　　　　② 96.3
③ 97.4　　　　④ 98.6

$$\text{TWA} = 16.61\log\left(\frac{\text{D}\,(\%)}{12.5\times\text{T}}\right)+90$$

$$= 16.61\log\left(\frac{300}{12.5\times 10}\right)+90$$

$$= 96.3153\text{dB}$$

관련개념 누적소음노출량 평가

$$\bullet\ \text{TWA} = 16.61\log\frac{\text{누적소음노출량}(\%)}{100}+90$$

$$\bullet\ \text{TWA} = 16.61\log\frac{\text{누적소음노출량}(\%)}{12.5\times\text{T}}+90$$

※ 100은 12.5×8로 8시간 근로시간인 경우 적용
※ 12.5는 근로시간에 대한 노출 허용 기준과 관련된 상수로 사용

정답　　　　　　59 ③　60 ①　61 ①　62 ②

63 ⭐빈출

현재 총 흡음량이 500sabins인 작업장의 천장에 흡음물질을 첨가하여 900sabins을 더할 경우 소음감소량은 약 얼마로 예측되는가?

① 2.5dB
② 3.5dB
③ 4.5dB
④ 5.5dB

> $NR = 10 \times \log(A_2/A_1)$
> $\quad = 10 \times \log(1{,}400/500)$
> $\quad = 4.4715\text{dB(A)}$
> ◦ A_1 = 기존 총 흡음량 = 500sabins
> ◦ A_2 = 추가 후 총 흡음량 = 500 + 900 = 1,400sabins

64

다음 중 동상(Frostbite)에 관한 설명으로 가장 거리가 먼 것은?

① 피부의 동결은 -2~0℃에서 발생한다.
② 제2도 동상은 수포를 가진 광범위한 삼출성 염증을 유발시킨다.
③ 동상에 대한 저항은 개인차가 있으며 일반적으로 발가락은 6℃ 정도에 도달하면 아픔을 느낀다.
④ 직접적인 동결 이외에 한랭과 습기 또는 물에 지속적으로 접촉함으로 발생하며 국소산소결핍이 원인이다.

> 직접적인 동결 이외에 한랭과 습기 또는 물에 지속적으로 접촉함으로 발생하며 조직의 동결로 인한 세포 손상, 혈관수축과 혈류장애가 원인이다.

65

OSHA에서는 2,000, 3,000, 4,000Hz에서 몇 dB 이상의 차이가 있을 때 유의한 청력변화가 발생했다고 규정하는가?

① 5dB
② 10dB
③ 15dB
④ 20dB

> OSHA의 청력보호 기준에 따르면, 해당 주파수 대역에서 10dB 이상 청력 차이가 발생할 경우 유의한 청력 손실로 간주한다.

66

다음 중 파장이 가장 긴 것은?

① 자외선
② 적외선
③ 가시광선
④ X선

> • 자외선: 약 100nm ~ 400nm
> • 적외선: 약 750nm ~ 1mm
> • 가시광선: 약 400nm ~ 750nm
> • X선: 약 0.01nm 이하(아주 짧은 파장)

67

다음 중 전신진동이 생체에 주는 영향에 관한 설명으로 틀린 것은?

① 전신진동의 영향이나 장해는 중추신경계 특히 내분비계통의 만성작용에 관해 잘 알려져 있다.
② 말초혈관이 수축되고 혈압상승, 맥박증가를 보이며 피부 전기저항의 저하도 나타낸다.
③ 산소소비량은 전신진동으로 증가되고 폐환기도 촉진된다.
④ 두부와 견부는 20~30Hz 진동에 공명하며, 안구는 60~90Hz 진동에 공명한다.

> 전신진동의 영향이나 장애는 자율신경 특히 순환기에 크게 나타난다.

정답 63 ③ 64 ④ 65 ② 66 ② 67 ①

68

다음 중 비이온화 방사선의 파장별 건강영향으로 틀린 것은?

① UV-A: 315~400nm, 피부노화촉진
② IR-B: 780~1400nm, 백내장, 각막화상
③ UV-B: 280~315nm, 발진, 피부암, 광결막염
④ 가시광선: 400~780nm, 광화학적이거나 열에 의한 각막손상, 피부화상

IR-B(적외선)의 파장은 1,400 ~ 3,000nm이며 각막 및 결막 염증 유발, 표면 조직 손상을 일으킨다.

69

다음 중 고기압의 작업환경에서 나타나는 건강영향에 대한 설명으로 틀린 것은?

① 3~4기압의 산소 혹은 이에 상당하는 공기 중 산소 분압에 의하여 중추신경계의 장해에 기인하는 운동 장해를 나타내는데 이것을 산소중독이라고 한다.
② 청력의 저하, 귀의 압박감이 일어나며 심하면 고막파열이 일어날 수 있다.
③ 압력상승이 급속한 경우 폐 및 혈액으로 탄산가스의 일과성 배출이 일어나 호흡이 억제된다.
④ 부비강 개구부 감염 혹은 기형으로 폐쇄된 경우 심한 구토, 두통 등의 증상을 일으킨다.

압력상승이 급속한 경우 호흡이 빨라진다.

70

날개수 10개의 송풍기가 1,500rpm으로 운전되고 있다. 이 송풍기의 기본음 주파수는?

① 125Hz
② 250Hz
③ 500Hz
④ 1,000Hz

$$f = \frac{n \times rpm}{60}$$

$$f = \frac{10 \times 1,500}{60} = 250Hz$$

∘ n: 날개수
∘ rpm: 분당 회전수

71

다음 중 작업장 내 조명방법에 관한 설명으로 틀린 것은?

① 나트륨등은 색을 식별하는 작업장에 가장 적합하다.
② 백열전구와 고압수은등을 적절히 혼합시켜 주광에 가까운 빛을 얻는다.
③ 천정, 마루, 기계, 벽 등의 반사율을 크게 하면 조도를 일정하게 얻을 수 있다.
④ 천장에 바둑판형 형광등의 배열은 음영을 약하게 할 수 있다.

나트륨등은 주로 주황색 또는 황색 빛을 발산하여 색을 정확히 구별해야 하는 작업장에는 부적합하다.

72 빈출

산업안전보건법에서 정하는 밀폐공간의 정의 중 "적정한 공기"에 해당하지 않는 것은 무엇인가? (단, 다른 성분의 조건은 적정한 것으로 가정한다.)

① 일산화탄소 100ppm 미만
② 황화수소 농도 10ppm 미만
③ 탄산가스 농도 1.5% 미만
④ 산소농도 18% 이상 23.5% 미만

적정한 공기
• 산소농도의 범위가 18% 이상 23.5% 미만
• 탄산가스의 농도가 1.5% 미만
• 황화수소의 농도가 10ppm 미만

73 ⭐

다음 중 1,000Hz에서의 음압레벨을 기준으로 하여 등청감곡선을 나타내는 단위로 사용되는 것은?

① sone
② mel
③ bell
④ phon

등청감곡선(Equal Loudness Contour)은 청각이 주파수에 따라 다르게 반응하는 특성을 고려하여, 같은 크기로 느껴지는 음압레벨을 연결한 곡선이다.
④ phon은 특정 주파수(주로 1000Hz)에서의 음압레벨을 기준으로 사람의 청감도를 반영하여 음의 크기를 나타내는 단위이다.
① sone은 음의 크기(Loudness)를 나타내는 단위로, phon값을 기준으로 정의되며, 40phon에 해당하는 음 압력을 1sone으로 정의한다. → $sone = 2^{\frac{phon-40}{10}}$
② mel은 주로 음높이를 나타내는 단위이다.
③ bell과 decibel은 음의 강도를 나타내는 단위이다.

74

다음 중 방사선단위 "rem"에 대한 설명과 가장 거리가 먼 것은 무엇인가?

① 생체실효선량(Dose-Equivalent)이다.
② rem은 Roenten Equivalent Man의 머리글자이다.
③ rem = rad × RBE(상대적 생물학적 효과)로 나타낸다.
④ 피조사체 1g에 100erg의 에너지를 흡수한다는 의미이다.

rem은 방사선의 생물학적 영향을 고려한 등가선량 단위로 방사선 종류 및 에너지에 따른 생물학적 영향을 반영한 단위이다.

75

방사선량 중 노출선량에 관한 설명으로 가장 알맞은 것은?

① 조직의 단위 질량당 노출되어 흡수된 에너지량이다.
② 방사선의 형태 및 에너지 수준에 따라 방사선 가중치를 부여한 선량이다.
③ 공기 1kg당 1쿨롱의 전하량을 갖는 이온을 생성하는 X선 또는 감마선량이다.
④ 인체 내 여러 조직으로의 영향을 합계하여 노출지수로 평가하기 위한 선량이다.

• 노출선량은 방사선이 공기 중에서 이온을 생성하는 능력을 나타내며, 단위는 쿨롱/킬로그램(C/kg)으로 측정된다. 이는 X선이나 감마선과 같이 공기를 이온화시키는 방사선의 양을 나타내는 물리적 개념이다.
• 조직 단위 질량당 흡수된 에너지량은 흡수선량이며, 방사선 가중치를 포함한 선량은 등가선량이다. 여러 조직으로 영향을 평가하는 것은 유효선량과 관련된다.

76

다음 중 전신진동의 대책과 가장 거리가 먼 것은 무엇인가?

① 숙련자 지정
② 전파경로 차단
③ 보건교육 실시
④ 작업시간 단축

• 전신진동의 대책으로는 전파경로 차단, 보건교육 실시, 작업시간 단축 등이 일반적으로 포함되며, 이는 진동 노출을 줄이거나 작업자의 건강을 보호하기 위한 방법들이다.
• 숙련자 지정은 작업숙련도와 관련된 것으로, 전신진동에 대한 직접적인 예방이나 제어와는 거리가 있다.

77

다음의 계측기기 중 기류 측정기가 아닌 것은?

① 카타온도계 ② 풍차풍속계
③ 열선풍속계 ④ 흑구온도계

흑구온도계(Black Globe Thermometer)
• 흑구온도계는 구형의 검은 구체 내부에 온도 센서가 들어 있는 측정기로, 주변 공기 온도뿐 아니라 복사열까지 측정할 수 있다.
• 복사 온도, 즉 태양열, 기계장치 또는 벽면 등에서 방출되는 복사에너지를 포함한 온도를 측정할 때 사용된다.
• 작업환경의 열환경 평가에 유용하며, 복사열 영향을 받는 작업장 온도를 현실적으로 평가하는 데 적합하다.

78 비출

빛의 단위 중 광도(Luminance)의 단위에 해당하지 않는 것은?

① lumen/m² ② Lambert
③ nit ④ cd/m²

① lumen/m²는 조도(Llluminance)의 단위로, 빛이 비추는 면적당 광속을 나타내며 광도(Luminance) 단위에 해당하지 않는다.
② Lambert(람베르트)는 빛의 밝기를 나타내는 단위 중 하나로, 주로 광학에서 휘도를 나타낸다.
③ nit(니트)는 cd/m²와 동일하며, 휘도 단위로 많이 사용된다.
④ cd/m²(칸델라/제곱미터)는 국제단위계(SI)에서 공식적으로 사용되는 휘도의 단위이다.

관련개념
• 광속(Luminous Flux): 단위는 루멘(lumen)이며, 광원이 방출하는 빛의 총량을 의미한다.
• 휘도(Luminance): 단위 면적당 광도의 강도로, 특정 방향으로 방출하는 빛의 양을 의미한다.
• 광도(Luminance): 광원이 특정 방향으로 방출하는 빛의 세기 혹은 발광체의 밝기
  ✔ 단위: 칸델라(candela, cd) 또는 cd/m²(니트, nit)
  ✔ 의미: 광원이 어느 방향으로 얼마나 강한 빛을 내보내는가를 나타낸다.
    예 자동차 헤드라이트의 밝기, TV 화면의 밝기 측정
• 조도(illuminance): 단위 면적당 도달하는 빛의 양, 즉 빛이 표면에 비춰지는 정도.
  ✔ 단위: 룩스(Lux, lx) = 루멘(lumen)/m²
  ✔ 의미: 빛을 받는 표면이 얼마나 밝은가를 나타낸다.
    예 책상 위 조명 밝기, 실내 조명 설계에서 작업면의 밝기 측정

79

기온이 0℃이고, 절대습도가 4.57mmHg일 때 0℃의 포화습도는 4.57mmHg라면 이때의 비교습도는 얼마인가?

① 30%

② 40%

③ 70%

④ 100%

$$비교습도 = \frac{절대습도}{포화습도} \times 100$$
$$= \frac{4.57}{4.57} \times 100 = 100\%$$

80

다음 중 저기압의 영향에 관한 설명으로 틀린 것은?

① 산소결핍을 보충하기 위하여 호흡수, 맥박수가 증가된다.
② 고도 1,000ft(304.8m)까지는 시력, 협조운동의 가벼운 장해 및 피로를 유발한다.
③ 고도 18,000ft(5,468m) 이상이 되면 21% 이상의 산소가 필요하게 된다.
④ 고도의 상승으로 기압이 저하되면 공기의 산소분압이 상승하여 폐포 내의 산소분압도 상승한다.

고도의 상승으로 기압이 저하되면 공기의 산소분압이 저하되어 폐포 내의 산소분압도 낮아진다.

81

다음 중 납중독에서 나타날 수 있는 증상을 모두 나열한 것은?

ㄱ. 빈혈

ㄴ. 신장장애

ㄷ. 중추 및 말초신경장애

ㄹ. 소화기장애

---

① ㄱ, ㄷ
② ㄴ, ㄹ
③ ㄱ, ㄴ, ㄷ
④ ㄱ, ㄴ, ㄷ, ㄹ

- 납중독은 적혈구 생성 감소로 인한 빈혈을 유발하며, 이는 대표적인 증상이다.
- 신장장애도 납 중독에서 흔히 관찰되며 신장 기능 저하, 신장 손상 등을 초래한다.
- 중추 및 말초신경장애로 인해 마비, 쇠약, 보행 곤란, 뇌신경 손상 등 신경계 증상이 발생할 수 있다.
- 소화기장애로 복통, 구토, 변비, 식욕 부진 등이 나타나는 것도 납중독의 흔한 증상이다.

82

다음 중 농약에 의한 중독을 일으키는 것으로 인체에 대한 독성이 강한 유기인제 농약에 포함되지 않는 것은?

① 파라치온
② 말라치온
③ TEPP
④ 클로로팜

- ④ 클로로팜(Chloroform): 유기용제(할로겐화 탄화수소)이며 농약이 아님
- ① 파라치온: 유기인계 농약(독성 강함)
- ② 말라치온: 유기인계 농약(파라치온보다 독성은 약함)
- ③ TEPP(Tetraethyl Pyrophosphate): 유기인계 농약(매우 독성이 강함)

83 ⭐

다음 중 독성물질 간의 상호작용을 잘못 표현한 것은? (단, 숫자는 독성값을 표현한 것이다.)

① 상가작용: $3 + 3 = 6$
② 상승작용: $3 + 3 = 5$
③ 길항작용: $3 + 3 = 0$
④ 가승작용: $3 + 0 = 10$

- ② 상승작용(Synergism)은 두 독성물질의 결합 효과가 단순 합을 초과하는 경우를 말한다. 예를 들어 $3 + 3$이 6 초과이어야 하며, 5는 부족한 수치이다.
- ① 상가작용(Additivity)은 두 독성물질 독성의 합과 같을 때를 말하며, $3 + 3 = 6$으로 표현된다.
- ③ 길항작용(Antagonism)은 두 물질의 독성이 서로 상쇄되어 합이 0에 가까운 경우를 말하며, $3 + 3 = 0$으로 표현된다.
- ④ 가승(강화)작용(Potentiation)은 한 물질이 독성을 가지지 않을 때(0) 다른 물질의 독성을 극적으로 증가시키는 경우로 $3 + 0 = 10$ 등이 나타난다.

84

다음 중 인체 순환기계에 대한 설명으로 틀린 것은 무엇인가?

① 인체의 각 구성세포에 영양소를 공급하며, 노폐물 등을 운반한다.
② 혈관계의 동맥은 심장에서 말초혈관으로 이동하는 원심성 혈관이다.
③ 림프관은 체내에서 들어온 감염성 미생물 및 이물질을 살균 또는 식균하는 역할을 한다.
④ 신체방어에 필요한 혈액응고효소 등을 손상받은 부위로 수송한다.

림프관 자체는 림프액을 운반하는 통로이며, 이를 살균하거나 식균하는 역할은 림프절과 면역계 세포가 담당한다.

85

다음 중 발암성이 있다고 밝혀진 중금속이 아닌 것은?

① 니켈
② 비소
③ 망간
④ 6가 크롬

> • 니켈, 비소, 6가 크롬은 국제암연구소(IARC) 등에서 발암물질로 분류되어 인체에 발암성을 가진 중금속이다.
> • 망간은 인체에 필수 미량원소이지만, 과다 노출 시 신경계 등을 손상시킬 수 있으나 공식적으로 발암성으로는 분류되지 않는다.

관련개념 망간
• 주로 중추신경계에 독성을 나타내며, 망간 중독은 파킨슨병과 유사한 신경학적 증상을 유발한다.
• 초기 증상은 무기력, 두통, 행동장애이며, 진행 시 언어장애, 보행장애, 근육경직 등이 나타난다.
• 주로 망간광석 채취, 용접, 세라믹 산업 등에서 노출된다.

86 ⭐빈출

다음 중 조혈장해를 일으키는 물질은?

① 납
② 망간
③ 수은
④ 우라늄

> 납은 산업현장에서 흔히 노출되는 중금속으로, 만성적으로 노출될 경우 조혈기능에 장애를 일으켜 빈혈과 같은 조혈장해를 유발한다. 납중독은 조혈세포에 직접적으로 독성을 가지며, 혈중 헴 생성에 중요한 효소들을 억제하여 적혈구 형성 장애를 초래한다.

87

입자상 물질의 호흡기계 침착기전 중 길이가 긴 입자가 호흡기계로 들어오면 그 입자의 가장자리가 기도의 표면을 스치게 됨으로써 침착하는 현상은?

① 충돌
② 침전
③ 차단
④ 확산

> ③ 차단(Slipping or Interception): 길이가 긴 입자상 물질이 호흡기계로 들어올 때 입자의 가장자리가 기도 표면을 스치며 물리적으로 걸려 침착되는 현상이다.
> ① 충돌(Impaction): 주로 입자가 기류의 방향을 바꿀 때 관성에 의해 기도 벽에 직접 부딪쳐 침착하는 현상이다.
> ② 침전(Settling): 중력에 의해 입자가 천천히 아래로 가라앉아 침착하는 현상이다.
> ④ 확산(Diffusion): 작은 입자가 무작위 운동(브라운 운동)에 의해 움직이며 침착되는 현상이다.

88 ⭐빈출

다음 중 생물학적 모니터링에 대한 설명으로 틀린 것은?

① 근로자의 유해인자에 대한 노출 정도를 소변, 호기, 혈액 중에서 그 물질이나 대사산물을 측정함으로써 노출 정도를 추정하는 방법을 말한다.
② 건강상의 영향과 생물학적 변수와 상관성이 높아 공기 중의 노출기준(TLV)보다 훨씬 많은 생물학적 노출지수(BEI)가 있다.
③ 피부, 소화기계를 통한 유해인자의 종합적인 흡수 정도를 평가할 수 있다.
④ 생물학적 시료를 분석하는 것은 작업환경 측정보다 훨씬 복잡하고 취급이 어렵다.

> 건강상의 영향과 생물학적 변수 간 상관성이 높기 때문에, 공기 중 노출기준(TLV)과는 별도로 일부 물질에 대해 생물학적 노출지수(BEI)가 설정되어 있다.

89

폐와 대장에서 주로 암을 발생시키고, 플라스틱 산업, 합성 섬유 제조, 합성고무 생산공정 등에서 노출되는 물질은?

① 아크릴로니트릴
② 비소
③ 석면
④ 벤젠

아크릴로니트릴은 주로 폐와 대장에서 암을 유발할 수 있으며, 플라스틱, 합성섬유, 합성고무 산업 공정에서 주로 노출된다.

90 빈출

다음 중 ACGIH에서 발암성 구분을 "A1"으로 정하고 있는 물질이 아닌 것은?

① 석면
② 텅스텐
③ 우라늄
④ 6가 크롬 화합물

- ACGIH의 A1 분류는 "인체에 대해 발암성이 확인된 물질"을 의미한다. 석면, 우라늄, 6가 크롬 화합물은 모두 ACGIH에서 인체 발암성이 확인된(A1) 물질로 분류된다.
- 텅스텐은 인체 발암성과 관련해 A1에 포함되지 않으며, 일반적으로 발암성 분류 대상이 아니다.

관련개념 ACGIH의 발암물질 구분과 각 그룹에 속하는 물질
- A1(인체 발암성 확인물질): 인체에 대한 충분한 발암성 근거가 있는 물질
  예 석면, 벤젠, 자일렌, 비소, 다이옥신, 우라늄, 6가 크롬 화합물 등
- A2 (인체 발암성 의심물질): 인체에 발암성 가능성이 의심되나 충분한 근거는 없는 물질
  예 티오페놀, 다환방향족탄화수소, 일부 살충제 등
- A3 (동물에서 발암성이 입증되었으나 인체 발암성은 확실치 않은 물질): 실험동물에서는 발암성이 있으나 인체 역학자료가 부족한 물질
  예 일부 살충제, 일부 용매 등
- A4 (인체 발암성 분류 불가): 인체에 대해 발암성 평가가 불충분하여 분류할 수 없는 물질
- A5 (인체 발암성 미의심 물질): 충분한 연구결과 인체에 대한 발암성이 없는 것으로 판단된 물질
  예 아스피린, 벤질 알코올 등

91 빈출

중추신경계에 억제 작용이 가장 큰 것은?

① 알칸족
② 알코올족
③ 알켄족
④ 할로겐족

할로겐족 화합물은 중추신경계에 대해 강한 억제 작용, 즉 마취 작용을 나타낸다. 할로겐기가 첨가되면 물질이 지용성이 되어 신경 세포 지질막에 쉽게 흡수되어 영향을 미치기 때문이다.

관련개념 중추신경계 억제작용 순서
알칸족 < 알켄족 < 알코올족 < 유기산 < 에스테르 < 에테르 < 할로겐족

92

다음 중 진폐증을 가장 잘 일으키는 섬유성 분진의 크기는?

① 길이가 $5 \sim 8\mu m$보다 길고, 두께가 $0.25 \sim 1.5\mu m$보다 얇은 것
② 길이가 $5 \sim 8\mu m$보다 짧고, 두께가 $0.25 \sim 1.5\mu m$보다 얇은 것
③ 길이가 $5 \sim 8\mu m$보다 길고, 두께가 $0.25 \sim 1.5\mu m$보다 두꺼운 것
④ 길이가 $5 \sim 8\mu m$보다 짧고, 두께가 $0.25 \sim 1.5\mu m$보다 두꺼운 것

- 진폐증은 길이가 길고($5 \sim 8\mu m$ 이상), 두께가 얇은($0.25 \sim 1.5\mu m$ 이하) 섬유성 분진이 폐 깊숙이 침착해 발생하기 쉽다. 이러한 크기의 분진은 폐포에 침투하여 조직 손상과 섬유화를 유발한다.
- 길거나 두꺼운 분진은 폐 이외 부위에 머무르거나 배출되기 쉬워 진폐증 발병 위험이 낮다.

93

다음 중 노말헥산이 체내 대사과정을 거쳐 소변으로 배출되는 물질은?

① hippuric acid
② 2,5-hexanedione
③ hydroquinone
④ 8-hydroxy quionone

n-hexane은 체내에서 대사과정을 거쳐 2,5-hexanedione으로 전환되며, 이것이 신경독성(다발성 말초신경병증)의 원인으로 알려져 있다. 소변 내 2,5-hexanedione(2,5-헥산디온)의 농도는 n-hexane 노출의 생물학적 지표로 사용된다.

94

다음 중 소화기계로 유입된 중금속의 채내 흡수기전으로 볼 수 없는 것은?

① 단순확산
② 특이적 수송
③ 여과
④ 음세포작용

- 중금속은 주로 소화기에서 단순확산과 특이적 수송기전을 통해 흡수된다. 음세포작용도 세포 내로 물질을 삼키는 방식으로 일부 흡수에 관여할 수 있다.
- 여과는 주로 혈관 내에서의 물질 이동 기전으로, 소화기 흡수와는 관계가 적다.

95

다음 중 생체 내에서 혈액과 화학작용을 일으켜서 질식을 일으키는 물질은?

① 수소
② 헬륨
③ 질소
④ 일산화탄소

일산화탄소(CO)는 혈액 내 헤모글로빈과 결합하여 산소 운반 능력을 방해한다. 일산화탄소와 헤모글로빈의 결합력은 산소보다 약 210배 강해 적은 양으로도 혈액 내 산소 운반을 저해하여 내부 질식을 유발한다.

96

다음 중 가스상 물질의 호흡기계 축적을 결정하는 가장 중요한 인자는?

① 물질의 수용성 정도
② 물질의 농도차
③ 물질의 입자분포
④ 물질의 발생기전

가스상 물질이 호흡기계에 축적되는 정도와 위치는 주로 물질의 수용성에 의해 결정된다. 수용성이 높은 가스는 주로 상기도(코, 인두, 기관)에서 흡수되어 자극을 일으키거나 국소적 손상을 초래한다. 반면, 수용성이 낮은 가스는 폐 말단 부위까지 깊이 침투하여 하기도나 폐포에 축적될 수 있어 만성적인 폐질환을 유발할 수도 있다.

관련개념
- 수용성 가스: 암모니아, 염소 등은 상기도 점막에 자극 및 염증을 일으킨다.
- 비수용성 가스: 이산화질소, 포스겐 등은 폐 깊은 곳에 영향을 주어 만성 손상을 초래할 수 있다.

정답   93 ② 94 ③ 95 ④ 96 ①

97

대상 먼지와 침강속도가 같고, 밀도가 1이며 구형인 먼지의 직경으로 환산하여 표현하는 입자상 물질의 직경을 무엇이라 하는가?

① 입체적 직경
② 등면적 직경
③ 기하학적 직경
④ 공기역학적 직경

- 공기역학적 직경(Aerodynamic Diameter)은 실제 입자와 같은 침강속도를 가지며, 밀도를 $1g/cm^3$로 가정한 이상적인 구형 입자의 직경이다.
- 스토크스 직경은 입자와 침강속도 및 밀도가 동일한 구형 입자의 직경이다.
- 등면적 직경은 입자의 투영면적과 같은 면적을 가진 구의 직경이다.
- 기하학적 직경은 입자의 실제 물리적 크기(예 최장거리 등)이다.

98 빈출

다음 중 생물학적 모니터링의 방법에서 생물학적 결정인자로 보기 어려운 것은?

① 체액의 화학물질 또는 그 대사산물
② 표적조직에 작용하는 활성 화학물질의 양
③ 건강상의 영향을 초래하지 않는 부위나 조직
④ 처음으로 접촉하는 부위에 직접 독성영향을 야기하는 물질

- ④ 처음으로 접촉하는 부위에 직접 독성영향을 야기하는 물질: 유해물질이 신체에 처음 접촉하는 부위(예 피부, 호흡기 점막)에서 국소적으로 나타나는 독성 영향이다. 이는 외부 접촉 부위의 물리적 또는 화학적 독성 반응을 의미하며, 체내 생물학적 결정인자와는 구분된다.
- ① 체액의 화학물질 또는 그 대사산물: 혈액, 소변 등의 체액 내에 존재하는 유해화학물질 자체나 그것이 체내에서 변형된 대사산물을 측정하여 노출 정도를 평가하는 지표이다.
- ② 표적조직에 작용하는 활성 화학물질의 양: 독성물질이 체내 특정 조직(표적 조직)에서 실제로 작용하는 활성 형태의 농도를 측정하는 것으로, 조직 내에서의 직접적인 독성 가능성을 평가한다.
- ③ 건강상의 영향을 초래하지 않는 부위나 조직: 인체 내에서 건강에 특별한 영향을 주지 않는 부위 또는 조직에서 측정된 지표를 말한다. 이러한 지표는 노출 평가에는 활용하나, 영향 평가나 결정인자로는 신뢰도가 낮을 수 있다.

99

다음 중 사람에 대한 안전용량(SHD)을 산출하는 데 필요하지 않은 항목은?

① 독성량(TD)
② 안전인자(SF)
③ 사람의 표준 몸무게
④ 독성물질에 대한 역치(THDO)

독성량(TD)은 해당되지 않는다.

100

다음 중 산업독성에서 LD_{50}의 정확한 의미는?

① 실험동물의 50%가 살아남을 확률이다.
② 실험동물의 50%가 죽게 되는 양이다.
③ 실험동물의 50%가 죽게 되는 농도이다.
④ 실험동물의 50%가 살아남을 비율이다.

LD_{50}(Lethal Dose 50)은 독성물질을 일정 용량 투여했을 때, 시험동물의 50%가 사망하는 데에 필요한 용량을 의미한다. 주로 mg/kg(체중 1kg당 mg)을 단위로 한다.

1과목 산업위생학개론

01

다음 중 직업성 질환을 판단할 때 참고하는 자료로 가장 거리가 먼 것은 무엇인가?

① 업무내용과 종사기간
② 기업의 산업재해 통계와 산재보험료
③ 작업환경과 취급하는 재료들의 유해성
④ 중독 등 해당 직업병의 특유한 증상과 임상소견의 유무

기업의 산업재해 통계와 산재보험료는 직업병 판단에 직접적인 의학적 또는 환경적 근거를 제공하지 않으며, 평가보다는 관리적 측면에 주로 활용된다.

02 빈출

다음 중 직업병의 원인이 되는 유해요인, 대상 직종과 직업병 종류의 연결이 잘못된 것은 무엇인가?

① 면분진 – 방직공 – 면폐증
② 이상기압 – 항공기조종 – 잠함병
③ 크롬 – 도금 – 피부점막, 궤양, 폐암
④ 납 – 축전지 제조 – 빈혈, 소화기장애

이상기압은 잠함병(감압병)과 관련 있으나, 잠함병은 주로 잠수사가 폐쇄된 압력 환경에서 발생하며, 항공기 조종사와는 직접 관련이 적다.

03

다음 중 산업위생활동의 순서로 올바른 것은 무엇인가?

① 관리 → 인지 → 예측 → 측정 → 평가
② 인지 → 예측 → 측정 → 평가 → 관리
③ 예측 → 인지 → 측정 → 평가 → 관리
④ 측정 → 평가 → 관리 → 인지 → 예측

산업위생활동 5단계

- 예측(Anticipation) 단계
  - ✓ 산업위생활동의 첫 단계로서, 기존 작업환경뿐 아니라 새로운 화학물질, 유해위험기계기구 도입 등으로 인해 근로자에게 발생 가능한 질병이나 건강장애를 사전에 예측하는 과정이다.
  - ✓ 잠재적인 유해요인을 사전에 파악하여 위험 예방의 기초를 마련하는 단계이다.
- 인지(Recognition) 단계
  - ✓ 현재 작업환경에 존재하거나 잠재된 물리적, 화학적, 생물학적, 인간공학적 유해인자를 확인하고 파악하는 활동이다.
  - ✓ 위험성 평가(Risk Assessment)를 통해 유해인자의 특성, 노출 경로, 정도를 구체적으로 인지한다.
- 측정(Measurement) 단계
  - ✓ 작업환경과 근로조건의 유해 정도를 정성적 및 정량적으로 계측하는 과정이다.
  - ✓ 작업환경 측정, 실내공기질 측정 등이 포함되며, 이를 통해 데이터를 수집한다.
- 평가(Evaluation) 단계
  - ✓ 측정된 유해인자의 양과 정도가 근로자 건강에 미치는 영향을 판단하는 의사결정 단계이다.
  - ✓ 수집된 데이터를 산업위생기준(TLVs, RELs, PELs 등)과 비교해 건강 위험성을 평가한다. 또한 예비조사의 목적과 범위 설정, 시료 채취 및 분석도 평가의 일환으로 수행된다.
- 관리(Control) 단계
  - ✓ 유해인자로부터 근로자를 보호하기 위한 모든 조치를 포함한다.
  - ✓ 공학적 대책(대체, 격리, 환기), 행정적 대책(작업시간 조정, 작업방법 개선, 교육), 개인보호장구 착용 등이 있다.
  - ✓ 궁극적으로 유해인자의 발생 자체를 근본적으로 차단하는 것이 가장 바람직하다.

정답 01 ② 02 ② 03 ③

04

사업주가 신규화학물질의 안전보건자료를 작성함에 있어 인용할 수 있는 자료가 아닌 것은 무엇인가?

① 국내외에서 발간되는 저작권법상의 문헌에 등재되어 있는 유해성·위험성 조사자료
② 유해성·위험성 시험 전문연구기관에서 실시한 유해성·위험성 조사자료
③ 관련 전문학회지에 게재된 유해성·위험성 조사자료
④ OPEC 회원국의 정부기관에서 인정하는 유해성·위험성 조사자료

OPEC 회원국의 정부기관 자료는 주로 석유 관련 정책 및 통계 자료로 화학물질 유해성 조사와는 별개이다.

05

다음 중 근골격계 질환의 특징으로 볼 수 없는 것은 무엇인가?

① 자각증상으로 시작된다.
② 손상의 정도를 측정하기 어렵다.
③ 관리의 목표는 질환의 최소화에 있다.
④ 환자가 집단적으로 발생하지 않는다.

환자가 집단적으로 발생한다.

06 ⭐빈출

다음 중 허용농도 상한치(Excursion Limits)에 대한 설명으로 가장 거리가 먼 것은 무엇인가?

① 단시간허용노출기준(TLV-STEL)이 설정되어 있지 않은 물질에 대하여 적용한다.
② 시간가중평균치(TLV-TWA)의 3배는 1시간 이상을 초과할 수 없다.
③ 시간가중평균치(TLV-TWA)의 5배는 잠시라도 노출되어서는 안 된다.
④ 시간가중평균치(TLV-TWA)가 초과되어서는 안 된다.

TLV-TWA의 3배이면 30분 이하의 노출 권고에 해당된다.

07 ⭐빈출

다음 중 밀폐공간과 관련된 설명으로 바르지 않은 것은?

① "산소결핍"이란 공기 중의 산소농도가 16% 미만인 상태를 말한다.
② "산소결핍증"이란 산소가 결핍된 공기를 들이마심으로써 생기는 증상을 말한다.
③ "유해가스"란 밀폐공간에서 탄산가스, 황화수소 등의 유해물질이 가스 상태로 공기 중에 발생하는 것을 말한다.
④ "적정공기"란 산소농도의 범위가 18% 이상 23.5% 미만, 탄산가스의 농도가 1.5% 미만, 황화수소의 농도가 10ppm 미만인 수준의 공기를 말한다.

"산소결핍"이란 공기 중의 산소농도가 18% 미만인 상태를 말한다.

> **관련개념**
> • "밀폐공간"이란 산소결핍, 유해가스로 인한 질식·화재·폭발 등의 위험이 있는 장소를 말한다.
> • "유해가스"란 이산화탄소·일산화탄소·황화수소 등의 기체로서 인체에 유해한 영향을 미치는 물질을 말한다.
> • "적정공기"란 산소농도의 범위가 18% 이상 23.5% 미만, 이산화탄소의 농도가 1.5% 미만, 일산화탄소의 농도가 30ppm 미만, 황화수소의 농도가 10ppm 미만인 수준의 공기를 말한다.
> • "산소결핍"이란 공기 중의 산소농도가 18% 미만인 상태를 말한다.
> • "산소결핍증"이란 산소가 결핍된 공기를 들이마심으로써 생기는 증상을 말한다.

08

다음 중 작업시작 및 종료 시 호흡의 산소소비량에 대한 설명으로 바르지 않은 것은?

① 산소소비량은 작업부하가 계속 증가하면 일정한 비율로 같이 증가한다.
② 작업부하 수준이 최대 산소소비량 수준보다 높아지게 되면, 젖산의 제거속도가 생성속도에 못 미치게 된다.
③ 작업이 끝난 후에 남아 있는 젖산을 제거하기 위해서는 산소가 더 필요하며, 이때 동원되는 산소소비량을 산소부채(Oxygen Debt)라 한다.
④ 작업이 끝난 후에도 맥박과 호흡수가 작업개시 수준으로 즉시 돌아오지 않고 서서히 감소한다.

- 작업부하가 점점 증가하면 산소소비량은 어느 수준까지는 증가하지만, 최대 산소소비량($V_{O_2\ max}$)에 도달하면 더 이상 증가하지 않고 Plateau(평형)에 도달한다.
- 산소부채(Oxygen Debt)는 고강도 작업 이후 회복 과정에서 필요한 산소이다.

09

근로자가 건강장해를 호소하는 경우 사무실 공기관리 상태를 평가할 때 조사항목에 해당되지 않는 것은 무엇인가?

① 사무실 외 오염원 조사 등
② 근로자가 호소하는 증상 조사
③ 외부의 오염물질 유입경로 조사
④ 공기정화설비의 환기량 적정여부 조사

사무실 내 오염원 조사 등이 사무실 공기관리 상태와 관련이 있다.

10

다음 중 근육 노동 시 특히 보급해 주어야 하는 비타민의 종류는 무엇인가?

① 비타민 A
② 비타민 B_1
③ 비타민 C
④ 비타민 D

커피, 홍차, 엽차 및 비타민 B_1은 피로 회복에 도움이 되므로 공급한다.

11 빈출

다음 중 역사상 최초로 기록된 직업병은 무엇인가?

① 규폐증
② 폐질환
③ 음낭암
④ 납중독

- ④ 납중독: Hippocrates(히포크라테스, 기원전 460~377)는 고대 그리스 의사로, 납중독 등 직업병에 대해 역사상 최초로 언급하였다. 당시 납을 다루는 사람들에서 건강문제가 발생함을 기록하였다.
- ①, ② 규폐증과 폐질환: 산업혁명 이후 기록된 직업성 폐질환들이다.
- ③ 음낭암: 18세기 굴뚝 청소부들에게 발견된 최초의 직업성 암이다.

12 빈출

작업장에 존재하는 유해인자와 직업성 질환의 연결이 올바르지 않은 것은?

① 망간 – 신경염
② 무기분진 – 규폐증
③ 6가 크롬 – 비중격천공
④ 이상기압 – 레이노씨 병

- 이상기압 환경: 감압병(잠수병), 고압증, 질식 또는 폐기포 손상 등이 대표적 직업성 질환이다.
- 레이노씨 병(Raynaud's Disease): 한랭에 노출되면 손발 말단부의 혈관이 과도하게 수축하여 혈액 공급이 감소하고, 통증과 색 변화가 나타나는 질환이다.

13

산업재해를 분류할 때 "경미사고(Minor Accidents)" 혹은 "경미한 재해"란 어떤 상태를 말하는가?

① 통원 치료할 정도의 상해가 일어난 경우
② 사망하지는 않았으나 입원할 정도의 상해
③ 상해는 없고 재산성의 피해만 일어난 경우
④ 재산상의 피해는 없고 시간손실만 일어난 경우

경미사고는 근로자가 병원에 통원 치료는 필요하지만 입원까지는 하지 않는 가벼운 상해를 의미한다.

관련개념
- 경상해: 통원 치료가 필요한 가벼운 부상이다.
- 중상해: 입원이 필요한 심한 부상이다.
- 무재해: 피해가 없거나 경미한 경우도 포함될 수 있으나 법적 분류 기준에서 다르다.

14 

온도가 15℃이고, 1기압인 작업장에 톨루엔이 200mg/m³으로 존재할 경우 이를 ppm으로 환산하면 얼마인가? (단, 톨루엔의 분자량은 92.13이다.)

① 53.1
② 51.2
③ 48.6
④ 11.3

$$1\text{ppm} = \text{mL}/\text{m}^3$$

$$\frac{200\text{mg} \times \dfrac{22.4\text{mL}}{92.13\text{mg}} \times \dfrac{(273+15)\text{K}}{273\text{K}}}{\text{m}^3} = 51.2987\text{ppm}$$

15 빈출

육체적 작업능력(PWC)이 15kcal/min인 근로자가 1일 8시간 물체를 운반하고 있다. 이때의 작업대사율이 6.5kcal/min이고, 휴식 시의 대사량이 1.5kcal/min일 때 매 시간당 적정 휴식시간은 약 얼마인가? (단, Hertig의 식을 적용한다.)

① 18분
② 25분
③ 30분
④ 42분

$$\text{휴식시간비율(\%)} = \left[\frac{\text{PWC} \times \dfrac{1}{3} - \text{작업대사량}}{\text{휴식대사량} - \text{작업대사량}} \right] \times 100$$

$$= \left[\frac{15 \times \dfrac{1}{3} - 6.5}{1.5 - 6.5} \right] \times 100 = 30\%$$

- 휴식시간 = 60min × 0.3 = 18min

16

보건관리자가 보건관리업무에 지장이 없는 범위 내에서 다른 업무를 겸할 수 있는 사업장은 상시근로자 몇 명 미만에서 가능한가?

① 100명
② 200명
③ 300명
④ 500명

산업안전보건법과 고용노동부의 지침에 따르면, 상시근로자 수가 300명 미만인 사업장의 보건관리자는 본인의 보건관리 업무에 지장이 없는 범위 내에서 다른 업무를 겸직할 수 있다. 다만, 보건관리 업무에 필요한 최소 시간(연간 최소 585시간)이 보장되어야 한다. 300명 이상인 사업장에서는 보건관리 업무의 전담이 원칙이며, 겸직이 제한된다.

17 빈출

산업재해가 발생할 급박한 위험이 있거나 중대재해가 발생하였을 경우 취하는 행동으로 다음 중 가장 적합하지 않은 것은 무엇인가?

① 사업주는 즉시 작업을 중지시키고 근로자를 작업장소로부터 대피시켜야 한다.
② 직상급자에게 보고한 후 근로자의 해당 작업을 중지시킨다.
③ 사업주는 급박한 위험에 대한 합리적인 근거가 있을 경우에 작업을 중지하고 대피한 근로자에게 해고 등의 불리한 처우를 해서는 안 된다.
④ 고용노동부장관은 근로감독관 등으로 하여금 안전보건진단이나 그 밖의 필요한 조치를 하도록 할 수 있다.

근로자는 해당 작업을 즉시 중지시킨다.

18 빈출

산업위생전문가의 윤리강령 중 "전문가로서의 책임"과 가장 거리가 먼 것은 무엇인가?

① 기업체의 기밀은 누설하지 않는다.
② 과학적 방법의 적용과 자료의 해석에서 객관성을 유지한다.
③ 근로자, 사회 및 전문 직종의 이익을 위해 과학적 지식은 공개하거나 발표하지 않는다.
④ 전문적 판단이 타협에 의하여 좌우될 수 있는 상황에는 개입하지 않는다.

근로자, 사회 및 전문 직종의 이익을 위해 과학적 지식은 공개하고 발표한다.

19 빈출

다음 중 단기간 휴식을 통해서는 회복될 수 없는 발병 단계의 피로를 무엇이라 하는가?

① 곤비
② 정신피로
③ 과로
④ 전신피로

심한 노동 후 피로 현상으로, 단기간의 휴식에 의해 회복되지 않고 병적 상태로 발전하는 현상은 곤비(困憊)라 한다. 곤비란 '지나친 피로나 과로로 인해 장기간에 걸쳐 신체적·정신적 기능 저하가 지속되는 병적 피로 상태'로, 단순한 과로나 일시적 전신피로와는 구분된다. 곤비 상태는 능률 저하, 업무 중 사고 증가, 만성적 신체 증상과 같은 문제를 유발할 수 있으며, 충분한 휴식에도 불구하고 피로가 풀리지 않고 일상생활에 지장을 준다면 곤비로 간주한다.

관련개념
- 피로 단계 분류: 보통피로 → 과로 → 곤비 순이며, 여기서 가장 경증의 피로 단계는 보통피로이다. 곤비는 가장 심각한 상태를 나타낸다.
- 국소피로: 근육의 일부 부위에 발생하는 피로이다.
- 전신피로: 몸 전체에 나타나는 피로로 신경계와 전신 근육이 피로해진 상태이다.
- 신체피로: 육체노동에 의해 발생하는 근육 피로로, 주로 근육 노동 시 나타난다.
- 정신피로: 중추신경계가 긴장되어 나타나는 피로로 정밀작업 등 정신적 긴장이 필요한 작업 시 발생한다.

20 빈출

현재 총 흡음량이 1,200sabins인 작업장의 천장에 흡음 물질을 첨가하여 2,400sabins을 추가할 경우 예측되는 소음감음량(NR)은 약 몇 dB인가?

① 2.6
② 3.5
③ 4.8
④ 5.2

$$NR = 10 \times \log(A_2/A_1)$$
$$= 10 \times \log(3,600/1,200)$$
$$= 4.7712dB(A)$$
A_1 = 기존 총 흡음량 = 1,200sabins
A_2 = 추가 후 총 흡음량 = 1,200 + 2,400 = 3,600sabins

2과목　작업위생 측정 및 평가

21 빈출

유기용제 취급 사업장의 메탄올 농도가 100.2, 89.3, 94.5, 99.8, 120.5ppm이다. 이 사업장의 기하평균 농도는 무엇인가?

① 약 100.3ppm
② 약 101.3ppm
③ 약 102.3ppm
④ 약 103.3ppm

기하평균은 농도의 중앙 경향을 표현할 때 유용하며, 특히 측정값 간 편차가 크거나 자료가 로그 정규분포를 따를 때 사용한다.

$$기하평균 = (x_1 \times x_2 \times x_3 \times \cdots \times x_n)^{\frac{1}{n}}$$
$$= (100.2 \times 89.3 \times 94.5 \times 99.8 \times 120.5)^{\frac{1}{5}} = 100.3352$$

22

유사노출그룹(HEG)에 대한 설명 중 잘못된 것은 무엇인가?

① 시료채취 수를 경제적으로 하는 데 활용한다.
② 역학조사를 수행할 때 사건이 발생된 근로자가 속한 HEG의 노출농도를 근거로 노출원인을 추정할 수 있다.
③ 모든 근로자의 노출정도를 추정하는 데 활용하기는 어렵다.
④ HEG는 조직, 공정, 작업범주 그리고 작업(업무)내용별로 구분하여 설정할 수 있다.

모든 근로자를 유사한 노출그룹별로 구분하고 그룹별로 대표적인 근로자를 선택하여 측정하면 측정하지 않은 근로자의 노출농도까지도 추정할 수 있다.

23 빈출

용접 작업자의 노출수준을 침착되는 부위에 따라 호흡성, 흉곽성, 흡입성 분진으로 구분하여 측정하고자 한다면 준비해야 할 측정기구로 가장 적절한 것은 무엇인가?

① 임핀저
② 사이클론
③ 캐스케이드 임팩터
④ 여과집진기

③ 캐스케이드 임팩터: 입자 크기별로 단계적으로 포집 가능하여 호흡기계 침착 부위별 분진 분석에 적합하다.
① 임핀저: 액체를 이용해 기체 중의 오염물질을 포집하는 장치로, 주로 가스상 물질 측정에 사용된다.
② 사이클론: 원심력을 이용해 큰 입자를 제거하는 장치로, 흡입성 분진 측정에 사용되나 침착 부위별 정밀 구분은 어렵다.
④ 여과집진기: 공기 중 입자를 필터로 포집하는 장치로, 전체 분진량 측정에는 유용하지만 입경별 분석에는 부적합하다.

관련개념 직경분립충돌기(Cascade Impactor)
• 입자의 관성에 의한 충돌 원리를 이용해, 크기별로 입자를 분리 및 채취하는 기기
• 일반적으로 여러 개의 노즐과 수집판(Stage)으로 구성되어, 입자 크기별로 분급 가능
• 사용 시 여러 단계를 거쳐야 하므로 기기 구성 및 시료채취 준비가 복잡하고 시간 소요가 큰 편

정답　　20 ③　21 ①　22 ③　23 ③

24

일정한 부피조건에서 압력과 온도가 비례한다는 표준 가스에 대한 법칙은 무엇인가?

① 보일의 법칙
② 샤를의 법칙
③ 게이-루삭의 법칙
④ 라울트의 법칙

③ 게이-루삭 법칙은 부피가 일정할 때 온도와 압력이 비례한다는 것을 나타낸다.
① 보일 법칙은 온도가 일정할 때 기체의 압력과 부피가 반비례 관계임을 나타낸다.
② 샤를 법칙은 압력이 일정할 때 기체의 부피와 온도가 비례하는 관계를 설명한다.
④ 라울트 법칙은 증기압과 관련된 법칙으로, 혼합물의 증기압은 각 성분의 증기압과 몰 분율에 따른 가중평균임을 설명한다.

25 빈출

통계집단의 측정값들에 대한 균일성, 정밀성 정도를 표현하는 것으로 평균값에 대한 표준편차의 크기를 백분율로 나타낸 수치는 무엇인가?

① 신뢰한계도
② 표준분산도
③ 변이계수
④ 편차분산율

변이계수(Coefficient of Variation, CV)는 표준편차를 산술평균으로 나눈 값으로, 서로 다른 단위를 가진 자료 간의 상대적인 변동성을 비교할 때 사용된다.

$$변이계수(CV)\% = \frac{표준편차}{평균} \times 100$$

26 빈출

2차 표준기구 중 일반적 사용범위가 10~150L/분, 정확도는 ±1%, 주 사용장소가 현장인 것은 무엇인가?

① 열선기류계
② 건식가스미터
③ 피토튜브
④ 오리피스 미터

건식가스미터는 2차 표준기구로서 현장에서 직접 가스 유량을 측정하는 기기로, 사용범위가 10~150L/분 사이이며 정확도가 ±1% 정도로 매우 우수하다. 현장 실측에 적합하며 기기 유지관리 및 설치가 간편하다.

27 빈출

유기용제인 Trichloroethylene의 근로자 노출농도를 측정하고자 한다. 과거의 노출농도를 조사해 본 결과 평균 30ppm이었으며 활성탄관(100mg/50mg)을 이용하여 0.20L/분으로 채취하였다. Trichloro Ethylene의 분자량은 131.39이고 가스크로마토그래피의 정량한계는 시료당 0.5mg이라면 채취해야 할 최소한의 시간은? (단, 1기압, 25℃ 기준이다.)

① 약 52분
② 약 34분
③ 약 22분
④ 약 16분

- 최소시료채취시간(min)을 구하려면, 시료에 포함되어야 하는 최소 질량(정량한계)까지 작업장 공기를 채취하는 데 걸리는 시간(분)을 계산한다.
- 필요한 시료량 = 채취시간 × 농도 × 채취유량

$$0.5\text{mg} = \square\,\text{min} \times \frac{30\text{mL} \times \dfrac{131.39\text{mg}}{22.4\text{mL}}}{\text{Sm}^3 \times \dfrac{(273+25)\text{K}}{273\text{K}}} \times \frac{0.2\text{L}}{\text{min}} \times \frac{\text{m}^3}{1,000\text{L}}$$

- $\square = 15.5080\text{min}$
- 노출 농도 $= 30\text{ppm}$
- 채취유량 $= 0.2\text{L/min}$
- Trichloroethylene 분자량 $= 131.39$
- 정량한계 $= 0.5\text{mg}$

정답 24 ③ 25 ③ 26 ② 27 ④

28

가스상 물질 측정을 위한 흡착제인 다공성 중합체에 관한 설명으로 올바르지 않은 것은?

① 활성탄보다 비표면적이 작다.
② 특별한 물질에 대한 선택성이 좋은 경우가 있다.
③ 대부분의 다공성 중합체는 스티렌, 에틸비닐벤젠 혹은 디비닐벤젠 중 하나와 극성을 띤 비닐화합물과의 공중합체이다.
④ 활성탄보다 흡착용량과 반응성이 크다.

> 활성탄보다 흡착용량과 반응성이 작다.

29 빈출

어떤 유해 작업장에 일산화탄소(CO)가 표준상태(0℃, 1기압)에서 15ppm 포함되어 있다. 이 공기 1Sm³ 중에 CO는 몇 μg 포함되어 있는가?

① 약 $9,200\mu g/Sm^3$
② 약 $10,800\mu g/Sm^3$
③ 약 $17,500\mu g/Sm^3$
④ 약 $18,800\mu g/Sm^3$

> $$\dfrac{15\text{mL} \times \dfrac{28\text{mg}}{22.4\text{mL}} \times \dfrac{10^3 \mu g}{1\text{mg}}}{\text{Sm}^3} = 18,750 \mu g/\text{Sm}^3$$

30 빈출

어느 작업장에 소음발생 기계 4대가 설치되어 있다. 1대 가동 시 소음 레벨을 측정한 결과 82dB을 얻었다면 4대 동시 작동 시 소음 레벨은? (단, 기타 조건은 고려하지 않는다.)

① 89dB
② 88dB
③ 87dB
④ 86dB

> $$\text{총 음압레벨}(dB(A)) = 10\log\left(10^{L_1/10} + 10^{L_2/10} + \cdots + 10^{L_n/10}\right)$$
> $$= 10\log\left(4 \times 10^{82/10}\right) = 88.0205 dB(A)$$

31 빈출

온열조건을 평가하는 데 습구흑구온도지수(WBGT)를 사용한다. 태양광이 내리쬐는 옥외에서 측정결과가 다음과 같은 경우라 가정한다면 습구흑구온도지수(WBGT)는?

- 건구온도: 30℃
- 자연습구온도: 32℃
- 흑구온도: 52℃

① 33.3℃
② 35.8℃
③ 37.2℃
④ 38.3℃

> **옥외(햇볕 있는 곳)의 습구흑구온도지수(WBGT)**
> WBGT = 0.7 × 자연습구온도 + 0.2 × 흑구온도 + 0.1 × 건구온도
> = 0.7 × 32 + 0.2 × 52 + 0.1 × 30 = 35.8℃

> **관련개념** WBGT(습구흑구온도지수, Wet Bulb Globe Temperature)
> 근로자의 열 스트레스(온열환경 부담)를 평가하기 위한 대표적인 지표로, 온도, 습도, 복사열, 공기 흐름 등을 종합적으로 반영한다.
> - 옥내 or 옥외(햇볕 없는 곳)
>   WBGT = 0.7 × 자연습구온도 + 0.3 × 흑구온도
> - 옥외(햇볕 있는 곳)
>   WBGT = 0.7 × 자연습구온도 + 0.2 × 흑구온도 + 0.1 × 건구온도

정답 28 ④ 29 ④ 30 ② 31 ②

32 ⭐빈출

다음 중 검지관법의 특성으로 가장 거리가 먼 것은 무엇인가?

① 색변화가 시간에 따라 변하므로 제조자가 정한 시간에 읽어야 한다.
② 산업위생전문가의 지도 아래 사용되어야 한다.
③ 특이도가 낮다.
④ 다른 방해물질의 영향을 받지 않아 단시간 측정이 가능하다.

> 다른 방해물질의 영향을 받기 쉬워 오차가 크다.

관련개념 검지관법
- 특정 오염물질에 반응하는 화학약품이 들어있는 관을 이용하여 오염물질 농도를 색 변화 등으로 직접 측정하는 방법이다.
- 검지관법은 반응 시간이 빠르고 사용이 간편하여, 맨홀이나 밀폐 공간에서 산소 부족이나 폭발성 가스 위험 시에도 유용하게 사용된다.
- 검지관법의 단점은 민감도가 낮아 고농도에서만 정확한 측정이 가능하고, 특이도가 낮아 다른 물질의 간섭을 받을 수 있다는 점이다.
- 각 오염물질에 맞는 검지관을 사전에 선정해야 하며, 측정 대상 오염물질의 종류를 정확히 알아야 적합한 검지관을 사용할 수 있다.

33 ⭐빈출

다음은 산업위생 분석 용어에 관한 내용이다. ( ) 안에 가장 적절한 내용은 무엇인가?

> (   )는(은) 검출한계가 정량분석에서 만족스러운 개념을 제공하지 못하기 때문에 검출한계의 개념을 보충하기 위해 도입되었다. 이는 통계적인 개념보다는 일종의 약속이다.

① 변이계수
② 오차한계
③ 표준편차
④ 정량한계

> 정량한계는 신뢰할 만한 정량값을 얻을 수 있는 분석 대상물질의 최소 농도 또는 양이다. 정량한계는 표준편차의 10배 또는 검출한계의 3배(또는 3.3배)로 정의한다.

34

다음의 측정시간 및 횟수의 기준에 관한 내용으로 ( )에 들어갈 것으로 옳은 것은? (단, 고용노동부 고시를 기준으로 한다.)

> 단위작업장소에서의 소음발생시간이 6시간 이내인 경우나 소음발생원에서의 발생시간이 간헐적인 경우에는 발생시간 동안 연속 측정하거나 등간격으로 나누어 ( ) 이상 측정하여야 한다.

① 2회
② 3회
③ 4회
④ 6회

> 단위작업장소에서의 소음발생시간이 6시간 이내인 경우나 소음발생원에서의 발생시간이 간헐적인 경우에는 발생시간 동안 연속 측정하거나 등간격으로 나누어 4회 이상 측정하여야 한다.

35

음원이 아무런 방해물이 없는 작업장 중앙 바닥에 설치되어 있다면 음의 지향계수(Q)는 무엇인가?

① 0
② 1
③ 2
④ 4

> 반자유공간(음원이 바닥 같은 한 면에 접한 경우)의 $Q = 2$

관련개념 음원의 지향계수 Q
음원이 방출하는 음의 강도가 특정 방향으로 얼마나 집중되는지를 나타내는 무차원 지표로, 음원의 위치에 따라 달라진다.
- 자유공간(모든 방향으로 음이 방사되는 경우): $Q = 1$
- 반자유공간(음원이 바닥 같은 한 면에 접한 경우): $Q = 2$
- 두 면에 접한 공간: $Q = 4$
- 세 면에 접한 공간: $Q = 8$

36 빈출

입경이 50μm이고 입자비중이 1.32인 입자의 침강속도는 무엇인가? (단, 입경이 1~50μm인 먼지의 침강속도를 구하기 위해 산업위생분야에서 주로 사용하는 식을 적용한다.)

① 8.6cm/sec
② 9.9cm/sec
③ 11.9cm/sec
④ 13.6cm/sec

Lippman식

$$V = K \times \rho \times d^2$$
$$= 0.003 \times 1.32 \times (50\mu m)^2 = 9.9 \text{cm/sec}$$

- V: 침강속도(cm/sec)
- K: 경험적으로 정해진 상수(일반적으로 0.003)
- ρ: 입자의 비중
- d: 입자의 직경(μm)

Lippman식은 공기 중 먼지나 에어로졸 등 입자의 침강속도를 실제 환경에 더 가깝게 추정하기 위한 경험적 공식이다.

37 빈출

Hexane의 부분압이 120mmHg(OEL 500ppm)이라면 VHR은 무엇인가?

① 271
② 284
③ 316
④ 343

$$VHR = \frac{\text{포화증기농도}}{\text{노출기준}}$$

$$= \frac{\frac{120\text{mmHg}}{760\text{mmHg}} \times 10^6}{500\text{ppm}} = 315.7894$$

관련개념 VHR(Vapor Hazard Ratio, 증기위해비)
- 어떤 화학물질의 증기압에 따른 공기 중 최대 증기농도와 해당 물질의 노출기준(Occupational Exposure Limit, OEL)을 비교한 값
- VHR < 0.1: 증기 발생 위험이 낮음
- 0.1 ≤ VHR ≤ 10: 관리가 필요함
- VHR > 10: 증기 발생 위험이 높아 노출 가능성이 크므로 엄격한 관리 필요
- VHR 값이 클수록 그 물질이 작업장에서 쉽게 증기 상태로 존재하여 인체에 유해할 수 있다는 의미임

38

어느 작업장에서 Sampler를 사용하여 분진농도를 측정한 결과 Sampling 전, 후의 Filter 무게가 각각 21.3mg, 25.6mg이다. 이때 Pump의 유량은 45L/min이었으며 480분 동안 시료를 채취하였다면 작업장의 분진농도(μg/m³)는 얼마인가?

① 150μg/m³
② 200μg/m³
③ 250μg/m³
④ 300μg/m³

$$\frac{(25.6 - 21.3)\text{mg} \times \dfrac{1,000\mu g}{1\text{mg}}}{\dfrac{45\text{L}}{\text{min}} \times 480\text{min} \times \dfrac{\text{m}^3}{1,000\text{L}}} = 199.0740 \mu g/m^3$$

39 빈출

열, 화학물질, 압력 등에 강한 특징이 있어 석탄건류나 증류 등의 고열공정에서 발생하는 다환방향족탄화수소를 채취하는 데 이용되는 막여과지는 무엇인가?

① PTFE 막여과지
② 은 막여과지
③ PVC 막여과지
④ MCE 막여과지

① PTFE(폴리테트라플루오로에틸렌) 막여과지: 내열성, 내화학성, 내압성이 뛰어나 고온의 환경(석탄건류, 증류 등)에서 발생하는 PAHs 측정에 널리 사용된다.
② 은 막여과지: 금속 은 소재로 만든 필터로 주로 작업환경 중 금속(은)을 측정할 때 사용한다. 내구성은 높으나 고열·고압용은 아니다.
③ PVC 막여과지: 폴리염화비닐(Polyvinyl Chloride) 소재 필터로 주로 감량분석, 6가 크롬 등 중량분석에 적합하다. 화학적 저항성은 우수하지만 고열에는 약하다.
④ MCE 막여과지: 혼합 셀룰로오스 에스테르(Mixed Cellulose Ester) 소재 필터로 금속, 석면, 살충제, 불소화합물 등 다양한 무기물 및 유기물 채취에 사용한다. 일반 환경, 실험실 분석에 많이 쓰인다.

40

다음의 여과지 중 산에 쉽게 용해되므로 입자상물질 중의 금속을 채취하여 원자흡광광도법으로 분석하는 데 적정한 것은 무엇인가?

① 은 막여과지
② PVC 막여과지
③ MCE 막여과지
④ 유리섬유 여과지

- 금속 성분 분석을 위해 시료를 산으로 용해시키고, 그 용액을 원자흡광광도법(AAS)으로 측정할 때 필터 자체가 산에 완전히 용해되어 금속 성분이 손실 없이 분석된다.
- MCE 막여과지는 셀룰로오스 에스테르 소재로 만들며, 산에 쉽게 녹는 특성이 있다.
- 은 막여과지, PVC 막여과지, 유리섬유 여과지는 산에 대한 용해성이 낮거나(특히 은, 유리섬유), 일부 분석에서는 방해물질로 작용할 수 있다.

3과목   작업환경 관리대책

41

밀어당김형 후드(Push-Pull Hood)에 의한 환기로서 가장 효과적인 경우는 무엇인가?

① 오염원의 발산농도가 낮은 경우
② 오염원의 발산농도가 높은 경우
③ 오염원의 발산량이 많은 경우
④ 오염원 발산면의 폭이 넓은 경우

- 밀어당김형 후드는 작업 영역 내에 압축공기를 밀어넣고 동시에 오염공기를 당겨내는 방식으로, 발산면이 넓고 오염원이 넓게 퍼져 있을 때, 넓은 공간 내에서 유해물질을 효과적으로 제어하는 데 적합하다.
- 오염원의 발산량이 많거나 농도가 높을 경우에는 그 효과가 상대적으로 떨어질 수 있다. 따라서 넓은 발산 면적을 가진 작업 환경에서 밀어당김형 후드가 가장 효율적인 환기 장치이다.

42

A유체관의 압력을 측정한 결과, 정압이 −18.56mmH₂O이고 전압이 20mmH₂O이었다. 이 유체관의 유속(m/sec)은 약 얼마인가? (단, 공기밀도 1.21kg/m³ 기준이다.)

① 약 10
② 약 15
③ 약 20
④ 약 25

- 전압 = 정압 + 동압

  $20 = -18.56 + 동압 \rightarrow 동압 = 38.56\text{mmH}_2\text{O}$

- 속도압(동압)$(VP) = \dfrac{\gamma V^2}{2g}$

  $$38.56\text{mmH}_2\text{O} = \dfrac{1.21\text{kg/m}^3 \times V^2}{2 \times 9.8\text{m/sec}^2}$$

  $$V = 24.9921\text{m/sec}$$

> **관련개념** 속도압(동압, VP)
>
> $$VP = \dfrac{\gamma V^2}{2g}$$
>
> ∘ VP = 동압 측정치(mmH₂O)
> ∘ γ = 가스밀도(kg/m³)
> ∘ V = 유속(m/sec)
> ∘ g = 중력가속도(9.8 m/sec²)

43

후드의 유입계수가 0.86일 때 압력손실계수는 무엇인가?

① 약 0.25
② 약 0.35
③ 약 0.45
④ 약 0.55

$$F = \dfrac{1}{C_e^2} - 1 = \dfrac{1}{0.86^2} - 1 = 0.3520$$

∘ F : 압력손실계수
∘ C_e : 유입계수(Coefficient of entry, 유입손실계수)

44 ⭐빈출

용접흄이 발생하는 공정의 작업대 면에 개구면적이 0.6m²인 측방 외부식 테이블상 플랜지 부착 장방형 후드를 설치하였다. 제어속도가 0.4m/sec, 환기량이 63.6m³/min이라면, 제어거리는?

① 0.69m
② 0.86m
③ 1.23m
④ 1.52m

작업대 면에 접하게 설치한(바닥/작업대에 접함) 플랜지 부착 장방형 외부식 후드에 해당하므로 사용되는 식은 다음과 같다.
$Q = 60 \times 0.5 \times V_c \times (10X^2 + A)$
$63.6 = 60 \times 0.5 \times 0.4 \times (10X^2 + 0.6)$
$X = 0.6855m$
◦ Q: 환기량(m³/min)
◦ V_c: 제어속도(m/sec)
◦ X: 제어거리(m)
◦ A: 개구면적(m²)

45

양쪽 덕트 내의 정압이 다를 경우, 합류점에서 정압을 조절하는 방법인 공기조절용 댐퍼에 의한 균형유지법에 대한 설명으로 바르지 않은 것은?

① 임의로 댐퍼 조정 시 평형상태가 깨지는 단점이 있다.
② 시설 설치 후 변경하기 어려운 단점이 있다.
③ 최소 유량으로 균형유지가 가능한 장점이 있다.
④ 설계 계산이 상대적으로 간단한 장점이 있다.

정압조절평형법의 단점은 설계가 어렵고 시간이 많이 걸려서 설치된 시설의 개조나 장치변경이 어렵다는 것이다.

관련개념 정압조절평형법(정압균형유지법, 유속조절평형법)
국소배기시설 설계 시 합류점에서 각 분기 덕트의 정압을 균형 있게 조절하여 풍량을 적절히 분배하는 방법이다.

46 ⭐빈출

A분진의 우리나라 노출기준은 10mg/m³이며 일반적으로 반면형 마스크의 할당보호계수(APF)는 10이라면 반면형 마스크를 착용할 수 있는 작업장 내 A분진의 최대농도는 얼마이겠는가?

① 1mg/m³
② 10mg/m³
③ 50mg/m³
④ 100mg/m³

$APF = C_o/C_i$
$$10 = \frac{C_o}{10mg/m^3}$$
$C_o = 100mg/m^3$

관련개념 할당보호계수(APF, Assigned Protection Factor)
• 잘 훈련된 착용자가 보호구를 올바르게 착용했을 때 기대할 수 있는 보호 정도를 나타내는 값이다.
• APF는 보호구 밖의 오염물질 농도(C_o)와 보호구 내부 오염물질 농도(C_i)의 비율로 표현한다. 즉, $APF = C_o/C_i$이다.

47 ⭐빈출

호흡용 보호구에 대한 설명으로 바르지 않은 것은 무엇인가?

① 방독마스크는 주로 면, 모, 합성섬유 등을 필터로 사용한다.
② 방독마스크는 공기 중의 산소가 부족하면 사용할 수 없다.
③ 방독마스크는 일시적인 작업 또는 긴급용으로 사용하여야 한다.
④ 방진마스크는 비휘발성 입자에 대한 보호가 가능하다.

방진마스크는 주로 면, 모, 합성섬유 등을 필터로 사용한다.

정답　　44 ①　45 ②　46 ④　47 ①

48 

공장의 높이가 3m인 작업장에서 입자의 비중이 1.00이고, 직경이 1.0μm인 구형인 먼지가 바닥으로 모두 가라앉는 데 걸리는 시간은 이론적으로 얼마가 되는가?

① 약 0.8시간
② 약 8시간
③ 약 18시간
④ 약 28시간

- 침강속도
$$V = K \times \rho \times d^2$$
$$= 0.003 \times 1.0 \times (1.0\mu m)^2 = 0.003 \text{cm/sec}$$
  ∘ V: 침강속도(cm/sec)
  ∘ ρ: 입자의 비중
  ∘ d: 입자의 직경(μm)
  ∘ K: 경험적으로 정해진 상수(일반적으로 0.003)
- 침강시간
$$3\text{m} \times \frac{\text{sec}}{0.003\text{cm}} \times \frac{100\text{cm}}{\text{m}} \times \frac{\text{hr}}{3,600\text{sec}} = 27.7777\text{hr}$$

49

원심력송풍기의 종류 중에서 전향 날개형 송풍기에 관한 설명으로 올바르지 않은 것은?

① 송풍기의 임펠러가 다람쥐 쳇바퀴 모양이며, 송풍기 깃이 회전방향과 동일한 방향으로 설계되어 있다.
② 동일 송풍량을 발생시키기 위한 임펠러 회전속도가 상대적으로 낮아 소음문제가 거의 발생하지 않는다.
③ 다익형 송풍기라고도 한다.
④ 큰 압력손실에도 송풍량의 변동이 적은 장점이 있다.

전향 날개형 송풍기(다익형 송풍기)는 큰 압력손실에서 송풍량이 급격히 떨어지는 단점이 있다.

관련개념 다익형송풍기(Multiblade Centrifugal Fan)
임펠러가 다람쥐 쳇바퀴 모양이며, 송풍기 깃이 회전방향과 동일한 방향으로 설계되어 있다.
- 특성: 저압·대유량에 적합, 소음이 비교적 작다.
- 단점: 큰 압력손실이 발생하면 송풍량이 급격히 감소한다.
- 용도: 공조기, 환기설비, 집진기 등에서 사용한다.
- 회전속도: 동일 송풍량을 내기 위해 상대적으로 낮은 회전속도로 운전 가능하여 소음이 적다.

50

덕트 설치의 주요원칙으로 바르지 않은 것은?

① 밴드(구부러짐)의 수는 가능한 한 적게 하도록 한다.
② 구부러짐 전, 후에는 청소구를 만든다.
③ 공기 흐름은 상향구배를 원칙으로 한다.
④ 덕트는 가능한 한 짧게 배치하도록 한다.

공기 흐름은 하향구배를 원칙으로 한다.

51

송풍기의 송풍량이 4.17㎥/sec이고 송풍기 전압이 300mmH₂O인 경우 소요 동력은? (단, 송풍기 효율은 0.85이다.)

① 약 5.8kW
② 약 14.4kW
③ 약 18.2kW
④ 약 20.6kW

$$P = \frac{Q \times \Delta H}{102 \times \eta}$$
$$= \frac{\dfrac{4.17\text{m}^3}{\text{sec}} \times 300\text{mmH}_2\text{O}}{102 \times 0.85} = 14.4290\text{kW}$$

52

귀덮개의 장점을 모두 짝지은 것으로 가장 올바른 것은 무엇인가?

> ㉠ 귀마개보다 쉽게 착용할 수 있다.
> ㉡ 귀마개보다 일관성 있는 차음 효과를 얻을 수 있다.
> ㉢ 크기를 여러 가지로 할 필요가 있다.
> ㉣ 착용 여부를 쉽게 확인할 수 있다.

① ㉠, ㉡, ㉣
② ㉠, ㉡, ㉢
③ ㉠, ㉢, ㉣
④ ㉠, ㉡, ㉢, ㉣

귀덮개는 착용이 간편하고 일관된 차음 효과를 제공하며, 여러 크기를 준비할 필요 없이 얼굴에 맞게 밀착되기 때문에 관리가 용이하고 착용 여부를 쉽게 확인할 수 있다.

53 빈출

비극성용제에 효과적인 보호장구의 재질로 가장 올바른 것은 무엇인가?

① 면
② 천연고무
③ Nitrile 고무
④ Butyl 고무

③ Nitrile 고무는 내유성 및 내화학성이 우수하여 비극성 유기용제로부터 효과적으로 보호한다. 따라서 작업 중 비극성용제에 노출되는 경우 Nitrile 고무 장갑이 가장 적합하다.
① 면은 화학물질 보호에는 적합하지 않으며, 극성 및 비극성 용제에 사용할 수 없다.
② 천연고무는 극성과 일부 비극성 물질에 저항성이 있지만 비극성 유기용제에 대한 내성이 Nitrile 고무에 비해 낮다.
④ Butyl 고무는 주로 가스 및 아황산가스 등 특수 화학물질에 강하지만, 일반적인 비극성 유기용제에는 Nitrile 고무보다 덜 적합할 수 있다.

54 빈출

어느 작업장에서 톨루엔(분자량 92, 노출기준 50ppm)과 이소프로필알코올(분자량 60, 노출기준 200ppm)을 각각 100g/시간을 사용(증발)하며, 여유계수(K)는 각각 10이다. 필요환기량(㎥/시간)은? (단, 21℃, 1기압 기준, 두 물질은 상가작용을 한다.)

① 약 6,250
② 약 7,250
③ 약 8,650
④ 약 9,150

- 톨루엔

$$Q(\text{환기량}) = \frac{K(\text{안전계수}) \times G(\text{발생량})}{C(\text{허용농도})}$$

$$= 10 \times \frac{\dfrac{100g}{hr}}{\dfrac{50mL \times \dfrac{273K}{(273+21)K} \times \dfrac{92mg}{22.4mL} \times \dfrac{g}{1,000mg}}{m^3}}$$

$$= 5,244.1471 m^3/hr$$

- 이소프로필알코올

$$Q(\text{환기량}) = 10 \times \frac{\dfrac{100g}{hr}}{\dfrac{200mL \times \dfrac{273K}{(273+21)K} \times \dfrac{60mg}{22.4mL} \times \dfrac{g}{1,000mg}}{m^3}}$$

$$= 2,010.2564 m^3/hr$$

- 필요환기량: $5,244.1471 + 2,010.2564 = 7,254.4035 m^3/hr$

55

덕트(Duct)의 직경 환산 시 폭 a, 길이 b인 각관과 유체학적으로 등가인 원관의 직경 D의 계산식은 무엇인가?

① $D = \dfrac{ab}{2(a+b)}$

② $D = \dfrac{2ab}{(a+b)}$

③ $D = \dfrac{2(a+b)}{ab}$

④ $D = \dfrac{(a+b)}{2ab}$

덕트(Duct)의 직경 환산 시 폭 a, 길이 b인 각관과 유체학적으로 등가인 원관의 직경 D의 계산식은 $D = \dfrac{2ab}{(a+b)}$ 이다.

56 빈출

강제환기를 실시하는 데 환기효과를 제고시킬 수 있는 필요 원칙 모두를 올바르게 짝지은 것은 무엇인가?

㉠ 배출구가 창문이나 문 근처에 위치하지 않도록 한다.
㉡ 배출공기를 보충하기 위하여 청정 공기를 공급한다.
㉢ 공기 배출구와 근로자의 작업위치 사이에 오염원이 위치해야 한다.
㉣ 오염물질 배출구는 오염원으로부터 가까운 곳에 설치하여 점환기 현상을 방지한다.

① ㉠, ㉡, ㉢
② ㉠, ㉡, ㉣
③ ㉠, ㉡
④ ㉠, ㉡, ㉢, ㉣

오염물질 배출구는 가능한 한 오염원으로부터 가까운 곳에 설치하여 '점환기' 효과를 얻는다.

관련개념 점환기 현상
- 공기배출구 부근에서 배출된 오염물질이 초기 운동에너지를 잃고 정체되어 거의 움직임이 없는 상태가 되는 현상이다.
- 오염물질이 배출구 가까이 머물러 제대로 확산 또는 배출되지 못하게 하는 문제로, 국소배기장치 효율을 저하시키고 작업장 내 오염물질 농도를 높이는 원인이 된다.
- 점환기 현상을 방지하려면 오염물질 배출구를 오염원으로부터 가능한 한 멀리 설치하여 유동성을 확보하고 배출되는 공기가 원활히 흐르도록 해야 한다.

57 빈출

체적이 1,000m³이고 유효환기량이 50m³/min인 작업장에 메틸클로로포름 증기가 발생하여 100ppm의 상태로 오염되었다. 이 상태에서 증기발생이 중지되었다면 25ppm까지 농도를 감소시키는 데 걸리는 시간은?

① 약 17분
② 약 28분
③ 약 32분
④ 약 41분

외부유입공기 중 오염물질의 농도는 0ppm이므로 1차 반응의 단순 희석 개념을 적용한다.

$$\ln\left(\frac{C_t}{C_0}\right) = -kt \rightarrow \ln\left(\frac{C_t}{C_0}\right) = -\frac{Q}{\forall} \times t$$

$$\ln\left(\frac{25}{100}\right) = -\frac{50\text{m}^3/\text{min}}{1,000\text{m}^3} \times t$$

$$t = 27.7258\,\text{min}$$

58 ⭐빈출

20℃의 공기가 직경 10cm인 원형 관 속을 흐르고 있다. 층류로 흐를 수 있는 최대 유량은? (단, 층류로 흐를 수 있는 임계 레이놀드 수 Re=2,100, 공기의 동점성계수 $v = 1.50 \times 10^{-5}$ m²/sec이다.)

① 0.318m³/min
② 0.228m³/min
③ 0.148m³/min
④ 0.078m³/min

$$Re = \frac{덕트의\ 직경 \times 공기밀도 \times 공기속도}{공기점성계수}$$

$$= \frac{덕트의\ 직경 \times 공기속도}{동점성계수}$$

$$2,100 = \frac{0.1m \times V\ m/sec}{1.5 \times 10^{-5}\ m^2/sec}$$

$$V = 0.315m/sec$$

- $Q = AV$

$$= \frac{\pi}{4} \times (0.1m)^2 \times \frac{0.315m}{sec} \times \frac{60sec}{min} = 0.1484m^3/min$$

59

1기압에서 혼합기체는 질소(N_2) 66%, 산소(O_2) 14%, 탄산가스 20%로 구성되어 있다. 질소가스의 분압은? (단, 단위: mmHg)

① 501.6
② 521.6
③ 541.6
④ 560.4

760mmHg × 0.66 = 501.6mmHg

60 ⭐빈출

다음은 분진발생 작업환경에 대한 대책들이다. 올바른 것을 모두 짝지은 것은 무엇인가?

> ㉠ 연마작업에서는 국소배기장치가 필요하다.
> ㉡ 암석 굴진작업, 분쇄작업에서는 연속적인 살수가 필요하다.
> ㉢ 샌드블라스팅에 사용되는 모래를 철사(鐵砂)나 금강사(金剛砂)로 대치한다.

① ㉠, ㉡
② ㉡, ㉢
③ ㉠, ㉢
④ ㉠, ㉡, ㉢

㉠ 연마 시 분진이 다량 발생하므로 국소배기장치가 필요하다.
㉡ 물을 뿌려서 분진 비산을 줄이는 게 기본 대책이다.
㉢ 규폐증(실리카 분진) 예방을 위해 유리구슬, 철사, 금강사 등으로 대체한다.

61

태양광선이 내리쬐지 않는 작업장의 온열조건이 〈보기〉와 같을 때 습구흑구온도지수(WBGT)는 얼마인가?

-----[보기]-----
- 건구온도: 30℃
- 흑구온도: 50℃
- 자연습구온도: 20℃

① 10℃
② 19℃
③ 29℃
④ 50℃

옥내 or 옥외(햇볕 없는 곳)의 습구흑구온도지수(WBGT)
WBGT = 0.7 × 자연습구온도 + 0.3 × 흑구온도
　　　 = 0.7 × 20 + 0.3 × 50 = 29℃

관련개념 WBGT(습구흑구온도지수, Wet Bulb Globe Temperature)
근로자의 열 스트레스(온열환경 부담)를 평가하기 위한 대표적인 지표로, 온도, 습도, 복사열, 공기 흐름 등을 종합적으로 반영함
- 옥내 or 옥외(햇볕 없는 곳)
　WBGT = 0.7 × 자연습구온도 + 0.3 × 흑구온도
- 옥외(햇볕 있는 곳)
　WBGT = 0.7 × 자연습구온도 + 0.2 × 흑구온도 + 0.1 × 건구온도

62

다음 중 산소농도가 6% 이하인 공기 중의 산소분압으로 올바른 것은? (단, 표준상태이며, 부피기준이다.)

① 75mmHg 이하
② 65mmHg 이하
③ 55mmHg 이하
④ 45mmHg 이하

760mmHg × 0.06 = 45.6mmHg

63

18℃ 공기 중에서 800Hz인 음의 파장은 약 몇 m인가?

① 0.35
② 0.43
③ 3.5
④ 4.3

- 음속 $= 331.42 + 0.6t$
- 파장$(\lambda) = \dfrac{음속(C)}{주파수(f)}$

$$= \frac{[331.42 + (0.6 \times 18)]\text{m/sec}}{800\text{Hz}} = 0.4277\text{m}$$

64

음의 크기 sone과 음의 크기레벨 phon과의 관계를 올바르게 나타낸 것은 무엇인가? (단, sone은 S, phon은 L로 표현한다.)

① $S = 2^{\frac{(L-40)}{10}}$

② $S = 3^{\frac{(L-40)}{10}}$

③ $S = 4^{\frac{(L-40)}{10}}$

④ $S = 5^{\frac{(L-40)}{10}}$

- sone: 주관적 음량(Loudness)을 나타내는 단위로, phon과 연관되지만 음압레벨과는 다른 개념이다. 40phon(1,000Hz, 40dB)을 기준으로 한 상대적 음량 지표로, 음량이 2배면 sone도 2배이다. → $\text{sone} = 2^{\frac{\text{phon}-40}{10}}$
- phon: 1,000Hz에서의 음압레벨(dB SPL)과 동일한 크기의 주관적 음량을 나타내는 단위이다.

65 ⭐빈출

레이저용 보안경을 착용하였을 때 4,000mW/cm²의 레이저가 0.4mW/cm²의 강도로 낮아진다면 이 보안경의 흡광도(Optical Density, OD)는 얼마인가?

① 2
② 3
③ 4
④ 8

$$A = \log\left(\frac{1}{투과율}\right)$$
$$= \log\left(\frac{1}{0.4/4,000}\right) = 4$$

66

광학방사선에서 사용되는 측정량과 단위의 연결이 바르지 않은 것은?

① 방사속 – W
② 광속 – lm(루멘)
③ 휘도 – cd/m²
④ 조도 – cd(칸델라)

• 광도의 단위로는 칸델라(candela)를 사용한다.
• 조도(lux)는 단위 면적당 입사하는 광속(lumen/m²)으로 정의된다.

관련개념
• 광도(Luminance): 광원이 특정 방향으로 방출하는 빛의 세기 혹은 발광체의 밝기를 의미한다.
  ✓ 단위: 칸델라(candela, cd) 또는 cd/m²(니트, nit)
  ✓ 의미: 광원이 어느 방향으로 얼마나 강한 빛을 내보내는가를 나타낸다.
  예 자동차 헤드라이트의 밝기, TV 화면의 밝기 측정
• 조도(Illuminance): 단위 면적당 도달하는 빛의 양, 즉 빛이 표면에 비춰지는 정도를 의미한다.
  ✓ 단위: 룩스(lux, lx) = 루멘(lumen)/m²
  ✓ 의미: 빛을 받는 표면이 얼마나 밝은가를 나타낸다.
  예 책상 위 조명 밝기, 실내 조명 설계에서 작업면의 밝기 측정

67

다음 중 미국의 차음평가수를 의미하는 것은?

① NRR
② TL
③ SLCBO
④ SNR

① NRR: 미국에서 귀마개, 이어머프 등 청력보호구의 소음감쇠능력을 평가할 때 사용되는 공식 차음지수로, 해당 청력보호구를 착용했을 때 기대되는 소음 감소량을 dB 단위로 나타낸다.
② TL(Transmission Loss): 소리의 투과 손실을 의미하며, 벽체 등 구조물이 소리를 차단하는 성능을 dB로 표시할 때 사용된다.
③ SLCBO: 호주, 뉴질랜드 등에서 사용하는 귀마개 등 청력보호구의 차음성 평가 방법·지수로, 각 국가별로 적용되는 인증 기준에 따라 다르다.
④ SNR(Single Number Rating): 유럽에서 쓰이는 대표적인 소음감쇠지수이며, 보호구의 평균적인 소음 차단 효과를 단일 값(dB)로 표시한다.

68

소음성 난청에서의 청력손실은 초기 몇 Hz에서 가장 현저하게 나타나는가?

① 1,000Hz
② 4,000Hz
③ 8,000Hz
④ 15,000Hz

소음성 난청은 주로 고주파수 영역에서 청력 저하가 먼저 나타나며, 특히 4,000Hz(4kHz)에서 청력손실이 가장 뚜렷하다.

69

다음 중 진동작업장의 환경관리 대책이나 근로자의 건강 보호를 위한 조치로 적합하지 않은 것은 무엇인가?

① 발진원과 작업자의 거리를 가능한 한 멀리한다.
② 작업자의 체온을 낮게 유지시키는 것이 바람직하다.
③ 절연패드의 재질로는 코르크, 펠트(Felt), 유리섬유 등이 많이 쓰인다.
④ 진동공구의 무게는 10kg을 넘지 않게 하며 장갑(Glove) 사용을 권장한다.

작업자의 체온을 낮게 유지시키면 건강에 해롭다.

70

다음 중 마이크로파에 관한 설명으로 바르지 않은 것은?

① 주파수의 범위는 10~30,000MHz 정도이다.
② 혈액의 변화로는 백혈구의 감소, 혈소판의 증가 등이 나타난다.
③ 백내장을 일으킬 수 있으며 이것은 조직온도의 상승과 관계가 있다.
④ 중추신경에 대하여는 300~1,200MHz의 주파수 범위에서 가장 민감하다.

마이크로파 고강도 노출 시 혈액 변화는 일반적으로 골수 억제로 인한 백혈구와 혈소판의 감소 등이 나타난다.

71

다음 중 인체 각 부위별로 공명현상이 일어나는 진동의 크기를 올바르게 나타낸 것은 무엇인가?

① 둔부: 2~4Hz
② 안구: 6~9Hz
③ 구간과 상체: 10~20Hz
④ 두부와 견부: 20~30Hz

두부(머리)와 견부(어깨)는 20~30Hz 진동에 공명하고, 안구는 70~90Hz 진동에 공명한다.

72 빈출

다음 중 전리방사선의 흡수선량이 생체에 영향을 주는 정도를 표시하는 선당량(생체실효선량)의 단위는 무엇인가?

① R
② Ci
③ Sv
④ Gy

- Sv(시버트)는 흡수선량에 방사선 종류에 따른 방사선 가중치(생물학적 효과를 반영)를 곱해 산출한 선량당량 및 생체실효선량의 SI 단위이다. 1Sv는 인체에 미치는 방사선 영향의 양을 나타내며, 방사선 방호 및 피폭 평가 시 중요하게 사용된다.
- R(렌트겐)은 공기 중의 이온화 정도를 나타내는 단위이고, Ci(퀴리)는 방사성 물질의 방사능을 나타내는 단위이며, Gy(그레이)는 흡수선량의 단위로 물질 1kg당 1Joule의 방사선 에너지가 흡수된 양을 뜻한다.

73

다음 중 조명 부족과 관련한 질환으로 올바른 것은?

① 백내장
② 망막변성
③ 녹내장
④ 안구진탕증

- 갱 내부 조명이 부족하면 눈의 조절 기능이 손상되어 시각 피로, 시력 저하뿐 아니라 안구진탕증과 같은 안구 운동 장애가 발생할 수 있다. 안구진탕증은 조명 부족과 같은 환경적 요인에 의해 발생할 수 있어 갱 내부 조명 부족과 관련이 깊다.
- 백내장, 망막변성, 녹내장은 노화나 질환에 의한 시력 저하 질환으로 조명 부족과 직접적인 관련성이 있는 것은 아니다.

74

고도가 높은 곳에서 대기압을 측정하였더니 90,659Pa이
었다. 이곳의 산소분압은 약 얼마가 되겠는가? (단, 공기
중의 산소는 21vol%이다.)

① 135mmHg
② 143mmHg
③ 159mmHg
④ 680mmHg

$$760mmHg = 101,325Pa$$

$$90,659Pa \times 0.21 \times \frac{760mmHg}{101,325Pa} = 142.7996mmHg$$

75 빈출

소음에 대한 미국 ACGIH의 8시간 노출기준은 몇 dB인
가?

① 85
② 90
③ 95
④ 100

국내노출기준		ACGIH 노출기준	
1일 노출시간(hr)	소음수준[dB(A)]	1일 노출시간(hr)	소음수준[dB(A)]
8	90	8	85
4	95	4	88
2	100	2	91
1	105	1	94
1/2	110	1/2	97
1/4	115	1/4	100

76

다음 중 잠함병의 주요 원인은 무엇인가?

① 온도
② 광선
③ 소음
④ 압력

잠함병(Caisson Disease)은 고기압 환경(잠수, 압축공기 작업 등)
에서 발생하는 감압병이다.

77 빈출

다음 중 감압환경의 설명 및 인체에 미치는 영향으로 올바
른 것은?

① 인체와 환경 사이의 기압차이 때문으로 부종, 출혈,
   동통 등을 동반한다.
② 대기가스의 독성 때문으로 시력장애, 정신혼란, 간질
   경련을 나타낸다.
③ 용해질소의 기포형성 때문으로 동통성 관절장애, 호
   흡곤란, 무균성 골괴사 등을 일으킨다.
④ 화학적 장해로 작업력의 저하, 기분의 변환, 여러 종
   류의 다행증이 일어난다.

감압환경은 주변 압력이 급격히 감소하는 환경을 말하며, 이로 인
해 체내 조직과 혈액에 용해되어 있던 질소가 기포로 변한다. 이 질
소 기포들이 혈관과 조직을 막아 통증과 호흡곤란, 심한 경우 무균성
골괴사 등을 유발한다. 이것이 감압병(Decompression Sickness)
의 주요 원인이다.

78 빈출

전리방사선이 인체에 조사되면 〈보기〉와 같은 생체 구성 성분의 손상을 일으키게 되는데 그 손상이 일어나는 순서를 올바르게 나열한 것은 무엇인가?

───────────[보기]───────────
ㄱ 발암 현상
ㄴ 세포수준의 손상
ㄷ 조직 및 기관수준의 손상
ㄹ 분자수준에서의 손상

① ㄹ → ㄴ → ㄷ → ㄱ
② ㄹ → ㄷ → ㄴ → ㄱ
③ ㄴ → ㄹ → ㄷ → ㄱ
④ ㄴ → ㄷ → ㄹ → ㄱ

79 빈출

다음 중 저온에 의한 장해에 관한 내용으로 바르지 않은 것은?

① 근육긴장의 증가와 떨림이 발생한다.
② 혈압은 변화되지 않고 일정하게 유지된다.
③ 피부 표면의 혈관들과 피하조직이 수축된다.
④ 부종, 저림, 가려움, 심한 통증 등이 생긴다.

80 빈출

다음 중 습구흑구온도지수(WBGT)에 대한 설명으로 바르지 않은 것은?

① 표시단위는 절대온도(K)로 표시한다.
② 습구흑구온도지수는 옥외 및 옥내로 구분되며, 고온에서의 작업휴식시간비를 결정하는 지표로 활용된다.
③ 미국국립산업안전보건연구원(NIOSH)뿐만 아니라 국내에서도 습구흑구온도를 측정하고 지수를 산출하여 평가에 사용한다.
④ 습구흑구온도는 과거에 쓰이던 감각온도와 근사한 값인데 감각온도와 다른 점은 기류를 전혀 고려하지 않았다는 점이다.

관련개념 WBGT(Wet Bulb Globe Temperature)
- WBGT지수는 건구온도, 자연습구온도, 흑구온도를 종합하여 계산되며, 열 스트레스 환경에서 인체가 느끼는 온도를 나타내는 대표적인 열 스트레스 지표이다.
  - ✓ 옥내 or 옥외(햇볕 없는 곳)
    WBGT = 0.7 × 자연습구온도 + 0.3 × 흑구온도
  - ✓ 옥외(햇볕 있는 곳)
    WBGT = 0.7 × 자연습구온도 + 0.2 × 흑구온도 + 0.1 × 건구온도
- WBGT는 고온에서 작업자의 작업휴식시간 비율 결정 등의 열 스트레스 관리 지표로 활용된다.

81

산업독성의 범위에 대한 설명으로 거리가 먼 것은 무엇인가?

① 독성물질이 산업 현장인 생산공정의 작업환경 중에서 나타내는 독성이다.
② 작업자들의 건강을 위협하는 독성물질의 독성을 대상으로 한다.
③ 공중보건을 위협하거나 우려가 있는 독성물질의 치료를 목적으로 한다.
④ 공업용 화학물질 취급 및 노출과 관련된 작업자의 건강보호가 목적이다.

- 산업위생의 목적은 근로자의 건강을 보호 · 증진하고, 작업환경 및 조건을 개선하여 질병을 예방하며, 작업능률 향상과 쾌적한 작업환경 조성에 있다.
- 산업위생은 유해요인의 예측, 인지, 측정, 평가, 관리를 통해 직업병 등 질환의 예방을 중점적으로 다룬다.
- 실제로 발생한 질병을 진단 · 치료하는 것은 산업위생의 본질적 목적이 아니며, 의학 · 임상의 영역이다.

82

체내 흡수된 화학물질의 분포에 대한 설명으로 바르지 않은 것은?

① 간장과 신장은 화학물질과 결합하는 능력이 매우 크고, 다른 기관에 비하여 월등히 많은 양의 독성물질을 농축할 수 있다.
② 유기성 화학물질은 지용성이 높아 세포막을 쉽게 통과하지 못하기 때문에 지방조직에 독성물질이 잘 농축되지 않는다.
③ 불소와 납과 같은 독성물질은 뼈 조직에 침착되어 저장되며, 납의 경우 생체에 존재하는 양의 약 90%가 뼈 조직에 있다.
④ 화학물질이 혈장단백질과 결합하면 모세혈관을 통과하지 못하고 유리상태의 화학물질만 모세혈관을 통과하여 각 조직세포로 들어갈 수 있다.

유기성 화학물질은 지용성이 높아 세포막을 쉽게 통과하기 때문에 지방조직에 독성물질이 잘 농축된다.

83 빈출

구리의 독성에 대한 인체실험 결과, 안전흡수량이 체중 kg당 0.008mg이었다. 1일 8시간 작업 시의 허용농도는 약 몇 mg/m³인가? (단, 근로자 평균 체중은 70kg, 작업 시의 폐환기율은 1.45m³/h, 체내잔류율은 1.0으로 가정한다.)

① 0.035
② 0.048
③ 0.056
④ 0.064

체내흡수량 = 폐환기율(=호흡률) × 노출시간 × 공기 중 유해물질농도 × 체내잔류율

= 체중 × 안전흡수량

$$\frac{0.008\text{mg}}{\text{kg}} \times 70\text{kg} = \frac{1.45\text{m}^3}{\text{hr}} \times 8\text{hr} \times \frac{\square\text{mg}}{\text{m}^3} \times 1$$

$$\square = 0.0482\text{mg/m}^3$$

84 빈출

산업안전보건법에서 정하는 "기타분진"의 산화규소 결정체 함유율과 노출기준으로 올바른 것은 무엇인가?

① 함유율: 0.1% 이하, 노출기준: 10mg/m³
② 함유율: 0.1% 이상, 노출기준: 5mg/m³
③ 함유율 1% 이하, 노출기준: 10mg/m³
④ 함유율: 1% 이상, 노출기준: 5mg/m³

- 산업안전보건법령에 따르면 기타 분진이란 결정체 산화규소(예 석영, 크리스토발라이트, 트리디마이트)의 함유율이 1% 이하인 분진을 의미하며, 이 경우 노출기준은 10mg/m³(총 분진 기준)이다.
- 1%를 초과하면 일반 분진이 아닌 "결정형 유리규산 분진" 등으로 별도의 더 엄격한 기준이 적용된다.

정답   81 ③ 82 ② 83 ② 84 ③

85

다음 중 피부의 색소침착(Pigmentation)이 가능한 표피층
내의 세포는?

① 기저세포
② 멜라닌세포
③ 각질세포
④ 피하지방세포

② 멜라닌세포는 표피의 기저층에 위치하며, 멜라닌이라는 검은색
또는 갈색 색소를 생성하는 특수한 세포이다. 이 멜라닌은 자외
선으로부터 피부를 보호하고 피부색을 결정한다. 멜라닌세포에
서 만들어진 멜라닌 색소는 가까운 각질세포(각질형성세포)로 전
달되어 피부 표면에 색소침착을 일으킨다. 기저세포와 각질세포
는 멜라닌을 직접 생산하지 않으며, 피하지방세포는 진피 아래
지방층에 위치하며 색소 생성과 무관하다.
① 기저세포: 피부 표피의 가장 깊은 층인 기저층에 위치한다. 새
각질세포를 만들어 표피를 지속적으로 재생시키는 줄기세포 같
은 역할을 한다. 피부 보수 및 재생에 중요한 역할을 하며, 기저
세포에서 시작되는 암인 기저세포암도 있다.
③ 각질세포: 표피에서 가장 많은 세포로, 피부 표면 방향으로 이동
하면서 각질층을 형성한다.죽은 세포가 쌓여 피부를 보호하는
방수층 역할을 하며 외부 자극과 세균 침투를 막는다. 멜라닌 색
소가 이 세포에 전달되어 피부색을 나타낸다.
④ 피하지방세포: 진피 아래에 위치한 피하지방층에 분포한다. 체온
유지와 충격 흡수, 에너지 저장 등의 역할을 한다.

86

사업장 유해물질 중 비소에 대한 설명으로 바르지 않은 것
은?

① 삼산화비소가 가장 문제가 된다.
② 호흡기 노출이 가장 문제가 된다.
③ 체내 -SH기를 파괴하여 독성을 나타낸다.
④ 용혈성빈혈, 신장기능저하, 흑피증(피부침착) 등을 유
발한다.

단백질을 침전시키며 thiol(-SH)기를 가진 효소의 작용을 억제하여
독성을 나타내는 것은 수은이다.

87

다음 중 납중독의 임상증상과 가장 거리가 먼 것은?

① 위장장해
② 중추신경장해
③ 호흡기계통의 장해
④ 신경 및 근육계통의 장해

납중독의 주요 증상으로는 위장장해(복통, 변비 등), 근육계통장해
(근육 약화, 관절통), 중추신경장해(두통, 신경장애, 정신 변화 등)
가 흔히 나타난다. 납중독은 주로 신경계, 위장계, 혈액계에 영향을
미친다.

88

다음 중 유기용제별 중독의 특이증상이 올바르게 짝지어진
것은 무엇인가?

① 벤젠 – 간장해
② MBK – 조혈장해
③ 염화탄화수소 – 시신경장해
④ 에틸렌글리콜에테르 – 생식기능장해

① 벤젠은 조혈장해를 일으킨다.
② MBK(메틸부틸케톤)는 말초신경장애를 일으킨다.
③ 염화탄화수소(주로 사염화탄소 등)는 간장해를 일으킨다.

89

여성근로자의 생식독성 인자 중 연결이 잘못된 것은 무엇인가?

① 중금속 – 납
② 물리적 인자 – X선
③ 화학물질 – 알킬화제
④ 사회적 습관 – 루벨라 바이러스

일반적으로 바이러스는 사회적 습관으로 분류하지 않는다. 루벨라 바이러스는 감염병 원인 물질이지 사회적 습관 요인은 아니다.

90 빈출

작업장에서 생물학적 모니터링의 결정인자를 선택하는 근거를 설명한 것으로 바르지 않은 것은?

① 충분히 특이적이다.
② 적절한 민감도를 갖는다.
③ 분석적인 변이나 생물학적 변이가 타당해야 한다.
④ 톨루엔에 대한 건강위험 평가는 크레졸보다 마뇨산이 신뢰성 있는 결정인자이다.

톨루엔의 생물학적 지표로 마뇨산을 측정하지만, 마뇨산은 음식물 대사에서도 생성되어 특이도가 낮다. 크레졸(o-크레졸)은 톨루엔 대사 시 소량만 생성되어 더 높은 특이도를 보이므로 마뇨산보다 신뢰성이 높다.

91 빈출

다음은 노출기준의 정의에 대한 내용이다. (   ) 안에 알맞은 수치를 올바르게 나열한 것은 무엇인가?

> 단시간노출기준(STEL)이라 함은 근로자가 1회에 (㉠) 분간 유해인자에 노출되는 경우의 기준으로 이 기준 이하에서는 1회 노출간격이 1시간 이상인 경우 1일 작업시간 동안 (㉡)회까지 노출이 허용될 수 있는 기준을 말한다.

① ㉠ 15, ㉡ 4
② ㉠ 30, ㉡ 4
③ ㉠ 15, ㉡ 2
④ ㉠ 30, ㉡ 2

단시간노출기준(STEL)이란 15분간의 시간가중평균노출농도로서 노출농도가 시간가중평균노출기준(TWA)을 초과하고 단시간노출기준(STEL) 이하인 경우에는 1회 노출 지속시간이 15분 미만이어야 한다. 이러한 상태가 1일 4회 이하로 발생하여야 하며, 각 노출의 간격은 60분 이상이어야 한다.

92 빈출

다음 중 기관지와 폐포 등 폐 내부의 공기통로와 가스 교환 부위에 침착되는 먼지로서 공기역학적 지름이 $30\mu m$ 이하의 크기를 가지는 것은 무엇인가?

① 흉곽성 먼지
② 호흡성 먼지
③ 흡입성 먼지
④ 침착성 먼지

가장 가까운 먼지는 흉곽성 먼지이다.

> **관련개념** ACGIH 입자 크기별 기준
> • 흡입성 입자상 물질: 평균입경 $100\mu m$
> • 흉곽성 입자상 물질: 평균입경 $10\mu m$
> • 호흡성 입자상 물질: 평균입경 $4\mu m$

93

다음 중 간장이 독성물질의 주된 표적이 되는 이유로 바르지 않은 것은?

① 혈액의 흐름이 많다.
② 대사효소가 많이 존재한다.
③ 크기가 다른 기관에 비하여 크다.
④ 여러 가지 복합적인 기능을 담당한다.

- 간장은 혈액의 흐름이 많아 독성물질이 쉽게 전달된다. 대사효소가 많이 존재하여 독성물질 대사가 활발하게 일어나며, 여러 가지 복합적인 기능을 담당한다.
- 간장의 크기는 다른 기관에 비해 상대적으로 크지 않으므로 이것이 독성물질의 표적이 되는 이유는 아니다.

94

흡입을 통하여 노출되는 유해인자로 인해 발생되는 암 종류를 틀리게 짝지은 것은 무엇인가?

① 비소 - 폐암
② 결정형 실리카 - 폐암
③ 베릴륨 - 간암
④ 6가 크롬 - 비강암

베릴륨은 만성 노출 시 폐 섬유증 등 만성 폐 질환을 일으키는 금속이다.

95

다음 중 주성분으로 규산과 산화마그네슘 등을 함유하고 있으며 중피종, 폐암 등을 유발하는 물질은 무엇인가?

① 석면
② 석탄
③ 흑연
④ 운모

- 석면(Asbestos): 천연 섬유성 규산염 광물로서 여러 종류가 있으며, 특히 청석면이 악성 중피종 발생 위험이 높다.
- 악성 중피종(Mesothelioma): 폐를 둘러싼 흉막이나 복막에 발생하는 치명적인 암으로, 석면 노출 후 수십 년의 잠복기를 거쳐 발병한다.

96

다음 중 작업환경 내 발생하는 유기용제의 공통적인 비특이적 증상은 무엇인가?

① 중추신경계 활성억제
② 조혈기능 장애
③ 간 기능의 저하
④ 복통, 설사 및 시신경장애

- 유기용제는 중추신경계를 억제하는 작용을 하여 피로, 기억력 저하, 혼돈, 우울증 등 다양한 신경학적 증상을 일으킨다.
- 조혈기능 장애, 간 기능 저하, 복통, 설사, 시신경장애 등은 일부 특정 유기용제에서 나타날 수 있으나 전체 유기용제에 공통적이지 않다.

97

다음 중 수은중독에 관한 설명으로 바르지 않은 것은?

① 수은은 주로 골 조직과 신경에 많이 축척된다.
② 무기수은염류는 호흡기나 경구 어느 경로라도 흡수된다.
③ 수은중독의 특징적인 증상은 구내염, 근육진전 등이 있다.
④ 전리된 수은이온은 단백질을 침전시키고, thiol기 (-SH)를 가진 효소작용을 억제한다.

수은은 주로 신경 조직과 신장에 많이 축적된다. 골 조직은 주된 축적 부위가 아니다.

98

사업장 근로자의 음주와 폐암에 대한 연구를 하려고 한다. 이때 혼란변수는 흡연, 성, 연령 등이 될 수 있는데 다음 중 그 이유로 가장 적합한 것은 무엇인가?

① 폐암 발생에만 유의하게 영향을 미칠 수 있기 때문에
② 음주와 유의한 관련이 있기 때문에
③ 음주와 폐암 발생 모두에 원인적 연관성을 갖기 때문에
④ 폐암에는 원인적 연관성이 있는데 음주와는 상관성이 없기 때문에

- 혼란변수는 독립변수(음주)와 종속변수(폐암) 모두와 관련되어 연구 결과를 왜곡할 수 있는 변수이다. 흡연, 성별, 연령은 음주와 폐암 발생에 모두 영향을 미칠 수 있어 혼란변수로 작용한다.
- 단순히 폐암에만 영향을 미치거나 음주와 상관이 없는 변수는 혼란변수로 적합하지 않다.

관련개념
- 혼란변수는 독립변수와 종속변수 모두에 영향을 미쳐 두 변수 간의 관계를 왜곡시키는 제3의 변수이다.
- 혼란변수가 존재하면 독립변수가 종속변수에 미치는 실제 인과관계를 정확히 파악하기 어렵다.
- 연구자가 혼란변수를 통제하지 않으면 독립변수와 종속변수 간 순수한 인과관계가 왜곡되어 잘못된 결론에 이를 수 있다.

99

다음 중 직업성 천식을 유발하는 원인 물질로만 나열된 것은 무엇인가?

① 알루미늄, 2-Bromopropane
② TDI(Toluene Diisocyanate), Asbestos
③ 실리카, DBCP(1,2-Dibromo-3-Chloropropane)
④ TDI(Toluene Diisocyanate), TMA(Trimellitic Anhydride)

- 직업성 천식은 주로 면역반응에 의한 기전과 비면역적 기전에 의해 발생한다.
- TDI와 TMA는 이소시아네이트 계열로, 특히 가구 제조, 도장, 접착제 작업 등에서 많이 노출되어 대표적인 직업성 천식 유발 물질로 알려져 있다.
- 벤젠, 알루미늄, 석면, 실리카, dBCP 등은 다른 종류의 독성물질이나 먼지, 발암물질로 인해 다양한 직업병을 유발하지만 직업성 천식과 직접적인 관련성은 상대적으로 낮다.

100

다음 중 유해물질의 독성 또는 건강영향을 결정하는 인자로 가장 거리가 먼 것은 무엇인가?

① 작업강도
② 인체 내 침입경로
③ 노출농도
④ 작업장 내 근로자 수

유해물질의 독성 및 건강영향은 주로 물질의 농도, 노출경로(호흡, 피부접촉 등), 그리고 작업강도(노출 빈도 및 강도)에 의해 결정된다. 작업장 내 근로자 수는 작업환경 관리나 조직적 측면에서 중요할 수 있으나, 개별 근로자의 건강영향 또는 독성 결정 인자와는 직접적인 관련이 적다.

Chapter 10

2025년 3회 | CBT 기출복원문제

1과목 산업위생학개론

01

다음 중 산업위생의 기본적인 과제에 해당하지 않는 것은 무엇인가?

① 노동 재생산과 사회 경제적 조건의 연구
② 작업능률 저하에 따른 작업조건에 관한 연구
③ 작업환경의 유해물질이 대기오염에 미치는 연구
④ 작업환경에 의한 신체적 영향과 최적환경의 연구

산업위생은 근로자의 건강 보호 및 증진을 목적으로 하며, 작업환경이 인체에 미치는 영향을 연구하고 이를 관리하는 학문이다. ①, ②, ④는 모두 작업환경과 근로자의 건강 및 작업능률과의 관련성을 다루므로 산업위생의 기본 과제에 해당한다.

02 빈출

다음 중 산업피로를 줄이기 위한 바람직한 교대근무에 관한 내용으로 틀린 것은?

① 근무시간의 간격은 15~16시간 이상으로 하여야 한다.
② 야간근무 교대시간은 상오 0시 이전에 하는 것이 좋다.
③ 야간근무는 4일 이상 연속해야 피로에 적응할 수 있다.
④ 야간근무 시 가면(假眠)시간은 근무시간에 따라 2~4시간으로 하는 것이 좋다.

신체적 적응을 위하여 야간근무의 연속일수는 보통 3~4일 이하로 제한한다.

03

사업장에서 근로자가 하루에 25kg 이상의 중량물을 몇 회 이상 들면 근골격계 부담작업에 해당되는가?

① 5회
② 10회
③ 15회
④ 20회

산업안전보건기준에 관한 규칙에 따르면, 하루에 10회 이상 25kg 이상의 물체를 드는 작업은 근골격계 부담작업에 해당한다.

04 빈출

50명의 근로자가 사업장에서 1년 동안에 6명의 부상자가 발생하였고 총 휴업일수가 219일이라면 근로손실일수와 강도율은 각각 얼마가 되겠는가? (단, 연간근로시간수는 120,000시간이다.)

① 근로손실일수: 180일, 강도율: 1.5일
② 근로손실일수: 190일, 강도율: 1.5일
③ 근로손실일수: 180일, 강도율: 2.5일
④ 근로손실일수: 190일, 강도율: 2.5일

재해로 인한 손실 정도(강도)를 나타내는 산업재해지표로, 근로시간 1,000시간당 발생한 손실일수를 의미한다. 즉, 재해 발생 시 그 심각성·중증도를 평가한다

- 근로손실일수 $= $ 총 휴업일수 $\times \dfrac{300}{365} = 219일 \times \dfrac{300}{365} = 180일$

- 강도율 $= \dfrac{근로손실일수}{연근로시간수} \times 10^3$

$$= \dfrac{180}{120000} \times 10^3 = 1.5$$

정답   01 ③   20 ③   03 ②   04 ①

05

사무실 공기관리 지침에서 관리하고 있는 오염물질 중 포름알데히드(HCHO)에 대한 설명으로 바르지 않은 것은?

① 자극적인 냄새를 가지며, 메틸알데히드라고도 한다.
② 일반주택 및 공공건물에 많이 사용하는 건축자재와 섬유옷감이 그 발생원이 되고 있다.
③ 시료채취는 고체흡착관 또는 캐니스터로 수행한다.
④ 산업안전보건법상 사람에게 충분한 발암성 증거가 있는 물질(1A)로 분류되어 있다.

- 포름알데히드(HCHO) 시료채취 시에는 방법은 2,4- DNPH(2,4-디니트로페닐히드라진)가 코팅된 실리카겔 흡착관을 흔히 사용한다.
- 이 흡착관을 통해 공기 중의 포름알데히드를 화학적으로 유도체화시켜 포름알데히드-2,4-DNPH 유도체를 형성하며, 이 유도체를 가스크로마토그래피(GC)나 고성능 액체크로마토그래피(HPLC)로 분석한다.

06 빈출

작업대사율이 3인 중등작업을 하는 근로자의 실동률(%)을 계산하면 얼마인가?

① 50
② 60
③ 70
④ 80

사이또-오시마식에 의한 실동률(%)
RMR이 3이므로,
실동률(%) = 85 − (5 × RMR)
= 85 − (5 × 3) = 85 − 15 = 70%

07 빈출

산업안전보건법상 사무실 공기질의 측정대상물질에 해당하지 않는 것은?

① 포름알데히드
② 일산화질소
③ 일산화탄소
④ 총부유세균

일산화질소는 해당되지 않는다.

관련개념 사무실 공기관리 지침[고용노동부고시 제2020-45호]

오염물질	관리기준*
미세먼지(PM10)	$100\mu g/m^3$
초미세먼지(PM2.5)	$50\mu g/m^3$
이산화탄소(CO_2)	1,000ppm
일산화탄소(CO)	10ppm
이산화질소(NO_2)	0.1ppm
포름알데히드(HCHO)	$100\mu g/m^3$
총휘발성유기화합물(TVOC)	$500\mu g/m^3$
라돈(radon)**	$148\ q/m^3$
총부유세균	$800CFU/m^3$
곰팡이	$500CFU/m^3$

* 관리기준: 8시간 시간가중평균농도 기준
** 라돈: 지상 1층을 포함한 지하에 위치한 사무실에만 적용

08

작업장에서 누적된 스트레스를 개인차원에서 관리하는 방법에 대한 설명이 잘못된 것은 무엇인가?

① 신체검사를 통하여 스트레스성 질환을 평가한다.
② 자신의 한계와 문제의 징후를 인식하여 해결 방안을 도출한다.
③ 명상, 요가, 선 등의 긴장 이완훈련을 통하여 생리적 휴식상태를 경험한다.
④ 규칙적인 운동을 피하고, 직무 외적인 취미, 휴식, 즐거운 활동 등에 참여하여 대처능력을 함양한다.

규칙적인 운동을 하고, 직무 외적인 취미, 휴식, 즐거운 활동 등에 참여하여 대처능력을 함양한다.

09 빈출

산업위생 역사에서 영국의 외과의사 Percivall Pott에 대한 내용 중 바르지 않은 것은?

① 직업성 암을 최초로 보고하였다.
② 산업혁명 이전의 산업위생 역사이다.
③ 어린이 굴뚝 청소부에게 많이 발생하던 음낭암(Scrotal Cancer)의 원인물질을 검댕(Soot)이라고 규명하였다.
④ Pott의 노력으로 1788년 영국에서는 "도제 건강 및 도덕법(Health and Mo-rals of Apprentices Act)"이 통과되었다.

Percival Pott(퍼시벌 포트, 1714~1788)은 영국 외과의사로, 직업과 암의 연관성을 최초로 밝힌 인물이다. 그는 굴뚝 청소부에게 음낭암(Scrotal Cancer)이 발생함을 관찰하여, 검댕(Smut)이 원인임을 최초로 밝혀 직업성 암의 개념을 도입하였다.

관련개념 도제 건강 및 도덕법(Health and Morals of Apprentices Act, 1802)
영국에서 산업혁명 초기, 면직물 공장에서 일하던 도제(견습생)들의 열악한 근로환경을 개선하기 위해 제정된 최초의 산업보건 관련 법이다. 이 법은 로버트 필 경이 제안했으며, 주요 내용은 다음과 같다.
• 작업장 환기 및 청결 유지를 의무화
• 도제에게 기초 교육과 종교 예배 참석 기회를 제공
• 의복 지급 및 근무시간 제한: 하루 12시간 이하, 야간작업 금지
• 감염병 예방 조치: 작업장 소독, 위생 관리 강화
이 법은 당시 아동노동의 폐해를 처음으로 입법적으로 인정한 사례로 평가되며, 이후 공장법(Factory Acts) 제정의 기반이 되었다.

10 빈출

다음 중 근육운동을 하는 동안 혐기성 대사에 동원되는 에너지원과 가장 거리가 먼 것은 무엇인가?

① 아세트알데히드
② 크레아틴인산(CP)
③ 글리코겐
④ 아데노신삼인산(ATP)

• 혐기성 대사: 아데노신삼인산(ATP) → 크레아틴인산(CP) → 글리코겐(glycogen) or 포도당(glucose)
• 아데노신삼인산(ATP)과 크레아틴 인산은 근육 내에 저장되어 있어 순간적으로 빠르게 에너지를 공급하는 혐기성 대사의 주요 원료이다.

11

온도 25℃, 1기압하에서 분당 100mL씩 60분 동안 채취한 공기 중에서 벤젠이 3mg 검출되었다. 검출된 벤젠은 약 몇 ppm인가? (단, 벤젠의 분자량은 78이다.)

① 11
② 15.7
③ 111
④ 157

$$\text{ppm} = \text{mL/m}^3$$

$$\frac{3\text{mg} \times \dfrac{22.4\text{mL}}{78\text{mg}} \times \dfrac{(273+25)\text{K}}{273\text{K}}}{\dfrac{100\text{mL}}{\min} \times 60\min \times \dfrac{\text{m}^3}{10^6\text{mL}}} = 156.7389\text{mL/m}^3$$

12

주로 정적인 자세에서 인체의 특정부위를 지속적, 반복적으로 사용하거나 부적합한 자세로 장기간 작업할 때 나타나는 질환을 의미하는 것으로 바르지 않은 것은?

① 반복성 긴장장애
② 누적외상성 질환
③ 작업관련성 근골격계질환
④ 작업관련성 신경계질환

작업관련성 신경계질환은 신경계에 영향을 주는 다양한 원인으로 인해 발생하며, 반드시 정적이거나 반복적인 동작에 국한되지 않는다. 즉, 작업환경과 직접 관련되지만 정적 자세 및 반복적 근육 사용과는 구분된다.

관련개념
- 반복성긴장장애: 컴퓨터 작업자, 악기 연주자, 단순 노동자 등에서 반복적이고 동일한 동작을 지속할 때 발생하는 질환
  - 예 손목터널증후군, 테니스엘보, 마우스 엘보, 근근막통증증후군 등
- 누적외상성 질환: 동일하거나 유사한 외상이 반복적으로 누적되어 발생하는 질환
  - 예 만성 손목힘줄염 등 지속적 외상에 의한 조직 손상 질환
- 작업관련성 신경계질환: 작업환경의 화학물질, 유해 인자 등으로 인해 신경 기능 이상이 발생하는 질환
  - 예 중금속 중독에 의한 신경장애, 유기용매 중독에 의한 신경병증 등
- 작업관련성 근골격계질환: 작업 중 근골격계 부위의 과사용, 부적절한 자세 등으로 손상되는 질환
  - 예 척추질환, 근육염좌, 근막통증증후군, 골관절염 등

13

다음 중 산업안전보건법상 대상화학물질에 대한 물질안전보건자료(MSDS)로부터 알 수 있는 정보가 아닌 것은 무엇인가?

① 응급조치 요령
② 법적규제 현황
③ 주요성분 검사방법
④ 노출방지 및 개인보호구

주요성분 검사방법은 해당되지 않는다.

관련개념 산업안전보건법령(산업안전보건기준에 관한 규칙)에서 정한 물질안전보건자료(MSDS, Material Safety Data Sheet) 작성 시 포함해야 할 항목
화학제품과 회사에 관한 정보, 위험 · 유해성, 구성 성분의 명칭 및 함유량, 응급조치 요령, 폭발 · 화재 시 대처방법, 누출사고 시 대처방법, 취급 및 저장방법, 노출방지 및 개인보호구, 물리 · 화학적 특성, 안정성 및 반응성, 독성에 관한 정보, 환경에 미치는 영향, 폐기 시 주의사항, 운송에 필요한 정보, 법적규제 현황, 기타 참고사항

14

우리나라 고시에 따르면 하루에 몇 시간 이상 집중적으로 자료입력을 위해 키보드 또는 마우스를 조작하는 작업을 근골격계 부담작업으로 분류하는가?

① 2시간
② 4시간
③ 6시간
④ 8시간

하루에 4시간 이상 집중적으로 키보드 또는 마우스를 조작하는 작업이 근골격계 부담작업에 해당한다.

15

다음 중 직업성 질환으로 가장 거리가 먼 것은 무엇인가?

① 분진에 의하여 발생되는 진폐증
② 화학물질의 반응으로 인한 폭발 후유증
③ 화학적 유해인자에 의한 중독
④ 유해광선, 방사선 등의 물리적 인자에 의하여 발생되는 질환

폭발 후유증은 사고나 외상에 의한 손상으로, 직업성 질환이라기보다는 산업재해의 범주에 더 가깝다.

정답　　12 ④　13 ③　14 ②　15 ②

16 ★ 빈출

미국산업위생학술원(AAIH)에서 정하고 있는 산업위생전문
가로서 지켜야 할 윤리강령으로 바르지 않은 것은?

① 기업체의 기밀은 누설하지 않는다.
② 성실성과 학문적 실력 면에서 최고 수준을 유지한다.
③ 쾌적한 작업환경을 만들기 위한 시설 투자 유치에 기
　여한다.
④ 과학적 방법의 적용과 자료의 해석에 객관성을 유지
　한다.

쾌적한 작업환경을 만들기 위한 시설 투자 유치에 기여한다는 것은
기업주와 고객에 대한 책임이다.

관련개념

기업주와 고객에 대한 책임에는 신뢰를 바탕으로 정직하게 충고하고,
정확한 기록을 유지하며, 쾌적한 작업환경 조성을 위해 책임감 있게
행동해야 한다는 내용이 포함된다.

17

다음 중 안전보건교육에 관한 내용으로 바르지 않은 것은?

① 사업주는 당해 사업장의 근로자에 대하여 정기적으로
　안전보건에 관한 교육을 실시한다.
② 사업주는 근로자를 채용할 때와 작업내용을 변경할
　때는 당해 근로자에 대하여 당해 업무와 관계되는 안
　전보건에 관한 교육을 실시한다.
③ 사업주는 유해하거나 위험한 작업에 근로자를 사용할
　때에는 당해업무와 관계되는 안전보건에 관한 특별교
　육을 실시한다.
④ 사업주는 안전보건에 관한 교육을 교육부장관이 지정
　하는 교육기관에 위탁하여 실시한다.

사업주는 안전보건에 관한 교육을 고용노동부장관이 지정하는 교육
기관에 위탁하여 실시한다.

18

다음 중 산업피로의 원인이 되고 있는 스트레스에 의한 신
체반응 증상으로 올바른 것은?

① 혈압의 상승
② 근육의 긴장 완화
③ 소화기관에서의 위산 분비 억제
④ 뇌하수체에서 아드레날린의 분비 감소

혈압은 처음에 높아지나 피로가 진행되면 나중에 오히려 떨어진다.

19

직업성 질환의 예방대책 중에서 근로자 대책에 속하지 않
는 것은 무엇인가?

① 적절한 보호의의 착용
② 정기적인 근로자 건강진단의 실시
③ 생산라인의 개조 또는 국소배기시설의 설치
④ 보안경, 진동 장갑, 귀마개 등의 보호구 착용

생산라인의 개조나 국소배기시설 설치는 작업환경 자체를 개선하는
작업환경 개선 대책에 속한다. 이는 근로자 개별 대책이 아니라 사
업장 차원의 환경관리 대책이다.

20 빈출

다음 중 재해예방의 4원칙에 해당하지 않는 것은 무엇인가?

① 손실우연의 원칙
② 원인조사의 원칙
③ 예방가능의 원칙
④ 대책선정의 원칙

재해예방의 4원칙
- 손실우연의 원칙: 재해손실의 크기나 발생 여부는 사고 당시의 조건에 따라 우연적으로 결정된다는 원칙이다.
- 원인계기의 원칙: 모든 사고에는 반드시 원인이 존재하며 사고와 원인은 필연적 관계가 있다는 원칙이다.
- 예방가능의 원칙: 천재지변을 제외한 모든 인재는 원인을 제거하면 예방이 가능하다는 원칙이다.
- 대책선정의 원칙: 재해의 원인을 정확히 규명하여 적절한 예방 대책을 선정하고 실행해야 한다는 원칙이다.

2과목 · 작업위생 측정 및 평가

21

음원의 파워레벨을 Lw(dB), 음원에서의 수음점까지의 거리를 r(m), 음원의 지향계수를 Q라 할 때 음압레벨 L(dB)은 L = Lw − 20logr − 11 + 10logQ로 나타낸다. Lw가 107dB일 때 r이 2m이고, L이 96dB이었다면 음원의 지향계수는 무엇인가?

① 1
② 2
③ 3
④ 4

L = Lw − 20logr − 11 + 10logQ
96 = 107 − 20log2 − 11 + 10logQ
Q = 4

22

가스상 물질 흡수액의 흡수효율을 높이기 위한 방법으로 올바르지 않은 것은?

① 가는 구멍이 많은 프리티드버블러 등 채취효율이 좋은 기구를 사용한다.
② 시료채취속도를 높인다.
③ 용액의 온도를 낮춘다.
④ 두 개 이상의 버블러를 연속적으로 연결한다.

시료채취속도가 낮을수록 흡착제가 오염물질을 잘 흡착할 시간이 더 많아져 파과가 쉽게 일어나지 않는다.

23

흡착제인 활성탄의 제한점에 관한 내용으로 바르지 않은 것은?

① 휘발성이 매우 큰 저분자량의 탄화수소 화합물의 채취효율이 떨어짐
② 암모니아, 에틸렌, 염화수소와 같은 저비점 화합물에 비효과적임
③ 케톤의 경우 활성탄 표면에서 물을 포함하는 반응에 의해서 파괴되어 탈착률과 안정성에서 부적절함
④ 표면의 산화력으로 인해 반응성이 적은 Mercaptan, Aldehyde 포집에 부적합함

활성탄은 주로 비극성 물질이나 휘발성 유기화합물(VOC)의 흡착에 효과적이나, 암모니아, 에틸렌, 염화수소 등 극성 물질 흡착에는 효율이 떨어진다. Mercaptan(머캅탄)과 Aldehyde(알데히드)는 활성탄의 표면 산화력에 의해 잘 흡착된다.

24 빈출

2차 표준 보정기구와 가장 거리가 먼 것은 무엇인가?

① 습식테스트 미터
② 건식가스미터
③ 폐활량계
④ 열선기류계

- 1차 표준기구: 물리적 크기에 따라 공간의 부피를 직접 측정할 수 있는 기구로, 대표적으로 흑연 피스톤 미터, 비누거품 미터, 폐활량계, 가스치환병, 유리 피스톤 미터, 피토튜브 등이 있다.
- 2차 표준기구: 공간의 부피를 직접 측정할 수 없으며, 기류 속도나 압력을 유량으로 환산해 사용하는 기구로, 로타미터, 건식가스미터, 습식테스트 미터, 오리피스 미터, 열선기류계 등이 있다.

25 빈출

어느 자동차공장의 프레스반 소음을 측정한 결과 측정치가 [79dB(A), 80dB(A), 77dB(A), 82dB(A)m, 88dB(A), 81dB(A), 84dB(A), 76dB(A)]이었다면 이 프레스반의 소음의 중앙치(Median)는 얼마인가?

① 80.5dB(A)
② 81.5dB(A)
③ 82.5dB(A)
④ 83.5dB(A)

- 주어진 소음 측정치dB(A)의 중앙치(Median)를 구하는 방법
  ✓ 먼저 데이터를 크기 순으로 정렬한다
    76, 77, 79, 80, 81, 82, 84, 88
  ✓ 데이터가 8개로 짝수 개수이므로 중앙값은 4번째와 5번째 값의 평균이다.
- 4번째 값 = 80, 5번째 값 = 81이다.
- 중앙치 = (80 + 81) / 2 = 80.5dB(A)

26 빈출

금속 도장 작업장의 공기 중에 Toluene(TLV = 100ppm) 55ppm, MIBK(TLV = 50ppm) 25ppm, Acetone(TLV = 750ppm) 280ppm, MEK(TLV = 200ppm) 90ppm으로 발생되었을 때 이 작업장 노출지수(EI)는 얼마인가? (단, 상가 작용 기준이다.)

① 1.575
② 1.673
③ 1.773
④ 1.873

$$EI = \frac{C_1}{T_1} + \frac{C_2}{T_2} + \cdots$$

$$= \frac{55}{100} + \frac{25}{50} + \frac{280}{750} + \frac{90}{200} = 1.8733$$

- C_n: 각 성분의 농도 또는 중량비
- T_n: 각 성분의 노출기준

27 빈출

호흡성 먼지에 관한 내용으로 올바른 것은? (단, ACGIH(미국산업위생사전문가협의회) 기준에 따른다.)

① 평균 입경은 2μm이다.
② 평균 입경은 4μm이다.
③ 평균 입경은 8μm이다.
④ 평균 입경은 10μm이다.

ACGIH 입자 크기별 기준
- 흡입성 입자상 물질: 평균입경 100μm
- 흉곽성 입자상 물질: 평균입경 10μm
- 호흡성 입자상 물질: 평균입경 4μm

정답　24 ③　25 ①　26 ④　27 ②

28

용접작업장에서 개인시료 펌프를 이용하여 오전 9시 5분부터 11시 55분까지, 오후에는 1시 5분부터 4시 23분까지 시료를 채취하였다. 총 채취공기량이 787L일 경우 펌프의 유량(L/min)은 무엇인가?

① 약 1.14
② 약 2.14
③ 약 3.14
④ 약 4.14

$$\frac{787\text{L}}{170\text{min} + 198\text{min}} = 2.1385\text{L/min}$$

29

흡수액을 이용하여 액체를 포집한 후 시료를 분석한 결과 다음과 같은 수치를 얻었다. 이 물질의 공기 중 농도를 구하면?

- 시료에서 정량된 분석량 $40.5\mu g$
- 공 시료에서 정량된 분석량 $6.25\mu g$
- 시작 시 유량 1.2L/min, 종료 시 유량 1.0L/min
- 포집시간 389분
- 포집 효율 80%

① 0.1mg/m³
② 0.2mg/m³
③ 0.3mg/m³
④ 0.4mg/m³

$$\frac{(40.5-6.25)\mu g \times \dfrac{1\text{mg}}{1,000\mu g}}{\left(\dfrac{1.2+1.0}{2}\right)\dfrac{\text{L}}{\text{min}} \times 389\text{min} \times \dfrac{\text{m}^3}{1,000\text{L}}} \times \frac{100}{80} = 0.1000\text{mg/m}^3$$

30

어느 작업장 내의 공기 중 톨루엔(Toluene)을 기체크로마토그래피법으로 농도를 구한 결과 65.0mg/m³이었다면 ppm 농도는 얼마인가? (단, 25℃, 1기압 기준이고, 톨루엔(Toluene)의 분자량은 92.14이다.)

① 17.3ppm
② 37.3ppm
③ 122.4ppm
④ 246.4ppm

$$\text{ppm} = \text{mL/m}^3$$

$$\frac{65.0\text{mg} \times \dfrac{22.4\text{mL}}{92.14\text{mg}} \times \dfrac{(273+25)\text{K}}{273\text{K}}}{\text{m}^3} = 17.2491\text{mL/m}^3$$

31 ⭐빈출

서울 종로 혜화동 전철역에서 측정한 오존의 농도가 [측정 농도(ppm): 5.42, 5.58, 1.26, 0.57, 5.82, 2.24, 3.58, 5.58, 1.15]이었다면 기하평균(ppm)은 얼마인가?

① 2.25
② 2.65
③ 3.25
④ 3.45

기하평균은 농도의 중앙 경향을 표현할 때 유용하며, 특히 측정값 간 편차가 크거나 자료가 로그 정규분포를 따를 때 사용한다.

$$\text{기하평균} = (x_1 \times x_2 \times x_3 \times \cdots \times x_n)^{\frac{1}{n}}$$

$$= (5.42 \times 5.58 \times 1.26 \times 0.57 \times 5.82 \times 2.24 \times 3.58 \times 5.58 \times 1.15)^{\frac{1}{9}}$$

$$= 2.6527$$

32

측정결과의 통계처리를 위한 산포도 측정방법에는 변량 상호간의 차이에 의하여 측정하는 방법과 평균값에 대한 변량의 편차에 의한 측정방법이 있다. 다음 중 변량 상호 간의 차이에 의하여 산포도를 측정하는 방법으로 가장 올바른 것은?

① 평균차
② 분산
③ 변이계수
④ 표준편차

산포도를 측정하는 방법은 크게 두 가지로 나눌 수 있다.
- 변량 상호 간의 차이에 의한 방법: 변수들 간의 쌍별 차이를 직접 측정하며, 평균차(Mean Absolute Deviation, MAD)가 이에 해당한다.
- 평균값에 대한 변량의 편차에 의한 방법: 각 변량이 평균에서 얼마나 떨어져 있는지를 계산하여 측정한다. 분산, 표준편차, 변이계수가 이에 속한다.
  - ✓ 분산: 자료 각각이 평균에서 얼마나 떨어져 있는지(편차)를 제곱해서 모두 더한 뒤, 자료 개수로 나눈 값으로 자료가 평균 주변에 많이 퍼져 있으면 분산이 커진다.
  - ✓ 표준편차: 분산의 제곱근으로서, 원래 자료 단위를 유지하여 산포도를 나타난다.
  - ✓ 변이계수: 표준편차를 평균으로 나눈 값으로, 평균 대비 얼마나 흩어져 있는지를 비율로 나타낸다.

관련개념 산포도
데이터가 얼마나 퍼져 있는지를 나타내는 통계 용어이다. 즉, 자료들이 평균값이나 중심값을 기준으로 얼마나 흩어져 있는지, 분포의 폭이나 변동성을 수치로 나타낸 것이다. 산포도가 작으면 자료들이 중심에 모여 있고, 크면 넓게 퍼져 있다는 의미이다. 산포도를 나타내는 대표적인 지표로는 범위, 사분위수 범위, 분산, 표준편차 등이 있다. 이를 통해 자료의 분포 특성과 변동성을 이해할 수 있다.

33 빈출

입경이 $50\mu m$이고 입자비중이 1.5인 입자의 침강속도는 얼마인가?

① 약 8.3cm/sec
② 약 11.3cm/sec
③ 약 13.3cm/sec
④ 약 15.3cm/sec

Lippman식
$$V = K \times \rho \times d^2$$
$$= 0.003 \times 1.5 \times (50\mu m)^2 = 11.25 cm/sec$$
- V: 침강속도(cm/sec)
- K: 경험적으로 정해진 상수(일반적으로 0.003)
- ρ: 입자의 비중
- d: 입자의 직경(μm)

Lippman식은 공기 중 먼지나 에어로졸 등 입자의 침강속도를 실제 환경에 더 가깝게 추정하기 위한 경험적 공식이다.

34 빈출

공장 내 지면에 설치된 한 기계에서 10m 떨어진 지점에서 소음이 70dB(A)이었다. 기계의 소음이 50dB(A)로 들리는 지점은 기계에서 몇 m 떨어진 곳에 있는가? (단, 점음원 기준이며 기타 조건은 고려하지 않는다.)

① 50m
② 100m
③ 200m
④ 400m

소음 감쇠는 아래 식을 활용한다.
$$L_2 = L_1 - 20\log\left(\frac{r_2}{r_1}\right)$$
$$50 = 70 - 20\log\left(\frac{r_2}{10m}\right)$$
$$r_2 = 100m$$
- L_n: 소음도
- r_n: 거리

정답   32 ①   33 ②   34 ②

35

입자상 물질 측정을 위한 직경분립충돌기에 관한 설명으로 바르지 않은 것은?

① 입자의 질량크기분포를 얻을 수 있다.
② 호흡기의 부분별로 침착된 입자크기의 자료를 추정할 수 있다.
③ 되튐으로 인한 시료 손실이 일어날 수 있다.
④ 시료채취 준비 시간이 적고 용이하다.

시료 채취 준비에 시간이 많이 걸리며 비교적 채취가 용이하지 않다.

관련개념 직경분립충돌기(Cascade Impactor)
• 입자의 관성에 의한 충돌 원리를 이용해, 크기별로 입자를 분리 및 채취하는 기기
• 일반적으로 여러 개의 노즐과 수집판(Stage)으로 구성되어, 입자 크기별로 분급 가능
• 사용 시 여러 단계를 거쳐야 하므로 기기 구성 및 시료채취 준비가 복잡하고 시간 소요가 큰 편

36

알고 있는 공기 중 농도를 만드는 방법인 Dynamic Method에 관한 설명으로 올바르지 않은 것은?

① 소량의 누출이나 벽면에 의한 손실은 무시할 수 있다.
② 농도변화를 줄 수 있다.
③ 만들기가 복잡하고 가격이 고가이다.
④ 대개 운반용으로 제작된다.

동적 방법은 농도 조절과 유지 목적이며, 대개 운반용으로 제작되는 것은 아니다. 운반용 기구는 별도로 존재하고, 동적 방법 장비는 주로 실험이나 분석용으로 사용된다.

관련개념
• 동적 방법(Dynamic Method): 동적 방법은 가스나 액체를 지속적으로 공급하거나 배출하여 일정한 농도를 유지하는 방식이다. 농도 변화를 자유롭게 조절할 수 있고, 만들기가 복잡하며 가격이 상대적으로 고가이다. 소량의 누출이나 벽면에 의한 손실은 무시할 수 있다.
• 정적 방법(Static Method): 정적 방법은 일정한 양의 시료를 용기나 챔버에 넣고 혼합하여 농도를 고정하는 방식이다. 농도는 외부에서 별도로 공급하거나 배출하지 않고 일정하게 유지된다. 만들기가 비교적 간단하고 비용도 낮으나, 농도 조절 및 유지가 제한적이다.

37 빈출

분석기가 검출할 수 있고 신뢰성을 가질 수 있는 양인 정량한계(LOQ)에 관한 설명으로 올바른 것은?

① 표준편차의 3배
② 표준편차의 3.3배
③ 표준편차의 5배
④ 표준편차의 10배

표준편차의 10배 또는 검출한계의 3배(또는 3.3배)로 정의한다.

38 빈출

금속제품을 탈지 세정하는 공정에서 사용하는 유기용제인 트리클로로에틸렌의 근로자 노출농도를 측정하고자 한다. 과거의 노출농도를 조사해 본 결과, 평균 50ppm이었다. 활성탄관(100mg/50mg)을 이용하여 0.4L/min으로 채취하였다면 채취해야 할 최소한의 시간(분)은 얼마인가? (단, 트리클로로에틸렌의 분자량은 131.39, 기체크로마토그래피의 정량한계는 시료당 0.5mg이고, 1기압, 25℃ 기준으로 기타조건은 고려하지 않는다.)

① 약 2.4분
② 약 3.2분
③ 약 4.7분
④ 약 5.3분

필요한 시료량 = 채취시간 × 농도 × 채취유량

$$0.5\text{mg} = \square\,\text{min} \times \frac{50\text{mL} \times \dfrac{131.39\text{mg}}{22.4\text{mL}}}{\text{Sm}^3 \times \dfrac{(273+25)\text{K}}{273\text{K}}} \times \frac{0.4\text{L}}{\text{min}} \times \frac{\text{m}^3}{1,000\text{L}}$$

$$\square = 4.6524\text{min}$$

39 ★빈출

다음이 설명하는 막여과지는 무엇인가?

> • 농약, 알카리성 먼지, 콜타르피치 등을 채취한다.
> • 열, 화학물질, 압력 등에 강한 특성이 있다.
> • 석탄건류나 증류 등의 고열 고정에서 먼지나 다환 방향족탄화수소를 채취하는 데 이용된다.

① 은 막여과지
② PVC 막여과지
③ 섬유상 막여과지
④ PTFE 막여과지

PTFE(Polytetrafluoroethylene) 막여과지는 고열, 화학물질, 알카리성 먼지, 콜타르피치 등 독성이 강한 물질을 채취하기에 적합하며, 열과 압력에 강한 특성을 가지고 있다. 또한 석탄건류, 다환방향족탄화수소 등 고열 고정 과정에서 생성되는 먼지 및 유해물질을 포집하는 데 자주 사용된다.

관련개념
- 은 막여과지: 금속이나 은 필름으로 만들어져 있으며, 주로 가스상 물질 분석에 사용된다.
- PVC 막여과지: 액체 필터링, 공기 중 입자 포집 등에 사용되며 중량분석이나 6가 크롬 등을 측정하는 데 사용된다. 폴리염화비닐 재질의 멤브레인 필터로 내화학성이 우수하여 유기용매나 산 등 일부 화학물질에 강한 편이다.
- 섬유상 막여과지: 유리섬유나 합성섬유로 만들어진 여과지로, 입자상 물질 포집에 효과적이다. 공해 먼지, 총 먼지, 미세먼지 등 다양하게 사용된다.

40 ★빈출

유량, 측정시간, 회수율, 분석에 의한 오차가 각각 8%, 4%, 7%, 5%일 때의 누적오차는 얼마인가?

① 12.4%
② 15.4%
③ 17.6%
④ 19.3%

누적오차는 각 오차의 제곱을 합한 후 제곱근을 취하는 방식으로 계산한다.

누적오차 $= \sqrt{8^2 + 4^2 + 7^2 + 5^2} = 12.4096\%$

41

도관 내 공기흐름에서의 Reynolds 수를 계산하기 위해 알아야 하는 요소로 가장 올바른 것은 무엇인가?

① 공기속도, 도관직경, 동점성계수
② 공기속도, 중력가속도, 공기밀도
③ 공기속도, 공기온도, 도관의 길이
④ 공기속도, 점성계수, 도관의 길이

$$Re = \frac{\text{덕트의 직경} \times \text{공기밀도} \times \text{공기속도}}{\text{공기점성계수}}$$

$$= \frac{\text{덕트의 직경} \times \text{공기속도}}{\text{동점성계수}}$$

42

국소배기장치를 반드시 설치해야 하는 경우와 가장 거리가 먼 것은 무엇인가?

① 법적으로 국소배기장치를 설치해야 하는 경우
② 근로자의 작업위치가 유해물질 발생원에 근접해 있는 경우
③ 발생원이 주로 이동하는 경우
④ 유해물질의 발생량이 많은 경우

발생원이 주로 이동하는 경우 국소배기장치를 설치할 수 없다.

43 빈출

덕트의 설치 원칙으로 올바르지 않은 것은?

① 덕트는 가능한 한 짧게 배치하도록 한다.
② 밴드의 수는 가능한 한 적게 하도록 한다.
③ 가능한 한 후드와 먼 곳에 설치한다.
④ 공기가 아래로 흐르도록 하향구배를 만든다.

> 오염물질 배출구는 가능한 한 오염원으로부터 가까운 곳에 설치하여 점환기의 효과를 얻는다.

관련개념 점환기 현상
- 공기배출구 부근에서 배출된 오염물질이 초기 운동에너지를 잃고 정체되어 거의 움직임이 없는 상태가 되는 현상이다.
- 오염물질이 배출구 가까이 머물러 제대로 확산 또는 배출되지 못하게 하는 문제로, 국소배기장치 효율을 저하시키고 작업장 내 오염물질 농도를 높이는 원인이 된다.
- 점환기 현상을 방지하려면 오염물질 배출구를 오염원으로부터 가능한 한 멀리 설치하여 유동성을 확보하고 배출되는 공기가 원활히 흐르도록 해야 한다.

44 빈출

보호구를 착용함으로써 유해물질로부터 얼마만큼 보호되는지를 나타내는 보호계수(APF) 산정식으로 바른 것은? (단, C_o는 호흡기보호구 밖의 유해물질 농도, C_i는 호흡기보호구 안의 유해물질 농도이다.)

① $APF = C_i/C_o$
② $APF = C_o/C_i$
③ $APF = (C_o - C_i)/100$
④ $APF = (C_i - C_o)/100$

> 할당보호계수(APF, Assigned Protection Factor)
> - 잘 훈련된 착용자가 보호구를 올바르게 착용했을 때 기대할 수 있는 보호 정도를 나타내는 값이다.
> - APF는 보호구 밖의 오염물질 농도(C_o)와 보호구 내부 오염물질 농도(C_i)의 비율로 표현한다. 즉, $APF = C_o/C_i$이다.

45 빈출

Methyl Ethyl Ketone(MEK)을 사용하는 접착작업장에서 1시간에 2L가 휘발할 때 필요한 환기량은 얼마인가? (단, MEK의 비중은 0.805, 분자량은 72.06이고, K = 3, 기온은 21℃, 기압은 760mmHg인 경우이며 MEK의 허용한계치는 200ppm이다.)

① 약 2,100m³/hr
② 약 4,100m³/hr
③ 약 6,100m³/hr
④ 약 8,100m³/hr

$$Q(환기량) = \frac{K(안전계수) \times G(발생량)}{C(허용농도)}$$

$$= 3 \times \frac{\dfrac{2L}{hr} \times \dfrac{0.805g}{mL} \times \dfrac{1,000mL}{L}}{\dfrac{200mL \times \dfrac{273K}{(273+21)K} \times \dfrac{72.06mg}{22.4mL} \times \dfrac{g}{1,000mg}}{m^3}}$$

$$= 8,084.5449 m^3/hr$$

- K(안전계수) = 3
- G(발생량) = 2L/hr
- C(허용농도(TLV)) = 200ppm

46 ⭐

A용제가 800m³의 체적을 가진 방에 저장되어 있다. 공기를 공급하기 전에 측정한 농도는 400ppm이었다. 이 방으로 환기량 40m³/분을 공급한다면 노출기준인 100ppm으로 달성되는 데 걸리는 시간은 얼마인가? (단, 유해물질 발생은 정지, 환기만 고려한다.)

① 약 16분
② 약 28분
③ 약 34분
④ 약 42분

외부유입공기 중 오염물질의 농도는 0ppm이므로 1차 반응의 단순 희석 개념을 적용한다.

$$\ln\left(\frac{C_t}{C_0}\right) = -kt \ \rightarrow \ \ln\left(\frac{C_t}{C_0}\right) = -\frac{Q}{V}\times t$$

$$\ln\left(\frac{100}{400}\right) = -\frac{40\text{m}^3/\text{min}}{800\text{m}^3}\times t$$

$$t = 27.7258\text{min}$$

47

주 덕트에 분지관을 연결할 때 손실계수가 가장 큰 각도는 무엇인가?

① 30°
② 45°
③ 60°
④ 90°

덕트 내 유체 흐름에서 각도에 따른 손실계수는 각도가 커질수록 압력 손실이 커진다.

48

작업환경에서 발생하는 유해인자 제거나 저감을 위한 공학적 대책 중 물질의 대치로 바르지 않은 것은 무엇인가?

① 성냥 제조 시에 사용되는 적린을 백린으로 교체
② 금속표면을 블라스팅할 때 사용재료로 모래 대신 철 구슬(Shot) 사용
③ 보온재로 석면 대신 유리섬유나 암면 사용
④ 주물공정에서 실리카 모래 대신 그린(Green) 모래로 주형을 채우도록 대치

성냥을 만들 때 백린을 적린으로 교체한다.

49 ⭐

방진마스크에 대한 설명으로 바르지 않은 것은?

① 여과효율이 우수하려면 필터에 사용되는 섬유의 직경이 작고 조밀하게 압축되어야 한다.
② 비휘발성 입자에 대한 보호가 가능하다.
③ 흡기저항 상승률이 높은 것이 좋다.
④ 흡기, 배기저항은 낮은 것이 좋다.

흡기저항 상승률은 낮은 것이 좋다. 흡기저항 상승률이 높으면 호흡이 힘들어지고 착용감이 나빠진다.

50 ⭐

후향날개형 송풍기가 2,000rpm으로 운전될 때 송풍량이 20m³/min, 송풍기 정압이 50, 축동력이 0.5kW였다. 다른 조건은 동일하고 송풍기의 rpm을 조절하여 3,200rpm으로 운전한다면 송풍량, 송풍기 정압, 축동력은 얼마인가?

① 38m³/min, 80mmH₂O, 1.86kW
② 38m³/min, 128mmH₂O, 2.05kW
③ 32m³/min, 80mmH₂O, 1.86kW
④ 32m³/min, 128mmH₂O, 2.05kW

- 풍량: 송풍기의 회전수에 비례한다.

$$\frac{풍량}{20\text{m}^3/\text{min}} = \frac{3,200\text{rpm}}{2,000\text{rpm}}$$

풍량 = 32m³/min

- 풍압: 송풍기의 회전수의 제곱에 비례한다.

$$\frac{풍압}{50\text{mmH}_2\text{O}} = \left(\frac{3,200\text{rpm}}{2,000\text{rpm}}\right)^2$$

풍압 = 128mmH₂O

- 동력(축동력): 송풍기의 회전수의 세제곱에 비례한다.

$$\frac{축동력}{0.5\text{kW}} = \left(\frac{3,200\text{rpm}}{2,000\text{rpm}}\right)^2$$

축동력 = 2.048kW

51

자연환기의 장, 단점으로 바르지 않은 것은?

① 환기량 예측 자료를 구하기 쉬운 장점이 있다.
② 효율적인 자연환기는 냉방비 절감의 장점이 있다.
③ 외부 기상조건과 내부 작업조건에 따라 환기량 변화가 심한 단점이 있다.
④ 운전에 따른 에너지 비용이 없는 장점이 있다.

환기량 예측 자료를 구하기 어려운 단점이 있다.

52

"일정한 압력조건에서 부피와 온도는 비례한다"는 산업환기의 기본법칙은 무엇인가?

① 게이 – 루삭의 법칙
② 라울트의 법칙
③ 샤를의 법칙
④ 보일의 법칙

③ 샤를 법칙은 압력이 일정할 때 기체의 부피와 온도가 비례하는 관계를 설명한다.
① 게이-루삭 법칙은 부피가 일정할 때 온도와 압력이 비례한다는 것을 나타낸다.
② 라울트 법칙은 증기압과 관련된 법칙으로, 혼합물의 증기압은 각 성분의 증기압과 몰 분율에 따른 가중평균임을 설명한다.
④ 보일 법칙은 온도가 일정할 때 기체의 압력과 부피가 반비례 관계임을 나타낸다.

53

원심력 송풍기 중 전향날개형 송풍기에 관한 설명으로 올바르지 않은 것은?

① 송풍기의 임펠러가 다람쥐 쳇바퀴 모양으로 생겼다.
② 송풍기 깃이 회전방향과 반대 방향으로 설계되어 있다.
③ 큰 압력손실에서 송풍량이 급격하게 떨어지는 단점이 있다.
④ 다익형 송풍기라고도 한다.

송풍기 깃이 회전방향과 같은 방향으로 설계되어 있다.

54 빈출

후드로부터 0.25m 떨어진 곳에 있는 금속제품의 연마 공정에서 발생되는 금속먼지를 제거하기 위해 원형후드를 설치하였다면 환기량(m^3/sec)은 얼마인가? (단, 제어속도는 2.5m/sec, 후드직경은 0.4m이고, 플랜지는 부착되지 않았다.)

① 약 1.9
② 약 2.3
③ 약 3.2
④ 약 4.1

외부식 후드의 필요환기량

$$Q = V_c \times (10X^2 + A)$$

$$= \frac{2.5m}{sec} \times \left[(10 \times 0.25^2)m^2 + \left(\frac{\pi \times 0.4^2}{4} \right)m^2 \right]$$

$$= 1.8766 m^3/sec$$

° V_c : 제어풍속(m/sec)
° X : 원형 후드 입구와 오염원 사이 거리(m)
° A : 후드 입구 단면적(m^2)

55 빈출

어떤 송풍기의 전압이 300mmH$_2$O이고 풍량이 400m^3/min, 효율이 0.6일 때 소용 동력(kW)은 얼마인가?

① 약 33
② 약 45
③ 약 53
④ 약 65

$$P = \frac{Q \times \Delta H}{102 \times \eta}$$

$$= \frac{\dfrac{400m^3}{min} \times \dfrac{min}{60sec} \times 300mmH_2O}{102 \times 0.6} = 32.6797kW$$

56

공기 중에 사염화에틸렌이 300,000ppm 존재하고 있다면 사염화에틸렌과 공기의 혼합물 유효비중은 얼마인가? (단, 사염화에틸렌 증기비중은 5.7, 공기비중은 1.0이다.)

① 2.14
② 2.29
③ 2.41
④ 2.67

300,000ppm = 30%이므로 30/100에 해당한다.
전체 공기의 부피를 100m^3으로 가정하면

• 작업장의 공기 밀도 = $\dfrac{\text{질량}}{\text{부피}}$

$$= \frac{100m^3 \times \dfrac{30}{100} \times \dfrac{5.7kg}{m^3} + 100m^3 \times \dfrac{70}{100} \times \dfrac{1kg}{m^3}}{100m^3} = 2.41kg/m^3$$

• 비중 = 대상물질의 밀도/표준물질의 밀도

$$= \frac{2.41kg/m^3}{1kg/m^3} = 2.41$$

57 빈출

다음의 보호장구의 재질 중 극성용제에 가장 효과적인 것은 무엇인가? (단, 극성용제에는 알코올, 물, 케톤류 등을 포함한다.)

① Neoprene 고무
② Butyl 고무
③ Viton
④ Nitrile 고무

② Butyl 고무: 극성용제에 강한 내화학성을 가진 합성고무로서, 방독마스크와 화학물질용 장갑에 주로 사용된다.
① Neoprene 고무: 내유성, 내후성에 우수하지만 극성용제에 대한 저항성은 Butyl 고무보다 낮다.
③ Viton: 불소고무 계열로 열과 일부 약품에 강하지만 극성용제 내성은 제한적이다.
④ Nitrile 고무: 오일, 무극성용제에 강하나 극성용제에는 적합하지 않다.

58 ⭐

직경이 400mm인 환기시설을 통해서 50m³/min의 표준 상태의 공기를 보낼 때 이 덕트 내의 유속(m/sec)은 얼마인가?

① 약 3.3m/sec
② 약 4.4m/sec
③ 약 6.6m/sec
④ 약 8.8m/sec

$$Q = AV$$

$$\frac{50\text{m}^3}{\text{min} \times \frac{60\text{sec}}{\text{min}}} = \frac{\pi}{4} \times (0.4\text{m})^2 \times \square\,\text{m/sec}$$

$$\square = 6.6631\,\text{m/sec}$$

59 ⭐

분압(증기압)이 6.0mmHg인 물질이 공기 중에서 도달할 수 있는 최고농도(포화농도, ppm)는 얼마인가?

① 약 4,800
② 약 5,400
③ 약 6,600
④ 약 7,900

$$\text{포화농도(ppm)} = \left(\frac{\text{포화증기압(mmHg)}}{\text{대기압(mmHg)}}\right) \times 10^6$$

$$= \left(\frac{6\text{mmHg}}{760\text{mmHg}}\right) \times 10^6 = 7{,}894.7368\,\text{ppm}$$

60 ⭐

금속을 가공하는 음압수준이 98dB(A)인 공정에서 NRR이 17인 귀마개를 착용한다면 차음효과는 얼마인가? (단, OSHA에서 차음효과를 예측하는 방법을 적용한다.)

① 2dB(A)
② 3dB(A)
③ 5dB(A)
④ 7dB(A)

$$\text{차음효과} = (\text{NRR} - 7) \times 50\%$$
$$= (17 - 7) \times 0.5 = 5\text{dB}$$

61

다음 중 방사선의 단위환산이 잘못 연결된 것은 무엇인가?

① 1rad = 0.1Gy
② 1rem = 0.01Sv
③ 1rad = 100erg/g
④ 1Bq = 2.7 × 10^{-11}C$_i$

① rad: 라드는 물질 1그램당 흡수된 방사선 에너지가 100erg인 흡수선량의 단위이다. SI 단위로는 그레이(Gy)가 있으며, 1rad는 0.01Gy에 해당한다. 방사선이 물질에 흡수된 에너지량을 나타내는 전통 단위이다.

② rem: rem은 방사선의 생물학적 효과를 고려한 등가선량 또는 유효선량 단위로, rad에 방사선의 종류에 따른 생물학적 효과계수를 곱한 값이다. 1rem은 0.01시버트(Sv)이며, 인간에 미치는 방사선 피해 정도를 평가하는 데 사용한다.

③ rad: 역시 rad 단위를 의미하며, 물질 1그램당 100erg의 에너지가 흡수된 것을 1rad라고 정의한다. 흡수선량을 나타내는 단위이다.

④ Bq: 베크렐(Becquerel, Bq)은 방사성 물질의 방사능 강도를 나타내는 단위로, 1초당 1개의 핵변환 혹은 방사성 붕괴가 발생하는 정도를 의미한다. SI 단위계에 속한다.

62

다음 중 실내 음향수준을 결정하는 데 필요한 요소가 아닌 것은 무엇인가?

① 밀폐 정도
② 방의 색감
③ 방의 크기와 모양
④ 벽이나 실내장치의 흡음도

방의 색감은 시각적인 요소로 음향수준과는 직접적인 관련이 없다. 실내 음향수준은 소리의 반사, 흡음, 잔향 등에 영향을 주는 물리적인 환경 요인에 의해 결정된다.

관련개념 실내 음향수준에 영향을 주는 물리적 환경요인
- 밀폐 정도: 밀폐가 잘 되어 있으면 외부 소음 차단이 잘되어 음향 수준이 높아진다.
- 방의 크기와 모양: 공간 크기와 형태가 음파의 반사와 잔향에 직접적인 영향을 준다.
- 벽이나 실내장치의 흡음도: 표면의 흡음 성능이 낮으면 반사가 많아져 잔향이 길어지고, 높으면 음향이 깔끔해진다.

63 

다음 중 전리방사선이 아닌 것은 무엇인가?

① γ선
② 중성자
③ 레이저
④ β선

- 전리방사선: α, β, γ, X선, 중성자선(이온화 가능)
- 비전리방사선: 자외선, 가시광선, 적외선, 마이크로파, 전파, 레이저, 초음파, 극저주파, 라디오파 등(이온화 불가)

관련개념
- 전리방사선(Ionizing Radiation): 물질을 통과하면서 원자나 분자를 이온화시킬 수 있는 높은 에너지를 가진 방사선으로 보통 X선, γ선(감마선) 같이 파장이 짧고 에너지가 큰 전자기파나, 입자선에 해당한다.
  - 예 α, β, γ, X선, 중성자선(이온화 가능)
- 비전리방사선(Non-ionizing Radiation): 에너지가 낮아 원자를 이온화하지는 못하지만, 분자 진동·회전, 전자 전이를 유발하여 열 작용, 광화학 작용을 일으킨다.
  - 예 자외선, 가시광선, 적외선, 마이크로파, 전파, 레이저, 초음파, 극저주파, 라디오파 등(이온화 불가)

64

다음 중 레이노드 현상(Raynaud Phenomenon)과 관련된 용어와 가장 관련이 적은 것은 무엇인가?

① 혈액순환장애
② 국소진동
③ 방사선
④ 저온환경

레이노드 증후군(Raynaud's Syndrome)은 진동에 의한 혈관과 신경 손상으로 인해 손가락 등 말초 부위에 혈관 수축이 일어나 혈액순환이 저하되고, 이로 인해 피부 색깔이 창백해지거나(백지현상), 청색증, 저림, 냉감, 동통 등의 증상이 나타나는 질환이다.

65

다음 중 고압환경에서 일어날 수 있는 생체작용과 가장 거리가 먼 것은 무엇인가?

① 폐수종
② 압치통
③ 부종
④ 폐압박

폐수종(High-Altitude Pulmonary Edema, HAPE)
- 저압환경에서 폐혈관의 압력이 증가하고 모세혈관이 손상되면서 폐포에 체액이 고이는 상태로 저기압 환경에서 발생한다.
- 호흡곤란, 기침, 거품 섞인 가래, 청색증 등이 나타난다.
- 고산지대에서 비교적 빠르게 올라가면 잘 발생한다.

66

다음 설명에 해당하는 온열요소는 무엇인가?

> 주어진 온도에서 공기 1m³ 중에 함유한 수증기의 양을 그램(g)으로 나타내며, 기온에 따라 수증기가 공기에 포함될 수 있는 최댓값이 정해져 있어, 그 값은 기온에 따라 커지거나 작아진다.

① 비교습도
② 비습도
③ 절대습도
④ 상대습도

③ 절대습도: 수증기의 실제 양을 나타내는 온열요소이다.
① 비교습도: 대기 중 현재 수증기압과 해당 온도의 포화수증기압의 비율로, 상대습도와 유사한 개념이다.
② 비습도: 공기 중 수증기량을 건조공기 질량 대비로 나타내는 값이다.
④ 상대습도: 현재 포함된 수증기량이 해당 온도의 포화 수증기량에 대한 백분율(%)로 표현되는 값으로, 온도에 매우 민감하게 변한다.

67 빈출

다음 중 감압에 따른 인체의 기포형성량을 좌우하는 요인과 가장 거리가 먼 것은 무엇인가?

① 감압속도
② 산소공급량
③ 혈류를 변화시키는 상태
④ 조직에 용해된 가스량

② 산소공급량은 감압 과정에서 직접적인 기포형성량과는 관련이 적으며, 오히려 산소는 감압 중 조직 내 질소 배출과 회복에 긍정적 역할을 한다.
① 감압속도가 빠를수록 혈액과 조직에 녹아 있던 질소 같은 불활성기체가 기포로 급격히 변해 감압병 위험이 커진다.
③ 혈류를 변화시키는 상태도 기포 이동과 제거에 영향을 미쳐 중요하다.
④ 조직 내에 용해된 기체량이 많을수록 감압 시 기포형성 가능성이 높다.

68

다음 중 광원으로부터의 밝기에 관한 설명으로 바르지 않은 것은?

① 촉광에 반비례한다.
② 거리의 제곱에 반비례한다.
③ 조사평면과 수직평면이 이루는 각에 비례한다.
④ 색깔의 감각과 평면상의 반사율에 따라 밝기가 달라진다.

① 광원으로부터의 밝기는 촉광에 비례한다.
② 거리의 제곱 법칙: 빛의 밝기는 광원으로부터 거리의 제곱에 반비례하여 감소한다.
③ 조사각도: 광원에서 비추는 면과 수직면이 이루는 각이 커질수록 밝기가 변한다.
④ 반사율 및 색깔 감각: 표면의 반사 특성과 색깔에 따라 인지되는 밝기가 달라진다.

69

다음 중 피부에 강한 특이적 홍반작용과 색소침착, 피부암 발생 등의 장해를 모두 일으키는 것은 무엇인가?

① 가시광선
② 적외선
③ 마이크로파
④ 자외선

자외선은 피부의 표피와 진피까지 침투하여 DNA 손상을 유발하며, 홍반작용(피부가 붉어지는 반응), 색소침착(멜라닌 증가로 인한 피부 착색), 그리고 장기적으로 피부암 발생에 결정적인 역할을 한다. 특히 UVB는 홍반과 일광화상의 주 원인이며, UVA는 피부 깊숙이 침투하여 광노화와 피부암을 촉진한다.

관련개념
- 홍반작용: 자외선 노출로 피부 모세혈관이 확장되어 피부가 붉어진 상태이다.
- 색소침착: 자외선 자극에 의해 피부 내 멜라닌이 증가하여 갈색 반점이나 주근깨가 나타난다.
- 피부암 발생: 자외선으로 인한 DNA 손상과 변이가 피부암으로 이어질 수 있다.

정답   66 ③   67 ②   68 ①   69 ④

70 빈출

현재 총흡음량이 2,000sabins인 작업장의 천장에 흡음물질을 첨가하여 3,000sabins을 더할 경우 소음감소는 어느 정도가 되겠는가?

① 4dB
② 6dB
③ 7dB
④ 10dB

$NR = 10 \times \log(A_2/A_1)$

$\quad\quad = 10 \times \log(5,000/2,000)$

$\quad\quad = 3.9794dB(A)$

∘ A_1 = 기존 총 흡음량 = 2,000sabins
∘ A_2 = 추가 후 총 흡음량 = 2,000 + 3,000 = 5,000sabins

71 빈출

옥내에서 측정한 흑구온도가 33℃, 습구온도가 20℃, 건구온도가 24℃일 때 옥내의 습구흑구온도지수(WBGT)는 얼마가 되겠는가?

① 23.9℃
② 23.0℃
③ 22.9℃
④ 22.0℃

옥내 or 옥외(햇볕 없는 곳)의 습구흑구온도지수(WBGT)
WBGT = 0.7 × 자연습구온도 + 0.3 × 흑구온도
$\quad\quad$ = 0.7 × 20 + 0.3 × 33 = 23.9℃

관련개념 WBGT(Wet Bulb Globe Temperature)
- WBGT지수는 건구온도, 자연습구온도, 흑구온도를 종합하여 계산되며, 열 스트레스 환경에서 인체가 느끼는 온도를 나타내는 대표적인 열 스트레스 지표이다.
  ✓ 옥내 or 옥외(햇볕 없는 곳)
    WBGT = 0.7 × 자연습구온도 + 0.3 × 흑구온도
  ✓ 옥외(햇볕 있는 곳)
    WBGT = 0.7 × 자연습구온도 + 0.2 × 흑구온도 + 0.1 × 건구온도
- WBGT는 고온에서 작업자의 작업휴식시간 비율 결정 등의 열 스트레스 관리 지표로 활용된다.

72

다음 중 해수면의 산소분압은 약 얼마인가? (단, 표준 상태 기준이며, 공기 중 산소함유량은 21vol%이다.)

① 90mmHg
② 160mmHg
③ 210mmHg
④ 230mmHg

1atm = 760mmHg
760mmHg × 0.21 = 159.6mmHg

73 빈출

다음 중 산업안전보건법상 산소결핍, 유해가스로 인한 화재·폭발 등의 위험이 있는 밀폐공간 내 작업 시의 조치사항으로 적절하지 않은 것은 무엇인가?

① 밀폐공간 보건작업 프로그램을 수립하여 시행하여야 한다.
② 작업을 시작하기 전 근로자로 하여금 방독마스크를 착용하도록 한다.
③ 작업 장소에 근로자를 입장시킬 때와 퇴장시킬 때마다 인원을 점검하여야 한다.
④ 밀폐공간에는 관계 근로자가 아닌 사람의 출입을 금지하고, 그 내용을 보기 쉬운 장소에 게시하여야 한다.

사업주는 근로자가 밀폐공간에서 작업을 하는 경우 작업을 시작하기 전에 공기호흡기 또는 송기마스크를 착용하게 하여야 한다.

74

다음 중 소음에 대한 작업환경 측정 시 소음의 변동이 심하거나 소음수준이 다른 여러 작업장소를 이동하면서 작업하는 경우 소음의 노출평가에 가장 적합한 소음기는 무엇인가?

① 보통소음기
② 주파수분석기
③ 지시소음기
④ 누적소음노출량 측정기

④ 누적소음노출량측정기: 근로자가 작업하는 동안 착용하여 소음 변동이 심하거나 여러 장소를 이동하며 작업할 때, 작업자의 실제 소음노출량을 누적하여 측정한다. 이는 순간적인 소음만 측정하는 일반 소음기와 달리, 작업시간 전체에 대한 누적 노출을 평가할 수 있어 작업환경 소음평가에 매우 적합하다.
① 보통소음기: 순간 음압 수준 측정용, 소음 변동 평가에는 한계가 있다.
② 주파수분석기: 소음의 주파수 특성을 분석하는 데 필요하다.
③ 지시소음기: 소음 수준을 실시간 표시하는 기본 장비이다.

75 빈출

25℃ 공기 중에서 1,000Hz인 음의 파장은 약 몇 m인가?

① 0.035
② 0.35
③ 3.5
④ 35

- 음속 $= 331.42 + 0.6t$
- 파장 $(\lambda) = \dfrac{음속(C)}{주파수(f)}$

$$= \dfrac{[331.42 + (0.6 \times 25)]\text{m/sec}}{1,000\text{Hz}} = 0.3464\text{m}$$

76

다음 중 한랭장애 예방에 관한 설명으로 적절하지 않은 것은 무엇인가?

① 방한복 등을 이용하여 신체를 보온하도록 한다.
② 고혈압자, 심장혈관장해 질환자와 간장 및 신장 질환자는 한랭작업을 피하도록 한다.
③ 작업환경 기온은 10℃ 이상으로 유지시키고, 바람이 있는 작업장은 방풍시설을 하여야 한다.
④ 구두는 약간 작은 것을 착용하고, 일부의 습기를 유지하도록 한다.

- 구두는 약간 큰 것을 착용하고, 습기를 제거하도록 한다.
- 한랭장해를 예방하려면 의복이나 장갑, 신발이 너무 꼭 끼지 않도록 여유 있게 착용하여 혈액순환을 방해하지 않아야 한다. 혈액순환이 원활해야 동상·저체온증 등 한랭질환을 예방할 수 있다.

77

다음 중 비전리방사선이며, 건강선(健康線)이라고 불리는 광선의 파장으로 가장 알맞은 것은 무엇인가?

① 50~200nm
② 280~320nm
③ 380~760nm
④ 780~1,000nm

- 건강선은 자외선 중 UV-B 영역에 해당하며, 약 280~320nm의 파장을 가진 광선이다. 이 파장은 비전리방사선이며, 피부의 비타민 D 합성에 중요한 역할을 하지만 과다 노출 시 일광 화상, 피부암 등의 유해 영향도 초래한다.
- 50~200nm는 자외선 C(UV-C) 범위로 전리방사선에 가깝고, 380~760nm는 가시광선 영역, 780~1,000nm는 적외선으로 건강선과는 구분된다.

관련개념
- UV-A(320~400nm): 피부 노화와 광손상의 주 원인이지만, 건강선은 아니다.
- UV-B(280~320nm): 자외선 중 인체 건강에 중요한 역할을 하며, 비타민 D 합성을 촉진한다.
- UV-C(100~280nm): 강력한 살균력이 있으나 대부분 오존층에 의해 차단된다.

정답   74 ④   75 ②   76 ④   77 ②

78

다음 중 소음성 난청의 초기단계인 C_5-dip 현상이 가장 현저하게 나타나는 주파수는 무엇인가?

① 10,000Hz
② 7,000Hz
③ 4,000Hz
④ 1,000Hz

79

다음 중 소음의 종류에 대한 설명으로 올바른 것은?

① 연속음은 소음의 간격이 1초 이상을 유지하면서 계속적으로 발생하는 소음을 말한다.
② 단속음은 1일 작업 중 노출되는 여러 가지 음압수준을 나타내며 소음의 반복음의 간격이 3초보다 큰 경우를 말한다.
③ 충격소음은 최대음압수준이 120dB(A) 이상인 소음이 1초 이상의 간격으로 발생하는 것을 말한다.
④ 충격소음은 소음이 1초 미만의 간격으로 발생하면서, 1회 최대 허용기준은 120dB(A)이다.

80

다음 중 진동에 의한 생체반응에 관계하는 주요 4인자와 가장 거리가 먼 것은 무엇인가?

① 방향
② 노출시간
③ 진동의 강도
④ 개인감응도

5과목　산업독성학

81

다음 중 메탄올(CH_3OH)에 대한 설명으로 바르지 않은 것은?

① 메탄올은 호흡기 및 피부로 흡수된다.
② 메탄올은 공업용제로 사용되며, 신경독성물질이다.
③ 메탄올의 생물학적 노출지표는 소변 중 포름산이다.
④ 메탄올은 중간대사체에 의하여 시신경에 독성을 나타낸다.

82

다음의 유기용제 중 특이 증상이 "간 장해"인 것으로 가장 적합한 것은 무엇인가?

① 벤젠
② 염화탄화수소
③ 노말헥산
④ 에틸렌글리콜에테르

83

인쇄 및 도료 작업자에게 자주 발생하는 연(鉛)중독 증상과 관계없는 것은 무엇인가?

① 적혈구의 증가
② 치은의 연선(Lead Line)
③ 적혈구의 호염기성 반점
④ 소변 중의 코프로포르피린(Coproporphyrin) 증가

- 납중독 시에는 보통 적혈구 수가 감소하는 빈혈이 발생한다. 따라서 적혈구의 증가는 납중독 증상과 반대되며, 드물거나 나타나지 않는 증상이다.
- 치은의 연선(납선)은 잇몸에 생기는 특이한 청회색 선으로 납중독에서 흔히 나타난다. 적혈구의 호염기성 반점은 납 중독에 의해 적혈구 내에 생기는 변형이며, 소변 중 코프로포르피린(Coproporphyrin) 증가 역시 납 중독 시 나타나는 체내 헴 합성 장애로 인한 지표이다.

84

다음 중 카드뮴의 인체 내 축적기관만으로 나열된 것은 무엇인가?

① 뼈, 근육
② 간, 신장
③ 혈액, 모발
④ 뇌, 근육

카드뮴이 체내에 축적되는 주요 기관으로는 간과 신장이 가장 대표적이다. 카드뮴은 체내에 흡수되어 메탈로티오닌과 결합한 후 주로 간과 신장에 주로 머무르며, 뼈에도 일부 축적된다.

85

다음 중 유해화학물질에 의한 간의 중요한 장해인 중심소엽성 괴사를 일으키는 물질로 옳은 것은?

① 수은
② 사염화탄소
③ 이황화탄소
④ 에틸렌글리콜

사염화탄소는 간의 중심소엽(간소엽 중심부)에 심한 괴사를 유발하는 대표적인 화학물질이다. 체내에서 활성 대사체로 전환되면서 간 세포 내 지질 과산화를 촉진하고, 세포막 손상과 세포사멸을 초래한다.

86 빈출

미국정부산업위생전문가협의회(ACGIH)의 발암물질 구분으로 "동물 발암성 확인물질, 인체 발암성 모름"에 해당되는 Group은 무엇인가?

① A2
② A3
③ A4
④ A5

ACGIH의 발암물질 구분
- A1: 인체 발암성 확인
- A2: 인체 발암성 의심
- A3: 동물에서 발암성 있음
- A4: 인체 발암성 분류 불가
- A5: 인체 발암성 미의심

87

다음 중 먼지가 호흡기계로 들어올 때 인체가 가지고 있는 방어기전으로 가장 적정하게 조합된 것은 무엇인가?

① 면역작용과 폐 내의 대사 작용
② 폐포의 활발한 가스교환과 대사 작용
③ 점액 섬모운동과 가스교환에 의한 정화
④ 점액 섬모운동과 폐포의 대식세포의 작용

- 호흡기 상부(기도)에는 점액과 섬모가 있어서 점액 섬모운동(Mucociliary Clearance)을 통해 먼지나 입자가 비강, 기관, 기관지에서 점액에 붙어 섬모 운동으로 인두쪽으로 이동하여 제거된다.
- 폐포 등 하기도에 침착한 미세입자는 대식세포(Macrophage)가 탐식(Phagocytosis)하여 제거하는 역할을 한다.
- 폐포의 활발한 가스교환(산소와 이산화탄소 교환)은 입자의 제거와 직접적인 관련이 없다. 면역작용도 중요하지만, 점액 섬모운동과 대식세포 작용이 입자 제거의 핵심기전이다.

88 ⭐ 빈출

어떤 물질의 독성에 관한 인체실험 결과 안전흡수량이 체중 kg당 0.1mg이었다. 체중이 50kg인 근로자가 1일 8시간 작업할 경우 이 물질의 체내흡수를 안전흡수량 이하로 유지하려면 공기 중 농도를 몇 mg/m³ 이하로 하여야 하는가? (단, 작업 시 폐환기율은 1.25m³/hr, 체내잔류율은 1.0으로 한다.)

① 0.5
② 1.0
③ 1.5
④ 2.0

체내흡수량 = 폐환기율(=호흡률) × 노출시간 × 공기 중 유해물질농도 × 체내잔류율
= 체중 × 안전흡수량

$$\frac{0.1\text{mg}}{\text{kg}} \times 50\text{kg} = \frac{1.25\text{m}^3}{\text{hr}} \times 8\text{hr} \times \frac{\square\text{mg}}{\text{m}^3} \times 1$$

$$\square = 0.5\text{mg/m}^3$$

89

다음 중 피부로부터 흡수되어 전신중독을 일으킬 수 있는 물질은 무엇인가?

① 질소
② 포스겐
③ 메탄
④ 사염화탄소

- 사염화탄소는 피부를 통해 쉽게 흡수되며, 체내에서 독성을 나타내 전신중독을 일으킬 수 있는 유기용제이다. 피부 접촉만으로도 심각한 신경 독성, 간 독성, 신장 독성 등을 유발할 수 있기 때문에 매우 위험하다.
- 질소, 메탄: 비활성 또는 연료용 가스로, 피부 흡수보다 호흡기 노출에 주로 영향을 받는다.
- 포스겐: 강력한 호흡기 독성 물질로, 피부 흡수보다는 흡입 독성에 영향이 있다.

90

다음 중 유해물질과 생물학적 노출지표와의 연결이 잘못된 것은 무엇인가?

① 벤젠 – 소변 중 페놀
② 톨루엔 – 소변 중 O – 크레졸
③ 크실렌 – 소변 중 카테콜
④ 스티렌 – 소변 중 만델린산

크실렌은 소변 중 메틸마뇨산과 관련이 있다.

91

작업장 공기 중에 노출되는 분진 및 유해물질로 인하여 나타나는 장해가 잘못 연결된 것은 무엇인가?

① 규산분진, 석탄분진 - 진폐
② 니켈카르보닐, 석면 - 암
③ 카드뮴, 납, 망간 - 직업성 천식
④ 식물성, 동물성분진 - 알레르기성 질환

- 카드뮴, 납, 망간은 중금속으로 신경독성, 신장독성, 골격 및 혈액 장애 등을 일으킨다.
- 직입싱 천식은 주로 목분진, 밀가루 분진, 이소시아네이트(TDI) 등과 같은 알레르기 유발물질 및 자극물질에 노출된 근로자에게 발생한다.

92

유해물질의 생리적 작용에 의한 분류에서 질식제를 단순 질식제와 화학적 질식제로 구분할 때 다음 중 화학적 질식제에 해당하는 것은 무엇인가?

① 헬륨(He)
② 메탄(CH_4)
③ 수소(H_2)
④ 일산화탄소(CO)

헬륨(He), 메탄(CH_4), 수소(H_2)는 단순 질식제이다.

관련개념
- 단순 질식제: 산소를 밀어내거나 산소 분압을 낮추어 생리적으로 질식을 유발하는 불활성 가스들이다.
  - 예 수소(H_2), 질소(N_2), 이산화탄소(CO_2), 메탄(CH_4), 헬륨(He), 아세틸렌(C_2H_2)
- 화학적 질식제: 혈액 내 혈색소와 결합하여 산소 운반 능력을 방해하거나 조직 내 산화효소를 불활성화시켜 질식 작용을 일으키는 물질이다.
  - 예 일산화탄소(CO), 시안화수소(HCN), 시안화염류(CN^-), 황화수소(H_2S), 이산화질소(NO_2), 포스겐($COCl_2$)

93

입자상 물질의 종류 중 액체나 고체의 2가지 상태로 존재할 수 있는 것은 무엇인가?

① 흄(Fume)
② 미스트(Mist)
③ 증기(Vapor)
④ 스모크(Smoke)

④ 스모크(Smoke): 연소나 열분해로 생성된 고체 입자와 액적(액체 미립자)이 혼합된 에어로졸로 액체·고체 두 상태로 존재할 수 있다
① 흄(Fume): 금속 증기 등이 응축되어 생기는 고체 미립자이다.
② 미스트(Mist): 액체가 미세 분무되어 생기는 액체 방울이다.
③ 증기(Vapor): 물질의 기체 상태이다.

94

진폐증의 조율 중 무기성 분진에 의한 것은 무엇인가?

① 면폐증
② 석면폐증
③ 농부폐증
④ 목재분진폐증

② 석면폐증: 무기성 분진인 석면에 의한 진폐증이다.
① 면폐증: 유기성 분진에 의한 진폐증으로, 면사 가공업에 종사하는 근로자에게서 주로 나타나는 직업성 폐질환이다.
③ 농부폐증: 사일로나 곰팡이 핀 건초 등에서 증식한 열성방선균 항원에 과민 반응하여 기침·발열·호흡곤란을 나타내는 과민성 폐염이다.
④ 목재분진폐증: 목재분진의 유기성 항원에 반복 노출되어 과민 반응성 폐염 양상을 보이는 과민성 폐렴 형태의 직업성 폐질환이다.

95 ★빈출

다음 중 화학적 질식제에 대한 설명으로 올바른 것은?

① 뇌순환 혈관에 존재하면서 농도에 비례하여 중추신경 작용을 억제한다.
② 공기 중에 다량 존재하여 산소분압을 저하시켜 조직세포에 필요한 산소를 공급하지 못하게 하여 산소부족 현상을 발생시킨다.
③ 피부와 점막에 작용하여 부식작용을 하거나 수포를 형성하는 물질로 고농도 하에서 호흡이 정지되고 구강 내 치아산식증 등을 유발한다.
④ 혈액 중에서 혈색소와 결합한 후에 혈액의 산소 운반 능력을 방해하거나, 또는 조직세포에 있는 철 산화효소를 불활성화시켜 세포의 산소 수용 능력을 상실시킨다.

- 단순 질식제: 산소를 밀어내거나 산소 분압을 낮추어 생리적으로 질식을 유발하는 불활성 가스들이다.
  예 수소(H_2), 질소(N_2), 이산화탄소(CO_2), 메탄(CH_4), 헬륨(He), 아세틸렌(C_2H_2)
- 화학적 질식제: 혈액 내 혈색소와 결합하여 산소 운반 능력을 방해하거나 조직 내 산화효소를 불활성화시켜 질식 작용을 일으키는 물질이다.
  예 일산화탄소(CO), 시안화수소(HCN), 시안화염류(CN^-), 황화수소(H_2S), 이산화질소(NO_2), 포스겐($COCl_2$)

96

다음 중 알레르기성 접촉 피부염에 관한 설명으로 바르지 않은 것은?

① 항원에 노출되고 일정 시간이 지난 후에 다시 노출되었을 때 세포매개성 과민반응에 의하여 나타나는 부작용의 결과이다.
② 알레르기성 반응은 극소량 노출에 의해서도 피부염이 발생할 수 있는 것이 특징이다.
③ 알레르기원에 노출되고 이 물질이 알레르기원으로 작용하기 위해서는 일정 기간이 소요되며 그 기간을 휴지기라 한다.
④ 알레르기 반응을 일으키는 관련세포는 대식세포, 림프구, 랑거한스 세포로 구분된다.

알레르기원에 노출되고 이 물질이 알레르기원으로 작용하기 위해서는 일정 기간이 소요되며 그 기간을 유도기라 한다.

관련개념 알레르기성 접촉 피부염의 단계
- 유도기(감작기): 감작이 형성되는 시기로, 처음 항원에 노출되어 면역계가 항원을 인식하고 특이적 T세포가 생성되는 기간이다. 일반적으로 첫 노출 후 수일에서 수주, 때로는 수개월이 소요된다.
- 잠복기: 초기 감작이 완료된 뒤 임상증상이 나타나지 않는 기간이다. 항원에 대한 면역기억이 형성되며 이후 재노출 시 빠르게 반응할 수 있는 상태가 된다. 기간은 감작 정도와 노출 빈도에 따라 달라진다.
- 유발기(발현기): 재노출로 인해 피부염 증상이 실제로 발현되는 시기이다. 지연형(제4형) 과민반응의 경우 재노출 후 보통 24~72시간 이내에 증상이 시작된다. 가려움, 발적, 수포, 부종 등이 나타난다.
- 급성기: 유발 직후의 강한 염증 반응이 지속되는 기간이다. 병변이 습윤하고 수포가 생기며 심한 가려움과 통증이 동반될 수 있다. 보통 며칠에서 수 주간 지속된다.
- 만성기: 반복 노출이나 급성기의 악화 후 염증이 지속되며 피부가 두꺼워지고 과색소침착 또는 건조·비늘 형태로 변화되는 시기이다. 수 주에서 수 개월 이상 지속될 수 있다.
- 휴지기(관해기): 증상이 호전되어 활동성 염증이 사라진 시기이다. 항원 노출을 중단하거나 치료에 반응하여 발생하며, 재노출 시 다시 유발기로 넘어갈 수 있다. 일반적으로 관해 기간은 노출 상황과 치료 여부에 따라 다양하다.

97

다음 중 중금속의 노출 및 독성기전에 대한 설명으로 바르지 않은 것은?

① 작업환경 중 작업자가 흡입하는 금속형태는 흄과 먼지 형태이다.
② 대부분의 금속이 배설되는 가장 중요한 경로는 신장이다.
③ 크롬은 6가 크롬보다 3가 크롬이 체내 흡수가 많이 된다.
④ 납에 노출될 수 있는 업종은 축전지 제조, 광명단 제종버체, 전자산업 등이다.

크롬의 경우 6가 크롬이 3가 크롬보다 체내 흡수가 더 잘 되어 독성이 훨씬 강하다. 3가 크롬은 상대적으로 흡수가 적고 독성이 낮다.

98

다음 중 중금속에 의한 폐기능의 손상에 관한 설명으로 바르지 않은 것은?

① 철폐증(Siderosis)은 철분진 흡입에 의한 암 발생(A1)이며, 중피종과 관련이 없다.
② 화학적 폐렴은 베릴륨, 산화카드뮴 에어로졸 노출에 의하여 발생하며 발열, 기침, 폐기종이 동반된다.
③ 금속열은 금속이 용융점 이상으로 가열될 때 형성되는 산화금속을 흄 형태로 흡입할 때 발생한다.
④ 6가 크롬은 폐암과 비강암 유발인자로 작용한다.

- 철폐증(Siderosis)은 철분진 흡입으로 발생하는 폐질환으로, 암 발생과는 직접적인 관련이 없으며 중피종과는 무관하다.
- 철폐증은 주로 철분 미립자가 폐에 축적되어 나타나는 무증상의 진폐증 성격의 질환이다.

99

다음 중 사업장 역학연구의 신뢰도에 영향을 미치는 계통적 오류에 대한 설명으로 바르지 않은 것은?

① 편견으로부터 나타난다.
② 표본 수를 증가시킴으로써 오류를 제거할 수 있다.
③ 연구를 반복하더라도 똑같은 결과의 오류를 가져오게 된다.
④ 측정자의 편견, 측정기기의 문제성, 정보의 오류 등이 해당된다.

- 계통적 오류(Bias)는 연구 설계나 자료 수집, 분석 단계에서 체계적으로 발생하는 오류로, 편견(Bias)으로부터 나타난다. 이는 표본 수를 늘린다고 해서 사라지는 것이 아니다.
- 표본 수 증가로 줄일 수 있는 것은 우연적 오류(Random Error)이며, 계통적 오류는 연구 방법의 근본적인 결함이나 편견 때문에 반복 연구하여도 동일한 오류가 발생한다.

100 ⭐ 빈출

생물학적 모니터링은 노출에 대한 것과 영향에 대한 것으로 구분된다. 다음 중 노출에 대한 생물학적 모니터링에 해당하는 것은 무엇인가?

① 일산화탄소 – 호기 중 일산화탄소
② 카드뮴 – 소변 중 저분자량 단백질
③ 납 – 적혈구 ZPP(Zinc Protoporphyrin)
④ 납 – FEP(Free Erythrocytre Protopor – Phyrin)

- 생물학적 모니터링은 유해물질에 대한 체내 흡수 정도를 평가하기 위해 인체의 체액, 조직 또는 호기(숨) 등의 검체에서 측정하는 방법이다.
- 일산화탄소 같은 경우, 체내 노출 측정을 위해 호기 중 일산화탄소 농도를 측정하여 노출 정도를 평가한다.
- 카드뮴 – 소변 중 저분자량 단백질, 납 – 적혈구 ZPP, 납 – FEP 등은 모두 노출에 따른 생물학적 영향 평가에 더 가까운 지표로 분류된다.

관련개념
- 노출 지표: 체내 흡수된 물질 또는 대사물질을 통해 노출 정도를 평가한다.
- 영향 지표: 체내 생화학적 변화를 통해 건강 영향을 평가한다.

정답 98 ① 99 ② 100 ①

PART 04

최빈출 100제

Chapter 01

최빈출 100제

빈출 01 #휴식시간

38세 된 남성근로자의 육체적 작업능력(PWC)은 15kcal/min 이다. 이 근로자가 1일 8시간 동안 물체를 운반하고 있으며 이때의 작업대사량은 7kcal/min이고, 휴식 시 대사량은 1.2kcal/min이다. 이 사람의 적정 휴식시간과 작업시간의 배분(매 시간별)은 어떻게 하는 것이 이상적인가?

① 12분 휴식 48분 작업
② 17분 휴식 43분 작업
③ 21분 휴식 39분 작업
④ 27분 휴식 33분 작업

- 휴식시간비율(%) $= \left[\dfrac{PWC \times \frac{1}{3} - 작업대사량}{휴식대사량 - 작업대사량} \right] \times 100$

$= \left[\dfrac{15 \times \frac{1}{3} - 7}{1.2 - 7} \right] \times 100 = 34.48\%$

- 휴식시간 = 60min × 0.3448 = 20.688min
- 작업시간 = 60 − 20.688 = 39.212min

빈출 02 #윤리강령

산업위생전문가들이 지켜야 할 윤리강령에 있어 전문가로서의 책임에 해당하는 것은?

① 일반 대중에 관한 사항은 정직하게 발표한다.
② 위험요소의 예방조치에 관하여 근로자와 상담한다.
③ 과학적 방법의 적용과 자료의 해석에서 객관성을 유지한다.
④ 위험요인의 측정, 평가 및 관리에 있어서 외부의 압력에 굴하지 않고 중립적 태도를 취한다.

---

③ 전문가로서의 책임에는 자신의 전문지식을 바탕으로 객관적이고 과학적인 태도를 유지하는 것이 포함된다.
①, ② 일반 대중 또는 근로자와의 소통에 관한 내용이다.
④ 전문가로서의 태도(객관성, 독립성)에 해당하며 책임과는 거리가 멀다.

산업위생의 역사에 있어 주요 인물과 업적의 연결이 올바른 것은?

① Percivall Pott - 구리광산의 산 증기 위험성 보고
② Hippocrates - 역사상 최초의 직업병(납중독) 보고
③ G. Agricola - 검댕에 의한 직업성 암의 최초 보고
④ Bernardino Ramazzini - 금속 중독과 수은의 위험성 규명

---

② Hippocrates(히포크라테스): 고대 그리스 의사로, 납중독 등 직업병에 대해 역사상 최초로 언급하였다. 당시 납을 다루는 사람들에서 건강문제가 발생함을 기록하였다.
① Percivall Pott(퍼시벌 포트): 영국 외과의사로, 굴뚝 청소부에서 음낭암(Scrotal Cancer)이 발생함을 관찰하여, 검댕(Smut)이 원인임을 최초로 밝혀 직업성 암의 개념을 도입하였다.
③ G. Agricola(게오르그 아그리콜라): 광산업과 관련된 학문을 정리한 학자로 저서 『De Re Metallica』에서 광산 작업자의 건강 위험성, 환기 필요성 등을 기술하였다.
④ Bernardino Ramazzini(라마치니): '직업의학의 아버지'로 불리며 저서 『De Morbis Artificum Diatriba(직업병론)』에서 다양한 직업과 관련된 건강영향을 기술하였다.

온도 25℃, 1기압 하에서 분당 100mL씩 60분 동안 채취한 공기 중에서 벤젠이 5mg 검출되었다면 검출된 벤젠은 약 몇 ppm인가? (단, 벤젠의 분자량은 78이다.)

① 15.7
② 26.1
③ 157
④ 261

$$\text{ppm} = \text{mL} / \text{m}^3$$

$$\frac{5\text{mg} \times \dfrac{22.4\text{mL}}{78\text{mg}} \times \dfrac{(273+25)\text{K}}{273\text{K}}}{\dfrac{100\text{mL}}{\text{min}} \times 60\text{min} \times \dfrac{\text{m}^3}{10^6\text{mL}}} = 261.2216\text{mL} / \text{m}^3$$

체중이 60kg인 사람이 1일 8시간 작업 시 안전흡수량이 1mg/kg인 물질의 체내흡수를 안전흡수량 이하로 유지하려면 공기 중 유해물질 농도를 몇 mg/m³ 이하로 하여야 하는가? (단, 작업 시 폐환기율은 1.25m³/hr, 체내잔류율은 1로 가정한다.)

① 0.06
② 0.6
③ 6
④ 60

체내흡수량 = 폐환기율(= 호흡률) × 노출시간 × 공기 중 유해물질농도 × 체내잔류율
　　　　　 = 체중 × 안전흡수량

$$\frac{1\text{mg}}{\text{kg}} \times 60\text{kg} = \frac{1.25\text{m}^3}{\text{hr}} \times 8\text{hr} \times \frac{\square\text{mg}}{\text{m}^3} \times 1$$

$$\square = 6\text{mg} / \text{m}^3$$

단기간의 휴식에 의하여 회복될 수 없는 병적 상태를 일컫는 용어는?

① 곤비
② 과로
③ 국소피로
④ 전신피로

곤비란 과로의 축적으로 단기간의 휴식으로는 회복되지 않는 병적 피로 상태를 의미한다. 즉, 신체적·정신적 피로가 누적되어 휴식이나 수면으로도 정상적인 회복이 어렵고, 생활이나 작업능력에 지장을 주는 단계의 병적 상태이다. 반대로, 일반적 피로나 과로는 비교적 휴식·수면 등으로 회복이 가능하다.

사무실 공기관리 지침상 오염물질과 관리기준이 잘못 연결된 것은? (단, 관리기준은 8시간 시간가중평균농도이며, 고용노동부 고시를 따른다.)

① 총부유세균 – 800CFU/m³
② 일산화탄소(CO) – 10ppm
③ 초미세먼지(PM2.5) – 50μg/m³
④ **포름알데히드(HCHO) – 150μg/m³**

포름알데히드(HCHO)의 관리기준은 100μg/m³이다.

관련개념 사무실 공기관리 지침[고용노동부고시 제2020-45호]

오염물질	관리기준*
미세먼지(PM10)	100μg/m³
초미세먼지(PM2.5)	50μg/m³
이산화탄소(CO$_2$)	1,000ppm
일산화탄소(CO)	10ppm
이산화질소(NO$_2$)	0.1ppm
포름알데히드(HCHO)	100μg/m³
총휘발성유기화합물(TVOC)	500μg/m³
라돈(radon)**	148Bq/m³
총부유세균	800CFU/m³
곰팡이	500CFU/m³

* 관리기준: 8시간 시간가중평균농도 기준
** 라돈: 지상 1층을 포함한 지하에 위치한 사무실에만 적용

재해예방의 4원칙에 해당되지 않는 것은?

① 손실우연의 원칙
② 예방가능의 원칙
③ 대책선정의 원칙
④ **원인조사의 원칙**

재해예방의 4원칙

• 원인계기의 원칙: 모든 사고에는 반드시 원인이 존재하며 사고와 원인은 필연적 관계가 있다는 원칙이다.
• 손실우연의 원칙: 재해손실의 크기나 발생 여부는 사고 당시의 조건에 따라 우연적으로 결정된다는 원칙이다.
• 예방가능의 원칙: 천재지변을 제외한 모든 인재는 원인을 제거하면 예방이 가능하다는 원칙이다.
• 대책선정의 원칙: 재해의 원인을 정확히 규명하여 적절한 예방 대책을 선정하고 실행해야 한다는 원칙이다.

NIOSH에서 제시한 권장무게한계가 6kg이고, 근로자가 실제 작업하는 중량물의 무게가 12kg일 경우 중량물 취급지수(LI)는?

① 0.5
② 1.0
③ 2.0
④ 6.0

$$중량물\ 취급지수(LI) = \frac{실제\ 작업무게}{권장무게한계(RWL)}$$

$$= \frac{12kg}{6kg} = 2.0$$

하인리히의 사고예방대책의 기본원리 5단계를 순서대로 나타낸 것은?

① 조직 → 사실의 발견 → 분석 · 평가 → 시정책의 선정 → 시정책의 적용
② 조직 → 분석 · 평가 → 사실의 발견 → 시정책의 선정 → 시정책의 적용
③ 사실의 발견 → 조직 → 분석 · 평가 → 시정책의 선정 → 시정책의 적용
④ 사실의 발견 → 조직 → 시정책의 선정 → 시정책의 적용 → 분석 · 평가

경영자의 안전목표 설정과 조직 구성, 불안전 상태와 행동 등 사실 발견, 원인 및 위험 분석, 개선책 선정(기술, 교육, 관리), 그리고 선정된 시정책 적용 및 평가의 단계로 구성되어 있다.

산업안전보건법령상 밀폐공간작업으로 인한 건강장해의 예방에 있어 다음 각 용어의 정의로 옳지 않은 것은?

① "밀폐공간"이란 산소결핍, 유해가스로 인한 화재, 폭발 등의 위험이 있는 장소이다.
② "산소결핍"이란 공기 중의 산소농도가 16% 미만인 상태를 말한다.
③ "적정한 공기"란 산소농도의 범위가 18% 이상 23.5% 미만, 탄산가스 농도가 1.5% 미만, 황화수소의 농도가 10ppm 미만인 수준의 공기를 말한다.
④ "유해가스"란 탄산가스 · 일산화탄소 · 황화수소 등의 기체로서 인체에 유해한 영향을 미치는 물질을 말한다.

"산소결핍"이란 공기 중의 산소농도가 18% 미만인 상태를 말한다.

효과적인 교대근무제의 운용방법에 대한 내용으로 옳은 것은?

① 야간 근무 종료 후 휴식은 24시간 전후로 한다.
② 야간 근무는 가면(假眠)을 하더라도 10시간 이내가 좋다.
③ 신체적 적응을 위하여 야간 근무의 연속일수는 대략 1주일로 한다.
④ 누적 피로를 회복하기 위해서는 정교대 방식보다는 역교대 방식이 좋다.

---

① 야간 근무 종료 후 휴식은 24시간 이상이 좋다.
③ 신체적 적응을 위하여 야간 근무의 연속일수는 보통 3~4일 이하로 제한한다.
④ 누적 피로를 회복하기 위해서는 역교대(야간 → 주간 → 휴무 순) 방식보다는 정교대(주간 → 야간 → 휴무 순) 방식이 좋다.

빈출 13 #전신피로

전신피로의 원인으로 볼 수 없는 것은?

① 산소공급의 부족
② 작업강도의 증가
③ 혈중포도당 농도의 저하
④ 근육 내 글리코겐 양의 증가

근육 내 글리코겐은 운동 중 근육에 필요한 에너지원으로 사용된다. 글리코겐 저장량이 부족하거나 고갈되면 에너지 생산이 줄어들어 근육 피로와 전신 피로가 발생한다. 반대로 근육 내 글리코겐 양이 충분하면 운동 지속 능력이 높아지고 피로가 지연된다.

빈출 14 #도수율

300명의 근로자가 1주일에 40시간, 연간 50주를 근무하는 사업장에서 1년 동안 50건의 재해로 60명의 재해자가 발생하였다. 이 사업장의 도수율은 약 얼마인가? (단, 근로자들은 질병, 기타 사유로 인하여 총 근로시간의 5%를 결근하였다.)

① 93.33
② 87.72
③ 83.33
④ 77.72

- 근로자 수: 300명
- 재해 건수: 50건
- 근무시간: 1주 40시간 × 50주
  - → 개인당 연간 근무시간 = 40 × 50 × 0.95 = 1,900시간
  - → 총 근로시간 = 1,900시간 × 300명 = 570,000시간
- 도수율 = $\dfrac{\text{재해 건수} \times 1,000,000}{\text{총 근로시간}}$

  $= \dfrac{50 \times 1,000,000}{570,000} = 87.7192$

빈출 15 #TLV−TWA

다음 중 ACGIH에서 권고하는 TLV−TWA(시간가중평균치)에 대한 근로자 노출의 상한치와 노출가능시간의 연결로 옳은 것은?

① TLV−TWA의 3배 : 30분 이하
② TLV−TWA의 3배 : 60분 이하
③ TLV−TWA의 5배 : 5분 이하
④ TLV−TWA의 5배 : 15분 이하

- TLV−TWA: 1일 8시간 동안 근로자가 노출되어도 건강에 해가 없는 농도
- TLV−TWA의 3배: 30분 이하의 노출 권고
- TLV−TWA의 5배: 잠시라도 노출 금지

빈출 16 #정상작업영역

정상작업영역에 대한 정의로 옳은 것은?

① 위팔은 몸통 옆에 자연스럽게 내린 자세에서 아래팔의 움직임에 의해 편안하게 도달 가능한 작업영역
② 어깨로부터 팔을 뻗어 도달 가능한 작업영역
③ 어깨로부터 팔을 머리 위로 뻗어 도달 가능한 작업영역
④ 위팔은 몸통 옆에 자연스럽게 내린 자세에서 손에 쥔 수공구의 끝부분이 도달 가능한 작업영역

정상작업영역은 팔의 상완(위팔)을 몸통 옆에 자연스럽게 내린 상태에서 전완(아래팔)만 움직여 편안하게 작업할 수 있는 범위를 뜻한다. 이 작업영역은 작업의 효율성과 작업자의 피로도를 고려한 가장 안정적이고 편안한 범위로 일반적으로 35~45cm 범위이다.

> **관련개념**
> - 정상작업영역: 위팔을 몸통 옆에 자연스럽게 내린 자세에서 아래팔만 움직여 편하게 도달할 수 있는 작업 범위로, 일반적으로 34~45cm 정도이다. 이 영역은 작업자가 편안하게 작업할 수 있는 영역이다.
> - 최대작업영역: 위팔과 아래팔을 모두 곧게 펴서 최대한 뻗어 도달할 수 있는 작업 범위로, 일반적으로 55~65cm 정도이다. 이 영역에서는 작업자의 피로가 더 쉽게 쌓이고 작업 효율이 떨어질 수 있다.

어느 공장에서 경미한 사고가 3건이 발생하였다. 그렇다면 이 공장의 무상해 사고는 몇 건이 발생하는가? (단, 하인리히의 법칙을 활용한다.)

① 25
② 31
③ 36
④ 40

하인리히가 제시한 산업재해의 구성비율
사망 또는 중상해 : 경상 : 무상해 사고 = 1 : 29 : 300
경상(경미한 사고) : 무상해 사고 = 29 : 300 = 3 : □
□ = 31.0344

Diethyl Ketone(TLV = 200ppm)을 사용하는 근로자의 작업시간이 9시간일 때 허용기준을 보정하였다. OSHA 보정법과 Brief and Scala 보정법을 적용하였을 경우 보정된 허용기준치 간의 차이는 약 몇 ppm인가?

① 5.05
② 11.11
③ 22.22
④ 33.33

• OSHA 보정방법

$$보정된\ 노출기준 = 8시간\ 노출기준 \times \frac{8시간}{노출시간 / 일}$$

$$= 200 \times \frac{8}{9} = 177.77\text{ppm}$$

• Brief and Scala 보정방법

$$RF = \left(\frac{8}{H}\right) \times \frac{24-H}{16} = \left(\frac{8}{9}\right) \times \frac{24-9}{16} = 0.8333$$

$$보정된\ 노출기준 = TLV \times RF = 200 \times 0.8333 = 166.66\text{ppm}$$

• 허용기준치 차이 $= 177.77 - 166.66 = 11.11\text{ppm}$

전신피로의 정도를 평가하기 위하여 맥박을 측정한 값이 심한 전신피로 상태라고 판단되는 경우는?

① $HR_{30\sim60} = 107$, $HR_{150\sim180} = 89$, $HR_{60\sim90} = 101$
② $HR_{30\sim60} = 110$, $HR_{150\sim180} = 95$, $HR_{60\sim90} = 108$
③ $HR_{30\sim60} = 114$, $HR_{150\sim180} = 92$, $HR_{60\sim90} = 118$
④ $HR_{30\sim60} = 116$, $HR_{150\sim180} = 102$, $HR_{60\sim90} = 108$

심한 전신피로 상태는 작업 직후 30~60초 평균 심박수(HR_{30-60})가 110을 초과하고, 150~180초 평균 심박수($HR_{150-180}$)와 60~90초 평균 심박수(HR_{60-90})의 차이가 10 미만일 때 판단한다.

분진발생 공정에서 측정한 호흡성 분진의 농도가 다음과 같을 때 기하평균농도는 약 몇 mg/m³인가?

> 2.5, 2.8, 3.1, 2.6, 2.9   (단위: mg/m³)

① 2.62
② 2.77
③ 2.92
④ 3.03

기하평균은 농도의 중앙 경향을 표현할 때 유용하며, 특히 측정값 간 편차가 크거나 자료가 로그 정규분포를 따를 때 사용한다.

$$기하평균 = (x_1 \times x_2 \times x_3 \times \cdots \times x_n)^{\frac{1}{n}}$$

$$= (2.5 \times 2.8 \times 3.1 \times 2.6 \times 2.9)^{\frac{1}{5}} = 2.7718$$

분자량이 245인 물질이 25℃, 760mmHg에서 체적농도로 1.0ppm일 때, 이 물질의 질량농도는 약 몇 mg/m³인가?

① 3.1
② 4.5
③ 10.0
④ 14.0

$1\text{ppm} = 1\text{mL}/\text{m}^3$

$1\text{mol} = \text{g분자량} = 22.4\text{L at }0℃,\ 1\text{atm}$

$$\dfrac{1\text{mL} \times \dfrac{273\text{K}}{(273+25)\text{K}} \times \dfrac{245\text{mg}}{22.4\text{mL}}}{\text{m}^3} = 10.0199\text{mg}/\text{m}^3$$

어떤 음의 발생원의 음력(Sound Power)이 0.006W일 때, 음력수준(Sound Power Level)은 약 몇 dB인가?

① 92
② 94
③ 96
④ 98

음향파워레벨(PWL) 산정

$$\text{PWL} = 10\log\left(\dfrac{\text{W}}{\text{W}_0}\right) = 10\log\left(\dfrac{0.006}{10^{-12}}\right) = 97.7815\text{dB}$$

다음 내용이 설명하는 막여과지는?

- 농약, 알카리성 먼지, 콜타르피치 등을 채취한다.
- 열, 화학물질, 압력 등에 강한 특성이 있다.
- 석탄건류나 증류 등의 고열 고정에서 먼지나 다환방향족탄화수소를 채취하는 데 이용된다.

① 은 막여과지　　　② PVC 막여과지
③ 섬유상 막여과지　④ PTFE 막여과지

PTFE(Polytetrafluoroethylene) 막여과지는 고열, 화학물질, 알카리성 먼지, 콜타르피치 등 독성이 강한 물질을 채취하기에 적합하며, 열과 압력에 강한 특성을 가지고 있다. 또한 석탄건류, 다환방향족탄화수소 등 고열 고정 과정에서 생성되는 먼지 및 유해물질을 포집하는 데 자주 사용된다.

관련개념
- 은 막여과지: 금속이나 은 필름으로 만들어져 있으며, 주로 가스상 물질 분석에 사용된다.
- PVC 막여과지: 액체 필터링, 공기 중 입자 포집 등에 사용되며 중량분석이나 6가 크롬 등을 측정하는 데 사용된다. 폴리염화비닐 재질의 멤브레인 필터로 내화학성이 우수하여 유기용매나 산 등 일부 화학물질에 강한 편이다.
- 섬유상 막여과지: 유리섬유나 합성섬유로 만들어진 여과지로, 입자상 물질 포집에 효과적이다. 공해 먼지, 총 먼지, 미세먼지 등 다양하게 사용된다.

작업장의 현재 총 흡음량은 600sabins이다. 천장과 벽 부분에 흡음재를 사용하여 작업장의 흡음량을 3,000sabins 추가하였을 때 흡음 대책에 따른 실내 소음의 저감량(dB)은?

① 약 12　　　　　② 약 8
③ 약 4　　　　　④ 약 3

$\text{NR} = 10 \times \log(A_2/A_1)$

$$= 10 \times \log\left(\dfrac{3{,}600}{600}\right)$$

$$= 7.7815\text{dB(A)}$$

∘ A_1 = 기존 총 흡음량 = 600sabins
∘ A_2 = 추가 후 총 흡음량 = 600 + 3,000 = 3,600sabins

분석기기가 검출할 수 있는 신뢰성을 가질 수 있는 양인 정량한계(LOQ)는?

① 표준편차의 3배
② 표준편차의 3.3배
③ 표준편차의 5배
④ **표준편차의 10배**

표준편차의 10배 또는 검출한계의 3배(또는 3.3배)로 정의한다.

작업환경 측정 결과 측정치가 5, 10, 15, 15, 10, 5, 7, 6, 9, 6의 10개일 때 표준편차는? (단, 단위 = ppm)

① 약 1.13
② 약 1.87
③ 약 2.13
④ **약 3.76**

- 평균 $= \dfrac{5+10+15+15+10+5+7+6+9+6}{10} = 8.8$

- 표준편차$(s) = \sqrt{\dfrac{\sum\limits_{i=1}^{n}\left(x_i - \bar{x}\right)^2}{n-1}}$

$$= \sqrt{\dfrac{\begin{array}{c}(5-8.8)^2 + (10-8.8)^2 + (15-8.8)^2 + (15-8.8)^2 \\ + (10-8.8)^2 + (5-8.8)^2 + (7-8.8)^2 + (6-8.8)^2 \\ + (9-8.8)^2 + (6-8.8)^2\end{array}}{10-1}}$$

$= 3.7653$

◦ x_i : 각 데이터 값
◦ $\bar{x}$: 데이터의 평균
◦ n : 데이터 수

공장에서 A용제 30%(TLV 1,200mg/m³), B용제 30% (TLV 1,400mg/m³) 및 C용제 40%(TLV 1,600mg/m³) 의 중량비로 조성된 액체용제가 증발되어 작업환경을 오염시킨 경우 이 혼합물의 허용농도(mg/m³)는? (단, 상가작용 기준이다.)

① 1,400
② 1,450
③ 1,500
④ 1,550

$$\frac{C_1+C_2+C_3}{허용농도} = \frac{C_1}{T_1}+\frac{C_2}{T_2}+\frac{C_3}{T_3}$$

$$\frac{30+30+40}{허용농도} = \frac{30}{1,200}+\frac{30}{1,400}+\frac{40}{1,600}$$

허용농도 $= 1,400$ppm
- C_n: 각 성분의 농도 또는 중량비
- T_n: 각 성분의 TLV

유량, 측정시간, 회수율, 분석에 의한 오차가 각각 10, 5, 7, 5%였다. 만약 유량에 의한 오차(10%)를 5%로 개선시켰다면 개선 후의 누적오차(%)는?

① 약 8.9
② 약 11.1
③ 약 12.4
④ 약 14.3

- 처음 누적오차(%) $= \left[(x_1)^2+(x_2)^2+(x_3)^2+\cdots\right]^{\frac{1}{2}}$

$$= \left[(10)^2+(5)^2+(7)^2+(5)^2\right]^{\frac{1}{2}}$$
$$= 14.1067\%$$

- 개선 후 누적오차(%) $= \left[(x_1)^2+(x_2)^2+(x_3)^2+\cdots\right]^{\frac{1}{2}}$

$$= \left[(5)^2+(5)^2+(7)^2+(5)^2\right]^{\frac{1}{2}}$$
$$= 11.1355\%$$

WBGT 측정기의 구성요소로 적절하지 않은 것은?

① 습구온도계
② 건구온도계
③ **카타온도계**
④ 흑구온도계

- WBGT 측정기는 습구온도계, 건구온도계, 흑구온도계로 구성되며, 세 지표를 사용하여 열 스트레스를 평가한다.
- 카타온도계는 기류(풍속) 측정에 사용되는 온도계로, WBGT 측정기의 구성요소가 아니다.

누적소음노출량 측정기로 소음을 측정하는 경우, 기기 설정으로 적절한 것은? (단, 고용노동부 고시를 기준으로 한다.)

① Criteria = 80dB, Exchange Rate = 5dB, Threshold = 90dB
② Criteria = 80dB, Exchange Rate = 10dB, Threshold = 90dB
③ **Criteria = 90dB, Exchange Rate = 5dB, Threshold = 80dB**
④ Criteria = 90dB, Exchange Rate = 10dB, Threshold = 80dB

- 고용노동부 고시 기준에 따른 누적소음노출량 측정기 등의 기기 설정값은 다음과 같다.
  - ✓ Criteria(기준치) = 90dB
  - ✓ Exchange Rate(교환율) = 5dB
  - ✓ Threshold(임계값) = 80dB
- 이 설정값은 소음 노출 평가 시 기준으로 삼는 음압레벨과, 소음 노출 시간에 따른 허용치를 결정하는 데 이용된다.

산업보건분야에서는 입자상 물질의 크기를 표시하는 데 주로 공기역학적(유체역학적) 직경을 사용한다. 공기역학적 직경에 관한 설명으로 옳은 것은?

① 대상먼지와 침강속도가 같고 밀도가 0.1이며 구형인 먼지의 직경으로 확산
② 대상먼지와 침강속도가 같고 밀도가 1이며 구형인 먼지의 직경으로 확산
③ 대상먼지와 침강속도가 다르고 밀도가 0.1이며 구형인 먼지의 직경으로 확산
④ 대상먼지와 침강속도가 다르고 밀도가 1이며 구형인 먼지의 직경으로 확산

공기역학적 직경(Aaerodynamic Diameter)은 실제 입자와 같은 침강속도를 가지며, 밀도를 $1g/cm^3$로 가정한 이상적인 구형 입자의 직경이다.

관련개념
- 페렛 직경(Feret Diameter): 입자의 투영된 가장자리에서 가장 먼 두 점을 잇는 직선을 직경으로 하여 측정하는 방법이며, 이로 인해 입자의 크기가 과대평가될 가능성이 있다.
- 마틴 직경(Martin Diameter): 입자의 면적을 2등분하는 선의 길이로 과소평가될 수 있다.
- 스토크스 직경(Stokes Diameter): 입자와 침강속도 및 밀도가 동일한 구형 입자의 직경이다.
- 등면적 직경(Equivalent Area Diameter): 입자의 면적과 같은 크기의 원의 직경이다.

어느 작업장의 소음 측정 결과가 다음과 같았다. 이때의 총 음압레벨(음압레벨 합산)은? (단, 기계 음압레벨 측정 기준이다.)

| A기계: 95dB(A)　　B기계: 90dB(A)　　C기계: 88dB(A) |

① 약 92.3dB(A)
② 약 94.6dB(A)
③ 약 96.8dB(A)
④ 약 98.2dB(A)

$$총\ 음압레벨(dB(A)) = 10\log\left(10^{L_1/10} + 10^{L_2/10} + \cdots + 10^{L_n/10}\right)$$
$$= 10\log\left(10^{95/10} + 10^{90/10} + 10^{88/10}\right)$$
$$= 96.8062 dB(A)$$

ACGIH에서는 입자상 물질을 크게 흡입성, 흉곽성, 호흡성으로 제시하고 있다. 다음 설명 중 옳은 것은?

① 흡입성 먼지는 기관지계나 폐포 어느 곳에 침착하더라도 유해한 입자상 물질로 보통 입자크기는 $1\sim10\mu m$ 이내의 범위이다.

② 흉곽성 먼지는 가스교환부위인 폐기도에 침착하여 독성을 나타내며 평균입자크기는 $50\mu m$이다.

③ 흉곽성 먼지는 호흡기계 어느 부위에 침착하더라도 유해한 입자상 물질이며 평균입자크기는 $25\mu m$이다.

④ **호흡성 먼지는 폐포에 침착하여 독성을 나타내며 평균입자크기는 $4\mu m$이다.**

- 흡입성 입자상 물질: 평균입경 $100\mu m$
- 흉곽성 입자상 물질: 평균입경 $10\mu m$
- 호흡성 입자상 물질: 평균입경 $4\mu m$

공기유량과 용량을 보정하는 데 사용되는 표준기구 중 1차 표준기구가 아닌 것은?

① 폐활량계
② **로타미터**
③ 비누거품 미터
④ 피토튜브

- 1차 표준기구: 물리적 크기에 따라 공간의 부피를 직접 측정할 수 있는 기구로, 대표적으로 흑연 피스톤 미터, 비누거품 미터, 폐활량계, 가스치환병, 유리 피스톤 미터, 피토튜브 등이 있다.
- 2차 표준기구: 공간의 부피를 직접 측정할 수 없으며, 기류 속도나 압력을 유량으로 환산해 사용하는 기구로, 로타미터, 건식가스 미터, 습식테스트 미터, 오리피스 미터, 열선기류계 등이 있다.

종단속도가 0.632m/hr인 입자가 있다. 이 입자의 직경이 $3\mu m$라면 비중은?

① **0.65**
② 0.55
③ 0.86
④ 0.77

Lippman식

$$V = K \times \rho \times d^2$$

$$\frac{0.632m \times \dfrac{100cm}{m}}{hr \times \dfrac{3,600sec}{hr}} = 0.003 \times 3^2 \times \square$$

$$\square = 0.6502$$

- V: 침강속도(cm/sec)
- K: 경험적으로 정해진 상수(일반적으로 0.003)
- ρ: 입자의 비중
- d: 입자의 직경(μm)

Lippman식은 공기 중 먼지나 에어로졸 등 입자의 침강속도를 실제 환경에 더 가깝게 추정하기 위한 경험적 공식이다.

자연습구온도는 31.0℃, 흑구온도는 24.0℃, 건구온도는 34.0℃인 실내작업장에서 시간당 400칼로리가 소모되며 계속작업을 실시하는 주조공장의 WBGT는?

① **28.9℃**　　　② 29.9℃
③ 30.9℃　　　④ 31.9℃

옥내 or 옥외(햇볕 없는 곳)의 습구흑구온도지수(WBGT)
WBGT = 0.7 × 자연습구온도 + 0.3 × 흑구온도
　　　 = 0.7 × 31 + 0.3 × 24 = 28.9℃

관련개념 WBGT(습구흑구온도지수, Wet Bulb Globe Temperature)
- 근로자의 열 스트레스(온열환경 부담)를 평가하기 위한 대표적인 지표로, 온도, 습도, 복사열, 공기 흐름 등을 종합적으로 반영한다.
  ✓ 옥내 or 옥외(햇볕 없는 곳)
  　 WBGT = 0.7 × 자연습구온도 + 0.3 × 흑구온도
  ✓ 옥외(햇볕 있는 곳)
  　 WBGT = 0.7 × 자연습구온도 + 0.2 × 흑구온도 + 0.1 × 건구온도
- 흑구온도(Black Globe Temperature): 복사열(태양, 열원)의 영향을 반영한 온도
- 자연습구온도(Natural Wet Bulb Temperature): 공기 중 습도와 증발에 영향을 받는 온도

입자상 물질을 채취하는 방법 중 직경분립충돌기의 장점으로 틀린 것은?

① 호흡기에 무분별로 침착된 입자크기의 자료를 추정할 수 있다.
② 흡입성, 흉곽성, 호흡성 입자의 크기별 분포와 농도를 계산할 수 있다.
③ 시료 채취 준비에 시간이 적게 걸리며 비교적 채취가 용이하다.
④ 입자의 질량크기분포를 얻을 수 있다.

시료 채취 준비에 시간이 많이 걸리며 비교적 채취가 용이하지 않다.

> **관련개념** 직경분립충돌기(Cascade Impactor)
> - 입자의 관성에 의한 충돌 원리를 이용해, 크기별로 입자를 분리 및 채취하는 기기
> - 일반적으로 여러 개의 노즐과 수집판(Stage)으로 구성되어, 입자 크기별로 분급 가능
> - 사용 시 여러 단계를 거쳐야 하므로 기기 구성 및 시료채취 준비가 복잡하고 시간 소요가 큰 편

수동식 시료채취기(Passive Sampler)로 8시간 동안 벤젠을 포집하였다. 포집된 시료를 GC를 이용하여 분석한 결과 20,000ng이었으며 공시료는 0ng이었다. 회사에서 제시한 벤젠의 시료채취량은 35.6mL/분이고 탈착효율은 0.96이라면 공기 중 농도는 몇 ppm인가? (단, 벤젠의 분자량은 78이고, 25℃, 1기압 기준이다.)

① 0.38
② 1.22
③ 5.87
④ 10.57

$$\mathrm{ppm} = \mathrm{mL/m^3}$$

$$\frac{(20{,}000-0)\mathrm{ng} \times \dfrac{\mathrm{mg}}{10^6\mathrm{ng}} \times \dfrac{100}{96} \times \dfrac{22.4\mathrm{mL}}{78\mathrm{mg}} \times \dfrac{(273+25)\mathrm{K}}{273\mathrm{K}}}{\dfrac{35.6\mathrm{mL}}{\min} \times 8\mathrm{hr} \times \dfrac{60\min}{\mathrm{hr}} \times \dfrac{\mathrm{m^3}}{10^6\mathrm{mL}}}$$

$$= 0.3821\,\mathrm{mL/m^3}$$

금속제품을 탈지 세정하는 공정에서 사용하는 유기용제인 Trichloroethylene의 근로자 노출농도를 측정하고자 한다. 과거의 노출농도를 조사해 본 결과, 평균 40ppm이었다. 활성탄관(100mg/50mg)을 이용하여 0.14L/분으로 채취하였다. 채취해야 할 최소한의 시간(분)은? (단, Trichloroethylene의 분자량은 131.39, 25℃, 1기압 기준이며, 가스크로마토그래피의 정량한계(LOQ)는 0.4mg이다.)

① 10.3
② 13.3
③ 16.3
④ 19.3

- 최소시료채취시간(min)을 구하려면, 시료에 포함되어야 하는 최소 질량(정량한계)까지 작업장 공기를 채취하는 데 걸리는 시간(분)을 계산한다.
- 필요한 시료량 = 채취시간 × 농도 × 채취유량

$$0.4\mathrm{mg} = \square\,\mathrm{min} \times \frac{40\mathrm{mL} \times \dfrac{131.39\mathrm{mg}}{22.4\mathrm{mL}}}{\mathrm{Sm}^3 \times \dfrac{(273+25)\mathrm{K}}{273\mathrm{K}}} \times \frac{0.14\mathrm{L}}{\mathrm{min}} \times \frac{\mathrm{m}^3}{1,000\mathrm{L}}$$

$\square = 13.2926\mathrm{min}$

- 노출 농도 $= 40\mathrm{ppm}$
- 채취유량 $= 0.14\mathrm{L/min}$
- Trichloroethylene 분자량 $= 131.39$
- 정량한계 $= 0.4\mathrm{mg}$

검지관 사용 시 장단점으로 가장 거리가 먼 것은?

① 숙련된 산업위생전문가가 아니더라도 어느 정도만 숙지하면 사용할 수 있다.
② 민감도가 낮아 비교적 고농도에 적용이 가능하다.
③ 특이도가 낮아 다른 방해물질의 영향을 받기 쉽다.
④ 측정대상물질의 동정 없이 측정이 용이하다.

- 검지관법은 오염물질 동정 없이 사용할 수 없으므로, 항상 어떤 가스를 측정하는지 명확히 해야 한다.
- 동정이란 측정대상 물질이나 현상을 정확히 확인하고 식별하는 것을 의미한다. 즉, 가스 측정 시 동정은 어떤 가스인지, 어떤 오염물질인지를 알아내고 구별하는 작업이다.

톨루엔을 취급하는 근로자의 보호구 밖에서 측정한 톨루엔 농도가 30ppm이었고 보호구 안의 농도가 2ppm으로 나왔다면 보호계수(Protection Factor, PF) 값은? (단, 표준 상태 기준이다.)

① 15 ② 30
③ 60 ④ 120

$$APF = \frac{C_o}{C_i}$$

$$= \frac{30}{2} = 15$$

관련개념 할당보호계수(APF, Assigned Protection Factor)
• 잘 훈련된 착용자가 보호구를 올바르게 착용했을 때 기대할 수 있는 보호 정도를 나타내는 값이다.
• APF는 보호구 밖의 오염물질 농도(C_o)와 보호구 내부 오염물질 농도(C_i)의 비율로 표현한다. 즉, $APF = C_o/C_i$이다.

다음과 같은 조건에서 오염물질의 농도가 200ppm까지 도달하였다가 오염물질 발생이 중지되었을 때, 공기 중 농도가 200ppm에서 19ppm으로 감소하는 데 얼마나 걸리는가? (단, 1차 반응, 공간부피 V = 3,000m³, 환기량 Q = 1.17m³/sec이다.)

① 약 89분
② 약 100분
③ 약 109분
④ 약 115분

외부유입공기 중 오염물질의 농도는 0ppm이므로 1차 반응의 단순 희석 개념을 적용한다.

$$\ln\left(\frac{C_t}{C_0}\right) = -kt \ \rightarrow\ \ln\left(\frac{C_t}{C_0}\right) = -\frac{Q}{\forall} \times t$$

$$\ln\left(\frac{19}{200}\right) = -\frac{\dfrac{1.17m^3}{sec} \times \dfrac{60sec}{min}}{3,000m^3} \times t$$

$$t = 100.5930\,min$$

덕트의 설치 원칙으로 올바르지 않은 것은?

① 덕트는 가능한 한 짧게 배치하도록 한다.
② 밴드의 수는 가능한 한 적게 하도록 한다.
③ **가능한 한 후드와 먼 곳에 설치한다.**
④ 공기가 아래로 흐르도록 하향구배를 만든다.

오염물질 배출구는 가능한 한 오염원으로부터 가까운 곳에 설치하여 점환기의 효과를 얻는다.

관련개념 점환기 현상
• 공기배출구 부근에서 배출된 오염물질이 초기 운동에너지를 잃고 정체되어 거의 움직임이 없는 상태가 되는 현상이다.
• 오염물질이 배출구 가까이 머물러 제대로 확산 또는 배출되지 못하게 하는 문제로, 국소배기장치 효율을 저하시키고 작업장 내 오염물질 농도를 높이는 원인이 된다.
• 점환기 현상을 방지하려면 오염물질 배출구를 오염원으로부터 가능한 한 멀리 설치하여 유동성을 확보하고 배출되는 공기가 원활히 흐르도록 해야 한다.

Methyl Ethyl Ketone(MEK)을 사용하는 접착작업장에서 1시간에 2L가 휘발할 때 필요한 환기량은 얼마인가? (단, MEK의 비중은 0.805, 분자량은 72.06이며, K = 3, 기온은 21℃, 기압은 760mmHg인 경우이며 MEK의 허용한계치는 200ppm이다.)

① 약 2,100m³/hr ② 약 4,100m³/hr
③ 약 6,100m³/hr ④ 약 8,100m³/hr

$$Q(환기량) = \frac{K(안전계수) \times G(발생량)}{C(허용농도)}$$

$$= 3 \times \frac{\dfrac{2L}{hr} \times \dfrac{0.805g}{mL} \times \dfrac{1,000mL}{L}}{\dfrac{200mL \times \dfrac{273K}{(273+21)K} \times \dfrac{72.06mg}{22.4mL} \times \dfrac{g}{1,000mg}}{m^3}}$$

$$= 8,084.5449\,m^3/hr$$

◦ K(안전계수) = 3
◦ G(발생량) = 2L/hr
◦ C(허용농도(TLV)) = 200ppm

방진마스크에 대한 설명으로 바르지 않은 것은?

① 여과효율이 우수하려면 필터에 사용되는 섬유의 직경이 작고 조밀하게 압축되어야 한다.
② 비휘발성 입자에 대한 보호가 가능하다.
③ **흡기저항 상승률이 높은 것이 좋다.**
④ 흡기, 배기저항은 낮은 것이 좋다.

흡기저항 상승률은 낮은 것이 좋다. 흡기저항 상승률이 높으면 호흡이 힘들어지고 착용감이 나빠진다.

후향날개형 송풍기가 2,000rpm으로 운전될 때 송풍량이 20m³/min, 송풍기 정압이 50, 축동력이 0.5kW였다. 다른 조건은 동일하고 송풍기의 rpm을 조절하여 3,200rpm으로 운전한다면 송풍량, 송풍기 정압, 축동력은 얼마인가?

① 38m³/min, 80mmH₂O, 1.86kW
② 38m³/min, 128mmH₂O, 2.05kW
③ 32m³/min, 80mmH₂O, 1.86kW
④ **32m³/min, 128mmH₂O, 2.05kW**

- 풍량: 송풍기의 회전수에 비례한다.

$$\frac{풍량}{20\mathrm{m^3/min}} = \frac{3{,}200\mathrm{rpm}}{2{,}000\mathrm{rpm}}$$

$$풍량 = 32\mathrm{m^3/min}$$

- 풍압: 송풍기의 회전수의 제곱에 비례한다.

$$\frac{풍압}{50\mathrm{mmH_2O}} = \left(\frac{3{,}200\mathrm{rpm}}{2{,}000\mathrm{rpm}}\right)^2$$

$$풍압 = 128\mathrm{mmH_2O}$$

- 동력(축동력): 송풍기의 회전수의 세제곱에 비례한다.

$$\frac{풍압}{0.5\mathrm{kW}} = \left(\frac{3{,}200\mathrm{rpm}}{2{,}000\mathrm{rpm}}\right)^3$$

$$축동력 = 2.048\mathrm{kW}$$

금속을 가공하는 음압수준이 98dB(A)인 공정에서 NRR이 17인 귀마개를 착용했을 때의 차음효과(dB(A))는? (단, OSHA의 차음효과 예측방법을 적용한다.)

① 2
② 3
③ **5**
④ 7

차음효과 = (NRR − 7) × 50%
　　　　 = (17 − 7) × 0.5 = 5dB

일반적인 후드 설치의 유의사항으로 가장 거리가 먼 것은?

① 오염원 전체를 포위시킬 것
② 후드는 오염원에 가까이 설치할 것
③ 오염 공기의 성질, 발생상태, 발생원인을 파악할 것
④ **후드의 흡인방향과 오염 가스의 이동방향은 반대로 할 것**

후드의 흡인방향과 오염 가스의 이동방향은 같은 방향으로 한다.

> **관련개념** 후드 설치의 일반적인 유의사항
> - 오염원 전체를 포위시킬 것: 오염 물질이 후드 밖으로 확산되는 것을 최소화하기 위해 포위식이나 부스식 후드를 우선 설치한다는 규정이 있다.
> - 후드는 오염원에 최대한 가깝게 설치할 것: 오염물의 흡입 효율을 높이고 실내로의 확산을 막기 위해 후드는 오염원 근처에 두는 것이 원칙이다.
> - 오염 공기의 성질, 발생상태, 발생원인을 파악할 것: 적절한 후드 형식과 설계, 설치를 위해 오염원의 특성을 충분히 분석해야 한다.

흡입관의 정압 및 속도압은 −30.5mmH₂O, 7.2mmH₂O이고, 배출관의 정압 및 속도압은 20.0mmH₂O, 15mmH₂O일 때, 송풍기의 유효전압(mmH₂O)은?

① 58.3
② 64.2
③ 72.3
④ 81.1

송풍기 유효전압 = (배출관 정압 + 배출관 속도압) − (흡입관 정압 + 흡입관 속도압)

$$= (20 + 15) - (-30.5 + 7.2) = 58.3 \text{mmH}_2\text{O}$$

작업환경관리의 공학적 대책에서 기본적 원리인 대체(Substitution)와 거리가 먼 것은?

① 자동차산업에서 납을 고속회전 그라인더로 깎아 내던 작업을 저(낮은) 오실레이팅(Osillating) Type sander 작업으로 바꾼다.
② 가연성 물질 저장 시 사용하던 유리병을 안전한 철제통으로 바꾼다.
③ 방사선 동위원소 취급장소를 밀폐하고, 원격장치를 설치한다.
④ 성냥 제조 시 황린 대신 적린을 사용하게 한다.

- 대체(Substitution)는 작업환경관리의 기본 원리 중 하나로, 유해한 물질이나 작업 공정을 덜 유해하거나 무해한 것으로 대체하는 것이다.
- 밀폐와 원격장치 설치는 격리 및 밀폐에 해당하는 방법으로, 이는 유해인자와 근로자의 물리적 분리를 통한 노출 차단에 해당하므로 대체 방법과는 구분된다.

밀도가 1.225kg/m³인 공기가 20m/sec의 속도로 덕트를 통과하고 있을 때 동압(mmH₂O)은?

① 15
② 20
③ 25
④ 30

$$\text{동압}(VP) = \frac{\gamma V^2}{2g}$$

$$= \frac{\dfrac{1.225\text{kg}}{\text{m}^3} \times (20\text{m}/\sec)^2}{2 \times 9.8\text{m}/\sec^2}$$

$$= 25\text{mmH}_2\text{O}$$

- VP: 동압 측정치(mmH₂O)
- γ: 가스밀도(kg/m³)
- V: 유속(m/sec)
- g: 중력가속도(9.8m/sec²)

정압회복계수가 0.72이고 정압회복량이 7.2mmH₂O인 원형 확대관의 압력손실(mmH₂O)은?

① 4.2
② 3.6
③ 2.8
④ 1.3

$$\triangle P = \triangle P_r \left(\frac{1}{K} - 1 \right)$$

$$= 7.2 \left(\frac{1}{0.72} - 1 \right) = 2.8\text{mmH}_2\text{O}$$

- $\triangle P$: 전체 압력손실
- $\triangle P_r$: 정압회복량(회복된 압력)
- K: 정압회복계수

방진마스크에 대한 설명으로 가장 거리가 먼 것은?

① 방진마스크의 필터에는 활성탄과 실리카겔이 주로 사용된다.

② 방진마스크는 인체에 유해한 분진, 연무, 흄, 미스트 등 입자를 작업자가 흡입하지 않도록 하는 보호구이다.

③ 방진마스크의 종류에는 격리식과 직결식, 면체여과식이 있다.

④ 비휘발성 입자에 대한 보호만 가능하며, 가스 및 증기로부터의 보호는 안 된다.

방진마스크의 필터에는 일반적으로 미세분진을 걸러내기 위한 부직포 필터가 주로 사용되며, 일부 방진마스크 필터에는 탈취 기능을 위해 활성탄이 첨가될 수 있으나 실리카겔은 일반적으로 방진마스크 필터 재료로 사용되지 않는다. 실리카겔은 주로 습기 제거용 흡습제로 쓰인다.

지름이 100cm인 원형 후드 입구로부터 200cm 떨어진 지점에 오염물질이 있다. 제어풍속이 3m/sec일 때, 후드의 필요환기량(m³/sec)은? (단, 자유공간에 위치하며 플랜지는 없다.)

① 143
② 122
③ 103
④ 83

외부식 후드의 필요환기량(Q)

$$Q = V_c \times (10X^2 + A)$$

$$= 3\mathrm{m/sec} \times \left[(10 \times 2^2)\mathrm{m}^2 + \left(\frac{\pi \times 1^2}{4} \right)\mathrm{m}^2 \right]$$

$$= 122.3561\mathrm{m}^3/\mathrm{sec}$$

- V_c : 제어풍속(m/sec)
- X : 원형 후드 입구와 오염원 사이 거리(m)
- A : 후드 입구 단면적(m²)

보호구의 재질과 적용 물질에 대한 내용으로 틀린 것은?

① 면: 고체상 물질에 효과적이다.

② 부틸(Butyl) 고무: 극성 용제에 효과적이다.

③ 니트릴(Nitrile) 고무: 비극성 용제에 효과적이다.

④ 천연 고무(Latex): 비극성 용제에 효과적이다.

천연 고무(Latex)는 주로 내산성이나 내유성이 약하여 비극성 용제(예 벤젠, 톨루엔 등)에 대한 저항성이 낮다. 따라서 비극성 용제에 대해 효과적이지 않다.

후드의 유입계수가 0.82, 속도압이 50mmH₂O일 때 후드의 유입손실(mmH₂O)은?

① 22.4
② 24.4
③ 26.4
④ 28.4

- **압력손실계수 산정**

$$F = \frac{1}{C_e^2} - 1 = \frac{1}{0.82^2} - 1 = 0.4872$$

  - F : 압력손실계수
  - C_e : 유입계수(Coefficient of entry, 유입손실계수)

- **후드 유입손실 산정**

$$\Delta P = F \times VP$$

$$= 0.4872 \times 50\mathrm{mmH_2O} = 24.36\mathrm{mmH_2O}$$

작업 중 발생하는 먼지에 대한 설명으로 옳지 않은 것은?

① 일반적으로 특별한 유해성이 없는 먼지는 불활성 먼지 또는 공해성 먼지라고 하며, 이러한 먼지에 노출된 경우 일반적으로 폐용량에 이상이 나타나지 않으며, 먼지에 대한 폐의 조직반응은 가역적이다.
② 결정형 유리규산(Free Silica)은 규산의 종류에 따라 Cristobalite, Quartz, Tridymite, Tripoli가 있다.
③ 용융규산(Fused Silica)은 비결정형 규산으로 노출기준은 총 먼지로 10mg/m³이다.
④ 일반적으로 호흡성 먼지란 종말 모세기관지나 폐포 영역의 가스교환이 이루어지는 영역까지 도달하는 미세먼지를 말한다.

용융규산(Fused Silica)은 비결정형 규산으로 노출기준은 총 먼지로 0.1mg/m³이다.

관련개념 화학물질 및 물리적 인자의 노출기준에 따른 산화규소 종류와 노출기준(TWA)
- 결정체 석영(Quartz): 0.05mg/m³
- 결정체 트리디마이트(Tridymite): 0.05mg/m³
- 결정체 크리스토발라이트(Cristobalite): 0.05mg/m³
- 결정체 트리폴리(Tripoli): 0.1mg/m³
- 비결정체 규소(용융된 비결정형 실리카): 0.1mg/m³

강제환기를 실시할 때 환기효과를 제고시킬 수 있는 방법이 아닌 것은?

① 공기배출구와 근로자의 작업위치 사이에 오염원이 위치하지 않도록 하여야 한다.
② 배출구가 창문이나 문 근처에 위치하지 않도록 한다.
③ 오염물질 배출구는 가능한 한 오염원으로부터 가까운 곳에 설치하여 점환기효과를 얻는다.
④ 공기가 배출되면서 오염장소를 통과하도록 공기배출구와 유입구의 위치를 선정한다.

공기배출구와 근로자의 작업 위치 사이에 오염원이 위치하도록 하여야 오염원이 근로자 쪽으로 가지 않고 직접 배출구 쪽으로 유도된다. 배출구가 창문이나 문 근처에 있으면 오염공기가 다시 실내로 순환될 수 있으므로 주의해야 한다.

빈출 59

#송풍기 동력

국소배기시스템 설계에서 송풍기 전압이 136mmH₂O이고, 송풍량은 184m³/min일 때, 필요한 송풍기 소요 동력은 약 몇 kW인가?(단, 송풍기의 효율은 60%이다.)

① 2.7
② 4.8
③ 6.8
④ 8.7

$$P = \frac{Q \times \triangle H}{102 \times \eta}$$

$$= \frac{\dfrac{184\text{m}^3}{\text{min}} \times \dfrac{\text{min}}{60\text{sec}} \times 136\text{mmH}_2\text{O}}{102 \times 0.6} = 6.8148\text{kW}$$

빈출 60

#소음감쇠

점음원과 1m 거리에서 소음을 측정한 결과 95dB로 측정되었다. 소음수준을 90dB로 하는 제한구역을 설정할 때, 제한구역의 반경(m)은?

① 3.16
② 2.20
③ 1.78
④ 1.39

소음감쇠는 아래 식을 활용한다.

$$L_2 = L_1 - 20\log\left(\frac{r_2}{r_1}\right)$$

$$90 = 95 - 20\log\left(\frac{r_2}{1\text{m}}\right)$$

$$r_2 = 1.7782\text{m}$$

- L_1: 측정 소음 레벨
- r_1: 1m(측정 거리)
- L_2: 제한 소음 레벨
- r_2: 구하려는 제한구역 반경(m)

빈출 61

#방사선

전리방사선의 흡수선량이 생체에 영향을 주는 정도를 표시하는 선당량(생체실효선량)의 단위는?

① R
② Ci
③ Sv
④ Gy

---

③ Sv(시버트): 흡수선량에 방사선 종류에 따른 방사선 가중치(생물학적 효과를 반영)를 곱해 산출한 선량당량 및 생체실효선량의 SI 단위이다. 1Sv는 인체에 미치는 방사선 영향의 양을 나타내며, 방사선 방호 및 피폭 평가 시 중요하게 사용된다.
① R(렌트겐): 공기 중의 이온화 정도를 나타내는 단위이다.
② Ci(퀴리): 방사성 물질의 방사능을 나타내는 단위이다.
④ Gy(그레이): 흡수선량의 단위로 물질 1kg당 1Joule의 방사선 에너지가 흡수된 양이다.

빈출 62

#음압레벨

실효음압이 $2 \times 10^{-3}\text{N/m}^2$인 음의 음압수준은 몇 dB인가?

① 40
② 50
③ 60
④ 70

음압레벨 $\text{SPL} = 20\log\left(\dfrac{P}{P_0}\right) = 20\log\left(\dfrac{2 \times 10^{-3}}{2 \times 10^{-5}}\right) = 40\text{dB}$

- P: 측정 음압(Pa, N/m²)
- P_0: $2 \times 10^{-5}\text{Pa}$(사람이 들을 수 있는 최소 음압 기준)

저온에 의한 1차적인 생리적 영향에 해당하는 것은?

① 말초현관의 수축
② 혈압의 일시적 상승
③ **근육긴장의 증가와 전율**
④ 조직대사의 증진과 식욕항진

---

③ 저온에 노출되면 인체는 체온 유지를 위해 먼저 근육긴장을 증가시키고, 떨림(전율)을 통해 열을 발생시켜 체온을 보존하려고 한다.
①, ② 말초혈관 수축과 혈압 상승도 발생하지만 이는 2차적 혹은 반응의 일부로 볼 수 있다.
④ 조직 대사가 증진되고 식욕이 항진되는 것은 저온에 대한 장기적 적응 또는 반응 중 일부이다.

소독작용, 비타민 D 형성, 피부 색소 침착 등 생물학적 작용이 강한 특성을 가진 자외선(Dorno선)의 파장 범위는?

① 1,000Å ~ 2,800Å
② **2,800Å ~ 3,150Å**
③ 3,150Å ~ 4,000Å
④ 4,000Å ~ 4,700Å

• 도르노선은 2,800Å ~ 3,150Å(280 ~ 315nm) 구간에 해당하며, 이 범위의 자외선은 소독, 비타민 D 생성, 피부 색소 침착 등 광화학적 생리작용이 강한 특성을 가진다.
• 1Å(옹스트롬)은 0.1nm이므로 2,800Å는 280nm, 3,150Å는 315nm에 해당한다.

질식우려가 있는 지하 맨홀 작업에 앞서서 준비해야 할 장비나 보호구로 볼 수 없는 것은?

① 안전대
② **방독 마스크**
③ 송기 마스크
④ 산소농도 측정기

방독 마스크(공기정화식 가스마스크)
산소 농도 18% 미만의 산소 결핍 작업장에서는 사용할 수 없으며, 반드시 산소 공급식 마스크를 사용해야 한다. 즉, 방독 마스크 기체상 유해가스나 증기, 화학물질 등에 사용되지만 지하 맨홀처럼 산소 결핍 우려가 있는 곳에서는 산소 공급이 되지 않으므로 부적합하다.

작업자 A의 4시간 작업 중 소음 노출량이 76%일 때, 측정시간에 있어서의 평균치는 약 몇 dB(A)인가?

① 88
② **93**
③ 98
④ 103

$$TWA = 16.61 \log\left(\frac{D(\%)}{12.5 \times T}\right) + 90$$
$$= 16.61 \log\left(\frac{76}{12.5 \times 4}\right) + 90$$
$$= 93.0204 \text{dB}$$

> **관련개념** 누적소음 노출량 평가
>
> • $TWA = 16.61 \log \dfrac{누적소음\ 노출량(\%)}{100} + 90$
>
> • $TWA = 16.61 \log \dfrac{누적소음\ 노출량(\%)}{12.5 \times T} + 90$
>
> ※ 100은 12.5×8로 8시간 근로시간인 경우 적용
> ※ 12.5는 근로시간에 대한 노출 허용 기준과 관련된 상수로 사용

이온화 방사선과 비이온화 방사선을 구분하는 광자에너지는?

① 1eV
② 4eV
③ 12.4eV
④ 15.6eV

- 광자의 에너지: 이온화 방사선(전리방사선)과 비이온화 방사선(비전리방사선)을 구분하는 기준이다. 광자의 에너지가 약 12.4 전자볼트(eV) 이상일 경우, 원자나 분자를 이온화시킬 수 있으므로 이온화 방사선이다. 이보다 에너지가 낮으면 전자를 떼어내기 어렵기 때문에 비이온화 방사선에 해당한다.
- 이온화 방사선: 엑스선, 감마선, 자외선 중 고에너지 부분을 포함한다. 비이온화 방사선은 적외선, 가시광선, 저에너지 자외선 등이 있다.

감압병의 예방 및 치료의 방법으로 옳지 않은 것은?

① 감압이 끝날 무렵에 순수한 산소를 흡입시키면 예방적 효과와 함께 감압시간을 단축시킬 수 있다.
② 잠수 및 감압방법은 특별히 잠수에 익숙한 사람을 제외하고는 1분에 10m 정도씩 잠수하는 것이 안전하다.
③ 고압환경에서 작업 시 질소를 헬륨으로 대치하면 성대에 손상을 입힐 수 있으므로 할로겐 가스로 대치한다.
④ 감압병의 증상을 보일 경우 환자를 인공적 고압실에 넣어 혈관 및 조직 속에 발생한 질소의 기포를 다시 용해시킨 후 천천히 감압한다.

질소 대신 헬륨을 사용하는 혼합 가스를 이용할 때 성대 손상 우려는 없다. 헬륨은 호흡용 혼합 가스에서 흔히 사용되며, 할로겐 가스는 이 용도로 사용하지 않는다. 헬륨 호흡은 호흡저항을 줄이고 감압병 위험도 감소시킨다.

음(sound)에 관한 설명으로 옳지 않은 것은?

① 음(음파)이란 대기압보다 높거나 낮은 압력의 파동이고, 매질을 타고 전달되는 진동에너지이다.
② 주파수란 1초 동안에 음파로 발생되는 고압력 부분과 저압력 부분을 포함한 압력 변화의 완전한 주기를 말한다.
③ 음의 단위는 물리적 단위를 쓰는 것이 아니라 감각수준인 데시벨(dB)이라는 무차원의 비교단위를 사용한다.
④ 사람이 대기압에서 들을 수 있는 음압은 $0.000002N/m^2$에서부터 $20N/m^2$까지 광범위한 영역이다.

사람이 들을 수 있는 음압의 범위는 일반적으로 $20\mu Pa(= 0.00002N/m^2)$에서 20Pa까지이다. $0.000002N/m^2$는 실제 청각의 최소 감지 음압보다 10배 낮은 값으로, 인간이 감지할 수 있는 범위에 해당하지 않는다.

> **관련개념**
> - 음(Sound): 공기, 물, 고체 등 매질을 통해 전달되는 압력의 진동이다.
> - 주파수(Frequency): 1초 동안 반복되는 음파의 주기 수로, 단위는 Hz이다.
> - 데시벨(dB): 음의 크기를 상대적으로 표현하는 무차원 단위로, 로그 스케일을 사용하여 인간의 감각 특성을 반영한다.
> - 청각 범위
>   ✔ 음압(P): 약 $20\mu Pa(0.00002N/m^2)$~20Pa
>   ✔ 주파수(f): 약 20Hz~20,000Hz

자유공간에 위치한 점음원의 음향파워레벨(PWL)이 110dB일 때, 이 점음원으로부터 100m 떨어진 곳의 음압레벨(SPL)은?

① 49dB

② 59dB

③ 69dB

④ 79dB

음압레벨(SPL) 산정

- PWL = SPL + 10log(S)의 관계에서 자유공간이므로 음파가 구면파로 전파된다.
- 음원의 단면적은 구의 단면적이므로 S = $4\pi r^2$을 대입하면,
  PWL = SPL + 10log($4\pi r^2$)이고 정리하면
  SPL = PWL − 20log(r) − 11
  $\quad$ = 110 − 20log(100) − 11 = 59dB
  - PWL: 음향파워레벨(dB)
  - SPL: 음압레벨(dB)
  - r: 거리(m)

전리방사선의 단위에 관한 설명으로 틀린 것은?

① rad − 조사량과 관계없이 인체조직에 흡수된 량을 의미한다.

② rem − 1rad의 X선 혹은 감마선이 인체조직에 흡수된 양을 의미한다.

③ curoe − 1초 동안에 3.7×10^{10}개의 원자붕괴가 일어나는 방사능 물질의 양을 의미한다.

④ Roentgen(R) − 공기 중에 방사선에 의해 생성되는 이온의 양으로 주로 X선 및 감마선의 조사량을 표시할 때 쓰인다.

② rem: 흡수선량에 방사선의 생물학적 영향을 고려한 등가선량 단위로 방사선 종류 및 에너지에 따른 생물학적 영향을 반영한 단위

① rad: 흡수선량의 단위

③ curie: 방사능의 강도 단위

④ roentgen: 조사선량 단위

유해화학물질의 노출기준으로 정하고 있는 기관과 노출기준 명칭의 연결이 옳은 것은?

① OSHA − REL $\quad$ ② AIHA − MAC

③ ACGIH − TLV $\quad$ ④ NIOSH − PEL

구분	노출기준
OSHA	PEL
AIHA	WEEL
ACGIH	TLV
NIOSH	REL

관련개념

- OSHA 노출기준 − PEL
  - OSHA의 PEL(Permissible Exposure Limit)은 미국 산업안전보건청(OSHA)이 법적으로 강제하는 작업장 허용 노출 기준이다.
  - PEL은 주로 8시간 시간 가중평균치(TWA)로 설정되며, 일부 물질에 대해서는 15분 단기 노출허용치(STEL)나 절대 초과 금지 상한치(Ceiling)가 별도로 지정된다. 모든 사업장은 PEL을 넘어서지 않도록 환기·공정관리·개인보호구 착용 등을 통해 법적 의무를 준수해야 한다.
- AIHA 노출기준 − WEEL
  - AIHA의 WEEL(Workplace Environmental Exposure Level)은 미국 산업위생협회(AIHA)가 과학적 문헌 및 실험데이터를 근거로 권고하는 작업장 환경 노출 기준이다.
  - WEEL은 법적 구속력은 없지만, 규제 기준이 마련되지 않은 화학물질에 대해 안전성을 확보하기 위한 지침으로 활용된다. 기업체나 산업보건 전문가들이 내부 가이드라인으로 채택하거나, 화학물질관리 계획 수립 시 참고자료로 사용한다.
- ACGIH 노출기준 − TLV
  - ACGIH의 TLV(Threshold Limit Value)는 미국 산업위생학자협회(ACGIH)가 권고하는 화학물질 및 물리적 인자에 대한 노출 기준이다.
  - TLV는 TWA, STEL, Ceiling의 세 가지 형태로 제시되며, 노동자의 건강 보호를 최우선으로 설정된 과학적 권고치이다. TLV는 법적 강제력은 없으나, 전 세계 많은 규제 기관 및 기업 내부 기준의 기준점으로 활용된다.
- NIOSH 노출기준 − REL
  - NIOSH의 REL(Recommended Exposure Limit)은 미국 국립산업안전보건연구원(NIOSH)이 연구 데이터를 바탕으로 권장하는 노출 한계치이다.
  - REL은 8시간 TWA 및 15분 STEL 형태로 제시되며, 작업자 건강 보호를 목적으로 제안되는 비강제성 기준이다. 규제 당국 및 산업계에서는 REL을 근거로 법적 기준을 신설하거나 내부 노출관리를 강화하는 데 참고한다.

다음 중 생물학적 모니터링에 관한 설명으로 적절하지 않은 것은?

① 생물학적 모니터링은 작업자의 생물학적 시료에서 화학물질의 노출 정도를 추정하는 것을 말한다.

② 근로자 노출 평가와 건강상의 영향 평가 두 가지 목적으로 모두 사용될 수 있다.

③ 내재용량은 최근에 흡수된 화학물질의 양을 말한다.

④ 내재용량은 여러 신체 부분이나 몸 전체에서 저장된 화학물질의 양을 말하는 것은 아니다.

내재용량은 몸 전체 또는 여러 신체 부위에 저장된 화학물질의 총량을 의미한다.

산업안전보건법령상, 소음의 노출기준에 따르면 몇 dB(A)의 연속소음에 노출되어서는 안되는가? (단, 충격소음은 제외한다.)

① 85

② 90

③ 100

④ 115

최대 노출 제한치는 115dB(A)이며, 이를 초과하는 소음에 대한 노출은 금지된다.

관련개념 미국 OSHA의 연속소음에 대한 노출기준
- 1일 8시간 노출 시 허용기준은 90dB(A)이다.
- 교환율(Exchange Rate)은 5dB(A)로, 소음이 5dB(A) 증가하면 허용 노출시간이 절반으로 줄어든다.

소음(dB(A))	90	95	100	105	110	115
허용 노출시간	8시간	4시간	2시간	1시간	30분	15분

- 최대 노출 제한치는 115dB(A)이며, 이를 초과하는 소음에 대한 노출은 금지된다.
- OSHA는 8시간 기준 시간가중평균(TWA) 소음 수준이 90dB(A)를 넘지 않도록 관리하도록 하고 있다.
- 근로자가 8시간 동안 90dB(A)에 노출될 경우 청력 손실 위험이 상승하므로 이를 기준으로 보호 조치를 권장한다.

개인의 평균 청력손실을 평가하기 위하여 6분법을 적용하였을 때, 500Hz에서 6dB, 1,000Hz에서 10dB, 2,000Hz에서 10dB, 4,000Hz에서 20dB이면 이때의 청력손실을 얼마인가?

① 10dB   ② **11dB**
③ 12dB   ④ 13dB

- 6분법은 청력 손실을 평가하는 방법으로, 주어진 4개 주파수에서의 청력 역치를 가중 평균하는 식이다. 식은 다음과 같다.

$$청력손실 = \frac{a + 2b + 2c + d}{6}$$

- 여기서 a는 500Hz, b는 1,000Hz, c는 2,000Hz, d는 4,000Hz에서 각각 측정한 역치이다.

$$청력손실 = \frac{6 + 2 \times 10 + 2 \times 10 + 20}{6} = 11dB$$

비전리 방사선이 아닌 것은?

① **감마선**
② 극저주파
③ 자외선
④ 라디오파

- 전리방사선: α, β, γ, X선, 중성자선(이온화 가능)
- 비전리방사선: 자외선, 가시광선, 적외선, 마이크로파, 전파, 레이저, 초음파, 극저주파, 라디오파 등(이온화 불가)

관련개념
- 전리방사선(Ionizing Radiation): 물질을 통과하면서 원자나 분자를 이온화시킬 수 있는 높은 에너지를 가진 방사선으로 보통 X선, γ선(감마선) 같이 파장이 짧고 에너지가 큰 전자기파나, 입자선에 해당한다.
  예 α, β, γ, X선, 중성자선(이온화 가능)
- 비전리방사선(Non-ionizing Radiation): 에너지가 낮아 원자를 이온화하지는 못하지만, 분자 진동·회전, 전자 전이를 유발하여 열작용, 광화학 작용을 일으킨다.
  예 자외선, 가시광선, 적외선, 마이크로파, 전파, 레이저, 초음파, 극저주파, 라디오파 등(이온화 불가)

소음의 흡음 평가 시 적용되는 반향시간(Reverberation Time)에 관한 설명으로 맞는 것은?

① **반향시간은 실내공간의 크기에 비례한다.**
② 실내 흡음량을 증가시키면 반향시간도 증가한다.
③ 반향시간은 음압수준이 30dB 감소하는 데 소요되는 시간이다.
④ 반향시간을 측정하려면 실내 배경소음이 90dB 이상 되어야 한다.

---

② 실내 흡음량을 증가시키면 반향시간은 감소한다.
③ 반향시간은 음압수준이 60dB 감소하는 데 소요되는 시간이다.
④ 반향시간을 측정하려면 측정 음원이 90dB 이상 되어야 한다. 실내 배경소음은 낮을수록 정확한 측정이 가능하다.

관련개념 반향시간
"음원이 꺼진 후 소리가 60dB 감소하는 데 걸리는 시간"으로 정의한다(RT_{60}).

$$RT_{60} = 0.161\frac{V}{A}$$

∘ V: 실내 공간 부피(m^3)
∘ A: 방 전체의 흡음량(m^2 Sabine 단위)

납의 독성에 대한 인체실험 결과, 안전흡수량이 체중(kg)당 0.005mg이었다. 1일 8시간 작업 시의 허용농도(mg/m³)는? (단, 근로자의 평균 체중은 70kg, 해당 작업 시의 폐환기량(또는 호흡량)은 시간당 1.25m³으로 가정한다.)

① 0.030
② 0.035
③ 0.040
④ 0.045

$$허용농도 = \frac{허용흡수량}{총\ 환기량}$$

$$= \frac{\dfrac{0.005\mathrm{mg}}{\mathrm{kg}} \times 70\mathrm{kg}}{\dfrac{1.25\mathrm{m}^3}{\mathrm{hr}} \times 8\mathrm{hr}} = 0.035\mathrm{mg/m}^3$$

유기용제의 종류에 따른 중추신경계 억제작용을 작은 것부터 큰 것으로 순서대로 나타낸 것은?

① 에스테르 < 유기산 < 알코올 < 알켄 < 알칸
② 에스테르 < 알칸 < 알켄 < 알코올 < 유기산
③ 알칸 < 알켄 < 알코올 < 유기산 < 에스테르
④ 알켄 < 알코올 < 에스테르 < 알칸 < 유기산

중추신경계 억제작용 순서
알칸족 < 알켄족 < 알코올족 < 유기산 < 에스테르 < 에테르 < 할로겐족

음의 세기레벨이 80dB에서 85dB로 증가하면 음의 세기는 약 몇 배가 증가하겠는가?

① 1.5배
② 1.8배
③ 2.2배
④ 2.4배

- $SIL\,(dB) = 10\log\dfrac{I}{I_0}$

- 80dB 에서 음의 세기

  $$80dB = 10\log\frac{I}{10^{-12}\mathrm{W/m}^2}$$

  $$I = 10^{-4}\mathrm{W/m}^2$$

- 85dB 에서 음의 세기

  $$85dB = 10\log\frac{I}{10^{-12}\mathrm{W/m}^2}$$

  $$I = 10^{-3.5}\mathrm{W/m}^2$$

- 증가율

  $$\frac{10^{-3.5} - 10^{-4}}{10^{-4}} = 2.1622$$

작업환경측정과 비교한 생물학적 모니터링의 장점이 아닌 것은?

① 모든 노출경로에 의한 흡수정도를 나타낼 수 있다.
② 분석 수행이 용이하고 결과 해석이 명확하다.
③ 건강상의 위험에 대해서 보다 정확한 평가를 할 수 있다.
④ 작업환경측정(개인시료)보다 더 직접적으로 근로자 노출을 추정할 수 있다.

분석 수행이 복잡하고 결과 해석이 명확하지 않을 수 있다.

관련개념 생물학적 모니터링
- 장점: 모든 노출 경로에서 체내 흡수 정도를 직접 반영하고, 작업환경측정보다 더 정확하게 근로자 노출을 평가할 수 있으며 건강 위험 평가에도 유리하다.
- 단점: 생물학적 모니터링의 분석은 환경측정보다 복잡하고, 결과 해석 역시 개인 차이와 물질의 대사 특성으로 인해 쉽지 않다.

빈출 **82**   #진폐증

무기성분진에 의한 진폐증이 아닌 것은?

① 규폐증(Silicosis)
② 연초폐증(Tabacosis)
③ 흑연폐증(Graphite lung)
④ 용접공폐증(Welder's lung)

---

② 연초폐증(Tabacosis)은 연초, 즉 담배의 유기성 분진에 의해 발생하는 폐질환이며, 무기성 분진에 의한 진폐증이 아니다.
① 규폐증(Silicosis)은 대표적인 무기성 분진(유리규산)에 의해 발생하는 진폐증이다.
③ 흑연폐증(Graphite Lung)은 흑연이라는 무기성 분진에 의한 진폐증에 해당한다.
④ 용접공폐증(Welder's Lung)은 역시 금속성 무기분진에 노출되어 발생하는 진폐증에 포함된다.

관련개념 진폐증(Pneumoconiosis)
광물성 분진(무기성 분진)을 장기간 흡입함으로써 폐에 영구적인 손상(섬유화, 반흔 등)이 생기는 만성 직업성 폐질환의 총칭이다.

빈출 **83**   #치사량

유해물질의 경구투여용량에 따른 반응범위를 결정하는 독성검사에서 얻은 용량-반응곡선(Dose-Response Curve)에서 실험동물군의 50%가 일정 시간 동안 죽는 치사량을 나타내는 것은?

① LC_{50}
② LD_{50}
③ ED_{50}
④ TD_{50}

- LD_{50}(Lethal Dose 50): 독성물질을 일정 용량 투여했을 때, 시험동물의 50%가 사망하는 데에 필요한 용량을 의미한다. 주로 mg/kg(체중 1kg당 mg)을 단위로 한다.
- LC_{50}(Lethal Concentration 50): 주로 기체나 증기를 흡입할 때 농도로 표현하며, 동물의 50%가 사망하는 농도를 뜻한다.
- ED_{50}(Effective Dose 50): 약물이나 화학물질의 효과가 나타나는 50%의 용량이다.
- TD_{50}(Toxic Dose 50): 독성 반응이 나타나는 50%의 용량을 의미한다.

ACGIH에서 발암성 구분을 "A1"으로 정하고 있는 물질이 아닌 것은?

① 석면
② 텅스텐
③ 우라늄
④ 6가 크롬 화합물

- ACGIH의 A1 분류는 "인체에 대해 발암성이 확인된 물질"을 의미한다. 텅스텐은 인체 발암성과 관련해 A1에 포함되지 않으며, 일반적으로 발암성 분류 대상이 아니다.
- 석면, 우라늄, 6가 크롬 화합물은 모두 ACGIH에서 인체 발암성이 확인된 물질(A1)로 분류된다.

관련개념 ACGIH의 발암물질 구분과 각 그룹에 속하는 물질
- A1(인체 발암성 확인물질): 인체에 대한 충분한 발암성 근거가 있는 물질
  - **예** 석면, 벤젠, 자일렌, 비소, 다이옥신, 우라늄, 6가 크롬 화합물 등
- A2(인체 발암성 의심물질): 인체에 발암성 가능성이 의심되나 충분한 근거는 없는 물질
  - **예** 티오페놀, 다환방향족탄화수소, 일부 살충제 등
- A3(동물에서 발암성이 입증되었으나 인체 발암성은 확실치 않은 물질): 실험동물에서는 발암성이 있으나 인체 역학자료가 부족한 물질
  - **예** 일부 살충제, 일부 용매 등
- A4(인체 발암성 분류 불가): 인체에 대해 발암성 평가가 불충분하여 분류할 수 없는 물질
- A5(인체 발암성 미의심 물질): 충분한 연구결과 인체에 대한 발암성이 없는 것으로 판단된 물질
  - **예** 아스피린, 벤질 알코올 등

동일한 독성을 가진 화학물질이 합류하여 각 물질의 독성의 합보다 큰 독성을 나타내는 작용은?

① 상승작용
② 상가작용
③ 강화작용
④ 길항작용

- 상승작용(Synergism): 두 가지 이상의 물질이 함께 작용할 때, 각각의 효과를 단순히 더한 것보다 훨씬 더 큰 효과가 나타나는 현상이다.
  - **예** 흡연과 석면에 동시에 노출되면 폐암 위험이 각각의 위험을 더한 것보다 훨씬 커짐
- 강화(가승)작용(Potentiation): 한 물질은 독성이 없거나 매우 약하지만, 다른 물질의 독성을 크게 증가시키는 현상이다.
  - **예** 이소프로판올 자체는 독성이 없지만, 사염화탄소와 함께 노출되면 사염화탄소의 간독성이 크게 증가함
- 상가작용(Additivity): 두 가지 이상의 물질이 함께 작용할 때, 효과가 단순히 합산되는 현상이다.
  - **예** A의 효과가 2, B의 효과가 3이면, 함께 노출될 때 효과는 5(2 + 3 = 5)가 됨
- 길항작용(Antagonism): 두 가지 이상의 물질이 함께 작용할 때, 서로의 효과를 약화시켜 결과적으로 효과가 줄어드는 현상이다.
  - **예** 해독제가 독성물질의 효과를 감소시키는 경우

생물학적 모니터링을 위한 시료가 아닌 것은?

① 공기 중 유해인자
② 요 중의 유해인자나 대사산물
③ 혈액 중의 유해인자나 대사산물
④ 호기(Exhaled Air) 중의 유해인자나 대사산물

공기 중 유해인자는 환경 모니터링(작업환경측정)의 대상이며, 인체 내 흡수량을 직접 측정하지는 않는다. 따라서 공기 중 유해인자는 생물학적 모니터링 시료에 포함되지 않는다.

관련개념
- 생물학적 모니터링 시료: 혈액, 소변, 호기(호흡가스) 등이 있으며, 각각 유해물질이나 대사산물을 측정하여 체내 흡수 정도를 평가한다.
- 환경 모니터링 시료: 공기 중 유해물질 농도를 측정하여 작업 환경의 유해 정도를 판단한다.
- 건강감시: 근로자의 건강 상태 변화를 관찰, 평가하는 활동이며, 생물학적 모니터링과 연계된다.

단순 질식제로 볼 수 없는 것은?

① 메탄
② 질소
③ 오존
④ 헬륨

오존은 강한 산화제이다.

관련개념
- 단순 질식제: 산소를 밀어내거나 산소 분압을 낮추어 생리적으로 질식을 유발하는 불활성 가스들이다.
  예 수소(H_2), 질소(N_2), 이산화탄소(CO_2), 메탄(CH_4), 헬륨(He), 아세틸렌(C_2H_2)
- 화학적 질식제: 혈액 내 혈색소와 결합하여 산소 운반 능력을 방해하거나 조직 내 산화효소를 불활성화시켜 질식 작용을 일으키는 물질이다.
  예 일산화탄소(CO), 시안화수소(HCN), 시안화염류(CN^-), 황화수소(H_2S), 이산화질소(NO_2), 포스겐($COCl_2$)

노출에 대한 생물학적 모니터링의 단점이 아닌 것은?

① 시료채취의 어려움
② 근로자의 생물학적 차이
③ 유기시료의 특이성과 복잡성
④ 호흡기를 통한 노출만을 고려

생물학적 모니터링은 흡입분 아니라 경피, 섭취 등 다양한 노출 경로를 반영할 수 있기 때문에 호흡기 노출만을 고려하지 않는다.

3가 및 6가 크롬의 인체 작용 및 독성에 관한 내용으로 틀린 것은?

① 산업장의 노출의 관점에서 보면 3가 크롬이 더 해롭다.
② 3가 크롬은 피부 흡수가 어려우나 6가 크롬은 쉽게 피부를 통과한다.
③ 세포막을 통과한 6가 크롬은 세포내에서 수 분 내지 수 시간 만에 발암성을 가진 3가 형태로 환원된다.
④ 6가에서 3가로의 환원이 세포질에서 일어나면 독성이 적으나 DNA의 근위부에서 일어나면 강한 변이원성을 나타낸다.

산업장의 노출의 관점에서 보면 6가 크롬이 더 해롭다.

이황화탄소(CS_2)에 중독될 가능성이 가장 높은 작업장은?

① 비료 제조 및 초자공 작업장
② 유리 제조 및 농약 제조 작업장
③ 타르, 도장 및 석유 정제 작업장
④ 인조견, 셀로판 및 사염화탄소 생산 작업장

- 이황화탄소 중독 사건으로 대표적인 원진레이온 사건에서는 인조견(비스코스 인견사) 제조 과정에서 노출 위험이 컸다.
- 이황화탄소는 주로 인조견, 셀로판, 사염화탄소 등 생산 공정에서 사용되며, 적절한 환기나 보호장비 없이 작업할 경우 중독 위험이 매우 높다.

다환방향족화합물(PAH)에 대한 설명으로 틀린 것은?

① 톨루엔, 크실렌 등이 대표적이라 할 수 있다.
② PAH는 벤젠고리가 2개 이상 연결된 것이다.
③ PAH는 배설을 쉽게 하기 위하여 수용성으로 대사된다.
④ PAH는 대사에 관여하는 효소는 시토크롬 P-448로 대사되는 중간산물이 발암성을 나타낸다.

- PAH는 2개 이상의 벤젠고리가 결합된 방향족 탄화수소군으로, 나프탈렌, 페난트렌, 안트라센 등이 대표적이다.
- 톨루엔이나 크실렌은 단일 벤젠 고리의 치환체로 PAH에 해당하지 않는다.

유해물질과 생물학적 노출지표 물질이 잘못 연결된 것은?

① 납 - 소변 중 납
② 페놀 - 소변 중 총 페놀
③ 크실렌 - 소변 중 메틸마뇨산
④ 일산화탄소 - 소변 중 카르복시헤모글로빈

일산화탄소 노출 평가는 혈중 카르복시헤모글로빈(Carboxyhemoglobin) 농도로 하며, 이는 혈액 내 지표이다.

다음의 사례에 의심되는 유해인자는?

> 48세의 이씨는 10년 동안 용접작업을 하였다. 1998년부터 왼쪽 손 떨림, 구음장애, 왼쪽 상지의 근력저하 등의 소견이 나타났고, 주위 사람으로부터 걸을 때 팔을 흔들지 않는다는 이야기를 들었다. 몇 개월 후 한의원에서 중풍의 진단을 받고 한 달 동안 치료를 하였으나 증상의 변화는 없었다. 자기공명영상촬영에서 뇌기저핵 부위에 고신호강도 소견이 있었다.

① 크롬
② 망간
③ 톨루엔
④ 크실렌

망간은 용접 흄에 포함되는 주요 금속으로, 장기간 고농도 노출 시 뇌기저핵에 축적되어 중추신경계 손상을 초래한다. 이로 인해 파킨슨증후군과 유사한 증상(떨림, 운동 기능 저하, 언어장애 등)이 나타날 수 있으며, 자기공명영상에서 뇌기저핵 고신호강도 소견이 관찰된다.

다음 설명에 해당하는 중금속의 종류는?

> 이 금속 중독의 특징적인 증상은 구내염, 정신 증상, 근육 진전이다. 급성 중독 시 우유나 계란의 흰자를 먹이며, 만성 중독 시 취급을 즉시 중지하고 BAL을 투여한다.

① 납
② 크롬
③ 수은
④ 카드뮴

수은 중독의 특징적인 증상으로는 구내염, 정신 증상(우울증, 환각 등), 근육 진전(손발 떨림) 등이 있다. 급성 중독 시 우유나 계란 흰자를 먹이며, 만성 중독 시 취급을 중단하고 해독제인 BAL을 투여한다.

다음 설명의 ( )에 알맞은 내용으로 나열된 것은?

> 단시간노출기준(STEL)이란 (㉠)분 간의 시간가중평균노출값으로서 노출농도가 시간가중평균노출기준(TWA)을 초과하고 단시간노출기준(STEL) 이하인 경우에는 1회 노출 지속시간이 (㉡)분 미만이어야 하고, 이러한 상태가 1일 (㉢)회 이하로 발생하여야 하며, 각 노출의 간격은 60분 이상이어야 한다.

① ㉠: 15, ㉡: 20, ㉢: 2
② ㉠: 15, ㉡: 15, ㉢: 4
③ ㉠: 20, ㉡: 15, ㉢: 2
④ ㉠: 20, ㉡: 20, ㉢: 4

단시간노출기준(STEL)이란 15분 간의 시간가중평균노출값으로서 노출농도가 시간가중평균노출기준(TWA)을 초과하고 단시간노출기준(STEL) 이하인 경우에는 1회 노출 지속시간이 15분 미만이어야 하고, 이러한 상태가 1일 4회 이하로 발생하여야 하며, 각 노출의 간격은 60분 이상이어야 한다.

다음 중 급성 중독자에게 활성탄과 하제를 투여하고 구토를 유발시키며, 확진되면 Dimercaprol로 치료를 시작하는 유해물질은? (단, 쇼크의 치료는 강력한 정맥 수액제와 혈압 상승제를 사용한다.)

① 납(Pb)
② 크롬(Cr)
③ 비소(As)
④ 카드뮴(Cd)

비소 중독의 급성 치료

- 활성탄을 투여하여 체내 흡수를 줄이고, 구토를 유발하여 독성 물질을 배출한다.
- 중독이 확진되면 Dimercaprol(디머캅롤, BAL)을 사용하여 비소를 킬레이트 해독한다.
- 쇼크 증상이 나타나면 강력한 정맥 수액과 혈압상승제를 투여한다.

공기 중 일산화탄소 농도가 10mg/m³인 작업장에서 1일 8시간 동안 작업하는 근로자가 흡입하는 일산화탄소의 양은 몇 mg인가? (단, 근로자의 시간당 평균 흡기량은 1,250L이다.)

① 10
② 50
③ 100
④ 500

$$\frac{10\mathrm{mg}}{\mathrm{m}^3} \times \frac{1.25\mathrm{m}^3}{\mathrm{hr}} \times 8\mathrm{hr} = 100\mathrm{mg}$$

다음 중 화학물질의 노출기준에서 근로자가 1일 작업시간 동안 잠시라도 노출되어서는 아니 되는 기준을 나타낸 것은?

① TLV-C
② TLV-skin
③ TLV-TWA
④ TLV-STEL

---

① TLV-C: 작업 중 어느 순간에도 이 농도를 초과해서는 안 되는 노출 한계로, 근로자가 1일 작업시간 동안 잠시라도 초과 노출되어서는 안 되는 기준이다.
② TLV-skin: 피부를 통해 흡수될 수 있는 물질의 노출을 의미하는 추가 지표이다.
③ TLV-TWA(Time Weighted Average): 8시간 또는 1일 작업시간 동안 평균 노출 허용 한계이다.
④ TLV-STEL(Short Term Exposure Limit): 15분간의 단기간 노출기준으로, 단시간 노출 시에도 건강에 해를 끼치지 않는 한계이며, 1일 4회 이하, 각 노출 간격 60분 이상이어야 한다.

다음 중 방향족 탄화수소 중 저농도에 장기간 노출되어 만성중독을 일으키는 경우 가장 위험한 것은?

① 벤젠
② 크실렌
③ 톨루엔
④ 에틸렌

벤젠은 방향족 탄화수소 중 가장 대표적이며, 저농도에 장기간 노출될 경우 만성 중독을 일으키는 물질로 알려져 있다. 특히 벤젠은 백혈병과 같은 혈액암을 유발할 수 있는 강력한 발암성 물질이다. 만성적인 노출은 골수 기능 저하, 빈혈, 면역력 저하 등 심각한 건강 문제를 일으킨다.

다음 중 독성물질의 생체 내 변환에 관한 설명으로 틀린 것은?

① 생체 내 변환은 독성물질이나 약물의 제거에 대한 첫 번째 기전이며, 1상 반응과 2상 반응으로 구분된다.
② 1상 반응은 산화, 환원, 가수분해 등의 과정을 통해 이루어진다.
③ 2상 반응은 1상 반응이 불가능한 물질에 대한 추가적 축합반응이다.
④ 생체변환의 기전은 기존의 화합물보다 인체에서 제거하기 쉬운 대사물질로 변화시키는 것이다.

2상 반응은 1상 반응을 거친 물질에 대해 진행되는 축합반응 단계이다.

> **관련개념** 생체변환
> - 생체변환의 주 목표는 독성물질을 기존 화합물보다 인체 내에서 제거하기 쉬운 형태로 변화시키는 것이다.
> - 생체 내 변환은 독성물질이나 약물의 체내 제거를 위한 첫 번째 생리적 기전이며, 1상 반응과 2상 반응으로 구분된다.
>   - ✓ 1상 반응: 독성물질이 체내에서 산화, 환원, 가수분해 등의 과정을 거쳐 극성기를 도입하여 물질을 친수성으로 만들거나 2상 반응에 적합한 형태로 변화시키는 과정이다.
>   - ✓ 2상 반응: 1상 반응 후 생성된 중간대사체에 특정기(예 글루쿠론산, 황산, 글루타치온 등)와 결합하여 대사산물의 수용성을 높이고, 이를 통해 배설이 용이하게 하는 축합반응(Conjugation Reaction)이다.

MEMO

성공은 결코 우연이 아니다. 성공은 노력, 인내, 학습, 공부, 희생,
그리고 무엇보다도 자신이 하고 있거나 배우고 있는 일에 대한 사랑이다.
(Success is no accident. It is hard work, perseverance, learning, studying, sacrifice and most of all,
love of what you are doing or learning to do.)

펠레(Pele)

성공의 커다란 비결은
결코 지치지 않는 인간으로 인생을 살아가는 것이다.
(A great secret of success is to go through life as a man who never gets used up.)

알버트 슈바이처(Albert Schweitzer)

박문각 자격증 시리즈

산업위생관리기사 필기
8개년 기출문제집 + 무료특강

초판인쇄	2026. 2. 5
초판발행	2026. 2. 10

저자와의
협의 하에
인지 생략

편 저 자	이찬범
발 행 인	박용
출판총괄	김현실
개발책임	이성준
편집개발	김태희, 김지은
마 케 팅	김치환, 최지희
일러스트	㈜ 유미지

발 행 처	㈜ 박문각출판
출판등록	등록번호 제2019-000137호
주 소	06654 서울시 서초구 효령로 283 서경B/D 6층
전 화	(02) 6466-7202
팩 스	(02) 584-2927
홈페이지	www.pmgbooks.co.kr

ISBN	979-11-7519-445-8
정가	38,000원